1章 関数と極限

1 関数

練習 1 次の関数のグラフをかけ。

(1) $y=\dfrac{-x-2}{x-2}$ (2) $y=\dfrac{-6x-11}{3x+4}$

(1) $y=\dfrac{-x-2}{x-2}=\dfrac{-(x-2)-4}{x-2}=\dfrac{-4}{x-2}-1$

と変形される。

この関数のグラフは，$y=-\dfrac{4}{x}$ のグラフを x 軸方向に 2，y 軸方向に -1 だけ平行移動したものである。

よって，漸近線は 2 直線 $x=2$，$y=-1$ である。

ゆえに，グラフは **右の図**。

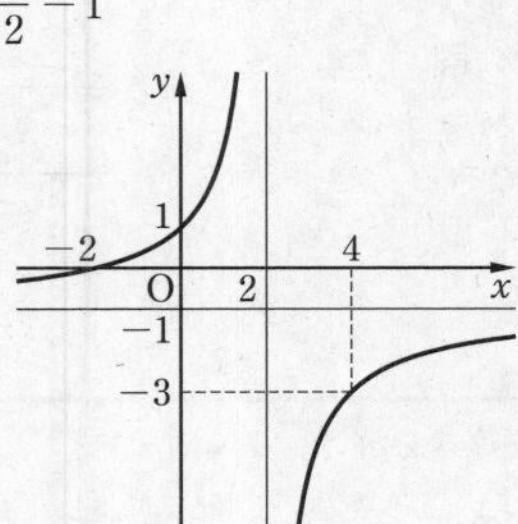

◀分子の $-x-2$ を分母の $x-2$ で割ると
商 -1，余り -4

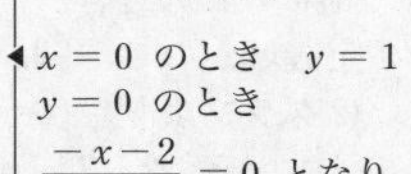

◀$x=0$ のとき $y=1$
$y=0$ のとき
$\dfrac{-x-2}{x-2}=0$ となり
分子 $-x-2=0$
よって $x=-2$

(2) $y=\dfrac{-6x-11}{3x+4}=\dfrac{-2(3x+4)-3}{3x+4}$

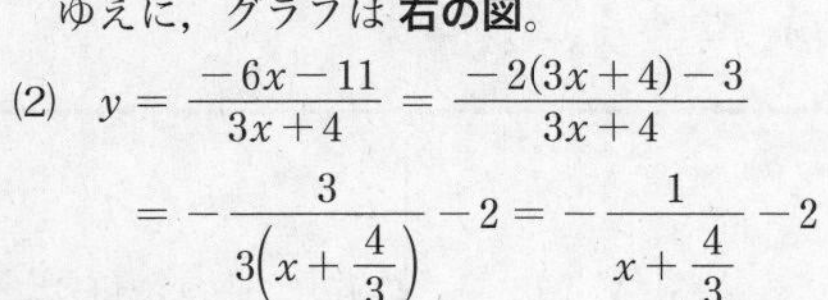

$=-\dfrac{3}{3\left(x+\dfrac{4}{3}\right)}-2=-\dfrac{1}{x+\dfrac{4}{3}}-2$

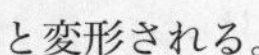

と変形される。

この関数のグラフは，$y=-\dfrac{1}{x}$ のグラフを x 軸方向に $-\dfrac{4}{3}$，y 軸方向に -2 だけ平行移動したものである。

よって，漸近線は 2 直線 $x=-\dfrac{4}{3}$，$y=-2$ である。

ゆえに，グラフは **右の図**。

◀分子の $-6x-11$ を分母の $3x+4$ で割ると
商 -2，余り -3

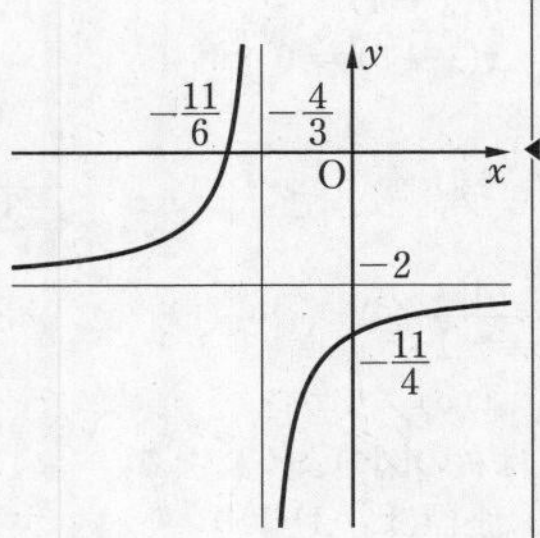

◀$x=0$ のとき $y=-\dfrac{11}{4}$
$y=0$ のとき
$\dfrac{-6x-11}{3x+4}=0$ となり
分子 $-6x-11=0$
よって $x=-\dfrac{11}{6}$

練習 2 分数関数 $y=\dfrac{ax+2}{x+b}$ のグラフは点 $(\sqrt{2},\ \sqrt{2})$ を通り，その漸近線の 1 つは直線 $y=2$ である。

(1) 定数 a，b の値を定めよ。

(2) この関数の定義域が $x \geqq -4$ であるとき，値域を求めよ。

(1) $y=\dfrac{ax+2}{x+b}$ を変形すると $y=\dfrac{2-ab}{x+b}+a$ …①

$ab \neq 2$ のときグラフの漸近線は 2 直線 $x=-b$，$y=a$

直線 $y=2$ がグラフの漸近線であるから $\boldsymbol{a=2}$ …②

グラフが点 $(\sqrt{2},\ \sqrt{2})$ を通るから

◀
$$\begin{array}{r} a \\ x+b\,\overline{)\,ax+2} \\ \underline{ax+ab} \\ 2-ab \end{array}$$
商 a，余り $2-ab$

$$\sqrt{2} = \frac{\sqrt{2}a+2}{\sqrt{2}+b}$$

② を代入すると　$\sqrt{2}(\sqrt{2}+b) = 2\sqrt{2}+2$

$$2+\sqrt{2}b = 2\sqrt{2}+2$$

$$\sqrt{2}b = 2\sqrt{2}$$

よって　$b=2$

これは $ab \neq 2$ を満たす。

よって　$\boldsymbol{b=2}$

(2)　① は　$y = \dfrac{-2}{x+2}+2$

よって，グラフは右の図。

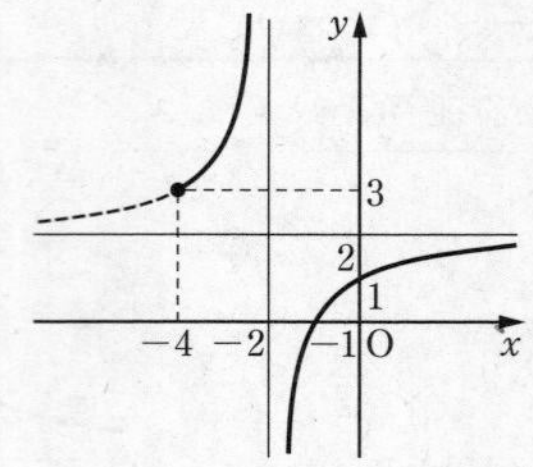

◀ $x=0$ のとき　$y=1$
$y=0$ のとき　$x=-1$

$x=-4$ のとき　$y=3$

定義域が $x \geqq -4$ であるとき，値域はグラフより

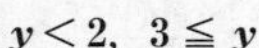

$\boldsymbol{y<2,\ 3 \leqq y}$

練習 3　次の方程式，不等式を解け。

(1)　$\dfrac{x+3}{x-1} = x-3$　　(2)　$\dfrac{x+3}{x-1} \leqq x-3$

---

(1)　$\dfrac{x+3}{x-1} = x-3$ より

$$x+3 = (x-3)(x-1)$$

◀ 両辺に $x-1$ を掛けて分母をはらう。

これを整理して　$x(x-5)=0$

よって　$\boldsymbol{x=0,\ 5}$

◀ $x \neq 1$ を満たす。

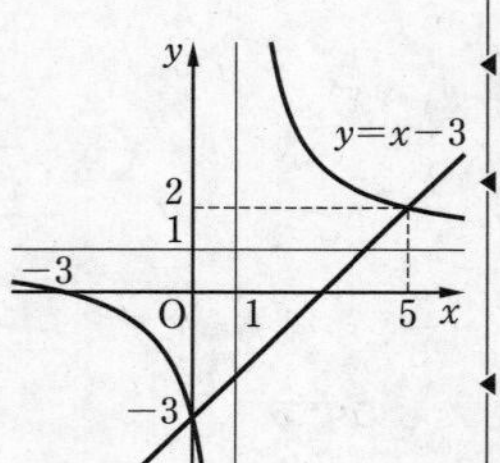

(2)　$y = \dfrac{x+3}{x-1}$ のグラフについて

$$y = \frac{x+3}{x-1} = \frac{4}{x-1}+1 \quad \cdots ①$$

◀ $x+3$ を $x-1$ で割ると商 1，余り 4 である。

と変形できるから，① のグラフと $y=x-3$ のグラフは右の図のようになる。

◀ ① のグラフの漸近線は 2 直線　$x=1$，$y=1$

◀ $x=0$ のとき　$y=-3$
$y=0$ のとき　$x=-3$

これらの共有点の x 座標は，(1) より

$$x=0,\ 5$$

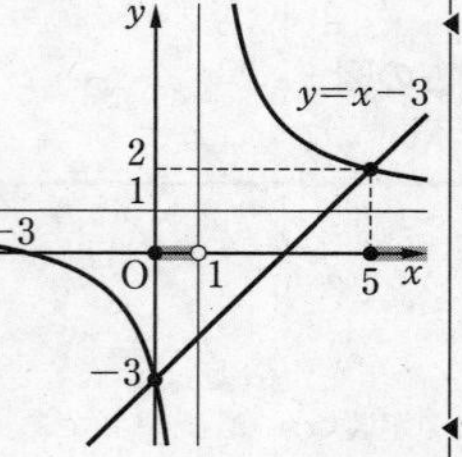

求める不等式の解は，$y = \dfrac{x+3}{x-1}$ のグラフが直線 $y=x-3$ より下側にある（共有点を含む）ような x の値の範囲であるから

$\boldsymbol{0 \leqq x < 1,\ 5 \leqq x}$

◀ $x=1$ を含まないことに注意する。

〔別解 1〕

両辺に $(x-1)^2$ を掛けると

$$(x+3)(x-1) \leqq (x-3)(x-1)^2$$

$$(x-1)\{(x-3)(x-1)-(x+3)\} \geqq 0$$

$$x(x-1)(x-5) \geqq 0$$

与式は $x \neq 1$ であるから，求める解は

$$0 \leqq x < 1,\ 5 \leqq x$$

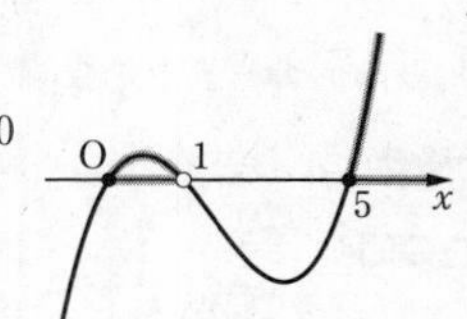

◀ 与式は $x \neq 1$ より $(x-1)^2>0$ であるから，不等号の向きは変わらない。

〔別解 2〕

(ア) $x-1>0$ のとき

(イ) $x-1<0$ のとき

と場合分けして考えてもよい。

1章 1 関数

練習 4 関数 $y=\dfrac{-2x-6}{x-3}$ のグラフと直線 $y=kx$ が共有点をもたないとき，定数 k の値の範囲を求めよ。 (麻布大)

2式を連立すると

$$\frac{-2x-6}{x-3}=kx \qquad \cdots ①$$

分母をはらって整理すると

$$kx^2+(2-3k)x+6=0 \ (x \neq 3) \qquad \cdots ①'$$

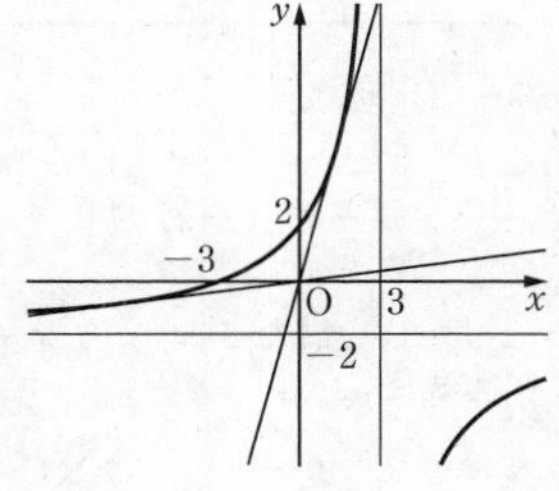

◀ $y=\dfrac{-2x-6}{x-3}$ $=-\dfrac{12}{x-3}-2$ より

漸近線は　$x=3,\ y=-2$

$x=3$ は①′を満たさないから，①と①′の解は一致し，2つのグラフの共有点の個数は，方程式①′の実数解の個数に等しい。

(ア) $k=0$ のとき

①′は1次方程式であり，実数解 $x=-3$ をもつから，不適。

(イ) $k \neq 0$ のとき

①′は2次方程式であり，その判別式を D とすると

$$D=(2-3k)^2-4\cdot k\cdot 6=9k^2-36k+4<0 \qquad \cdots ②$$

◀ 2つのグラフが共有点をもたないとき　$D<0$

$9k^2-36k+4=0$ の解は $k=\dfrac{6\pm4\sqrt{2}}{3}$ であるから，②を解くと

$$\frac{6-4\sqrt{2}}{3}<k<\frac{6+4\sqrt{2}}{3}$$

◀ これは $k \neq 0$ を満たす。

(ア)，(イ)より，求める k の値の範囲は　$\boldsymbol{\dfrac{6-4\sqrt{2}}{3}<k<\dfrac{6+4\sqrt{2}}{3}}$

練習 5 次の関数のグラフをかけ。

(1) $y=\sqrt{\dfrac{1}{2}x+1}$　　(2) $y=\sqrt{3-2x}$　　(3) $y=-\sqrt{4-2x}$

(1) $y=\sqrt{\dfrac{1}{2}x+1}=\sqrt{\dfrac{1}{2}(x+2)}$

このグラフは，$y=\sqrt{\dfrac{1}{2}x}$ のグラフを x 軸方向に -2 だけ平行移動したものである。

よって，グラフは **右の図**。

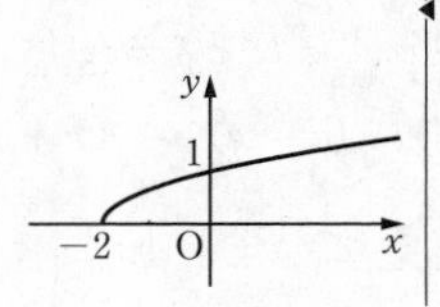

◀ 定義域は $\dfrac{1}{2}x+1 \geqq 0$ より $x \geqq -2$

(2) $y=\sqrt{3-2x}=\sqrt{-2\left(x-\dfrac{3}{2}\right)}$

このグラフは，$y=\sqrt{-2x}$ のグラフを x 軸方向に $\dfrac{3}{2}$ だけ平行移動したものである。

よって，グラフは **右の図**。

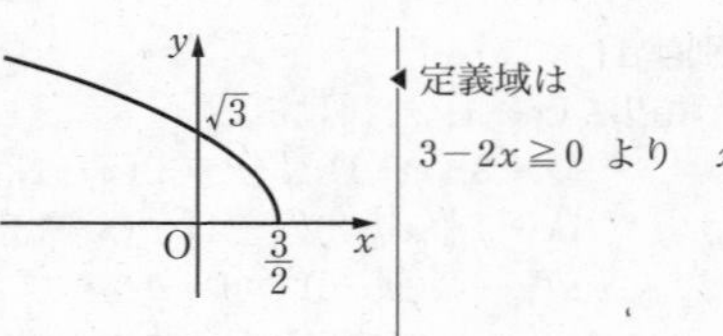

◀定義域は
$3-2x\geqq 0$ より　$x\leqq\dfrac{3}{2}$

(3) $y=-\sqrt{4-2x}=-\sqrt{-2(x-2)}$

このグラフは，$y=-\sqrt{-2x}$ のグラフを x 軸方向に 2 だけ平行移動したものである。

よって，グラフは **右の図**。

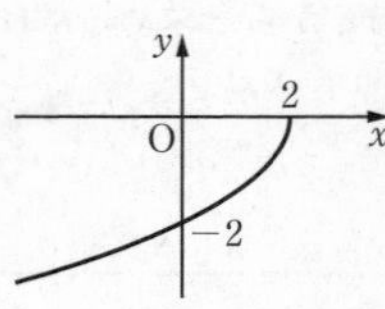

◀定義域は
$4-2x\geqq 0$ より　$x\leqq 2$
値域は　$y\leqq 0$ であることに注意する。

練習 6　次の方程式，不等式を解け。

(1) $-\sqrt{3-x}=-x+1$　　(2) $-\sqrt{3-x}>-x+1$

---

(1) $-\sqrt{3-x}=-x+1$ …① とおく。

①の両辺を 2 乗すると　　$3-x=(-x+1)^2$

$x^2-x-2=0$ より　　$(x+1)(x-2)=0$

よって　　$x=-1,\ 2$

これらのうち，$x=-1$ は①を満たさないが，$x=2$ は①を満たす。

ゆえに，求める方程式の解は　　$\boldsymbol{x=2}$

◀$-\sqrt{3-x}\leqq 0$ より
$-x+1\leqq 0$ であるから
$x\geqq 1$
よって，方程式①の解は
$x=2$ としてもよい。

(2) $y=-\sqrt{3-x}$

$=-\sqrt{-(x-3)}$　　…②

と $y=-x+1$ …③ のグラフの共有点の x 座標は，(1)より　　$x=2$

求める不等式の解は，②のグラフが③のグラフより上側にあるような x の値の範囲であるから　　$\boldsymbol{2<x\leqq 3}$

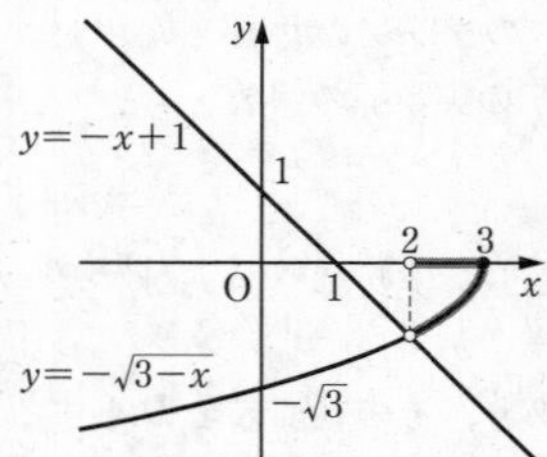

◀②のグラフは
$y=-\sqrt{-x}$ のグラフを x 軸方向に 3 だけ平行移動したものである。

練習 7　曲線 $y=\sqrt{4-2x}$ …① と直線 $y=-x+a$ …② の共有点の個数を調べよ。

---

①を変形すると

$y=\sqrt{4-2x}=\sqrt{-2(x-2)}$

また，$y=-x+a$ は傾きが -1 で y 切片が a の直線を表す。

(ア) 直線②が点 (2, 0) を通るとき

$a=2$

◀$y=-x+a$ に $x=2$，$y=0$ を代入して
$0=-2+a$
これより　$a=2$

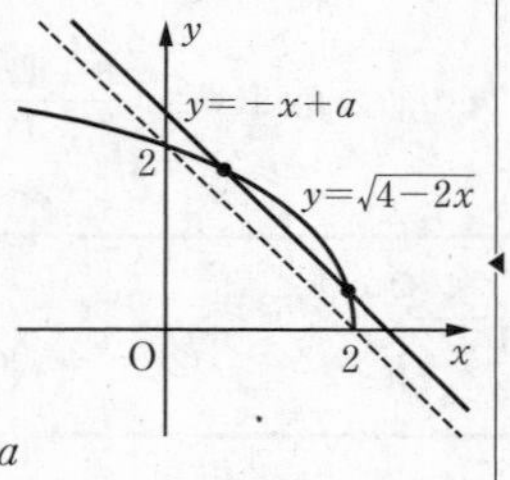

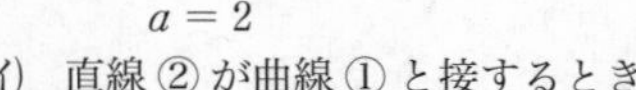
(イ) 直線②が曲線①と接するとき

①，②を連立すると　　$\sqrt{4-2x}=-x+a$

両辺を 2 乗して，整理すると　$x^2-2(a-1)x+(a^2-4)=0$　　…③

2 次方程式③の判別式を D とすると　　$D=0$

$\dfrac{D}{4}=(a-1)^2-(a^2-4)=-2a+5$

$-2a+5=0$ より　　$a=\dfrac{5}{2}$

このとき，③ は $x^2-3x+\frac{9}{4}=0$ となり，その解は　$x=\frac{3}{2}$

これは $x \leqq 2$ を満たす。

(ア)，(イ) と ①，② のグラフより，共有点の個数は

$$\begin{cases} 2 \leqq a < \frac{5}{2} \text{ のとき} & 2\text{個} \\ a<2,\ a=\frac{5}{2} \text{ のとき} & 1\text{個} \\ \frac{5}{2}<a \text{ のとき} & 0\text{個} \end{cases}$$

◀ ③ の解が $y=\sqrt{4x-2}$ の定義域内にあるか確かめる。

練習 8　次の方程式を解け。

(1) $\frac{1}{x^2-1}+\frac{1}{x^2-4x+3}=1$　　(2) $\sqrt{x+3}-\sqrt{2-x}=1$

(1) $\frac{1}{x^2-1}+\frac{1}{x^2-4x+3}=1$ より

$$\frac{1}{(x+1)(x-1)}+\frac{1}{(x-1)(x-3)}=1 \quad \cdots ①$$

$(x+1)(x-1) \neq 0$，$(x-1)(x-3) \neq 0$ であるから　$x \neq \pm 1,\ 3$

① の分母をはらうと

$$(x-3)+(x+1)=(x+1)(x-1)(x-3)$$

これより　$x^3-3x^2-3x+5=0$

$(x-1)(x^2-2x-5)=0$ となり　$x=1,\ 1\pm\sqrt{6}$

$x \neq \pm 1,\ 3$ より　$\boldsymbol{x=1\pm\sqrt{6}}$

◀ 分母 $(x+1)(x-1)$ と $(x-1)(x-3)$ の最小公倍数は $(x+1)(x-1)(x-3)$

◀ $x=1$ は分母が 0 となるから不適。

(2) 与式は　$\sqrt{x+3}=\sqrt{2-x}+1$

両辺を 2 乗すると　$x+3=(2-x)+2\sqrt{2-x}+1$

よって　$\sqrt{2-x}=x$

両辺を 2 乗すると　$2-x=x^2$

$x^2+x-2=0$ より　$(x+2)(x-1)=0$

ゆえに　$x=-2,\ 1$

$x=1$ は与式を満たすが，$x=-2$ は与式を満たさない。

したがって　$\boldsymbol{x=1}$

与式の左辺は $x=-2$ のとき $\sqrt{1}-\sqrt{4}=-1$

◀ $x=1$ のとき $\sqrt{4}-\sqrt{1}=1$

練習 9　次の関数の逆関数を求め，その定義域を求めよ。

(1) $y=-2\sqrt{1-x}$　$(x \leqq 1)$　　(2) $y=\frac{1-x}{x+1}$　　(3) $y=2\log_2 x$

(1) 値域は　$y \leqq 0$

与えられた式を x について解くと

$$x=-\frac{1}{4}y^2+1$$

x と y を入れかえると，求める逆関数は

$$\boldsymbol{y=-\frac{1}{4}x^2+1}$$

その定義域は　$\boldsymbol{x \leqq 0}$

◀ $y=-2\sqrt{1-x}$ の両辺を 2 乗すると $y^2=4(1-x)$

よって　$x=-\frac{1}{4}y^2+1$

(2) $y = \dfrac{2}{x+1} - 1$ と変形できるから，値域は　$y \neq -1$

与えられた式を x について解くと，$y \neq -1$ の範囲で

$$x = \frac{-y+1}{y+1}$$

x と y を入れかえると，求める逆関数は

$$\boldsymbol{y = \frac{-x+1}{x+1}}$$

その定義域は　　$\boldsymbol{x \neq -1}$

◀グラフの漸近線は
$x = -1$，$y = -1$

◀$y(x+1) = 1 - x$ より
$x(y+1) = -y+1$
$y \neq -1$ より
$x = \dfrac{-y+1}{y+1}$

(3) 値域は実数全体である。

$y = 2\log_2 x$ を x について解くと

$$x = 2^{\frac{y}{2}}$$

x と y を入れかえると，求める逆関数は

$$\boldsymbol{y = 2^{\frac{x}{2}}}$$

その定義域は　　**実数全体**

◀$\dfrac{y}{2} = \log_2 x \Longleftrightarrow x = 2^{\frac{y}{2}}$

◀$y = \sqrt{2^x}$ としてもよい。

練習 10　$f(x) = \sqrt{x+6}$ とするとき，$y = f(x)$ と $y = f^{-1}(x)$ のグラフの共有点の x 座標を求めよ。

$y = \sqrt{x+6}$ …① の定義域は $x \geqq -6$ であり，値域は　$y \geqq 0$

① の両辺を 2 乗すると　　$y^2 = x + 6$

x について解くと　　$x = y^2 - 6$

x と y を入れかえると，① の逆関数は　　$y = f^{-1}(x) = x^2 - 6$　…②

その定義域は　　$x \geqq 0$

① と ② を連立すると　　$\sqrt{x+6} = x^2 - 6$　…③

$x^2 - 6 \geqq 0$ より

$x \leqq -\sqrt{6}$，$\sqrt{6} \leqq x$　…④

③ の両辺を 2 乗すると　　$x + 6 = (x^2 - 6)^2$

$x^4 - 12x^2 - x + 30 = 0$

$(x-3)(x+2)(x^2 + x - 5) = 0$

よって　　$x = 3,\ -2,\ \dfrac{-1 \pm \sqrt{21}}{2}$

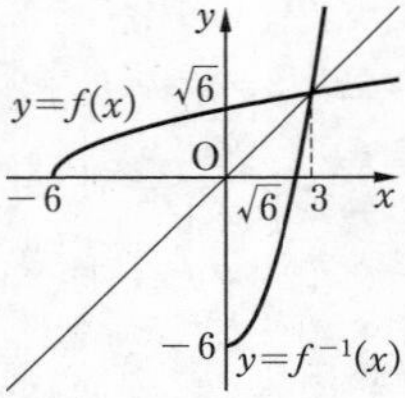

$y = f(x)$ と $y = f^{-1}(x)$ の定義域および ④ より　$\sqrt{6} \leqq x$

よって，求める共有点の x 座標は　　$\boldsymbol{x = 3}$

◀この値域が逆関数の定義域になる。

◀$\sqrt{f(x)} = g(x)$
$\Longleftrightarrow f(x) = \{g(x)\}^2$ かつ $g(x) \geqq 0$

◀

3	1	0	−12	−1	30
+)		3	9	−9	−30
−2	1	3	−3	−10	0
+)		−2	−2	10	
	1	1	−5	0	

◀$16 < 21 < 25$ より
$4 < \sqrt{21} < 5$
よって
$\dfrac{-1+\sqrt{21}}{2} < 2 < \sqrt{6} < 3$

〔別解〕

$y = f(x)$ と $y = f^{-1}(x)$ のグラフは直線 $y = x$ に関して対称であり，これらのグラフの共有点は右上の図より明らかに直線 $y = x$ 上のみにある。

よって，共有点の x 座標は　　$\sqrt{x+6} = x$

このとき　　$x \geqq 0$　…⑤

両辺を 2 乗すると　　$x + 6 = x^2$　すなわち　$x^2 - x - 6 = 0$

⑤ より　　$x = 3$

◀一般に，共有点が直線 $y = x$ 上にしかないとは限らない。

練習 11　関数 $y = ax + b$ が逆関数をもつとき，その逆関数を求めよ。また，その逆関数がもとの関数と一致するとき，定数 a，b の値を求めよ。

$a=0$ のとき，$y=b$ となり，逆関数をもたない。

よって，$a \neq 0$ であり，与式を変形すると　　$x=\dfrac{y-b}{a}$

x と y を入れかえると，求める逆関数は　　$\boldsymbol{y=\dfrac{x}{a}-\dfrac{b}{a}}$

また，これがもとの関数と一致するとき　　$ax+b=\dfrac{x}{a}-\dfrac{b}{a}$　　◀ x についての恒等式

係数を比較すると　　$a=\dfrac{1}{a}$，$b=-\dfrac{b}{a}$

$a^2=1$ より　　$a=\pm1$　　◀ $a \neq 0$ を満たす。

$a=1$ のとき，$b=-b$ となり　　$b=0$　　◀ $y=x$

$a=-1$ のとき，$b=b$ となり　　b は任意　　◀ $y=-x+b$ (b は任意)

したがって　$\begin{cases}\boldsymbol{a=1}\\ \boldsymbol{b=0}\end{cases}$ **または** $\begin{cases}\boldsymbol{a=-1}\\ \boldsymbol{b} \textbf{ は任意}\end{cases}$

練習 12　$f(x)=3^x$，$g(x)=\log_3|x|$，$h(x)=x^2$ とするとき，次の合成関数を求めよ。
(1) $g(3f(x))$　(2) $f(3g(x))$　(3) $(f\circ g)(x)$
(4) $(g\circ f)(x)$　(5) $(h\circ(g\circ f))(x)$　(6) $((h\circ g)\circ f)(x)$

(1) $g(3f(x))=g(3\cdot3^x)=g(3^{x+1})=\log_3|3^{x+1}|=\log_3 3^{x+1}=\boldsymbol{x+1}$

(2) $f(3g(x))=f(3\log_3|x|)=3^{3\log_3|x|}=(3^{\log_3|x|})^3=\boldsymbol{|x|^3}$ **$(x \neq 0)$**

(3) $(f\circ g)(x)=f(g(x))=f(\log_3|x|)=3^{\log_3|x|}=\boldsymbol{|x|}$ **$(x \neq 0)$**

(4) $(g\circ f)(x)=g(f(x))=g(3^x)=\log_3|3^x|=\log_3 3^x=\boldsymbol{x}$

(5) $(h\circ(g\circ f))(x)=h((g\circ f)(x))=h(x)=\boldsymbol{x^2}$

(6) $((h\circ g)\circ f)(x)=(h\circ g)(f(x))=(h\circ g)(3^x)$
$=h(g(3^x))=h(\log_3|3^x|)=h(x)=\boldsymbol{x^2}$

◀ $3^{x+1}>0$ であるから $|3^{x+1}|=3^{x+1}$

◀ $3^{\log_3|x|}=N$ とおくと $\log_3|x|=\log_3 N$ となり　$|x|=N$
よって　$3^{\log_3|x|}=|x|$

練習 13　定数 a に対して，$f(x)=x^2-2ax+a^2-1$，$g(x)=x^2+2ax+3a+4$ とする。このとき，$f(g(x))>0$ がすべての実数 x に対して成り立つような a の値の範囲を求めよ。

$f(g(x))>0$ …① とおくと

$\{g(x)\}^2-2ag(x)+a^2-1>0$

$\{g(x)\}^2-2ag(x)+(a+1)(a-1)>0$

$\{g(x)-(a+1)\}\{g(x)-(a-1)\}>0$

よって，すべての実数 x に対して ① が成り立つための条件は，すべての実数 x に対して

$g(x)<a-1$ …②　または　$a+1<g(x)$ …③

が成り立つことである。

ただし，$g(x)$ は 2 次関数であるから，②，③ のいずれか一方のみが成り立つ。

(ア) $y=g(x)$ のグラフは下に凸の放物線であるから，すべての実数 x に対して ② となることはない。◀

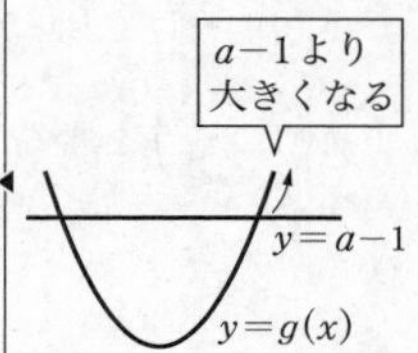

(イ) すべての実数 x に対して ③ となるとき

③ は　$a+1<x^2+2ax+3a+4$

$x^2+2ax+2a+3>0$　　…④

④ がすべての実数 x に対して成り立つための条件は，2次方程式 $x^2+2ax+2a+3=0$ の判別式を D とすると　　$D<0$

$$\frac{D}{4}=a^2-2a-3=(a+1)(a-3)$$

$(a+1)(a-3)<0$ より　　$-1<a<3$

したがって，求める a の値の範囲は　　$\boldsymbol{-1<a<3}$

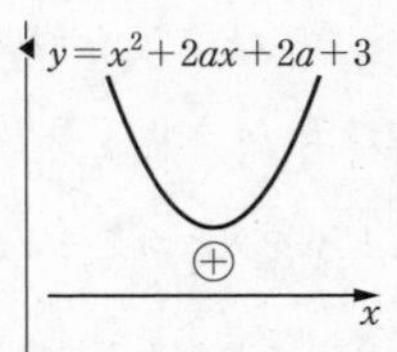

p.34　問題編 1　関数

> 問題 1　関数 $y=\dfrac{4x+3}{2-3x}$ のグラフをかけ。

$$y=\frac{4x+3}{2-3x}=-\frac{\frac{4}{3}(3x-2)+\frac{17}{3}}{3x-2}=-\frac{17}{9\left(x-\frac{2}{3}\right)}-\frac{4}{3}$$

と変形される。

この関数のグラフは，$y=-\dfrac{17}{9x}$ のグラフを x 軸方向に $\dfrac{2}{3}$，y 軸方向に $-\dfrac{4}{3}$ だけ平行移動したものである。

よって，漸近線は2直線 $x=\dfrac{2}{3}$，$y=-\dfrac{4}{3}$ である。

ゆえに，グラフは **右の図**。

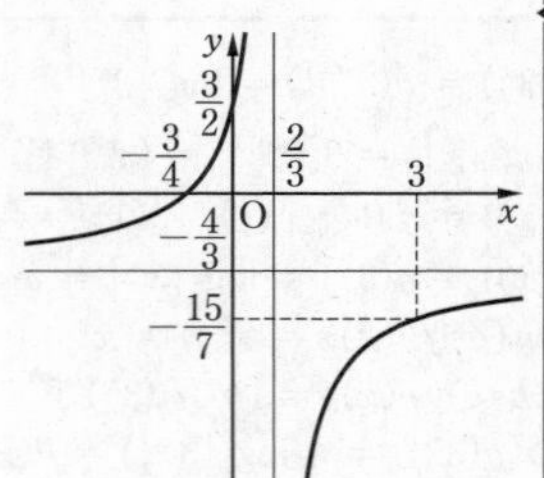

◀ 分子の $4x+3$ を分母の $3x-2$ で割ると
商 $\dfrac{4}{3}$，余り $\dfrac{17}{3}$

◀ $x=0$ のとき　$y=\dfrac{3}{2}$
$y=0$ のとき
$\dfrac{4x+3}{2-3x}=0$ となり
分子 $4x+3=0$
よって　$x=-\dfrac{3}{4}$

> 問題 2　漸近線の1つが直線 $y=2$ であり，2点 $(0,\ -1)$，$\left(1,\ \dfrac{1}{2}\right)$ を通る直角双曲線をグラフにもつ関数 $y=f(x)$ について
> (1)　$f(x)$ を求めよ。
> (2)　$f(x)$ の定義域が次のとき，それぞれ値域を求めよ。
> (ア)　$x\leqq-2$　　(イ)　$-2<x<0$　　(ウ)　$x\geqq0$

(1)　直角双曲線の漸近線の1つが，直線 $y=2$ であるから，

$f(x)=\dfrac{b}{x-a}+2$ とおける。

点 $(0,\ -1)$ を通るから　　$-1=-\dfrac{b}{a}+2$　　◀ $3a-b=0$

点 $\left(1,\ \dfrac{1}{2}\right)$ を通るから　　$\dfrac{1}{2}=\dfrac{b}{1-a}+2$　　◀ $3a-2b-3=0$

これらを連立して解くと　　$a=-1$, $b=-3$
したがって，求める関数は

$$f(x)=-\frac{3}{x+1}+2$$

(2)　$y=f(x)$ のグラフは右の図のようになり，$x=-2$ のとき　$y=5$
　　$x=0$ のとき　　$y=-1$
よって，値域は次のようになる。
　(ア)　$2<y\leqq 5$
　(イ)　$y<-1$, $5<y$
　(ウ)　$-1\leqq y<2$

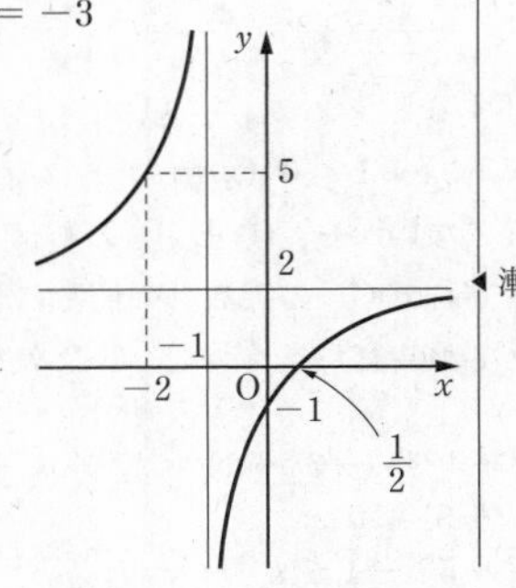

◀漸近線の方程式は
　$x=-1$, $y=2$

問題 **3**　次の方程式，不等式を解け。
(1)　$\dfrac{2x-4}{x-1}=2-x$　　　　(2)　$\dfrac{2x-4}{x-1}\geqq 2-x$

(1)　$\dfrac{2x-4}{x-1}=2-x$ より　　$2x-4=(2-x)(x-1)$
これを整理して　　$(x+1)(x-2)=0$
よって　　$x=-1$, 2

◀両辺に $x-1$ を掛けて分母をはらう。
◀$x\neq 1$ を満たす。

(2)　$y=\dfrac{2x-4}{x-1}$ のグラフについて

$$y=\frac{2x-4}{x-1}=\frac{-2}{x-1}+2 \quad \cdots ①$$

と変形できるから，① のグラフと $y=2-x$ のグラフは右の図のようになる。
これらの共有点の x 座標は，(1) より
　$x=-1$, 2
求める不等式の解は，$y=\dfrac{2x-4}{x-1}$ のグラフが直線 $y=2-x$ より上側にある (共有点を含む) ような x の値の範囲であるから　　$-1\leqq x<1$, $2\leqq x$

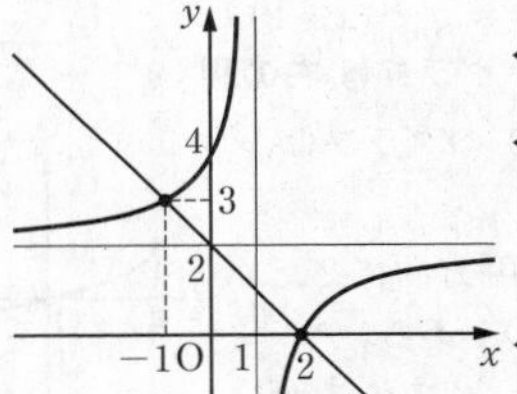

◀$2x-4$ を $x-1$ で割ると商 2，余り -2 である。
◀① のグラフの漸近線は 2 直線　$x=1$, $y=2$

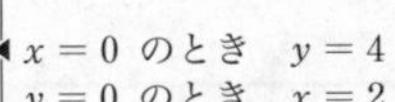

◀$x=0$ のとき　$y=4$
　$y=0$ のとき　$x=2$

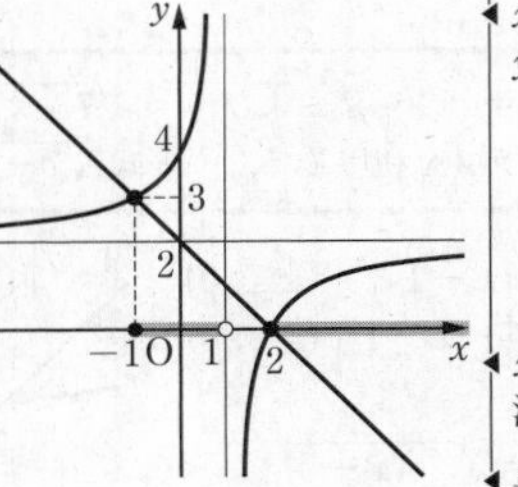

◀$x=1$ を含まないことに注意する。

〔別解〕
両辺に $(x-1)^2$ を掛けると
$(2x-4)(x-1)\geqq(2-x)(x-1)^2$
$(x-1)\{(2-x)(x-1)-(2x-4)\}\leqq 0$
$(x-1)(x^2-x-2)\geqq 0$
$(x+1)(x-1)(x-2)\geqq 0$
与式は $x\neq 1$ であるから，求める解は
　$-1\leqq x<1$, $2\leqq x$

◀与式は $x\neq 1$ より $(x-1)^2>0$ であるから，不等号の向きは変わらない。

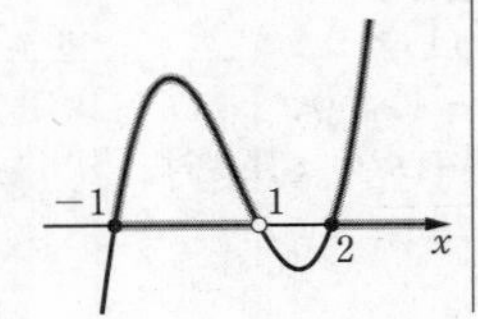

問題 **4**　関数 $y=\dfrac{1}{x-k}+2$ のグラフと直線 $y=-x-1$ が共有点をもつような定数 k の値の範囲を求めよ。

2式を連立すると　$\dfrac{1}{x-k}+2=-x-1$　$\cdots$①

分母をはらって整理すると

$$x^2+(3-k)x-3k+1=0\ (x \neq k) \quad \cdots ①'$$

$x=k$ は①′を満たさないから，①と①′の解は一致し，2つのグラフの共有点の個数は，方程式①′の実数解の個数に等しい。

よって，2つのグラフが共有点をもつとき，2次方程式①′の判別式を D とすると　$D \geqq 0$

$$D=(3-k)^2-4\cdot1\cdot(-3k+1)=k^2+6k+5$$

ゆえに　$(k+1)(k+5) \geqq 0$

したがって　$\boldsymbol{k \leqq -5,\ -1 \leqq k}$

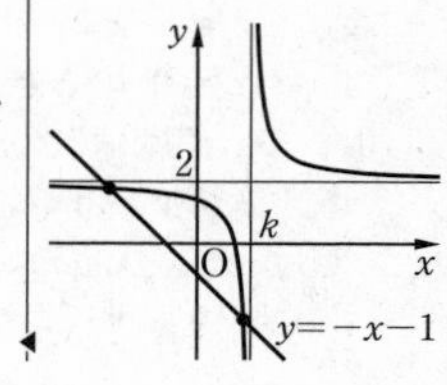

問題 5　次の関数のグラフをかけ。

(1)　$y=\sqrt{|x-2|}\ (-4 \leqq x \leqq 4)$　　(2)　$y=-\sqrt{x+4}+2\ (-4 \leqq x \leqq 12)$

(1)　$y=\sqrt{|x-2|}$ は

$x \geqq 2$ のとき　$y=\sqrt{x-2}$

$x < 2$ のとき　$y=\sqrt{-(x-2)}$

$-4 \leqq x \leqq 4$ より，グラフは **右の図**。

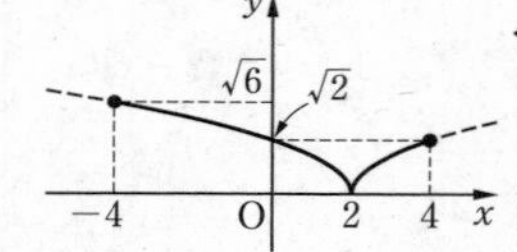

◀ $|x-2|$ は
$x \geqq 2$ のとき　$x-2$
$x<2$ のとき　$-(x-2)$

(2)　$y=-\sqrt{x+4}+2$ のグラフは

$y=-\sqrt{x}$ のグラフを

x 軸方向に -4，y 軸方向に2だけ平行移動したものである。

$-4 \leqq x \leqq 12$ より，グラフは **右の図**。

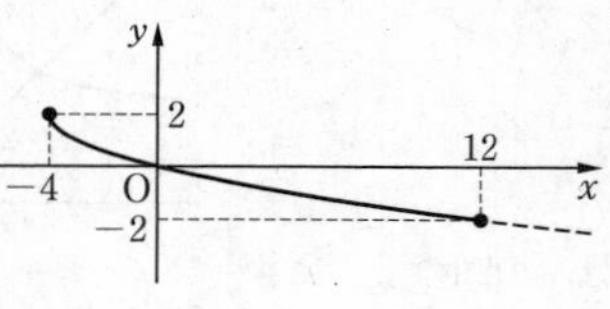

◀ 関数 $y=-\sqrt{x+4}+2$ の定義域は
$x+4 \geqq 0$ より　$x \geqq -4$
値域は　$\sqrt{x+4}=2-y$
$2-y \geqq 0$ より　$y \leqq 2$

問題 6　(1)　関数 $y=|x|-1$ および $y=\sqrt{7-x}$ のグラフをかけ。

(2)　(1)のグラフを利用して，不等式 $\sqrt{7-x}>|x|-1$ を解け。

(1)　$y=|x|-1=\begin{cases} x-1 & (x \geqq 0) \\ -x-1 & (x<0) \end{cases}$

また

$$y=\sqrt{7-x}=\sqrt{-(x-7)}$$

よって，グラフは **右の図**。

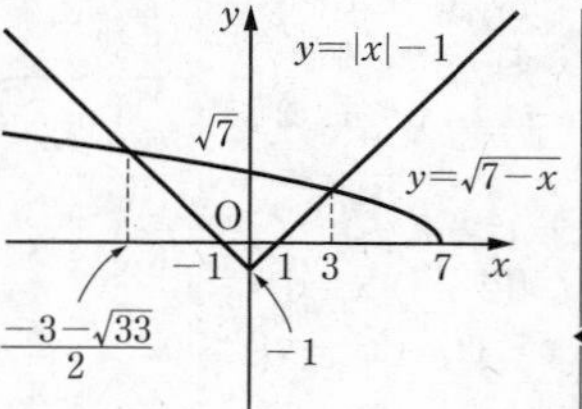

(2)　(ア)　$0 \leqq x \leqq 7$ のとき

$y=|x|-1=x-1$ より，

2つのグラフの共有点の x 座標は

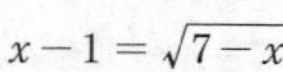

$$x-1=\sqrt{7-x}$$

両辺を2乗すると

$$(x-1)^2=7-x$$

$$(x+2)(x-3)=0$$

$0 \leqq x \leqq 7$ より　$x=3$

(イ)　$x<0$ のとき

$y=|x|-1=-x-1$ より，2つのグラフの共有点の x 座標は

◀ $|x|=\begin{cases} x & (x \geqq 0) \\ -x & (x<0) \end{cases}$
であるから，場合分けして考える。また，
$y=\sqrt{7-x}$ の定義域が $x \leqq 7$ であることに注意する。

◀ $x=3$ は，もとの方程式
$x-1=\sqrt{7-x}$
を満たす。

$$-x-1=\sqrt{7-x}$$

両辺を 2 乗すると

$$(-x-1)^2=7-x$$

$$x^2+3x-6=0$$

$x<0$ より　　$x=\dfrac{-3-\sqrt{33}}{2}$

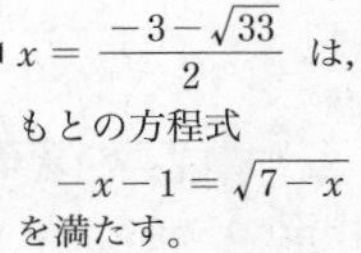

◀ $x=\dfrac{-3-\sqrt{33}}{2}$ は，もとの方程式 $-x-1=\sqrt{7-x}$ を満たす。

(ア), (イ) より，2 つのグラフの共有点の x 座標は　　$x=3,\ \dfrac{-3-\sqrt{33}}{2}$

したがって，グラフより求める不等式の解は，$y=\sqrt{7-x}$ のグラフが $y=|x|-1$ のグラフより上側にあるような x の値の範囲であるから

$$\boldsymbol{\frac{-3-\sqrt{33}}{2}<x<3}$$

問題 **7**　曲線 $y=-\sqrt{3x+3}$ …① と直線 $y=ax-2$ …② の共有点の個数を求めよ。

---

① を変形すると

$$y=-\sqrt{3x+3}=-\sqrt{3(x+1)}$$

また，$y=ax-2$ は定点 $(0,\ -2)$ を通り，傾き a の直線を表す。

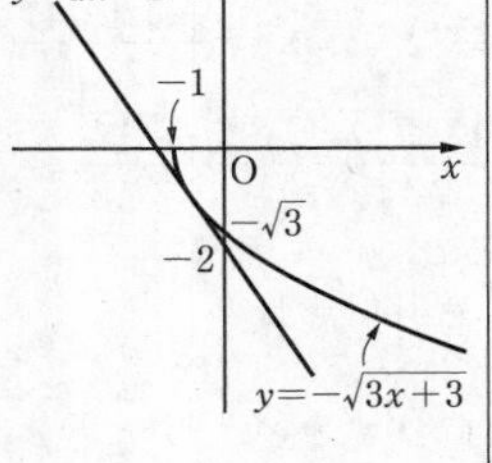

$a\geqq 0$ のとき，グラフより共有点は 1 個

$a<0$ のとき，①，② を連立すると

$$-\sqrt{3x+3}=ax-2$$

両辺を 2 乗して，整理すると

$$a^2x^2-(4a+3)x+1=0\quad\cdots③$$

◀ $a<0$ より $a^2\neq 0$ であるから，③ は必ず 2 次方程式であることに注意する。

2 次方程式 ③ の判別式を D とすると

$$D=(4a+3)^2-4a^2=12a^2+24a+9=3(2a+3)(2a+1)$$

$D=0$ のとき　　$a=-\dfrac{3}{2},\ -\dfrac{1}{2}$

◀ 曲線 ① と直線 ② が 1 点で接するときの a の値を求める。

また，直線 ② が点 $(-1,\ 0)$ を通るとき，$0=a\cdot(-1)-2$ より

$$a=-2$$

したがって，グラフより，共有点の個数は

$$\begin{cases}-2\leqq a<-\dfrac{3}{2},\ -\dfrac{1}{2}<a<0\ \text{のとき} & \text{共有点 2 個}\\ a<-2,\ a=-\dfrac{3}{2},\ a=-\dfrac{1}{2},\ 0\leqq a\ \text{のとき} & \text{共有点 1 個}\\ -\dfrac{3}{2}<a<-\dfrac{1}{2}\ \text{のとき} & \text{共有点 0 個}\end{cases}$$

問題 **8**　次の方程式を解け。

(1)　$\dfrac{x-1}{x+1}+\dfrac{x-5}{x-7}=\dfrac{x+1}{x+3}+\dfrac{x-3}{x-5}$　　(2)　$x+1=\sqrt{x+5+4\sqrt{x+1}}$

---

(1)　$x+1\neq 0,\ x-7\neq 0,\ x+3\neq 0,\ x-5\neq 0$ であるから

$$x\neq -3,\ -1,\ 5,\ 7$$

◀ (分母) $\neq 0$

$\dfrac{x-1}{x+1}+\dfrac{x-5}{x-7}=\dfrac{x+1}{x+3}+\dfrac{x-3}{x-5}$ より

$$\left(1-\frac{2}{x+1}\right)+\left(1+\frac{2}{x-7}\right)=\left(1-\frac{2}{x+3}\right)+\left(1+\frac{2}{x-5}\right)$$

◀帯分数式化する。

$$\frac{1}{x-7}-\frac{1}{x+1}=\frac{1}{x-5}-\frac{1}{x+3}$$

$$\frac{1}{(x-7)(x+1)}=\frac{1}{(x-5)(x+3)}$$

◀ $\dfrac{8}{(x-7)(x+1)}=\dfrac{8}{(x-5)(x+3)}$

両辺の分母をはらうと　$(x-5)(x+3)=(x-7)(x+1)$

展開して整理すると　$x=2$

したがって　$\boldsymbol{x=2}$

◀これは $x \neq -3,\ -1,\ 5,\ 7$ を満たす。

(2)　$x+1=\sqrt{x+5+4\sqrt{x+1}}$　$\cdots$①

$x+1 \geqq 0$ より　$x \geqq -1$　$\cdots$②

① の両辺を 2 乗すると

$$x^2+2x+1=x+5+4\sqrt{x+1}$$

$$x^2+x-4=4\sqrt{x+1} \quad \cdots ③$$

③ より　$x^2+x-4 \geqq 0$

$x^2+x-4=0$ を解くと　$x=\dfrac{-1\pm\sqrt{17}}{2}$

よって　$x \leqq \dfrac{-1-\sqrt{17}}{2},\ \dfrac{-1+\sqrt{17}}{2} \leqq x$　$\cdots$④

◀ $16<17<25$ より $4<\sqrt{17}<5$ よって $\dfrac{3}{2}<\dfrac{-1+\sqrt{17}}{2}<2$, $-3<\dfrac{-1-\sqrt{17}}{2}<-\dfrac{5}{2}$

③ の両辺を 2 乗すると

$$(x^2+x-4)^2=16(x+1)$$

整理すると　$x^4+2x^3-7x^2-24x=0$

$$x(x-3)(x^2+5x+8)=0$$

◀ 組立除法

3	1	2	−7	−24
+		3	15	24
	1	5	8	0

x は実数であるから　$x=0,\ 3$

②, ④ より　$\boldsymbol{x=3}$

〔別解〕

$$\sqrt{x+5+4\sqrt{x+1}}=\sqrt{(x+1)+4+2\sqrt{(x+1)\cdot 4}}$$

$$=\sqrt{x+1}+\sqrt{4}=\sqrt{x+1}+2$$

◀二重根号を外す。$\sqrt{a+b+2\sqrt{ab}}=\sqrt{a}+\sqrt{b}$

であるから，方程式は $x+1=\sqrt{x+1}+2$ より

$$x-1=\sqrt{x+1} \quad \cdots ①$$

◀(右辺) $\geqq 0$ より (左辺) $=x-1 \geqq 0$ よって $x \geqq 1$

$x-1 \geqq 0$ より　$x \geqq 1$

① の両辺を 2 乗すると　$(x-1)^2=x+1$

$x(x-3)=0$ となり　$x=0,\ 3$

$x \geqq 1$ であるから　$x=3$

問題 9　次の関数の逆関数を求めよ。

(1)　$y=\dfrac{x}{2}-\dfrac{1}{x}\quad (x>0)$　　(2)　$y=\dfrac{2^x-2^{-x}}{2}$

(1)　$x>0$ より，両辺に $2x$ を掛けて整理すると

$$x^2-2xy-2=0 \quad \cdots ①$$

① を x について解くと　$x=y\pm\sqrt{y^2+2}$

$x>0$ より　$x=y+\sqrt{y^2+2}$

◀ $\sqrt{y^2+2}>y$

x と y を入れかえると，求める逆関数は

$$\boldsymbol{y=x+\sqrt{x^2+2}}$$

(2) $y=\dfrac{2^x-2^{-x}}{2}$ の両辺に $2\cdot2^x$ (>0) を掛けて整理すると

$$(2^x)^2-2y2^x-1=0$$

$2^x=t$ とおくと　$t>0,\ t^2-2yt-1=0$　…①

① を解くと　$t=y\pm\sqrt{y^2+1}$

$t=2^x>0$ より　$2^x=y+\sqrt{y^2+1}$

◀ $\sqrt{y^2+1}>y$

両辺の 2 を底とする対数をとると　$x=\log_2(y+\sqrt{y^2+1})$

x と y を入れかえると，求める逆関数は

$$\boldsymbol{y=\log_2(x+\sqrt{x^2+1})}$$

問題 10 $f(x)=2\sqrt{-x+4}$ とする。
(1) $y=f(x)$ と $y=f^{-1}(x)$ のグラフの共有点の x 座標を求めよ。
(2) 不等式 $f(x)>f^{-1}(x)$ を解け。

(1) $y=2\sqrt{-x+4}$ …① の値域は　$y\geqq0$

◀ 2 つのグラフの共有点が直線 $y=x$ 上のみに存在するといえないことに注意する。

定義域は，$-x+4\geqq0$ より　$x\leqq4$　…②

① の両辺を 2 乗すると　$y^2=4(-x+4)$

x について解くと　$x=-\dfrac{1}{4}y^2+4$

x と y を入れかえると，① の逆関数は

$$y=f^{-1}(x)=-\frac{1}{4}x^2+4 \quad \cdots③$$

その定義域は　$x\geqq0$　…④

①，③ を連立して y を消去すると

$$2\sqrt{-x+4}=-\frac{1}{4}x^2+4 \quad \cdots⑤$$

$-\dfrac{1}{4}x^2+4\geqq0$ より

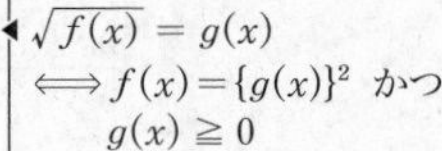
◀ $\sqrt{f(x)}=g(x)$
$\iff f(x)=\{g(x)\}^2$ かつ $g(x)\geqq0$

$$-4\leqq x\leqq4 \quad \cdots⑥$$

⑤ の両辺を 2 乗すると

$$4(-x+4)=\left(-\frac{1}{4}x^2+4\right)^2$$

整理すると

$$x^4-32x^2+64x=0$$
$$x(x-4)(x^2+4x-16)=0$$

よって　$x=0,\ 4,\ -2\pm2\sqrt{5}$

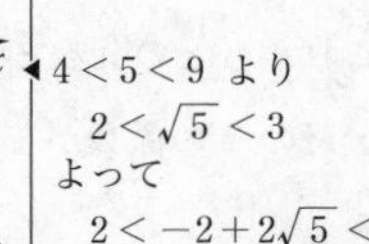
◀ $4<5<9$ より
$2<\sqrt{5}<3$
よって
$2<-2+2\sqrt{5}<4$

②，④，⑥ より，求める共有点の x 座標は　$\boldsymbol{x=0,\ -2+2\sqrt{5},\ 4}$

(2) 不等式 $f(x)>f^{-1}(x)$ を満たす解は，右上の図において，$y=f(x)$ のグラフが $y=f^{-1}(x)$ のグラフの上側にある（共有点を除く）ような x の値の範囲であるから

$$\boldsymbol{-2+2\sqrt{5}<x<4}$$

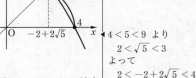

問題 **11** 関数 $y=\dfrac{ax+b}{cx+d}$ が逆関数をもつとき，その逆関数を求めよ。また，その逆関数がもとの関数と一致するとき，定数 a，b，c，d の満たすべき条件を求めよ。

(ア) $c=0$ のとき

$d\neq 0$ であり　$y=\dfrac{ax+b}{d}$

◀ $c=0$ のときは分数関数ではないことに注意する。

よって，逆関数をもつとき $a\neq 0$ であり，変形すると

$$x=\frac{dy-b}{a}$$

x と y を入れかえると，逆関数は　$y=\dfrac{d}{a}x-\dfrac{b}{a}$

これがもとの関数と一致するとき　$\dfrac{d}{a}=\dfrac{a}{d}$，$-\dfrac{b}{a}=\dfrac{b}{d}$

$\dfrac{d}{a}=\dfrac{a}{d}$ より　$d=\pm a$

$d=a$ のとき　$b=0$

◀ $y=x$

$d=-a$ のとき　b は任意

◀ $y=-x-\dfrac{b}{a}$

(イ) $c\neq 0$ のとき

変形すると　$y=\dfrac{b-\dfrac{ad}{c}}{cx+d}+\dfrac{a}{c}$　…①

◀ $ax+b$
$=\dfrac{a}{c}(cx+d)-\dfrac{ad}{c}+b$

逆関数をもつとき　$b-\dfrac{ad}{c}\neq 0$

すなわち　$bc-ad\neq 0$　…②

このとき，この分数関数の値域は　$y\neq\dfrac{a}{c}$

よって，① をさらに変形すると

$$(cy-a)(cx+d)=bc-ad$$

$y\neq\dfrac{a}{c}$ より $cy-a\neq 0$ であるから　$cx+d=\dfrac{bc-ad}{cy-a}$

$$cx=\frac{bc-ad}{cy-a}-d$$

ここで　(右辺)$=\dfrac{bc-ad-cdy+ad}{cy-a}=\dfrac{-cdy+bc}{cy-a}$

ゆえに　$x=\dfrac{-dy+b}{cy-a}$

◀ $y=\dfrac{ax+b}{cx+d}$ より
$y(cx+d)=ax+b$
$(cy-a)x=-dy+b$
$cy-a\neq 0$ より
$x=\dfrac{-dy+b}{cy-a}$
としてもよい。

x と y を入れかえると，逆関数は　$y=\dfrac{-dx+b}{cx-a}$

これがもとの関数と一致するとき　$\dfrac{-dx+b}{cx-a}=\dfrac{ax+b}{cx+d}$

分母の x の係数がともに c であるから，他の係数を比較すると

$$d=-a$$

ここで，② より　$bc+a^2\neq 0$

すなわち　$c\neq 0$ で $d=-a$，$bc+a^2\neq 0$

◀ $\dfrac{cx+d}{ax+b}=\dfrac{c'x+d'}{a'x+b'}$
が恒等式のとき，
a と a'，b と b'，c と c'，d と d' のいずれか1組が一致すれば他の組も一致する。

(ア)，(イ) より

$c=0$ のとき，逆関数は　$y=\dfrac{d}{a}x-\dfrac{b}{a}$

もとの関数と一致する条件は

「$d=a\neq 0$ かつ $b=0$」または「$d=-a\neq 0$, b は任意」

$c\neq 0$ のとき，逆関数は $\quad y=\dfrac{-dx+b}{cx-a}$

もとの関数と一致する条件は

$d=-a$ かつ $bc+a^2\neq 0$

問題 **12** 関数 $f(x)=\dfrac{3x-1}{2x+1}$ と $g(x)=\dfrac{ax+1}{bx+c}$ の合成関数 $(f\circ g)(x)$ は $(f\circ g)(x)=x$ を満たしている。

(1) 定数 a, b, c の値を求めよ。

(2) 合成関数 $(g\circ f)(x)$, $(g\circ g)(x)$ を求めよ。 (東京都市大)

(1) $(f\circ g)(x)=f(g(x))=f\left(\dfrac{ax+1}{bx+c}\right)$

$$=\frac{\dfrac{3(ax+1)}{bx+c}-1}{\dfrac{2(ax+1)}{bx+c}+1}=\frac{(3a-b)x+3-c}{(2a+b)x+2+c}$$

◀分母・分子に $bx+c$ を掛ける。

ここで，$(f\circ g)(x)=x$ であるから，$\dfrac{(3a-b)x+3-c}{(2a+b)x+2+c}=x$ の分母をはらって整理すると

$$(2a+b)x^2+(2-3a+b+c)x+c-3=0$$

これが x についての恒等式であるから，係数を比較すると

$$2a+b=0,\ 3a-b-c=2,\ c=3$$

よって $\quad$ **$a=1$, $b=-2$, $c=3$**

(2) (1) より，$g(x)=\dfrac{x+1}{-2x+3}$ であるから

$(g\circ f)(x)=g(f(x))=g\left(\dfrac{3x-1}{2x+1}\right)$

$$=\frac{\dfrac{3x-1}{2x+1}+1}{\dfrac{-2(3x-1)}{2x+1}+3}=\frac{3x-1+(2x+1)}{-2(3x-1)+3(2x+1)}=\boldsymbol{x}$$

$(g\circ g)(x)=g(g(x))=g\left(\dfrac{x+1}{-2x+3}\right)$

$$=\frac{\dfrac{x+1}{-2x+3}+1}{\dfrac{-2(x+1)}{-2x+3}+3}=\frac{x+1+(-2x+3)}{-2(x+1)+3(-2x+3)}=\boldsymbol{\frac{x-4}{8x-7}}$$

〔別解〕

(1) $(f\circ g)(x)=x$ より $\quad g(x)=f^{-1}(x)\quad\cdots$①

◀ $(f\circ g)(x)=x$ より
$f^{-1}(x)=f^{-1}((f\circ g)(x))$
$=(f^{-1}\circ(f\circ g))(x)$
$=((f^{-1}\circ f)\circ g)(x)$
$=g(x)$

$y=f(x)$ とおくと，$y=\dfrac{3x-1}{2x+1}$ より $\quad (2x+1)y=3x-1$

x について解くと $\quad x=\dfrac{y+1}{-2y+3}$

x と y を入れかえると，逆関数は $\quad y=\dfrac{x+1}{-2x+3}$

$$\frac{ax+1}{bx+c}=\frac{x+1}{-2x+3} \text{ より } \quad a=1,\ b=-2,\ c=3$$

(2) ① より　$(g\circ f)(x)=(f^{-1}\circ f)(x)=x$

$(g\circ g)(x)$ については本解と同様。

Plus One

関数 $f(x)$ が逆関数をもつとき，$y=f(x) \Longleftrightarrow x=f^{-1}(y)$ より

$$(f^{-1}\circ f)(x)=f^{-1}(f(x))=f^{-1}(y)=x$$
$$(f\circ f^{-1})(y)=f(f^{-1}(y))=f(x)=y$$

また，関数 $f(y)$ が逆関数をもつとき，$x=f(y) \Longleftrightarrow y=f^{-1}(x)$ より

$$(f^{-1}\circ f)(y)=f^{-1}(f(y))=f^{-1}(x)=y$$
$$(f\circ f^{-1})(x)=f(f^{-1}(x))=f(y)=x$$

が成り立つ。

問題 **13** a，b を定数とする。$f(x)=\dfrac{ax+b}{x^2+x+1}$，$g(x)=x^3-2x^2-x+2$ とする。すべての実数 x で $g(f(x))\geqq 0$ が成り立つような点 $(a,\ b)$ の範囲を図示せよ。（京都大）

$g(f(x))\geqq 0$ …① とおくと

$$\{f(x)\}^3-2\{f(x)\}^2-f(x)+2\geqq 0$$
$$\{f(x)-1\}[\{f(x)\}^2-f(x)-2]\geqq 0$$
$$\{f(x)-1\}\{f(x)-2\}\{f(x)+1\}\geqq 0$$

よって，すべての実数 x で ① が成り立つための条件は，すべての実数 x で　$-1\leqq f(x)\leqq 1$ …②　または　$2\leqq f(x)$ …③

が成り立つことである。

ただし，$f(x)$ は連続な関数であるから，②，③ のいずれか一方のみが成り立つ。

(ア) すべての実数 x で ② が成り立つ条件を考える。

$(f(x)$ の分母$)=x^2+x+1=\left(x+\dfrac{1}{2}\right)^2+\dfrac{3}{4}>0$ であるから，② は

$$-(x^2+x+1)\leqq ax+b\leqq x^2+x+1$$

◀② の各辺に $x^2+x+1\ (>0)$ を掛ける。不等号の向きは変わらない。

これは

$$x^2+(a+1)x+b+1\geqq 0 \quad \text{かつ} \quad x^2-(a-1)x-b+1\geqq 0$$

すべての実数 x でこれらの不等式が成り立つための条件は，

2次方程式 $x^2+(a+1)x+b+1=0$，$x^2-(a-1)x-b+1=0$ の判別式をそれぞれ D_1，D_2 とすると　$D_1\leqq 0$，$D_2\leqq 0$

よって

$$D_1=(a+1)^2-4(b+1)\leqq 0 \text{ より } \quad b\geqq \frac{1}{4}(a+1)^2-1$$

$$D_2=(a-1)^2-4(-b+1)\leqq 0 \text{ より } \quad b\leqq -\frac{1}{4}(a-1)^2+1$$

(イ) $a=0$ のとき，どのような b に対しても十分大きな x において $f(x)<2$ となる。また，$a \neq 0$ のとき，どのような b に対しても $x=-\frac{b}{a}$ のとき $f\left(-\frac{b}{a}\right)=0$ であるから，すべての実数 x で ③ が成り立つことはない。

(ア)，(イ) より，すべての実数 x で $g(f(x)) \geqq 0$ が成り立つような点 $(a,\ b)$ の範囲は，**右の図の斜線部分**。ただし，**境界線を含む**。

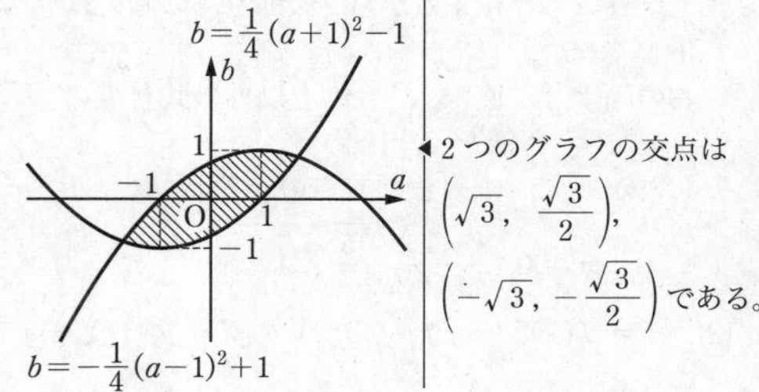

◀ 2つのグラフの交点は $\left(\sqrt{3},\ \frac{\sqrt{3}}{2}\right)$, $\left(-\sqrt{3},\ -\frac{\sqrt{3}}{2}\right)$ である。

p.35 本質を問う 1

1 「$A,\ B$ が実数のとき，$\sqrt{A}=B \Longleftrightarrow A=B^2$ かつ □」の □ に当てはまる式について，太郎さんは

「根号の中身は負にならないから　　$A \geqq 0$

よって　　$\sqrt{A}=B \Longleftrightarrow A=B^2$ かつ $A \geqq 0$」

と考えた。太郎さんの考えは正しいかどうか述べよ。また，正しくない場合は，□ に当てはまる正しい式を述べよ。

$A=B^2$ より，$A \geqq 0$ であることは分かるから，$A \geqq 0$ という条件は必要ない。　◀ $B^2 \geqq 0$

$\sqrt{A}=B$ のとき，$(\sqrt{A})^2=B^2$ より　　$A=B^2$　◀「$p \Longleftrightarrow q$」を示すには，「$p \Longrightarrow q$」，「$q \Longrightarrow p$」がともに成り立つことを示す。

また，$\sqrt{A} \geqq 0$ より　　$B \geqq 0$

よって，$\sqrt{A}=B \Longrightarrow A=B^2$ かつ $B \geqq 0$ が成り立つ。

$A=B^2$ について $\begin{cases} B \geqq 0 \text{ のとき} & B=\sqrt{A} \\ B<0 \text{ のとき} & B=-\sqrt{A} \end{cases}$　◀ $\sqrt{A} \geqq 0$

よって，$A=B^2$ かつ $B \geqq 0 \Longrightarrow \sqrt{A}=B$ が成り立つ。

したがって，太郎さんの考えは **正しくない**。

正しい式は　　$\sqrt{A}=B \Longleftrightarrow A=B^2$ かつ $\boldsymbol{B \geqq 0}$

2 (1) 「$f(x)=\sqrt{-x+1}$ とするとき，$y=f(x)$ と $y=f^{-1}(x)$ のグラフの共有点の x 座標をすべて求めよ」を太郎さんは

> $y=f(x)$ と $y=f^{-1}(x)$ のグラフの共有点は直線 $y=x$ 上にあるから
> $\sqrt{-x+1}=x \Longleftrightarrow -x+1=x^2$ かつ $x \geqq 0$
> よって　　$x=\frac{-1+\sqrt{5}}{2}$

と答えて誤りであった。その理由を説明せよ。また，正しい答えを求めよ。

(2) $y=f(x)$ と $y=f^{-1}(x)$ のグラフの共有点のうち，直線 $y=x$ 上にない点が存在するとき，その点を $(a,\ f(a))$ とおくと $f(f(a))=a$ が成り立つことを説明せよ。

(1)　$y=f(x)$ と $y=f^{-1}(x)$ のグラフは右の図。
よって，これらのグラフの共有点は直線 $y=x$ 上以外にも存在するから，太郎さんの考えは正しくない。
右の図より，直線 $y=x$ 上以外の共有点の x 座標は　　$x=0,\ 1$
したがって，求める共有点の x 座標は

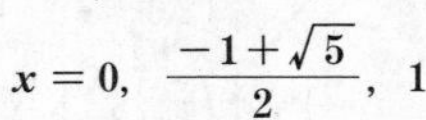

$$x=0,\ \frac{-1+\sqrt{5}}{2},\ 1$$

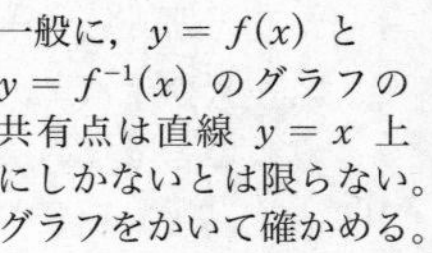

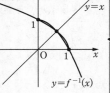

◀一般に，$y=f(x)$ と $y=f^{-1}(x)$ のグラフの共有点は直線 $y=x$ 上にしかないとは限らない。グラフをかいて確かめる。

(2)　$y=f(x)$ と $y=f^{-1}(x)$ のグラフは直線 $y=x$ に関して対称である。
よって，$y=f(x)$ のグラフ上の点 $(a,\ f(a))$ $(f(a)\neq a)$ が，$y=f^{-1}(x)$ のグラフ上にもあるとき，点 $(a,\ f(a))$ の直線 $y=x$ に関して対称な点 $(f(a),\ a)$ は，$y=f(x)$ のグラフ上にある。
したがって $f(f(a))=a$ が成り立つ。

3　$f(x)=\dfrac{2x+1}{x-2}$，$g(x)=\dfrac{x+4}{2x+1}$ とするとき，$(f\circ g)(x)$ を求めよ。

$$(f\circ g)(x)=f(g(x))=f\left(\frac{x+4}{2x+1}\right)$$

$$=\frac{2\dfrac{x+4}{2x+1}+1}{\dfrac{x+4}{2x+1}-2}$$

$$=\frac{2(x+4)+(2x+1)}{x+4-2(2x+1)}\quad（ただし\ 2x+1\neq 0）$$

$$=-\frac{\mathbf{4x+9}}{\mathbf{3x-2}}\left(\textbf{ただし}\ x\neq-\frac{1}{2}\right)$$

◀上の行では $2x+1\neq 0$ であることが式から表現できているが，この行ではそれを表現できていないから $2x+1\neq 0$ を加える。

p.36　Let's Try! 1

①　分数関数 $y=\dfrac{3x-2}{x-1}$ のグラフは，$y=\dfrac{1}{x}$ のグラフを x 軸の正の向きに □，y 軸の正の向きに □ だけ平行移動して得られる。　（神奈川工科大）

$$y=\frac{3x-2}{x-1}=\frac{1}{x-1}+3$$

よって，このグラフは $y=\dfrac{1}{x}$ のグラフを
　　x 軸の正の向きに 1，y 軸の正の向きに 3
だけ平行移動して得られる。

◀$y=\dfrac{1}{x-p}+q$ のグラフは，$y=\dfrac{1}{x}$ のグラフを，x 軸方向に p，y 軸方向に q だけ平行移動して得られる。

② 次の方程式，不等式を解け。

(1) $\dfrac{2x-4}{x-1}=2-x$　　(2) $\sqrt{2x-3}=x-3$

(3) $x^2=3-\sqrt{3+x}$　(甲南大)　　(4) $\dfrac{4}{x+1}\leqq x-2$

(5) $\sqrt{5+x}+\sqrt{5-x}\leqq 2\sqrt{x}$　　(6) $\sqrt{2x-x^2}>x-1$　(関西大)

(1) $x-1\neq 0$ より　$x\neq 1$

与式の分母をはらうと　$2x-4=(2-x)(x-1)$

$(x-2)(x+1)=0$ より　$x=2,\ -1$

$x\neq 1$ より　$\boldsymbol{x=2,\ -1}$

◀展開してもよいが $2(x-2)=-(x-2)(x-1)$ とできる。

(2) $2x-3\geqq 0,\ x-3\geqq 0$ より　$x\geqq 3$　…①

与式の両辺を2乗すると　$2x-3=(x-3)^2$

これより　$x^2-8x+12=0$

$(x-2)(x-6)=0$ となり　$x=2,\ 6$

① より　$\boldsymbol{x=6}$

◀〔別解〕
$\sqrt{2x-3}=x-3$　…①
とおく。
両辺を2乗すると
$2x-3=(x-3)^2$
整理すると
$(x-2)(x-6)=0$
よって　$x=2,\ 6$
これらのうち，$x=2$ は ① を満たさないが，$x=6$ は ① を満たす。
したがって　$x=6$

(3) 与式を変形すると　$-x^2+3=\sqrt{3+x}$　…①

① より　$-x^2+3\geqq 0,\ 3+x\geqq 0$

よって　$-\sqrt{3}\leqq x\leqq\sqrt{3}$　…②

① の両辺を2乗すると

$x^4-6x^2+9=3+x$

$x^4-6x^2-x+6=0$

$(x-1)(x^3+x^2-5x-6)=0$

$(x-1)(x+2)(x^2-x-3)=0$

これを解くと　$x=1,\ -2,\ \dfrac{1\pm\sqrt{13}}{2}$

このうち，② を満たすのは

$\boldsymbol{x=1,\ \dfrac{1-\sqrt{13}}{2}}$

(4) $y=\dfrac{4}{x+1}$ は2直線 $x=-1,\ y=0$ を漸近線とする双曲線であり，直線 $y=x-2$ との位置関係は右の図のようになる。

2式を連立すると　$\dfrac{4}{x+1}=x-2$

分母をはらって整理すると

$x^2-x-6=0$

$(x+2)(x-3)=0$ より　$x=-2,\ 3$

よって，図より不等式を満たす x の値の範囲は

$\boldsymbol{-2\leqq x<-1,\ 3\leqq x}$

◀双曲線が直線よりも下側にある（共有点を含む）x の値の範囲を求める。

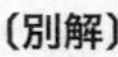
〔別解〕

$(x+1)^2>0$ より，与式の両辺に $(x+1)^2$ を掛けると

$4(x+1)\leqq(x-2)(x+1)^2$

整理すると

$0\leqq(x+1)(x+2)(x-3)$

$x\neq-1$ に注意して　$-2\leqq x<-1,\ 3\leqq x$

◀$x+1$ の正負が分からないから，$(x+1)^2$ を掛けるのがポイントである。

◀各因数の符号を考える。

(5) $5+x\geqq 0,\ 5-x\geqq 0,\ x\geqq 0$ より　$0\leqq x\leqq 5$　…①

◀$\sqrt{A}$ が実数のとき，$A\geqq 0$

与式の両辺を2乗すると

$$5+x+2\sqrt{(5+x)(5-x)}+5-x \leqq 4x$$

$$\sqrt{(5+x)(5-x)} \leqq 2x-5$$

◀両辺ともに正である。

(左辺) $\geqq 0$ より　$2x-5 \geqq 0$　すなわち　$x \geqq \dfrac{5}{2}$　…②

さらに両辺を2乗すると

$$(5+x)(5-x) \leqq (2x-5)^2$$

$x(x-4) \geqq 0$ となり　　$x \leqq 0,\ 4 \leqq x$　…③

①～③より　　$\boldsymbol{4 \leqq x \leqq 5}$

(6)　与式より　　$2x-x^2 \geqq 0$

$x(x-2) \leqq 0$ より　　$0 \leqq x \leqq 2$

(ア)　$x-1 \geqq 0$ すなわち $1 \leqq x \leqq 2$ のとき

◀与式の右辺の正負で場合分けする。

与式の両辺は0以上であるから，2乗すると

$$2x-x^2 > (x-1)^2$$

$$2x^2-4x+1 < 0$$

◀x について解くと $\dfrac{2-\sqrt{2}}{2} < x < \dfrac{2+\sqrt{2}}{2}$

$1 \leqq x \leqq 2$ より，これを解くと

$$1 \leqq x < \frac{2+\sqrt{2}}{2}$$

(イ)　$x-1 < 0$ すなわち $0 \leqq x < 1$ のとき

与式の左辺は0以上，右辺は負より，$0 \leqq x < 1$ の範囲の任意の x について，この不等式は成り立つ。

(ア)，(イ)より

$$\boldsymbol{0 \leqq x < \frac{2+\sqrt{2}}{2}}$$

③　$f(x)=1+\dfrac{1}{x-1}$　$(x \neq 1)$ とする。

(1)　$f(f(x))$ を x の式で表せ。

(2)　方程式 $f(f(x))=f(x)$ を満たす x の値を求めよ。　　(愛知工業大　改)

(1)　$f(f(x))=1+\dfrac{1}{f(x)-1}$

◀$f(x)=1+\dfrac{1}{x-1}$ の x に $f(x)$ を代入する。

$$=1+\frac{1}{\left(1+\dfrac{1}{x-1}\right)-1}$$

$$=1+(x-1)=\boldsymbol{x}$$

(2)　(1)より，方程式 $f(f(x))=f(x)$ は　　$x=1+\dfrac{1}{x-1}$

よって　　$x-1=\dfrac{1}{x-1}$

$$(x-1)^2=1$$

◀両辺に $x-1$ を掛ける。

$x-1=\pm 1$ となるから　　$\boldsymbol{x=0,\ 2}$

◀$x \neq 1$ を満たす。

④ a を正の定数とする。関数 $f(x)$ を

$$f(x)=\sqrt{x-a}-a$$

とするとき，この $f(x)$ の逆関数 $f^{-1}(x)$ を求めれば，$f^{-1}(x)=$ [(a)] である。$y=f(x)$ と $y=f^{-1}(x)$ のグラフについて，これら2つのグラフに対する対称軸を示す直線の方程式は [(b)] で，$y=f(x)$ と $y=f^{-1}(x)$ のグラフがただ1つの共有点をもつときの a の値は $a=$ [(c)] となり，その共有点の座標は [(d)] である。　（明治薬科大）

$y=\sqrt{x-a}-a$ とおくと，定義域は $x\geqq a$ であり，
値域は　$y\geqq -a$　◀ $\sqrt{x-a}\geqq 0$ より
x について解くと　$x=(y+a)^2+a$　◀ $y+a=\sqrt{x-a}$ の両辺を2乗する。
x と y を入れかえると，求める逆関数 $f^{-1}(x)$ は

$$\boldsymbol{f^{-1}(x)=(x+a)^2+a}\quad\cdots\text{(a)}$$

その定義域は $x\geqq -a$ である。　◀ $f(x)$ の値域が $f^{-1}(x)$ の定義域になる。
関数 $y=f(x)$ と逆関数 $y=f^{-1}(x)$ は直線 $y=x$ に関して対称であるから，対称軸を示す直線の方程式は

$$\boldsymbol{y=x}\quad\cdots\text{(b)}$$

$y=f(x)$ と $y=f^{-1}(x)$ のグラフの共有点がただ1つであるとき，共有点は対称軸 $y=x$ 上にあるから，$y=f^{-1}(x)$ と $y=x$ のグラフがただ1つの共有点をもつときを考えればよい。　◀ 放物線 $y=(x+a)^2+a$ の一部と直線 $y=x$ が接する場合である。
$y=(x+a)^2+a$ と $y=x$ を連立して整理すると

$$x^2+(2a-1)x+a^2+a=0\quad\cdots①$$

① の判別式を D とすると，$D=0$ となればよいから

$$D=(2a-1)^2-4(a^2+a)=-8a+1=0$$

よって　$\boldsymbol{a=\frac{1}{8}}\quad\cdots$(c)

これを ① に代入すると，$x^2-\frac{3}{4}x+\frac{9}{64}=0$ となり　$x=\frac{3}{8}$　◀ $f^{-1}(x)$ の定義域 $x\geqq\frac{1}{8}$ を満たす。

このとき $y=\frac{3}{8}$ より，共有点の座標は　$\boldsymbol{\left(\frac{3}{8},\ \frac{3}{8}\right)}\quad\cdots$(d)

$f(x)=\dfrac{x-1}{x+1}$ $(x\neq -1,\ 0,\ 1)$ について $f_1(x)=f(x)$，$f_{n+1}(x)=f(f_n(x))$ とする。
次の問に答えよ。ただし，n は自然数とする。
(1) $f_2(x)$，$f_3(x)$ を求めよ。
(2) 逆関数 $f^{-1}(x)$ を求めよ。
(3) $n=4,\ 5,\ 6,\ \cdots$ に対して $f_n(x)$ を調べよ。　（大阪医科薬科大）

(1) $f_2(x)=f(f_1(x))$　◀ $f_1(x)=\dfrac{x-1}{x+1}$

$$=\frac{\dfrac{x-1}{x+1}-1}{\dfrac{x-1}{x+1}+1}=\frac{x-1-(x+1)}{x-1+x+1}=-\frac{1}{x}$$

◀ 題意より　$x\neq 0$

$f_3(x)=f(f_2(x))$

$$= \frac{-\frac{1}{x}-1}{-\frac{1}{x}+1} = \frac{-1-x}{-1+x} = -\frac{x+1}{x-1}$$

◀題意より　$x \neq 1$

(2)　$y=f(x)$ とおくと　　$y=\dfrac{x-1}{x+1}$

$(x+1)y=x-1$ より　　$x(y-1)=-y-1$　　…①

ここで，$y=\dfrac{x-1}{x+1}=1-\dfrac{2}{x+1} \neq 1$ であるから　　$y-1 \neq 0$

よって，① より　　$x=-\dfrac{y+1}{y-1}$

◀① の両辺を $y-1$ で割る。

x と y を入れかえると，求める逆関数は　　$y=-\dfrac{x+1}{x-1}$

すなわち　　$\boldsymbol{f^{-1}(x)=-\dfrac{x+1}{x-1}}$

(3)　(1)，(2) より　　$f_3(x)=f^{-1}(x)$

よって

$$f_4(x)=f(f_3(x))=f(f^{-1}(x))=x$$

◀$(f \circ f^{-1})(x)=x$

$$f_5(x)=f(f_4(x))=f(x)=\frac{x-1}{x+1}$$

$$f_6(x)=f(f_5(x))=f(f(x))=-\frac{1}{x}$$

◀(1) より

以上より

$$f_1(x)=f_5(x)=f_9(x)=\cdots=\frac{x-1}{x+1}$$

$$f_2(x)=f_6(x)=f_{10}(x)=\cdots=-\frac{1}{x}$$

$$f_3(x)=f_7(x)=f_{11}(x)=\cdots=-\frac{x+1}{x-1}$$

$$f_4(x)=f_8(x)=f_{12}(x)=\cdots=x$$

したがって，k を自然数とすると

$$\boldsymbol{f_n(x)=\begin{cases} x & (n=4k \text{ のとき}) \\ \dfrac{x-1}{x+1} & (n=4k+1 \text{ のとき}) \\ -\dfrac{1}{x} & (n=4k+2 \text{ のとき}) \\ -\dfrac{x+1}{x-1} & (n=4k+3 \text{ のとき}) \end{cases}}$$

2 数列の極限

練習 14 次の極限を調べよ。

(1) $\displaystyle\lim_{n\to\infty}\frac{(n+1)(n+3)}{(n+2)^2}$　(2) $\displaystyle\lim_{n\to\infty}\frac{n}{\sqrt{n+2}}$　(3) $\displaystyle\lim_{n\to\infty}\frac{1^2+2^2+\cdots+(n+1)^2}{(n+1)^3}$

(1) $\displaystyle\lim_{n\to\infty}\frac{(n+1)(n+3)}{(n+2)^2}$

$$=\lim_{n\to\infty}\frac{\frac{n+1}{n}\cdot\frac{n+3}{n}}{\frac{(n+2)^2}{n^2}}=\lim_{n\to\infty}\frac{\left(1+\frac{1}{n}\right)\left(1+\frac{3}{n}\right)}{\left(1+\frac{2}{n}\right)^2}=\mathbf{1}$$

◀分母の最高次の項 n^2 で分母・分子を割る。

(2) $\displaystyle\lim_{n\to\infty}\frac{n}{\sqrt{n+2}}=\lim_{n\to\infty}\frac{\sqrt{n}}{\sqrt{1+\frac{2}{n}}}=\boldsymbol{\infty}$

◀分母の最高次の項 $\sqrt{n}$ で分母・分子を割る。

(3) $\displaystyle\lim_{n\to\infty}\frac{1^2+2^2+\cdots+(n+1)^2}{(n+1)^3}$

$$=\lim_{n\to\infty}\frac{\frac{1}{6}(n+1)(n+2)(2n+3)}{(n+1)^3}$$

$$=\lim_{n\to\infty}\frac{1}{6}\left(1+\frac{1}{n+1}\right)\left(2+\frac{1}{n+1}\right)$$

$$=\frac{1}{6}\cdot1\cdot2=\frac{\mathbf{1}}{\mathbf{3}}$$

◀ $\displaystyle\frac{(n+1)(n+2)(2n+3)}{(n+1)^3}=\frac{n+1}{n+1}\cdot\frac{n+2}{n+1}\cdot\frac{2n+3}{n+1}=\left(1+\frac{1}{n+1}\right)\left(2+\frac{1}{n+1}\right)$

練習 15 次の数列の極限を調べよ。

(1) $\{\sqrt{n}-n\}$　(2) $\left\{n-\dfrac{1+2+\cdots+n}{n+2}\right\}$　(3) $\left\{\dfrac{(-1)^n n-1}{2n+(-1)^n}\right\}$

(1) $\displaystyle\sqrt{n}-n=n\left(\frac{1}{\sqrt{n}}-1\right)$

◀ $n=(\sqrt{n})^2$ であるから，n でくくる。

ここで，$n\to\infty$ のとき　$\displaystyle\frac{1}{\sqrt{n}}-1\to-1$

したがって　$\displaystyle\lim_{n\to\infty}(\sqrt{n}-n)=\lim_{n\to\infty}n\left(\frac{1}{\sqrt{n}}-1\right)=\boldsymbol{-\infty}$

(2) $\displaystyle n-\frac{1+2+\cdots+n}{n+2}=n-\frac{\frac{1}{2}n(n+1)}{n+2}$

$$=\frac{n^2+3n}{2n+4}=\frac{n+3}{2+\frac{4}{n}}$$

◀ $1+2+\cdots+n=\dfrac{1}{2}n(n+1)$

◀分母の最高次の項 n で分母・分子を割る。

ここで，$n\to\infty$ のとき　$n+3\to\infty$，$2+\dfrac{4}{n}\to2$

したがって　$\displaystyle\lim_{n\to\infty}\left(n-\frac{1+2+\cdots+n}{n+2}\right)=\lim_{n\to\infty}\frac{n+3}{2+\frac{4}{n}}=\boldsymbol{\infty}$

(3) (ア) $n=2m$（m は自然数）のとき

◀ $(-1)^n=\begin{cases}1 & (n=2m)\\ -1 & (n=2m-1)\end{cases}$

$n \to \infty$ のとき $m \to \infty$ となり

$$\lim_{n\to\infty}\frac{(-1)^n n-1}{2n+(-1)^n}=\lim_{m\to\infty}\frac{(-1)^{2m}\cdot 2m-1}{4m+(-1)^{2m}}$$

◀ $(-1)^{2m}=1$

$$=\lim_{m\to\infty}\frac{2m-1}{4m+1}=\lim_{m\to\infty}\frac{2-\frac{1}{m}}{4+\frac{1}{m}}=\frac{2}{4}=\frac{1}{2}$$

(イ) $n=2m-1$ (m は自然数) のとき

$n \to \infty$ のとき $m \to \infty$ となり

$$\lim_{n\to\infty}\frac{(-1)^n n-1}{2n+(-1)^n}=\lim_{m\to\infty}\frac{(-1)^{2m-1}\cdot(2m-1)-1}{2(2m-1)+(-1)^{2m-1}}$$

◀ $(-1)^{2m-1}=-1$

$$=\lim_{m\to\infty}\frac{-2m}{4m-3}=\lim_{m\to\infty}\frac{-2}{4-\frac{3}{m}}=-\frac{2}{4}=-\frac{1}{2}$$

(ア), (イ) より，**極限は存在しない**。

◀ この数列は振動する。

練習 16 次の極限値を求めよ。

(1) $\lim_{n\to\infty}\sqrt{n+1}(\sqrt{n+1}-\sqrt{n})$　　(2) $\lim_{n\to\infty}\frac{\sqrt{n+1}-\sqrt{n-1}}{\sqrt{n+2}-\sqrt{n}}$

---

(1) $\lim_{n\to\infty}\sqrt{n+1}(\sqrt{n+1}-\sqrt{n})$

$$=\lim_{n\to\infty}\frac{\sqrt{n+1}(\sqrt{n+1}-\sqrt{n})(\sqrt{n+1}+\sqrt{n})}{\sqrt{n+1}+\sqrt{n}}$$

◀ 分子を有理化する。

$$=\lim_{n\to\infty}\frac{\sqrt{n+1}\{(n+1)-n\}}{\sqrt{n+1}+\sqrt{n}}$$

$$=\lim_{n\to\infty}\frac{\sqrt{n+1}}{\sqrt{n+1}+\sqrt{n}}$$

$$=\lim_{n\to\infty}\frac{\sqrt{1+\frac{1}{n}}}{\sqrt{1+\frac{1}{n}}+1}=\frac{\sqrt{1}}{\sqrt{1}+1}=\mathbf{\frac{1}{2}}$$

◀ 分母・分子を $\sqrt{n}$ で割る。

(2) $\lim_{n\to\infty}\frac{\sqrt{n+1}-\sqrt{n-1}}{\sqrt{n+2}-\sqrt{n}}$

$$=\lim_{n\to\infty}\frac{(\sqrt{n+1}-\sqrt{n-1})(\sqrt{n+1}+\sqrt{n-1})(\sqrt{n+2}+\sqrt{n})}{(\sqrt{n+2}-\sqrt{n})(\sqrt{n+2}+\sqrt{n})(\sqrt{n+1}+\sqrt{n-1})}$$

◀ 分母と分子の両方を有理化する。

$$=\lim_{n\to\infty}\frac{\{(n+1)-(n-1)\}(\sqrt{n+2}+\sqrt{n})}{\{(n+2)-n\}(\sqrt{n+1}+\sqrt{n-1})}$$

$$=\lim_{n\to\infty}\frac{\sqrt{n+2}+\sqrt{n}}{\sqrt{n+1}+\sqrt{n-1}}$$

$$=\lim_{n\to\infty}\frac{\sqrt{1+\frac{2}{n}}+1}{\sqrt{1+\frac{1}{n}}+\sqrt{1-\frac{1}{n}}}=\frac{\sqrt{1}+1}{\sqrt{1}+\sqrt{1}}=\mathbf{1}$$

◀ 分母・分子を $\sqrt{n}$ で割る。

練習 17 数列 $\{a_n\}$, $\{b_n\}$ において，次の命題の真偽をいえ。

(1) $\lim_{n\to\infty} a_n = \alpha$, $\lim_{n\to\infty} b_n = \beta$ ならば $\lim_{n\to\infty} \frac{a_n}{b_n} = \frac{\alpha}{\beta}$

(2) $\lim_{n\to\infty} a_n = 0$, $\lim_{n\to\infty} b_n = \infty$ ならば $\lim_{n\to\infty} a_n b_n = 0$

(1) $a_n = \frac{1}{n}$, $b_n = \frac{1}{n^2}$ とすると，$\lim_{n\to\infty} a_n = 0$, $\lim_{n\to\infty} b_n = 0$ であるが

$$\lim_{n\to\infty} \frac{a_n}{b_n} = \lim_{n\to\infty} n = \infty \text{ (発散)}$$

したがって，この命題は **偽** である。

(2) $a_n = \frac{1}{n}$, $b_n = n^2$ とすると，$\lim_{n\to\infty} a_n = 0$, $\lim_{n\to\infty} b_n = \infty$ であるが

$$\lim_{n\to\infty} a_n b_n = \lim_{n\to\infty} n = \infty \text{ (発散)}$$

したがって，この命題は **偽** である。

◀ $\lim_{n\to\infty} a_n = \alpha$, $\lim_{n\to\infty} b_n = \beta$ で $\lim_{n\to\infty} \frac{a_n}{b_n} = \frac{\alpha}{\beta}$ とできるのは $\beta \neq 0$ のときであることに注意する。

練習 18 (1) 数列 $\{a_n\}$ が $\lim_{n\to\infty}(2n-1)a_n = 6$ を満たすとき，$\lim_{n\to\infty} a_n$ および $\lim_{n\to\infty} na_n$ を求めよ。

(2) 数列 $\{a_n\}$ が $\lim_{n\to\infty} \frac{a_n+4}{3a_n+1} = 2$ を満たすとき，$\lim_{n\to\infty} a_n$ を求めよ。

(1) $\lim_{n\to\infty} a_n = \lim_{n\to\infty}\left\{(2n-1)a_n \cdot \frac{1}{2n-1}\right\}$ であり，

$\lim_{n\to\infty}(2n-1)a_n = 6$, $\lim_{n\to\infty} \frac{1}{2n-1} = 0$ であるから

$$\lim_{n\to\infty} a_n = \lim_{n\to\infty}(2n-1)a_n \cdot \lim_{n\to\infty} \frac{1}{2n-1} = 6 \cdot 0 = \mathbf{0}$$

次に，$\lim_{n\to\infty} na_n = \lim_{n\to\infty}\left\{(2n-1)a_n \cdot \frac{n}{2n-1}\right\}$ であり，

$\lim_{n\to\infty} \frac{n}{2n-1} = \lim_{n\to\infty} \frac{1}{2-\frac{1}{n}} = \frac{1}{2}$ であるから

$$\lim_{n\to\infty} na_n = \lim_{n\to\infty}(2n-1)a_n \cdot \lim_{n\to\infty} \frac{n}{2n-1} = 6 \cdot \frac{1}{2} = \mathbf{3}$$

(2) $\frac{a_n+4}{3a_n+1} = b_n \cdots ①$ とおくと　$\lim_{n\to\infty} b_n = 2$

① を変形すると　$(3b_n-1)a_n = 4-b_n$

ここで　$3b_n - 1 = 3 \cdot \frac{a_n+4}{3a_n+1} - 1 = \frac{11}{3a_n+1} \neq 0$

であるから　$a_n = \frac{4-b_n}{3b_n-1}$

よって　$\lim_{n\to\infty} a_n = \lim_{n\to\infty} \frac{4-b_n}{3b_n-1} = \frac{4-2}{3\cdot 2-1} = \mathbf{\frac{2}{5}}$

◀ a_n, na_n を収束する数列の式で表す。

◀ $\lim_{n\to\infty} a_n = \alpha$, $\lim_{n\to\infty} b_n = \beta$ のとき $\lim_{n\to\infty} a_n b_n = \alpha\beta$

◀ ① の分母をはらうと $a_n + 4 = b_n(3a_n+1)$

◀ a_n を求めるために，$3b_n - 1 \neq 0$ を確認する。

練習 19 次の極限値を求めよ。

(1) $\lim_{n\to\infty} \frac{1}{n} \sin \frac{n\pi}{3}$　　(2) $\lim_{n\to\infty} \frac{1}{n^2}(1+\cos n\theta)(1-\cos n\theta)$

1章 2 数列の極限

(1)　すべての n について　$-1 \leqq \sin\dfrac{n\pi}{3} \leqq 1$

◀ $-1 \leqq \sin\theta \leqq 1$

$n>0$ より，辺々を n で割ると

$$-\frac{1}{n} \leqq \frac{1}{n}\sin\frac{n\pi}{3} \leqq \frac{1}{n}$$

ここで，$\displaystyle\lim_{n\to\infty}\left(-\frac{1}{n}\right)=0$，$\displaystyle\lim_{n\to\infty}\frac{1}{n}=0$ であるから，はさみうちの原理

より　$\displaystyle\boldsymbol{\lim_{n\to\infty}\frac{1}{n}\sin\frac{n\pi}{3}=0}$

(2)　$(1+\cos n\theta)(1-\cos n\theta)=1-\cos^2 n\theta=\sin^2 n\theta$

◀ $\sin^2\alpha+\cos^2\alpha=1$

すべての n について，$-1 \leqq \sin n\theta \leqq 1$ より　$0 \leqq \sin^2 n\theta \leqq 1$

◀ $-1 \leqq a \leqq 1$ ならば $0 \leqq a^2 \leqq 1$

$n^2>0$ より，辺々を n^2 で割ると

$$0 \leqq \frac{\sin^2 n\theta}{n^2} \leqq \frac{1}{n^2}$$

ここで，$\displaystyle\lim_{n\to\infty}\frac{1}{n^2}=0$ であるから，はさみうちの原理より

$$\boldsymbol{\lim_{n\to\infty}\frac{1}{n^2}(1+\cos n\theta)(1-\cos n\theta)=0}$$

練習 20　(1)　n が3以上の自然数であり，$h>0$ のとき，二項定理を用いて不等式 $(1+h)^n \geqq 1+nh+\dfrac{n(n-1)}{2}h^2+\dfrac{n(n-1)(n-2)}{6}h^3$ が成り立つことを示せ。

(2)　(1)の不等式を利用して，$\displaystyle\lim_{n\to\infty}\frac{n^2}{2^n}$ の値を求めよ。

(1)　$n \geqq 3$，$h>0$ であるから，二項定理により

$$\begin{aligned}(1+h)^n &= {}_n\mathrm{C}_0+{}_n\mathrm{C}_1h+{}_n\mathrm{C}_2h^2+{}_n\mathrm{C}_3h^3+\cdots+{}_n\mathrm{C}_nh^n\\ &=1+nh+\frac{n(n-1)}{2\cdot1}h^2+\frac{n(n-1)(n-2)}{3\cdot2\cdot1}h^3+\cdots+h^n\\ &\geqq 1+nh+\frac{n(n-1)}{2}h^2+\frac{n(n-1)(n-2)}{6}h^3\end{aligned}$$

◀ $h>0$，${}_n\mathrm{C}_r>0$ より右辺の5項目以降の各項はすべて0以上である。

(2)　$n\to\infty$ とするから，$n \geqq 3$ で考える。

(1)の不等式において，$h=1$ とおくと

$$2^n=(1+1)^n \geqq 1+n+\frac{n(n-1)}{2}+\frac{n(n-1)(n-2)}{6}$$
$$=\frac{n^3}{6}+\frac{5n}{6}+1>\frac{n^3}{6}$$

よって　$0<\dfrac{n^2}{2^n}<\dfrac{n^2}{\frac{n^3}{6}}=\dfrac{6}{n}$

ここで，$\displaystyle\lim_{n\to\infty}\frac{6}{n}=0$ であるから，はさみうちの原理より

$$\boldsymbol{\lim_{n\to\infty}\frac{n^2}{2^n}=0}$$

◀ 右辺は第4項だけをとり $2^n>\dfrac{n(n-1)(n-2)}{6}$ より $0<\dfrac{n^2}{2^n}<\dfrac{6n^2}{n(n-1)(n-2)}$，$\displaystyle\lim_{n\to\infty}\frac{6n^2}{n(n-1)(n-2)}=0$ であるから，$\displaystyle\lim_{n\to\infty}\frac{n^2}{2^n}=0$ としてもよい。

練習 21　第 n 項が次の式で表される数列の極限を調べよ。

(1)　$\dfrac{3^{n+2}-4^{n-1}}{3^n+4^n}$　　(2)　$\dfrac{0.5^{n+1}-0.9^{n+1}}{0.5^n+0.9^n}$　　(3)　$\dfrac{3^{2n+1}+5^{2n+1}}{3^{3n}-5^{2n}}$

(1) $\lim_{n\to\infty}\frac{3^{n+2}-4^{n-1}}{3^n+4^n}=\lim_{n\to\infty}\frac{9\cdot 3^n-\frac{1}{4}\cdot 4^n}{3^n+4^n}$

$=\lim_{n\to\infty}\frac{9\left(\frac{3}{4}\right)^n-\frac{1}{4}}{\left(\frac{3}{4}\right)^n+1}=-\frac{\mathbf{1}}{\mathbf{4}}$

◀指数をそろえ，4^n で分母・分子を割る。

(2) $\lim_{n\to\infty}\frac{0.5^{n+1}-0.9^{n+1}}{0.5^n+0.9^n}=\lim_{n\to\infty}\frac{0.5\left(\frac{5}{9}\right)^n-0.9}{\left(\frac{5}{9}\right)^n+1}=\mathbf{-0.9}$

◀0.9^n で分母・分子を割る。

(3) $\lim_{n\to\infty}\frac{3^{2n+1}+5^{2n+1}}{3^{3n}-5^{2n}}=\lim_{n\to\infty}\frac{3\cdot 9^n+5\cdot 25^n}{27^n-25^n}$

$=\lim_{n\to\infty}\frac{3\left(\frac{1}{3}\right)^n+5\left(\frac{25}{27}\right)^n}{1-\left(\frac{25}{27}\right)^n}=\mathbf{0}$

◀ $3^{3n}=(3^3)^n=27^n$
$5^{2n}=(5^2)^n=25^n$
より，27^n で分母・分子を割る。

練習 22 数列 $\{\{x(x-4)\}^{n-1}\}$ が収束する。
(1) 実数 x のとり得る値の範囲を求めよ。
(2) この数列の極限値を求めよ。

(1) 数列が収束する条件は　$-1<x(x-4)\leqq 1$

$-1<x(x-4)$ より $x^2-4x+1>0$ の解は

$x<2-\sqrt{3},\ 2+\sqrt{3}<x$　…①

$x(x-4)\leqq 1$ より $x^2-4x-1\leqq 0$ の解は

$2-\sqrt{5}\leqq x\leqq 2+\sqrt{5}$　…②

①，②より，求める x のとり得る値の範囲は

$\boldsymbol{2-\sqrt{5}\leqq x<2-\sqrt{3},\ 2+\sqrt{3}<x\leqq 2+\sqrt{5}}$

◀無限等比数列 $\{ar^{n-1}\}$ の収束条件は
$a=0$ または $-1<r\leqq 1$

(2) (ア) $x(x-4)=1$ すなわち $x=2-\sqrt{5},\ 2+\sqrt{5}$ のとき

$\lim_{n\to\infty}\{x(x-4)\}^{n-1}=1$

(イ) $|x(x-4)|<1$ すなわち

$2-\sqrt{5}<x<2-\sqrt{3},\ 2+\sqrt{3}<x<2+\sqrt{5}$ のとき

$\lim_{n\to\infty}\{x(x-4)\}^{n-1}=0$

(ア)，(イ)より

$\boldsymbol{x=2-\sqrt{5},\ 2+\sqrt{5}}$ **のとき　極限値 1**

$\boldsymbol{2-\sqrt{5}<x<2-\sqrt{3},\ 2+\sqrt{3}<x<2+\sqrt{5}}$ **のとき　極限値 0**

練習 23 一般項が次の式で表される数列の極限を調べよ。
(1) $\frac{r^{2n-1}-1}{r^{2n}+1}$　　(2) $\frac{r^{n+1}}{r^n+2}$

(1) (ア) $|r|<1$ のとき，$\lim_{n\to\infty}r^{2n-1}=\lim_{n\to\infty}r^{2n}=0$ であるから

$\lim_{n\to\infty}\frac{r^{2n-1}-1}{r^{2n}+1}=\frac{0-1}{0+1}=-1$

◀$|r|<1 \iff -1<r<1$

(イ)　$|r|>1$ のとき，$\lim_{n\to\infty}\frac{1}{r^{2n}}=0$ であるから

$$\lim_{n\to\infty}\frac{r^{2n-1}-1}{r^{2n}+1}=\lim_{n\to\infty}\frac{\frac{1}{r}-\frac{1}{r^{2n}}}{1+\frac{1}{r^{2n}}}=\frac{\frac{1}{r}-0}{1+0}=\frac{1}{r}$$

◀ $|r|>1 \iff r<-1,\ 1<r$

(ウ)　$r=1$ のとき，$r^{2n-1}=r^{2n}=1$ であるから

$$\lim_{n\to\infty}\frac{r^{2n-1}-1}{r^{2n}+1}=\lim_{n\to\infty}\frac{1-1}{1+1}=0$$

◀ $1^{2n-1}=1,\ 1^{2n}=1$

(エ)　$r=-1$ のとき，$r^{2n-1}=-1,\ r^{2n}=1$ であるから

$$\lim_{n\to\infty}\frac{r^{2n-1}-1}{r^{2n}+1}=\lim_{n\to\infty}\frac{-1-1}{1+1}=-1$$

◀ $(-1)^{2n-1}=-1$
$(-1)^{2n}=1$

(ア)〜(エ)より

$$\lim_{n\to\infty}\frac{r^{2n-1}-1}{r^{2n}+1}=\begin{cases}-1 & (-1\leqq r<1 \text{ のとき})\\ \frac{1}{r} & (|r|>1 \text{ のとき})\\ 0 & (r=1 \text{ のとき})\end{cases}$$

(2)　(ア)　$|r|<1$ のとき，$\lim_{n\to\infty}r^{n+1}=\lim_{n\to\infty}r^n=0$ であるから

$$\lim_{n\to\infty}\frac{r^{n+1}}{r^n+2}=\frac{0}{0+2}=0$$

(イ)　$|r|>1$ のとき，$\lim_{n\to\infty}\frac{2}{r^n}=0$ であるから

$$\lim_{n\to\infty}\frac{r^{n+1}}{r^n+2}=\lim_{n\to\infty}\frac{r}{1+\frac{2}{r^n}}=\frac{r}{1+0}=r$$

(ウ)　$r=1$ のとき，$r^{n+1}=r^n=1$ であるから

$$\lim_{n\to\infty}\frac{r^{n+1}}{r^n+2}=\frac{1}{1+2}=\frac{1}{3}$$

(エ)　$r=-1$ のとき

$n=2m$（m は自然数）のとき

$$\lim_{n\to\infty}\frac{r^{n+1}}{r^n+2}=\lim_{m\to\infty}\frac{(-1)^{2m+1}}{(-1)^{2m}+2}=\frac{-1}{1+2}=-\frac{1}{3}$$

$n=2m-1$（m は自然数）のとき

$$\lim_{n\to\infty}\frac{r^{n+1}}{r^n+2}=\lim_{m\to\infty}\frac{(-1)^{2m}}{(-1)^{2m-1}+2}=\frac{1}{-1+2}=1$$

よって，極限は存在しない。

(ア)〜(エ)より

$$\lim_{n\to\infty}\frac{r^{n+1}}{r^n+2}=\begin{cases}0 & (|r|<1 \text{ のとき})\\ r & (|r|>1 \text{ のとき})\\ \frac{1}{3} & (r=1 \text{ のとき})\\ \text{存在しない} & (r=-1 \text{ のとき})\end{cases}$$

練習 24　$-\frac{\pi}{2}<\theta<\frac{\pi}{2}$ のとき，数列 $\left\{\frac{\tan^n\theta}{2+\tan^{n+1}\theta}\right\}$ の極限を調べよ。

(ア)　$|\tan\theta|<1$ すなわち $-\dfrac{\pi}{4}<\theta<\dfrac{\pi}{4}$ のとき

$\lim\limits_{n\to\infty}\tan^n\theta=0$ であるから　　$\lim\limits_{n\to\infty}\dfrac{\tan^n\theta}{2+\tan^{n+1}\theta}=0$

◀ $|\tan\theta|<1$，$\tan\theta=1$，$|\tan\theta|>1$，$\tan\theta=-1$ の場合について調べる。

(イ)　$\tan\theta=1$ すなわち $\theta=\dfrac{\pi}{4}$ のとき

$$\lim_{n\to\infty}\frac{\tan^n\theta}{2+\tan^{n+1}\theta}=\frac{1}{3}$$

(ウ)　$|\tan\theta|>1$ すなわち $-\dfrac{\pi}{2}<\theta<-\dfrac{\pi}{4}$，$\dfrac{\pi}{4}<\theta<\dfrac{\pi}{2}$ のとき

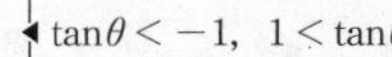
◀ $\tan\theta<-1$，$1<\tan\theta$

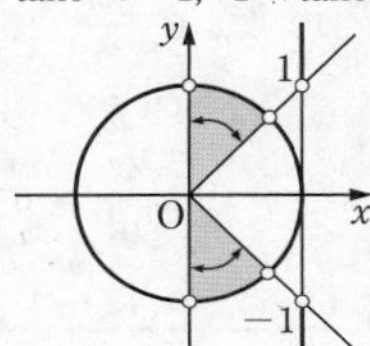

$\lim\limits_{n\to\infty}\dfrac{1}{\tan^n\theta}=0$ となり

$$\lim_{n\to\infty}\frac{\tan^n\theta}{2+\tan^{n+1}\theta}=\lim_{n\to\infty}\frac{\dfrac{1}{\tan\theta}}{2\left(\dfrac{1}{\tan\theta}\right)^{n+1}+1}=\frac{1}{\tan\theta}$$

(エ)　$\tan\theta=-1$ すなわち $\theta=-\dfrac{\pi}{4}$ のとき

$n=2m$（m は自然数）のとき

$$\lim_{n\to\infty}\frac{\tan^n\theta}{2+\tan^{n+1}\theta}=\lim_{m\to\infty}\frac{(-1)^{2m}}{2+(-1)^{2m+1}}=\frac{1}{2-1}=1$$

◀ $n\to\infty$ のとき $m\to\infty$ である。また $(-1)^{2m}=1$，$(-1)^{2m+1}=-1$

$n=2m-1$（m は自然数）のとき

$$\lim_{n\to\infty}\frac{\tan^n\theta}{2+\tan^{n+1}\theta}=\lim_{m\to\infty}\frac{(-1)^{2m-1}}{2+(-1)^{2m}}=\frac{-1}{2+1}=-\frac{1}{3}$$

◀ $(-1)^{2m-1}=-1$

よって，極限は存在しない。

(ア)〜(エ) より

$$\lim_{n\to\infty}\frac{\tan^n\theta}{2+\tan^{n+1}\theta}=\begin{cases}0 & \left(-\dfrac{\pi}{4}<\theta<\dfrac{\pi}{4}\right)\\[2mm] \dfrac{1}{\tan\theta} & \left(-\dfrac{\pi}{2}<\theta<-\dfrac{\pi}{4},\ \dfrac{\pi}{4}<\theta<\dfrac{\pi}{2}\right)\\[2mm] \dfrac{1}{3} & \left(\theta=\dfrac{\pi}{4}\right)\\[2mm] \text{存在しない} & \left(\theta=-\dfrac{\pi}{4}\right)\end{cases}$$

練習 25　(1)　$\lim\limits_{n\to\infty}\dfrac{12}{n}\left[\dfrac{n}{4}\right]$ を求めよ。ただし，$[x]$ は x を超えない最大の整数を表す。

(2)　4 以上の自然数 n に対して $\dfrac{4^n}{n!}\leqq\dfrac{32}{3}\left(\dfrac{4}{5}\right)^{n-4}$ を示し，$\lim\limits_{n\to\infty}\dfrac{4^n}{n!}$ を求めよ。

(1)　$\dfrac{n}{4}-1<\left[\dfrac{n}{4}\right]\leqq\dfrac{n}{4}$ であるから，辺々に $\dfrac{12}{n}$ $(n>0)$ を掛けると

◀ $[x]$ は x を超えない最大の整数を表すから，$[x]\leqq x<[x]+1$ より $x-1<[x]\leqq x$

$$3-\frac{12}{n}<\frac{12}{n}\left[\frac{n}{4}\right]\leqq 3$$

ここで，$\lim\limits_{n\to\infty}\left(3-\dfrac{12}{n}\right)=3$ であるから，はさみうちの原理より

$$\lim_{n\to\infty}\frac{12}{n}\left[\frac{n}{4}\right]=3$$

(2) $n \geqq 4$ のとき

$$\frac{4^n}{n!} = \frac{4\cdot4\cdot4\cdot4\cdot4\cdot4\cdot\cdots\cdot4}{1\cdot2\cdot3\cdot4\cdot5\cdot6\cdot\cdots\cdot n}$$

$$\leqq \frac{4\cdot4\cdot4\cdot4}{1\cdot2\cdot3\cdot4}\cdot\frac{\overbrace{4\cdot4\cdot\cdots\cdot4}^{n-4\text{個}}}{5\cdot5\cdot\cdots\cdot5} = \frac{32}{3}\left(\frac{4}{5}\right)^{n-4}$$

◀ $5\cdot6\cdot7\cdots n \geqq \overbrace{5\cdot5\cdots5}^{n-4\text{個}}$ より $\dfrac{1}{5\cdot6\cdot7\cdots n} \leqq \dfrac{1}{5\cdot5\cdots5}$

よって　$\dfrac{4^n}{n!} \leqq \dfrac{32}{3}\left(\dfrac{4}{5}\right)^{n-4}$

ゆえに，$0 < \dfrac{4^n}{n!} \leqq \dfrac{32}{3}\left(\dfrac{4}{5}\right)^{n-4}$ であり，$\displaystyle\lim_{n\to\infty}\frac{32}{3}\left(\frac{4}{5}\right)^{n-4} = 0$ であるから，はさみうちの原理より

$$\boldsymbol{\lim_{n\to\infty}\frac{4^n}{n!} = 0}$$

練習 26　$a_1 = 1$，$a_{n+1} = \dfrac{1}{3}a_n + 1$ $(n = 1, 2, 3, \cdots)$ で定められた数列 $\{a_n\}$ について，$\displaystyle\lim_{n\to\infty} a_n$ を求めよ。

$\alpha = \dfrac{1}{3}\alpha + 1$ を満たす $\alpha = \dfrac{3}{2}$ を用いて漸化式を変形すると

◀ 特性方程式

$$a_{n+1} - \frac{3}{2} = \frac{1}{3}\left(a_n - \frac{3}{2}\right)$$

ゆえに，数列 $\left\{a_n - \dfrac{3}{2}\right\}$ は初項 $a_1 - \dfrac{3}{2} = -\dfrac{1}{2}$，公比 $\dfrac{1}{3}$ の等比数列

であるから　$a_n - \dfrac{3}{2} = -\dfrac{1}{2}\left(\dfrac{1}{3}\right)^{n-1}$

すなわち　$a_n = \dfrac{3}{2} - \dfrac{1}{2}\left(\dfrac{1}{3}\right)^{n-1}$

したがって　$\displaystyle\lim_{n\to\infty} a_n = \lim_{n\to\infty}\left\{\frac{3}{2} - \frac{1}{2}\left(\frac{1}{3}\right)^{n-1}\right\} = \frac{3}{2}$

◀ $\displaystyle\lim_{n\to\infty}\left(\frac{1}{3}\right)^{n-1} = 0$

練習 27　$a_1 = 2$，$a_2 = 3$，$a_{n+2} = 2a_{n+1} + 3a_n$ $(n = 1, 2, 3, \cdots)$ で定められた数列 $\{a_n\}$ について，$\displaystyle\lim_{n\to\infty}\frac{a_n}{3^n}$ を求めよ。

与えられた漸化式は，$x^2 = 2x + 3$ を満たす $x = -1$，3 を用いて

◀ 隣接3項間漸化式の特性方程式

$a_{n+2} + a_{n+1} = 3(a_{n+1} + a_n)$　…①

$a_{n+2} - 3a_{n+1} = -(a_{n+1} - 3a_n)$　…②

と変形できる。

①より，数列 $\{a_{n+1} + a_n\}$ は初項 $a_2 + a_1 = 3 + 2 = 5$，公比 3 の等比数列であるから

$a_{n+1} + a_n = 5\cdot3^{n-1}$　…③

②より，数列 $\{a_{n+1} - 3a_n\}$ は初項 $a_2 - 3a_1 = 3 - 3\cdot2 = -3$，公比 -1 の等比数列であるから

$a_{n+1} - 3a_n = (-3)\cdot(-1)^{n-1} = 3(-1)^n$　…④

◀ $(-3)\cdot(-1)^{n-1} = 3\cdot(-1)\cdot(-1)^{n-1} = 3(-1)^n$

③－④より　$4a_n = 5\cdot3^{n-1} - 3(-1)^n$

すなわち　　$a_n=\frac{1}{4}\{5\cdot 3^{n-1}-3(-1)^n\}$

$\frac{a_n}{3^n}=\frac{5}{12}-\frac{3}{4}\left(-\frac{1}{3}\right)^n$ であるから　　$\lim_{n\to\infty}\frac{a_n}{3^n}=\frac{5}{12}$

練習 28　$a_1=2,\ b_1=1,\ a_{n+1}=a_n-8b_n,\ b_{n+1}=a_n+7b_n\ (n=1,\ 2,\ 3,\ \cdots)$ で定められた2つの数列 $\{a_n\},\ \{b_n\}$ がある。

(1)　一般項 $a_n,\ b_n$ を求めよ。　　(2)　$\lim_{n\to\infty}\frac{a_n}{b_n}$ を求めよ。

---

(1)　与えられた漸化式を $a_{n+1}+\alpha b_{n+1}=\beta(a_n+\alpha b_n)$ とおくと

$a_{n+1}+\alpha b_{n+1}=\beta a_n+\alpha\beta b_n$　　…①

与えられた2つの漸化式より

$a_{n+1}+\alpha b_{n+1}=(a_n-8b_n)+\alpha(a_n+7b_n)$

$=(1+\alpha)a_n+(7\alpha-8)b_n$　　…②

① と ② の右辺の係数を比較すると

$\alpha+1=\beta,\ 7\alpha-8=\alpha\beta$

これを解くと　　$\alpha=2,\ \beta=3$　または　$\alpha=4,\ \beta=5$

(ア)　$\alpha=2,\ \beta=3$ のとき

$a_{n+1}+2b_{n+1}=3(a_n+2b_n)$

数列 $\{a_n+2b_n\}$ は初項 $a_1+2b_1=4$, 公比3の等比数列であるから

$a_n+2b_n=4\cdot 3^{n-1}$　　…③

(イ)　$\alpha=4,\ \beta=5$ のとき

$a_{n+1}+4b_{n+1}=5(a_n+4b_n)$

数列 $\{a_n+4b_n\}$ は初項 $a_1+4b_1=6$, 公比5の等比数列であるから

$a_n+4b_n=6\cdot 5^{n-1}$　　…④

③, ④ より

$\boldsymbol{a_n=8\cdot 3^{n-1}-6\cdot 5^{n-1}}$

$\boldsymbol{b_n=3\cdot 5^{n-1}-2\cdot 3^{n-1}}$

(2)　$\lim_{n\to\infty}\frac{a_n}{b_n}=\lim_{n\to\infty}\frac{8\cdot 3^{n-1}-6\cdot 5^{n-1}}{3\cdot 5^{n-1}-2\cdot 3^{n-1}}=\lim_{n\to\infty}\frac{8\left(\frac{3}{5}\right)^{n-1}-6}{3-2\left(\frac{3}{5}\right)^{n-1}}=\boldsymbol{-2}$

◀ $7\alpha-8=\alpha(\alpha+1)$ より
$\alpha^2-6\alpha+8=0$
$(\alpha-2)(\alpha-4)=0$
よって　$\alpha=2,\ 4$

◀ a_n を求めるには
③×2−④
b_n を求めるには
$\frac{④-③}{2}$

◀ 分母・分子を 5^{n-1} で割る。

練習 29　$a_1=1,\ a_{n+1}=\frac{a_n-2}{a_n+4}\ (n=1,\ 2,\ 3,\ \cdots)$ で定められた数列 $\{a_n\}$ について

(1)　$b_n=a_n+1$ とおくとき，一般項 a_n を求めよ。

(2)　$\lim_{n\to\infty}a_n$ を求めよ。

---

(1)　$b_n=a_n+1$ より　　$a_n=b_n-1,\ a_{n+1}=b_{n+1}-1$

これらを与えられた漸化式に代入すると

$b_{n+1}-1=\frac{b_n-1-2}{b_n-1+4}$ となり　　$b_{n+1}=\frac{2b_n}{b_n+3}$　　…①

$b_1=a_1+1=2>0$ であるから　　$b_n>0$

$b_n\neq 0$ より，① の両辺の逆数をとると　　$\frac{1}{b_{n+1}}=\frac{3}{2b_n}+\frac{1}{2}$

ここで，$c_n=\frac{1}{b_n}$ とおくと　　$c_{n+1}=\frac{3}{2}c_n+\frac{1}{2}$

◀ $\frac{b_n-3}{b_n+3}+1=\frac{2b_n}{b_n+3}$

◀ $b_{n+1}=\frac{2b_n}{b_n+3}$ において
$b_n>0$ ならば　$b_{n+1}>0$
$b_1>0$ より　$b_n>0$
$(n=1,\ 2,\ 3,\ \cdots)$

この漸化式は $\beta=\dfrac{3}{2}\beta+\dfrac{1}{2}$ を満たす $\beta=-1$ を用いて

$$c_{n+1}+1=\frac{3}{2}(c_n+1)$$

と変形できる。

数列 $\{c_n+1\}$ は初項 $c_1+1=\dfrac{1}{b_1}+1=\dfrac{1}{2}+1=\dfrac{3}{2}$，公比 $\dfrac{3}{2}$ の等比数列であるから

$$c_n+1=\frac{3}{2}\cdot\left(\frac{3}{2}\right)^{n-1}=\left(\frac{3}{2}\right)^n$$

すなわち　$c_n=\left(\dfrac{3}{2}\right)^n-1$

ゆえに，$\dfrac{1}{b_n}=\left(\dfrac{3}{2}\right)^n-1$ より　$b_n=\dfrac{1}{\left(\dfrac{3}{2}\right)^n-1}$

したがって

$$a_n=b_n-1=\frac{1}{\left(\frac{3}{2}\right)^n-1}-1=\frac{2-\left(\frac{3}{2}\right)^n}{\left(\frac{3}{2}\right)^n-1}=\boldsymbol{\frac{2^{n+1}-3^n}{3^n-2^n}}$$

◀分母・分子に 2^n を掛ける。

(2) (1)より　$\displaystyle\lim_{n\to\infty}a_n=\lim_{n\to\infty}\frac{2^{n+1}-3^n}{3^n-2^n}=\lim_{n\to\infty}\frac{2\left(\frac{2}{3}\right)^n-1}{1-\left(\frac{2}{3}\right)^n}=\boldsymbol{-1}$

◀分母・分子を 3^n で割る。$\displaystyle\lim_{n\to\infty}\left(\frac{2}{3}\right)^n=0$

練習 30　さいころを n 回投げたとき，1の目の出る回数が奇数である確率を p_n とする。

(1) p_{n+1} を p_n を用いて表せ。　(2) p_n を n の式で表せ。

(3) $\displaystyle\lim_{n\to\infty}p_n$ を求めよ。

(1) さいころを n 回投げたとき，1の目が出る回数が奇数である確率は p_n，偶数である確率は $1-p_n$ である。

◀余事象の確率を考える。

さいころを $n+1$ 回投げたとき1の目が出る回数が奇数であるのは，次の2つの場合がある。

(ア) 1の目が n 回目までに奇数回，$n+1$ 回目に1以外の目が出るとき，その確率は　$\dfrac{5}{6}p_n$

◀$n+1$ 回目に1以外の目が出る確率は　$\dfrac{5}{6}$

(イ) 1の目が n 回目までに偶数回，$n+1$ 回目に1の目が出るとき，その確率は　$\dfrac{1}{6}(1-p_n)$

◀$n+1$ 回目に1の目が出る確率は　$\dfrac{1}{6}$

(ア)，(イ) は互いに排反であるから

$$p_{n+1}=\frac{5}{6}p_n+\frac{1}{6}(1-p_n)=\boldsymbol{\frac{2}{3}p_n+\frac{1}{6}}$$

(2) (1)で得られた漸化式を，$\alpha=\dfrac{2}{3}\alpha+\dfrac{1}{6}$ を満たす $\alpha=\dfrac{1}{2}$ を用いて変形すると　$p_{n+1}-\dfrac{1}{2}=\dfrac{2}{3}\left(p_n-\dfrac{1}{2}\right)$

$p_1=\dfrac{1}{6}$ より，数列 $\left\{p_n-\dfrac{1}{2}\right\}$ は初項 $p_1-\dfrac{1}{2}=-\dfrac{1}{3}$，公比 $\dfrac{2}{3}$ の

等比数列であるから

$$p_n-\frac{1}{2}=-\frac{1}{3}\cdot\left(\frac{2}{3}\right)^{n-1}$$

ゆえに　$\boldsymbol{p_n=-\frac{1}{3}\cdot\left(\frac{2}{3}\right)^{n-1}+\frac{1}{2}}$

(3) (2)の結果より

$$\lim_{n\to\infty}p_n=\lim_{n\to\infty}\left\{-\frac{1}{3}\cdot\left(\frac{2}{3}\right)^{n-1}+\frac{1}{2}\right\}=\frac{1}{2}$$

◀ $\lim_{n\to\infty}\left(\frac{2}{3}\right)^{n-1}=0$

1章 2 数列の極限

練習 31 数列 $\{a_n\}$ を，$1<a_1<2$，$a_{n+1}=\sqrt{3a_n-2}$ $(n=1, 2, 3, \cdots)$ で定める。
(1) $a_1 \leqq a_n < 2$ が成り立つことを示せ。
(2) $0<2-a_{n+1} \leqq \dfrac{3}{2+\sqrt{3a_1-2}}(2-a_n)$ であることを示せ。
(3) $\lim_{n\to\infty}a_n$ を求めよ。　(信州大)

(1) [1] $n=1$ のとき，明らかに $a_1<2$ が成り立つ。
[2] $n=k$ のとき，$a_1 \leqq a_k < 2$ が成り立つと仮定すると
$3a_1 \leqq 3a_k < 6$ より　$3a_1-2 \leqq 3a_k-2 < 4$
$1<a_1<2$ より，各辺は正であるから

$$\sqrt{3a_1-2} \leqq \sqrt{3a_k-2} < 2$$

すなわち　$\sqrt{3a_1-2} \leqq a_{k+1} < 2$　…①
さらに $1<a_1<2$ より

$$\left(\sqrt{3a_1-2}\right)^2-a_1{}^2=-a_1{}^2+3a_1-2$$
$$=-(a_1-1)(a_1-2)>0$$

ゆえに　$a_1{}^2<\left(\sqrt{3a_1-2}\right)^2$
$a_1>0$，$\sqrt{3a_1-2}>0$ より　$a_1<\sqrt{3a_1-2}$　…②
①，②より，$a_1 \leqq a_{k+1} < 2$ となり，$n=k+1$ のときも成り立つ。
[1]，[2]よりすべての自然数 n に対して，$a_1 \leqq a_n < 2$ が成り立つ。

◀ 数学的帰納法を用いて証明する。
◀ $a_{k+1}=\sqrt{3a_k-2}$ より $3a_k-2$ の形をつくる。
◀ $a_1<\sqrt{3a_1-2}$ を調べる。
◀ $1<a_1<2$ より
$a_1-1>0$
$a_1-2<0$

(2) $2-a_{n+1}=2-\sqrt{3a_n-2}$

$$=\frac{4-(3a_n-2)}{2+\sqrt{3a_n-2}}=\frac{3}{2+\sqrt{3a_n-2}}(2-a_n)$$

(1)より　$0<2-a_{n+1}$，$0<2-a_n$，$\sqrt{3a_1-2} \leqq \sqrt{3a_n-2}$
よって　$0<2-a_{n+1} \leqq \dfrac{3}{2+\sqrt{3a_1-2}}(2-a_n)$

◀ $\dfrac{1}{2+\sqrt{3a_n-2}} \leqq \dfrac{1}{2+\sqrt{3a_1-2}}$

(3) (2)より　$0<2-a_n \leqq \left(\dfrac{3}{2+\sqrt{3a_1-2}}\right)^{n-1}(2-a_1)$

ここで，$1<a_1<2$ より　$\dfrac{3}{4}<\dfrac{3}{2+\sqrt{3a_1-2}}<1$

よって，$\lim_{n\to\infty}\left(\dfrac{3}{2+\sqrt{3a_1-2}}\right)^{n-1}=0$ であるから，
はさみうちの原理より　$\lim_{n\to\infty}(2-a_n)=0$
したがって　$\boldsymbol{\lim_{n\to\infty}a_n=2}$

◀ $\dfrac{3}{2+\sqrt{3a_1-2}}=r$ とおくと

$$2-a_n \leqq r(2-a_{n-1}) \leqq r^2(2-a_{n-2}) \leqq r^3(2-a_{n-3}) \ \vdots \ \leqq r^{n-1}(2-a_1)$$

練習 32 数列$\{a_n\}$を，$a_1>\sqrt{5}$，$a_{n+1}=\dfrac{1}{2}\left(a_n+\dfrac{5}{a_n}\right)$ $(n=1,\ 2,\ 3,\ \cdots)$ で定める。

(1) $\sqrt{5}<a_{n+1}<a_n$ であることを示せ。

(2) $a_{n+1}-\sqrt{5}<\dfrac{1}{2}(a_n-\sqrt{5})$ であることを示せ。

(3) $\displaystyle\lim_{n\to\infty}a_n$ を求めよ。

(1) [1] $n=1$ のとき

条件より $a_1>\sqrt{5}$ であるから，$a_n>\sqrt{5}$ は成り立つ。

[2] $n=k$ のとき，$a_k>\sqrt{5}$ が成り立つと仮定すると

$$a_{k+1}-\sqrt{5}=\frac{1}{2}\left(a_k+\frac{5}{a_k}\right)-\sqrt{5}$$
$$=\frac{{a_k}^2-2\sqrt{5}\,a_k+5}{2a_k}=\frac{(a_k-\sqrt{5})^2}{2a_k}>0$$

よって，$a_{k+1}>\sqrt{5}$ となり，$n=k+1$ のときも成り立つ。

[1]，[2] より，すべての自然数nに対して，$a_n>\sqrt{5}$ が成り立つ。

次に　$a_n-a_{n+1}=a_n-\dfrac{1}{2}\left(a_n+\dfrac{5}{a_n}\right)$

$$=\frac{{a_n}^2-5}{2a_n}=\frac{(a_n+\sqrt{5})(a_n-\sqrt{5})}{2a_n}>0$$

よって，すべての自然数nについて　$a_n>a_{n+1}$

したがって　$\sqrt{5}<a_{n+1}<a_n$

〔別解〕 ($a_n>\sqrt{5}$ の証明)

$a_1>\sqrt{5}$ と与えられた漸化式より，すべてのnについて　$a_n>0$

よって，相加平均と相乗平均の関係より，$n=1,\ 2,\ 3,\ \cdots$ のとき

$$a_{n+1}=\frac{1}{2}\left(a_n+\frac{5}{a_n}\right)\geqq\sqrt{a_n\cdot\frac{5}{a_n}}=\sqrt{5}$$

等号が成り立つのは $a_n=\dfrac{5}{a_n}$ より　$a_n=\sqrt{5}$

すなわち $a_{n+1}=\sqrt{5}$ ならば $a_n=\sqrt{5}$ となり，これを繰り返し用いると $a_{n+1}=a_n=a_{n-1}=\cdots=a_1=\sqrt{5}$ となるが，$a_1>\sqrt{5}$ であるから，$a_{n+1}=\sqrt{5}$ は成り立たない。

よって　$a_n>\sqrt{5}$　$(n=1,\ 2,\ 3,\ \cdots)$

(2) $a_{n+1}-\sqrt{5}=\dfrac{1}{2}\left(a_n+\dfrac{5}{a_n}\right)-\sqrt{5}$

$$=\frac{{a_n}^2-2\sqrt{5}\,a_n+5}{2a_n}$$
$$=\frac{(a_n-\sqrt{5})^2}{2a_n}=\frac{1}{2}\cdot\frac{a_n-\sqrt{5}}{a_n}(a_n-\sqrt{5})$$

ここで，$a_n>\sqrt{5}$ より $0<\dfrac{a_n-\sqrt{5}}{a_n}<1$ であるから

$$a_{n+1}-\sqrt{5}<\frac{1}{2}(a_n-\sqrt{5})$$

(3) (2)より，$n\geqq2$ のとき

◀数学的帰納法を用いて証明する。

◀一般に $(a_k-\sqrt{5})^2\geqq0$ が成り立つが，仮定より $a_k>\sqrt{5}$ であるから $(a_k-\sqrt{5})^2>0$

◀$a_n-\sqrt{5}>0$

◀$a_n>0$

◀等号は成り立たない。

◀$\dfrac{a_n-\sqrt{5}}{a_n}=1-\dfrac{\sqrt{5}}{a_n}$ であり，$a_n>\sqrt{5}$ を用いると　$0<\dfrac{a_n-\sqrt{5}}{a_n}<1$

$$0 < a_n - \sqrt{5} < \frac{1}{2}(a_{n-1} - \sqrt{5})$$
$$< \left(\frac{1}{2}\right)^2 (a_{n-2} - \sqrt{5}) < \cdots < \left(\frac{1}{2}\right)^{n-1} (a_1 - \sqrt{5})$$

◀ $a_n - \sqrt{5} > 0$

よって　$0 < a_n - \sqrt{5} < \left(\frac{1}{2}\right)^{n-1} (a_1 - \sqrt{5})$

ここで，$\lim_{n\to\infty}\left(\frac{1}{2}\right)^{n-1}(a_1 - \sqrt{5}) = 0$ であるから，

はさみうちの原理より　$\lim_{n\to\infty}(a_n - \sqrt{5}) = 0$

したがって　$\boldsymbol{\lim_{n\to\infty} a_n = \sqrt{5}}$

p.65 問題編 2 数列の極限

問題 14 次の極限値を求めよ。

(1) $\lim_{n\to\infty}\left(1-\frac{1}{2}\right)\left(1-\frac{1}{3}\right)\cdots\left(1-\frac{1}{n}\right)$　　(2) $\lim_{n\to\infty}\left(1-\frac{1}{2^2}\right)\left(1-\frac{1}{3^2}\right)\cdots\left(1-\frac{1}{n^2}\right)$

(1) $\lim_{n\to\infty}\left(1-\frac{1}{2}\right)\left(1-\frac{1}{3}\right)\left(1-\frac{1}{4}\right)\cdots\left(1-\frac{1}{n-1}\right)\left(1-\frac{1}{n}\right)$

$$= \lim_{n\to\infty}\frac{1}{2}\cdot\frac{2}{3}\cdot\frac{3}{4}\cdot\cdots\cdot\frac{n-2}{n-1}\cdot\frac{n-1}{n}$$
$$= \lim_{n\to\infty}\frac{1}{n} = \mathbf{0}$$

◀ $1 - \frac{1}{n} = \frac{n-1}{n}$

(2) $\lim_{n\to\infty}\left(1-\frac{1}{2^2}\right)\left(1-\frac{1}{3^2}\right)\cdots\left(1-\frac{1}{n^2}\right)$

$$= \lim_{n\to\infty}\left(1+\frac{1}{2}\right)\left(1-\frac{1}{2}\right)\left(1+\frac{1}{3}\right)\left(1-\frac{1}{3}\right)\cdots\left(1+\frac{1}{n}\right)\left(1-\frac{1}{n}\right)$$
$$= \lim_{n\to\infty}\left\{\left(1+\frac{1}{2}\right)\left(1+\frac{1}{3}\right)\cdots\left(1+\frac{1}{n}\right)\right\}\left\{\left(1-\frac{1}{2}\right)\left(1-\frac{1}{3}\right)\cdots\left(1-\frac{1}{n}\right)\right\}$$
$$= \lim_{n\to\infty}\left(\frac{3}{2}\cdot\frac{4}{3}\cdot\frac{5}{4}\cdot\cdots\cdot\frac{n+1}{n}\right)\left(\frac{1}{2}\cdot\frac{2}{3}\cdot\frac{3}{4}\cdot\cdots\cdot\frac{n-1}{n}\right)$$
$$= \lim_{n\to\infty}\frac{n+1}{2}\cdot\frac{1}{n}$$
$$= \lim_{n\to\infty}\frac{1}{2}\left(1+\frac{1}{n}\right) = \frac{1}{2}\cdot 1 = \boldsymbol{\frac{1}{2}}$$

◀ $1 - \frac{1}{n^2} = \left(1+\frac{1}{n}\right)\left(1-\frac{1}{n}\right)$
$= \frac{n+1}{n}\cdot\frac{n-1}{n}$

問題 15 数列 $\left\{5+(-1)^n\frac{n(n+2)}{n^2+1}\right\}$ の極限を調べよ。

$$\lim_{n\to\infty}\frac{n(n+2)}{n^2+1} = \lim_{n\to\infty}\frac{n^2+2n}{n^2+1} = \lim_{n\to\infty}\frac{1+\frac{2}{n}}{1+\frac{1}{n^2}} = 1$$

◀ $n\to\infty$ のとき
$\frac{2}{n}\to 0,\ \frac{1}{n^2}\to 0$

(ア) $n = 2m$ (m は自然数) のとき
$n\to\infty$ のとき $m\to\infty$ となり
$$\lim_{n\to\infty}(-1)^n = \lim_{m\to\infty}(-1)^{2m} = 1$$

◀ $(-1)^{2m} = 1$

よって　　$\lim_{n\to\infty}\left\{5+(-1)^n\dfrac{n(n+2)}{n^2+1}\right\}=5+1\cdot1=6$

(イ)　$n=2m-1$（m は自然数）のとき

$n\to\infty$ のとき $m\to\infty$ となり

$$\lim_{n\to\infty}(-1)^n=\lim_{m\to\infty}(-1)^{2m-1}=-1$$

◀ $(-1)^{2m-1}=-1$

よって　　$\lim_{n\to\infty}\left\{5+(-1)^n\dfrac{n(n+2)}{n^2+1}\right\}=5+(-1)\cdot1=4$

(ア)，(イ) より，**極限は存在しない。**

問題 **16**　数列 $\{\sqrt{3n^2+2n+1}+an\}$ が収束するように定数 a の値を定めよ。また，そのときの数列の極限値を求めよ。

$a\geqq0$ のとき，$\lim_{n\to\infty}(\sqrt{3n^2+2n+1}+an)=\infty$ であるから

数列 $\{\sqrt{3n^2+2n+1}+an\}$ は収束しない。（発散する）

◀ $a>0$ のとき　$\infty+\infty$
$a=0$ のとき　$\infty+0$

$a<0$ のとき

$$\sqrt{3n^2+2n+1}+an=\frac{(\sqrt{3n^2+2n+1}+an)(\sqrt{3n^2+2n+1}-an)}{\sqrt{3n^2+2n+1}-an}$$

◀ 分子を有理化する。

$$=\frac{3n^2+2n+1-a^2n^2}{\sqrt{3n^2+2n+1}-an}$$

$$=\frac{(3-a^2)n^2+2n+1}{\sqrt{3n^2+2n+1}-an}$$

よって

$$\lim_{n\to\infty}(\sqrt{3n^2+2n+1}+an)=\lim_{n\to\infty}\frac{(3-a^2)n^2+2n+1}{\sqrt{3n^2+2n+1}-an}$$

$$=\lim_{n\to\infty}\frac{(3-a^2)n+2+\dfrac{1}{n}}{\sqrt{3+\dfrac{2}{n}+\dfrac{1}{n^2}}-a}\quad\cdots①$$

◀ 分母・分子を n で割る。
根号の中は $n=\sqrt{n^2}$ として割る。

収束するためには　　$3-a^2=0$

◀ n の係数 $3-a^2$ が
$3-a^2\neq0$ であれば，∞ または $-\infty$ に発散する。

$a<0$ より　　$a=-\sqrt{3}$

このとき，① は

$$\lim_{n\to\infty}\frac{2+\dfrac{1}{n}}{\sqrt{3+\dfrac{2}{n}+\dfrac{1}{n^2}}+\sqrt{3}}=\frac{2}{2\sqrt{3}}=\frac{\sqrt{3}}{3}$$

したがって　　$\boldsymbol{a=-\sqrt{3}}$，**極限値** $\boldsymbol{\dfrac{\sqrt{3}}{3}}$

問題 **17**　数列 $\{a_n\}$，$\{b_n\}$ において，次の命題の真偽をいえ。

(1)　$\lim_{n\to\infty}a_n=\infty$，$\lim_{n\to\infty}b_n=\infty$　ならば　$\lim_{n\to\infty}(a_n-b_n)=0$

(2)　$\lim_{n\to\infty}(a_n+b_n)=0$，$\lim_{n\to\infty}(a_n-b_n)=0$　ならば　$\lim_{n\to\infty}a_n=\lim_{n\to\infty}b_n=0$

---

(1)　$a_n=n^2$，$b_n=n$ とすると，$\lim_{n\to\infty}a_n=\infty$，$\lim_{n\to\infty}b_n=\infty$ であるが

$$\lim_{n\to\infty}(a_n-b_n)=\lim_{n\to\infty}(n^2-n)=\lim_{n\to\infty}n^2\left(1-\frac{1}{n}\right)=\infty$$

◀ $\infty\times1$ より ∞

したがって，この命題は **偽** である。

(2)　$a_n=\dfrac{(a_n+b_n)+(a_n-b_n)}{2}$，$b_n=\dfrac{(a_n+b_n)-(a_n-b_n)}{2}$ であるから，$\displaystyle\lim_{n\to\infty}(a_n+b_n)=0$，$\displaystyle\lim_{n\to\infty}(a_n-b_n)=0$ のとき

◀ a_n，b_n を a_n+b_n，a_n-b_n で表す。

$$\lim_{n\to\infty}a_n=\lim_{n\to\infty}\frac{(a_n+b_n)+(a_n-b_n)}{2}$$
$$=\frac{1}{2}\left\{\lim_{n\to\infty}(a_n+b_n)+\lim_{n\to\infty}(a_n-b_n)\right\}$$
$$=\frac{1}{2}(0+0)=0$$
$$\lim_{n\to\infty}b_n=\lim_{n\to\infty}\frac{(a_n+b_n)-(a_n-b_n)}{2}$$
$$=\frac{1}{2}\left\{\lim_{n\to\infty}(a_n+b_n)-\lim_{n\to\infty}(a_n-b_n)\right\}$$
$$=\frac{1}{2}(0-0)=0$$

したがって，この命題は **真** である。

問題 18　$\displaystyle\lim_{n\to\infty}(pn^2+n+q)a_n=p+1$ のとき，数列 $\{n^2a_n\}$ の極限を求めよ。

(ア)　$p\neq 0$ のとき

$$\lim_{n\to\infty}n^2a_n=\lim_{n\to\infty}\left\{(pn^2+n+q)a_n\cdot\frac{n^2}{pn^2+n+q}\right\}$$
$$=\lim_{n\to\infty}\left\{(pn^2+n+q)a_n\cdot\frac{1}{p+\frac{1}{n}+\frac{q}{n^2}}\right\}$$
$$=(p+1)\cdot\frac{1}{p}=\frac{p+1}{p}$$

◀ 収束する 2 つの数列の積の形に変形する。

◀ $\displaystyle\lim_{n\to\infty}a_n=\alpha$，$\displaystyle\lim_{n\to\infty}b_n=\beta$ のとき $\displaystyle\lim_{n\to\infty}a_nb_n=\alpha\beta$

(イ)　$p=0$ のとき

$\displaystyle\lim_{n\to\infty}(n+q)a_n=1$ であるから

$$\lim_{n\to\infty}n^2a_n=\lim_{n\to\infty}\left\{(n+q)a_n\cdot\frac{n^2}{n+q}\right\}$$
$$=\lim_{n\to\infty}\left\{(n+q)a_n\cdot\frac{n}{1+\frac{q}{n}}\right\}=\infty$$

◀ $\displaystyle\lim_{n\to\infty}\frac{n}{1+\frac{q}{n}}=\infty$

(ア)，(イ) より，求める極限は

$$\begin{cases}\boldsymbol{p\neq 0}\ \textbf{のとき}\quad \dfrac{\boldsymbol{p+1}}{\boldsymbol{p}}\\ \boldsymbol{p=0}\ \textbf{のとき}\quad \boldsymbol{\infty}\end{cases}$$

問題 19　極限値 $\displaystyle\lim_{n\to\infty}\frac{1}{2n-1}(n+\sin n\theta)$ を求めよ。

$$\frac{1}{2n-1}(n+\sin n\theta)=\frac{n}{2n-1}+\frac{\sin n\theta}{2n-1}$$

ここで　$\lim_{n\to\infty}\frac{n}{2n-1}=\lim_{n\to\infty}\frac{1}{2-\frac{1}{n}}=\frac{1}{2}$　$\cdots$①

また，すべての n について　$-1\leqq\sin n\theta\leqq 1$

$2n-1>0$ より，辺々を $2n-1$ で割ると

$$-\frac{1}{2n-1}\leqq\frac{\sin n\theta}{2n-1}\leqq\frac{1}{2n-1}$$

ここで，$\lim_{n\to\infty}\left(-\frac{1}{2n-1}\right)=0$，$\lim_{n\to\infty}\frac{1}{2n-1}=0$ であるから

はさみうちの原理より　$\lim_{n\to\infty}\frac{\sin n\theta}{2n-1}=0$　$\cdots$②

したがって，①，② より

$$\begin{aligned}\lim_{n\to\infty}\frac{1}{2n-1}(n+\sin n\theta)&=\lim_{n\to\infty}\left(\frac{n}{2n-1}+\frac{\sin n\theta}{2n-1}\right)\\&=\lim_{n\to\infty}\frac{n}{2n-1}+\lim_{n\to\infty}\frac{\sin n\theta}{2n-1}\\&=\frac{1}{2}+0=\frac{1}{2}\end{aligned}$$

◀まず，$\lim_{n\to\infty}\frac{n}{2n-1}$，$\lim_{n\to\infty}\frac{\sin n\theta}{2n-1}$ が収束することを示す。
$\{a_n\}$，$\{b_n\}$ が収束するならば
$\lim_{n\to\infty}(a_n+b_n)=\lim_{n\to\infty}a_n+\lim_{n\to\infty}b_n$

問題 20　n を自然数とする。$h>0$ として，$(1+h)^n\geqq 1+nh+\frac{n(n-1)}{2}h^2$ を証明し，$0<x<1$ のとき，数列 $\{nx^n\}$ が 0 に収束することを示せ。　　　（茨城大）

$n\geqq 2$ のとき，$(1+h)^n$ を二項定理を用いて展開すると

$$\begin{aligned}(1+h)^n&={}_n\mathrm{C}_0+{}_n\mathrm{C}_1h+{}_n\mathrm{C}_2h^2+\cdots+{}_n\mathrm{C}_nh^n\\&\geqq{}_n\mathrm{C}_0+{}_n\mathrm{C}_1h+{}_n\mathrm{C}_2h^2=1+nh+\frac{n(n-1)}{2}h^2\end{aligned}$$

◀$h>0$ より，第 4 項以降を除くと和は小さくなる。

すなわち　$(1+h)^n\geqq 1+nh+\frac{n(n-1)}{2}h^2$　$\cdots$①

これは $n=1$ のときも成り立つ。

$h>0$ より，$1+h>1$ であるから　$0<\frac{1}{1+h}<1$

ここで，$x=\frac{1}{1+h}$ とおくと　$0<x<1$

$x^n=\frac{1}{(1+h)^n}$ であるから，① より

$$0<x^n\leqq\frac{1}{1+nh+\frac{n(n-1)}{2}h^2}$$

◀$h>0$

各辺に n (>0) を掛けると

$$0<nx^n\leqq\frac{n}{1+nh+\frac{n(n-1)}{2}h^2}$$

ここで　$\lim_{n\to\infty}\frac{n}{1+nh+\frac{n(n-1)}{2}h^2}=\lim_{n\to\infty}\frac{\frac{1}{n}}{\frac{1}{n^2}+\frac{h}{n}+\frac{1-\frac{1}{n}}{2}h^2}=0$

◀分母・分子を n^2 で割る。

であるから，はさみうちの原理より　　$\lim_{n\to\infty} nx^n = 0$

したがって，数列 $\{nx^n\}$ は 0 に収束する。

問題 **21**　第 n 項が次の式で表される数列の極限を調べよ。

(1) $\dfrac{2+3^{n+1}}{(-5)^n+3^n}$　　(2) $\dfrac{2a^n+3b^n}{a^n+b^n}$ (ただし，$a>b>0$)

(1) $\displaystyle\lim_{n\to\infty}\frac{2+3^{n+1}}{(-5)^n+3^n}=\lim_{n\to\infty}\frac{2\left(-\frac{1}{5}\right)^n+3\left(-\frac{3}{5}\right)^n}{1+\left(-\frac{3}{5}\right)^n}=\mathbf{0}$

◀分母・分子を $(-5)^n$ で割り，$|r|<1$ のとき $\lim_{n\to\infty} r^n=0$ を利用する。

(2) $a>b>0$ であるから　　$0<\dfrac{b}{a}<1$

よって　　$\displaystyle\lim_{n\to\infty}\frac{2a^n+3b^n}{a^n+b^n}=\lim_{n\to\infty}\frac{2+3\left(\frac{b}{a}\right)^n}{1+\left(\frac{b}{a}\right)^n}=\mathbf{2}$

◀$0<\dfrac{b}{a}<1$ より，$n\to\infty$ のとき $\left(\dfrac{b}{a}\right)^n\to 0$

問題 **22**　数列 $\{\tan^{n-1}x\}$ が収束するとき，実数 x のとり得る値の範囲を定めよ。ただし，$-\dfrac{\pi}{2}<x<\dfrac{\pi}{2}$ とする。

数列が収束する条件は $-1<\tan x\leqq 1$ である。

$-\dfrac{\pi}{2}<x<\dfrac{\pi}{2}$ であるから，求める x のとり得る値の範囲は

$$-\frac{\pi}{4}<x\leqq\frac{\pi}{4}$$

問題 **23**　数列 $\left\{\dfrac{r^{n-1}-3^{n+1}}{r^n+3^{n-1}}\right\}$ の極限を調べよ。ただし，r は正の定数とする。

(ア) $r>3$ のとき，$\displaystyle\lim_{n\to\infty}\left(\frac{3}{r}\right)^n=0$ であるから

$$\lim_{n\to\infty}\frac{r^{n-1}-3^{n+1}}{r^n+3^{n-1}}=\lim_{n\to\infty}\frac{\frac{1}{r}-3\cdot\left(\frac{3}{r}\right)^n}{1+\frac{1}{3}\cdot\left(\frac{3}{r}\right)^n}=\frac{\frac{1}{r}-3\cdot 0}{1+\frac{1}{3}\cdot 0}=\frac{1}{r}$$

◀$r>3$ のとき，$0<\dfrac{3}{r}<1$

◀分母・分子を r^n で割る。

(イ) $0<r<3$ のとき，$\displaystyle\lim_{n\to\infty}\left(\frac{r}{3}\right)^n=0$ であるから

$$\lim_{n\to\infty}\frac{r^{n-1}-3^{n+1}}{r^n+3^{n-1}}=\lim_{n\to\infty}\frac{\left(\frac{r}{3}\right)^{n-1}-3^2}{r\cdot\left(\frac{r}{3}\right)^{n-1}+1}=\frac{0-9}{r\cdot 0+1}=-9$$

◀$0<r<3$ のとき $0<\dfrac{r}{3}<1$

◀分母・分子を 3^{n-1} で割る。$\displaystyle\lim_{n\to\infty}\left(\frac{r}{3}\right)^{n-1}=0$

(ウ) $r=3$ のとき

$$\lim_{n\to\infty}\frac{r^{n-1}-3^{n+1}}{r^n+3^{n-1}}=\lim_{n\to\infty}\frac{3^{n-1}-3^{n+1}}{3^n+3^{n-1}}$$

$$=\lim_{n\to\infty}\frac{3^{n-1}(1-9)}{3^{n-1}(3+1)}=-\frac{8}{4}=-2$$

(ア)〜(ウ) より

$$\lim_{n\to\infty}\frac{r^{n-1}-3^{n+1}}{r^n+3^{n-1}}=\begin{cases}\dfrac{1}{r} & (r>3\ \text{のとき})\\ -9 & (0<r<3\ \text{のとき})\\ -2 & (r=3\ \text{のとき})\end{cases}$$

問題 24 $a>0$, $b>0$ のとき，数列 $\left\{\dfrac{a^{n+1}+b^n}{a^n+b^{n+1}}\right\}$ の極限を調べよ。

(ア) $a>b$ のとき，$0<\dfrac{b}{a}<1$ より　$\lim_{n\to\infty}\left(\dfrac{b}{a}\right)^n=0$

よって　$\lim_{n\to\infty}\dfrac{a^{n+1}+b^n}{a^n+b^{n+1}}=\lim_{n\to\infty}\dfrac{a+\left(\dfrac{b}{a}\right)^n}{1+b\left(\dfrac{b}{a}\right)^n}=a$

◀分母・分子を a^n で割る。

(イ) $a<b$ のとき，$0<\dfrac{a}{b}<1$ より　$\lim_{n\to\infty}\left(\dfrac{a}{b}\right)^n=0$

よって　$\lim_{n\to\infty}\dfrac{a^{n+1}+b^n}{a^n+b^{n+1}}=\lim_{n\to\infty}\dfrac{a\left(\dfrac{a}{b}\right)^n+1}{\left(\dfrac{a}{b}\right)^n+b}=\dfrac{1}{b}$

◀分母・分子を b^n で割る。

(ウ) $a=b$ のとき

$$\lim_{n\to\infty}\frac{a^{n+1}+b^n}{a^n+b^{n+1}}=\lim_{n\to\infty}\frac{a^{n+1}+a^n}{a^n+a^{n+1}}=\lim_{n\to\infty}1=1$$

(ア)〜(ウ) より

$$\lim_{n\to\infty}\frac{a^{n+1}+b^n}{a^n+b^{n+1}}=\begin{cases}a & (a>b\ \text{のとき})\\ \dfrac{1}{b} & (a<b\ \text{のとき})\\ 1 & (a=b\ \text{のとき})\end{cases}$$

問題 25 $a_n=\sum_{k=1}^{n}\dfrac{1}{n^2+k}$ について，$a_n<\dfrac{1}{n}$ を示し，$\lim_{n\to\infty}a_n$ を求めよ。

$1\leqq k\leqq n$ を満たす自然数 n に対して

$0<n^2+1\leqq n^2+k$ より　$\dfrac{1}{n^2+1}\geqq\dfrac{1}{n^2+k}$ が成り立つから

◀$0<A\leqq B$ のとき $\dfrac{1}{A}\geqq\dfrac{1}{B}$

$$\begin{aligned}a_n&=\frac{1}{n^2+1}+\frac{1}{n^2+2}+\frac{1}{n^2+3}+\cdots+\frac{1}{n^2+n}\\&\leqq\frac{1}{n^2+1}+\frac{1}{n^2+1}+\frac{1}{n^2+1}+\cdots+\frac{1}{n^2+1}\\&=\frac{n}{n^2+1}=\frac{1}{n+\frac{1}{n}}<\frac{1}{n}\end{aligned}$$

すなわち　$a_n<\dfrac{1}{n}$

また，明らかに $a_n > 0$ であり　　$0 < a_n < \frac{1}{n}$

よって，$\lim_{n\to\infty}\frac{1}{n} = 0$ であるから，はさみうちの原理より　　$\boldsymbol{\lim_{n\to\infty} a_n = 0}$

問題 26　$p \neq 0$，$p \neq \pm 1$ とする。$a_1 = 1$，$a_{n+1} = pa_n + p^{-n}$ $(n = 1, 2, 3, \cdots)$ で定義される数列がある。

(1)　a_n を求めよ。　　(2)　$\lim_{n\to\infty}\frac{a_{n+1}}{a_n}$ を求めよ。　　（北海道大）

---

(1)　$a_{n+1} = pa_n + p^{-n}$ の両辺に p^{n+1} を掛けると

$$p^{n+1}a_{n+1} = p^2 p^n a_n + p$$

◀ p^{-n} の $-n$ 乗を消去して $a_{n+1} = pa_n + q$ の形の漸化式にする。

ここで，$p^n a_n = b_n$ とおくと

$$b_{n+1} = p^2 b_n + p \cdots ①\quad また\quad b_1 = pa_1 = p$$

ここで，$\alpha = p^2\alpha + p$ を解くと

◀ 特性方程式

$p \neq \pm 1$ より $1 - p^2 \neq 0$ であるから　　$\alpha = \frac{p}{1-p^2}$

これを用いて，① は次のように変形できる。

$$b_{n+1} - \frac{p}{1-p^2} = p^2\left(b_n - \frac{p}{1-p^2}\right)$$

よって，数列 $\left\{b_n - \frac{p}{1-p^2}\right\}$ は初項 $b_1 - \frac{p}{1-p^2} = -\frac{p^3}{1-p^2}$，

◀ $b_1 - \frac{p}{1-p^2} = p - \frac{p}{1-p^2} = -\frac{p^3}{1-p^2}$

公比 p^2 の等比数列であるから

$b_n - \frac{p}{1-p^2} = -\frac{p^3}{1-p^2}\cdot(p^2)^{n-1}$ より　　$b_n = \frac{p(1-p^{2n})}{1-p^2}$

◀ $b_n = \frac{p - p^{2n+1}}{1-p^2} = \frac{p(1-p^{2n})}{1-p^2}$

$p \neq 0$ より

$$a_n = \frac{b_n}{p^n} = \frac{p(1-p^{2n})}{(1-p^2)p^n} = \boldsymbol{\frac{1-p^{2n}}{(1-p^2)p^{n-1}}}$$

◀ $p^n a_n = b_n$

(2)　$\frac{a_{n+1}}{a_n} = \frac{1-p^{2(n+1)}}{(1-p^2)p^n}\cdot\frac{(1-p^2)p^{n-1}}{1-p^{2n}} = \frac{1-p^2p^{2n}}{p(1-p^{2n})}$

(ア)　$0 < p^2 < 1$　すなわち　$-1 < p < 0,\ 0 < p < 1$ のとき

$\lim_{n\to\infty} p^{2n} = 0$ より　　$\lim_{n\to\infty}\frac{a_{n+1}}{a_n} = \frac{1}{p}$

◀ $0 < p^2 < 1$ であるから $\lim_{n\to\infty}(p^2)^n = 0$

(イ)　$p^2 > 1$　すなわち　$p < -1,\ 1 < p$ のとき

$\lim_{n\to\infty}\frac{1}{p^{2n}} = 0$ より

◀ $0 < \frac{1}{p^2} < 1$ であるから $\lim_{n\to\infty}\left(\frac{1}{p^2}\right)^n = 0$

$$\lim_{n\to\infty}\frac{a_{n+1}}{a_n} = \lim_{n\to\infty}\frac{\frac{1}{p^{2n}} - p^2}{p\left(\frac{1}{p^{2n}} - 1\right)} = \frac{-p^2}{p\times(-1)} = p$$

(ア)，(イ) より

$$\boldsymbol{\lim_{n\to\infty}\frac{a_{n+1}}{a_n} = \begin{cases}\frac{1}{p} & (-1 < p < 0,\ 0 < p < 1\ \text{のとき}) \\ p & (p < -1,\ 1 < p\ \text{のとき})\end{cases}}$$

問題 27　$a_1 = 1$，$a_2 = 2$，$a_{n+2} = \sqrt{a_n a_{n+1}}$ $(n = 1, 2, 3, \cdots)$ で定められた数列 $\{a_n\}$ について

(1)　a_n を n を用いて表せ。　　(2)　$\lim_{n\to\infty} a_n$ を求めよ。

1章 2 数列の極限

(1) 漸化式より各項は正であるから，2 を底とする両辺の対数をとると

$$\log_2 a_{n+2} = \frac{1}{2}\log_2 a_n + \frac{1}{2}\log_2 a_{n+1}$$

$\log_2 a_n = b_n$ とおくと

$$b_1 = \log_2 a_1 = \log_2 1 = 0,\ \ b_2 = \log_2 a_2 = \log_2 2 = 1$$

また，$b_{n+2} = \frac{1}{2}b_n + \frac{1}{2}b_{n+1}$ となるから，$x^2 - \frac{1}{2}x - \frac{1}{2} = 0$ の解 $x = 1,\ -\frac{1}{2}$ を用いて変形すると

$$b_{n+2} - b_{n+1} = -\frac{1}{2}(b_{n+1} - b_n) \quad \cdots ①$$

$$b_{n+2} + \frac{1}{2}b_{n+1} = b_{n+1} + \frac{1}{2}b_n \quad \cdots ②$$

① より，数列 $\{b_{n+1} - b_n\}$ は初項 $b_2 - b_1 = 1$，公比 $-\frac{1}{2}$ の等比数列であるから $\quad b_{n+1} - b_n = \left(-\frac{1}{2}\right)^{n-1} \quad \cdots ③$

② より，数列 $\left\{b_{n+1} + \frac{1}{2}b_n\right\}$ は初項 $b_2 + \frac{1}{2}b_1 = 1$，公比 1 の等比数列であるから $\quad b_{n+1} + \frac{1}{2}b_n = 1 \quad \cdots ④$

④－③ より $\quad \frac{3}{2}b_n = 1 - \left(-\frac{1}{2}\right)^{n-1}$

よって $\quad b_n = \frac{2}{3}\left\{1 - \left(-\frac{1}{2}\right)^{n-1}\right\}$

ゆえに $\quad \boldsymbol{a_n = 2^{\frac{2}{3}\left\{1-\left(-\frac{1}{2}\right)^{n-1}\right\}}}$

(2) (1)より

$$\lim_{n\to\infty} a_n = \lim_{n\to\infty} 2^{\frac{2}{3}\left\{1-\left(-\frac{1}{2}\right)^{n-1}\right\}} = 2^{\frac{2}{3}} = \sqrt[3]{4}$$

◀漸化式の右辺が正より左辺も正である。

◀ $\log_2(a_n a_{n+1})^{\frac{1}{2}} = \frac{1}{2}\log_2 a_n a_{n+1} = \frac{1}{2}\log_2 a_n + \frac{1}{2}\log_2 a_{n+1}$

◀隣接 3 項間漸化式の特性方程式

◀ $a_n = 2^{b_n}$

◀ $2^{\frac{2}{3}} = \sqrt[3]{2^2} = \sqrt[3]{4}$

問題 28 $a_1 = 3,\ b_1 = 1,\ a_{n+1} = 3a_n + b_n,\ b_{n+1} = a_n + 3b_n$ $(n = 1,\ 2,\ 3,\ \cdots)$ で定められた 2 つの数列 $\{a_n\}$，$\{b_n\}$ がある。

(1) 一般項 a_n，b_n を求めよ。 (2) $\lim_{n\to\infty}\frac{a_n}{b_n}$ を求めよ。

(1) $a_{n+1} = 3a_n + b_n \quad \cdots ①$

$b_{n+1} = a_n + 3b_n \quad \cdots ②$

①＋② より $\quad a_{n+1} + b_{n+1} = 4(a_n + b_n)$

数列 $\{a_n + b_n\}$ は初項 $a_1 + b_1 = 4$，公比 4 の等比数列であるから

$a_n + b_n = 4^n \quad \cdots ③$

①－② より $\quad a_{n+1} - b_{n+1} = 2(a_n - b_n)$

数列 $\{a_n - b_n\}$ は初項 $a_1 - b_1 = 2$，公比 2 の等比数列であるから

$a_n - b_n = 2^n \quad \cdots ④$

③＋④ より $\quad 2a_n = 4^n + 2^n$ すなわち $\boldsymbol{a_n = \frac{4^n + 2^n}{2}}$

③－④ より $\quad 2b_n = 4^n - 2^n$ すなわち $\boldsymbol{b_n = \frac{4^n - 2^n}{2}}$

◀例題 28，練習 28 と同様の方法でも解くことができる。

(2) $\displaystyle\lim_{n\to\infty}\frac{a_n}{b_n}=\lim_{n\to\infty}\frac{4^n+2^n}{4^n-2^n}=\lim_{n\to\infty}\frac{1+\left(\frac{1}{2}\right)^n}{1-\left(\frac{1}{2}\right)^n}=1$

◀分母・分子を 4^n で割る。

> 問題 **29** 数列 $\{x_n\}$ が $x_1=a$, $x_n=\dfrac{bx_{n+1}}{1-x_{n+1}}$ $(n=1, 2, 3, \cdots)$ で与えられている。ただし, a と b は正の定数とする。
> (1) 一般項 x_n を求めよ。 (2) $\displaystyle\lim_{n\to\infty}x_n$ を求めよ。 (九州大)

(1) 漸化式より $x_n\neq 0$ であるから, 両辺の逆数をとると

$$\frac{1}{x_n}=\frac{1-x_{n+1}}{bx_{n+1}}$$

これより $\quad\dfrac{1}{x_n}=\dfrac{1}{b}\cdot\dfrac{1}{x_{n+1}}-\dfrac{1}{b}$

◀$x_n=\dfrac{bx_{n+1}}{1-x_{n+1}}$ において $x_n\neq 0$ ならば $bx_{n+1}\neq 0$ より $x_{n+1}\neq 0$
$x_1=a\neq 0$ より $x_n\neq 0$ $(n=1, 2, 3, \cdots)$

$y_n=\dfrac{1}{x_n}$ とおいて, 整理すると $\quad y_{n+1}=by_n+1 \quad\cdots$①

(ア) $b\neq 1$ のとき

$\alpha=b\alpha+1$ を満たす $\alpha=\dfrac{1}{1-b}$ を用いて ① を変形すると

◀特性方程式

$$y_{n+1}-\frac{1}{1-b}=b\left(y_n-\frac{1}{1-b}\right)$$

数列 $\left\{y_n-\dfrac{1}{1-b}\right\}$ は初項 $y_1-\dfrac{1}{1-b}=\dfrac{1}{a}-\dfrac{1}{1-b}$, 公比 b の等比数列であるから

◀$x_1=a$, $a>0$ より $y_1=\dfrac{1}{x_1}=\dfrac{1}{a}$

$$y_n=\left(\frac{1}{a}-\frac{1}{1-b}\right)b^{n-1}+\frac{1}{1-b}$$
$$=\frac{(1-a-b)b^{n-1}+a}{a(1-b)}$$

よって $\quad x_n=\dfrac{1}{y_n}=\dfrac{a(b-1)}{(a+b-1)b^{n-1}-a}$

◀$y_n=\dfrac{1}{x_n}$ より $x_n=\dfrac{1}{y_n}$

(イ) $b=1$ のとき

① は $y_{n+1}=y_n+1$ となり

$$y_n=y_1+(n-1)=\frac{1}{a}+(n-1)=\frac{1+a(n-1)}{a}$$

◀数列 $\{y_n\}$ は初項 y_1, 公差 1 の等差数列
$y_1=\dfrac{1}{x_1}=\dfrac{1}{a}$

よって $\quad x_n=\dfrac{a}{a(n-1)+1}$

(ア), (イ) より

$$\boldsymbol{x_n=\begin{cases}\dfrac{a(b-1)}{(a+b-1)b^{n-1}-a} & (b\neq 1 \text{ のとき})\\[2ex] \dfrac{a}{a(n-1)+1} & (b=1 \text{ のとき})\end{cases}}$$

(2) (1) の結果より

◀条件より $b>0$ であるから, $0<b<1$ と $b=1$ と $b>1$ の場合に分けて極限値をとる。

(ア) $0<b<1$ のとき

$\displaystyle\lim_{n\to\infty}b^{n-1}=0$ であるから $\quad\displaystyle\lim_{n\to\infty}x_n=\frac{a(b-1)}{-a}=1-b$

(イ) $b=1$ のとき

$$\lim_{n\to\infty} x_n = \lim_{n\to\infty} \frac{a}{a(n-1)+1} = 0$$

◀ $a>0$ であるから $\lim_{n\to\infty}\{a(n-1)+1\}=\infty$

(ウ) $b>1$ のとき

$a+b-1>0$, $\lim_{n\to\infty} b^{n-1}=\infty$ であるから

$$\lim_{n\to\infty} x_n = \lim_{n\to\infty} \frac{a(b-1)}{(a+b-1)b^{n-1}-a} = 0$$

(ア)〜(ウ) より

$$\lim_{n\to\infty} x_n = \begin{cases} 1-b & (0<b<1 \text{ のとき}) \\ 0 & (b \geqq 1 \text{ のとき}) \end{cases}$$

問題 30 1から6までの目が同じ確率で出るさいころを使うものとして，次の問に答えよ。

(1) 4個のさいころを同時に投げるとき，$aabb$ というように同じ目がちょうど2個ずつ出る確率を求めよ。ここで，a と b は互いに異なる1から6までの目を表す。

(2) $n=4,\ 5,\ 6,\ \cdots$ として，n 個のさいころを同時に投げる。このとき，少なくとも $(n-2)$ 個のさいころで同じ目が出る確率 p_n を求めよ。また，$\lim_{n\to\infty} \frac{p_{n+1}}{p_n}$ を求めよ。

---

(1) 4個のさいころの目の出方は　6^4 通り

◀ すべてのさいころを区別して考える。

a，b の数の選び方は　${}_6C_2=15$（通り）

a の目が出るさいころの選び方は　${}_4C_2=6$（通り）

よって，求める確率は　$\frac{15\times6}{6^4}=\mathbf{\frac{5}{72}}$

(2) 少なくとも $(n-2)$ 個のさいころの目が同じになるということは，次の3つの場合が考えられる。

(ア) n 個のさいころの目が同じになる。

(イ) $(n-1)$ 個のさいころの目が同じになる。

(ウ) $(n-2)$ 個のさいころの目が同じになる。

上の (ウ) の場合より，個数 n によって次のように場合分けする。

(i) $n=4$ のとき

◀ $n=4$ のとき，$aabb$ の a と b が同数であるから，$n\geqq5$ のときと同様に扱えない。

(ア) $aaaa$ となるとき　6通り

(イ) $aaab$ となるとき

a の数の選び方は　6通り

b の数の選び方は　5通り

a の目が出るさいころの選び方は

◀ 残りの1個が b

${}_4C_3=4$（通り）

よって　$6\times5\times4=120$（通り）

(ウ) (a) $aabb$ となるとき，(1) より　$15\times6=90$（通り）

(b) $aabc$ となるとき

a の数の選び方は　6通り

b，c の数の選び方は　${}_5C_2=10$（通り）

a の目が出るさいころの選び方は

${}_4C_2=6$（通り）

残りの2個のうち，b の目が出るさいころの選び方は

2通り

よって　$6\times10\times6\times2=720$（通り）

(ア)〜(ウ) より

$$p_4 = \frac{6+120+90+720}{6^4} = \frac{13}{18}$$

◀ $n=4$ のとき，余事象はすべての目が互いに異なることより $1-p_4 = \frac{6\cdot5\cdot4\cdot3}{6^4} = \frac{5}{18}$ よって $p_4 = \frac{13}{18}$ と求めてもよい。

(ii) $n \geqq 5$ のとき

(ア) $aaa\cdots a$ となるとき

a の数の選び方は　6通り

(イ) $\underbrace{aaa\cdots a}_{(n-1)\text{個}}b$ となるとき

a の数の選び方は　6通り

b の数の選び方は　5通り

a の目が出るさいころの選び方は

${}_n\mathrm{C}_{n-1}$ 通り

◀ 残りの1個が b

よって　$6 \times 5 \times {}_n\mathrm{C}_{n-1} = 30n$ (通り)

(ウ) (a) $\underbrace{aa\cdots a}_{(n-2)\text{個}}bb$ となるとき

a の数の選び方は　6通り

b の数の選び方は　5通り

a の目が出るさいころの選び方は

${}_n\mathrm{C}_{n-2}$ 通り

◀ 残りの2個が b

よって　$6 \times 5 \times {}_n\mathrm{C}_{n-2} = 15n(n-1)$ (通り)

(b) $\underbrace{aa\cdots a}_{(n-2)\text{個}}bc$ となるとき

a の数の選び方は　6通り

b，c の数の選び方は　${}_5\mathrm{C}_2 = 10$ (通り)

a の目が出るさいころの選び方は

${}_n\mathrm{C}_{n-2}$ 通り

残りの2個のうち，b の目が出るさいころの選び方は

2通り

よって　$6 \times 10 \times {}_n\mathrm{C}_{n-2} \times 2 = 60n(n-1)$ (通り)

(ア)～(ウ)より，$n \geqq 5$ のとき

$$p_n = \frac{6+30n+15n(n-1)+60n(n-1)}{6^n} = \frac{25n^2-15n+2}{2\cdot6^{n-1}}$$

(i)，(ii)より

$$\boldsymbol{p_n = \begin{cases} \dfrac{13}{18} & (n=4\ \text{のとき}) \\ \dfrac{25n^2-15n+2}{2\cdot6^{n-1}} & (n \geqq 5\ \text{のとき}) \end{cases}}$$

また

$$\lim_{n\to\infty}\frac{p_{n+1}}{p_n} = \lim_{n\to\infty}\frac{25(n+1)^2-15(n+1)+2}{25n^2-15n+2}\cdot\frac{2\cdot6^{n-1}}{2\cdot6^n}$$

◀ $n\to\infty$ より，$n \geqq 5$ としてよい。

$$= \lim_{n\to\infty}\frac{1}{6}\cdot\frac{25\left(1+\frac{1}{n}\right)^2-15\left(\frac{1}{n}+\frac{1}{n^2}\right)+\frac{2}{n^2}}{25-\frac{15}{n}+\frac{2}{n^2}}$$

◀ 分母・分子を n^2 で割る。

$$= \boldsymbol{\frac{1}{6}}$$

1章 2 数列の極限

問題 31 数列$\{a_n\}$を，$1 < a_1 \leqq \dfrac{4}{3}$，$a_{n+1} = \dfrac{1}{6}a_n{}^3 - a_n{}^2 + \dfrac{11}{6}a_n$ $(n = 1, 2, 3, \cdots)$ で定める。

(1) すべての自然数nについて，$1 < a_n \leqq \dfrac{4}{3}$ であることを示せ。

(2) $\lim_{n\to\infty} a_n$ を求めよ。

(1) $f(x) = \dfrac{1}{6}x^3 - x^2 + \dfrac{11}{6}x$ とおくと　$f'(x) = \dfrac{1}{2}x^2 - 2x + \dfrac{11}{6}$

$f'(x) = 0$ とすると　$x = \dfrac{6 \pm \sqrt{3}}{3}$

$1 \leqq x \leqq \dfrac{4}{3}$ の範囲で$f(x)$の増減表は右のようになり

x	1	…	$\frac{4}{3}$
$f'(x)$		+	
$f(x)$	1	↗	$\frac{86}{81}$

◀ $-2 < -\sqrt{3}$ であるから $4 < 6 - \sqrt{3}$ である。すなわち　$\dfrac{4}{3} < \dfrac{6-\sqrt{3}}{3}$

$$\frac{86}{81} < \frac{4}{3} = \frac{108}{81}$$

であるから

$1 < x \leqq \dfrac{4}{3}$ のとき　$1 < f(x) < \dfrac{4}{3}$　…①

◀ $h(x) = f(x) - x$ とおくと

x	1	…	$\frac{4}{3}$
$h'(x)$		−	
$h(x)$	0	↘	$-\frac{22}{81}$

$1 < x \leqq \dfrac{4}{3}$ の範囲で常に $h(x) < 0$
また，$h(1) = 0$ であるから $a_{n+1} < a_n$ が成り立ち，a_nが1に収束していくことが予想できる。

ここで，$1 < a_n \leqq \dfrac{4}{3}$ を数学的帰納法を用いて示す。

[1] $n = 1$ のとき，$1 < a_1 \leqq \dfrac{4}{3}$ より成り立つ。

[2] $n = k$ のとき，$1 < a_k \leqq \dfrac{4}{3}$ が成り立つと仮定すると

$a_{k+1} = f(a_k)$ であるから，① より，$1 < a_{k+1} < \dfrac{4}{3}$ となり，
$n = k+1$ のときも成り立つ。

[1]，[2] より，すべての自然数nに対して，$1 < a_n \leqq \dfrac{4}{3}$ が成り立つ。

(2) $n \geqq 2$ のとき

◀ a_{n-1}を考えるから $n \geqq 2$

$$a_n - 1 = \frac{1}{6}a_{n-1}{}^3 - a_{n-1}{}^2 + \frac{11}{6}a_{n-1} - 1$$

$$= \frac{1}{6}(a_{n-1} - 1)(a_{n-1} - 2)(a_{n-1} - 3) \quad \cdots ②$$

◀ $f(1) = 1$ より
$F(x) = f(x) - 1$ すなわち
$F(x) = \dfrac{1}{6}x^3 - x^2 + \dfrac{11}{6}x - 1$
とおくと，$F(1) = 0$
であるから
$F(x)$
$= \dfrac{1}{6}(x-1)(x^2 - 5x + 6)$
$= \dfrac{1}{6}(x-1)(x-2)(x-3)$

ここで，$(a_{n-1} - 2)(a_{n-1} - 3) = a_{n-1}{}^2 - 5a_{n-1} + 6$ より
$g(x) = x^2 - 5x + 6$ とおくと

$$g(x) = \left(x - \frac{5}{2}\right)^2 - \frac{1}{4}$$

となり，$1 < x \leqq \dfrac{4}{3}$ の範囲において

$$\frac{10}{9} \leqq g(x) < 2$$

◀ 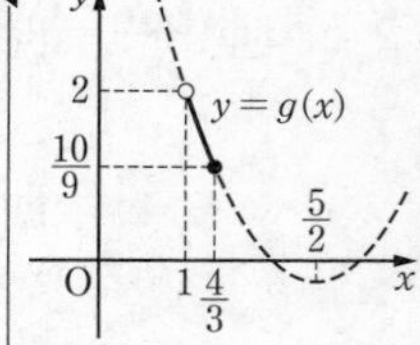

(1) より，$1 < a_{n-1} \leqq \dfrac{4}{3}$ であるから

$$\frac{10}{9} \leqq (a_{n-1} - 2)(a_{n-1} - 3) < 2$$

すなわち　$0 < \dfrac{1}{6}(a_{n-1} - 2)(a_{n-1} - 3) < \dfrac{1}{3}$

(1) より，$a_{n-1}-1>0$ であるから

$$0<\frac{1}{6}(a_{n-1}-1)(a_{n-1}-2)(a_{n-1}-3)<\frac{1}{3}(a_{n-1}-1)$$

② より　$0<a_n-1<\frac{1}{3}(a_{n-1}-1)$

ゆえに　$0<a_n-1<\left(\frac{1}{3}\right)^{n-1}(a_1-1)$

$\lim_{n\to\infty}\left(\frac{1}{3}\right)^{n-1}(a_1-1)=0$ であるから，

はさみうちの原理より　$\lim_{n\to\infty}(a_n-1)=0$

したがって　$\boldsymbol{\lim_{n\to\infty}a_n=1}$

◀ $0<a_n-1$
$<\frac{1}{3}(a_{n-1}-1)$
$<\left(\frac{1}{3}\right)^2(a_{n-2}-1)$
$<\cdots$
$<\left(\frac{1}{3}\right)^{n-1}(a_1-1)$

問題 32 関数 $f(x)=x^3-2$ において，数列 $\{x_n\}$ を $x_{n+1}=x_n-\frac{f(x_n)}{f'(x_n)}$ で定める。ただし，$x_1>0$ とする。

(1) $n\geqq 2$ のとき，$x_n\geqq\sqrt[3]{2}$ が成り立つことを示せ。

(2) $n\geqq 2$ のとき，$x_{n+1}-\sqrt[3]{2}\leqq\frac{2}{3}(x_n-\sqrt[3]{2})$ を示し，$\lim_{n\to\infty}x_n$ を求めよ。

(1)　$f(x)=x^3-2$ より　$f'(x)=3x^2$

$$x_{n+1}=x_n-\frac{f(x_n)}{f'(x_n)}=x_n-\frac{x_n{}^3-2}{3x_n{}^2}=\frac{2x_n{}^3+2}{3x_n{}^2}$$

$k=1,\ 2,\ 3,\ \cdots$ のとき，$x_{k+1}=\frac{2x_k{}^3+2}{3x_k{}^2}$ …① とすると

$$\begin{aligned}x_{k+1}-\sqrt[3]{2}&=\frac{2x_k{}^3+2}{3x_k{}^2}-\sqrt[3]{2}\\&=\frac{2x_k{}^3-3\sqrt[3]{2}\,x_k{}^2+2}{3x_k{}^2}\\&=\frac{(x_k-\sqrt[3]{2})^2(2x_k+\sqrt[3]{2})}{3x_k{}^2}\end{aligned}$$

◀ $g(x_k)$
$=2x_k{}^3-3\sqrt[3]{2}\,x_k{}^2+2$
とおくと，$g(\sqrt[3]{2})=0$
より
$g(x_k)$
$=(x_k-\sqrt[3]{2})$
$\times\{2x_k{}^2-\sqrt[3]{2}\,x_k-(\sqrt[3]{2})^2\}$
$=(x_k-\sqrt[3]{2})^2(2x_k+\sqrt[3]{2})$

ここで，$x_1>0$ であるから，① の漸化式より　$x_k>0$

ゆえに　$2x_k+\sqrt[3]{2}>0$

これより　$\frac{(x_k-\sqrt[3]{2})^2(2x_k+\sqrt[3]{2})}{3x_k{}^2}\geqq 0$

すなわち　$x_{k+1}\geqq\sqrt[3]{2}$　$(k=1,\ 2,\ 3,\ \cdots)$

したがって，$n\geqq 2$ のとき　$x_n\geqq\sqrt[3]{2}$

(2)　(1) より，$n\geqq 2$ のとき

$$\begin{aligned}x_{n+1}-\sqrt[3]{2}&=\frac{(x_n-\sqrt[3]{2})^2(2x_n+\sqrt[3]{2})}{3x_n{}^2}\\&=\frac{2x_n{}^2-\sqrt[3]{2}\,x_n-(\sqrt[3]{2})^2}{3x_n{}^2}(x_n-\sqrt[3]{2})\\&\leqq\frac{2x_n{}^2}{3x_n{}^2}(x_n-\sqrt[3]{2})=\frac{2}{3}(x_n-\sqrt[3]{2})\end{aligned}$$

◀ $(x_n-\sqrt[3]{2})(2x_n+\sqrt[3]{2})$
$=2x_n{}^2-\sqrt[3]{2}\,x_n-(\sqrt[3]{2})^2$

◀ $x_n\geqq\sqrt[3]{2}$ $(n\geqq 2)$ より
$2x_n{}^2-\sqrt[3]{2}\,x_n-(\sqrt[3]{2})^2$
$\leqq 2x_n{}^2$

したがって　$x_{n+1}-\sqrt[3]{2}\leqq\frac{2}{3}(x_n-\sqrt[3]{2})$

これより　$0 \leqq x_n - \sqrt[3]{2} \leqq \left(\dfrac{2}{3}\right)^{n-2}(x_2 - \sqrt[3]{2})$　$(n \geqq 2)$

◀$n \geqq 2$ のとき　$x_n \geqq \sqrt[3]{2}$

ここで，$\displaystyle\lim_{n\to\infty}\left(\frac{2}{3}\right)^{n-2}(x_2 - \sqrt[3]{2}) = 0$ であるから，

はさみうちの原理より　$\displaystyle\lim_{n\to\infty}(x_n - \sqrt[3]{2}) = 0$

したがって　$\displaystyle\boldsymbol{\lim_{n\to\infty} x_n = \sqrt[3]{2}}$

p.67　本質を問う 2

1　次の計算は正しいか。正しくない場合は，理由を説明せよ。

(1)　$a_n = (-2)^n$，$b_n = \dfrac{1}{2^n} - (-2)^n$ のとき

$$\lim_{n\to\infty} a_n + \lim_{n\to\infty} b_n = \lim_{n\to\infty}(a_n + b_n) = \lim_{n\to\infty}\left\{(-2)^n + \frac{1}{2^n} - (-2)^n\right\} = \lim_{n\to\infty}\frac{1}{2^n} = 0$$

(2)　$$\frac{\displaystyle\lim_{n\to\infty} n}{\displaystyle\lim_{n\to\infty} n(n+2)} = \lim_{n\to\infty}\frac{n}{n(n+2)} = \lim_{n\to\infty}\frac{1}{n+2} = 0$$

(1)　**正しくない。**

$\{a_n\}$，$\{b_n\}$ はどちらも収束しない。

よって，$\displaystyle\lim_{n\to\infty} a_n + \lim_{n\to\infty} b_n = \lim_{n\to\infty}(a_n + b_n)$ は成立しないから。

◀$\{a_n\}$ と $\{b_n\}$ がどちらも収束するとき $\displaystyle\lim_{n\to\infty} a_n + \lim_{n\to\infty} b_n = \lim_{n\to\infty}(a_n + b_n)$ は成立する。

(2)　**正しくない。**

$\displaystyle\lim_{n\to\infty} n = \infty$，$\displaystyle\lim_{n\to\infty} n(n+2) = \infty$ であり，どちらも収束しない。

よって，$\dfrac{\displaystyle\lim_{n\to\infty} n}{\displaystyle\lim_{n\to\infty} n(n+2)} = \displaystyle\lim_{n\to\infty}\frac{n}{n(n+2)}$ は成立しないから。

◀$\{a_n\}$ と $\{b_n\}$ がどちらも収束し，$\displaystyle\lim_{n\to\infty} b_n \neq 0$ のとき $\dfrac{\displaystyle\lim_{n\to\infty} a_n}{\displaystyle\lim_{n\to\infty} b_n} = \displaystyle\lim_{n\to\infty}\frac{a_n}{b_n}$ は成立する。

2　次の命題の真偽をいえ。

(1)　$\displaystyle\lim_{n\to\infty} a_{2n+1} = \alpha$　ならば　$\displaystyle\lim_{n\to\infty} a_n = \alpha$

(2)　$\displaystyle\lim_{n\to\infty}(a_n)^2 = 1$　ならば　$\displaystyle\lim_{n\to\infty} a_n = 1$ または $\displaystyle\lim_{n\to\infty} a_n = -1$

(1)　$a_n = (-1)^n$ とすると

$\displaystyle\lim_{n\to\infty} a_{2n+1} = -1$

◀$a_{2n+1} = (-1)^{2n+1} = -1$

ところが，数列 $\{a_n\}$ は振動する。

よって，この命題は **偽** である。

(2)　$a_n = (-1)^n$ とすると

$\displaystyle\lim_{n\to\infty}(a_n)^2 = \lim_{n\to\infty}(-1)^{2n} = 1$

ところが，数列 $\{a_n\}$ は振動する。

よって，この命題は **偽** である。

3　$a_n = \dfrac{n}{3+(-1)^n}$ であるとき，$\displaystyle\lim_{n\to\infty} a_n = \infty$ を示せ。

$-1 \leqq (-1)^n \leqq 1$ より

$$a_n = \frac{n}{3+(-1)^n} \geqq \frac{n}{3+1} = \frac{n}{4}$$

$\lim_{n\to\infty}\frac{n}{4} = \infty$ であるから $\lim_{n\to\infty}a_n = \infty$

◀ $3+(-1)^n \leqq 3+1$

$b_n \leqq a_n$ のとき

◀ $\lim_{n\to\infty}b_n = \infty$ ならば

$\lim_{n\to\infty}a_n = \infty$

(追い出しの原理)

p.68 Let's Try! 2

① 次の数列の極限値を求めよ。

(1) $\lim_{n\to\infty}\frac{1\cdot2+2\cdot3+3\cdot4+\cdots+n(n+1)}{n^3}$ （東京電機大）

(2) $\lim_{n\to\infty}\left(\frac{1}{1^2+2}+\frac{1}{2^2+4}+\cdots+\frac{1}{n^2+2n}\right)$ （関西医科大）

(3) $\lim_{n\to\infty}\frac{(n+1)^2+(n+2)^2+\cdots+(2n)^2}{1^2+2^2+\cdots+n^2}$ （福岡大）

(1) $1\cdot2+2\cdot3+3\cdot4+\cdots+n(n+1)$

$= \sum_{k=1}^{n}k(k+1) = \sum_{k=1}^{n}(k^2+k)$

$= \frac{1}{6}n(n+1)(2n+1)+\frac{1}{2}n(n+1)$

$= \frac{1}{3}n(n+1)(n+2)$

よって

$$\lim_{n\to\infty}\frac{1\cdot2+2\cdot3+3\cdot4+\cdots+n(n+1)}{n^3} = \lim_{n\to\infty}\frac{\frac{1}{3}n(n+1)(n+2)}{n^3}$$

$$= \lim_{n\to\infty}\frac{1}{3}\left(1+\frac{1}{n}\right)\left(1+\frac{2}{n}\right)$$

$$= \boldsymbol{\frac{1}{3}}$$

◀ 和の記号 $\sum$ を用いて表す。

◀ $\sum_{k=1}^{n}k^2 = \frac{1}{6}n(n+1)(2n+1)$

$\sum_{k=1}^{n}k = \frac{1}{2}n(n+1)$

◀ $\frac{1}{6}n(n+1)$ でくくって，整理する。

(2) $\lim_{n\to\infty}\left(\frac{1}{1^2+2}+\frac{1}{2^2+4}+\cdots+\frac{1}{n^2+2n}\right)$

$= \lim_{n\to\infty}\sum_{k=1}^{n}\frac{1}{k^2+2k} = \lim_{n\to\infty}\sum_{k=1}^{n}\frac{1}{2}\left(\frac{1}{k}-\frac{1}{k+2}\right)$

$= \lim_{n\to\infty}\frac{1}{2}\left\{\left(1-\frac{1}{3}\right)+\left(\frac{1}{2}-\frac{1}{4}\right)+\left(\frac{1}{3}-\frac{1}{5}\right)+\cdots\right.$

$\left.+\left(\frac{1}{n-1}-\frac{1}{n+1}\right)+\left(\frac{1}{n}-\frac{1}{n+2}\right)\right\}$

$= \lim_{n\to\infty}\frac{1}{2}\left(1+\frac{1}{2}-\frac{1}{n+1}-\frac{1}{n+2}\right)$

$= \frac{1}{2}\left(1+\frac{1}{2}\right) = \boldsymbol{\frac{3}{4}}$

◀ $\frac{1}{k^2+2k} = \frac{1}{k(k+2)}$

$= \frac{1}{2}\left(\frac{1}{k}-\frac{1}{k+2}\right)$

◀ $\lim_{n\to\infty}\frac{1}{n+1} = 0$

$\lim_{n\to\infty}\frac{1}{n+2} = 0$

(3) $1^2+2^2+\cdots+n^2 = \sum_{k=1}^{n}k^2 = \frac{1}{6}n(n+1)(2n+1)$

また　$(n+1)^2+(n+2)^2+\cdots+(2n)^2 = \sum_{k=1}^{n}(n+k)^2$

$$= \sum_{k=1}^{n}(n^2+2nk+k^2) = n^2\sum_{k=1}^{n}1+2n\sum_{k=1}^{n}k+\sum_{k=1}^{n}k^2$$

$$= n^2\cdot n+2n\cdot\frac{1}{2}n(n+1)+\frac{1}{6}n(n+1)(2n+1)$$

$$= \frac{1}{6}n\{6n^2+6n(n+1)+(n+1)(2n+1)\}$$

$$= \frac{1}{6}n(14n^2+9n+1)$$

よって

$$\lim_{n\to\infty}\frac{(n+1)^2+(n+2)^2+\cdots+(2n)^2}{1^2+2^2+\cdots+n^2} = \lim_{n\to\infty}\frac{\frac{1}{6}n(14n^2+9n+1)}{\frac{1}{6}n(n+1)(2n+1)}$$

$$= \lim_{n\to\infty}\frac{14+\frac{9}{n}+\frac{1}{n^2}}{\left(1+\frac{1}{n}\right)\left(2+\frac{1}{n}\right)} = \mathbf{7}$$

◀ $(n+1)^2+(n+2)^2+\cdots+(2n)^2 = \sum_{k=1}^{2n}k^2-\sum_{k=1}^{n}k^2 = \frac{1}{6}\cdot 2n(2n+1)(4n+1) - \frac{1}{6}n(n+1)(2n+1)$ としてもよい。

◀ 分母・分子を n^2 で割る。

---

② a，b を正の実数とするとき，極限 $c=\lim_{n\to\infty}\frac{1+b^n}{a^{n+1}+b^{n+1}}$ を考える。

(1) $a=2$，$b=2$ のとき，c の値を求めよ。

(2) $a>2$，$b=2$ のとき，c の値を求めよ。

(3) $b=3$ のとき，$c=\frac{1}{3}$ となる a の値の範囲を求めよ。 (福島大)

---

(1) $a=2$，$b=2$ のとき

$$c=\lim_{n\to\infty}\frac{1+2^n}{2^{n+1}+2^{n+1}}=\lim_{n\to\infty}\frac{\left(\frac{1}{2}\right)^n+1}{2+2}=\mathbf{\frac{1}{4}}$$

◀ 分母・分子を 2^n で割る。

(2) $b=2$ のとき

$$c=\lim_{n\to\infty}\frac{1+2^n}{a^{n+1}+2^{n+1}}=\lim_{n\to\infty}\frac{\left(\frac{1}{a}\right)^n+\left(\frac{2}{a}\right)^n}{a+2\cdot\left(\frac{2}{a}\right)^n}$$

◀ 分母・分子を a^n で割る。

$a>2$ より，$0<\frac{1}{a}<\frac{2}{a}<1$ であるから

$$\lim_{n\to\infty}\left(\frac{1}{a}\right)^n=0,\quad \lim_{n\to\infty}\left(\frac{2}{a}\right)^n=0$$

よって　$c=\frac{0+0}{a+2\cdot 0}=\mathbf{0}$

(3) $b=3$ のとき　$c=\lim_{n\to\infty}\frac{1+3^n}{a^{n+1}+3^{n+1}}$

(ア) $0<a<3$ のとき

$0<\frac{a}{3}<1$ であるから　$\lim_{n\to\infty}\left(\frac{a}{3}\right)^n=0$

よって　$c=\lim_{n\to\infty}\frac{\left(\frac{1}{3}\right)^n+1}{a\cdot\left(\frac{a}{3}\right)^n+3}=\frac{1}{3}$

◀ 分母・分子を 3^n で割る。

(イ) $a=3$ のとき

$$c=\lim_{n\to\infty}\frac{1+3^n}{3^{n+1}+3^{n+1}}=\lim_{n\to\infty}\frac{\left(\frac{1}{3}\right)^n+1}{3+3}=\frac{1}{6}$$

◀分母・分子を 3^n で割る。

(ウ) $a>3$ のとき

$0<\frac{1}{a}<\frac{3}{a}<1$ であるから　$\lim_{n\to\infty}\left(\frac{1}{a}\right)^n=0,\ \lim_{n\to\infty}\left(\frac{3}{a}\right)^n=0$

よって　$c=\lim_{n\to\infty}\dfrac{\left(\frac{1}{a}\right)^n+\left(\frac{3}{a}\right)^n}{a+3\cdot\left(\frac{3}{a}\right)^n}=0$

◀分母・分子を a^n で割る。

(ア)〜(ウ)より，$c=\frac{1}{3}$ となる a の値の範囲は　$\boldsymbol{0<a<3}$

◀条件を満たすのは，(ア)の場合である。

③ 初めに袋の中に赤球が1個，白球が2個入っている。「この中から球を1個取り出し，色を確かめてからもとに戻す。これを3回行った後，袋を空にして，赤球の出た回数と同数の赤球と，白球の出た回数と同数の白球を袋に入れ直す。」という操作を繰り返す。今，n 回繰り返した後に，袋の中の赤球が1個，2個，3個入っている確率をそれぞれ p_n，q_n，r_n とする。このとき，次の問に答えよ。

(1) p_{n+1}，q_{n+1} をそれぞれ p_n，q_n で表せ。　　(2) p_n+q_n を求めよ。

(3) r_n および極限値 $\lim_{n\to\infty}r_n$ を求めよ。　　(名古屋大)

(1) n 回の操作後に袋の中が全部赤球ならば $n+1$ 回後も全部赤球であり，n 回後に全部白球ならば，$n+1$ 回後も全部白球である。

$n+1$ 回の操作後に赤球1個，白球2個となるのは

(ア) n 回後が赤球1個，白球2個であり，$n+1$ 回目の操作で赤球1個，白球2個が出る。

(イ) n 回後が赤球2個，白球1個であり，$n+1$ 回目の操作で赤球1個，白球2個が出る。

の2つの場合があり，これらは互いに排反である。

(ア)，(イ)より

$$p_{n+1}=p_n\times{}_3\mathrm{C}_1\times\frac{1}{3}\left(\frac{2}{3}\right)^2+q_n\times{}_3\mathrm{C}_1\times\frac{2}{3}\left(\frac{1}{3}\right)^2$$

$$=\boldsymbol{\frac{4}{9}p_n+\frac{2}{9}q_n}\quad\cdots①$$

同様に，$n+1$ 回後が赤球2個，白球1個となるのは

(ウ) n 回後が赤球1個，白球2個であり，$n+1$ 回目の操作で赤球2個，白球1個が出る。

(エ) n 回後が赤球2個，白球1個であり，$n+1$ 回目の操作で赤球2個，白球1個が出る。

の2つの場合があり，これらは互いに排反である。

(ウ)，(エ)より

$$q_{n+1}=p_n\times{}_3\mathrm{C}_2\times\left(\frac{1}{3}\right)^2\frac{2}{3}+q_n\times{}_3\mathrm{C}_2\times\left(\frac{2}{3}\right)^2\frac{1}{3}$$

$$=\boldsymbol{\frac{2}{9}p_n+\frac{4}{9}q_n}\quad\cdots②$$

(2) ①，②より

$$p_{n+1}+q_{n+1}=\left(\frac{4}{9}+\frac{2}{9}\right)p_n+\left(\frac{2}{9}+\frac{4}{9}\right)q_n=\frac{2}{3}(p_n+q_n)$$

初めに袋の中には赤球が1個入っていることから $p_0=1,\ q_0=0$ とすると $\quad p_n+q_n=\left(\frac{2}{3}\right)^n(p_0+q_0)=\left(\frac{2}{3}\right)^n \quad \cdots③$

◀初めに，袋の中に赤球は1個だけ入っているから，$p_0=1,\ q_0=0$ と考える。

(3) ①，② より

$$p_{n+1}-q_{n+1}=\left(\frac{4}{9}-\frac{2}{9}\right)p_n+\left(\frac{2}{9}-\frac{4}{9}\right)q_n=\frac{2}{9}(p_n-q_n)$$

◀p_n，q_n をそれぞれ求める。

よって $\quad p_n-q_n=\left(\frac{2}{9}\right)^n(p_0-q_0)=\left(\frac{2}{9}\right)^n \quad \cdots④$

◀$p_0=1,\ q_0=0$ である。

③，④ より

$$p_n=\frac{1}{2}\left\{\left(\frac{2}{3}\right)^n+\left(\frac{2}{9}\right)^n\right\},\ q_n=\frac{1}{2}\left\{\left(\frac{2}{3}\right)^n-\left(\frac{2}{9}\right)^n\right\}$$

◀③＋④ より，q_n を消去する。

◀③－④ より，p_n を消去する。

次に，(1) と同様に考えて，$n+1$ 回の操作後に袋の中が赤球3個，白球0個となるのは

(オ) n 回後が赤球1個，白球2個であり，$n+1$ 回目の操作で赤球3個，白球0個が出る。

(カ) n 回後が赤球2個，白球1個であり，$n+1$ 回目の操作で赤球3個，白球0個が出る。

(キ) n 回後が赤球3個，白球0個であり，$n+1$ 回目の操作で赤球3個，白球0個が出る。

の3つの場合があり，これらは互いに排反である。

(オ)，(カ)，(キ) より

$$r_{n+1}=p_n\times\left(\frac{1}{3}\right)^3+q_n\times\left(\frac{2}{3}\right)^3+r_n=\frac{1}{27}p_n+\frac{8}{27}q_n+r_n$$

◀r_{n+1} を p_n，q_n，r_n で表す。

これに，p_n，q_n を代入すると

$$\begin{aligned}r_{n+1}&=\frac{1}{27}\cdot\frac{1}{2}\left\{\left(\frac{2}{3}\right)^n+\left(\frac{2}{9}\right)^n\right\}+\frac{8}{27}\cdot\frac{1}{2}\left\{\left(\frac{2}{3}\right)^n-\left(\frac{2}{9}\right)^n\right\}+r_n\\&=r_n+\frac{1}{6}\left(\frac{2}{3}\right)^n-\frac{7}{54}\left(\frac{2}{9}\right)^n\end{aligned}$$

よって，$r_0=0$ とすると

$$\begin{aligned}r_n&=r_0+\frac{1}{6}\sum_{k=0}^{n-1}\left(\frac{2}{3}\right)^k-\frac{7}{54}\sum_{k=0}^{n-1}\left(\frac{2}{9}\right)^k\\&=0+\frac{1}{6}\cdot\frac{1-\left(\frac{2}{3}\right)^n}{1-\frac{2}{3}}-\frac{7}{54}\cdot\frac{1-\left(\frac{2}{9}\right)^n}{1-\frac{2}{9}}\\&=\frac{1}{2}\left\{1-\left(\frac{2}{3}\right)^n\right\}-\frac{1}{6}\left\{1-\left(\frac{2}{9}\right)^n\right\}\\&=\mathbf{\frac{1}{3}-\frac{1}{2}\left(\frac{2}{3}\right)^n+\frac{1}{6}\left(\frac{2}{9}\right)^n}\end{aligned}$$

◀
$$\begin{aligned}&r_n-r_{n-1}\\&=\frac{1}{6}\left(\frac{2}{3}\right)^{n-1}-\frac{7}{54}\left(\frac{2}{9}\right)^{n-1}\\&r_{n-1}-r_{n-2}\\&=\frac{1}{6}\left(\frac{2}{3}\right)^{n-2}-\frac{7}{54}\left(\frac{2}{9}\right)^{n-2}\\&\qquad\vdots\\&r_1-r_0\\&=\frac{1}{6}\left(\frac{2}{3}\right)^0-\frac{7}{54}\left(\frac{2}{9}\right)^0\end{aligned}$$
これらの辺々を加えると
$$\begin{aligned}&r_n-r_0\\&=\frac{1}{6}\left\{\left(\frac{2}{3}\right)^{n-1}+\left(\frac{2}{3}\right)^{n-2}+\cdots+\left(\frac{2}{3}\right)^0\right\}\\&-\frac{7}{54}\left\{\left(\frac{2}{9}\right)^{n-1}+\left(\frac{2}{9}\right)^{n-2}+\cdots+\left(\frac{2}{9}\right)^0\right\}\end{aligned}$$

したがって

$$\lim_{n\to\infty}r_n=\lim_{n\to\infty}\left\{\frac{1}{3}-\frac{1}{2}\left(\frac{2}{3}\right)^n+\frac{1}{6}\left(\frac{2}{9}\right)^n\right\}=\mathbf{\frac{1}{3}}$$

④ $a_1=0$，$a_{n+1}=\dfrac{a_n{}^2+3}{4}$ $(n=1,\ 2,\ 3,\ \cdots)$ で定義される数列 $\{a_n\}$ について

(1) $0\leqq a_n<1$ が成り立つことを，数学的帰納法で示せ。

(2) $1-a_{n+1}<\dfrac{1-a_n}{2}$ が成り立つことを示せ。

(3) $\lim\limits_{n\to\infty}a_n$ を求めよ。　　　　(岡山県立大)

(1) $0\leqq a_n<1$ …① とおく。

[1] $n=1$ のとき

$a_1=0$ であるから，① は成り立つ。

[2] $n=k$ のとき

① が成り立つ，すなわち $0\leqq a_k<1$ …② が成り立つと仮定する。ここで，$a_{k+1}=\dfrac{a_k{}^2+3}{4}$ であるから，② より

$$0\leqq\frac{a_k{}^2+3}{4}<\frac{1^2+3}{4}=1$$

よって　$0\leqq a_{k+1}<1$

ゆえに，$n=k+1$ のときも ① は成り立つ。

[1]，[2] より，すべての自然数 n について，① は成り立つ。

(2) 与えられた漸化式より

$$\frac{1-a_n}{2}-(1-a_{n+1})=\frac{1-a_n}{2}-\left(1-\frac{a_n{}^2+3}{4}\right)$$

◀ (右辺) − (左辺) の正負を考える。

$$=\frac{a_n{}^2-2a_n+1}{4}=\frac{(1-a_n)^2}{4}$$

◀ 分子は $(a_n-1)^2$ としてもよい。

(1) より　$\dfrac{(1-a_n)^2}{4}>0$

◀ $0\leqq a_n<1$ より $(1-a_n)^2>0$

よって　$\dfrac{1-a_n}{2}-(1-a_{n+1})>0$

ゆえに　$1-a_{n+1}<\dfrac{1-a_n}{2}$

(3) (2) より，$n\geqq2$ のとき

◀ (2) で示した不等式を繰り返し用いる。

$$1-a_n<\frac{1-a_{n-1}}{2}<\frac{1-a_{n-2}}{2^2}<\frac{1-a_{n-3}}{2^3}<\cdots<\frac{1-a_1}{2^{n-1}}=\frac{1}{2^{n-1}}\quad\cdots③$$

◀ $a_1=0$

また，(1) より $a_n<1$ であるから　$0<1-a_n$　…④

③，④ より　$0<1-a_n<\dfrac{1}{2^{n-1}}$

$\lim\limits_{n\to\infty}\dfrac{1}{2^{n-1}}=0$ であるから，はさみうちの原理より　$\lim\limits_{n\to\infty}(1-a_n)=0$

◀ はさみうちの原理を利用する。

よって　$\boldsymbol{\lim\limits_{n\to\infty}a_n=1}$

⑤ 関数 $f(x)=4x-x^2$ に対し，数列 $\{a_n\}$ を $a_1=c$，$a_{n+1}=\sqrt{f(a_n)}$ $(n=1,\ 2,\ 3,\ \cdots)$ で与える。ただし，c は $0<c<2$ を満たす定数である。

(1) $a_n<2$，$a_n<a_{n+1}$ $(n=1,\ 2,\ 3,\ \cdots)$ を示せ。

(2) $2-a_{n+1}<\dfrac{2-c}{2}(2-a_n)$ $(n=1,\ 2,\ 3,\ \cdots)$ を示せ。

(3) $\lim\limits_{n\to\infty}a_n$ を求めよ。　　　　(東北大)

(1) $a_{n+1}=\sqrt{4a_n-a_n{}^2}$

まず，$a_n<2$ について

[1] $n=1$ のとき

$a_1=c$，$0<c<2$ より　$0<a_1<2$

[2] $n=k$ のとき，$0<a_k<2$ が成り立つと仮定すると

$$a_{k+1}=\sqrt{4a_k-a_k{}^2}=\sqrt{4-(2-a_k)^2}$$

$0<2-a_k<2$ より　$0<\sqrt{4-(2-a_k)^2}<\sqrt{4}$

すなわち　$0<a_{k+1}<2$

よって，$n=k+1$ のときも成り立つ。

[1]，[2] より，すべての自然数 n について $0<a_n<2$ が成り立つ。

次に，$a_n<a_{n+1}$ について，$a_n>0$，$a_{n+1}>0$ より

$$\begin{aligned}a_{n+1}{}^2-a_n{}^2&=4a_n-a_n{}^2-a_n{}^2\\&=4a_n-2a_n{}^2\\&=2a_n(2-a_n)>0\end{aligned}$$

よって，$a_{n+1}>a_n$ が成り立つ。

(2)
$$\begin{aligned}2-a_{n+1}&=2-\sqrt{4a_n-a_n{}^2}\\&=\frac{4-(4a_n-a_n{}^2)}{2+\sqrt{4a_n-a_n{}^2}}\\&=\frac{(2-a_n)^2}{2+\sqrt{4a_n-a_n{}^2}}\\&<\frac{(2-a_n)^2}{2}=\frac{2-a_n}{2}(2-a_n)\end{aligned}$$

ここで，(1) より

$$2>a_n>a_{n-1}>\cdots>a_1=c$$

であるから　$0<2-a_n<2-c$

よって　$2-a_{n+1}<\dfrac{2-a_n}{2}(2-a_n)<\dfrac{2-c}{2}(2-a_n)$

すなわち　$2-a_{n+1}<\dfrac{2-c}{2}(2-a_n)$

(3) (1)，(2) より，$n\geqq 2$ のとき

$$\begin{aligned}0<2-a_n&<\frac{2-c}{2}(2-a_{n-1})\\&<\left(\frac{2-c}{2}\right)^2(2-a_{n-2})\\&<\cdots<\left(\frac{2-c}{2}\right)^{n-1}(2-a_1)=2\left(\frac{2-c}{2}\right)^n\end{aligned}$$

すなわち　$0<2-a_n<2\left(\dfrac{2-c}{2}\right)^n$

ここで，$0<c<2$ より $0<\dfrac{2-c}{2}<1$ であるから

$$\lim_{n\to\infty}2\left(\frac{2-c}{2}\right)^n=0$$

よって，はさみうちの原理より　$\lim\limits_{n\to\infty}(2-a_n)=0$

したがって　$\boldsymbol{\lim\limits_{n\to\infty}a_n=2}$

◀数学的帰納法を用いる。

◀$0<a_k<2$ より $0<2-a_k<2$

◀$a_n{}^2$ と $a_{n+1}{}^2$ を比較する。

◀$0<a_n<2$

◀$\sqrt{4a_n-a_n{}^2}>0$ より $\dfrac{1}{2+\sqrt{4a_n-a_n{}^2}}<\dfrac{1}{2}$

◀(2) の結果を繰り返し用いる。

◀$a_1=c$

3 無限級数

練習 33 次の無限級数の収束，発散を調べ，収束するときはその和を求めよ。

(1) $\displaystyle\sum_{n=1}^{\infty}\frac{1}{n^2+2n}$　　(2) $\displaystyle\sum_{n=1}^{\infty}\frac{2}{\sqrt{n}+\sqrt{n+2}}$

(1) $\dfrac{1}{n^2+2n}=\dfrac{1}{n(n+2)}=\dfrac{1}{2}\left(\dfrac{1}{n}-\dfrac{1}{n+2}\right)$

◀部分分数に分解する。

であるから，初項から第 n 項までの和を S_n とすると

$$S_n=\sum_{k=1}^{n}\frac{1}{2}\left(\frac{1}{k}-\frac{1}{k+2}\right)=\frac{1}{2}\left(\sum_{k=1}^{n}\frac{1}{k}-\sum_{k=1}^{n}\frac{1}{k+2}\right)$$
$$=\frac{1}{2}\left\{\left(1+\frac{1}{2}+\frac{1}{3}+\cdots+\frac{1}{n-1}+\frac{1}{n}\right)-\left(\frac{1}{3}+\frac{1}{4}+\cdots+\frac{1}{n}+\frac{1}{n+1}+\frac{1}{n+2}\right)\right\}$$
$$=\frac{1}{2}\left(1+\frac{1}{2}-\frac{1}{n+1}-\frac{1}{n+2}\right)$$

◀$\dfrac{1}{3}+\dfrac{1}{4}+\cdots+\dfrac{1}{n}$ が打ち消し合う。

よって

$$\lim_{n\to\infty}S_n=\lim_{n\to\infty}\frac{1}{2}\left(1+\frac{1}{2}-\frac{1}{n+1}-\frac{1}{n+2}\right)=\frac{3}{4}$$

◀$\displaystyle\lim_{n\to\infty}\frac{1}{n+1}=0$

$\displaystyle\lim_{n\to\infty}\frac{1}{n+2}=0$

したがって，この無限級数は **収束** し，その和は $\dfrac{3}{4}$

(2) $\dfrac{2}{\sqrt{n}+\sqrt{n+2}}=\dfrac{2(\sqrt{n+2}-\sqrt{n})}{(\sqrt{n+2}+\sqrt{n})(\sqrt{n+2}-\sqrt{n})}$

$=\sqrt{n+2}-\sqrt{n}$

◀分母を有理化する。

であるから，初項から第 n 項までの和を S_n とすると

$$S_n=\sum_{k=1}^{n}(\sqrt{k+2}-\sqrt{k})=\sum_{k=1}^{n}\sqrt{k+2}-\sum_{k=1}^{n}\sqrt{k}$$
$$=(\sqrt{3}+\sqrt{4}+\cdots+\sqrt{n}+\sqrt{n+1}+\sqrt{n+2})-(\sqrt{1}+\sqrt{2}+\sqrt{3}+\sqrt{4}+\cdots+\sqrt{n})$$
$$=\sqrt{n+1}+\sqrt{n+2}-1-\sqrt{2}$$

◀$\sqrt{3}+\sqrt{4}+\cdots+\sqrt{n}$ が打ち消し合う。

よって　$\displaystyle\lim_{n\to\infty}S_n=\lim_{n\to\infty}(\sqrt{n+1}+\sqrt{n+2}-1-\sqrt{2})=\infty$

したがって，この無限級数は **発散** する。

◀$\displaystyle\lim_{n\to\infty}\sqrt{n+1}=\infty$

$\displaystyle\lim_{n\to\infty}\sqrt{n+2}=\infty$

練習 34 次の無限等比級数の収束，発散を調べ，収束するときはその和を求めよ。

(1) $\dfrac{1}{4}+\dfrac{1}{2}+1+\cdots$　　(2) $4-2\sqrt{2}+2-\cdots$

(3) $(2-\sqrt{3})+(7-4\sqrt{3})+(26-15\sqrt{3})+\cdots$

(1) 公比 r は $r=2$ であり，$r>1$ であるから，この無限等比級数は **発散** する。

(2) 公比 r は $r=-\dfrac{1}{\sqrt{2}}$ であり，$|r|<1$ であるから，この無限等比級数は **収束** する。

和は，初項が 4 であるから

$$\frac{4}{1-\left(-\frac{1}{\sqrt{2}}\right)}=\frac{4}{1+\frac{1}{\sqrt{2}}}=\frac{4\sqrt{2}}{\sqrt{2}+1}$$

◀ $\frac{(初項)}{1-(公比)}$

$$=\frac{4\sqrt{2}(\sqrt{2}-1)}{(\sqrt{2}+1)(\sqrt{2}-1)}=4(2-\sqrt{2})$$

◀ 分母を有理化する。

(3) 公比 r は

$$r=\frac{7-4\sqrt{3}}{2-\sqrt{3}}=\frac{(7-4\sqrt{3})(2+\sqrt{3})}{(2-\sqrt{3})(2+\sqrt{3})}=2-\sqrt{3}$$

◀ $a_2=a_1r$, $a_1 \neq 0$ より $r=\frac{a_2}{a_1}$

$1<\sqrt{3}<2$ より　　$0<2-\sqrt{3}<1$

よって $|r|<1$ であるから，この無限等比級数は **収束** する。

和は，初項が $2-\sqrt{3}$ であるから

$$\frac{2-\sqrt{3}}{1-(2-\sqrt{3})}=\frac{2-\sqrt{3}}{\sqrt{3}-1}=\frac{(2-\sqrt{3})(\sqrt{3}+1)}{(\sqrt{3}-1)(\sqrt{3}+1)}=\boldsymbol{\frac{\sqrt{3}-1}{2}}$$

練習 35 次の無限級数の和を求めよ。

(1) $\displaystyle\sum_{n=1}^{\infty}\left(\frac{4}{3^{n-1}}-\frac{6}{5^n}\right)$　　(2) $\displaystyle\sum_{n=1}^{\infty}\frac{6^{n+1}-(-1)^{n-1}}{3^{2n}}$

(1) $\displaystyle\frac{4}{3^{n-1}}-\frac{6}{5^n}=4\left(\frac{1}{3}\right)^{n-1}-6\left(\frac{1}{5}\right)^n$

ここで，$\left|\frac{1}{3}\right|<1$, $\left|\frac{1}{5}\right|<1$ であるから，$\displaystyle\sum_{n=1}^{\infty}\frac{4}{3^{n-1}}$, $\displaystyle\sum_{n=1}^{\infty}\frac{6}{5^n}$ はともに収束する。

よって

$$\sum_{n=1}^{\infty}\left(\frac{4}{3^{n-1}}-\frac{6}{5^n}\right)=4\sum_{n=1}^{\infty}\left(\frac{1}{3}\right)^{n-1}-6\sum_{n=1}^{\infty}\left(\frac{1}{5}\right)^n$$

$$=4\cdot\frac{1}{1-\frac{1}{3}}-6\cdot\frac{\frac{1}{5}}{1-\frac{1}{5}}=6-\frac{3}{2}=\boldsymbol{\frac{9}{2}}$$

◀ $\displaystyle\sum_{n=1}^{\infty}\left(\frac{1}{3}\right)^{n-1}$ は初項 1，公比 $\frac{1}{3}$ の無限等比級数，$\displaystyle\sum_{n=1}^{\infty}\left(\frac{1}{5}\right)^n$ は初項 $\frac{1}{5}$，公比 $\frac{1}{5}$ の無限等比級数である。

(2) $$\frac{6^{n+1}-(-1)^{n-1}}{3^{2n}}=\frac{6^{n+1}}{9^n}-\frac{(-1)^{n-1}}{9^n}=\frac{6\cdot6^n}{9^n}+\frac{(-1)^n}{9^n}$$

$$=6\left(\frac{2}{3}\right)^n+\left(-\frac{1}{9}\right)^n$$

ここで，$\left|\frac{2}{3}\right|<1$, $\left|-\frac{1}{9}\right|<1$ であるから，$\displaystyle\sum_{n=1}^{\infty}\left(\frac{2}{3}\right)^n$, $\displaystyle\sum_{n=1}^{\infty}\left(-\frac{1}{9}\right)^n$ はともに収束する。

よって

$$\sum_{n=1}^{\infty}\frac{6^{n+1}-(-1)^{n-1}}{3^{2n}}=6\sum_{n=1}^{\infty}\left(\frac{2}{3}\right)^n+\sum_{n=1}^{\infty}\left(-\frac{1}{9}\right)^n$$

$$=6\cdot\frac{\frac{2}{3}}{1-\frac{2}{3}}+\frac{-\frac{1}{9}}{1-\left(-\frac{1}{9}\right)}=12-\frac{1}{10}=\boldsymbol{\frac{119}{10}}$$

練習 **36** 無限等比級数 $x-\dfrac{x^2}{2}+\dfrac{x^3}{2^2}-\dfrac{x^4}{2^3}+\cdots+x\left(-\dfrac{x}{2}\right)^{n-1}+\cdots$ について

(1) この級数が収束するような x の値の範囲を求めよ。
(2) (1)の範囲でこの級数の和を $f(x)$ とおく。$y=f(x)$ のグラフをかけ。

(1) $x-\dfrac{x^2}{2}+\dfrac{x^3}{2^2}-\dfrac{x^4}{2^3}+\cdots+x\left(-\dfrac{x}{2}\right)^{n-1}+\cdots$ は初項 x, 公比 $-\dfrac{x}{2}$ の無限等比級数である。
よって，収束する条件は

$x=0$ …① または $\left|-\dfrac{x}{2}\right|<1$ …②

◀ $\left|-\dfrac{x}{2}\right|<1$ より $|x|<2$
よって $-2<x<2$

①，②より，収束する条件は　$\boldsymbol{-2<x<2}$

(2) (ア) $x=0$ のとき
$f(0)=0$

◀ 初項0のとき，無限等比級数は0に収束する。

(イ) $x\neq 0$, $\left|-\dfrac{x}{2}\right|<1$ すなわち $-2<x<0$, $0<x<2$ のとき

$$f(x)=\frac{x}{1-\left(-\dfrac{x}{2}\right)}=\frac{2x}{x+2}$$
$$=-\frac{4}{x+2}+2$$

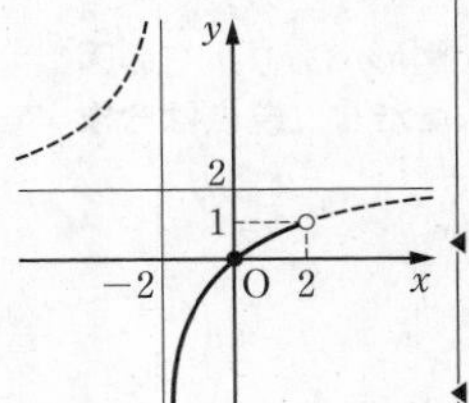

◀ 漸近線の方程式が $x=-2$, $y=2$ の直角双曲線。

◀ 原点もグラフの一部である。

(ア)，(イ)より，$y=f(x)$ のグラフは
右の図。

練習 **37** 次の循環小数を，既約分数で表せ。
(1) $0.0\dot{3}4\dot{5}$　　(2) $3.2\dot{4}\dot{6}$

(1) $0.0\dot{3}4\dot{5}=0.0345345345\cdots$
$=0.0345+0.0000345+0.0000000345+\cdots$

よって，この循環小数は，初項0.0345，公比0.001の無限等比級数の和である。

◀ $|\text{公比}|<1$ であるから，この無限等比級数は収束する。

したがって　$0.0\dot{3}4\dot{5}=\dfrac{0.0345}{1-0.001}=\dfrac{345}{9990}=\boldsymbol{\dfrac{23}{666}}$

〔別解〕
$x=0.0\dot{3}4\dot{5}$ とおくと，$1000x=34.5\dot{3}4\dot{5}$ であるから
$1000x-x=34.5$ より　$999x=34.5$

よって，$x=\dfrac{345}{9990}=\dfrac{23}{666}$

(2) $3.2\dot{4}\dot{6}=3.2464646\cdots$
$=3.2+0.046+0.00046+0.0000046+\cdots$

よって，この循環小数は，3.2と初項0.046，公比0.01の無限等比級数の和を加えたものである。

◀ 循環する部分としない部分に分ける。

したがって　$3.2\dot{4}\dot{6}=3.2+\dfrac{0.046}{1-0.01}=3.2+\dfrac{46}{990}=\boldsymbol{\dfrac{1607}{495}}$

練習 38　無限級数 $1-(x+y)+(x+y)^2-(x+y)^3+\cdots$ の和が $\dfrac{1}{3-x}$ であるとき，y を x の式で表し，そのグラフをかけ。

この無限級数は初項 1，公比 $-(x+y)$ の無限等比級数であり，

その和は $\dfrac{1}{1-\{-(x+y)\}}=\dfrac{1}{x+y+1}$ であるから

$$\frac{1}{x+y+1}=\frac{1}{3-x}$$

よって　　$x+y+1=3-x$

これより　　$\boldsymbol{y=-2x+2}$　　…①

ここで，収束する条件は　　$-1<-(x+y)<1$

◀ $|$公比$|<1$

よって　$-1<-(x+y)$　かつ　$-(x+y)<1$

ゆえに

$$y<-x+1 \quad かつ \quad y>-x-1 \cdots ②$$

◀ 不等式 ② の表す領域は，2 直線 $y=-x+1$，$y=-x-1$ で囲まれた部分である。ただし境界は含まない。

よって，求めるグラフは，② の表す領域において ① を満たす図形であり，**右の図の実線部分** である。ただし，**端点は含まない**。

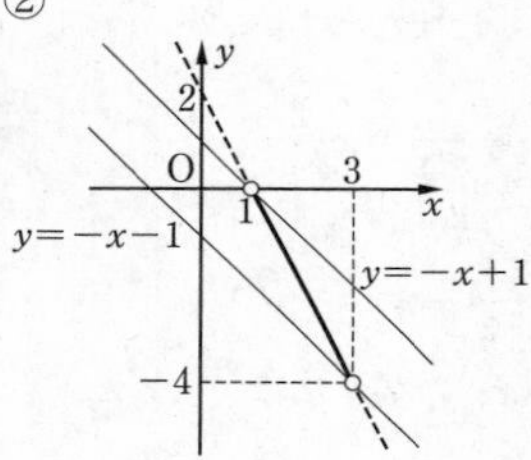

練習 39　次の無限級数の収束，発散を調べ，収束するときはその和を求めよ。

(1) $\left(2-\dfrac{3}{2}\right)+\left(\dfrac{3}{2}-\dfrac{4}{3}\right)+\left(\dfrac{4}{3}-\dfrac{5}{4}\right)+\cdots$　　(2) $2-\dfrac{3}{2}+\dfrac{3}{2}-\dfrac{4}{3}+\dfrac{4}{3}-\dfrac{5}{4}+\cdots$

(1) 初項から第 n 項までの和を S_n とすると

$$S_n=\left(2-\frac{3}{2}\right)+\left(\frac{3}{2}-\frac{4}{3}\right)+\cdots+\left(\frac{n+1}{n}-\frac{n+2}{n+1}\right)$$

$$=2-\frac{n+2}{n+1}=\frac{n}{n+1}$$

よって　　$\displaystyle\lim_{n\to\infty}S_n=\lim_{n\to\infty}\frac{n}{n+1}=\lim_{n\to\infty}\frac{1}{1+\frac{1}{n}}=1$

したがって，この無限級数は **収束** し，その和は **1**

(2) 初項から第 n 項までの和を S_n とすると

(ア) $n=2m-1$（m は正の整数）のとき

◀ 第 n 項は，n が偶数 $(2m)$ のときと奇数 $(2m-1)$ のときで異なることに注意する。

$$S_n=S_{2m-1}=2-\frac{3}{2}+\frac{3}{2}-\frac{4}{3}+\cdots-\frac{m+1}{m}+\frac{m+1}{m}$$

$$=2$$

$n\to\infty$ のとき $m\to\infty$ であるから

$$\lim_{m\to\infty}S_{2m-1}=2$$

(イ) $n=2m$ のとき，第 $2m$ 項を a_{2m} とすると

$$S_n=S_{2m}=S_{2m-1}+a_{2m}$$

$$=2+\left(-\frac{m+2}{m+1}\right)=1-\frac{1}{m+1}$$

よって　$\lim_{m\to\infty} S_{2m} = 1$

(ア), (イ) より，この無限級数は **発散** する。

◀ $\lim_{m\to\infty} S_{2m} \neq \lim_{m\to\infty} S_{2m-1}$ より，$\{S_n\}$ の極限は存在しない。

練習 40　$a_n = \frac{1}{2^n}\sin^2\frac{n\pi}{2}$ とする。無限級数 $\sum_{n=1}^{\infty} a_n$ の和を求めよ。

$S_n = \sum_{k=1}^{n}\frac{1}{2^k}\sin^2\frac{k\pi}{2}$ とおくと，$n = 2m$（m は正の整数）のとき

$$S_{2m} = \frac{1}{2}\sin^2\frac{\pi}{2} + \frac{1}{2^2}\sin^2\pi + \frac{1}{2^3}\sin^2\frac{3}{2}\pi + \frac{1}{2^4}\sin^2 2\pi + \cdots + \frac{1}{2^{2m-1}}\sin^2\frac{2m-1}{2}\pi + \frac{1}{2^{2m}}\sin^2 m\pi$$

$$= \frac{1}{2} + \frac{1}{2^3} + \frac{1}{2^5} + \cdots + \frac{1}{2^{2m-1}}$$

$$= \frac{\frac{1}{2}\left\{1-\left(\frac{1}{2^2}\right)^m\right\}}{1-\frac{1}{2^2}} = \frac{2}{3}\left\{1-\left(\frac{1}{4}\right)^m\right\}$$

$n \to \infty$ のとき $m \to \infty$ となるから　$\lim_{m\to\infty} S_{2m} = \frac{2}{3}$

ここで，$\left|\sin^2\frac{n\pi}{2}\right| \leqq 1$ より　$0 \leqq \left|\frac{1}{2^n}\sin^2\frac{n\pi}{2}\right| \leqq \frac{1}{2^n}$

$\lim_{n\to\infty}\frac{1}{2^n} = 0$ より，はさみうちの原理より　$a_n \to 0$

一方，$S_{2m-1} = S_{2m} - a_{2m}$ であり，$n \to \infty$ のとき $a_{2m} \to 0$ であるから

$$\lim_{m\to\infty} S_{2m-1} = \lim_{m\to\infty} S_{2m}$$

よって　$\lim_{n\to\infty} S_n = \sum_{n=1}^{\infty}\frac{1}{2^n}\sin^2\frac{n\pi}{2} = \frac{2}{3}$

◀ 数列 $\left\{\sin^2\frac{n\pi}{2}\right\}$ が 1，0，1，0，$\cdots$ の繰り返しになることに着目して場合分けする。

◀ k が整数のとき $\sin^2 k\pi = 0$

◀ 初項 $\frac{1}{2}$，公比 $\frac{1}{2^2}$ の等比数列の初項から第 m 項までの和である。

◀ $a_n \to 0$ を示し，$\{S_n\}$ が収束することを導く。

◀ このことより，$\{S_n\}$ は収束する。

練習 41　次の無限級数が発散することを示せ。

(1)　$\frac{1}{2} + \frac{2}{3} + \frac{3}{4} + \frac{4}{5} + \cdots$　　(2)　$1 - \frac{2}{3} + \frac{3}{5} - \frac{4}{7} + \cdots$

(1)　この無限級数の第 n 項を a_n とおくと　$a_n = \frac{n}{n+1}$

ここで

$$\lim_{n\to\infty} a_n = \lim_{n\to\infty}\frac{n}{n+1} = \lim_{n\to\infty}\frac{1}{1+\frac{1}{n}} = 1$$

よって，数列 $\{a_n\}$ は 1 に収束する。

したがって，数列 $\{a_n\}$ は 0 に収束しないから，

無限級数 $\frac{1}{2} + \frac{2}{3} + \frac{3}{4} + \frac{4}{5} + \cdots$ は発散する。

◀ 例題 41 **Point** 参照。

(2)　この無限級数の第 n 項を a_n とおくと

$$a_n = (-1)^{n-1}\cdot\frac{n}{2n-1}$$

ここで

$$\lim_{n\to\infty}\frac{n}{2n-1}=\lim_{n\to\infty}\frac{1}{2-\frac{1}{n}}=\frac{1}{2}$$

◀ $\lim_{n\to\infty}|a_n|=\frac{1}{2}\ (\neq 0)$

であるから，数列 $\{a_n\}$ は振動する。
したがって，数列 $\{a_n\}$ は 0 に収束しないから，
無限級数 $1-\frac{2}{3}+\frac{3}{5}-\frac{4}{7}+\cdots$ は発散する。

練習 42 k が自然数のとき $\frac{1}{\sqrt{k+1}+\sqrt{k}}<\frac{1}{\sqrt{k}}$ であることを利用して，無限級数 $\sum_{n=1}^{\infty}\frac{1}{\sqrt{n}}$ が発散することを示せ。

第 n 項までの部分和を S_n とすると

$$\begin{aligned}S_n=\sum_{k=1}^{n}\frac{1}{\sqrt{k}}&>\sum_{k=1}^{n}\frac{1}{\sqrt{k+1}+\sqrt{k}}\\&=\sum_{k=1}^{n}(\sqrt{k+1}-\sqrt{k})\\&=\sum_{k=1}^{n}\sqrt{k+1}-\sum_{k=1}^{n}\sqrt{k}\\&=\sqrt{2}+\sqrt{3}+\cdots+\sqrt{n}+\sqrt{n+1}\\&\qquad-(1+\sqrt{2}+\sqrt{3}+\cdots+\sqrt{n})\\&=\sqrt{n+1}-1\end{aligned}$$

◀ $\frac{1}{\sqrt{k+1}+\sqrt{k}}=\sqrt{k+1}-\sqrt{k}$

すなわち　　$S_n>\sqrt{n+1}-1$

ここで，$\lim_{n\to\infty}(\sqrt{n+1}-1)=\infty$ であるから　　$\lim_{n\to\infty}S_n=\infty$

よって，$\sum_{n=1}^{\infty}\frac{1}{\sqrt{n}}$ は発散する。

練習 43 右の図のように，AB$=8$，BC$=7$，$\angle$C$=90^\circ$ の直角三角形 ABC がある。△ABC に内接する円を O_1 とし，次に O_1 と辺 AB，BC に接する円を O_2 とする。この操作を繰り返し，O_3，O_4，$\cdots$，O_n，$\cdots$ ($n=1$，2，3，$\cdots$) をつくる。円 O_n の半径を r_n，面積を S_n とする。
(1) r_1 を求めよ。
(2) r_n と S_n をそれぞれ n で表せ。
(3) 無限級数 $S_1+S_2+S_3+\cdots$ の和を求めよ。

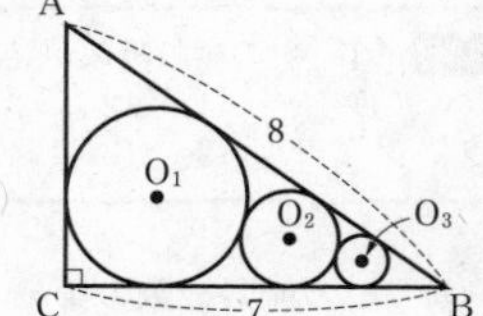

(1) r_1 は △ABC の内接円の半径であるから

$$\triangle\mathrm{ABC}=\frac{r_1}{2}(\mathrm{AB}+\mathrm{BC}+\mathrm{CA})$$

三平方の定理により，CA$=\sqrt{15}$ であるから

◀ $\mathrm{CA}=\sqrt{8^2-7^2}=\sqrt{15}$

$$\frac{1}{2}\cdot7\cdot\sqrt{15}=\frac{r_1}{2}(8+7+\sqrt{15})$$

よって　　$r_1=\frac{7\sqrt{15}}{15+\sqrt{15}}=\frac{7}{\sqrt{15}+1}=\boldsymbol{\frac{\sqrt{15}-1}{2}}$

(2) 右の図の $\triangle \mathrm{O}_{n+1}\mathrm{O}_n\mathrm{P}$ において

$$\angle \mathrm{O}_n\mathrm{O}_{n+1}\mathrm{P}=\frac{B}{2},$$

$$\mathrm{O}_n\mathrm{O}_{n+1}=r_n+r_{n+1}$$

$\mathrm{O}_n\mathrm{P}=r_n-r_{n+1}$ であるから

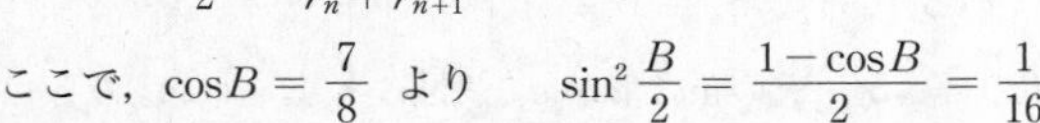

$$\sin\frac{B}{2}=\frac{r_n-r_{n+1}}{r_n+r_{n+1}}$$

◀中心 $\mathrm{O}_1, \mathrm{O}_2, \mathrm{O}_3, \cdots$ は，$\angle \mathrm{ABC}$ の二等分線上にある。

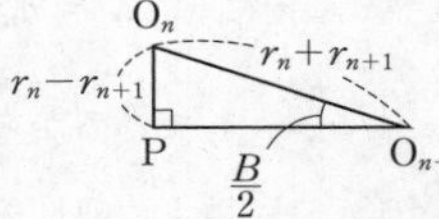

ここで，$\cos B=\dfrac{7}{8}$ より　$\sin^2\dfrac{B}{2}=\dfrac{1-\cos B}{2}=\dfrac{1}{16}$

◀半角の公式
$$\sin^2\frac{\theta}{2}=\frac{1-\cos\theta}{2}$$

$\sin\dfrac{B}{2}>0$ より　$\sin\dfrac{B}{2}=\dfrac{1}{4}$

よって　$\dfrac{r_n-r_{n+1}}{r_n+r_{n+1}}=\dfrac{1}{4}$　すなわち　$r_{n+1}=\dfrac{3}{5}r_n$

ゆえに，数列 $\{r_n\}$ は初項 $\dfrac{\sqrt{15}-1}{2}$，公比 $\dfrac{3}{5}$ の等比数列であるから

$$\boldsymbol{r_n=\frac{\sqrt{15}-1}{2}\cdot\left(\frac{3}{5}\right)^{n-1}}$$

また

$$S_n=\pi r_n{}^2=\pi\left(\frac{\sqrt{15}-1}{2}\right)^2\cdot\left(\frac{3}{5}\right)^{2(n-1)}$$
$$=\boldsymbol{\frac{8-\sqrt{15}}{2}\pi\cdot\left(\frac{9}{25}\right)^{n-1}}$$

(3) 無限等比級数 $\sum_{n=1}^{\infty}S_n$ は，初項 $\dfrac{8-\sqrt{15}}{2}\pi$，公比 $\dfrac{9}{25}$ であるから，その和は

$$S_1+S_2+S_3+\cdots=\frac{\frac{8-\sqrt{15}}{2}\pi}{1-\frac{9}{25}}=\boldsymbol{\frac{25(8-\sqrt{15})}{32}\pi}$$

◀|公比| <1 であるから，この無限等比級数は収束する。

練習 44　多角形 A_n ($n=1, 2, 3, \cdots$) を次の(ア), (イ)の手順でつくる。

(ア) 1辺の長さが1の正方形を A_1 とする。

(イ) A_n の各辺の中央に1辺の長さが $\dfrac{1}{3^n}$ の正方形を，図のように付け加えた多角形を A_{n+1} とする。

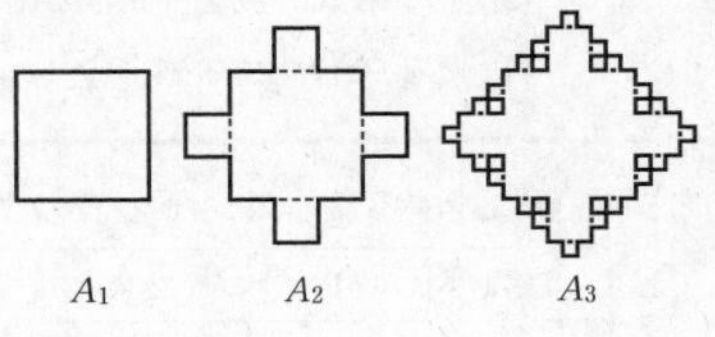

(1) 多角形 A_n の辺の数 a_n を n で表せ。

(2) 多角形 A_n の周の長さ l_n を n で表し，$\lim_{n\to\infty}l_n$ を調べよ。

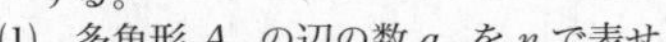

(3) 多角形 A_n の面積 S_n を n で表し，$\lim_{n\to\infty}S_n$ を求めよ。

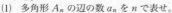

(1) A_1 は正方形であるから　$a_1=4$

A_n から A_{n+1} をつくるとき，A_n の各辺が5つの辺に増えるから

$$a_{n+1}=5a_n$$

よって，数列 $\{a_n\}$ は初項 $a_1=4$，公比5の等比数列であるから

$$\boldsymbol{a_n=4\cdot5^{n-1}}$$

◀A_n の1辺が A_{n+1} では下の図のようになる。

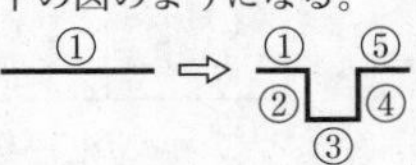

(2) A_n の1辺の長さを b_n とすると　$b_{n+1}=\dfrac{1}{3}b_n$

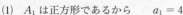

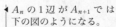

◀初項1, 公比 $\dfrac{1}{3}$ の等比数列

よって　$b_n=\left(\frac{1}{3}\right)^{n-1}$

ゆえに　$l_n=b_na_n=\left(\frac{1}{3}\right)^{n-1}\cdot 4\cdot 5^{n-1}=4\cdot\left(\frac{5}{3}\right)^{n-1}$

◀(周の長さ l_n)＝(1辺の長さ b_n)×(辺の数 a_n)

$\frac{5}{3}>1$ であるから　$\lim_{n\to\infty}l_n=\lim_{n\to\infty}4\cdot\left(\frac{5}{3}\right)^{n-1}=\infty$

(3)　A_1 は1辺の長さが1の正方形であるから　$S_1=1^2=1$

A_n から A_{n+1} をつくるとき，1辺の長さが $\frac{1}{3^n}$ の正方形が a_n 個付け加えられるから

◀A_{n+1} は A_n の各辺に正方形を追加してできる。

$$S_{n+1}=S_n+\left(\frac{1}{3^n}\right)^2\cdot a_n=S_n+\frac{4}{9}\cdot\left(\frac{5}{9}\right)^{n-1}$$

◀$S_{n+1}=S_n+\left(\frac{1}{9}\right)^n\cdot 4\cdot 5^{n-1}=S_n+\frac{4}{9}\cdot\left(\frac{1}{9}\right)^{n-1}\cdot 5^{n-1}$

すなわち　$S_{n+1}-S_n=\frac{4}{9}\cdot\left(\frac{5}{9}\right)^{n-1}$

よって，$n\geqq 2$ のとき

$$S_n=S_1+\sum_{k=1}^{n-1}(S_{k+1}-S_k)=1+\frac{4}{9}\sum_{k=1}^{n-1}\left(\frac{5}{9}\right)^{k-1}$$

◀数列 $\{S_n\}$ の階差数列を考える。

$$=1+\frac{4}{9}\cdot\frac{1-\left(\frac{5}{9}\right)^{n-1}}{1-\frac{5}{9}}=2-\left(\frac{5}{9}\right)^{n-1}$$

◀数列 $\{S_{n+1}-S_n\}$ は等比数列である。

$n=1$ を代入すると1となり，S_1 に一致する。

$$\lim_{n\to\infty}S_n=\lim_{n\to\infty}\left\{2-\left(\frac{5}{9}\right)^{n-1}\right\}=2$$

◀$\lim_{n\to\infty}\left(\frac{5}{9}\right)^{n-1}=0$

練習 45　数直線上の点1，2，3，4，5を移動する粒子は，点 i $(i=2,\ 3,\ 4)$ にあるとき1秒ごとに左または右にそれぞれ確率 a，b $(a+b=1,\ a>0,\ b>0)$ で1だけ移動する。点1または点5に達すると移動を停止する。最初点3にある粒子が n 秒後に点1，点5に達する確率をそれぞれ p_n，q_n とする。

(1)　p_1，p_2，p_3，p_4 を求めよ。

(2)　p_{2n-2} と p_{2n} $(n\geqq 2)$ の間に成り立つ関係式を求めよ。

(3)　n 秒後に移動を停止する確率を求めよ。

(4)　移動を停止する確率 $\sum_{n=1}^{\infty}(p_n+q_n)$ を求めよ。　(芝浦工業大)

(1)　各点に達する確率は，下の表のようになる。

点	1	2	3	4	5
1秒後	0	a	0	b	0
2秒後	a^2	0	ab ab / $2ab$	0	b^2
3秒後	0	$2a^2b$	0	$2ab^2$	0
4秒後	$2a^3b$	0	$2a^2b^2$ $2a^2b^2$ / $4a^2b^2$	0	$2ab^3$

よって　$\boldsymbol{p_1=0,\ p_2=a^2,\ p_3=0,\ p_4=2a^3b}$

(2)　$2n$ 秒後に点3にある確率を r_{2n} とすると，$n\geqq 2$ のとき
(1)と同様に考えて

◀粒子が，奇数秒後に点1または点3に達することはない。

$p_{2n}=a^2r_{2n-2}$ …①

$r_{2n}=2abr_{2n-2}$ …②

① より　$p_{2n-2}=a^2r_{2n-4}$ $(n\geqq 3)$ …③

② より　$r_{2n-2}=2abr_{2n-4}$ $(n\geqq 3)$

この両辺に a^2 を掛けて

$$a^2r_{2n-2}=2ab\cdot a^2r_{2n-4}\quad (n\geqq 3)$$

これに ①，③ を代入して　$p_{2n}=2abp_{2n-2}$

(1) より，$n=2$ のときもこれは成り立つ。

したがって　$\boldsymbol{p_{2n}=2abp_{2n-2}}$　$(n\geqq 2)$

(3)　$p_{2n}=2abp_{2n-2}=(2ab)^2p_{2n-4}=(2ab)^3p_{2n-6}$

$=\cdots=(2ab)^{n-1}p_2=a^2(2ab)^{n-1}$

同様に　$q_{2n}=b^2(2ab)^{n-1}$

よって，n が偶数のとき　$p_n=a^2(2ab)^{\frac{n}{2}-1}$，$q_n=b^2(2ab)^{\frac{n}{2}-1}$

◀ n を $\dfrac{n}{2}$ にする。

n が奇数のとき　$p_n=0$，$q_n=0$

したがって，n 秒後に移動を停止する確率は

n が偶数のとき　$\boldsymbol{p_n+q_n=(a^2+b^2)(2ab)^{\frac{n}{2}-1}}$

n が奇数のとき　$\boldsymbol{p_n+q_n=0}$

(4)　n が奇数のとき $p_n+q_n=0$ であるから

$$\sum_{n=1}^{\infty}(p_n+q_n)=\sum_{m=1}^{\infty}(p_{2m}+q_{2m})=\sum_{m=1}^{\infty}(a^2+b^2)(2ab)^{m-1}$$

ここで，$a+b=1$ より

$$2ab=2a(1-a)=-2\left(a-\frac{1}{2}\right)^2+\frac{1}{2}$$

$a>0$，$b>0$，$a+b=1$ より

$0<a<1$ であるから

$$0<2ab\leqq\frac{1}{2}$$

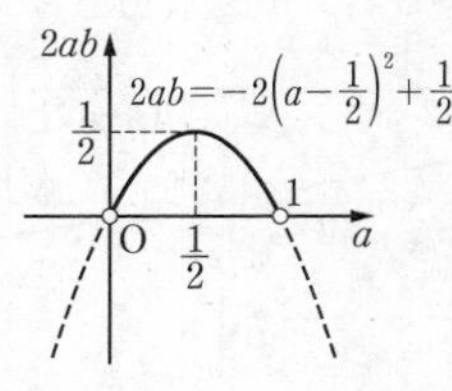

◀ 公比 $2ab$ について，
$a>0$，$b>0$ であるから
相加平均・相乗平均の関係より
$a+b\geqq 2\sqrt{ab}$
$1\geqq 2\sqrt{ab}\ (>0)$
$1\geqq 4ab$
$\dfrac{1}{2}\geqq 2ab>0$
としてもよい。

$\displaystyle\sum_{n=1}^{\infty}(p_n+q_n)$ は初項 a^2+b^2，公比 $2ab$

の無限等比級数であるから

$$\sum_{n=1}^{\infty}(p_n+q_n)=\frac{a^2+b^2}{1-2ab}=\frac{a^2+(1-a)^2}{1-2a(1-a)}=\boldsymbol{1}$$

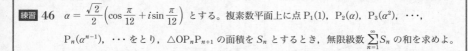

練習 46　$\alpha=\dfrac{\sqrt{2}}{2}\left(\cos\dfrac{\pi}{12}+i\sin\dfrac{\pi}{12}\right)$ とする。複素数平面上に点 $P_1(1)$，$P_2(\alpha)$，$P_3(\alpha^2)$，…，$P_n(\alpha^{n-1})$，… をとり，$\triangle OP_nP_{n+1}$ の面積を S_n とするとき，無限級数 $\displaystyle\sum_{n=1}^{\infty}S_n$ の和を求めよ。

ド・モアブルの定理により，整数 k に対して

$$\alpha^k=\left(\frac{\sqrt{2}}{2}\right)^k\left(\cos\frac{k}{12}\pi+i\sin\frac{k}{12}\pi\right)$$

よって　$OP_n=|\alpha^{n-1}|=\left(\dfrac{\sqrt{2}}{2}\right)^{n-1}$，$OP_{n+1}=\left(\dfrac{\sqrt{2}}{2}\right)^n$

◀

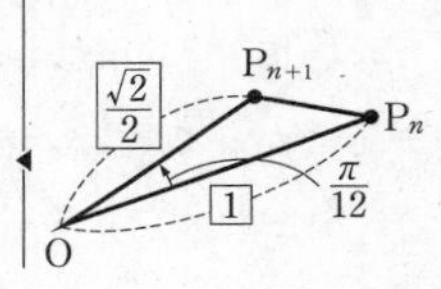

したがって

$$S_n=\frac{1}{2}\cdot\left(\frac{\sqrt{2}}{2}\right)^{n-1}\cdot\left(\frac{\sqrt{2}}{2}\right)^{n}\sin\frac{\pi}{12}=\frac{\sqrt{3}-1}{8}\cdot\left(\frac{1}{2}\right)^{n-1}$$

◀ $\sin\frac{\pi}{12}=\sin\left(\frac{\pi}{4}-\frac{\pi}{6}\right)=\frac{\sqrt{6}-\sqrt{2}}{4}$

数列 $\{S_n\}$ は初項 $\frac{\sqrt{3}-1}{8}$，公比 $\frac{1}{2}$ の等比数列であり，公比は 1 より小さい正の数であるから，無限級数 $\sum_{n=1}^{\infty}S_n$ は収束し，その和は

$$\sum_{n=1}^{\infty}S_n=\frac{\frac{\sqrt{3}-1}{8}}{1-\frac{1}{2}}=\frac{\sqrt{3}-1}{4}$$

p.89 問題編 3 無限級数

問題 **33** 次の無限級数の収束，発散を調べ，収束するときはその和を求めよ。

(1) $\sum_{n=1}^{\infty}\frac{1}{n(n+1)(n+2)}$　　(2) $\sum_{n=1}^{\infty}\frac{n}{(n+1)!}$

(1) $\frac{1}{n(n+1)(n+2)}=\frac{1}{2}\left\{\frac{1}{n(n+1)}-\frac{1}{(n+1)(n+2)}\right\}$

◀ 部分分数に分解する。

であるから，初項から第 n 項までの和を S_n とすると

$$\begin{aligned}S_n&=\frac{1}{2}\sum_{k=1}^{n}\left\{\frac{1}{k(k+1)}-\frac{1}{(k+1)(k+2)}\right\}\\&=\frac{1}{2}\left\{\sum_{k=1}^{n}\frac{1}{k(k+1)}-\sum_{k=1}^{n}\frac{1}{(k+1)(k+2)}\right\}\\&=\frac{1}{2}\left\{\left(\frac{1}{1\cdot2}+\frac{1}{2\cdot3}+\cdots+\frac{1}{n(n+1)}\right)\right.\\&\qquad\left.-\left(\frac{1}{2\cdot3}+\frac{1}{3\cdot4}+\cdots+\frac{1}{n(n+1)}+\frac{1}{(n+1)(n+2)}\right)\right\}\\&=\frac{1}{2}\left\{\frac{1}{2}-\frac{1}{(n+1)(n+2)}\right\}\end{aligned}$$

◀ $\frac{1}{2\cdot3}+\cdots+\frac{1}{n(n+1)}$ が打ち消し合う。

よって　$\lim_{n\to\infty}S_n=\lim_{n\to\infty}\frac{1}{2}\left\{\frac{1}{2}-\frac{1}{(n+1)(n+2)}\right\}=\frac{1}{4}$

◀ $\lim_{n\to\infty}\frac{1}{(n+1)(n+2)}=0$

したがって，この無限級数は **収束** し，その和は $\boldsymbol{\frac{1}{4}}$

(2) $\frac{n}{(n+1)!}=\frac{1}{n!}-\frac{1}{(n+1)!}$

◀ $\frac{n}{(n+1)!}=\frac{(n+1)-1}{(n+1)!}=\frac{n+1}{(n+1)!}-\frac{1}{(n+1)!}=\frac{1}{n!}-\frac{1}{(n+1)!}$

であるから，初項から第 n 項までの和を S_n とすると

$$\begin{aligned}S_n&=\sum_{k=1}^{n}\left\{\frac{1}{k!}-\frac{1}{(k+1)!}\right\}=\sum_{k=1}^{n}\frac{1}{k!}-\sum_{k=1}^{n}\frac{1}{(k+1)!}\\&=\left(\frac{1}{1!}+\frac{1}{2!}+\cdots+\frac{1}{n!}\right)-\left\{\frac{1}{2!}+\frac{1}{3!}+\cdots+\frac{1}{n!}+\frac{1}{(n+1)!}\right\}\\&=1-\frac{1}{(n+1)!}\end{aligned}$$

◀ $\frac{1}{2!}+\frac{1}{3!}+\cdots+\frac{1}{n!}$ が打ち消し合う。

よって　$\lim_{n\to\infty}S_n=\lim_{n\to\infty}\left\{1-\frac{1}{(n+1)!}\right\}=1$

◀ $\lim_{n\to\infty}\frac{1}{(n+1)!}=0$

したがって，この無限級数は **収束** し，その和は **1**

問題 **34** 第2項が -3 であり，和が $\frac{27}{4}$ である無限等比級数の初項と公比を求めよ。

無限等比級数の初項を a，公比を r，第 n 項を a_n とおくと，第2項が -3 であるから　$a_2=ar=-3$　$\cdots$ ①

◀ $a_n=ar^{n-1}$

無限等比級数の和が $\frac{27}{4}$ であるから，$a \neq 0$，$-1<r<1$ であり

◀ 無限等比級数が0以外の値に収束するから $a \neq 0$

$$\frac{a}{1-r}=\frac{27}{4}\quad すなわち\quad a=\frac{27}{4}(1-r)$$

これを ① に代入して　$\frac{27}{4}r(1-r)=-3$

$9r^2-9r-4=0$ より　$(3r+1)(3r-4)=0$

$-1<r<1$ であるから　$r=-\frac{1}{3}$

◀ 収束条件を確かめる。

このとき　$a=\frac{27}{4}\left\{1-\left(-\frac{1}{3}\right)\right\}=9$

◀ ① より　$-\frac{1}{3}a=-3$
よって　$a=9$
としてもよい。

これは $a \neq 0$ を満たす。

したがって　**初項は 9，公比は $-\frac{1}{3}$**

問題 **35** 無限級数 $\frac{3}{5}+\frac{5}{5^2}+\frac{9}{5^3}+\frac{17}{5^4}+\frac{33}{5^5}+\cdots$ の和を求めよ。

各項の分子からなる数列を $\{a_n\}$，数列 $\{a_n\}$ の階差数列を $\{b_n\}$ とすると　$b_n=2^n$

$\{a_n\}$: 3, 5, 9, 17, 33, $\cdots$
$\{b_n\}$: 2　4　8　16$\cdots$

$n \geqq 2$ のとき　$a_n=a_1+\sum_{k=1}^{n-1}2^k=3+\frac{2(2^{n-1}-1)}{2-1}=2^n+1$

この式は，$n=1$ のときにも成り立つ。
よって　$a_n=2^n+1$

ゆえに，与えられた無限級数の第 n 項は $\frac{2^n+1}{5^n}$ であるから

◀ 分母からなる数列の第 n 項は 5^n である。

$$\frac{3}{5}+\frac{5}{5^2}+\frac{9}{5^3}+\frac{17}{5^4}+\frac{33}{5^5}+\cdots=\sum_{n=1}^{\infty}\frac{2^n+1}{5^n}$$
$$=\sum_{n=1}^{\infty}\left\{\left(\frac{2}{5}\right)^n+\left(\frac{1}{5}\right)^n\right\}$$

$\left|\frac{2}{5}\right|<1$，$\left|\frac{1}{5}\right|<1$ であるから，$\sum_{n=1}^{\infty}\left(\frac{2}{5}\right)^n$，$\sum_{n=1}^{\infty}\left(\frac{1}{5}\right)^n$ はともに収束する。
したがって，求める和は

$$\sum_{n=1}^{\infty}\left(\frac{2}{5}\right)^n+\sum_{n=1}^{\infty}\left(\frac{1}{5}\right)^n=\frac{\frac{2}{5}}{1-\frac{2}{5}}+\frac{\frac{1}{5}}{1-\frac{1}{5}}$$
$$=\frac{2}{3}+\frac{1}{4}=\mathbf{\frac{11}{12}}$$

問題 36 無限等比級数 $x+x(x^2-x-1)+x(x^2-x-1)^2+\cdots+x(x^2-x-1)^{n-1}+\cdots$ について
(1) この級数が収束するような x の値の範囲を求めよ。
(2) (1)の範囲において，この級数の和を求めよ。

(1) $x+x(x^2-x-1)+x(x^2-x-1)^2+\cdots+x(x^2-x-1)^{n-1}+\cdots$ は
初項 x，公比 x^2-x-1 の無限等比級数である。
よって，収束する条件は
$x=0$ …① または $|x^2-x-1|<1$ …②
②より $-1<x^2-x-1<1$
$-1<x^2-x-1$ のとき $x^2-x>0$
よって $x<0,\ 1<x$ …③
$x^2-x-1<1$ のとき $x^2-x-2<0$
よって $-1<x<2$ …④
③かつ④より $-1<x<0,\ 1<x<2$ …⑤
したがって，求める x の値の範囲は，①，⑤より
$\boldsymbol{-1<x\leqq 0,\ 1<x<2}$

(2) (ア) $x=0$ のとき，その和は0
(イ) $-1<x<0,\ 1<x<2$ のとき，その和は
$$\frac{x}{1-(x^2-x-1)}=\frac{x}{-x^2+x+2}$$
この式に $x=0$ を代入すると0となる。
(ア)，(イ)より，この級数の和は $\boldsymbol{\dfrac{x}{-x^2+x+2}}$

◀ (初項) $=0$ または |公比| <1

◀ $x^2-x>0$ より $x(x-1)>0$

◀ $x^2-x-2<0$ より $(x-2)(x+1)<0$

◀ 初項が0のとき，無限等比級数は0に収束する。

問題 37 次の計算の結果を既約分数で表せ。
(1) $0.31\dot{6}+0.1\dot{3}$ (2) $0.\dot{3}\dot{6}\times 0.4\dot{2}$

(1) $0.31\dot{6}=0.316666\cdots$
$=0.31+0.006+0.0006+\cdots$
$=0.31+\dfrac{0.006}{1-0.1}=\dfrac{31}{100}+\dfrac{6}{900}=\dfrac{19}{60}$
$0.1\dot{3}=0.1+0.03+0.003+\cdots$
$=0.1+\dfrac{0.03}{1-0.1}=\dfrac{1}{10}+\dfrac{3}{90}=\dfrac{2}{15}$
よって $0.31\dot{6}+0.1\dot{3}=\dfrac{19}{60}+\dfrac{2}{15}=\dfrac{27}{60}=\boldsymbol{\dfrac{9}{20}}$

(2) $0.\dot{3}\dot{6}=0.36+0.0036+0.000036+\cdots$
$=\dfrac{0.36}{1-0.01}=\dfrac{36}{99}=\dfrac{4}{11}$
$0.4\dot{2}=0.4+0.02+0.002+0.0002+\cdots$
$=0.4+\dfrac{0.02}{1-0.1}=\dfrac{4}{10}+\dfrac{2}{90}=\dfrac{19}{45}$
よって $0.\dot{3}\dot{6}\times 0.4\dot{2}=\dfrac{4}{11}\times\dfrac{19}{45}=\boldsymbol{\dfrac{76}{495}}$

◀ $0.31\dot{6}$ は，0.31 と初項 0.006，公比 0.1 の無限等比級数の和を加えたものである。

◀ $0.1\dot{3}$ は，0.1 と初項 0.03，公比 0.1 の無限等比級数の和を加えたものである。

◀ $0.\dot{3}\dot{6}$ は，初項 0.36，公比 0.01 の無限等比級数の和である。

◀ $0.4\dot{2}$ は，0.4 と初項 0.02，公比 0.1 の無限等比級数の和を加えたものである。

問題 **38** 無限等比級数 $1+\log_{10}(x+y)+\{\log_{10}(x+y)\}^2+\cdots+\{\log_{10}(x+y)\}^{n-1}+\cdots$ が収束し，その和を S とおくとき

(1) 点 $(x,\ y)$ の領域を図示せよ。

(2) $S=\dfrac{1}{1-\log_{10}2x}$ となるとき，点 $(x,\ y)$ の領域を図示せよ。

(1) 真数は正であるから　$x+y>0$　…①

◀真数条件を確認する。

与えられた無限等比級数は，初項 1，公比 $\log_{10}(x+y)$ であるから，収束する条件は

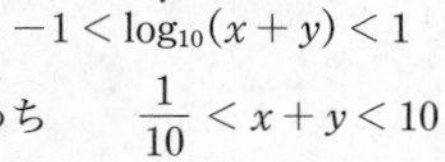

$$-1<\log_{10}(x+y)<1$$

◀|公比|< 1

すなわち　$\dfrac{1}{10}<x+y<10$

◀$\log_{10}10^{-1}<\log_{10}(x+y)<\log_{10}10$
底は 10 で 1 より大きいから
$10^{-1}<x+y<10$

よって

$y>-x+\dfrac{1}{10}$　かつ　$y<-x+10$　…②

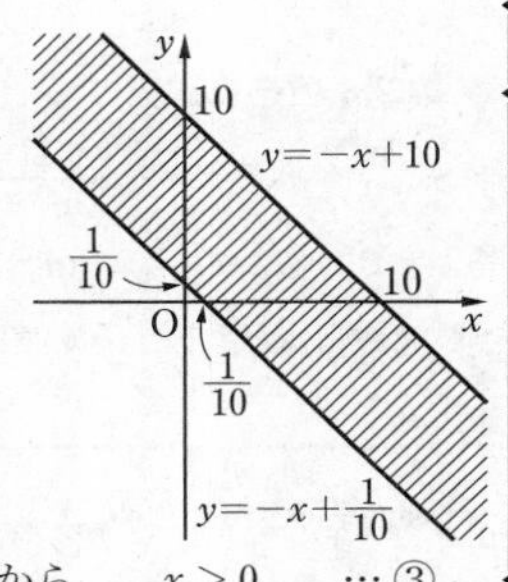

①，② をともに満たす領域は **右の図の斜線部分** である。
ただし，**境界線は含まない**。

(2) 対数 $\log_{10}2x$ において，真数は正であるから　$x>0$　…③

◀真数条件を確認する。

与えられた無限等比級数の和は　$S=\dfrac{1}{1-\log_{10}(x+y)}$

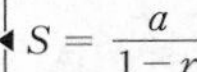

◀$S=\dfrac{a}{1-r}$

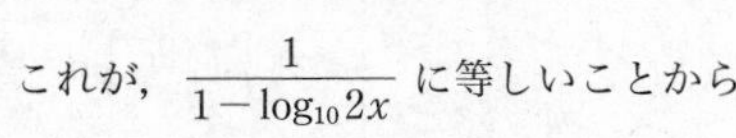

これが，$\dfrac{1}{1-\log_{10}2x}$ に等しいことから

$$\log_{10}(x+y)=\log_{10}2x$$

$x+y=2x$ より　$y=x$　…④

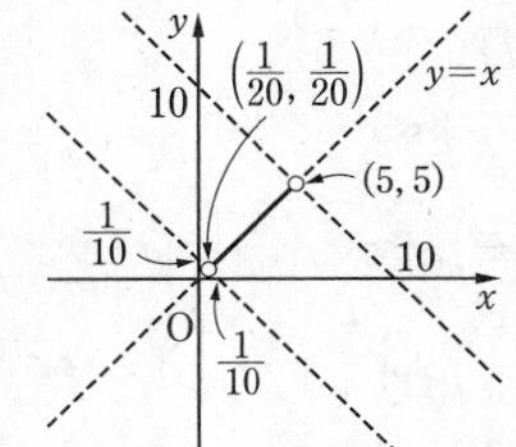

求めるグラフは，①，②，③ の表す領域において ④ を満たす図形であり，**右の図の実線部分** である。
ただし，**端点は含まない**。

問題 **39** 次の無限級数の収束，発散を調べ，収束するときはその和を求めよ。

(1) $1-1+1-1+\cdots$　　(2) $1-\dfrac{1}{3}+\dfrac{1}{3}-\dfrac{1}{5}+\dfrac{1}{5}-\dfrac{1}{7}+\cdots$

(1) 初項から第 n 項までの和を S_n とすると

◀初項 1，公比 −1 の無限等比級数と考えてもよい。このとき，公比は −1 であるから発散する。

(ア) $n=2m-1$（m は正の整数）のとき

$$S_n=S_{2m-1}=1-1+1-1+\cdots+1-1+1$$
$$=(1-1)+(1-1)+\cdots+(1-1)+1=1$$

$n\to\infty$ のとき $m\to\infty$ であるから　$\displaystyle\lim_{m\to\infty}S_{2m-1}=1$

(イ) $n=2m$（m は正の整数）のとき

$$S_n=S_{2m}=1-1+1-1+\cdots+1-1$$
$$=(1-1)+(1-1)+\cdots+(1-1)=0$$

$n\to\infty$ のとき $m\to\infty$ であるから　$\displaystyle\lim_{m\to\infty}S_{2m}=0$

(ア)，(イ) より，この無限級数は **発散** する。

(2) 初項から第 n 項までの和を S_n とすると

(ア) $n=2m-1$（m は正の整数）のとき

$$S_n = S_{2m-1}$$
$$= 1 - \frac{1}{3} + \frac{1}{3} - \frac{1}{5} + \cdots - \frac{1}{2m-1} + \frac{1}{2m-1}$$
$$= 1 + \left(-\frac{1}{3} + \frac{1}{3}\right) + \left(-\frac{1}{5} + \frac{1}{5}\right) + \cdots$$
$$\cdots + \left(-\frac{1}{2m-1} + \frac{1}{2m-1}\right)$$
$$= 1$$

$n \to \infty$ のとき $m \to \infty$ であるから

$$\lim_{m \to \infty} S_{2m-1} = 1$$

(イ) $n = 2m$ のとき，第 $2m$ 項を a_{2m} とすると

$$S_n = S_{2m} = S_{2m-1} + a_{2m} = 1 - \frac{1}{2m+1}$$

◀ $\lim_{m \to \infty} \frac{1}{2m+1} = 0$

$n \to \infty$ のとき $m \to \infty$ であるから　$\lim_{m \to \infty} S_{2m} = 1$

(ア), (イ) より，この無限級数は **収束** し，その和は **1**

問題 40 無限級数 $\sum_{n=1}^{\infty} \left(\frac{1}{5}\right)^n \sin \frac{n\pi}{4}$ の和を求めよ。

$a_n = \left(\frac{1}{5}\right)^n \sin \frac{n\pi}{4}$，$S_n = \sum_{k=1}^{n} \left(\frac{1}{5}\right)^k \sin \frac{k\pi}{4}$ とおく。

$n = 8m$ （m は正の整数）のとき

◀ 数列 $\left\{\sin \frac{n\pi}{4}\right\}$ が $\frac{1}{\sqrt{2}}$, 1, $\frac{1}{\sqrt{2}}$, 0, $-\frac{1}{\sqrt{2}}$, -1, $-\frac{1}{\sqrt{2}}$, 0, $\cdots$ の繰り返しになることに着目して場合分けする。

$$S_{8m} = \frac{1}{5} \sin \frac{\pi}{4} + \left(\frac{1}{5}\right)^2 \sin \frac{\pi}{2} + \left(\frac{1}{5}\right)^3 \sin \frac{3}{4}\pi$$
$$+ \left(\frac{1}{5}\right)^4 \sin\pi + \left(\frac{1}{5}\right)^5 \sin \frac{5}{4}\pi + \left(\frac{1}{5}\right)^6 \sin \frac{3}{2}\pi$$
$$+ \left(\frac{1}{5}\right)^7 \sin \frac{7}{4}\pi + \left(\frac{1}{5}\right)^8 \sin 2\pi + \cdots + \left(\frac{1}{5}\right)^{8m} \sin 2m\pi$$
$$= \frac{1}{\sqrt{2}} \left\{ \frac{1}{5} - \left(\frac{1}{5}\right)^5 + \left(\frac{1}{5}\right)^9 - \cdots - \left(\frac{1}{5}\right)^{8m-3} \right\}$$
$$+ \left\{ \left(\frac{1}{5}\right)^2 - \left(\frac{1}{5}\right)^6 + \left(\frac{1}{5}\right)^{10} - \cdots - \left(\frac{1}{5}\right)^{8m-2} \right\}$$
$$+ \frac{1}{\sqrt{2}} \left\{ \left(\frac{1}{5}\right)^3 - \left(\frac{1}{5}\right)^7 + \left(\frac{1}{5}\right)^{11} - \cdots - \left(\frac{1}{5}\right)^{8m-1} \right\}$$

◀ 各{　}内は，公比 $-\left(\frac{1}{5}\right)^4$，項数 $2m$ の等比数列の和である。

$$= \frac{1}{\sqrt{2}} \cdot \frac{\frac{1}{5}\left\{1 - \left(-\frac{1}{5^4}\right)^{2m}\right\}}{1 + \left(\frac{1}{5}\right)^4} + \frac{\left(\frac{1}{5}\right)^2 \left\{1 - \left(-\frac{1}{5^4}\right)^{2m}\right\}}{1 + \left(\frac{1}{5}\right)^4}$$
$$+ \frac{1}{\sqrt{2}} \cdot \frac{\left(\frac{1}{5}\right)^3 \left\{1 - \left(-\frac{1}{5^4}\right)^{2m}\right\}}{1 + \left(\frac{1}{5}\right)^4}$$
$$= \frac{\sqrt{2}}{2} \cdot \frac{125}{626} \left\{1 - \left(-\frac{1}{5^4}\right)^{2m}\right\} + \frac{25}{626} \left\{1 - \left(-\frac{1}{5^4}\right)^{2m}\right\}$$
$$+ \frac{\sqrt{2}}{2} \cdot \frac{5}{626} \left\{1 - \left(-\frac{1}{5^4}\right)^{2m}\right\}$$

$n\to\infty$ のとき $m\to\infty$ となるから

$$\lim_{m\to\infty}S_{8m}=\frac{125\sqrt{2}+50+5\sqrt{2}}{2\cdot626}=\frac{65\sqrt{2}+25}{626}=\frac{5}{626}(13\sqrt{2}+5)$$

ここで, $\left|\sin\dfrac{n\pi}{4}\right|\leqq1$ より　$0\leqq\left|\left(\dfrac{1}{5}\right)^n\sin\dfrac{n\pi}{4}\right|\leqq\left(\dfrac{1}{5}\right)^n$

◀ $a_n\to0$ を示し, $\{S_n\}$ が収束することを導く。

$\lim\limits_{n\to\infty}\left(\dfrac{1}{5}\right)^n=0$ より, はさみうちの原理より　$a_n\to0$

一方

$$\begin{aligned}S_{8m-1}&=S_{8m}-a_{8m}\\S_{8m-2}&=S_{8m-1}-a_{8m-1}\\&\cdots\cdots\\S_{8m-6}&=S_{8m-5}-a_{8m-5}\\S_{8m-7}&=S_{8m-6}-a_{8m-6}\end{aligned}$$

であり,

$n\to\infty$ のとき, $a_{8m}\to0$, $a_{8m-1}\to0$, $\cdots$, $a_{8m-6}\to0$ であるから

$$\lim_{m\to\infty}S_{8m-1}=\cdots=\lim_{m\to\infty}S_{8m-7}=\lim_{m\to\infty}S_{8m}$$

◀ このことより, $\{S_n\}$ は収束する。

よって　$\displaystyle\lim_{n\to\infty}S_n=\sum_{n=1}^{\infty}\left(\frac{1}{5}\right)^n\sin\frac{n\pi}{4}=\mathbf{\frac{5}{626}(13\sqrt{2}+5)}$

問題 41　無限級数 $\dfrac{1}{3}+\dfrac{1+2}{3+5}+\dfrac{1+2+3}{3+5+7}+\dfrac{1+2+3+4}{3+5+7+9}+\cdots$ が発散することを示せ。

この無限級数の第 n 項を a_n とすると

$$\begin{aligned}a_n&=\frac{1+2+3+\cdots+n}{3+5+7+\cdots+(2n+1)}\\&=\frac{\sum_{k=1}^{n}k}{\sum_{k=1}^{n}(2k+1)}=\frac{\frac{n(n+1)}{2}}{2\cdot\frac{n(n+1)}{2}+n}\\&=\frac{n(n+1)}{2n(n+2)}=\frac{n+1}{2(n+2)}\end{aligned}$$

◀ $\displaystyle\sum_{k=1}^{n}(2k+1)=2\sum_{k=1}^{n}k+\sum_{k=1}^{n}1$

よって

$$\lim_{n\to\infty}a_n=\lim_{n\to\infty}\frac{n+1}{2(n+2)}=\lim_{n\to\infty}\frac{1+\frac{1}{n}}{2\left(1+\frac{2}{n}\right)}=\frac{1}{2}\neq0$$

したがって, 数列 $\{a_n\}$ は 0 に収束しないから, この無限級数は発散する。

問題 42　$a\geqq1$ のとき, 無限級数 $\displaystyle\sum_{n=1}^{\infty}\frac{a^n}{1+a^n}$ が発散することを示せ。

$S_n=\dfrac{a}{1+a}+\dfrac{a^2}{1+a^2}+\cdots+\dfrac{a^n}{1+a^n}$ とおく。

$$\frac{a^k}{1+a^k}=1-\frac{1}{1+a^k}$$

◀ $\dfrac{a^k}{1+a^k}=\dfrac{(1+a^k)-1}{1+a^k}=1-\dfrac{1}{1+a^k}$

$a\geqq1$ より $a^k\geqq1$ であるから　$1+a^k\geqq2$

よって　$\dfrac{1}{1+a^k}\leqq\dfrac{1}{2}$

ゆえに

$$S_n=\sum_{k=1}^{n}\frac{a^k}{1+a^k}=\sum_{k=1}^{n}\left(1-\frac{1}{1+a^k}\right)\geqq\sum_{k=1}^{n}\frac{1}{2}=\frac{n}{2}$$

◀ $\frac{1}{1+a^k}\leqq\frac{1}{2}$ より $1-\frac{1}{1+a^k}\geqq\frac{1}{2}$

ここで，$\lim_{n\to\infty}\frac{n}{2}=\infty$ であるから　$\lim_{n\to\infty}S_n=\infty$

したがって，無限級数 $\sum_{n=1}^{\infty}\frac{a^n}{1+a^n}$ は発散する。

〔別解〕

$a_n=\frac{a^n}{1+a^n}$ とおくと　$a_n=\frac{1}{\left(\frac{1}{a}\right)^n+1}$

(ア) $a=1$ のとき

$$\lim_{n\to\infty}a_n=\lim_{n\to\infty}\frac{1}{1+1}=\frac{1}{2}$$

(イ) $a>1$ のとき，$0<\frac{1}{a}<1$ より

$$\lim_{n\to\infty}a_n=1$$

(ア), (イ) より，$\lim_{n\to\infty}a_n\neq 0$ であるから，無限級数 $\sum_{n=1}^{\infty}\frac{a^n}{1+a^n}$ は発散する。

問題 **43** 座標平面上で，動点Pが原点 $P_0(0,\ 0)$ を出発して，点 $P_1(1,\ 0)$ へ動き，さらに右の図のように120°ずつ向きを変えて P_2，P_3，…，P_n，…へと動く。ただし，$P_nP_{n+1}=\frac{2}{3}P_{n-1}P_n$ ($n=1$，2，3，…) とする。

(1) $l_n=P_{n-1}P_n$ とするとき，$l_1+l_2+l_3+\cdots$ を求めよ。

(2) n を限りなく大きくするとき，P_n が近づく点の座標を求めよ。

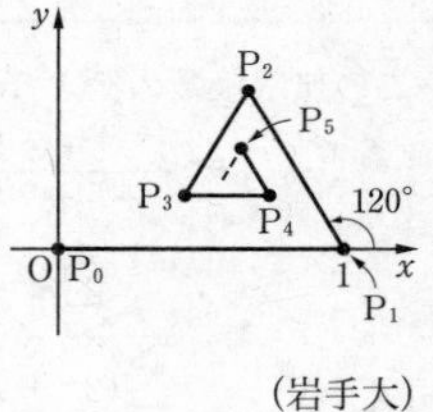

(岩手大)

---

(1) $P_nP_{n+1}=\frac{2}{3}P_{n-1}P_n$ より　$l_{n+1}=\frac{2}{3}l_n$

よって，数列 $\{l_n\}$ は初項 $l_1=P_0P_1=1$，公比 $\frac{2}{3}$ の等比数列であるから　$l_n=1\cdot\left(\frac{2}{3}\right)^{n-1}=\left(\frac{2}{3}\right)^{n-1}$

したがって，無限等比級数 $l_1+l_2+l_3+\cdots$ は収束し，その和は

$$l_1+l_2+l_3+\cdots=\frac{1}{1-\frac{2}{3}}=\mathbf{3}$$

◀ |公比| <1 であるから，この無限等比級数は収束する。

(2) 点 P_n の x 座標を x_n，y 座標を y_n とおく。

$$x_n=l_1\cos0°+l_2\cos120°+l_3\cos240°+l_4\cos360°+l_5\cos480°+l_6\cos600°+\cdots+l_n\cos\{120°\times(n-1)\}$$

◀ P_{n+1} は P_n を x 軸方向に $l_{n+1}\cos(120°\times n)$，$y$ 軸方向に $l_{n+1}\sin(120°\times n)$ だけ移動した点である。

$n=3k$（k は正の整数）のとき

$$x_{3k}=1\cdot(l_1+l_4+l_7+\cdots+l_{3k-2})-\frac{1}{2}(l_2+l_5+l_8+\cdots+l_{3k-1})-\frac{1}{2}(l_3+l_6+l_9+\cdots+l_{3k})$$

◀ $\cos0°=\cos360°=\cos720°=\cdots=1$
$\cos120°=\cos480°=\cos840°=\cdots=-\frac{1}{2}$
$\cos240°=\cos600°=\cos960°=\cdots=-\frac{1}{2}$

ここで　$l_{3k-2}=\left(\frac{2}{3}\right)^{(3k-2)-1}=\left(\frac{2}{3}\right)^{3(k-1)}=\left(\frac{8}{27}\right)^{k-1}$

同様にして　$l_{3k-1}=\dfrac{2}{3}\cdot\left(\dfrac{8}{27}\right)^{k-1}$，　$l_{3k}=\dfrac{4}{9}\cdot\left(\dfrac{8}{27}\right)^{k-1}$

よって

$$x_{3k}=\frac{1-\left(\frac{8}{27}\right)^k}{1-\frac{8}{27}}-\frac{1}{2}\cdot\frac{\frac{2}{3}\left\{1-\left(\frac{8}{27}\right)^k\right\}}{1-\frac{8}{27}}-\frac{1}{2}\cdot\frac{\frac{4}{9}\left\{1-\left(\frac{8}{27}\right)^k\right\}}{1-\frac{8}{27}}$$

$$=\frac{12}{19}\left\{1-\left(\frac{8}{27}\right)^k\right\}$$

$n\to\infty$ のとき，$k\to\infty$ となるから　$\displaystyle\lim_{k\to\infty}x_{3k}=\frac{12}{19}$

$x_{3k-1}=x_{3k}+\dfrac{1}{2}l_{3k}$，$x_{3k-2}=x_{3k-1}+\dfrac{1}{2}l_{3k-1}$ であり，$k\to\infty$ のとき

$l_{3k}\to 0$，$l_{3k-1}\to 0$ であるから

$$\lim_{k\to\infty}x_{3k}=\lim_{k\to\infty}x_{3k-1}=\lim_{k\to\infty}x_{3k-2}=\frac{12}{19}$$

ゆえに　$\displaystyle\lim_{n\to\infty}x_n=\frac{12}{19}$

$$y_n=l_1\sin0^\circ+l_2\sin120^\circ+l_3\sin240^\circ+l_4\sin360^\circ+l_5\sin480^\circ+l_6\sin600^\circ+\cdots+l_n\sin\{120^\circ\times(n-1)\}$$

◀ $\sin0^\circ=\sin360^\circ=\sin720^\circ=\cdots=0$
$\sin120^\circ=\sin480^\circ=\sin840^\circ=\cdots=\dfrac{\sqrt{3}}{2}$
$\sin240^\circ=\sin600^\circ=\sin960^\circ=\cdots=-\dfrac{\sqrt{3}}{2}$

$n=3k$（k は正の整数）のとき

$$y_{3k}=0\cdot(l_1+l_4+l_7+\cdots+l_{3k-2})+\frac{\sqrt{3}}{2}(l_2+l_5+l_8+\cdots+l_{3k-1})-\frac{\sqrt{3}}{2}(l_3+l_6+l_9+\cdots+l_{3k})$$

$$=\frac{3\sqrt{3}}{19}\left\{1-\left(\frac{8}{27}\right)^k\right\}$$

◀ $y_{3k}=0+\dfrac{\sqrt{3}}{2}\cdot\dfrac{\frac{2}{3}\left\{1-\left(\frac{8}{27}\right)^k\right\}}{1-\frac{8}{27}}-\dfrac{\sqrt{3}}{2}\cdot\dfrac{\frac{4}{9}\left\{1-\left(\frac{8}{27}\right)^k\right\}}{1-\frac{8}{27}}$

$$y_{3k-1}=y_{3k}+\frac{\sqrt{3}}{2}l_{3k},\quad y_{3k-2}=y_{3k-1}-\frac{\sqrt{3}}{2}l_{3k-1}$$

よって　$\displaystyle\lim_{k\to\infty}y_{3k}=\lim_{k\to\infty}y_{3k-1}=\lim_{k\to\infty}y_{3k-2}=\frac{3\sqrt{3}}{19}$

ゆえに　$\displaystyle\lim_{n\to\infty}y_n=\frac{3\sqrt{3}}{19}$

したがって，P_n が近づく点の座標は　$\left(\dfrac{12}{19},\ \dfrac{3\sqrt{3}}{19}\right)$

問題 44　△ABC は 1 辺の長さが 1 の正三角形である。辺 AB，BC，CA を 1 辺とし，それらに垂直な辺をもつ直角二等辺三角形 $\mathrm{BAP_1}$，$\mathrm{CBQ_1}$，$\mathrm{ACR_1}$ を定め，このときできた全体の図形を F_1 とする。次に，$\mathrm{BP_1}$，$\mathrm{CQ_1}$，$\mathrm{AR_1}$ の中点をそれぞれ $\mathrm{S_1}$，$\mathrm{T_1}$，$\mathrm{U_1}$ とし，$\angle\mathrm{S_1P_1P_2}=\angle\mathrm{T_1Q_1Q_2}=\angle\mathrm{U_1R_1R_2}=90^\circ$ となる直角二等辺三角形 $\mathrm{S_1P_1P_2}$，$\mathrm{T_1Q_1Q_2}$，$\mathrm{U_1R_1R_2}$ を図のように定める。この操作を繰り返して，$\triangle\mathrm{S_2P_2P_3}$，$\triangle\mathrm{S_3P_3P_4}$，$\cdots$，$\triangle\mathrm{T_2Q_2Q_3}$，$\triangle\mathrm{T_3Q_3Q_4}$，$\cdots$，$\triangle\mathrm{U_2R_2R_3}$，$\triangle\mathrm{U_3R_3R_4}$，$\cdots$ を定める。P_n，Q_n，R_n を定めたときにできる全体の図形を F_n とする。

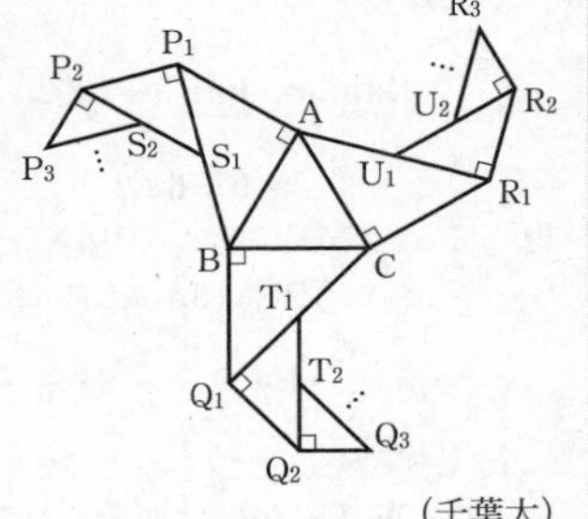

(1)　F_n の周囲の長さ l_n を n で表し，$\displaystyle\lim_{n\to\infty}l_n$ を求めよ。

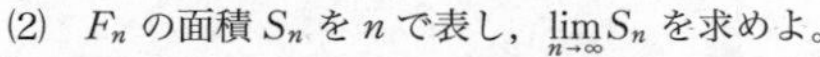

(2)　F_n の面積 S_n を n で表し，$\displaystyle\lim_{n\to\infty}S_n$ を求めよ。

（千葉大）

(1)　$P_1A = Q_1B = R_1C = a_1$,
$P_nP_{n-1} = Q_nQ_{n-1} = R_nR_{n-1} = a_n$
$(n \geqq 2)$ とおく。
右の図より

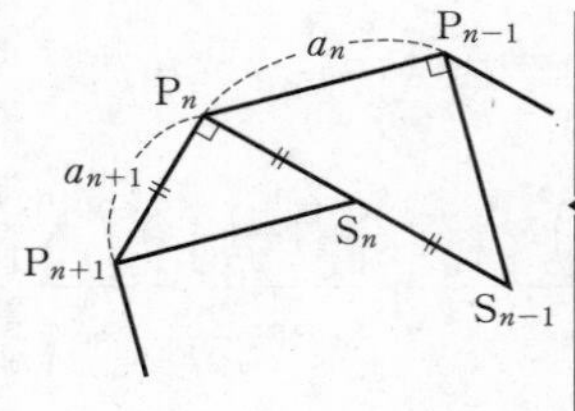

$$P_{n+1}P_n = \frac{1}{\sqrt{2}}P_nP_{n-1}$$

よって　$a_{n+1} = \dfrac{1}{\sqrt{2}}a_n$

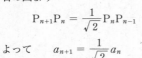

◀ $\triangle P_nP_{n-1}S_{n-1}$ は，$P_nP_{n-1} = P_{n-1}S_{n-1}$ の直角二等辺三角形であるから $P_nS_{n-1} = \sqrt{2}\,P_nP_{n-1}$
$2P_nS_n = \sqrt{2}\,a_n$ より
$2a_{n+1} = \sqrt{2}\,a_n$

ゆえに，数列 $\{a_n\}$ は初項 $a_1 = AB = BC = CA = 1$，公比 $\dfrac{1}{\sqrt{2}}$ の等比数列であるから

$$a_n = 1\cdot\left(\frac{1}{\sqrt{2}}\right)^{n-1} = \left(\frac{1}{\sqrt{2}}\right)^{n-1}$$

上の図より，$P_{n+1}P_n = P_nS_n$ であるから，F_n から F_{n+1} をつくるとき周囲の長さは $3P_{n+1}S_n$ だけ増える。

◀ F_n から F_{n+1} をつくるとき，$P_{n+1}S_n$，$Q_{n+1}T_n$，$R_{n+1}U_n$ の長さだけ周囲の長さが増える。
$P_{n+1}S_n = Q_{n+1}T_n = R_{n+1}U_n$ である。

また　$P_{n+1}S_n = \sqrt{2}\,P_{n+1}P_n = \sqrt{2}\,a_{n+1} = a_n$
したがって

$$l_{n+1} = l_n + 3P_{n+1}S_n = l_n + 3a_n = l_n + 3\cdot\left(\frac{1}{\sqrt{2}}\right)^{n-1}$$

すなわち　$l_{n+1} - l_n = 3\cdot\left(\dfrac{1}{\sqrt{2}}\right)^{n-1}$

$l_1 = 3(P_1A + P_1B) = 3(1+\sqrt{2})$ であるから，
$n \geqq 2$ のとき

$$\begin{aligned}
l_n &= l_1 + \sum_{k=1}^{n-1}(l_{k+1} - l_k)\\
&= 3(1+\sqrt{2}) + 3\sum_{k=1}^{n-1}\left(\frac{1}{\sqrt{2}}\right)^{k-1}\\
&= 3(1+\sqrt{2}) + 3\cdot\frac{1-\left(\dfrac{1}{\sqrt{2}}\right)^{n-1}}{1-\dfrac{1}{\sqrt{2}}}\\
&= \mathbf{9+6\sqrt{2}-3(2+\sqrt{2})\left(\frac{1}{\sqrt{2}}\right)^{n-1}}
\end{aligned}$$

$n=1$ を代入すると $3+3\sqrt{2}$ となり，l_1 に一致する。
したがって

$$\lim_{n\to\infty} l_n = \lim_{n\to\infty}\left\{9+6\sqrt{2}-3(2+\sqrt{2})\left(\frac{1}{\sqrt{2}}\right)^{n-1}\right\} = \mathbf{9+6\sqrt{2}}$$

◀ $\displaystyle\lim_{n\to\infty}\left(\frac{1}{\sqrt{2}}\right)^{n-1} = 0$

(2)　$S_1 = \triangle ABC + \triangle ABP_1 + \triangle BCQ_1 + \triangle CAR_1$

$$\begin{aligned}
&= \triangle ABC + 3\triangle ABP_1\\
&= \frac{1}{2}\cdot 1^2\cdot\frac{\sqrt{3}}{2} + 3\cdot\frac{1}{2}\cdot 1^2 = \frac{3}{2} + \frac{\sqrt{3}}{4}
\end{aligned}$$

◀ $\triangle ABP_1 = \triangle BCQ_1 = \triangle CAR_1$

F_n から F_{n+1} をつくるとき，3 つの三角形 $\triangle P_{n+1}P_nS_n$，$\triangle Q_{n+1}Q_nT_n$，$\triangle R_{n+1}R_nU_n$ が付け加えられるから

$$S_{n+1}=S_n+\triangle \mathrm{P}_{n+1}\mathrm{P}_n\mathrm{S}_n+\triangle \mathrm{Q}_{n+1}\mathrm{Q}_n\mathrm{T}_n+\triangle \mathrm{R}_{n+1}\mathrm{R}_n\mathrm{U}_n$$
$$=S_n+3\triangle \mathrm{P}_{n+1}\mathrm{P}_n\mathrm{S}_n$$
$$=S_n+3\cdot\frac{1}{2}a_{n+1}{}^2=S_n+\frac{3}{2}\cdot\left(\frac{1}{2}\right)^n$$

◀ $\triangle \mathrm{P}_{n+1}\mathrm{P}_n\mathrm{S}_n=\triangle \mathrm{Q}_{n+1}\mathrm{Q}_n\mathrm{T}_n=\triangle \mathrm{R}_{n+1}\mathrm{R}_n\mathrm{U}_n$

◀ $\mathrm{P}_{n+1}\mathrm{P}_n=\mathrm{P}_n\mathrm{S}_n=a_{n+1}$ より
$\triangle \mathrm{P}_{n+1}\mathrm{P}_n\mathrm{S}_n=\frac{1}{2}\mathrm{P}_{n+1}\mathrm{P}_n\cdot\mathrm{P}_n\mathrm{S}_n=\frac{1}{2}a_{n+1}{}^2$

すなわち　$S_{n+1}-S_n=\frac{3}{4}\cdot\left(\frac{1}{2}\right)^{n-1}$

よって，$n\geqq 2$ のとき

$$S_n=S_1+\sum_{k=1}^{n-1}(S_{k+1}-S_k)$$
$$=\frac{3}{2}+\frac{\sqrt{3}}{4}+\frac{3}{4}\sum_{k=1}^{n-1}\left(\frac{1}{2}\right)^{k-1}$$
$$=\frac{3}{2}+\frac{\sqrt{3}}{4}+\frac{3}{4}\cdot\frac{1-\left(\frac{1}{2}\right)^{n-1}}{1-\frac{1}{2}}=3+\frac{\sqrt{3}}{4}-\frac{3}{2}\cdot\left(\frac{1}{2}\right)^{n-1}$$

$n=1$ を代入すると $\frac{3}{2}+\frac{\sqrt{3}}{4}$ になり，S_1 に一致する。

したがって

$$\lim_{n\to\infty}S_n=\lim_{n\to\infty}\left\{3+\frac{\sqrt{3}}{4}-\frac{3}{2}\cdot\left(\frac{1}{2}\right)^{n-1}\right\}=3+\frac{\sqrt{3}}{4}$$

◀ $\lim_{n\to\infty}\left(\frac{1}{2}\right)^{n-1}=0$

問題 45　n を3以上の整数とする。円上の n 等分点のある点を出発点とし，n 等分点を一定の方向に次のように進む。各点でコインを投げ，表が出れば次の点に進み，裏が出れば次の点を跳び越しその次の点に進む。
(1)　最初に1周回ったとき，出発点を跳び越す確率 p_n を求めよ。
(2)　k は2以上の整数とする。$(k-1)$ 周目までは出発点を跳び越し，k 周目に初めて出発点を踏む確率を $q_{n,k}$ とする。このとき，$\lim_{n\to\infty}q_{n,k}$ を求めよ。

(1)　出発点を A_1 とし，進行方向にある点を順に A_2，A_3，$\cdots$，A_n とする。最初の1周で出発点 A_1 を跳び越すのは，点 A_n に進み，次にコインを投げたときに裏が出るときである。

$n\geqq 4$ のとき，点 A_n に進む事象は，点 A_{n-1} まで進んで A_n を跳び越す事象の余事象であるから，点 A_n に進む確率は　$1-p_{n-1}$

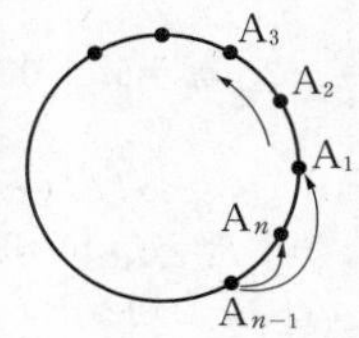

◀ A_1 から A_n まで進んで裏が出る確率が p_n であるから，A_1 から A_{n-1} まで進んで裏が出る確率は p_{n-1} である。

よって　$p_n=\frac{1}{2}(1-p_{n-1})$

変形して

$$p_n-\frac{1}{3}=-\frac{1}{2}\left(p_{n-1}-\frac{1}{3}\right)$$

◀ 特性方程式
$\alpha=\frac{1}{2}(1-\alpha)$
を解いて　$\alpha=\frac{1}{3}$

これより

$$p_n-\frac{1}{3}=\left(p_3-\frac{1}{3}\right)\left(-\frac{1}{2}\right)^{n-3}$$

$n=3$ のとき，最初の1周で出発点 A_1 を跳び越すのは，投げたコインが
　表，表，裏　または　裏，裏
と出るときであるから

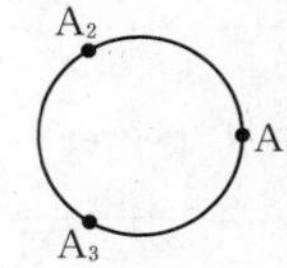

◀ A_1 を出発して A_3 に進むのは，表表，または裏が出るときである。

$$p_3=\left(\frac{1}{2}\right)^3+\left(\frac{1}{2}\right)^2=\frac{3}{8}$$

したがって　　$p_n=\frac{1}{3}+\frac{1}{24}\left(-\frac{1}{2}\right)^{n-3}$　$(n\geqq 3)$

(2)　問題文の事象は，最初の1周ではA_1を出発してA_1を跳び越しA_2へ進み，2周目から$(k-1)$周目まではA_2を出発してA_1を跳び越しA_2へ進み，最後の1周ではA_2を出発してA_1へ進むときである。

最初の1周でA_1を跳び越す確率はp_n，それに続く$(k-2)$周の各1周においては，A_2からA_nまで進み，さらに投げたコインに裏が出る場合であるから，その確率は　p_{n-1}

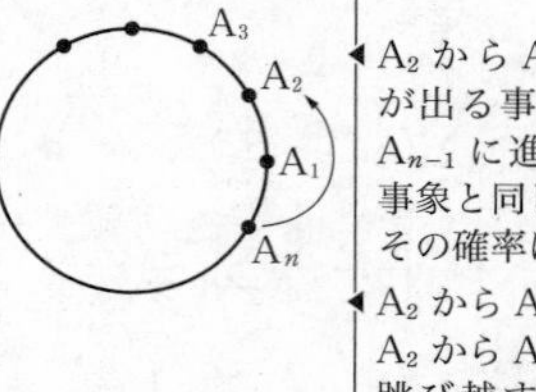

最後の1周でA_1を踏む確率は　　$1-p_{n-1}$

よって　　$q_{n,k}=p_n(p_{n-1})^{k-2}(1-p_{n-1})$

(1)より $\lim_{n\to\infty}p_n=\frac{1}{3}$ であるから

$$\lim_{n\to\infty}q_{n,k}=\frac{1}{3}\cdot\left(\frac{1}{3}\right)^{k-2}\cdot\left(1-\frac{1}{3}\right)=\frac{2}{3^k}$$

◀A_2からA_nに進んで裏が出る事象は，A_1からA_{n-1}に進んで裏が出る事象と同じであるから，その確率はp_{n-1}である。

◀A_2からA_1に進む事象は，A_2からA_nに進み，A_1を跳び越す事象の余事象であるから，その確率は$1-p_{n-1}$である。

問題 46　複素数a_n $(n=1,\ 2,\ 3,\ \cdots)$を次のように定める。

$$a_1=1+i,\quad a_{n+1}=\frac{a_n}{2a_n-3}$$

(1)　複素数平面上の3点0，a_1，a_2を通る円の方程式を求めよ。

(2)　すべてのa_nは(1)で求めた円上にあることを示せ。　　　　(北海道大)

---

(1)　$a_2=\frac{a_1}{2a_1-3}=\frac{1+i}{2(1+i)-3}=\frac{1+i}{-1+2i}=\frac{1}{5}-\frac{3}{5}i$

複素数0，a_1，a_2に対応するxy平面上の点を，それぞれO(0，0)，A(1，1)，B$\left(\frac{1}{5},\ -\frac{3}{5}\right)$と考え，この3点を通る円の方程式を

$x^2+y^2+lx+my+n=0$ …① とおく。

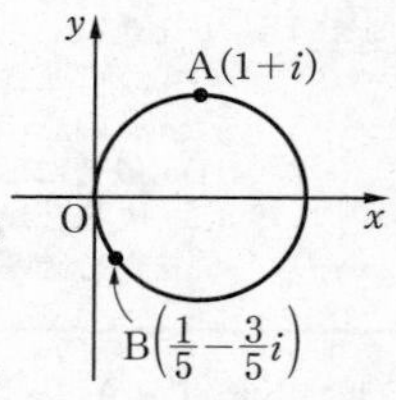

原点Oを通るから　　$n=0$

点Aを通るから　　$l+m+n+2=0$

点Bを通るから　　$\frac{1}{5}l-\frac{3}{5}m+n+\frac{2}{5}=0$

◀O，A，Bの座標を①に代入する。

これを解くと　　$l=-2,\ m=n=0$

①に代入すると

$$x^2+y^2-2x=0\quad すなわち\quad (x-1)^2+y^2=1$$

これは，中心が点(1，0)，半径が1の円を表す。

したがって，3点0，a_1，a_2を通る円の方程式は

$$|z-1|=1$$

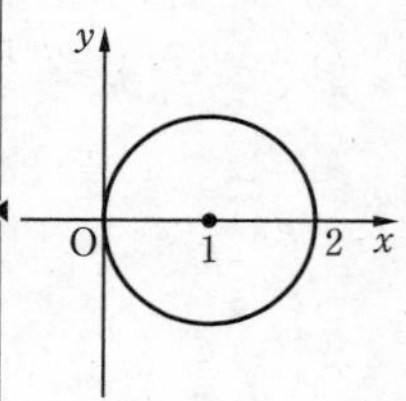

(2)　すべての自然数nに対して，点a_nは円 $|z-1|=1$ …② 上にあることを，数学的帰納法で示す。

(1)より，3点0，a_1，a_2は円②上にある。

点a_kが円②上にあると仮定すると　　$|a_k-1|=1$　　…③

このとき，$a_{k+1}=\frac{a_k}{2a_k-3}$ より　　$a_{k+1}(2a_k-3)=a_k$

よって　　$a_k(2a_{k+1}-1)=3a_{k+1}$

$a_{k+1}\neq\frac{1}{2}$ より　　$a_k=\frac{3a_{k+1}}{2a_{k+1}-1}$

◀$a_{k+1}=\frac{1}{2}$ のとき，(左辺)$=0$，(右辺)$=\frac{3}{2}$ となり矛盾。

③ に代入すると　$\left|\dfrac{3a_{k+1}}{2a_{k+1}-1}-1\right|=1$

$\left|\dfrac{a_{k+1}+1}{2a_{k+1}-1}\right|=1$ より　$|a_{k+1}+1|=|2a_{k+1}-1|$

両辺を 2 乗して　$|a_{k+1}+1|^2=|2a_{k+1}-1|^2$

$$(a_{k+1}+1)\overline{(a_{k+1}+1)}=(2a_{k+1}-1)\overline{(2a_{k+1}-1)}$$

◀ $|z|^2=z\overline{z}$

$$(a_{k+1}+1)(\overline{a_{k+1}}+1)=(2a_{k+1}-1)(2\overline{a_{k+1}}-1)$$

$$a_{k+1}\overline{a_{k+1}}+a_{k+1}+\overline{a_{k+1}}+1=4a_{k+1}\overline{a_{k+1}}-2a_{k+1}-2\overline{a_{k+1}}+1$$

$$a_{k+1}\overline{a_{k+1}}-a_{k+1}-\overline{a_{k+1}}=0$$

$$(a_{k+1}-1)(\overline{a_{k+1}}-1)=1$$

$$|a_{k+1}-1|^2=1$$

$|a_{k+1}-1|\geqq 0$ であるから　$|a_{k+1}-1|=1$

これは，点 a_{k+1} が円 ② 上にあることを示す。

したがって，すべての自然数 n に対して，点 a_n は円 ② 上にある。

p.91　本質を問う 3

1　無限級数の和はどのようなときに求まるか。また，どのようにして求めるか。説明せよ。

無限級数 $\sum_{n=1}^{\infty}a_n$ の初項から第 n 項までの部分和

$S_n=\sum_{k=1}^{n}a_k=a_1+a_2+\cdots+a_n$ について，数列 $\{S_n\}$ が収束するとき，

無限級数の和は求まる。

このとき，無限級数の和 S は，$S=\lim_{n\to\infty}S_n$ である。

2　$0.\dot{9}=0.9999\cdots=1$ は正しいことを示せ。

$0.\dot{9}=0.9999\cdots$

$\quad=0.9+0.09+0.009+0.0009+\cdots$

よって，この循環小数は，初項 0.9，公比 0.1 の無限等比級数の和である。

この無限等比級数は収束し，その和は

$$0.\dot{9}=\frac{0.9}{1-0.1}=1$$

◀ $|$ 公比 $|<1$

Plus One

LEGEND 数学 I ＋ A 本質を問う 2 ②では，$0.\dot{9}=1$ を次のように求めた。

$x=0.\dot{9}$ とおくと，右の計算より

$$x=1$$

よって，$0.9999\cdots=1$ が成り立つ。

$$\begin{array}{rr} 10x= & 9.9999\cdots \\ -)\quad x= & 0.9999\cdots \\ \hline 9x= & 9 \end{array}$$

3 $a \neq 0$ とする。
(1) $-1 < r \leqq 1$ ならば無限等比数列 $\{ar^{n-1}\}$ が収束することを示せ。
(2) $-1 < r < 1$ ならば無限等比級数 $\sum_{n=1}^{\infty} ar^{n-1}$ が収束することを示せ。

(1) (ア) $r=1$ のとき

すべての n に対して　$ar^{n-1}=a$

よって　$\lim_{n\to\infty} ar^{n-1}=a$

(イ) $0<r<1$ のとき

$\frac{1}{r}>1$ であるから，$\frac{1}{r}=1+h$ とおくと，$h>0$ であり

$$\left(\frac{1}{r}\right)^n=(1+h)^n$$

二項定理により

$$\begin{aligned}(1+h)^n &= {}_n\mathrm{C}_0+{}_n\mathrm{C}_1h+{}_n\mathrm{C}_2h^2+\cdots+{}_n\mathrm{C}_nh^n\\ &=1+nh+\frac{n(n-1)}{2}h^2+\cdots+h^n\\ &\geqq 1+nh\end{aligned}$$

$h>0$ より，$\lim_{n\to\infty} nh=\infty$ であるから

$$\lim_{n\to\infty}(1+h)^n=\infty$$

◀数列 $\{a_n\}$, $\{b_n\}$ において，$a_n \leqq b_n$ $(n=1, 2, 3, \cdots)$ のとき，$\lim_{n\to\infty} a_n=\infty$ ならば $\lim_{n\to\infty} b_n=\infty$ （追い出しの原理）

よって　$\lim_{n\to\infty}\left(\frac{1}{r}\right)^n=\infty$

したがって　$\lim_{n\to\infty} ar^{n-1}=\lim_{n\to\infty}\frac{ar^{-1}}{\left(\frac{1}{r}\right)^n}=0$

(ウ) $r=0$ のとき

すべての n に対して　$ar^{n-1}=0$

よって　$\lim_{n\to\infty} ar^{n-1}=0$

(エ) $-1<r<0$ のとき

$0<|r|<1$ であるから　$\lim_{n\to\infty}|r^{n-1}|=\lim_{n\to\infty}|r|^{n-1}=0$

◀(イ)より，$0<r<1$ のとき $\lim_{n\to\infty} r^{n-1}=0$

よって　$\lim_{n\to\infty} r^{n-1}=0$

ゆえに　$\lim_{n\to\infty} ar^{n-1}=0$

(ア)〜(エ)より，$-1<r\leqq 1$ ならば無限等比数列 $\{ar^{n-1}\}$ は収束する。

(2) 無限級数 $\sum_{n=1}^{\infty} a_n$ の第 n 項までの部分和 $\sum_{k=1}^{n} a_k=a_1+a_2+\cdots+a_n$ を S_n とする。

$-1<r<1$ のとき　$S_n=\frac{a(1-r^n)}{1-r}$

◀$r=1$ のとき $S_n=na$ であるから，数列 $\{S_n\}$ は発散する。

よって　$\lim_{n\to\infty} S_n=\lim_{n\to\infty}\frac{a(1-r^n)}{1-r}=\frac{a}{1-r}$

であり，数列 $\{S_n\}$ は収束する。

したがって，$-1<r<1$ ならば無限等比級数 $\sum_{n=1}^{\infty} ar^{n-1}$ は収束する。

p.92 Let's Try! 3

① 無限等比数列 $\{a_n\}$ がある。無限級数 $a_2+a_4+a_6+\cdots$ は $\dfrac{12}{5}$ に収束し，無限級数 $a_3+a_6+a_9+\cdots$ は $\dfrac{24}{19}$ に収束する。

(1) 数列 $\{a_n\}$ の初項と公比を求めよ。

(2) 無限級数 $a_1+a_2+a_3+\cdots$ の和を求めよ。

(1) 数列 $\{a_n\}$ の初項を a，公比を r とすると　$a_n=ar^{n-1}$

このとき，数列 $\{a_{2n}\}$ は，初項 ar，公比 r^2

数列 $\{a_{3n}\}$ は，初項 ar^2，公比 r^3

の等比数列となる。

◀ $a_{2n}=ar^{2n-1}$ より 初項　$a_2=ar$

無限等比級数 $\sum_{n=1}^{\infty}a_{2n}$，$\sum_{n=1}^{\infty}a_{3n}$ が収束するから，それぞれの公比について，$|r^2|<1$，$|r^3|<1$ であり

$$-1<r<1 \quad \cdots ①$$

◀ $|$公比$|<1$ のとき，無限等比級数は収束する。

このとき，$\sum_{n=1}^{\infty}a_{2n}=\dfrac{ar}{1-r^2}$ が $\dfrac{12}{5}$ に等しいから

$$\frac{ar}{1-r^2}=\frac{12}{5} \quad \cdots ②$$

また，$\sum_{n=1}^{\infty}a_{3n}=\dfrac{ar^2}{1-r^3}$ が $\dfrac{24}{19}$ に等しいから

$$\frac{ar^2}{1-r^3}=\frac{24}{19} \quad \cdots ③$$

②，③ より　$\dfrac{r(r+1)}{1+r+r^2}=\dfrac{10}{19}$

◀ $\dfrac{ar^2}{1-r^3}\cdot\dfrac{1-r^2}{ar}=\dfrac{24}{19}\cdot\dfrac{5}{12}$ より，a を消去する。

整理して　$(3r+5)(3r-2)=0$

① より　$r=\dfrac{2}{3}$

◀ $-1<r<1$ を満たすものを求める。

これを ② に代入して　$a=2$

よって　**初項は 2，公比は $\dfrac{2}{3}$**

(2) 公比 $r=\dfrac{2}{3}$ より，$|r|<1$ であるから収束し，その和は

$$a_1+a_2+a_3+\cdots=\frac{2}{1-\dfrac{2}{3}}=\mathbf{6}$$

② $0\leqq x<2\pi$ とする。k を自然数とし $f_k(x)=\left(\dfrac{1}{2}+\sin x\right)^{k-1}$ とおく。

(1) 級数 $\sum_{k=1}^{\infty}f_k(x)$ が収束するとき，x の値の範囲を求めよ。

(2) (1) のとき，$f(x)=\sum_{k=1}^{\infty}f_k(x)$ とおく。$f(x)$ を求めよ。

(3) $f(x)$ の最小値とそのときの x の値を求めよ。　（東洋大　改）

(1) この級数は，初項 1，公比 $\dfrac{1}{2}+\sin x$ の無限等比級数であるから，

収束するための条件は

$$-1 < \frac{1}{2} + \sin x < 1 \quad すなわち \quad -1 \leqq \sin x < \frac{1}{2}$$

これを満たす x の値の範囲は，$0 \leqq x < 2\pi$ より

$$\boldsymbol{0 \leqq x < \frac{\pi}{6},\ \frac{5}{6}\pi < x < 2\pi}$$

(2) (1)のとき $\quad f(x) = \dfrac{1}{1-\left(\dfrac{1}{2}+\sin x\right)} = \dfrac{\mathbf{2}}{\mathbf{1-2\sin x}}$

(3) (1)より，$-1 \leqq \sin x < \dfrac{1}{2}$ であるから $\quad 0 < 1-2\sin x \leqq 3$

よって $\quad f(x) = \dfrac{2}{1-2\sin x} \geqq \dfrac{2}{3}$

ゆえに，$f(x)$ の最小値は $\quad \dfrac{\mathbf{2}}{\mathbf{3}}$

このとき，$1-2\sin x = 3$ であるから $\quad \boldsymbol{x = \frac{3}{2}\pi}$

◀収束するとき |公比|<1

◀$-1 \leqq \sin x \leqq 1$ と合わせて考える。

◀
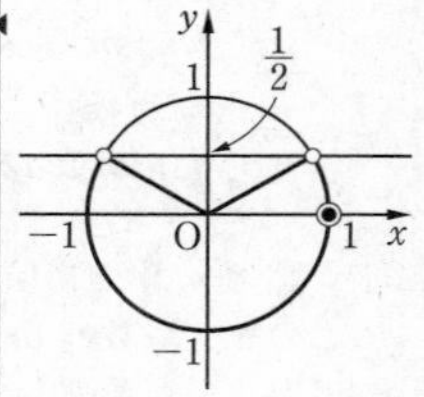

◀$-1 \leqq \sin x < \dfrac{1}{2}$ から
$-1 < -2\sin x \leqq 2$
$0 < 1-2\sin x \leqq 3$

◀$1-2\sin x = 3$ から
$\sin x = -1$

---

③ (1) p を素数，n を自然数とするとき，p^n の正の約数の個数と和を求めよ。
(2) m，n を自然数とするとき，$2^m 3^n$ の正の約数の個数と和を求めよ。
(3) 自然数 n に対し，6^n の正の約数の和を a_n で表すとき，無限級数 $\displaystyle\sum_{n=1}^{\infty} \frac{a_n}{12^n}$ の和を求めよ。

（富山大）

---

(1) p^n の正の約数は，p^i $(i=0,\ 1,\ 2,\ \cdots,\ n)$ であるから，その個数は $\boldsymbol{(n+1)}$ **個** である。

その和は $\quad 1+p+p^2+\cdots+p^n = \dfrac{\boldsymbol{p^{n+1}-1}}{\boldsymbol{p-1}}$

(2) $2^m 3^n$ の正の約数は

$$2^i 3^j \quad (i=0,\ 1,\ 2,\ \cdots,\ m,\ j=0,\ 1,\ 2,\ \cdots,\ n)$$

であるから，その個数は $\boldsymbol{(m+1)(n+1)}$ **個** である。
また，$2^m 3^n$ の正の約数の和は

$$(1+2+2^2+\cdots+2^m)(1+3+3^2+\cdots+3^n)$$
$$= \frac{2^{m+1}-1}{2-1} \cdot \frac{3^{n+1}-1}{3-1} = \frac{\boldsymbol{(2^{m+1}-1)(3^{n+1}-1)}}{\boldsymbol{2}}$$

(3) $6^n = 2^n \cdot 3^n$ であるから，(2)より

$$a_n = \frac{(2^{n+1}-1)(3^{n+1}-1)}{2}$$

よって

$$\sum_{n=1}^{\infty} \frac{a_n}{12^n} = \sum_{n=1}^{\infty} \frac{(2^{n+1}-1)(3^{n+1}-1)}{2 \cdot 12^n}$$
$$= \sum_{n=1}^{\infty} \frac{6^{n+1}-2^{n+1}-3^{n+1}+1}{2 \cdot 12^n}$$
$$= \sum_{n=1}^{\infty} \left\{ 3 \cdot \left(\frac{1}{2}\right)^n - \left(\frac{1}{6}\right)^n - \frac{3}{2} \cdot \left(\frac{1}{4}\right)^n + \frac{1}{2} \cdot \left(\frac{1}{12}\right)^n \right\}$$
$$= 3\sum_{n=1}^{\infty}\left(\frac{1}{2}\right)^n - \sum_{n=1}^{\infty}\left(\frac{1}{6}\right)^n - \frac{3}{2}\sum_{n=1}^{\infty}\left(\frac{1}{4}\right)^n + \frac{1}{2}\sum_{n=1}^{\infty}\left(\frac{1}{12}\right)^n$$

◀$p \neq 1$ であり，初項 1，公比 p，項数 $n+1$ の等比数列の和である。

◀2つの等比数列の和をそれぞれ求める。

◀$\dfrac{6^{n+1}}{2 \cdot 12^n} = \dfrac{6 \cdot 6^n}{2 \cdot 12^n} = 3 \cdot \left(\dfrac{1}{2}\right)^n$

$\dfrac{2^{n+1}}{2 \cdot 12^n} = \dfrac{2 \cdot 2^n}{2 \cdot 12^n} = \left(\dfrac{1}{6}\right)^n$

$\dfrac{3^{n+1}}{2 \cdot 12^n} = \dfrac{3 \cdot 3^n}{2 \cdot 12^n} = \dfrac{3}{2} \cdot \left(\dfrac{1}{4}\right)^n$

$$= 3\cdot\frac{\frac{1}{2}}{1-\frac{1}{2}} - \frac{\frac{1}{6}}{1-\frac{1}{6}} - \frac{3}{2}\cdot\frac{\frac{1}{4}}{1-\frac{1}{4}} + \frac{1}{2}\cdot\frac{\frac{1}{12}}{1-\frac{1}{12}}$$

$$= 3 - \frac{1}{5} - \frac{1}{2} + \frac{1}{22} = \mathbf{\frac{129}{55}}$$

④ n を自然数とする。数列 $\{a_n\}$ の初項から第 n 項までの和 S_n が $S_n = \frac{9}{4} - \frac{2n+3}{4n}a_n$ で表される。

(1) $\frac{a_n}{n}$ を n の式で表し，$\sum_{n=1}^{\infty}\frac{a_n}{n}$ を求めよ。

(2) α を正の実数とする。$n \geqq 3$ のとき二項定理を用いて，不等式 $(1+\alpha)^n > \frac{n(n-1)(n-2)}{6}\alpha^3$ を示し，$\lim_{n\to\infty}\frac{n^2}{(1+\alpha)^n}$ を求めよ。

(3) $\sum_{n=1}^{\infty}a_n$ を求めよ。 (東京理科大　改)

(1) $n=1$ のとき，$a_1 = S_1$ であるから　　$a_1 = \frac{9}{4} - \frac{5}{4}a_1$

よって　　$a_1 = 1$

$n \geqq 2$ のとき

$$a_n = S_n - S_{n-1}$$
$$= \left(\frac{9}{4} - \frac{2n+3}{4n}a_n\right) - \left\{\frac{9}{4} - \frac{2(n-1)+3}{4(n-1)}a_{n-1}\right\}$$
$$= \frac{2n+1}{4(n-1)}a_{n-1} - \frac{2n+3}{4n}a_n$$

◀ $\frac{3(2n+1)}{4n}a_n = \frac{2n+1}{4(n-1)}a_{n-1}$

これより　　$\frac{a_n}{n} = \frac{1}{3}\cdot\frac{a_{n-1}}{n-1}$

ゆえに，数列 $\left\{\frac{a_n}{n}\right\}$ は初項 $\frac{a_1}{1} = 1$，公比 $\frac{1}{3}$ の等比数列であるから

$$\frac{a_n}{n} = 1\cdot\left(\frac{1}{3}\right)^{n-1} = \mathbf{\frac{1}{3^{n-1}}}$$

$n=1$ を代入すると 1 となり，a_1 に一致する。

したがって　　$\sum_{n=1}^{\infty}\frac{a_n}{n} = \frac{1}{1-\frac{1}{3}} = \mathbf{\frac{3}{2}}$

◀ $|$公比$| < 1$ であるから，この無限等比級数は収束する。

(2) 二項定理により

$$(1+\alpha)^n = 1 + n\alpha + \frac{n(n-1)}{2}\alpha^2 + \frac{n(n-1)(n-2)}{6}\alpha^3 + \cdots + n\alpha^{n-1} + \alpha^n$$

$\alpha > 0$ であるから，$n \geqq 3$ のとき

$$(1+\alpha)^n > \frac{n(n-1)(n-2)}{6}\alpha^3$$

◀ $\alpha > 0$ のとき，右辺のすべての項は正である。

よって　　$0 < \frac{1}{(1+\alpha)^n} < \frac{6}{n(n-1)(n-2)\alpha^3}$

◀ 逆数をとると，不等号の向きが変わる。

ゆえに　　$0 < \frac{n^2}{(1+\alpha)^n} < \frac{6n}{(n-1)(n-2)\alpha^3}$

$$\lim_{n\to\infty}\frac{6n}{(n-1)(n-2)\alpha^3}=\lim_{n\to\infty}\frac{\frac{6}{n}}{\left(1-\frac{1}{n}\right)\left(1-\frac{2}{n}\right)\alpha^3}=0 \text{ であるから,}$$

◀分母・分子を n^2 で割って，極限値を求める。

はさみうちの原理より　$\displaystyle \boldsymbol{\lim_{n\to\infty}\frac{n^2}{(1+\alpha)^n}=0}$

(3)　(1) より　$\displaystyle a_n=\frac{n}{3^{n-1}}=\frac{3}{n}\cdot\frac{n^2}{3^n}=\frac{3}{n}\cdot\frac{n^2}{(1+2)^n}$

(2) より $\displaystyle \lim_{n\to\infty}\frac{n^2}{(1+2)^n}=0$ であり，$\displaystyle \lim_{n\to\infty}\frac{3}{n}=0$ であるから

$$\lim_{n\to\infty}a_n=0\cdot0=0$$

◀(2) の結果で，$\alpha=2$ とする。

よって　$\displaystyle \sum_{n=1}^{\infty}a_n=\lim_{n\to\infty}S_n=\lim_{n\to\infty}\left(\frac{9}{4}-\frac{2n+3}{4n}a_n\right)$

$$=\frac{9}{4}-\lim_{n\to\infty}\frac{2n+3}{4n}\cdot\lim_{n\to\infty}a_n=\frac{9}{4}-\frac{1}{2}\cdot0=\boldsymbol{\frac{9}{4}}$$

◀$\left\{\dfrac{2n+3}{4n}\right\}$, $\{a_n\}$ はともに収束する。

---

⑤　1辺の長さが a の正三角形 T_1 の頂点を A_1，B_1，C_1 とする。t を正の実数とするとき，辺 A_1B_1，B_1C_1，C_1A_1 を $t:1$ に内分する点をそれぞれ A_2，B_2，C_2 とし，3 点 A_2，B_2，C_2 を結んで正三角形 T_2 をつくる。以下同様に正三角形 T_3，T_4，T_5，・・・をつくる。

(1)　T_2 の 1 辺の長さを求めよ。

(2)　正三角形 T_1，T_2，T_3，・・・の面積の総和 $S(t)$ を求めよ。

(3)　$S(t)$ の最小値を求めよ。　(島根大)

---

(1)　$\displaystyle A_1A_2=\frac{t}{t+1}a$，$\displaystyle A_1C_2=\frac{1}{t+1}a$

より，$\triangle A_1A_2C_2$ において，余弦定理により

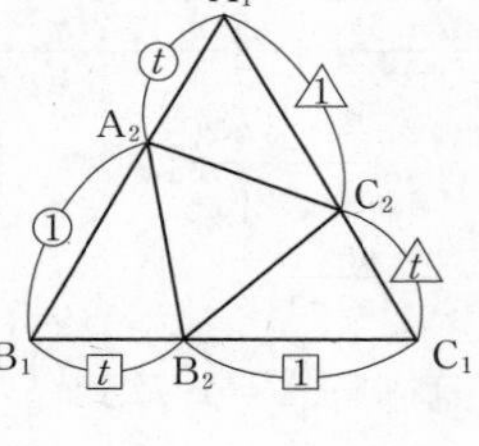

$$(A_2C_2)^2=\left(\frac{t}{t+1}a\right)^2+\left(\frac{1}{t+1}a\right)^2-2\cdot\frac{t}{t+1}a\cdot\frac{1}{t+1}a\cdot\cos60^\circ$$

$$=\frac{t^2-t+1}{(t+1)^2}a^2$$

よって　$\displaystyle A_2C_2=\frac{\sqrt{t^2-t+1}}{t+1}a$

◀$t+1>0$，$a>0$
$t^2-t+1=\left(t-\dfrac{1}{2}\right)^2+\dfrac{3}{4}>0$

したがって，T_2 の 1 辺の長さは　$\displaystyle \boldsymbol{\frac{\sqrt{t^2-t+1}}{t+1}a}$

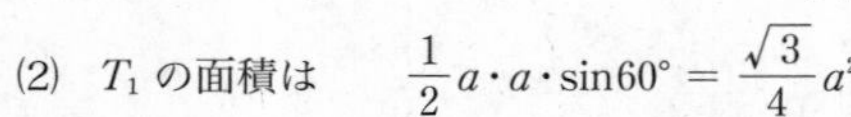

(2)　T_1 の面積は　$\displaystyle \frac{1}{2}a\cdot a\cdot\sin60^\circ=\frac{\sqrt{3}}{4}a^2$

(1) より，T_n と T_{n+1} の 1 辺の長さの比は $1:\dfrac{\sqrt{t^2-t+1}}{t+1}$ であるから，

◀T_2，T_3，・・・の面積は相似比を用いて求める。

T_n と T_{n+1} の面積の比は，$1:\dfrac{t^2-t+1}{(t+1)^2}$ である。

よって，$S(t)$ は初項 $\dfrac{\sqrt{3}}{4}a^2$，公比 $\dfrac{t^2-t+1}{(t+1)^2}$ の無限等比級数である。

ここで，$0<\dfrac{t^2-t+1}{(t+1)^2}<1$ であるから，$S(t)$ は収束し

◀$t>0$ より
$0<t^2-t+1<t^2+2t+1=(t+1)^2$

$$S(t)=\frac{\frac{\sqrt{3}}{4}a^2}{1-\frac{t^2-t+1}{(t+1)^2}}=\boldsymbol{\frac{\sqrt{3}(t+1)^2a^2}{12t}}$$

(3) $S(t)=\frac{\sqrt{3}}{12}a^2\left(t+2+\frac{1}{t}\right)$

$t>0$ であるから，相加平均と相乗平均の関係より

$$t+\frac{1}{t}\geqq 2\sqrt{t\cdot\frac{1}{t}}=2$$

等号は $t=\frac{1}{t}$ すなわち $t=1$ のとき成り立つ。

◀$t=\frac{1}{t}$ より
$t^2=1$
$t>0$ より　$t=1$

$$S(t)=\frac{\sqrt{3}}{12}a^2\left(2+t+\frac{1}{t}\right)\geqq\frac{\sqrt{3}}{12}a^2(2+2)=\frac{\sqrt{3}}{3}a^2$$

よって，$S(t)$ は，$t=1$ のとき，最小値 $\boldsymbol{\frac{\sqrt{3}}{3}a^2}$

4 関数の極限

練習 47 次の極限値を求めよ。

(1) $\displaystyle\lim_{x\to2}\frac{x-2}{\sqrt{x+2}-2}$　　(2) $\displaystyle\lim_{x\to0}\frac{\sqrt{1+x}-\sqrt{1-x}}{\sqrt{2+x}-\sqrt{2-x}}$

(1) $\displaystyle\lim_{x\to2}\frac{x-2}{\sqrt{x+2}-2}=\lim_{x\to2}\frac{(x-2)(\sqrt{x+2}+2)}{(\sqrt{x+2}-2)(\sqrt{x+2}+2)}$

$\displaystyle=\lim_{x\to2}\frac{(x-2)(\sqrt{x+2}+2)}{x+2-4}=\lim_{x\to2}(\sqrt{x+2}+2)=\mathbf{4}$

◀分母を有理化する。

(2) $\displaystyle\lim_{x\to0}\frac{\sqrt{1+x}-\sqrt{1-x}}{\sqrt{2+x}-\sqrt{2-x}}$

$\displaystyle=\lim_{x\to0}\frac{(\sqrt{1+x}-\sqrt{1-x})(\sqrt{1+x}+\sqrt{1-x})(\sqrt{2+x}+\sqrt{2-x})}{(\sqrt{2+x}-\sqrt{2-x})(\sqrt{2+x}+\sqrt{2-x})(\sqrt{1+x}+\sqrt{1-x})}$

◀分母・分子をそれぞれ有理化する。

$\displaystyle=\lim_{x\to0}\frac{\{(1+x)-(1-x)\}(\sqrt{2+x}+\sqrt{2-x})}{\{(2+x)-(2-x)\}(\sqrt{1+x}+\sqrt{1-x})}$

◀$\displaystyle\frac{1+x-1+x}{2+x-2+x}=\frac{2x}{2x}=1$

$\displaystyle=\lim_{x\to0}\frac{\sqrt{2+x}+\sqrt{2-x}}{\sqrt{1+x}+\sqrt{1-x}}=\frac{2\sqrt{2}}{2}=\boldsymbol{\sqrt{2}}$

練習 48 次の極限を調べよ。ただし，$[x]$ は x を超えない最大の整数を表す。

(1) $\displaystyle\lim_{x\to4}\frac{x}{x-4}$　　(2) $\displaystyle\lim_{x\to1}\frac{1-|x|}{|1-x|}$　　(3) $\displaystyle\lim_{x\to1}\frac{[x]}{|x-1|}$

(1) $\displaystyle\lim_{x\to4-0}\frac{x}{x-4}=-\infty,\ \lim_{x\to4+0}\frac{x}{x-4}=\infty$ であるから，

$\displaystyle\lim_{x\to4}\frac{x}{x-4}$ は **存在しない**。

(2) $x>1$ のとき　$|1-x|=-(1-x)$

$x<1$ のとき　$|1-x|=1-x$

であるから

$\displaystyle\lim_{x\to1+0}\frac{1-|x|}{|1-x|}=\lim_{x\to1+0}\frac{1-x}{-(1-x)}=\lim_{x\to1+0}(-1)=-1$

$\displaystyle\lim_{x\to1-0}\frac{1-|x|}{|1-x|}=\lim_{x\to1-0}\frac{1-x}{1-x}=\lim_{x\to1-0}1=1$

したがって，$\displaystyle\lim_{x\to1}\frac{1-|x|}{|1-x|}$ は **存在しない**。

◀$\displaystyle y=\frac{1-|x|}{|1-x|}$ のグラフ

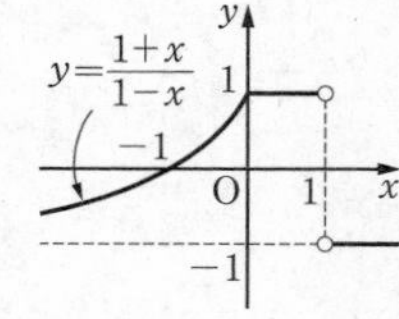

(3) $0<x<1$ のとき　$[x]=0,\ |x-1|=-(x-1)$

$1<x<2$ のとき　$[x]=1,\ |x-1|=x-1$

であるから

$\displaystyle\lim_{x\to1-0}\frac{[x]}{|x-1|}=\lim_{x\to1-0}\frac{0}{-(x-1)}=\lim_{x\to1-0}0=0$

$\displaystyle\lim_{x\to1+0}\frac{[x]}{|x-1|}=\lim_{x\to1+0}\frac{1}{x-1}=\infty$

したがって，$\displaystyle\lim_{x\to1}\frac{[x]}{|x-1|}$ は **存在しない**。

◀$0<x<1,\ 1<x<2$ における $\displaystyle y=\frac{[x]}{|x-1|}$ のグラフ

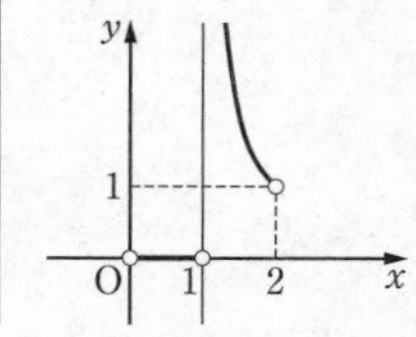

練習 49 次の極限値を求めよ。

(1) $\displaystyle\lim_{x\to\infty}\frac{-x^2+5}{2x^2-3x}$　(2) $\displaystyle\lim_{x\to\infty}\frac{\sqrt[3]{x}}{\sqrt{x}-1}$　(3) $\displaystyle\lim_{x\to\infty}(\sqrt{x^2-2x+3}-x)$

(1) $$\lim_{x\to\infty}\frac{-x^2+5}{2x^2-3x}=\lim_{x\to\infty}\frac{-1+\frac{5}{x^2}}{2-\frac{3}{x}}=-\frac{1}{2}$$

(2) $$\lim_{x\to\infty}\frac{\sqrt[3]{x}}{\sqrt{x}-1}=\lim_{x\to\infty}\frac{\frac{\sqrt[3]{x}}{\sqrt{x}}}{1-\frac{1}{\sqrt{x}}}=\lim_{x\to\infty}\frac{\frac{1}{\sqrt[6]{x}}}{1-\frac{1}{\sqrt{x}}}=0$$

◀ $\sqrt[3]{x}\div\sqrt{x}=x^{\frac{1}{3}}\times x^{-\frac{1}{2}}$
$=x^{\frac{1}{3}-\frac{1}{2}}$
$=x^{-\frac{1}{6}}$

(3) $x\to\infty$ であるから，$x>0$ として

$$\lim_{x\to\infty}(\sqrt{x^2-2x+3}-x)$$
$$=\lim_{x\to\infty}\frac{(\sqrt{x^2-2x+3}-x)(\sqrt{x^2-2x+3}+x)}{\sqrt{x^2-2x+3}+x}$$
$$=\lim_{x\to\infty}\frac{-2x+3}{\sqrt{x^2-2x+3}+x}$$
$$=\lim_{x\to\infty}\frac{-2+\frac{3}{x}}{\sqrt{1-\frac{2}{x}+\frac{3}{x^2}}+1}=-1$$

◀ $x>0$ より，分母・分子を $x=\sqrt{x^2}$ で割る。

練習 50 次の極限値を求めよ。

(1) $\displaystyle\lim_{x\to-\infty}\frac{1+2x^3}{1-x^3}$　(2) $\displaystyle\lim_{x\to-\infty}\frac{2x}{\sqrt{x^2+1}-x}$　(3) $\displaystyle\lim_{x\to-\infty}(\sqrt{x^2-3x}+x-1)$

(1) $$\lim_{x\to-\infty}\frac{1+2x^3}{1-x^3}=\lim_{x\to-\infty}\frac{\frac{1}{x^3}+2}{\frac{1}{x^3}-1}=\frac{2}{-1}=-2$$

◀ $\displaystyle\lim_{x\to-\infty}\frac{1}{x^3}=0$

(2) $x=-t$ とおくと，$x\to-\infty$ のとき $t\to\infty$ となり

$$\lim_{x\to-\infty}\frac{2x}{\sqrt{x^2+1}-x}=\lim_{t\to\infty}\frac{-2t}{\sqrt{t^2+1}+t}$$
$$=\lim_{t\to\infty}\frac{-2}{\sqrt{1+\frac{1}{t^2}}+1}=\frac{-2}{2}=-1$$

〔別解〕

$$\lim_{x\to-\infty}\frac{2x}{\sqrt{x^2+1}-x}=\lim_{x\to-\infty}\frac{2x}{-x\sqrt{1+\frac{1}{x^2}}-x}$$
$$=\lim_{x\to-\infty}\frac{2}{-\sqrt{1+\frac{1}{x^2}}-1}=-1$$

◀ $x<0$ のとき
$\sqrt{x^2}=|x|=-x$

(3) $x=-t$ とおくと，$x\to-\infty$ のとき $t\to\infty$ となり

$$\lim_{x\to-\infty}(\sqrt{x^2-3x}+x-1)=\lim_{t\to\infty}\{\sqrt{t^2+3t}-(t+1)\}$$

$$=\lim_{t\to\infty}\frac{t^2+3t-(t+1)^2}{\sqrt{t^2+3t}+(t+1)}=\lim_{t\to\infty}\frac{t-1}{\sqrt{t^2+3t}+t+1}$$

$$=\lim_{t\to\infty}\frac{1-\frac{1}{t}}{\sqrt{1+\frac{3}{t}}+1+\frac{1}{t}}=\mathbf{\frac{1}{2}}$$

◀ $\dfrac{\sqrt{t^2+3t}-(t+1)}{1}$ と考えて分子を有理化する。

〔別解〕

$$\lim_{x\to-\infty}(\sqrt{x^2-3x}+x-1)=\lim_{x\to-\infty}\frac{(x^2-3x)-(x-1)^2}{\sqrt{x^2-3x}-(x-1)}$$

$$=\lim_{x\to-\infty}\frac{-x-1}{\sqrt{x^2-3x}-x+1}=\lim_{x\to-\infty}\frac{-x-1}{-x\sqrt{1-\frac{3}{x}}-x+1}$$

$$=\lim_{x\to-\infty}\frac{-1-\frac{1}{x}}{-\sqrt{1-\frac{3}{x}}-1+\frac{1}{x}}=\frac{1}{2}$$

◀ $x<0$ のとき $\sqrt{x^2}=|x|=-x$

練習 51 次の等式が成り立つように，定数 a，b の値を定めよ。

(1) $\displaystyle\lim_{x\to-3}\frac{x^2+ax+b}{x^3-9x}=-\frac{1}{2}$ (2) $\displaystyle\lim_{x\to2}\frac{a\sqrt{x+2}-b}{x-2}=-1$

(1) $\displaystyle\lim_{x\to-3}\frac{x^2+ax+b}{x^3-9x}=-\frac{1}{2}$ が成り立つとき

$\displaystyle\lim_{x\to-3}\frac{x^2+ax+b}{x^3-9x}=-\frac{1}{2}$，$\displaystyle\lim_{x\to-3}(x^3-9x)=0$ であるから

$\displaystyle\lim_{x\to-3}(x^2+ax+b)=0$ すなわち $9-3a+b=0$

よって $b=3a-9$ …①

① を与式の左辺に代入して

$$\lim_{x\to-3}\frac{x^2+ax+3a-9}{x^3-9x}=\lim_{x\to-3}\frac{(x+3)(x+a-3)}{x(x+3)(x-3)}$$

$$=\lim_{x\to-3}\frac{x+a-3}{x(x-3)}=\frac{a-6}{18}$$

$\dfrac{a-6}{18}=-\dfrac{1}{2}$ より $\boldsymbol{a=-3}$

① より $\boldsymbol{b=-18}$

◀ $\displaystyle\lim_{x\to-3}(x^2+ax+b)$

$\displaystyle=\lim_{x\to-3}\left\{\frac{x^2+ax+b}{x^3-9x}\cdot(x^3-9x)\right\}$

$=-\dfrac{1}{2}\cdot0=0$

分母の極限値が 0 のとき，分子の極限値が 0 となることが必要条件。

◀ $\displaystyle\lim_{x\to-3}\frac{x^2+ax+b}{x^3-9x}=-\frac{1}{2}$

(2) $\displaystyle\lim_{x\to2}\frac{a\sqrt{x+2}-b}{x-2}=-1$ が成り立つとき

$\displaystyle\lim_{x\to2}\frac{a\sqrt{x+2}-b}{x-2}=-1$，$\displaystyle\lim_{x\to2}(x-2)=0$ であるから

$\displaystyle\lim_{x\to2}(a\sqrt{x+2}-b)=0$ すなわち $2a-b=0$

よって $b=2a$ …①

① を与式の左辺に代入して

$$\lim_{x\to2}\frac{a\sqrt{x+2}-2a}{x-2}=\lim_{x\to2}\frac{a(\sqrt{x+2}-2)(\sqrt{x+2}+2)}{(x-2)(\sqrt{x+2}+2)}$$

$$=\lim_{x\to2}\frac{a}{\sqrt{x+2}+2}=\frac{a}{4}$$

◀ $\displaystyle\lim_{x\to2}(a\sqrt{x+2}-b)$

$\displaystyle=\lim_{x\to2}\left\{\frac{a\sqrt{x+2}-b}{x-2}\cdot(x-2)\right\}$

$=-1\cdot0=0$

分母の極限値が 0 のとき，分子の極限値が 0 となることが必要条件。

$\dfrac{a}{4}=-1$ より　　$\boldsymbol{a=-4}$

① より　　$\boldsymbol{b=-8}$

◀ $\displaystyle\lim_{x\to2}\frac{a\sqrt{x+2}-b}{x-2}=-1$

練習 52　次の等式が成り立つように，定数 a，b の値を定めよ。

$$\lim_{x\to\infty}\{\sqrt{x^2+4x}-(ax+b)\}=0$$

$a\leqq0$ のとき，与えられた極限は発散するから　　$a>0$

$$\begin{aligned}&\sqrt{x^2+4x}-(ax+b)\\&=\frac{\{\sqrt{x^2+4x}-(ax+b)\}\{\sqrt{x^2+4x}+(ax+b)\}}{\sqrt{x^2+4x}+(ax+b)}\\&=\frac{(1-a^2)x^2+2(2-ab)x-b^2}{\sqrt{x^2+4x}+(ax+b)}\\&=\frac{(1-a^2)x+2(2-ab)-\dfrac{b^2}{x}}{\sqrt{1+\dfrac{4}{x}}+\left(a+\dfrac{b}{x}\right)}\end{aligned}$$

◀ $x\to\infty$ より，$x>0$ と考えて，分母・分子を $x=\sqrt{x^2}$ で割る。

よって，$x\to\infty$ のとき，これが収束する条件は　　$1-a^2=0$

$a>0$ より $a=1$ であり，このときの極限値は

$$\lim_{x\to\infty}\frac{2(2-b)-\dfrac{b^2}{x}}{\sqrt{1+\dfrac{4}{x}}+\left(1+\dfrac{b}{x}\right)}=\frac{2(2-b)}{2}=2-b$$

◀ 分母のみの極限値は $\displaystyle\lim_{x\to\infty}\left(\sqrt{1+\frac{4}{x}}+a+\frac{b}{x}\right)=1+a$ であるが，$a>0$ より 0 にはならない。

ゆえに，$2-b=0$ より　　$b=2$

したがって　　$\boldsymbol{a=1,\ b=2}$

◀ 直線 $y=x+2$ は $y=\sqrt{x^2+4x}$ の漸近線である。

練習 53　次の極限値を求めよ。

(1) $\displaystyle\lim_{x\to\infty}\frac{1-2^x}{1+2^{x+2}}$　　(2) $\displaystyle\lim_{x\to-\infty}\frac{3^x+3^{\frac{1}{x}}}{2^x+2^{\frac{1}{x}}}$

(3) $\displaystyle\lim_{x\to\infty}\{\log_2(2x^3-x)-3\log_2x\}$

(1) $\displaystyle\lim_{x\to\infty}\frac{1-2^x}{1+2^{x+2}}=\lim_{x\to\infty}\frac{\left(\frac{1}{2}\right)^x-1}{\left(\frac{1}{2}\right)^x+2^2}=\boldsymbol{-\frac{1}{4}}$

◀ 分母・分子を 2^x で割る。

(2) $x\to-\infty$ のとき $\dfrac{1}{x}\to-0$ であるから

$$\lim_{x\to-\infty}2^x=0,\ \lim_{x\to-\infty}3^x=0,\ \lim_{x\to-\infty}2^{\frac{1}{x}}=1,\ \lim_{x\to-\infty}3^{\frac{1}{x}}=1$$

◀ $x=-t$ とおくと，$x\to-\infty$ のとき $t\to\infty$ で $2^x=\dfrac{1}{2^t}\to0$

よって　　$\displaystyle\lim_{x\to-\infty}\frac{3^x+3^{\frac{1}{x}}}{2^x+2^{\frac{1}{x}}}=\frac{0+1}{0+1}=\boldsymbol{1}$

(3) $\displaystyle\lim_{x\to\infty}\{\log_2(2x^3-x)-3\log_2x\}=\lim_{x\to\infty}\log_2\frac{2x^3-x}{x^3}$

$\displaystyle=\lim_{x\to\infty}\log_2\left(2-\frac{1}{x^2}\right)=\log_22=\boldsymbol{1}$

◀ $\log_2(2x^3-x)-3\log_2x$
$=\log_2(2x^3-x)-\log_2x^3$
$=\log_2\dfrac{2x^3-x}{x^3}$

練習 54 次の極限値を求めよ。

(1) $\lim_{x \to 0} \frac{\sin 3x}{\sin 4x}$ (2) $\lim_{x \to 0} \frac{1-\cos 4x}{x^2}$ (3) $\lim_{x \to \frac{\pi}{6}} \frac{\sqrt{3}\sin x - \cos x}{x - \frac{\pi}{6}}$

(1) $\lim_{x \to 0} \frac{\sin 3x}{\sin 4x} = \lim_{x \to 0} \frac{\sin 3x}{3x} \cdot \frac{4x}{\sin 4x} \cdot \frac{3x}{4x} = 1 \cdot \frac{1}{1} \cdot \frac{3}{4} = \frac{3}{4}$

◀ $\lim_{x \to 0} \frac{4x}{\sin 4x} = \lim_{4x \to 0} \frac{1}{\frac{\sin 4x}{4x}} = 1$

(2) $\lim_{x \to 0} \frac{1-\cos 4x}{x^2} = \lim_{x \to 0} \frac{1}{x^2} \cdot 2\sin^2 2x$

$= \lim_{x \to 0} \frac{2}{x^2} \cdot \frac{\sin^2 2x}{(2x)^2} \cdot (2x)^2$

◀ $\frac{1-\cos 2\theta}{2} = \sin^2\theta$

$= \lim_{x \to 0} 8 \cdot \left(\frac{\sin 2x}{2x}\right)^2$

◀ $\lim_{\theta \to 0} \frac{\sin\theta}{\theta} = 1$ を利用。

$= 8 \cdot 1 = 8$

〔別解〕

$\lim_{x \to 0} \frac{1-\cos 4x}{x^2} = \lim_{x \to 0} \frac{(1-\cos 4x)(1+\cos 4x)}{x^2(1+\cos 4x)}$

$= \lim_{x \to 0} \frac{1}{1+\cos 4x} \cdot \frac{1-\cos^2 4x}{x^2}$

$= \lim_{x \to 0} \frac{1}{1+\cos 4x} \cdot \frac{\sin^2 4x}{x^2}$

$= \lim_{x \to 0} \frac{1}{1+\cos 4x} \cdot \frac{\sin^2 4x}{(4x)^2} \cdot \frac{(4x)^2}{x^2}$

$= \lim_{x \to 0} \frac{1}{1+\cos 4x} \cdot \left(\frac{\sin 4x}{4x}\right)^2 \cdot 16$

$= \frac{1}{1+1} \cdot 1 \cdot 16 = 8$

◀ $\lim_{\theta \to 0} \frac{\sin\theta}{\theta} = 1$ を利用。

(3) $x - \frac{\pi}{6} = t$ とおくと，$x \to \frac{\pi}{6}$ のとき $t \to 0$ であるから

$$(\text{与式}) = \lim_{x \to \frac{\pi}{6}} \frac{2\sin\left(x - \frac{\pi}{6}\right)}{x - \frac{\pi}{6}} = \lim_{t \to 0} \frac{2\sin t}{t} = 2$$

◀ $\sqrt{3}\sin x - \cos x = 2\sin\left(x - \frac{\pi}{6}\right)$

練習 55 (1) 半径 1 の円に内接する正 n 角形の面積を S_n とするとき，$\lim_{n \to \infty} S_n$ を求めよ。
(2) 半径 1 の円に外接する正 n 角形の面積を T_n とするとき，$\lim_{n \to \infty} T_n$ を求めよ。

正 n 角形の隣り合う 2 つの頂点を A_1，A_2 とすると

$\angle A_1OA_2 = \frac{2\pi}{n}$

(1) $S_n = n \cdot \triangle OA_1A_2$

◀ $\triangle ABC = \frac{1}{2}bc\sin A$

$= n \cdot \frac{1}{2} \cdot 1 \cdot 1 \cdot \sin\frac{2\pi}{n} = \frac{n}{2}\sin\frac{2\pi}{n}$

◀

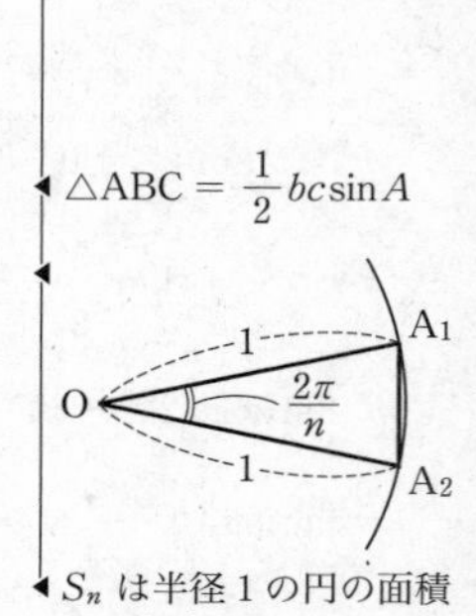

よって

$$\lim_{n \to \infty} S_n = \lim_{n \to \infty} \frac{n}{2}\sin\frac{2\pi}{n} = \lim_{n \to \infty} \frac{\sin\frac{2\pi}{n}}{\frac{2\pi}{n}} \cdot \pi = \boldsymbol{\pi}$$

◀ S_n は半径 1 の円の面積 π に収束する。

(2) A_1A_2 の中点を M とし，直角三角形 OA_1M に着目すると，

$OM = 1$, $\angle A_1OM = \dfrac{\pi}{n}$ より

$$A_1M = OM \cdot \tan\angle A_1OM = \tan\frac{\pi}{n}$$

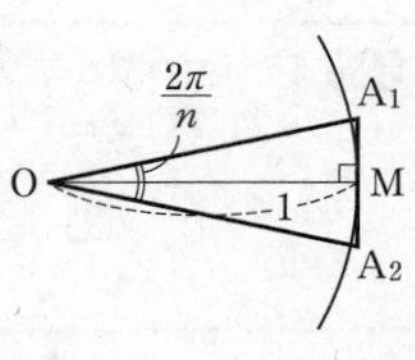

よって $\quad A_1A_2 = 2\tan\dfrac{\pi}{n}$

$$\triangle OA_1A_2 = \frac{1}{2}\cdot A_1A_2 \cdot OM$$

$$= \frac{1}{2}\cdot 2\tan\frac{\pi}{n}\cdot 1 = \tan\frac{\pi}{n}$$

ゆえに $\quad T_n = n\triangle OA_1A_2 = n\tan\dfrac{\pi}{n}$

したがって

$$\lim_{n\to\infty} T_n = \lim_{n\to\infty} n\tan\frac{\pi}{n}$$

$$= \lim_{n\to\infty} n\cdot\frac{\sin\frac{\pi}{n}}{\cos\frac{\pi}{n}} = \lim_{n\to\infty}\frac{\sin\frac{\pi}{n}}{\frac{\pi}{n}}\cdot\pi\cdot\frac{1}{\cos\frac{\pi}{n}} = \boldsymbol{\pi}$$

◀ $n\to\infty$ のとき $\dfrac{\pi}{n}\to +0$ となる。

〔参考〕

(1), (2) の結果より，半径 1 の円の面積は π であることが分かる。

練習 56 次の極限値を求めよ。ただし，$[x]$ は x を超えない最大の整数を表す。

(1) $\displaystyle\lim_{x\to 0} x^2\sin\frac{1}{x}$ (2) $\displaystyle\lim_{x\to\infty}\frac{[2x]}{x}$

---

(1) $0 \leqq \left|\sin\dfrac{1}{x}\right| \leqq 1$ より $\quad 0 \leqq |x^2|\left|\sin\dfrac{1}{x}\right| \leqq |x^2|$

よって $\quad 0 \leqq \left|x^2\sin\dfrac{1}{x}\right| = |x^2|\left|\sin\dfrac{1}{x}\right| \leqq x^2$

◀ $x^2 \geqq 0$ より $|x^2| = x^2$

ここで，$\displaystyle\lim_{x\to 0} x^2 = 0$ であるから，はさみうちの原理より

$$\lim_{x\to 0}\left|x^2\sin\frac{1}{x}\right| = 0$$

よって $\quad \boldsymbol{\displaystyle\lim_{x\to 0} x^2\sin\frac{1}{x} = 0}$

◀ $\displaystyle\lim_{x\to 0}|f(x)| = 0 \iff \lim_{x\to 0} f(x) = 0$

(2) $[2x] \leqq 2x < [2x]+1$ より $\quad 2x-1 < [2x] \leqq 2x$

$x\to\infty$ のとき，$x>0$ であるから，各辺を x で割ると

$$\frac{2x-1}{x} < \frac{[2x]}{x} \leqq 2$$

◀ x は正の無限大に向かっていくから，$x>0$ として考えてよい。

ここで，$\displaystyle\lim_{x\to\infty}\frac{2x-1}{x} = \lim_{x\to\infty}\left(2-\frac{1}{x}\right) = 2$ であるから，はさみうちの原理より $\quad \boldsymbol{\displaystyle\lim_{x\to\infty}\frac{[2x]}{x} = 2}$

練習 57 次の関数について，〔　〕内の点における連続性を調べよ。ただし，$[x]$ は x を超えない最大の整数を表す。

(1) $f(x)=x[(x-1)^2]$ 〔$x=1$〕　　(2) $f(x)=\begin{cases}\dfrac{|x-2|}{x^2-4} & (x\neq 2)\\ 0 & (x=2)\end{cases}$ 〔$x=2$〕

(1) $y=(x-1)^2$ とおくと，$x\to 1-0$ のときも $x\to 1+0$ のときもいずれも $y\to +0$ である。

よって　$\lim\limits_{x\to 1}[(x-1)^2]=\lim\limits_{y\to +0}[y]=0$

したがって　$\lim\limits_{x\to 1}f(x)=\lim\limits_{x\to 1}x[(x-1)^2]=1\cdot 0=0$

また，$f(1)=0$ であるから　$\lim\limits_{x\to 1}f(x)=f(1)$

したがって，$f(x)$ は $x=1$ において**連続である。**

(2) $\lim\limits_{x\to 2-0}f(x)=\lim\limits_{x\to 2-0}\dfrac{-(x-2)}{x^2-4}=\lim\limits_{x\to 2-0}\left(-\dfrac{1}{x+2}\right)=-\dfrac{1}{4}$

$\lim\limits_{x\to 2+0}f(x)=\lim\limits_{x\to 2+0}\dfrac{x-2}{x^2-4}=\lim\limits_{x\to 2+0}\dfrac{1}{x+2}=\dfrac{1}{4}$

$\lim\limits_{x\to 2-0}f(x)\neq\lim\limits_{x\to 2+0}f(x)$ であるから，$\lim\limits_{x\to 2}f(x)$ は存在しない。

したがって，$f(x)$ は $x=2$ において**不連続である。**

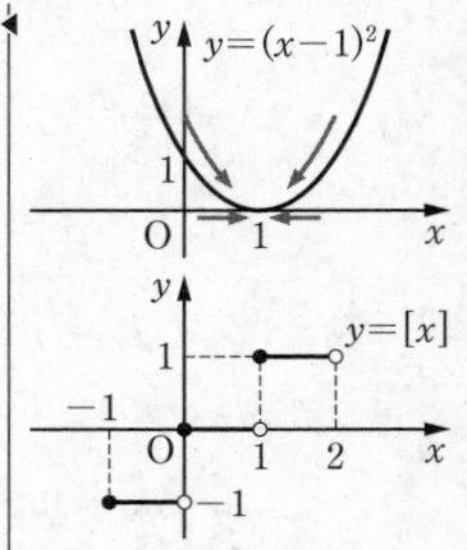

◀ $x\to 2-0$ のとき，$x<2$ として $|x-2|=-(x-2)$

練習 58 自然数 n に対して，関数 $f_n(x)=\dfrac{x^{2n}}{x^{2n}+1}$ と定義する。

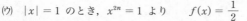

(1) $f(x)=\lim\limits_{n\to\infty}f_n(x)$ を求め，$y=f(x)$ のグラフをかけ。

(2) $f(x)$ の連続性を調べよ。

(1) (ア) $|x|<1$ のとき，$\lim\limits_{n\to\infty}x^{2n}=0$ より　$f(x)=0$

◀ $\lim\limits_{n\to\infty}\dfrac{x^{2n}}{x^{2n}+1}=\dfrac{0}{0+1}$

(イ) $|x|>1$ のとき，$\lim\limits_{n\to\infty}\dfrac{1}{x^{2n}}=0$ であるから

$$f(x)=\lim_{n\to\infty}f_n(x)=\lim_{n\to\infty}\frac{1}{1+\dfrac{1}{x^{2n}}}=1$$

◀ 不定形 $\dfrac{\infty}{\infty}$ となるから分母・分子を x^{2n} で割る。

(ウ) $|x|=1$ のとき，$x^{2n}=1$ より　$f(x)=\dfrac{1}{2}$

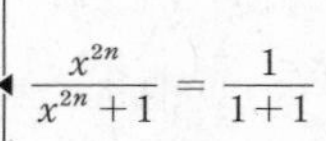

◀ $\dfrac{x^{2n}}{x^{2n}+1}=\dfrac{1}{1+1}$

(ア)〜(ウ)より

$$\boldsymbol{f(x)=\begin{cases}0 & (|x|<1 \text{ のとき})\\ 1 & (|x|>1 \text{ のとき})\\ \dfrac{1}{2} & (|x|=1 \text{ のとき})\end{cases}}$$

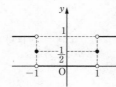

よって，$y=f(x)$ のグラフは**右の図。**

(2) (1)のグラフより

$f(x)$ は $x=\pm 1$ において不連続，
それ以外の実数 x において連続である。

練習 59 関数 $f(x)=\lim_{n\to\infty}\dfrac{x^{2n-1}+ax^2+bx+1}{x^{2n}+1}$ がある。ただし，a，b は定数とする。

(1) 関数 $f(x)$ を求めよ。

(2) $f(x)$ がすべての実数 x において連続となるように a，b の値を定め，そのときの $y=f(x)$ のグラフをかけ。

(1) (ア) $|x|<1$ のとき，$\lim_{n\to\infty}x^n=0$ であるから

$$f(x)=\lim_{n\to\infty}\frac{x^{2n-1}+ax^2+bx+1}{x^{2n}+1}=ax^2+bx+1$$

(イ) $|x|>1$ のとき，$\lim_{n\to\infty}\dfrac{1}{x^n}=0$ であるから

$$f(x)=\lim_{n\to\infty}\frac{\dfrac{1}{x}+\dfrac{a}{x^{2n-2}}+\dfrac{b}{x^{2n-1}}+\dfrac{1}{x^{2n}}}{1+\dfrac{1}{x^{2n}}}=\frac{1}{x}$$

◀ $|x|>1$ のとき $\left|\dfrac{1}{x}\right|<1$ であるから $\lim_{n\to\infty}\left(\dfrac{1}{x}\right)^n=0$

(ウ) $x=1$ のとき

$$f(x)=\frac{1+a+b+1}{1+1}=\frac{a+b+2}{2}$$

(エ) $x=-1$ のとき

$$f(x)=\frac{-1+a-b+1}{1+1}=\frac{a-b}{2}$$

◀ $(-1)^{2n-1}=-1$，$(-1)^{2n}=1$

(ア)～(エ)より，求める関数 $f(x)$ は

$$\boldsymbol{f(x)=\begin{cases} ax^2+bx+1 & (|x|<1 \text{ のとき}) \\ \dfrac{1}{x} & (|x|>1 \text{ のとき}) \\ \dfrac{a+b+2}{2} & (x=1 \text{ のとき}) \\ \dfrac{a-b}{2} & (x=-1 \text{ のとき}) \end{cases}}$$

(2) (1)より，$f(x)$ は $x\neq\pm1$ であるすべての実数 x において連続である。

◀ 関数 ax^2+bx+1 は $|x|<1$ で連続，$\dfrac{1}{x}$ は $|x|>1$ で連続である。

$x=1$ において連続であるための条件は

$\lim_{x\to1+0}f(x)=\lim_{x\to1-0}f(x)=f(1)$ であるから

$$\lim_{x\to1+0}\frac{1}{x}=\lim_{x\to1-0}(ax^2+bx+1)=\frac{a+b+2}{2}$$

よって　$1=a+b+1=\dfrac{a+b+2}{2}$

これより　$a+b=0$　…①

$x=-1$ において連続であるための条件は

$\lim_{x\to-1+0}f(x)=\lim_{x\to-1-0}f(x)=f(-1)$ であるから

$$\lim_{x\to-1+0}(ax^2+bx+1)=\lim_{x\to-1-0}\frac{1}{x}=\frac{a-b}{2}$$

よって　$a-b+1=-1=\dfrac{a-b}{2}$

これより　$a-b=-2$　…②

①, ② を連立させて解くと

$\boldsymbol{a=-1,\ b=1}$

このとき

$$f(x)=\begin{cases}-x^2+x+1 & (|x|<1\ のとき)\\ \dfrac{1}{x} & (|x|\geqq 1\ のとき)\end{cases}$$

よって，$y=f(x)$ のグラフは **右の図**。

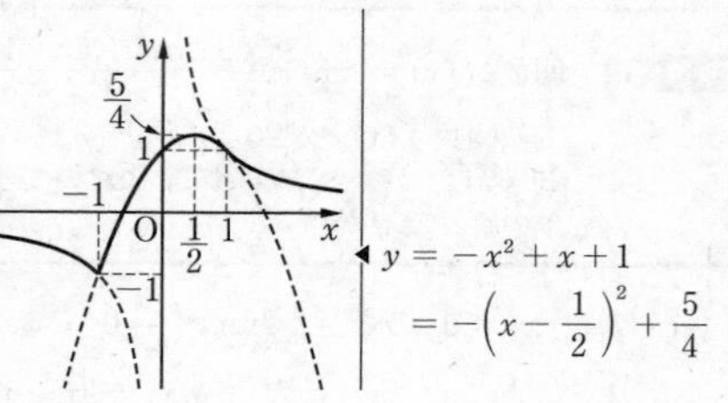

◀ $y=-x^2+x+1$
$=-\left(x-\dfrac{1}{2}\right)^2+\dfrac{5}{4}$

練習 **60** 次の方程式は，与えられた範囲に実数解をもつことを示せ。
(1) $2^x+2^{-x}-4=0\quad(0<x<2)$　　(2) $\sqrt{x}-2\log_3 x=0\quad(1<x<3)$

(1) $f(x)=2^x+2^{-x}-4$ とおく。
$f(x)$ は $0\leqq x\leqq 2$ で連続であり

$$f(0)=2^0+2^0-4=-2<0$$

$$f(2)=2^2+2^{-2}-4=\frac{1}{4}>0$$

◀ $2^{-2}=\dfrac{1}{2^2}=\dfrac{1}{4}$

よって，中間値の定理により，方程式 $2^x+2^{-x}-4=0$ は，$0<x<2$ の範囲に少なくとも1つの実数解をもつ。

(2) $f(x)=\sqrt{x}-2\log_3 x$ とおく。
$f(x)$ は $1\leqq x\leqq 3$ で連続であり

$$f(1)=1-0=1>0,\quad f(3)=\sqrt{3}-2<0$$

よって，中間値の定理により $f(x)=0$ すなわち $\sqrt{x}-2\log_3 x=0$ は，$1<x<3$ の範囲に少なくとも1つの実数解をもつ。

◀ $\log_3 x$ は $x>0$ において連続，$\sqrt{x}$ は $x\geqq 0$ において連続であるから，$f(x)$ は $x>0$ において連続である。

p.115 問題編 4 関数の極限

問題 **47** 次の極限値を求めよ。
(1) $\displaystyle\lim_{x\to 0}\frac{1}{x}\left(1-\frac{1}{\sqrt{1-x}}\right)$　　(2) $\displaystyle\lim_{x\to 1}\frac{x-1}{\sqrt[3]{x}-1}$

(1)
$$\lim_{x\to 0}\frac{1}{x}\left(1-\frac{1}{\sqrt{1-x}}\right)=\lim_{x\to 0}\frac{(\sqrt{1-x}-1)}{x\sqrt{1-x}}$$
$$=\lim_{x\to 0}\frac{(\sqrt{1-x}-1)(\sqrt{1-x}+1)}{x\sqrt{1-x}\cdot(\sqrt{1-x}+1)}$$
$$=\lim_{x\to 0}\frac{1-x-1}{x\sqrt{1-x}\cdot(\sqrt{1-x}+1)}$$
$$=\lim_{x\to 0}\frac{-1}{\sqrt{1-x}\cdot(\sqrt{1-x}+1)}=\boldsymbol{-\frac{1}{2}}$$

◀ 分子を有理化する。

(2)
$$\lim_{x\to 1}\frac{x-1}{\sqrt[3]{x}-1}=\lim_{x\to 1}\frac{(\sqrt[3]{x})^3-1}{\sqrt[3]{x}-1}$$
$$=\lim_{x\to 1}\frac{(\sqrt[3]{x}-1)\{(\sqrt[3]{x})^2+\sqrt[3]{x}+1\}}{\sqrt[3]{x}-1}$$
$$=\lim_{x\to 1}\{(\sqrt[3]{x})^2+\sqrt[3]{x}+1\}=\boldsymbol{3}$$

◀ a^3-b^3
$=(a-b)(a^2+ab+b^2)$

問題 48 次の極限を調べよ。ただし，$[x]$ は x を超えない最大の整数を表す。

(1) $\displaystyle\lim_{x\to1}\frac{x}{(x-1)^2}$　　(2) $\displaystyle\lim_{x\to1}\frac{[x]}{[-x]}$　　(3) $\displaystyle\lim_{x\to1}[x^2-2x]$

(1) $x\to1+0$ のとき　$(x-1)^2\to+0$

$x\to1-0$ のとき　$(x-1)^2\to+0$

であるから

$$\lim_{x\to1+0}\frac{x}{(x-1)^2}=\infty,\quad \lim_{x\to1-0}\frac{x}{(x-1)^2}=\infty$$

したがって　$\displaystyle\lim_{x\to1}\frac{x}{(x-1)^2}=\infty$

◀ $y=(x-1)^2$ のグラフ

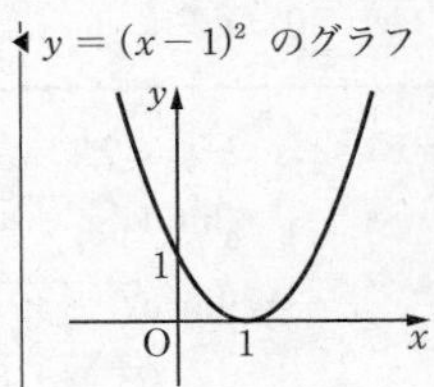

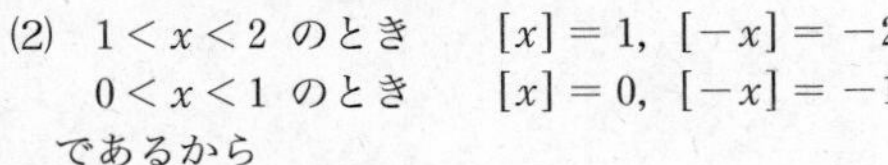

(2) $1<x<2$ のとき　$[x]=1,\ [-x]=-2$

$0<x<1$ のとき　$[x]=0,\ [-x]=-1$

であるから

$$\lim_{x\to1+0}\frac{[x]}{[-x]}=\lim_{x\to1+0}\frac{1}{-2}=-\frac{1}{2}$$

$$\lim_{x\to1-0}\frac{[x]}{[-x]}=\lim_{x\to1-0}\frac{0}{-1}=0$$

したがって，$\displaystyle\lim_{x\to1}\frac{[x]}{[-x]}$ は **存在しない**。

◀ $0<x<2$ のとき

$y=\dfrac{[x]}{[-x]}$ のグラフ

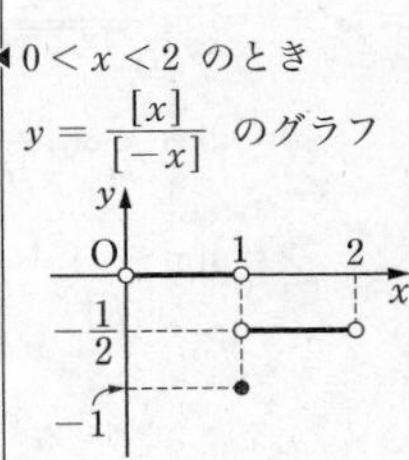

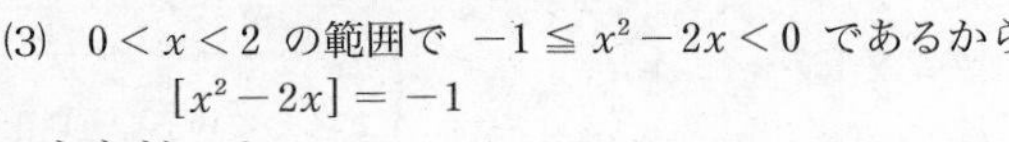

(3) $0<x<2$ の範囲で $-1\leqq x^2-2x<0$ であるから

$[x^2-2x]=-1$

したがって

$$\lim_{x\to1}[x^2-2x]=\lim_{x\to1}(-1)$$
$$=-1$$

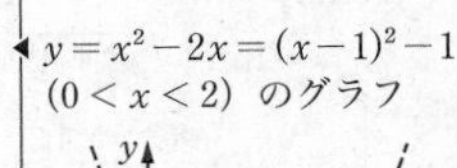

◀ $y=x^2-2x=(x-1)^2-1$

$(0<x<2)$ のグラフ

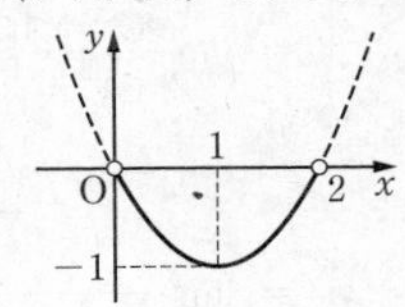

問題 49 次の極限を調べよ。

(1) $\displaystyle\lim_{x\to\infty}\frac{-3x^2+7x}{2x+5}$　　(2) $\displaystyle\lim_{x\to\infty}(2x-\sqrt{x})$

(3) $\displaystyle\lim_{x\to\infty}(\sqrt{x^2+2x}-\sqrt{x^2-2x})$　　(4) $\displaystyle\lim_{x\to\infty}(\sqrt{2x+1}-\sqrt{x+1})$

(1) $\displaystyle\lim_{x\to\infty}\frac{-3x^2+7x}{2x+5}=\lim_{x\to\infty}\frac{-3x+7}{2+\frac{5}{x}}=-\infty$

(2) $\displaystyle\lim_{x\to\infty}(2x-\sqrt{x})=\lim_{x\to\infty}x\left(2-\frac{1}{\sqrt{x}}\right)=\infty$

◀ $\displaystyle\lim_{x\to\infty}x=\infty$

$\displaystyle\lim_{x\to\infty}\left(2-\frac{1}{\sqrt{x}}\right)=2$

(3) $\displaystyle\lim_{x\to\infty}(\sqrt{x^2+2x}-\sqrt{x^2-2x})$

$$=\lim_{x\to\infty}\frac{(\sqrt{x^2+2x}-\sqrt{x^2-2x})(\sqrt{x^2+2x}+\sqrt{x^2-2x})}{\sqrt{x^2+2x}+\sqrt{x^2-2x}}$$

◀ 分子を有理化する。

$$=\lim_{x\to\infty}\frac{4x}{\sqrt{x^2+2x}+\sqrt{x^2-2x}}$$

$$=\lim_{x\to\infty}\frac{4}{\sqrt{1+\frac{2}{x}}+\sqrt{1-\frac{2}{x}}}=2$$

◀ $x\to\infty$ より，$x>0$ と考えて，分母・分子を $x=\sqrt{x^2}$ で割る。

(4) $\lim_{x\to\infty}(\sqrt{2x+1}-\sqrt{x+1})=\lim_{x\to\infty}\sqrt{x}\left(\sqrt{2+\frac{1}{x}}-\sqrt{1+\frac{1}{x}}\right)=\infty$

◀ $\sqrt{x}$ でくくり出す。

問題 50 極限値 $\lim_{x\to-\infty}(\sqrt{x^2+4x+1}-\sqrt{x^2-4x+1})$ を求めよ。

$x=-t$ とおくと，$x\to-\infty$ のとき $t\to\infty$ となり

$$\lim_{x\to-\infty}(\sqrt{x^2+4x+1}-\sqrt{x^2-4x+1})$$
$$=\lim_{t\to\infty}(\sqrt{t^2-4t+1}-\sqrt{t^2+4t+1})$$
$$=\lim_{t\to\infty}\frac{(t^2-4t+1)-(t^2+4t+1)}{\sqrt{t^2-4t+1}+\sqrt{t^2+4t+1}}$$
$$=\lim_{t\to\infty}\frac{-8t}{\sqrt{t^2-4t+1}+\sqrt{t^2+4t+1}}$$
$$=\lim_{t\to\infty}\frac{-8}{\sqrt{1-\frac{4}{t}+\frac{1}{t^2}}+\sqrt{1+\frac{4}{t}+\frac{1}{t^2}}}$$
$$=\frac{-8}{2}=-4$$

◀ $\frac{\sqrt{t^2-4t+1}-\sqrt{t^2+4t+1}}{1}$ と考えて分子を有理化する。

◀ $t\to\infty$ より，$t>0$ と考えて，分母・分子を $t=\sqrt{t^2}$ で割る。

〔別解〕

$$\lim_{x\to-\infty}(\sqrt{x^2+4x+1}-\sqrt{x^2-4x+1})$$
$$=\lim_{x\to-\infty}\frac{(x^2+4x+1)-(x^2-4x+1)}{\sqrt{x^2+4x+1}+\sqrt{x^2-4x+1}}$$
$$=\lim_{x\to-\infty}\frac{8x}{\sqrt{x^2+4x+1}+\sqrt{x^2-4x+1}}$$
$$=\lim_{x\to-\infty}\frac{8x}{-x\sqrt{1+\frac{4}{x}+\frac{1}{x^2}}-x\sqrt{1-\frac{4}{x}+\frac{1}{x^2}}}$$
$$=\lim_{x\to-\infty}\frac{8}{-\sqrt{1+\frac{4}{x}+\frac{1}{x^2}}-\sqrt{1-\frac{4}{x}+\frac{1}{x^2}}}=-4$$

◀ $\frac{\sqrt{x^2+4x+1}-\sqrt{x^2-4x+1}}{1}$ と考えて分子を有理化する。

◀ $x<0$ のとき $\sqrt{x^2}=|x|=-x$

問題 51 $\lim_{x\to1}\frac{\sqrt{x^2+ax+b}-x}{x-1}=3$ であるとき，定数 a，b の値を求めよ。

$\lim_{x\to1}\frac{\sqrt{x^2+ax+b}-x}{x-1}=3$，$\lim_{x\to1}(x-1)=0$ であるから

$\lim_{x\to1}(\sqrt{x^2+ax+b}-x)=0$　すなわち　$\sqrt{1+a+b}-1=0$

よって，$1+a+b=1$ より　　$b=-a$　…①

① を与式の左辺に代入して

$$\lim_{x\to1}\frac{\sqrt{x^2+ax-a}-x}{x-1}=\lim_{x\to1}\frac{(\sqrt{x^2+ax-a}-x)(\sqrt{x^2+ax-a}+x)}{(x-1)(\sqrt{x^2+ax-a}+x)}$$
$$=\lim_{x\to1}\frac{a}{\sqrt{x^2+ax-a}+x}=\frac{a}{2}$$

これより　　$\frac{a}{2}=3$　すなわち　$\boldsymbol{a=6}$

◀ 分母の極限値が 0 のとき，分子の極限値が 0 となることが必要条件。

◀ 分子を有理化する。

① より　　$\boldsymbol{b=-6}$

問題 **52**　次の等式が成り立つような，定数 a，b の値を求めよ。

$$\lim_{x\to-\infty}(\sqrt{ax^2+bx-1}+x)=2$$

$x=-t$ とおくと，$x\to-\infty$ のとき $t\to\infty$ となり

$$\lim_{x\to-\infty}(\sqrt{ax^2+bx-1}+x)$$

$$=\lim_{t\to\infty}(\sqrt{at^2-bt-1}-t)$$

$$=\lim_{t\to\infty}\frac{(\sqrt{at^2-bt-1}-t)(\sqrt{at^2-bt-1}+t)}{\sqrt{at^2-bt-1}+t}$$

◀分子を有理化する。

$$=\lim_{t\to\infty}\frac{(a-1)t^2-bt-1}{\sqrt{at^2-bt-1}+t}$$

$$=\lim_{t\to\infty}\frac{(a-1)t-b-\frac{1}{t}}{\sqrt{a-\frac{b}{t}-\frac{1}{t^2}}+1}$$

◀$t>0$ より　$t=\sqrt{t^2}$

これが収束する条件は　　$a-1=0$

◀分母のみの極限値は $\displaystyle\lim_{t\to\infty}\left(\sqrt{a-\frac{b}{t}-\frac{1}{t^2}}+1\right)=\sqrt{a}+1$ であるが，これは0にはならない。

よって，$a=1$ であり，このときの極限値は

$$\lim_{t\to\infty}\frac{-b-\frac{1}{t}}{\sqrt{1-\frac{b}{t}-\frac{1}{t^2}}+1}=-\frac{b}{2}$$

ゆえに，$-\dfrac{b}{2}=2$ より　　$b=-4$

したがって　　$\boldsymbol{a=1,\ b=-4}$

問題 **53**　次の極限を調べよ。

(1)　$\displaystyle\lim_{x\to0}\frac{1}{1+3^{\frac{1}{x}}}$　　(2)　$\displaystyle\lim_{x\to-\infty}\frac{a^x+1}{a^x-1}$　$(a>0,\ a\neq1)$

(3)　$\displaystyle\lim_{x\to\infty}\frac{\log_{10}(ax+b)}{\log_{10}(cx+d)}$　(a，b，c，d は正)　　(工学院大)

(1)　$x\to+0$ のとき $\dfrac{1}{x}\to\infty$ であるから　$3^{\frac{1}{x}}\to\infty$

◀$x=0$ は定義域に含まれないから，右側，左側からの極限を求める。

$\displaystyle\lim_{x\to+0}\left(1+3^{\frac{1}{x}}\right)=\infty$ より　　$\displaystyle\lim_{x\to+0}\frac{1}{1+3^{\frac{1}{x}}}=0$

◀

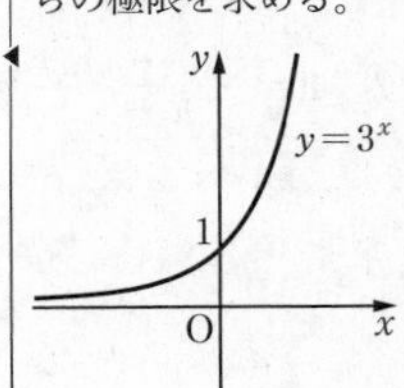

$x\to-0$ のとき $\dfrac{1}{x}\to-\infty$ であるから　$3^{\frac{1}{x}}\to0$

$\displaystyle\lim_{x\to-0}\left(1+3^{\frac{1}{x}}\right)=1$ より　　$\displaystyle\lim_{x\to-0}\frac{1}{1+3^{\frac{1}{x}}}=1$

よって，$\displaystyle\lim_{x\to0}\frac{1}{1+3^{\frac{1}{x}}}$ は **存在しない**。

1章 4 関数の極限

(2) (ア) $a>1$ のとき

$x\to-\infty$ のとき $a^x\to0$ であるから

$$\lim_{x\to-\infty}\frac{a^x+1}{a^x-1}=\frac{1}{-1}=-1$$

(イ) $0<a<1$ のとき　$\frac{1}{a}>1$

$x\to-\infty$ のとき $\left(\frac{1}{a}\right)^x\to0$ であるから

$$\lim_{x\to-\infty}\frac{a^x+1}{a^x-1}=\lim_{x\to-\infty}\frac{1+\left(\frac{1}{a}\right)^x}{1-\left(\frac{1}{a}\right)^x}=\frac{1}{1}=1$$

(ア), (イ) より

$$\boldsymbol{\lim_{x\to-\infty}\frac{a^x+1}{a^x-1}=\begin{cases}-1 & (a>1)\\ 1 & (0<a<1)\end{cases}}$$

(3) $ax+b=x\left(a+\frac{b}{x}\right)$, $cx+d=x\left(c+\frac{d}{x}\right)$ であるから

$$\lim_{x\to\infty}\frac{\log_{10}(ax+b)}{\log_{10}(cx+d)}=\lim_{x\to\infty}\frac{\log_{10}x+\log_{10}\left(a+\frac{b}{x}\right)}{\log_{10}x+\log_{10}\left(c+\frac{d}{x}\right)}$$

$$=\lim_{x\to\infty}\frac{1+\dfrac{\log_{10}\left(a+\frac{b}{x}\right)}{\log_{10}x}}{1+\dfrac{\log_{10}\left(c+\frac{d}{x}\right)}{\log_{10}x}}=\mathbf{1}$$

◀ $y=a^x$ のグラフ

($a>1$ のとき)

($0<a<1$ のとき)

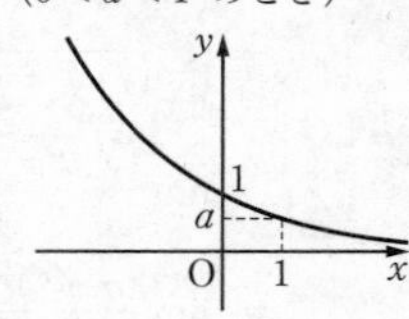

◀ 分母・分子を $\log_{10}x$ で割る。

◀ $\lim_{x\to\infty}\log_{10}\left(a+\frac{b}{x}\right)=\log_{10}a$

$\lim_{x\to\infty}\log_{10}x=\infty$

> 問題 **54** 次の極限値を求めよ。
>
> (1) $\lim_{x\to0}\frac{\sin x^\circ}{x}$　　(2) $\lim_{x\to0}\frac{\tan x-\sin x}{x^3}$　　(3) $\lim_{x\to\frac{\pi}{2}}\frac{(2x-\pi)\cos3x}{\cos^2x}$

(1) $$\lim_{x\to0}\frac{\sin x^\circ}{x}=\lim_{x\to0}\frac{\sin\frac{x}{180}\pi}{x}=\lim_{x\to0}\frac{\sin\frac{x}{180}\pi}{\frac{x}{180}\pi}\cdot\frac{\frac{x}{180}\pi}{x}$$

$$=1\cdot\frac{\pi}{180}=\boldsymbol{\frac{\pi}{180}}$$

◀ $1^\circ=\frac{\pi}{180}$

(2) $$\lim_{x\to0}\frac{\tan x-\sin x}{x^3}=\lim_{x\to0}\frac{1}{x^3}\left(\frac{\sin x}{\cos x}-\sin x\right)$$

$$=\lim_{x\to0}\frac{\sin x}{x^3}\left(\frac{1}{\cos x}-1\right)$$

$$=\lim_{x\to0}\frac{\sin x}{x^3}\cdot\frac{1-\cos x}{\cos x}$$

$$=\lim_{x\to0}\frac{\sin x}{x^3}\cdot\frac{(1-\cos x)(1+\cos x)}{\cos x(1+\cos x)}$$

$$=\lim_{x\to0}\left(\frac{\sin x}{x}\right)^3\cdot\frac{1}{\cos x(1+\cos x)}$$

◀ $1-\cos^2x=\sin^2x$

$$= 1\cdot\frac{1}{1\cdot(1+1)} = \mathbf{\frac{1}{2}}$$

◀ $\lim_{\theta\to 0}\frac{\sin\theta}{\theta} = 1$ を利用。

(3) $x - \frac{\pi}{2} = t$ とおくと，$x \to \frac{\pi}{2}$ のとき $t \to 0$ であるから

$$\lim_{x\to\frac{\pi}{2}}\frac{(2x-\pi)\cos 3x}{\cos^2 x} = \lim_{t\to 0}\frac{2t\cos\left(\frac{3}{2}\pi+3t\right)}{\cos^2\left(\frac{\pi}{2}+t\right)}$$

$$= \lim_{t\to 0}\frac{2t\sin 3t}{\sin^2 t}$$

$$= \lim_{t\to 0}2\cdot\left(\frac{t}{\sin t}\right)^2\cdot\frac{\sin 3t}{3t}\cdot 3$$

$$= 2\cdot 1\cdot 1\cdot 3 = \mathbf{6}$$

◀ $\cos\left(\frac{3}{2}\pi+3t\right) = \cos\frac{3}{2}\pi\cos 3t - \sin\frac{3}{2}\pi\sin 3t = \sin 3t$

$\cos\left(\frac{\pi}{2}+t\right) = -\sin t$

問題 55 xy 平面上の 3 点 O(0, 0), A(1, 0), B(0, 1) を頂点とする △OAB を点 O を中心に反時計回りに θ だけ回転させて得られる三角形を △OA′B′ とおく。ただし，$0 < \theta < \frac{\pi}{2}$ とする。△OA′B′ の $x \geqq 0$, $y \geqq 0$ の部分の面積を $S(\theta)$ とおくとき

(1) $S(\theta)$ を θ で表せ。　　(2) $\lim_{\theta\to\frac{\pi}{2}}\frac{S(\theta)}{\frac{\pi}{2}-\theta}$ を求めよ。

(1) $\mathrm{A}'(\cos\theta,\ \sin\theta)$, $\mathrm{B}'\left(\cos\left(\frac{\pi}{2}+\theta\right),\ \sin\left(\frac{\pi}{2}+\theta\right)\right)$

すなわち，$\mathrm{B}'(-\sin\theta,\ \cos\theta)$ と表される。

これより，直線 A′B′ の方程式は

$$y - \sin\theta = \frac{\cos\theta - \sin\theta}{-\sin\theta-\cos\theta}(x - \cos\theta)$$

よって　　$y = -\frac{\cos\theta-\sin\theta}{\sin\theta+\cos\theta}\cdot x + \frac{1}{\sin\theta+\cos\theta}$

ゆえに，y 軸との交点 C の y 座標は　$\frac{1}{\sin\theta+\cos\theta}$

点 A′ から y 軸に下ろした垂線を A′H とすると

$$S(\theta) = \frac{1}{2}\cdot\mathrm{OC}\cdot\mathrm{A'H}$$

$$= \frac{1}{2}\cdot\frac{1}{\sin\theta+\cos\theta}\cdot\cos\theta$$

$$= \mathbf{\frac{\cos\theta}{2(\sin\theta+\cos\theta)}}$$

◀

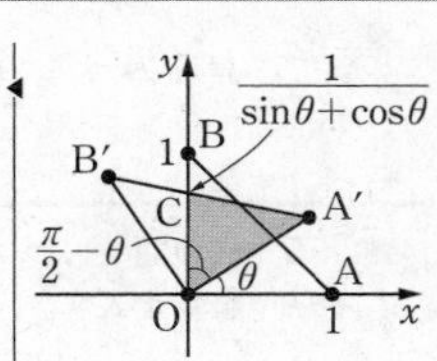

◀ A′H は A′ の x 座標である。

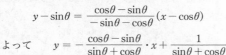

〔別解〕

△OAB $= \frac{1}{2}$ であり，△OA′C : △OB′C $= \cos\theta : \sin\theta$ であるから

$$S(\theta) = \frac{1}{2}\cdot\frac{\cos\theta}{\cos\theta+\sin\theta} = \frac{\cos\theta}{2(\cos\theta+\sin\theta)}$$

◀ △OA′C, △OB′C は底辺 OC を共有しているから，点 A′, B′ の x 座標から面積の比が分かる。

(2) $\frac{\pi}{2} - \theta = t$ とおくと，$\theta \to \frac{\pi}{2}$ のとき $t \to 0$ であり

$$\sin\theta = \sin\left(\frac{\pi}{2}-t\right) = \cos t,\ \cos\theta = \cos\left(\frac{\pi}{2}-t\right) = \sin t$$

であるから

$$\lim_{\theta\to\frac{\pi}{2}}\frac{S(\theta)}{\frac{\pi}{2}-\theta}=\lim_{t\to 0}\frac{1}{t}\cdot\frac{\sin t}{2(\sin t+\cos t)}$$

$$=\lim_{t\to 0}\frac{\sin t}{t}\cdot\frac{1}{2(\sin t+\cos t)}=\frac{1}{2}$$

◀ $\lim_{t\to 0}\frac{\sin t}{t}=1$

問題 56 $\lim_{x\to\infty}\frac{[x]+x}{x-1}$ を求めよ。ただし，$[x]$ は x を超えない最大の整数を表す。

$x-1<[x]\leqq x$ であり，$x\to\infty$ のとき，$x-1>0$ であるから

◀ 例題 56 (2) 参照。

$$\frac{(x-1)+x}{x-1}<\frac{[x]+x}{x-1}\leqq\frac{x+x}{x-1}$$

すなわち　$\frac{2x-1}{x-1}<\frac{[x]+x}{x-1}\leqq\frac{2x}{x-1}$

ここで　$\lim_{x\to\infty}\frac{2x-1}{x-1}=\lim_{x\to\infty}\frac{2-\frac{1}{x}}{1-\frac{1}{x}}=2$

$$\lim_{x\to\infty}\frac{2x}{x-1}=\lim_{x\to\infty}\frac{2}{1-\frac{1}{x}}=2$$

よって，はさみうちの原理より　$\boldsymbol{\lim_{x\to\infty}\frac{[x]+x}{x-1}=2}$

問題 57 次の関数について，〔　〕内の点における連続性を調べよ。ただし，$[x]$ は x を超えない最大の整数を表す。

(1) $f(x)=[\sin x]$　$\left[x=\frac{\pi}{2}\right]$　　(2) $f(x)=\begin{cases}x\sin\frac{1}{x} & (x\neq 0)\\ 0 & (x=0)\end{cases}$　〔$x=0$〕

(1) $y=\sin x$ とおくと，$x\to\frac{\pi}{2}-0$ のときも $x\to\frac{\pi}{2}+0$ のときもいずれも $y\to 1-0$ である。

◀

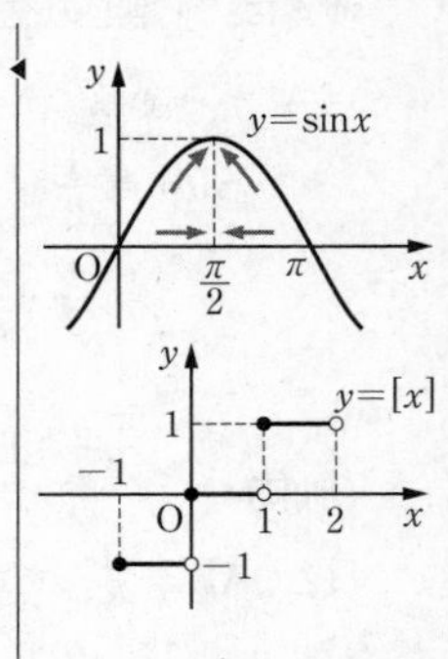

よって　$\lim_{x\to\frac{\pi}{2}}f(x)=\lim_{y\to 1-0}[y]=0$

ところが，$f\left(\frac{\pi}{2}\right)=\left[\sin\frac{\pi}{2}\right]=[1]=1$ より

$$\lim_{x\to\frac{\pi}{2}}f(x)\neq f\left(\frac{\pi}{2}\right)$$

したがって，$f(x)$ は $x=\frac{\pi}{2}$ において **不連続である。**

(2) $0\leqq\left|\sin\frac{1}{x}\right|\leqq 1$ であるから

◀ $-1\leqq\sin\frac{1}{x}\leqq 1$

$$0\leqq\left|x\sin\frac{1}{x}\right|=|x|\left|\sin\frac{1}{x}\right|\leqq|x|$$

$x\to 0$ のとき，$|x|\to 0$ であるから

$$\lim_{x\to 0}\left|x\sin\frac{1}{x}\right|=0\quad\text{すなわち}\quad\lim_{x\to 0}x\sin\frac{1}{x}=0$$

◀ はさみうちの原理を用いる。

また，$f(0)=0$ であるから　　$\displaystyle\lim_{x\to 0}f(x)=f(0)$

したがって，$f(x)$ は $x=0$ において **連続である。**

問題 **58**　次の関数について，$y=f(x)$ のグラフをかき，連続性を調べよ。

(1)　$\displaystyle f(x)=\lim_{n\to\infty}\frac{x^{2n-1}+x^2+x}{x^{2n}+1}$　　　(2)　$\displaystyle f(x)=\lim_{n\to\infty}\frac{x^2(1-|x|^n)}{1+|x|^n}$

(1)　(ア)　$|x|<1$ のとき

$\displaystyle\lim_{n\to\infty}x^{2n}=0,\ \lim_{n\to\infty}x^{2n-1}=0$ より　　$f(x)=x^2+x$

(イ)　$|x|>1$ のとき

$$f(x)=\lim_{n\to\infty}\frac{\dfrac{1}{x}+\dfrac{1}{x^{2n-2}}+\dfrac{1}{x^{2n-1}}}{1+\dfrac{1}{x^{2n}}}=\frac{1}{x}$$

◀ 分母・分子を x^{2n} で割る。

(ウ)　$x=1$ のとき

$$f(x)=\frac{1+1+1}{1+1}=\frac{3}{2}$$

(エ)　$x=-1$ のとき

$$f(x)=\frac{-1+1-1}{1+1}=-\frac{1}{2}$$

(ア)〜(エ) より

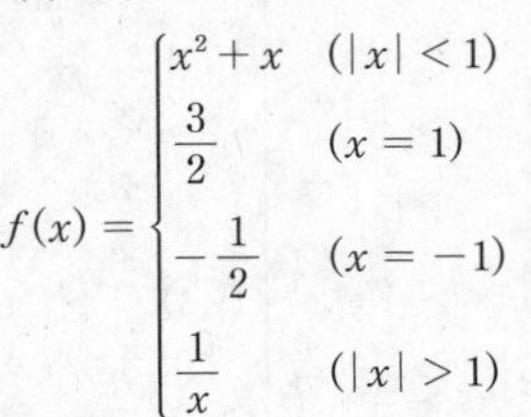

$$f(x)=\begin{cases}x^2+x & (|x|<1)\\ \dfrac{3}{2} & (x=1)\\ -\dfrac{1}{2} & (x=-1)\\ \dfrac{1}{x} & (|x|>1)\end{cases}$$

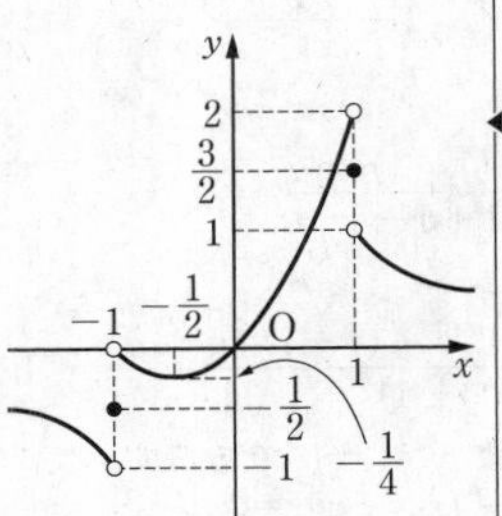

◀ $x^2+x=\left(x+\dfrac{1}{2}\right)^2-\dfrac{1}{4}$

よって，グラフは **右の図。**

$f(x)$ は $x=\pm1$ において不連続，
それ以外の実数 x において連続である。

(2)　(ア)　$|x|<1$ のとき，$\displaystyle\lim_{n\to\infty}|x|^n=0$ より　　$f(x)=x^2$

◀ $\displaystyle\lim_{n\to\infty}\frac{x^2(1-|x|^n)}{1+|x|^n}=\frac{x^2(1-0)}{1+0}=x^2$

(イ)　$|x|>1$ のとき，$\displaystyle\lim_{n\to\infty}\left|\frac{1}{x}\right|^n=0$ より

$$f(x)=\lim_{n\to\infty}\frac{x^2(1-|x|^n)}{1+|x|^n}=\lim_{n\to\infty}\frac{x^2\left(\left|\dfrac{1}{x}\right|^n-1\right)}{\left|\dfrac{1}{x}\right|^n+1}=-x^2$$

◀ $\left|\dfrac{1}{x}\right|<1$ であるから　$\displaystyle\lim_{n\to\infty}\left|\frac{1}{x}\right|^n=0$

(ウ)　$|x|=1$ のとき　　$f(x)=0$

1章 4 関数の極限

(ア)〜(ウ) より

$$f(x)=\begin{cases}x^2 & (|x|<1)\\ -x^2 & (|x|>1)\\ 0 & (|x|=1)\end{cases}$$

よって，グラフは **右の図。**

$f(x)$ は $x=\pm1$ において不連続，
それ以外の実数 x において連続である。

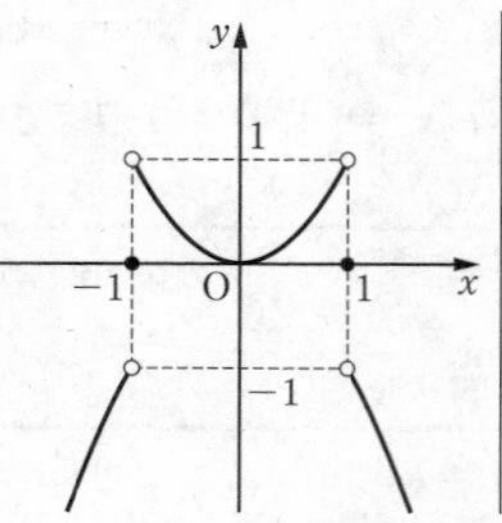

問題 **59** 関数 $f(x)=\lim_{n\to\infty}\dfrac{x^{n+1}+(x^2-1)\sin ax}{x^n+x^2-1}$ がすべての実数 x において連続となるように，定数 a の値を定めよ。

(ア) $|x|<1$ のとき

$$f(x)=\frac{(x^2-1)\sin ax}{x^2-1}=\sin ax$$

◀ $\lim_{n\to\infty}x^n=\lim_{n\to\infty}x^{n+1}=0$

(イ) $|x|>1$ のとき

$$f(x)=\lim_{n\to\infty}\frac{x+\left(\frac{1}{x^{n-2}}-\frac{1}{x^n}\right)\sin ax}{1+\frac{1}{x^{n-2}}-\frac{1}{x^n}}=x$$

◀ $\left|\frac{1}{x}\right|<1$ より $\lim_{n\to\infty}\frac{1}{x^n}=\lim_{n\to\infty}\frac{1}{x^{n-2}}=0$

(ウ) $x=1$ のとき

$$f(x)=\frac{1+(1-1)\sin a}{1+1-1}=1$$

(エ) $x=-1$ のとき

$$f(x)=\lim_{n\to\infty}\frac{(-1)^{n+1}+(1-1)\sin(-a)}{(-1)^n+1-1}=\lim_{n\to\infty}\frac{-(-1)^n}{(-1)^n}=-1$$

◀ $(-1)^{n+1}=-(-1)^n$

(ア)〜(エ) より，$f(x)$ は $x\neq\pm1$ であるすべての実数 x において連続であるから，$x=\pm1$ において連続となるように定数 a の値を定める。

$x=1$ において連続であるための条件は

$$\lim_{x\to1+0}f(x)=\lim_{x\to1-0}f(x)=f(1)$$

$$\lim_{x\to1+0}x=\lim_{x\to1-0}\sin ax=1$$

よって　$\sin a=1$　…①

$x=-1$ において連続であるための条件は

$$\lim_{x\to-1+0}f(x)=\lim_{x\to-1-0}f(x)=f(-1)$$

$$\lim_{x\to-1+0}\sin ax=\lim_{x\to-1-0}x=-1$$

◀ $\sin(-a)=-\sin a$

よって　$\sin a=1$　…②

①，② より，$\sin a=1$ を満たす定数 a の値を求めると

$$\boldsymbol{a=\frac{\pi}{2}+2m\pi}\quad(\textbf{m は整数})$$

問題 **60** $f(x)$ が $0\leqq x\leqq1$ において連続な関数で，$0<f(x)<1$ を満たすとき，$f(c)=c$ $(0<c<1)$ となる c が存在することを示せ。

$g(x)=f(x)-x$ とおくと，
$f(x)$ が $0 \leqq x \leqq 1$ において連続であるから，
$g(x)$ も $0 \leqq x \leqq 1$ において連続となる。
また，仮定より　　$0<f(0)<1,\ 0<f(1)<1$

$$g(0)=f(0)-0>0,\ g(1)=f(1)-1<0$$

であるから，中間値の定理により

$$g(c)=f(c)-c=0\ (0<c<1)$$

となる c が存在する。
したがって，$f(c)=c\ (0<c<1)$ となる c が存在する。

◀ $f(c)-c=0$ を示すには，関数 $f(x)-x$ において中間値の定理を用いる。

Plus One

問題 60 は図形的には次のことを示している。
$y=f(x)$ は $0 \leqq x \leqq 1$ において連続であり，また $0<f(x)<1$ より，グラフは領域 $\{(x,\ y) \mid 0 \leqq x \leqq 1,\ 0<y<1\}$ に含まれる。
このとき，$y=f(x)$ は直線 $y=x$ とこの領域内で必ず共有点をもち，その座標が $(c,\ c)$ である。

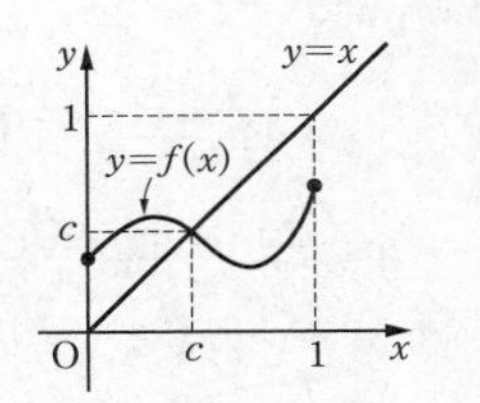

p.116 本質を問う4

1 次の計算は正しいか。正しくない場合は，正しい答えを求めよ。

(1) $\displaystyle\lim_{x\to 0}\frac{1}{x}=\infty$　　(2) $\displaystyle\lim_{x\to +0}\log_a x=-\infty\ (a>0,\ a\neq 1)$

(1) $\displaystyle\lim_{x\to -0}\frac{1}{x}=-\infty,\ \lim_{x\to +0}\frac{1}{x}=\infty$ であるから

$\displaystyle\lim_{x\to 0}\frac{1}{x}=\infty$ は **正しくない**。

$\displaystyle\lim_{x\to -0}\frac{1}{x}\neq\lim_{x\to +0}\frac{1}{x}$ より，$\displaystyle\lim_{x\to 0}\frac{1}{x}$ は **存在しない**。

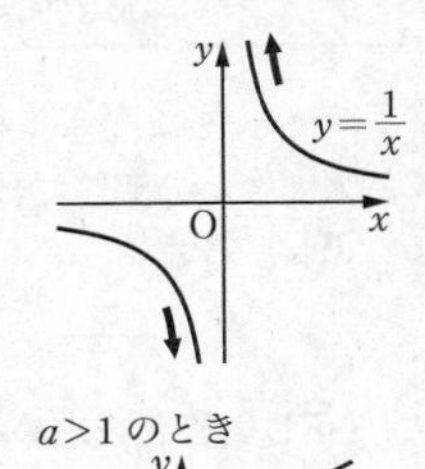

(2) (ア) $a>1$ のとき

$$\lim_{x\to +0}\log_a x=-\infty$$

(イ) $0<a<1$ のとき

$$\lim_{x\to +0}\log_a x=\infty$$

よって，$\displaystyle\lim_{x\to +0}\log_a x=-\infty$ は **正しくない**。

(ア)，(イ) より，正しい答えは

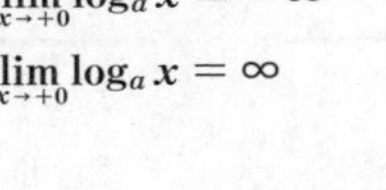

$$\begin{cases}\boldsymbol{a>1} \textbf{ のとき} & \displaystyle\lim_{x\to +0}\log_a x=-\infty \\ \boldsymbol{0<a<1} \textbf{ のとき} & \displaystyle\lim_{x\to +0}\log_a x=\infty\end{cases}$$

$a>1$ のとき

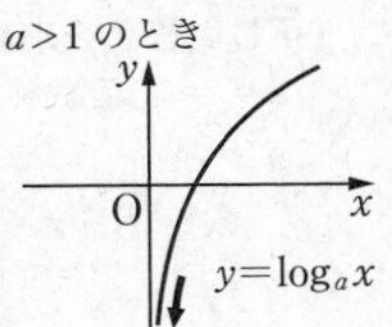

$0<a<1$ のとき

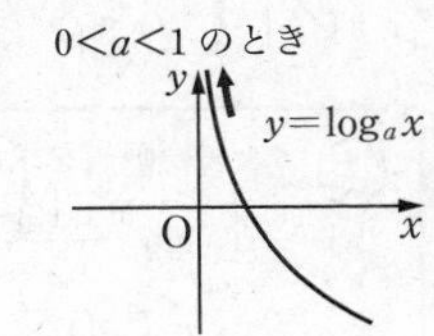

2 次の極限を調べよ。ただし，$[x]$ は x を超えない最大の整数を表す。

(1) $\lim_{x\to 0}[x]$　(2) $\lim_{x\to 0}\frac{|x|}{x}$　(3) $\lim_{x\to 0}\sqrt{x}$

(1) $-1\leqq x<0$ のとき $[x]=-1$，$0\leqq x<1$ のとき $[x]=0$ であるから

$$\lim_{x\to -0}[x]=-1,\ \lim_{x\to +0}[x]=0$$

$\lim_{x\to -0}[x] \neq \lim_{x\to +0}[x]$ より，$\lim_{x\to 0}[x]$ は **存在しない**。

(2) $x<0$ のとき $\frac{|x|}{x}=\frac{-x}{x}=-1$，

$0<x$ のとき $\frac{|x|}{x}=\frac{x}{x}=1$ であるから

$$\lim_{x\to -0}\frac{|x|}{x}=-1,\ \lim_{x\to +0}\frac{|x|}{x}=1$$

$\lim_{x\to -0}\frac{|x|}{x} \neq \lim_{x\to +0}\frac{|x|}{x}$ より，$\lim_{x\to 0}\frac{|x|}{x}$ は **存在しない**。

(3) $x<0$ のとき $\sqrt{x}$ は定義されない。

$\lim_{x\to +0}\sqrt{x}=0$ であるから　$\lim_{x\to 0}\sqrt{x}=\mathbf{0}$

◀ $x\to 0$ であるから $-1<x<0$，$0<x<1$ の範囲で考えればよい。

◀ $f(x)=[x]$ は $x=0$ で連続でない。

◀ $f(x)=\frac{|x|}{x}$ は $x=0$ では定義されないから，連続性は考えない。

◀ $f(x)=\sqrt{x}$ とおくと $f(0)=0$ で $\lim_{x\to 0}f(x)=f(0)$ が成り立つから，$f(x)=\sqrt{x}$ は $x=0$ で連続である。

3 $\lim_{x\to -\infty}\frac{x}{\sqrt{x^2}}$ の値について，太郎さんは「$\lim_{x\to -\infty}\frac{x}{\sqrt{x^2}}=\lim_{x\to -\infty}\frac{x}{x}=1$」と答えて誤りであった。その理由を説明せよ。また，正しい答えを述べよ。

$x\to -\infty$ を考えるから $x<0$ であり，$\sqrt{x^2}=|x|=-x$ である。
太郎さんの解答では，$\sqrt{x^2}=x$ としている点が誤りである。
正しい答えは

$$\lim_{x\to -\infty}\frac{x}{\sqrt{x^2}}=\lim_{x\to -\infty}\frac{x}{-x}=\mathbf{-1}$$

〔正しい答えを求める別解〕

$x=-t$ とおくと，$x\to -\infty$ のとき $t\to\infty$ となり

$$\lim_{x\to -\infty}\frac{x}{\sqrt{x^2}}=\lim_{t\to\infty}\frac{-t}{\sqrt{(-t)^2}}=\lim_{t\to\infty}\frac{-t}{t}=-1$$

◀ $x\to -\infty$ のとき $x<0$ と考えて $\sqrt{x^2}=|x|=-x$

◀ $x=-t$ とおくと $t\to\infty$ となり，$t>0$ で考えることができる。

p.117 Let's Try! 4

① 次の極限値を求めよ。

(1) $\lim_{x\to 1}\frac{\sqrt{x+3}-\sqrt{2x+2}}{x-1}$　(玉川大)

(2) $\lim_{x\to 0}\frac{\sin^3 x}{x(1-\cos x)}$　(順天堂大)

(3) $\lim_{x\to\infty}x^2\left(1-\cos\frac{1}{x}\right)$　(東海大)

(1) $\displaystyle\lim_{x\to1}\frac{\sqrt{x+3}-\sqrt{2x+2}}{x-1}$

$\displaystyle=\lim_{x\to1}\frac{(\sqrt{x+3}-\sqrt{2x+2})(\sqrt{x+3}+\sqrt{2x+2})}{(x-1)(\sqrt{x+3}+\sqrt{2x+2})}$

◀分子を有理化する。

$\displaystyle=\lim_{x\to1}\frac{-(x-1)}{(x-1)(\sqrt{x+3}+\sqrt{2x+2})}$

$\displaystyle=\lim_{x\to1}\frac{-1}{\sqrt{x+3}+\sqrt{2x+2}}=-\frac{1}{4}$

(2) $\displaystyle\lim_{x\to0}\frac{\sin^3 x}{x(1-\cos x)}=\lim_{x\to0}\frac{\sin^3 x(1+\cos x)}{x(1-\cos x)(1+\cos x)}$

$\displaystyle=\lim_{x\to0}\frac{\sin^3 x(1+\cos x)}{x\sin^2 x}$

◀$1-\cos^2 x=\sin^2 x$

$\displaystyle=\lim_{x\to0}\frac{\sin x}{x}\cdot(1+\cos x)=2$

(3) $\dfrac{1}{x}=\theta$ とおくと，$x\to\infty$ のとき，$\theta\to+0$ であるから

$\displaystyle\lim_{x\to\infty}x^2\left(1-\cos\frac{1}{x}\right)=\lim_{\theta\to+0}\frac{1-\cos\theta}{\theta^2}$

$\displaystyle=\lim_{\theta\to+0}\frac{(1-\cos\theta)(1+\cos\theta)}{\theta^2(1+\cos\theta)}$

◀分母・分子に $1+\cos\theta$ を掛ける。

$\displaystyle=\lim_{\theta\to+0}\left(\frac{\sin\theta}{\theta}\right)^2\cdot\frac{1}{1+\cos\theta}=\frac{1}{2}$

② $[a]$ は，a を超えない最大の整数を表すとき

$\displaystyle\lim_{x\to1-0}([2x]-2[x])$

の値を求めよ。 (摂南大)

$x\to1-0$ より，$\dfrac{1}{2}<x<1$ とすると

$1<2x<2$

よって　$[2x]=1$，$[x]=0$

ゆえに　$\displaystyle\lim_{x\to1-0}[2x]=1$，$\displaystyle\lim_{x\to1-0}[x]=0$

したがって

$\displaystyle\lim_{x\to1-0}([2x]-2[x])=1$

◀$x\to1-0$ より　$2x<2$
また，$\displaystyle\lim_{x\to1-0}2x=2$ であるから，$2x$ の範囲として
$1<2x<2$
を考える。
これより
$\dfrac{1}{2}<x<1$
としてよい。

③ 定数 a，b，c（ただし b，$c\neq0$）に対して $\displaystyle\lim_{x\to0}\frac{\sin ax}{bx}=2$ と $\displaystyle\lim_{x\to c}\frac{ax-c}{x^2-c^2}=3$ が成立するならば，$a=$☐，$b=$☐，$c=$☐ である。 (藤田医科大)

$\displaystyle\lim_{x\to c}\frac{ax-c}{x^2-c^2}=3$，$\displaystyle\lim_{x\to c}(x^2-c^2)=0$ より

$\displaystyle\lim_{x\to c}(ax-c)=0$

すなわち　$ac-c=0$

$c\neq0$ より　$a=1$

◀$\displaystyle\lim_{x\to a}\frac{f(x)}{g(x)}=\alpha$，
$\displaystyle\lim_{x\to a}g(x)=0$
より　$\displaystyle\lim_{x\to a}f(x)=0$

◀$ac-c=c(a-1)$

1章 4 関数の極限

$$\lim_{x\to c}\frac{ax-c}{x^2-c^2}=\lim_{x\to c}\frac{x-c}{x^2-c^2}$$

$$=\lim_{x\to c}\frac{(x-c)}{(x-c)(x+c)}=\lim_{x\to c}\frac{1}{x+c}=\frac{1}{2c}$$

$\frac{1}{2c}=3$ より　　$c=\frac{1}{6}$

$$\lim_{x\to 0}\frac{\sin ax}{bx}=\lim_{x\to 0}\frac{\sin x}{bx}=\lim_{x\to 0}\frac{1}{b}\frac{\sin x}{x}=\frac{1}{b}$$

◀ $\lim_{x\to 0}\frac{\sin x}{x}=1$

よって，$\frac{1}{b}=2$ より　　$b=\frac{1}{2}$

したがって　　$\boldsymbol{a=1,\ b=\frac{1}{2},\ c=\frac{1}{6}}$

④　θ を $0\leqq\theta\leqq\pi$ を満たす実数とする。単位円上の点 P を，動径 OP と x 軸の正の部分とのなす角が θ である点とし，点 Q を x 軸の正の部分の点で，点 P からの距離が 2 であるものとする。また，$\theta=0$ のときの点 Q の位置を A とする。

(1)　線分 OQ の長さを θ を使って表せ。

(2)　線分 QA の長さを L とするとき，極限値 $\lim_{\theta\to 0}\frac{L}{\theta^2}$ を求めよ。　　(愛知教育大)

(1)　$0<\theta<\pi$ のとき，△OPQ において余弦定理により

$$2^2=1^2+\mathrm{OQ}^2-2\cdot 1\cdot \mathrm{OQ}\cos\theta$$
$$\mathrm{OQ}^2-2\cos\theta\cdot\mathrm{OQ}-3=0$$

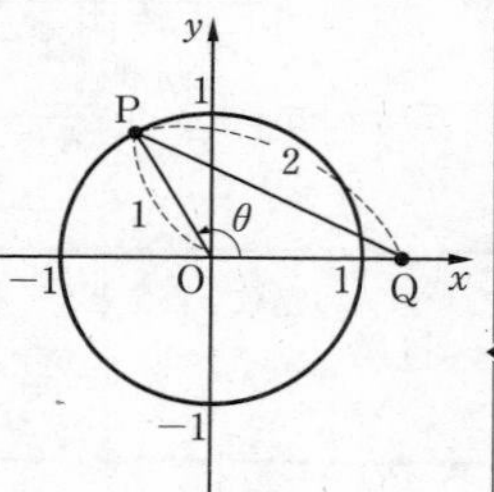

よって

$$\mathrm{OQ}=\cos\theta\pm\sqrt{\cos^2\theta+3}$$

◀ OQ の 2 次方程式とみて，解の公式を用いる。

$\mathrm{OQ}>0$ であるから

$$\mathrm{OQ}=\cos\theta+\sqrt{\cos^2\theta+3}\quad\cdots①$$

ここで，$\theta=0,\ \pi$ のときの点 Q の座標はそれぞれ $(3,\ 0)$，$(1,\ 0)$ であり，これは ① を満たすから

◀ $\theta=0$ のとき　$\mathrm{OQ}=3$
① に $\theta=0$ を代入すると
$\mathrm{OQ}=1+\sqrt{4}=3$
$\theta=\pi$ のとき　$\mathrm{OQ}=1$
① に $\theta=\pi$ を代入すると
$\mathrm{OQ}=-1+\sqrt{4}=1$

$$\boldsymbol{\mathrm{OQ}=\cos\theta+\sqrt{\cos^2\theta+3}}$$

(2)　A(3，0) であるから

$$L=\mathrm{OA}-\mathrm{OQ}=3-\cos\theta-\sqrt{\cos^2\theta+3}$$

よって

$$\lim_{\theta\to 0}\frac{L}{\theta^2}=\lim_{\theta\to 0}\frac{(3-\cos\theta)-\sqrt{\cos^2\theta+3}}{\theta^2}\cdot\frac{(3-\cos\theta)+\sqrt{\cos^2\theta+3}}{(3-\cos\theta)+\sqrt{\cos^2\theta+3}}$$

◀ 分子を有理化する。

$$=\lim_{\theta\to 0}\frac{(3-\cos\theta)^2-\left(\sqrt{\cos^2\theta+3}\right)^2}{\theta^2\left\{(3-\cos\theta)+\sqrt{\cos^2\theta+3}\right\}}$$

$$=\lim_{\theta\to 0}\frac{6(1-\cos\theta)}{\theta^2\left\{(3-\cos\theta)+\sqrt{\cos^2\theta+3}\right\}}\cdot\frac{1+\cos\theta}{1+\cos\theta}$$

◀ $\frac{0}{0}$ の不定形であり，分母・分子に $1+\cos\theta$ を掛ける。

$$=\lim_{\theta\to 0}\frac{6\sin^2\theta}{\theta^2}\cdot\frac{1}{\left\{(3-\cos\theta)+\sqrt{\cos^2\theta+3}\right\}(1+\cos\theta)}$$

$$=6\cdot 1^2\cdot\frac{1}{(2+\sqrt{4})2}=\boldsymbol{\frac{3}{4}}$$

5 (1) $f_n(x)=\cos^n x+\cos^{n-1}x\sin x+\cos^{n-2}x\sin^2 x+\cdots+\cos x\sin^{n-1}x+\sin^n x$ のとき，$\lim_{n\to\infty}f_n(x)=f(x)$ を求めよ。ただし，$0<x<\pi$ とする。

(2) $y=f(x)=\lim_{n\to\infty}\dfrac{(2x-1)x^{2n-1}+x^2}{(2x-1)(x^{2n}+1)}$ であるとき，$y=f(x)$ の定義域における不連続点を求めよ。 (福井大)

(1) (ア) $\cos x=0$ のとき

$0<x<\pi$ の範囲で $x=\dfrac{\pi}{2}$ であり，このとき

$$f_n\left(\frac{\pi}{2}\right)=\sin^n\frac{\pi}{2}=1$$

よって　$f\left(\dfrac{\pi}{2}\right)=\lim_{n\to\infty}f_n\left(\dfrac{\pi}{2}\right)=1$

(イ) $\cos x\neq 0$ のとき

$f_n(x)$ は初項 $\cos^n x$，公比 $\dfrac{\sin x}{\cos x}$ の等比数列の初項から第 $(n+1)$ 項までの和であるから

◀項数が $n+1$ であることに注意する。

(i) $\dfrac{\sin x}{\cos x}\neq 1$ のとき

◀公比 $\dfrac{\sin x}{\cos x}$ について (i) $\dfrac{\sin x}{\cos x}\neq 1$ (ii) $\dfrac{\sin x}{\cos x}=1$ の2つの場合に分けて考える。

$0<x<\pi$，$x\neq\dfrac{\pi}{2}$ の範囲で $x\neq\dfrac{\pi}{4}$ であり

$$f_n(x)=\frac{\cos^n x\left\{1-\left(\dfrac{\sin x}{\cos x}\right)^{n+1}\right\}}{1-\dfrac{\sin x}{\cos x}}=\frac{\cos^{n+1}x-\sin^{n+1}x}{\cos x-\sin x}$$

$0<x<\pi$，$x\neq\dfrac{\pi}{2}$ より　$0<\sin x<1$，$|\cos x|<1$

よって，$0<x<\pi$，$x\neq\dfrac{\pi}{4}$，$\dfrac{\pi}{2}$ の範囲で

$$f(x)=\lim_{n\to\infty}f_n(x)=\lim_{n\to\infty}\frac{\cos^{n+1}x-\sin^{n+1}x}{\cos x-\sin x}=0$$

(ii) $\dfrac{\sin x}{\cos x}=1$ のとき

$0<x<\pi$，$x\neq\dfrac{\pi}{2}$ の範囲で $x=\dfrac{\pi}{4}$ であり，

◀$\sin x=\cos x$

$\cos\dfrac{\pi}{4}=\dfrac{1}{\sqrt{2}}$ より　$f_n\left(\dfrac{\pi}{4}\right)=(n+1)\cos^n\dfrac{\pi}{4}=\dfrac{n+1}{(\sqrt{2})^n}$

◀初項 $\cos^n x$，公比1，項数 $n+1$ より $f_n(x)=(n+1)\cos^n x$

ここで，$\sqrt{2}=1+h$ とおくと，$n\geqq 2$ のとき，二項定理により

$$(\sqrt{2})^n=(1+h)^n={}_nC_0+{}_nC_1h+{}_nC_2h^2+\cdots+{}_nC_nh^n$$
$$>{}_nC_2h^2=\frac{n(n-1)}{2}h^2$$

よって　$0<\dfrac{1}{(\sqrt{2})^n}<\dfrac{2}{n(n-1)h^2}$

◀$(\sqrt{2})^n>\dfrac{n(n-1)}{2}h^2$ の逆数をとる。

$$0<\frac{n+1}{(\sqrt{2})^n}<\frac{2(n+1)}{n(n-1)h^2}$$

$$\lim_{n\to\infty}\frac{2(n+1)}{n(n-1)h^2}=\lim_{n\to\infty}\frac{2\left(\frac{1}{n}+\frac{1}{n^2}\right)}{\left(1-\frac{1}{n}\right)h^2}=0$$

したがって　$\displaystyle\lim_{n\to\infty}f_n\left(\frac{\pi}{4}\right)=\lim_{n\to\infty}\frac{n+1}{(\sqrt{2})^n}=0$

◀はさみうちの原理

(i), (ii) より　$0<x<\frac{\pi}{2}$, $\frac{\pi}{2}<x<\pi$ のとき　$f(x)=0$

(ア), (イ) より

$$\boldsymbol{f(x)=\begin{cases}0 & \left(0<x<\frac{\pi}{2},\ \frac{\pi}{2}<x<\pi \text{ のとき}\right)\\ 1 & \left(x=\frac{\pi}{2} \text{ のとき}\right)\end{cases}}$$

(2)　$f_n(x)=\dfrac{(2x-1)x^{2n-1}+x^2}{(2x-1)(x^{2n}+1)}$ とおくと，$f_n(x)$ の定義域は　$x\neq\frac{1}{2}$

◀(分母)$\neq0$

(ア)　$|x|>1$ のとき

$$f_n(x)=\frac{(2x-1)+\frac{1}{x^{2n-3}}}{(2x-1)\left(x+\frac{1}{x^{2n-1}}\right)}$$

◀分母・分子を x^{2n-1} で割る。

よって　$\displaystyle\lim_{n\to\infty}f_n(x)=\frac{2x-1}{(2x-1)\cdot x}=\frac{1}{x}$

(イ)　$|x|<1$ $\left(\text{ただし } x\neq\frac{1}{2}\right)$ のとき

$$\lim_{n\to\infty}f_n(x)=\frac{(2x-1)\cdot0+x^2}{(2x-1)\cdot1}=\frac{x^2}{2x-1}$$

◀$x=\frac{1}{2}$ のとき，$f_n(x)$ の値は定義されない。よって，$f(x)$ の値も定義されない。

(ウ)　$x=1$ のとき

$$f_n(1)=\frac{(2-1)\cdot1^{2n-1}+1^2}{(2-1)(1^{2n}+1)}=\frac{1\cdot1+1}{1\cdot2}=1$$

(エ)　$x=-1$ のとき

$$f_n(-1)=\frac{(-2-1)(-1)^{2n-1}+(-1)^2}{(-2-1)\{(-1)^{2n}+1\}}=\frac{(-3)(-1)+1}{(-3)\cdot2}=-\frac{2}{3}$$

$f(x)=\displaystyle\lim_{n\to\infty}f_n(x)$ と(ア)～(エ)より

$$f(x)=\begin{cases}\frac{1}{x} & (|x|>1 \text{ のとき})\\ \frac{x^2}{2x-1} & \left(|x|<1,\ x\neq\frac{1}{2} \text{ のとき}\right)\\ 1 & (x=1 \text{ のとき})\\ -\frac{2}{3} & (x=-1 \text{ のとき})\end{cases}$$

関数 $f(x)$ の定義域は　$x\neq\frac{1}{2}$

◀$f(x)$ は $x\neq\frac{1}{2}$ であるすべての x についてその値が定義されている。関数の連続性は，定義域内でのみ考える。

ここで，$x=1$ について調べると

$$\lim_{x\to1+0}f(x)=\lim_{x\to1+0}\frac{1}{x}=1=f(1)$$

$$\lim_{x\to 1-0} f(x) = \lim_{x\to 1-0} \frac{x^2}{2x-1} = 1 = f(1)$$

ゆえに，$f(x)$ は $x=1$ で連続である。

また，$x=-1$ について調べると

$$\lim_{x\to -1-0} f(x) = \lim_{x\to -1-0} \frac{1}{x} = -1 \neq f(-1)$$

ゆえに，$f(x)$ は $x=-1$ で不連続である。

したがって，$y=f(x)$ は **$x=-1$ で不連続** である。

⑥ 連続な周期関数 $f(x)$ があり，すべての x に対し $f(x+2)=f(x)$ であるとき，方程式 $f(x+1)-f(x)=0$ は $0 \leqq x \leqq 1$ の範囲に少なくとも1つの実数解をもつことを示せ。

$g(x)=f(x+1)-f(x)$ とおくと，$g(x)$ は連続関数で

$g(0)=f(1)-f(0)$ $\cdots$①

$g(1)=f(2)-f(1)$ $\cdots$②

$f(x+2)=f(x)$ がすべての x に対して成立するから，

$x=0$ として　$f(2)=f(0)$

よって，② より　$g(1)=f(0)-f(1)$ $\cdots$③

(ア) $f(1)=f(0)$ のとき，方程式 $f(x+1)-f(x)=0$ は，解 $x=0$ をもち，これは $0 \leqq x \leqq 1$ を満たす。

◀ $f(0+1)-f(0)=0$

(イ) $f(1) \neq f(0)$ のとき

①，③ より　$g(0)\cdot g(1)=-\{f(1)-f(0)\}^2<0$

これと，$g(x)$ が連続関数であることから，中間値の定理により，$g(x)=0$ すなわち $f(x+1)-f(x)=0$ は，$0<x<1$ の範囲に少なくとも1つの実数解をもつ。

(ア)，(イ) より，$f(x+1)-f(x)=0$ は，$0 \leqq x \leqq 1$ の範囲に少なくとも1つの実数解をもつ。

2章 微分

5 微分法

練習 61　次の関数を定義にしたがって微分せよ。

(1) $f(x)=\dfrac{1}{2x+3}$　　(2) $f(x)=x\sqrt{x}$

(1) $f'(x)=\lim_{h\to0}\dfrac{f(x+h)-f(x)}{h}=\lim_{h\to0}\dfrac{\dfrac{1}{2(x+h)+3}-\dfrac{1}{2x+3}}{h}$

$=\lim_{h\to0}\dfrac{2x+3-(2x+2h+3)}{h(2x+2h+3)(2x+3)}$

$=\lim_{h\to0}\dfrac{-2}{(2x+2h+3)(2x+3)}=\boldsymbol{-\dfrac{2}{(2x+3)^2}}$

(2) $f(x)=\sqrt{x^3}$ であるから

$f'(x)=\lim_{h\to0}\dfrac{f(x+h)-f(x)}{h}=\lim_{h\to0}\dfrac{\sqrt{(x+h)^3}-\sqrt{x^3}}{h}$

$=\lim_{h\to0}\dfrac{(x+h)^3-x^3}{h\{\sqrt{(x+h)^3}+\sqrt{x^3}\}}=\lim_{h\to0}\dfrac{3x^2h+3xh^2+h^3}{h\{\sqrt{(x+h)^3}+\sqrt{x^3}\}}$

$=\lim_{h\to0}\dfrac{3x^2+3xh+h^2}{\sqrt{(x+h)^3}+\sqrt{x^3}}=\dfrac{3x^2}{2\sqrt{x^3}}=\boldsymbol{\dfrac{3\sqrt{x}}{2}}$

◀分母・分子に $(2x+2h+3)(2x+3)$ を掛ける。

◀約分する。

◀$f(x+h)=\sqrt{(x+h)^3}$

◀分母・分子に $\sqrt{(x+h)^3}+\sqrt{x^3}$ を掛けて，分子を有理化する。

練習 62　関数 $f(x)$ が $x=a$, a^2 において微分可能であるとき，次の極限値を a, $f'(a)$, $f(a^2)$, $f'(a^2)$ を用いて表せ。

(1) $\lim_{h\to0}\dfrac{f(a+3h)-f(a+2h)}{h}$　　(2) $\lim_{x\to a}\dfrac{x^2f(a^2)-a^2f(x^2)}{x-a}$

(1) (与式) $=\lim_{h\to0}\dfrac{f(a+3h)-f(a)+f(a)-f(a+2h)}{h}$

$=\lim_{h\to0}\left\{\dfrac{f(a+3h)-f(a)}{3h}\cdot3-\dfrac{f(a+2h)-f(a)}{2h}\cdot2\right\}$

$=3f'(a)-2f'(a)$

$=\boldsymbol{f'(a)}$

(2) (与式) $=\lim_{x\to a}\dfrac{x^2f(a^2)-a^2f(a^2)+a^2f(a^2)-a^2f(x^2)}{x-a}$

$=\lim_{x\to a}\left\{f(a^2)\cdot\dfrac{x^2-a^2}{x-a}-a^2\cdot\dfrac{f(x^2)-f(a^2)}{x-a}\right\}$

$=\lim_{x\to a}\left\{f(a^2)\cdot(x+a)-a^2\cdot\dfrac{f(x^2)-f(a^2)}{x^2-a^2}\cdot(x+a)\right\}$

$=f(a^2)\cdot2a-a^2\cdot f'(a^2)\cdot2a$

$=\boldsymbol{2af(a^2)-2a^3f'(a^2)}$

◀分子に $f(a)$ を引いて加える。

◀前項は分母を $3h$ にしてから3を掛けて調整し，後項は分母を $2h$ にしてから2を掛けて調整する。$h\to0$ のとき $3h\to0$, $2h\to0$ であることに注意する。

◀分子に $a^2f(a^2)$ を引いて加える。

◀不定形 $\dfrac{0}{0}$ になる部分を分けて考える。

◀$(x+a)(x-a)=x^2-a^2$

◀$f'(a^2)=\lim_{x\to a}\dfrac{f(x^2)-f(a^2)}{x^2-a^2}$ の形をつくるために，分母・分子に $x+a$ を掛ける。

練習 63 次のように定義された関数は，$x=0$ で連続か，微分可能かを調べよ。
(1) $f(x)=|x^2-x|$　　(2) $f(x)=|\sin x|$

(1) $f(x)=\begin{cases}x^2-x & (x\leqq 0,\ 1\leqq x)\\ -x^2+x & (0<x<1)\end{cases}$

であるから

$$\lim_{x\to+0}f(x)=\lim_{x\to+0}(-x^2+x)=0$$

$$\lim_{x\to-0}f(x)=\lim_{x\to-0}(x^2-x)=0$$

よって　$\lim_{x\to 0}f(x)=0$

また，$f(0)=0$ より　$\lim_{x\to 0}f(x)=f(0)$

したがって，**$f(x)$ は $x=0$ で連続である。**

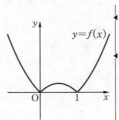

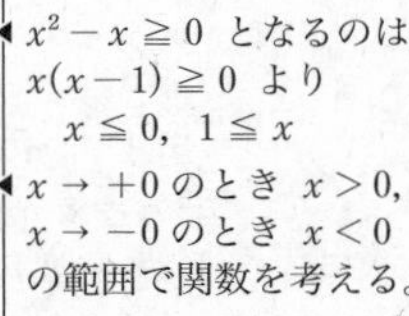

◀ $x^2-x\geqq 0$ となるのは $x(x-1)\geqq 0$ より $x\leqq 0,\ 1\leqq x$

◀ $x\to+0$ のとき $x>0$，$x\to-0$ のとき $x<0$ の範囲で関数を考える。

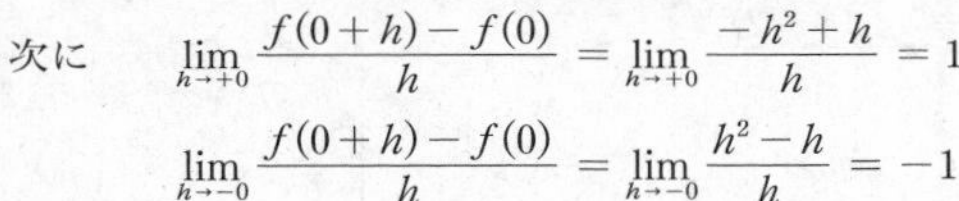

次に　$\lim_{h\to+0}\frac{f(0+h)-f(0)}{h}=\lim_{h\to+0}\frac{-h^2+h}{h}=1$

$$\lim_{h\to-0}\frac{f(0+h)-f(0)}{h}=\lim_{h\to-0}\frac{h^2-h}{h}=-1$$

◀ $x=0$ における微分係数 $f'(0)=\lim_{h\to 0}\frac{f(0+h)-f(0)}{h}$

よって，$\lim_{h\to+0}\frac{f(0+h)-f(0)}{h}\neq\lim_{h\to-0}\frac{f(0+h)-f(0)}{h}$ であるから，

$f'(0)$ は存在しない。

したがって，**$f(x)$ は $x=0$ で微分可能ではない。**

(2) $-\pi<x\leqq\pi$ の範囲で考えると

$$f(x)=\begin{cases}\sin x & (0\leqq x\leqq\pi)\\ -\sin x & (-\pi<x<0)\end{cases}$$

であるから

$$\lim_{x\to+0}f(x)=\lim_{x\to+0}\sin x=\sin 0=0$$

$$\lim_{x\to-0}f(x)=\lim_{x\to-0}(-\sin x)=-\sin 0=0$$

よって　$\lim_{x\to 0}f(x)=0$

また，$f(0)=0$ より

$$\lim_{x\to 0}f(x)=f(0)$$

したがって，**$f(x)$ は $x=0$ で連続である。**

◀ $x\to 0$ を考えるから，x の値の範囲を絞って考えてよい。$-\frac{\pi}{2}\leqq x\leqq\frac{\pi}{2}$ などで考えてもよい。

次に　$\lim_{h\to+0}\frac{f(h)-f(0)}{h}=\lim_{h\to+0}\frac{\sin h}{h}=1$

$$\lim_{h\to-0}\frac{f(h)-f(0)}{h}=\lim_{h\to-0}\frac{-\sin h}{h}=-1$$

よって，$\lim_{h\to+0}\frac{f(h)-f(0)}{h}\neq\lim_{h\to-0}\frac{f(h)-f(0)}{h}$ であるから，$f'(0)$ は存在しない。

したがって，**$f(x)$ は $x=0$ で微分可能ではない。**

◀ $\lim_{\theta\to 0}\frac{\sin\theta}{\theta}=1$ であり，これは，$\theta\to+0$，$\theta\to-0$ のいずれでも $\frac{\sin\theta}{\theta}\to 1$ であることを意味している。

練習 64 関数 $f(x)=\begin{cases}ax^2+bx-2 & (x\geqq 1)\\ x^3+(1-a)x^2 & (x<1)\end{cases}$ が $x=1$ で微分可能となるような定数 a，b の値を求めよ。　　(芝浦工業大)

関数 $f(x)$ は $x=1$ で微分可能であるから，$x=1$ で連続である。

よって　$\lim_{x\to1-0} f(x) = f(1)$

ここで　$\lim_{x\to1-0} f(x) = \lim_{x\to1-0}\{x^3+(1-a)x^2\}$

$= 1+(1-a)\cdot1^2$

$= 2-a$

$f(1) = a+b-2$

よって，$2-a = a+b-2$ より　$2a+b=4$　…①

次に，$f'(1)$ が存在するから

$$\lim_{h\to+0}\frac{f(1+h)-f(1)}{h} = \lim_{h\to-0}\frac{f(1+h)-f(1)}{h}$$

ここで　$\lim_{h\to+0}\frac{f(1+h)-f(1)}{h}$

$= \lim_{h\to+0}\frac{\{a(1+h)^2+b(1+h)-2\}-(a+b-2)}{h}$

$= \lim_{h\to+0}\frac{ah^2+2ah+bh}{h}$

$= \lim_{h\to+0}(ah+2a+b) = 2a+b$　…②

また　$\lim_{h\to-0}\frac{f(1+h)-f(1)}{h}$

$= \lim_{h\to-0}\frac{\{(1+h)^3+(1-a)(1+h)^2\}-(a+b-2)}{h}$

$= \lim_{h\to-0}\frac{1+3h+3h^2+h^3+1+2h+h^2-a-2ah-ah^2-2+a}{h}$

$= \lim_{h\to-0}\{h^2+(4-a)h+5-2a\} = -2a+5$　…③

②，③ より　$2a+b = -2a+5$　…④

①，④ より　$-2a+5=4$

よって　$a=\frac{1}{2}$

このとき，① より　$b=3$

したがって　$\boldsymbol{a=\frac{1}{2},\ b=3}$

◀ $x \geqq 1$ のとき
$f(x)=ax^2+bx-2$ より
$\lim_{x\to1+0} f(x) = f(1)$

◀ 等号が成立するとき
$\lim_{h\to0}\frac{f(1+h)-f(1)}{h}$ が
存在する。

◀ $x \geqq 1$ のとき
$f(x)=ax^2+bx-2$

◀ $x<1$ のとき
$f(x)=x^3+(1-a)x^2$

◀ ① より
$2-a=a+b-2$

練習 65　次の関数を微分せよ。

(1)　$y=(x^2-1)(3x^2+2x+1)$　　(2)　$y=(x+1)(2x^2-1)(x^3+2)$

(3)　$y=\frac{3}{x^2-2x+3}$　　(4)　$y=\frac{x^2-x+1}{x^2+x+1}$　　(5)　$y=\frac{x^3}{x-1}$

(1)　$y'=(x^2-1)'(3x^2+2x+1)+(x^2-1)(3x^2+2x+1)'$

$=2x(3x^2+2x+1)+(x^2-1)(6x+2)$

$=\boldsymbol{12x^3+6x^2-4x-2}$

(2)　$y'=(x+1)'(2x^2-1)(x^3+2)+(x+1)(2x^2-1)'(x^3+2)$
$+(x+1)(2x^2-1)(x^3+2)'$

$=(2x^2-1)(x^3+2)+(x+1)\cdot4x(x^3+2)+(x+1)(2x^2-1)\cdot3x^2$

$=\boldsymbol{12x^5+10x^4-4x^3+9x^2+8x-2}$

(3)　$y'=3\left\{-\frac{(x^2-2x+3)'}{(x^2-2x+3)^2}\right\}=\boldsymbol{-\frac{6(x-1)}{(x^2-2x+3)^2}}$

◀ 積の微分法

◀ $(uvw)'$
$=(uv)'w+uvw'$
$=(u'v+uv')w+uvw'$
$=u'vw+uv'w+uvw'$

◀ $\left\{\frac{1}{g(x)}\right\}'=-\frac{g'(x)}{\{g(x)\}^2}$

(4) $y=\dfrac{x^2-x+1}{x^2+x+1}=1-\dfrac{2x}{x^2+x+1}$ であるから

$$y'=-\frac{(2x)'(x^2+x+1)-2x(x^2+x+1)'}{(x^2+x+1)^2}$$

$$=-\frac{2(x^2+x+1)-2x(2x+1)}{(x^2+x+1)^2}$$

$$=-\frac{-2x^2+2}{(x^2+x+1)^2}=\boldsymbol{\frac{2(x^2-1)}{(x^2+x+1)^2}}$$

◀(分子の次数)≧(分母の次数)のときは，帯分数式化して微分するとよい。
$x^2-x+1=(x^2+x+1)-2x$

〔別解〕

$$y'=\frac{(x^2-x+1)'(x^2+x+1)-(x^2-x+1)(x^2+x+1)'}{(x^2+x+1)^2}$$

$$=\frac{(2x-1)(x^2+x+1)-(x^2-x+1)(2x+1)}{(x^2+x+1)^2}=\frac{2(x^2-1)}{(x^2+x+1)^2}$$

◀そのまま商の微分法を用いてもよい。

(5) $y=\dfrac{x^3}{x-1}=x^2+x+1+\dfrac{1}{x-1}$ であるから

$$y'=2x+1-\frac{(x-1)'}{(x-1)^2}=\frac{(2x+1)(x-1)^2-1}{(x-1)^2}$$

$$=\boldsymbol{\frac{x^2(2x-3)}{(x-1)^2}}$$

◀帯分数式化して微分する。
$x^3-1=(x-1)(x^2+x+1)$ であるから
$x^3=(x-1)(x^2+x+1)+1$
すなわち，x^3 を $x-1$ で割ると，
商 x^2+x+1，余り 1

〔別解〕

$$y'=\frac{(x^3)'(x-1)-x^3(x-1)'}{(x-1)^2}$$

$$=\frac{3x^2(x-1)-x^3}{(x-1)^2}=\frac{x^2(2x-3)}{(x-1)^2}$$

◀そのまま，商の微分法を用いてもよい。

練習 66 次の関数を微分せよ。

(1) $y=(2-3x^3)^5$ (2) $y=\dfrac{2}{\sqrt{4-x^2}}$ (3) $y=(x^2-4)\sqrt{1-x^2}$

(1) $y'=5(2-3x^3)^4\cdot(2-3x^3)'=5(2-3x^3)^4\cdot(-9x^2)$
$=\boldsymbol{-45x^2(2-3x^3)^4}$

◀“中の微分”を掛ける。例題 66 **Point** 参照。

〔別解〕

$u=2-3x^3$ とおくと $y=u^5$, $\dfrac{du}{dx}=-9x^2$

よって $\dfrac{dy}{dx}=\dfrac{dy}{du}\cdot\dfrac{du}{dx}=5u^4\cdot(-9x^2)=-45x^2(2-3x^3)^4$

◀(　)^5 内の式を u とおく。
$\dfrac{dy}{du}$ は y を u で微分，
$\dfrac{du}{dx}$ は u を x で微分したものである。

(2) $y=2(4-x^2)^{-\frac{1}{2}}$ より

$$y'=2\cdot\left(-\frac{1}{2}\right)(4-x^2)^{-\frac{3}{2}}\cdot(4-x^2)'$$

$$=\boldsymbol{\frac{2x}{(4-x^2)\sqrt{4-x^2}}}$$

◀$(4-x^2)'=-2x$

(3) $y'=(x^2-4)'\sqrt{1-x^2}+(x^2-4)\left(\sqrt{1-x^2}\right)'$

$$=2x\sqrt{1-x^2}+(x^2-4)\cdot\frac{-2x}{2\sqrt{1-x^2}}$$

$$=\frac{2x(1-x^2)-x(x^2-4)}{\sqrt{1-x^2}}=\boldsymbol{\frac{-3x^3+6x}{\sqrt{1-x^2}}}$$

◀積の微分法

◀$\left(\sqrt{1-x^2}\right)'=\left\{(1-x^2)^{\frac{1}{2}}\right\}'$ とみて合成関数の微分法を用いる。
$(\sqrt{u})'=\dfrac{u'}{2\sqrt{u}}$

練習 67 多項式 $x^4+ax^3+3x+(2a+b)$ が $(x+1)^2$ で割り切れるように定数 a, b の値を定めよ。

$f(x)=x^4+ax^3+3x+(2a+b)$ とおくと

$$f'(x)=4x^3+3ax^2+3$$

$(x+1)^2$ で割り切れるための必要十分条件は $f(-1)=0$ かつ $f'(-1)=0$ であるから

$$a+b-2=0,\ 3a-1=0$$

これを解くと $\boldsymbol{a=\dfrac{1}{3},\ b=\dfrac{5}{3}}$

◀ $f(x)$ が $(x-a)^2$ で割り切れる $\iff f(a)=0$ かつ $f'(a)=0$

〔別解〕

$x^4+ax^3+3x+(2a+b)$ を $(x+1)^2$ で割ったときの商を $g(x)$ とおくと，割り切れることより

$$x^4+ax^3+3x+(2a+b)=(x+1)^2g(x) \quad \cdots ①$$

① に $x=-1$ を代入すると $a+b-2=0 \quad \cdots ②$

◀ $1-a-3+(2a+b)=0$

また，① の両辺を x で微分すると

$$4x^3+3ax^2+3=2(x+1)g(x)+(x+1)^2g'(x) \quad \cdots ③$$

③ に $x=-1$ を代入すると $3a-1=0$

◀ $-4+3a+3=0$

よって $a=\dfrac{1}{3}$ さらに，② より $b=\dfrac{5}{3}$

練習 68 次の関係式において，$\dfrac{dy}{dx}$ を y の式で表せ。

(1) $y^3=2x-1$ (2) $x(y^2-2y+1)=1$

(1) $x=\dfrac{1}{2}y^3+\dfrac{1}{2}$ であるから，両辺を y で微分すると

$$\frac{dx}{dy}=\frac{3}{2}y^2$$

よって，$y \neq 0$ のとき $\dfrac{dy}{dx}=\dfrac{1}{\dfrac{dx}{dy}}=\boldsymbol{\dfrac{2}{3y^2}}$

◀ $y^3=2x-1$ の両辺を y で微分して $3y^2=2\dfrac{dx}{dy}$ より $\dfrac{dx}{dy}=\dfrac{3}{2}y^2$ としてもよい。

(2) $x=\dfrac{1}{y^2-2y+1}=\dfrac{1}{(y-1)^2}$ であるから $\dfrac{dx}{dy}=\dfrac{-2}{(y-1)^3}$

よって $\dfrac{dy}{dx}=\dfrac{1}{\dfrac{dx}{dy}}=\dfrac{(y-1)^3}{-2}=\boldsymbol{-\dfrac{(y-1)^3}{2}}$

練習 69 次の方程式で定まるような x の関数 y の導関数 $\dfrac{dy}{dx}$ を x, y の式で表せ。

(1) $\dfrac{x^2}{3}+\dfrac{y^2}{6}=1$ (2) $x^2+3xy+y^2=1$ (3) $x^{\frac{2}{3}}+y^{\frac{2}{3}}=1$

(1) $\dfrac{x^2}{3}+\dfrac{y^2}{6}=1$ の両辺を x で微分すると

◀ 楕円の方程式である。

$$\frac{2x}{3}+\frac{2y}{6}\cdot\frac{dy}{dx}=0$$

$y \neq 0$ のとき $\boldsymbol{\dfrac{dy}{dx}=-\dfrac{2x}{y}}$

◀ $y=0$ のとき $\dfrac{dy}{dx}$ は存在しない。

(2)　$x^2+3xy+y^2=1$ の両辺を x で微分すると

$$2x+3\left(y+x\cdot\frac{dy}{dx}\right)+2y\cdot\frac{dy}{dx}=0$$

$$(3x+2y)\frac{dy}{dx}=-(2x+3y)$$

$3x+2y \neq 0$ のとき　$\boldsymbol{\dfrac{dy}{dx}=-\dfrac{2x+3y}{3x+2y}}$

(3)　$x^{\frac{2}{3}}+y^{\frac{2}{3}}=1$ の両辺を x で微分すると

$$\frac{2}{3}x^{-\frac{1}{3}}+\frac{2}{3}y^{-\frac{1}{3}}\cdot\frac{dy}{dx}=0$$

$x \neq 0$ のとき　$\boldsymbol{\dfrac{dy}{dx}=-\sqrt[3]{\dfrac{y}{x}}}$

◀積の微分法

$(xy)'=1\cdot y+x\cdot\dfrac{dy}{dx}$

◀$3x+2y=0$ のとき，$\dfrac{dy}{dx}$ は存在しない。

◀$\dfrac{1}{\sqrt[3]{x}}+\dfrac{1}{\sqrt[3]{y}}\cdot\dfrac{dy}{dx}=0$

2章 5 微分法

練習 **70**　x の関数 y が媒介変数 t を用いて次のように表されるとき，$\dfrac{dy}{dx}$ を t の式で表せ。

(1)　$x=\dfrac{2t^2+1}{2t}$，$y=\dfrac{2t^2-1}{2t}$　　(2)　$x=\sqrt{1-t^2}$，$y=t^2+1$

---

(1)　$x=t+\dfrac{1}{2t}$，$y=t-\dfrac{1}{2t}$ であるから

$$\frac{dx}{dt}=\left(t+\frac{1}{2t}\right)'=1-\frac{1}{2t^2}=\frac{2t^2-1}{2t^2}$$

$$\frac{dy}{dt}=\left(t-\frac{1}{2t}\right)'=1+\frac{1}{2t^2}=\frac{2t^2+1}{2t^2}$$

$t \neq 0$，$\pm\dfrac{1}{\sqrt{2}}$ のとき　$\dfrac{dy}{dx}=\dfrac{\frac{dy}{dt}}{\frac{dx}{dt}}=\dfrac{\frac{2t^2+1}{2t^2}}{\frac{2t^2-1}{2t^2}}=\boldsymbol{\dfrac{2t^2+1}{2t^2-1}}$

(2)　$\dfrac{dx}{dt}=\left\{(1-t^2)^{\frac{1}{2}}\right\}'=\dfrac{1}{2}(1-t^2)^{-\frac{1}{2}}\cdot(1-t^2)'=-\dfrac{t}{\sqrt{1-t^2}}$

$\dfrac{dy}{dt}=2t$

$t \neq 0$，±1 のとき　$\dfrac{dy}{dx}=\dfrac{\frac{dy}{dt}}{\frac{dx}{dt}}=\dfrac{2t}{-\frac{t}{\sqrt{1-t^2}}}=\boldsymbol{-2\sqrt{1-t^2}}$

◀分子の次数の方が高いから，帯分数式化しておく。

◀$\left(\dfrac{1}{2t}\right)'=\left(\dfrac{1}{2}t^{-1}\right)'$

$=-\dfrac{1}{2}t^{-2}=-\dfrac{1}{2t^2}$

◀合成関数の微分法より

$\dfrac{dy}{dt}=\dfrac{dy}{dx}\cdot\dfrac{dx}{dt}$

よって

$\dfrac{dy}{dx}=\dfrac{\frac{dy}{dt}}{\frac{dx}{dt}}$

p.138 問題編 5　微分法

問題 **61**　次の関数を定義にしたがって微分せよ。

(1)　$f(x)=\dfrac{2x}{x+1}$　　(2)　$f(x)=\sqrt[3]{x}$

---

(1)　$f'(x)=\displaystyle\lim_{h\to0}\frac{f(x+h)-f(x)}{h}$

$$= \lim_{h \to 0} \frac{\dfrac{2(x+h)}{(x+h)+1} - \dfrac{2x}{x+1}}{h}$$

$$= \lim_{h \to 0} \frac{2(x+h)(x+1) - 2x(x+h+1)}{h(x+h+1)(x+1)}$$

◀ 分母・分子に $\{(x+h)+1\}(x+1)$ を掛ける。

$$= \lim_{h \to 0} \frac{2h}{h(x+h+1)(x+1)}$$

$$= \lim_{h \to 0} \frac{2}{(x+h+1)(x+1)} = \mathbf{\frac{2}{(x+1)^2}}$$

◀ 約分する。

(2) $f'(x) = \lim_{h \to 0} \dfrac{f(x+h) - f(x)}{h}$

$$= \lim_{h \to 0} \frac{\sqrt[3]{x+h} - \sqrt[3]{x}}{h}$$

$$= \lim_{h \to 0} \frac{(x+h) - x}{h\{(\sqrt[3]{x+h})^2 + \sqrt[3]{x+h}\sqrt[3]{x} + (\sqrt[3]{x})^2\}}$$

$$= \lim_{h \to 0} \frac{1}{(\sqrt[3]{x+h})^2 + \sqrt[3]{x+h}\sqrt[3]{x} + (\sqrt[3]{x})^2}$$

$$= \frac{1}{(\sqrt[3]{x})^2 + (\sqrt[3]{x})^2 + (\sqrt[3]{x})^2} = \mathbf{\frac{1}{3\sqrt[3]{x^2}}}$$

◀ 分母・分子に $(\sqrt[3]{x+h})^2 + \sqrt[3]{x+h}\sqrt[3]{x} + (\sqrt[3]{x})^2$ を掛けて，分子を有理化する。
$(A-B)(A^2+AB+B^2) = A^3 - B^3$ を利用する。

問題 **62** $f(x)$ は微分可能な関数で，$f(-x) = f(x) + 2x$，$f'(1) = 1$，$f(1) = 0$ を満たしている。

(1) $f'(-1)$ の値を求めよ。　　(2) $\lim_{x \to 1} \dfrac{f(x) + f(-x) - 2}{x - 1}$ の値を求めよ。

(1) $f(-x) = f(x) + 2x$ が成り立つから

$$f(-1+h) = f(-(1-h)) = f(1-h) + 2(1-h)$$

$$f(-1) = f(1) + 2$$

◀ $-1+h = -x$ とすると $x = 1-h$

ゆえに

$$f'(-1) = \lim_{h \to 0} \frac{f(-1+h) - f(-1)}{h}$$

$$= \lim_{h \to 0} \frac{f(1-h) + 2(1-h) - \{f(1)+2\}}{h}$$

◀ 分母を $-h$ にして符号を調整する。

$$= \lim_{h \to 0} \left\{-1 \cdot \frac{f(1-h) - f(1)}{-h} - 2\right\}$$

$$= -1 \cdot f'(1) - 2$$

$$= \mathbf{-3}$$

◀ $h \to 0$ のとき $kh \to 0$ （k は定数）であるから
$\lim_{h \to 0} \dfrac{f(a+kh) - f(a)}{h}$
$= \lim_{h \to 0} \dfrac{f(a+kh) - f(a)}{kh} \cdot k$
$= kf'(a)$

(2) $\lim_{x \to 1} \dfrac{f(x) + f(-x) - 2}{x-1} = \lim_{x \to 1} \dfrac{f(x) + \{f(x) + 2x\} - 2}{x - 1}$

$$= \lim_{x \to 1} \left\{2 \cdot \frac{f(x) - f(1)}{x-1} + \frac{2x-2}{x-1}\right\}$$

$$= 2f'(1) + 2$$

$$= 2 \cdot 1 + 2 = \mathbf{4}$$

◀ $f'(1) = \lim_{x \to 1} \dfrac{f(x) - f(1)}{x - 1}$ の形をつくるために，$f(1) = 0$ を利用する。

問題 63 次のように定義された関数は，$x=0$ で連続か，微分可能かを調べよ。

(1) $f(x)=\begin{cases} x\sin\dfrac{1}{x} & (x \neq 0) \\ 1 & (x=0) \end{cases}$　　(2) $f(x)=\begin{cases} x^2\sin\dfrac{1}{x} & (x \neq 0) \\ 0 & (x=0) \end{cases}$

(1) $x \neq 0$ のとき，$\left|\sin\dfrac{1}{x}\right| \leqq 1$ より　$0 \leqq \left|x\sin\dfrac{1}{x}\right| \leqq |x|$

$\lim\limits_{x\to0}|x|=0$ であるから　$\lim\limits_{x\to0}\left|x\sin\dfrac{1}{x}\right|=0$

◀ はさみうちの原理

よって　$\lim\limits_{x\to0}f(x)=0$

一方，$f(0)=1$ より　$\lim\limits_{x\to0}f(x) \neq f(0)$

ゆえに，**$f(x)$ は $x=0$ で連続ではない。**

したがって，**$f(x)$ は $x=0$ で微分可能でもない。**

◀「微分可能 ⟹ 連続」の対偶

(2) $x \neq 0$ のとき，$\left|\sin\dfrac{1}{x}\right| \leqq 1$ より　$0 \leqq \left|x^2\sin\dfrac{1}{x}\right| \leqq x^2$

$\lim\limits_{x\to0}x^2=0$ であるから　$\lim\limits_{x\to0}\left|x^2\sin\dfrac{1}{x}\right|=0$

◀ はさみうちの原理

よって　$\lim\limits_{x\to0}f(x)=0$

また，$f(0)=0$ より　$\lim\limits_{x\to0}f(x)=f(0)$

したがって，**$f(x)$ は $x=0$ で連続である。**

次に　$\lim\limits_{h\to0}\dfrac{f(0+h)-f(0)}{h}=\lim\limits_{h\to0}\dfrac{h^2\sin\dfrac{1}{h}}{h}=\lim\limits_{h\to0}h\sin\dfrac{1}{h}$

◀ $x=0$ における微分係数 $f'(0)=\lim\limits_{h\to0}\dfrac{f(0+h)-f(0)}{h}$

ここで，$0 \leqq \left|h\sin\dfrac{1}{h}\right| \leqq |h|$，$\lim\limits_{h\to0}|h|=0$ であるから

◀ はさみうちの原理

$\lim\limits_{h\to0}h\sin\dfrac{1}{h}=0$　すなわち　$\lim\limits_{h\to0}\dfrac{f(0+h)-f(0)}{h}=0$

したがって，**$f(x)$ は $x=0$ で微分可能である。**

◀ $x=0$ で微分可能であれば，$x=0$ で連続である。

問題 64 関数 $f(x)$ は $x=0$ で微分可能で，任意の実数 x，y に対して，$f(x+y)=f(x)+f(y)+2xy$ を満たしている。$f'(0)=a$ とするとき，$f(x)$ は実数全体で微分可能であることを示し，$f'(x)$ を求めよ。

$x=0$，$y=0$ とすると　$f(0)=2f(0)$

よって　$f(0)=0$

ここで　$f(x+h)-f(x)=f(x)+f(h)+2xh-f(x)$

$=f(h)+2xh$

ゆえに　$\lim\limits_{h\to0}\dfrac{f(x+h)-f(x)}{h}=\lim\limits_{h\to0}\dfrac{f(h)+2xh}{h}$

$=\lim\limits_{h\to0}\left\{\dfrac{f(0+h)-f(0)}{h}+2x\right\}$

$=f'(0)+2x=2x+a$

◀ $f(0)=0$ より $\dfrac{f(h)}{h}=\dfrac{f(0+h)-f(0)}{h}$

したがって，$f(x)$ は実数全体で微分可能であり

$f'(x)=2x+a$

問題 65 $x \neq 1$ のとき，次の等式が成り立つことを示せ。

$$1+2x+3x^2+\cdots+nx^{n-1}=\frac{1-(n+1)x^n+nx^{n+1}}{(x-1)^2}$$

$x \neq 1$ のとき，初項 x，公比 x の等比数列の初項から第 n 項までの和を求めると

$$x+x^2+x^3+\cdots+x^n=\frac{x(x^n-1)}{x-1}=\frac{x^{n+1}-x}{x-1}$$

◀ 初項を1とすると，$(n+1)$ 項を加えなければならない。

両辺を x で微分すると

$$\begin{aligned}&1+2x+3x^2+\cdots+nx^{n-1}\\&=\frac{(x^{n+1}-x)'(x-1)-(x^{n+1}-x)(x-1)'}{(x-1)^2}\\&=\frac{\{(n+1)x^n-1\}(x-1)-(x^{n+1}-x)}{(x-1)^2}\\&=\frac{1-(n+1)x^n+nx^{n+1}}{(x-1)^2}\end{aligned}$$

◀ $1+x+x^2+\cdots+x^n=\dfrac{x^{n+1}-1}{x-1}$ この両辺を x で微分してもよい。

問題 66 次の関数を微分せよ。

(1) $y=\left(x+\sqrt{x^2+1}\right)^8$　　(2) $y=\sqrt{\dfrac{x+1}{2x^2+1}}$

(1)

$$\begin{aligned}y'&=8\left(x+\sqrt{x^2+1}\right)^7\cdot\left(x+\sqrt{x^2+1}\right)'\\&=8\left(x+\sqrt{x^2+1}\right)^7\cdot\left\{1+\frac{(x^2+1)'}{2\sqrt{x^2+1}}\right\}\\&=8\left(x+\sqrt{x^2+1}\right)^7\cdot\left(1+\frac{x}{\sqrt{x^2+1}}\right)=\boldsymbol{\frac{8\left(x+\sqrt{x^2+1}\right)^8}{\sqrt{x^2+1}}}\end{aligned}$$

◀ $(u^8)'=8u^7\cdot u'$

◀ $(\sqrt{u})'=\dfrac{u'}{2\sqrt{u}}$

◀ $1+\dfrac{x}{\sqrt{x^2+1}}=\dfrac{x+\sqrt{x^2+1}}{\sqrt{x^2+1}}$

(2)

$$\begin{aligned}y'&=\frac{1}{2\sqrt{\dfrac{x+1}{2x^2+1}}}\cdot\left(\frac{x+1}{2x^2+1}\right)'\\&=\frac{1}{2}\sqrt{\frac{2x^2+1}{x+1}}\cdot\frac{(x+1)'(2x^2+1)-(x+1)(2x^2+1)'}{(2x^2+1)^2}\\&=\frac{1}{2}\sqrt{\frac{2x^2+1}{x+1}}\cdot\frac{2x^2+1-(x+1)\cdot4x}{(2x^2+1)^2}\\&=\frac{1}{2}\sqrt{\frac{2x^2+1}{x+1}}\cdot\frac{-2x^2-4x+1}{(2x^2+1)^2}\\&=\boldsymbol{\frac{-2x^2-4x+1}{2(2x^2+1)\sqrt{(x+1)(2x^2+1)}}}\end{aligned}$$

◀ $(\sqrt{u})'=\dfrac{u'}{2\sqrt{u}}$

問題 67 3次以上の多項式 $x^n-x^{n-1}-x+1$ を $(x-1)^2$ で割った余りを求めよ。

$x^n-x^{n-1}-x+1$ を $(x-1)^2$ で割ったときの商を $g(x)$，余りを $ax+b$ とすると

$$x^n-x^{n-1}-x+1=(x-1)^2g(x)+ax+b \quad \cdots①$$

◀ 2次式で割った余りは1次以下の式である。

とおける。(ただし，$g(x)$ は1次以上の多項式)

①の両辺を x で微分すると

$$nx^{n-1}-(n-1)x^{n-2}-1=2(x-1)g(x)+(x-1)^2g'(x)+a \quad \cdots②$$

◀ 積の微分法を用いる。

① に $x=1$ を代入すると　　$0=a+b$　　$\cdots$ ③
② に $x=1$ を代入すると　　$n-(n-1)-1=a$
よって　　$a=0$
これを ③ に代入すると　　$b=0$
したがって，余りは　**0**

問題 68　次の関数において，逆関数の微分法を用いて $\dfrac{dy}{dx}$ を x の式で表せ。ただし，n は 2 以上の整数とする。
(1)　$y=\sqrt[3]{x+3}$　　　(2)　$y=\sqrt[n]{x}$

(1)　$x=y^3-3$ であるから，両辺を y で微分すると

$$\frac{dx}{dy}=3y^2=3\sqrt[3]{(x+3)^2}$$

よって，$x \neq -3$ のとき　　$\dfrac{dy}{dx}=\dfrac{1}{\dfrac{dx}{dy}}=\boldsymbol{\dfrac{1}{3\sqrt[3]{(x+3)^2}}}$

◀ まず，x について解く。
直接 x で微分すると
$y'=\dfrac{1}{3}(x+3)^{\frac{1}{3}-1}$
$=\dfrac{1}{3}(x+3)^{-\frac{2}{3}}$
となる。

(2)　$x=y^n$ であるから，両辺を y で微分すると

$$\frac{dx}{dy}=ny^{n-1}=n\sqrt[n]{x^{n-1}}$$

よって，$x \neq 0$ のとき　　$\dfrac{dy}{dx}=\dfrac{1}{\dfrac{dx}{dy}}=\boldsymbol{\dfrac{1}{n\sqrt[n]{x^{n-1}}}}$

◀ $y'=\dfrac{1}{n}x^{\frac{1}{n}-1}=\dfrac{1}{n\sqrt[n]{x^{n-1}}}$

問題 69　方程式 $x^2+y^2+4x-2y=0$ で表される曲線上の点で，$\dfrac{dy}{dx}=2$ を満たす点の座標を求めよ。

$x^2+y^2+4x-2y=0$ の両辺を x で微分すると

$$2x+2y\cdot\frac{dy}{dx}+4-2\cdot\frac{dy}{dx}=0$$

この式に $\dfrac{dy}{dx}=2$ を代入すると

$2x+4y=0$ より　　$y=-\dfrac{1}{2}x$　　$\cdots$ ①

① を $x^2+y^2+4x-2y=0$ に代入すると

$$\frac{5}{4}x^2+5x=0$$

$$\frac{5}{4}x(x+4)=0$$

よって　　$x=0,\ -4$
① より，$x=0$ のとき　　$y=0$
　　　　$x=-4$ のとき　$y=2$
よって，求める点の座標は　　**(0, 0)，(−4, 2)**

◀ $(x+2)^2+(y-1)^2=5$ より，中心 $(-2,\ 1)$，半径 $\sqrt{5}$ の円を表す。

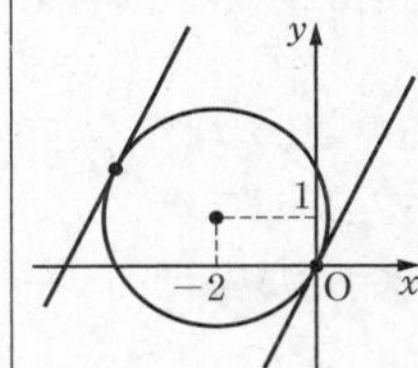

◀ 左の結果は，2 点 (0, 0)，(−4, 2) におけるこの円の接線の傾きが 2 であることを示している。

問題 70　x の関数 y が媒介変数 t を用いて $x=\dfrac{t}{1+t}$，$y=\dfrac{t^2}{1+t}$ と表されるとき，$\dfrac{dy}{dx}$ を x の式で表せ。

x，y をそれぞれ t で微分すると　$x=1-\dfrac{1}{1+t}$，$y=t-1+\dfrac{1}{1+t}$

◀帯分数式化してから微分する。
$t=(1+t)-1$
$t^2=(t^2-1)+1$
$=(t+1)(t-1)+1$

であるから

$$\frac{dx}{dt}=\left(1-\frac{1}{1+t}\right)'=-\frac{-1}{(1+t)^2}=\frac{1}{(1+t)^2}$$

$$\frac{dy}{dt}=\left(t-1+\frac{1}{1+t}\right)'=1-\frac{1}{(1+t)^2}=\frac{t^2+2t}{(1+t)^2}$$

よって　$\dfrac{dy}{dx}=\dfrac{\frac{dy}{dt}}{\frac{dx}{dt}}=\dfrac{\frac{t^2+2t}{(1+t)^2}}{\frac{1}{(1+t)^2}}=t^2+2t$

ここで，$x=\dfrac{t}{1+t}$ より $x\neq 1$ であるから　$t=\dfrac{x}{1-x}$

◀$x=1-\dfrac{1}{1+t}\neq 1$

よって　$\dfrac{dy}{dx}=t^2+2t=\dfrac{x^2}{(1-x)^2}+\dfrac{2x}{1-x}$

$$=\frac{x^2+2x(1-x)}{(1-x)^2}=\frac{x(2-x)}{(1-x)^2}$$

したがって　$\boldsymbol{\dfrac{dy}{dx}=\dfrac{x(2-x)}{(1-x)^2}}$

〔別解〕

t を消去して，x と y の関係式をつくる。

$x=\dfrac{t}{1+t}$ より $x\neq 1$ であるから　$t=\dfrac{x}{1-x}$

これより　$t^2=\dfrac{x^2}{(1-x)^2}$

$$1+t=1+\frac{x}{1-x}=\frac{1}{1-x}$$

よって　$y=\dfrac{t^2}{1+t}=\dfrac{\frac{x^2}{(1-x)^2}}{\frac{1}{1-x}}=\dfrac{x^2}{1-x}$

したがって　$\dfrac{dy}{dx}=\dfrac{(x^2)'\cdot(1-x)-x^2\cdot(1-x)'}{(1-x)^2}$

$$=\frac{2x(1-x)+x^2}{(1-x)^2}=\frac{x(2-x)}{(1-x)^2}$$

p.139 本質を問う 5

1　(1)　関数 $f(x)$ が $x=a$ において連続であることの定義を述べよ。
(2)　関数 $f(x)$ の $x=a$ における微分係数 $f'(a)$ の定義を述べよ。
(3)　関数 $f(x)$ が $x=a$ において微分可能であることの定義を述べよ。

(1)　関数 $f(x)$ の定義域内の $x=a$ に対して，極限値 $\displaystyle\lim_{x\to a}f(x)$ が存在し，$\displaystyle\lim_{x\to a}f(x)=f(a)$ が成り立つとき，関数 $f(x)$ は $x=a$ において

連続であるという。

(2) 関数 $f(x)$ の定義域内の $x=a$ に対して，

極限値 $\lim_{h \to 0}\dfrac{f(a+h)-f(a)}{h}$ が存在するとき，この値を関数 $f(x)$ の $x=a$ における微分係数といい，$f'(a)$ で表す。

(3) 関数 $f(x)$ の定義域内の $x=a$ に対して，微分係数 $f'(a)$ が存在するとき，関数 $f(x)$ は $x=a$ において微分可能という。

◀ $f'(a)=\lim_{h \to 0}\dfrac{f(a+h)-f(a)}{h}$ だけでは不正解である。右辺の極限値が存在しなければならない。

2 $\lim_{x \to 0}\dfrac{f(x)}{x}=1$，$f(x+y)=f(x)+f(y)$ を満たす関数 $f(x)$ について，導関数 $f'(x)$ を求めよ。

$$f'(x)=\lim_{h \to 0}\frac{f(x+h)-f(x)}{h}$$

◀ 導関数の定義

$$=\lim_{h \to 0}\frac{f(x)+f(h)-f(x)}{h}=\lim_{h \to 0}\frac{f(h)}{h}=\mathbf{1}$$

◀ $f(x+y)=f(x)+f(y)$

3 「関数 $f(x)=|x-1|$ に対して，$\lim_{x \to 0}\dfrac{f(1+x)-f(1-x)}{x}$ の値を求めよ」を，太郎さんは

> $(\text{与式})=\lim_{x \to 0}\left\{\dfrac{f(1+x)-f(1)}{x}+\dfrac{f(1-x)-f(1)}{-x}\right\}=f'(1)+f'(1)$
> ここで，$f(x)$ は $x=1$ において微分可能ではないから，この値は存在しない。

と考えたが誤りである。その理由を説明せよ。また，正しい答えを求めよ。

太郎さんの考えでは，$\lim_{x \to 0}\dfrac{f(1+x)-f(1)}{x}=f'(1)$，

$\lim_{x \to 0}\dfrac{f(1-x)-f(1)}{-x}=f'(1)$ とそれぞれ計算しているが，この計算は

極限値 $\lim_{x \to 0}\dfrac{f(1+x)-f(1)}{x}$，$\lim_{x \to 0}\dfrac{f(1-x)-f(1)}{-x}$ が存在するときに行うことができる。

すなわち，$x=1$ で微分可能ではない $f(x)=|x-1|$ に対して

$\lim_{x \to 0}\dfrac{f(1+x)-f(1)}{x}=f'(1)$，$\lim_{x \to 0}\dfrac{f(1-x)-f(1)}{-x}=f'(1)$ として計算を行っている点が誤りである。

◀ $\lim_{x \to 1+0}\dfrac{f(x)-f(1)}{x-1}=\lim_{x \to 1+0}\dfrac{|x-1|}{x-1}=\lim_{x \to 1+0}\dfrac{x-1}{x-1}=1$，
$\lim_{x \to 1-0}\dfrac{f(x)-f(1)}{x-1}=\lim_{x \to 1-0}\dfrac{|x-1|}{x-1}=\lim_{x \to 1-0}\dfrac{-(x-1)}{x-1}=-1$
よって，
$\lim_{x \to 1+0}\dfrac{f(x)-f(1)}{x-1} \neq \lim_{x \to 1-0}\dfrac{f(x)-f(1)}{x-1}$
であるから，極限値は存在しない。

正しい答えを求める。

$f(1+x)=|(1+x)-1|=|x|$，$f(1-x)=|(1-x)-1|=|-x|$ であるから

$x>0$ のとき　$f(1+x)=x$，$f(1-x)=x$

$x<0$ のとき　$f(1+x)=-x$，$f(1-x)=-x$

◀ 右側極限と左側極限をそれぞれ調べる。

よって　$\lim_{x \to +0}\dfrac{f(1+x)-f(1-x)}{x}=\lim_{x \to +0}\dfrac{x-x}{x}=0$

$\lim_{x \to -0}\dfrac{f(1+x)-f(1-x)}{x}=\lim_{x \to -0}\dfrac{-x-(-x)}{x}=0$

したがって　$\lim_{x \to 0}\dfrac{f(1+x)-f(1-x)}{x}=\mathbf{0}$

p.140

Let's Try! 5

① 次の関数を微分せよ。ただし，a は定数とする。

(1) $y=x\sqrt{x^2+a^2}$ （静岡理工科大）

(2) $y=\sqrt{x+\sqrt{1+x^2}}$ （明治大）

(3) $y=\dfrac{(x-1)(x-2)}{(x+3)^3}$

(1) $y'=\sqrt{x^2+a^2}+x\cdot\dfrac{2x}{2\sqrt{x^2+a^2}}=\boldsymbol{\dfrac{2x^2+a^2}{\sqrt{x^2+a^2}}}$

(2) $$y'=\frac{1}{2\sqrt{x+\sqrt{1+x^2}}}\cdot\left(x+\sqrt{1+x^2}\right)'$$
$$=\frac{1}{2\sqrt{x+\sqrt{1+x^2}}}\cdot\left(1+\frac{2x}{2\sqrt{1+x^2}}\right)$$
$$=\frac{1}{2\sqrt{x+\sqrt{1+x^2}}}\cdot\frac{\sqrt{1+x^2}+x}{\sqrt{1+x^2}}$$
$$=\boldsymbol{\frac{\sqrt{x+\sqrt{1+x^2}}}{2\sqrt{1+x^2}}}$$

◀ $y=\sqrt{f(x)}$ のとき
$y=\{f(x)\}^{\frac{1}{2}}$ より
$y'=\dfrac{1}{2}\{f(x)\}^{-\frac{1}{2}}\cdot f'(x)$
$=\dfrac{1}{2\sqrt{f(x)}}\cdot f'(x)$

(3) $$y'=\frac{\{(x-2)+(x-1)\}(x+3)^3-(x-1)(x-2)\cdot 3(x+3)^2}{(x+3)^6}$$
$$=\frac{(2x-3)(x+3)-3(x-1)(x-2)}{(x+3)^4}$$
$$=\boldsymbol{\frac{-x^2+12x-15}{(x+3)^4}}$$

② 関数 $f(x)=\left(2\sqrt{x}-1\right)^3$ に対して，$\displaystyle\lim_{x\to0}\frac{f(1+x)-f(1-x)}{x}$ の値を求めよ。 （信州大）

$f(x)=\left(2\sqrt{x}-1\right)^3$ より

$$f'(x)=3\left(2\sqrt{x}-1\right)^2\cdot2\cdot\frac{1}{2\sqrt{x}}=\frac{3}{\sqrt{x}}\left(2\sqrt{x}-1\right)^2 \quad \cdots①$$

これより

$$\lim_{x\to0}\frac{f(1+x)-f(1-x)}{x}$$
$$=\lim_{x\to0}\frac{f(1+x)-f(1)+f(1)-f(1-x)}{x}$$
$$=\lim_{x\to0}\left\{\frac{f(1+x)-f(1)}{x}+\frac{f(1-x)-f(1)}{-x}\right\}$$
$$=f'(1)+f'(1)=2f'(1)$$

① より，$f'(1)=3$ であるから

$$\lim_{x\to0}\frac{f(1+x)-f(1-x)}{x}=2\cdot3=\boldsymbol{6}$$

◀ $-x=t$ とおくと，
$x\to0$ のとき $t\to0$ より
$\displaystyle\lim_{x\to0}\frac{f(1-x)-f(1)}{-x}$
$\displaystyle=\lim_{t\to0}\frac{f(1+t)-f(1)}{t}$
$=f'(1)$

③ $f(x)=\begin{cases}\sqrt{x^2-2}+3 & (x \geqq 2)\\ ax^2+bx & (x<2)\end{cases}$ が微分可能な関数となるように実数の定数 a，b を定めよ。

（関西大）

関数 $f(x)$ は $x>2$，$x<2$ で微分可能であるから，$x=2$ で微分可能であればよい。

また，$f(x)$ が $x=2$ で微分可能であるとき，$x=2$ で連続であるから　$\displaystyle\lim_{x\to 2+0}(\sqrt{x^2-2}+3)=\lim_{x\to 2-0}(ax^2+bx)=f(2)$

が成り立つ。すなわち　$f(2)=\sqrt{2}+3=4a+2b$　…①

次に，$f(x)$ が $x=2$ で微分可能であるとき

$$\lim_{x\to 2+0}\frac{f(x)-f(2)}{x-2}=\lim_{x\to 2-0}\frac{f(x)-f(2)}{x-2}$$

が成り立つ。ここで

$$\begin{aligned}\lim_{x\to 2+0}\frac{f(x)-f(2)}{x-2}&=\lim_{x\to 2+0}\frac{\sqrt{x^2-2}+3-(\sqrt{2}+3)}{x-2}\\&=\lim_{x\to 2+0}\frac{\sqrt{x^2-2}-\sqrt{2}}{x-2}\\&=\lim_{x\to 2+0}\frac{(x^2-2)-2}{(x-2)(\sqrt{x^2-2}+\sqrt{2})}\\&=\lim_{x\to 2+0}\frac{x+2}{\sqrt{x^2-2}+\sqrt{2}}=\frac{4}{2\sqrt{2}}=\sqrt{2}\end{aligned}$$

◀ $x \geqq 2$ のとき $f(x)=\sqrt{x^2-2}+3$ である。

◀ 不定形であるから，分子を有理化する。

また

$$\begin{aligned}\lim_{x\to 2-0}\frac{f(x)-f(2)}{x-2}&=\lim_{x\to 2-0}\frac{ax^2+bx-(4a+2b)}{x-2}\\&=\lim_{x\to 2-0}\frac{a(x^2-4)+b(x-2)}{x-2}\\&=\lim_{x\to 2-0}\{a(x+2)+b\}=4a+b\end{aligned}$$

◀ $x<2$ のとき $f(x)=ax^2+bx$ である。

よって　$4a+b=\sqrt{2}$　…②

①，② より　$\boldsymbol{a=\dfrac{\sqrt{2}-3}{4}}$，$\boldsymbol{b=3}$

④ (1) $x=y\sqrt{1+y}$ のとき，$\dfrac{dy}{dx}$ を y の式で表せ。

（東京電機大）

(2) $\sqrt[3]{x}+\sqrt[3]{y}=\sqrt[3]{a}$ のとき，$\dfrac{dy}{dx}$ を x，y の式で表せ。ただし，a は正の定数とする。

(1) $\displaystyle\frac{dx}{dy}=\sqrt{1+y}+y\cdot\frac{1}{2\sqrt{1+y}}=\frac{3y+2}{2\sqrt{1+y}}$

◀ 積の微分法
合成関数の微分法

$y \neq -\dfrac{2}{3}$ のとき　$\dfrac{dy}{dx}=\dfrac{1}{\dfrac{dx}{dy}}=\boldsymbol{\dfrac{2\sqrt{1+y}}{3y+2}}$

◀ 逆関数の微分法

(2) $\sqrt[3]{x}+\sqrt[3]{y}=\sqrt[3]{a}$ の両辺を x で微分すると

$$\frac{1}{3}x^{-\frac{2}{3}}+\frac{1}{3}y^{-\frac{2}{3}}\cdot\frac{dy}{dx}=0$$

◀ 合成関数の微分法

2章 5 微分法

$x \fallingdotseq 0$ のとき　　$\dfrac{dy}{dx}=-\left(\dfrac{x}{y}\right)^{-\frac{2}{3}}=-\sqrt[3]{\left(\dfrac{y}{x}\right)^2}$

⑤ ベクトル $\vec{a}=(2,\ 2)$, $\vec{b}=(2,\ 1)$ に対して，関数 $f(t)$ を $f(t)=|t\vec{a}+\vec{b}|$ （t は実数）と定めるとき，$f(t)=f'(t)$ かつ $t>0$ であるような t の値を求めよ。ただし，$f'(t)$ は関数 $f(t)$ の導関数である。（東京医科大）

$\vec{a}=(2,\ 2)$, $\vec{b}=(2,\ 1)$ であるから

$$|\vec{a}|^2=2^2+2^2=8,\quad |\vec{b}|^2=2^2+1^2=5$$

$$\vec{a}\cdot\vec{b}=2\cdot2+2\cdot1=6$$

このとき

$$f(t)=|t\vec{a}+\vec{b}|=\sqrt{t^2|\vec{a}|^2+2t\vec{a}\cdot\vec{b}+|\vec{b}|^2}$$

$$=\sqrt{8t^2+12t+5}$$

$$f'(t)=\frac{16t+12}{2\sqrt{8t^2+12t+5}}=\frac{8t+6}{\sqrt{8t^2+12t+5}}$$

◀ $f(t)=(8t^2+12t+5)^{\frac{1}{2}}$ より
$f'(t)=\dfrac{1}{2}(8t^2+12t+5)^{-\frac{1}{2}}\times(8t^2+12t+5)'$

ここで，$f(t)=f'(t)$ であるから

$$\sqrt{8t^2+12t+5}=\frac{8t+6}{\sqrt{8t^2+12t+5}}$$

よって，$8t^2+12t+5=8t+6$ より

$$8t^2+4t-1=0$$

$t>0$ であるから　　$t=\dfrac{-2+2\sqrt{3}}{8}=\boldsymbol{\dfrac{-1+\sqrt{3}}{4}}$

6 いろいろな関数の導関数

練習 71 次の関数を微分せよ。

(1) $y=\tan\left(2x+\dfrac{\pi}{3}\right)$　(2) $y=2x\cos^2\dfrac{x}{2}$　(3) $y=\dfrac{1-\cos x}{\sin x}$

(1) $y'=\dfrac{1}{\cos^2\left(2x+\dfrac{\pi}{3}\right)}\cdot\left(2x+\dfrac{\pi}{3}\right)'=\dfrac{2}{\cos^2\left(2x+\dfrac{\pi}{3}\right)}$

◀ $(\tan x)'=\dfrac{1}{\cos^2 x}$

(2) $y'=(2x)'\cdot\cos^2\dfrac{x}{2}+2x\cdot\left(\cos^2\dfrac{x}{2}\right)'$

$=2\cos^2\dfrac{x}{2}+2x\cdot\left(2\cos\dfrac{x}{2}\right)\cdot\left(\cos\dfrac{x}{2}\right)'$

$=2\cos^2\dfrac{x}{2}+2x\cdot\left(2\cos\dfrac{x}{2}\right)\cdot\left(-\dfrac{1}{2}\sin\dfrac{x}{2}\right)$

$=\mathbf{2\cos^2\dfrac{x}{2}-2x\sin\dfrac{x}{2}\cos\dfrac{x}{2}}$

◀ $\left(\cos\dfrac{x}{2}\right)'=-\sin\dfrac{x}{2}\cdot\left(\dfrac{x}{2}\right)'$
$=-\dfrac{1}{2}\sin\dfrac{x}{2}$

〔別解〕

半角の公式により

$$y=2x\cos^2\frac{x}{2}=2x\cdot\frac{1+\cos x}{2}=x(1+\cos x)$$

よって　$y'=(x)'\cdot(1+\cos x)+x\cdot(1+\cos x)'$

$=1+\cos x-x\sin x$

◀ 本解と形は異なるが同じ式である。

(3) $y'=\dfrac{(1-\cos x)'\sin x-(1-\cos x)(\sin x)'}{(\sin x)^2}$

$=\dfrac{\sin x\cdot\sin x-(1-\cos x)\cos x}{(\sin x)^2}$

$=\dfrac{\sin^2 x-\cos x+\cos^2 x}{(\sin x)^2}$

$=\dfrac{1-\cos x}{\sin^2 x}=\dfrac{1-\cos x}{1-\cos^2 x}$

$=\dfrac{1-\cos x}{(1-\cos x)(1+\cos x)}=\mathbf{\dfrac{1}{1+\cos x}}$

◀ $\dfrac{1-\cos x}{\sin^2 x}$ のままでもよい。

練習 72 次の関数を微分せよ。ただし，a は正の定数とする。

(1) $y=\log_2\dfrac{1+x}{1-x}$　(2) $y=\log\left|\tan\dfrac{x}{2}\right|$

(3) $y=\log|x-\sqrt{x^2+a}|$　(4) $y=x^2\log x$

(1) $\log_2\dfrac{1+x}{1-x}=\dfrac{1}{\log 2}\cdot\log\dfrac{1+x}{1-x}$

$=\dfrac{1}{\log 2}\{\log(1+x)-\log(1-x)\}$

よって　$y'=\dfrac{1}{\log 2}\left(\dfrac{1}{1+x}+\dfrac{1}{1-x}\right)$

$=\dfrac{2}{(1+x)(1-x)\log 2}=\mathbf{\dfrac{2}{(1-x^2)\log 2}}$

◀ 底を変換して，自然対数で表す。

◀ 定義域は，真数の条件より
$\dfrac{1+x}{1-x}>0 \Longleftrightarrow -1<x<1$
よって，$1+x>0$，
$1-x>0$ であるから
$\log\dfrac{1+x}{1-x}$
$=\log(1+x)-\log(1-x)$

〔別解〕

$$y' = \frac{1}{\dfrac{1+x}{1-x}\cdot\log 2}\cdot\left(\frac{1+x}{1-x}\right)'$$

◀公式 $(\log_a|x|)' = \dfrac{1}{x\log a}$ を用いる。

$$\left(\frac{1+x}{1-x}\right)' = \frac{(1+x)'(1-x)-(1+x)(1-x)'}{(1-x)^2} = \frac{2}{(1-x)^2} \text{ より}$$

$$y' = \frac{1-x}{(1+x)\log 2}\cdot\frac{2}{(1-x)^2} = \frac{2}{(1-x^2)\log 2}$$

(2) $$y' = \frac{\left(\tan\dfrac{x}{2}\right)'}{\tan\dfrac{x}{2}} = \frac{1}{\tan\dfrac{x}{2}}\cdot\frac{1}{\cos^2\dfrac{x}{2}}\cdot\left(\frac{x}{2}\right)'$$

$$= \frac{1}{2\sin\dfrac{x}{2}\cos\dfrac{x}{2}} = \boldsymbol{\frac{1}{\sin x}}$$

◀ $\tan\theta\cos^2\theta = \dfrac{\sin\theta}{\cos\theta}\cdot\cos^2\theta = \sin\theta\cos\theta$

(3) $$y' = \frac{(x-\sqrt{x^2+a})'}{x-\sqrt{x^2+a}} = \frac{1-\dfrac{x}{\sqrt{x^2+a}}}{x-\sqrt{x^2+a}}$$

$$= \frac{\sqrt{x^2+a}-x}{\sqrt{x^2+a}}\cdot\frac{1}{x-\sqrt{x^2+a}} = \boldsymbol{-\frac{1}{\sqrt{x^2+a}}}$$

◀ $\{\log|f(x)|\}' = \dfrac{f'(x)}{f(x)}$

◀ $(\sqrt{x^2+a})' = \left\{(x^2+a)^{\frac{1}{2}}\right\}' = \dfrac{1}{2}(x^2+a)^{-\frac{1}{2}}\cdot(x^2+a)' = \dfrac{x}{\sqrt{x^2+a}}$

(4) $$y' = (x^2)'\log x + x^2(\log x)'$$
$$= 2x\log x + x^2\cdot\frac{1}{x}$$
$$= \boldsymbol{2x\log x + x}$$

練習 73 次の関数を微分せよ。

(1) $y = e^{2x-1}$　(2) $y = 3^{1-x}$　(3) $y = xe^{-x^2}$

(4) $y = e^{-x}\sin 2x$　(5) $y = \dfrac{1+e^x}{1+2e^x}$

(1) $y' = e^{2x-1}(2x-1)' = \boldsymbol{2e^{2x-1}}$　◀合成関数の微分法

(2) $y' = 3^{1-x}\log 3\cdot(1-x)' = \boldsymbol{-3^{1-x}\log 3}$　◀ $(a^x)' = a^x\log a$

(3) $y' = (x)'e^{-x^2} + x(e^{-x^2})' = e^{-x^2} + xe^{-x^2}(-x^2)'$
$= e^{-x^2} - 2x^2e^{-x^2} = \boldsymbol{(1-2x^2)e^{-x^2}}$

◀積の微分法
$(e^{-x^2})'$ は合成関数の微分法を用いる。

(4) $y' = (e^{-x})'\sin 2x + e^{-x}(\sin 2x)'$
$= e^{-x}\cdot(-x)'\sin 2x + e^{-x}\cos 2x\cdot(2x)'$
$= -e^{-x}\sin 2x + 2e^{-x}\cos 2x$
$= \boldsymbol{-e^{-x}(\sin 2x - 2\cos 2x)}$

◀ $(e^{-x})'$, $(\sin 2x)'$ は合成関数の微分法を用いる。

◀ $-e^{-x}$ でくくる前の式を答えとしてもよい。

(5) $$y' = \frac{(1+e^x)'(1+2e^x)-(1+e^x)(1+2e^x)'}{(1+2e^x)^2}$$

◀商の微分法

$$= \frac{e^x(1+2e^x)-(1+e^x)\cdot 2e^x}{(1+2e^x)^2}$$

$$= \frac{e^x + e^x\cdot 2e^x - 2e^x - e^x\cdot 2e^x}{(1+2e^x)^2}$$

$$= \boldsymbol{-\frac{e^x}{(1+2e^x)^2}}$$

〔別解〕

$y=\dfrac{1}{2}\cdot\dfrac{1}{1+2e^x}+\dfrac{1}{2}$ より

$$y'=\frac{1}{2}\cdot\left\{-\frac{(1+2e^x)'}{(1+2e^x)^2}\right\}=-\frac{e^x}{(1+2e^x)^2}$$

◀ $(1+2e^x)'=2e^x$

練習 74 次の関数を微分せよ。

(1) $y=\sqrt{\dfrac{x^2-9}{x+8}}$　　(2) $y=x^{\sin x}$　$(x>0)$

(1) 両辺の絶対値の対数をとると

$$\log|y|=\log\left|\sqrt{\frac{x^2-9}{x+8}}\right|=\log\left(\frac{|x^2-9|}{|x+8|}\right)^{\frac{1}{2}}$$

$$=\frac{1}{2}\{\log|x+3|+\log|x-3|-\log|x+8|\}$$

両辺を x で微分すると

$$\frac{y'}{y}=\frac{1}{2}\left(\frac{1}{x+3}+\frac{1}{x-3}-\frac{1}{x+8}\right)$$

$$=\frac{(x-3)(x+8)+(x+3)(x+8)-(x+3)(x-3)}{2(x+3)(x-3)(x+8)}$$

$$=\frac{x^2+16x+9}{2(x+3)(x-3)(x+8)}$$

よって　$y'=\sqrt{\dfrac{(x+3)(x-3)}{x+8}}\cdot\dfrac{x^2+16x+9}{2(x+3)(x-3)(x+8)}$

$$=\boldsymbol{\frac{x^2+16x+9}{2(x+8)\sqrt{(x+3)(x-3)(x+8)}}}$$

◀ $\log\left|\sqrt{\dfrac{x^2-9}{x+8}}\right|$
$=\log\sqrt{\dfrac{|x^2-9|}{|x+8|}}$
$=\log\left(\dfrac{|x^2-9|}{|x+8|}\right)^{\frac{1}{2}}$
$=\dfrac{1}{2}\log\left(\dfrac{|x+3||x-3|}{|x+8|}\right)$

◀ 合成関数の微分法を用いる。特に，左辺に注意する。
$\dfrac{d}{dx}\log|y|=\dfrac{y'}{y}$

◀ 通分する。

(2) $y=x^{\sin x}$ $(x>0)$ のとき両辺は正であるから，両辺の対数をとると

$$\log y=\sin x\cdot\log x$$

両辺を x で微分すると

$$\frac{y'}{y}=(\sin x)'\log x+\sin x\cdot(\log x)'$$

$$=\cos x\log x+\sin x\cdot\frac{1}{x}$$

$$=\frac{x\cos x\log x+\sin x}{x}$$

よって

$$y'=x^{\sin x}\cdot\frac{x\cos x\log x+\sin x}{x}$$

$$=\boldsymbol{x^{\sin x-1}(x\cos x\log x+\sin x)}$$

◀ $x>0$ より両辺は正である。
対数の性質を用いる。

◀ 右辺は積の微分法を用いる。

練習 75 $\displaystyle\lim_{h\to 0}(1+h)^{\frac{1}{h}}=e$ であることを用いて，次の極限値を求めよ。

(1) $\displaystyle\lim_{x\to 0}(1+2x)^{-\frac{1}{x}}$　　(2) $\displaystyle\lim_{n\to\infty}\left(1-\frac{1}{n+1}\right)^n$　　(3) $\displaystyle\lim_{x\to-\infty}\left(1+\frac{2}{x}\right)^x$

(1) $2x=h$ とおくと，$x\to 0$ のとき $h\to 0$ であるから

$$\lim_{x\to 0}(1+2x)^{-\frac{1}{x}}=\lim_{x\to 0}(1+2x)^{\frac{1}{2x}\times(-2)}$$

◀ $2x\to 0$ であるから $2x=h$ とおく。

2章 6 いろいろな関数の導関数

$$= \lim_{h\to 0}(1+h)^{\frac{1}{h}\times(-2)}$$

$$= \lim_{h\to 0}\left\{(1+h)^{\frac{1}{h}}\right\}^{-2} = e^{-2} = \boldsymbol{\frac{1}{e^2}}$$

(2) $-\dfrac{1}{n+1} = h$ とおくと，$n \to \infty$ のとき $h \to -0$ であるから

$$\lim_{n\to\infty}\left(1-\frac{1}{n+1}\right)^n = \lim_{h\to -0}(1+h)^{-\frac{1}{h}-1}$$

$$= \lim_{h\to -0}\frac{\left\{(1+h)^{\frac{1}{h}}\right\}^{-1}}{1+h} = e^{-1} = \boldsymbol{\frac{1}{e}}$$

(3) $\dfrac{2}{x} = h$ とおくと，$x \to -\infty$ のとき $h \to -0$ であるから

$$\lim_{x\to -\infty}\left(1+\frac{2}{x}\right)^x = \lim_{h\to -0}(1+h)^{\frac{2}{h}}$$

$$= \lim_{h\to -0}\left\{(1+h)^{\frac{1}{h}}\right\}^2 = \boldsymbol{e^2}$$

◀ $n = -\dfrac{1}{h} - 1$

◀ $a^{m-n} = \dfrac{a^m}{a^n}$

◀ $\lim_{h\to 0}(1+h)^{\frac{1}{h}} = e$
$\lim_{h\to 0}(1+h) = 1$

◀ $\dfrac{2}{x} \to -0$ であるから，
$\dfrac{2}{x} = h$ とおく。

◀ $x = \dfrac{2}{h} = \dfrac{1}{h}\times 2$

練習 76 次の極限値を求めよ。

(1) $\displaystyle\lim_{x\to 0}\frac{2^x-1}{x}$　(2) $\displaystyle\lim_{x\to 1}\frac{1+\cos\pi x}{x^3-1}$　(3) $\displaystyle\lim_{x\to 0}\frac{\log(x+1)}{\sin x}$

(1) $f(x) = 2^x$ とおくと，微分係数の定義により

$$\lim_{x\to 0}\frac{2^x-1}{x} = \lim_{x\to 0}\frac{2^x-2^0}{x-0} = \lim_{x\to 0}\frac{f(x)-f(0)}{x-0} = f'(0)$$

$f'(x) = 2^x\log 2$ であるから　$f'(0) = \log 2$

よって　$\displaystyle\lim_{x\to 0}\frac{2^x-1}{x} = \boldsymbol{\log 2}$

(2) $$\lim_{x\to 1}\frac{1+\cos\pi x}{x^3-1} = \lim_{x\to 1}\frac{1+\cos\pi x}{x-1}\cdot\frac{1}{x^2+x+1}$$

ここで，$f(x) = \cos\pi x$ とおくと，微分係数の定義により

$$\lim_{x\to 1}\frac{1+\cos\pi x}{x-1} = \lim_{x\to 1}\frac{\cos\pi x - \cos\pi}{x-1}$$

$$= \lim_{x\to 1}\frac{f(x)-f(1)}{x-1} = f'(1)$$

$f'(x) = -\pi\sin\pi x$ であるから　$f'(1) = -\pi\sin\pi = 0$

よって　$\displaystyle\lim_{x\to 1}\frac{1+\cos\pi x}{x^3-1} = f'(1)\cdot\frac{1}{3} = \boldsymbol{0}$

◀ x^3-1
$= (x-1)(x^2+x+1)$

◀ (分子) $= \cos\pi x - (-1)$
$= \cos\pi x - \cos\pi$

◀ $\displaystyle\lim_{x\to 1}\frac{1}{x^2+x+1} = \frac{1}{3}$

(3) $$\lim_{x\to 0}\frac{\log(x+1)}{\sin x} = \lim_{x\to 0}\frac{\log(x+1)}{x}\cdot\frac{x}{\sin x} = \lim_{x\to 0}\frac{\log(x+1)}{x}\cdot\frac{1}{\dfrac{\sin x}{x}}$$

ここで，$f(x) = \log(x+1)$ とおくと，微分係数の定義により

$$\lim_{x\to 0}\frac{\log(x+1)}{x} = \lim_{x\to 0}\frac{f(x)-f(0)}{x-0} = f'(0)$$

$f'(x) = \dfrac{1}{x+1}$ であるから　$f'(0) = 1$

よって　$\displaystyle\lim_{x\to 0}\frac{\log(x+1)}{\sin x} = f'(0)\cdot\frac{1}{1} = \boldsymbol{1}$

◀ $0 = \log 1 = f(0)$

◀ $\displaystyle\lim_{x\to 0}\frac{\sin x}{x} = 1$

練習 77 (1) 関数 $f(x)=x(\sin ax+\sin bx)$ において，$f'(0)$ の値を求めよ。
さらに，$f''(0)=2$ を満たすとき，定数 a，b の関係式を求めよ。
(2) a，b は定数とする。$y=e^{-2x}(a\cos 2x+b\sin 2x)$ のとき，
$y''+4y'+8y=0$ を示せ。

(1) $f'(x)=1\cdot(\sin ax+\sin bx)+x\cdot(\sin ax+\sin bx)'$
$=\sin ax+\sin bx+x(a\cos ax+b\cos bx)$

◀ $(\sin ax)'=a\cos ax$
$(\sin bx)'=b\cos bx$

$f''(x)=a\cos ax+b\cos bx+1\cdot(a\cos ax+b\cos bx)$
$+x\cdot(a\cos ax+b\cos bx)'$

◀ $(a\cos ax)'=-a^2\sin ax$

$=2(a\cos ax+b\cos bx)-x(a^2\sin ax+b^2\sin bx)$

よって　$\boldsymbol{f'(0)=0}$

◀ $\sin 0=0$

$f''(0)=2(a+b)=2$　…①

◀ $\cos 0=1$

① より　$\boldsymbol{a+b=1}$

(2) $y=e^{-2x}(a\cos 2x+b\sin 2x)$ …① とする。
$y'=-2e^{-2x}\cdot(a\cos 2x+b\sin 2x)+e^{-2x}\cdot 2(-a\sin 2x+b\cos 2x)$
これに ① を代入すると
$y'=-2y+2e^{-2x}(-a\sin 2x+b\cos 2x)$　…②
② の両辺を x で微分すると
$y''=-2y'-4e^{-2x}\cdot(-a\sin 2x+b\cos 2x)$
$+2e^{-2x}\cdot\{-2(a\cos 2x+b\sin 2x)\}$　…③
ここで，② より　$2e^{-2x}(-a\sin 2x+b\cos 2x)=y'+2y$
これと ① を ③ に代入して整理すると
$y''=-2y'-2(y'+2y)-4y$
したがって　$y''+4y'+8y=0$

練習 78 次の関数について，$f(x)$ の第 n 次導関数 $f^{(n)}(x)$ を求めよ。
(1) $f(x)=\log x$　　(2) $f(x)=x^n$

(1) $f(x)=\log x$ より

$$f'(x)=\frac{1}{x}$$

$$f''(x)=\left(\frac{1}{x}\right)'=-\frac{1}{x^2}=(-1)\cdot\frac{1!}{x^2}$$

◀ $1=1!$
$2=2!$

$$f^{(3)}(x)=\left(-\frac{1}{x^2}\right)'=(-x^{-2})'=2x^{-3}=(-1)^2\cdot\frac{2!}{x^3}$$

$$f^{(4)}(x)=(2x^{-3})'=2\cdot(-3)x^{-4}=(-1)^3\cdot\frac{3!}{x^4}$$

これらより　$f^{(n)}(x)=(-1)^{n-1}\cdot\dfrac{(n-1)!}{x^n}$　…①
と推定できる。① を数学的帰納法で証明する。

◀ 推定だけで終わらずに，必ず証明する。

[1] $n=1$ のとき，明らかに成り立つ。
[2] $n=k$ のとき，① が成り立つと仮定すると

$$f^{(k)}(x)=(-1)^{k-1}\cdot\frac{(k-1)!}{x^k}$$

$n=k+1$ のとき

$$f^{(k+1)}(x)=\{f^{(k)}(x)\}'$$

$$= \left\{(-1)^{k-1}\cdot\frac{(k-1)!}{x^k}\right\}'$$

$$= (-1)^{k-1}\cdot\frac{(k-1)!\cdot(-k)}{x^{k+1}} = (-1)^k\cdot\frac{k!}{x^{k+1}}$$

よって，① は $n=k+1$ のときも成り立つ。

[1]，[2] より，すべての自然数 n に対して ① は成り立つ。

したがって　$\boldsymbol{f^{(n)}(x) = (-1)^{n-1}\cdot\frac{(n-1)!}{x^n}}$

(2) $f(x) = x^n$ より

$n=1$ のとき，$f(x)=x$ であり　$f'(x)=1$

$n=2$ のとき，$f(x)=x^2$ であり　$f''(x)=(2x)'=2\cdot1$

$n=3$ のとき，$f(x)=x^3$ であり

$$f'''(x)=(3x^2)''=(3\cdot2x)'=3\cdot2\cdot1$$

◀関数 $f(x)$ に n が含まれていることに注意する。

これらより，$f^{(n)}(x)=n!$ …① と推定できる。

① を数学的帰納法で証明する。

[1]　$n=1$ のとき，明らかに成り立つ。

[2]　$n=k$ のとき，① が成り立つと仮定すると，

$f(x)=x^k$ に対して

$$f^{(k)}(x)=k! \quad \text{すなわち} \quad \frac{d^k}{dx^k}x^k=k!$$

このとき，$f(x)=x^{k+1}$ に対して

◀$n=k+1$ のときを考える。

$$f^{(k+1)}(x)=\frac{d^k}{dx^k}f'(x)=\frac{d^k}{dx^k}\{(k+1)x^k\}$$

$$=(k+1)\frac{d^k}{dx^k}x^k=(k+1)k!=(k+1)!$$

よって，$n=k+1$ のときも成り立つ。

[1]，[2] より，すべての自然数 n に対して ① は成り立つ。

したがって　$\boldsymbol{f^{(n)}(x)=n!}$

練習 79　$x=e^t\sin t$，$y=e^t\cos t$ で表された関数について

(1) $\dfrac{dy}{dx}$ を t の式で表せ。　　(2) $\dfrac{d^2y}{dx^2}$ を t の式で表せ。

(1) $$\frac{dx}{dt}=e^t\sin t+e^t\cos t=e^t(\sin t+\cos t)$$

◀積の微分法

$$\frac{dy}{dt}=e^t\cos t-e^t\sin t=e^t(\cos t-\sin t)$$

よって，$\sin t+\cos t \neq 0$ のとき

$$\frac{dy}{dx}=\frac{\frac{dy}{dt}}{\frac{dx}{dt}}=\frac{e^t(\cos t-\sin t)}{e^t(\sin t+\cos t)}=\boldsymbol{\frac{\cos t-\sin t}{\cos t+\sin t}}$$

(2) $$\frac{d^2y}{dx^2}=\frac{d}{dx}\left(\frac{dy}{dx}\right)=\frac{\frac{d}{dt}\left(\frac{dy}{dx}\right)}{\frac{dx}{dt}}$$

ここで

$$\frac{d}{dt}\left(\frac{dy}{dx}\right)=\frac{(-\sin t-\cos t)(\cos t+\sin t)-(\cos t-\sin t)(-\sin t+\cos t)}{(\cos t+\sin t)^2}$$

$$=\frac{-(\cos t+\sin t)^2-(\cos t-\sin t)^2}{(\cos t+\sin t)^2}$$

$$=\frac{-2}{(\sin t+\cos t)^2}$$

◀ (分子)
$=-\cos^2 t-2\sin t\cos t-\sin^2 t$
$\quad -\cos^2 t+2\sin t\cos t-\sin^2 t$
$=-2(\cos^2 t+\sin^2 t)=-2$

よって

$$\frac{d^2y}{dx^2}=\frac{-2}{(\sin t+\cos t)^2}\cdot\frac{1}{e^t(\sin t+\cos t)}$$

$$=-\boldsymbol{\frac{2}{e^t(\sin t+\cos t)^3}}$$

〔別解〕

$$\frac{d^2y}{dx^2}=\frac{d}{dx}\left(\frac{dy}{dx}\right)=\frac{d}{dt}\left(\frac{dy}{dx}\right)\cdot\frac{dt}{dx}$$

$$=-\frac{2}{(\sin t+\cos t)^2}\cdot\frac{1}{e^t(\sin t+\cos t)}$$

$$=-\frac{2}{e^t(\sin t+\cos t)^3}$$

◀ 合成関数の微分法

◀ $\dfrac{dt}{dx}=\dfrac{1}{\dfrac{dx}{dt}}$
$=\dfrac{1}{e^t(\sin t+\cos t)}$

練習 80 微分可能な関数 $f(x)$ において，$f(x+y)=f(x)+f(y)$ がすべての実数 x，y について成り立ち，$f'(0)=1$ であるとき

(1) $f(0)$ を求めよ。　　(2) $f(-x)=-f(x)$ を示せ。

(3) $f'(x)$ を求めよ。　　(4) $f(x)$ を求めよ。

---

(1) $x=y=0$ とすると　　$f(0)=f(0)+f(0)$

よって　　$\boldsymbol{f(0)=0}$

(2) $y=-x$ とすると

$$f(x-x)=f(x)+f(-x)$$

$$f(0)=f(x)+f(-x)$$

$f(0)=0$ より　　$f(-x)=-f(x)$

(3) $$f'(x)=\lim_{h\to0}\frac{f(x+h)-f(x)}{h}$$

$$=\lim_{h\to0}\frac{\{f(x)+f(h)\}-f(x)}{h}$$

$$=\lim_{h\to0}\frac{f(h)}{h}=\lim_{h\to0}\frac{f(0+h)-f(0)}{h}$$

$$=f'(0)=\boldsymbol{1}$$

◀ $f'(0)$
$=\displaystyle\lim_{h\to0}\frac{f(0+h)-f(0)}{h}$

(4) (3)より　　$f(x)=x+C$（C は積分定数）

$f(0)=0$ より　　$C=0$

よって　　$\boldsymbol{f(x)=x}$

チャレンジ〈1〉 $\displaystyle\lim_{h\to0}\frac{e^h-1}{h}=1$ であることを用いて，極限値 $\displaystyle\lim_{x\to0}\frac{e^x-e^{-x}}{x}$ を求めよ。

$$\lim_{x\to0}\frac{e^x-e^{-x}}{x}=\lim_{x\to0}\frac{e^{2x}-1}{x\cdot e^x}=\lim_{x\to0}\frac{e^{2x}-1}{2x}\cdot\frac{2}{e^x}=1\cdot\frac{2}{1}=\boldsymbol{2}$$

◀ $\displaystyle\lim_{x\to0}e^x=1$

2章 6 いろいろな関数の導関数

問題編 6 いろいろな関数の導関数

問題 **71** 次の関数を微分せよ。

(1) $y=\sqrt{1+\cos^2 x}$　(2) $y=\sin x\cos^2 x$　(3) $y=\dfrac{\sin x-\cos x}{\sin x+\cos x}$

(1) $y=(1+\cos^2 x)^{\frac{1}{2}}$ より

$$y'=\frac{1}{2}(1+\cos^2 x)^{-\frac{1}{2}}\cdot(1+\cos^2 x)'$$

$$=\frac{1}{2}(1+\cos^2 x)^{-\frac{1}{2}}\cdot 2\cos x(\cos x)'$$

$$=\frac{1}{2}(1+\cos^2 x)^{-\frac{1}{2}}\cdot 2\cos x\cdot(-\sin x)$$

$$=-\boldsymbol{\frac{\sin x\cos x}{\sqrt{1+\cos^2 x}}}$$

◀合成関数の微分法を繰り返し用いる。

(2) $y'=(\sin x)'\cos^2 x+\sin x(\cos^2 x)'$

$=\cos x\cdot\cos^2 x+\sin x\cdot 2\cos x\cdot(\cos x)'$

$=\boldsymbol{\cos^3 x-2\cos x\sin^2 x}$

〔別解〕

$y=\sin x(1-\sin^2 x)=\sin x-\sin^3 x$ より

◀$\cos^2 x=1-\sin^2 x$

$y'=\cos x-3\sin^2 x\cdot(\sin x)'$

$=\cos x-3\sin^2 x\cos x$

◀本解と形は異なるが同じ式である。

(3) $$y'=\frac{(\sin x-\cos x)'(\sin x+\cos x)-(\sin x-\cos x)(\sin x+\cos x)'}{(\sin x+\cos x)^2}$$

$$=\frac{(\cos x+\sin x)^2+(\sin x-\cos x)^2}{(\sin x+\cos x)^2}$$

$$=\boldsymbol{\frac{2}{(\sin x+\cos x)^2}}$$

◀ (分子)
$=\cos^2 x+2\sin x\cos x+\sin^2 x$
$+\sin^2 x-2\sin x\cos x+\cos^2 x$
$=2(\sin^2 x+\cos^2 x)=2$

問題 **72** 次の関数を微分せよ。

(1) $y=\log(\log x)$　(2) $y=\{\log(\sqrt{x}+1)\}^2$

(1) $$y'=\frac{(\log x)'}{\log x}=\frac{1}{\log x}\cdot\frac{1}{x}=\boldsymbol{\frac{1}{x\log x}}$$

(2) $y'=2\log(\sqrt{x}+1)\cdot\{\log(\sqrt{x}+1)\}'$

$$=2\log(\sqrt{x}+1)\cdot\frac{1}{\sqrt{x}+1}\cdot(\sqrt{x}+1)'$$

◀$(\sqrt{x})'=\left(x^{\frac{1}{2}}\right)'=\frac{1}{2}\cdot x^{-\frac{1}{2}}=\frac{1}{2\sqrt{x}}$

$$=\frac{2\log(\sqrt{x}+1)}{\sqrt{x}+1}\cdot\frac{1}{2\sqrt{x}}=\boldsymbol{\frac{\log(\sqrt{x}+1)}{x+\sqrt{x}}}$$

問題 **73** 次の関数を微分せよ。

(1) $y=xe^{\sin x}$　(2) $y=\dfrac{\sin x+\cos x}{e^x}$

(1) $y'=(x)'e^{\sin x}+x(e^{\sin x})'=e^{\sin x}+xe^{\sin x}(\sin x)'$

◀積の微分法

$$= e^{\sin x} + xe^{\sin x}\cos x = \boldsymbol{(1+x\cos x)e^{\sin x}}$$

(2) $y' = \dfrac{(\sin x+\cos x)'e^x - (\sin x+\cos x)(e^x)'}{(e^x)^2}$

◀商の微分法

$$= \frac{(\cos x-\sin x)e^x - (\sin x+\cos x)e^x}{(e^x)^2} = -\boldsymbol{\frac{2\sin x}{e^x}}$$

◀ e^x で約分する。

〔別解〕

$y = (\sin x+\cos x)e^{-x}$ であるから

$$y' = (\sin x+\cos x)'e^{-x} + (\sin x+\cos x)(e^{-x})'$$
$$= (\cos x-\sin x)e^{-x} - (\sin x+\cos x)e^{-x}$$
$$= -2e^{-x}\sin x = -\frac{2\sin x}{e^x}$$

◀ $\dfrac{1}{e^x} = e^{-x}$ を利用して，y を積の形で表してから考えてもよい。

問題 **74** 次の関数を微分せよ。

(1) $y = \dfrac{(x-1)^3}{x^5(x+1)^7}$　　(2) $y = x^{\log x}$　$(x>0)$

(1) 両辺の絶対値の対数をとると

$$\log|y| = 3\log|x-1| - 5\log|x| - 7\log|x+1|$$

両辺を x で微分すると

$$\frac{y'}{y} = \frac{3}{x-1} - \frac{5}{x} - \frac{7}{x+1}$$
$$= \frac{3x(x+1) - 5(x-1)(x+1) - 7x(x-1)}{x(x-1)(x+1)}$$
$$= \frac{-9x^2+10x+5}{x(x-1)(x+1)}$$

◀合成関数の微分法を用いる。
$\dfrac{d}{dx}\log|y| = \dfrac{y'}{y}$

よって

$$y' = \frac{(x-1)^3}{x^5(x+1)^7}\cdot\frac{-9x^2+10x+5}{x(x-1)(x+1)}$$
$$= -\boldsymbol{\frac{(x-1)^2(9x^2-10x-5)}{x^6(x+1)^8}}$$

(2) $x>0$ のとき両辺は正であるから，両辺の対数をとると

$$\log y = \log x\cdot\log x = (\log x)^2$$

◀ $x>0$ より両辺は正である。

両辺を x で微分すると

$$\frac{y'}{y} = 2(\log x)\cdot(\log x)' = 2\log x\cdot\frac{1}{x} = \frac{2\log x}{x}$$

◀合成関数の微分法

よって　$y' = x^{\log x}\cdot\dfrac{2\log x}{x} = \boldsymbol{2x^{\log x-1}\log x}$

問題 **75** 次の極限値を求めよ。

(1) $\displaystyle\lim_{n\to\infty}\left(1-\frac{1}{n^2}\right)^n$　　(2) $\displaystyle\lim_{h\to 0}\frac{1-\cos 2h}{h\log(1+h)}$

(1) $\left(1-\dfrac{1}{n^2}\right)^n = \left\{\left(1+\dfrac{1}{n}\right)\left(1-\dfrac{1}{n}\right)\right\}^n = \left(1+\dfrac{1}{n}\right)^n\left(1-\dfrac{1}{n}\right)^n$

$\dfrac{1}{n} = h$ とおくと，$n\to\infty$ のとき $h\to+0$ であるから

$$\lim_{n\to\infty}\left(1+\frac{1}{n}\right)^n = \lim_{h\to+0}(1+h)^{\frac{1}{h}} = e$$

◀ $\dfrac{1}{n}\to+0$ であるから，$\dfrac{1}{n} = h$ とおく。

また，$-\dfrac{1}{n}=t$ とおくと，$n\to\infty$ のとき $t\to -0$ であるから

$$\lim_{n\to\infty}\left(1-\frac{1}{n}\right)^n=\lim_{t\to-0}(1+t)^{-\frac{1}{t}}=\lim_{t\to-0}\left\{(1+t)^{\frac{1}{t}}\right\}^{-1}=\frac{1}{e}$$

◀ $n=-\dfrac{1}{t}$

ゆえに $\displaystyle\lim_{n\to\infty}\left(1-\frac{1}{n^2}\right)^n=\lim_{n\to\infty}\left(1+\frac{1}{n}\right)^n\lim_{n\to\infty}\left(1-\frac{1}{n}\right)^n$

$$=e\cdot\frac{1}{e}=\mathbf{1}$$

◀ $\displaystyle\lim_{n\to\infty}f(n)=\alpha$
$\displaystyle\lim_{n\to\infty}g(n)=\beta$
α，β が有限の値ならば，
$\displaystyle\lim_{n\to\infty}\{f(n)\cdot g(n)\}$
$\displaystyle=\lim_{n\to\infty}f(n)\cdot\lim_{n\to\infty}g(n)$

(2) $\displaystyle(\text{与式})=\lim_{h\to0}\frac{(1-\cos2h)(1+\cos2h)}{h\log(1+h)\cdot(1+\cos2h)}$

$$=\lim_{h\to0}\left\{\frac{\sin^2 2h}{(2h)^2}\cdot\frac{4}{\dfrac{1}{h}\log(1+h)}\cdot\frac{1}{1+\cos2h}\right\}$$

◀ $1-\cos^2 2h=\sin^2 2h$

$$=\lim_{h\to0}\left\{\left(\frac{\sin2h}{2h}\right)^2\cdot\frac{4}{\log(1+h)^{\frac{1}{h}}}\cdot\frac{1}{1+\cos2h}\right\}$$

◀ $\dfrac{1}{h}\log(1+h)$
$=\log(1+h)^{\frac{1}{h}}$

$$=1^2\cdot\frac{4}{\log e}\cdot\frac{1}{2}=\mathbf{2}$$

問題 76 次の極限値を求めよ。

(1) $\displaystyle\lim_{x\to0}\frac{e^x-1}{\log(1+x)}$　　(2) $\displaystyle\lim_{x\to0}\frac{\log(\cos x)}{x^2}$

---

(1) $\displaystyle\lim_{x\to0}\frac{e^x-1}{\log(1+x)}=\lim_{x\to0}\frac{e^x-1}{x}\cdot\frac{x}{\log(1+x)}=\lim_{x\to0}\frac{e^x-1}{x}\cdot\frac{1}{\dfrac{\log(1+x)}{x}}$

ここで，$f(x)=e^x$，$g(x)=\log(1+x)$ とおくと，微分係数の定義により　$\displaystyle f'(0)=\lim_{x\to0}\frac{e^x-1}{x}$，$\displaystyle g'(0)=\lim_{x\to0}\frac{\log(1+x)}{x}$

◀ $f(0)=e^0=1$
$g(0)=\log1=0$

一方，$f'(x)=e^x$，$g'(x)=\dfrac{1}{1+x}$ であるから

$f'(0)=1$，$g'(0)=1$

よって　$(\text{与式})=f'(0)\cdot\dfrac{1}{g'(0)}=1\cdot\dfrac{1}{1}=\mathbf{1}$

(2) $\displaystyle\lim_{x\to0}\frac{\log(\cos x)}{x^2}=\lim_{x\to0}\frac{\log(\cos x)}{\cos x-1}\cdot\frac{\cos x-1}{x^2}$

ここで，$f(x)=\log x$ とおくと，微分係数の定義により

$$\lim_{x\to0}\frac{\log(\cos x)}{\cos x-1}=\lim_{x\to0}\frac{f(\cos x)-f(1)}{\cos x-1}$$

◀ $0=\log1=f(1)$

さらに，$t=\cos x$ とおくと，$x\to0$ のとき $t\to1$ であり，$f'(x)=\dfrac{1}{x}$ であるから

$$\lim_{x\to0}\frac{\log(\cos x)}{\cos x-1}=\lim_{t\to1}\frac{f(t)-f(1)}{t-1}=f'(1)=1\quad\cdots①$$

◀ $\displaystyle\lim_{x\to a}\frac{f(x)-f(a)}{x-a}=f'(a)$ の形である。

次に

$$\lim_{x\to0}\frac{\cos x-1}{x^2}=\lim_{x\to0}\frac{(\cos x-1)(\cos x+1)}{x^2(\cos x+1)}$$

$$=\lim_{x\to0}\frac{\cos^2x-1}{x^2(\cos x+1)}$$

$$= \lim_{x \to 0}\left\{-\left(\frac{\sin x}{x}\right)^2 \cdot \frac{1}{\cos x + 1}\right\}$$

$$= -1^2 \cdot \frac{1}{1+1} = -\frac{1}{2} \quad \cdots ②$$

よって，①，② より　(与式) $= f'(1) \cdot \left(-\frac{1}{2}\right) = -\frac{\mathbf{1}}{\mathbf{2}}$

◀ $\cos^2 x - 1 = -\sin^2 x$

問題 **77**　$y = \log(1+\cos x)^2$ のとき，$\dfrac{d^2y}{dx^2} + 2e^{-\frac{y}{2}} = 0$ となることを示せ。　(信州大)

$y = \log(1+\cos x)^2 = 2\log(1+\cos x)$ より

$$\frac{dy}{dx} = 2 \cdot \frac{-\sin x}{1+\cos x} = -\frac{2\sin x}{1+\cos x}$$

◀ 合成関数の微分法

よって

$$\frac{d^2y}{dx^2} = -\frac{2\cos x \cdot (1+\cos x) - 2\sin x \cdot (-\sin x)}{(1+\cos x)^2}$$

$$= -\frac{2(1+\cos x)}{(1+\cos x)^2} = -\frac{2}{1+\cos x}$$

◀ $\sin^2 x + \cos^2 x = 1$

また　$e^{-\frac{y}{2}} = e^{-\log(1+\cos x)} = e^{\log(1+\cos x)^{-1}}$

$$= (1+\cos x)^{-1} = \frac{1}{1+\cos x}$$

◀ $e^{\log p} = p$

したがって

$$\frac{d^2y}{dx^2} + 2e^{-\frac{y}{2}} = -\frac{2}{1+\cos x} + \frac{2}{1+\cos x} = 0$$

問題 **78**　次の関数について，$f(x)$ の第 n 次導関数 $f^{(n)}(x)$ を求めよ。
(1)　$f(x) = e^x \sin x$　　(2)　$f(x) = e^{-x}\cos x$

(1)　$f'(x) = e^x \sin x + e^x \cos x$

$$= \sqrt{2}\,e^x \sin\left(x + \frac{\pi}{4}\right)$$

◀ $\sin x + \cos x = \sqrt{2}\sin\left(x + \frac{\pi}{4}\right)$

$$f''(x) = \sqrt{2}\,e^x \sin\left(x + \frac{\pi}{4}\right) + \sqrt{2}\,e^x \cos\left(x + \frac{\pi}{4}\right)$$

$$= (\sqrt{2})^2 e^x \sin\left\{\left(x + \frac{\pi}{4}\right) + \frac{\pi}{4}\right\}$$

$$= (\sqrt{2})^2 e^x \sin\left(x + \frac{2}{4}\pi\right)$$

◀ $e^x \sin x + e^x \cos x$ を微分してもよいが

$x + \frac{\pi}{4} = X$

とおいて考えると，$f'(x)$ の計算と同様になる。

これらより　$f^{(n)}(x) = (\sqrt{2})^n e^x \sin\left(x + \frac{n\pi}{4}\right)$　$\cdots ①$

と推定できる。① を数学的帰納法で証明する。

[1]　$n = 1$ のとき，明らかに成り立つ。

[2]　$n = k$ のとき，① が成り立つと仮定すると

$$f^{(k)}(x) = (\sqrt{2})^k e^x \sin\left(x + \frac{k\pi}{4}\right)$$

$n = k+1$ のとき

$$f^{(k+1)}(x) = \{f^{(k)}(x)\}'$$

$$= (\sqrt{2})^k \left\{ e^x \sin\left(x+\frac{k\pi}{4}\right) + e^x \cos\left(x+\frac{k\pi}{4}\right) \right\}$$

$$= (\sqrt{2})^k e^x \left\{ \sin\left(x+\frac{k\pi}{4}\right) + \cos\left(x+\frac{k\pi}{4}\right) \right\}$$

$$= (\sqrt{2})^k e^x \cdot \sqrt{2}\sin\left\{\left(x+\frac{k\pi}{4}\right)+\frac{\pi}{4}\right\}$$

$$= (\sqrt{2})^{k+1} e^x \sin\left\{x+\frac{(k+1)\pi}{4}\right\}$$

◀ $f'(x)$ の場合と同様である。

◀ $\sin X + \cos X = \sqrt{2}\sin\left(X+\frac{\pi}{4}\right)$

よって，① は $n=k+1$ のときも成り立つ。

[1]，[2] より，すべての自然数 n に対して ① は成り立つ。

したがって　$\boldsymbol{f^{(n)}(x) = (\sqrt{2})^n e^x \sin\left(x+\frac{n\pi}{4}\right)}$

(2)　$f'(x) = -e^{-x}\cos x - e^{-x}\sin x = -\sqrt{2}\,e^{-x}\cos\left(x-\frac{\pi}{4}\right)$

$$f''(x) = -\sqrt{2}\left\{-e^{-x}\cos\left(x-\frac{\pi}{4}\right) - e^{-x}\sin\left(x-\frac{\pi}{4}\right)\right\}$$

$$= (-\sqrt{2})^2 e^{-x}\cos\left\{\left(x-\frac{\pi}{4}\right)-\frac{\pi}{4}\right\}$$

$$= (-\sqrt{2})^2 e^{-x}\cos\left(x-\frac{2\pi}{4}\right)$$

◀ $r=\sqrt{a^2+b^2}$ とすると
$a\cos x + b\sin x$
$= r\left(\frac{a}{r}\cos x + \frac{b}{r}\sin x\right)$
$= r\cos(x-\alpha)$
ただし　$\cos\alpha = \frac{a}{r}$
$\sin\alpha = \frac{b}{r}$

これらより　$f^{(n)}(x) = (-\sqrt{2})^n e^{-x}\cos\left(x-\frac{n\pi}{4}\right)$　…①

と推定できる。① を数学的帰納法で証明する。

[1]　$n=1$ のとき，明らかに成り立つ。

[2]　$n=k$ のとき，① が成り立つと仮定すると

$$f^{(k)}(x) = (-\sqrt{2})^k e^{-x}\cos\left(x-\frac{k\pi}{4}\right)$$

$n=k+1$ のとき

$$f^{(k+1)}(x) = \{f^{(k)}(x)\}'$$

$$= (-\sqrt{2})^k \left\{-e^{-x}\cos\left(x-\frac{k\pi}{4}\right) - e^{-x}\sin\left(x-\frac{k\pi}{4}\right)\right\}$$

$$= -(-\sqrt{2})^k e^{-x}\left\{\cos\left(x-\frac{k\pi}{4}\right)+\sin\left(x-\frac{k\pi}{4}\right)\right\}$$

$$= -(-\sqrt{2})^k e^{-x}\cdot\sqrt{2}\cos\left\{\left(x-\frac{k\pi}{4}\right)-\frac{\pi}{4}\right\}$$

$$= (-\sqrt{2})^{k+1} e^{-x}\cos\left\{x-\frac{(k+1)\pi}{4}\right\}$$

◀ $\cos X + \sin X = \sqrt{2}\cos\left(X-\frac{\pi}{4}\right)$

よって，$n=k+1$ のときも成り立つ。

[1]，[2] より，すべての自然数 n に対して ① は成り立つ。

したがって　$\boldsymbol{f^{(n)}(x) = (-\sqrt{2})^n e^{-x}\cos\left(x-\frac{n\pi}{4}\right)}$

問題 79　$x=t-\sin t$，$y=1-\cos t$ で表された関数について

(1)　$\frac{dy}{dx}$ を t の式で表せ。　　(2)　$\frac{d^2y}{dx^2}$ を t の式で表せ。

---

(1)　$\frac{dx}{dt}=1-\cos t$，$\frac{dy}{dt}=\sin t$ であるから

$\cos t \neq 1$ のとき $\quad \dfrac{dy}{dx} = \dfrac{\dfrac{dy}{dt}}{\dfrac{dx}{dt}} = \dfrac{\boldsymbol{\sin t}}{\boldsymbol{1-\cos t}}$

(2) $\quad \dfrac{d^2y}{dx^2} = \dfrac{d}{dx}\left(\dfrac{dy}{dx}\right) = \dfrac{\dfrac{d}{dt}\left(\dfrac{dy}{dx}\right)}{\dfrac{dx}{dt}}$

ここで

$$\frac{d}{dt}\left(\frac{dy}{dx}\right) = \frac{\cos t(1-\cos t) - \sin t \cdot \sin t}{(1-\cos t)^2}$$

$$= \frac{\cos t - 1}{(1-\cos t)^2}$$

◀ (分子)
$= \cos t - \cos^2 t - \sin^2 t$
$= \cos t - (\cos^2 t + \sin^2 t)$
$= \cos t - 1$

よって

$$\frac{d^2y}{dx^2} = \frac{\dfrac{\cos t - 1}{(1-\cos t)^2}}{1-\cos t} = -\boldsymbol{\frac{1}{(1-\cos t)^2}}$$

〔別解〕

$$\frac{d^2y}{dx^2} = \frac{d}{dx}\left(\frac{dy}{dx}\right) = \frac{d}{dt}\left(\frac{dy}{dx}\right)\cdot\frac{dt}{dx}$$

$$= \frac{\cos t - 1}{(1-\cos t)^2}\cdot\frac{1}{1-\cos t} = -\frac{1}{(1-\cos t)^2}$$

◀ 合成関数の微分法

問題 80 $x>0$ で定義された微分可能な関数 $f(x)$ において，$f(xy)=f(x)+f(y)$ が正の実数 x，y に対して常に成り立ち，$f'(1)=1$ であるとき

(1) $f(1)$ を求めよ。 (2) $f'(x)=\dfrac{1}{x}$ を示せ。

(1) $x=y=1$ とすると $\quad f(1\cdot 1) = f(1) + f(1)$

よって $\quad f(1) = \boldsymbol{0}$

(2) $\quad f'(x) = \displaystyle\lim_{h\to 0}\frac{f(x+h)-f(x)}{h} = \lim_{h\to 0}\frac{f\left(x\cdot\dfrac{x+h}{x}\right)-f(x)}{h}$

◀ $x+h = x\cdot\dfrac{x+h}{x}$

$$= \lim_{h\to 0}\frac{f(x)+f\left(\dfrac{x+h}{x}\right)-f(x)}{h} = \lim_{h\to 0}\frac{f\left(1+\dfrac{h}{x}\right)}{h}$$

◀ $f\left(x\cdot\dfrac{x+h}{x}\right)$
$= f(x) + f\left(\dfrac{x+h}{x}\right)$

$$= \lim_{\frac{h}{x}\to 0}\frac{f\left(1+\dfrac{h}{x}\right)}{\dfrac{h}{x}}\cdot\frac{1}{x}$$

◀ $f(1)=0$ より
$\dfrac{f\left(1+\dfrac{h}{x}\right)}{\dfrac{h}{x}}$
$= \dfrac{f\left(1+\dfrac{h}{x}\right)-f(1)}{\dfrac{h}{x}}$

$$= \lim_{\frac{h}{x}\to 0}\frac{f\left(1+\dfrac{h}{x}\right)-f(1)}{\dfrac{h}{x}}\cdot\frac{1}{x}$$

$$= f'(1)\cdot\frac{1}{x} = \frac{1}{x}$$

◀ 条件より $f'(1)=1$

p.158 本質を問う 6

1 次の関数の逆関数を微分せよ。

(1) $y=\sin x\ \left(-\dfrac{\pi}{2}<x<\dfrac{\pi}{2}\right)$　(2) $y=\cos x\ (0<x<\pi)$

(3) $y=\tan x\ \left(-\dfrac{\pi}{2}<x<\dfrac{\pi}{2}\right)$

(1) 逆関数は，x と y を入れかえて

$$x=\sin y\ \left(-\frac{\pi}{2}<y<\frac{\pi}{2}\right)$$

両辺を x で微分すると

$$1=\cos y\cdot y'$$

したがって　$y'=\dfrac{1}{\cos y}=\dfrac{1}{\sqrt{1-\sin^2 y}}=\boldsymbol{\dfrac{1}{\sqrt{1-x^2}}}$

(2) 逆関数は，x と y を入れかえて

$$x=\cos y\ (0<y<\pi)$$

両辺を x で微分すると

$$1=-\sin y\cdot y'$$

したがって　$y'=-\dfrac{1}{\sin y}=-\dfrac{1}{\sqrt{1-\cos^2 y}}=\boldsymbol{-\dfrac{1}{\sqrt{1-x^2}}}$

(3) 逆関数は，x と y を入れかえて

$$x=\tan y\ \left(-\frac{\pi}{2}<y<\frac{\pi}{2}\right)$$

両辺を x で微分すると

$$1=\frac{1}{\cos^2 y}\cdot y'$$

したがって　$y'=\cos^2 y=\dfrac{1}{1+\tan^2 y}=\boldsymbol{\dfrac{1}{1+x^2}}$

◀ x と y を入れかえたものが逆関数。

◀ $-1<x<1$

◀ $0<\cos y\leqq 1$ であるから $\cos y=\sqrt{1-\sin^2 y}$

◀ $-1<x<1$

◀ $0<\sin y\leqq 1$ であるから $\sin y=\sqrt{1-\cos^2 y}$

◀ x はすべての実数値をとる。

◀ $0<\cos y\leqq 1$

◀ $1+\tan^2 y=\dfrac{1}{\cos^2 y}$

2 方程式 $4x^2-9y^2=36$ で定まるような x の関数 y について，$\dfrac{dy}{dx}$，$\dfrac{d^2y}{dx^2}$ を x，y の式で表せ。

両辺を x で微分すると

$$8x-18y\cdot\frac{dy}{dx}=0$$

$y\neq 0$ のとき

$$\boldsymbol{\frac{dy}{dx}=\frac{4x}{9y}}$$

$$\frac{d^2y}{dx^2}=\frac{d}{dx}\left(\frac{dy}{dx}\right)=\frac{d}{dx}\left(\frac{4x}{9y}\right)=\frac{4\cdot 9y-4x\cdot 9\cdot\dfrac{dy}{dx}}{81y^2}$$

$$=\frac{36y-4x\cdot 9\cdot\dfrac{4x}{9y}}{81y^2}=\frac{36y^2-16x^2}{81y^3}=-\frac{144}{81y^3}=\boldsymbol{-\frac{16}{9y^3}}$$

◀ $y=0$ のとき，$\dfrac{dy}{dx}$ は存在しない。

◀ y は x の関数であることに注意する。

◀ $4x^2-9y^2=36$ の両辺を -4 倍して $36y^2-16x^2=-144$

3 $\displaystyle\lim_{x\to 0}\frac{\sin x}{x}=1$ の証明を，太郎さんは

> $f(x)=\sin x$ とおく。
> 微分係数 $f'(0)$ の定義により
> $$\lim_{x\to 0}\frac{\sin x}{x}=\lim_{x\to 0}\frac{\sin x-\sin 0}{x-0}$$
> $$=\lim_{x\to 0}\frac{f(x)-f(0)}{x-0}=f'(0)$$
> $f'(x)=\cos x$ であるから　$f'(0)=\cos 0=1$
> よって　$\displaystyle\lim_{x\to 0}\frac{\sin x}{x}=1$

と示したが，正しくない点があった。その理由を説明せよ。

太郎さんの証明では，$(\sin x)'=\cos x$ を用いているが，$(\sin x)'=\cos x$ を証明するために $\displaystyle\lim_{x\to 0}\frac{\sin x}{x}=1$ であることを利用する必要がある。

◀まとめ6 1参照。

よって，$\displaystyle\lim_{x\to 0}\frac{\sin x}{x}=1$ を証明するために，$\displaystyle\lim_{x\to 0}\frac{\sin x}{x}=1$ によって導かれる $(\sin x)'=\cos x$ を利用している点が正しくない。

◀循環論法

4 $x>0$ とする。
(1) $y=x^{-x}$ を変形して，$y=e^{\square}$ の形で表せ。
(2) $y=x^{-x}$ を微分せよ。

(1) $x>0$ のとき両辺は正であるから，両辺の対数をとると

$$\log y=-x\log x$$

よって　$\boldsymbol{y=e^{-x\log x}}$

◀$x>0$ より　$y=x^{-x}>0$ であるから，両辺は正である。

(2) (1)より　$y=x^{-x}=e^{-x\log x}$

$$y'=e^{-x\log x}(-x\log x)'=e^{-x\log x}(-\log x-1)$$
$$=\boldsymbol{-x^{-x}(\log x+1)}$$

◀合成関数の微分法

◀$e^{-x\log x}=x^{-x}$

〔別解〕

(1)より　$\log y=-x\log x$

両辺を x で微分すると

$$\frac{y'}{y}=-(x)'\log x-x(\log x)'$$
$$=-(\log x+1)$$

よって　$y'=-(\log x+1)y=-(\log x+1)x^{-x}$

◀対数微分法。例題 74 参照。

p.159 Let's Try! 6

① 導関数の定義式を用いて，$f(x)=x^2\cos 3x$ の導関数 $f'(x)$ を求めよ。（福島県立医科大）

$$f'(x)=\lim_{h\to 0}\frac{f(x+h)-f(x)}{h}$$
$$=\lim_{h\to 0}\frac{(x+h)^2\cos 3(x+h)-x^2\cos 3x}{h}$$

$$= \lim_{h \to 0} \frac{(x+h)^2(\cos 3x \cos 3h - \sin 3x \sin 3h) - x^2 \cos 3x}{h}$$

$$= \lim_{h \to 0} \frac{\{(x+h)^2 \cos 3h - x^2\}\cos 3x - (x+h)^2 \sin 3x \sin 3h}{h}$$

$$= \lim_{h \to 0} \left[\left\{\frac{(\cos 3h - 1)}{h} \cdot x^2 + \frac{2hx + h^2}{h} \cdot \cos 3h\right\}\cos 3x - (x+h)^2 \sin 3x \cdot \frac{\sin 3h}{h}\right]$$

◀ $\cos 3(x+h) = \cos(3x+3h)$ として，加法定理を用いる。

ここで

$$\lim_{h \to 0} \frac{\cos 3h - 1}{h} = \lim_{h \to 0} \frac{(\cos 3h - 1)(\cos 3h + 1)}{h(\cos 3h + 1)}$$

$$= \lim_{h \to 0} \frac{-\sin^2 3h}{h(\cos 3h + 1)}$$

$$= \lim_{h \to 0} \left\{-9h \cdot \left(\frac{\sin 3h}{3h}\right)^2 \cdot \frac{1}{\cos 3h + 1}\right\}$$

$$= -9 \cdot 0 \cdot 1^2 \cdot \frac{1}{2} = 0$$

◀ 分母・分子に $\cos 3h + 1$ を掛ける。

◀ $\frac{\sin 3h}{3h} \to 1$

$$\lim_{h \to 0} \frac{2hx + h^2}{h} = \lim_{h \to 0}(2x + h) = 2x$$

$$\lim_{h \to 0} \left\{(x+h)^2 \sin 3x \cdot \frac{\sin 3h}{h}\right\} = \lim_{h \to 0} \left\{(x+h)^2 \sin 3x \cdot \frac{\sin 3h}{3h} \cdot 3\right\}$$

$$= 3x^2 \sin 3x$$

よって　　$f'(x) = (0 \cdot x^2 + 2x)\cos 3x - 3x^2 \sin 3x$

$$= \mathbf{2x\cos 3x - 3x^2 \sin 3x}$$

---

② 次の関数を微分せよ。

(1)　$y = x\cos x + \log\sqrt{1+x^2}$　　（大阪工業大）

(2)　$y = (x^2+x+1)^x$　　（小樽商科大）

(3)　$y = \log(\log x)^2$

(4)　$y = 10^{\sin 2x}$

(5)　$y = \log_x a$

(6)　$y = \tan(\sin 2x)$

---

(1)　$y' = (\cos x - x\sin x) + \frac{1}{\sqrt{1+x^2}} \cdot \frac{2x}{2\sqrt{1+x^2}}$

$$= \mathbf{\cos x - x\sin x + \frac{x}{1+x^2}}$$

◀ 積の微分法
合成関数の微分法

(2)　両辺は正であるから，両辺の対数をとると　$\log y = x\log(x^2+x+1)$
両辺を x で微分して

$$\frac{y'}{y} = \log(x^2+x+1) + x \cdot \frac{2x+1}{x^2+x+1}$$

$$\mathbf{y' = (x^2+x+1)^x\left\{\log(x^2+x+1) + \frac{x(2x+1)}{x^2+x+1}\right\}}$$

◀ $x^2+x+1 = \left(x+\frac{1}{2}\right)^2 + \frac{3}{4} > 0$

◀ 積の微分法
合成関数の微分法

(3)　$y = 2\log|\log x|$ より　　$y' = 2 \cdot \frac{1}{\log x} \cdot \frac{1}{x} = \mathbf{\frac{2}{x\log x}}$

◀ $\{\log|f(x)|\}' = \frac{f'(x)}{f(x)}$

(4)　$y' = 10^{\sin 2x}(\log 10)(\sin 2x)' = \mathbf{10^{\sin 2x}2(\cos 2x)(\log 10)}$

◀ $(a^x)' = a^x \log a$

(5)　$y = \log_x a = \frac{\log a}{\log x}$ より　　$y' = \frac{-\log a \cdot (\log x)'}{(\log x)^2} = \mathbf{-\frac{\log a}{x(\log x)^2}}$

◀ 底を e に変換する。

(6) $y' = \dfrac{(\sin 2x)'}{\cos^2(\sin 2x)} = \mathbf{\dfrac{2\cos 2x}{\cos^2(\sin 2x)}}$

◀ $(\tan x)' = \dfrac{1}{\cos^2 x}$

③ 次の極限値を求めよ。

(1) $\displaystyle\lim_{n\to\infty}\left(1+\frac{1}{n^2}\right)^{1+n^2}$ （小樽商科大）　(2) $\displaystyle\lim_{x\to\frac{\pi}{2}}(1-\cos x)^{\tan x}$

(3) $\displaystyle\lim_{x\to a}\frac{a^2\sin^2 x - x^2\sin^2 a}{x-a}$ （立教大）

(1) $\displaystyle\lim_{n\to\infty}\left(1+\frac{1}{n^2}\right)^{1+n^2} = \lim_{n\to\infty}\left(1+\frac{1}{n^2}\right)\cdot\left(1+\frac{1}{n^2}\right)^{n^2}$

$= 1\cdot e = \boldsymbol{e}$

◀ 指数法則 $a^m\cdot a^n = a^{m+n}$

$\displaystyle\lim_{n\to\infty}\left(1+\frac{1}{n}\right)^n = e$

(2) $\displaystyle\lim_{x\to\frac{\pi}{2}}(1-\cos x)^{\tan x} = \lim_{x\to\frac{\pi}{2}}\left\{(1-\cos x)^{\frac{1}{\cos x}}\right\}^{\sin x}$ $\cdots$ ①

$h = x - \dfrac{\pi}{2}$ とおくと，$x\to\dfrac{\pi}{2}$ のとき $h\to 0$ であり

◀ $x = h + \dfrac{\pi}{2}$ となる。

$\cos x = \cos\left(h+\dfrac{\pi}{2}\right) = -\sin h$

$\sin x = \sin\left(h+\dfrac{\pi}{2}\right) = \cos h$

よって，① は

$\displaystyle\lim_{h\to 0}\left\{(1+\sin h)^{-\frac{1}{\sin h}}\right\}^{\cos h} = \lim_{h\to 0}\left\{(1+\sin h)^{\frac{1}{\sin h}}\right\}^{-\cos h}$

$= e^{-1} = \boldsymbol{\dfrac{1}{e}}$

◀ $\displaystyle\lim_{h\to 0}(1+h)^{\frac{1}{h}} = e$

(3) $f(x) = \sin^2 x$ とおくと，$f(x)$ は $x = a$ で微分可能であり

$$\begin{aligned}\lim_{x\to a}\frac{a^2\sin^2 x - x^2\sin^2 a}{x-a} &= \lim_{x\to a}\frac{a^2 f(x) - x^2 f(a)}{x-a}\\ &= \lim_{x\to a}\frac{a^2 f(x) - a^2 f(a) + a^2 f(a) - x^2 f(a)}{x-a}\\ &= \lim_{x\to a}\left\{a^2\cdot\frac{f(x)-f(a)}{x-a} - \frac{x^2-a^2}{x-a}\cdot f(a)\right\}\\ &= \lim_{x\to a}\left\{a^2\cdot\frac{f(x)-f(a)}{x-a} - (x+a)f(a)\right\}\\ &= a^2 f'(a) - 2af(a)\end{aligned}$$

$f'(x) = 2\sin x\cos x$ であるから

$\displaystyle\lim_{x\to a}\frac{a^2\sin^2 x - x^2\sin^2 a}{x-a} = \boldsymbol{2a^2\sin a\cos a - 2a\sin^2 a}$

④ (1) 関数 $y(x)$ が第 2 次導関数 $y''(x)$ をもち，$x^3 + (x+1)\{y(x)\}^3 = 1$ を満たすとき，$y''(0)$ を求めよ。（立教大）

(2) 関数 $y = e^{\frac{3}{2}x}(\sin 2x + \cos 2x)$ は，等式 $4y'' - 12y' + 25y = 0$ を満たすことを示せ。（福岡教育大）

(1) $x^3 + (x+1)\{y(x)\}^3 = 1$ $\cdots$ ① とおく。

① の両辺を x で微分すると

$3x^2 + \{y(x)\}^3 + (x+1)\cdot 3\{y(x)\}^2\cdot y'(x) = 0$

よって　　$3x^2+\{y(x)\}^3+3(x+1)\{y(x)\}^2y'(x)=0$　　…②

さらに，② の両辺を x で微分すると

$$6x+3\{y(x)\}^2\cdot y'(x)+3\{y(x)\}^2y'(x)+3(x+1)\cdot 2y(x)\{y'(x)\}^2 +3(x+1)\{y(x)\}^2y''(x)=0$$

◀ $(uvw)'=u'vw+uv'w+uvw'$

よって

$$6x+6\{y(x)\}^2y'(x)+6(x+1)y(x)\{y'(x)\}^2+3(x+1)\{y(x)\}^2y''(x)=0 \quad \cdots ③$$

①，②，③ において，$x=0$ とすると

$\{y(0)\}^3=1$　　…④

$\{y(0)\}^3+3\{y(0)\}^2y'(0)=0$　　…⑤

$6\{y(0)\}^2y'(0)+6y(0)\{y'(0)\}^2+3\{y(0)\}^2y''(0)=0$　　…⑥

④ より　　$y(0)=1$

⑤ に代入して，$1+3y'(0)=0$ より　　$y'(0)=-\dfrac{1}{3}$

これらを ⑥ に代入して

$$6\cdot\left(-\frac{1}{3}\right)+6\cdot\left(-\frac{1}{3}\right)^2+3y''(0)=0$$

したがって，$-2+\dfrac{2}{3}+3y''(0)=0$ より　　$\boldsymbol{y''(0)=\dfrac{4}{9}}$

(2)　$\sin 2x+\cos 2x=\sqrt{2}\left(\sin 2x\cdot\dfrac{1}{\sqrt{2}}+\cos 2x\cdot\dfrac{1}{\sqrt{2}}\right)$

◀三角関数の合成

$$=\sqrt{2}\sin\left(2x+\frac{\pi}{4}\right)$$

であるから　　$y=\sqrt{2}\,e^{\frac{3}{2}x}\sin\left(2x+\dfrac{\pi}{4}\right)$

よって

$$y'=\sqrt{2}\left\{\frac{3}{2}e^{\frac{3}{2}x}\sin\left(2x+\frac{\pi}{4}\right)+2e^{\frac{3}{2}x}\cos\left(2x+\frac{\pi}{4}\right)\right\}$$

$$y''=\sqrt{2}\left\{\frac{9}{4}e^{\frac{3}{2}x}\sin\left(2x+\frac{\pi}{4}\right)+3e^{\frac{3}{2}x}\cos\left(2x+\frac{\pi}{4}\right) +3e^{\frac{3}{2}x}\cos\left(2x+\frac{\pi}{4}\right)-4e^{\frac{3}{2}x}\sin\left(2x+\frac{\pi}{4}\right)\right\}$$

$$=\sqrt{2}\left\{-\frac{7}{4}e^{\frac{3}{2}x}\sin\left(2x+\frac{\pi}{4}\right)+6e^{\frac{3}{2}x}\cos\left(2x+\frac{\pi}{4}\right)\right\}$$

このとき

$$\begin{aligned}&4y''-12y'+25y\\&=\sqrt{2}\left\{-7e^{\frac{3}{2}x}\sin\left(2x+\frac{\pi}{4}\right)+24e^{\frac{3}{2}x}\cos\left(2x+\frac{\pi}{4}\right)\right\}\\&\qquad-\sqrt{2}\left\{18e^{\frac{3}{2}x}\sin\left(2x+\frac{\pi}{4}\right)+24e^{\frac{3}{2}x}\cos\left(2x+\frac{\pi}{4}\right)\right\}\\&\qquad+25\sqrt{2}\,e^{\frac{3}{2}x}\sin\left(2x+\frac{\pi}{4}\right)\\&=\sqrt{2}\left\{(-7-18+25)e^{\frac{3}{2}x}\sin\left(2x+\frac{\pi}{4}\right)+(24-24)e^{\frac{3}{2}x}\cos\left(2x+\frac{\pi}{4}\right)\right\}\\&=0\end{aligned}$$

したがって　　$4y''-12y'+25y=0$

⑤ 次の関数について，$\dfrac{dy}{dx}$ を t の式で表せ。

$$x=3-(3+t)e^{-t},\ y=\frac{2-t}{2+t}e^{2t}\quad (t>-2)$$

（電気通信大）

$$\frac{dx}{dt}=-e^{-t}+(3+t)e^{-t}$$

◀積の微分法

$$=(2+t)e^{-t}$$

$$\frac{dy}{dt}=\frac{-(2+t)-(2-t)}{(2+t)^2}e^{2t}+\frac{2-t}{2+t}\cdot 2e^{2t}$$

◀商の微分法

$$=\frac{e^{2t}}{(2+t)^2}\{-4+2(2+t)(2-t)\}$$

$$=\frac{2(2-t^2)}{(2+t)^2}e^{2t}$$

よって $\quad \dfrac{dy}{dx}=\dfrac{\dfrac{dy}{dt}}{\dfrac{dx}{dt}}=\boldsymbol{\dfrac{2(2-t^2)}{(2+t)^3}e^{3t}}$

⑥ n は0または正の整数とする。$f_n(x)=\sin\left(x+\dfrac{n}{2}\pi\right)$ とするとき，次の問に答えよ。

(1) $\dfrac{d}{dx}f_0(x)=f_1(x)$，$\dfrac{d}{dx}f_1(x)=f_2(x)$ であることを示せ。

(2) $n>0$ のとき，$\dfrac{d^n}{dx^n}f_0(x)=f_n(x)$ を数学的帰納法を用いて示せ。

(3) $0<x<\dfrac{\pi}{2}$ のとき，$g(x)=\dfrac{f_0(x)}{\sqrt{1-\{f_0(x)\}^2}}$ とする。導関数 $\dfrac{d}{dx}g(x)$ を $g(x)$ を用いて表せ。

（富山県立大）

(1) $\dfrac{d}{dx}f_0(x)=\dfrac{d}{dx}\sin x=\cos x$

◀$f_0(x)=\sin\left(x+\dfrac{0}{2}\pi\right)=\sin x$

$$=\sin\left(x+\frac{1}{2}\pi\right)=f_1(x)$$

◀$\cos x=\sin\left(x+\dfrac{\pi}{2}\right)$

$$\frac{d}{dx}f_1(x)=\frac{d}{dx}\cos x=-\sin x$$

$$=\sin\left(x+\frac{2}{2}\pi\right)=f_2(x)$$

◀$-\sin x=\sin(x+\pi)$

(2) $\dfrac{d^n}{dx^n}f_0(x)=f_n(x)$ …① とおく。

[1] $n=1$ のとき，(1)より，① は成り立つ。

[2] $n=k$ $(k\geqq 1)$ のとき，① が成り立つと仮定すると

$$\frac{d^k}{dx^k}f_0(x)=f_k(x)$$

この両辺を x で微分すると

$$\frac{d^{k+1}}{dx^{k+1}}f_0(x)=\frac{d}{dx}f_k(x)=\frac{d}{dx}\sin\left(x+\frac{k}{2}\pi\right)$$

$$=\cos\left(x+\frac{k}{2}\pi\right)=\sin\left\{\left(x+\frac{k}{2}\pi\right)+\frac{\pi}{2}\right\}$$

$$= \sin\left(x + \frac{k+1}{2}\pi\right) = f_{k+1}(x)$$

であるから，$n = k+1$ のときも ① は成り立つ。

[1]，[2] より，$n > 0$ のとき ① は成り立つ。

(3)　$f_0(x) = \sin x$，$0 < x < \dfrac{\pi}{2}$ より

$$g(x) = \frac{f_0(x)}{\sqrt{1 - \{f_0(x)\}^2}} = \frac{\sin x}{\sqrt{1 - \sin^2 x}}$$

$$= \frac{\sin x}{\sqrt{\cos^2 x}} = \frac{\sin x}{\cos x} = \tan x$$

◀$0 < x < \dfrac{\pi}{2}$ より $\cos x > 0$

よって　$\dfrac{d}{dx}g(x) = \dfrac{d}{dx}\tan x = \dfrac{1}{\cos^2 x} = 1 + \tan^2 x$

したがって　$\boldsymbol{\dfrac{d}{dx}g(x) = 1 + \{g(x)\}^2}$

3章 微分の応用

7 接線と法線，平均値の定理

練習 81 次の曲線上の点Pにおける接線および法線の方程式を求めよ。

(1) $y=\dfrac{x}{2x+1}$，$\mathrm{P}\left(1,\ \dfrac{1}{3}\right)$　　(2) $y=\log x$，$\mathrm{P}(e,\ 1)$

(1) $y=\dfrac{x}{2x+1}$ を微分すると

$$y'=\frac{1\cdot(2x+1)-x\cdot 2}{(2x+1)^2}=\frac{1}{(2x+1)^2}$$

$x=1$ のとき　$y'=\dfrac{1}{9}$

よって，点 $\mathrm{P}\left(1,\ \dfrac{1}{3}\right)$ における接線の方程式は

$$y-\frac{1}{3}=\frac{1}{9}(x-1)\quad すなわち\quad \boldsymbol{y=\frac{1}{9}x+\frac{2}{9}}$$

また，法線の傾きは -9 であるから，点 $\mathrm{P}\left(1,\ \dfrac{1}{3}\right)$ における法線の方程式は

$$y-\frac{1}{3}=-9(x-1)\quad すなわち\quad \boldsymbol{y=-9x+\frac{28}{3}}$$

(2) $y=\log x$ を微分すると　$y'=\dfrac{1}{x}$

$x=e$ のとき　$y'=\dfrac{1}{e}$

よって，点 $\mathrm{P}(e,\ 1)$ における接線の方程式は

$$y-1=\frac{1}{e}(x-e)\quad すなわち\quad \boldsymbol{y=\frac{1}{e}x}$$

また，法線の傾きは $-e$ であるから，点 $\mathrm{P}(e,\ 1)$ における法線の方程式は　$y-1=-e(x-e)$　すなわち　$\boldsymbol{y=-ex+e^2+1}$

◀ $y'=\dfrac{1}{(2x+1)^2}$ より，$x=t$ のとき接線の傾きは　$\dfrac{1}{(2t+1)^2}$

◀ 点 $(t,\ f(t))$ における接線の方程式は
$y-f(t)=f'(t)(x-t)$
法線の方程式は
$y-f(t)=-\dfrac{1}{f'(t)}(x-t)$

◀ $y'=\dfrac{1}{x}$ より，$x=t$ のとき接線の傾きは　$\dfrac{1}{t}$

◀ $m\cdot\dfrac{1}{e}=-1$ より，法線の傾きは　$m=-e$

練習 82 次の曲線上の点Pにおける接線および法線の方程式を求めよ。

(1) $y^2=4x$，$\mathrm{P}(1,\ 2)$　　(2) $x^3+y^3=9$，$\mathrm{P}(1,\ 2)$

(1) 両辺を x で微分すると

$2yy'=4$　すなわち　$yy'=2$

$y=2$ を代入すると　$y'=1$

よって，点 $\mathrm{P}(1,\ 2)$ における接線の方程式は

$y-2=1\cdot(x-1)$　すなわち　$\boldsymbol{y=x+1}$

また，法線の傾きは -1 であるから，点 $\mathrm{P}(1,\ 2)$ における法線の方程式は　$y-2=-1\cdot(x-1)$　すなわち　$\boldsymbol{y=-x+3}$

(2) 両辺を x で微分すると　$3x^2+3y^2\cdot y'=0$

$x=1$，$y=2$ を代入すると　$y'=-\dfrac{1}{4}$

◀ y は x の関数であるから陰関数の微分法を利用する。

◀ 点 $(t,\ f(t))$ における接線の方程式は
$y-f(t)=f'(t)(x-t)$

◀ $m\cdot 1=-1$ より，法線の傾きは　$m=-1$

よって，点 P(1, 2) における接線の方程式は

$$y-2=-\frac{1}{4}(x-1) \quad \text{すなわち} \quad \boldsymbol{y=-\frac{1}{4}x+\frac{9}{4}}$$

また，法線の傾きは 4 であるから，点 P(1, 2) における法線の方程式は

$$y-2=4(x-1) \quad \text{すなわち} \quad \boldsymbol{y=4x-2}$$

◀ $m\cdot\left(-\frac{1}{4}\right)=-1$ より，法線の傾きは　$m=4$

練習 83　次の曲線上の点 P における接線の方程式を求めよ。

(1) $\begin{cases} x=\theta-\sin\theta \\ y=1-\cos\theta \end{cases}$，$\theta=\frac{3}{2}\pi$ のときの点 P　　(2) $\begin{cases} x=t+\frac{1}{t} \\ y=t-\frac{1}{t} \end{cases}$，$\mathrm{P}\left(\frac{5}{2},\ \frac{3}{2}\right)$

(1)　$\theta=\frac{3}{2}\pi$ のとき，点 P の座標は　$\left(\frac{3}{2}\pi+1,\ 1\right)$

◀ $x=\frac{3}{2}\pi-\sin\frac{3}{2}\pi=\frac{3}{2}\pi+1$
$y=1-\cos\frac{3}{2}\pi=1$

$$\frac{dy}{dx}=\frac{\frac{dy}{d\theta}}{\frac{dx}{d\theta}}=\frac{\sin\theta}{1-\cos\theta}$$

$\theta=\frac{3}{2}\pi$ を代入すると　$\frac{dy}{dx}=-1$

◀ $\frac{dy}{dx}=\frac{-1}{1-0}=-1$

よって，求める接線の方程式は

$$y-1=-1\cdot\left\{x-\left(\frac{3}{2}\pi+1\right)\right\} \quad \text{すなわち} \quad \boldsymbol{y=-x+\frac{3}{2}\pi+2}$$

(2)　$x=t+\frac{1}{t}=\frac{5}{2}$，$y=t-\frac{1}{t}=\frac{3}{2}$ のとき　$t=2$

◀ 点 $\mathrm{P}\left(\frac{5}{2},\ \frac{3}{2}\right)$ に対応する t の値を求める。

$$\frac{dy}{dx}=\frac{\frac{dy}{dt}}{\frac{dx}{dt}}=\frac{1+\frac{1}{t^2}}{1-\frac{1}{t^2}}=\frac{t^2+1}{t^2-1}$$

◀ 分母・分子に t^2 を掛ける。

$t=2$ のとき　$\frac{dy}{dx}=\frac{5}{3}$

◀ $\frac{dy}{dx}=\frac{2^2+1}{2^2-1}=\frac{5}{3}$

よって，求める接線の方程式は

$$y-\frac{3}{2}=\frac{5}{3}\left(x-\frac{5}{2}\right) \quad \text{すなわち} \quad \boldsymbol{y=\frac{5}{3}x-\frac{8}{3}}$$

練習 84　(1)　曲線 $y=e^{1-x}$ の接線で，原点を通るものの方程式を求めよ。
(2)　曲線 $y=\log(x+2)$ の接線で，傾きが 3 であるものの方程式を求めよ。

(1)　接点を $\mathrm{T}(t,\ e^{1-t})$ とおく。

$y'=-e^{1-x}$ より，T における接線の方程式は

$$y-e^{1-t}=-e^{1-t}(x-t)$$

すなわち　$y=-e^{1-t}x+e^{1-t}(t+1)$　…①

接線 ① が原点 (0, 0) を通るから

$$0=e^{1-t}(t+1)$$

$e^{1-t}\neq 0$ より　$t=-1$

① に代入すると，求める接線の方程式は

$$\boldsymbol{y=-e^2x}$$

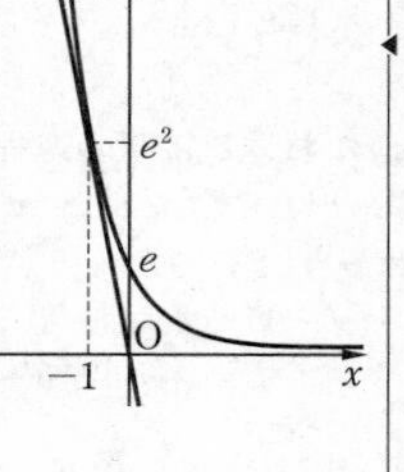

◀ 曲線 $y=f(x)$ 上の点 $(t,\ f(t))$ における接線の方程式は
$y-f(t)=f'(t)(x-t)$

(2) 接点を $\mathrm{T}(t,\ \log(t+2))$ とおく。

$y'=\dfrac{1}{x+2}$ より，T における接線の方程式は

$$y-\log(t+2)=\frac{1}{t+2}(x-t)$$

すなわち

$$y=\frac{1}{t+2}x-\frac{t}{t+2}+\log(t+2) \quad \cdots①$$

直線 ① の傾きが 3 であるから　$\dfrac{1}{t+2}=3$

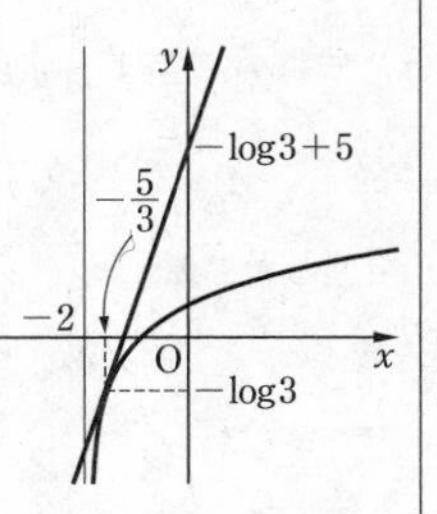

よって　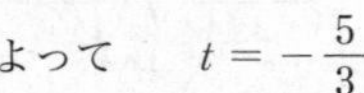

$t=-\dfrac{5}{3}$

① に代入すると，求める接線の方程式は

$y=3x+5+\log\dfrac{1}{3}$ より　$\boldsymbol{y=3x-\log 3+5}$

◀ $\log\dfrac{1}{3}=\log 3^{-1}$
$=-\log 3$

練習 85 (1) 放物線 $y^2=4x$ に点 $(3,\ 4)$ から引いた接線の方程式を求めよ。
(2) 楕円 $3x^2+y^2=1$ に点 $(2,\ 1)$ から引いた接線の方程式を求めよ。

(1) 接点の座標を $\mathrm{P}(a,\ b)$ とおくと　$b^2=4a \quad \cdots①$
この曲線の x 軸に垂直な接線が点 $(3,\ 4)$ を通ることはないから $b\neq 0$ である。

◀ x 軸に垂直な接線は y 軸であり，接点は $(0,\ 0)$ である。

$y^2=4x$ の両辺を x で微分すると

$$2yy'=4 \quad \text{すなわち} \quad yy'=2$$

◀ y を x の関数とみて両辺を x で微分する。
$(y^2)'=2yy'$ であることに注意する。

よって，点 P における接線の傾きは $y'=\dfrac{2}{b}$ であり，接線の方程式は

$$y-b=\frac{2}{b}(x-a) \quad \cdots②$$

◀ $y^2=4\cdot 1\cdot x$ であるから，この放物線は下の図。

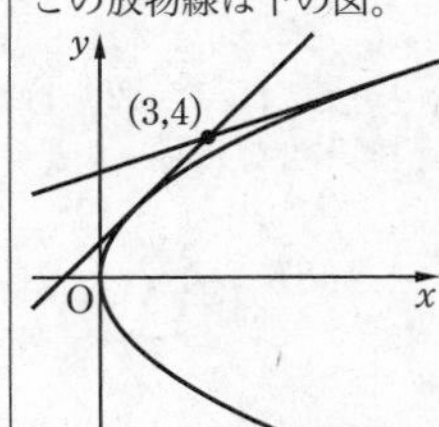

直線 ② が点 $(3,\ 4)$ を通るから

$$4-b=\frac{2}{b}(3-a) \quad \text{すなわち} \quad 4b-b^2=6-2a \quad \cdots③$$

① より $2a=\dfrac{1}{2}b^2$ であるから，③ に代入して整理すると

$$b^2-8b+12=0$$
$$(b-2)(b-6)=0$$

よって　$b=2,\ 6$

$b=2$ のとき，① より　$a=1$

② より　$y-2=x-1$　すなわち　$y=x+1$

$b=6$ のとき，① より　$a=9$

② より　$y-6=\dfrac{1}{3}(x-9)$　すなわち　$y=\dfrac{1}{3}x+3$

◀ 点 $(t,\ f(t))$ における接線の方程式は
$y-f(t)=f'(t)(x-t)$

◀ 接点の座標は $(1,\ 2)$，$(9,\ 6)$ である。

したがって，求める接線の方程式は

$$\boldsymbol{y=x+1,\ y=\frac{1}{3}x+3}$$

◀ **〔別解〕** 接点 $(a,\ b)$ における接線の方程式は
$by=2\cdot 1(x+a)$
これが点 $(3,\ 4)$ を通るから　$4b=2(3+a)$
$a=2b-3$
これを ① に代入して b を求めると　$b=2,\ 6$

(2) 接点の座標を $\mathrm{P}(a,\ b)$ とおくと　$3a^2+b^2=1 \quad \cdots①$
この曲線の x 軸に垂直な接線が点 $(2,\ 1)$ を通ることはないから $b\neq 0$

である。

$3x^2+y^2=1$ の両辺を x で微分すると

$$6x+2yy'=0 \quad すなわち \quad 3x+yy'=0$$

よって，点Pにおける接線の傾きは $y'=-\dfrac{3a}{b}$ であり，接線の方程式は $\quad y-b=-\dfrac{3a}{b}(x-a) \quad \cdots ②$

直線②が点 $(2,\ 1)$ を通るから

$$1-b=-\frac{3a}{b}(2-a) \quad すなわち \quad 6a+b=3a^2+b^2$$

① より $3a^2+b^2=1$ であるから

$$6a+b=1 \quad すなわち \quad b=-6a+1 \quad \cdots ③$$

これを①に代入すると

$$3a^2+(-6a+1)^2=1$$
$$39a^2-12a=0$$

$a(13a-4)=0$ より $\quad a=0,\ \dfrac{4}{13}$

$a=0$ のとき③より $\quad b=1$

このとき②より $\quad y=1$

$a=\dfrac{4}{13}$ のとき③より $\quad b=-\dfrac{11}{13}$

このとき②より $\quad y=\dfrac{12}{11}x-\dfrac{13}{11}$

したがって，求める接線の方程式は

$$\boldsymbol{y=1,\ y=\frac{12}{11}x-\frac{13}{11}}$$

〔別解〕 ((2)の解答2〜11行目を次のようにしてもよい。)

曲線の方程式 $3x^2+y^2=1$ より，接点 $(a,\ b)$ における接線の方程式は $\quad 3ax+by=1$

これが点 $(2,\ 1)$ を通るから $\quad 6a+b=1$

すなわち $\quad b=-6a+1$

◀ $(y^2)'=2yy'$ であることに注意する。

◀ $\dfrac{x^2}{\frac{1}{3}}+y^2=1$ であるから，この楕円は下の図。

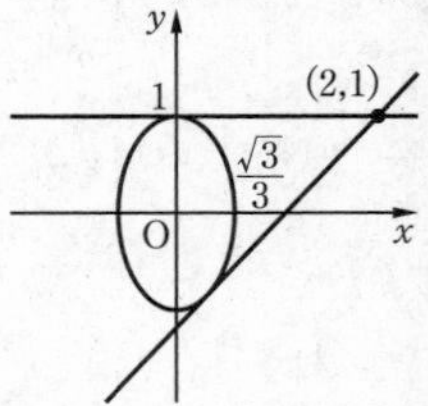

◀ 接点の座標は $(0,\ 1)$，$\left(\dfrac{4}{13},\ -\dfrac{11}{13}\right)$ である。

◀ $a=\dfrac{4}{13}$，$b=-\dfrac{11}{13}$ を②に代入すると

$$y+\frac{11}{13}=-\frac{3\cdot\frac{4}{13}}{-\frac{11}{13}}\left(x-\frac{4}{13}\right)=\frac{12}{11}\left(x-\frac{4}{13}\right)$$

より

$$y=\frac{12}{11}x-\frac{169}{11\cdot13}=\frac{12}{11}x-\frac{13}{11}$$

◀ 曲線 $\dfrac{x^2}{m^2}+\dfrac{y^2}{n^2}=1$ 上の点 $(a,\ b)$ における接線の方程式は

$$\frac{ax}{m^2}+\frac{by}{n^2}=1$$

練習 86 曲線 $C_1: y=2\cos x\ \left(0\leqq x\leqq\dfrac{\pi}{2}\right)$ と曲線 $C_2: y=\cos 2x+k\ \left(0\leqq x\leqq\dfrac{\pi}{2}\right)$ が共有点Pで共通の接線 l をもつ。ただし，k は定数であり，点Pの x 座標は正とする。k の値と接線 l の方程式を求めよ。
(工学院大)

$f(x)=2\cos x$，$g(x)=\cos 2x+k$ とおくと

$$f'(x)=-2\sin x,\quad g'(x)=-2\sin 2x$$

点Pの x 座標を $t\ (t>0)$ とおくと

$f(t)=g(t)$ より $\quad 2\cos t=\cos 2t+k \quad \cdots ①$

$f'(t)=g'(t)$ より $\quad -2\sin t=-2\sin 2t \quad \cdots ②$

◀ 接点の y 座標が一致する。

◀ 共有点での接線の傾きが一致する。

② より　　$\sin t = 2\sin t\cos t$

◀ 2倍角の公式により $\sin 2t = 2\sin t\cos t$

$0 < t \leqq \dfrac{\pi}{2}$ より $\sin t \neq 0$ であるから

$2\cos t = 1$ より　　$\cos t = \dfrac{1}{2}$

$0 < t \leqq \dfrac{\pi}{2}$ より　　$t = \dfrac{\pi}{3}$

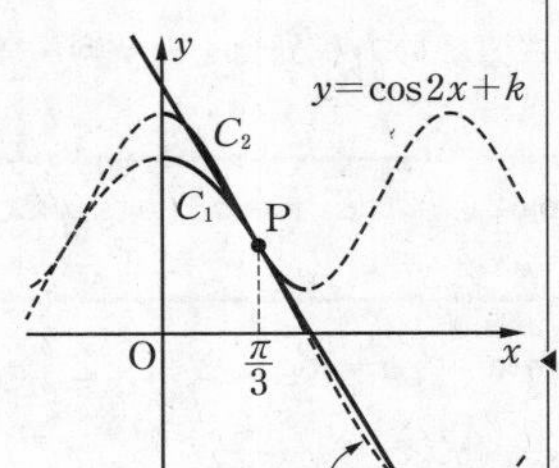

① に代入すると　　$1 = -\dfrac{1}{2} + k$

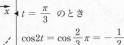

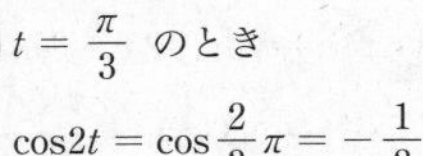
◀ $t = \dfrac{\pi}{3}$ のとき

$\cos 2t = \cos\dfrac{2}{3}\pi = -\dfrac{1}{2}$

よって　　$\boldsymbol{k = \dfrac{3}{2}}$

また，点 P の座標は　　$\left(\dfrac{\pi}{3},\ 1\right)$

◀ $t = \dfrac{\pi}{3}$ より，共有点 P の y 座標は $f\left(\dfrac{\pi}{3}\right) = 2\cos\dfrac{\pi}{3} = 1$

点 P における接線の傾きは $f'\left(\dfrac{\pi}{3}\right) = -2\sin\dfrac{\pi}{3} = -\sqrt{3}$ より，求める接線の方程式は　　$y - 1 = -\sqrt{3}\left(x - \dfrac{\pi}{3}\right)$

すなわち　　$\boldsymbol{y = -\sqrt{3}\,x + \dfrac{\sqrt{3}}{3}\pi + 1}$

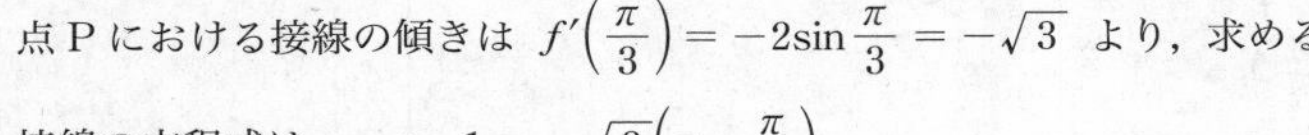
練習 **87**　2 曲線 $C_1 : y = \dfrac{1}{x}$，$C_2 : y = -\dfrac{x^2}{8}$ の両方に接する直線の方程式を求めよ。

曲線 $C_1 : y = \dfrac{1}{x}$ 上の点を $\mathrm{A}\left(a,\ \dfrac{1}{a}\right)$ $(a \neq 0)$ とおく。

$y' = -\dfrac{1}{x^2}$ であるから，点 A における接線の方程式は

◀ $y' = -\dfrac{1}{x^2}$ より，$x = a$ のとき接線の傾きは $-\dfrac{1}{a^2}$

$$y - \frac{1}{a} = -\frac{1}{a^2}(x - a)$$

すなわち　　$y = -\dfrac{1}{a^2}x + \dfrac{2}{a}$　　…①

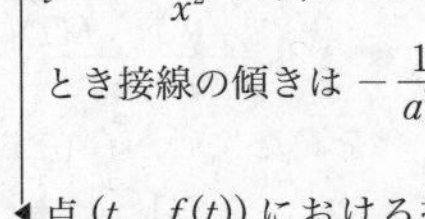
◀ 点 $(t,\ f(t))$ における接線の方程式は
$y - f(t) = f'(t)(x - t)$

同様に，曲線 $C_2 : y = -\dfrac{x^2}{8}$ 上の点を $\mathrm{B}\left(b,\ -\dfrac{b^2}{8}\right)$ とおく。

$y' = -\dfrac{x}{4}$ であるから，点 B における接線の方程式は

◀ $y' = -\dfrac{x}{4}$ より，$x = b$ のとき接線の傾きは $-\dfrac{b}{4}$

$$y - \left(-\frac{b^2}{8}\right) = -\frac{b}{4}(x - b)$$

すなわち　　$y = -\dfrac{b}{4}x + \dfrac{b^2}{8}$　　…②

接線 ①，② が一致することから

◀ 2 直線 $y = mx + n$ と $y = m'x + n'$ が一致する $\iff m = m'$ かつ $n = n'$

$$\begin{cases} -\dfrac{1}{a^2} = -\dfrac{b}{4} & \cdots ③ \\ \dfrac{2}{a} = \dfrac{b^2}{8} & \cdots ④ \end{cases}$$

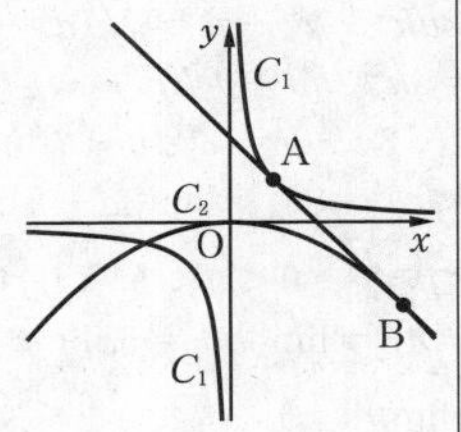

③ より　　$b = \dfrac{4}{a^2}$

これを ④ に代入して整理すると　$a^4 = a$

$a \neq 0$ より　　$a^3 - 1 = 0$

$(a-1)(a^2+a+1)=0$

a は実数より　$a=1$

よって，① より求める直線の方程式は　$\boldsymbol{y=-x+2}$

◀ 曲線 C_1 との接点は A(1, 1) である。

練習 88　2 曲線 $y=\log(2x+3)$ と $y=a-\log x$ の交点における両曲線の接線が直交するとき，a の値を求めよ。（小樽商科大）

$f(x)=\log(2x+3)$，$g(x)=a-\log x$ とおくと

$$f'(x)=\frac{2}{2x+3},\ g'(x)=-\frac{1}{x}$$

2 曲線の交点の x 座標を t とおくと

$f(t)=g(t)$ より　$\log(2t+3)=a-\log t$　…①

それぞれの接線が直交することより　$f'(t)g'(t)=-1$

よって　$\dfrac{2}{2t+3}\cdot\left(-\dfrac{1}{t}\right)=-1$　…②

① より　$t(2t+3)=e^a$

② より　$t(2t+3)=2$

したがって，$e^a=2$ より　$\boldsymbol{a=\log 2}$

◀ $\log(2t+3)+\log t=a$
$\log t(2t+3)=a$
$t(2t+3)=e^a$

練習 89　(1) 関数 $f(x)=\sqrt{x}$ の区間 $[1,\ 9]$ に対して，平均値の定理を満たす定数 c の値を求めよ。

(2) 関数 $f(x)=x^3$ において，例題 89 の（$*$）を満たす θ について，$\displaystyle\lim_{h\to 0}\theta$ の値を求めよ。ただし，$a\neq 0$，$h>0$ とする。

(1) $f(x)=\sqrt{x}$ は区間 $[1,\ 9]$ で連続であり，区間 $(1,\ 9)$ で微分可能であるから，平均値の定理により

$$\frac{f(9)-f(1)}{9-1}=f'(c)\ \cdots①,\quad 1<c<9$$

を満たす c が存在する。

$f'(x)=\dfrac{1}{2\sqrt{x}}$ であるから，① より　$\dfrac{3-1}{8}=\dfrac{1}{2\sqrt{c}}$

$\sqrt{c}=2$ より　$\boldsymbol{c=4}$

これは $1<c<9$ を満たす。

◀ $\dfrac{1}{4}=\dfrac{1}{2\sqrt{c}}$ より
$\dfrac{1}{\sqrt{c}}=\dfrac{1}{2}$

(2) 関数 $f(x)=x^3$ は，区間 $[a,\ a+h]$ で連続，区間 $(a,\ a+h)$ で微分可能である。

◀ $f(x)$ の定義域は実数全体である。

また，$f'(x)=3x^2$ であるから，平均値の定理により

$$(a+h)^3=a^3+h\cdot 3(a+\theta h)^2\ \cdots①,\quad 0<\theta<1$$

を満たす θ が存在する。① を整理すると

◀ 平均値の定理
$f(a+h)$
$=f(a)+hf'(a+\theta h)$
に代入する。
$f'(x)=3x^2$ より
$f'(a+\theta h)=3(a+\theta h)^2$
である。

$(a+h)^3-a^3=3h(a+\theta h)^2$ より

$$a^3+3a^2h+3ah^2+h^3-a^3=3h(a^2+2a\theta h+\theta^2h^2)$$

$$h^2(3a+h)=3h^2(2a\theta+\theta^2h)$$

$h>0$ であるから　$3a+h=3(2a\theta+\theta^2h)$　…②

ここで，② の左辺について　$\displaystyle\lim_{h\to 0}(3a+h)=3a$

$a>0$ とは限らないから，
◀ θ について解かずに極限値を考えると，計算が簡単になる。

また，② の右辺について，$0<\theta<1$ より $0<\theta^2<1$ であるから

$$\lim_{h\to 0}3(2a\theta+\theta^2h)=\lim_{h\to 0}6a\theta=6a\lim_{h\to 0}\theta$$

◀ $\displaystyle\lim_{h\to 0}\theta^2h=0$

よって　$3a=6a\displaystyle\lim_{h\to 0}\theta$

$a \neq 0$ より　$\lim_{h \to 0} \theta = \dfrac{1}{2}$

〔別解〕（② 以降）

$h\theta^2 + 2a\theta - a - \dfrac{h}{3} = 0$

◀ $h>0$ より θ の2次方程式

θ について解くと　$\theta = \dfrac{-a \pm \sqrt{a^2 + ah + \dfrac{h^2}{3}}}{h}$

$0 < \theta < 1$ であるから

(ア)　$a > 0$ のとき　$\theta = \dfrac{-a + \sqrt{a^2 + ah + \dfrac{h^2}{3}}}{h}$

$$= \frac{(-a)^2 - \left(a^2 + ah + \dfrac{h^2}{3}\right)}{h\left(-a - \sqrt{a^2 + ah + \dfrac{h^2}{3}}\right)}$$

$$= \frac{-\left(a + \dfrac{h}{3}\right)}{-a - \sqrt{a^2 + ah + \dfrac{h^2}{3}}}$$

◀ $a>0$ より
$\lim_{h \to 0}(\text{分母}) = -a - \sqrt{a^2}$
$= -a - |a| = -a - a$
$= -2a$

よって　$\lim_{h \to 0} \theta = \dfrac{-a}{-2a} = \dfrac{1}{2}$

(イ)　$a < 0$ のとき　$\theta = \dfrac{-a - \sqrt{a^2 + ah + \dfrac{h^2}{3}}}{h}$

$$= \frac{(-a)^2 - \left(a^2 + ah + \dfrac{h^2}{3}\right)}{h\left(-a + \sqrt{a^2 + ah + \dfrac{h^2}{3}}\right)}$$

$$= \frac{-\left(a + \dfrac{h}{3}\right)}{-a + \sqrt{a^2 + ah + \dfrac{h^2}{3}}}$$

◀ $a<0$ より
$\lim_{h \to 0}(\text{分母}) = -a + \sqrt{a^2}$
$= -a + |a| = -a - a$
$= -2a$

よって　$\lim_{h \to 0} \theta = \dfrac{-a}{-2a} = \dfrac{1}{2}$

(ア), (イ) より　$\lim_{h \to 0} \theta = \dfrac{1}{2}$

練習 90　平均値の定理を用いて，次の不等式を証明せよ。

$0 < a < b$ のとき　$1 - \dfrac{a}{b} < \log \dfrac{b}{a} < \dfrac{b}{a} - 1$

$f(x) = \log x$ とおくと，$f(x)$ は $x > 0$ で連続かつ微分可能であるから，$0 < a < b$ のとき，区間 $[a,\ b]$ で連続，区間 $(a,\ b)$ で微分可能である。

◀ 与えられた不等式は
$\dfrac{b-a}{b} < \log b - \log a < \dfrac{b-a}{a}$
と同値である。

$f'(x) = \dfrac{1}{x}$ であるから，平均値の定理により

$$\frac{\log b - \log a}{b - a} = \frac{1}{c},\ a < c < b \qquad \cdots ①$$

3章 7 接線と法線，平均値の定理

を満たす c が存在する。

ここで，$0<a<c<b$ であるから　　$\dfrac{1}{b}<\dfrac{1}{c}<\dfrac{1}{a}$

ゆえに，① より　　$\dfrac{1}{b}<\dfrac{\log b-\log a}{b-a}<\dfrac{1}{a}$

$b-a>0$ より　　$\dfrac{b-a}{b}<\log b-\log a<\dfrac{b-a}{a}$

◀辺々に $b-a\ (>0)$ を掛ける。

したがって，$0<a<b$ のとき

$$1-\frac{a}{b}<\log\frac{b}{a}<\frac{b}{a}-1$$

◀$\log b-\log a=\log\dfrac{b}{a}$

練習 91　極限値 $\displaystyle\lim_{x\to 0}\frac{\cos x-\cos x^2}{x-x^2}$ を求めよ。

関数 $f(x)=\cos x$ はすべての実数 x について連続かつ微分可能であり

$$f'(x)=-\sin x$$

◀$\cos x^2$ は $\cos(x^2)$ のことである。$(\cos x)^2=\cos^2 x$ とは異なることに注意する。

(ア)　$x<0$ のとき，$x<x^2$ であるから，区間 $[x,\ x^2]$ において，平均値の定理により

◀$x\to+0$ のときと，$x\to-0$ のときで，x と x^2 の大小が異なることに注意して場合分けする。

$$\frac{\cos x^2-\cos x}{x^2-x}=-\sin c_1,\quad x<c_1<x^2\quad\cdots①$$

を満たす c_1 が存在する。

① において，$x\to-0$ のとき，$x^2\to 0$ より $c_1\to 0$ であるから

◀① に，はさみうちの原理を用いる。

$$\lim_{x\to-0}\frac{\cos x-\cos x^2}{x-x^2}=\lim_{x\to-0}\frac{\cos x^2-\cos x}{x^2-x}=\lim_{c_1\to 0}(-\sin c_1)=-\sin 0=0$$

(イ)　$x>0$ のとき，$0<x<1$ とすると　　$x^2<x$

◀$x\to+0$ を考えるから $0<x<1$ としてよい。

区間 $[x^2,\ x]$ において，平均値の定理により

$$\frac{\cos x-\cos x^2}{x-x^2}=-\sin c_2,\quad x^2<c_2<x\quad\cdots②$$

を満たす c_2 が存在する。

② において，$x\to+0$ のとき，$x^2\to 0$ より $c_2\to 0$ であるから

◀② に，はさみうちの原理を用いる。

$$\lim_{x\to+0}\frac{\cos x-\cos x^2}{x-x^2}=\lim_{c_2\to 0}(-\sin c_2)=-\sin 0=0$$

(ア)，(イ) より，$\displaystyle\lim_{x\to-0}\frac{\cos x-\cos x^2}{x-x^2}=\lim_{x\to+0}\frac{\cos x-\cos x^2}{x-x^2}$ であるから

◀(左側極限) = (右側極限) である。

$$\boldsymbol{\lim_{x\to 0}\frac{\cos x-\cos x^2}{x-x^2}=0}$$

〔別解〕　(3 行目以降)

$x\neq 0,\ 1$ のとき，平均値の定理により，$\dfrac{\cos x-\cos x^2}{x-x^2}=-\sin c$ を満たす c が，x と x^2 の間に存在する。

◀$x\to 0$ のとき，区間の両端 x，x^2 はともに 0 に近づくから，解答の(ア)，(イ) をまとめてこのようにしてもよい。

$x\to 0$ のとき，$x^2\to 0$ より $c\to 0$ であるから

$$\lim_{x\to 0}\frac{\cos x-\cos x^2}{x-x^2}=\lim_{c\to 0}(-\sin c)=0$$

練習 92 数列 $\{a_n\}$ が $a_1=1,\ a_{n+1}=e^{-a_n-1}\ (n=1,\ 2,\ 3,\ \cdots)$ で定義されている。方程式 $x=e^{-x-1}$ を満たすただ1つの解を $x=\alpha$ とするとき，$\lim_{n\to\infty}a_n=\alpha$ が成り立つことを示せ。

（日本大　改）

$\alpha=e^{-\alpha-1}$ が成り立つから，与えられた漸化式は

$a_{n+1}-\alpha=e^{-a_n-1}-e^{-\alpha-1}$ …① と変形できる。

$\alpha=e^{-x-1}$ を満たす x は $x=\alpha$ だけであるから

$a_1=1,\ a_{n+1}=e^{-a_n-1}$ より　　$a_n \neq \alpha$

◀数学的帰納法で示すことができる。

$f(x)=e^{-x-1}$ はすべての実数 x について，連続かつ微分可能であり，

$f'(x)=-e^{-x-1}$ であるから，平均値の定理により

$$\frac{e^{-a_n-1}-e^{-\alpha-1}}{a_n-\alpha}=-e^{-c-1}\quad\cdots②$$

を満たす c が，a_n と α の間に存在する。

◀a_n と α の大小関係は分からない。

①，② より　　$a_{n+1}-\alpha=-e^{-c-1}(a_n-\alpha)$

$a_1=1,\ a_{n+1}=e^{-a_n-1}$ より　　$a_n>0$

◀$a_1=1,\ a_{n+1}=e^{-a_n-1}$ より，帰納的に考えて $a_n>0$ である。

$\alpha=e^{-\alpha-1}$ より　　$\alpha>0$

よって　　$c>0$

◀

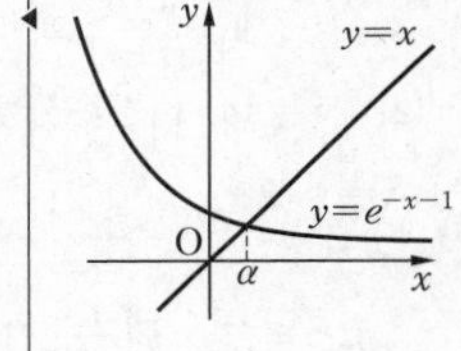

ゆえに　　$|a_{n+1}-\alpha|=|-e^{-c-1}||a_n-\alpha|$

$$=\frac{1}{e^{c+1}}|a_n-\alpha|<\frac{1}{e}|a_n-\alpha|$$

よって

$$0<|a_n-\alpha|<\frac{1}{e}|a_{n-1}-\alpha|<\cdots<\left(\frac{1}{e}\right)^{n-1}|a_1-\alpha|$$

ここで，$\lim_{n\to\infty}\left(\frac{1}{e}\right)^{n-1}|a_1-\alpha|=0$ であるから

◀$0<\frac{1}{e}<1$

はさみうちの原理より　　$\lim_{n\to\infty}|a_n-\alpha|=0$

したがって，$\lim_{n\to\infty}a_n=\alpha$ が成り立つ。

Plus One

（8 **「関数の増減とグラフ」を利用**）

実際の出題では，「$x=e^{-x-1}$ がただ1つの解をもつことを示せ。」という小問が直前にあった。これは以下のように証明される。

解　$f(x)=e^{-x-1}-x$ とおく。

$$f'(x)=-e^{-x-1}-1<0$$

よって，$f(x)$ はすべての実数 x で単調減少する。

また，$f(x)$ は $0\leqq x\leqq 1$ で連続であり

$$f(0)=e^{-1}>0$$

$$f(1)=e^{-2}-1<0$$

よって，中間値の定理により，$f(x)=0$ を満たす実数 x が $0<x<1$ に存在する。

したがって，$x=e^{-x-1}$ は $0<x<1$ の範囲にただ1つの実数解をもつ。

接線と法線，平均値の定理

問題 81 次の曲線上の点Pにおける接線および法線の方程式を求めよ。

(1) $y=\sqrt{1-2x}$，P$(-4,\ 3)$ (2) $y=\tan x$，P$\left(\dfrac{\pi}{4},\ 1\right)$

(1) $y=\sqrt{1-2x}$ を微分すると

$$y'=\frac{1}{2}\cdot\frac{(1-2x)'}{\sqrt{1-2x}}=-\frac{1}{\sqrt{1-2x}}$$

◀ $y=(1-2x)^{\frac{1}{2}}$ より $y'=\frac{1}{2}(1-2x)^{-\frac{1}{2}}\cdot(1-2x)'$ $=-\dfrac{1}{\sqrt{1-2x}}$

$x=-4$ のとき　$y'=-\dfrac{1}{3}$

よって，点P$(-4,\ 3)$ における接線の方程式は

◀ 点 $(t,\ f(t))$ における接線の方程式は $y-f(t)=f'(t)(x-t)$

$$y-3=-\frac{1}{3}(x+4) \quad \text{すなわち} \quad \boldsymbol{y=-\frac{1}{3}x+\frac{5}{3}}$$

また，法線の傾きは3であるから，点P$(-4,\ 3)$ における法線の方程式は

◀ $m\cdot\left(-\dfrac{1}{3}\right)=-1$ より，法線の傾きは $m=3$

$$y-3=3(x+4) \quad \text{すなわち} \quad \boldsymbol{y=3x+15}$$

(2) $y=\tan x$ を微分すると　$y'=\dfrac{1}{\cos^2 x}$

$x=\dfrac{\pi}{4}$ のとき　$y'=2$

◀ $x=\dfrac{\pi}{4}$ のとき $y'=\dfrac{1}{\cos^2\frac{\pi}{4}}=\dfrac{1}{\left(\frac{1}{\sqrt{2}}\right)^2}=2$

よって，点P$\left(\dfrac{\pi}{4},\ 1\right)$ における接線の方程式は

$$y-1=2\left(x-\frac{\pi}{4}\right) \quad \text{すなわち} \quad \boldsymbol{y=2x-\frac{\pi}{2}+1}$$

また，法線の傾きは $-\dfrac{1}{2}$ であるから，点P$\left(\dfrac{\pi}{4},\ 1\right)$ における法線の方程式は

◀ $m\cdot 2=-1$ より，法線の傾きは $m=-\dfrac{1}{2}$

$$y-1=-\frac{1}{2}\left(x-\frac{\pi}{4}\right) \quad \text{すなわち} \quad \boldsymbol{y=-\frac{1}{2}x+\frac{\pi}{8}+1}$$

問題 82 曲線 $\sqrt{x}+\sqrt{y}=\sqrt{a}$ $(a>0)$ 上の点における接線が，x 軸，y 軸と交わる点をそれぞれA，Bとする。原点をOとするとき，OA＋OBは一定であることを示せ。

曲線上の点Pの x 座標を t $(0<t<a)$ とすると，$\sqrt{t}+\sqrt{y}=\sqrt{a}$ より

$$\sqrt{y}=\sqrt{a}-\sqrt{t}$$

よって　$y=(\sqrt{a}-\sqrt{t})^2$

ゆえに　P$(t,\ (\sqrt{a}-\sqrt{t})^2)$

また，$\sqrt{x}+\sqrt{y}=\sqrt{a}$ より　$x^{\frac{1}{2}}+y^{\frac{1}{2}}=a^{\frac{1}{2}}$

両辺を x で微分すると

$\dfrac{1}{2}x^{-\frac{1}{2}}+\dfrac{1}{2}y^{-\frac{1}{2}}\cdot y'=0$ より　$\dfrac{1}{2\sqrt{x}}+\dfrac{y'}{2\sqrt{y}}=0$

よって　$y'=-\dfrac{\sqrt{y}}{\sqrt{x}}$

$x=t$，$y=(\sqrt{a}-\sqrt{t})^2$ を代入すると　$y'=-\dfrac{\sqrt{a}-\sqrt{t}}{\sqrt{t}}$

◀ $0<t<a$ より $\sqrt{y}=\sqrt{(\sqrt{a}-\sqrt{t})^2}$ $=\sqrt{a}-\sqrt{t}$

よって，点 P における接線の方程式は

$$y-(\sqrt{a}-\sqrt{t})^2=-\frac{\sqrt{a}-\sqrt{t}}{\sqrt{t}}(x-t)$$

すなわち　$y=-\dfrac{\sqrt{a}-\sqrt{t}}{\sqrt{t}}x+a-\sqrt{at}$　…①

① に $y=0$ を代入すると　$x=\sqrt{at}$

よって，点 A の座標は　$\mathrm{A}(\sqrt{at},\ 0)$

① に $x=0$ を代入すると　$y=a-\sqrt{at}$

よって，点 B の座標は　$\mathrm{B}(0,\ a-\sqrt{at})$

したがって　$\mathrm{OA}+\mathrm{OB}=\sqrt{at}+a-\sqrt{at}=a$

a は定数であるから，OA＋OB は一定である。

◀ OA＋OB は t の値にかかわらず一定である。

問題 83 曲線 $x=a\cos^3 3\theta,\ y=a\sin^3 3\theta\ \left(a>0,\ 0\leqq\theta\leqq\dfrac{\pi}{6}\right)$ 上の端点ではない点 P における接線と x 軸，y 軸との交点をそれぞれ A，B とするとき，線分 AB の長さは点 P の位置によらず一定であることを示せ。

$\theta=\beta$ に対応する曲線上の点を点 P とすると　$\mathrm{P}(a\cos^3 3\beta,\ a\sin^3 3\beta)$

ここで

$$\frac{dy}{dx}=\frac{\frac{dy}{d\theta}}{\frac{dx}{d\theta}}=\frac{3a\sin^2 3\theta\cdot 3\cos 3\theta}{3a\cos^2 3\theta\cdot(-3\sin 3\theta)}=-\frac{\sin 3\theta}{\cos 3\theta}=-\tan 3\theta$$

◀ $\theta=\beta$ のとき $\dfrac{dy}{dx}=-\tan 3\beta$ より，点 P における接線の傾きは　$-\tan 3\beta$

よって，点 P における接線の方程式は

$$y-a\sin^3 3\beta=-\tan 3\beta(x-a\cos^3 3\beta)$$

すなわち　$y=-\tan 3\beta\cdot x+a\sin 3\beta$　…①

① に $y=0$ を代入すると　$x=a\cos 3\beta$

◀ $\tan 3\beta\cdot x=a\sin 3\beta$ より
$x=a\sin 3\beta\cdot\dfrac{1}{\tan 3\beta}$
$=a\sin 3\beta\cdot\dfrac{\cos 3\beta}{\sin 3\beta}$
$=a\cos 3\beta$

よって，点 A の座標は　$\mathrm{A}(a\cos 3\beta,\ 0)$

① に $x=0$ を代入すると　$y=a\sin 3\beta$

よって，点 B の座標は　$\mathrm{B}(0,\ a\sin 3\beta)$

したがって，線分 AB の長さは，$a>0$ より

$$\mathrm{AB}=\sqrt{(0-a\cos 3\beta)^2+(a\sin 3\beta-0)^2}$$
$$=\sqrt{a^2\cos^2 3\beta+a^2\sin^2 3\beta}=\sqrt{a^2}=a$$

a は定数であるから，線分 AB の長さは点 P の位置によらず一定である。

問題 84 曲線 $y=x\cos x$ の接線で，原点を通るものをすべて求めよ。　（東京都市大）

接点を $\mathrm{T}(t,\ t\cos t)$ とおく。

$y'=\cos x-x\sin x$ より，T における接線の方程式は

$$y-t\cos t=(\cos t-t\sin t)(x-t)$$

◀ 積の微分法
$\{f(x)g(x)\}'$
$=f'(x)g(x)+f(x)g'(x)$

すなわち　$y=(\cos t-t\sin t)x+t^2\sin t$　…①

接線 ① が原点 $(0,\ 0)$ を通るから

$0=t^2\sin t$ より　$t=n\pi$（n は整数）

◀ $t^2\sin t=0$ の解は $t=0$ または $\sin t=0$ より，$t=n\pi$（n は整数）と表すことができる。

このとき　$\cos t=\cos n\pi=(-1)^n$

$\sin t=\sin n\pi=0$

① に代入すると　　$y=(-1)^n x$

したがって，求める接線の方程式は

$\boldsymbol{y=x,\ y=-x}$

◀ n は整数であるから，$(-1)^n$ は 1 または -1

問題 85　曲線 $x^2-y^2=1$ に点 $(0,\ 1)$ から引いた接線の方程式を求めよ。

接点の座標を $\mathrm{P}(a,\ b)$ とおくと　　$a^2-b^2=1$　　…①

この曲線の x 軸に垂直な接線が点 $(0,\ 1)$ を通ることはないから $b \neq 0$ である。

$x^2-y^2=1$ の両辺を x で微分すると

$2x-2yy'=0$　すなわち　$x-yy'=0$

◀ y を x の関数とみて両辺を x で微分する。$(y^2)'=2yy'$ であることに注意する。

よって，点 P における接線の傾きは $y'=\dfrac{a}{b}$ であり，接線の方程式は

$$y-b=\frac{a}{b}(x-a) \qquad \cdots②$$

◀ $x^2-y^2=1$ は下の図のような双曲線を表す。

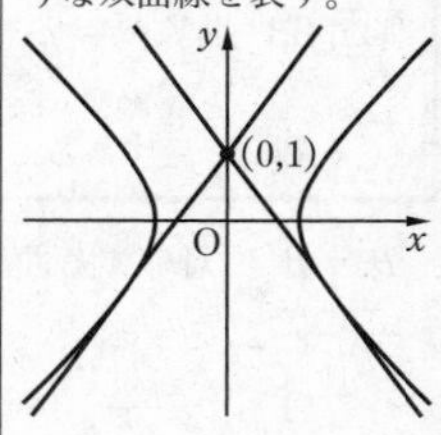

直線 ② が点 $(0,\ 1)$ を通るから

$$1-b=\frac{a}{b}(0-a) \quad \text{すなわち} \quad a^2-b^2=-b$$

① より $a^2-b^2=1$ であるから　　$-b=1$

よって　　$b=-1$

このとき ① は $a^2-1=1$ より　　$a^2=2$

ゆえに　　$a=\pm\sqrt{2}$

したがって，求める接線の方程式は

接点が $(\sqrt{2},\ -1)$ のとき

$$y+1=\frac{\sqrt{2}}{-1}(x-\sqrt{2}) \quad \text{すなわち} \quad y=-\sqrt{2}\,x+1$$

◀ $a=\sqrt{2},\ b=-1$ を ② に代入して整理する。

接点が $(-\sqrt{2},\ -1)$ のとき

$$y+1=\frac{-\sqrt{2}}{-1}(x+\sqrt{2}) \quad \text{すなわち} \quad y=\sqrt{2}\,x+1$$

◀ $a=-\sqrt{2},\ b=-1$ を ② に代入して整理する。

したがって，求める接線の方程式は

$\boldsymbol{y=-\sqrt{2}\,x+1,\ y=\sqrt{2}\,x+1}$

〔別解〕　（解答 2～11 行目を次のようにしてもよい。）

曲線の方程式は $x^2-y^2=1$ より，接点 $(a,\ b)$ における接線の方程式は　　$ax-by=1$

これが点 $(0,\ 1)$ を通るから　　$-b=1$

すなわち　　$b=-1$

◀ 曲線 $\dfrac{x^2}{m^2}-\dfrac{y^2}{n^2}=1$ 上の点 $(a,\ b)$ における接線の方程式は
$\dfrac{ax}{m^2}-\dfrac{by}{n^2}=1$

問題 86　2 つの曲線 $y=e^{\frac{x}{3}}$ と $y=a\sqrt{2x-2}+b$ は，x 座標が 3 である点 P において共通な接線をもっている。このとき，次の問に答えよ。

(1)　定数 $a,\ b$ の値を定めよ。　　(2)　共通な接線の方程式を求めよ。

$f(x)=e^{\frac{x}{3}},\ g(x)=a\sqrt{2x-2}+b$ とおくと

$$f'(x)=\frac{1}{3}e^{\frac{x}{3}}, \qquad g'(x)=\frac{a}{\sqrt{2x-2}}$$

(1)　2つの曲線は，x 座標が3である点Pにおいて共通な接線をもつから

$f(3)=g(3)$ より　　$e=2a+b$　　…①

◀接点の y 座標が一致する。

$f'(3)=g'(3)$ より　　$\dfrac{1}{3}e=\dfrac{1}{2}a$　　…②

◀接線の傾きが一致する。

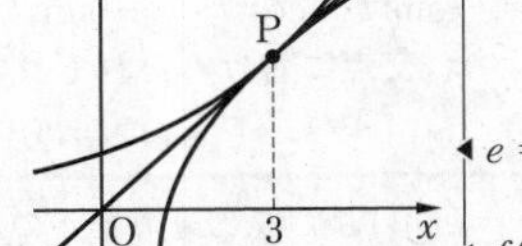

② より　　$\boldsymbol{a=\dfrac{2}{3}e}$

① に代入すると　　$\boldsymbol{b=-\dfrac{1}{3}e}$

◀$e=\dfrac{4}{3}e+b$

(2)　$f(x)=e^{\frac{x}{3}}$ より，点Pの座標は　$(3,\ e)$

◀$f(3)=e^{\frac{3}{3}}=e^1=e$

点Pにおける接線の傾きは $f'(3)=\dfrac{1}{3}e$ より，求める共通な接線の方程式は

$y-e=\dfrac{1}{3}e(x-3)$　　すなわち　　$\boldsymbol{y=\dfrac{1}{3}ex}$

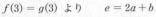

問題 87　2つの曲線 $C_1: y=-e^{-x}$，$C_2: y=e^{ax}$ $(a>0)$ の両方に接する直線を l とする。l と C_1 の接点の x 座標を求めよ。

曲線 $C_1: y=-e^{-x}$ 上の点を $\mathrm{P}(s,\ -e^{-s})$ とおく。

◀$y'=e^{-x}$ より，$x=s$ のとき接線の傾きは e^{-s}

$y'=e^{-x}$ であるから，点Pにおける接線の方程式は

$y+e^{-s}=e^{-s}(x-s)$

すなわち　　$y=e^{-s}x-(s+1)e^{-s}$　　…①

曲線 $C_2: y=e^{ax}$ 上の点を $\mathrm{Q}(t,\ e^{at})$ とおく。

$y'=ae^{ax}$ であるから，点Qにおける接線の方程式は

$y-e^{at}=ae^{at}(x-t)$

すなわち　　$y=ae^{at}x-(at-1)e^{at}$　　…②

◀$y'=ae^{ax}$ より，$x=t$ のとき接線の傾きは ae^{at}

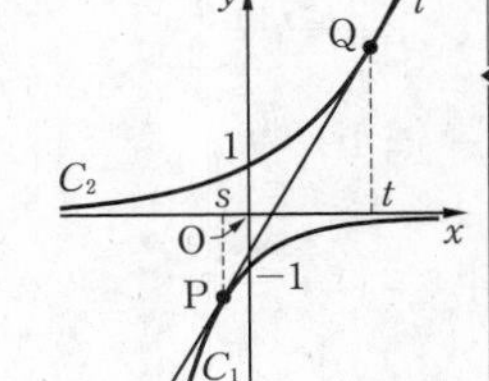

接線 ①，② が一致することから

$$\begin{cases} e^{-s}=ae^{at} & \cdots③ \\ (s+1)e^{-s}=(at-1)e^{at} & \cdots④ \end{cases}$$

$a>0$ と ③ より　　$e^{at}=\dfrac{1}{a}e^{-s}$

③ の両辺は正であるから，両辺の自然対数をとると

$-s=\log a+at$　すなわち　$at=-s-\log a$

◀$\log e^{-s}=\log ae^{at}$ より
$-s=\log a+\log e^{at}$
$=\log a+at$

これらを ④ に代入すると　　$(s+1)e^{-s}=(-s-\log a-1)\cdot\dfrac{1}{a}e^{-s}$

◀両辺を $e^{-s}(>0)$ で割ると
$s+1=(-s-\log a-1)\cdot\dfrac{1}{a}$
$a(s+1)=-s-\log a-1$
$(a+1)s=-\log a-a-1$

l と C_1 の接点の x 座標は s であるから，これを s について解くと

$$\boldsymbol{s=-\frac{\log a+a+1}{a+1}}$$

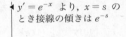

問題 88　2つのグラフ $y=x\sin x$，$y=\cos x$ の交点におけるそれぞれの接線は互いに直交することを証明せよ。（愛知教育大）

$f(x)=x\sin x$，$g(x)=\cos x$ とおくと

$f'(x)=\sin x+x\cos x$，$g'(x)=-\sin x$

◀グラフの概形を考えると2つのグラフは明らかに交わる。

3章 7 接線と法線，平均値の定理

2つのグラフの交点の x 座標を t とおくと

$f(t)=g(t)$ より　$t\sin t=\cos t$　…①

また　$f'(t)g'(t)=(\sin t+t\cos t)\cdot(-\sin t)$

$=-\sin^2 t-t\sin t\cos t$

① を代入すると

$$f'(t)g'(t)=-\sin^2 t-\cos^2 t=-(\sin^2 t+\cos^2 t)=-1$$

$f'(t)g'(t)=-1$ より，交点におけるそれぞれの接線は互いに直交する。

問題 89　関数 $f(x)=e^x$ において，a，h を正の定数とするとき

平均値の定理　$f(a+h)=f(a)+hf'(a+\theta h)$，$0<\theta<1$

を満たす θ について，$\lim_{h\to 0}\theta$ の値が $\frac{1}{2}$ 以上であることを示せ。ただし，不等式 $e^x\geqq 1+x+\frac{x^2}{2}$ $(x\geqq 0)$ を用いてもよい。

関数 $f(x)=e^x$ は，区間 $[a, a+h]$ で連続，区間 $(a, a+h)$ で微分可能で，$f'(x)=e^x$ であるから，平均値の定理により

$$e^{a+h}=e^a+he^{a+\theta h}\ \cdots①,\quad 0<\theta<1$$

を満たす θ が存在する。① を整理すると

$e^a>0$ より　$e^h=1+he^{\theta h}$

よって　$e^{\theta h}=\dfrac{e^h-1}{h}$

両辺の対数をとると　$\theta h=\log\dfrac{e^h-1}{h}$

ゆえに　$\theta=\dfrac{1}{h}\log\dfrac{e^h-1}{h}=\log\left(\dfrac{e^h-1}{h}\right)^{\frac{1}{h}}$　…②

一方，$h>0$ より　$e^h\geqq 1+h+\dfrac{h^2}{2}$

よって　$\dfrac{e^h-1}{h}\geqq 1+\dfrac{h}{2}$

ゆえに　$\left(\dfrac{e^h-1}{h}\right)^{\frac{1}{h}}\geqq\left(1+\dfrac{h}{2}\right)^{\frac{1}{h}}$

$\lim_{h\to 0}\left(1+\dfrac{h}{2}\right)^{\frac{1}{h}}=\lim_{h\to 0}\left(1+\dfrac{h}{2}\right)^{\frac{1}{\frac{h}{2}}\times\frac{1}{2}}=e^{\frac{1}{2}}$ であるから

$$\lim_{h\to 0}\left(\frac{e^h-1}{h}\right)^{\frac{1}{h}}\geqq e^{\frac{1}{2}}\quad\cdots③$$

②，③ より　$\lim_{h\to 0}\theta=\lim_{h\to 0}\left\{\log\left(\dfrac{e^h-1}{h}\right)^{\frac{1}{h}}\right\}\geqq\log e^{\frac{1}{2}}=\dfrac{1}{2}$

したがって　$\lim_{h\to 0}\theta\geqq\dfrac{1}{2}$

◀ $f(x)$ の定義域は実数全体である。

◀ 平均値の定理
$f(a+h)$
$=f(a)+hf'(a+\theta h)$

◀ $e^{a+h}=e^a+he^{a+\theta h}$ の両辺を $e^a\ (>0)$ で割る。

◀ $\log e^{\theta h}=\theta h$

◀ 問題文で与えられた不等式を利用する。

◀ 1 を移項し，両辺を $h\ (>0)$ で割る。

◀ $\lim_{x\to 0}(1+x)^{\frac{1}{x}}=e$

問題 90　$0<a<b$ のとき，$(a+1)e^a(b-a)<be^b-ae^a$ であることを示せ。　（岡山県立大）

$f(x)=xe^x$ とおくと，$f(x)$ は $x>0$ で連続かつ微分可能であるから，$0<a<b$ のとき，区間 $[a, b]$ で連続，区間 (a, b) で微分可能である。

$f'(x)=e^x+xe^x=(1+x)e^x$ であるから，平均値の定理により

$$\frac{be^b - ae^a}{b-a} = (1+c)e^c,\ a < c < b \quad \cdots ①$$

を満たす c が存在する。

また　$f''(x) = e^x + (1+x)e^x = (2+x)e^x$

$x>0$ のとき $f''(x)>0$ より，$f'(x)$ は $x>0$ の範囲で単調増加する。

よって，$0<a<c$ より　$(1+a)e^a < (1+c)e^c \quad \cdots ②$

①，② より　$(1+a)e^a < \dfrac{be^b - ae^a}{b-a}$

$b-a>0$ より　$(a+1)e^a(b-a) < be^b - ae^a$

◀この等式の左辺は，関数 $f(x)=xe^x$ の $a \leqq x \leqq b$ における平均変化率を表している。

◀$f'(x)$ が単調増加するから，$0<a<c$ のとき $f'(a)<f'(c)$

◀両辺に $b-a\ (>0)$ を掛ける。

問題 **91**　極限値 $\displaystyle\lim_{x\to 0}\frac{e^x - e^{\sin x}}{x - \sin x}$ を求めよ。

$f(x)=e^x$ とおくと，$f(x)$ はすべての実数 x について連続かつ微分可能であり　$f'(x)=e^x$

$x \neq 0$ のとき，平均値の定理により

$$\frac{e^x - e^{\sin x}}{x - \sin x} = f'(c)$$

を満たす c が，x と $\sin x$ の間に存在する。

$f'(c)=e^c$ であるから　$\dfrac{e^x - e^{\sin x}}{x - \sin x} = e^c$

また，$x \to 0$ のとき，$\sin x \to 0$ より $c \to 0$ であるから

$$\lim_{x\to 0}\frac{e^x - e^{\sin x}}{x - \sin x} = \lim_{c\to 0} e^c = e^0 = 1$$

よって　$\displaystyle\boldsymbol{\lim_{x\to 0}\frac{e^x - e^{\sin x}}{x - \sin x} = 1}$

◀関数 $f(x)$ が閉区間 $[a,\ b]$ で連続，開区間 $(a,\ b)$ で微分可能であるとき，平均値の定理を用いることができる。

◀$\displaystyle\lim_{x\to 0}x=0,\ \lim_{x\to 0}\sin x=0$ より，はさみうちの原理より　$\displaystyle\lim_{x\to 0}c=0$

問題 **92**　関数 $f(x)$ を $f(x)=\dfrac{1}{2}x\{1+e^{-2(x-1)}\}$ とする。数列 $\{x_n\}$ が $x_0>0,\ x_{n+1}=f(x_n)$ $(n=0,\ 1,\ 2,\ \cdots)$ で定義されている。$x>\dfrac{1}{2}$ ならば $0 \leqq f'(x) < \dfrac{1}{2}$ であることを利用して，次の問に答えよ。

(1)　$x_0>\dfrac{1}{2}$ のとき，$x_n>\dfrac{1}{2}$ $(n=0,\ 1,\ 2,\ \cdots)$ を示せ。

(2)　$x_0>\dfrac{1}{2}$ のとき，$\displaystyle\lim_{n\to\infty}x_n=1$ であることを示せ。　（東京大　改）

---

(1)　[1]　$n=0$ のとき，条件より $x_0>\dfrac{1}{2}$ であるから，与えられた不等式は成り立つ。

[2]　$n=k$ （k は 0 以上の整数）のとき，$x_k>\dfrac{1}{2}$ が成り立つと仮定する。

条件より，$x>\dfrac{1}{2}$ ならば $0 \leqq f'(x)$ であるから，$f(x)$ は単調増加する。

◀数学的帰納法を用いて証明する。

3章 7 接線と法線，平均値の定理

よって，$x_k > \frac{1}{2}$ のとき

$$x_{k+1} = f(x_k) \geqq f\left(\frac{1}{2}\right) = \frac{1}{4}(1+e) > \frac{1}{2}$$

◀ $e>1$ より $\frac{1}{4}(1+e) > \frac{1}{4}(1+1) = \frac{1}{2}$

ゆえに，$x_{k+1} > \frac{1}{2}$ が成り立ち，$n=k+1$ のときも成り立つ。

[1]，[2] より，0 以上の整数 n に対して，$x_n > \frac{1}{2}$ が成り立つ。

(2) $f(1)=1$ が成り立つから，$x_{n+1}=f(x_n)$ は
$x_{n+1}-1 = f(x_n)-f(1)$ …① と変形できる。

◀ 平均値の定理を用いるため，$x_n=1$ の場合を分ける。

(ア) $x_n \neq 1$ のとき

$f(x)$ はすべての実数 x について，連続かつ微分可能であるから，平均値の定理により

$$\frac{f(x_n)-f(1)}{x_n-1} = f'(c) \quad \cdots ②$$

◀ $0 \leqq f'(c) < \frac{1}{2}$ を示すことができればよいから，$f'(x)$ を計算しなくてよい。

を満たす c が，x_n と 1 の間に存在する。

◀ x_n と 1 の大小関係は分からない。

①，② より　$x_{n+1}-1 = f'(c)(x_n-1)$

(1) より，$x_0 > \frac{1}{2}$ のとき $x_n > \frac{1}{2}$ であるから　$c > \frac{1}{2}$

よって，条件より　$0 \leqq f'(c) < \frac{1}{2}$

ゆえに　$|x_{n+1}-1| = |f'(c)||x_n-1| < \frac{1}{2}|x_n-1|$

(イ) $x_n=1$ のとき

$x_{n+1}=f(1)=1$ であるから　$|x_{n+1}-1| = \frac{1}{2}|x_n-1| = 0$

(ア)，(イ) より

$$0 \leqq |x_n-1| \leqq \frac{1}{2}|x_{n-1}-1| \leqq \cdots \leqq \left(\frac{1}{2}\right)^n |x_0-1|$$

ここで，$\lim_{n\to\infty}\left(\frac{1}{2}\right)^n |x_0-1| = 0$ であるから

◀ $0 < \frac{1}{2} < 1$

はさみうちの原理より　$\lim_{n\to\infty}|x_n-1| = 0$

したがって　$\lim_{n\to\infty} x_n = 1$ が成り立つ。

Plus One

(**8「関数の増減とグラフ」を利用**)

実際の出題では，「$x > \frac{1}{2}$ ならば $0 \leqq f'(x) < \frac{1}{2}$ であることを示せ。」という小問が直前にあった。これは以下のように証明される。

解 $f'(x) = \frac{1}{2}\{1+e^{-2(x-1)}+x(-2)e^{-2(x-1)}\} = \frac{1}{2}\{1+(-2x+1)e^{-2(x-1)}\}$

$x > \frac{1}{2}$ のとき，$-2x+1<0$，$e^{-2(x-1)}>0$ であるから　$f'(x) < \frac{1}{2}$　…①

また，$f''(x) = \frac{1}{2}\{-2e^{-2(x-1)}+(-2x+1)(-2)e^{-2(x-1)}\} = 2(x-1)e^{-2(x-1)}$

$f''(x)=0$ となるのは　$x=1$

よって，$x > \frac{1}{2}$ のとき $f'(x)$ の増減表は次のようになる。

x	$\frac{1}{2}$	$\cdots$	1	$\cdots$
$f''(x)$		$-$	0	$+$
$f'(x)$		↘	0	↗

ゆえに，$x > \frac{1}{2}$ のとき　　$f'(x) \geqq 0$　　…②

①，② より，$x > \frac{1}{2}$ ならば　　$0 \leqq f'(x) < \frac{1}{2}$

p.179 本質を問う 7

1 直線 $x=0$ は曲線 $y=x^3$ 上の点 $(0,\ 0)$ における法線といえるか。

曲線 $y=f(x)$ 上の点 $(a,\ f(a))$ における接線の方程式は

$$y-f(a)=f'(a)(x-a)$$

$y=x^3$ のとき，$y'=3x^2$ であるから，点 $(0,\ 0)$ における接線の方程式は

$$y-0=3\cdot 0^2(x-0)$$

よって　　$y=0$

したがって，点 $(0,\ 0)$ を通り，直線 $y=0$ に垂直に交わる直線の方程式は $x=0$ であるから，直線 $x=0$ は $y=x^3$ 上の点 $(0,\ 0)$ における法線と **いえる**。

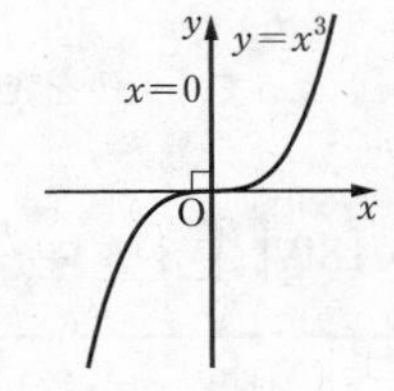

2 円 $x^2+y^2=r^2$ 上の点 $\mathrm{P}(x_1,\ y_1)$ における接線の方程式が $x_1x+y_1y=r^2$ となることを，微分法を用いて証明せよ。

円の方程式の両辺を x で微分すると　　$2x+2yy'=0$

◀ $(y^2)'=2yy'$

点 $\mathrm{P}(x_1,\ y_1)$ における接線の傾きは，$y_1 \neq 0$ のとき

◀ $y_1=0$ のときを分けて考える。

$$y'=-\frac{x_1}{y_1}$$

よって，点 P における接線の方程式は

$$y-y_1=-\frac{x_1}{y_1}(x-x_1)$$

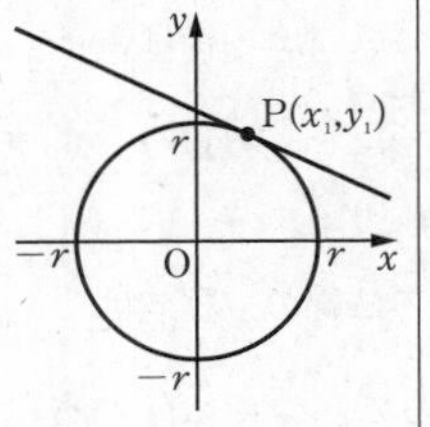

両辺に y_1 を掛けて

$$y_1(y-y_1)=-x_1(x-x_1)$$

$$x_1x+y_1y={x_1}^2+{y_1}^2$$

また，点 $\mathrm{P}(x_1,\ y_1)$ は円上にあることから　　${x_1}^2+{y_1}^2=r^2$

ゆえに，点 P における接線の方程式は　　$x_1x+y_1y=r^2$　　…①

$y_1=0$ のとき，点 P の座標は $(\pm r,\ 0)$ となり，接線の方程式は

$$x=\pm r$$

これらは，① に $x_1=\pm r$，$y_1=0$ を代入したものと一致する（複号同順）。

したがって，円 $x^2+y^2=r^2$ 上の点 $\mathrm{P}(x_1,\ y_1)$ における接線の方程式は $x_1x+y_1y=r^2$ となることが示された。

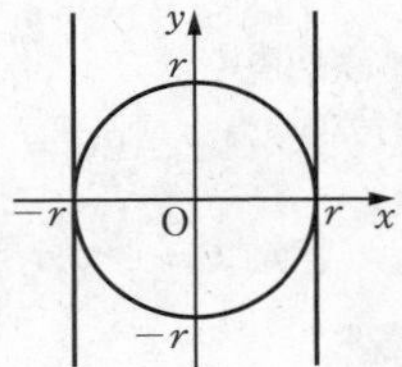

3 関数 $f(x)$ が閉区間 $[a,\ b]$ で連続，開区間 $(a,\ b)$ で微分可能ならば $\dfrac{f(b)-f(a)}{b-a}=f'(c)$，$a<c<b$ を満たす実数 c が存在する。この平均値の定理について，次の問に答えよ。

(1) 開区間 $(a,\ b)$ で微分可能でない点が1つでもあれば，定理の式を満たす c が存在するとは限らない。そのような例を1つ挙げよ。

(2) 区間について，「閉区間で連続，開区間で微分可能」と区間の種類が異なっている。ここで，連続についての条件を「開区間 $(a,\ b)$ で連続」と変更するのはよいか。

(1) $f(x)=|x|$ とすると，開区間 $(-1,\ 1)$ において $x=0$ で微分可能ではない。

ここで $\dfrac{f(1)-f(-1)}{1-(-1)}=\dfrac{1-1}{2}=0$ であるが，$f'(c)=0$，$-1<c<1$ を満たす c は存在しない。

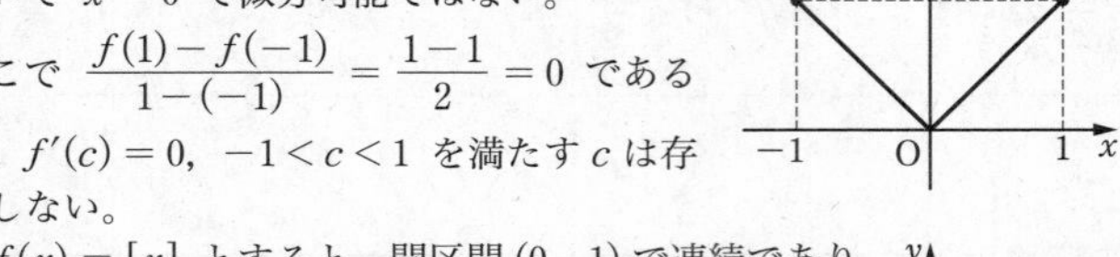

◀ $f(x)=|x|$ は開区間 $(-1,\ 1)$ の $x=0$ において微分可能でない。

(2) $f(x)=[x]$ とすると，開区間 $(0,\ 1)$ で連続であり

$$\frac{f(1)-f(0)}{1-0}=\frac{1-0}{1-0}=1$$

であるが，$f'(c)=1$，$0<c<1$ を満たす c は存在しない。

よって，条件を変更するのは **よくない**。

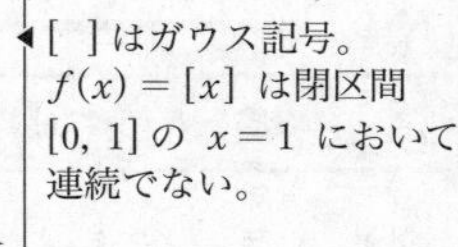

◀ [ ] はガウス記号。
$f(x)=[x]$ は閉区間 $[0,\ 1]$ の $x=1$ において連続でない。

p.180 **Let's Try! 7**

① 曲線 $y=e^x$ 上の点Aにおける接線と法線が x 軸と交わる点を，それぞれB，Cとする。△ABCの面積が5のとき，次の問に答えよ。

(1) 点Aの座標を求めよ。

(2) △ABCの外心の座標を求めよ。 （信州大　改）

(1) 点Aの座標を $(t,\ e^t)$ とおく。

$y=e^x$ を微分すると　$y'=e^x$

点Aにおける接線の方程式は

$$y-e^t=e^t(x-t)$$

この接線と x 軸の交点の x 座標は

$$-e^t=e^t(x-t)$$ ◀ $y=0$ とする。

$x-t=-1$ より　$x=t-1$ ◀ $e^t>0$ より，e^t で両辺を割る。

よって　$\mathrm{B}(t-1,\ 0)$

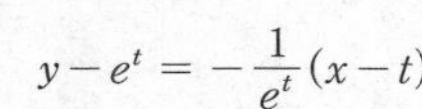

また，点Aにおける法線の方程式は　$y-e^t=-\dfrac{1}{e^t}(x-t)$

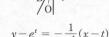

この法線と x 軸の交点の x 座標は　$-e^t=-\dfrac{1}{e^t}(x-t)$

$e^{2t}=x-t$ より　$x=e^{2t}+t$

よって　$\mathrm{C}(e^{2t}+t,\ 0)$

ゆえに

$$\triangle\mathrm{ABC}=\frac{1}{2}\{(e^{2t}+t)-(t-1)\}e^t=\frac{1}{2}e^t(e^{2t}+1)$$ ◀

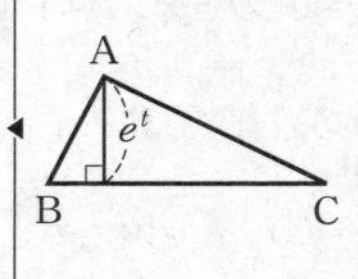

△ABC $=5$ のとき　$\dfrac{1}{2}e^t(e^{2t}+1)=5$

すなわち　　$e^{3t}+e^{t}-10=0$

$(e^{t}-2)(e^{2t}+2e^{t}+5)=0$

$e^{2t}+2e^{t}+5>0$ より　　$e^{t}=2$

よって　　$t=\log 2$

したがって，点 A の座標は　　**$(\log 2,\ 2)$**

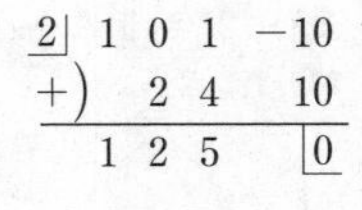

◀ $e^{t}=X$ とおいて $X^3+X-10=0$ を解いてもよい。

◀ 点 A の y 座標は $y=e^{\log 2}=2$

(2)　△ABC は ∠A＝90° の直角三角形であるから，外心は辺 BC の中点である。
$\mathrm{B}(\log 2-1,\ 0)$，$\mathrm{C}(4+\log 2,\ 0)$ であるから，外心の座標は

$$\left(\boldsymbol{\log 2+\frac{3}{2},\ 0}\right)$$

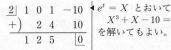

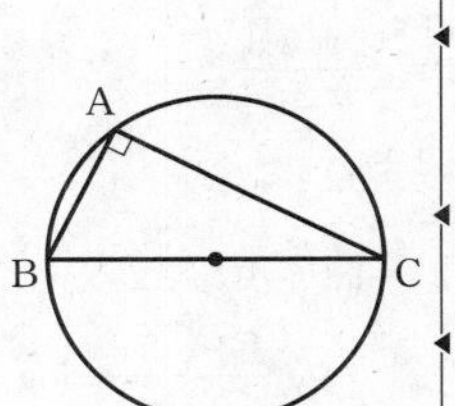

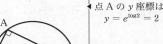

◀ $t=\log 2$ または $e^{t}=2$ を用いる。

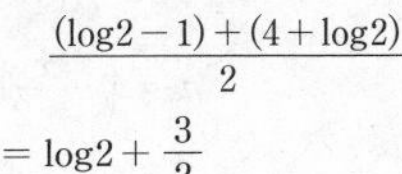

◀ $\dfrac{(\log 2-1)+(4+\log 2)}{2}=\log 2+\dfrac{3}{2}$

②　媒介変数 θ を用いて，曲線を $\begin{cases}x=(1+\cos\theta)\cos\theta\\ y=(1+\cos\theta)\sin\theta\end{cases}$ で表したとき，この曲線の $\theta=\dfrac{\pi}{4}$ の点における接線の傾きを求めよ。　(信州大)

$$\frac{dx}{d\theta}=(-\sin\theta)\cos\theta+(1+\cos\theta)(-\sin\theta)=-\sin\theta(2\cos\theta+1)$$

◀ 積の微分法を用いて微分する。

$$\frac{dy}{d\theta}=(-\sin\theta)\sin\theta+(1+\cos\theta)\cos\theta=\cos 2\theta+\cos\theta$$

よって　　$\dfrac{dy}{dx}=\dfrac{\dfrac{dy}{d\theta}}{\dfrac{dx}{d\theta}}=-\dfrac{\cos 2\theta+\cos\theta}{\sin\theta(2\cos\theta+1)}$

ゆえに，$\theta=\dfrac{\pi}{4}$ の点における接線の傾きは

$$\frac{dy}{dx}=-\frac{\cos\frac{\pi}{2}+\cos\frac{\pi}{4}}{\sin\frac{\pi}{4}\left(2\cos\frac{\pi}{4}+1\right)}=-\frac{\frac{1}{\sqrt{2}}}{\frac{1}{\sqrt{2}}\left(\frac{2}{\sqrt{2}}+1\right)}$$

◀ 分母・分子に $\sqrt{2}$ を掛ける。

$$=-\frac{1}{\sqrt{2}+1}=-\frac{\sqrt{2}-1}{(\sqrt{2}+1)(\sqrt{2}-1)}$$

$$=\boldsymbol{1-\sqrt{2}}$$

③　$\log x$ は自然対数を表し，e は自然対数の底を表す。$y=x^2-2x$ と $y=\log x+a$ によって定まる xy 平面上の 2 つの曲線が接するとき
(1)　a の値を求めよ。
(2)　この接点における共通接線の方程式を求めよ。　(上智大)

(1)　$f(x)=x^2-2x$，$g(x)=\log x+a$ とおく。

$$f'(x)=2x-2,\ g'(x)=\frac{1}{x}$$

$g(x)$ の定義域は $x>0$ であるから，$x>0$ で考える。
2 曲線 $y=f(x)$，$y=g(x)$ が接するとき，接点の x 座標を t $(t>0)$ とおくと

◀ $g(x)$ の定義域が $x>0$ であるから，2 曲線は $x>0$ で接する。

$f(t)=g(t)$ より　　$t^2-2t=\log t+a$　　$\cdots$①

$f'(t)=g'(t)$ より　　$2t-2=\dfrac{1}{t}$　　$\cdots$②

② より　　$2t^2-2t-1=0$

これを解いて　　$t=\dfrac{1\pm\sqrt{3}}{2}$

$t>0$ より　　$t=\dfrac{1+\sqrt{3}}{2}$

① より，$a=t^2-2t-\log t$ であるから

$$a=\left(\frac{1+\sqrt{3}}{2}\right)^2-2\cdot\frac{1+\sqrt{3}}{2}-\log\frac{1+\sqrt{3}}{2}$$
$$=\frac{2+\sqrt{3}}{2}-(1+\sqrt{3})-\{\log(1+\sqrt{3})-\log 2\}$$
$$=-\frac{\sqrt{3}}{2}+\log\frac{2}{1+\sqrt{3}}$$
$$=\boldsymbol{-\frac{\sqrt{3}}{2}+\log(\sqrt{3}-1)}$$

◀ 2曲線が $x=t$ の点で接する条件
$f(t)=g(t)$ かつ
$f'(t)=g'(t)$

◀ $-\{\log(1+\sqrt{3})-\log 2\}$
$=\log 2-\log(1+\sqrt{3})$
$=\log\dfrac{2}{1+\sqrt{3}}$
また
$\dfrac{2}{1+\sqrt{3}}=\dfrac{2(1-\sqrt{3})}{(1+\sqrt{3})(1-\sqrt{3})}$
$=\sqrt{3}-1$

(2)　接点の座標は　$\left(\dfrac{1+\sqrt{3}}{2},\ -\dfrac{\sqrt{3}}{2}\right)$

接線の傾きは，② より　$\dfrac{1}{t}=\dfrac{2}{1+\sqrt{3}}=\sqrt{3}-1$ であるから，求める接線の方程式は　　$y-\left(-\dfrac{\sqrt{3}}{2}\right)=(\sqrt{3}-1)\left(x-\dfrac{1+\sqrt{3}}{2}\right)$

すなわち　　$\boldsymbol{y=(\sqrt{3}-1)x-1-\frac{\sqrt{3}}{2}}$

◀ 接点の y 座標は $f(t)$ であり，接線の傾きは $g'(t)$ である。

④　$k>0$ とする。$f(x)=-(x-a)^2$ と $g(x)=\log kx$ の共有点をPとする。この点Pにおいて $f(x)$ の接線と $g(x)$ の接線が直交するとき，k を a で表せ。ただし，対数は自然対数とする。(弘前大)

$f(x)=-(x-a)^2$ の定義域はすべての実数であり，$g(x)=\log kx$ の定義域は $x>0$ である。

ここで　　$f'(x)=-2(x-a)$,　　$g'(x)=\dfrac{1}{x}$

◀ $(\log kx)'=\dfrac{1}{kx}\cdot k$

共有点Pの x 座標を $t\ (t>0)$ とおくと，$f(t)=g(t)$ より

$-(t-a)^2=\log kt$　　$\cdots$①

◀ 共有点では y 座標が一致する。

点Pで接線が直交するから，$f'(t)g'(t)=-1$ より

$$-2(t-a)\cdot\frac{1}{t}=-1$$

◀ 傾きが $m,\ m'$ の2直線が直交 $\Longleftrightarrow m\times m'=-1$

これを解いて　　$t=2a$

$t>0$ より $a>0$ であるから，これを ① に代入すると

$-a^2=\log 2ka$

よって，$2ka=e^{-a^2}$ より　　$\boldsymbol{k=\frac{1}{2a}e^{-a^2}}$

◀ $p=\log M \Longleftrightarrow M=e^p$

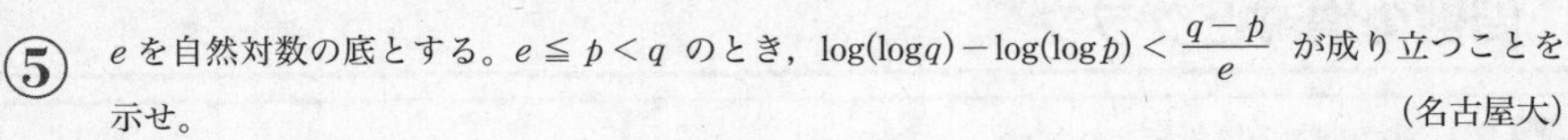

⑤ eを自然対数の底とする。$e \leqq p < q$ のとき，$\log(\log q) - \log(\log p) < \dfrac{q-p}{e}$ が成り立つことを示せ。（名古屋大）

$f(x) = \log(\log x)$ とおく。
この関数は $x > 1$ で連続かつ微分可能であるから，平均値の定理により

$$f(q) - f(p) = (q-p)f'(c),\ e \leqq p < c < q \quad \cdots ①$$

を満たす c が存在する。

◀真数条件より　$\log x > 0$
よって　$x > 1$

ここで，$f'(x) = \dfrac{1}{\log x} \cdot \dfrac{1}{x} = \dfrac{1}{x\log x}$ であり，

◀$\{\log f(x)\}' = \dfrac{f'(x)}{f(x)}$

$x > 0$ で $\log x$ は単調に増加するから
$e < c$ のとき　　$\log e < \log c$
よって，$0 < e\log e < c\log c$ であるから

$$\frac{1}{c\log c} < \frac{1}{e\log e} = \frac{1}{e}$$

すなわち　　$f'(c) = \dfrac{1}{c\log c} < \dfrac{1}{e}$　　$\cdots ②$

よって，①，② より

$$\log(\log q) - \log(\log p) < \frac{q-p}{e}$$

8　関数の増減とグラフ

練習 93　次の関数の極値を求めよ。

(1)　$y=\dfrac{x^2-2x+4}{x-2}$　　(2)　$y=\dfrac{x^3-2x-2}{x}$　　(3)　$y=\dfrac{2(x-1)}{x^2-2x+2}$

(1)　この関数の定義域は　　$x \neq 2$

◀ 分母が 0 になるとき，関数は定義されない。

$$y'=\frac{(2x-2)(x-2)-(x^2-2x+4)\cdot 1}{(x-2)^2}=\frac{x(x-4)}{(x-2)^2}$$

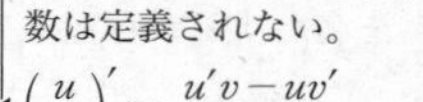

◀ $\left(\dfrac{u}{v}\right)'=\dfrac{u'v-uv'}{v^2}$

$y'=0$ とすると　　$x=0,\ 4$

よって，y の増減表は次のようになる。

x	$\cdots$	0	$\cdots$	2	$\cdots$	4	$\cdots$
y'	$+$	0	$-$		$-$	0	$+$
y	↗	-2	↘		↘	6	↗

ゆえに，この関数は

$x=0$ のとき　極大値 -2

$x=4$ のとき　極小値 6

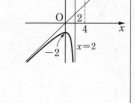

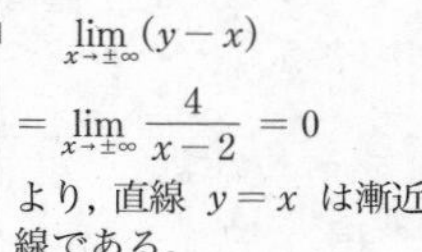

◀ $\displaystyle\lim_{x\to\pm\infty}(y-x)$

$\displaystyle=\lim_{x\to\pm\infty}\frac{4}{x-2}=0$

より，直線 $y=x$ は漸近線である。

(2)　この関数の定義域は　　$x \neq 0$

$$y'=\frac{(3x^2-2)x-(x^3-2x-2)\cdot 1}{x^2}$$

$$=\frac{2(x+1)(x^2-x+1)}{x^2}$$

$y'=0$ とすると　　$x=-1$

よって，y の増減表は次のようになる。

x	$\cdots$	-1	$\cdots$	0	$\cdots$
y'	$-$	0	$+$		$+$
y	↘	1	↗		↗

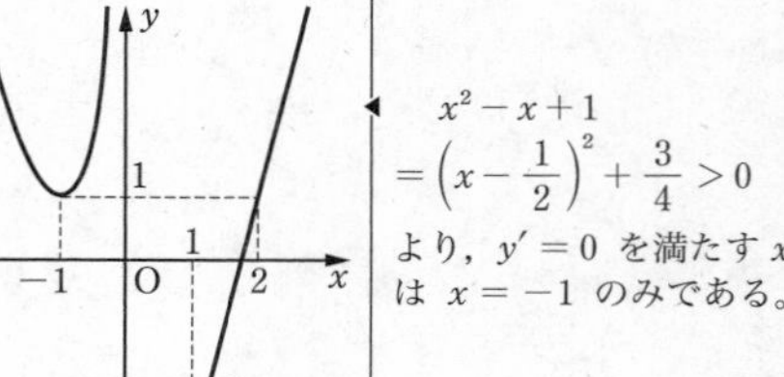

◀ x^2-x+1

$=\left(x-\dfrac{1}{2}\right)^2+\dfrac{3}{4}>0$

より，$y'=0$ を満たす x は $x=-1$ のみである。

ゆえに，この関数は

$x=-1$ のとき　極小値 1

(3)　$x^2-2x+2=(x-1)^2+1>0$ であるから，

この関数の定義域は実数全体である。

$$y'=\frac{2(x^2-2x+2)-2(x-1)(2x-2)}{(x^2-2x+2)^2}$$

$$=-\frac{2x(x-2)}{(x^2-2x+2)^2}$$

$y'=0$ とすると　　$x=0,\ 2$

よって，y の増減表は次のようになる。

x	$\cdots$	0	$\cdots$	2	$\cdots$
y'	$-$	0	$+$	0	$-$
y	↘	-1	↗	1	↘

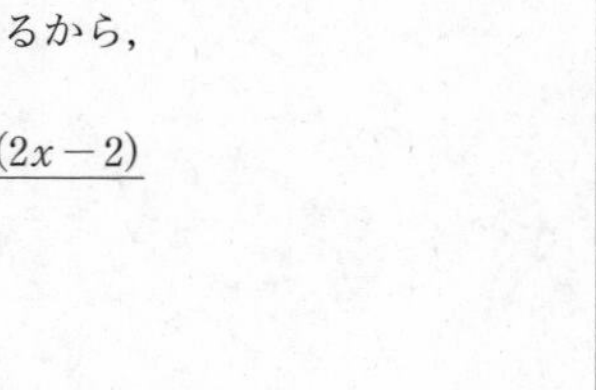

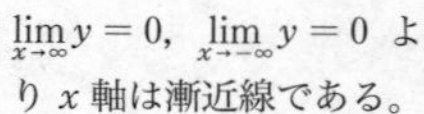

◀ $\displaystyle\lim_{x\to\infty}y=0,\ \lim_{x\to-\infty}y=0$ より x 軸は漸近線である。

ゆえに，この関数は

$x=2$ のとき　極大値 1

$x=0$ のとき　極小値 -1

練習 94 次の関数の極値を求めよ。ただし，$0 \leqq x \leqq 2\pi$ とする。
(1) $y=x-2\cos x$　　　　(2) $y=\cos 2x-2\cos x$

(1) $y=x-2\cos x$ について　$y'=1+2\sin x$

$y'=0$ とすると　$\sin x=-\dfrac{1}{2}$

$0 \leqq x \leqq 2\pi$ の範囲で　$x=\dfrac{7}{6}\pi,\ \dfrac{11}{6}\pi$

よって，$0 \leqq x \leqq 2\pi$ において，y の増減表は次のようになる。

x	0	$\cdots$	$\dfrac{7}{6}\pi$	$\cdots$	$\dfrac{11}{6}\pi$	$\cdots$	2π
y'		$+$	0	$-$	0	$+$	
y	-2	↗	$\dfrac{7}{6}\pi+\sqrt{3}$	↘	$\dfrac{11}{6}\pi-\sqrt{3}$	↗	$2\pi-2$

ゆえに

$x=\dfrac{7}{6}\pi$ のとき

極大値 $\dfrac{7}{6}\pi+\sqrt{3}$

$x=\dfrac{11}{6}\pi$ のとき

極小値 $\dfrac{11}{6}\pi-\sqrt{3}$

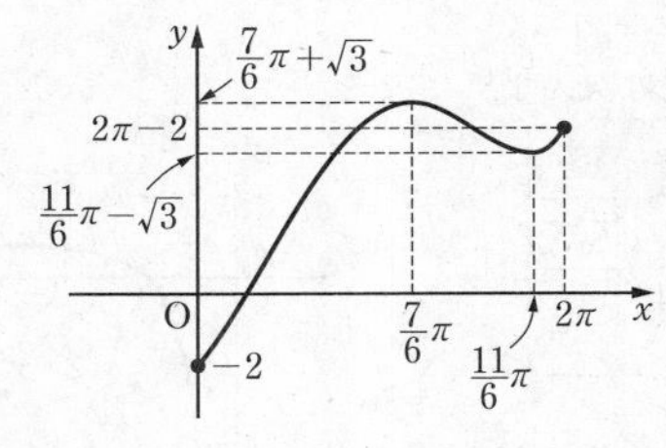

(2) $y=\cos 2x-2\cos x$ について　$y'=-2\sin x(2\cos x-1)$

◀ $y'=-2\sin 2x+2\sin x$
$=-2(\sin 2x-\sin x)$
$=-2(2\sin x\cos x-\sin x)$
$=-2\sin x(2\cos x-1)$

$y'=0$ とすると　$\sin x=0$ または $\cos x=\dfrac{1}{2}$

$0 \leqq x \leqq 2\pi$ の範囲で　$x=0,\ \dfrac{\pi}{3},\ \pi,\ \dfrac{5}{3}\pi,\ 2\pi$

よって，$0 \leqq x \leqq 2\pi$ において，y の増減表は次のようになる。

x	0	$\cdots$	$\dfrac{\pi}{3}$	$\cdots$	π	$\cdots$	$\dfrac{5}{3}\pi$	$\cdots$	2π
y'		$-$	0	$+$	0	$-$	0	$+$	
y	-1	↘	$-\dfrac{3}{2}$	↗	3	↘	$-\dfrac{3}{2}$	↗	-1

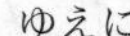

ゆえに

$x=\pi$ のとき　極大値 3

$x=\dfrac{\pi}{3},\ \dfrac{5}{3}\pi$ のとき　極小値 $-\dfrac{3}{2}$

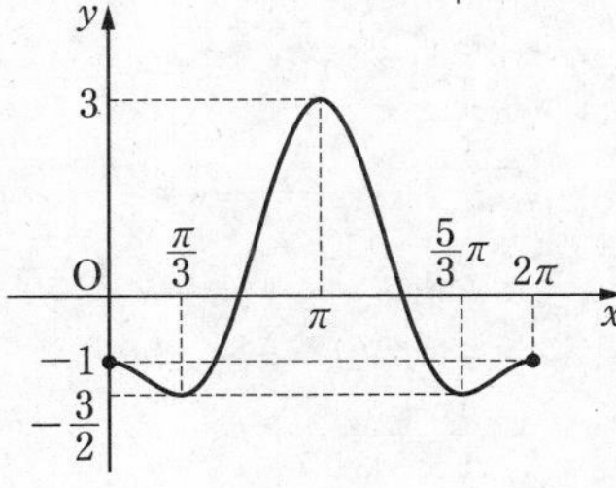

練習 95 次の関数の極値を求めよ。
(1) $y=(x^2-3x+1)e^{-x}$　　　　(2) $y=\dfrac{\log x}{x}$

(1) 定義域は実数全体である。

$$y'=(2x-3)\cdot e^{-x}-(x^2-3x+1)\cdot e^{-x}$$
$$=-(x-1)(x-4)e^{-x}$$

$y'=0$ とすると　　$x=1,\ 4$

よって，y の増減表は次のようになる。

x	$\cdots$	1	$\cdots$	4	$\cdots$
y'	$-$	0	$+$	0	$-$
y	↘	$-\dfrac{1}{e}$	↗	$\dfrac{5}{e^4}$	↘

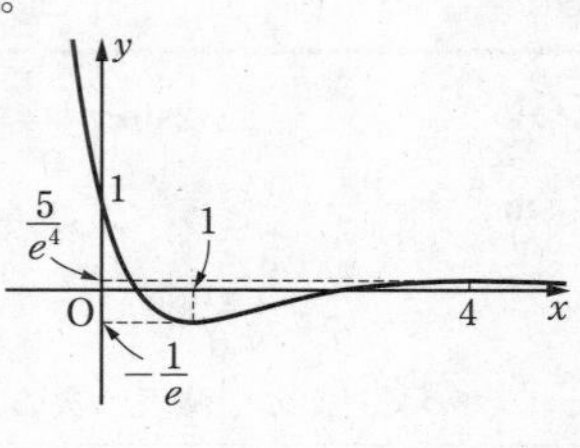
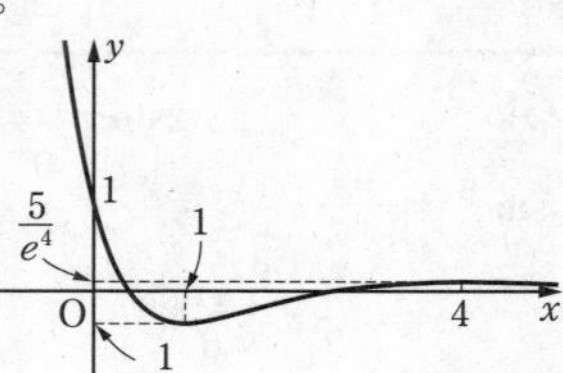

◀ $e^{-x}>0$ であるから $(x-1)(x-4)=0$

ゆえに，この関数は

$x=4$ のとき　極大値 $\dfrac{5}{e^4}$

$x=1$ のとき　極小値 $-\dfrac{1}{e}$

◀ $\displaystyle\lim_{x\to\infty}\frac{x^2-3x+1}{e^x}=0$ より x 軸は漸近線である。**Go Ahead** 9 参照。

(2)　定義域は　　$x>0$

◀ 真数条件

$$y'=\frac{\dfrac{1}{x}\cdot x-\log x\cdot 1}{x^2}=\frac{1-\log x}{x^2}$$

$y'=0$ とすると　　$x=e$

◀ $1-\log x=0$ より $\log x=1$

よって，y の増減表は次のようになる。

x	0	$\cdots$	e	$\cdots$
y'	／	$+$	0	$-$
y	／	↗	$\dfrac{1}{e}$	↘

ゆえに，この関数は

$x=e$ のとき　極大値 $\dfrac{1}{e}$

◀ $\log x=t$ とおくと $x=e^t$ であり，$x\to\infty$ のとき $t\to\infty$ であるから

$\displaystyle\lim_{x\to\infty}\frac{\log x}{x}=\lim_{t\to\infty}\frac{t}{e^t}=0$

よって，x 軸は漸近線である。

練習 96　次の関数の極値を求めよ。

(1)　$y=|x|\sqrt{x+3}$　　　　(2)　$y=|x-2|\sqrt{x+1}$

---

(1)　この関数の定義域は，$x+3\geqq 0$ より　　$x\geqq -3$

◀ $y=|x|\sqrt{x+3}$ は $x=0,\ -3$ で微分可能でない。

(ア)　$x\geqq 0$ のとき　　$y=x\sqrt{x+3}$

よって，$x>0$ のとき

$$y'=\sqrt{x+3}+\frac{x}{2\sqrt{x+3}}=\frac{3x+6}{2\sqrt{x+3}}>0$$

(イ)　$-3\leqq x<0$ のとき　　$y=-x\sqrt{x+3}$

よって，$-3<x<0$ のとき

$$y'=-\frac{3x+6}{2\sqrt{x+3}}$$

$y'=0$ とすると　　$x=-2$

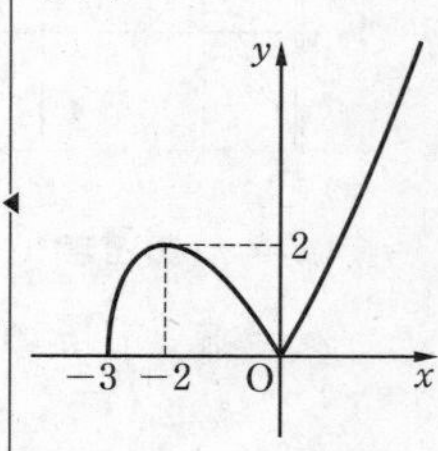

(ア)，(イ) より，y の増減表は右のようになる。

x	-3	$\cdots$	-2	$\cdots$	0	$\cdots$
y'	／	$+$	0	$-$	／	$+$
y	0	↗	2	↘	0	↗

◀ $x=0$ のとき y' は存在しないが，この点で極値をとる。

ゆえに，この関数は

$x=-2$ のとき　極大値 2

$x=0$ のとき　極小値 0

(2)　この関数の定義域は，$x+1\geqq 0$ より　　$x\geqq -1$

◀ $y=|x-2|\sqrt{x+1}$ は $x=-1,\ 2$ で微分可能でない。

(ア)　$x \geqq 2$ のとき　　$y=(x-2)\sqrt{x+1}$

よって，$x>2$ のとき

$$y'=\sqrt{x+1}+\frac{x-2}{2\sqrt{x+1}}=\frac{3x}{2\sqrt{x+1}}>0$$

(イ)　$-1 \leqq x < 2$ のとき　　$y=-(x-2)\sqrt{x+1}$

よって，$-1<x<2$ のとき

$$y'=-\frac{3x}{2\sqrt{x+1}}$$

$y'=0$ とすると　　$x=0$

(ア)，(イ) より，y の増減表は右のようになる。

ゆえに，この関数は

$x=0$ のとき　極大値 2

$x=2$ のとき　極小値 0

x	-1	$\cdots$	0	$\cdots$	2	$\cdots$
y'	／	$+$	0	$-$	／	$+$
y	0	↗	2	↘	0	↗

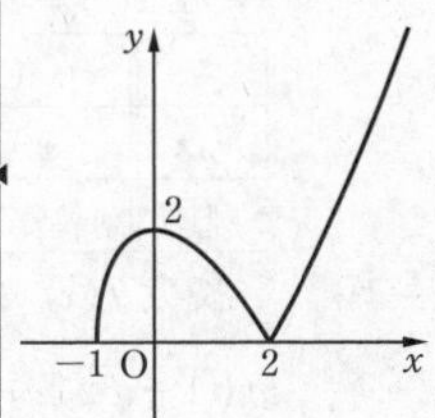

◀ $x=2$ のとき y' は存在しないが，その点で極値をとる。

◀ (2) の関数は (1) の関数の x を $x-2$ に置き換えたものであるから，(1) のグラフを x 軸方向に 2 だけ平行移動したものである。

練習 97　a を定数とするとき，関数 $f(x)=\dfrac{x^2+a}{x}$ の極値を求めよ。

この関数の定義域は　　$x \neq 0$

$$f'(x)=\frac{2x\cdot x-(x^2+a)\cdot 1}{x^2}=\frac{x^2-a}{x^2}$$

(ア)　$a \leqq 0$ のとき

$f'(x)>0$ であるから，極値をもたない。

◀ $x \neq 0$，$a \leqq 0$ より $x^2>0$，$x^2-a>0$

(イ)　$a>0$ のとき

$f'(x)=0$ とすると　　$x=\pm\sqrt{a}$

$f(x)$ の増減表は次のようになる。

x	$\cdots$	$-\sqrt{a}$	$\cdots$	0	$\cdots$	$\sqrt{a}$	$\cdots$
$f'(x)$	$+$	0	$-$	／	$-$	0	$+$
$f(x)$	↗	$-2\sqrt{a}$	↘	／	↘	$2\sqrt{a}$	↗

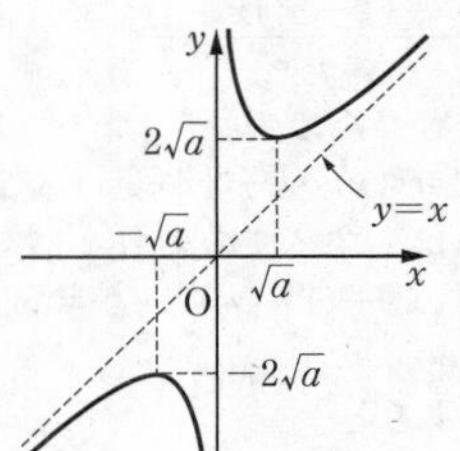

(ア)，(イ) より

$a \leqq 0$ のとき　極値なし

$a>0$ のとき　$x=-\sqrt{a}$ のとき　極大値 $-2\sqrt{a}$

$x=\sqrt{a}$ のとき　極小値 $2\sqrt{a}$

練習 98　関数 $f(x)=\dfrac{a-x}{x^2+a^2}$ は極大値と極小値をもち，極大値は $\dfrac{\sqrt{2}+1}{4}$ である。定数 a の値と極小値を求めよ。ただし，$a>0$ とする。

$$f'(x)=\frac{-(x^2+a^2)-(a-x)\cdot 2x}{(x^2+a^2)^2}=\frac{x^2-2ax-a^2}{(x^2+a^2)^2}$$

$f'(x)=0$ とすると　$x=(1\pm\sqrt{2})a$

$a>0$ より，$f(x)$ の増減表は次のようになる。

x	$\cdots$	$(1-\sqrt{2})a$	$\cdots$	$(1+\sqrt{2})a$	$\cdots$
$f'(x)$	$+$	0	$-$	0	$+$
$f(x)$	↗	極大	↘	極小	↗

よって，関数 $f(x)$ の極大値は

$$f((1-\sqrt{2})a)=\frac{\sqrt{2}+1}{2a}$$

これが $\dfrac{\sqrt{2}+1}{4}$ と一致するから，$2a=4$ より　$\boldsymbol{a=2}$

このとき，$x=(1+\sqrt{2})a$ で極小であるから，極小値は

$$f(2+2\sqrt{2})=\frac{1-\sqrt{2}}{4}$$

したがって，$\boldsymbol{x=2+2\sqrt{2}}$ **のとき　極小値** $\boldsymbol{\dfrac{1-\sqrt{2}}{4}}$

◀ $x^2-2ax-a^2=0$ より $x=a\pm\sqrt{2a^2}$ $a>0$ より $x=a\pm\sqrt{2}a$

◀ $a>0$ より $(1-\sqrt{2})a<(1+\sqrt{2})a$

◀ $a>0$ を満たす。

◀ $x=(1+\sqrt{2})a$ に $a=2$ を代入した。

練習 99　次の関数が極値をもつような定数 a の値の範囲を求めよ。

(1)　$f(x)=2x+(1-a^2)\log(x^2+1)$

(2)　$f(x)=e^x-\dfrac{a}{2}x^2$　（ただし，$a>0$）

---

(1)　この関数の定義域は実数全体である。

$$f'(x)=2+(1-a^2)\cdot\frac{2x}{x^2+1}$$
$$=\frac{2\{x^2+(1-a^2)x+1\}}{x^2+1}$$

関数 $f(x)$ が極値をもつための条件は，$f'(x)=0$ が実数解をもち，その実数解の前後で $f'(x)$ の符号が変わることである。

$f'(x)$ の分母 x^2+1 は，すべての実数 x に対して $x^2+1>0$ を満たすから，2次方程式 $x^2+(1-a^2)x+1=0$ …① が異なる2つの実数解をもつ。

① の判別式を D とすると

$$D=(1-a^2)^2-4>0$$
$$a^4-2a^2-3>0$$
$$(a^2+1)(a^2-3)>0$$

$a^2+1>0$ より　$a^2-3>0$

これを解いて，求める a の値の範囲は

$$\boldsymbol{a<-\sqrt{3},\ \sqrt{3}<a}$$

(2)　この関数の定義域は実数全体である。

$$f'(x)=e^x-ax$$

関数 $f(x)$ が極値をもつための条件は，$f'(x)=0$ が実数解をもち，その実数解の前後で $f'(x)$ の符号が変わることである。

ここで，$g(x)=e^x-ax$ とすると　$g'(x)=e^x-a$

◀ $x^2+1>0$ より，定義域は実数全体である。

◀ $\{\log|f(x)|\}'=\dfrac{f'(x)}{f(x)}$

◀ 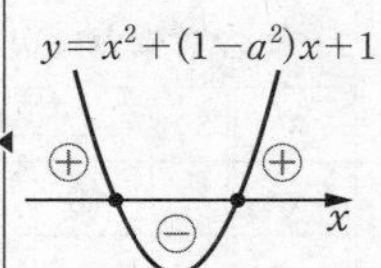

◀ 左辺を因数分解する。

◀ $f'(x)=0$ が実数解をもつことは，必要条件であって，十分条件ではない。

$g'(x)=0$ とすると　$e^x=a$
$a>0$ であるから　$x=\log a$
$g(x)$ の増減表は次のようになる。

x	$\cdots$	$\log a$	$\cdots$
$g'(x)$	$-$	0	$+$
$g(x)$	↘	$a(1-\log a)$	↗

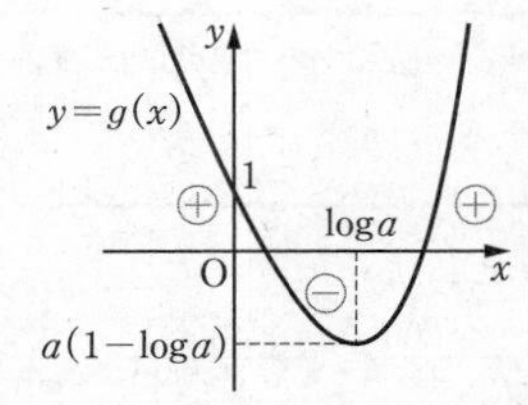

また　$\displaystyle\lim_{x\to\infty}g(x)=\lim_{x\to\infty}e^x\left(1-a\cdot\frac{x}{e^x}\right)=\infty$

$\displaystyle\lim_{x\to-\infty}g(x)=\infty$

◀ $\displaystyle\lim_{x\to\infty}\frac{x}{e^x}=0$
Go Ahead 9 参照。

よって，$f(x)$ が極値をもつのは，$g(x)$ の極小値が負となるときであるから　$a(1-\log a)<0$
$a>0$ より，$1-\log a<0$ であるから　$\boldsymbol{a>e}$

練習 100 次の関数において，$y=f(x)$ のグラフの漸近線の方程式を求めよ。
(1) $f(x)=\dfrac{x^2+x-3}{x+2}$　　(2) $f(x)=\sqrt{x^2+2x+2}$

(1) $f(x)=x-1-\dfrac{1}{x+2}$ と変形できるから

$\displaystyle\lim_{x\to-2+0}f(x)=-\infty,\ \lim_{x\to-2-0}f(x)=\infty$

よって，直線 $x=-2$ は漸近線である。

また　$\displaystyle\lim_{x\to\pm\infty}\{f(x)-(x-1)\}=\lim_{x\to\pm\infty}\left(-\frac{1}{x+2}\right)=0$

よって，直線 $y=x-1$ は漸近線である。
したがって　$\boldsymbol{x=-2,\ y=x-1}$

◀ まず帯分数式化する。

$$\begin{array}{r} x-1 \\ x+2\,\big)\ x^2+\ x-3 \\ \underline{x^2+2x} \\ -\ x-3 \\ \underline{-\ x-2} \\ -1 \end{array}$$

(2) $\displaystyle\lim_{x\to\infty}\frac{f(x)}{x}=\lim_{x\to\infty}\sqrt{1+\frac{2}{x}+\frac{2}{x^2}}=1$ であり

$$\lim_{x\to\infty}\{f(x)-x\}=\lim_{x\to\infty}(\sqrt{x^2+2x+2}-x)$$
$$=\lim_{x\to\infty}\frac{2x+2}{\sqrt{x^2+2x+2}+x}$$
$$=\lim_{x\to\infty}\frac{2+\dfrac{2}{x}}{\sqrt{1+\dfrac{2}{x}+\dfrac{2}{x^2}}+1}=1$$

よって，$\displaystyle\lim_{x\to\infty}\{f(x)-(x+1)\}=0$ より，直線 $y=x+1$ は漸近線である。
同様にして，$\displaystyle\lim_{x\to-\infty}\{f(x)-(-x-1)\}=0$ より，直線 $y=-x-1$ は漸近線である。
したがって　$\boldsymbol{y=x+1,\ y=-x-1}$

◀ 定義域は実数全体であり
$\displaystyle\lim_{x\to\pm\infty}f(x)=\infty$
よって，座標軸に平行な漸近線をもたない。

〔別解〕
$y=\sqrt{x^2+2x+2}$ とおくと　$y^2=x^2+2x+2\ (y\geqq0)$
これは双曲線 $(x+1)^2-y^2=-1$ の $y\geqq0$ の部分を表すから，双曲線の漸近線より　$y=x+1,\ y=-x-1$

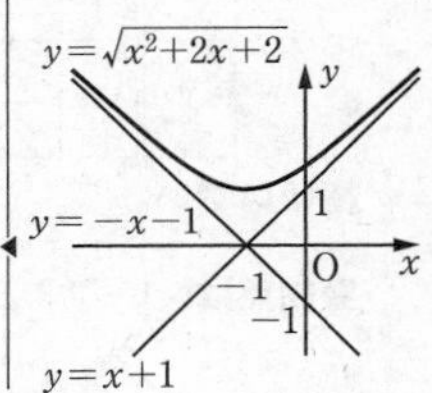

練習 101 次の関数の増減，極値，グラフの凹凸，変曲点を調べ，そのグラフをかけ。

(1) $y=\dfrac{x}{x^2-1}$　　(2) $y=\dfrac{x^3}{x^2+1}$

(1) 定義域は　$x \neq \pm 1$

$$y'=\frac{1\cdot(x^2-1)-x\cdot 2x}{(x^2-1)^2}=-\frac{x^2+1}{(x^2-1)^2}<0$$

◀ $x^2+1>0$，$(x^2-1)^2>0$

$$y''=-\frac{2x(x^2-1)^2-(x^2+1)\cdot 2(x^2-1)\cdot 2x}{(x^2-1)^4}=\frac{2x(x^2+3)}{(x^2-1)^3}$$

◀ $y'=-(x^2+1)\cdot\dfrac{1}{(x^2-1)^2}$ と考えて，積の微分法を用いてもよい。

$y''=0$ とすると　$x=0$

よって，**増減，凹凸は次の表** のようになる。

x	$\cdots$	-1	$\cdots$	0	$\cdots$	1	$\cdots$
y'	$-$	／	$-$	$-$	$-$	／	$-$
y''	$-$	／	$+$	0	$-$	／	$+$
y	↷	／	↘	0	↷	／	↘

◀ $f(x)=\dfrac{x}{x^2-1}$ とおくと $f(-x)=-f(x)$ が成り立つから，$y=f(x)$ のグラフは原点に関して対称（$f(x)$ は奇関数）である。

極値はない。変曲点は　(0, 0)

また，$y=\dfrac{x}{x^2-1}$ より

◀ $y=\dfrac{x}{x^2-1}$
$=\dfrac{x}{(x+1)(x-1)}$

$\lim\limits_{x\to\infty}y=0$，$\lim\limits_{x\to-\infty}y=0$

$\lim\limits_{x\to1+0}y=\infty$，$\lim\limits_{x\to1-0}y=-\infty$

$\lim\limits_{x\to-1+0}y=\infty$，$\lim\limits_{x\to-1-0}y=-\infty$

であるから，x 軸，直線 $x=\pm1$ は漸近線である。

したがって，グラフは **右の図**。

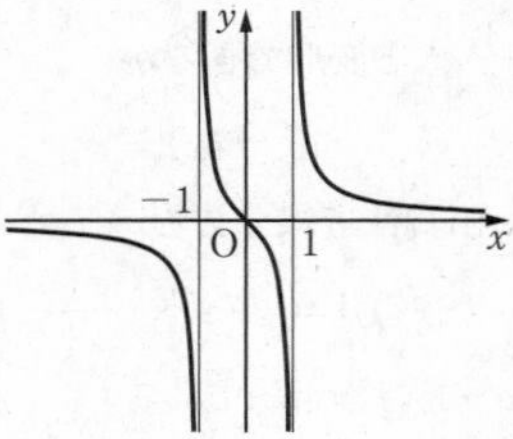

(2) 定義域は実数全体である。

◀ (分母) $=x^2+1>0$

$$y'=\frac{3x^2(x^2+1)-x^3\cdot 2x}{(x^2+1)^2}=\frac{x^2(x^2+3)}{(x^2+1)^2}$$

$$y''=\frac{(4x^3+6x)(x^2+1)^2-(x^4+3x^2)\cdot 2(x^2+1)\cdot 2x}{(x^2+1)^4}$$

$$=\frac{-2x(x^2-3)}{(x^2+1)^3}$$

$y'=0$ とすると　$x=0$

$y''=0$ とすると　$x=0,\ \pm\sqrt{3}$

よって，**増減，凹凸は次の表** のようになる。

x	$\cdots$	$-\sqrt{3}$	$\cdots$	0	$\cdots$	$\sqrt{3}$	$\cdots$
y'	$+$	$+$	$+$	0	$+$	$+$	$+$
y''	$+$	0	$-$	0	$+$	0	$-$
y	↗	$\dfrac{-3\sqrt{3}}{4}$	↗	0	↗	$\dfrac{3\sqrt{3}}{4}$	↗

◀ $f(x)=\dfrac{x^3}{x^2+1}$ とおくと $f(-x)=-f(x)$ が成り立つから，$y=f(x)$ のグラフは原点に関して対称（$f(x)$ は奇関数）である。

極値はない。

変曲点は $\left(-\sqrt{3},\ -\dfrac{3\sqrt{3}}{4}\right)$，$(0,\ 0)$，$\left(\sqrt{3},\ \dfrac{3\sqrt{3}}{4}\right)$

また，$y=x-\dfrac{x}{x^2+1}$ より

$$\lim_{x\to\pm\infty}(y-x)$$

$$=\lim_{x\to\pm\infty}\left(-\frac{x}{x^2+1}\right)=0$$

であるから，直線 $y=x$ は漸近線である。

したがって，グラフは **右の図**。

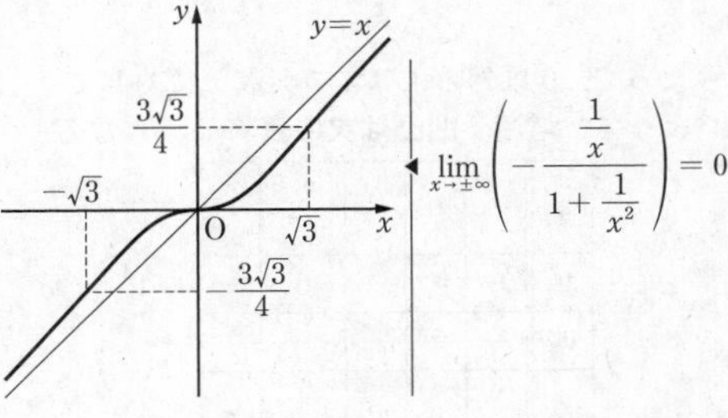

◀ $\lim_{x\to\pm\infty}\left(-\frac{\frac{1}{x}}{1+\frac{1}{x^2}}\right)=0$

練習 102 次の関数の増減，極値，グラフの凹凸，変曲点を調べ，そのグラフをかけ。

(1) $y=\sqrt{25-x^2}-\frac{1}{2}x$　　(2) $y=\sqrt[3]{x^2}-x$

(1) この関数の定義域は，$25-x^2\geqq 0$ より　$-5\leqq x\leqq 5$

$$y'=\frac{-x}{\sqrt{25-x^2}}-\frac{1}{2}=\frac{-2x-\sqrt{25-x^2}}{2\sqrt{25-x^2}}$$

$y'=0$ とすると　$2x=-\sqrt{25-x^2}$

$x\leqq 0$ に注意してこれを解くと　$x=-\sqrt{5}$

◀ 両辺を 2 乗して $4x^2=25-x^2$
$5x^2=25$ より　$x^2=5$
$x=-\frac{1}{2}\sqrt{25-x^2}\leqq 0$ であるから
$x=-\sqrt{5}$

$$y''=-\frac{1\cdot\sqrt{25-x^2}-x\cdot\frac{-x}{\sqrt{25-x^2}}}{25-x^2}$$

$$=\frac{-25}{(25-x^2)\sqrt{25-x^2}}$$

$-5<x<5$ の範囲で常に　$y''<0$

◀ $x=\pm 5$ において，y' および y'' は存在しない。

よって，**増減，凹凸は次の表** のようになる。

x	-5	$\cdots$	$-\sqrt{5}$	$\cdots$	5
y'	／	$+$	0	$-$	／
y''	／	$-$	$-$	$-$	／
y	$\frac{5}{2}$	↗	$\frac{5\sqrt{5}}{2}$	↘	$-\frac{5}{2}$

ゆえに

$x=-\sqrt{5}$ のとき　極大値 $\frac{5\sqrt{5}}{2}$

変曲点はない。

ここで

$$\lim_{x\to-5+0}y'=\infty,\ \lim_{x\to5-0}y'=-\infty$$

したがって，グラフは **右の図**。

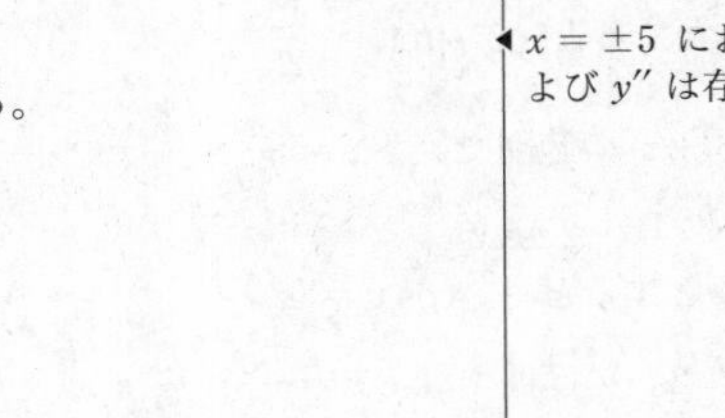

◀ グラフは，点 $\left(-5,\ \frac{5}{2}\right)$ で直線 $x=-5$ に接し，点 $\left(5,\ -\frac{5}{2}\right)$ で直線 $x=5$ に接する。

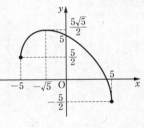

(2) 定義域は実数全体である。

$y=x^{\frac{2}{3}}-x$ より

$$y'=\frac{2}{3}x^{-\frac{1}{3}}-1=\frac{2-3\sqrt[3]{x}}{3\sqrt[3]{x}}$$

◀ $x=0$ において，y' は存在しない。

$y'=0$ とすると，$2-3\sqrt[3]{x}=0$ より　$x=\frac{8}{27}$

◀ $\sqrt[3]{x}=\frac{2}{3}$ より　$x=\frac{8}{27}$

$$y''=-\frac{2}{9}x^{-\frac{4}{3}}=\frac{-2}{9\sqrt[3]{x^4}}$$

◀ $x=0$ において，y'' も存在しない。

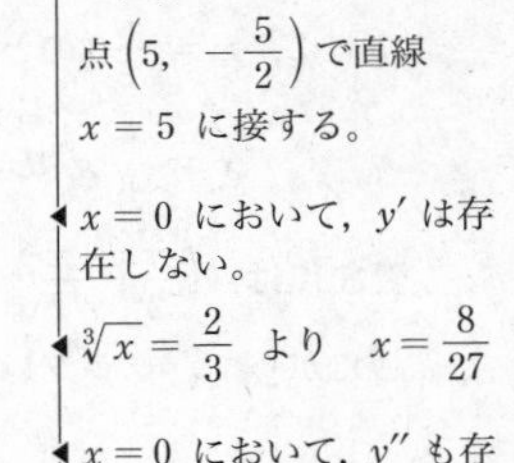

3章 8 関数の増減とグラフ

よって，0 以外のすべての実数 x に対して　$y'' < 0$

よって，**増減，凹凸は次の表**のようになる。

x	$\cdots$	0	$\cdots$	$\dfrac{8}{27}$	$\cdots$
y'	$-$		$+$	0	$-$
y''	$-$		$-$	$-$	$-$
y	↘	0	↗	$\dfrac{4}{27}$	↘

◀ $x=\dfrac{8}{27}$ のとき y は

$$y=\sqrt[3]{\left(\frac{8}{27}\right)^2}-\frac{8}{27}=\sqrt[3]{\left(\frac{2}{3}\right)^6}-\frac{8}{27}=\left(\frac{2}{3}\right)^2-\frac{8}{27}=\frac{12-8}{27}=\frac{4}{27}$$

ゆえに，**$x=\dfrac{8}{27}$ のとき　極大値 $\dfrac{4}{27}$**

$x=0$ のとき　極小値 0

変曲点はない。

◀ $x=0$ のとき微分可能ではないが，この点で極値をとる。

ここで　$\displaystyle\lim_{x\to\infty}y=-\infty$，$\displaystyle\lim_{x\to-\infty}y=\infty$

$\displaystyle\lim_{x\to+0}y'=\infty$，$\displaystyle\lim_{x\to-0}y'=-\infty$

したがって，グラフは **右の図**。

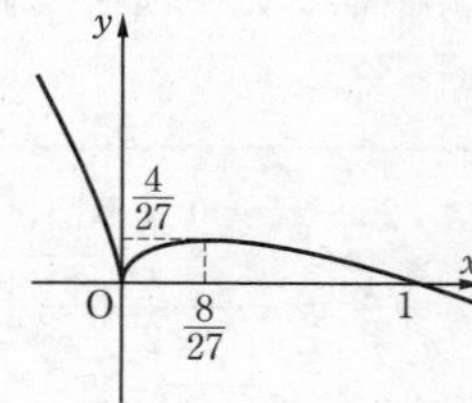

◀ グラフは原点 O で y 軸に接するようにかく。

練習 103 次の関数の増減，極値，グラフの凹凸，変曲点を調べ，そのグラフをかけ。

(1) $y=x+2\cos x\quad(0\leqq x\leqq 2\pi)$

(2) $y=4\sin x+\cos 2x\quad(0\leqq x\leqq 2\pi)$

(1)　$y'=1-2\sin x$

$y'=0$ とすると　$\sin x=\dfrac{1}{2}$

$0\leqq x\leqq 2\pi$ の範囲で　$x=\dfrac{\pi}{6}$，$\dfrac{5}{6}\pi$

$y''=-2\cos x$

$y''=0$ とすると　$\cos x=0$

$0\leqq x\leqq 2\pi$ の範囲で　$x=\dfrac{\pi}{2}$，$\dfrac{3}{2}\pi$

よって，**増減，凹凸は次の表**のようになる。

x	0	$\cdots$	$\dfrac{\pi}{6}$	$\cdots$	$\dfrac{\pi}{2}$	$\cdots$	$\dfrac{5}{6}\pi$	$\cdots$	$\dfrac{3}{2}\pi$	$\cdots$	2π
y'		$+$	0	$-$	$-$	$-$	0	$+$	$+$	$+$	
y''		$-$	$-$	$-$	0	$+$	$+$	$+$	0	$-$	
y	2	↗	$\dfrac{\pi}{6}+\sqrt{3}$	↘	$\dfrac{\pi}{2}$	↘	$\dfrac{5}{6}\pi-\sqrt{3}$	↗	$\dfrac{3}{2}\pi$	↗	$2\pi+2$

◀ 各 x の値に対する y の値を求める。

ゆえに，**$x=\dfrac{\pi}{6}$ のとき　極大値 $\dfrac{\pi}{6}+\sqrt{3}$**

$x=\dfrac{5}{6}\pi$ のとき　極小値 $\dfrac{5}{6}\pi-\sqrt{3}$

変曲点は　$\left(\dfrac{\pi}{2},\ \dfrac{\pi}{2}\right)$，$\left(\dfrac{3}{2}\pi,\ \dfrac{3}{2}\pi\right)$

◀ 変曲点は $y''=0$ でかつその点の前後で y'' の符号が変わる点である。

したがって，グラフは **次の図**。

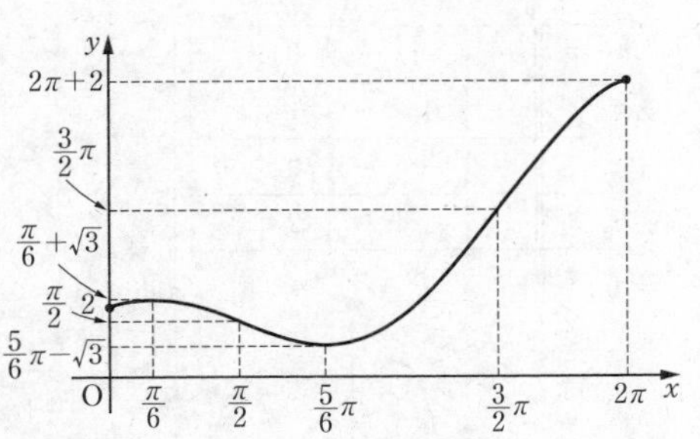

◀ $0 \leqq x \leqq 2\pi$ におけるグラフをかく。

(2) $y' = 4\cos x - 2\sin 2x = 4\cos x(1-\sin x)$

$y'=0$ とすると　$\cos x = 0$ または $\sin x = 1$

$0 \leqq x \leqq 2\pi$ の範囲で　$x = \frac{\pi}{2},\ \frac{3}{2}\pi$

$$y'' = -4\sin x - 4\cos 2x = -4(\sin x + 1 - 2\sin^2 x)$$
$$= 4(\sin x - 1)(2\sin x + 1)$$

$y''=0$ とすると　$\sin x = 1,\ -\frac{1}{2}$

$0 \leqq x \leqq 2\pi$ の範囲で　$x = \frac{\pi}{2},\ \frac{7}{6}\pi,\ \frac{11}{6}\pi$

よって，**増減，凹凸は次の表**のようになる。

x	0	…	$\frac{\pi}{2}$	…	$\frac{7}{6}\pi$	…	$\frac{3}{2}\pi$	…	$\frac{11}{6}\pi$	…	2π
y'		+	0	−	−	−	0	+	+	+	
y''		−	0	−	0	+	+	+	0	−	
y	1	↗	3	↘	$-\frac{3}{2}$	↘	-5	↗	$-\frac{3}{2}$	↗	1

◀ $\sin 2x = 2\sin x\cos x$ より
$y' = 4\cos x - 2\sin 2x$
$= 4\cos x - 4\sin x\cos x$
$= 4\cos x(1-\sin x)$

◀ $\cos 2x = 1 - 2\sin^2 x$ より
$y'' = -4\sin x - 4\cos 2x$
$= -4\sin x - 4(1-2\sin^2 x)$
$= 4(2\sin^2 x - \sin x - 1)$
$= 4(\sin x - 1)(2\sin x + 1)$

ゆえに

$x = \frac{\pi}{2}$ のとき　極大値 3

$x = \frac{3}{2}\pi$ のとき　極小値 -5

変曲点は $\left(\frac{7}{6}\pi,\ -\frac{3}{2}\right),\ \left(\frac{11}{6}\pi,\ -\frac{3}{2}\right)$

したがって，グラフは**右の図**。

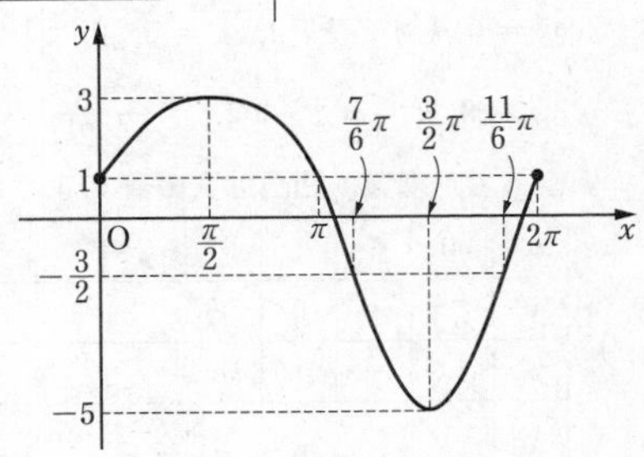

練習 **104** 関数 $y=(x+2)e^{-x}$ の増減，極値，グラフの凹凸，変曲点を調べ，そのグラフをかけ。ただし，$\lim_{t\to\infty}\frac{t}{e^t}=0$ を用いてよい。

定義域は実数全体である。

$$y' = e^{-x} + (x+2)e^{-x}\cdot(-1) = (-x-1)e^{-x}$$
$$y'' = -e^{-x} + (-x-1)e^{-x}\cdot(-1) = xe^{-x}$$

$y'=0$ とすると　$x=-1$

$y''=0$ とすると　$x=0$

◀ $e^{-x}>0$ である。

よって，**増減，凹凸は右の表**のようになる。

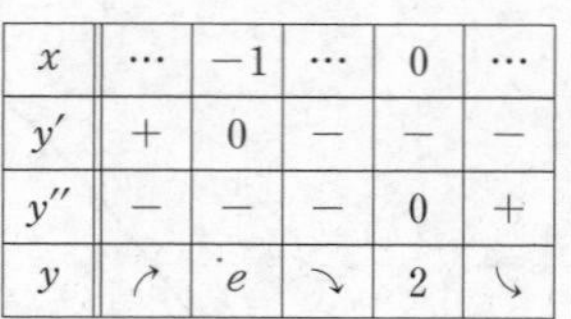

x	$\cdots$	-1	$\cdots$	0	$\cdots$
y'	$+$	0	$-$	$-$	$-$
y''	$-$	$-$	$-$	0	$+$
y	↗	e	↘	2	↘

ゆえに，**$x=-1$ のとき　極大値 e**

変曲点は　$(0,\ 2)$

ここで

$$\lim_{x\to\infty} y=\lim_{x\to\infty}(x+2)e^{-x}=\lim_{x\to\infty}\frac{x+2}{e^x}=0$$

◀ $\displaystyle\lim_{x\to\infty}\frac{x}{e^x}=0$

よって，x 軸は漸近線である。

また

$$\lim_{x\to-\infty} y=\lim_{x\to-\infty}(x+2)e^{-x}=-\infty$$

したがって，グラフは**右の図**。

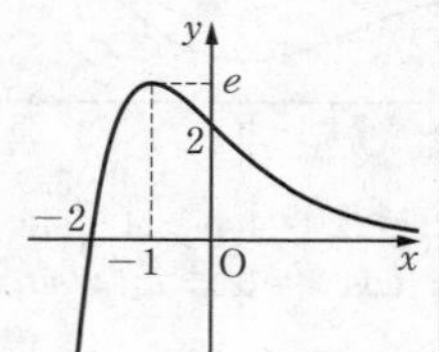

練習 **105** 次の関数の増減，極値，グラフの凹凸，変曲点を調べ，そのグラフをかけ。ただし，$\displaystyle\lim_{t\to\infty}t^2e^{-t}=0$ を用いてよい。

(1)　$y=\dfrac{(\log x)^2}{x}$　　(2)　$y=x\log x$　　(3)　$y=\log(x^2+x+1)$

---

(1)　定義域は　　$x>0$

◀ (分母) $\neq 0$，真数条件

$$y'=\frac{2(\log x)\cdot\dfrac{1}{x}\cdot x-(\log x)^2\cdot 1}{x^2}=\frac{(\log x)(2-\log x)}{x^2}$$

$$y''=\frac{\left\{\dfrac{2}{x}-2(\log x)\cdot\dfrac{1}{x}\right\}x^2-(\log x)(2-\log x)\cdot 2x}{(x^2)^2}$$

$$=\frac{2\{(\log x)^2-3\log x+1\}}{x^3}$$

$y'=0$ とすると，$\log x=0,\ 2$ より　　$x=1,\ e^2$

$y''=0$ とすると，$\log x=\dfrac{3\pm\sqrt{5}}{2}$ より　　$x=e^{\frac{3\pm\sqrt{5}}{2}}$

◀ $t=\log x$ とすると $t^2-3t+1=0$ となり $t=\dfrac{3\pm\sqrt{5}}{2}$

よって，**増減，凹凸は次の表**のようになる。

x	0	$\cdots$	1	$\cdots$	$e^{\frac{3-\sqrt{5}}{2}}$	$\cdots$	e^2	$\cdots$	$e^{\frac{3+\sqrt{5}}{2}}$	$\cdots$
y'	／	$-$	0	$+$	$+$	$+$	0	$-$	$-$	$-$
y''	／	$+$	$+$	$+$	0	$-$	$-$	$-$	0	$+$
y	／	↘	0	↗	$\dfrac{7-3\sqrt{5}}{2e^{\frac{3-\sqrt{5}}{2}}}$	↗	$\dfrac{4}{e^2}$	↘	$\dfrac{7+3\sqrt{5}}{2e^{\frac{3+\sqrt{5}}{2}}}$	↘

ゆえに，**$x=e^2$ のとき　極大値 $\dfrac{4}{e^2}$**

$x=1$ のとき　極小値 0

変曲点は　$\left(e^{\frac{3-\sqrt{5}}{2}},\ \dfrac{7-3\sqrt{5}}{2e^{\frac{3-\sqrt{5}}{2}}}\right)$，$\left(e^{\frac{3+\sqrt{5}}{2}},\ \dfrac{7+3\sqrt{5}}{2e^{\frac{3+\sqrt{5}}{2}}}\right)$

次に　　$\displaystyle\lim_{x\to+0}y=\lim_{x\to+0}\frac{(\log x)^2}{x}=\infty$

また，$t=\log x$ とおくと $x=e^t$ であり，$x\to\infty$ のとき $t\to\infty$ となるから

$$\lim_{x\to\infty} y=\lim_{x\to\infty}\frac{(\log x)^2}{x}=\lim_{t\to\infty}\frac{t^2}{e^t}=\lim_{t\to\infty} t^2e^{-t}=0$$

よって，x 軸，y 軸は漸近線である。

したがって，グラフは **下の図**。

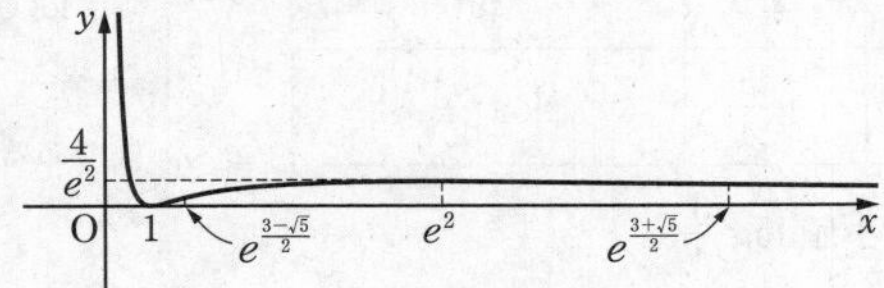

(2)　定義域は　　$x>0$　　◀ 真数条件

$$y'=\log x+x\cdot\frac{1}{x}=\log x+1$$

$$y''=\frac{1}{x}$$

$y'=0$ とすると　　$x=\dfrac{1}{e}$

また，$x>0$ より　　$y''>0$

よって，**増減，凹凸は右の表** のようになる。

x	0	$\cdots$	$\frac{1}{e}$	$\cdots$
y'	／	$-$	0	$+$
y''	／	$+$	$+$	$+$
y	／	⤵	$-\frac{1}{e}$	⤴

ゆえに

$x=\dfrac{1}{e}$ のとき　極小値 $-\dfrac{1}{e}$

変曲点はない。

次に，$t=-\log x$ とおくと $x=e^{-t}$ であり，$x\to+0$ のとき $t\to\infty$ となるから

$$\lim_{x\to+0} y=\lim_{x\to+0} x\log x$$
$$=\lim_{t\to\infty} e^{-t}(-t)$$
$$=\lim_{t\to\infty}\frac{-t}{e^t}=0$$
$$\lim_{x\to\infty} y=\lim_{x\to\infty} x\log x=\infty$$

したがって，グラフは **右の図**。

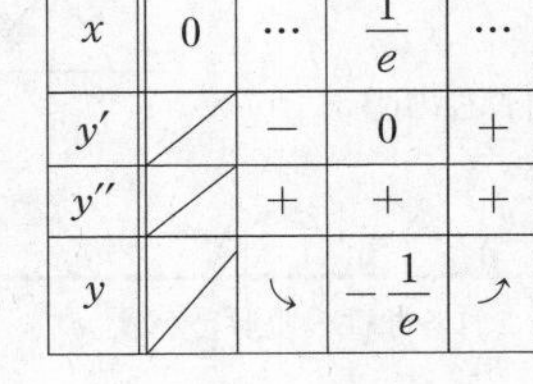

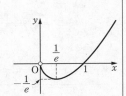

(3)　$x^2+x+1=\left(x+\dfrac{1}{2}\right)^2+\dfrac{3}{4}>0$ より，定義域は実数全体。

$$y'=\frac{2x+1}{x^2+x+1}$$　　◀ $(\log|f(x)|)'=\dfrac{f'(x)}{f(x)}$

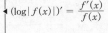

$$y''=\frac{2(x^2+x+1)-(2x+1)^2}{(x^2+x+1)^2}=\frac{-2x^2-2x+1}{(x^2+x+1)^2}$$

$y'=0$ とすると　　$x=-\dfrac{1}{2}$

$y''=0$ とすると，$2x^2+2x-1=0$ より　　$x=\dfrac{-1\pm\sqrt{3}}{2}$

よって，**増減，凹凸は次の表** のようになる。

3章 8 関数の増減とグラフ

x	$\cdots$	$\dfrac{-1-\sqrt{3}}{2}$	$\cdots$	$-\dfrac{1}{2}$	$\cdots$	$\dfrac{-1+\sqrt{3}}{2}$	$\cdots$
y'	$-$	$-$	$-$	0	$+$	$+$	$+$
y''	$-$	0	$+$	$+$	$+$	0	$-$
y	↘	$\log\dfrac{3}{2}$	↘	$\log\dfrac{3}{4}$	↗	$\log\dfrac{3}{2}$	↗

ゆえに，**$x=-\dfrac{1}{2}$ のとき　極小値 $\log\dfrac{3}{4}$**

変曲点は $\left(\dfrac{-1-\sqrt{3}}{2},\ \log\dfrac{3}{2}\right)$, $\left(\dfrac{-1+\sqrt{3}}{2},\ \log\dfrac{3}{2}\right)$

次に

$$\lim_{x\to\pm\infty} y=\lim_{x\to\pm\infty}\log(x^2+x+1)$$
$$=\lim_{x\to\pm\infty}\log x^2\left(1+\frac{1}{x}+\frac{1}{x^2}\right)$$
$$=\infty$$

したがって，グラフは **右の図**。

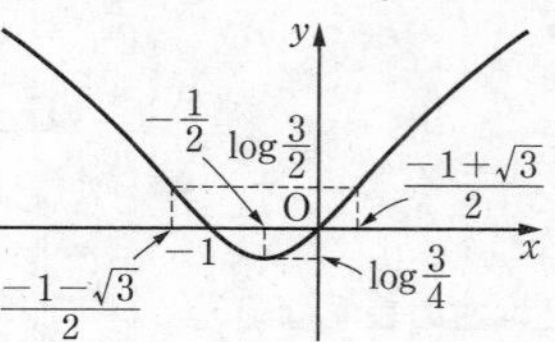

◀ $y=x^2+x+1$ は直線 $x=-\dfrac{1}{2}$ に関して対称であるから，$y=\log(x^2+x+1)$ も直線 $x=-\dfrac{1}{2}$ に関して対称である。

練習 106 次の方程式で表される曲線の概形をかけ。

(1) $y^2=x^2(x+3)$　　(2) $y^2=x^2(x-1)$

(1) $y^2\geqq 0$ より　　$x^2(x+3)\geqq 0$

方程式を満たす x の値の範囲は　　$x\geqq -3$

この範囲で y について解くと　　$y=\pm x\sqrt{x+3}$

$y=x\sqrt{x+3}$ $(x\geqq -3)$ …① について

$$y'=\sqrt{x+3}+x\cdot\frac{1}{2\sqrt{x+3}}=\frac{3(x+2)}{2\sqrt{x+3}}$$

$y'=0$ とすると　　$x=-2$

$$y''=\frac{3}{2}\cdot\frac{1\cdot\sqrt{x+3}-(x+2)\cdot\dfrac{1}{2\sqrt{x+3}}}{(\sqrt{x+3})^2}=\frac{3(x+4)}{4(x+3)\sqrt{x+3}}$$

$x>-3$ の範囲で　　$y''>0$

よって，① の増減，凹凸は次の表のようになる。

x	-3	$\cdots$	-2	$\cdots$
y'	／	$-$	0	$+$
y''	／	$+$	$+$	$+$
y	0	↘	-2	↗

また，$\displaystyle\lim_{x\to\infty}y=\infty$，$\displaystyle\lim_{x\to-3+0}y'=-\infty$

ゆえに，① のグラフは右の図。

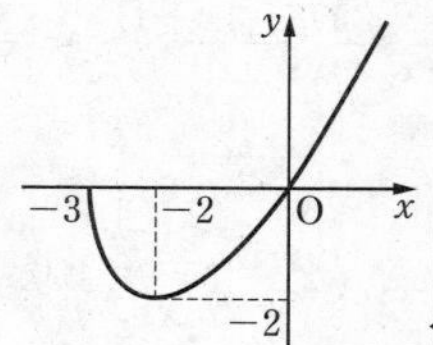

◀ (左辺) $=y^2\geqq 0$ より (右辺) $\geqq 0$ であり，$x^2(x+3)\geqq 0$
よって　$x\geqq -3$

◀ $\alpha^2=\beta^2 \iff \alpha=\pm\beta$

◀ 求める曲線は $y=x\sqrt{x+3}$，$y=-x\sqrt{x+3}$ の 2 つのグラフを合わせたものである。

◀ このグラフは直線 $x=-3$ と接する。

$y=-x\sqrt{x+3}$ のグラフは，

$y=x\sqrt{x+3}$ のグラフと x 軸に関して対称であるから，$y^2=x^2(x+3)$ が表す曲線の概形は **右の図**。

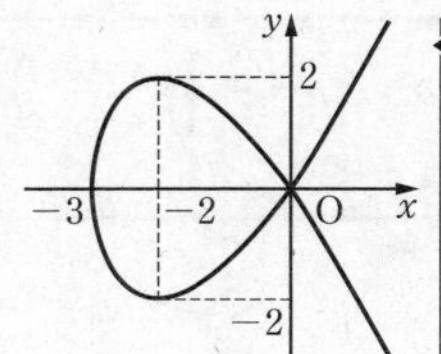

◀このグラフは，例題 106 のグラフを x 軸方向に -3 だけ平行移動したものである。

(2)　$y^2\geqq 0$ より　　$x^2(x-1)\geqq 0$

方程式を満たす x の値の範囲は　　$x=0,\ x\geqq 1$

$x=0$ のとき，$y=0$ である。

$x\geqq 1$ の範囲で y について解くと　　$y=\pm x\sqrt{x-1}$

$y=x\sqrt{x-1}$ $(x\geqq 1)$ …① について

$$y'=\sqrt{x-1}+x\cdot\frac{1}{2\sqrt{x-1}}=\frac{3x-2}{2\sqrt{x-1}}$$

$x>1$ の範囲で　　$y'>0$

$$y''=\frac{1}{2}\cdot\frac{3\cdot\sqrt{x-1}-(3x-2)\cdot\dfrac{1}{2\sqrt{x-1}}}{\left(\sqrt{x-1}\right)^2}=\frac{3x-4}{4(x-1)\sqrt{x-1}}$$

$y''=0$ とすると　　$x=\dfrac{4}{3}$

よって，① の増減，凹凸は次の表のようになる。

x	1	…	$\frac{4}{3}$	…
y'	／	$+$	$+$	$+$
y''	／	$-$	0	$+$
y	0	↗	$\frac{4\sqrt{3}}{9}$	↗

また　　$\lim\limits_{x\to\infty}y=\infty,\ \lim\limits_{x\to 1+0}y'=\infty$

ゆえに，① のグラフは右の図。

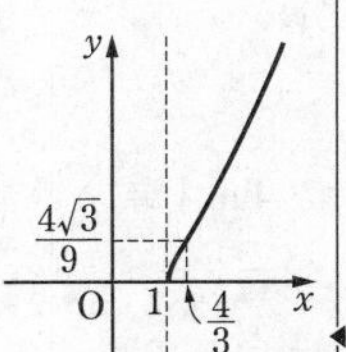

$y=-x\sqrt{x-1}$ のグラフは，$y=x\sqrt{x-1}$ のグラフと x 軸に関して対称であるから，

$y^2=x^2(x-1)$ が表す曲線の概形は，原点と合わせて **右の図**。

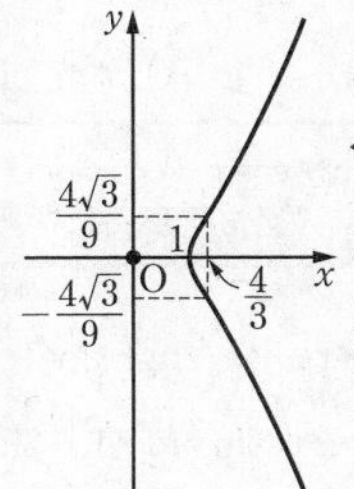

◀(左辺) $=y^2\geqq 0$ より (右辺) $\geqq 0$ であり，$x^2(x-1)\geqq 0$ よって　$x=0$ または $x\geqq 1$

◀求める曲線は $y=x\sqrt{x-1}$，$y=-x\sqrt{x-1}$ の 2 つのグラフと原点 (0, 0) を合わせたものである。$x=0$ を忘れないようにする。

◀このグラフは直線 $x=1$ と接する。

◀原点を忘れないようにする。

練習 107 媒介変数 t で表された曲線 $\begin{cases} x = 1 - t^2 \\ y = 1 - t - t^2 + t^3 \end{cases}$ の概形をかけ。ただし，凹凸は調べなくてよい。

$$\frac{dx}{dt} = -2t$$

$\dfrac{dx}{dt} = 0$ とすると　　$t = 0$

$$\frac{dy}{dt} = -1 - 2t + 3t^2 = (t-1)(3t+1)$$

$\dfrac{dy}{dt} = 0$ とすると　　$t = -\dfrac{1}{3}$，1

よって，x，y の増減は次の表のようになる。

t	$\cdots$	$-\frac{1}{3}$	$\cdots$	0	$\cdots$	1	$\cdots$
$\frac{dx}{dt}$	$+$	$+$	$+$	0	$-$	$-$	$-$
x	→	$\frac{8}{9}$	→	1	←	0	←
$\frac{dy}{dt}$	$+$	0	$-$	$-$	$-$	0	$+$
y	↑	$\frac{32}{27}$	↓	1	↓	0	↑
$(x,\ y)$	↗	$\left(\frac{8}{9},\ \frac{32}{27}\right)$	↘	$(1,\ 1)$	↙	$(0,\ 0)$	↖

また，$x = 0$ となるのは

$1 - t^2 = 0$ より　　$t = \pm 1$

$t = -1$ のとき　　$y = 0$

さらに　$\displaystyle\lim_{t \to -\infty} x = -\infty$，$\displaystyle\lim_{t \to -\infty} y = -\infty$

$\displaystyle\lim_{t \to \infty} x = -\infty$，$\displaystyle\lim_{t \to \infty} y = \infty$

であるから，曲線の概形は **右の図**。

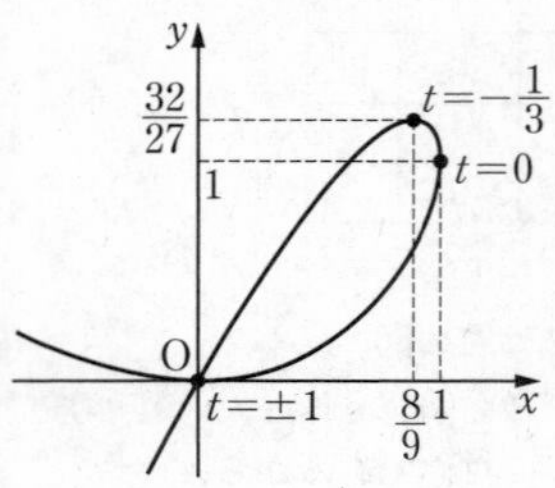

◀ $y = (t-1)^2(t+1)$ より
$y = 0$ とすると　$t = \pm 1$
$t = \pm 1$ のとき $x = 0$ であるから，この曲線と x 軸の共有点は原点 O のみ。

◀ x は t の 2 次関数であり，t^2 の係数が負であるから，$t \to -\infty$，$t \to \infty$ のとき，ともに $x \to -\infty$ となる。
y は t の 3 次関数であり，t^3 の係数が正であるから，$t \to -\infty$ のとき $y \to -\infty$，$t \to \infty$ のとき $y \to \infty$ となる。

練習 108 関数 $f(x) = x + \cos x - \cos x \log(1 + \sin x)$ $(0 < x < \pi)$ のグラフの変曲点の座標を求め，その変曲点に関してグラフは対称であることを示せ。

$$f'(x) = 1 - \sin x - \left\{-\sin x \cdot \log(1 + \sin x) + \cos x \cdot \frac{\cos x}{1 + \sin x}\right\}$$
$$= 1 - \sin x + \sin x \log(1 + \sin x) - (1 - \sin x)$$
$$= \sin x \log(1 + \sin x)$$

$$f''(x) = \cos x \cdot \log(1 + \sin x) + \sin x \cdot \frac{\cos x}{1 + \sin x}$$
$$= \cos x \left\{\log(1 + \sin x) + \frac{\sin x}{1 + \sin x}\right\}$$

$0 < x < \pi$ の範囲で $\sin x > 0$ であるから

$$\log(1 + \sin x) + \frac{\sin x}{1 + \sin x} > 0$$

◀ $\dfrac{\cos^2 x}{1 + \sin x} = \dfrac{1 - \sin^2 x}{1 + \sin x}$
$= \dfrac{(1 + \sin x)(1 - \sin x)}{1 + \sin x}$
$= 1 - \sin x$

◀ $\log(1 + \sin x) > \log 1 = 0$

ゆえに，$f''(x)=0$ とすると，$\cos x=0$ より $0<x<\pi$ の範囲で

$x=\dfrac{\pi}{2}$

よって，$f(x)$ のグラフの凹凸は右の表のようになる。
表より，変曲点の座標は

$\left(\dfrac{\pi}{2},\ \dfrac{\pi}{2}\right)$

x	0	$\cdots$	$\dfrac{\pi}{2}$	$\cdots$	π
$f''(x)$	／	$+$	0	$-$	／
$f(x)$	／	下に凸	$\dfrac{\pi}{2}$	上に凸	／

次に，曲線 $y=f(x)$ を x 軸方向に $-\dfrac{\pi}{2}$，y 軸方向に $-\dfrac{\pi}{2}$ だけ平行移動した曲線を $y=g(x)$ とおくと，曲線 $y=f(x)$ 上の点 $\left(\dfrac{\pi}{2},\ \dfrac{\pi}{2}\right)$ は原点に移る。
このとき，曲線 $y=g(x)$ が原点に関して対称であれば，
曲線 $y=f(x)$ は点 $\left(\dfrac{\pi}{2},\ \dfrac{\pi}{2}\right)$ に関して対称である。

$$g(x)=\left(x+\frac{\pi}{2}\right)+\cos\left(x+\frac{\pi}{2}\right)-\cos\left(x+\frac{\pi}{2}\right)\log\left\{1+\sin\left(x+\frac{\pi}{2}\right)\right\}-\frac{\pi}{2}$$
$$=\left(x+\frac{\pi}{2}\right)-\sin x+\sin x\log(1+\cos x)-\frac{\pi}{2}$$
$$=x-\sin x+\sin x\log(1+\cos x)$$

◀ $\cos\left(x+\dfrac{\pi}{2}\right)=-\sin x$
$\sin\left(x+\dfrac{\pi}{2}\right)=\cos x$

ゆえに　$g(-x)=-x-\sin(-x)+\sin(-x)\log\{1+\cos(-x)\}$
$$=-x+\sin x-\sin x\log(1+\cos x)$$
$$=-\{x-\sin x+\sin x\log(1+\cos x)\}$$
$$=-g(x)$$

◀ $\sin(-x)=-\sin x$
$\cos(-x)=\cos x$

◀ $g(-x)=-g(x)$ が成り立つとき，$y=g(x)$ のグラフは原点に関して対称である。

したがって，曲線 $y=g(x)$ は原点に関して対称であり，曲線 $y=f(x)$ は変曲点 $\left(\dfrac{\pi}{2},\ \dfrac{\pi}{2}\right)$ に関して対称である。

練習 109 関数 $f(x)=\pi x+\cos\pi x+\sin\pi x$ が極小値をとるときの x の値を求めよ。

$$f'(x)=\pi-\pi\sin\pi x+\pi\cos\pi x=\pi+\sqrt{2}\,\pi\sin\left(\pi x+\frac{3}{4}\pi\right)$$

◀ 三角関数の合成
$-\sin\theta+\cos\theta$
$=\sqrt{2}\sin\left(\theta+\dfrac{3}{4}\pi\right)$

$f'(x)=0$ とすると，$\sin\left(\pi x+\dfrac{3}{4}\pi\right)=-\dfrac{1}{\sqrt{2}}$ より

$$\pi x+\frac{3}{4}\pi=\frac{5}{4}\pi+2n\pi \quad または \quad \pi x+\frac{3}{4}\pi=\frac{7}{4}\pi+2n\pi$$

(n は整数)

また，$f''(x)=\sqrt{2}\,\pi^2\cos\left(\pi x+\dfrac{3}{4}\pi\right)$ であり

$$\sqrt{2}\,\pi^2\cos\left(\frac{7}{4}\pi+2n\pi\right)>0,\qquad \sqrt{2}\,\pi^2\cos\left(\frac{5}{4}\pi+2n\pi\right)<0$$

◀ $\cos\left(\dfrac{7}{4}\pi+2n\pi\right)>0$
$\cos\left(\dfrac{5}{4}\pi+2n\pi\right)<0$

であるから，$\pi x+\dfrac{3}{4}\pi=\dfrac{7}{4}\pi+2n\pi$ となる x を求めると　$x=2n+1$

◀ $\pi x=\pi+2n\pi$ より
$x=1+2n$

よって，$x=2n+1$ のとき，$f'(x)=0$ かつ $f''(x)>0$ より，極小値をとるから，関数 $f(x)$ が極小値をとるとき，x は

$2n+1$　(n は整数)

関数の増減とグラフ

問題 93 次の関数の極値を求めよ。

(1) $y=\dfrac{3x-1}{x^3+1}$　　(2) $y=\dfrac{x^2}{\sqrt{(x^4+2)^3}}$

(1) $x^3+1=(x+1)(x^2-x+1)$ であるから，

この関数の定義域は　$x \neq -1$

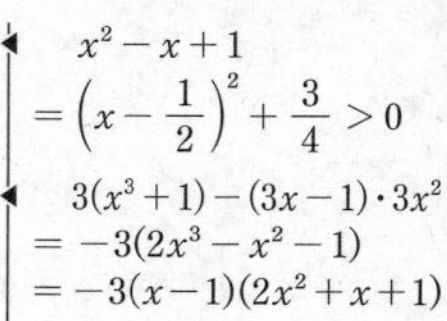

$x^2-x+1=\left(x-\dfrac{1}{2}\right)^2+\dfrac{3}{4}>0$

$3(x^3+1)-(3x-1)\cdot 3x^2$
$=-3(2x^3-x^2-1)$
$=-3(x-1)(2x^2+x+1)$

$$y'=\frac{3(x^3+1)-(3x-1)\cdot 3x^2}{(x^3+1)^2}$$

$$=-\frac{3(x-1)(2x^2+x+1)}{(x^3+1)^2}$$

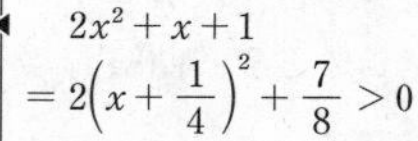

$2x^2+x+1=2\left(x+\dfrac{1}{4}\right)^2+\dfrac{7}{8}>0$

$y'=0$ とすると　$x=1$

よって，y の増減表は次のようになる。

x	$\cdots$	-1	$\cdots$	1	$\cdots$
y'	$+$	／	$+$	0	$-$
y	↗	／	↗	1	↘

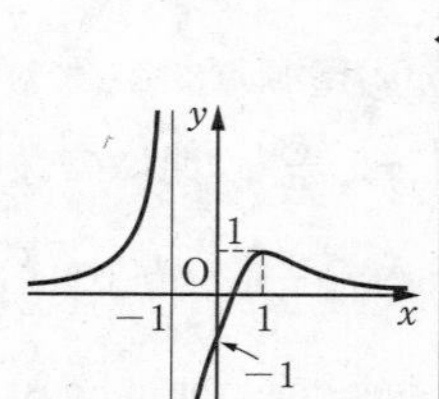

ゆえに，この関数は

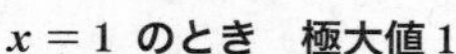

$x=1$ のとき　極大値 1

(2) この関数の定義域は実数全体である。

$$y'=\frac{2x\sqrt{(x^4+2)^3}-x^2\cdot\dfrac{3}{2}\sqrt{x^4+2}\cdot 4x^3}{\left\{\sqrt{(x^4+2)^3}\right\}^2}$$

$$=\frac{2x(x^4+2)^2-6x^5(x^4+2)}{(x^4+2)^3\sqrt{x^4+2}}$$

$$=\frac{-4x(x^2+1)(x-1)(x+1)}{(x^4+2)^2\sqrt{x^4+2}}$$

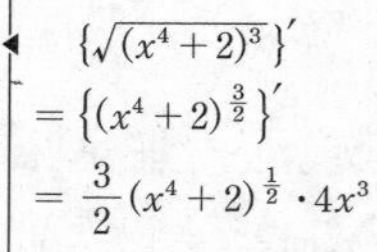

$\left\{\sqrt{(x^4+2)^3}\right\}'$
$=\left\{(x^4+2)^{\frac{3}{2}}\right\}'$
$=\dfrac{3}{2}(x^4+2)^{\frac{1}{2}}\cdot 4x^3$

$y'=0$ とすると　$x=-1,\ 0,\ 1$

よって，y の増減表は次のようになる。

x	$\cdots$	-1	$\cdots$	0	$\cdots$	1	$\cdots$
y'	$+$	0	$-$	0	$+$	0	$-$
y	↗	$\dfrac{\sqrt{3}}{9}$	↘	0	↗	$\dfrac{\sqrt{3}}{9}$	↘

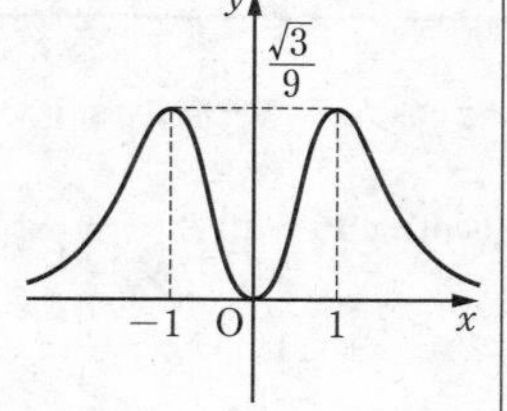

ゆえに，この関数は

$x=\pm 1$ のとき　極大値 $\dfrac{\sqrt{3}}{9}$

$x=0$ のとき　極小値 0

問題 94 次の関数の極値を求めよ。ただし，$0 \leqq x \leqq 2\pi$ とする。

(1) $y=\dfrac{1}{2}\sin 2x-\sin x+x$　　(2) $y=\sin^3 x+\cos^3 x$

(1)　$y=\frac{1}{2}\sin 2x-\sin x+x$ について

$$y'=\cos 2x-\cos x+1=\cos x(2\cos x-1)$$

◀ $\cos 2x=2\cos^2 x-1$

$y'=0$ とすると　　$\cos x=0$ または $\cos x=\frac{1}{2}$

$0 \leqq x \leqq 2\pi$ の範囲で　　$x=\frac{\pi}{3},\ \frac{\pi}{2},\ \frac{3}{2}\pi,\ \frac{5}{3}\pi$

◀ $\cos x=0$ より
　$x=\frac{\pi}{2},\ \frac{3}{2}\pi$
$\cos x=\frac{1}{2}$ より
　$x=\frac{\pi}{3},\ \frac{5}{3}\pi$

よって，$0 \leqq x \leqq 2\pi$ において，y の増減表は次のようになる。

x	0	$\cdots$	$\frac{\pi}{3}$	$\cdots$	$\frac{\pi}{2}$	$\cdots$	$\frac{3}{2}\pi$	$\cdots$	$\frac{5}{3}\pi$	$\cdots$	2π
y'		$+$	0	$-$	0	$+$	0	$-$	0	$+$	
y	0	↗	$\frac{\pi}{3}-\frac{\sqrt{3}}{4}$	↘	$\frac{\pi}{2}-1$	↗	$\frac{3}{2}\pi+1$	↘	$\frac{5}{3}\pi+\frac{\sqrt{3}}{4}$	↗	2π

ゆえに

$x=\frac{\pi}{3}$ のとき

　極大値 $\frac{\pi}{3}-\frac{\sqrt{3}}{4}$

$x=\frac{3}{2}\pi$ のとき

　極大値 $\frac{3}{2}\pi+1$

$x=\frac{\pi}{2}$ のとき　極小値 $\frac{\pi}{2}-1$

$x=\frac{5}{3}\pi$ のとき　極小値 $\frac{5}{3}\pi+\frac{\sqrt{3}}{4}$

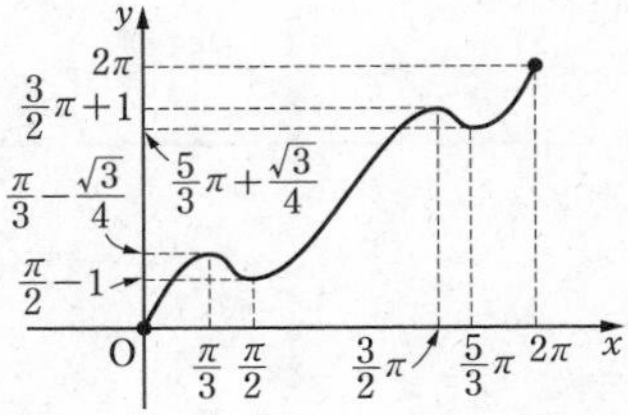

y, 2π, $\frac{3}{2}\pi+1$, $\frac{5}{3}\pi+\frac{\sqrt{3}}{4}$, $\frac{\pi}{3}-\frac{\sqrt{3}}{4}$, $\frac{\pi}{2}-1$, O, $\frac{\pi}{3}$, $\frac{\pi}{2}$, $\frac{3}{2}\pi$, $\frac{5}{3}\pi$, 2π, x

(2)　$y=\sin^3 x+\cos^3 x$ について

$$y'=3\sin^2 x\cos x-3\cos^2 x\sin x=3\sin x\cos x(\sin x-\cos x)$$

$y'=0$ とすると

$$\sin x=0 \text{ または } \cos x=0 \text{ または } \sin x-\cos x=0$$

$0 \leqq x \leqq 2\pi$ の範囲で

$$x=0,\ \frac{\pi}{4},\ \frac{\pi}{2},\ \pi,\ \frac{5}{4}\pi,\ \frac{3}{2}\pi,\ 2\pi$$

◀ $\sin x-\cos x=0$ において
$\sin x=\cos x$ $(\cos x \neq 0)$
より
　$\tan x=1$
これを解くと
　$x=\frac{\pi}{4},\ \frac{5}{4}\pi$

よって，$0 \leqq x \leqq 2\pi$ において，y の増減表は次のようになる。

x	0	$\cdots$	$\frac{\pi}{4}$	$\cdots$	$\frac{\pi}{2}$	$\cdots$	π	$\cdots$	$\frac{5}{4}\pi$	$\cdots$	$\frac{3}{2}\pi$	$\cdots$	2π
y'		$-$	0	$+$	0	$-$	0	$+$	0	$-$	0	$+$	
y	1	↘	$\frac{\sqrt{2}}{2}$	↗	1	↘	-1	↗	$-\frac{\sqrt{2}}{2}$	↘	-1	↗	1

ゆえに

$x=\dfrac{\pi}{2}$ のとき

極大値 1

$x=\dfrac{5}{4}\pi$ のとき

極大値 $-\dfrac{\sqrt{2}}{2}$

$x=\dfrac{\pi}{4}$ のとき　　極小値 $\dfrac{\sqrt{2}}{2}$

$x=\pi,\ \dfrac{3}{2}\pi$ のとき　極小値 -1

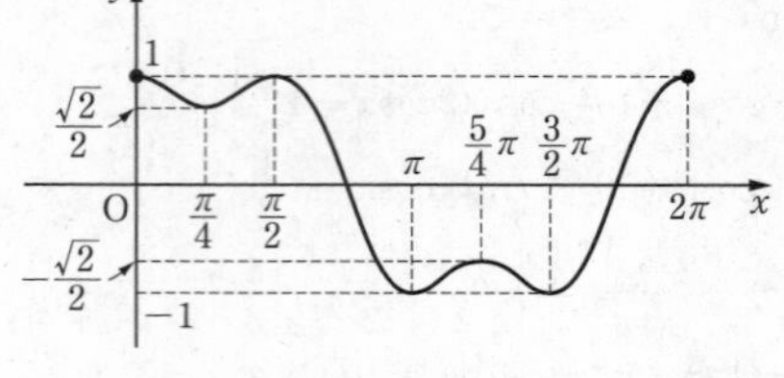

問題 **95** 次の関数の極値を求めよ。

(1)　$y=(x^2-2x)e^{-x}$　　　(2)　$y=\dfrac{(\log x)^2}{x}$　　　(3)　$y=\dfrac{\log x}{\sqrt{x}}$

---

(1)　定義域は実数全体である。

$$y'=(2x-2)\cdot e^{-x}-(x^2-2x)\cdot e^{-x}=-(x^2-4x+2)e^{-x}$$

$y'=0$ とすると　　$x=2\pm\sqrt{2}$

◀ $x^2-4x+2=0$

よって，y の増減表は次のようになる。

x	$\cdots$	$2-\sqrt{2}$	$\cdots$	$2+\sqrt{2}$	$\cdots$
y'	$-$	0	$+$	0	$-$
y	↘	$(2-2\sqrt{2})e^{-2+\sqrt{2}}$	↗	$(2+2\sqrt{2})e^{-2-\sqrt{2}}$	↘

ゆえに，この関数は

$x=2+\sqrt{2}$ のとき

極大値 $(2+2\sqrt{2})e^{-2-\sqrt{2}}$

$x=2-\sqrt{2}$ のとき

極小値 $(2-2\sqrt{2})e^{-2+\sqrt{2}}$

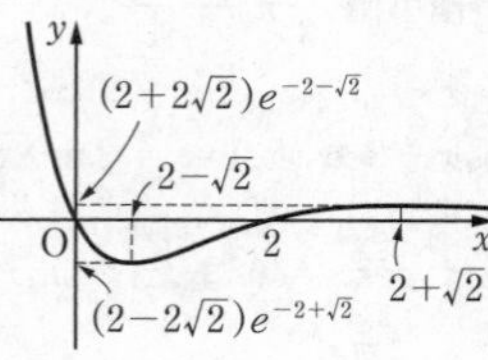

◀ $\displaystyle\lim_{x\to\infty}\frac{x^2-2x}{e^x}=0$ より x 軸は漸近線である。

(2)　定義域は　　$x>0$

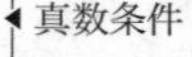

◀ 真数条件

$$y'=\frac{2\cdot(\log x)\cdot\dfrac{1}{x}\cdot x-(\log x)^2\cdot 1}{x^2}=\frac{(2-\log x)\log x}{x^2}$$

$y'=0$ とすると　　$x=1,\ e^2$

◀ $\log x=0,\ 2$

よって，y の増減表は次のようになる。

x	0	$\cdots$	1	$\cdots$	e^2	$\cdots$
y'	／	$-$	0	$+$	0	$-$
y	／	↘	0	↗	$\dfrac{4}{e^2}$	↘

◀ $\log x=t$ とおくと $\displaystyle\lim_{x\to\infty}\frac{(\log x)^2}{x}=\lim_{t\to\infty}\frac{t^2}{e^t}=0$ よって，x 軸は漸近線である。

ゆえに，この関数は

$x=e^2$ のとき　極大値 $\dfrac{4}{e^2}$

$x=1$ のとき　　極小値 0

(3)　定義域は　　$x>0$

$$y'=\frac{\frac{1}{x}\cdot\sqrt{x}-(\log x)\cdot\frac{1}{2\sqrt{x}}}{x}=\frac{\sqrt{x}\,(2-\log x)}{2x^2}$$

$y'=0$ とすると　　$x=e^2$

よって，y の増減表は次のようになる。

x	0	$\cdots$	e^2	$\cdots$
y'	／	$+$	0	$-$
y	／	↗	$\frac{2}{e}$	↘

ゆえに，この関数は

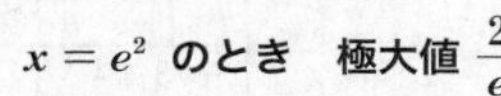

$x=e^2$ のとき　極大値 $\frac{2}{e}$

◀真数条件

◀$\sqrt{x}>0$ より　$\log x=2$

◀$\log x=t$ とおくと
$\displaystyle\lim_{x\to\infty}\frac{\log x}{\sqrt{x}}=\lim_{t\to\infty}\frac{t}{e^{\frac{t}{2}}}=0$
より x 軸は漸近線である。

問題 96　次の関数の極値を求めよ。

(1)　$y=|x|\sqrt{2-x^2}$　　　　(2)　$y=|x-1|\sqrt{3-x^2}$

---

(1)　この関数の定義域は，$2-x^2\geqq 0$ より　　$x^2-2\leqq 0$

$(x+\sqrt{2})(x-\sqrt{2})\leqq 0$

よって　　$-\sqrt{2}\leqq x\leqq\sqrt{2}$

(ア)　$0\leqq x\leqq\sqrt{2}$ のとき　　$y=x\sqrt{2-x^2}$

よって，$0<x<\sqrt{2}$ のとき

$$y'=\sqrt{2-x^2}+x\cdot\frac{-2x}{2\sqrt{2-x^2}}$$

$$=\frac{(2-x^2)-x^2}{\sqrt{2-x^2}}=\frac{2-2x^2}{\sqrt{2-x^2}}$$

$y'=0$ とすると，$0<x<\sqrt{2}$ より　　$x=1$

(イ)　$-\sqrt{2}\leqq x<0$ のとき　　$y=-x\sqrt{2-x^2}$

よって，$-\sqrt{2}<x<0$ のとき

$$y'=-\frac{2-2x^2}{\sqrt{2-x^2}}=\frac{2x^2-2}{\sqrt{2-x^2}}$$

$y'=0$ とすると，$-\sqrt{2}<x<0$ より　　$x=-1$

(ア)，(イ)より，y の増減表は次のようになる。

x	$-\sqrt{2}$	$\cdots$	-1	$\cdots$	0	$\cdots$	1	$\cdots$	$\sqrt{2}$
y'	／	$+$	0	$-$	／	$+$	0	$-$	／
y	0	↗	1	↘	0	↗	1	↘	0

ゆえに，この関数は

$x=-1,\ 1$ のとき　極大値 1

$x=0$ のとき　　　　極小値 0

(2)　この関数の定義域は，$3-x^2\geqq 0$ より　　$x^2-3\leqq 0$

$(x+\sqrt{3})(x-\sqrt{3})\leqq 0$

よって　　$-\sqrt{3}\leqq x\leqq\sqrt{3}$

◀$y=|x|\sqrt{2-x^2}$ は $x=0,\ \pm\sqrt{2}$ で微分可能でないから，関数の微分は $x\neq 0$，$x\neq\pm\sqrt{2}$ で考える。

◀関数のグラフは下のようになる。

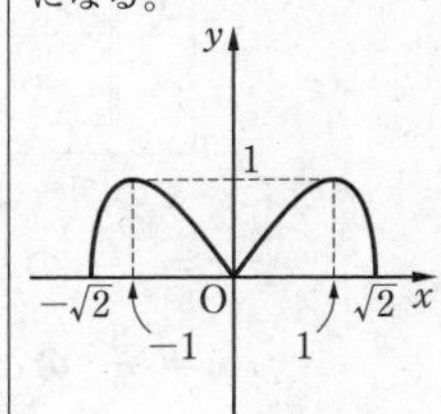

◀$x=0$ のとき y' は存在しないが，この点で極値をとる。

◀$y=|x-1|\sqrt{3-x^2}$ は $x=1,\ \pm\sqrt{3}$ で微分可能でないから，関数の微分は $x\neq 1$，$x\neq\pm\sqrt{3}$ で考える。

(ア) $1 \leqq x \leqq \sqrt{3}$ のとき

$$y=(x-1)\sqrt{3-x^2}$$

よって，$1<x<\sqrt{3}$ のとき

$$y'=\sqrt{3-x^2}+(x-1)\cdot\frac{-2x}{2\sqrt{3-x^2}}$$

$$=\frac{(3-x^2)-x(x-1)}{\sqrt{3-x^2}}=\frac{3+x-2x^2}{\sqrt{3-x^2}}$$

$y'=0$ とすると　$2x^2-x-3=0$

$(2x-3)(x+1)=0$

$1<x<\sqrt{3}$ より　$x=\dfrac{3}{2}$

◀関数のグラフは下のようになる。

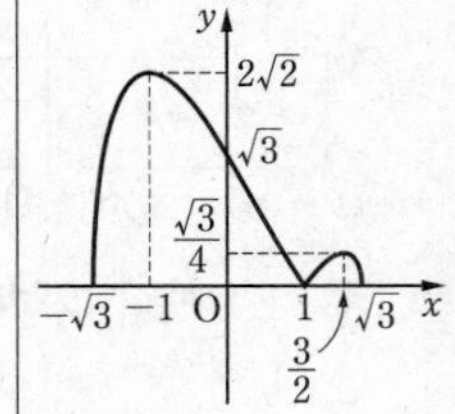

(イ) $-\sqrt{3} \leqq x<1$ のとき

$$y=-(x-1)\sqrt{3-x^2}$$

よって，$-\sqrt{3}<x<1$ のとき

$$y'=-\frac{3+x-2x^2}{\sqrt{3-x^2}}=\frac{2x^2-x-3}{\sqrt{3-x^2}}$$

$y'=0$ とすると　$2x^2-x-3=0$

$(2x-3)(x+1)=0$

$-\sqrt{3}<x<1$ より　$x=-1$

(ア)，(イ) より，y の増減表は次のようになる。

x	$-\sqrt{3}$	$\cdots$	-1	$\cdots$	1	$\cdots$	$\frac{3}{2}$	$\cdots$	$\sqrt{3}$
y'	／	$+$	0	$-$	／	$+$	0	$-$	／
y	0	↗	$2\sqrt{2}$	↘	0	↗	$\frac{\sqrt{3}}{4}$	↘	0

◀$x=1$ のとき y' は存在しないが，この点で極値をとる。

ゆえに，この関数は

$x=-1$ のとき　極大値 $2\sqrt{2}$

$x=\dfrac{3}{2}$ のとき　極大値 $\dfrac{\sqrt{3}}{4}$

$x=1$ のとき　極小値 0

問題 **97**　a を正の定数，x の関数を $f(x)=\log(1+ax)-ax+ax^2$ とする。$f(x)$ の極値を求めよ。（芝浦工業大）

$a>0$ より，定義域は　$x>-\dfrac{1}{a}$

◀真数条件より
$1+ax>0$
$ax>-1$
$a>0$ より　$x>-\dfrac{1}{a}$

また　$f'(x)=\dfrac{a}{1+ax}-a+2ax=\dfrac{ax(2ax-a+2)}{1+ax}$

$f'(x)=0$ とすると　$x=0,\ \dfrac{a-2}{2a}$

0 と $\dfrac{a-2}{2a}$ の大小を考えて

◀$a>0$ より，$a-2$ の正負を考えればよい。

(ア) $0<a<2$ のとき

$$-\frac{1}{a}<\frac{a-2}{2a}<0$$

より，$f(x)$ の増減表は右のようになる。

x	$-\frac{1}{a}$	$\cdots$	$\frac{a-2}{2a}$	$\cdots$	0	$\cdots$
$f'(x)$	／	$+$	0	$-$	0	$+$
$f(x)$	／	↗	極大	↘	極小	↗

◀ $f'(x)=0$ の解の大小に注意する。

(イ) $a=2$ のとき，$f'(x)=\dfrac{8x^2}{1+2x}\geqq 0$ であるから，極値はない。

◀ 定義域は $x>-\dfrac{1}{2}$ より $1+2x>0$ よって，$f'(x)\geqq 0$ であるから $f(x)$ は単調増加する。

(ウ) $a>2$ のとき

$$-\frac{1}{a}<0<\frac{a-2}{2a}$$

より，$f(x)$ の増減表は右のようになる。

x	$-\frac{1}{a}$	$\cdots$	0	$\cdots$	$\frac{a-2}{2a}$	$\cdots$
$f'(x)$	／	$+$	0	$-$	0	$+$
$f(x)$	／	↗	極大	↘	極小	↗

(ア)〜(ウ) より

$0<a<2$ のとき
$x=\dfrac{a-2}{2a}$ のとき　極大値 $\log\dfrac{a}{2}-\dfrac{a}{4}+\dfrac{1}{a}$
$x=0$ のとき　極小値 0
$a=2$ のとき　極値なし
$a>2$ のとき
$x=0$ のとき　極大値 0
$x=\dfrac{a-2}{2a}$ のとき　極小値 $\log\dfrac{a}{2}-\dfrac{a}{4}+\dfrac{1}{a}$

◀ $f\left(\dfrac{a-2}{2a}\right)$
$=\log\left(1+a\cdot\dfrac{a-2}{2a}\right)-a\cdot\dfrac{a-2}{2a}\left(1-\dfrac{a-2}{2a}\right)$
$=\log\dfrac{a}{2}-\dfrac{a^2-4}{4a}$

問題 **98** $a>0$ に対して，$f(x)=\dfrac{e^x}{1+ax^2}$ とする。
(1) $f(x)$ が極値をもつ条件を求めよ。
(2) $f(x)$ が $x=\alpha,\ \beta\ (\alpha\neq\beta)$ で極値をとるとき，$f(\alpha)f(\beta)$ を求めよ。　(大阪工業大)

---

(1) $f'(x)=\dfrac{e^x(1+ax^2)-e^x\cdot 2ax}{(1+ax^2)^2}=\dfrac{(ax^2-2ax+1)e^x}{(1+ax^2)^2}$

$f(x)$ が極値をもつためには，$f'(x)=0$ が実数解をもち，その実数解の前後で $f'(x)$ の符号が変わることが必要十分条件である。
よって，2次方程式 $ax^2-2ax+1=0\ (a>0)$ が異なる2つの実数解をもつことより，この方程式の判別式を D とすると

◀ $e^x>0$
$(1+ax^2)^2>0$

$$\frac{D}{4}=(-a)^2-a>0$$

$a(a-1)>0$ となり，$a>0$ より　　$\boldsymbol{a>1}$

(2) $x=\alpha,\ \beta\ (\alpha\neq\beta)$ で極値をとることより，
$ax^2-2ax+1=0$ の解は $\alpha,\ \beta$ であるから，

解と係数の関係より　　$\alpha+\beta=2,\ \alpha\beta=\dfrac{1}{a}$　　…①

ここで　　$f(\alpha)f(\beta)=\dfrac{e^\alpha e^\beta}{(1+a\alpha^2)(1+a\beta^2)}$

① より　　$e^\alpha e^\beta=e^{\alpha+\beta}=e^2$

$$\begin{aligned}(1+a\alpha^2)(1+a\beta^2)&=1+a(\alpha^2+\beta^2)+a^2\alpha^2\beta^2\\&=1+a\{(\alpha+\beta)^2-2\alpha\beta\}+a^2(\alpha\beta)^2\end{aligned}$$

3章 8 関数の増減とグラフ

$$= 1 + a\left(2^2 - \frac{2}{a}\right) + a^2 \cdot \left(\frac{1}{a}\right)^2$$
$$= 4a$$

したがって　　**$f(\alpha)f(\beta) = \dfrac{e^2}{4a}$**

問題 **99**　k を実数とし，$f(x) = \dfrac{1}{2}(x+k)^2 + \cos^2 x$ とおいたとき，$0 < x < \dfrac{\pi}{2}$ の範囲で，$y = f(x)$ の極大値，極小値をとる点はそれぞれいくつあるか。　（奈良女子大）

$$f'(x) = x + k - 2\cos x \sin x = k + x - \sin 2x$$

$f'(x) = 0$ とすると　　$k = -x + \sin 2x$

ここで，$g(x) = -x + \sin 2x$ とおくと　　$g'(x) = -1 + 2\cos 2x$

◀ $f'(x) = 0$ の実数解は $\begin{cases} y = g(x) \\ y = k \end{cases}$ の 2 つのグラフの共有点の x 座標である。

$g'(x) = 0$ とすると $\cos 2x = \dfrac{1}{2}$ となり，

$0 < x < \dfrac{\pi}{2}$ の範囲で　　$x = \dfrac{\pi}{6}$

$g(x)$ の増減表は次のようになる。

x	0	$\cdots$	$\dfrac{\pi}{6}$	$\cdots$	$\dfrac{\pi}{2}$
$g'(x)$	／	$+$	0	$-$	／
$g(x)$	／	↗	$\dfrac{\sqrt{3}}{2} - \dfrac{\pi}{6}$	↘	／

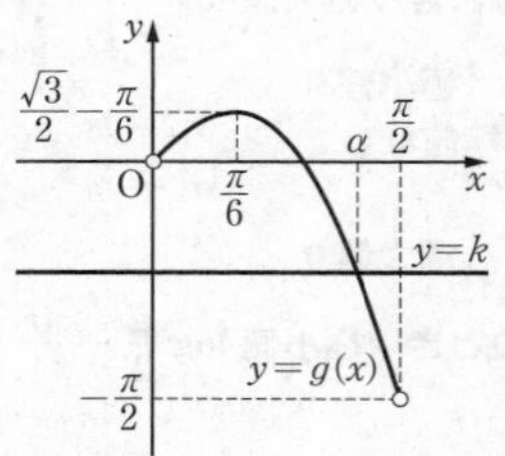

$f'(x) = k - g(x)$ であるから，$f'(x)$ の符号の変化を考えて

◀ $f'(\alpha) = 0$ となる $x = \alpha$ の前後で $f'(x)$ の符号が変化する x の値 α がいくつあるかを考える。
$g(x) > k$ のとき　$f'(x) < 0$
$g(x) < k$ のとき　$f'(x) > 0$

$0 < k < \dfrac{\sqrt{3}}{2} - \dfrac{\pi}{6}$ のとき　極大値 1 個，極小値 1 個

$-\dfrac{\pi}{2} < k \leqq 0$ のとき　極大値 0 個，極小値 1 個

$k \leqq -\dfrac{\pi}{2}$，$\dfrac{\sqrt{3}}{2} - \dfrac{\pi}{6} \leqq k$ のとき　極大値 0 個，極小値 0 個

問題 **100**　関数 $f(x) = \dfrac{bx^2 + cx + 1}{2x + a}$ において，$y = f(x)$ のグラフの漸近線が 2 直線 $x = 1$，$y = 2x + 1$ であるとき，定数 a，b，c の値を求めよ。

直線 $x = 1$ が漸近線であるから　　$\lim_{x \to 1}(2x + a) = 0$

よって，$2 + a = 0$ より　　$a = -2$　　…①

また，直線 $y = 2x + 1$ が漸近線であるから

$\lim_{x \to \infty}\{f(x) - (2x+1)\} = 0$　または　$\lim_{x \to -\infty}\{f(x) - (2x+1)\} = 0$ が

成り立つ。

$$f(x) - (2x+1) = \frac{bx^2 + cx + 1}{2x + a} - 2x - 1$$
$$= \frac{(b-4)x^2 + (c - 2a - 2)x + 1 - a}{2x + a}$$

ゆえに　　$b-4=0,\ c-2a-2=0$　　…②

①，②より　　$a=-2,\ b=4,\ c=-2$

逆に，このとき $f(x)=\dfrac{4x^2-2x+1}{2x-2}$ より，

$f(x)=2x+1+\dfrac{3}{2x-2}$ となり，2直線

$x=1,\ y=2x+1$ を漸近線にもつ。

よって　　$\boldsymbol{a=-2,\ b=4,\ c=-2}$

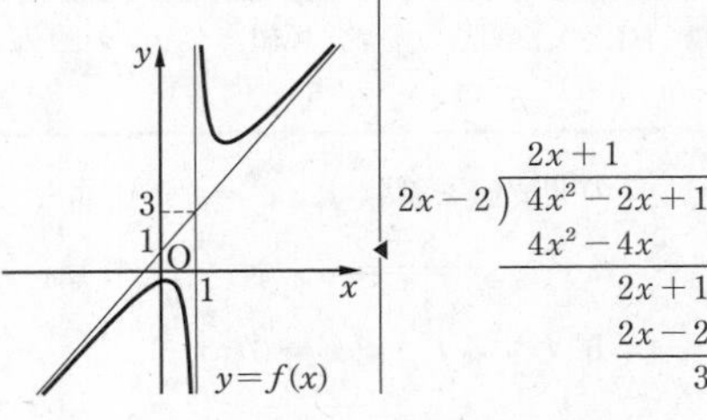

問題 **101** 関数 $f(x)=\dfrac{1}{x^2+1}$ について

(1) $f'(x)$ を求めよ。

(2) 関数 $y=f'(x)$ の増減，極値，グラフの凹凸，変曲点を調べ，そのグラフをかけ。

(高知県立大)

(1)　$\boldsymbol{f'(x)=-\dfrac{2x}{(x^2+1)^2}}$

◀ $\left\{\dfrac{1}{g(x)}\right\}'=-\dfrac{g'(x)}{\{g(x)\}^2}$

(2)　$f''(x)=-\dfrac{2(x^2+1)^2-2x\cdot 2(x^2+1)\cdot 2x}{(x^2+1)^4}=\dfrac{6x^2-2}{(x^2+1)^3}$

◀ $\left\{\dfrac{f(x)}{g(x)}\right\}'=\dfrac{f'(x)g(x)-f(x)g'(x)}{\{g(x)\}^2}$

$f''(x)=0$ とすると　　$x=\pm\dfrac{1}{\sqrt{3}}$

$f'''(x)=\dfrac{12x\cdot(x^2+1)^3-(6x^2-2)\cdot 3(x^2+1)^2\cdot 2x}{(x^2+1)^6}$

$=\dfrac{-24x(x^2-1)}{(x^2+1)^4}$

◀ $y=f'(x)$ のグラフの凹凸は $f'''(x)$ の符号から調べる。

$f'''(x)=0$ とすると　　$x=0,\ \pm 1$

よって，$y=f'(x)$ の **増減，凹凸は次の表** のようになる。

◀ $f'(-x)=-f'(x)$ が成り立つから $f'(x)$ は奇関数であり，$y=f'(x)$ のグラフは原点に関して対称である。

x	$\cdots$	-1	$\cdots$	$-\dfrac{1}{\sqrt{3}}$	$\cdots$	0	$\cdots$	$\dfrac{1}{\sqrt{3}}$	$\cdots$	1	$\cdots$
$f''(x)$	$+$	$+$	$+$	0	$-$	$-$	$-$	0	$+$	$+$	$+$
$f'''(x)$	$+$	0	$-$	$-$	$-$	0	$+$	$+$	$+$	0	$-$
$f'(x)$	↗	$\dfrac{1}{2}$	↗	$\dfrac{3\sqrt{3}}{8}$	↘	0	↘	$-\dfrac{3\sqrt{3}}{8}$	↗	$-\dfrac{1}{2}$	↗

ゆえに，$\boldsymbol{x=-\dfrac{1}{\sqrt{3}}}$ **のとき　極大値** $\boldsymbol{\dfrac{3\sqrt{3}}{8}}$

$\boldsymbol{x=\dfrac{1}{\sqrt{3}}}$ **のとき　　極小値** $\boldsymbol{-\dfrac{3\sqrt{3}}{8}}$

変曲点は

$\boldsymbol{\left(-1,\ \dfrac{1}{2}\right),\ (0,\ 0),\ \left(1,\ -\dfrac{1}{2}\right)}$

また，

$\lim\limits_{x\to\infty}f'(x)=\lim\limits_{x\to-\infty}f'(x)=0$

より，x 軸は漸近線である。

したがって，$y=f'(x)$ のグラフは **右の図**。

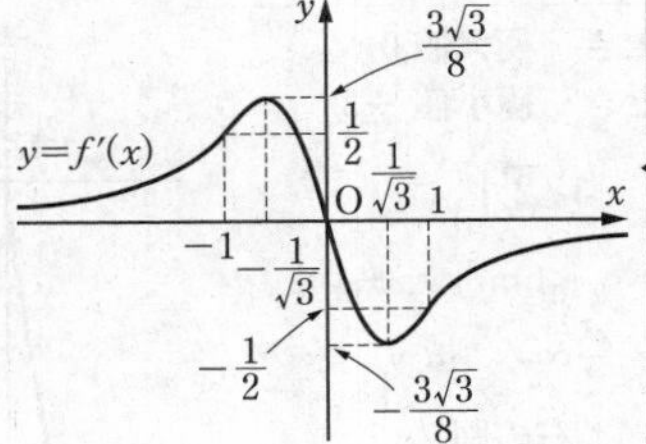

◀ $y=f'(x)$ のグラフをかくことに注意する。

問題 **102** 次の関数の増減，極値，グラフの凹凸，変曲点を調べ，そのグラフをかけ。

(1) $y=\sqrt{x^3+1}$　　　(2) $y=\sqrt[3]{x^2}(2x-5)$

(1) この関数の定義域は，$x^3+1 \geqq 0$ より　$x \geqq -1$

$$y'=\frac{3x^2}{2\sqrt{x^3+1}}$$

$y'=0$ とすると　$x=0$

$$y''=\frac{6x\cdot 2\sqrt{x^3+1}-3x^2\cdot 2\cdot\dfrac{3x^2}{2\sqrt{x^3+1}}}{4(x^3+1)}=\frac{3x(x^3+4)}{4(x^3+1)\sqrt{x^3+1}}$$

$y''=0$ とすると，$x>-1$ の範囲で　$x=0$

よって，**増減，凹凸は次の表** のようになる。

x	-1	$\cdots$	0	$\cdots$
y'	／	$+$	0	$+$
y''	／	$-$	0	$+$
y	0	↗	1	↗

この表より，**極値はない。**

変曲点は　$(0,\ 1)$

ここで　$\displaystyle\lim_{x\to\infty}y=\infty$，$\displaystyle\lim_{x\to-1+0}y'=\infty$

したがって，グラフは **右の図**。

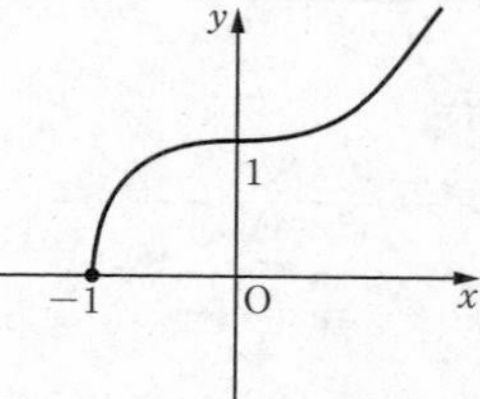

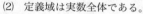

◀ x^3+1
$=(x+1)(x^2-x+1)\geqq 0$
であり
x^2-x+1
$=\left(x-\dfrac{1}{2}\right)^2+\dfrac{3}{4}>0$
より　$x+1\geqq 0$
ゆえに　$x\geqq -1$

◀ $x>-1$ のとき $x^3>-1$ であるから
$x^3+4>x^3+1>0$
よって，y'' の符号と x の符号が一致する。

◀ $\displaystyle\lim_{x\to-1+0}y'=\infty$ より，グラフは点 $(-1,\ 0)$ で直線 $x=-1$ に接するようにかく。

(2) 定義域は実数全体である。

$y=x^{\frac{2}{3}}(2x-5)=2x^{\frac{5}{3}}-5x^{\frac{2}{3}}$ より

$$y'=\frac{10}{3}x^{\frac{2}{3}}-\frac{10}{3}x^{-\frac{1}{3}}=\frac{10(x-1)}{3\sqrt[3]{x}}$$

$y'=0$ とすると　$x=1$

$$y''=\frac{20}{9}x^{-\frac{1}{3}}+\frac{10}{9}x^{-\frac{4}{3}}=\frac{10(2x+1)}{9\sqrt[3]{x^4}}$$

$y''=0$ とすると　$x=-\dfrac{1}{2}$

よって，**増減，凹凸は次の表** のようになる。

x	$\cdots$	$-\frac{1}{2}$	$\cdots$	0	$\cdots$	1	$\cdots$
y'	$+$	$+$	$+$	／	$-$	0	$+$
y''	$-$	0	$+$	／	$+$	$+$	$+$
y	↗	$-3\sqrt[3]{2}$	↗	0	↘	-3	↗

ゆえに，**$x=0$ のとき　極大値 0**

$x=1$ のとき　極小値 -3

変曲点は　$\left(-\dfrac{1}{2},\ -3\sqrt[3]{2}\right)$

ここで　$\displaystyle\lim_{x\to\infty}y=\infty$，$\displaystyle\lim_{x\to-\infty}y=-\infty$

さらに　$\displaystyle\lim_{x\to+0}y'=-\infty$，$\displaystyle\lim_{x\to-0}y'=\infty$

したがって，グラフは **右の図**。

◀ $\sqrt[n]{x^m}=x^{\frac{m}{n}}$

◀ 微分しやすいように展開しておく。

◀ $x=0$ において，y' は存在しない。

◀ $x=0$ において，y'' も存在しない。

◀ $x=-\dfrac{1}{2}$ のとき y は
$y=\sqrt[3]{\left(-\dfrac{1}{2}\right)^2}\cdot(-6)$
$=-\dfrac{6}{\sqrt[3]{4}}=-\dfrac{6\cdot\sqrt[3]{2}}{\sqrt[3]{4}\cdot\sqrt[3]{2}}$
$=-\dfrac{6}{2}\sqrt[3]{2}=-3\sqrt[3]{2}$

◀ $x=0$ のとき微分可能ではないが，この点で極値をとる。

◀ グラフは原点 O で y 軸に接するようにかく。

問題 **103** 関数 $y=\frac{1}{2}\sin 2x-2\sin x+x$ $(0 \leqq x \leqq 2\pi)$ の増減，極値，グラフの凹凸，変曲点を調べ，そのグラフをかけ。

$$y'=\cos 2x-2\cos x+1$$
$$=2\cos^2 x-1-2\cos x+1=2\cos x(\cos x-1)$$

◀ $\cos 2x=2\cos^2 x-1$ を代入して，$\cos x$ の２次関数と考える。

$y'=0$ とすると　$\cos x=0,\ 1$

$0 \leqq x \leqq 2\pi$ の範囲で　$x=0,\ \frac{\pi}{2},\ \frac{3}{2}\pi,\ 2\pi$

$$y''=-2\sin 2x+2\sin x$$
$$=-4\sin x\cos x+2\sin x=2\sin x(1-2\cos x)$$

◀ $\sin 2x=2\sin x\cos x$ を利用して式を変形する。

$y''=0$ とすると　$\sin x=0,\ \cos x=\frac{1}{2}$

$0 \leqq x \leqq 2\pi$ の範囲で　$x=0,\ \frac{\pi}{3},\ \pi,\ \frac{5}{3}\pi,\ 2\pi$

よって，**増減，凹凸は次の表**のようになる。

x	0	$\cdots$	$\frac{\pi}{3}$	$\cdots$	$\frac{\pi}{2}$	$\cdots$	π	$\cdots$	$\frac{3}{2}\pi$	$\cdots$	$\frac{5}{3}\pi$	$\cdots$	2π
y'		$-$	$-$	$-$	0	$+$	$+$	$+$	0	$-$	$-$	$-$	
y''		$-$	0	$+$	$+$	$+$	0	$-$	$-$	$-$	0	$+$	
y	0	↘	$\frac{\pi}{3}-\frac{3\sqrt{3}}{4}$	↘	$\frac{\pi}{2}-2$	↗	π	↗	$\frac{3}{2}\pi+2$	↘	$\frac{5}{3}\pi+\frac{3\sqrt{3}}{4}$	↘	2π

ゆえに

$x=\frac{3}{2}\pi$ **のとき　極大値** $\frac{3}{2}\pi+2$

$x=\frac{\pi}{2}$ **のとき　極小値** $\frac{\pi}{2}-2$

変曲点は

$\left(\frac{\pi}{3},\ \frac{\pi}{3}-\frac{3\sqrt{3}}{4}\right)$, $(\pi,\ \pi)$,

$\left(\frac{5}{3}\pi,\ \frac{5}{3}\pi+\frac{3\sqrt{3}}{4}\right)$

また　$\lim_{x\to+0} y'=0,\ \lim_{x\to 2\pi-0} y'=0$

したがって，グラフは**右の図**。

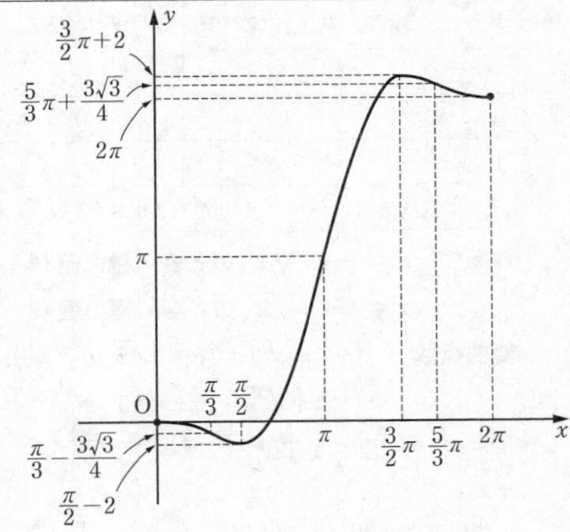

問題 **104** 次の関数の増減，極値，グラフの凹凸，変曲点を調べ，そのグラフをかけ。
ただし，$\lim_{t\to\infty} t^2 e^{-t}=0$ を用いてよい。

(1)　$y=2xe^{x^2}$　　　　(2)　$y=(x^2-1)e^x$

(1)　定義域は実数全体である。

$$y'=2e^{x^2}+2x\cdot e^{x^2}\cdot 2x$$
$$=2(2x^2+1)e^{x^2}$$
$$y''=8xe^{x^2}+2(2x^2+1)e^{x^2}\cdot 2x$$

◀ $(e^{x^2})'=e^{x^2}\cdot(x^2)'$
$=2xe^{x^2}$

3章 8 関数の増減とグラフ

$$= 4x(2x^2+3)e^{x^2}$$

$y'>0$ であり，$y''=0$ とすると　　$x=0$

◀ $2x^2+1>0$，$2x^2+3>0$

よって，**増減，凹凸は次の表** のようになる。

x	$\cdots$	0	$\cdots$
y'	$+$	$+$	$+$
y''	$-$	0	$+$
y	↗	0	↗

◀ $f(x)=2xe^{x^2}$ とおくと $f(-x)=-f(x)$ より $y=f(x)$ のグラフは原点に関して対称（奇関数）である。

ゆえに，**極値はもたない。**

変曲点は　$(0,\ 0)$

◀ 極値はない。

ここで

$$\lim_{x\to\infty} y = \lim_{x\to\infty} 2xe^{x^2} = \infty$$

$$\lim_{x\to-\infty} y = \lim_{x\to-\infty} 2xe^{x^2} = -\infty$$

◀ $\displaystyle\lim_{x\to\pm\infty} e^{x^2}=\infty$

したがって，グラフは **右の図**。

(2)　定義域は実数全体である。

$$\begin{aligned} y' &= 2xe^x+(x^2-1)e^x \\ &= (x^2+2x-1)e^x \\ y'' &= (2x+2)e^x+(x^2+2x-1)e^x \\ &= (x^2+4x+1)e^x \end{aligned}$$

$y'=0$ とすると $x^2+2x-1=0$ より　　$x=-1\pm\sqrt{2}$

◀ $e^x>0$ である。

$y''=0$ とすると $x^2+4x+1=0$ より　　$x=-2\pm\sqrt{3}$

よって，**増減，凹凸は次の表** のようになる。

x	$\cdots$	$-2-\sqrt{3}$	$\cdots$	$-1-\sqrt{2}$	$\cdots$	$-2+\sqrt{3}$	$\cdots$	$-1+\sqrt{2}$	$\cdots$
y'	$+$	$+$	$+$	0	$-$	$-$	$-$	0	$+$
y''	$+$	0	$-$	$-$	$-$	0	$+$	$+$	$+$
y	↗	$(6+4\sqrt{3})e^{-2-\sqrt{3}}$	↗	$(2+2\sqrt{2})e^{-1-\sqrt{2}}$	↘	$(6-4\sqrt{3})e^{-2+\sqrt{3}}$	↘	$(2-2\sqrt{2})e^{-1+\sqrt{2}}$	↗

ゆえに，**$x=-1-\sqrt{2}$ のとき　極大値** $(2+2\sqrt{2})e^{-1-\sqrt{2}}$

　　　　$x=-1+\sqrt{2}$ のとき　極小値 $(2-2\sqrt{2})e^{-1+\sqrt{2}}$

変曲点は　　$(-2-\sqrt{3},\ (6+4\sqrt{3})e^{-2-\sqrt{3}})$，

　　　　　　　$(-2+\sqrt{3},\ (6-4\sqrt{3})e^{-2+\sqrt{3}})$

ここで　$\displaystyle\lim_{x\to\infty} y = \lim_{x\to\infty}(x^2-1)e^x=\infty$

また

$$\lim_{x\to-\infty} y = \lim_{x\to-\infty}(x^2-1)e^x = \lim_{x\to-\infty}\frac{x^2-1}{e^{-x}}$$

$x=-t$ とおくと

$$\lim_{x\to-\infty} y = \lim_{t\to\infty}\frac{t^2-1}{e^t}=0$$

◀ $\displaystyle\lim_{t\to\infty}\frac{t^2}{e^t}=0$

よって，x 軸は漸近線である。

したがって，グラフは **右の図**。

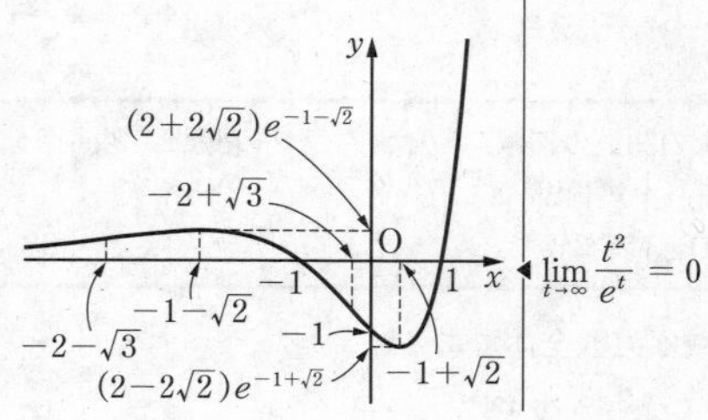

問題 105 次の関数の増減，極値，グラフの凹凸，変曲点を調べ，そのグラフをかけ。
ただし，$\lim_{t\to\infty}\frac{e^t}{t}=\infty$ を用いてよい。

(1) $y=\frac{x}{\log x}$　　(2) $y=x^3\left(\log x-\frac{4}{3}\right)$　　(3) $y=\log(x+\sqrt{x^2+1})$

(1) 定義域は　$x>0$，$x\neq1$

> ◀真数条件より　$x>0$
> また
> $(分母)=\log x\neq0$
> より
> $x\neq1$

$$y'=\frac{1\cdot\log x-x\cdot\frac{1}{x}}{(\log x)^2}=\frac{\log x-1}{(\log x)^2}$$

$$y''=\frac{\frac{1}{x}(\log x)^2-(\log x-1)\cdot2(\log x)\cdot\frac{1}{x}}{(\log x)^4}=\frac{2-\log x}{x(\log x)^3}$$

$y'=0$ とすると，$\log x=1$ より　$x=e$
$y''=0$ とすると，$\log x=2$ より　$x=e^2$
よって，**増減，凹凸は次の表** のようになる。

x	0	$\cdots$	1	$\cdots$	e	$\cdots$	e^2	$\cdots$
y'	／	$-$	／	$-$	0	$+$	$+$	$+$
y''	／	$-$	／	$+$	$+$	$+$	0	$-$
y	／	↘	／	↘	e	↗	$\frac{e^2}{2}$	↗

ゆえに，**$x=e$ のとき　極小値 e**

変曲点は　$\left(e^2,\ \frac{e^2}{2}\right)$

次に，$t=\log x$ とおくと

$$\lim_{x\to\infty}y=\lim_{t\to\infty}\frac{e^t}{t}=\infty$$

また

$\lim_{x\to+0}y=0$，$\lim_{x\to+0}y'=0$

$\lim_{x\to1+0}y=\infty$，$\lim_{x\to1-0}y=-\infty$

よって，直線 $x=1$ は漸近線である。
したがって，グラフは **右の図**。

(2) 定義域は　$x>0$

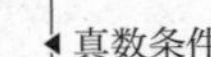
> ◀真数条件

$$y'=3x^2\left(\log x-\frac{4}{3}\right)+x^3\cdot\frac{1}{x}=3x^2(\log x-1)$$

$$y''=6x(\log x-1)+3x^2\cdot\frac{1}{x}=3x(2\log x-1)$$

$y'=0$ とすると　$x=e$

$y''=0$ とすると　$x=e^{\frac{1}{2}}$

> ◀$y'=0$ より　$\log x=1$
> $y''=0$ より　$\log x=\frac{1}{2}$

よって，**増減，凹凸は次の表** のようになる。

x	0	$\cdots$	$e^{\frac{1}{2}}$	$\cdots$	e	$\cdots$
y'	／	$-$	$-$	$-$	0	$+$
y''	／	$-$	0	$+$	$+$	$+$
y	／	↘	$-\dfrac{5e^{\frac{3}{2}}}{6}$	↘	$-\dfrac{e^3}{3}$	↗

ゆえに，**$x=e$ のとき　極小値 $-\dfrac{e^3}{3}$**

変曲点は $\left(e^{\frac{1}{2}},\ -\dfrac{5e^{\frac{3}{2}}}{6}\right)$

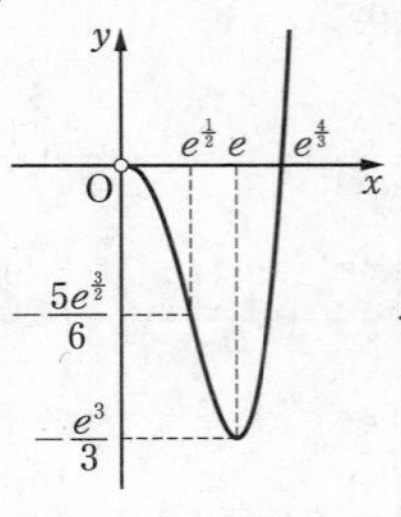

次に　$\displaystyle\lim_{x\to+0} y=\lim_{x\to+0} x^3\left(\log x-\frac{4}{3}\right)=0$

◀ $\displaystyle\lim_{x\to+0} x\log x=0$

$\displaystyle\lim_{x\to\infty} y=\lim_{x\to\infty} x^3\left(\log x-\frac{4}{3}\right)=\infty$

したがって，グラフは **右の図**。

(3)　すべての実数 x について $\sqrt{x^2+1}>-x$ であるから，
定義域は実数全体。

◀ $\sqrt{x^2+1}>|x|\geqq -x$

$$y'=\frac{(x+\sqrt{x^2+1})'}{x+\sqrt{x^2+1}}=\frac{1+\dfrac{x}{\sqrt{x^2+1}}}{x+\sqrt{x^2+1}}=\frac{1}{\sqrt{x^2+1}}$$

$$y''=-\frac{\left(\sqrt{x^2+1}\right)'}{\left(\sqrt{x^2+1}\right)^2}=-\frac{x}{(x^2+1)\sqrt{x^2+1}}$$

$y'>0$ である。$y''=0$ とすると　$x=0$
よって，**増減，凹凸は右の表** のようになる。
ゆえに，**極値はもたない。**
変曲点は $(0,\ 0)$

x	$\cdots$	0	$\cdots$
y'	$+$	$+$	$+$
y''	$+$	0	$-$
y	↗	0	↗

次に

$\displaystyle\lim_{x\to\infty} y=\lim_{x\to\infty}\log\left(x+\sqrt{x^2+1}\right)=\infty$

$\displaystyle\lim_{x\to-\infty} y=\lim_{x\to-\infty}\log\left(x+\sqrt{x^2+1}\right)=-\infty$

したがって，グラフは **右の図**。

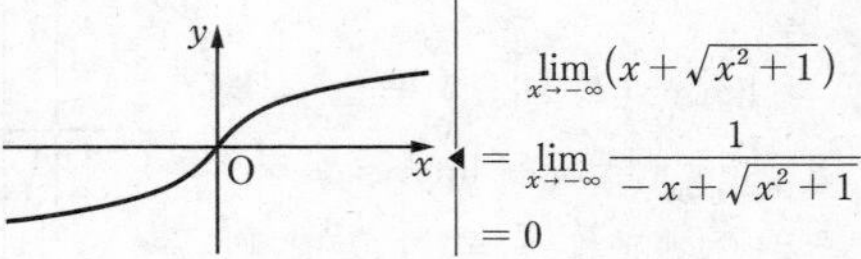

◀ $\displaystyle\lim_{x\to-\infty}\left(x+\sqrt{x^2+1}\right)=\lim_{x\to-\infty}\frac{1}{-x+\sqrt{x^2+1}}=0$

問題 **106** 次の方程式で表される曲線の概形をかけ。
(1)　$5x^2-4xy+y^2=1$　　(2)　$x^2+xy+y^2=1$

---

(1)　$5x^2-4xy+y^2=1$ より　$y^2-4xy+(5x^2-1)=0$
これを y について解くと　$y=2x\pm\sqrt{1-x^2}$
ここで，$1-x^2\geqq 0$ より　$x^2-1=(x+1)(x-1)\leqq 0$
よって，この方程式を満たす x の値の範囲は　$-1\leqq x\leqq 1$
$y=2x+\sqrt{1-x^2}$ $(-1\leqq x\leqq 1)$ …① について

◀ 曲線が原点に関して対称であることから，① のグラフだけを考えてもよい。

$$y'=2-\frac{x}{\sqrt{1-x^2}}$$

$y'=0$ とすると　$2\sqrt{1-x^2}=x$
両辺を 2 乗すると　$4(1-x^2)=x^2$　$(x\geqq 0)$

◀ (左辺) $\geqq 0$ より　$x\geqq 0$

これを解くと　　$x=\dfrac{2\sqrt{5}}{5}$

$$y''=-\frac{1}{(1-x^2)\sqrt{1-x^2}}$$

$-1<x<1$ の範囲で　　$y''<0$

次に，$y=2x-\sqrt{1-x^2}$ $(-1\leqq x\leqq 1)$ …② について

$$y'=2+\frac{x}{\sqrt{1-x^2}}$$

$y'=0$ とすると　　$x=-\dfrac{2\sqrt{5}}{5}$

$$y''=\frac{1}{(1-x^2)\sqrt{1-x^2}}$$

$-1<x<1$ の範囲で　　$y''>0$

よって，①，② の増減，凹凸はそれぞれ次の表のようになる。

x	-1	…	$\dfrac{2\sqrt{5}}{5}$	…	1
y'		$+$	0	$-$	
y''		$-$	$-$	$-$	
y	-2	↗	$\sqrt{5}$	↘	2

x	-1	…	$-\dfrac{2\sqrt{5}}{5}$	…	1
y'		$-$	0	$+$	
y''		$+$	$+$	$+$	
y	-2	↘	$-\sqrt{5}$	↗	2

これらの表より，2 つのグラフを合わせると，曲線の概形は **右の図**。

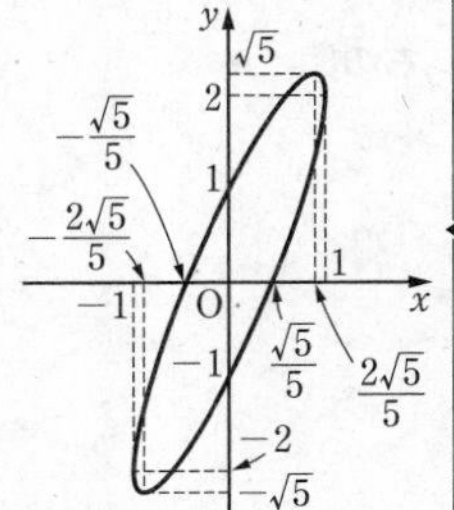

◀ $4-4x^2=x^2$ となり $5x^2=4$ よって $x^2=\dfrac{4}{5}$ $x\geqq 0$ より $x=\dfrac{2\sqrt{5}}{5}$

◀ $y'=0$ より $2\sqrt{1-x^2}=-x$ となるから $x\leqq 0$ 両辺を 2 乗すると $4(1-x^2)=x^2$ この解のうち，$x\leqq 0$ であるものを求めると $x=-\dfrac{2\sqrt{5}}{5}$

◀ $x=0$ のとき $y^2=1$ $y=0$ のとき $5x^2=1$

(2)　$x^2+xy+y^2=1$ より　　$y^2+xy+(x^2-1)=0$

これを y について解くと　　$y=\dfrac{-x\pm\sqrt{4-3x^2}}{2}$

ここで，$4-3x^2\geqq 0$ より　　$x^2\leqq\dfrac{4}{3}$

よって，この方程式を満たす x の値の範囲は　　$-\dfrac{2\sqrt{3}}{3}\leqq x\leqq\dfrac{2\sqrt{3}}{3}$

$y=\dfrac{-x+\sqrt{4-3x^2}}{2}$ $\left(-\dfrac{2\sqrt{3}}{3}\leqq x\leqq\dfrac{2\sqrt{3}}{3}\right)$ …① について

$$y'=-\frac{1}{2}-\frac{3x}{2\sqrt{4-3x^2}}$$

$y'=0$ とすると　　$\sqrt{4-3x^2}=-3x$

両辺を 2 乗すると　　$4-3x^2=9x^2$　$(x\leqq 0)$

これを解くと　　$x=-\dfrac{\sqrt{3}}{3}$

$$y''=-\frac{6}{(4-3x^2)\sqrt{4-3x^2}}$$

◀ 曲線が原点に関して対称であることから，① のグラフだけを考えてもよい。

◀ $4=12x^2$ すなわち $x^2=\dfrac{1}{3}$

$-\dfrac{2\sqrt{3}}{3}<x<\dfrac{2\sqrt{3}}{3}$ の範囲で　$y''<0$

$y=\dfrac{-x-\sqrt{4-3x^2}}{2}\ \left(-\dfrac{2\sqrt{3}}{3}\leqq x\leqq\dfrac{2\sqrt{3}}{3}\right)\cdots$② について

$$y'=-\frac{1}{2}+\frac{3x}{2\sqrt{4-3x^2}}$$

$y'=0$ とすると　　$x=\dfrac{\sqrt{3}}{3}$

◀ $y'=0$ より
$\sqrt{4-3x^2}=3x$ となるから　$x\geqq 0$
両辺を2乗すると
$4-3x^2=9x^2$
この解のうち，$x\geqq 0$ であるものを求めると
$x=\dfrac{\sqrt{3}}{3}$

$$y''=\frac{6}{(4-3x^2)\sqrt{4-3x^2}}$$

$-\dfrac{2\sqrt{3}}{3}<x<\dfrac{2\sqrt{3}}{3}$ の範囲で　$y''>0$

よって，①，② の増減，凹凸はそれぞれ次の表のようになる。

x	$-\frac{2\sqrt{3}}{3}$	$\cdots$	$-\frac{\sqrt{3}}{3}$	$\cdots$	$\frac{2\sqrt{3}}{3}$
y'	／	$+$	0	$-$	／
y''	／	$-$	$-$	$-$	／
y	$\frac{\sqrt{3}}{3}$	↗	$\frac{2\sqrt{3}}{3}$	↘	$-\frac{\sqrt{3}}{3}$

x	$-\frac{2\sqrt{3}}{3}$	$\cdots$	$\frac{\sqrt{3}}{3}$	$\cdots$	$\frac{2\sqrt{3}}{3}$
y'	／	$-$	0	$+$	／
y''	／	$+$	$+$	$+$	／
y	$\frac{\sqrt{3}}{3}$	↘	$-\frac{2\sqrt{3}}{3}$	↗	$-\frac{\sqrt{3}}{3}$

これらの表より，2つのグラフを合わせると，曲線の概形は **右の図**。

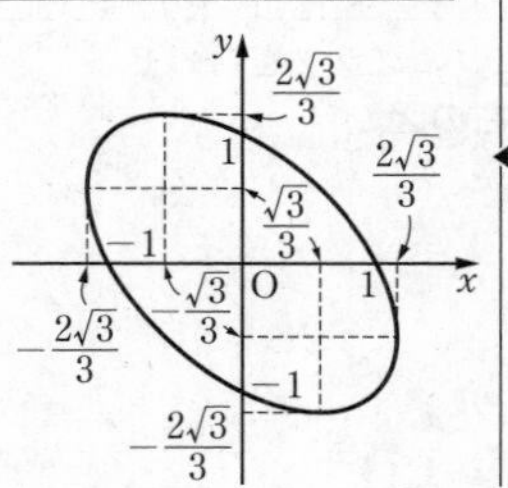

◀ $x=0$ のとき　$y^2=1$
$y=0$ のとき　$x^2=1$

問題 107 媒介変数 θ で表された曲線 $\begin{cases}x=(1+\cos\theta)\cos\theta\\ y=(1+\cos\theta)\sin\theta\end{cases}$ の概形をかけ。ただし，凹凸は調べなくてよい。

$\dfrac{dx}{d\theta}=-\sin\theta\cos\theta+(1+\cos\theta)\cdot(-\sin\theta)$

$\quad=-\sin\theta(2\cos\theta+1)$

◀ 積の微分法

$\dfrac{dy}{d\theta}=-\sin\theta\sin\theta+(1+\cos\theta)\cos\theta$

$\quad=-(1-\cos^2\theta)+\cos\theta+\cos^2\theta$

$\quad=2\cos^2\theta+\cos\theta-1$

$\quad=(2\cos\theta-1)(\cos\theta+1)$

◀ $\sin^2\theta=1-\cos^2\theta$

曲線を表す関数は周期が 2π の周期関数であるから，$0\leqq\theta\leqq 2\pi$ の範囲で考える。

$\dfrac{dx}{d\theta}=0$ とすると，$\sin\theta=0$ または $\cos\theta=-\dfrac{1}{2}$ より

$$\theta=0,\ \frac{2}{3}\pi,\ \pi,\ \frac{4}{3}\pi,\ 2\pi$$

$\dfrac{dy}{d\theta}=0$ とすると，$\cos\theta=-1,\ \dfrac{1}{2}$ より

$$\theta=\frac{\pi}{3},\ \pi,\ \frac{5}{3}\pi$$

よって，x，y の増減は次の表のようになる。

θ	0	$\cdots$	$\frac{\pi}{3}$	$\cdots$	$\frac{2}{3}\pi$	$\cdots$	π	$\cdots$	$\frac{4}{3}\pi$	$\cdots$	$\frac{5}{3}\pi$	$\cdots$	2π
$\frac{dx}{d\theta}$	0	$-$	$-$	$-$	0	$+$	0	$-$	0	$+$	$+$	$+$	0
x	2	←	$\frac{3}{4}$	←	$-\frac{1}{4}$	→	0	←	$-\frac{1}{4}$	→	$\frac{3}{4}$	→	2
$\frac{dy}{d\theta}$	$+$	$+$	0	$-$	$-$	$-$	0	$-$	$-$	$-$	0	$+$	$+$
y	0	↑	$\frac{3\sqrt{3}}{4}$	↓	$\frac{\sqrt{3}}{4}$	↓	0	↓	$-\frac{\sqrt{3}}{4}$	↓	$-\frac{3\sqrt{3}}{4}$	↑	0
$(x,\ y)$	$(2,\ 0)$	↖	$\left(\frac{3}{4},\ \frac{3\sqrt{3}}{4}\right)$	↙	$\left(-\frac{1}{4},\ \frac{\sqrt{3}}{4}\right)$	↘	$(0,\ 0)$	↙	$\left(-\frac{1}{4},\ -\frac{\sqrt{3}}{4}\right)$	↘	$\left(\frac{3}{4},\ -\frac{3\sqrt{3}}{4}\right)$	↗	$(2,\ 0)$

したがって，曲線の概形は **右の図**。

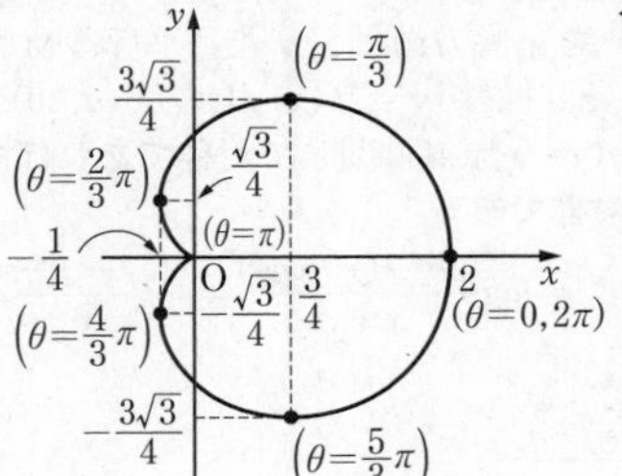

◀この曲線はカージオイドといわれる。

Plus One

増減表の $(x,\ y)$ の段のみに着目すると，$\theta=\pi$ の近くにおけるグラフは右の図のようになると考えるかもしれないが，実際には解答のようなグラフとなる。これは，もしも右の図のようになるならば，$\theta=\pi$ における y の欄は“↓”とならなければならないからである。

$\theta=\pi$ におけるグラフの様子を詳しく調べるためには，次のように考えればよい。

$$\lim_{\theta\to\pi}\frac{dy}{dx}=\lim_{\theta\to\pi}\frac{\frac{dy}{d\theta}}{\frac{dx}{d\theta}}=\lim_{\theta\to\pi}\frac{(2\cos\theta-1)(\cos\theta+1)}{-\sin\theta(2\cos\theta+1)}=\cdots=0$$

⬅ 分母・分子に $\cos\theta-1$ を掛けて考える。

であるから，曲線は x 軸に接するのである。

問題 **108** 関数 $y=\log\dfrac{2a-x}{x}$ のグラフはその変曲点に関して対称であることを示せ。ただし，a は正の定数とする。

$f(x)=\log\dfrac{2a-x}{x}$ とおくと，この関数の定義域は

$\dfrac{2a-x}{x}>0$ より　　$0<x<2a$

◀ 真数条件より
$\dfrac{2a-x}{x}=\dfrac{2a}{x}-1>0$
よって　$\dfrac{2a}{x}>1$
$a>0$ であるから
$\dfrac{1}{x}>\dfrac{1}{2a}>0$
ゆえに　$0<x<2a$

また，$f(x)=\log(2a-x)-\log x$ であるから

$$f'(x)=\frac{-1}{2a-x}-\frac{1}{x}=\frac{1}{x-2a}-\frac{1}{x}$$

$$f''(x)=\frac{-1}{(x-2a)^2}+\frac{1}{x^2}$$

$$=\frac{-x^2+(x-2a)^2}{x^2(x-2a)^2}=\frac{-4a(x-a)}{x^2(x-2a)^2}$$

$0<x<2a$ の範囲で $f''(x)=0$ とすると　　$x=a$

よって，$f(x)$ のグラフの凹凸は次の表のようになる。

x	0	$\cdots$	a	$\cdots$	$2a$
$f''(x)$	／	$+$	0	$-$	／
$f(x)$	／	下に凸	0	上に凸	／

表より，変曲点の座標は　　$(a,\ 0)$

次に，曲線 $y=f(x)$ を x 軸方向に $-a$ だけ平行移動した曲線の方程式を $y=g(x)$ とおくと，曲線 $y=f(x)$ 上の点 $(a,\ 0)$ は原点に移る。

◀ 変曲点 $(a,\ 0)$ を原点に移す平行移動を考える。

このとき，曲線 $y=g(x)$ が原点に関して対称であれば曲線 $y=f(x)$ は点 $(a,\ 0)$ に関して対称である。

$$g(x)=f(x+a)=\log\frac{2a-(x+a)}{x+a}=\log\frac{-x+a}{x+a}$$

ゆえに

$$g(-x)=\log\frac{x+a}{-x+a}$$

$$=\log\left(\frac{-x+a}{x+a}\right)^{-1}=-\log\frac{-x+a}{x+a}=-g(x)$$

したがって，曲線 $y=g(x)$ は原点に関して対称であり，曲線 $y=f(x)$ は変曲点 $(a,\ 0)$ に関して対称である。

問題 109 関数 $f(x)=x-a^2x\log x$ が区間 $0<x<1$ において極値をもつように，定数 a の値の範囲を定めよ。

$a=0$ のとき $f(x)=x$ となり，$f(x)$ は極値をもたない。

よって　　$a\neq 0$

$$f'(x)=1-a^2\left(\log x+x\cdot\frac{1}{x}\right)=-a^2\log x+(1-a^2)$$

$$f''(x)=-\frac{a^2}{x}$$

$a^2>0$ より，$0<x<1$ のとき $f''(x)<0$ となり，$f'(x)$ はこの区間で単調減少する。

また，区間 $0<x\leqq 1$ において $f'(x)$ は連続であり，

$\displaystyle\lim_{x\to+0}f'(x)=\lim_{x\to+0}\{-a^2\log x+(1-a^2)\}=\infty$ であるから，

◀ $\displaystyle\lim_{x\to+0}\log x=-\infty$

$0<x<1$ において $f(x)$ が極値をもつための条件は

$$f'(1)=1-a^2<0$$

$a^2-1>0$ より　　$a<-1,\ 1<a$
これは，$a \neq 0$ を満たす。
したがって　　$\boldsymbol{a<-1,\ 1<a}$

◀このとき，$f(x)$ はただ1つの極大値をもつ。

p.210 本質を問う 8

1　次の命題の真偽を答えよ。
(1)　関数 $f(x)$ について，$f'(a)=0$ ならば $x=a$ において極値をとる。
(2)　関数 $f(x)$ について，$x=a$ において極値をとるならば $f'(a)=0$

(1)　**偽**
(反例)　$f(x)=x^3$ において　　$f'(x)=3x^2$
$f'(x)=0$ とすると　　$x=0$
よって，$f(x)$ の増減表は次のようになる。

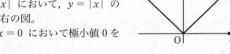

x	$\cdots$	0	$\cdots$
$f'(x)$	$+$	0	$+$
$f(x)$	↗	0	↗

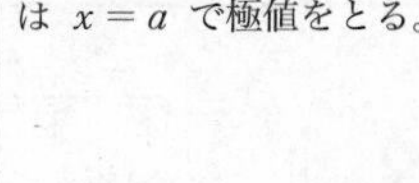

ゆえに，$f(x)=x^3$ は $f'(0)=0$ であるが，$x=0$ において極値をとらない。

◀$x=a$ を境に $f(x)$ の増減が変化するとき，$f(x)$ は $x=a$ で極値をとる。

(2)　**偽**
(反例)　$f(x)=|x|$ において，$y=|x|$ のグラフは右の図。
よって，$x=0$ において極小値0をとる。

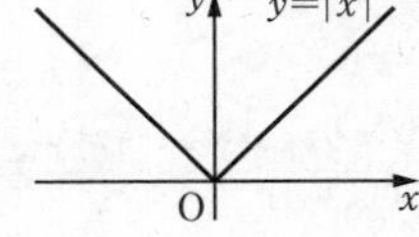

ここで　　$\displaystyle\lim_{x\to+0}\frac{f(x)-f(0)}{x-0}=\lim_{x\to+0}\frac{x-0}{x-0}=1$

◀$x>0$ より　$|x|=x$

$\displaystyle\lim_{x\to-0}\frac{f(x)-f(0)}{x-0}=\lim_{x\to-0}\frac{(-x)-0}{x-0}=-1$

◀$x<0$ より　$|x|=-x$

よって，$\displaystyle\lim_{x\to+0}\frac{f(x)-f(0)}{x-0} \neq \lim_{x\to-0}\frac{f(x)-f(0)}{x-0}$ であるから，
$f(x)$ は $x=0$ において微分可能でなく，$f'(0)$ は存在しない。

2　$f''(x)$ の値の変化を調べることで，曲線 $y=f(x)$ が上に凸か下に凸かを求めることができる。その理由を説明せよ。

ある区間で $f''(x)>0$ であるとき，その区間において $f'(x)$ が単調増加する。
すなわち，x の増加にともなって，接線の傾きが大きくなる。
よって，右の図のように，その区間において曲線 $y=f(x)$ は下に凸である。
同様に考えて，ある区間で $f''(x)<0$ であるとき，曲線 $y=f(x)$ は上に凸である。

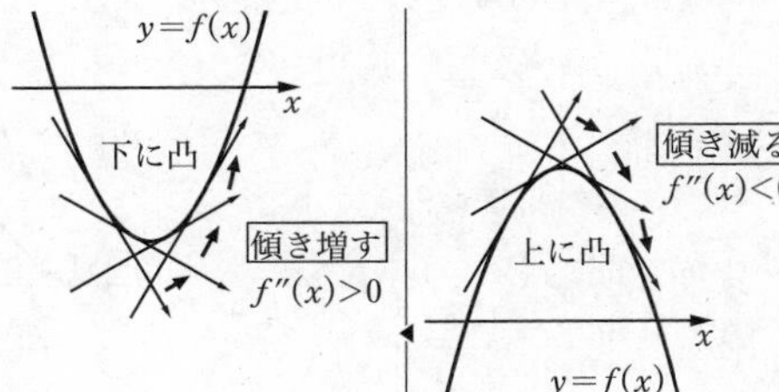

3 曲線 $y=f(x)$ において，「$f''(a)=0$ ならば点 $(a,\ f(a))$ が変曲点である」は正しいか。

正しくない。

(反例)　関数 $f(x)=x^4$ において　　$f'(x)=4x^3$，$f''(x)=12x^2$

$f''(x)=0$ とすると　　$x=0$

よって，$f(x)$ のグラフの凹凸は次の表のようになる。

x	$\cdots$	0	$\cdots$
$f'(x)$	$-$	0	$+$
$f''(x)$	$+$	0	$+$
$f(x)$	$\searrow$	0	$\nearrow$

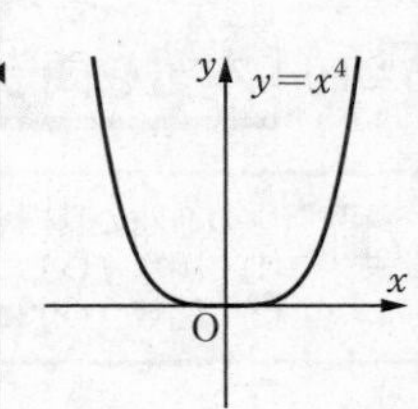

したがって，$f''(0)=0$ であるが，$x=0$ の前後で $f''(x)$ の符号が変わらないから，点 $(0,\ 0)$ は $y=f(x)$ の変曲点ではない。

p.211 Let's Try! 8

① 関数 $f(x)=e^{\frac{1}{x^2-1}}$ $(-1<x<1)$ について，関数の増減，グラフの凹凸を調べ，$y=f(x)$ のグラフの概形をかけ。(横浜国立大)

$$f'(x)=\frac{-2x}{(x^2-1)^2}e^{\frac{1}{x^2-1}}$$

$$f''(x)=\frac{-2(x^2-1)^2+2x\cdot 2(x^2-1)\cdot 2x}{(x^2-1)^4}e^{\frac{1}{x^2-1}}+\frac{4x^2}{(x^2-1)^4}e^{\frac{1}{x^2-1}}$$

$$=\frac{6x^4-2}{(x^2-1)^4}e^{\frac{1}{x^2-1}}$$

$-1<x<1$ の範囲で $f'(x)=0$ とすると　　$x=0$

$f''(x)=0$ とすると　　$x=\pm\frac{1}{\sqrt[4]{3}}$

◀ $6x^4-2=0$ を解くと，$x^4=\frac{1}{3}$ より　$x=\pm\frac{1}{\sqrt[4]{3}}$

よって，**増減，凹凸は次の表**のようになる。

x	-1	$\cdots$	$-\frac{1}{\sqrt[4]{3}}$	$\cdots$	0	$\cdots$	$\frac{1}{\sqrt[4]{3}}$	$\cdots$	1
$f'(x)$		$+$	$+$	$+$	0	$-$	$-$	$-$	
$f''(x)$		$+$	0	$-$	$-$	$-$	0	$+$	
$f(x)$		⤴	$e^{-\frac{3+\sqrt{3}}{2}}$	↗	e^{-1}	↘	$e^{-\frac{3+\sqrt{3}}{2}}$	⤵	

ゆえに，$x=0$ のとき　極大値 e^{-1}

変曲点は　$\left(-\frac{1}{\sqrt[4]{3}},\ e^{-\frac{3+\sqrt{3}}{2}}\right)$，

$\left(\frac{1}{\sqrt[4]{3}},\ e^{-\frac{3+\sqrt{3}}{2}}\right)$

また　$\lim_{x\to 1-0}f(x)=0$

$\lim_{x\to -1+0}f(x)=0$

◀ $\lim_{x\to 1-0}\frac{1}{x^2-1}=-\infty$

$\lim_{x\to -1+0}\frac{1}{x^2-1}=-\infty$

したがって，グラフは **右の図**。

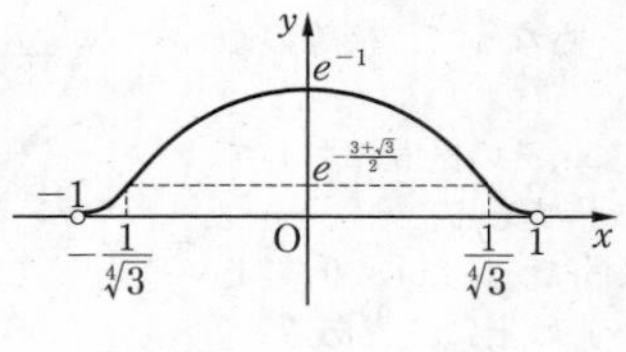

② 関数 $f(x)=\dfrac{ax+b}{x^2-x+1}$ について，次の問に答えよ。ただし，a，b は定数とし，$a\neq 0$ とする。

(1) 関数 $f(x)$ は2つの極値をとることを示せ。

(2) 関数 $f(x)$ が $x=-2$ において極値1をとるとき，a，b の値を求めよ。 (島根大 改)

(1) この関数の定義域は実数全体である。

$$f'(x)=\frac{a(x^2-x+1)-(ax+b)(2x-1)}{(x^2-x+1)^2}$$

$$=-\frac{ax^2+2bx-(a+b)}{(x^2-x+1)^2}$$

◀ $x^2-x+1=\left(x-\dfrac{1}{2}\right)^2+\dfrac{3}{4}>0$

$a\neq 0$ より，2次方程式 $ax^2+2bx-(a+b)=0$ …① の判別式を D とすると

$$\frac{D}{4}=b^2+a(a+b)=a^2+ab+b^2=\left(a+\frac{b}{2}\right)^2+\frac{3}{4}b^2>0$$

◀ $a\neq 0$ より $\dfrac{D}{4}\neq 0$

よって，① は異なる2つの実数解をもつ。

ゆえに，$f'(x)=0$ は異なる2つの実数解をもつ。

この2つの実数解を $x=\alpha$，β $(\alpha<\beta)$ とおくと，関数 $f(x)$ の増減表は次のようになる。

(ア) $a>0$ のとき

x	…	α	…	β	…
$f'(x)$	$-$	0	$+$	0	$-$
$f(x)$	↘	極小	↗	極大	↘

(イ) $a<0$ のとき

x	…	α	…	β	…
$f'(x)$	$+$	0	$-$	0	$+$
$f(x)$	↗	極大	↘	極小	↗

(ア)，(イ) より，関数 $f(x)$ は a の正負にかかわらず極大値と極小値を1つずつもつから，2つの極値をとる。

(2) $f(-2)=1$，$f'(-2)=0$ であるから，

◀ $x=-2$ で極値をもつとき $f'(-2)=0$

$\dfrac{-2a+b}{7}=1$，$4a-4b-(a+b)=0$ より

$-2a+b=7$，$3a-5b=0$

これを解いて　$a=-5$，$b=-3$

◀ これは題意を満たすための必要条件であるから，十分性を確かめる。

このとき，① は　$5x^2+6x-8=0$

$(x+2)(5x-4)=0$ より　$x=-2$，$\dfrac{4}{5}$

$a=-5$ であるから，(1) の (イ) より，関数 $f(x)$ の増減表は右のようになる。

x	…	-2	…	$\dfrac{4}{5}$	…
$f'(x)$	$+$	0	$-$	0	$+$
$f(x)$	↗	1	↘	$-\dfrac{25}{3}$	↗

◀ $f(x)=\dfrac{-5x-3}{x^2-x+1}$
$f'(x)=\dfrac{(x+2)(5x-4)}{(x^2-x+1)^2}$

よって，関数 $f(x)$ は $x=-2$ で極大値1をとるから

$a=-5$，$b=-3$

③ 関数 $f(x)=a(x-2\pi)+\sin x$ $(0<a<1)$ の $0<x<2\pi$ における極大値が0であるとき，この区間における極小値を求めよ。

$f'(x)=a+\cos x$

$0<x<2\pi$ で $f'(x)=0$ となる x，すなわち，$\cos x=-a$ を満たす x を

$x = \alpha,\ 2\pi - \alpha \quad \left(\dfrac{\pi}{2} < \alpha < \pi\right)$

とおくと，$0 < x < 2\pi$ において，関数 $f(x)$ の増減表は次のようになる。

x	0	$\cdots$	α	$\cdots$	$2\pi-\alpha$	$\cdots$	2π
$f'(x)$	／	$+$	0	$-$	0	$+$	／
$f(x)$	／	↗	極大	↘	極小	↗	／

よって，関数 $f(x)$ は $x = \alpha$ のとき極大となる。

極大値が 0 であることより

$$f(\alpha) = a(\alpha - 2\pi) + \sin\alpha = 0 \quad \cdots①$$

また，$x = 2\pi - \alpha$ のとき極小となり，極小値は

$$f(2\pi - \alpha) = a(2\pi - \alpha - 2\pi) + \sin(2\pi - \alpha)$$
$$= -a\alpha - \sin\alpha = -2\pi a$$

したがって，求める極小値は　$\boldsymbol{-2\pi a}$

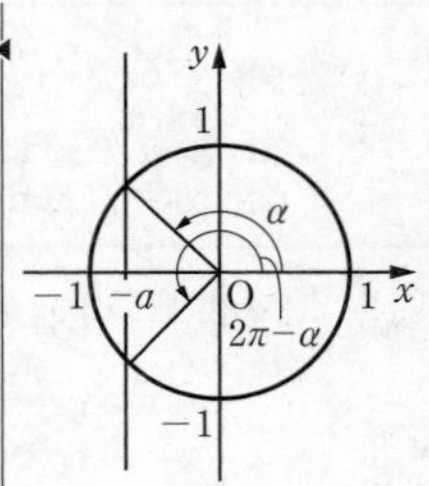

◀ $\sin(2\pi - \alpha) = \sin(-\alpha) = -\sin\alpha$

◀ ① より $a\alpha + \sin\alpha = 2\pi a$

④ 関数 $f(x) = 2x + \dfrac{ax}{x^2+1}$ が極大値と極小値をそれぞれ 2 つずつもつように，定数 a の値の範囲を定めよ。

$$f'(x) = 2 - \frac{ax^2 - a}{(x^2+1)^2} = \frac{2x^4 - (a-4)x^2 + a + 2}{(x^2+1)^2}$$

$f(x)$ が極大値，極小値を 2 つずつもつための条件は，$f'(x) = 0$ が異なる 4 つの実数解をもつことである。

$f'(x)$ の分子について，$x^2 = t$ とおいて $g(t)$ とすると，$f'(x) = 0$ のとき　$g(t) = 2t^2 - (a-4)t + a + 2 = 0$

$f'(x) = 0$ が異なる 4 つの実数解をもつためには，

$g(t) = 0$ は異なる 2 つの正の解をもたなければならないから，放物線

$y = g(t)$ の軸について　$\dfrac{a-4}{4} > 0 \quad \cdots①$

$g(t) = 0$ の判別式を D とすると　$D = a^2 - 16a > 0 \quad \cdots②$

また　$g(0) = a + 2 > 0 \quad \cdots③$

① 〜 ③ を同時に満たす a の値の範囲は　$a > 16$

このとき，$g(t) = 0$ の 2 つの解を $\alpha,\ \beta\ (0 < \alpha < \beta)$ とおくと，関数 $f(x)$ の増減表は次のようになる。

x	$\cdots$	$-\sqrt{\beta}$	$\cdots$	$-\sqrt{\alpha}$	$\cdots$	$\sqrt{\alpha}$	$\cdots$	$\sqrt{\beta}$	$\cdots$
$f'(x)$	$+$	0	$-$	0	$+$	0	$-$	0	$+$
$f(x)$	↗	極大	↘	極小	↗	極大	↘	極小	↗

ここで，$a > 0$ より，$x < 0$ のとき　$f(x) < 0$

$x > 0$ のとき　$f(x) > 0$

であるから，極大値，極小値はそれぞれ異なる。

よって，関数 $f(x)$ は極大値と極小値をそれぞれ 2 つずつもつ。

したがって，求める a の値の範囲は　$\boldsymbol{a > 16}$

◀ ($f'(x)$ の分母) > 0 より，($f'(x)$ の分子) $= 0$ を考える。

◀ t が負の解をもつとき，これに対応する実数 x は存在しない。また，t が 0 を解にもつとき，これに対応する x は 0 の 1 つしかない。

◀ $a > 16$ は必要条件であるから，十分性を確かめる。

⑤ $f(x)=x^3+x^2+7x+3$, $g(x)=\dfrac{x^3-3x+2}{x^2+1}$ とする。

(1) 方程式 $f(x)=0$ はただ1つの実数解をもち，その実数解 α は $-2<\alpha<0$ を満たすことを示せ。

(2) 曲線 $y=g(x)$ の漸近線を求めよ。

(3) α を用いて関数 $y=g(x)$ の増減を調べ，そのグラフをかけ。ただし，グラフの凹凸を調べる必要はない。（富山大）

(1) $f'(x)=3x^2+2x+7=3\left(x+\dfrac{1}{3}\right)^2+\dfrac{20}{3}>0$

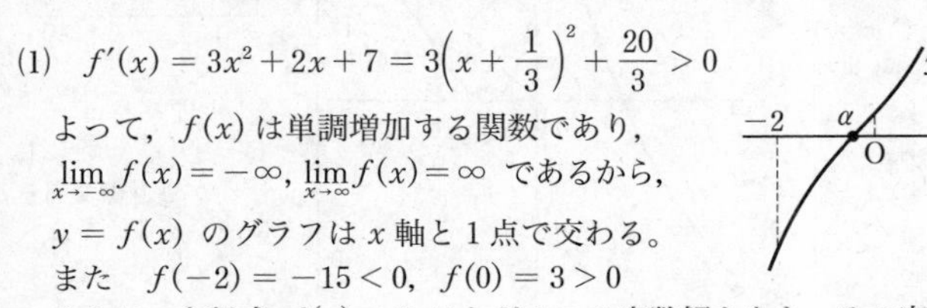

よって，$f(x)$ は単調増加する関数であり，

$\displaystyle\lim_{x\to-\infty}f(x)=-\infty$, $\displaystyle\lim_{x\to\infty}f(x)=\infty$ であるから，

$y=f(x)$ のグラフは x 軸と1点で交わる。

また　$f(-2)=-15<0$, $f(0)=3>0$

◀ $f(-2)=-8+4-14+3$ $=-15$

ゆえに，方程式 $f(x)=0$ はただ1つの実数解をもち，その実数解 α は $-2<\alpha<0$ を満たす。

(2) $g(x)$ はすべての実数 x に対して定義された連続関数であり

◀ $x^2+1>0$

$$\lim_{x\to\infty}g(x)=\lim_{x\to\infty}\frac{x^3-3x+2}{x^2+1}=\lim_{x\to\infty}\frac{x-\dfrac{3}{x}+\dfrac{2}{x^2}}{1+\dfrac{1}{x^2}}=\infty$$

$$\lim_{x\to-\infty}g(x)=\lim_{x\to-\infty}\frac{x-\dfrac{3}{x}+\dfrac{2}{x^2}}{1+\dfrac{1}{x^2}}=-\infty$$

よって，曲線 $y=g(x)$ は座標軸に平行な漸近線をもたない。

次に，$g(x)=\dfrac{x(x^2+1)-4x+2}{x^2+1}=x-\dfrac{4x-2}{x^2+1}$ より

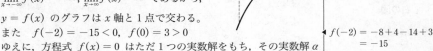

◀
$$\begin{array}{r|l} & x \\ \hline x^2+1 & x^3-3x+2 \\ & x^3+x \\ \hline & -4x+2 \end{array}$$

$$\lim_{x\to\infty}\{g(x)-x\}=\lim_{x\to\infty}\left(-\frac{4x-2}{x^2+1}\right)=-\lim_{x\to\infty}\frac{\dfrac{4}{x}-\dfrac{2}{x^2}}{1+\dfrac{1}{x^2}}=0$$

$$\lim_{x\to-\infty}\{g(x)-x\}=0$$

よって，曲線 $y=g(x)$ の漸近線は　**直線 $y=x$**

(3) $g'(x)=\dfrac{(3x^2-3)(x^2+1)-(x^3-3x+2)\cdot 2x}{(x^2+1)^2}$

$=\dfrac{x^4+6x^2-4x-3}{(x^2+1)^2}$

$=\dfrac{(x-1)(x^3+x^2+7x+3)}{(x^2+1)^2}$

$=\dfrac{(x-1)f(x)}{(x^2+1)^2}$

◀ $x^4+6x^2-4x-3=0$ は $x=1$ を解にもつから

$$\begin{array}{r|rrrrr} 1 & 1 & 0 & 6 & -4 & -3 \\ + & & 1 & 1 & 7 & 3 \\ \hline & 1 & 1 & 7 & 3 & \boxed{0} \end{array}$$

よって

x^4+6x^2-4x-3
$=(x-1)(x^3+x^2+7x+3)$
$=(x-1)f(x)$

$g'(x)=0$ とすると　　$(x-1)f(x)=0$

よって　　$x=1$　または　$f(x)=0$

(1) より　　$x=1$, α $(\alpha<1)$

3章 8 関数の増減とグラフ

ゆえに，$g(x)$ の **増減表は右のようになる。**

x	$\cdots$	α	$\cdots$	1	$\cdots$
$g'(x)$	$+$	0	$-$	0	$+$
$g(x)$	$\nearrow$	$g(\alpha)$	$\searrow$	0	$\nearrow$

また，$g(x)=0$ とおくと

$x^3-3x+2=0$

$(x-1)(x^2+x-2)=0$

$(x-1)^2(x+2)=0$

よって　　$x=1,\ -2$

ゆえに，$y=g(x)$ のグラフは $x=1$ で x 軸に接し，$x=-2$ で x 軸と交わる。

したがって，$y=g(x)$ のグラフは **右の図。**

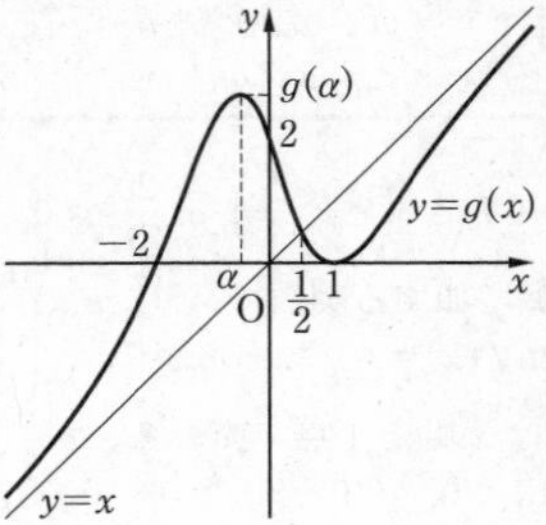

y, $g(\alpha)$, 2, $y=g(x)$, -2, α, $\frac{1}{2}$, 1, x, O, $y=x$

◀ $g(1)=0$ より，$x=1$ は $g(x)=0$ の解である。$g(x)$ の分子 x^3-3x+2 について

$$\begin{array}{r|rrrr} 1 & 1 & 0 & -3 & 2 \\ +) & & 1 & 1 & -2 \\ \hline & 1 & 1 & -2 & \boxed{0} \end{array}$$

よって
x^3-3x+2
$=(x-1)(x^2+x-2)$

◀ $y=x$ が漸近線であることに注意する。

⑥ 関数 $f(x)=(x^2+\alpha x+\beta)e^{-x}$ について，下の問に答えよ。ただし，α，β は定数とする。

(1) $f'(x)$ および $f''(x)$ を求めよ。

(2) $f(x)$ が $x=1$ で極値をとるための α，β の条件を求めよ。

(3) $f(x)$ が $x=1$ で極値をとり，さらに点 $(4,\ f(4))$ が曲線 $y=f(x)$ の変曲点となるように α，β の値を定め，関数 $y=f(x)$ の極値と，その曲線の変曲点をすべて求めよ。（東京学芸大）

(1) $f'(x)=(2x+\alpha)e^{-x}-(x^2+\alpha x+\beta)e^{-x}$

$\quad=\boldsymbol{-\{x^2+(\alpha-2)x-\alpha+\beta\}e^{-x}}$

$f''(x)=-(2x+\alpha-2)e^{-x}+\{x^2+(\alpha-2)x-\alpha+\beta\}e^{-x}$

$\quad=\boldsymbol{\{x^2+(\alpha-4)x-2\alpha+\beta+2\}e^{-x}}$

◀ 積の微分法

(2) $f(x)$ が $x=1$ で極値をとるための条件は $f'(1)=0$ かつ $x=1$ の前後で $f'(x)$ の符号が変わることである。

$f'(1)=0$ より　　$-\{1+(\alpha-2)-\alpha+\beta\}e^{-1}=0$

$e^{-1}>0$ より　$-1+\beta=0$　　よって　$\beta=1$

このとき　　$f'(x)=-\{x^2+(\alpha-2)x-\alpha+1\}e^{-x}$

$\quad=-(x-1)(x+\alpha-1)e^{-x}$

$x=1$ の前後で $f'(x)$ の符号が変わるためには

$\alpha-1\neq-1$　すなわち　$\alpha\neq0$

したがって，求める条件は　　$\boldsymbol{\alpha\neq0}$ **かつ** $\boldsymbol{\beta=1}$

◀ $f(x)$ が $x=a$ で極値をとる
$\iff f'(a)=0$ かつ $x=a$ の前後で $f'(x)$ の符号が変わる

◀ $\alpha-1=-1$ すなわち $\alpha=0$ のときは $f'(x)=-(x-1)^2e^{-x}$ となり，$x=1$ の前後で $f'(x)$ の符号が変わらない。

(3) (2) より $\alpha\neq0$，$\beta=1$ で考える。

このとき　　$f''(x)=\{x^2+(\alpha-4)x-2\alpha+3\}e^{-x}$

点 $(4,\ f(4))$ が $y=f(x)$ の変曲点となる条件は $f''(4)=0$ かつ $x=4$ の前後で $f''(x)$ の符号が変わることである。

$f''(4)=0$ より　　$\{16+4(\alpha-4)-2\alpha+3\}e^{-4}=0$

$e^{-4}>0$ より　$2\alpha+3=0$　　よって　$\alpha=-\dfrac{3}{2}$

このとき　　$f''(x)=\left(x^2-\dfrac{11}{2}x+6\right)e^{-x}=(x-4)\left(x-\dfrac{3}{2}\right)e^{-x}$

よって，$x=4$ の前後で $f''(x)$ の符号は変わる。

ゆえに　　$\boldsymbol{\alpha=-\dfrac{3}{2}}$，$\boldsymbol{\beta=1}$

このとき，(2) より　　$f'(x)=-(x-1)\left(x-\dfrac{5}{2}\right)e^{-x}$

◀ $f(x)$ が $x=a$ の点を変曲点にもつ
$\iff f''(a)=0$ かつ $x=a$ の前後で $f''(x)$ の符号が変わる

$f'(x)=0$ とすると　　$x=1,\ \dfrac{5}{2}$

また，$f''(x)=0$ とすると　　$x=4,\ \dfrac{3}{2}$

$f(x)$ の増減，凹凸は次の表のようになる。

x	$\cdots$	1	$\cdots$	$\frac{3}{2}$	$\cdots$	$\frac{5}{2}$	$\cdots$	4	$\cdots$
$f'(x)$	$-$	0	$+$	$+$	$+$	0	$-$	$-$	$-$
$f''(x)$	$+$	$+$	$+$	0	$-$	$-$	$-$	0	$+$
$f(x)$	↘	$\frac{1}{2}e^{-1}$	↗	$e^{-\frac{3}{2}}$	↗	$\frac{7}{2}e^{-\frac{5}{2}}$	↘	$11e^{-4}$	↘

◀ $\alpha=-\dfrac{3}{2},\ \beta=1$ のとき

$f(x)=\left(x^2-\dfrac{3}{2}x+1\right)e^{-x}$

したがって

$x=1$ のとき　極小値 $\dfrac{1}{2}e^{-1}$，　$x=\dfrac{5}{2}$ のとき　極大値 $\dfrac{7}{2}e^{-\frac{5}{2}}$

変曲点は　$\left(\dfrac{3}{2},\ e^{-\frac{3}{2}}\right),\ (4,\ 11e^{-4})$

◀ $(4,\ f(4))$ 以外に $\left(\dfrac{3}{2},\ f\left(\dfrac{3}{2}\right)\right)$ も変曲点である。

9 いろいろな微分の応用

練習 110 次の関数の最大値，最小値を求めよ。

(1) $f(x)=2\sin x+\sin 2x\quad(0\leqq x\leqq 2\pi)$ (2) $f(x)=2x+\sqrt{5-x^2}$

(1) $f'(x)=2\cos x+2\cos 2x=2\cos x+2(2\cos^2 x-1)$
$=2(2\cos x-1)(\cos x+1)$

◀ 2倍角の公式により $\cos 2x=2\cos^2 x-1$

$f'(x)=0$ とすると　$\cos x=\dfrac{1}{2},\ -1$

$0\leqq x\leqq 2\pi$ の範囲で　$x=\dfrac{\pi}{3},\ \pi,\ \dfrac{5}{3}\pi$

よって，関数 $f(x)$ の増減表は次のようになる。

x	0	$\cdots$	$\dfrac{\pi}{3}$	$\cdots$	π	$\cdots$	$\dfrac{5}{3}\pi$	$\cdots$	2π
$f'(x)$		$+$	0	$-$	0	$-$	0	$+$	
$f(x)$	0	$\nearrow$	$\dfrac{3\sqrt{3}}{2}$	$\searrow$	0	$\searrow$	$-\dfrac{3\sqrt{3}}{2}$	$\nearrow$	0

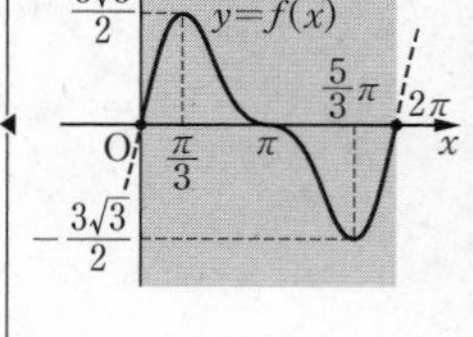

◀

したがって，$f(x)$ は

$x=\dfrac{\pi}{3}$ のとき　最大値 $\dfrac{3\sqrt{3}}{2}$

$x=\dfrac{5}{3}\pi$ のとき　最小値 $-\dfrac{3\sqrt{3}}{2}$

(2) 定義域は $5-x^2\geqq 0$ より　$-\sqrt{5}\leqq x\leqq\sqrt{5}$

$$f'(x)=2+\frac{-x}{\sqrt{5-x^2}}=\frac{2\sqrt{5-x^2}-x}{\sqrt{5-x^2}}$$

$f'(x)=0$ とすると　$2\sqrt{5-x^2}=x$

$x\geqq 0$ に注意して，これを解くと　$x=2$

◀ 両辺を2乗して $4(5-x^2)=x^2$
$20=5x^2$ より　$x^2=4$
ここで，
$2\sqrt{5-x^2}=x\geqq 0$ であるから　$x=2$

よって，関数 $f(x)$ の増減表は次のようになる。

x	$-\sqrt{5}$	$\cdots$	2	$\cdots$	$\sqrt{5}$
$f'(x)$		$+$	0	$-$	
$f(x)$	$-2\sqrt{5}$	$\nearrow$	5	$\searrow$	$2\sqrt{5}$

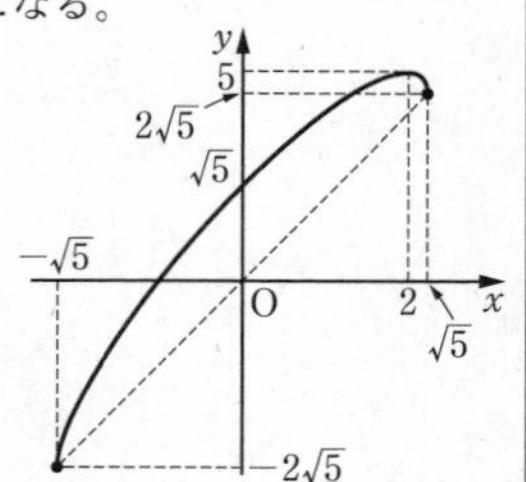

したがって，$f(x)$ は

$x=2$ のとき　最大値 5

$x=-\sqrt{5}$ のとき　最小値 $-2\sqrt{5}$

練習 111 次の関数の最大値，最小値を求めよ。ただし，$\displaystyle\lim_{t\to\infty}\frac{t}{e^t}=0$ を用いてよい。

(1) $f(x)=\dfrac{x+1}{x^2+x+1}$ (2) $f(x)=\dfrac{\log x}{x}$

(1) $x^2+x+1=\left(x+\dfrac{1}{2}\right)^2+\dfrac{3}{4}>0$ より，定義域は実数全体である。

◀ 分母が0になることはないから，すべての実数で定義される。

$$f'(x)=\frac{1\cdot(x^2+x+1)-(x+1)(2x+1)}{(x^2+x+1)^2}=\frac{-x(x+2)}{(x^2+x+1)^2}$$

$f'(x)=0$ とすると　　$x=0,\ -2$

よって，関数の増減表は次のようになる。

x	$\cdots$	-2	$\cdots$	0	$\cdots$
$f'(x)$	$-$	0	$+$	0	$-$
$f(x)$	↘	$-\dfrac{1}{3}$	↗	1	↘

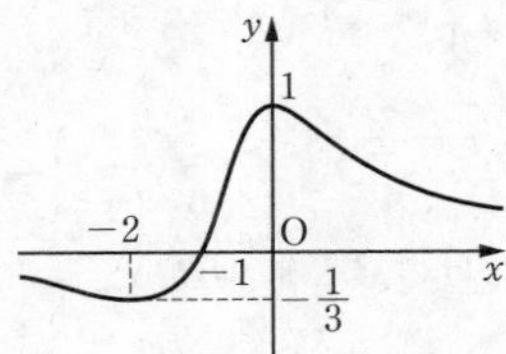

また　　$\displaystyle\lim_{x\to\infty}f(x)=\lim_{x\to\infty}\frac{\frac{1}{x}+\frac{1}{x^2}}{1+\frac{1}{x}+\frac{1}{x^2}}=0,\ \lim_{x\to-\infty}f(x)=0$

◀ 増減表だけでは，最大値，最小値が存在するかどうかは分からない。例えば，$\displaystyle\lim_{x\to\infty}f(x)=-\infty$ となれば最小値は存在しない。

ゆえに，**$x=0$ のとき　　最大値 1**

$x=-2$ のとき　最小値 $-\dfrac{1}{3}$

(2)　定義域は $x>0$

◀ (分母) $\neq 0$，真数条件

$$f'(x)=\frac{\frac{1}{x}\cdot x-(\log x)\cdot 1}{x^2}=\frac{1-\log x}{x^2}$$

◀ $\dfrac{\log x}{x}=\dfrac{1}{x}\cdot\log x$ と考え，積の微分法を用いて
$f'(x)$
$=-\dfrac{1}{x^2}\log x+\dfrac{1}{x}\cdot\dfrac{1}{x}$
$=\dfrac{1-\log x}{x^2}$
としてもよい。

$f'(x)=0$ とすると　　$x=e$

よって，関数の増減表は次のようになる。

x	0	$\cdots$	e	$\cdots$
$f'(x)$	／	$+$	0	$-$
$f(x)$	／	↗	$\dfrac{1}{e}$	↘

次に，$t=\log x$ とおくと $x=e^t$ であり，$x\to\infty$ のとき $t\to\infty$ となるから

$$\lim_{x\to\infty}f(x)=\lim_{x\to\infty}\frac{\log x}{x}=\lim_{t\to\infty}\frac{t}{e^t}=0$$

$$\lim_{x\to+0}f(x)=\lim_{x\to+0}\frac{\log x}{x}=-\infty$$

◀ $\displaystyle\lim_{x\to+0}\frac{1}{x}=\infty$，
$\displaystyle\lim_{x\to+0}\log x=-\infty$ より
$\displaystyle\lim_{x\to+0}f(x)=\lim_{x\to+0}\frac{1}{x}\cdot\log x$
$=-\infty$

ゆえに，**$x=e$ のとき　最大値 $\dfrac{1}{e}$**

最小値はなし

練習 112 関数 $f(x)=(x^2-3)e^x$ の $-\sqrt{3}\leqq x\leqq t$ における最大値 $M(t)$ および最小値 $m(t)$ を求めよ。ただし，t は $t>-\sqrt{3}$ の定数とする。

$f'(x)=2xe^x+(x^2-3)e^x=(x^2+2x-3)e^x$

$x\geqq-\sqrt{3}$ において $f'(x)=0$ とすると　　$x^2+2x-3=0$

$(x+3)(x-1)=0$ より　　$x=1$

よって，$f(x)$ の増減表は次のようになる。

x	$-\sqrt{3}$	$\cdots$	1	$\cdots$
$f'(x)$		$-$	0	$+$
$f(x)$	0	↘	$-2e$	↗

3章 9 いろいろな微分の応用

次に $f(t)=f\left(-\sqrt{3}\right)$ を満たす t の値を求めると

$(t^2-3)e^t=0$ より　　$t=\pm\sqrt{3}$

よって，$f(x)$ のグラフは右のようになり，区間 $-\sqrt{3}\leqq x\leqq t$ における最大値 $M(t)$ と最小値 $m(t)$ は

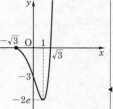

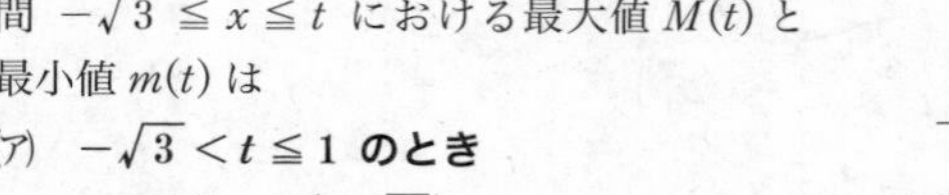

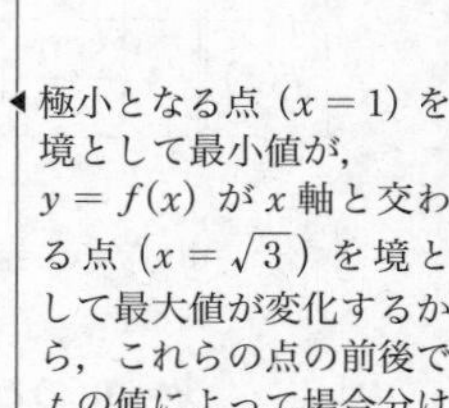

◀極小となる点 $(x=1)$ を境として最小値が，$y=f(x)$ が x 軸と交わる点 $\left(x=\sqrt{3}\right)$ を境として最大値が変化するから，これらの点の前後で t の値によって場合分けする。

(ア) **$-\sqrt{3}<t\leqq 1$ のとき**

$$M(t)=f\left(-\sqrt{3}\right)=0,\quad m(t)=f(t)=(t^2-3)e^t$$

(イ) **$1<t\leqq\sqrt{3}$ のとき**

$$M(t)=f\left(-\sqrt{3}\right)=0,\quad m(t)=f(1)=-2e$$

(ウ) **$\sqrt{3}<t$ のとき**

$$M(t)=f(t)=(t^2-3)e^t,\quad m(t)=f(1)=-2e$$

(ア)

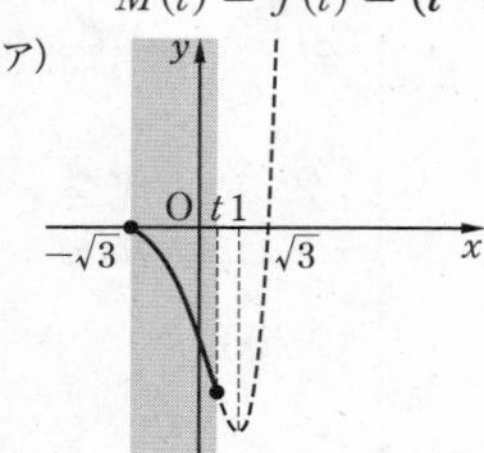

(イ)

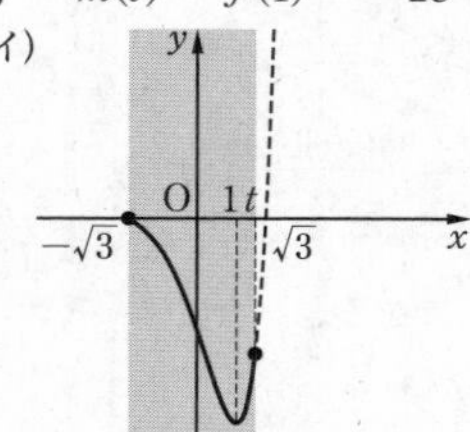

(ウ)

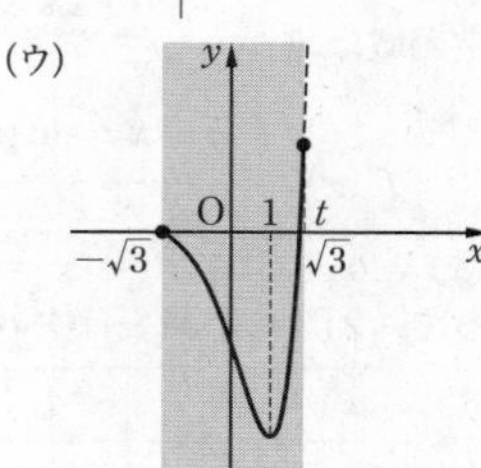

練習 113 関数 $f(x)=x\log x+a$ の最小値が $3a+2$ となるとき，定数 a の値を求めよ。　（工学院大）

関数 $f(x)$ の定義域は　　$x>0$

◀$\log x$ の真数条件より $x>0$

$$f'(x)=\log x+x\cdot\frac{1}{x}=\log x+1$$

$f'(x)=0$ とすると，$\log x+1=0$ より　　$x=\dfrac{1}{e}$

◀$\log x=-1=\log e^{-1}$ より $x=e^{-1}=\dfrac{1}{e}$

よって，$f(x)$ の増減表は右のようになり，関数 $f(x)$ は，$x=\dfrac{1}{e}$ のとき最小となる。

x	0	…	$\frac{1}{e}$	…
$f'(x)$	／	$-$	0	$+$
$f(x)$	／	↘	極小	↗

最小値は

$$f\left(\frac{1}{e}\right)=\frac{1}{e}\log\frac{1}{e}+a=-\frac{1}{e}+a$$

◀$\log\dfrac{1}{e}=\log e^{-1}=-1$

最小値が $3a+2$ であるから　　$-\dfrac{1}{e}+a=3a+2$

したがって，求める a の値は　　$\boldsymbol{a=-\dfrac{1}{2e}-1}$

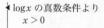

練習 114 曲線 $y=e^{-2x}$ 上の点 $\mathrm{A}(a,\ e^{-2a})$ での接線 l と x 軸，y 軸との交点をそれぞれ B，C とおく。ただし，$a\geqq 0$ とする。
(1) 原点を O とするとき，△OBC の面積 $S(a)$ を求めよ。
(2) $S(a)$ の最大値およびそのときの a の値を求めよ。　（南山大）

$y'=-2e^{-2x}$ であるから，点 $\mathrm{A}(a,\ e^{-2a})$ における接線 l の方程式は

$$y-e^{-2a}=-2e^{-2a}(x-a) \qquad \cdots ①$$

①に $x=0$ を代入すると

$$y=e^{-2a}+2ae^{-2a}=\frac{2a+1}{e^{2a}}$$

$y=0$ を代入すると　　$x=\dfrac{2a+1}{2}$

よって　$\mathrm{B}\left(\dfrac{2a+1}{2},\ 0\right)$, $\mathrm{C}\left(0,\ \dfrac{2a+1}{e^{2a}}\right)$

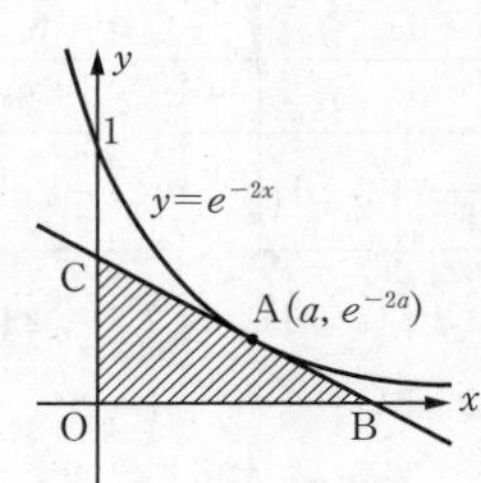

◀ $y=f(x)$ 上の点 $(t,\ f(t))$ における接線の方程式は
$y-f(t)=f'(t)(x-t)$

◀ $x=0$ を代入して y 切片を，$y=0$ を代入して x 切片を求める。

(1)　$a \geqq 0$ より

$$\frac{2a+1}{2}>0,\ \ \frac{2a+1}{e^{2a}}>0$$

したがって

$$S(a)=\frac{1}{2}\mathrm{OB}\cdot\mathrm{OC}=\frac{1}{2}\cdot\frac{2a+1}{2}\cdot\frac{2a+1}{e^{2a}}=\boldsymbol{\frac{(2a+1)^2}{4e^{2a}}}$$

◀ 点Bの x 座標，点Cの y 座標はともに正であるから，その値がOB, OCの長さとなる。

(2)　(1)より $S(a)=\dfrac{1}{4}\cdot\dfrac{(2a+1)^2}{e^{2a}}$ であるから

$$S'(a)=\frac{1}{4}\cdot\frac{2(2a+1)\cdot 2\cdot e^{2a}-(2a+1)^2\cdot e^{2a}\cdot 2}{(e^{2a})^2}$$
$$=\frac{(2a+1)(1-2a)}{2e^{2a}}$$

◀ a の関数 $S(a)$ を a について微分する。

$S'(a)=0$ とすると，

$a \geqq 0$ の範囲で　　$a=\dfrac{1}{2}$

$S(a)$ の増減表は右のようになる。

したがって

$$\boldsymbol{a=\frac{1}{2}\ \text{のとき}\quad \text{最大値}\ \frac{1}{e}}$$

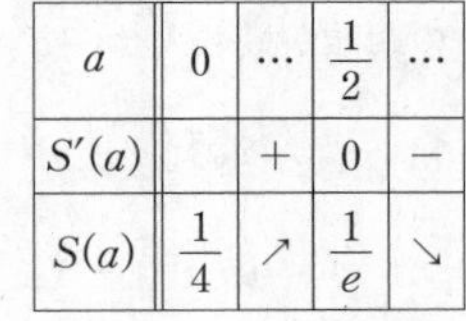

a	0	$\cdots$	$\frac{1}{2}$	$\cdots$
$S'(a)$		$+$	0	$-$
$S(a)$	$\frac{1}{4}$	↗	$\frac{1}{e}$	↘

◀ $S(a)$ のグラフは下の図。

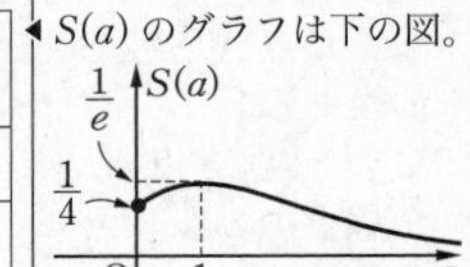

練習 115　曲線 $2\cos x+y+1=0\ (0 \leqq x \leqq \pi)$ 上を動く点Pがある。直線 $y=x$ に関して点Pと対称な点をQとするとき，線分PQの長さの最大値と最小値を求めよ。

$2\cos x+y+1=0$ より　　$y=-2\cos x-1$

点Pの座標を $(t,\ -2\cos t-1)$

$(0 \leqq t \leqq \pi)$，点Pから直線 $y=x$ に下ろした垂線をPHとする。

点Pは領域 $y<x$ 内に存在するから

$$-2\cos t-1<t$$

すなわち　　$t+2\cos t+1>0$

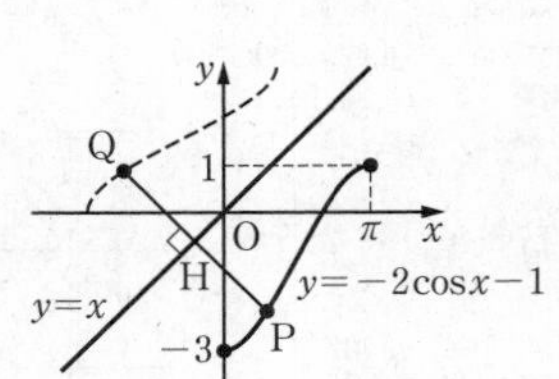

よって　　$\mathrm{PH}=\dfrac{|t-(-2\cos t-1)|}{\sqrt{1^2+(-1)^2}}=\dfrac{\sqrt{2}}{2}(t+2\cos t+1)$

◀ 点 $(t,\ -2\cos t-1)$ と直線 $x-y=0$ の距離

$l(t)=\mathrm{PQ}$ とおくと，$\mathrm{PQ}=2\mathrm{PH}$ であるから

$$l(t)=\sqrt{2}(t+2\cos t+1)$$
$$l'(t)=\sqrt{2}(1-2\sin t)$$

$l'(t)=0$ とすると　　$\sin t=\dfrac{1}{2}$

$0<t<\pi$ の範囲で　　$t=\dfrac{\pi}{6},\ \dfrac{5}{6}\pi$

$l(t)$ の増減表は次のようになる。

t	0	$\cdots$	$\dfrac{\pi}{6}$	$\cdots$	$\dfrac{5}{6}\pi$	$\cdots$	π
$l'(t)$		$+$	0	$-$	0	$+$	
$l(t)$	$3\sqrt{2}$	↗	$\sqrt{2}\left(\dfrac{\pi}{6}+\sqrt{3}+1\right)$	↘	$\sqrt{2}\left(\dfrac{5}{6}\pi-\sqrt{3}+1\right)$	↗	$\sqrt{2}(\pi-1)$

$$\sqrt{2}\left(\frac{\pi}{6}+\sqrt{3}+1\right)>\sqrt{2}(\pi-1),\ 3\sqrt{2}>\sqrt{2}\left(\frac{5}{6}\pi-\sqrt{3}+1\right)$$

◀ $\pi=3.14\cdots$, $\sqrt{3}=1.73\cdots$ より

であるから，$l(t)=\mathrm{PQ}$ は

$x=\dfrac{\pi}{6}$ のとき　**最大値** $\boldsymbol{\sqrt{2}\left(\dfrac{\pi}{6}+\sqrt{3}+1\right)}$

◀ $t=\dfrac{\pi}{6}$ のとき　$x=\dfrac{\pi}{6}$

$x=\dfrac{5}{6}\pi$ のとき　**最小値** $\boldsymbol{\sqrt{2}\left(\dfrac{5}{6}\pi-\sqrt{3}+1\right)}$

◀ $t=\dfrac{5}{6}\pi$ のとき　$x=\dfrac{5}{6}\pi$

練習 116 半径 1 の円上に 3 点 A，B，C をとる。弦 BC の長さを $2x$ とおき，△ABC の面積 S の最大値，およびそのときの x の値を求めよ。

円の中心を O，弦 BC の中点を M とする。
弦 BC に対して △ABC の面積が最大となるのは，頂点 A と弦 BC との距離が最も大きいときである。

◀ まず BC を固定して考える。

このとき，3 点 A，O，M は右の図のように一直線上にある。

◀ △ABC は AB = AC の二等辺三角形

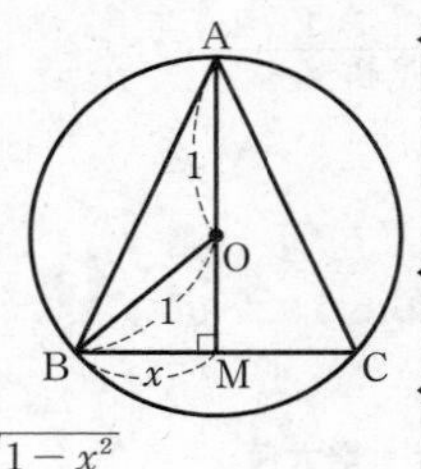

$\mathrm{BC}=2x$ より，$0<x\leqq 1$ であり，$\mathrm{BM}=x$，$\mathrm{OB}=1$，$\angle\mathrm{OMB}=90^\circ$ であるから　$\mathrm{OM}=\sqrt{1-x^2}$

◀ BC ≦ (直径) より　$0<2x\leqq 2$

ゆえに　$S=\dfrac{1}{2}\mathrm{AM}\cdot\mathrm{BC}=x\left(1+\sqrt{1-x^2}\right)$

$$S'=1+\sqrt{1-x^2}-\frac{x^2}{\sqrt{1-x^2}}=\frac{\sqrt{1-x^2}+1-2x^2}{\sqrt{1-x^2}}$$

$S'=0$ とすると，$\sqrt{1-x^2}=2x^2-1$ より

$2x^2-1\geqq 0$　かつ　$x^2(4x^2-3)=0$

◀ (左辺) ≧ 0 より $2x^2-1\geqq 0$ であり，両辺を 2 乗して $1-x^2=(2x^2-1)^2$　$x^2(4x^2-3)=0$

$\dfrac{\sqrt{2}}{2}\leqq x\leqq 1$ の範囲で　$x=\dfrac{\sqrt{3}}{2}$

◀ $2x^2-1\geqq 0$ より $x^2\geqq\dfrac{1}{2}$　$0<x\leqq 1$ であるから $\dfrac{\sqrt{2}}{2}\leqq x\leqq 1$

よって，S の増減表は右のようになるから，S は

$\boldsymbol{x=\dfrac{\sqrt{3}}{2}}$ **のとき　最大値** $\boldsymbol{\dfrac{3\sqrt{3}}{4}}$

x	0	$\cdots$	$\dfrac{\sqrt{3}}{2}$	$\cdots$	1
S'	／	$+$	0	$-$	／
S	／	↗	$\dfrac{3\sqrt{3}}{4}$	↘	1

練習 117 (1)　関数 $f(x)=\dfrac{x^2}{e^x}$ の $x>0$ における最大値を求めよ。

(2)　(1) の結果を利用して，$\displaystyle\lim_{x\to\infty}\frac{x}{e^x}$ の値を求めよ。

---

(1)　$f'(x)=\dfrac{2x\cdot e^x-x^2\cdot e^x}{e^{2x}}=\dfrac{-x(x-2)}{e^x}$

$f'(x)=0$ とすると，$x>0$ において　$x=2$

$f(x)$ の $x>0$ における増減表は右のようになる。

x	0	$\cdots$	2	$\cdots$
$f'(x)$	/	$+$	0	$-$
$f(x)$	/	↗	$\dfrac{4}{e^2}$	↘

したがって

$x=2$ のとき　最大値 $\dfrac{4}{e^2}$

(2) (1)より，$x>0$ において $0<\dfrac{x^2}{e^x}\leqq\dfrac{4}{e^2}$ が成り立つ。

両辺を x (>0) で割ると　$0<\dfrac{x}{e^x}\leqq\dfrac{4}{e^2x}$

$\displaystyle\lim_{x\to\infty}\frac{4}{e^2x}=0$ であるから，はさみうちの原理より　$\displaystyle\lim_{x\to\infty}\frac{x}{e^x}=0$

練習 118 kを実数とするとき，xの方程式 $x^2+3x+1=ke^x$ の異なる実数解の個数を求めよ。ただし，$\displaystyle\lim_{x\to\infty}x^2e^{-x}=0$ を用いてよい。（横浜国立大　改）

$e^x\neq0$ であるから，方程式の両辺を e^x で割ると　$\dfrac{x^2+3x+1}{e^x}=k$

ここで，$f(x)=\dfrac{x^2+3x+1}{e^x}$ とおくと

$$f'(x)=\frac{-(x+2)(x-1)}{e^x}$$

$f'(x)=0$ とすると　$x=-2,\ 1$

よって，$f(x)$ の増減表は次のようになる。

x	$\cdots$	-2	$\cdots$	1	$\cdots$
$f'(x)$	$-$	0	$+$	0	$-$
$f(x)$	↘	$-e^2$	↗	$\dfrac{5}{e}$	↘

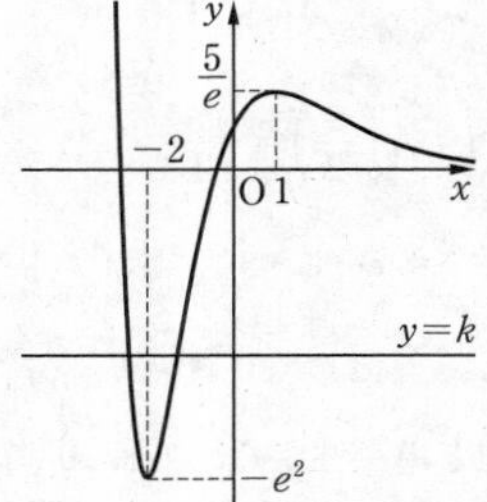

また　$\displaystyle\lim_{x\to\infty}f(x)=0,\ \lim_{x\to-\infty}f(x)=\infty$

◀ $\displaystyle\lim_{x\to\infty}\frac{x^2}{e^x}=\lim_{x\to\infty}x^2e^{-x}=0$

ゆえに，$y=f(x)$ のグラフは右の図のようになる。

方程式の異なる実数解の個数は，曲線 $y=f(x)$ と直線 $y=k$ の共有点の個数と一致するから

$0<k<\dfrac{5}{e}$ のとき　3個

$-e^2<k\leqq0,\ k=\dfrac{5}{e}$ のとき　2個

$k=-e^2,\ \dfrac{5}{e}<k$ のとき　1個

$k<-e^2$ のとき　0個

練習 119 $a,\ b$を定数とする。xの方程式 $\log x=ax+b$ について，$a\leqq0$ のとき，この方程式はただ1つの実数解をもつことを示せ。

真数は正であるから　$x>0$

◀ $\log x$ の真数条件

$\log x=ax+b$ より　$\log x-ax-b=0$

$f(x)=\log x-ax-b$ とおくと，方程式 $\log x=ax+b$ が実数解をもつための条件は，$y=f(x)$ のグラフが x 軸と共有点をもつことである。

◀ 方程式を $f(x)=0$ の形に変形し，$y=f(x)$ のグラフについて考える。

ここで　$f'(x)=\dfrac{1}{x}-a$

$x>0$ より，$a\leqq 0$ のとき　$\dfrac{1}{x}-a>0$

よって，$x>0$ のとき，常に $f'(x)>0$ であるから，$f(x)$ は単調増加する。

また　$\displaystyle\lim_{x\to+0}f(x)=-\infty$

$\displaystyle\lim_{x\to\infty}f(x)=\infty$

◀ 単調増加するだけでは，グラフが x 軸と交わるとはいえないから，$\displaystyle\lim_{x\to+0}f(x)$ と $\displaystyle\lim_{x\to\infty}f(x)$ を調べ，グラフの形を考える必要がある。

ゆえに，$y=f(x)$ のグラフは右の図。

したがって，$y=f(x)$ のグラフと x 軸の交点は1個であるから，この方程式はただ1つの実数解をもつ。

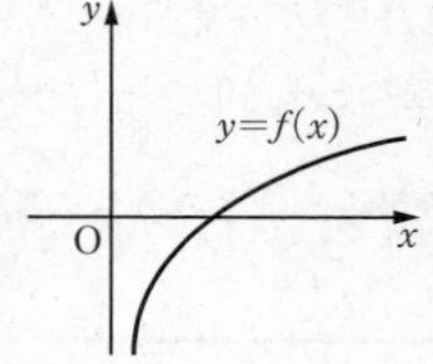

練習 120 自然数 n に対して，$f_n(x)=x\sin x-n\cos x$ とする。$0<x<\dfrac{\pi}{2}$ の範囲において，$f_n(x)=0$ となる x がただ1つ存在することを示せ。さらに，この x の値を a_n とするとき，$\displaystyle\lim_{n\to\infty}a_n=\dfrac{\pi}{2}$ を示せ。

$f_n(x)$ は $0\leqq x\leqq\dfrac{\pi}{2}$ で連続であり

$$f_n(0)=-n<0,\quad f_n\left(\frac{\pi}{2}\right)=\frac{\pi}{2}>0$$

また，$f_n{}'(x)=\sin x+x\cos x+n\sin x$ より，$0<x<\dfrac{\pi}{2}$ において

$f_n{}'(x)>0$ であるから，$f_n(x)$ は $0\leqq x\leqq\dfrac{\pi}{2}$ で単調増加する。

$0<x<\dfrac{\pi}{2}$ において
$\sin x>0,\ \cos x>0$
◀ よって
$0<x<\dfrac{\pi}{2}$ のとき
$f_n{}'(x)>0$

よって，中間値の定理と単調性から，方程式 $f_n(x)=0$ の解は

$0<x<\dfrac{\pi}{2}$ の範囲にただ1つ存在する。

次に，$f_n(a_n)=0$ であるから　$a_n\sin a_n-n\cos a_n=0$

$\sin a_n\neq 0$ より　$\dfrac{1}{\tan a_n}=\dfrac{a_n}{n}$

◀ $0<a_n<\dfrac{\pi}{2}$ より
$\cos a_n\neq 0,\ \sin a_n\neq 0$

また，$0<a_n<\dfrac{\pi}{2}$ であるから　$0<\dfrac{\pi}{2}-a_n<\dfrac{\pi}{2}$

よって　$0<\tan\left(\dfrac{\pi}{2}-a_n\right)=\dfrac{1}{\tan a_n}=\dfrac{a_n}{n}<\dfrac{\pi}{2n}$

◀ $\tan\left(\dfrac{\pi}{2}-\theta\right)=\dfrac{1}{\tan\theta}$
また，$0<a_n<\dfrac{\pi}{2}$ より
$\dfrac{a_n}{n}<\dfrac{\pi}{2}\cdot\dfrac{1}{n}$

ここで，$\displaystyle\lim_{n\to\infty}\frac{\pi}{2n}=0$ であるから，はさみうちの原理より

$$\lim_{n\to\infty}\tan\left(\frac{\pi}{2}-a_n\right)=0$$

$0<\dfrac{\pi}{2}-a_n<\dfrac{\pi}{2}$ であるから　$\displaystyle\lim_{n\to\infty}\left(\frac{\pi}{2}-a_n\right)=0$

すなわち　$\displaystyle\lim_{n\to\infty}a_n=\frac{\pi}{2}$

◀ $\displaystyle\lim_{n\to\infty}(a_n-\alpha)=0$ （α は定数）
$\displaystyle\iff\lim_{n\to\infty}a_n=\alpha$

練習 121 点 A$(0,\ a)$ から曲線 $y=xe^{-x}$ に異なる3本の接線が引けるとき，定数 a の値の範囲を求めよ。ただし，$\lim_{x\to\infty}x^2e^{-x}=0$ を用いてよい。（中部大　改）

接点を P$(t,\ te^{-t})$ とおくと，$y'=-(x-1)e^{-x}$
より，点 P における接線の方程式は

$$y-te^{-t}=-(t-1)e^{-t}(x-t)$$

これが点 A$(0,\ a)$ を通るから

$$a-te^{-t}=-(t-1)e^{-t}(-t)$$

より　　$a=t^2e^{-t}$　　…①

曲線 $y=xe^{-x}$ の形状から，接点が異なれば，接線も異なる。
よって，接点の個数と接線の本数は一致する。
ゆえに，t の方程式 ① は異なる3つの実数解をもつ。

$f(t)=t^2e^{-t}$ とおくと　　$f'(t)=-t(t-2)e^{-t}$

$f'(t)=0$ とすると　　$t=0,\ 2$

また　　$\lim_{t\to\infty}f(t)=0,\ \lim_{t\to-\infty}f(t)=\infty$

であるから，$f(t)$ の増減表と $y=f(t)$ のグラフは次のようになる。

t	$\cdots$	0	$\cdots$	2	$\cdots$
$f'(t)$	$-$	0	$+$	0	$-$
$f(t)$	↘	0	↗	$4e^{-2}$	↘

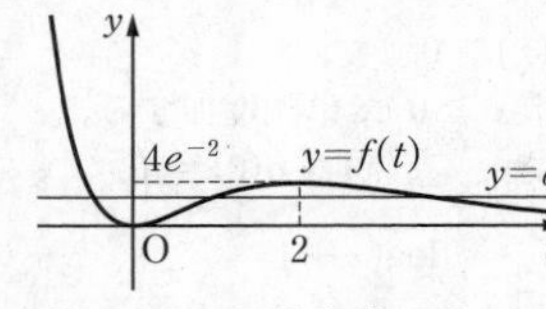

① の実数解は，曲線 $y=f(t)$ と直線 $y=a$ との共有点の t 座標であるから，異なる3つの共有点をもつとき，定数 a の値の範囲は

$$\boldsymbol{0<a<4e^{-2}}$$

◀ $y''=(x-2)e^{-x}$

x	$\cdots$	1	$\cdots$	2	$\cdots$
y'	$+$	0	$-$	$-$	$-$
y''	$-$	$-$	$-$	0	$+$
y	↗	e^{-1}	↘	$2e^{-2}$	↘

$\lim_{x\to\infty}y=0$ より $y=xe^{-x}$ のグラフは左の図。

練習 122 次の不等式が成り立つことを証明せよ。

(1)　$e^x \geqq ex$　　　(2)　$x>0$ のとき　$e^{-x}>1-x$

(1)　$f(x)=e^x-ex$ とおくと　　$f'(x)=e^x-e$

$f'(x)=0$ とすると $e^x=e$ となり　　$x=1$

よって，$f(x)$ の増減表は右のようになり，$x=1$ のとき最小値をとる。

$$f(1)=e^1-e\cdot 1=e-e=0$$

x	$\cdots$	1	$\cdots$
$f'(x)$	$-$	0	$+$
$f(x)$	↘	0	↗

したがって

$$f(x)\geqq 0\quad \text{すなわち}\quad e^x\geqq ex$$

等号が成り立つのは $x=1$ のときである。

(2)　$f(x)=e^{-x}-(1-x)$ とおくと，$f(x)$ は $x\geqq 0$ の範囲で連続である。

$$f'(x)=-e^{-x}+1$$

$x>0$ の範囲で $f'(x)>0$ であるから，$f(x)$ は $x\geqq 0$ の範囲で単調増加する。

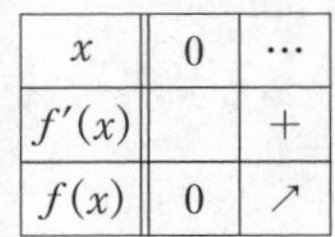

x	0	$\cdots$
$f'(x)$		$+$
$f(x)$	0	↗

よって，$x>0$ のとき

$$f(x)>f(0)=0$$

すなわち　　$e^{-x}>1-x$

練習 **123** $x>0$ のとき，不等式 $x-\dfrac{x^2}{2}<\log(x+1)<x$ を証明せよ。

［1］ $\log(x+1)<x$ を示す。

$f(x)=x-\log(x+1)$ とおくと，$f(x)$ は $x\geqq 0$ で連続である。

◀(右辺)－(左辺)＝$f(x)$ とおき，$x\geqq 0$ における $f(x)$ の増減を調べる。

$$f'(x)=1-\frac{1}{x+1}=\frac{x}{x+1}$$

$x>0$ のとき　$f'(x)>0$

よって，$f(x)$ は区間 $x\geqq 0$ で単調増加する。

ゆえに，$x>0$ のとき　$f(x)>f(0)=0$

◀$f(0)=-\log 1=0$

したがって　$\log(x+1)<x$

◀

x	0	$\cdots$
$f'(x)$		$+$
$f(x)$	0	↗

［2］ $x-\dfrac{x^2}{2}<\log(x+1)$ を示す。

$g(x)=\log(x+1)-\left(x-\dfrac{x^2}{2}\right)$ とおくと，$g(x)$ は $x\geqq 0$ で連続である。

◀(右辺)－(左辺)＝$g(x)$ とおき，$x\geqq 0$ における $g(x)$ の増減を調べる。

$$g'(x)=\frac{1}{x+1}-(1-x)=\frac{x^2}{x+1}$$

$x>0$ のとき　$g'(x)>0$

◀

x	0	$\cdots$
$g'(x)$		$+$
$g(x)$	0	↗

よって，$g(x)$ は区間 $x\geqq 0$ で単調増加する。

ゆえに，$x>0$ のとき　$g(x)>g(0)=0$

したがって　$x-\dfrac{x^2}{2}<\log(x+1)$

［1］，［2］より，$x>0$ のとき　$x-\dfrac{x^2}{2}<\log(x+1)<x$

練習 **124** (1) $x\geqq 1$ のとき，不等式 $x\log x\geqq(x-1)\log(x+1)$ を証明せよ。
(2) 自然数 n に対して，不等式 $(n!)^2\geqq n^n$ を証明せよ。　（名古屋市立大）

(1) $f(x)=x\log x-(x-1)\log(x+1)$ とおくと，$f(x)$ は $x\geqq 1$ で連続である。

$$f'(x)=\log x+1-\log(x+1)-\frac{x-1}{x+1}$$
$$=\log x-\log(x+1)+\frac{2}{x+1}$$

ここで，$f''(x)=\dfrac{1}{x}-\dfrac{1}{x+1}-\dfrac{2}{(x+1)^2}=\dfrac{1-x}{x(x+1)^2}$ であるから，

◀$x\geqq 1$ のとき，$f'(x)$ の増減を調べるために，さらに $f''(x)$ を求める。

$x\geqq 1$ のとき　$f''(x)\leqq 0$

よって，$f'(x)$ は区間 $x\geqq 1$ で単調減少する。

また　$\displaystyle\lim_{x\to\infty}f'(x)=\lim_{x\to\infty}\left(\log\frac{x}{x+1}+\frac{2}{x+1}\right)=0$

◀$f'(x)$ は正の値をとりながら減少する。

ゆえに，$f'(x)>0$ であるから，$f(x)$ は区間 $x\geqq 1$ で単調増加し

$f(x)\geqq f(1)=0$

◀$f(1)=\log 1-0=0$

したがって，$x\geqq 1$ のとき

$x\log x\geqq(x-1)\log(x+1)$

等号は $x=1$ のとき成り立つ。

(2) 数学的帰納法を用いて証明する。

[1]　$n=1$ のとき，(左辺)$=1$，(右辺)$=1$ となり成り立つ。

[2]　$n=k$ のとき，与えられた不等式が成り立つと仮定すると

$$(k!)^2 \geqq k^k$$

ここで，(1) より $k^k \geqq (k+1)^{k-1}$ であるから

◀ (1) より $\log x^x \geqq \log(x+1)^{x-1}$ よって　$x^x \geqq (x+1)^{x-1}$

$$(k!)^2 \geqq (k+1)^{k-1}$$

$n=k+1$ のときについて考えると

$$\{(k+1)!\}^2 = \{(k+1)\cdot k!\}^2 = (k+1)^2\cdot(k!)^2$$
$$\geqq (k+1)^2\cdot(k+1)^{k-1} = (k+1)^{k+1}$$

◀ $(k+1)! = (k+1)\cdot k!$

よって，$n=k+1$ のときも成り立つ。

[1]，[2] より，すべての自然数 n について　　$(n!)^2 \geqq n^n$

等号は $n=1,\ 2$ のとき成り立つ。

練習 125　すべての正の数 x に対して，不等式 $a\sqrt{x} \geqq \log x$ が成り立つような定数 a の値の範囲を求めよ。

$\sqrt{x}>0$ であるから，$\dfrac{\log x}{\sqrt{x}} \leqq a$ が成り立つような定数 a の値の範囲を求める。

◀ $x>0$ のとき $a\sqrt{x} \geqq \log x \Longleftrightarrow \dfrac{\log x}{\sqrt{x}} \leqq a$

$f(x)=\dfrac{\log x}{\sqrt{x}}$ とおくと

$$f'(x)=\frac{\dfrac{1}{x}\cdot\sqrt{x}-\log x\cdot\left(\dfrac{1}{2\sqrt{x}}\right)}{x}=\frac{2-\log x}{2x\sqrt{x}}$$

◀ $x>0$ より　$2x\sqrt{x}>0$

$f'(x)=0$ とすると，$2-\log x=0$ より　　$x=e^2$

よって，$x>0$ における $f(x)$ の増減表は右のようになり，$f(x)$ の最大値は

$$f(e^2)=\frac{\log e^2}{\sqrt{e^2}}=\frac{2}{e}$$

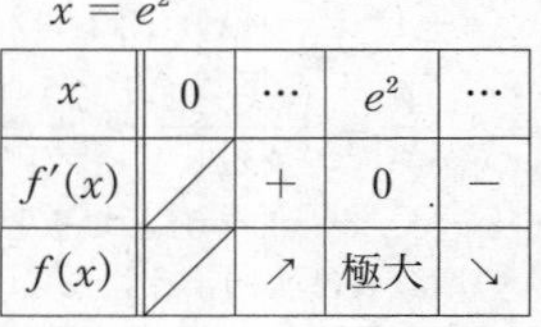

x	0	$\cdots$	e^2	$\cdots$
$f'(x)$	／	+	0	−
$f(x)$	／	↗	極大	↘

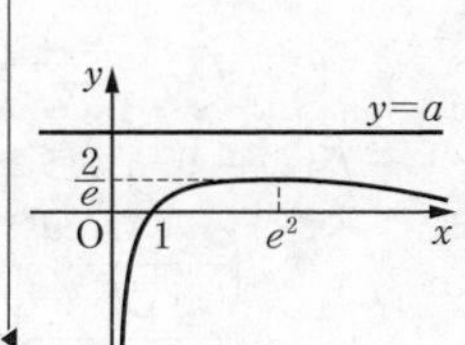

したがって，求める a の値の範囲は

$$\boldsymbol{a \geqq \frac{2}{e}}$$

◀

練習 126　実数 $a,\ b$ は $b>a>0$ を満たす。このとき，関数 $f(x)=\dfrac{\log(x+1)}{x}$ を利用して，不等式 $(a+1)^b>(b+1)^a$ を証明せよ。　　（岡山大　改）

$f(x)=\dfrac{\log(x+1)}{x}$ の定義域は，

$x+1>0$ かつ $x\neq 0$ より　　$-1<x<0,\ 0<x$

$$f'(x)=\frac{\dfrac{1}{x+1}\cdot x-\log(x+1)}{x^2}=\frac{x-(x+1)\log(x+1)}{x^2(x+1)}$$

ここで，$f'(x)$ の分子を $h(x)$ とおく。

◀ 符号が分かりにくい分子のみ $h(x)$ とおいて $h(x)$ の増減を考える。

$h(x)=x-(x+1)\log(x+1)$ について

$$h'(x)=1-1\cdot\log(x+1)-(x+1)\cdot\frac{1}{x+1}=-\log(x+1)$$

よって，$x>0$ において　　$h'(x)<0$

すなわち，関数 $h(x)$ は，$x>0$ において単調減少する。

また，$\lim_{x\to+0}h(x)=0$ であるから，$x>0$ において　　$h(x)<0$

◀ $x>0$ における $h(x)$ の符号から，$f'(x)$ の符号が定まる。

よって，$f'(x)=\dfrac{x-(x+1)\log(x+1)}{x^2(x+1)}$ は，$x>0$ において

$$f'(x)<0$$

すなわち，関数 $f(x)$ は $x>0$ において単調減少する。

よって，$0<a<b$ である実数 a，b について

$$f(a)>f(b)\quad すなわち\quad \frac{\log(a+1)}{a}>\frac{\log(b+1)}{b}$$

$a>0$ かつ $b>0$ より

$$b\log(a+1)>a\log(b+1)$$

$$\log(a+1)^b>\log(b+1)^a$$

◀ $a>0$ かつ $b>0$ より不等号の向きは変わらない。

◀ $\log_a M^r=r\log_a M$

底 e は1より大きいから　　$(a+1)^b>(b+1)^a$

練習 127 次の不等式を証明せよ。

(1) x が1でない正の数であるとき，$\dfrac{1}{2}(1+x)>\dfrac{x-1}{\log x}>\sqrt{x}$

(2) a，b が異なる正の数であるとき，$\dfrac{a+b}{2}>\dfrac{a-b}{\log a-\log b}>\sqrt{ab}$　　（大阪教育大）

---

(1) $f(x)=\log x-\dfrac{2(x-1)}{x+1}$，$g(x)=\dfrac{x-1}{\sqrt{x}}-\log x$ とおくと

◀ $\dfrac{1}{2}(1+x)$ と $\dfrac{x-1}{\log x}$ の大小を比較する代わりに，$\log x$ と $\dfrac{2(x-1)}{x+1}$ の大小を比較する。
計算しやすいように，対数を分離する。
同様にして，$\dfrac{x-1}{\log x}$ と $\sqrt{x}$ の大小を比較する代わりに，$\dfrac{x-1}{\sqrt{x}}$ と $\log x$ の大小を比較する。

$$f'(x)=\frac{1}{x}-\frac{4}{(x+1)^2}=\frac{(x-1)^2}{x(x+1)^2}$$

$$g'(x)=\frac{x+1}{2x\sqrt{x}}-\frac{1}{x}=\frac{(\sqrt{x}-1)^2}{2x\sqrt{x}}$$

$f'(x)=0$ とすると $x=1$，$g'(x)=0$ とすると $x=1$

よって，$f(x)$，$g(x)$ の増減表は次のようになる。

x	0	$\cdots$	1	$\cdots$
$f'(x)$	／	+	0	+
$f(x)$	／	↗	0	↗

x	0	$\cdots$	1	$\cdots$
$g'(x)$	／	+	0	+
$g(x)$	／	↗	0	↗

ゆえに，$x>1$ のとき $f(x)>0$ であるから　　$\log x>\dfrac{2(x-1)}{x+1}$

このとき，$\log x>0$，$x+1>0$ であるから

$$\frac{1}{2}(1+x)>\frac{x-1}{\log x}\quad\cdots①$$

また，$0<x<1$ のとき $f(x)<0$ であるから　　$\log x<\dfrac{2(x-1)}{x+1}$

このとき，$\log x<0$，$x+1>0$ であるから

$$\frac{1}{2}(1+x)>\frac{x-1}{\log x}\quad\cdots②$$

①，② より，x が1でない正の数であるとき

$$\frac{1}{2}(1+x)>\frac{x-1}{\log x}$$

同様にして，$g(x)$ について $x>1$ と $0<x<1$ に分けて考えると

$$\frac{x-1}{\log x}>\sqrt{x}$$

すなわち，$\dfrac{1}{2}(1+x)>\dfrac{x-1}{\log x}>\sqrt{x}$ が成り立つ。

◀ $x>1$ のとき
$g(x)>0,\ \log x>0$
$0<x<1$ のとき
$g(x)<0,\ \log x<0$

(2) a と b は異なる正の数であるから，$\dfrac{a}{b}$ は1でない正の数である。

よって，$x=\dfrac{a}{b}$ とおくと

(1) において $\quad \dfrac{1}{2}\left(1+\dfrac{a}{b}\right)>\dfrac{\dfrac{a}{b}-1}{\log\dfrac{a}{b}}>\sqrt{\dfrac{a}{b}}$

よって $\quad \dfrac{a+b}{2}>\dfrac{a-b}{\log a-\log b}>\sqrt{ab}$

が成り立つ。

◀ 各辺に b を掛ける。
$\log\dfrac{a}{b}=\log a-\log b$

練習 128 不等式 $\sqrt{x^2+y^2}\geqq x+y+a\sqrt{xy}$ が任意の正の実数 x，y に対して成立するような，最大の実数 a の値を求めよ。 （千葉大）

$y>0$ より，与えられた不等式の両辺を y で割ると

$$\sqrt{\left(\frac{x}{y}\right)^2+1}\geqq\frac{x}{y}+1+a\sqrt{\frac{x}{y}}$$

$t=\dfrac{x}{y}$ とおくと $\quad t>0$

不等式は $\quad \sqrt{t^2+1}\geqq t+1+a\sqrt{t}$

整理すると $\quad \dfrac{\sqrt{t^2+1}-t-1}{\sqrt{t}}\geqq a \quad \cdots ①$

よって，$t>0$ であるすべての実数 t に対して不等式 ① が成り立つような最大の実数 a を求めればよい。

$f(t)=\dfrac{\sqrt{t^2+1}-t-1}{\sqrt{t}}$ とおくと

$$f'(t)=\frac{\left(\dfrac{t}{\sqrt{t^2+1}}-1\right)\cdot\sqrt{t}-(\sqrt{t^2+1}-t-1)\cdot\dfrac{1}{2\sqrt{t}}}{t}$$

$$=\frac{(t-1)\{(t+1)-\sqrt{t^2+1}\}}{2t\sqrt{t(t^2+1)}}$$

ここで

$$(t+1)^2-\left(\sqrt{t^2+1}\right)^2=(t^2+2t+1)-(t^2+1)=2t>0$$

$t+1>0$，$\sqrt{t^2+1}>0$ であるから $\quad (t+1)-\sqrt{t^2+1}>0$

ゆえに，$f'(t)=0$ とすると $\quad t=1$

$t>0$ における $f(t)$ の増減表は，右のようになる。

表より，$f(t)$ は $t=1$ で最小値 $\sqrt{2}-2$ をとる。

t	0	$\cdots$	1	$\cdots$
$f'(t)$	／	$-$	0	$+$
$f(t)$	／	↘	$\sqrt{2}-2$	↗

したがって，a の値の範囲は $a \leqq \sqrt{2}-2$ であるから，求める a の最大値は

$$\boldsymbol{a=\sqrt{2}-2}$$

チャレンジ〈2〉 関数 $f(x)$ が閉区間 $[a,\ b]$ で連続，開区間 $(a,\ b)$ で $f''(x)>0$ が成り立つとき，$\mathrm{A}(a,\ f(a))$，$\mathrm{B}(b,\ f(b))$ とすると，$a<x<b$ のすべての x に対して点 $(x,\ f(x))$ は線分 AB の下側にあることを，平均値の定理を用いて示せ。

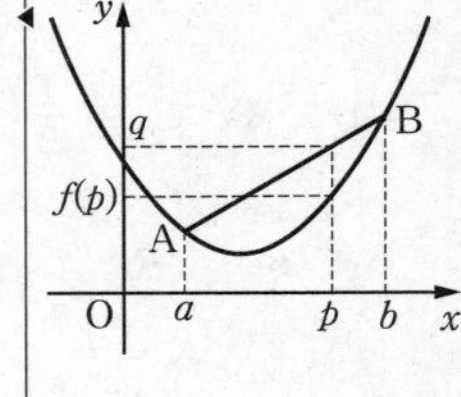

直線 AB の方程式は

$$y-f(a)=\frac{f(b)-f(a)}{b-a}(x-a)$$

$$y=\frac{f(b)-f(a)}{b-a}x+\frac{bf(a)-af(b)}{b-a}$$

$a<p<b$ の任意の p に対して，直線 AB 上の点 $(p,\ q)$ をとると

$$q=\frac{f(b)-f(a)}{b-a}p+\frac{bf(a)-af(b)}{b-a} \quad \cdots ①$$

また，平均値の定理により

$$\frac{f(p)-f(a)}{p-a}=f'(c_1),\ a<c_1<p$$

$$\frac{f(b)-f(p)}{b-p}=f'(c_2),\ p<c_2<b$$

を満たす c_1，c_2 が存在する。

開区間 $(a,\ b)$ で $f''(x)>0$ であるから，この区間で $f'(x)$ は単調増加する。

よって，$c_1<c_2$ より　$f'(c_1)<f'(c_2)$

◀ $a<c_1<p<c_2<b$ より　$c_1<c_2$

$$\frac{f(p)-f(a)}{p-a}<\frac{f(b)-f(p)}{b-p}$$

$$(b-p)\{f(p)-f(a)\}<(p-a)\{f(b)-f(p)\}$$

$$(b-a)f(p)<p\{f(b)-f(a)\}+bf(a)-af(b)$$

◀ $p-a>0,\ b-p>0$ に注意する。

この両辺を $b-a\ (>0)$ で割ると

$$f(p)<\frac{f(b)-f(a)}{b-a}p+\frac{bf(a)-af(b)}{b-a}$$

この式と ① より　$f(p)<q$

よって，点 $(p,\ f(p))$ は線分 AB の下側にある。

したがって，$a<x<b$ のすべての x に対して点 $(x,\ f(x))$ は線分 AB の下側にある。

Plus One

information

曲線の凹凸を利用した不等式の証明問題は，大阪教育大学（2019 年）の入試で出題されている。

チャレンジ〈3〉 e を自然対数の底，すなわち $e=\lim_{t\to\infty}\left(1+\frac{1}{t}\right)^t$ とする。すべての正の実数 x に対し，不等式 $e<\left(1+\frac{1}{x}\right)^{x+\frac{1}{2}}$ が成り立つことを示せ。 (東京大　改)

$f(x)=\left(1+\frac{1}{x}\right)^{x+\frac{1}{2}}$ とおくと，$x>0$ より $f(x)>0$ であるから，両辺の対数をとると

◀対数をとるときは，真数が正であることを確かめる。

$$\log f(x)=\log\left(1+\frac{1}{x}\right)^{x+\frac{1}{2}}$$

$$\iff \log f(x)=\left(x+\frac{1}{2}\right)\{\log(x+1)-\log x\}$$

両辺を x で微分すると

$$\frac{f'(x)}{f(x)}=\log(x+1)-\log x+\left(x+\frac{1}{2}\right)\left(\frac{1}{x+1}-\frac{1}{x}\right)$$

$$\iff \frac{f'(x)}{f(x)}=\log(x+1)-\log x-\frac{2x+1}{2x(x+1)} \quad \cdots ①$$

$g(x)=\log(x+1)-\log x-\frac{2x+1}{2x(x+1)}$ とおくと，$x>0$ において

◀$g(x)$ の正負が分からないため，さらに微分して増減を調べる。

$$g'(x)=\frac{1}{x+1}-\frac{1}{x}-\frac{2\cdot 2x(x+1)-(2x+1)\{2(x+1)+2x\}}{\{2x(x+1)\}^2}$$

$$=\frac{1}{2x^2(x+1)^2}>0$$

よって，$g(x)$ は $x>0$ で単調増加する。

また，$\lim_{x\to\infty}g(x)=\lim_{x\to\infty}\left\{\log\left(1+\frac{1}{x}\right)-\frac{2x+1}{2x(x+1)}\right\}=0$ であるから

$g(x)<0$

ゆえに，① において，$f(x)>0$ であるから　　$f'(x)<0$

$f(x)$ は $x>0$ で単調減少し

◀$\lim_{x\to\infty}\left(1+\frac{1}{x}\right)^x=e$

$\lim_{x\to\infty}f(x)=\lim_{x\to\infty}\left\{\left(1+\frac{1}{x}\right)^x\cdot\left(1+\frac{1}{x}\right)^{\frac{1}{2}}\right\}=e$ であるから　　$f(x)>e$

すなわち　　$e<\left(1+\frac{1}{x}\right)^{x+\frac{1}{2}}$

〔別解〕

$x>0$ より $\left(1+\frac{1}{x}\right)^{x+\frac{1}{2}}>0$ であるから，$e<\left(1+\frac{1}{x}\right)^{x+\frac{1}{2}}$ の両辺の対数をとると

$$1<\log\left(1+\frac{1}{x}\right)^{x+\frac{1}{2}} \iff \left(x+\frac{1}{2}\right)\{\log(x+1)-\log x\}>1$$

$$\iff \log(x+1)-\log x-\frac{1}{x+\frac{1}{2}}>0 \cdots ①$$

与えられた不等式と同値である ① を示す。

① の左辺を $f(x)$ とおいて，$f(x)$ を x で微分すると，$x>0$ において

$$f'(x)=\frac{1}{x+1}-\frac{1}{x}+\frac{1}{\left(x+\frac{1}{2}\right)^2}=\frac{-\frac{1}{4}}{x(x+1)\left(x+\frac{1}{2}\right)^2}<0$$

よって，$f(x)$ は $x>0$ で単調減少する。

$\displaystyle\lim_{x\to\infty}f(x)=\lim_{x\to\infty}\left\{\log\left(1+\frac{1}{x}\right)-\frac{1}{x+\frac{1}{2}}\right\}=0$ であるから　　$f(x)>0$

ゆえに，① を示すことができた。

したがって　　$e<\left(1+\frac{1}{x}\right)^{x+\frac{1}{2}}$

◀ $f(x)>0$ すなわち $\log(x+1)-\log x-\frac{1}{x+\frac{1}{2}}>0$ $\iff e<\left(1+\frac{1}{x}\right)^{x+\frac{1}{2}}$

p.238　問題編 9　いろいろな微分の応用

問題 **110** 関数 $f(x)=\dfrac{\sqrt{2}+\sin x}{\sqrt{2}+\cos x}$ を最大，最小にする x の値を求めよ。　（日本女子大）

$f(x)=\dfrac{\sqrt{2}+\sin x}{\sqrt{2}+\cos x}$ は周期が 2π である周期関数であるから，

$0\leqq x\leqq 2\pi$ の範囲で考える。

$$f'(x)=\frac{\cos x(\sqrt{2}+\cos x)+(\sqrt{2}+\sin x)\sin x}{(\sqrt{2}+\cos x)^2}$$

$$=\frac{\sqrt{2}(\sin x+\cos x)+1}{(\sqrt{2}+\cos x)^2}$$

$$=\frac{2\left\{\sin\left(x+\frac{\pi}{4}\right)+\frac{1}{2}\right\}}{(\sqrt{2}+\cos x)^2}$$

$f'(x)=0$ とすると　　$\sin\left(x+\frac{\pi}{4}\right)+\frac{1}{2}=0$

よって　　$\sin\left(x+\frac{\pi}{4}\right)=-\frac{1}{2}$

$0\leqq x\leqq 2\pi$ より，$\frac{\pi}{4}\leqq x+\frac{\pi}{4}\leqq\frac{9}{4}\pi$ の範囲でこの方程式を解くと

$$x+\frac{\pi}{4}=\frac{7}{6}\pi,\ \frac{11}{6}\pi\quad \text{すなわち}\quad x=\frac{11}{12}\pi,\ \frac{19}{12}\pi$$

よって，$f(x)$ の増減表は次のようになる。

x	0	$\cdots$	$\frac{11}{12}\pi$	$\cdots$	$\frac{19}{12}\pi$	$\cdots$	2π
$f'(x)$		$+$	0	$-$	0	$+$	
$f(x)$	$2-\sqrt{2}$	↗	極大	↘	極小	↗	$2-\sqrt{2}$

増減表より $f(x)$ は，n を整数として

$x=\frac{11}{12}\pi+2n\pi$ **のとき　最大**

$x=\frac{19}{12}\pi+2n\pi$ **のとき　最小**

◀ $f(x+2\pi)=f(x)$ が成り立つから，$f(x)$ は周期が 2π の周期関数である。

◀ 周期関数の最大値・最小値を考えるときは，1周期の範囲内の最大値・最小値を考えれば十分である。

◀ $\sin^2 x+\cos^2 x=1$

◀ 三角関数の合成 $\sin x+\cos x=\sqrt{2}\sin\left(x+\frac{\pi}{4}\right)$

◀ 端点における関数の値が一致するから，端点で最大・最小とならない。

◀ 周期 2π ごとに最大値，最小値をとるから，答えは一般角で表す。

問題 111 次の関数の最大値，最小値を求めよ。

(1) $f(x)=\dfrac{x^2}{x^2+1}$　　(2) $f(x)=(3x-2x^2)e^{-x}\quad (x\geqq 0)$

(1) 定義域は実数全体である。

$f(x)=1-\dfrac{1}{x^2+1}$ より　$f'(x)=\dfrac{2x}{(x^2+1)^2}$

$f'(x)=0$ とすると　$x=0$

よって，$f(x)$ の増減表は次のようになる。

x	$\cdots$	0	$\cdots$
$f'(x)$	$-$	0	$+$
$f(x)$	↘	0	↗

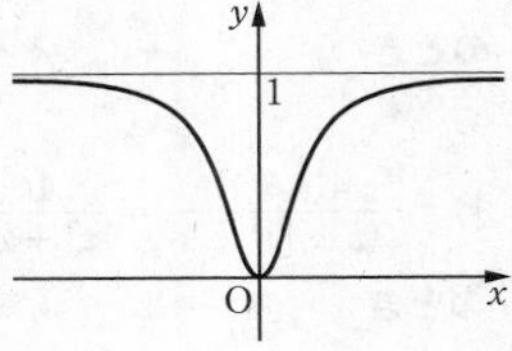

ゆえに，**$x=0$ のとき　最小値 0**

最大値なし

◀すべての実数 x に対して (分母) $=x^2+1>0$ であるから，$f(x)$ はすべての実数に対して定義される。

◀$f(-x)=f(x)$ より，グラフは y 軸に関して対称である。

◀グラフをかくときは $\lim_{x\to\infty}f(x)=\lim_{x\to-\infty}f(x)=1$ に注意する。

$f(x)<1$ であるから 1 は最大値ではない。

(2) $f'(x)=(3-4x)\cdot e^{-x}+(3x-2x^2)\cdot(-e^{-x})$

$=(2x^2-7x+3)e^{-x}=(2x-1)(x-3)e^{-x}$

$f'(x)=0$ とすると　$x=\dfrac{1}{2},\ 3$

よって，$f(x)$ の増減表は次のようになる。

x	0	$\cdots$	$\dfrac{1}{2}$	$\cdots$	3	$\cdots$
$f'(x)$		$+$	0	$-$	0	$+$
$f(x)$	0	↗	$\dfrac{1}{\sqrt{e}}$	↘	$-\dfrac{9}{e^3}$	↗

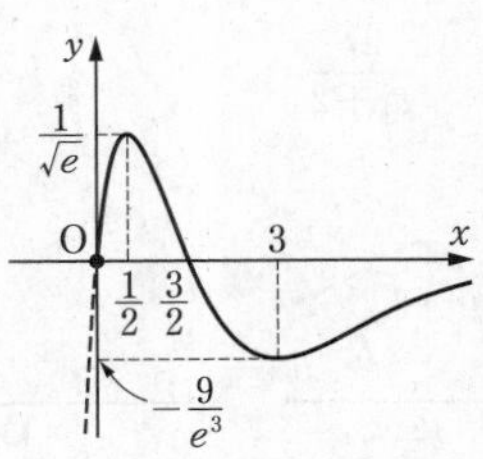

◀$e^{-x}>0$

また，$f(x)=-x(2x-3)e^{-x}$ であり，常に $e^{-x}>0$ であるから，

$x>\dfrac{3}{2}$ のとき $y<0$ である。

ゆえに，**$x=\dfrac{1}{2}$ のとき　最大値 $\dfrac{1}{\sqrt{e}}$**

$x=3$ のとき　最小値 $-\dfrac{9}{e^3}$

◀$\lim_{x\to\infty}y=\lim_{x\to\infty}\dfrac{3x-2x^2}{e^x}=0$ を求めてもよい。

問題 112 関数 $f(x)=\dfrac{4x}{x^2+2}$ の $t\leqq x\leqq t+1$ における最大値 $M(t)$ を求めよ。

$f'(x)=\dfrac{4(x^2+2)-4x\cdot 2x}{(x^2+2)^2}=\dfrac{-4(x^2-2)}{(x^2+2)^2}$

$f'(x)=0$ とすると　$x=\pm\sqrt{2}$

よって，$f(x)$ の増減表は次のようになる。

x	$\cdots$	$-\sqrt{2}$	$\cdots$	$\sqrt{2}$	$\cdots$
$f'(x)$	$-$	0	$+$	0	$-$
$f(x)$	↘	$-\sqrt{2}$	↗	$\sqrt{2}$	↘

◀すべての実数 x に対して (分母) $=x^2+2>0$ であるから，$f(x)$ はすべての実数に対して定義される。

◀$\lim_{x\to\infty}f(x)=0$, $\lim_{x\to-\infty}f(x)=0$

次に，$f(t)=f(t+1)$ を満たす t の値を求めると，$\dfrac{4t}{t^2+2}=\dfrac{4(t+1)}{(t+1)^2+2}$ より

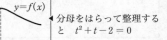

◀分母をはらって整理すると　$t^2+t-2=0$

$t=-2,\ 1$

よって，$t \leqq x \leqq t+1$ における最大値 $M(t)$ は

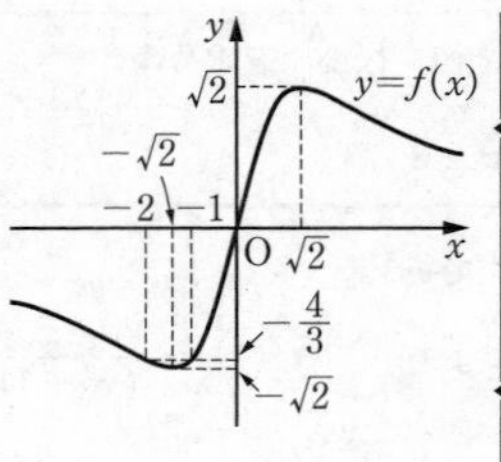

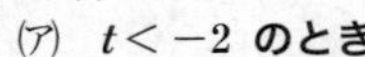

(ア)　$t<-2$ のとき

◀$f(t)>f(t+1)$ である。

$$M(t)=f(t)=\frac{4t}{t^2+2}$$

(イ)　$-2 \leqq t<\sqrt{2}-1$ のとき

$t+1<\sqrt{2}$ であるから

$$M(t)=f(t+1)=\frac{4(t+1)}{(t+1)^2+2}=\frac{4t+4}{t^2+2t+3}$$

◀$f(t) \leqq f(t+1)$ である。

(ウ)　$\sqrt{2}-1 \leqq t<\sqrt{2}$ のとき

$t<\sqrt{2} \leqq t+1$ であるから

$$M(t)=f(\sqrt{2})=\sqrt{2}$$

◀極大値 $f(\sqrt{2})$ が最大値となる。

(エ)　$t \geqq \sqrt{2}$ のとき

◀$f(t)>f(t+1)$ である。

$$M(t)=f(t)=\frac{4t}{t^2+2}$$

(ア)

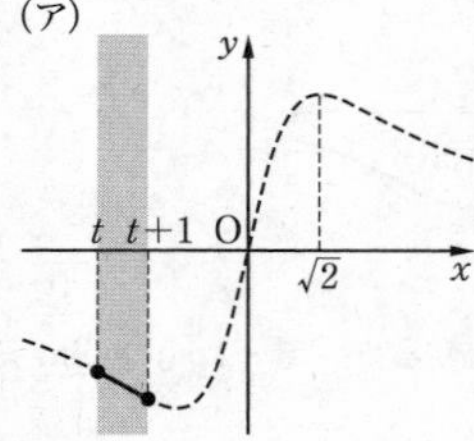

(イ)

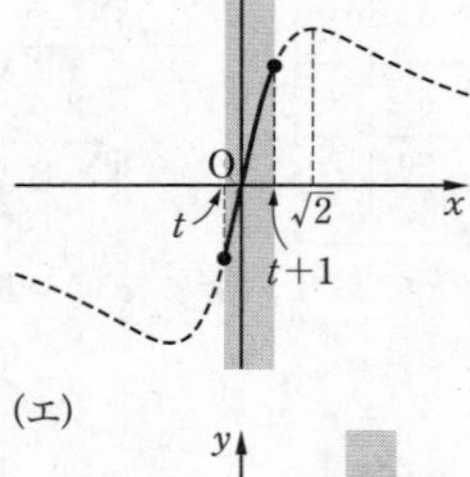

(ウ)

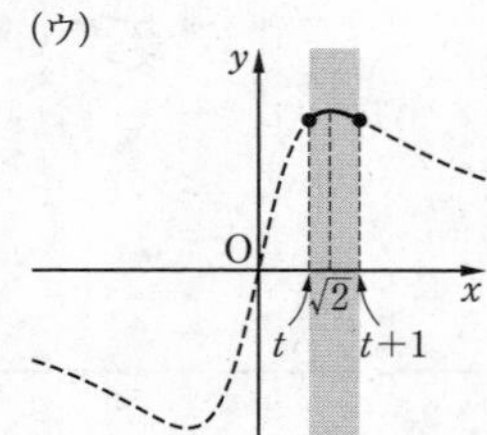

(エ)

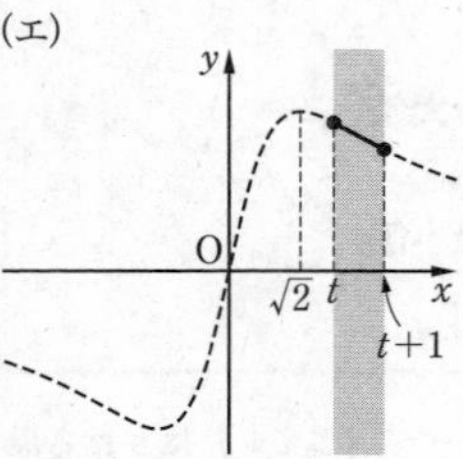

> 問題 **113**　関数 $f(x)=\dfrac{x^2+ax+1}{x^2+1}$ の最大値と最小値の積が -1 となるとき，定数 a の値を求めよ。ただし，$a \neq 0$ とする。

$f(x)$ の定義域は実数全体である。

◀すべての実数 x に対して　(分母)$=x^2+1>0$

$f(x)=\dfrac{x^2+ax+1}{x^2+1}=1+\dfrac{ax}{x^2+1}$ より

$$f'(x)=\frac{a(x^2+1)-ax\cdot 2x}{(x^2+1)^2}=-\frac{a(x+1)(x-1)}{(x^2+1)^2}$$

$f'(x)=0$ とすると　　$x=\pm 1$

よって，$f(x)$ の増減表は次のようになる。

(ア) $a>0$ のとき

x	$\cdots$	-1	$\cdots$	1	$\cdots$
$f'(x)$	$-$	0	$+$	0	$-$
$f(x)$	↘	極小	↗	極大	↘

(イ) $a<0$ のとき

x	$\cdots$	-1	$\cdots$	1	$\cdots$
$f'(x)$	$+$	0	$-$	0	$+$
$f(x)$	↗	極大	↘	極小	↗

◀ $f'(x)$ の分子の x^2 の係数が $-a$ であるから，a の正負によって，$f'(x)$ の符号が変わる。

(ア), (イ) の増減表より，$f(x)$ は $a>0$, $a<0$ のいずれの場合も $x=\pm1$ のとき極値をとる。

また，$\displaystyle\lim_{x\to\infty}f(x)=\lim_{x\to-\infty}f(x)=1$ より，その極大値が最大値，極小値が最小値となる。

ゆえに，最大値と最小値の積が -1 となるとき

$$f(1)\cdot f(-1)=-1$$

$$\frac{2+a}{2}\cdot\frac{2-a}{2}=-1$$

$4-a^2=-4$ より　　$a=\pm2\sqrt{2}$

これは，$a\neq0$ を満たす。

したがって　　$\boldsymbol{a=\pm2\sqrt{2}}$

◀ $a>0$ のとき

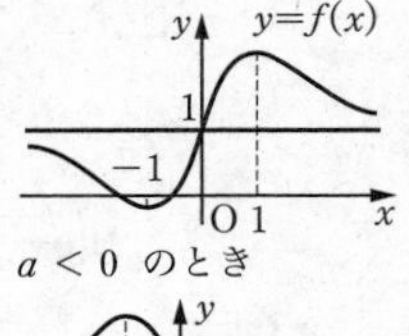

$a<0$ のとき

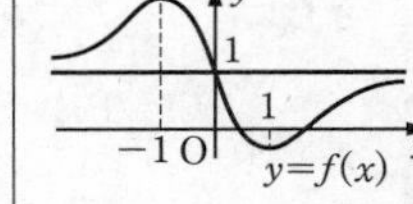

問題 114 半径 1 の円に内接する二等辺三角形の頂角の大きさを θ とする。

(1)　この三角形の面積 S を θ を用いて表せ。

(2)　面積 S が最大となるとき，θ の値を求めよ。

(1)　二等辺三角形の 3 頂点を A，B，C とし，AB = AC とする。

このとき　　$\angle A=\theta$, $\angle B=\angle C=\dfrac{\pi-\theta}{2}$

◀ 二等辺三角形の底角は等しい。

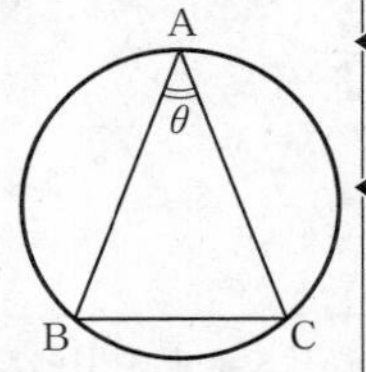

よって，正弦定理により

$$\mathrm{AB}=\mathrm{AC}=2\sin B$$

$$=2\sin\frac{\pi-\theta}{2}=2\cos\frac{\theta}{2}$$

◀ 外接円の半径が 1 であるから，正弦定理により

$$\frac{\mathrm{AC}}{\sin B}=\frac{\mathrm{AB}}{\sin C}=2$$

したがって，△ABC の面積 S は

$$S=\frac{1}{2}\mathrm{AB}\cdot\mathrm{AC}\sin\theta=\frac{1}{2}\left(2\cos\frac{\theta}{2}\right)^2\sin\theta$$

◀ $\sin\left(\dfrac{\pi}{2}-\alpha\right)=\cos\alpha$

$$=2\cos^2\frac{\theta}{2}\sin\theta=\boldsymbol{\sin\theta(1+\cos\theta)}$$

◀ 半角の公式

$$\cos^2\frac{\theta}{2}=\frac{1+\cos\theta}{2}$$

(2)　θ は △ABC の内角であるから　　$0<\theta<\pi$

S を θ で微分すると

$$S'=\cos\theta(1+\cos\theta)+\sin\theta(-\sin\theta)$$

$$=2\cos^2\theta+\cos\theta-1$$

$$=(2\cos\theta-1)(\cos\theta+1)$$

◀ $\sin^2\theta=1-\cos^2\theta$

$S'=0$ とすると，$0<\theta<\pi$ の範囲で

$$\theta=\frac{\pi}{3}$$

S の増減表は右のようになる。

θ	0	$\cdots$	$\dfrac{\pi}{3}$	$\cdots$	π
S'	／	$+$	0	$-$	／
S	／	↗	$\dfrac{3\sqrt{3}}{4}$	↘	／

したがって，面積が最大となるときの

θ の値は　　$\boldsymbol{\theta=\dfrac{\pi}{3}}$

◀ このとき，△ABC の内角はすべて $\dfrac{\pi}{3}$ となるから △ABC は正三角形である。

問題 115 2つの曲線 $y=e^x$ と $y=\log x$ の最短距離および最短距離を与える点を次の手順にしたがって求めよ。

(1) 曲線 $y=e^x$ 上の点 $\mathrm{P}(t,\ e^t)$ から直線 $y=x$ に垂線 PH を下ろすとき，点 H の座標と PH の長さ $l(t)$ を求めよ。

(2) $l(t)$ の最小値を求めよ。

(3) 最短距離および最短距離を与える点を求めよ。 (防衛大)

(1) 点 P を通り直線 $y=x$ に垂直な直線は，傾きが -1 であるから

$$y-e^t=-(x-t)$$

$y=x$ と連立すると　$x=y=\dfrac{t+e^t}{2}$

◀ $x-e^t=-x+t$ より　$x=\dfrac{t+e^t}{2}$

よって　$\mathbf{H}\left(\dfrac{t+e^t}{2},\ \dfrac{t+e^t}{2}\right)$

さらに，$e^t>t$ であるから

$$l(t)=\mathrm{PH}=\frac{|t-e^t|}{\sqrt{2}}=\frac{\sqrt{2}}{2}(e^t-t)$$

◀ 点と直線の距離の公式(数学II) を用いる。

(2) $l'(t)=\dfrac{\sqrt{2}}{2}(e^t-1)$ であるから，

$l'(t)=0$ とすると　$t=0$

$l(t)$ の増減表は右のようになる。

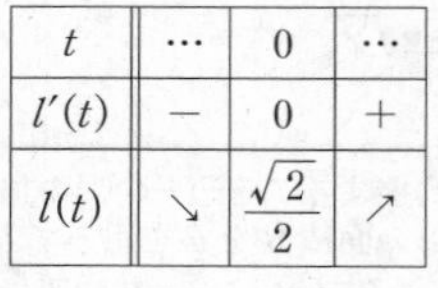

t	$\cdots$	0	$\cdots$
$l'(t)$	$-$	0	$+$
$l(t)$	↘	$\dfrac{\sqrt{2}}{2}$	↗

よって，**$t=0$ のとき　最小値 $\dfrac{\sqrt{2}}{2}$**

(3) $t=0$ のとき，点 P の座標は　$\mathrm{P}(0,\ 1)$

2曲線 $y=e^x$, $y=\log x$ は直線 $y=x$ に関して対称であるから，求める最短距離は

$$2\times l(0)=\sqrt{2}$$

また，そのときの2点は

(0, 1), (1, 0)

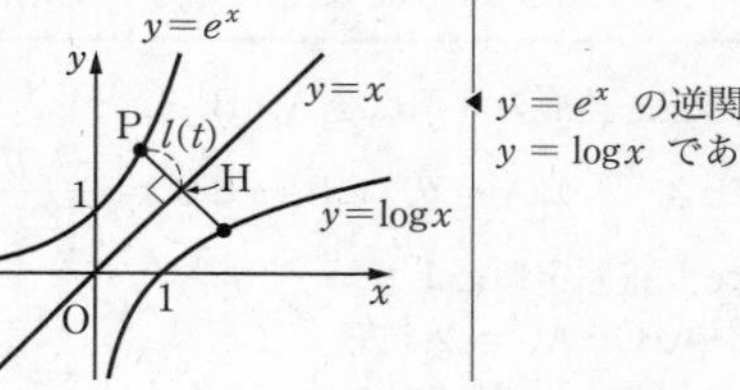

◀ $y=e^x$ の逆関数が $y=\log x$ である。

問題 116 体積が一定の値 V である直円柱の表面積を最小にするには，底面の半径と高さの比をどのようにすればよいか。

底面の半径を x，高さを y，表面積を S とすると，$x>0$ であり

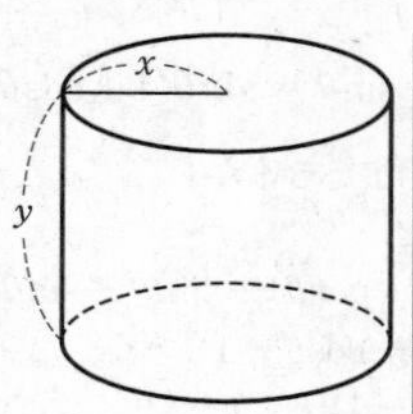

$$V=\pi x^2 y \quad \cdots ①$$

$$S=2\pi x^2+2\pi xy \quad \cdots ②$$

① より　$y=\dfrac{V}{\pi x^2}$　$\cdots$ ③

③ を ② に代入すると　$S=2\pi x^2+\dfrac{2V}{x}$

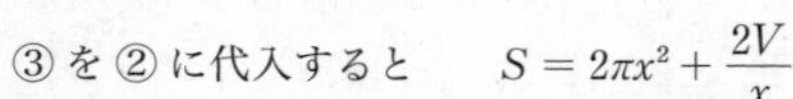

$$S'=4\pi x-\frac{2V}{x^2}=\frac{2(2\pi x^3-V)}{x^2}$$

$S'=0$ とすると　$x=\sqrt[3]{\dfrac{V}{2\pi}}$

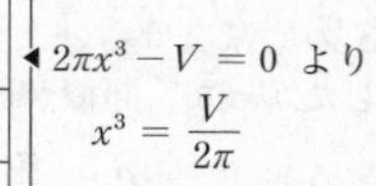

◀ $2\pi x^3-V=0$ より　$x^3=\dfrac{V}{2\pi}$

よって，S の増減表は右のようになるから，S は $x=\sqrt[3]{\dfrac{V}{2\pi}}$ のとき最小となる。

x	0	$\cdots$	$\sqrt[3]{\dfrac{V}{2\pi}}$	$\cdots$
S'	／	$-$	0	$+$
S	／	↘	極小	↗

このとき　$V=2\pi x^3$

これを ③ に代入すると　$y=\dfrac{2\pi x^3}{\pi x^2}=2x$

したがって，$y=2x$ であるから，底面の半径と高さの比を1:2にすればよい。

問題 **117** (1)　$a>0$ とする。$x\geqq 1$ の範囲で $\dfrac{\log x}{x^a}$ の最大値を求めよ。

(2)　n は自然数とする。$p>1$ のとき，$\lim_{n\to\infty}(n!)^{\frac{1}{n^p}}=1$ であることを示せ。

（お茶の水女子大）

(1)　$f(x)=\dfrac{\log x}{x^a}$ とする。

$$f'(x)=\frac{\frac{1}{x}\cdot x^a-(\log x)\cdot ax^{a-1}}{x^{2a}}=\frac{1-a\log x}{x^{a+1}}$$

◀ $x^{2a-(a-1)}=x^{a+1}$

$f'(x)=0$ とすると，$\log x=\dfrac{1}{a}$ より

$x=e^{\frac{1}{a}}$

◀ $a>0$ より　$e^{\frac{1}{a}}>1$

$f(x)$ の増減表は右のようになる。

よって，求める最大値は　$\dfrac{1}{ae}$

x	1	$\cdots$	$e^{\frac{1}{a}}$	$\cdots$
$f'(x)$		$+$	0	$-$
$f(x)$	0	↗	$\dfrac{1}{ae}$	↘

◀ $f(e^{\frac{1}{a}})=\dfrac{\log e^{\frac{1}{a}}}{(e^{\frac{1}{a}})^a}=\dfrac{1}{ae}$

(2)　$\log(n!)^{\frac{1}{n^p}}=\dfrac{1}{n^p}\log(n!)=\dfrac{1}{n^p}\displaystyle\sum_{k=1}^{n}\log k$

$$\leqq\frac{1}{n^p}\sum_{k=1}^{n}\log n=\frac{1}{n^p}\cdot n\log n=\frac{\log n}{n^{p-1}}$$

◀ $k=1,2,3,\cdots,n$ のとき　$\log k\leqq\log n$

$p>1$ より $p-1>0$ であるから，$p-1=2a$ とおくと

$$\frac{\log n}{n^{p-1}}=\frac{\log n}{n^{2a}}=\frac{\log n}{n^a}\cdot\frac{1}{n^a}$$

◀ $\dfrac{\log n}{n^{p-1}}$ に(1)の結果を用いると　$\dfrac{\log n}{n^{p-1}}\leqq\dfrac{1}{(p-1)e}$ となり，これでは，$n\to\infty$ のとき $\dfrac{\log n}{n^{p-1}}$ の極限値は定まらない。

ここで，(1)の結果より $\dfrac{\log n}{n^a}\leqq\dfrac{1}{ae}$ であるから

$$\frac{\log n}{n^{p-1}}\leqq\frac{1}{aen^a}$$

$(n!)^{\frac{1}{n^p}}\geqq 1$ であるから　$0\leqq\log(n!)^{\frac{1}{n^p}}\leqq\dfrac{1}{aen^a}$

$n\to\infty$ のとき $\dfrac{1}{aen^a}\to 0$ であるから，はさみうちの原理より

◀ $a>0$ より　$\lim_{n\to\infty}n^a=\infty$

$\log(n!)^{\frac{1}{n^p}}\to 0$

したがって　$\lim_{n\to\infty}(n!)^{\frac{1}{n^p}}=1$

問題 **118** a を定数とするとき，方程式 $e^{-\frac{1}{4}x^2}=a(x-3)$ の異なる実数解の個数を，a の値で場合分けして調べよ。

（愛知教育大）

$x=3$ は方程式を満たさないから，方程式の両辺を $x-3$ で割ると

◀ 右辺は0となるが，左辺は0とはならない。

$$\frac{e^{-\frac{1}{4}x^2}}{x-3}=a$$

ここで，$f(x)=\dfrac{1}{e^{\frac{1}{4}x^2}(x-3)}$ とおくと　　$f'(x)=\dfrac{-(x-1)(x-2)}{2e^{\frac{1}{4}x^2}(x-3)^2}$

$f'(x)=0$ とすると　　$x=1,\ 2$

よって，$f(x)$ の増減表は次のようになる。

x	$\cdots$	1	$\cdots$	2	$\cdots$	3	$\cdots$
$f'(x)$	$-$	0	$+$	0	$-$		$-$
$f(x)$	↘	$-\dfrac{1}{2e^{\frac{1}{4}}}$	↗	$-\dfrac{1}{e}$	↘		↘

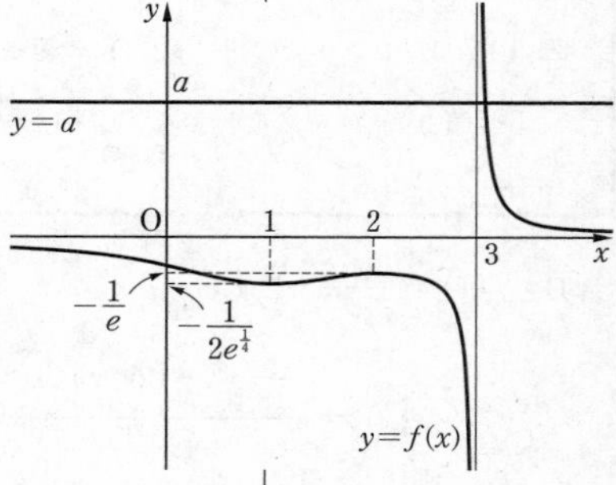

また　$\displaystyle\lim_{x\to\pm\infty}f(x)=0$

$$\lim_{x\to3+0}f(x)=\infty,\ \lim_{x\to3-0}f(x)=-\infty$$

$y=f(x)$ のグラフは右の図のようになる。

方程式の異なる実数解の個数は，曲線 $y=f(x)$ と直線 $y=a$ の共有点の個数と一致するから

$$\begin{cases} -\dfrac{1}{2e^{\frac{1}{4}}}<a<-\dfrac{1}{e} \text{ のとき} & \textbf{3 個} \\ a=-\dfrac{1}{2e^{\frac{1}{4}}},\ -\dfrac{1}{e} \text{ のとき} & \textbf{2 個} \\ a<-\dfrac{1}{2e^{\frac{1}{4}}},\ -\dfrac{1}{e}<a<0,\ 0<a \text{ のとき} & \textbf{1 個} \\ a=0 \text{ のとき} & \textbf{0 個} \end{cases}$$

問題 119　x の方程式 $e^{2x}+ke^x=k^2x$（k は正の定数）が実数解をもつように定数 k の値の範囲を定めよ。ただし，$\displaystyle\lim_{x\to\infty}\frac{x}{e^{2x}}=0$ を用いてよい。

$e^{2x}+ke^x=k^2x$ より　　$e^{2x}+ke^x-k^2x=0$

$f(x)=e^{2x}+ke^x-k^2x$ とおくと，方程式 $e^{2x}+ke^x=k^2x$ が実数解をもつための条件は，$y=f(x)$ のグラフが x 軸と共有点をもつことである。

ここで　　$f'(x)=2e^{2x}+ke^x-k^2=(2e^x-k)(e^x+k)$

◀ $e^x=t\ (>0)$ とおくと
$2e^{2x}+ke^x-k^2$
$=2t^2+kt-k^2$
$=(2t-k)(t+k)$

$f'(x)=0$ とすると，$e^x+k>0$ より　$2e^x-k=0$

よって　　$x=\log\dfrac{k}{2}$

◀ 対数の定義
$a^p=M \Longleftrightarrow \log_a M=p$

ゆえに，$f(x)$ の増減表は右のようになるから，最小値は

x	$\cdots$	$\log\dfrac{k}{2}$	$\cdots$
$f'(x)$	$-$	0	$+$
$f(x)$	↘	最小	↗

$$f\left(\log\frac{k}{2}\right)=\left(\frac{k}{2}\right)^2+k\cdot\frac{k}{2}-k^2\log\frac{k}{2}$$
$$=k^2\left(\frac{3}{4}-\log\frac{k}{2}\right)$$

◀ $x=\log\dfrac{k}{2}$ より $e^x=\dfrac{k}{2}$
よって
$e^{2x}=(e^x)^2=\left(\dfrac{k}{2}\right)^2$

また　　$\displaystyle\lim_{x\to\infty}f(x)=\lim_{x\to\infty}e^{2x}\left(1+\frac{k}{e^x}-\frac{k^2x}{e^{2x}}\right)=\infty$

◀ $\displaystyle\lim_{x\to\infty}\frac{x}{e^{2x}}=0$

ゆえに，方程式 $f(x)=0$ が実数解をもつための条件は，最小値

$$f\left(\log\frac{k}{2}\right)=k^2\left(\frac{3}{4}-\log\frac{k}{2}\right)\leqq 0$$

◀(最小値) $\leqq 0$

$k>0$ より $k^2>0$ であるから　$\log\frac{k}{2}\geqq\frac{3}{4}$

すなわち　$\log\frac{k}{2}\geqq\log e^{\frac{3}{4}}$

底 e は1より大きいから　$\frac{k}{2}\geqq e^{\frac{3}{4}}$

◀$a>1$ のとき $\log_a p<\log_a q \iff p<q$

ゆえに　$\boldsymbol{k\geqq 2e^{\frac{3}{4}}}$

問題 **120** 自然数 n に対して，$f_n(x)=x^2+4n\cos x+1-4n$ とする。

(1) $f_n(x)=0$, $0<x<\frac{\pi}{2}$ を満たす実数 x がただ1つあることを示せ。

(2) (1)の条件を満たす x を x_n とするとき，$\lim_{n\to\infty}x_n=0$ を示せ。さらに，極限値 $\lim_{n\to\infty}nx_n{}^2$ を求めよ。

(1) $f_n(x)$ は $0\leqq x\leqq\frac{\pi}{2}$ の範囲で連続であり

$$f_n(0)=0^2+4n\cos 0+1-4n=1>0$$

$$f_n\left(\frac{\pi}{2}\right)=\frac{\pi^2}{4}+4n\cos\frac{\pi}{2}+1-4n=\frac{\pi^2}{4}+1-4n$$

$\pi^2<12$ であるから

◀$\pi=3.14\cdots$

$$f_n\left(\frac{\pi}{2}\right)=\frac{\pi^2}{4}+1-4n\leqq\frac{\pi^2}{4}-3<0$$

◀$n\geqq 1$ より $1-4n\leqq -3$

ゆえに，中間値の定理より，方程式 $f_n(x)=0$ は $0<x<\frac{\pi}{2}$ の範囲に少なくとも1つの解をもつ。

さらに　$f_n{}'(x)=2x-4n\sin x$, $f_n{}''(x)=2-4n\cos x$

$f_n{}''(x)=0$ とすると $\cos x=\frac{1}{2n}$ となり，$0<x<\frac{\pi}{2}$ の範囲でただ1つの解 $x=\alpha$ をもつ。

◀$n\geqq 1$ より $0<\frac{1}{2n}\leqq\frac{1}{2}$

$f_n{}'(x)$ は $0\leqq x\leqq\frac{\pi}{2}$ の範囲で連続であり，その増減表は右のようになる。

x	0	$\cdots$	α	$\cdots$	$\frac{\pi}{2}$
$f_n{}''(x)$		$-$	0	$+$	
$f_n{}'(x)$	0	↘	極小	↗	$\pi-4n$

◀$0<x<\alpha$ で $\cos x>\frac{1}{2n}$

$\alpha<x<\frac{\pi}{2}$ で $\cos x<\frac{1}{2n}$

ここで　$f_n{}'(0)=0$, $f_n{}'\left(\frac{\pi}{2}\right)=\pi-4n<0$

◀$n\geqq 1$ より $4n\geqq 4$ よって $\pi-4n<0$

であるから，$0<x<\frac{\pi}{2}$ の範囲で　$f_n{}'(x)<0$

したがって，$f_n(x)$ は $0\leqq x\leqq\frac{\pi}{2}$ の範囲で単調減少するから，$f_n(x)=0$ の解はこの範囲でただ1つである。

(2) $x=x_n$ が解であるから　$x_n{}^2+4n\cos x_n+1-4n=0$

◀解は方程式を満たす。

これより　$\cos x_n=1-\frac{1}{4n}-\frac{x_n{}^2}{4n}$

$0<x_n<\frac{\pi}{2}$ であるから

3章 9 いろいろな微分の応用

$$\lim_{n\to\infty}\cos x_n=\lim_{n\to\infty}\left(1-\frac{1}{4n}-\frac{{x_n}^2}{4n}\right)=1$$

◀ $0<x_n<\dfrac{\pi}{2}$ より $\displaystyle\lim_{n\to\infty}\frac{{x_n}^2}{4n}=0$

よって　$\displaystyle\lim_{n\to\infty}x_n=0$

次に，${x_n}^2+4n\cos x_n+1-4n=0$ より

$$1=4n(1-\cos x_n)-{x_n}^2$$

両辺を $n{x_n}^2$ で割ると　$\displaystyle\frac{1}{n{x_n}^2}=4\cdot\frac{1-\cos x_n}{{x_n}^2}-\frac{1}{n}$

ここで

$$\lim_{n\to\infty}\frac{1-\cos x_n}{{x_n}^2}=\lim_{n\to\infty}\frac{(1-\cos x_n)(1+\cos x_n)}{{x_n}^2(1+\cos x_n)}$$

$$=\lim_{n\to\infty}\frac{\sin^2 x_n}{{x_n}^2}\cdot\frac{1}{1+\cos x_n}$$

$\displaystyle\lim_{n\to\infty}x_n=0$ より

$$\lim_{n\to\infty}\left(\frac{\sin x_n}{x_n}\right)^2\cdot\frac{1}{1+\cos x_n}=1^2\cdot\frac{1}{1+1}=\frac{1}{2}$$

◀ $\displaystyle\lim_{n\to\infty}x_n=0$ より $\displaystyle\lim_{n\to\infty}\frac{\sin x_n}{x_n}=1$ $\displaystyle\lim_{n\to\infty}\cos x_n=1$

よって　$\displaystyle\lim_{n\to\infty}\frac{1}{n{x_n}^2}=\lim_{n\to\infty}\left(4\cdot\frac{1-\cos x_n}{{x_n}^2}-\frac{1}{n}\right)=2$

したがって　$\displaystyle\boldsymbol{\lim_{n\to\infty}n{x_n}^2=\frac{1}{2}}$

問題 121 点 A(0, a) から曲線 $y=\dfrac{1}{x^2+1}$ に異なる 4 本の接線を引くことができるとき，a の値の範囲を求めよ。

接点を $\mathrm{P}\left(t,\ \dfrac{1}{t^2+1}\right)$ とおくと，$y'=-\dfrac{2x}{(x^2+1)^2}$ より，点 P における接線の方程式は

$$y-\frac{1}{t^2+1}=-\frac{2t}{(t^2+1)^2}(x-t)$$

これが点 A(0, a) を通るから

$$a-\frac{1}{t^2+1}=\frac{2t^2}{(t^2+1)^2}$$

より　$a=\dfrac{3t^2+1}{(t^2+1)^2}$　…①

y

A(0, a)

1

O

x

◀ $y''=\dfrac{2(3x^2-1)}{(x^2+1)^3}$

$\dfrac{1}{x^2+1}=\dfrac{1}{(-x)^2+1}$ より，曲線は y 軸に関して対称。

x	0	…	$\frac{1}{\sqrt{3}}$	…
y'	0	−	−	−
y''	−	−	0	+
y	1	↘	$\frac{3}{4}$	↘

$\displaystyle\lim_{x\to\infty}y=0$

曲線 $y=\dfrac{1}{x^2+1}$ の形状から，1 つの接線が 2 点以上で接することはない。

よって，接点の個数と接線の本数は一致する。

ゆえに，t の方程式 ① は異なる 4 つの実数解をもつ。

$f(t)=\dfrac{3t^2+1}{(t^2+1)^2}$ とおくと

$$f'(t)=\frac{6t(t^2+1)^2-(3t^2+1)\cdot2(t^2+1)\cdot2t}{(t^2+1)^4}=\frac{-2t(3t^2-1)}{(t^2+1)^3}$$

$f'(t)=0$ とすると　$t=0,\ \pm\dfrac{\sqrt{3}}{3}$

よって，$f(t)$ の増減表は次のようになる。

◀ $s=t^2$ とおくと，① が異なる 4 つの実数解をもつことと $a=\dfrac{3s+1}{(s+1)^2}$ が $s>0$ の範囲で異なる 2 つの実数解をもつことは同値であることを用いて

$$g(s)=\frac{3s+1}{(s+1)^2}$$

$(s>0)$ のグラフを利用する解法もある。

t	$\cdots$	$-\frac{\sqrt{3}}{3}$	$\cdots$	0	$\cdots$	$\frac{\sqrt{3}}{3}$	$\cdots$
$f'(t)$	$+$	0	$-$	0	$+$	0	$-$
$f(t)$	↗	$\frac{9}{8}$	↘	1	↗	$\frac{9}{8}$	↘

また　$\lim_{t\to\infty} f(t) = \lim_{t\to-\infty} f(t) = 0$

ゆえに，$y=f(t)$ のグラフは右の図。

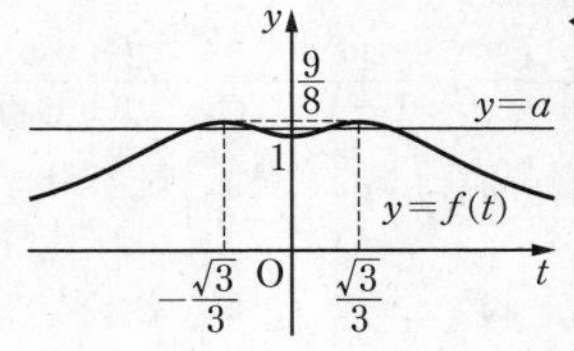

◀ $f(t)$ は偶関数であるから，グラフは y 軸に関して対称である。

① の実数解は，曲線 $y=f(t)$ と直線 $y=a$ との共有点の t 座標であるから，異なる4つの共有点をもつとき定数 a の値の範囲は

$$\mathbf{1 < a < \frac{9}{8}}$$

問題 **122** (1)　$x \geqq 1$ において，$x > 2\log x$ が成り立つことを示せ。ただし，e を自然対数の底とするとき，$2.7 < e < 2.8$ であることを用いてよい。

(2)　自然数 n に対して，$(2n\log n)^n < e^{2n\log n}$ が成り立つことを示せ。　（神戸大）

(1)　$f(x) = x - 2\log x$ $(x \geqq 1)$ とおくと

$$f'(x) = 1 - \frac{2}{x} = \frac{x-2}{x}$$

$f'(x) = 0$ とすると　　$x=2$

よって，$x \geqq 1$ における $f(x)$ の増減表は右のようになり，$x=2$ のとき最小値をとる。

x	1	$\cdots$	2	$\cdots$
$f'(x)$		$-$	0	$+$
$f(x)$	1	↘	$f(2)$	↗

最小値は　　$f(2) = 2 - 2\log 2$

$$= 2(1 - \log 2)$$

$$= 2(\log e - \log 2) > 0$$

◀ $e > 2$ より　$\log e > \log 2$

したがって，$x \geqq 1$ のとき $f(x) > 0$ すなわち $x > 2\log x$ が成り立つ。

(2)　(1) より，$n \geqq 1$ のとき $2\log n < n$ が成り立つ。

両辺に n を掛けると　$2n\log n < n^2$

$n^2 = e^{\log n^2}$ より　　$2n\log n < e^{\log n^2}$

よって　　$2n\log n < e^{2\log n}$

$n \geqq 2$ のとき，両辺は正であるから，両辺を n 乗すると

$$(2n\log n)^n < (e^{2\log n})^n$$

これは $n=1$ のときも成り立つ。

よって　　$(2n\log n)^n < e^{2n\log n}$

◀ $e^{\log n^2} = p$ とおくと
$\log e^{\log n^2} = \log p$
$\log n^2 \log e = \log p$
$\log n^2 = \log p$
よって　$p = n^2$

問題 **123** $0 < x < 1$ のとき，不等式 $\log\frac{1}{1-x^2} < \left(\log\frac{1}{1-x}\right)^2$ を証明せよ。

$f(x) = \left(\log\frac{1}{1-x}\right)^2 - \log\frac{1}{1-x^2}$　とおくと，

$f(x)$ は $0 \leqq x < 1$ で連続であり　　$f(0) = 0$

◀ (右辺) − (左辺) $= f(x)$ とおき，$0 \leqq x < 1$ における $f(x)$ の増減を調べる。

3章 9 いろいろな微分の応用

$$f'(x)=2\left(\log\frac{1}{1-x}\right)\cdot\left(\log\frac{1}{1-x}\right)'-\frac{1}{\frac{1}{1-x^2}}\cdot\left(\frac{1}{1-x^2}\right)'$$

$$=2\left(\log\frac{1}{1-x}\right)\cdot\frac{1}{\frac{1}{1-x}}\cdot\left(\frac{1}{1-x}\right)'-(1-x^2)\cdot\frac{2x}{(1-x^2)^2}$$

◀ $\left(\frac{1}{1-x^2}\right)'=\{(1-x^2)^{-1}\}'$
$=-(1-x^2)^{-2}\cdot(1-x^2)'$
$=\frac{2x}{(1-x^2)^2}$

$$=2\left(\log\frac{1}{1-x}\right)\cdot\frac{1}{1-x}-\frac{2x}{1-x^2}$$

$$=2\left(\log\frac{1}{1-x}\right)\cdot\frac{1}{1-x}-\frac{2x}{(1-x)(1+x)}$$

$$=\frac{2}{x-1}\left\{\log(1-x)+\frac{x}{x+1}\right\}$$

ここで，$g(x)=\log(1-x)+\dfrac{x}{x+1}$ とおくと

◀ $f'(x)$ 全体を再び微分するのではなく，符号が分かりにくい部分を抜き出して考える。
$g(x)=\log(1-x)+1-\frac{1}{x+1}$

$$g'(x)=-\frac{1}{1-x}+\frac{1}{(x+1)^2}=\frac{x^2+3x}{(x+1)^2(x-1)}$$

$g(x)$ は，$0\leqq x<1$ の範囲で連続であり，
$0<x<1$ の範囲で $g'(x)<0$ であるから，
$0\leqq x<1$ の範囲で単調減少する。
よって，$0<x<1$ のとき
$g(x)<g(0)=0$

x	0	$\cdots$	1
$g'(x)$		$-$	／
$g(x)$	0	↘	／

このとき，$x-1<0$ であるから　$f'(x)>0$
$f(x)$ は $0\leqq x<1$ の範囲で連続であり，
$0<x<1$ の範囲で $f'(x)>0$ であるから，
$0\leqq x<1$ の範囲で単調増加する。
ゆえに，$0<x<1$ のとき
$f(x)>f(0)=0$

x	0	$\cdots$	1
$f'(x)$		$+$	／
$f(x)$	0	↗	／

したがって　$\log\dfrac{1}{1-x^2}<\left(\log\dfrac{1}{1-x}\right)^2$

問題 124 $0<p<1$ とするとき，次の不等式を証明せよ。
(1) a，x が正の数のとき　$x^p+a^p>(x+a)^p$
(2) x_1，x_2，$\cdots$，x_n $(n\geqq 2)$ がすべて正の数のとき
$x_1{}^p+x_2{}^p+\cdots+x_n{}^p>(x_1+x_2+\cdots+x_n)^p$

(1) $f(x)=x^p+a^p-(x+a)^p$ とおくと，$f(x)$ は $x\geqq 0$ で連続である。

$$f'(x)=px^{p-1}-p(x+a)^{p-1}=p\left\{\left(\frac{1}{x}\right)^{1-p}-\left(\frac{1}{x+a}\right)^{1-p}\right\}$$

$x>0$，$a>0$ より，$x+a>x$ であるから　$\dfrac{1}{x}>\dfrac{1}{x+a}$

◀ $\left(\frac{1}{x}\right)^{1-p}$ と $\left(\frac{1}{x+a}\right)^{1-p}$ の大小を比較する。

$1-p>0$ より，$\left(\dfrac{1}{x}\right)^{1-p}>\left(\dfrac{1}{x+a}\right)^{1-p}$ であるから　$f'(x)>0$

◀ $0<p<1$ より $1-p>0$

よって，$f(x)$ は区間 $x\geqq 0$ で単調増加する。
ゆえに，$x>0$ のとき　$f(x)>f(0)=0$
したがって　$x^p+a^p>(x+a)^p$

(2) 数学的帰納法を用いて証明する。
[1] $n=2$ のとき，(1) より $x_1{}^p+x_2{}^p>(x_1+x_2)^p$ は成り立つ。

◀ (1) の不等式を利用する。

[2]　$n=k$ のとき，与えられた不等式が成り立つと仮定すると

$$x_1{}^p+x_2{}^p+\cdots+x_k{}^p>(x_1+x_2+\cdots+x_k)^p$$

両辺に $x_{k+1}{}^p$ を加えると

$$x_1{}^p+x_2{}^p+\cdots+x_k{}^p+x_{k+1}{}^p>(x_1+x_2+\cdots+x_k)^p+x_{k+1}{}^p$$

$x_1+x_2+\cdots+x_k=a$ とおくと，$a>0$，$x_{k+1}>0$ であるから

$$a^p+x_{k+1}{}^p>(a+x_{k+1})^p=(x_1+x_2+\cdots+x_k+x_{k+1})^p$$

◀(1)の不等式を利用する。

したがって

$$x_1{}^p+x_2{}^p+\cdots+x_k{}^p+x_{k+1}{}^p>(x_1+x_2+\cdots+x_k+x_{k+1})^p$$

よって，$n=k+1$ のときも成り立つ。

[1]，[2] より，2以上の自然数 n について，与えられた不等式は成り立つ。

問題 125 すべての正の数 x に対して，不等式 $a^x \geqq ax$ が成り立つような正の定数 a の条件を求めよ。

$a>0$，$x>0$ であるから，$a^x \geqq ax$ の両辺の自然対数をとると

$$\log a^x \geqq \log ax$$

よって　$x\log a \geqq \log a+\log x$

$f(x)=x\log a-\log a-\log x$ とおくと　$f'(x)=\log a-\dfrac{1}{x}$

(ア)　$0<a\leqq 1$ のとき

◀$\log a$ の正負，すなわち $0<a\leqq 1$ と $a>1$ で場合分けする。

$\log a\leqq 0$ より，$x>0$ において常に　$f'(x)<0$

よって，$f(x)$ は単調減少する関数であるから

$x>1$ において $f(x)<f(1)=0$ となり，不適である。

◀$f(x)$ は単調減少する関数で，x 軸と $(1,\ 0)$ で交わるから，$x<1$ のとき $f(x)>0$，$1<x$ のとき $f(x)<0$ である。

(イ)　$a>1$ のとき

$f'(x)=0$ とすると

$\log a=\dfrac{1}{x}$ より　$x=\dfrac{1}{\log a}$

$\log a>0$ より，$x>0$ における関数 $f(x)$ の増減表は右のようになり，$f(x)$ の最小値は

$$f\left(\frac{1}{\log a}\right)=1-\log a+\log(\log a)$$

x	0	$\cdots$	$\dfrac{1}{\log a}$	$\cdots$
$f'(x)$	／	$-$	0	$+$
$f(x)$	／	↘	極小	↗

$x>0$ において，常に $f(x)\geqq 0$ となるための条件は $f\left(\dfrac{1}{\log a}\right)\geqq 0$ となることである。

◀$(f(x)$ の最小値$)\geqq 0$ すなわち $1-\log a+\log(\log a)\geqq 0$ となるような a の値の範囲を求める。

ここで，$g(a)=f\left(\dfrac{1}{\log a}\right)=1-\log a+\log(\log a)$ とおくと

$$g'(a)=-\frac{1}{a}+\frac{1}{a\log a}=\frac{1-\log a}{a\log a}$$

$g'(a)=0$ とすると，$1-\log a=0$ より　$a=e$

よって，$a>1$ における関数 $g(a)$ の増減表は右のようになり，$g(a)$ の最大値は

$$g(e)=1-\log e+\log(\log e)=0$$

a	1	$\cdots$	e	$\cdots$
$g'(a)$	／	$+$	0	$-$
$g(a)$	／	↗	0	↘

◀最大値 $g(e)=0$ より，$a>1$ のとき $g(a)\leqq 0$ である。この結果から，$g(a)$ は正とはならず，$g(a)=0$ となる $a=e$ が求める条件となる。

したがって，$g(a)\geqq 0$ となるのは，$a=e$ のときだけである。

(ア)，(イ) より，求める a の条件は　$\boldsymbol{a=e}$

問題 **126** (1) 999^{1000} と 1000^{999} の大小を比較せよ。　（名古屋市立大）
(2) $e^{\sqrt{\pi}}$ と $\pi^{\sqrt{e}}$ の大小を比較せよ。

(1) $f(x)=\dfrac{\log x}{x}$ $(x>0)$ とおくと

$$f'(x)=\frac{\frac{1}{x}\cdot x-(\log x)\cdot 1}{x^2}=\frac{1-\log x}{x^2}$$

$f'(x)=0$ とすると，$1-\log x=0$ から　$x=e$

よって，$f(x)$ の増減表は次のようになる。

x	0	$\cdots$	e	$\cdots$
$f'(x)$	/	$+$	0	$-$
$f(x)$	/	$\nearrow$	$\dfrac{1}{e}$	$\searrow$

増減表より，$f(x)$ は $x\geqq e$ で単調減少する。

ゆえに　$f(999)>f(1000)$

$$\frac{\log 999}{999}>\frac{\log 1000}{1000}$$

$$1000\log 999>999\log 1000$$

よって　$\log 999^{1000}>\log 1000^{999}$

底 e は 1 より大きいから　$\boldsymbol{999^{1000}>1000^{999}}$

◀ $\displaystyle\lim_{x\to+0}\frac{\log x}{x}=-\infty$，$\displaystyle\lim_{x\to\infty}\frac{\log x}{x}=0$ より，グラフは下の図。

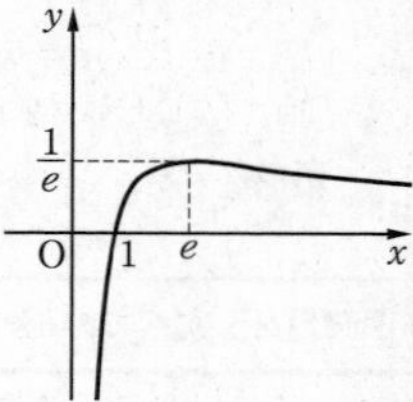

◀ 比較するのは $f(999)$ と $f(1000)$ の値であるから，$x\geqq e$ で $f(x)$ が単調減少することを利用する。
$999<1000 \iff f(999)>f(1000)$

◀ $a>1$ のとき
$\log_a p>\log_a q \iff p>q$

(2) $e<\pi$ より　$\sqrt{e}<\sqrt{\pi}$

また，$\pi<e^2$ より $\sqrt{\pi}<e$ であるから

$$\sqrt{e}<\sqrt{\pi}<e$$

(1) の増減表より，関数 $f(x)$ は $x\leqq e$ で単調増加するから

$$f(\sqrt{e})<f(\sqrt{\pi})$$

すなわち　$\dfrac{\log\sqrt{e}}{\sqrt{e}}<\dfrac{\log\sqrt{\pi}}{\sqrt{\pi}}$

$$\sqrt{\pi}\log e^{\frac{1}{2}}<\sqrt{e}\log\pi^{\frac{1}{2}}$$

$$\frac{1}{2}\sqrt{\pi}\log e<\frac{1}{2}\sqrt{e}\log\pi$$

よって　$\sqrt{\pi}\log e<\sqrt{e}\log\pi$

$$\log e^{\sqrt{\pi}}<\log\pi^{\sqrt{e}}$$

底 e は 1 より大きいから　$\boldsymbol{e^{\sqrt{\pi}}<\pi^{\sqrt{e}}}$

◀ $2<e<3$，$3<\pi<4$ より $\sqrt{2}<\sqrt{e}<\sqrt{\pi}<2<e$ である。

◀ $\sqrt{e}<\sqrt{\pi} \iff f(\sqrt{e})<f(\sqrt{\pi})$

◀ 両辺に $\sqrt{\pi e}$ (>0) を掛ける。

◀ $\log_a M^r=r\log_a M$

〔別解〕　((2) の解答 6 行目以降)

$$\frac{\log\sqrt{e}}{\sqrt{e}}<\frac{\log\sqrt{\pi}}{\sqrt{\pi}}$$

$$\sqrt{\pi}\log\sqrt{e}<\sqrt{e}\log\sqrt{\pi}$$

よって　$\log(\sqrt{e})^{\sqrt{\pi}}<\log(\sqrt{\pi})^{\sqrt{e}}$

底 e は 1 より大きいから　$(\sqrt{e})^{\sqrt{\pi}}<(\sqrt{\pi})^{\sqrt{e}}$

◀ 両辺に $\sqrt{\pi e}$ を掛ける。

両辺は正より，2乗しても大小関係は変わらないから

両辺を2乗して　　$e^{\sqrt{\pi}} < \pi^{\sqrt{e}}$

◀ $(\sqrt{e})^{\sqrt{\pi}} < (\sqrt{\pi})^{\sqrt{e}}$ の両辺を2乗すると
$(\sqrt{e})^{2\sqrt{\pi}} < (\sqrt{\pi})^{2\sqrt{e}}$
すなわち　$e^{\sqrt{\pi}} < \pi^{\sqrt{e}}$

問題 127 k は1より大きい定数とする。x，y を同時に0にならない実数とするとき，
$2-k \leqq \dfrac{x^2+kxy+y^2}{x^2+xy+y^2} \leqq \dfrac{k+2}{3}$ が成り立つことを示せ。　　（学習院大　改）

$z=\dfrac{x^2+kxy+y^2}{x^2+xy+y^2}$ とおくと　　$2-k \leqq z \leqq \dfrac{k+2}{3}$　　…①

(ア)　$y=0$ のとき

$z=1$ であり，$k>1$ より $2-k<1$，$\dfrac{k+2}{3}>1$ であるから，① は成り立つ。

◀ $x \neq 0$ において
$z=\dfrac{x^2}{x^2}=1$

(イ)　$y \neq 0$ のとき

z の分母・分子を y^2 で割ると　　$z=\dfrac{\left(\dfrac{x}{y}\right)^2+k\left(\dfrac{x}{y}\right)+1}{\left(\dfrac{x}{y}\right)^2+\left(\dfrac{x}{y}\right)+1}$

ここで，$t=\dfrac{x}{y}$ とおくと

$$z=\frac{t^2+kt+1}{t^2+t+1}=1+(k-1)\cdot\frac{t}{t^2+t+1}$$

◀ t^2+kt+1
$=(t^2+t+1)+(k-1)t$

これを t で微分すると

$$\frac{dz}{dt}=(k-1)\cdot\frac{1\cdot(t^2+t+1)-t(2t+1)}{(t^2+t+1)^2}$$
$$=-(k-1)\cdot\frac{t^2-1}{(t^2+t+1)^2}$$
$$=(1-k)\cdot\frac{(t+1)(t-1)}{(t^2+t+1)^2}$$

$\dfrac{dz}{dt}=0$ とすると　　$t=\pm 1$

z の増減表は右のようになる。

t	$\cdots$	-1	$\cdots$	1	$\cdots$
z'	$-$	0	$+$	0	$-$
z	↘	$2-k$	↗	$\dfrac{k+2}{3}$	↘

また

$$\lim_{t\to\pm\infty} z=\lim_{t\to\pm\infty}\frac{1+\dfrac{k}{t}+\dfrac{1}{t^2}}{1+\dfrac{1}{t}+\dfrac{1}{t^2}}=1$$

よって，z は $t=1$ のとき　　最大値 $\dfrac{k+2}{3}$

$t=-1$ のとき　最小値 $2-k$

ゆえに　　$2-k \leqq \dfrac{t^2+kt+1}{t^2+t+1} \leqq \dfrac{k+2}{3}$

したがって，① は成り立つ。

(ア)，(イ) より　　$2-k \leqq \dfrac{x^2+kxy+y^2}{x^2+xy+y^2} \leqq \dfrac{k+2}{3}$

問題 **128** $0 \leqq x < \dfrac{\pi}{2}$ であるすべての x について，$\sin x\cos x \leqq k(\sin^2 x + 3\cos^2 x)$ が成り立つような実数 k の最小値を求めよ。 （名古屋工業大　改）

$0 \leqq x < \dfrac{\pi}{2}$ より，$\sin^2 x + 3\cos^2 x > 0$ であるから，不等式は

$$\frac{\sin x\cos x}{\sin^2 x + 3\cos^2 x} \leqq k$$

と変形できる。

$f(x) = \dfrac{\sin x\cos x}{\sin^2 x + 3\cos^2 x}$ とおくと

$$f(x) = \frac{\dfrac{\sin x}{\cos x}}{\dfrac{\sin^2 x}{\cos^2 x} + 3} = \frac{\tan x}{\tan^2 x + 3}$$

であるから

$$f'(x) = \frac{\dfrac{1}{\cos^2 x}\cdot(\tan^2 x + 3) - \tan x \cdot 2\tan x\left(\dfrac{1}{\cos^2 x}\right)}{(\tan^2 x + 3)^2}$$

$$= \frac{3 - \tan^2 x}{(\tan^2 x + 3)^2\cos^2 x}$$

$0 \leqq x < \dfrac{\pi}{2}$ において，$f'(x) = 0$ とすると　　$x = \dfrac{\pi}{3}$

よって，$f(x)$ の増減表は次のようになる。

x	0	$\cdots$	$\dfrac{\pi}{3}$	$\cdots$	$\dfrac{\pi}{2}$
$f'(x)$		$+$	0	$-$	
$f(x)$	0	↗	$\dfrac{\sqrt{3}}{6}$	↘	

ゆえに，$f(x)$ は $x = \dfrac{\pi}{3}$ で最大値 $\dfrac{\sqrt{3}}{6}$ をとる。

したがって，k の値の範囲は $k \geqq \dfrac{\sqrt{3}}{6}$ であるから，求める k の最小値は

$$\frac{\sqrt{3}}{6}$$

◀ $0 \leqq x < \dfrac{\pi}{2}$ より $\cos x \neq 0$

◀ $f(x)$ は $\tan x$ のみで表すことができる。$\tan x = t$ とおき，$g(t) = \dfrac{t}{t^2+3}$ $(t \geqq 0)$ として $g(t)$ の最大値を考えてもよい。

◀ $3 - \tan^2 x = 0$ より $\tan x = \pm\sqrt{3}$
$0 \leqq x < \dfrac{\pi}{2}$ の範囲で $x = \dfrac{\pi}{3}$

p.240

本質を問う 9

1 「関数 $f(x) = e^{x-1} - \log x + 1$ について，$f(x)$ の最小値を求めよ」を，太郎さんは

> $f'(x) = e^{x-1} - \dfrac{1}{x}$ より　　$f'(1) = e^0 - 1 = 0$
> よって，$f(x)$ の最小値は　　$f(1) = e^0 - \log 1 + 1 = 1 - 0 + 1 = 2$

と答えたが説明不足である。$f(1)$ が最小値であることを正しく説明せよ。

定義域は　$x > 0$

◀ 真数条件

$f'(x) = e^{x-1} - \dfrac{1}{x}$ より，$f''(x) = e^{x-1} + \dfrac{1}{x^2} > 0$

◀ $f'(x)$ の増減を調べるために，$f''(x)$ の符号を調べる。

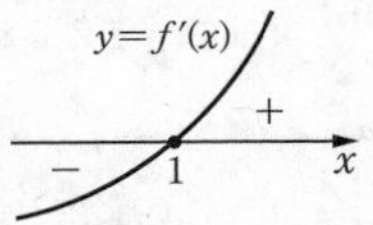

よって，$f'(x)$ は単調増加する。
ゆえに，$f(x)$ の増減表は次のようになる。

x	0	$\cdots$	1	$\cdots$
$f'(x)$	／	$-$	0	$+$
$f(x)$	／	↘	2	↗

したがって，$f(x)$ の最小値は　$f(1) = 2$

◀ 増減表より，$f(1)$ が最小であることが示された。

2　a は定数とする。$f''(x) > 0$ のとき，$f(x) \geqq f'(a)(x-a) + f(a)$ を示せ。

$F(x) = f(x) - f'(a)(x-a) - f(a)$ とおく。

$\qquad F'(x) = f'(x) - f'(a)$

$F''(x) = f''(x) > 0$ より $F'(x)$ は単調増加し，$F'(x) = 0$ とすると

$\qquad x = a$

◀

よって，$F(x)$ の増減表は下のようになる。

x	$\cdots$	a	$\cdots$
$F'(x)$	$-$	0	$+$
$F(x)$	↘	0	↗

したがって　　$F(x) \geqq 0$

すなわち　　$f(x) \geqq f'(a)(x-a) + f(a)$

〔別解〕

$y = f(x)$ の $x = a$ における接線の方程式は

$\qquad y = f'(a)(x-a) + f(a)$

◀ $y = f'(a)(x-a) + f(a)$ の図形的意味を考える。

$f''(x) > 0$ より，曲線 $y = f(x)$ は下に凸

したがって，右の図より

$\qquad f(x) \geqq f'(a)(x-a) + f(a)$

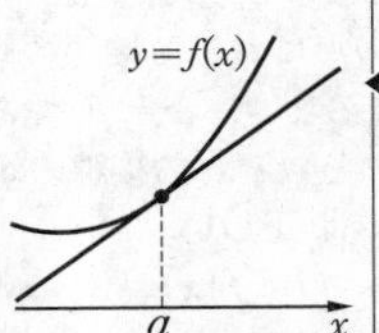

3　関数 $f(x)$ が $x \geqq 0$ で微分可能で，$f(0) = 0$ とする。このとき，次の命題の真偽を答えよ。

(1)　$x \geqq 0$ のとき $f'(x) \geqq 0$ ならば $f(x) \geqq 0$
(2)　$x > 0$ のとき $f'(x) \geqq 0$ ならば $f(x) \geqq 0$
(3)　$x \geqq 0$ のとき $f'(x) > 0$ ならば $f(x) > 0$
(4)　$x > 0$ のとき $f'(x) > 0$ ならば $f(x) > 0$

(1)　$x \geqq 0$ において $f'(x) \geqq 0$ より，$0 \leqq x_1 < x_2$ のとき

$\qquad f(x_1) \leqq f(x_2)$

よって，$x \geqq 0$ において　　$f(x) \geqq f(0) = 0$

したがって，与えられた命題は **真**

(2)　$x > 0$ において $f'(x) \geqq 0$ より，$0 \leqq x_1 < x_2$ のとき

$\qquad f(x_1) \leqq f(x_2)$

よって，$x > 0$ において　　$f(x) \geqq f(0) = 0$

したがって，与えられた命題は **真**

(3)　$x = 0$ のとき　　$f(x) = f(0) = 0$

よって，与えられた命題は **偽**

◀ $x=0$ が反例である。

(4)　$x>0$ において $f'(x)>0$ より，$0 \leqq x_1 < x_2$ のとき
$f(x_1) < f(x_2)$
よって，$x>0$ において　　$f(x) > f(0) = 0$
よって，与えられた命題は **真**

4　すべての実数 x で微分可能な関数 $y=f(x)$ が表す曲線の接線において，次の場合，「接点が異なれば接線も異なる」は正しいといえるか。
(1)　$f(x)$ は3次関数　　(2)　$f(x)$ は4次関数
(3)　$f'(x)$ は単調増加する　　(4)　$y=f(x)$ の変曲点が1つのみ

---

(1)　曲線 $y=f(x)$ において，1つの接線に異なる2つの接点が存在すると仮定する。
接点の x 座標を α，β とし，接線の方程式を $y=ax+b$ とおくと，
$f(x)-(ax+b)$ は $(x-\alpha)^2$ と $(x-\beta)^2$ を因数にもつから，0 でない x についての式 $p(x)$ を用いて $f(x)-(ax+b)=p(x)(x-\alpha)^2(x-\beta)^2$ となる。

◀ 方程式 $f(x)=ax+b$ は，$x=\alpha$，β を重解にもつ。

しかし，この式の左辺は3次関数であるが，右辺は4次以上の関数となり矛盾する。

◀ 背理法

よって，「接点が異なれば接線も異なる」は **正しい**。

(2)　(1)と同様に考えて，$f(x)$ が4次関数のとき $f(x)-(ax+b)$ は4次関数，$p(x-\alpha)^2(x-\beta)^2$ も4次関数であるから，
$f(x)-(ax+b)=p(x-\alpha)^2(x-\beta)^2$ と表すことができる。
よって，接点が異なっても同じ接線をもつことはあるから，「接点が異なれば接線も異なる」は **正しいとはいえない**。

◀

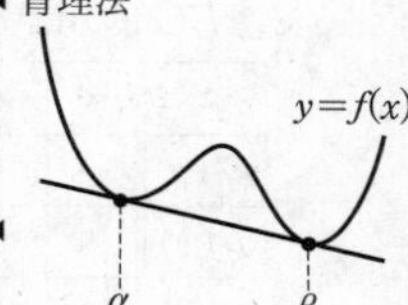

(3)　$y=f(x)$ 上の異なる2つの点 $(\alpha,\ f(\alpha))$，$(\beta,\ f(\beta))$ $(\alpha \neq \beta)$ について，それぞれの点における接線の傾きは $f'(\alpha)$，$f'(\beta)$ である。
$f'(x)$ が単調増加するとき，$\alpha \neq \beta$ であれば　　$f'(\alpha) \neq f'(\beta)$
異なる2つの接点のそれぞれの接線の傾きが異なるから「接点が異なれば接線も異なる」は **正しい**。

◀

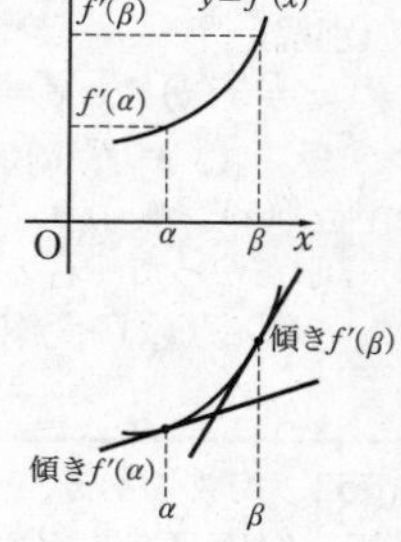

(4)　右の図のように，$y=f(x)$ において，1つの接線に異なる2つ以上の接点が存在するならば，$y=f(x)$ の変曲点は2つ以上存在する。

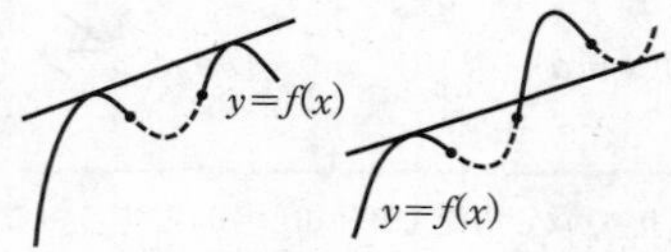

よって，その対偶「$y=f(x)$ の変曲点が1つ以下ならば，$y=f(x)$ の1つの接線に異なる2つ以上の接点は存在しない」が成り立つ。
よって，変曲点が1つのみのときは，「接点が異なれば接線も異なる」は **正しい**。

◀ Re Action IA 例題53「直接証明しにくい命題は，対偶を利用して証明せよ」

p.241 | Let's Try! 9

①　a を定数とする。関数 $y=a(x-\sin 2x)$ $(-\pi \leqq x \leqq \pi)$ の最大値が2であるような a の値を求めよ。
（弘前大）

$a=0$ のとき，$y=0$ となり，最大値が2とならない。
よって，$a \neq 0$ で考える。
$f(x)=x-\sin 2x$ とおくと　　$f'(x)=1-2\cos 2x$
また，$f(-x)=-x-\sin(-2x)=-x+\sin 2x=-f(x)$ が成り立つから，$f(x)$ は奇関数である。
よって，$0 \leqq x \leqq \pi$ における $f(x)$ の最大値，最小値を調べる。

$f'(x)=0$ とすると　　$\cos 2x=\dfrac{1}{2}$

$0 \leqq x \leqq \pi$ より，$0 \leqq 2x \leqq 2\pi$ であるから　　$2x=\dfrac{\pi}{3}$，$\dfrac{5}{3}\pi$

よって　　$x=\dfrac{\pi}{6}$，$\dfrac{5}{6}\pi$

ゆえに，$0 \leqq x \leqq \pi$ における $f(x)$ の増減表は次のようになる。

x	0	$\cdots$	$\dfrac{\pi}{6}$	$\cdots$	$\dfrac{5}{6}\pi$	$\cdots$	π
$f'(x)$		$-$	0	$+$	0	$-$	
$f(x)$	0	↘	$\dfrac{\pi}{6}-\dfrac{\sqrt{3}}{2}$	↗	$\dfrac{5}{6}\pi+\dfrac{\sqrt{3}}{2}$	↘	π

よって，$0 \leqq x \leqq \pi$ において，$f(x)$ は

　$x=\dfrac{\pi}{6}$ のとき　最小値 $\dfrac{\pi}{6}-\dfrac{\sqrt{3}}{2}$

　$x=\dfrac{5}{6}\pi$ のとき　最大値 $\dfrac{5}{6}\pi+\dfrac{\sqrt{3}}{2}$

ここで，$f(x)$ は奇関数であり，$\left|\dfrac{\pi}{6}-\dfrac{\sqrt{3}}{2}\right|<\left|\dfrac{5}{6}\pi+\dfrac{\sqrt{3}}{2}\right|$ であるから，$-\pi \leqq x \leqq \pi$ において，$f(x)$ は

　　最大値 $\dfrac{5}{6}\pi+\dfrac{\sqrt{3}}{2}$，　最小値 $-\left(\dfrac{5}{6}\pi+\dfrac{\sqrt{3}}{2}\right)$

(ア)　$a>0$ のとき，$y=af(x)$ は $f(x)$ が最大となるとき最大値をとり，最大値が2であるから

　$a\left(\dfrac{5}{6}\pi+\dfrac{\sqrt{3}}{2}\right)=2$ より　　$a=\dfrac{12}{5\pi+3\sqrt{3}}$

(イ)　$a<0$ のとき，$y=af(x)$ は $f(x)$ が最小となるとき最大値をとり，最大値が2であるから

　$a\cdot\left\{-\left(\dfrac{5}{6}\pi+\dfrac{\sqrt{3}}{2}\right)\right\}=2$ より　　$a=-\dfrac{12}{5\pi+3\sqrt{3}}$

(ア)，(イ) より，求める a の値は　　$\boldsymbol{a=\pm\dfrac{12}{5\pi+3\sqrt{3}}}$

◀ $a=0$ のときは題意を満たさない。

◀ $f(-x)=-f(x)$ が成り立つとき，$f(x)$ は奇関数で，原点に関して対称である。

◀ $\left|\dfrac{\pi}{6}-\dfrac{\sqrt{3}}{2}\right|=-\dfrac{\pi}{6}+\dfrac{\sqrt{3}}{2}$
$\left|\dfrac{5}{6}\pi+\dfrac{\sqrt{3}}{2}\right|=\dfrac{5}{6}\pi+\dfrac{\sqrt{3}}{2}$
より
$\left|\dfrac{\pi}{6}-\dfrac{\sqrt{3}}{2}\right|<\left|\dfrac{5}{6}\pi+\dfrac{\sqrt{3}}{2}\right|$
これは y 座標が $\dfrac{5}{6}\pi+\dfrac{\sqrt{3}}{2}$ の点の方が x 軸からより離れていることを表している。

② 無限等比級数 $1+e^{-x}\sin x+e^{-2x}\sin^2 x+e^{-3x}\sin^3 x+\cdots$ $(0 \leqq x \leqq 2\pi)$ について
(1)　この級数は収束することを示せ。
(2)　この級数の和を $f(x)$ とするとき，$f(x)$ の最大値と最小値を求めよ。

(1)　公比を r とすると　　$r=e^{-x}\sin x$
　$|\sin x| \leqq 1 \cdots$① であるから　　$|r| \leqq e^{-x}$　　$\cdots$②

◀ $|r|<1$ を示せばよい。

3章 9 いろいろな微分の応用

$0 \leqq x \leqq 2\pi$ より　$0 < e^{-x} \leqq 1$　$\cdots$③

②，③より　$|r| \leqq 1$

$|r| = 1$ とすると，①，③より　$|\sin x| = 1$ かつ $e^{-x} = 1$

ところが，これを満たす x は存在しないから　$|r| < 1$

したがって，与えられた級数は収束する。

◀ $|\sin x| = 1$ より $x = \dfrac{\pi}{2}, \dfrac{3}{2}\pi$
$e^{-x} = 1$ より $x = 0$

(2) $f(x) = \dfrac{1}{1 - e^{-x}\sin x}$ より

◀ 初項 a，公比 r の無限等比級数の和 S は $S = \dfrac{a}{1-r}$

$$f'(x) = -\frac{-(-e^{-x}\sin x + e^{-x}\cos x)}{(1 - e^{-x}\sin x)^2}$$

$$= \frac{-e^{-x}(\sin x - \cos x)}{(1 - e^{-x}\sin x)^2}$$

$$= \frac{-\sqrt{2}\,e^{-x}\sin\left(x - \frac{\pi}{4}\right)}{(1 - e^{-x}\sin x)^2}$$

$f'(x) = 0$ とすると，$0 < x < 2\pi$ の範囲で　$x = \dfrac{\pi}{4}, \dfrac{5}{4}\pi$

よって，$f(x)$ の増減表は次のようになる。

x	0	$\cdots$	$\frac{\pi}{4}$	$\cdots$	$\frac{5}{4}\pi$	$\cdots$	2π
$f'(x)$		$+$	0	$-$	0	$+$	
$f(x)$	1	$\nearrow$	$\frac{\sqrt{2}}{\sqrt{2} - e^{-\frac{\pi}{4}}}$	$\searrow$	$\frac{\sqrt{2}}{\sqrt{2} + e^{-\frac{5}{4}\pi}}$	$\nearrow$	1

したがって，$f(x)$ は

◀ $f(0) = f(2\pi) = 1$ より
$f\left(\dfrac{\pi}{4}\right) > f(0) = f(2\pi)$
$f\left(\dfrac{5}{4}\pi\right) < f(2\pi) = f(0)$

$x = \dfrac{\pi}{4}$ のとき　最大値 $\dfrac{\sqrt{2}}{\sqrt{2} - e^{-\frac{\pi}{4}}}$

$x = \dfrac{5}{4}\pi$ のとき　最小値 $\dfrac{\sqrt{2}}{\sqrt{2} + e^{-\frac{5}{4}\pi}}$

③ a は定数とする。$0 < x < 2\pi$ を定義域とする関数 $f(x) = ax + e^{-x}\sin x$ が極大値，極小値をちょうど1個ずつもつとき，a のとり得る値の範囲を求めよ。 (群馬大)

$f'(x) = a - e^{-x}\sin x + e^{-x}\cos x$

◀ 積の微分法

$\quad = a - e^{-x}(\sin x - \cos x)$

$f'(x) = 0$ とすると　$e^{-x}(\sin x - \cos x) = a$

これを満たす x の値は，$y = g(x) = e^{-x}(\sin x - \cos x)$ のグラフと直線 $y = a$ の共有点の x 座標である。

◀ $\sin x - \cos x = \sqrt{2}\sin\left(x - \dfrac{\pi}{4}\right)$ と合成してもよい。

$$g'(x) = -e^{-x}(\sin x - \cos x) + e^{-x}(\cos x + \sin x)$$

$$= 2e^{-x}\cos x$$

$g'(x) = 0$ とすると，$e^{-x} > 0$ より，$0 < x < 2\pi$ の範囲で

$x = \dfrac{\pi}{2}, \dfrac{3}{2}\pi$

$g(x)$ の増減表は右のようになる。

x	0	$\cdots$	$\frac{\pi}{2}$	$\cdots$	$\frac{3}{2}\pi$	$\cdots$	2π
$g'(x)$	／	$+$	0	$-$	0	$+$	／
$g(x)$	／	$\nearrow$	$e^{-\frac{\pi}{2}}$	$\searrow$	$-e^{-\frac{3}{2}\pi}$	$\nearrow$	／

また　$\displaystyle\lim_{x \to +0} g(x) = -1$

$$\lim_{x \to 2\pi - 0} g(x) = -e^{-2\pi}$$

ここで，$f(x)$ が極大値と極小値をちょうど 1 個ずつもつとき，$f'(x) = 0$ を満たす x の値が 2 つあり，それぞれの値の前後で，$f'(x)$ の符号が正から負，負から正に変わる。

よって，$y = g(x)$ のグラフと直線 $y = a$ が 2 つの交点をもち，その前後で上下が入れかわる。

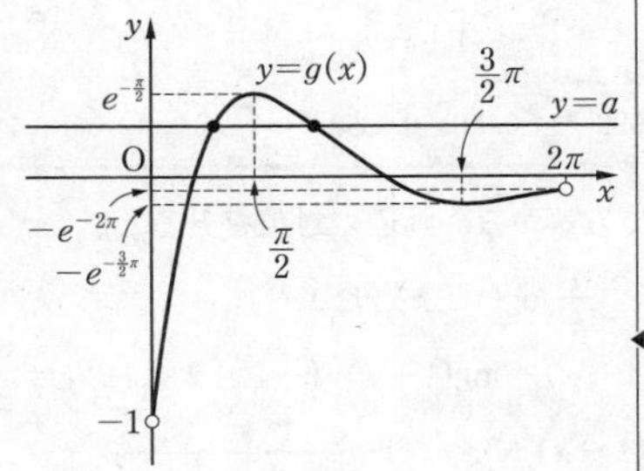

◀ $y = g(x)$ が上，$y = a$ が下の状態からその逆になる点が 1 箇所と，$y = g(x)$ が下，$y = a$ が上の状態からその逆になる点が 1 箇所ある。

したがって，右のグラフより　　$\boldsymbol{-e^{-2\pi} \leqq a < e^{-\frac{\pi}{2}}}$

④ (1)　関数 $y = (x-1)e^x$ の増減，極値，グラフの凹凸および変曲点を調べて，グラフをかけ。ただし，$\lim_{x \to -\infty} (x-1)e^x = 0$ を使ってよい。

(2)　$y = -e^x$ の点 $(a,\ -e^a)$ における接線が点 $(0,\ b)$ を通るとき，a，b の関係式を求めよ。

(3)　点 $(0,\ b)$ を通る $y = -e^x$ の接線の本数を調べよ。　　　　(東京電機大)

(1)　$f(x) = (x-1)e^x$ とおくと　　$f'(x) = 1 \cdot e^x + (x-1)e^x = xe^x$　　◀ $e^x > 0$

$f'(x) = 0$ とすると　　$x = 0$

また　　$f''(x) = 1 \cdot e^x + xe^x = (x+1)e^x$

$f''(x) = 0$ とすると　　$x = -1$

よって，**増減および凹凸は次の表**のようになる。

x	$\cdots$	-1	$\cdots$	0	$\cdots$
$f'(x)$	$-$	$-$	$-$	0	$+$
$f''(x)$	$-$	0	$+$	$+$	$+$
$f(x)$	↘	$-\dfrac{2}{e}$	↘	-1	↗

ゆえに，**$x = 0$ のとき　極小値 -1**

変曲点は $\left(-1,\ -\dfrac{2}{e}\right)$

また　　$\lim_{x \to -\infty} f(x) = 0$，$\lim_{x \to \infty} f(x) = \infty$

ゆえに，グラフは **右の図**。

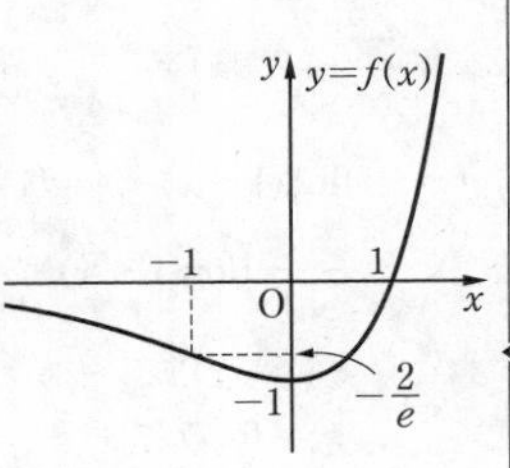

◀ 問題で与えられた式より $\lim_{x \to -\infty} f(x) = \lim_{x \to -\infty} (x-1)e^x = 0$

(2)　$g(x) = -e^x$ とおくと　　$g'(x) = -e^x$

よって，$y = g(x)$ 上の点 $(a,\ -e^a)$ における接線の方程式は

$y - (-e^a) = -e^a(x-a)$　すなわち　$y = -e^a x + (a-1)e^a$

これが点 $(0,\ b)$ を通るとき　　$\boldsymbol{b = (a-1)e^a}$　　…①

(3)　点 $(0,\ b)$ を通る接線の本数は a の方程式 ① の実数解の個数と一致する。

これは $y = f(a)$ のグラフと直線 $y = b$ の共有点の個数と一致するから，求める接線の本数は

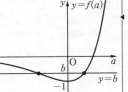

◀ $y = f(a)$ のグラフは (1) を利用する。

$$\begin{cases} \boldsymbol{b < -1} \text{ のとき} & \textbf{0 本} \\ \boldsymbol{b = -1,\ 0 \leqq b} \text{ のとき} & \textbf{1 本} \\ \boldsymbol{-1 < b < 0} \text{ のとき} & \textbf{2 本} \end{cases}$$

⑤ (1) 実数 x が $-1<x<1$, $x \neq 0$ を満たすとき，次の不等式を示せ。

$$(1-x)^{1-\frac{1}{x}}<(1+x)^{\frac{1}{x}}$$

(2) 次の不等式を示せ。

$$0.9999^{101}<0.99<0.9999^{100}$$

(東京大)

(1) 与式の両辺は正であるから，両辺の対数をとると，

$\left(1-\dfrac{1}{x}\right)\log(1-x)<\dfrac{1}{x}\log(1+x)$ より，

$f(x)=(x-1)\log(1-x)-\log(1+x)$ $(-1<x<1)$ とおくと

$$f'(x)=\log(1-x)+(x-1)\cdot\frac{-1}{1-x}-\frac{1}{1+x}$$

$$=\log(1-x)+1-\frac{1}{1+x}$$

$$f''(x)=\frac{-1}{1-x}+\frac{1}{(1+x)^2}=\frac{-x(x+3)}{(1-x)(1+x)^2}$$

よって，$f'(x)$ の増減表は次のようになる。

x	-1	$\cdots$	0	$\cdots$	1
$f''(x)$	／	$+$	0	$-$	／
$f'(x)$	／	↗	0	↘	／

ゆえに，$-1<x<0$, $0<x<1$ の範囲で $f'(x)<0$ であるから，$f(x)$ は単調減少する関数である。さらに，$f(0)=0$ であるから

$-1<x<0$ で　$f(x)>0$

$0<x<1$ で　$f(x)<0$

(ア) $-1<x<0$ のとき

$f(x)>0$ より　$(x-1)\log(1-x)>\log(1+x)$

両辺を x で割ると　$\left(1-\dfrac{1}{x}\right)\log(1-x)<\dfrac{1}{x}\log(1+x)$

すなわち　$(1-x)^{1-\frac{1}{x}}<(1+x)^{\frac{1}{x}}$

(イ) $0<x<1$ のとき

$f(x)<0$ より　$(x-1)\log(1-x)<\log(1+x)$

両辺を x で割ると　$\left(1-\dfrac{1}{x}\right)\log(1-x)<\dfrac{1}{x}\log(1+x)$

すなわち　$(1-x)^{1-\frac{1}{x}}<(1+x)^{\frac{1}{x}}$

(ア), (イ) より，$-1<x<1$, $x \neq 0$ のとき

$$(1-x)^{1-\frac{1}{x}}<(1+x)^{\frac{1}{x}}$$

(2) (1) において $x=0.01$ とすると　$0.99^{-99}<1.01^{100}$

両辺に 0.99^{100} を掛けると

$$0.99<0.99^{100}\times1.01^{100}=0.9999^{100}$$

また，(1) において $x=-0.01$ とすると　$1.01^{101}<0.99^{-100}$

両辺に 0.99^{101} を掛けると

$$0.99^{101}\times1.01^{101}=0.9999^{101}<0.99$$

したがって　$0.9999^{101}<0.99<0.9999^{100}$

◀ いきなり (左辺)－(右辺) を計算すると大変であるから，両辺の対数をとり，さらに x 倍した式を考える。

◀ $x<0$ より

◀ $x>0$ より

◀ $0.99\times1.01=0.9999$

⑥ (1) 関数 $f(x)=\dfrac{1}{x}\log(1+x)$ を微分せよ。

(2) $0<x<y$ のとき $\dfrac{1}{x}\log(1+x)>\dfrac{1}{y}\log(1+y)$ が成り立つことを示せ。

(3) $\left(\dfrac{1}{11}\right)^{\frac{1}{10}}$，$\left(\dfrac{1}{13}\right)^{\frac{1}{12}}$，$\left(\dfrac{1}{15}\right)^{\frac{1}{14}}$ を大きい方から順に並べよ。 (愛媛大)

(1) $f'(x)=-\dfrac{1}{x^2}\cdot\log(1+x)+\dfrac{1}{x}\cdot\dfrac{1}{1+x}$

$=\boldsymbol{\dfrac{x-(1+x)\log(1+x)}{x^2(1+x)}}$

◀ $x^2>0$，$1+x>0$ より $x^2(1+x)>0$

(2) $g(x)=x-(1+x)\log(1+x)$ とおくと

$$g'(x)=1-1\cdot\log(1+x)-(1+x)\cdot\frac{1}{1+x}=-\log(1+x)$$

$x>0$ のとき，$\log(1+x)>0$ であるから　$g'(x)<0$

$g(0)=0$ であるから，$x>0$ のとき　$g(x)<0$

よって，(1) より $f'(x)<0$ となるから，$f(x)$ は $x>0$ の範囲で単調減少する関数である。

したがって，$0<x<y$ のとき　$f(x)>f(y)$

すなわち　$\dfrac{1}{x}\log(1+x)>\dfrac{1}{y}\log(1+y)$

(3) (2) より，$10<12<14$ について

$$\frac{1}{10}\log(1+10)>\frac{1}{12}\log(1+12)>\frac{1}{14}\log(1+14)$$

が成り立つから

$$-\frac{1}{10}\log 11<-\frac{1}{12}\log 13<-\frac{1}{14}\log 15$$

すなわち　$\log 11^{-\frac{1}{10}}<\log 13^{-\frac{1}{12}}<\log 15^{-\frac{1}{14}}$

底 e は 1 より大きいから　$11^{-\frac{1}{10}}<13^{-\frac{1}{12}}<15^{-\frac{1}{14}}$

ゆえに　$\left(\dfrac{1}{11}\right)^{\frac{1}{10}}<\left(\dfrac{1}{13}\right)^{\frac{1}{12}}<\left(\dfrac{1}{15}\right)^{\frac{1}{14}}$

したがって，大きい順に　$\boldsymbol{\left(\dfrac{1}{15}\right)^{\frac{1}{14}}，\left(\dfrac{1}{13}\right)^{\frac{1}{12}}，\left(\dfrac{1}{11}\right)^{\frac{1}{10}}}$

10 速度・加速度と近似式

練習 129 直線軌道を走るある電車がブレーキをかけ始めてから止まるまでの間について，t 秒間に走る距離を x m とすると，$x=16(t-3at^2+4a^2t^3-2a^3t^4)$ であるという。ここで，a は，運転席にある調整レバーによって値を調整できる正の定数である。

(1) ブレーキをかけ始めてから t 秒後の電車の速度 v を t と a で表せ。

(2) 駅まで 200 m の地点でブレーキをかけ始めたときにちょうど駅で電車が止まったとする。そのときの a の値を求めよ。 (立教大)

(1) $v=\dfrac{dx}{dt}=16(1-6at+12a^2t^2-8a^3t^3)$

$=\mathbf{16(1-2at)^3}$

◀ $a^3-3a^2b+3ab^2-b^3=(a-b)^3$ を用いて因数分解できる。

(2) $v=0$ のとき，$1-2at=0$ より $t=\dfrac{1}{2a}$

◀ 電車が停止したときの時刻 t は，速度 $v=0$ として求める。

このとき

$$x=16\left\{\frac{1}{2a}-3a\cdot\left(\frac{1}{2a}\right)^2+4a^2\cdot\left(\frac{1}{2a}\right)^3-2a^3\cdot\left(\frac{1}{2a}\right)^4\right\}=\frac{2}{a}$$

よって $\dfrac{2}{a}=200$

ゆえに $\boldsymbol{a=\dfrac{1}{100}}$

練習 130 平面上を運動する点 P の座標 $(x,\ y)$ が，時刻 t $(t>0)$ の関数として

$x=t-\sin t,\quad y=1-\cos t$

で表されるとき，$t=\dfrac{\pi}{6}$ における速さと加速度の大きさを求めよ。

点 P の各座標を t で微分すると

$$\frac{dx}{dt}=1-\cos t,\ \ \frac{dy}{dt}=\sin t$$

よって $\dfrac{d^2x}{dt^2}=\sin t,\ \ \dfrac{d^2y}{dt^2}=\cos t$

◀ 速度 $\vec{v}=\left(\dfrac{dx}{dt},\ \dfrac{dy}{dt}\right)$ 加速度 $\vec{\alpha}=\dfrac{d\vec{v}}{dt}=\left(\dfrac{d^2x}{dt^2},\ \dfrac{d^2y}{dt^2}\right)$

点 P の速度を $\vec{v}$，加速度を $\vec{\alpha}$ とすると

$$\vec{v}=(1-\cos t,\ \sin t),\ \ \vec{\alpha}=(\sin t,\ \cos t)$$

$t=\dfrac{\pi}{6}$ のとき，$\vec{v}=\left(1-\cos\dfrac{\pi}{6},\ \sin\dfrac{\pi}{6}\right)=\left(1-\dfrac{\sqrt{3}}{2},\ \dfrac{1}{2}\right)$ より

◀ $t=\dfrac{\pi}{6}$ のときの速度の成分を求める。

$$|\vec{v}|=\sqrt{\left(1-\frac{\sqrt{3}}{2}\right)^2+\frac{1}{4}}=\sqrt{2-\sqrt{3}}$$

◀ $|\vec{v}|=\sqrt{\left(\dfrac{dx}{dt}\right)^2+\left(\dfrac{dy}{dt}\right)^2}$

$$=\sqrt{\frac{4-2\sqrt{3}}{2}}=\frac{\sqrt{4-2\sqrt{3}}}{\sqrt{2}}$$

$$=\frac{\sqrt{3}-1}{\sqrt{2}}=\frac{\sqrt{6}-\sqrt{2}}{2}$$

◀ 二重根号を外す。

よって，速さは $\boldsymbol{|\vec{v}|=\dfrac{\sqrt{6}-\sqrt{2}}{2}}$

$t=\dfrac{\pi}{6}$ のとき，$\vec{\alpha}=\left(\sin\dfrac{\pi}{6},\ \cos\dfrac{\pi}{6}\right)=\left(\dfrac{1}{2},\ \dfrac{\sqrt{3}}{2}\right)$ より

$|\vec{\alpha}| = \sqrt{\dfrac{1}{4} + \dfrac{3}{4}} = 1$

よって，加速度の大きさは　$|\vec{\alpha}| = 1$

◀ $\vec{\alpha} = \left(\sin\dfrac{\pi}{6},\ \cos\dfrac{\pi}{6}\right)$ から，直接 $|\vec{\alpha}| = \sqrt{\sin^2\dfrac{\pi}{6} + \cos^2\dfrac{\pi}{6}} = 1$ としてもよい。

練習 131 例題 131 において，点Pが動いている円を C，点Pの速度を $\vec{v}$，加速度を $\vec{\alpha}$ とするとき，次の(1)，(2)を示せ。

(1) $\vec{v}$ の向きは，点Pにおける円 C の接線の方向である。

(2) $\vec{\alpha}$ の向きは，点Pから円 C の中心への方向である。

(1) 時刻 t における点Pの座標を $(x,\ y)$ とすると，動径 OP の表す一般角は ωt であるから

$$\begin{cases} x = r\cos\omega t \\ y = r\sin\omega t \end{cases}$$

よって　$\overrightarrow{\mathrm{OP}} = (r\cos\omega t,\ r\sin\omega t)$

$$\frac{dx}{dt} = -r\omega\sin\omega t,\quad \frac{dy}{dt} = r\omega\cos\omega t$$

よって，$\vec{v} = (-r\omega\sin\omega t,\ r\omega\cos\omega t)$ であるから

$$\overrightarrow{\mathrm{OP}}\cdot\vec{v} = -r^2\omega\sin\omega t\cos\omega t + r^2\omega\sin\omega t\cos\omega t = 0$$

ここで，$|\overrightarrow{\mathrm{OP}}| = r > 0$，$|\vec{v}| = r\omega > 0$ より

$\overrightarrow{\mathrm{OP}} \neq \vec{0}$，$\vec{v} \neq \vec{0}$

したがって　$\overrightarrow{\mathrm{OP}} \perp \vec{v}$

すなわち，$\vec{v}$ の向きは，点Pにおける円 C の接線の方向である。

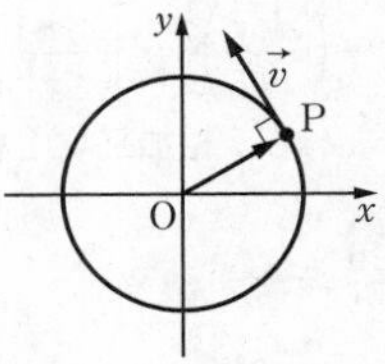

◀ $\vec{a} \neq \vec{0}$，$\vec{b} \neq \vec{0}$ のとき $\vec{a}\cdot\vec{b} = 0 \Longleftrightarrow \vec{a} \perp \vec{b}$

◀ 円の接線は接点を通る半径に垂直である。

(2) $\dfrac{d^2x}{dt^2} = -r\omega^2\cos\omega t$，$\dfrac{d^2y}{dt^2} = -r\omega^2\sin\omega t$

よって，加速度 $\vec{\alpha}$ は

$\vec{\alpha} = (-r\omega^2\cos\omega t,\ -r\omega^2\sin\omega t)$

$\quad = -\omega^2(r\cos\omega t,\ r\sin\omega t) = -\omega^2\overrightarrow{\mathrm{OP}}$

$-\omega^2 < 0$ であるから，$\vec{\alpha}$ は $\overrightarrow{\mathrm{OP}}$ と逆向きである。すなわち，$\vec{\alpha}$ の向きは，点Pから円 C の中心への方向である。

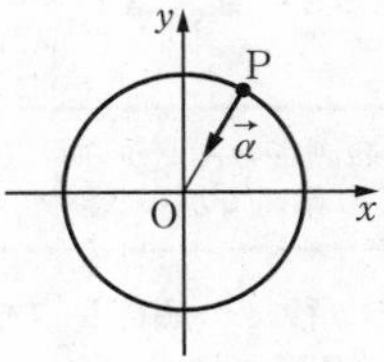

練習 132 点 $\left(-1,\ \dfrac{1}{2}\left(e + \dfrac{1}{e}\right)\right)$ にある動点Pが，xy 平面上の曲線 $y = \dfrac{1}{2}(e^x + e^{-x})$ $(-1 \leqq x \leqq 1)$ 上を，速さが1で，x 座標が常に増加するように動く。点Pの加速度の大きさの最大値を求めよ。

時刻 t における点Pの座標を $(x,\ y)$ とする。

$y = \dfrac{1}{2}(e^x + e^{-x})$ であるから

$$\frac{dy}{dt} = \frac{dy}{dx}\cdot\frac{dx}{dt} = \frac{1}{2}(e^x - e^{-x})\cdot\frac{dx}{dt} \qquad \cdots①$$

3章 10 速度・加速度と近似式

点Pの速さが1であるから

$\left(\dfrac{dx}{dt}\right)^2+\left(\dfrac{dy}{dt}\right)^2=1$ より　$\left(\dfrac{dx}{dt}\right)^2+\dfrac{1}{4}(e^x-e^{-x})^2\cdot\left(\dfrac{dx}{dt}\right)^2=1$

◀点Pの速さが1

よって　$\dfrac{1}{4}(e^x+e^{-x})^2\left(\dfrac{dx}{dt}\right)^2=1$

◀ $1+\dfrac{1}{4}(e^x-e^{-x})^2$
$=\dfrac{1}{4}(4+e^{2x}-2+e^{-2x})$
$=\dfrac{1}{4}(e^x+e^{-x})^2$

すなわち　$\left(\dfrac{dx}{dt}\right)^2=\dfrac{4}{(e^x+e^{-x})^2}$

$\dfrac{dx}{dt}>0$ より　$\dfrac{dx}{dt}=\dfrac{2}{e^x+e^{-x}}$

◀x 座標が常に増加するように動くから $\dfrac{dx}{dt}>0$

これを ① に代入すると　$\dfrac{dy}{dt}=\dfrac{e^x-e^{-x}}{e^x+e^{-x}}$

よって

$$\begin{aligned}\frac{d^2x}{dt^2}&=\frac{d}{dt}\left(\frac{2}{e^x+e^{-x}}\right)=\frac{d}{dx}\left(\frac{2}{e^x+e^{-x}}\right)\cdot\frac{dx}{dt}\\&=\frac{-2(e^x-e^{-x})}{(e^x+e^{-x})^2}\cdot\frac{2}{e^x+e^{-x}}=\frac{-4(e^x-e^{-x})}{(e^x+e^{-x})^3}\end{aligned}$$

◀ $\dfrac{d^2x}{dt^2}=\dfrac{d}{dt}\left(\dfrac{dx}{dt}\right)$

$$\begin{aligned}\frac{d^2y}{dt^2}&=\frac{d}{dt}\left(\frac{e^x-e^{-x}}{e^x+e^{-x}}\right)=\frac{d}{dx}\left(\frac{e^x-e^{-x}}{e^x+e^{-x}}\right)\cdot\frac{dx}{dt}\\&=\frac{4}{(e^x+e^{-x})^2}\cdot\frac{2}{e^x+e^{-x}}=\frac{8}{(e^x+e^{-x})^3}\end{aligned}$$

ゆえに，加速度を $\vec{\alpha}$ とすると

$$|\vec{\alpha}|^2=\left(\frac{d^2x}{dt^2}\right)^2+\left(\frac{d^2y}{dt^2}\right)^2=\frac{16}{(e^x+e^{-x})^4}$$

$e^x>0$，$e^{-x}>0$ であるから，相加平均と相乗平均の関係より

$$e^x+e^{-x}\geqq 2$$

◀ $e^x+e^{-x}\geqq 2\sqrt{e^xe^{-x}}$

これより　$|\vec{\alpha}|^2\leqq\dfrac{16}{2^4}=1$

◀分母が最小となるとき，$|\vec{\alpha}|^2$ は最大となる。

等号が成り立つのは $e^x=e^{-x}$ より　$x=0$

これは動点Pが出発する位置の x 座標（$x=-1$）より大きい。

したがって，$x=0$ のとき　**最大値1**

練習 133 水面から30mの高さの岸壁から長さ60mの綱で船を引き寄せる。毎秒5mの速さで綱をたぐるとき，たぐり始めてから2秒後における船の速さを求めよ。

綱をたぐり始めてから t 秒後の綱の長さを l m，岸壁から船までの距離を x m とすると

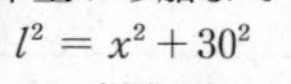

$$l^2=x^2+30^2$$

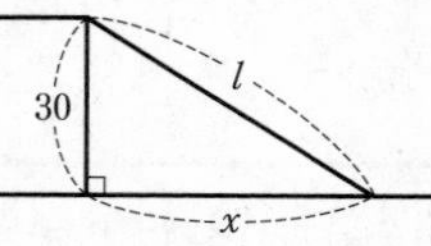

両辺を t で微分すると

$$2l\cdot\frac{dl}{dt}=2x\cdot\frac{dx}{dt}$$

◀陰関数の微分法を用いる。

すなわち　$l\dfrac{dl}{dt}=x\dfrac{dx}{dt}$　…①

$\dfrac{dl}{dt}=-5$ であるから，$t=2$ のとき　$l=60-5\cdot2=50$

◀綱をたぐる速さは $\left|\dfrac{dl}{dt}\right|$ である。綱は短くなっていくから　$\dfrac{dl}{dt}=-5<0$

また　$x=\sqrt{l^2-30^2}=\sqrt{50^2-30^2}=40$

$\dfrac{dl}{dt}=-5$，$l=50$，$x=40$ を ① に代入すると

$50\cdot(-5)=40\cdot\dfrac{dx}{dt}$ より　$\dfrac{dx}{dt}=-\dfrac{25}{4}$

◀距離 x を時刻 t で微分したものが速度であるから $v=\dfrac{dx}{dt}$

よって，2 秒後における船の速さは　$\left|-\dfrac{25}{4}\right|=\dfrac{25}{4}$ **(m/s)**

練習 134 (1) $\pi=3.14$，$\sqrt{3}=1.73$ として，$\sin 31^\circ$ の近似値を小数第 3 位まで求めよ。
(2) $\log 1.002$ の近似値を小数第 3 位まで求めよ。

---

(1) $f(x)=\sin x$ とすると　$f'(x)=\cos x$

$h\fallingdotseq 0$ のとき $f(a+h)\fallingdotseq f(a)+f'(a)h$ であるから

$$\sin(a+h)\fallingdotseq \sin a+h\cos a$$

$31^\circ=30^\circ+1^\circ=\dfrac{\pi}{6}+\dfrac{\pi}{180}$ より，

$a=\dfrac{\pi}{6}$，$h=\dfrac{\pi}{180}$ とすると，$h\fallingdotseq 0$ であるから

◀ $\dfrac{\pi}{180}=0.0174\cdots\fallingdotseq 0$

$$\begin{aligned}\sin 31^\circ&=\sin\left(\frac{\pi}{6}+\frac{\pi}{180}\right)\fallingdotseq \sin\frac{\pi}{6}+\frac{\pi}{180}\cos\frac{\pi}{6}\\&=\frac{1}{2}+\frac{\pi}{180}\cdot\frac{\sqrt{3}}{2}=\frac{1}{2}+\frac{3.14\times 1.73}{360}\\&\fallingdotseq 0.5+0.015=\mathbf{0.515}\end{aligned}$$

(2) $f(x)=\log x$ とすると　$f'(x)=\dfrac{1}{x}$

$h\fallingdotseq 0$ のとき $f(a+h)\fallingdotseq f(a)+f'(a)h$ であるから

$$\log(a+h)\fallingdotseq \log a+\frac{h}{a}$$

$a=1$，$h=0.002$ とすると，$h\fallingdotseq 0$ であるから

$$\log 1.002=\log(1+0.002)\fallingdotseq \log 1+\frac{0.002}{1}=\mathbf{0.002}$$

チャレンジ《4》 次の関数のマクローリン展開を求めよ。
(1) $f(x)=\cos x$　　(2) $f(x)=\log(1+x)$

---

(1) $f'(x)=-\sin x$，$f''(x)=-\cos x$，$f^{(3)}(x)=\sin x$，$f^{(4)}(x)=\cos x$，
$f^{(5)}(x)=-\sin x$，$f^{(6)}(x)=-\cos x$，$\cdots$ より，k を自然数とすると

◀周期性に着目する。

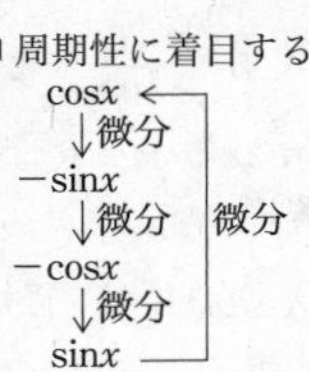

(ア) $n=4k-3$ のとき
$f^{(n)}(x)=-\sin x$ より　$f^{(n)}(0)=0$

(イ) $n=4k-2$ のとき
$f^{(n)}(x)=-\cos x$ より　$f^{(n)}(0)=-1$

(ウ) $n=4k-1$ のとき
$f^{(n)}(x)=\sin x$ より　$f^{(n)}(0)=0$

(エ) $n=4k$ のとき
$f^{(n)}(x)=\cos x$ より　$f^{(n)}(0)=1$

(ア)～(エ)，および

$$f(x)=f(0)+\frac{f'(0)}{1!}x+\frac{f''(0)}{2!}x^2+\cdots+\frac{f^{(n)}(0)}{n!}x^n+\cdots \text{ より}$$

$$\boldsymbol{\cos x=1-\frac{x^2}{2!}+\frac{x^4}{4!}-\frac{x^6}{6!}+\cdots+\frac{(-1)^n x^{2n}}{(2n)!}+\cdots}$$

3章 10 速度・加速度と近似式

(2)　$f'(x)=\dfrac{1}{1+x}=(1+x)^{-1}$，$f''(x)=-(1+x)^{-2}$

$f^{(3)}(x)=2(1+x)^{-3}$，$f^{(4)}(x)=-2\cdot3(1+x)^{-4}$，$\cdots$ より

$$f^{(n)}(x)=(-1)^{n-1}\cdot(n-1)!(1+x)^{-n}$$

よって　　$f^{(n)}(0)=(-1)^{n-1}(n-1)!$

この結果と $f(0)=\log1=0$ より

$$\log(1+x)=x-\frac{1}{2!}x^2+\frac{2!}{3!}x^3-\frac{3!}{4!}x^4+\cdots+\frac{(-1)^{n-1}(n-1)!}{n!}x^n+\cdots$$

$$=\boldsymbol{x-\frac{1}{2}x^2+\frac{1}{3}x^3-\frac{1}{4}x^4+\cdots+\frac{(-1)^{n-1}}{n}x^n+\cdots}$$

◀ $\dfrac{(n-1)!}{n!}=\dfrac{1}{n}$

練習 135 半径 r の円がある。半径 r が α％増加したとき周の長さが1％増加し，面積が β％増加した。このとき，α と β の値を近似計算を用いて求めよ。

半径 r が α％増加したときの半径の増加量 Δr は

$$\Delta r=r\cdot\frac{\alpha}{100}=\frac{\alpha r}{100}$$

◀ 与えられている割合が百分率（％）であることに注意する。

周の長さの増加が1％であるから，$\Delta r\fallingdotseq0$ と考える。

周の長さを $L(r)$ とすると

$$L(r)=2\pi r,\ L'(r)=2\pi$$

Δr に応じた $L(r)$ の微小変化 ΔL は，$\Delta r\fallingdotseq0$ のとき

◀ $\Delta L=\dfrac{1}{100}L$

$$\Delta L\fallingdotseq L'(r)\Delta r$$

$$2\pi r\cdot\frac{1}{100}\fallingdotseq2\pi\cdot\frac{\alpha r}{100}$$

よって　　$r\fallingdotseq\alpha r$

$r\neq0$ より　　$\boldsymbol{\alpha\fallingdotseq1}$

次に，面積を $S(r)$ とすると

$$S(r)=\pi r^2,\ S'(r)=2\pi r$$

Δr に応じた $S(r)$ の微小変化 ΔS は，$\Delta r\fallingdotseq0$ のとき

◀ $\Delta S\fallingdotseq\dfrac{\beta}{100}S$

$$\Delta S\fallingdotseq S'(r)\Delta r$$

$$\pi r^2\cdot\frac{\beta}{100}\fallingdotseq2\pi r\cdot\frac{r}{100}$$

◀ $\Delta r=\dfrac{\alpha r}{100}$，$\alpha\fallingdotseq1$

$\beta r^2\fallingdotseq2r^2$，$r\neq0$ より　　$\boldsymbol{\beta\fallingdotseq2}$

〔別解〕

α％増加した半径は $r\left(1+\dfrac{\alpha}{100}\right)$ であるから，そのときの周の長さと

面積はそれぞれ　　$2\pi\left\{r\left(1+\dfrac{\alpha}{100}\right)\right\}$，$\pi\left\{r\left(1+\dfrac{\alpha}{100}\right)\right\}^2$

$\dfrac{\alpha}{100}\fallingdotseq0$ であるから

$$2\pi\left\{r\left(1+\frac{\alpha}{100}\right)\right\}=2\pi r\left(1+\frac{\alpha}{100}\right)$$

$$\pi\left\{r\left(1+\frac{\alpha}{100}\right)\right\}^2=\pi r^2\left(1+\frac{\alpha}{100}\right)^2\fallingdotseq\pi r^2\left(1+\frac{2\alpha}{100}\right)$$

◀ $|x|\fallingdotseq0$ のとき $(1+x)^r\fallingdotseq1+rx$

周の長さと面積はそれぞれ1％，β％増加しているから

$\alpha=1,\ 2\alpha \fallingdotseq \beta$　すなわち　$\alpha=1,\ \beta \fallingdotseq 2$

p.254 問題編 10 速度・加速度と近似式

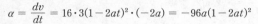

問題 129 練習 129 において，乗客の安全のため，電車の加速度 α の大きさ $|\alpha|$ が 1 を超えない範囲にレバーを調節しておく規則になっている。このとき，ブレーキをかけ始めてから止まるまでの距離を最小にする a の値とそのときの距離を求めよ。（立教大）

$\alpha=\dfrac{dv}{dt}=16\cdot3(1-2at)^2\cdot(-2a)=-96a(1-2at)^2$

◀ 加速度 α は速度 v を t で微分したものである。

よって，$0 \leqq t \leqq \dfrac{1}{2a}$ において，$|\alpha| \leqq 1$ となるような a の値の範囲は

◀ $t=\dfrac{1}{2a}$ で $v=0$ より $0 \leqq t \leqq \dfrac{1}{2a}$

$|-96a(1-2at)^2| \leqq 1$

$96a(2at-1)^2 \leqq 1$

右の図より，$t=0$ のとき $|\alpha|$ は最大になるから　$96a \leqq 1$

よって　$0<a \leqq \dfrac{1}{96}$

したがって，ブレーキをかけ始めてから止まるまでの距離を最小にするのは $\boldsymbol{a=\dfrac{1}{96}}$ のときであり，そのときの距離は **192 m**

◀ 練習 129 (2) より $x=\dfrac{2}{a}$

問題 130 平面上を運動する点 P の時刻 t における座標 $(x,\ y)$ が $x=\cos t+\sin t,\ y=\cos t\sin t$ で表されるとき

(1) 点 P がえがく曲線を図示せよ。

(2) 点 P の速さの最大値を求めよ。また，そのときの加速度の大きさを求めよ。

(1) $(\cos t+\sin t)^2=1+2\cos t\sin t$ より

$x^2=1+2y$

◀ $x=\cos t+\sin t$，$y=\cos t\sin t$ より t を消去する。

よって　$y=\dfrac{1}{2}x^2-\dfrac{1}{2}$

また　$x=\cos t+\sin t$

$=\sqrt{2}\sin\left(t+\dfrac{\pi}{4}\right)$

◀ t はすべての実数値をとるから，三角関数の合成を用いて x のとり得る値の範囲を求める。

ゆえに　$-\sqrt{2} \leqq x \leqq \sqrt{2}$

したがって，点 P のえがく曲線は **右の図**。

(2) 点 P の各座標を t で微分すると

$\dfrac{dx}{dt}=-\sin t+\cos t$

$\dfrac{dy}{dt}=(-\sin t)\sin t+\cos t\cdot\cos t=\cos 2t$

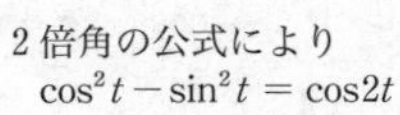

◀ 2 倍角の公式により $\cos^2 t-\sin^2 t=\cos 2t$

よって，点 P の速度を $\vec{v}$ とすると

$|\vec{v}|^2=\left(\dfrac{dx}{dt}\right)^2+\left(\dfrac{dy}{dt}\right)^2=(-\sin t+\cos t)^2+(\cos 2t)^2$

$=1-2\sin t\cos t+\cos^2 2t$

$=-\sin^2 2t-\sin 2t+2$

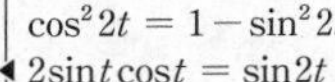

$\cos^2 2t=1-\sin^2 2t$

◀ $2\sin t\cos t=\sin 2t$

$$= -\left(\sin 2t + \frac{1}{2}\right)^2 + \frac{9}{4}$$

◀ sin2t の 2 次関数と考えて，平方完成する。

$-1 \leqq \sin 2t \leqq 1$ より，$|\vec{v}|^2$ は，$\sin 2t = -\dfrac{1}{2}$，すなわち，

◀ t はすべての実数値をとるから $-1 \leqq \sin 2t \leqq 1$

$t = \dfrac{7}{12}\pi + n\pi$，$\dfrac{11}{12}\pi + n\pi$（$n$ は整数）のとき最大値 $\dfrac{9}{4}$ をとる。

◀ 一般角で表すことに注意する。

したがって，速さの最大値は　$|\vec{v}| = \sqrt{\dfrac{9}{4}} = \dfrac{3}{2}$

このとき，$\dfrac{d^2x}{dt^2} = -\cos t - \sin t$，$\dfrac{d^2y}{dt^2} = -2\sin 2t$ より

点 P の加速度を $\vec{\alpha}$ とすると

$$\begin{aligned} |\vec{\alpha}|^2 = \left(\frac{d^2x}{dt^2}\right)^2 + \left(\frac{d^2y}{dt^2}\right)^2 &= (-\cos t - \sin t)^2 + (-2\sin 2t)^2 \\ &= 1 + 2\sin t\cos t + 4\sin^2 2t \\ &= 4\sin^2 2t + \sin 2t + 1 \\ &= 4\left(-\frac{1}{2}\right)^2 + \left(-\frac{1}{2}\right) + 1 \\ &= \frac{3}{2} \end{aligned}$$

したがって，加速度の大きさは　$|\vec{\alpha}| = \sqrt{\dfrac{3}{2}} = \dfrac{\sqrt{6}}{2}$

問題 131 動点 P が xy 平面上の原点 O を中心とする半径 6 の円上を一定の速さで時計と反対回りで運動しており，3 秒間で円を一周する。時刻 $t = 2$ に点 P が $(3\sqrt{3},\ -3)$ にあるとき，次の問に答えよ。

(1) 点 P の時刻 t における速度 $\vec{v}$ を求めよ。

(2) 点 P の加速度 $\vec{\alpha}$ について，$\vec{\alpha} = k\overrightarrow{\mathrm{OP}}$ を満たす実数 k の値を求めよ。

(1) 3 秒で 2π だけ回転するから，角速度は $\dfrac{2}{3}\pi$ である。

$t = 0$ のとき，動径 OP の表す角を θ（$0 \leqq \theta < 2\pi$）とすると，

$$\mathrm{P}(x,\ y) \text{ は } \begin{cases} x = 6\cos\left(\dfrac{2}{3}\pi t + \theta\right) \\ y = 6\sin\left(\dfrac{2}{3}\pi t + \theta\right) \end{cases}$$

$t = 2$ のとき，点 P が $(3\sqrt{3},\ -3)$ にあるから

$$6\cos\left(\frac{4}{3}\pi + \theta\right) = 3\sqrt{3},\ 6\sin\left(\frac{4}{3}\pi + \theta\right) = -3$$

すなわち

$$\cos\left(\frac{4}{3}\pi + \theta\right) = \frac{\sqrt{3}}{2},\ \sin\left(\frac{4}{3}\pi + \theta\right) = -\frac{1}{2}$$

$\dfrac{4}{3}\pi \leqq \dfrac{4}{3}\pi + \theta < \dfrac{10}{3}\pi$ であるから　$\dfrac{4}{3}\pi + \theta = \dfrac{11}{6}\pi$

◀ $0 \leqq \theta < 2\pi$ より $\dfrac{4}{3}\pi \leqq \dfrac{4}{3}\pi + \theta < \dfrac{4}{3}\pi + 2\pi$

よって　$\theta = \dfrac{\pi}{2}$

ゆえに $\begin{cases} x=6\cos\left(\dfrac{2}{3}\pi t+\dfrac{\pi}{2}\right)=-6\sin\dfrac{2}{3}\pi t \\ y=6\sin\left(\dfrac{2}{3}\pi t+\dfrac{\pi}{2}\right)=6\cos\dfrac{2}{3}\pi t \end{cases}$

◀ $\cos\left(x+\dfrac{\pi}{2}\right)=-\sin x$
$\sin\left(x+\dfrac{\pi}{2}\right)=\cos x$

したがって

$$\frac{dx}{dt}=-4\pi\cos\frac{2}{3}\pi t,\quad \frac{dy}{dt}=-4\pi\sin\frac{2}{3}\pi t$$

よって　$\boldsymbol{\vec{v}=\left(-4\pi\cos\dfrac{2}{3}\pi t,\ -4\pi\sin\dfrac{2}{3}\pi t\right)}$

(2) $\dfrac{d^2x}{dt^2}=\dfrac{8}{3}\pi^2\sin\dfrac{2}{3}\pi t,\ \dfrac{d^2y}{dt^2}=-\dfrac{8}{3}\pi^2\cos\dfrac{2}{3}\pi t$

よって，加速度 $\vec{\alpha}$ は

$$\vec{\alpha}=\left(\frac{8}{3}\pi^2\sin\frac{2}{3}\pi t,\ -\frac{8}{3}\pi^2\cos\frac{2}{3}\pi t\right)$$
$$=-\frac{4}{9}\pi^2\left(-6\sin\frac{2}{3}\pi t,\ 6\cos\frac{2}{3}\pi t\right)=-\frac{4}{9}\pi^2\overrightarrow{\mathrm{OP}}$$

したがって　$\boldsymbol{k=-\dfrac{4}{9}\pi^2}$

問題 **132** 原点Oにある動点Pが曲線 $y=\sin x$ に沿って，x 座標が常に増加するように動く。点Pの速さが一定の値 $V\ (>0)$ であるとき，点Pの加速度の大きさの最大値を求めよ。

時刻 t における点Pの座標を $(x,\ y)$ とすると，$y=\sin x$ であるから

$$\frac{dy}{dt}=\frac{dy}{dx}\cdot\frac{dx}{dt}=\cos x\cdot\frac{dx}{dt}\quad\cdots①$$

$\left(\dfrac{dx}{dt}\right)^2+\left(\dfrac{dy}{dt}\right)^2=V^2$ より　$\left(\dfrac{dx}{dt}\right)^2+\left(\cos x\cdot\dfrac{dx}{dt}\right)^2=V^2$

◀ 点Pの速さが V

これより　$\left(\dfrac{dx}{dt}\right)^2=\dfrac{V^2}{1+\cos^2 x}$

◀ $\cos^2 x\geqq 0$ より
$1+\cos^2 x\geqq 1$

$\dfrac{dx}{dt}>0,\ V>0$ より　$\dfrac{dx}{dt}=\dfrac{V}{\sqrt{1+\cos^2 x}}$

◀ 点Pの x 座標が常に増加するように動くから
$\dfrac{dx}{dt}>0$

これを ① に代入すると　$\dfrac{dy}{dt}=\dfrac{V\cos x}{\sqrt{1+\cos^2 x}}$

よって

$$\frac{d^2x}{dt^2}=\frac{d}{dt}\left(\frac{V}{\sqrt{1+\cos^2 x}}\right)=\frac{d}{dx}\left(\frac{V}{\sqrt{1+\cos^2 x}}\right)\cdot\frac{dx}{dt}$$
$$=\frac{V\sin x\cos x}{(\sqrt{1+\cos^2 x})^3}\cdot\frac{V}{\sqrt{1+\cos^2 x}}=\frac{V^2\sin x\cos x}{(1+\cos^2 x)^2}$$

$$\frac{d^2y}{dt^2}=\frac{d}{dt}\left(\frac{V\cos x}{\sqrt{1+\cos^2 x}}\right)=\frac{d}{dt}\left(\frac{V}{\sqrt{1+\cos^2 x}}\cdot\cos x\right)$$
$$=\frac{d}{dt}\left(\frac{V}{\sqrt{1+\cos^2 x}}\right)\cdot\cos x+\frac{V}{\sqrt{1+\cos^2 x}}\cdot\frac{d}{dt}\cos x$$
$$=\frac{V^2\sin x\cos^2 x}{(1+\cos^2 x)^2}+\frac{V}{\sqrt{1+\cos^2 x}}\cdot\frac{d}{dx}(\cos x)\cdot\frac{dx}{dt}$$
$$=\frac{V^2\sin x\cos^2 x}{(1+\cos^2 x)^2}+\frac{V}{\sqrt{1+\cos^2 x}}\cdot(-\sin x)\cdot\frac{V}{\sqrt{1+\cos^2 x}}$$

◀ 積の微分法
$(uv)'=u'v+uv'$ を用いることで，$\dfrac{d^2x}{dt^2}$ を利用できる形にする。

3章 10 速度・加速度と近似式

$$= \frac{V^2\sin x\{\cos^2 x-(1+\cos^2 x)\}}{(1+\cos^2 x)^2} = \frac{-V^2\sin x}{(1+\cos^2 x)^2}$$

ゆえに，点Pの加速度を $\vec{\alpha}$ とすると

$$|\vec{\alpha}|^2 = \left\{\frac{V^2\sin x\cos x}{(1+\cos^2 x)^2}\right\}^2 + \left\{\frac{-V^2\sin x}{(1+\cos^2 x)^2}\right\}^2 = \frac{V^4\sin^2 x}{(1+\cos^2 x)^3}$$

$s=\cos^2 x$ とおいて，$f(s)=\dfrac{1-s}{(1+s)^3}$ とすると

◀ $|\vec{\alpha}|^2 = \dfrac{V^4(1-s)}{(1+s)^3}$

$0 \leqq s \leqq 1$ の範囲で $f'(s)=\dfrac{2(s-2)}{(1+s)^4}<0$ であるから，

$f(s)$ は，$s=0$ のとき，最大値1をとる。

$s=0$ すなわち $\cos x=0$ となるのは　　$x=\dfrac{\pi}{2}+n\pi$（n は整数）

◀ このとき $\sin^2 x=1$

したがって，$|\vec{\alpha}|$ は

$x=\dfrac{\pi}{2}+n\pi$（n は整数）のとき　**最大値 V^2**

◀ $|\vec{\alpha}|^2 = V^4 f(s)$

問題 133 球形のしゃぼん玉の半径が毎秒 2mm の割合で増加している。半径が 5cm になったとき，その表面積と体積が増加する割合を求めよ。

膨らみ始めてから t 秒後のしゃぼん玉の半径を r cm，表面積を $S\,\mathrm{cm}^2$，

体積を $V\,\mathrm{cm}^3$ とすると　　$S=4\pi r^2$，　$V=\dfrac{4}{3}\pi r^3$

◀ t の関数 S，V を t で微分する（合成関数の微分法を用いる）。

よって　　$\dfrac{dS}{dt}=8\pi r\dfrac{dr}{dt}$，$\dfrac{dV}{dt}=4\pi r^2\dfrac{dr}{dt}$

$\dfrac{dr}{dt}=\dfrac{1}{5}$，$r=5$ を代入すると

$$\frac{dS}{dt}=8\pi\cdot 5\cdot\frac{1}{5}=8\pi, \qquad \frac{dV}{dt}=4\pi\cdot 5^2\cdot\frac{1}{5}=20\pi$$

◀ mm を cm に直して考えることに注意する。
$2\,\mathrm{mm}=\dfrac{1}{5}\,\mathrm{cm}$

したがって，表面積と体積が増加する割合は，それぞれ

$8\pi\,\mathrm{cm}^2/\mathrm{s}$，$20\pi\,\mathrm{cm}^3/\mathrm{s}$

問題 134 (1) $x \fallingdotseq 0$ のとき，次の関数の1次近似式をつくれ。

(ア) $\dfrac{1}{1-x}$　　(イ) x^2+2x+3　　(ウ) e^x　　(エ) $\log(1+x)$

(2) $x \fallingdotseq 0$ のとき，$\log(1+x)$ の2次近似式を求めよ。

(3) (2)の結果を用いて，自然対数 $\log 1.1$ の値を小数第3位まで求めよ。

(1) $x \fallingdotseq 0$ であるから，$f(x) \fallingdotseq f(0)+f'(0)x$ を用いる。

(ア) $f(x)=\dfrac{1}{1-x}$ より　　$f'(x)=\dfrac{1}{(1-x)^2}$

よって　　$f(0)=1$，$f'(0)=1$

したがって　　$\dfrac{\mathbf{1}}{\mathbf{1-x}} \fallingdotseq \mathbf{1+x}$

◀ $f(x)=(1-x)^{-1}$ より
$f'(x)$
$=-(1-x)^{-2}\cdot(1-x)'$
$=(1-x)^{-2}$
$=\dfrac{1}{(1-x)^2}$

(イ) $f(x)=x^2+2x+3$ より　　$f'(x)=2x+2$

よって　　$f(0)=3$，$f'(0)=2$

したがって　　$\boldsymbol{x^2+2x+3 \fallingdotseq 2x+3}$

◀ もとの式の1次以下の式と同じになる。

(ウ) $f(x)=e^x$ より　　$f'(x)=e^x$

よって　　$f(0)=1,\ f'(0)=1$

したがって　　$\boldsymbol{e^x \fallingdotseq 1+x}$

(エ)　$f(x)=\log(1+x)$ より　　$f'(x)=\dfrac{1}{1+x}$

よって　　$f(0)=0,\ f'(0)=1$

したがって　　$\boldsymbol{\log(1+x) \fallingdotseq x}$

(2)　$f(x)=\log(1+x)$ とおくと

$$f'(x)=\frac{1}{1+x},\quad f''(x)=-\frac{1}{(1+x)^2}$$

$x \fallingdotseq 0$ のとき　　$f(x) \fallingdotseq f(0)+f'(0)x+\dfrac{1}{2}f''(0)x^2$

であることより　　$\boldsymbol{\log(1+x) \fallingdotseq x-\dfrac{x^2}{2}}$

(3)　(2) の結果より

$$\log 1.1=\log(1+0.1) \fallingdotseq 0.1-\frac{0.1^2}{2}=0.1-0.005=\boldsymbol{0.095}$$

◀ $\{\log f(x)\}'=\dfrac{f'(x)}{f(x)}$

◀ 2次近似式については，例題 134 **Point** 参照。
$h \fallingdotseq 0$ のとき
$f(a+h) \fallingdotseq f(a)+f'(a)h+f''(a)\cdot\dfrac{h^2}{2}$
において $a=0,\ h=x$ とおくと，$x \fallingdotseq 0$ のとき
$f(x) \fallingdotseq f(0)+f'(0)x+\dfrac{1}{2}f''(0)x^2$

3章 10 速度・加速度と近似式

問題 135　2辺の長さが 5 cm，8 cm で，そのはさむ角が 60° の三角形がある。2辺の長さをそのままにしてはさむ角が 1° 増すと，その面積はおよそどれだけ増すか。$\pi=3.1416$ として，小数第3位まで求めよ。

題意の2辺がはさむ角を x とすると，はさむ角の増加が 1° であるから，

$\Delta x=\dfrac{\pi}{180} \fallingdotseq 0$ と考える。

三角形の面積を $S(x)$ とすると

$$S(x)=\frac{1}{2}\cdot 5\cdot 8\cdot \sin x=20\sin x,\quad S'(x)=20\cos x$$

Δx に応じた $S(x)$ の微小変化 ΔS は，$\Delta x \fallingdotseq 0$ のとき

$$\Delta S \fallingdotseq S'(x)\Delta x$$

$x=\dfrac{\pi}{3}$ より

$$\Delta S \fallingdotseq S'\left(\frac{\pi}{3}\right)\cdot\Delta x=\left(20\cos\frac{\pi}{3}\right)\cdot\frac{\pi}{180}$$

$$=\frac{\pi}{18} \fallingdotseq \boldsymbol{0.175\ (cm^2)}$$

◀ $1°=\dfrac{\pi}{180}$ ラジアン

p.254 本質を問う 10

1　x 軸上を動く点の時刻 t における位置が $x=f(t)$ と表されるとき，$f'(t)$ が時刻 t における速度を表す。その理由を説明せよ。

時刻 t から $t+\Delta t$ までの平均速度は $\dfrac{f(t+\Delta t)-f(t)}{\Delta t}$ で表される。

時刻 t における速度とは，この平均速度の時間間隔 Δt を限りなく 0 に近づけた極限であるから，時刻 t における速度 v は

$$v=\lim_{\Delta t\to 0}\frac{f(t+\Delta t)-f(t)}{\Delta t}=f'(t)$$

◀ 平均変化率に着目する。

◀ 極限をとることで，時刻 t における瞬間の速度になる。

よって，速度は $f'(t)$ で表される。

2 θ の値が0に十分近いとき，$\sin\theta \fallingdotseq \theta$ のように近似してよいことが知られている。その理由を近似式の観点から説明せよ。

$f(\theta)=\sin\theta$ とすると　　$f'(\theta)=\cos\theta$

$\theta \fallingdotseq 0$ のとき $f(\theta) \fallingdotseq f(0)+f'(0)\theta$ であるから

$$\sin\theta \fallingdotseq \sin 0+\cos 0\cdot\theta=\theta$$

よって，θ の値が0に十分近いとき，$\sin\theta \fallingdotseq \theta$ と近似できる。

◀ θ の値が0に十分近いとき　$\theta \fallingdotseq 0$
1次近似式を考える。

p.255 Let's Try! 10

① 座標平面上を運動する点Pの時刻 t における座標が $x=(\cos t-2)\cos t$，$y=(2-\cos t)\sin t$ で与えられている。$0 \leqq t \leqq \pi$ の範囲で点Pのえがく曲線を C とする。

(1) 点Pの速さ V を t を用いて表せ。

(2) $V=\sqrt{3}$，$0 \leqq t \leqq \pi$ であるとき，点Pの座標を求めよ。

(3) (2)で求めた点Pにおける曲線 C の接線の方程式を求めよ。　（東海大　改）

(1) $$\frac{dx}{dt}=-\sin t\cos t+(\cos t-2)\cdot(-\sin t)$$
$$=2\sin t-2\sin t\cos t=2\sin t-\sin 2t$$
$$\frac{dy}{dt}=\sin t\cdot\sin t+(2-\cos t)\cos t$$
$$=2\cos t-(\cos^2 t-\sin^2 t)=2\cos t-\cos 2t$$

点Pの速度を $\vec{v}=\left(\frac{dx}{dt},\ \frac{dy}{dt}\right)$ とすると

$$V=|\vec{v}|=\sqrt{\left(\frac{dx}{dt}\right)^2+\left(\frac{dy}{dt}\right)^2}$$
$$=\sqrt{(2\sin t-\sin 2t)^2+(2\cos t-\cos 2t)^2}$$
$$=\sqrt{4(\sin^2 t+\cos^2 t)-4\sin t\sin 2t-4\cos t\cos 2t+(\sin^2 2t+\cos^2 2t)}$$
$$=\sqrt{5-4(\cos t\cos 2t+\sin t\sin 2t)}$$
$$=\sqrt{5-4\cos(t-2t)}$$
$$=\sqrt{5-4\cos(-t)}=\boldsymbol{\sqrt{5-4\cos t}}$$

◀速度を $\vec{v}$ とすると速さ V は　$V=|\vec{v}|$

◀加法定理により $\cos\alpha\cos\beta+\sin\alpha\sin\beta=\cos(\alpha-\beta)$

◀ $\cos(-t)=\cos t$

(2) $V=\sqrt{3}$ のとき，$5-4\cos t=3$ より　　$\cos t=\frac{1}{2}$

$0 \leqq t \leqq \pi$ より　　$t=\frac{\pi}{3}$

このとき，点Pの x 座標は

$$x=\left(\cos\frac{\pi}{3}-2\right)\cos\frac{\pi}{3}=\left(-\frac{3}{2}\right)\cdot\frac{1}{2}=-\frac{3}{4}$$

点Pの y 座標は

$$y=\left(2-\cos\frac{\pi}{3}\right)\sin\frac{\pi}{3}=\frac{3}{2}\cdot\frac{\sqrt{3}}{2}=\frac{3\sqrt{3}}{4}$$

よって，点Pの座標は　　$\mathbf{P}\left(-\frac{3}{4},\ \frac{3\sqrt{3}}{4}\right)$

◀ $t=\frac{\pi}{3}$ を $x=(\cos t-2)\cos t$，$y=(2-\cos t)\sin t$ に代入する。

(3) $t=\dfrac{\pi}{3}$ のとき

$$\frac{dx}{dt}=2\sin\frac{\pi}{3}-\sin\frac{2}{3}\pi$$
$$=2\cdot\frac{\sqrt{3}}{2}-\frac{\sqrt{3}}{2}=\frac{\sqrt{3}}{2}$$
$$\frac{dy}{dt}=2\cos\frac{\pi}{3}-\cos\frac{2}{3}\pi$$
$$=2\cdot\frac{1}{2}-\left(-\frac{1}{2}\right)=\frac{3}{2}$$

よって $\dfrac{dy}{dx}=\dfrac{\dfrac{dy}{dt}}{\dfrac{dx}{dt}}=\dfrac{\dfrac{3}{2}}{\dfrac{\sqrt{3}}{2}}=\sqrt{3}$

ゆえに，点 P における曲線 C の接線の方程式は

$$y-\frac{3\sqrt{3}}{4}=\sqrt{3}\left\{x-\left(-\frac{3}{4}\right)\right\}$$

すなわち $\boldsymbol{y=\sqrt{3}\,x+\dfrac{3\sqrt{3}}{2}}$

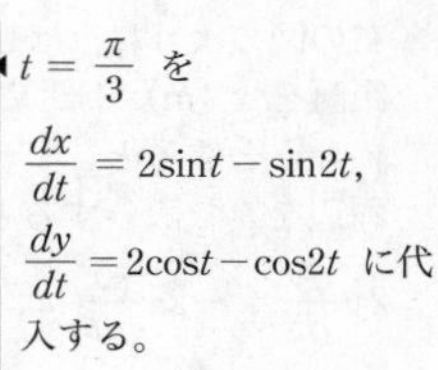

◀ $t=\dfrac{\pi}{3}$ を $\dfrac{dx}{dt}=2\sin t-\sin 2t$, $\dfrac{dy}{dt}=2\cos t-\cos 2t$ に代入する。

② 右の図のような直円錐状の容器が，容器の頂点を下にし，軸を鉛直にして置かれている。ただし，上面の円の半径は容器の深さの $\sqrt{2}$ 倍になっている。この容器に毎秒 $w\,\mathrm{cm}^3$ の割合で水を注ぐとき，水の量が $v\,\mathrm{cm}^3$ になった瞬間における水面の上昇する速度を求めよ。

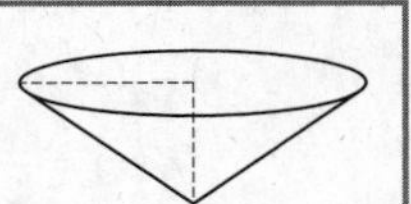

t 秒後の水面の高さを $h\,\mathrm{cm}$ として，$\dfrac{dh}{dt}$ を求めればよい。t 秒後の水面の円の半径は $\sqrt{2}\,h\,\mathrm{cm}$ より，容器内の水量を $V\,\mathrm{cm}^3$ とすると

$$V=\frac{1}{3}\pi\left(\sqrt{2}\,h\right)^2\cdot h=\frac{2\pi}{3}h^3 \qquad \cdots ①$$

両辺を t で微分すると

$$\frac{dV}{dt}=\frac{2\pi}{3}\cdot 3h^2\cdot\frac{dh}{dt}=2\pi h^2\frac{dh}{dt}$$

ここで，$\dfrac{dV}{dt}=w$ より $\dfrac{dh}{dt}=\dfrac{w}{2\pi h^2}$ $\qquad\cdots ②$

$V=v$ のとき，① より $\dfrac{2\pi}{3}h^3=v$ であるから $h=\sqrt[3]{\dfrac{3v}{2\pi}}$

② より，求める速度は $\dfrac{dh}{dt}=\dfrac{w}{2\pi\sqrt[3]{\dfrac{9v^2}{4\pi^2}}}=\boldsymbol{\dfrac{w}{\sqrt[3]{18\pi v^2}}}$ **(cm/s)**

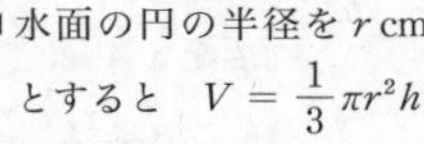

◀ 水面の円の半径を $r\,\mathrm{cm}$ とすると $V=\dfrac{1}{3}\pi r^2h$

◀ 容器に毎秒 w の水が注がれるから，容器内水量の 1 秒あたりの変化量 $\dfrac{dV}{dt}$ は同じく w である。

③ 壁に立てかけた長さ 5 m のはしごの下端を，上端が壁から離れないようにして 12 cm/s の速さで水平に引っ張るものとする。下端が壁から 3 m 離れた瞬間における上端の動く速さを求めよ。

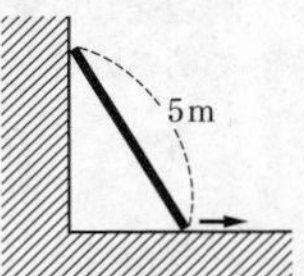

3章 10 速度・加速度と近似式

右の図のように，はしごの下端と壁までの距離を x (m)，はしごの上端までの高さを y (m) とすると　$y^2=25-x^2$

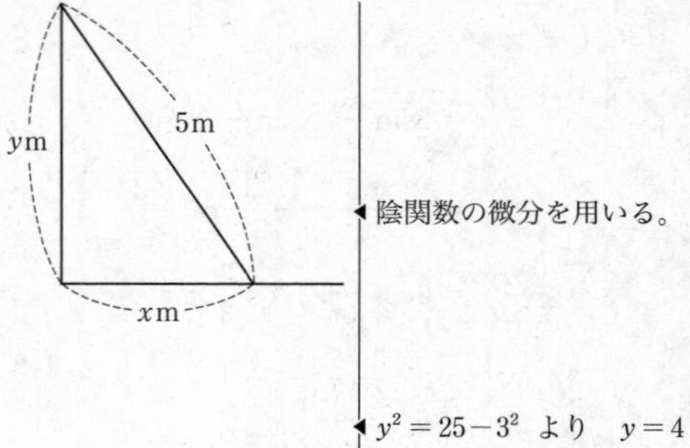

両辺を t で微分すると

$2y\dfrac{dy}{dt}=-2x\dfrac{dx}{dt}$ より　$y\dfrac{dy}{dt}=-x\dfrac{dx}{dt}$

◀陰関数の微分を用いる。

$\dfrac{dx}{dt}=0.12$ より　$\dfrac{dy}{dt}=-\dfrac{0.12}{y}x$

$x=3$ のとき，$y=4$ であるから

$$\frac{dy}{dt}=-\frac{0.12}{4}\cdot 3=-0.09$$

◀$y^2=25-3^2$ より　$y=4$

したがって，下向きに　**9 cm/s**

---

④ 関数 $f(x)=\sqrt{x^2-2x+2}$ について，次の問に答えよ。

(1) 微分係数 $f'(1)$ を求めよ。

(2) $\displaystyle\lim_{x\to 1}\frac{f'(x)}{x-1}$ を求めよ。

(3) x が 1 に十分近いときの近似式 $f'(x)\fallingdotseq a+b(x-1)$ の係数 a，b を求めよ。

(4) (3) の結果を用いて，x が 1 に十分近いときの近似式 $f(x)\fallingdotseq A+B(x-1)+C(x-1)^2$ の係数 A，B，C を求めよ。　（徳島大）

---

(1) $f(x)=(x^2-2x+2)^{\frac{1}{2}}$ より

$$f'(x)=\frac{1}{2}(x^2-2x+2)^{-\frac{1}{2}}\cdot(2x-2)=\frac{x-1}{\sqrt{x^2-2x+2}}\quad\cdots①$$

よって　$\boldsymbol{f'(1)=0}$

〔別解〕

$f(x)=\sqrt{x^2-2x+2}$ の両辺の自然対数をとると

◀$f(x)=\sqrt{(x-1)^2+1}>1$

$$\log f(x)=\frac{1}{2}\log(x^2-2x+2)$$

両辺を x で微分すると

$$\frac{f'(x)}{f(x)}=\frac{1}{2}\cdot\frac{(x^2-2x+2)'}{x^2-2x+2}=\frac{x-1}{x^2-2x+2}$$

よって　$f'(x)=\dfrac{x-1}{x^2-2x+2}f(x)$

したがって　$f'(1)=0$

(2) ① より　$\displaystyle\lim_{x\to 1}\frac{f'(x)}{x-1}=\lim_{x\to 1}\frac{1}{\sqrt{x^2-2x+2}}=\boldsymbol{1}$

(3) $a=f'(1)=0$，$b=\displaystyle\lim_{x\to 1}\frac{f'(x)-a}{x-1}=\lim_{x\to 1}\frac{f'(x)}{x-1}=1$

よって　$\boldsymbol{a=0,\ b=1}$

(4) $f(x)\fallingdotseq A+B(x-1)+C(x-1)^2$ より　$A=f(1)=1$

両辺を x で微分すると　$f'(x)\fallingdotseq B+2C(x-1)$

であるから，(3) より　$B=a$，$2C=b$

よって　$B=0$，$C=\dfrac{1}{2}$

したがって　$\boldsymbol{A=1,\ B=0,\ C=\dfrac{1}{2}}$

⑤ 海面上 h〔m〕の高さのところから見ることのできる最も遠い地点までの距離を s〔km〕とすれば，地球の半径を 6370 km とするとき，近似式 $s \fallingdotseq 3.57\sqrt{h}$ が成り立つことを証明せよ。

右の図で，$\mathrm{PT}^2=\mathrm{PO}^2-\mathrm{OT}^2$ より

$$s^2=\left(\frac{h}{1000}+6370\right)^2-6370^2$$

$$=\frac{h}{1000}\left(\frac{h}{1000}+6370\cdot 2\right)$$

◀ $a^2-b^2=(a-b)(a+b)$

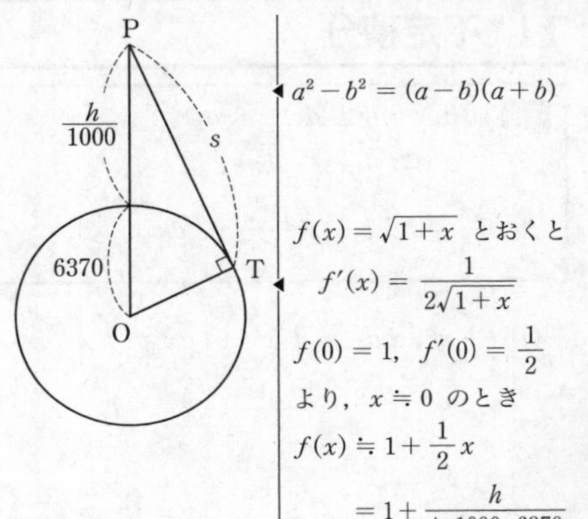

よって

$$s=\sqrt{\frac{6370\cdot 2}{1000}h}\cdot\sqrt{1+\frac{h}{1000\cdot 6370\cdot 2}}$$

$$\fallingdotseq\sqrt{12.74h}\left(1+\frac{h}{4\cdot 1000\cdot 6370}\right)$$

$$\fallingdotseq 3.57\sqrt{h}$$

◀ $f(x)=\sqrt{1+x}$ とおくと

$f'(x)=\dfrac{1}{2\sqrt{1+x}}$

$f(0)=1$，$f'(0)=\dfrac{1}{2}$

より，$x \fallingdotseq 0$ のとき

$f(x)\fallingdotseq 1+\dfrac{1}{2}x$

$=1+\dfrac{h}{4\cdot 1000\cdot 6370}$

4章 積分とその応用

11 不定積分

練習 136 次の不定積分を求めよ。

(1) $\displaystyle\int x^2\sqrt{x}\,dx$　　(2) $\displaystyle\int \frac{dx}{x^5}$

(3) $\displaystyle\int \frac{(x-1)(x-2)}{x^2}dx$　　(4) $\displaystyle\int \frac{(x+2)^2}{\sqrt{x}}dx$

(1) $\displaystyle\int x^2\sqrt{x}\,dx=\int x^2\cdot x^{\frac{1}{2}}dx=\int x^{\frac{5}{2}}dx$

$\displaystyle=\frac{1}{\frac{5}{2}+1}x^{\frac{5}{2}+1}+C$

$\displaystyle=\frac{2}{7}x^{\frac{7}{2}}+C=\boldsymbol{\frac{2}{7}x^3\sqrt{x}+C}$

◀[注]　今後，C は積分定数を表すものとする。

(2) $\displaystyle\int\frac{dx}{x^5}=\int x^{-5}dx=\frac{1}{-5+1}x^{-5+1}+C=\boldsymbol{-\frac{1}{4x^4}+C}$

(3) $\displaystyle\int\frac{(x-1)(x-2)}{x^2}dx=\int\frac{x^2-3x+2}{x^2}dx$

$\displaystyle=\int\left(1-\frac{3}{x}+2x^{-2}\right)dx$

$\displaystyle=\boldsymbol{x-3\log|x|-\frac{2}{x}+C}$

◀約分して，各項を x^n の形で表す。

(4) $\displaystyle\int\frac{(x+2)^2}{\sqrt{x}}dx=\int\frac{x^2+4x+4}{x^{\frac{1}{2}}}dx$

$\displaystyle=\int\left(x^{\frac{3}{2}}+4x^{\frac{1}{2}}+4x^{-\frac{1}{2}}\right)dx$

$\displaystyle=\frac{2}{5}x^{\frac{5}{2}}+4\cdot\frac{2}{3}x^{\frac{3}{2}}+4\cdot 2x^{\frac{1}{2}}+C$

$\displaystyle=\boldsymbol{\frac{2}{5}x^2\sqrt{x}+\frac{8}{3}x\sqrt{x}+8\sqrt{x}+C}$

◀$x^{\frac{5}{2}}=x^2\cdot x^{\frac{1}{2}}=x^2\sqrt{x}$
$x^{\frac{3}{2}}=x\cdot x^{\frac{1}{2}}=x\sqrt{x}$

練習 137 次の不定積分を求めよ。

(1) $\displaystyle\int(2e^x-3^x)dx$　　(2) $\displaystyle\int(\tan x-3)\cos x\,dx$　　(3) $\displaystyle\int\frac{4+\cos^3 x}{\cos^2 x}dx$

(1) $\displaystyle\int(2e^x-3^x)dx=\boldsymbol{2e^x-\frac{3^x}{\log 3}+C}$

◀$\displaystyle\int a^x\,dx=\frac{a^x}{\log a}+C$
($a>0$, $a\neq 1$) を用いる。

(2) $\displaystyle\int(\tan x-3)\cos x\,dx=\int(\sin x-3\cos x)dx$

$=\boldsymbol{-\cos x-3\sin x+C}$

◀$\displaystyle\tan x=\frac{\sin x}{\cos x}$ より
$\tan x\cdot\cos x=\sin x$

(3) $\displaystyle\int\frac{4+\cos^3 x}{\cos^2 x}dx=\int\left(\frac{4}{\cos^2 x}+\cos x\right)dx$

$=\boldsymbol{4\tan x+\sin x+C}$

◀$\displaystyle\int\frac{1}{\cos^2 x}dx=\tan x+C$
を用いる。

練習 138 次の不定積分を求めよ。

(1) $\displaystyle\int \frac{dx}{(3x+2)^3}$　(2) $\displaystyle\int \sqrt[4]{3-4x}\,dx$　(3) $\displaystyle\int \cos(3x-1)dx$

(4) $\displaystyle\int e^{-3x}\,dx$　(5) $\displaystyle\int \frac{dx}{4x+3}$

(1) $\displaystyle\int \frac{dx}{(3x+2)^3} = \int (3x+2)^{-3}\,dx = \frac{1}{3}\left\{-\frac{1}{2}(3x+2)^{-2}\right\} + C$

$\displaystyle = -\frac{1}{6(3x+2)^2} + C$

◀ $\displaystyle\int t^{-3}\,dt = -\frac{1}{2}t^{-2} + C$

(2) $\displaystyle\int \sqrt[4]{3-4x}\,dx = \int (3-4x)^{\frac{1}{4}}\,dx = \frac{1}{-4}\cdot\frac{4}{5}(3-4x)^{\frac{5}{4}} + C$

$\displaystyle = -\frac{1}{5}(3-4x)\sqrt[4]{3-4x} + C$

◀ $\displaystyle\int t^{\frac{1}{4}}\,dt = \frac{4}{5}t^{\frac{5}{4}} + C$

(3) $\displaystyle\int \cos(3x-1)dx = \frac{1}{3}\sin(3x-1) + C$

(4) $\displaystyle\int e^{-3x}\,dx = -\frac{1}{3}e^{-3x} + C$

(5) $\displaystyle\int \frac{dx}{4x+3} = \frac{1}{4}\log|4x+3| + C$

練習 139 次の不定積分を求めよ。

(1) $\displaystyle\int (2x+1)(x-3)^3 dx$　(2) $\displaystyle\int (x-3)\sqrt{1-x}\,dx$

(1) $x-3=t$ とおくと，$x=t+3$ であり　$\dfrac{dx}{dt}=1$

よって

$$\int (2x+1)(x-3)^3\,dx = \int \{2(t+3)+1\}t^3\cdot dt$$
$$= \int (2t^4+7t^3)dt$$
$$= \frac{2}{5}t^5 + \frac{7}{4}t^4 + C$$
$$= \frac{1}{20}t^4(8t+35) + C$$
$$= \frac{1}{20}(x-3)^4(8x+11) + C$$

◀ $\dfrac{dx}{dt}=1$ より $dx=dt$

(2) $\sqrt{1-x}=t$ とおくと，$x=1-t^2$ となり　$\dfrac{dx}{dt}=-2t$

よって

$$\int (x-3)\sqrt{1-x}\,dx = \int (-t^2-2)\cdot t\cdot(-2t)dt$$
$$= 2\int (t^4+2t^2)dt = 2\left(\frac{t^5}{5}+\frac{2t^3}{3}\right) + C$$
$$= \frac{2}{15}t^3(3t^2+10) + C$$
$$= \frac{2}{15}\sqrt{(1-x)^3}\{3(1-x)+10\} + C$$

◀ $dx=-2t\,dt$

4章 11 不定積分

$$= \frac{2}{15}(3x-13)(x-1)\sqrt{1-x}+C$$

◀ x の式で答える。

練習 140 次の不定積分を求めよ。

(1) $\int x^2\sqrt[3]{x^3-1}\,dx$　　(2) $\int \sin^3 x\cos x\,dx$　　(3) $\int e^x(e^x+1)^2dx$

(1) $x^3-1=t$ とおくと　$3x^2=\frac{dt}{dx}$

◀ $3x^2dx=dt$ より $x^2dx=\frac{1}{3}dt$

よって　$\int x^2\sqrt[3]{x^3-1}\,dx=\frac{1}{3}\int\sqrt[3]{t}\,dt$

$$=\frac{1}{3}\int t^{\frac{1}{3}}dt$$

$$=\frac{1}{3}\cdot\frac{3}{4}t^{\frac{4}{3}}+C$$

$$=\frac{1}{4}(x^3-1)^{\frac{4}{3}}+C$$

$$=\frac{1}{4}(x^3-1)\sqrt[3]{x^3-1}+C$$

(2) $\sin x=t$ とおくと　$\cos x=\frac{dt}{dx}$

◀ $\cos x\,dx=dt$

よって　$\int\sin^3 x\cos x\,dx=\int t^3dt$

$$=\frac{1}{4}t^4+C$$

$$=\frac{1}{4}\sin^4 x+C$$

(3) $e^x+1=t$ とおくと　$e^x=\frac{dt}{dx}$

◀ $e^x\,dx=dt$

よって　$\int e^x(e^x+1)^2dx=\int t^2dt$

$$=\frac{1}{3}t^3+C$$

$$=\frac{1}{3}(e^x+1)^3+C$$

〔別解〕

(1) $x^2=\frac{1}{3}(x^3-1)'$ であるから

$$\int x^2\sqrt[3]{x^3-1}\,dx=\frac{1}{3}\int(x^3-1)^{\frac{1}{3}}\cdot(x^3-1)'dx$$

$$=\frac{1}{3}\cdot\frac{3}{4}(x^3-1)^{\frac{4}{3}}+C$$

$$=\frac{1}{4}(x^3-1)\sqrt[3]{x^3-1}+C$$

(2) $\cos x=(\sin x)'$ であるから

$$\int\sin^3 x\cos x\,dx=\int\sin^3 x(\sin x)'dx$$

$$=\frac{1}{4}\sin^4 x+C$$

(3) $e^x=(e^x+1)'$ であるから

$$\int e^x(e^x+1)^2dx=\int(e^x+1)^2(e^x+1)'dx$$
$$=\frac{1}{3}(e^x+1)^3+C$$

練習 141 次の不定積分を求めよ。

(1) $\displaystyle\int\frac{x+1}{x^2+2x-5}dx$ (2) $\displaystyle\int\frac{(2x-1)(x+1)}{4x^3+3x^2-6x+1}dx$

(3) $\displaystyle\int\frac{e^x(2e^x+1)}{e^{2x}+e^x+1}dx$ (4) $\displaystyle\int\tan(2x-1)dx$

(5) $\displaystyle\int\frac{\cos x}{3\sin x-1}dx$ (6) $\displaystyle\int\frac{\sin x}{2\cos x-3}dx$

(1) $$\int\frac{x+1}{x^2+2x-5}dx=\frac{1}{2}\int\frac{2x+2}{x^2+2x-5}dx$$
$$=\frac{1}{2}\int\frac{(x^2+2x-5)'}{x^2+2x-5}dx$$
$$=\boldsymbol{\frac{1}{2}\log|x^2+2x-5|+C}$$

◀ $\displaystyle\int\frac{f'(x)}{f(x)}dx=\log|f(x)|+C$

(2) $$\int\frac{(2x-1)(x+1)}{4x^3+3x^2-6x+1}dx=\int\frac{2x^2+x-1}{4x^3+3x^2-6x+1}dx$$
$$=\frac{1}{6}\int\frac{(4x^3+3x^2-6x+1)'}{4x^3+3x^2-6x+1}dx$$
$$=\boldsymbol{\frac{1}{6}\log|4x^3+3x^2-6x+1|+C}$$

(3) $$\int\frac{e^x(2e^x+1)}{e^{2x}+e^x+1}dx=\int\frac{2e^{2x}+e^x}{e^{2x}+e^x+1}dx$$
$$=\int\frac{(e^{2x}+e^x+1)'}{e^{2x}+e^x+1}dx$$
$$=\boldsymbol{\log(e^{2x}+e^x+1)+C}$$

◀ $(e^{2x}+e^x+1)'=2e^{2x}+e^x$

◀ $e^{2x}>0$, $e^x>0$ より $e^{2x}+e^x+1>0$

(4) $$\int\tan(2x-1)dx=-\frac{1}{2}\int\frac{-2\sin(2x-1)}{\cos(2x-1)}dx$$
$$=-\frac{1}{2}\int\frac{\{\cos(2x-1)\}'}{\cos(2x-1)}dx$$
$$=\boldsymbol{-\frac{1}{2}\log|\cos(2x-1)|+C}$$

◀ $\displaystyle\int\tan x\,dx=-\int\frac{(\cos x)'}{\cos x}dx=-\log|\cos x|+C$ を利用してもよい。

(5) $$\int\frac{\cos x}{3\sin x-1}dx=\frac{1}{3}\int\frac{3\cos x}{3\sin x-1}dx$$
$$=\frac{1}{3}\int\frac{(3\sin x-1)'}{3\sin x-1}dx$$
$$=\boldsymbol{\frac{1}{3}\log|3\sin x-1|+C}$$

(6) $$\int\frac{\sin x}{2\cos x-3}dx=-\frac{1}{2}\int\frac{-2\sin x}{2\cos x-3}dx$$
$$=-\frac{1}{2}\int\frac{(2\cos x-3)'}{2\cos x-3}dx$$
$$=\boldsymbol{-\frac{1}{2}\log(3-2\cos x)+C}$$

◀ $|\cos x|\leqq 1$ であるから $|2\cos x-3|=3-2\cos x$

練習 **142** 次の不定積分を求めよ。

(1) $\displaystyle\int \frac{x^2+3x-2}{x-1}dx$　(2) $\displaystyle\int \frac{3x+4}{(x+1)(x+2)}dx$　(3) $\displaystyle\int \frac{dx}{x(x+1)^2}$

(1) $\displaystyle\int \frac{x^2+3x-2}{x-1}dx = \int\left(x+4+\frac{2}{x-1}\right)dx$

$\displaystyle= \boldsymbol{\frac{1}{2}x^2+4x+2\log|x-1|+C}$

◀分子を分母で割ると商 $x+4$，余り 2

(2) $\dfrac{3x+4}{(x+1)(x+2)} = \dfrac{a}{x+1}+\dfrac{b}{x+2}$ とおいて，分母をはらうと

◀部分分数分解

$3x+4=a(x+2)+b(x+1)$

$(a+b-3)x+(2a+b-4)=0$

係数を比較すると　$a=1$，$b=2$

◀ x についての恒等式であるから $\begin{cases}a+b-3=0\\2a+b-4=0\end{cases}$

よって

$\displaystyle\int \frac{3x+4}{(x+1)(x+2)}dx = \int\left(\frac{1}{x+1}+\frac{2}{x+2}\right)dx$

$=\log|x+1|+2\log|x+2|+C$

$=\boldsymbol{\log\{|x+1|(x+2)^2\}+C}$

◀ $2\log|x+2|=\log|x+2|^2=\log(x+2)^2$

(3) $\dfrac{1}{x(x+1)^2}=\dfrac{a}{x}+\dfrac{b}{x+1}+\dfrac{c}{(x+1)^2}$ とおいて，分母をはらうと

◀部分分数の形に注意する。

$1=a(x+1)^2+bx(x+1)+cx$

$(a+b)x^2+(2a+b+c)x+a-1=0$

係数を比較すると　$a=1$，$b=-1$，$c=-1$

◀ x についての恒等式であるから $\begin{cases}a+b=0\\2a+b+c=0\\a-1=0\end{cases}$

よって

$\displaystyle\int \frac{dx}{x(x+1)^2} = \int\left\{\frac{1}{x}-\frac{1}{x+1}-\frac{1}{(x+1)^2}\right\}dx$

$=\log|x|-\log|x+1|+\dfrac{1}{x+1}+C$

$=\boldsymbol{\log\left|\dfrac{x}{x+1}\right|+\dfrac{1}{x+1}+C}$

Plus One

一般に $\dfrac{1}{(x+\alpha)^n(x+\beta)^m}$ （n，m は自然数）を部分分数分解すると，定数 a_1，a_2，・・・，a_n，b_1，b_2，・・・，b_m に対して

$$\frac{a_1}{x+\alpha}+\frac{a_2}{(x+\alpha)^2}+\cdots+\frac{a_n}{(x+\alpha)^n}+\frac{b_1}{x+\beta}+\frac{b_2}{(x+\beta)^2}+\cdots+\frac{b_m}{(x+\beta)^m}$$

の形になる。

練習 **143** 次の不定積分を求めよ。

(1) $\displaystyle\int x\sin 2x\,dx$　(2) $\displaystyle\int xe^{\frac{x}{2}}dx$

(3) $\displaystyle\int x^2\log x\,dx$　(4) $\displaystyle\int \log(3x+2)dx$

(1) $\displaystyle\int x\sin 2x\,dx = \int x\left(-\frac{1}{2}\cos 2x\right)'dx$

$$= -\frac{1}{2}x\cos 2x - \int 1\cdot\left(-\frac{1}{2}\cos 2x\right)dx$$

$$= -\frac{1}{2}x\cos 2x + \frac{1}{2}\int \cos 2x\,dx$$

$$= \boldsymbol{-\frac{1}{2}x\cos 2x + \frac{1}{4}\sin 2x + C}$$

◀ $f(x) = \frac{x}{2}$, $g'(x) = 2\sin 2x$ とおいて $f'(x) = \frac{1}{2}$ $g(x) = -\cos 2x$ を利用してもよい。

(2) $\int xe^{\frac{x}{2}}dx = \int x\left(2e^{\frac{x}{2}}\right)'dx = x\cdot 2e^{\frac{x}{2}} - \int 1\cdot 2e^{\frac{x}{2}}dx$

$$= 2xe^{\frac{x}{2}} - 2\int e^{\frac{x}{2}}dx = \boldsymbol{2xe^{\frac{x}{2}} - 4e^{\frac{x}{2}} + C}$$

(3) $\int x^2\log x\,dx = \int\left(\frac{1}{3}x^3\right)'(\log x)dx$

$$= \frac{1}{3}x^3\log x - \frac{1}{3}\int x^3\cdot\frac{1}{x}dx$$

$$= \frac{1}{3}x^3\log x - \frac{1}{3}\int x^2dx$$

$$= \boldsymbol{\frac{1}{3}x^3\log x - \frac{1}{9}x^3 + C}$$

◀ 部分積分法では，$\log x$ を微分するように考える。

(4) $\int \log(3x+2)dx = \int 1\cdot\log(3x+2)dx$

$$= \int\frac{1}{3}\cdot(3x+2)'\log(3x+2)dx$$

$$= \frac{1}{3}\left\{(3x+2)\log(3x+2) - \int(3x+2)\cdot\frac{3}{3x+2}dx\right\}$$

$$= \frac{1}{3}(3x+2)\log(3x+2) - \frac{1}{3}\int 3\,dx$$

$$= \boldsymbol{\frac{1}{3}(3x+2)\log(3x+2) - x + C}$$

◀ $g(x) = 3x$ とするのではなく，$g(x) = 3x+2$ と考えると，後の計算が楽になる。

4章 11 不定積分

練習 144 次の不定積分を求めよ。

(1) $\int x^2e^x\,dx$　(2) $\int x^2\cos x\,dx$　(3) $\int\left(\frac{\log x}{x}\right)^2dx$

(1) $\int x^2e^x\,dx = \int x^2(e^x)'dx = x^2e^x - \int 2xe^x\,dx$

$$= x^2e^x - 2\int x(e^x)'dx$$

$$= x^2e^x - 2\left(xe^x - \int 1\cdot e^x\,dx\right)$$

$$= \boldsymbol{(x^2-2x+2)e^x + C}$$

◀ 部分積分法を繰り返し用いる。

(2) $\int x^2\cos x\,dx = \int x^2(\sin x)'dx = x^2\sin x - \int 2x\sin x\,dx$

$$= x^2\sin x - 2\int x(-\cos x)'dx$$

$$= x^2\sin x - 2\left(-x\cos x + \int 1\cdot\cos x\,dx\right)$$

$$= \boldsymbol{x^2\sin x + 2x\cos x - 2\sin x + C}$$

◀ $\sin x = (-\cos x)'$

(3) $\int\left(\frac{\log x}{x}\right)^2dx = \int\frac{(\log x)^2}{x^2}dx$

$$= \int \left(-\frac{1}{x}\right)' (\log x)^2 dx$$

$$= -\frac{1}{x}(\log x)^2 - \int \left(-\frac{1}{x}\right) \cdot 2(\log x) \cdot \frac{1}{x} dx$$

$$= -\frac{1}{x}(\log x)^2 + \int \frac{2}{x^2} \log x \, dx$$

$$= -\frac{1}{x}(\log x)^2 + 2\int \left(-\frac{1}{x}\right)' \log x \, dx$$

$$= -\frac{1}{x}(\log x)^2 + 2\left(-\frac{1}{x}\log x + \int \frac{1}{x} \cdot \frac{1}{x} dx\right)$$

$$= \boldsymbol{-\frac{1}{x}(\log x)^2 - \frac{2}{x}\log x - \frac{2}{x} + C}$$

◀ $\frac{1}{x^2} = \left(-\frac{1}{x}\right)'$

◀ $\int \frac{1}{x^2} dx = -\frac{1}{x} + C$

練習 145 次の不定積分を求めよ。

(1) $\int e^x \cos x \, dx$　　(2) $\int e^{-2x} \sin 3x \, dx$

(1) $I = \int e^x \cos x \, dx$ とおくと

$$I = \int (e^x)' \cos x \, dx$$

$$= e^x \cos x - \int e^x(-\sin x) dx$$

$$= e^x \cos x + \int (e^x)' \sin x \, dx$$

$$= e^x \cos x + e^x \sin x - \int e^x \cos x \, dx$$

$$= e^x(\cos x + \sin x) - I$$

よって　$I = \frac{1}{2}e^x(\sin x + \cos x) + C$

したがって　$\boldsymbol{\int e^x \cos x \, dx = \frac{1}{2}e^x(\sin x + \cos x) + C}$

◀ 部分積分法を2回用いる。

◀ 与式と同じ式が現れる。

◀ $2I = e^x(\cos x + \sin x) + C'$ より $I = \frac{e^x}{2}(\cos x + \sin x) + \frac{C'}{2}$ となり，$\frac{C'}{2}$ をあらためて C におき直している。（C' は積分定数）

〔別解〕

$(e^x \sin x)' = e^x \sin x + e^x \cos x$　$\cdots$①

$(e^x \cos x)' = e^x \cos x - e^x \sin x$　$\cdots$②

(①＋②)$\times \frac{1}{2}$ より　$\frac{1}{2}\{e^x(\sin x + \cos x)\}' = e^x \cos x$

よって　$\int e^x \cos x \, dx = \frac{1}{2}e^x(\sin x + \cos x) + C$

(2) $I = \int e^{-2x} \sin 3x \, dx$ とおくと

$$I = \int \left(-\frac{1}{2}e^{-2x}\right)' \sin 3x \, dx$$

$$= -\frac{1}{2}e^{-2x}\sin 3x + \int \frac{1}{2}e^{-2x} \cdot 3\cos 3x \, dx$$

$$= -\frac{1}{2}e^{-2x}\sin 3x + \frac{3}{2}\int e^{-2x} \cos 3x \, dx$$

$$= -\frac{1}{2}e^{-2x}\sin 3x + \frac{3}{2}\int \left(-\frac{1}{2}e^{-2x}\right)' \cos 3x \, dx$$

$$= -\frac{1}{2}e^{-2x}\sin 3x$$

$$+\frac{3}{2}\left\{-\frac{1}{2}e^{-2x}\cos 3x+\int\frac{1}{2}e^{-2x}(-3\sin 3x)dx\right\}$$

◀部分積分法を 2 回用いる。

$$= -\frac{1}{2}e^{-2x}\sin 3x-\frac{3}{4}e^{-2x}\cos 3x-\frac{9}{4}\int e^{-2x}\sin 3x\,dx$$

◀与式と同じ式が現れる。

$$= -\frac{1}{4}e^{-2x}(2\sin 3x+3\cos 3x)-\frac{9}{4}I$$

よって　$I=-\frac{1}{13}e^{-2x}(2\sin 3x+3\cos 3x)+C$

◀ $\frac{13}{4}I=-\frac{1}{4}e^{-2x}(2\sin 3x+3\cos 3x)+C'$ （C' は積分定数）

したがって

$$\int e^{-2x}\sin 3x\,dx=-\frac{1}{13}e^{-2x}(2\sin 3x+3\cos 3x)+C$$

練習 146 関数 $f(x)$ はすべての実数 x で微分可能な関数とする。
曲線 $y=f(x)$ 上の点 $(x,\ y)$ における接線の傾きが xe^{3x} で表される曲線のうちで，点 $(0,\ 0)$ を通るものを求めよ。

曲線 $y=f(x)$ 上の点 $(x,\ y)$ における接線の傾きは $f'(x)$ であるから

$$f'(x)=xe^{3x}$$

よって　$f(x)=\int xe^{3x}\,dx$

$$=\int x\left(\frac{1}{3}e^{3x}\right)'dx$$

◀部分積分法を用いる。

$$=\frac{1}{3}xe^{3x}-\int\frac{1}{3}e^{3x}\,dx$$

$$=\frac{1}{3}xe^{3x}-\frac{1}{9}e^{3x}+C=\frac{1}{9}(3x-1)e^{3x}+C$$

◀ C は積分定数

この曲線が点 $(0,\ 0)$ を通るから　$-\frac{1}{9}+C=0$

ゆえに　$C=\frac{1}{9}$

したがって，求める曲線の方程式は　$\boldsymbol{y=\frac{1}{9}(3x-1)e^{3x}+\frac{1}{9}}$

練習 147 次の不定積分を求めよ。

(1) $\int\cos 3x\sin 2x\,dx$　　(2) $\int\sin 3x\sin 4x\,dx$

(1) $\int\cos 3x\sin 2x\,dx=\int\frac{1}{2}\{\sin(3x+2x)-\sin(3x-2x)\}dx$

$$=\frac{1}{2}\int(\sin 5x-\sin x)dx$$

$$=\frac{1}{2}\left(-\frac{1}{5}\cos 5x+\cos x\right)+C$$

$$=-\frac{1}{10}\cos 5x+\frac{1}{2}\cos x+C$$

◀ $\cos\alpha\sin\beta=\frac{1}{2}\{\sin(\alpha+\beta)-\sin(\alpha-\beta)\}$

4章 11 不定積分

(2) $\displaystyle\int \sin 3x \sin 4x\,dx = -\frac{1}{2}\int\{\cos(3x+4x)-\cos(3x-4x)\}dx$

$\displaystyle = -\frac{1}{2}\int\{\cos 7x - \cos(-x)\}dx$

$\displaystyle = -\frac{1}{2}\left(\frac{1}{7}\sin 7x - \sin x\right)+C$

$\displaystyle = \boldsymbol{-\frac{1}{14}\sin 7x + \frac{1}{2}\sin x + C}$

◀ $\sin\alpha\sin\beta = -\frac{1}{2}\{\cos(\alpha+\beta) - \cos(\alpha-\beta)\}$

◀ $\int\cos(-x)dx = \int\cos x\,dx$

練習 148 次の不定積分を求めよ。

(1) $\displaystyle\int \cos^2 x\,dx$　　(2) $\displaystyle\int \sin^3 x\,dx$

(3) $\displaystyle\int \sin^4 x\,dx$　　(4) $\displaystyle\int \frac{dx}{\cos x}$

(1) $\displaystyle\int \cos^2 x\,dx = \int\frac{1+\cos 2x}{2}dx = \boldsymbol{\frac{1}{2}x + \frac{1}{4}\sin 2x + C}$

◀ 偶数乗⇨半角の公式

(2) $\displaystyle\int \sin^3 x\,dx = \int\sin^2 x\sin x\,dx = \int(1-\cos^2 x)\sin x\,dx$

ここで，$\cos x = t$ とおくと　　$-\sin x = \dfrac{dt}{dx}$

よって　　(与式) $\displaystyle = \int(1-t^2)\cdot(-1)dt$

$\displaystyle = \frac{1}{3}t^3 - t + C = \boldsymbol{\frac{1}{3}\cos^3 x - \cos x + C}$

◀ 奇数乗
⇨ $\int f(\cos x)\sin x\,dx$ の形をつくるために，$\sin x$ を１つ分ける。

◀ $\sin x\,dx = -dt$

〔別解〕

$\sin 3x = 3\sin x - 4\sin^3 x$ より　　$\sin^3 x = \dfrac{1}{4}(3\sin x - \sin 3x)$

よって　　$\displaystyle\int\sin^3 x\,dx = \frac{1}{4}\int(3\sin x - \sin 3x)dx$

$\displaystyle = \frac{1}{4}\left(-3\cos x + \frac{1}{3}\cos 3x\right)+C$

$\displaystyle = -\frac{3}{4}\cos x + \frac{1}{12}\cos 3x + C$

◀ $\sin 3x$
$= \sin(2x+x)$
$= \sin 2x\cos x + \cos 2x\sin x$
$= 2\sin x\cos^2 x + (1-2\sin^2 x)\sin x$
$= 2\sin x(1-\sin^2 x) + \sin x - 2\sin^3 x$
$= 3\sin x - 4\sin^3 x$

(3) $\displaystyle\int \sin^4 x\,dx = \int\left(\frac{1-\cos 2x}{2}\right)^2 dx$

$\displaystyle = \frac{1}{4}\int(1-2\cos 2x + \cos^2 2x)dx$

$\displaystyle = \frac{1}{4}\int\left(1-2\cos 2x + \frac{1+\cos 4x}{2}\right)dx$

$\displaystyle = \frac{1}{4}\int\left(\frac{3}{2} - 2\cos 2x + \frac{1}{2}\cos 4x\right)dx$

$\displaystyle = \boldsymbol{\frac{3}{8}x - \frac{1}{4}\sin 2x + \frac{1}{32}\sin 4x + C}$

(4) $\displaystyle\int\frac{dx}{\cos x} = \int\frac{\cos x}{\cos^2 x}dx = \int\frac{\cos x}{1-\sin^2 x}dx$

ここで，$\sin x = t$ とおくと　　$\cos x = \dfrac{dt}{dx}$

◀ $\cos x\,dx = dt$

よって　(与式) $=\int \frac{1}{1-t^2}dt=-\int \frac{1}{(t+1)(t-1)}dt$

$$=-\frac{1}{2}\int\left(\frac{1}{t-1}-\frac{1}{t+1}\right)dt$$

$$=-\frac{1}{2}\{\log|t-1|-\log|t+1|\}+C$$

$$=-\frac{1}{2}\log\left|\frac{t-1}{t+1}\right|+C=-\frac{1}{2}\log\left|\frac{\sin x-1}{\sin x+1}\right|+C$$

$$=-\frac{1}{2}\log\frac{1-\sin x}{1+\sin x}+C$$

$\cos x \neq 0$ より $-1<\sin x<1$ であるから
◀ $\sin x-1<0,\ \sin x+1>0$

◀ $\frac{1}{2}\log\frac{1+\sin x}{1-\sin x}+C$ としてもよい。

Plus One

$\int \tan^n x\,dx$ を考えてみよう。

Play Back 12 では，I_n についての漸化式をつくり，帰納的に求めたが，n が奇数のときは $\tan x=\frac{\sin x}{\cos x}$ を用いて，被積分関数を

$$\tan^{2k+1}x=\frac{\sin^{2k+1}x}{\cos^{2k+1}x}=\frac{(\sin^2 x)^k\cdot\sin x}{\cos^{2k+1}x}=\frac{(1-\cos^2 x)^k}{\cos^{2k+1}x}\cdot\sin x\ (k\text{ は整数})$$

と変形し，置換積分法を用いると $\tan^n x$ の不定積分を求めることができる。

(例)　$I_3=\int \tan^3 x\,dx=\int \frac{\sin^3 x}{\cos^3 x}dx$

$$=\int \frac{1-\cos^2 x}{\cos^3 x}\cdot\sin x\,dx$$

⬅ $\int f(\cos x)\sin x\,dx$ の形にする。

$\cos x=t$ とおくと，$-\sin x=\frac{dt}{dx}$ であるから

$$I_3=\int \frac{1-t^2}{t^3}\cdot(-1)\,dt=\int (t^{-1}-t^{-3})\,dt$$

$$=\log|t|+\frac{1}{2}t^{-2}+C=\log|\cos x|+\frac{1}{2\cos^2 x}+C$$

練習 149 次の不定積分を求めよ。

(1) $\int \frac{e^x}{e^x+e^{-x}}dx$　　(2) $\int \frac{e^{2x}}{1-e^x}dx$　(広島市立大)

(3) $\int \frac{e^{-2x}}{1+e^{-x}}dx$　(関西大)

(1) $e^x=t$ とおくと　$e^x=\frac{dt}{dx}$

よって

$$\int \frac{e^x}{e^x+e^{-x}}dx=\int \frac{1}{e^x+e^{-x}}\cdot e^x dx$$

$$=\int \frac{1}{t+\frac{1}{t}}dt=\int \frac{t}{t^2+1}dt$$

◀ $e^x dx=dt$

$$=\int \frac{1}{2}\cdot\frac{(t^2+1)'}{t^2+1}dt=\frac{1}{2}\log|t^2+1|+C$$

◀ $\int \frac{f'(x)}{f(x)}dx=\log|f(x)|+C$

4章 11 不定積分

$$= \frac{1}{2}\log(e^{2x}+1)+C$$

◀ $e^{2x}+1>0$

(2) $e^x=t$ とおくと　$e^x=\dfrac{dt}{dx}$

よって　$\displaystyle\int\frac{e^{2x}}{1-e^x}dx=\int\frac{e^x}{1-e^x}\cdot e^x dx=\int\frac{t}{1-t}dt$

◀ $e^x dx=dt$

$$=\int\frac{-(1-t)+1}{1-t}dt=\int\left(-1+\frac{1}{1-t}\right)dt$$

◀ (分母の次数) ≦ (分子の次数) の形は，帯分数式化する。

$$=-t-\log|1-t|+C$$

$$= \mathbf{-e^x-\log|1-e^x|+C}$$

◀ $1-e^x$ は正と限らないから，絶対値記号は外さない。

(3) $e^x=t$ とおくと　$e^x=\dfrac{dt}{dx}$

よって

$$\int\frac{e^{-2x}}{1+e^{-x}}dx=\int\frac{e^{-2x}}{e^x+1}\cdot e^x dx=\int\frac{\frac{1}{t^2}}{t+1}dt=\int\frac{1}{t(t+1)}\cdot\frac{1}{t}dt$$

◀ $e^x dx=dt$

$$=\int\left(\frac{1}{t}-\frac{1}{t+1}\right)\frac{1}{t}dt=\int\left\{\frac{1}{t^2}-\frac{1}{t(t+1)}\right\}dt$$

◀ 部分分数分解する。

$$=\int\left(\frac{1}{t^2}-\frac{1}{t}+\frac{1}{t+1}\right)dt$$

$$=-\frac{1}{t}-\log|t|+\log|t+1|+C$$

$$=-\frac{1}{e^x}-\log e^x+\log(e^x+1)+C$$

◀ $e^x>0,\ e^x+1>0$

$$= \mathbf{-\frac{1}{e^x}-x+\log(e^x+1)+C}$$

◀ $\log_a a^p=p$

練習 150 次の不定積分を（　）内の置き換えを利用して求めよ。

(1) $\displaystyle\int\frac{dx}{\sqrt{x^2+1}}$　$(t=x+\sqrt{x^2+1})$　　(2) $\displaystyle\int\frac{dx}{\cos x}$　$\left(t=\tan\frac{x}{2}\right)$

(1) $t=x+\sqrt{x^2+1}$ とおくと

$$\frac{dt}{dx}=1+\frac{x}{\sqrt{x^2+1}}=\frac{\sqrt{x^2+1}+x}{\sqrt{x^2+1}}=\frac{t}{\sqrt{x^2+1}}$$

よって　$\displaystyle\int\frac{dx}{\sqrt{x^2+1}}=\int\frac{dt}{t}=\log|t|+C$

◀ $\dfrac{dt}{dx}=\dfrac{t}{\sqrt{x^2+1}}$ より $\dfrac{dt}{t}=\dfrac{dx}{\sqrt{x^2+1}}$

$$=\log|x+\sqrt{x^2+1}|+C$$

$$= \mathbf{\log(x+\sqrt{x^2+1})+C}$$

〔別解〕

$t=x+\sqrt{x^2+1}$ とおくと　$\sqrt{x^2+1}=t-x$

◀ すべての実数 x について $\sqrt{x^2+1}>-x$ よって　$t>0$

両辺を 2 乗して x について解くと　$x=\dfrac{t^2-1}{2t}$

よって　$\sqrt{x^2+1}=t-\dfrac{t^2-1}{2t}=\dfrac{t^2+1}{2t}$，$\dfrac{dx}{dt}=\dfrac{t^2+1}{2t^2}$

◀ $\dfrac{dx}{dt}=\dfrac{(t^2-1)'2t-(t^2-1)(2t)'}{(2t)^2}=\dfrac{4t^2-2(t^2-1)}{4t^2}=\dfrac{t^2+1}{2t^2}$

ゆえに　$\displaystyle\int\frac{dx}{\sqrt{x^2+1}}=\int\frac{2t}{t^2+1}\cdot\frac{t^2+1}{2t^2}dt$

$$= \int \frac{dt}{t} = \log t + C$$

$$= \log(x + \sqrt{x^2+1}) + C$$

◀ $t>0$ より

(2) $t = \tan\dfrac{x}{2}$ とおくと　$\dfrac{dt}{dx} = \dfrac{1+t^2}{2}$

◀ 例題 150 (2) 参照。

$$\cos x = 2\cos^2\frac{x}{2} - 1 = \frac{2}{1+\tan^2\frac{x}{2}} - 1$$

$$= \frac{2-(1+t^2)}{1+t^2} = \frac{1-t^2}{1+t^2}$$

◀ $1+\tan^2\theta = \dfrac{1}{\cos^2\theta}$ より
$\cos^2\theta = \dfrac{1}{1+\tan^2\theta}$

よって

$$\int \frac{dx}{\cos x} = \int \frac{1+t^2}{1-t^2}\cdot\frac{2}{1+t^2}\,dt = \int \frac{2}{1-t^2}\,dt$$

◀ $\dfrac{dx}{dt} = \dfrac{2}{1+t^2}$

$$= \int \frac{2}{(1-t)(1+t)}\,dt = \int\left(\frac{1}{1-t} + \frac{1}{1+t}\right)dt$$

◀ 部分分数分解する。

$$= -\log|1-t| + \log|1+t| + C = \log\left|\frac{1+t}{1-t}\right| + C$$

$$= \log\left|\frac{1+\tan\frac{x}{2}}{1-\tan\frac{x}{2}}\right| + C = \log\left|\frac{\cos\frac{x}{2}+\sin\frac{x}{2}}{\cos\frac{x}{2}-\sin\frac{x}{2}}\right| + C$$

◀ このままでもよい。

$$= \log\left|\frac{\left(\cos\frac{x}{2}+\sin\frac{x}{2}\right)^2}{\left(\cos\frac{x}{2}-\sin\frac{x}{2}\right)\left(\cos\frac{x}{2}+\sin\frac{x}{2}\right)}\right| + C$$

◀ $\sin^2\theta + \cos^2\theta = 1$
$2\sin\theta\cos\theta = \sin 2\theta$
$\cos^2\theta - \sin^2\theta = \cos 2\theta$

$$\boldsymbol{= \log\left|\frac{1+\sin x}{\cos x}\right| + C}$$

p.281 問題編 11 不定積分

問題 **136** 次の不定積分を求めよ。

(1) $\displaystyle\int \frac{(x-1)^2}{x\sqrt{x}}\,dx$　　(2) $\displaystyle\int \frac{(\sqrt{x}-2)^3}{x}\,dx$

(1) $$\int \frac{(x-1)^2}{x\sqrt{x}}\,dx = \int \frac{x^2-2x+1}{x^{\frac{3}{2}}}\,dx$$

$$= \int\left(x^{\frac{1}{2}} - 2x^{-\frac{1}{2}} + x^{-\frac{3}{2}}\right)dx$$

$$= \frac{2}{3}x^{\frac{3}{2}} - 4x^{\frac{1}{2}} - 2x^{-\frac{1}{2}} + C$$

$$\boldsymbol{= \frac{2}{3}x\sqrt{x} - 4\sqrt{x} - \frac{2}{\sqrt{x}} + C}$$

(2) $$\int \frac{(\sqrt{x}-2)^3}{x}\,dx = \int \frac{x^{\frac{3}{2}} - 6x + 12x^{\frac{1}{2}} - 8}{x}\,dx$$

$$= \int\left(x^{\frac{1}{2}} - 6 + 12x^{-\frac{1}{2}} - 8x^{-1}\right)dx$$

◀ $\sqrt{x} = x^{\frac{1}{2}}$ として考える。
$\left(x^{\frac{1}{2}}-2\right)^3$
$= \left(x^{\frac{1}{2}}\right)^3 - 3\cdot\left(x^{\frac{1}{2}}\right)^2\cdot 2 + 3\cdot x^{\frac{1}{2}}\cdot 2^2 - 2^3$
$= x^{\frac{3}{2}} - 6x + 12x^{\frac{1}{2}} - 8$

$$= \frac{2}{3}x^{\frac{3}{2}} - 6x + 12\cdot 2x^{\frac{1}{2}} - 8\log|x| + C$$

$$= \frac{2}{3}x\sqrt{x} - 6x + 24\sqrt{x} - 8\log|x| + C$$

$$= \boldsymbol{\frac{2}{3}x\sqrt{x} - 6x + 24\sqrt{x} - 8\log x + C}$$

◀被積分関数に $\sqrt{x}$ を含むから $x \geqq 0$, また分母が x であるから $x \neq 0$。よって, $x > 0$ であるから $\log|x| = \log x$

問題 137 次の不定積分を求めよ。

(1) $\displaystyle\int \frac{\sin^2 x - \cos^2 x}{\sin^2 x \cos^2 x}dx$　　(2) $\displaystyle\int \frac{\cos^2 x}{1+\sin x}dx$

(3) $\displaystyle\int \frac{25^x - 1}{5^x + 1}dx$　　(4) $\displaystyle\int \cos^2 \frac{x}{2}dx$

(1) $$\int \frac{\sin^2 x - \cos^2 x}{\sin^2 x \cos^2 x}dx = \int\left(\frac{\sin^2 x}{\sin^2 x \cos^2 x} - \frac{\cos^2 x}{\sin^2 x \cos^2 x}\right)dx$$

$$= \int\left(\frac{1}{\cos^2 x} - \frac{1}{\sin^2 x}\right)dx$$

$$= \boldsymbol{\tan x + \frac{1}{\tan x} + C}$$

◀ $\displaystyle\int \frac{1}{\cos^2 x}dx = \tan x + C$
$\displaystyle\int \frac{1}{\sin^2 x}dx = -\frac{1}{\tan x} + C$

(2) $$\int \frac{\cos^2 x}{1+\sin x}dx = \int \frac{1-\sin^2 x}{1+\sin x}dx$$

$$= \int \frac{(1+\sin x)(1-\sin x)}{1+\sin x}dx$$

$$= \int (1-\sin x)dx = \boldsymbol{x + \cos x + C}$$

(3) $$\int \frac{25^x - 1}{5^x + 1}dx = \int \frac{(5^x)^2 - 1}{5^x + 1}dx$$

$$= \int \frac{(5^x+1)(5^x-1)}{5^x+1}dx$$

$$= \int (5^x - 1)dx = \boldsymbol{\frac{5^x}{\log 5} - x + C}$$

◀ $25^x - 1 = (5^2)^x - 1 = (5^x)^2 - 1$

◀ $\displaystyle\int a^x dx = \frac{a^x}{\log a} + C$ $(a > 0,\ a \neq 1)$

(4) $$\int \cos^2 \frac{x}{2}dx = \int \frac{1+\cos x}{2}dx = \boldsymbol{\frac{1}{2}x + \frac{1}{2}\sin x + C}$$

◀ $\cos^2 x = \dfrac{1+\cos 2x}{2}$

問題 138 次の不定積分を求めよ。

(1) $\displaystyle\int (3e)^{2x-1}dx$　　(2) $\displaystyle\int \tan^2 3x\,dx$　　(3) $\displaystyle\int (e^x + e^{-x})^3 dx$

(1) $$\int (3e)^{2x-1}dx = \frac{1}{2}\cdot\frac{(3e)^{2x-1}}{\log 3e} + C = \boldsymbol{\frac{(3e)^{2x-1}}{2(\log 3 + 1)} + C}$$

◀ $\displaystyle\int (3e)^t dt = \frac{(3e)^t}{\log 3e} + C$

(2) $$\int \tan^2 3x\,dx = \int\left(\frac{1}{\cos^2 3x} - 1\right)dx = \boldsymbol{\frac{1}{3}\tan 3x - x + C}$$

◀ $\displaystyle\int \frac{dt}{\cos^2 t} = \tan t + C$

(3) $$\int (e^x + e^{-x})^3 dx = \int (e^{3x} + 3e^x + 3e^{-x} + e^{-3x})dx$$

$$= \boldsymbol{\frac{1}{3}e^{3x} + 3e^x - 3e^{-x} - \frac{1}{3}e^{-3x} + C}$$

◀符号に注意する。

問題 **139** 次の不定積分を求めよ。

(1) $\displaystyle\int \frac{x+1}{(2x-1)^3}dx$　　(2) $\displaystyle\int \frac{1}{(\sqrt{x}-1)\sqrt{x}}dx$

(1) $2x-1=t$ とおくと，$x=\dfrac{t}{2}+\dfrac{1}{2}$ であり　$\dfrac{dx}{dt}=\dfrac{1}{2}$

よって

$$\int \frac{x+1}{(2x-1)^3}dx=\int \frac{\frac{t+1}{2}+1}{t^3}\cdot\frac{1}{2}dt$$

◀ $dx=\dfrac{1}{2}dt$

$$=\frac{1}{4}\int \frac{t+3}{t^3}dt$$

$$=\frac{1}{4}\int (t^{-2}+3t^{-3})dt$$

$$=\frac{1}{4}\left(-t^{-1}-\frac{3}{2}t^{-2}\right)+C$$

$$=-\frac{2t+3}{8t^2}+C=-\boldsymbol{\frac{4x+1}{8(2x-1)^2}+C}$$

◀ x の式で答える。

(2) $\sqrt{x}-1=t$ とおくと，$x=(t+1)^2$ であり　$\dfrac{dx}{dt}=2(t+1)$

◀ $\sqrt{x}=t$ として解いてもよい。

よって

$$\int \frac{1}{(\sqrt{x}-1)\sqrt{x}}dx=\int \frac{2(t+1)}{t(t+1)}dt=\int \frac{2}{t}dt$$

◀ $dx=2(t+1)dt$

$$=2\log|t|+C=\boldsymbol{2\log|\sqrt{x}-1|+C}$$

◀ x の式で答える。

問題 **140** 次の不定積分を求めよ。

(1) $\displaystyle\int \frac{x^2}{\sqrt{2x^3-1}}dx$　　(2) $\displaystyle\int \frac{2\sin x}{\cos^3 x}dx$　　(3) $\displaystyle\int \frac{1}{x}(\log x)^2 dx$

(1) $2x^3-1=t$ とおくと　$6x^2=\dfrac{dt}{dx}$

◀ $6x^2=\dfrac{dt}{dx}$ より
$x^2dx=\dfrac{1}{6}dt$

よって　$$\int \frac{x^2}{\sqrt{2x^3-1}}dx=\int \frac{1}{\sqrt{t}}\cdot\frac{1}{6}dt$$

$$=\frac{1}{6}\int t^{-\frac{1}{2}}dt$$

$$=\frac{1}{3}t^{\frac{1}{2}}+C$$

$$=\boldsymbol{\frac{1}{3}\sqrt{2x^3-1}+C}$$

(2) $\dfrac{2\sin x}{\cos^3 x}=2\tan x\cdot\dfrac{1}{\cos^2 x}$

$\tan x=t$ とおくと　$\dfrac{1}{\cos^2 x}=\dfrac{dt}{dx}$

◀ $\dfrac{1}{\cos^2 x}=\dfrac{dt}{dx}$ より
$\dfrac{1}{\cos^2 x}dx=dt$

よって　$$\int \frac{2\sin x}{\cos^3 x}dx=\int 2\tan x\cdot\frac{1}{\cos^2 x}dx$$

$$=\int 2t\,dt$$

$= t^2 + C$

$= \tan^2 x + C$

(3) $\log x = t$ とおくと $\dfrac{1}{x} = \dfrac{dt}{dx}$

◀ $\dfrac{1}{x} = \dfrac{dt}{dx}$ より $\dfrac{1}{x}dx = dt$

よって $\displaystyle\int \frac{1}{x}(\log x)^2 dx = \int t^2 dt$

$= \dfrac{1}{3}t^3 + C$

$= \dfrac{1}{3}(\log x)^3 + C$

〔別解〕

(1) $x^2 = \dfrac{1}{6}(2x^3-1)'$ であるから

$$\int \frac{x^2}{\sqrt{2x^3-1}}dx = \frac{1}{6}\int (2x^3-1)^{-\frac{1}{2}} \cdot (2x^3-1)' dx$$

$$= \frac{1}{6} \cdot 2(2x^3-1)^{\frac{1}{2}} + C$$

$$= \frac{1}{3}\sqrt{2x^3-1} + C$$

(2) $\dfrac{1}{\cos^2 x} = (\tan x)'$ であるから

$$\int \frac{2\sin x}{\cos^3 x}dx = \int 2\tan x \cdot \frac{1}{\cos^2 x}dx$$

$$= \int 2\tan x(\tan x)' dx$$

$$= \tan^2 x + C$$

(3) $\dfrac{1}{x} = (\log x)'$ であるから

$$\int \frac{1}{x}(\log x)^2 dx = \int (\log x)^2 (\log x)' dx$$

$$= \frac{1}{3}(\log x)^3 + C$$

問題 **141** 次の不定積分を求めよ。

(1) $\displaystyle\int \frac{(e^x-1)^2}{e^x+1}dx$ (2) $\displaystyle\int \frac{e^{2x}-1}{e^{2x}+1}dx$ (3) $\displaystyle\int \frac{\log x + 1}{x\log x}dx$

(1) $\displaystyle\int \frac{(e^x-1)^2}{e^x+1}dx = \int \frac{(e^x+1)^2 - 4e^x}{e^x+1}dx$

◀ 展開して分子を分母で割ってもよい。

$$= \int \left(e^x + 1 - \frac{4e^x}{e^x+1}\right)dx$$

◀ $\dfrac{e^x}{e^x+1} = \dfrac{(e^x+1)'}{e^x+1}$

$$= e^x + x - 4\log(e^x+1) + C$$

(2) $\displaystyle\int \frac{e^{2x}-1}{e^{2x}+1}dx = \int \frac{e^x - e^{-x}}{e^x + e^{-x}}dx$

◀ $\dfrac{(e^{2x}-1)e^{-x}}{(e^{2x}+1)e^{-x}} = \dfrac{e^x - e^{-x}}{e^x + e^{-x}}$

$$= \int \frac{(e^x + e^{-x})'}{e^x + e^{-x}}dx = \log(e^x + e^{-x}) + C$$

(3) $\displaystyle\int \frac{\log x+1}{x\log x}dx = \int\left(\frac{1}{x}+\frac{\frac{1}{x}}{\log x}\right)dx = \int \frac{1}{x}dx + \int \frac{(\log x)'}{\log x}dx$

$\qquad = \boldsymbol{\log x + \log|\log x| + C}$

◀ $\dfrac{1}{x}=(\log x)'$

問題 142 次の不定積分を求めよ。

(1) $\displaystyle\int \frac{x^2+x}{x^2-5x+6}dx$　　(2) $\displaystyle\int \frac{5x+1}{x^3+2x^2-x-2}dx$

(1) $\dfrac{x^2+x}{x^2-5x+6} = 1+\dfrac{6x-6}{(x-2)(x-3)}$

◀ 分子を分母で割ると商 1, 余り $6x-6$

次に, $\dfrac{6x-6}{(x-2)(x-3)} = \dfrac{a}{x-2}+\dfrac{b}{x-3}$ とおいて, 分母をはらうと

$6x-6=(a+b)x-(3a+2b)$

係数を比較すると　$a=-6,\ b=12$

◀ x の恒等式であるから $\begin{cases} a+b=6 \\ -(3a+2b)=-6 \end{cases}$

よって

$$\int \frac{x^2+x}{x^2-5x+6}dx = \int\left(1+\frac{-6}{x-2}+\frac{12}{x-3}\right)dx$$
$$= x-6\log|x-2|+12\log|x-3|+C$$
$$= \boldsymbol{x+6\log\frac{(x-3)^2}{|x-2|}+C}$$

(2) $x^3+2x^2-x-2=(x-1)(x^2+3x+2)=(x-1)(x+1)(x+2)$

◀ 組立除法

1	1	2	−1	−2
+		1	3	2
	1	3	2	0

より　$\dfrac{5x+1}{x^3+2x^2-x-2} = \dfrac{5x+1}{(x-1)(x+1)(x+2)}$

次に, $\dfrac{5x+1}{(x-1)(x+1)(x+2)} = \dfrac{a}{x-1}+\dfrac{b}{x+1}+\dfrac{c}{x+2}$ とおいて,

分母をはらうと

$5x+1=(a+b+c)x^2+(3a+b)x+2a-2b-c$

係数を比較すると　$a=1,\ b=2,\ c=-3$

◀ x についての恒等式であるから $\begin{cases} a+b+c=0 \\ 3a+b=5 \\ 2a-2b-c=1 \end{cases}$

よって

$$\int \frac{5x+1}{x^3+2x^2-x-2}dx = \int\left(\frac{1}{x-1}+\frac{2}{x+1}+\frac{-3}{x+2}\right)dx$$
$$= \log|x-1|+2\log|x+1|-3\log|x+2|+C$$
$$= \boldsymbol{\log\frac{|x-1|(x+1)^2}{|x+2|^3}+C}$$

問題 143 次の不定積分を求めよ。

(1) $\displaystyle\int \frac{x}{\cos^2 x}dx$　　(2) $\displaystyle\int \frac{x}{e^x}dx$　　(3) $\displaystyle\int \log\frac{1}{1+x}dx$

(1) $\displaystyle\int \frac{x}{\cos^2 x}dx = \int x(\tan x)'dx = x\tan x - \int \tan x\, dx$

$\displaystyle\qquad = x\tan x - \int \frac{\sin x}{\cos x}dx = x\tan x - \int\left\{-\frac{(\cos x)'}{\cos x}\right\}dx$

$\qquad = \boldsymbol{x\tan x + \log|\cos x| + C}$

◀ $f(x)=x$, $g'(x)=\dfrac{1}{\cos^2 x}$ と考えると $f'(x)=1$, $g(x)=\tan x$

(2) $\displaystyle\int \frac{x}{e^x}dx = \int xe^{-x}dx = \int x(-e^{-x})'dx$

$\displaystyle = -xe^{-x} + \int e^{-x}dx = \boldsymbol{-xe^{-x} - e^{-x} + C}$

◀ $f(x) = x$, $g'(x) = e^{-x}$ と考えると $f'(x) = 1$, $g(x) = -e^{-x}$

(3) $\displaystyle\int \log\frac{1}{1+x}dx = -\int \log(1+x)dx = -\int 1\cdot\log(1+x)dx$

$\displaystyle = -\int (1+x)'\log(1+x)dx$

$\displaystyle = -(1+x)\log(1+x) + \int (1+x)\cdot\frac{1}{1+x}dx$

$\displaystyle = \boldsymbol{-(1+x)\log(1+x) + x + C}$

◀ $\displaystyle\log\frac{1}{1+x} = \log(1+x)^{-1} = -\log(1+x)$

問題 **144** 次の不定積分を求めよ。

(1) $\displaystyle\int (\log x)^3 dx$　　(2) $\displaystyle\int x^3 \sin x\, dx$　　(3) $\displaystyle\int x^3 e^{-x^2} dx$

(1) $\displaystyle\int (\log x)^3 dx = \int (x)'(\log x)^3 dx$

◀ $1 = (x)'$ と考える。

$\displaystyle = x(\log x)^3 - \int x\cdot 3(\log x)^2\cdot\frac{1}{x}dx$

$\displaystyle = x(\log x)^3 - 3\int (\log x)^2 dx$

$\displaystyle = x(\log x)^3 - 3\int (x)'(\log x)^2 dx$

$\displaystyle = x(\log x)^3 - 3\left\{x(\log x)^2 - \int x\cdot 2(\log x)\cdot\frac{1}{x}dx\right\}$

◀ 部分積分法を繰り返し用いる。

$\displaystyle = x(\log x)^3 - 3x(\log x)^2 + 6\int (x)'\log x\, dx$

$\displaystyle = x(\log x)^3 - 3x(\log x)^2 + 6x\log x - 6\int x\cdot\frac{1}{x}dx$

$\displaystyle = \boldsymbol{x(\log x)^3 - 3x(\log x)^2 + 6x\log x - 6x + C}$

(2) $\displaystyle\int x^3\sin x\, dx = \int x^3(-\cos x)'dx$

$\displaystyle = -x^3\cos x + 3\int x^2\cos x\, dx$

$\displaystyle = -x^3\cos x + 3\int x^2(\sin x)'dx$

$\displaystyle = -x^3\cos x + 3x^2\sin x - 6\int x\sin x\, dx$

$\displaystyle = -x^3\cos x + 3x^2\sin x - 6\int x(-\cos x)'dx$

$\displaystyle = -x^3\cos x + 3x^2\sin x + 6x\cos x - 6\int \cos x\, dx$

$\displaystyle = \boldsymbol{-x^3\cos x + 3x^2\sin x + 6x\cos x - 6\sin x + C}$

(3) $\displaystyle\int x^3e^{-x^2}dx = -\frac{1}{2}\int x^2\cdot e^{-x^2}(-2x)dx$

◀ $x^3e^{-x^2} = x^2\cdot xe^{-x^2}$ と考える。**Plus One** 参照。

ここで，$-x^2 = t$ とおくと

$\displaystyle -\frac{1}{2}\int x^2\cdot e^{-x^2}(-2x)dx = \frac{1}{2}\int te^t dt$

◀ $-x^2 = t$ とおくと，$\displaystyle -2x\frac{dx}{dt} = 1$ より $-2x\,dx = dt$

$\displaystyle = \frac{1}{2}\int t(e^t)'dt$

$= \dfrac{1}{2}\left(te^t - \displaystyle\int e^t dt\right) = \dfrac{1}{2}(te^t - e^t) + C$

$= \dfrac{1}{2}(t-1)e^t + C = \boldsymbol{-\dfrac{1}{2}(x^2+1)e^{-x^2}+C}$

◀ x の式で答える。

Plus One

部分積分法　$\displaystyle\int f(x)g'(x)dx = f(x)g(x) - \int f'(x)g(x)dx$

問題 144 (3) において，被積分関数を x^3 と e^{-x^2} の積と考えてみよう。e^{-x^2} の原始関数は分からないから，$f(x) = e^{-x^2}$，$g'(x) = x^3$ として部分積分法を用いると

$$\int x^3 e^{-x^2} dx = \int \left(\frac{1}{4}x^4\right)' e^{-x^2} dx$$

$$= \frac{1}{4}x^4 e^{-x^2} - \int \frac{1}{4}x^4 \cdot e^{-x^2} \cdot (-2x)dx$$

$$= \frac{1}{4}x^4 e^{-x^2} + \frac{1}{2}\int x^5 e^{-x^2} dx$$

となり，被積分関数の x の次数が上がってしまう。

次に，e^{-x^2} を $g'(x)$ の一部にしようと考えると，$xe^{-x^2} = -\dfrac{1}{2}\cdot(-2x)\cdot e^{-x^2}$ は例題 140 で学習した $f(g(x))g'(x)$ の形となり，置換積分法により原始関数を求めることができる。そこで，本解のように被積分関数を x^2 と xe^{-x^2} の積と考えるのである。

問題 **145** 次の不定積分を求めよ。

(1) $\displaystyle\int e^{-x}\sin^2 x\, dx$　　(2) $\displaystyle\int \sin(\log x)dx$　　(3) $\displaystyle\int \cos(\log x)dx$

(1) $\displaystyle\int e^{-x}\sin^2 x\, dx = \int e^{-x}\cdot\frac{1-\cos 2x}{2}dx$

$= \displaystyle\int\left(\frac{1}{2}e^{-x} - \frac{1}{2}e^{-x}\cos 2x\right)dx$

$= -\dfrac{1}{2}e^{-x} - \dfrac{1}{2}\displaystyle\int e^{-x}\cos 2x\, dx$

◀ 半角の公式
$\sin^2 x = \dfrac{1-\cos 2x}{2}$

ここで，$I = \displaystyle\int e^{-x}\cos 2x\, dx$ とおくと

$I = \displaystyle\int (-e^{-x})'\cos 2x\, dx$

$= -e^{-x}\cos 2x + \displaystyle\int e^{-x}(-2\sin 2x)dx$

◀ 部分積分法を用いる。

$= -e^{-x}\cos 2x - 2\displaystyle\int (-e^{-x})'\sin 2x\, dx$

$= -e^{-x}\cos 2x - 2\left(-e^{-x}\sin 2x + \displaystyle\int e^{-x}\cdot 2\cos 2x\, dx\right)$

◀ さらに部分積分法を用いる。
符号に注意する。

$= -e^{-x}\cos 2x + 2e^{-x}\sin 2x - 4\displaystyle\int e^{-x}\cos 2x\, dx$

$= -e^{-x}(\cos 2x - 2\sin 2x) - 4I$

よって　$I = -\dfrac{1}{5}e^{-x}(\cos 2x - 2\sin 2x) + C'$

◀ $5I = -e^{-x}(\cos 2x - 2\sin 2x) + C''$
(C'' は積分定数)

4章 11 不定積分

$$= \frac{1}{5}e^{-x}(2\sin 2x - \cos 2x) + C' \quad (C' \text{ は積分定数})$$

したがって

$$\int e^{-x}\sin^2 x\,dx = -\frac{1}{2}e^{-x} - \frac{1}{2}\left\{\frac{1}{5}e^{-x}(2\sin 2x - \cos 2x) + C'\right\}$$

$$= -\frac{1}{2}e^{-x} - \frac{1}{10}e^{-x}(2\sin 2x - \cos 2x) + C$$

◀ $-\frac{1}{2}C'$ をあらためて C とおき直している。

(2) $\int \sin(\log x)dx$

$$= \int (x)'\sin(\log x)dx$$

$$= x\sin(\log x) - \int x\{\cos(\log x)\}\cdot\frac{1}{x}dx$$

$$= x\sin(\log x) - \int \cos(\log x)dx$$

$$= x\sin(\log x) - \int (x)'\cos(\log x)dx$$

$$= x\sin(\log x) - x\cos(\log x) + \int x\{-\sin(\log x)\}\cdot\frac{1}{x}dx$$

$$= x\sin(\log x) - x\cos(\log x) - \int \sin(\log x)dx$$

よって $\displaystyle\int \sin(\log x)dx = \frac{x}{2}\{\sin(\log x) - \cos(\log x)\} + C$

◀ $t = \log x$ すなわち $x = e^t$ とおくと，$\frac{dx}{dt} = e^t$ より

$$\int \sin(\log x)dx = \int e^t \sin t\,dt$$

と考えることもできる。

(3) $\int \cos(\log x)dx$

$$= \int (x)'\cos(\log x)dx$$

$$= x\cos(\log x) - \int x\{-\sin(\log x)\}\cdot\frac{1}{x}dx$$

$$= x\cos(\log x) + \int \sin(\log x)dx$$

$$= x\cos(\log x) + \int (x)'\sin(\log x)dx$$

$$= x\cos(\log x) + x\sin(\log x) - \int x\{\cos(\log x)\}\cdot\frac{1}{x}dx$$

$$= x\cos(\log x) + x\sin(\log x) - \int \cos(\log x)dx$$

よって $\displaystyle\int \cos(\log x)dx = \frac{x}{2}\{\sin(\log x) + \cos(\log x)\} + C$

◀ $t = \log x$ すなわち $x = e^t$ とおくと，$\frac{dx}{dt} = e^t$ より

$$\int \cos(\log x)dx = \int e^t \cos t\,dt$$

と考えることもできる。

問題 146 関数 $f(x)$ は $x > 0$ で微分可能な関数とする。
曲線 $y = f(x)$ 上の点 $(x,\ y)$ における接線の傾きが $\frac{4x^2}{\sqrt{2x+1}}$ で表される曲線のうちで，点 $(0,\ 1)$ を通るものを求めよ。

曲線 $y = f(x)$ 上の点 $(x,\ y)$ における接線の傾きは $f'(x)$ であるから

$$f'(x) = \frac{4x^2}{\sqrt{2x+1}}$$

よって $\displaystyle f(x) = \int \frac{4x^2}{\sqrt{2x+1}}dx$

$t=2x+1$ とおくと，$4x^2=(t-1)^2$ であり　$\dfrac{dt}{dx}=2$

◀ $t=\sqrt{2x+1}$ とおいて考えてもよい。

よって　$f(x)=\displaystyle\int\frac{(t-1)^2}{\sqrt{t}}\cdot\frac{1}{2}dt$

$$=\frac{1}{2}\int\left(t^{\frac{3}{2}}-2t^{\frac{1}{2}}+t^{-\frac{1}{2}}\right)dt$$

$$=\frac{1}{2}\left(\frac{2}{5}t^{\frac{5}{2}}-\frac{4}{3}t^{\frac{3}{2}}+2t^{\frac{1}{2}}\right)+C$$

$$=\frac{1}{15}t^{\frac{1}{2}}(3t^2-10t+15)+C$$

$$=\frac{4}{15}\sqrt{2x+1}(3x^2-2x+2)+C$$

この曲線が点 (0, 1) を通るから　$\dfrac{4}{15}\cdot 2+C=1$

◀ $f(0)=1$

ゆえに　$C=\dfrac{7}{15}$

したがって，求める曲線の方程式は

$$\boldsymbol{y=\frac{4}{15}\sqrt{2x+1}(3x^2-2x+2)+\frac{7}{15}}$$

問題 **147** m, n を自然数とするとき，不定積分 $\displaystyle\int\sin mx\cos nx\,dx$ を求めよ。

$I=\displaystyle\int\sin mx\cos nx\,dx$ とおくと

$$I=\frac{1}{2}\int\{\sin(m+n)x+\sin(m-n)x\}dx$$

◀ $\sin\alpha\cos\beta=\dfrac{1}{2}\{\sin(\alpha+\beta)+\sin(\alpha-\beta)\}$

(ア)　$m-n=0$ すなわち $m=n$ のとき

◀ x の係数が0になるかどうかで場合分けする。m, n は自然数であるから，$m+n$ は0にはならない。

$$I=\frac{1}{2}\int\sin 2mx\,dx=-\frac{1}{4m}\cos 2mx+C$$

(イ)　$m-n\neq 0$ すなわち $m\neq n$ のとき

$$I=\frac{1}{2}\left\{-\frac{1}{m+n}\cos(m+n)x-\frac{1}{m-n}\cos(m-n)x\right\}+C$$

$$=-\frac{1}{2}\left\{\frac{1}{m+n}\cos(m+n)x+\frac{1}{m-n}\cos(m-n)x\right\}+C$$

(ア), (イ) より

$$\boldsymbol{I=\begin{cases}-\dfrac{1}{4m}\cos 2mx+C & (m=n\ \text{のとき})\\ -\dfrac{1}{2}\left\{\dfrac{1}{m+n}\cos(m+n)x+\dfrac{1}{m-n}\cos(m-n)x\right\}+C & (m\neq n\ \text{のとき})\end{cases}}$$

問題 **148** 次の不定積分を求めよ。

(1)　$\displaystyle\int\cos^2 2x\,dx$　　(2)　$\displaystyle\int\sin^3 2x\,dx$

(3)　$\displaystyle\int\cos^4 2x\,dx$　　(4)　$\displaystyle\int\frac{dx}{1-\sin x}$

(1) $\displaystyle\int \cos^2 2x\,dx = \int \frac{1+\cos 4x}{2}\,dx = \boldsymbol{\frac{1}{2}x + \frac{1}{8}\sin 4x + C}$

◀偶数乗⇨半角の公式

(2) $\displaystyle\int \sin^3 2x\,dx = \int \sin^2 2x \sin 2x\,dx = \int (1-\cos^2 2x)\sin 2x\,dx$

◀奇数乗
⇨ $\sin 2x$ を1つ分ける。

ここで，$\cos 2x = t$ とおくと　$-2\sin 2x = \dfrac{dt}{dx}$

◀$\sin 2x\,dx = -\dfrac{1}{2}dt$

よって　(与式)$\displaystyle = \int (1-t^2)\cdot\left(-\frac{1}{2}\right)dt$

$$= -\frac{1}{2}t + \frac{1}{6}t^3 + C$$

$$= \boldsymbol{-\frac{1}{2}\cos 2x + \frac{1}{6}\cos^3 2x + C}$$

(3) $\displaystyle\int \cos^4 2x\,dx = \int \left(\frac{1+\cos 4x}{2}\right)^2 dx$

◀偶数乗⇨半角の公式

$$= \frac{1}{4}\int (1 + 2\cos 4x + \cos^2 4x)\,dx$$

$$= \frac{1}{4}\int \left(1 + 2\cos 4x + \frac{1+\cos 8x}{2}\right)dx$$

◀半角の公式を繰り返し用いる。

$$= \frac{1}{4}\int \left(\frac{3}{2} + 2\cos 4x + \frac{1}{2}\cos 8x\right)dx$$

$$= \boldsymbol{\frac{3}{8}x + \frac{1}{8}\sin 4x + \frac{1}{64}\sin 8x + C}$$

(4) $\displaystyle\int \frac{dx}{1-\sin x} = \int \frac{1+\sin x}{(1-\sin x)(1+\sin x)}\,dx$

$$= \int \frac{1+\sin x}{\cos^2 x}\,dx$$

$$= \int \left(\frac{1}{\cos^2 x} + \frac{\sin x}{\cos^2 x}\right)dx$$

$$= \tan x - \int (\cos x)^{-2}(\cos x)'\,dx$$

$$= \boldsymbol{\tan x + \frac{1}{\cos x} + C}$$

◀$\displaystyle\int \frac{\sin x}{\cos^2 x}\,dx$ は $t = \cos x$ とおいても解ける。

問題 **149** 不定積分 $\displaystyle\int \frac{dx}{3e^x - 5e^{-x} + 2}$ を求めよ。

$e^x = t$ とおくと　$e^x = \dfrac{dt}{dx}$

よって　$\displaystyle\int \frac{dx}{3e^x - 5e^{-x} + 2} = \int \frac{1}{3e^{2x} - 5 + 2e^x}\cdot e^x\,dx$

◀$e^x dx = dt$

$$= \int \frac{dt}{3t^2 + 2t - 5}$$

$$= \int \frac{dt}{(t-1)(3t+5)}$$

◀$\dfrac{1}{(t-1)(3t+5)} = \dfrac{a}{t-1} + \dfrac{b}{3t+5}$ とおくと $a = \dfrac{1}{8}$，$b = -\dfrac{3}{8}$

$$= \int \frac{1}{8}\left(\frac{1}{t-1} - \frac{3}{3t+5}\right)dt$$

$$= \frac{1}{8}\{\log|t-1| - \log(3t+5)\} + C$$

$$= \frac{1}{8}\log\frac{|t-1|}{3t+5}+C$$

$$= \boldsymbol{\frac{1}{8}\log\frac{|e^x-1|}{3e^x+5}+C}$$

問題 150 $a>0$ のとき，不定積分 $\int(x^2+a^2)^{-\frac{3}{2}}dx$ を $x=a\tan\theta\ \left(-\frac{\pi}{2}<\theta<\frac{\pi}{2}\right)$ と置き換えることにより求めよ。 (信州大)

$x=a\tan\theta$ より　$x^2+a^2=a^2\tan^2\theta+a^2=a^2(\tan^2\theta+1)=\dfrac{a^2}{\cos^2\theta}$

◀ $\tan^2\theta+1=\dfrac{1}{\cos^2\theta}$

よって　$(x^2+a^2)^{-\frac{3}{2}}=\left(\dfrac{a^2}{\cos^2\theta}\right)^{-\frac{3}{2}}=\dfrac{\cos^3\theta}{a^3}$

◀ $-\dfrac{\pi}{2}<\theta<\dfrac{\pi}{2}$ より $\cos\theta>0$ であるから $\sqrt{\cos^2\theta}=\cos\theta$

$\dfrac{dx}{d\theta}=(a\tan\theta)'=\dfrac{a}{\cos^2\theta}$ であるから

$$\int(x^2+a^2)^{-\frac{3}{2}}dx=\int\frac{\cos^3\theta}{a^3}\cdot\frac{a}{\cos^2\theta}d\theta$$

$$=\int\frac{\cos\theta}{a^2}d\theta=\frac{\sin\theta}{a^2}+C$$

◀ $dx=\dfrac{a}{\cos^2\theta}d\theta$ と考えてもよい。

ここで　$\sin^2\theta=1-\cos^2\theta=1-\dfrac{1}{1+\tan^2\theta}$

$$=\frac{\tan^2\theta}{\tan^2\theta+1}=\frac{a^2\tan^2\theta}{a^2\tan^2\theta+a^2}=\frac{x^2}{x^2+a^2}$$

◀ $\sin\theta$ と x の正負は一致するから $\sin\theta=\dfrac{x}{\sqrt{x^2+a^2}}$

したがって　$\boldsymbol{\int(x^2+a^2)^{-\frac{3}{2}}dx=\dfrac{x}{a^2\sqrt{x^2+a^2}}+C}$

p.282 本質を問う 11

1 $(\log x)'=\dfrac{1}{x}$ である。一方，$\int\dfrac{1}{x}dx=\log|x|+C$ (C は積分定数) $\cdots$① である。①で $\log x$ でなく $\log|x|$ である理由を説明せよ。

$\dfrac{1}{x}$ は $x\neq0$ で定義されているから

$x\neq0$ において微分すると $\dfrac{1}{x}$ になる関数が $\dfrac{1}{x}$ の不定積分である。

$x>0$ において $(\log x)'=\dfrac{1}{x}$ であるから　$\int\dfrac{1}{x}dx=\log x+C$

$x<0$ において $\{\log(-x)\}'=\dfrac{1}{-x}\cdot(-x)'=\dfrac{1}{x}$ であるから

$$\int\frac{1}{x}dx=\log(-x)+C$$

◀ $x<0$ では $\log x$ は定義されない。

◀ 合成関数の微分

よって，$x>0$ のとき $x=|x|$，$x<0$ のとき $-x=|x|$ であるから

$x\neq0$ のとき　$\int\dfrac{1}{x}dx=\log|x|+C$ である。

2　$\int \log(x+2)dx$ の不定積分を，$\int (x)'\log(x+2)dx$ と考えて求めよ。

$$\int \log(x+2)dx = \int 1\cdot\log(x+2)dx$$
$$= \int (x)'\log(x+2)dx$$
$$= x\log(x+2) - \int x\cdot\frac{1}{x+2}\,dx$$
$$= x\log(x+2) - \int\left(1-\frac{2}{x+2}\right)dx$$
$$= x\log(x+2) - x + 2\log(x+2) + C$$
$$= \boldsymbol{(x+2)\log(x+2) - x + C}$$

◀ $\int (x+2)'\log(x+2)dx$ と考えると，計算が簡単になる。
例題 143 (4) 参照。

p.283

Let's Try! 11

①　次の不定積分を求めよ。

(1) $\int \frac{(\sqrt{x}+1)^3}{x^2}dx$　（甲南大）

(2) $\int \frac{x}{\sqrt{x+1}+1}dx$　（東京工科大）

(3) $\int \frac{x}{\sqrt{7x^2+1}}dx$　（小樽商科大）

(4) $\int x2^x dx$　（津田塾大）

(5) $\int (x+1)^2\log x\,dx$　（日本女子大）

(6) $\int e^{-x}\sin x\cos x\,dx$

(7) $\int \frac{\log(\log x)}{x}dx$　（会津大）

(8) $\int \frac{e^{2ax}}{e^{2ax}+3e^{ax}+2}dx$　ただし，$a \neq 0$　（大阪市立大）

(1) $$\int \frac{(\sqrt{x}+1)^3}{x^2}dx = \int \frac{x\sqrt{x}+3x+3\sqrt{x}+1}{x^2}dx$$
$$= \int\left(x^{-\frac{1}{2}} + 3x^{-\frac{3}{2}} + x^{-2} + \frac{3}{x}\right)dx$$
$$= 2x^{\frac{1}{2}} - 6x^{-\frac{1}{2}} - x^{-1} + 3\log|x| + C$$
$$= \boldsymbol{2\sqrt{x} - \frac{6}{\sqrt{x}} - \frac{1}{x} + 3\log x + C}$$

◀ $\sqrt{x}$ を含むから $x \geqq 0$ であり，分母が x^2 であるから $x \neq 0$ である。よって $x > 0$

◀ $x > 0$ より $\log|x| = \log x$

(2) $t = \sqrt{x+1}$ とおくと，$x = t^2 - 1$ となり　$\frac{dx}{dt} = 2t$

$$\int \frac{x}{\sqrt{x+1}+1}dx = \int \frac{t^2-1}{t+1}\cdot 2t\,dt$$
$$= 2\int \frac{t(t+1)(t-1)}{t+1}dt = 2\int t(t-1)dt$$
$$= 2\int (t^2-t)dt = \frac{2}{3}t^3 - t^2 + C_1$$
$$= \boldsymbol{\frac{2}{3}(x+1)\sqrt{x+1} - x + C}$$

◀ $\frac{dx}{dt} = 2t$ より $dx = 2t\,dt$

◀ $-1 + C_1$ をあらためて C とおいた。

(3) $$\int \frac{x}{\sqrt{7x^2+1}}dx = \frac{1}{14}\int \frac{14x}{\sqrt{7x^2+1}}dx$$
$$= \frac{1}{14}\int (7x^2+1)^{-\frac{1}{2}}(7x^2+1)'dx$$

◀ $\int f(g(x))g'(x)dx$ の形であることを見抜く。
$t = 7x^2+1$ などとおいて置換積分法を用いてもよい。

$$= \frac{1}{7}\sqrt{7x^2+1}+C$$

(4) $\displaystyle\int x2^x dx = \int x\left(\frac{2^x}{\log 2}\right)' dx$

$\displaystyle= x\cdot\frac{2^x}{\log 2} - \int \frac{2^x}{\log 2}dx = \boldsymbol{\frac{x2^x}{\log 2} - \frac{2^x}{(\log 2)^2}+C}$

(5) $\displaystyle\int (x+1)^2\log x\,dx = \int\left\{\frac{(x+1)^3}{3}\right\}'\log x\,dx$

$\displaystyle= \frac{(x+1)^3}{3}\log x - \int\frac{(x+1)^3}{3}\cdot\frac{1}{x}dx$

$\displaystyle= \frac{(x+1)^3}{3}\log x - \int\left(\frac{x^2}{3}+x+1+\frac{1}{3x}\right)dx$

$\displaystyle= \boldsymbol{\frac{(x+1)^3}{3}\log x - \frac{x^3}{9} - \frac{x^2}{2} - x - \frac{1}{3}\log x + C}$

(6) $\displaystyle\int e^{-x}\sin x\cos x\,dx = \frac{1}{2}\int e^{-x}\sin 2x\,dx$

$\displaystyle I = \int e^{-x}\sin 2x\,dx$ とおくと

$\displaystyle I = \int(-e^{-x})'\sin 2x\,dx$

$\displaystyle= -e^{-x}\sin 2x + \int e^{-x}\cdot(2\cos 2x)dx$

$\displaystyle= -e^{-x}\sin 2x + 2\int(-e^{-x})'\cos 2x\,dx$

$\displaystyle= -e^{-x}\sin 2x + 2\left\{-e^{-x}\cos 2x + \int e^{-x}(-2\sin 2x)dx\right\}$

$= -e^{-x}\sin 2x - 2e^{-x}\cos 2x - 4I$

よって　$5I = -e^{-x}(\sin 2x + 2\cos 2x)$

ゆえに　$\displaystyle I = -\frac{1}{5}e^{-x}(\sin 2x + 2\cos 2x)$

したがって

$$\int e^{-x}\sin x\cos x\,dx = -\frac{1}{10}e^{-x}(\sin 2x+2\cos 2x)+C$$

(7) $\log x = t$ とおくと　、$\displaystyle\frac{1}{x} = \frac{dt}{dx}$

$\displaystyle\int\frac{\log(\log x)}{x}dx = \int\log t\,dt = \int(t)'\log t\,dt$

$\displaystyle= t\log t - \int dt = t\log t - t + C$

$= t(\log t - 1) + C = \boldsymbol{\log x\{\log(\log x)-1\}+C}$

(8) $t = e^{ax}$ とおくと　$\displaystyle\frac{dt}{dx} = ae^{ax}$

$\displaystyle\int\frac{e^{2ax}}{e^{2ax}+3e^{ax}+2}dx = \int\frac{e^{ax}}{(e^{ax})^2+3e^{ax}+2}\cdot e^{ax}dx$

$\displaystyle= \frac{1}{a}\int\frac{t}{t^2+3t+2}dt$

$\displaystyle= \frac{1}{a}\int\frac{t}{(t+1)(t+2)}dt$

$\displaystyle= \frac{1}{a}\int\left(\frac{2}{t+2}-\frac{1}{t+1}\right)dt$

◀ $\displaystyle\int a^x dx = \frac{a^x}{\log a}+C$

◀ 部分積分法を用いる。

◀ 部分積分法を用いる。

◀ $x>0$

$5I = -e^{-x}(\sin 2x + 2\cos 2x) + C'$
$\displaystyle I = -\frac{1}{5}e^{-x}(\sin 2x+2\cos 2x)+\frac{C'}{5}$
となり，$\displaystyle\frac{C'}{10}$ をあらためて C におき直している。
◀ C' は積分定数

◀ $\displaystyle\frac{1}{x}dx = dt$

◀ $\displaystyle 1 = ae^{ax}\frac{dx}{dt}$ より
$\displaystyle e^{ax}dx = \frac{1}{a}dt$

$\displaystyle\frac{t}{(t+1)(t+2)}$
$\displaystyle= \frac{m}{t+1}+\frac{n}{t+2}$ より
$t = m(t+2)+n(t+1)$
これより
◀ $m=-1,\ n=2$

4章 11 不定積分

$$= \frac{1}{a}(2\log|t+2| - \log|t+1|) + C$$

$$= \boldsymbol{\frac{1}{a}\log\frac{(e^{ax}+2)^2}{e^{ax}+1} + C}$$

② $I_1 = \int \frac{1}{(x+1)^2}dx$, $I_2 = \int \frac{x}{(x+1)^2}dx$ をそれぞれ求めよ。 （東京電機大）

$$I_1 = \int \frac{1}{(x+1)^2}dx = \int (x+1)^{-2}dx$$

$$= -(x+1)^{-1} + C_1 = \boldsymbol{-\frac{1}{x+1} + C_1} \quad (C_1 \text{ は積分定数})$$

次に　$I_1 + I_2 = \int \frac{1}{(x+1)^2}dx + \int \frac{x}{(x+1)^2}dx$

$$= \int \frac{x+1}{(x+1)^2}dx = \int \frac{1}{x+1}dx$$

$$= \log|x+1| + C_2 \quad (C_2 \text{ は積分定数})$$

◀ $I_1 + I_2$ の被積分関数が簡単な式になることに着目する。

よって　$I_2 = -I_1 + \log|x+1| + C_2$

$$= \boldsymbol{\log|x+1| + \frac{1}{x+1} + C}$$

〔別解〕　（I_2 について）

$x+1=t$ とおくと，$x=t-1$ であり　$\frac{dx}{dt} = 1$

◀ 置換積分法

よって　$I_2 = \int \frac{t-1}{t^2}dt = \int \left(\frac{1}{t} - \frac{1}{t^2}\right)dt$

$$= \log|t| + \frac{1}{t} + C = \log|x+1| + \frac{1}{x+1} + C$$

③ 関数 $f(x) = \frac{1}{x^3(1-x)}$ について，次の問に答えよ。

(1)　$f(x) = \frac{a_1}{x} + \frac{a_2}{x^2} + \frac{a_3}{x^3} + \frac{b}{1-x}$ とおいて，定数 a_1，a_2，a_3，b を求めよ。

(2)　不定積分 $\int f(x)dx$ を求めよ。

(3)　同様にして，不定積分 $\int \frac{dx}{x^p(1-x)}$ （$p=1$，2，3，…）を求めよ。 （神戸大）

(1)　$\frac{a_1}{x} + \frac{a_2}{x^2} + \frac{a_3}{x^3} + \frac{b}{1-x} = \frac{1}{x^3(1-x)}$ とおく。

両辺に $x^3(1-x)$ を掛けると

$$a_1x^2(1-x) + a_2x(1-x) + a_3(1-x) + bx^3 = 1$$

x について整理すると

$$(b-a_1)x^3 + (a_1-a_2)x^2 + (a_2-a_3)x + a_3 - 1 = 0$$

◀ x についての恒等式である。

各項の係数が 0 となればよいから

$$b-a_1=0,\ a_1-a_2=0,\ a_2-a_3=0,\ a_3-1=0$$

これを解くと

$$\boldsymbol{a_1=1,\ a_2=1,\ a_3=1,\ b=1}$$

(2) $\displaystyle\int f(x)dx=\int\left(\frac{1}{x}+\frac{1}{x^2}+\frac{1}{x^3}+\frac{1}{1-x}\right)dx$

$$=\log|x|-\frac{1}{x}-\frac{1}{2x^2}-\log|x-1|+C$$

$$=\boldsymbol{\log\left|\frac{x}{x-1}\right|-\frac{1}{x}-\frac{1}{2x^2}+C}$$

(3) $\displaystyle\frac{1}{x^p(1-x)}=\frac{1}{x}+\frac{1}{x^2}+\cdots+\frac{1}{x^p}+\frac{1}{1-x}$ $\cdots$①

と推定できる。これを数学的帰納法を用いて証明する。

[1] $p=1$ のとき

$\displaystyle\frac{1}{x(1-x)}=\frac{1}{x}+\frac{1}{1-x}$ は成り立つ。

[2] $p=k$ のとき，①が成り立つと仮定すると

$$\frac{1}{x^k(1-x)}=\frac{1}{x}+\frac{1}{x^2}+\cdots+\frac{1}{x^k}+\frac{1}{1-x}$$

$p=k+1$ のとき

$$\frac{1}{x^{k+1}(1-x)}=\frac{1}{x}\cdot\frac{1}{x^k(1-x)}$$

$$=\frac{1}{x}\left(\frac{1}{x}+\frac{1}{x^2}+\cdots+\frac{1}{x^k}+\frac{1}{1-x}\right)$$

$$=\frac{1}{x^2}+\frac{1}{x^3}+\cdots+\frac{1}{x^{k+1}}+\frac{1}{x(1-x)}$$

$$=\frac{1}{x}+\frac{1}{x^2}+\cdots+\frac{1}{x^{k+1}}+\frac{1}{1-x}$$

よって，$p=k+1$ のときも成り立つ。

[1]，[2] より，①は，$p=1,\ 2,\ 3,\ \cdots$ について成り立つ。

$p=1$ のとき

$$\int\frac{dx}{x(1-x)}=\int\left(\frac{1}{x}+\frac{1}{1-x}\right)dx=\boldsymbol{\log\left|\frac{x}{x-1}\right|+C}$$

$p=2,\ 3,\ \cdots$ のとき

$$\int\frac{dx}{x^p(1-x)}=\int\left(\frac{1}{x}+\frac{1}{x^2}+\cdots+\frac{1}{x^p}+\frac{1}{1-x}\right)dx$$

$$=\boldsymbol{\log\left|\frac{x}{x-1}\right|-\frac{1}{x}-\frac{1}{2x^2}-\cdots-\frac{1}{(p-1)x^{p-1}}+C}$$

◀ $p=1$ のとき $\displaystyle\frac{1}{x(1-x)}=\frac{1}{x}+\frac{1}{1-x}$

$p=2$ のとき $\displaystyle\frac{1}{x^2(1-x)}=\frac{1}{x}+\frac{1}{x^2}+\frac{1}{1-x}$

は計算で確認できる。

◀ $\displaystyle\frac{1}{x(1-x)}=\frac{1}{x}+\frac{1}{1-x}$ を用いる。

◀ $\log|x|-\log|x-1|$ $\displaystyle=\log\left|\frac{x}{x-1}\right|$

4章 11 不定積分

---

④ n を自然数とし，x が不等式 $0<x<1$ を満たすとき

(1) x^n-1 を因数分解せよ。

(2) $\displaystyle\frac{x^n}{1-x}=\frac{1}{1-x}-(1+x+x^2+\cdots+x^{n-1})$ であることを示せ。

(3) $\displaystyle\int\frac{x^n}{1-x}dx$ を求めよ。（大東文化大）

(1) 初項 1，公比 x の等比数列の初項から第 n 項までの和は，$0<x<1$ であるから

$$1+x+x^2+\cdots+x^{n-1}=\frac{x^n-1}{x-1}$$

よって　　$\boldsymbol{x^n-1=(x-1)(x^{n-1}+x^{n-2}+\cdots+x^2+x+1)}$

(2) (1)の結果より

◀ $f(x)=x^n-1$ とおくと，$f(1)=1^n-1=0$ であるから，$f(x)$ は $x-1$ で割り切れることを用いてもよい。

$$1+x+x^2+\cdots+x^{n-1}=\frac{1-x^n}{1-x}=\frac{1}{1-x}-\frac{x^n}{1-x}$$

よって　$\dfrac{x^n}{1-x}=\dfrac{1}{1-x}-(1+x+x^2+\cdots+x^{n-1})$

(3)　(2)の結果より

$$\int\frac{x^n}{1-x}dx=\int\left\{\frac{1}{1-x}-(1+x+x^2+\cdots+x^{n-1})\right\}dx$$

$$=-\log|1-x|-x-\frac{x^2}{2}-\frac{x^3}{3}-\cdots-\frac{x^n}{n}+C$$

$$=\boldsymbol{-\log(1-x)-x-\frac{x^2}{2}-\frac{x^3}{3}-\cdots-\frac{x^n}{n}+C}$$

◀ $0<x<1$ より $1-x>0$

⑤　(1)　$\displaystyle\int x^ne^xdx=x^ne^x-n\int x^{n-1}e^xdx$（$n$ は自然数）を証明せよ。

(2)　$\displaystyle\int\cos^n x\,dx=\frac{1}{n}\cos^{n-1}x\sin x+\frac{n-1}{n}\int\cos^{n-2}x\,dx$（$n$ は2以上の自然数）を証明せよ。

(1)　$\displaystyle\int x^ne^xdx=\int x^n(e^x)'dx=x^ne^x-\int(x^n)'e^xdx$

$$=x^ne^x-n\int x^{n-1}e^xdx$$

◀ $f(x)=x^n$
$g'(x)=e^x$

(2)　$\displaystyle\int\cos^n x\,dx=\int\cos^{n-1}x\cos x\,dx=\int\cos^{n-1}x(\sin x)'\,dx$

◀ $f(x)=\cos^{n-1}x$
$g'(x)=\cos x$

$$=\cos^{n-1}x\sin x+(n-1)\int\cos^{n-2}x\sin^2x\,dx$$

$$=\cos^{n-1}x\sin x+(n-1)\int\cos^{n-2}x(1-\cos^2x)dx$$

$$=\cos^{n-1}x\sin x+(n-1)\int\cos^{n-2}x\,dx-(n-1)\int\cos^n x\,dx$$

これより

$$n\int\cos^n x\,dx=\cos^{n-1}x\sin x+(n-1)\int\cos^{n-2}x\,dx$$

よって　$\displaystyle\int\cos^n x\,dx=\frac{1}{n}\cos^{n-1}x\sin x+\frac{n-1}{n}\int\cos^{n-2}x\,dx$

⑥　不定積分 $F(x)=\displaystyle\int\frac{dx}{x^2\sqrt{x^2-1}}$　$(x>1)$ について

(1)　$x=\dfrac{1}{\sin\theta}$　$\left(0<\theta<\dfrac{\pi}{2}\right)$ とおくとき，$\dfrac{1}{x^2\sqrt{x^2-1}}$ を θ を用いて表せ。

(2)　(1)を利用して $x>1$ のときの $F(x)$ を求めよ。　（摂南大　改）

(1)　$x=\dfrac{1}{\sin\theta}$　$\left(0<\theta<\dfrac{\pi}{2}\right)$ より

$$\frac{1}{x^2\sqrt{x^2-1}}=\frac{1}{\dfrac{1}{\sin^2\theta}\sqrt{\dfrac{1}{\sin^2\theta}-1}}$$

$$=\frac{\sin^2\theta}{\sqrt{\dfrac{1-\sin^2\theta}{\sin^2\theta}}}=\frac{\sin^2\theta}{\sqrt{\dfrac{\cos^2\theta}{\sin^2\theta}}}=\frac{\sin^2\theta}{\left|\dfrac{\cos\theta}{\sin\theta}\right|}$$

◀ $1-\sin^2\theta=\cos^2\theta$

$0<\theta<\dfrac{\pi}{2}$ より $\sin\theta>0$, $\cos\theta>0$ であるから

$$\frac{1}{x^2\sqrt{x^2-1}}=\frac{\sin^2\theta}{\dfrac{\cos\theta}{\sin\theta}}=\boldsymbol{\frac{\sin^3\theta}{\cos\theta}}$$

(2) $\dfrac{dx}{d\theta}=\left(\dfrac{1}{\sin\theta}\right)'=-\dfrac{(\sin\theta)'}{\sin^2\theta}=-\dfrac{\cos\theta}{\sin^2\theta}$

◀ $dx=\left(-\dfrac{\cos\theta}{\sin^2\theta}\right)d\theta$

よって

$$F(x)=\int\frac{\sin^3\theta}{\cos\theta}\left(-\frac{\cos\theta}{\sin^2\theta}\right)d\theta$$
$$=-\int\sin\theta\,d\theta=\cos\theta+C$$

ここで，$\sin\theta>0$, $\cos\theta>0$ であり，$\sin\theta=\dfrac{1}{x}$ より

$$\cos\theta=\sqrt{1-\sin^2\theta}=\sqrt{1-\frac{1}{x^2}}=\sqrt{\frac{x^2-1}{x^2}}=\frac{\sqrt{x^2-1}}{x}$$

◀ $x>1$ より $\sqrt{x^2}=|x|=x$

したがって　$\boldsymbol{F(x)=\dfrac{\sqrt{x^2-1}}{x}+C}$

12 定積分

練習 151 次の定積分を求めよ。

(1) $\displaystyle\int_0^2 x^2\sqrt{x}\,dx$ (2) $\displaystyle\int_{-1}^2 3^{2x}\,dx$

(3) $\displaystyle\int_0^1 (3x-2)^4\,dx$ (4) $\displaystyle\int_{-\frac{\pi}{6}}^{\frac{\pi}{3}} \cos 2x\,dx$

(1) $\displaystyle\int_0^2 x^2\sqrt{x}\,dx=\int_0^2 x^{\frac{5}{2}}\,dx$

$\displaystyle=\left[\frac{2}{7}x^{\frac{7}{2}}\right]_0^2=\frac{2}{7}\left(2^{\frac{7}{2}}-0\right)=\boldsymbol{\frac{16\sqrt{2}}{7}}$

◀ $x^2\sqrt{x}=x^2\cdot x^{\frac{1}{2}}=x^{\frac{5}{2}}$

◀ $2^{\frac{7}{2}}=2^3\cdot 2^{\frac{1}{2}}=8\sqrt{2}$

(2) $\displaystyle\int_{-1}^2 3^{2x}\,dx=\int_{-1}^2 9^x\,dx=\left[\frac{9^x}{\log 9}\right]_{-1}^2$

$\displaystyle=\frac{1}{2\log 3}\left(81-\frac{1}{9}\right)=\boldsymbol{\frac{364}{9\log 3}}$

◀ $\displaystyle\int a^x\,dx=\frac{a^x}{\log a}+C$

◀ $\log 9=\log 3^2=2\log 3$

〔別解〕

$\displaystyle\int_{-1}^2 3^{2x}\,dx=\left[\frac{1}{2}\cdot\frac{3^{2x}}{\log 3}\right]_{-1}^2=\frac{1}{2\log 3}\left(81-\frac{1}{9}\right)=\frac{364}{9\log 3}$

(3) $\displaystyle\int_0^1 (3x-2)^4\,dx=\left[\frac{1}{3}\cdot\frac{1}{5}(3x-2)^5\right]_0^1$

$\displaystyle=\frac{1}{15}\{1-(-32)\}=\boldsymbol{\frac{11}{5}}$

◀ $\displaystyle\int (ax+b)^n\,dx$

$\displaystyle=\frac{1}{a}\cdot\frac{1}{n+1}(ax+b)^{n+1}+C$

(4) $\displaystyle\int_{-\frac{\pi}{6}}^{\frac{\pi}{3}}\cos 2x\,dx=\left[\frac{1}{2}\sin 2x\right]_{-\frac{\pi}{6}}^{\frac{\pi}{3}}$

$\displaystyle=\frac{1}{2}\left\{\frac{\sqrt{3}}{2}-\left(-\frac{\sqrt{3}}{2}\right)\right\}=\boldsymbol{\frac{\sqrt{3}}{2}}$

◀ $\displaystyle\int \cos 2x\,dx$

$\displaystyle=\frac{1}{2}\sin 2x+C$

練習 152 次の定積分を求めよ。

(1) $\displaystyle\int_1^8 \frac{(\sqrt[3]{x}-1)^3}{x}\,dx$ (2) $\displaystyle\int_0^1 \frac{2x-5}{x^2-5x+6}\,dx$ (3) $\displaystyle\int_0^1 \frac{dx}{x^2-5x+6}$

(1) $\displaystyle\int_1^8 \frac{(\sqrt[3]{x}-1)^3}{x}\,dx=\int_1^8 \frac{x-3\sqrt[3]{x^2}+3\sqrt[3]{x}-1}{x}\,dx$

$\displaystyle=\int_1^8\left(1-3x^{-\frac{1}{3}}+3x^{-\frac{2}{3}}-\frac{1}{x}\right)dx=\left[x-\frac{9}{2}x^{\frac{2}{3}}+9x^{\frac{1}{3}}-\log|x|\right]_1^8$

$\displaystyle=\left(8-\frac{9}{2}\cdot 8^{\frac{2}{3}}+9\cdot 8^{\frac{1}{3}}-\log 8\right)-\left(1-\frac{9}{2}+9-\log 1\right)$

$\displaystyle=\boldsymbol{\frac{5}{2}-3\log 2}$

◀ $\sqrt[3]{x^2}=x^{\frac{2}{3}}$, $\sqrt[3]{x}=x^{\frac{1}{3}}$ である。

◀ $\displaystyle(8-1)-\frac{9}{2}\left(8^{\frac{2}{3}}-1\right)$

$+9\left(8^{\frac{1}{3}}-1\right)-(\log 8-\log 1)$

と計算してもよい。

(2) $\displaystyle\int_0^1 \frac{2x-5}{x^2-5x+6}\,dx=\int_0^1 \frac{(x^2-5x+6)'}{x^2-5x+6}\,dx$

$\displaystyle=\left[\log|x^2-5x+6|\right]_0^1$

$=\log 2-\log 6=\boldsymbol{-\log 3}$

◀ $\displaystyle\int \frac{f'(x)}{f(x)}\,dx=\log|f(x)|+C$

$\displaystyle\log 2-\log 6=\log\frac{2}{6}$

◀ $\displaystyle=\log\frac{1}{3}=-\log 3$

(3) $\displaystyle\int_0^1 \frac{dx}{x^2-5x+6} = \int_0^1 \frac{1}{(x-2)(x-3)}dx = \int_0^1 \left(\frac{1}{x-3} - \frac{1}{x-2}\right)dx$

$\displaystyle = \Big[\log|x-3| - \log|x-2|\Big]_0^1$

$\displaystyle = \left[\log\left|\frac{x-3}{x-2}\right|\right]_0^1 = \log 2 - \log\frac{3}{2} = \boldsymbol{\log\frac{4}{3}}$

◀部分分数分解する。

練習 153 次の定積分を求めよ。

(1) $\displaystyle\int_0^{\frac{\pi}{2}} \sin^2 x\,dx$　　(2) $\displaystyle\int_0^{\frac{\pi}{2}} \sin 2x\cos x\,dx$　　(3) $\displaystyle\int_0^{\frac{\pi}{4}} \tan^2 x\,dx$

(1) $\displaystyle\int_0^{\frac{\pi}{2}} \sin^2 x\,dx = \int_0^{\frac{\pi}{2}} \frac{1-\cos 2x}{2}dx$

$\displaystyle = \frac{1}{2}\left[x - \frac{1}{2}\sin 2x\right]_0^{\frac{\pi}{2}} = \frac{1}{2}\cdot\frac{\pi}{2} = \boldsymbol{\frac{\pi}{4}}$

◀半角の公式
$\displaystyle\sin^2\frac{x}{2} = \frac{1-\cos x}{2}$

(2) $\displaystyle\int_0^{\frac{\pi}{2}} \sin 2x\cos x\,dx = \frac{1}{2}\int_0^{\frac{\pi}{2}} (\sin 3x + \sin x)dx$

$\displaystyle = \frac{1}{2}\left[-\frac{1}{3}\cos 3x - \cos x\right]_0^{\frac{\pi}{2}}$

$\displaystyle = \frac{1}{2}\left\{-\left(-\frac{1}{3}-1\right)\right\} = \boldsymbol{\frac{2}{3}}$

◀ $\sin\alpha\cos\beta$
$\displaystyle = \frac{1}{2}\{\sin(\alpha+\beta)$
$+\sin(\alpha-\beta)\}$

(3) $\displaystyle\int_0^{\frac{\pi}{4}} \tan^2 x\,dx = \int_0^{\frac{\pi}{4}} \frac{\sin^2 x}{\cos^2 x}dx = \int_0^{\frac{\pi}{4}} \frac{1-\cos^2 x}{\cos^2 x}dx$

$\displaystyle = \int_0^{\frac{\pi}{4}} \left(\frac{1}{\cos^2 x} - 1\right)dx = \Big[\tan x - x\Big]_0^{\frac{\pi}{4}}$

$\displaystyle = \boldsymbol{1 - \frac{\pi}{4}}$

◀ $\displaystyle\tan^2 x + 1 = \frac{1}{\cos^2 x}$ より
$\displaystyle\tan^2 x = \frac{1}{\cos^2 x} - 1$ と変形してもよい。

◀ $\displaystyle\int \frac{dx}{\cos^2 x} = \tan x + C$

練習 154 次の定積分を求めよ。

(1) $\displaystyle\int_0^{\pi} |\sqrt{3}\sin x - \cos x - 1|dx$　　(2) $\displaystyle\int_{-\pi}^{\pi} \sqrt{1-\sin x}\,dx$

(1) $\displaystyle\sqrt{3}\sin x - \cos x - 1 = 2\sin\left(x - \frac{\pi}{6}\right) - 1$ であるから

$\displaystyle|\sqrt{3}\sin x - \cos x - 1| = \left|2\sin\left(x-\frac{\pi}{6}\right) - 1\right|$

$$= \begin{cases} -\left\{2\sin\left(x-\frac{\pi}{6}\right)-1\right\} & \left(0 \leqq x \leqq \frac{\pi}{3}\right) \\ 2\sin\left(x-\frac{\pi}{6}\right)-1 & \left(\frac{\pi}{3} \leqq x \leqq \pi\right) \end{cases}$$

よって

$\displaystyle\int_0^{\pi} |\sqrt{3}\sin x - \cos x - 1|dx$

$\displaystyle = -\int_0^{\frac{\pi}{3}} \left\{2\sin\left(x-\frac{\pi}{6}\right)-1\right\}dx + \int_{\frac{\pi}{3}}^{\pi} \left\{2\sin\left(x-\frac{\pi}{6}\right)-1\right\}dx$

◀三角関数の合成を行う。

◀区間により式が異なる。
$\displaystyle 2\sin\left(x-\frac{\pi}{6}\right) - 1 = 0$
$(0 \leqq x \leqq \pi)$
を解くと　$\displaystyle x = \frac{\pi}{3},\ \pi$

$$= -\left[-2\cos\left(x-\frac{\pi}{6}\right)-x\right]_0^{\frac{\pi}{3}} + \left[-2\cos\left(x-\frac{\pi}{6}\right)-x\right]_{\frac{\pi}{3}}^{\pi}$$

$$= 2\cos\frac{\pi}{6}+\frac{\pi}{3}-2\cos\left(-\frac{\pi}{6}\right)-2\cos\frac{5}{6}\pi-\pi+2\cos\frac{\pi}{6}+\frac{\pi}{3}$$

$$= \mathbf{2\sqrt{3}-\frac{\pi}{3}}$$

(2) $\displaystyle\int_{-\pi}^{\pi}\sqrt{1-\sin x}\,dx = \int_{-\pi}^{\pi}\sqrt{1-2\sin\frac{x}{2}\cos\frac{x}{2}}\,dx$

◀ $\sin x = 2\sin\frac{x}{2}\cos\frac{x}{2}$

$\displaystyle= \int_{-\pi}^{\pi}\sqrt{\left(\sin\frac{x}{2}-\cos\frac{x}{2}\right)^2}\,dx = \int_{-\pi}^{\pi}\left|\sin\frac{x}{2}-\cos\frac{x}{2}\right|dx$

◀ $1-2\sin\theta\cos\theta$
$=(\sin^2\theta+\cos^2\theta)-2\sin\theta\cos\theta$
$=(\sin\theta-\cos\theta)^2$

ここで

$$\left|\sin\frac{x}{2}-\cos\frac{x}{2}\right| = \begin{cases}\cos\frac{x}{2}-\sin\frac{x}{2} & \left(-\pi \leqq x \leqq \frac{\pi}{2}\right)\\ \sin\frac{x}{2}-\cos\frac{x}{2} & \left(\frac{\pi}{2} \leqq x \leqq \pi\right)\end{cases}$$

◀ 下のグラフより

$-\pi \leqq x \leqq \frac{\pi}{2}$ のとき

$\sin\frac{x}{2} \leqq \cos\frac{x}{2}$

$\frac{\pi}{2} \leqq x \leqq \pi$ のとき

$\sin\frac{x}{2} \geqq \cos\frac{x}{2}$

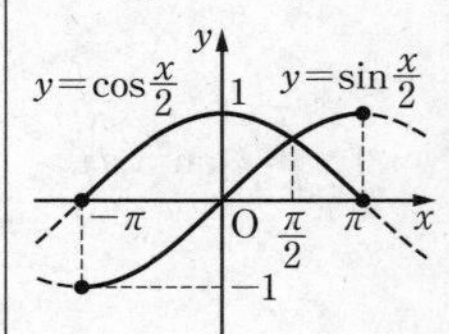

よって

$$\int_{-\pi}^{\pi}\left|\sin\frac{x}{2}-\cos\frac{x}{2}\right|dx$$

$$= \int_{-\pi}^{\frac{\pi}{2}}\left(\cos\frac{x}{2}-\sin\frac{x}{2}\right)dx + \int_{\frac{\pi}{2}}^{\pi}\left(\sin\frac{x}{2}-\cos\frac{x}{2}\right)dx$$

$$= \left[2\sin\frac{x}{2}+2\cos\frac{x}{2}\right]_{-\pi}^{\frac{\pi}{2}} + \left[-2\cos\frac{x}{2}-2\sin\frac{x}{2}\right]_{\frac{\pi}{2}}^{\pi}$$

$$= \left(\frac{2}{\sqrt{2}}+\frac{2}{\sqrt{2}}+2\right)+\left(-2+\frac{2}{\sqrt{2}}+\frac{2}{\sqrt{2}}\right)$$

$$= \frac{8}{\sqrt{2}} = \mathbf{4\sqrt{2}}$$

練習 155 次の定積分を求めよ。

(1) $\displaystyle\int_1^2 (x-1)(x-2)^3\,dx$　　(2) $\displaystyle\int_{\frac{1}{2}}^1 x\sqrt{2x-1}\,dx$　　(3) $\displaystyle\int_1^e \frac{(\log x)^2}{x}\,dx$

---

(1) $x-2=t$ とおくと　$\dfrac{dx}{dt}=1$

◀ $dx=dt$

x と t の対応は右のようになるから

x	$1 \to 2$
t	$-1 \to 0$

◀ 部分積分法を用いても計算することができる。

$$\int_1^2 (x-1)(x-2)^3\,dx = \int_{-1}^0 (t+1)t^3\,dt$$

$$= \int_{-1}^0 (t^4+t^3)\,dt$$

$$= \left[\frac{t^5}{5}+\frac{t^4}{4}\right]_{-1}^0 = \mathbf{-\frac{1}{20}}$$

(2) $\sqrt{2x-1}=t$ とおくと，

$x=\dfrac{1}{2}(t^2+1)$ となり　$\dfrac{dx}{dt}=t$

◀ $dx=t\,dt$

x と t の対応は右のようになるから

x	$\frac{1}{2} \to 1$
t	$0 \to 1$

$$\int_{\frac{1}{2}}^{1} x\sqrt{2x-1}\,dx = \int_0^1 \frac{1}{2}(t^2+1)t\cdot t\,dt$$
$$= \frac{1}{2}\int_0^1 (t^4+t^2)dt$$
$$= \frac{1}{2}\left[\frac{1}{5}t^5+\frac{1}{3}t^3\right]_0^1$$
$$= \frac{1}{2}\left(\frac{1}{5}+\frac{1}{3}\right) = \mathbf{\frac{4}{15}}$$

〔別解〕

$2x-1=t$ とおくと，

$x=\frac{1}{2}(t+1)$ となり　$\frac{dx}{dt}=\frac{1}{2}$

x	$\frac{1}{2}\to 1$
t	$0\to 1$

◀ $\frac{dx}{dt}=\frac{1}{2}$ より $dx=\frac{1}{2}dt$

x と t の対応は右のようになるから

$$\int_{\frac{1}{2}}^{1} x\sqrt{2x-1}\,dx = \int_0^1 \frac{1}{2}(t+1)\sqrt{t}\cdot\frac{1}{2}\,dt$$
$$= \frac{1}{4}\int_0^1 \left(t^{\frac{3}{2}}+t^{\frac{1}{2}}\right)dt$$
$$= \frac{1}{4}\left[\frac{2}{5}t^{\frac{5}{2}}+\frac{2}{3}t^{\frac{3}{2}}\right]_0^1$$
$$= \frac{1}{4}\left(\frac{2}{5}+\frac{2}{3}\right) = \frac{4}{15}$$

(3)　$\log x=t$ とおくと　$\frac{dt}{dx}=\frac{1}{x}$

◀ $\frac{1}{x}dx=dt$

x と t の対応は右のようになるから

x	$1\to e$
t	$0\to 1$

$$\int_1^e \frac{(\log x)^2}{x}dx = \int_0^1 t^2 dt = \left[\frac{t^3}{3}\right]_0^1 = \mathbf{\frac{1}{3}}$$

練習 156 次の定積分を求めよ。ただし，$a>0$ とする。

(1) $\int_0^{\sqrt{3}} \sqrt{3-x^2}\,dx$　(2) $\int_{-\sqrt{3}}^{1} \frac{dx}{\sqrt{4-x^2}}$　(3) $\int_{\frac{a}{2}}^{a} \frac{dx}{(2ax-x^2)^{\frac{3}{2}}}$

(1)　$x=\sqrt{3}\sin\theta$ とおくと　$\frac{dx}{d\theta}=\sqrt{3}\cos\theta$

◀ $dx=\sqrt{3}\cos\theta\,d\theta$

x と θ の対応は右のようになるから

x	$0\to\sqrt{3}$
θ	$0\to\frac{\pi}{2}$

◀ $x=\sqrt{3}$ のとき $\sqrt{3}=\sqrt{3}\sin\theta$
$\sin\theta=1$ より　$\theta=\frac{\pi}{2}$

$$\int_0^{\sqrt{3}} \sqrt{3-x^2}\,dx = \int_0^{\frac{\pi}{2}} \sqrt{3-3\sin^2\theta}\cdot\sqrt{3}\cos\theta\,d\theta$$
$$= \int_0^{\frac{\pi}{2}} \sqrt{3}\sqrt{1-\sin^2\theta}\cdot\sqrt{3}\cos\theta\,d\theta$$
$$= 3\int_0^{\frac{\pi}{2}} |\cos\theta|\cdot\cos\theta\,d\theta$$
$$= 3\int_0^{\frac{\pi}{2}} \cos^2\theta\,d\theta$$
$$= 3\int_0^{\frac{\pi}{2}} \frac{1+\cos 2\theta}{2}d\theta$$
$$= 3\left[\frac{\theta}{2}+\frac{\sin 2\theta}{4}\right]_0^{\frac{\pi}{2}} = \boldsymbol{\frac{3}{4}\pi}$$

◀ $\sqrt{1-\sin^2\theta}=\sqrt{\cos^2\theta}=|\cos\theta|$
$0\leqq\theta\leqq\frac{\pi}{2}$ のとき
$\cos\theta\geqq 0$ であるから
$|\cos\theta|=\cos\theta$

〔別解〕

$y=\sqrt{3-x^2}$ のグラフは，円 $x^2+y^2=3$ の $y \geqq 0$ の部分である。

よって，$\displaystyle\int_0^{\sqrt{3}} \sqrt{3-x^2}\,dx$ の値は右の図の斜線部分の面積に等しいから

$$\int_0^{\sqrt{3}} \sqrt{3-x^2}\,dx=(\sqrt{3})^2\pi\cdot\frac{1}{4}=\frac{3}{4}\pi$$

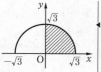

◀ $y=\sqrt{3-x^2}$ より $y \geqq 0$ であり両辺を 2 乗すると
$y^2=3-x^2$
よって $x^2+y^2=3$
$y \geqq 0$ より，グラフは円 $x^2+y^2=3$ の上半分となる。

(2) $x=2\sin\theta$ とおくと $\dfrac{dx}{d\theta}=2\cos\theta$

x と θ の対応は右のようになるから

x	$-\sqrt{3} \to 1$
θ	$-\dfrac{\pi}{3} \to \dfrac{\pi}{6}$

$$\int_{-\sqrt{3}}^{1} \frac{dx}{\sqrt{4-x^2}}=\int_{-\frac{\pi}{3}}^{\frac{\pi}{6}} \frac{2\cos\theta}{\sqrt{4-4\sin^2\theta}}\,d\theta$$

$$=\int_{-\frac{\pi}{3}}^{\frac{\pi}{6}} \frac{2\cos\theta}{2\sqrt{1-\sin^2\theta}}\,d\theta=\int_{-\frac{\pi}{3}}^{\frac{\pi}{6}} \frac{\cos\theta}{|\cos\theta|}\,d\theta$$

$$=\int_{-\frac{\pi}{3}}^{\frac{\pi}{6}} d\theta=\Big[\theta\Big]_{-\frac{\pi}{3}}^{\frac{\pi}{6}}=\boldsymbol{\frac{\pi}{2}}$$

◀ $dx=2\cos\theta\,d\theta$

◀ $x=-\sqrt{3}$ のとき
$\sin\theta=-\dfrac{\sqrt{3}}{2}$ より
$\theta=-\dfrac{\pi}{3}$
$x=1$ のとき
$\sin\theta=\dfrac{1}{2}$ より $\theta=\dfrac{\pi}{6}$

(3) $\displaystyle\int_{\frac{a}{2}}^{a} \frac{dx}{(2ax-x^2)^{\frac{3}{2}}}=\int_{\frac{a}{2}}^{a} \frac{dx}{\{a^2-(x-a)^2\}^{\frac{3}{2}}}$

ここで，$x-a=a\sin\theta$ とおくと，

$x=a\sin\theta+a$ となり $\dfrac{dx}{d\theta}=a\cos\theta$

x と θ の対応は右のようになるから

x	$\dfrac{a}{2} \longrightarrow a$
θ	$-\dfrac{\pi}{6} \longrightarrow 0$

$$\int_{\frac{a}{2}}^{a} \frac{dx}{(2ax-x^2)^{\frac{3}{2}}}=\int_{-\frac{\pi}{6}}^{0} \frac{1}{(a^2-a^2\sin^2\theta)^{\frac{3}{2}}}\cdot a\cos\theta\,d\theta$$

$$=\int_{-\frac{\pi}{6}}^{0} \frac{a\cos\theta}{(a^2\cos^2\theta)^{\frac{3}{2}}}\,d\theta=\int_{-\frac{\pi}{6}}^{0} \frac{1}{a^2\cos^2\theta}\,d\theta$$

$$=\frac{1}{a^2}\Big[\tan\theta\Big]_{-\frac{\pi}{6}}^{0}=\boldsymbol{\frac{1}{\sqrt{3}\,a^2}}$$

◀ 平方完成する。
$2ax-x^2$
$=-(x^2-2ax)$
$=-\{(x-a)^2-a^2\}$
$=a^2-(x-a)^2$

◀ $dx=a\cos\theta\,d\theta$

◀ $(a^2-a^2\sin^2\theta)^{\frac{3}{2}}$
$=\{a^2(1-\sin^2\theta)\}^{\frac{3}{2}}$
$=(a^2\cos^2\theta)^{\frac{3}{2}}$
$=a^3\cos^3\theta$
最後の変形は $a>0$，$\cos\theta>0$ より成り立つ。

練習 157 次の定積分を求めよ。

(1) $\displaystyle\int_{-2}^{2} \frac{dx}{x^2+4}$　　(2) $\displaystyle\int_0^{\sqrt{6}} \frac{dx}{\sqrt{x^2+2}}$

---

(1) $x=2\tan\theta\left(-\dfrac{\pi}{2}<\theta<\dfrac{\pi}{2}\right)$ とおくと

$\dfrac{dx}{d\theta}=\dfrac{2}{\cos^2\theta}$

x と θ の対応は右のようになるから

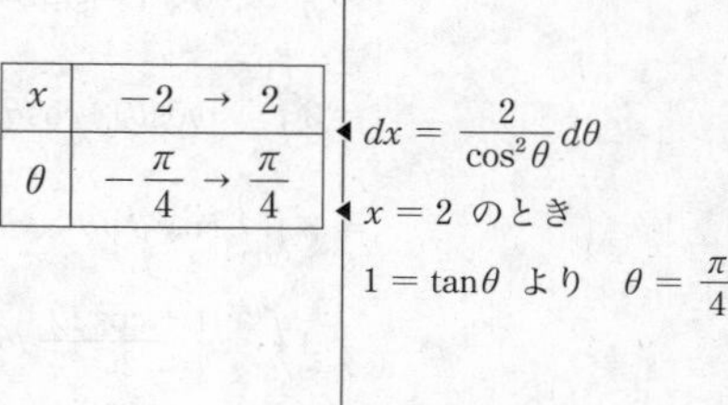

x	$-2 \to 2$
θ	$-\dfrac{\pi}{4} \to \dfrac{\pi}{4}$

$$\int_{-2}^{2} \frac{dx}{x^2+4}=\int_{-\frac{\pi}{4}}^{\frac{\pi}{4}} \frac{1}{4\tan^2\theta+4}\cdot\frac{2}{\cos^2\theta}\,d\theta$$

$$=\frac{1}{2}\int_{-\frac{\pi}{4}}^{\frac{\pi}{4}} \frac{1}{\tan^2\theta+1}\cdot\frac{1}{\cos^2\theta}\,d\theta$$

◀ $dx=\dfrac{2}{\cos^2\theta}\,d\theta$

◀ $x=2$ のとき
$1=\tan\theta$ より $\theta=\dfrac{\pi}{4}$

$$= \frac{1}{2}\int_{-\frac{\pi}{4}}^{\frac{\pi}{4}} d\theta = \frac{1}{2}\Big[\theta\Big]_{-\frac{\pi}{4}}^{\frac{\pi}{4}} = \boldsymbol{\frac{\pi}{4}}$$

(2)　$x=\sqrt{2}\tan\theta\ \left(-\frac{\pi}{2}<\theta<\frac{\pi}{2}\right)$ とおくと

$$\frac{dx}{d\theta}=\frac{\sqrt{2}}{\cos^2\theta}$$

◀ $dx=\frac{\sqrt{2}}{\cos^2\theta}d\theta$

x と θ の対応は右のようになるから

x	$0\to\sqrt{6}$
θ	$0\to\frac{\pi}{3}$

◀ $x=\sqrt{6}$ のとき
$\tan\theta=\sqrt{3}$ より $\theta=\frac{\pi}{3}$

$$\int_0^{\sqrt{6}}\frac{dx}{\sqrt{x^2+2}}=\int_0^{\frac{\pi}{3}}\frac{1}{\sqrt{2\tan^2\theta+2}}\cdot\frac{\sqrt{2}}{\cos^2\theta}d\theta$$

$$=\int_0^{\frac{\pi}{3}}\frac{1}{\sqrt{2}\sqrt{\tan^2\theta+1}}\cdot\frac{\sqrt{2}}{\cos^2\theta}d\theta$$

$$=\int_0^{\frac{\pi}{3}}|\cos\theta|\cdot\frac{1}{\cos^2\theta}d\theta$$

◀ $0\leqq\theta\leqq\frac{\pi}{3}$ のとき
$\cos\theta\geqq0$ であるから
$|\cos\theta|=\cos\theta$

$$=\int_0^{\frac{\pi}{3}}\frac{\cos\theta}{\cos^2\theta}d\theta=\int_0^{\frac{\pi}{3}}\frac{\cos\theta}{1-\sin^2\theta}d\theta$$

$$=\frac{1}{2}\int_0^{\frac{\pi}{3}}\left(\frac{\cos\theta}{1-\sin\theta}+\frac{\cos\theta}{1+\sin\theta}\right)d\theta$$

◀ $\frac{\cos\theta}{1-\sin\theta}=-\frac{(1-\sin\theta)'}{1-\sin\theta}$
$\frac{\cos\theta}{1+\sin\theta}=\frac{(1+\sin\theta)'}{1+\sin\theta}$

$$=\frac{1}{2}\Big[-\log|1-\sin\theta|+\log|1+\sin\theta|\Big]_0^{\frac{\pi}{3}}$$

$$=\frac{1}{2}\left[\log\left|\frac{1+\sin\theta}{1-\sin\theta}\right|\right]_0^{\frac{\pi}{3}}=\frac{1}{2}\log\frac{2+\sqrt{3}}{2-\sqrt{3}}=\boldsymbol{\log(2+\sqrt{3})}$$

4章 12 定積分

練習 158 次の定積分を求めよ。

(1) $\int_0^{\frac{\pi}{2}}x\cos x\,dx$　　(2) $\int_0^1 xe^{-x}dx$

(3) $\int_1^e x\log x\,dx$　　(4) $\int_0^{\pi}x\cos^2x\,dx$

(1) $\int_0^{\frac{\pi}{2}}x\cos x\,dx=\int_0^{\frac{\pi}{2}}x(\sin x)'dx$

$$=\Big[x\sin x\Big]_0^{\frac{\pi}{2}}-\int_0^{\frac{\pi}{2}}\sin x\,dx=\frac{\pi}{2}+\Big[\cos x\Big]_0^{\frac{\pi}{2}}$$

$$=\frac{\pi}{2}+(-1)=\boldsymbol{\frac{\pi}{2}-1}$$

◀ $\int x\cos x\,dx$
$=x\sin x-\int\sin x\,dx$
$=x\sin x+\cos x+C$

(2) $\int_0^1 xe^{-x}dx=\int_0^1 x(-e^{-x})'dx$

$$=\Big[-xe^{-x}\Big]_0^1+\int_0^1 e^{-x}dx=-\frac{1}{e}+\Big[-e^{-x}\Big]_0^1$$

$$=-\frac{1}{e}+\left\{-\frac{1}{e}-(-1)\right\}=\boldsymbol{1-\frac{2}{e}}$$

◀ $\int xe^{-x}dx$
$=-xe^{-x}+\int e^{-x}dx$
$=-xe^{-x}-e^{-x}+C$

(3) $\int_1^e x\log x\,dx=\int_1^e\left(\frac{1}{2}x^2\right)'\log x\,dx$

$$=\left[\frac{1}{2}x^2\log x\right]_1^e-\frac{1}{2}\int_1^e x^2\cdot\frac{1}{x}dx$$

◀ $\int x\log x\,dx$
$=\frac{1}{2}x^2\log x-\frac{1}{2}\int x\,dx$
$=\frac{1}{2}x^2\log x-\frac{1}{4}x^2+C$

$$= \frac{1}{2}(e^2\log e - \log 1) - \frac{1}{2}\int_1^e x\,dx$$

$$= \frac{e^2}{2} - \frac{1}{4}\Big[x^2\Big]_1^e$$

$$= \frac{e^2}{2} - \frac{1}{4}(e^2 - 1) = \boldsymbol{\frac{e^2}{4} + \frac{1}{4}}$$

(4) $$\int_0^\pi x\cos^2 x\,dx = \int_0^\pi x\cdot\frac{1+\cos 2x}{2}dx$$

◀ $\cos^2 x = \dfrac{1+\cos 2x}{2}$

$$= \frac{1}{2}\int_0^\pi x\,dx + \frac{1}{2}\int_0^\pi x\cos 2x\,dx$$

$$= \frac{1}{2}\Big[\frac{1}{2}x^2\Big]_0^\pi + \frac{1}{2}\int_0^\pi x\Big(\frac{1}{2}\sin 2x\Big)'dx$$

$$= \frac{\pi^2}{4} + \frac{1}{2}\Big(\Big[\frac{1}{2}x\sin 2x\Big]_0^\pi - \frac{1}{2}\int_0^\pi \sin 2x\,dx\Big)$$

$$= \frac{\pi^2}{4} - \frac{1}{4}\Big[-\frac{1}{2}\cos 2x\Big]_0^\pi = \boldsymbol{\frac{\pi^2}{4}}$$

練習 159 次の定積分を求めよ。

(1) $\displaystyle\int_{-1}^1 x^2e^x\,dx$　(2) $\displaystyle\int_0^{\frac{\pi}{2}} x^2\sin x\,dx$　(3) $\displaystyle\int_0^\pi e^{-x}\cos x\,dx$

(1) $$\int_{-1}^1 x^2e^x\,dx = \Big[x^2e^x\Big]_{-1}^1 - 2\int_{-1}^1 xe^x\,dx$$

◀ $x^2e^x = x^2(e^x)'$

$$= e - \frac{1}{e} - 2\Big(\Big[xe^x\Big]_{-1}^1 - \int_{-1}^1 e^x\,dx\Big)$$

$$= e - \frac{1}{e} - 2\Big\{\Big(e+\frac{1}{e}\Big) - \Big[e^x\Big]_{-1}^1\Big\}$$

$$= -e - \frac{3}{e} + 2\Big(e - \frac{1}{e}\Big) = \boldsymbol{e - \frac{5}{e}}$$

(2) $$\int_0^{\frac{\pi}{2}} x^2\sin x\,dx = -\int_0^{\frac{\pi}{2}} x^2(\cos x)'dx$$

$$= -\Big[x^2\cos x\Big]_0^{\frac{\pi}{2}} + 2\int_0^{\frac{\pi}{2}} x\cos x\,dx$$

◀ $\displaystyle\int_0^{\frac{\pi}{2}} x\cos x\,dx$ は練習 158 (1) を参照。

$$= 2\Big(\Big[x\sin x\Big]_0^{\frac{\pi}{2}} - \int_0^{\frac{\pi}{2}} \sin x\,dx\Big)$$

$$= 2\Big(\frac{\pi}{2} + \Big[\cos x\Big]_0^{\frac{\pi}{2}}\Big) = \boldsymbol{\pi - 2}$$

(3) $$\int_0^\pi e^{-x}\cos x\,dx = \Big[e^{-x}\sin x\Big]_0^\pi + \int_0^\pi e^{-x}\sin x\,dx$$

◀ $\Big[e^{-x}\sin x\Big]_0^\pi = 0$

$$= \Big[-e^{-x}\cos x\Big]_0^\pi - \int_0^\pi e^{-x}\cos x\,dx$$

$$= e^{-\pi} + 1 - \int_0^\pi e^{-x}\cos x\,dx$$

◀ 例題 145 **(別解)** のように $(e^{-x}\sin x)'$ と $(e^{-x}\cos x)'$ から $\displaystyle\int e^{-x}\cos x\,dx$ を求めてもよい。

よって　$$2\int_0^\pi e^{-x}\cos x\,dx = e^{-\pi} + 1$$

ゆえに　$$\boldsymbol{\int_0^\pi e^{-x}\cos x\,dx = \frac{1}{2}e^{-\pi} + \frac{1}{2}}$$

練習 160 次の定積分を求めよ。

(1) $\displaystyle\int_{-\frac{\pi}{2}}^{\frac{\pi}{2}}(\sin x+\cos x)\sin 2x\,dx$ (2) $\displaystyle\int_{-\pi}^{\pi}(\sin x+\cos x)^3\,dx$ (3) $\displaystyle\int_{-1}^{1}\frac{4^{2x}+1}{4^x}\,dx$

(1) $$\int_{-\frac{\pi}{2}}^{\frac{\pi}{2}}(\sin x+\cos x)\sin 2x\,dx=\int_{-\frac{\pi}{2}}^{\frac{\pi}{2}}(\sin x\sin 2x+\cos x\sin 2x)dx$$
$$=2\int_0^{\frac{\pi}{2}}\sin x\sin 2x\,dx$$
$$=2\int_0^{\frac{\pi}{2}}2\sin^2 x\cos x\,dx$$
$$=4\int_0^{\frac{\pi}{2}}\sin^2 x(\sin x)'\,dx$$
$$=4\left[\frac{1}{3}\sin^3 x\right]_0^{\frac{\pi}{2}}=\mathbf{\frac{4}{3}}$$

◀ $\sin(-x)\sin(-2x)$
$=\sin x\sin 2x$
$\cos(-x)\sin(-2x)$
$=-\cos x\sin 2x$
より $\sin x\sin 2x$ は偶関数，$\cos x\sin 2x$ は奇関数。

◀ $\sin x=t$ とおくと
$\displaystyle\int\sin^2 x(\sin x)'\,dx$
$\displaystyle=\int t^2dt=\frac{1}{3}t^3+C$
$\displaystyle=\frac{1}{3}\sin^3 x+C$

(2) $$\int_{-\pi}^{\pi}(\sin x+\cos x)^3dx$$
$$=\int_{-\pi}^{\pi}(\sin^3 x+3\sin^2 x\cos x+3\sin x\cos^2 x+\cos^3 x)dx$$
$$=2\int_0^{\pi}(3\sin^2 x\cos x+\cos^3 x)dx$$
$$=2\int_0^{\pi}\{3\sin^2 x\cos x+(1-\sin^2 x)\cos x\}dx$$
$$=2\int_0^{\pi}(2\sin^2 x+1)(\sin x)'dx=2\left[\frac{2}{3}\sin^3 x+\sin x\right]_0^{\pi}=\mathbf{0}$$

◀ $\sin^3 x$ … 奇関数
$\sin^2 x\cos x$ … 偶関数
$\sin x\cos^2 x$ … 奇関数
$\cos^3 x$ … 偶関数

(3) $$\int_{-1}^{1}\frac{4^{2x}+1}{4^x}dx=\int_{-1}^{1}(4^x+4^{-x})dx=2\int_0^1(4^x+4^{-x})dx$$
$$=2\left[\frac{4^x}{\log 4}-\frac{4^{-x}}{\log 4}\right]_0^1=\frac{2}{\log 4}(4-4^{-1})$$
$$=\frac{15}{2\log 4}=\mathbf{\frac{15}{4\log 2}}$$

◀ 4^x，4^{-x} はそれぞれ偶関数でも奇関数でもないが，$f(x)=4^x+4^{-x}$ とすると
$f(-x)=4^{-x}+4^x=f(x)$
よって，$f(x)$ は偶関数

練習 161 定積分 $\displaystyle\int_{-\pi}^{\pi}(x-a\cos x-b\sin 2x)^2\,dx$ を最小にするような実数 a，b の値を求めよ。また，そのときの最小値を求めよ。

$\displaystyle I=\int_{-\pi}^{\pi}(x-a\cos x-b\sin 2x)^2\,dx$ とおくと
$$I=\int_{-\pi}^{\pi}(x^2+a^2\cos^2 x+b^2\sin^2 2x$$
$$-2ax\cos x-2bx\sin 2x+2ab\cos x\sin 2x)dx$$
x^2，$\cos^2 x$，$\sin^2 2x$，$x\sin 2x$ は偶関数，
$x\cos x$，$\cos x\sin 2x$ は奇関数であるから
$$I=2\int_0^{\pi}(x^2+a^2\cos^2 x+b^2\sin^2 2x-2bx\sin 2x)dx$$
ここで
$$\int_0^{\pi}x^2\,dx=\left[\frac{1}{3}x^3\right]_0^{\pi}=\frac{1}{3}\pi^3$$

◀ $f(x)$ が偶関数ならば
$\displaystyle\int_{-a}^{a}f(x)dx=2\int_0^a f(x)dx$
奇関数ならば
$\displaystyle\int_{-a}^{a}f(x)dx=0$

4章 12 定積分

$$\int_0^{\pi} \cos^2 x\,dx = \int_0^{\pi} \frac{1+\cos 2x}{2}dx = \left[\frac{x}{2}+\frac{\sin 2x}{4}\right]_0^{\pi} = \frac{\pi}{2}$$

◀半角の公式を用いて次数を下げる。

$$\int_0^{\pi} \sin^2 2x\,dx = \int_0^{\pi} \frac{1-\cos 4x}{2}dx = \left[\frac{x}{2}-\frac{\sin 4x}{8}\right]_0^{\pi} = \frac{\pi}{2}$$

$$\int_0^{\pi} x\sin 2x\,dx = \int_0^{\pi} x\left(-\frac{1}{2}\cos 2x\right)'dx$$

◀部分積分法を用いる。

$$= \left[-\frac{x}{2}\cos 2x\right]_0^{\pi} + \frac{1}{2}\int_0^{\pi}\cos 2x\,dx$$

$$= -\frac{\pi}{2} + \frac{1}{2}\left[\frac{1}{2}\sin 2x\right]_0^{\pi} = -\frac{\pi}{2}$$

よって　$I = \frac{2}{3}\pi^3 + \pi a^2 + \pi b^2 + 2\pi b$

$$= \pi a^2 + \pi(b+1)^2 + \frac{2}{3}\pi^3 - \pi$$

◀a, b それぞれについて平方完成する。

したがって，この定積分は

$a=0$, $b=-1$ のとき　最小値 $\frac{2}{3}\pi^3-\pi$

練習 162 次の等式を満たす関数 $f(x)$ を求めよ。

(1) $f(x) = 2\sin x - \int_0^{\frac{\pi}{2}} xf(t)\cos t\,dt$　　(2) $f(x) = \int_0^{\frac{\pi}{2}} f(t)\sin(t+x)dt + 1$

---

(1) $f(x) = 2\sin x - x\int_0^{\frac{\pi}{2}} f(t)\cos t\,dt$ …①

◀t で積分するときは，t 以外の文字を定数と考える。

$k = \int_0^{\frac{\pi}{2}} f(t)\cos t\,dt$ …② とおくと，① は

$f(x) = 2\sin x - kx$　　…③

◀また，$\int_0^{\frac{\pi}{2}} f(t)\cos t\,dt$ は定数であるから k とおく。

② に代入すると

$$k = \int_0^{\frac{\pi}{2}} (2\sin t - kt)\cos t\,dt$$

$$= \int_0^{\frac{\pi}{2}} (2\sin t\cos t - kt\cos t)dt$$

◀$2\sin t\cos t = \sin 2t$

$$= \int_0^{\frac{\pi}{2}} \sin 2t\,dt - k\int_0^{\frac{\pi}{2}} t\cos t\,dt$$

$$= \left[-\frac{1}{2}\cos 2t\right]_0^{\frac{\pi}{2}} - k\left(\left[t\sin t\right]_0^{\frac{\pi}{2}} - \int_0^{\frac{\pi}{2}}\sin t\,dt\right)$$

◀部分積分法を用いる。

$$= \frac{1}{2} - \left(-\frac{1}{2}\right) - k\left(\frac{\pi}{2} - \left[-\cos t\right]_0^{\frac{\pi}{2}}\right)$$

$$= 1 - k\left(\frac{\pi}{2}-1\right)$$

◀$\left[-\cos t\right]_0^{\frac{\pi}{2}} = 0-(-1) = 1$

よって，$k = 1 - k\left(\frac{\pi}{2}-1\right)$ より　　$k = \frac{2}{\pi}$

① に代入すると　　**$f(x) = 2\sin x - \frac{2}{\pi}x$**

(2) $f(x) = \int_0^{\frac{\pi}{2}} f(t)\sin(t+x)dt + 1$

◀t 以外の文字は定数と考えて積分の外に出す。
$\sin(\alpha+\beta) = \sin\alpha\cos\beta + \cos\alpha\sin\beta$

$$= \int_0^{\frac{\pi}{2}} f(t)(\sin t\cos x + \cos t\sin x)dt + 1$$

$$= \cos x\int_0^{\frac{\pi}{2}} f(t)\sin t\,dt + \sin x\int_0^{\frac{\pi}{2}} f(t)\cos t\,dt + 1 \quad \cdots ①$$

$a = \int_0^{\frac{\pi}{2}} f(t)\sin t\,dt$ …②, $b = \int_0^{\frac{\pi}{2}} f(t)\cos t\,dt$ …③ とおくと，

①は　$f(x) = a\cos x + b\sin x + 1$　…④

④を②に代入すると

$$a = \int_0^{\frac{\pi}{2}} (a\cos t + b\sin t + 1)\sin t\,dt$$

$$= \int_0^{\frac{\pi}{2}} (a\cos t\sin t + b\sin^2 t + \sin t)dt$$

$$= \int_0^{\frac{\pi}{2}} \left(\frac{a}{2}\sin 2t + b\cdot\frac{1-\cos 2t}{2} + \sin t\right)dt$$

$$= \left[-\frac{a}{4}\cos 2t + \frac{b}{2}t - \frac{b}{4}\sin 2t - \cos t\right]_0^{\frac{\pi}{2}}$$

$$= \frac{a}{2} + \frac{\pi}{4}b + 1$$

$a = \frac{a}{2} + \frac{\pi}{4}b + 1$ より　$2a - \pi b = 4$　…⑤

④を③に代入すると

$$b = \int_0^{\frac{\pi}{2}} (a\cos t + b\sin t + 1)\cos t\,dt$$

$$= \int_0^{\frac{\pi}{2}} (a\cos^2 t + b\sin t\cos t + \cos t)dt$$

$$= \int_0^{\frac{\pi}{2}} \left(a\cdot\frac{1+\cos 2t}{2} + \frac{b}{2}\sin 2t + \cos t\right)dt$$

$$= \left[\frac{a}{2}t + \frac{a}{4}\sin 2t - \frac{b}{4}\cos 2t + \sin t\right]_0^{\frac{\pi}{2}}$$

$$= \frac{\pi}{4}a + \frac{b}{2} + 1$$

$b = \frac{\pi}{4}a + \frac{b}{2} + 1$ より　$\pi a - 2b = -4$　…⑥

⑤，⑥を連立させて解くと

$$a = \frac{4}{2-\pi},\ b = \frac{4}{2-\pi}$$

これらを④に代入すると

$$\boldsymbol{f(x) = \frac{4}{2-\pi}(\sin x + \cos x) + 1}$$

◀上端，下端がともに定数のときは，文字で置き換える。

◀$2\sin\alpha\cos\alpha = \sin 2\alpha$
$\sin^2\frac{\alpha}{2} = \frac{1-\cos\alpha}{2}$

◀$\cos^2\frac{\alpha}{2} = \frac{1+\cos\alpha}{2}$
$2\sin\alpha\cos\alpha = \sin 2\alpha$

◀⑤＋⑥より
$(2+\pi)(a-b) = 0$
よって　$a = b$

4章 12 定積分

練習 163 次の関数 $f(x)$ を x で微分せよ。

(1)　$f(x) = \int_0^x (x+2t)e^{2t}\,dt$　　(2)　$f(x) = \int_x^{x^3} t^2\log t\,dt$

(1) $\int_0^x (x+2t)e^{2t}dt = x\int_0^x e^{2t}dt + 2\int_0^x te^{2t}dt$ より

$$f'(x) = (x)'\int_0^x e^{2t}dt + x\left(\frac{d}{dx}\int_0^x e^{2t}dt\right) + 2\cdot\frac{d}{dx}\int_0^x te^{2t}dt$$

$$= \int_0^x e^{2t}dt + xe^{2x} + 2xe^{2x} = \left[\frac{1}{2}e^{2t}\right]_0^x + 3xe^{2x}$$

$$= \frac{1}{2}(e^{2x}-1) + 3xe^{2x} = \boldsymbol{\left(3x+\frac{1}{2}\right)e^{2x}-\frac{1}{2}}$$

◀ t で積分するから，t 以外の文字 x を $\int_0^x (\quad)dt$ の外に出す。

◀ 積の微分法を利用する。

(2) $F(t) = \int t^2 \log t\,dt$ とおくと

$$f(x) = \int_x^{x^3} t^2\log t\,dt = \Big[F(t)\Big]_x^{x^3} = F(x^3) - F(x)$$

ここで，$\frac{d}{dt}F(t) = t^2\log t$ であるから

$$f'(x) = \frac{d}{dx}\int_x^{x^3} t^2\log t\,dt$$

$$= \{F(x^3)-F(x)\}' = F'(x^3)\cdot(x^3)' - F'(x)$$

$$= x^6\log x^3\cdot 3x^2 - x^2\log x$$

$$= 9x^8\log x - x^2\log x = \boldsymbol{x^2(9x^6-1)\log x}$$

◀ 合成関数の微分法

練習 164 次の等式を満たす関数 $f(x)$ と定数 a の値を求めよ。

$$\int_a^x (x-t)f(t)dt = e^x - x - 1$$

与えられた等式は　$x\int_a^x f(t)dt - \int_a^x tf(t)dt = e^x - x - 1$

両辺を x で微分すると　$\int_a^x f(t)dt + xf(x) - xf(x) = e^x - 1$

よって　$\int_a^x f(t)dt = e^x - 1$　…①

① の両辺を x で微分すると　$f(x) = e^x$

① に $x=a$ を代入すると　$\int_a^a f(t)dt = e^a - 1$

ゆえに，$0 = e^a - 1$ より　$a = 0$

したがって　$\boldsymbol{f(x) = e^x,\ a = 0}$

◀ x を定数と考える。

◀ $\left(x\int_a^x f(t)dt\right)' = (x)'\int_a^x f(t)dt + x\left(\int_a^x f(t)dt\right)'$

◀ $\int_a^a f(t)dt = 0$

練習 165 $t>0$ とし，$S(t) = \int_t^{t+1} |e^{x-1}-1|dx$ とする。$S(t)$ を最小にする t の値を求めよ。

$$|e^{x-1}-1| = \begin{cases} e^{x-1}-1 & (x \geqq 1) \\ -e^{x-1}+1 & (x \leqq 1) \end{cases}$$

(ア) $0<t<1$ のとき

$$S(t) = \int_t^1 (-e^{x-1}+1)dx + \int_1^{t+1} (e^{x-1}-1)dx$$

$$= \Big[-e^{x-1}+x\Big]_t^1 + \Big[e^{x-1}-x\Big]_1^{t+1}$$

$y=|e^{x-1}-1|$
y
O
t
1
t+1
x

◀ $e^{x-1}-1 \geqq 0$ となる x の値の範囲は $e^{x-1} \geqq 1$ より $x-1 \geqq 0$ よって　$x \geqq 1$

◀ 積分区間内に 1 を含むかどうかで場合分けする。

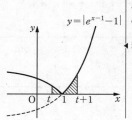

$= e^{t-1} + e^t - 2t - 1$

このとき　　$S'(t) = e^{t-1} + e^t - 2$

$S'(t) = 0$ とすると，

$e^t\left(\dfrac{1}{e} + 1\right) = 2$ より　　$e^t = \dfrac{2}{\dfrac{1}{e} + 1} = \dfrac{2e}{1+e}$

よって　　$t = \log\dfrac{2e}{1+e}$

ここで，$1 < \dfrac{2e}{1+e} < e$ より　　$0 < \log\dfrac{2e}{1+e} < 1$

(イ)　$t \geqq 1$ のとき

$S(t) = \displaystyle\int_t^{t+1} (e^{x-1} - 1)dx$

$= \Big[e^{x-1} - x\Big]_t^{t+1} = e^t - e^{t-1} - 1$

このとき　　$S'(t) = e^t - e^{t-1}$

$= e^{t-1}(e-1) > 0$

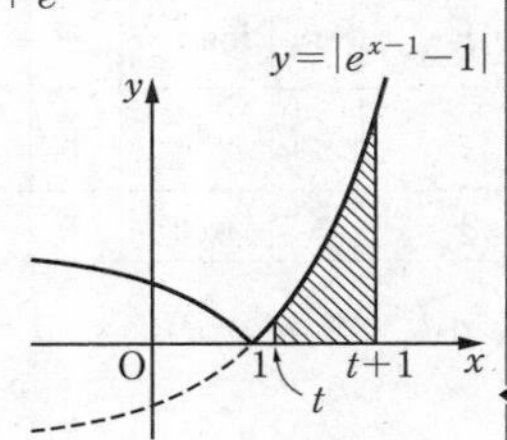

(ア), (イ) より，$S(t)$ の増減表は右のようになる。

したがって，$S(t)$ を最小にする t の値は

$\boldsymbol{t = \log\dfrac{2e}{1+e}}$

t	0	…	$\log\dfrac{2e}{1+e}$	…	1	…
$S'(t)$	／	$-$	0	$+$		$+$
$S(t)$	／	↘	極小	↗		↗

◀ $S(t)$ を求めずに，

$\dfrac{d}{dt}\displaystyle\int_t^1 (-e^{x-1} + 1)dx = e^{t-1} - 1$

$\dfrac{d}{dt}\displaystyle\int_1^{t+1} (e^{x-1} - 1)dx = e^{(t+1)-1} - 1$

から $S'(t)$ を求めてもよい。

◀ $e > 1$ より

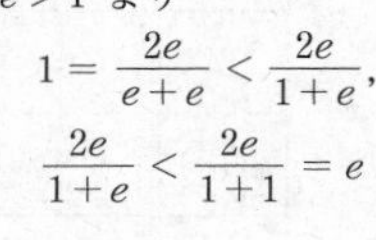

$1 = \dfrac{2e}{e+e} < \dfrac{2e}{1+e}$，

$\dfrac{2e}{1+e} < \dfrac{2e}{1+1} = e$

◀ $e > 1$，$e^{t-1} > 0$

◀ $S(t)$ は $t = 1$ で連続。

練習 166　$I(a) = \displaystyle\int_1^2 |\log x - a|\,dx$ を最小にする a の値を求めよ。

$y = |\log x - a|$ のグラフと x 軸の交点の x 座標は　　$x = e^a$

ここで

$\displaystyle\int \log x\,dx = \int (x)'\log x\,dx$

$= x\log x - \displaystyle\int dx$

$= x\log x - x + C$

(ア)　$e^a \leqq 1$ すなわち $a \leqq 0$ のとき

$I(a) = \displaystyle\int_1^2 (\log x - a)dx$

$= \Big[x\log x - x - ax\Big]_1^2$

$= -a + 2\log 2 - 1$

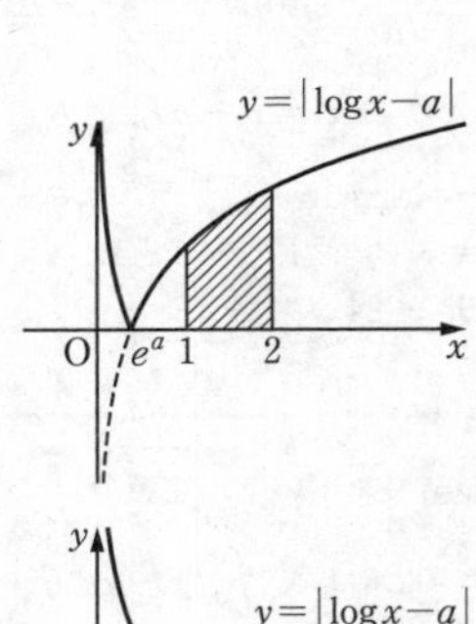

(イ)　$1 < e^a \leqq 2$ すなわち $0 < a \leqq \log 2$ のとき

$I(a)$

$= \displaystyle\int_1^{e^a} (a - \log x)dx + \int_{e^a}^2 (\log x - a)dx$

$= \Big[ax - x\log x + x\Big]_1^{e^a} + \Big[x\log x - x - ax\Big]_{e^a}^2$

$= (e^a - a - 1) + (2\log 2 - 2 - 2a) - (-e^a)$

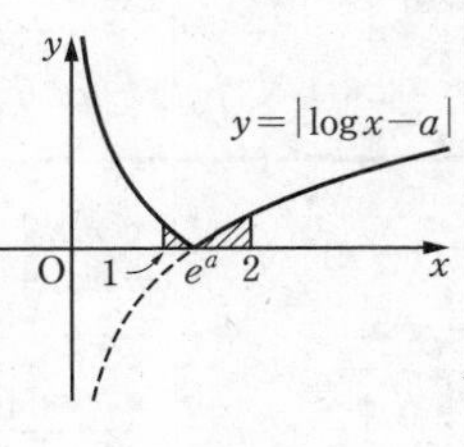

◀ $x = e^a$ のとき

$x\log x = e^a \log e^a$

$= ae^a$

$= 2e^a - 3a + 2\log 2 - 3$

このとき　　$I'(a) = 2e^a - 3$

$I'(a) = 0$ とすると　　$a = \log\dfrac{3}{2}$

(ウ)　$2 < e^a$ すなわち $a > \log 2$ のとき

$$I(a) = \int_1^2 (a - \log x)dx$$
$$= a - 2\log 2 + 1$$

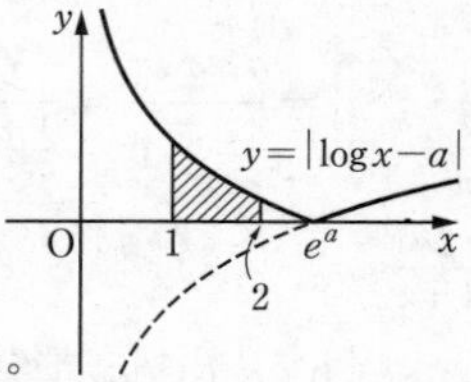

(ア)〜(ウ)より，$I(a)$ の増減表は次のようになる。

a	$\cdots$	0	$\cdots$	$\log\dfrac{3}{2}$	$\cdots$	$\log 2$	$\cdots$
$I'(a)$	$-$		$-$	0	$+$		$+$
$I(a)$	↘	$2\log 2 - 1$	↘	極小	↗	$-\log 2 + 1$	↗

増減表より，$I(a)$ を最小にする a の値は　　$\boldsymbol{a = \log\dfrac{3}{2}}$

練習 167 $I_n = \displaystyle\int_1^e (\log x)^n dx$ $(n = 1,\ 2,\ 3,\ \cdots)$ とするとき

(1)　I_1 を求めよ。　　(2)　$n \geqq 2$ のとき，I_n を n と I_{n-1} を用いて表せ。

(3)　I_4 を求めよ。

(1)　$I_1 = \displaystyle\int_1^e \log x\,dx = \int_1^e (x)'\log x\,dx$

$= \Big[x\log x\Big]_1^e - \displaystyle\int_1^e x\cdot\frac{1}{x}dx$

$= e - \displaystyle\int_1^e dx = e - \Big[x\Big]_1^e = \boldsymbol{1}$

(2)　$I_n = \displaystyle\int_1^e (\log x)^n dx = \int_1^e (x)'(\log x)^n dx$

$= \Big[x(\log x)^n\Big]_1^e - \displaystyle\int_1^e x\cdot n(\log x)^{n-1}\cdot\frac{1}{x}dx$　　◀部分積分法を用いる。

$= e - n\displaystyle\int_1^e (\log x)^{n-1}dx = \boldsymbol{e - nI_{n-1}}$

(3)　$I_4 = e - 4I_3 = e - 4(e - 3I_2)$

$= -3e + 12I_2 = -3e + 12(e - 2I_1)$

$= 9e - 24I_1 = \boldsymbol{9e - 24}$

練習 168 (1)　例題 168 の結果を用いて，定積分 $\displaystyle\int_0^1 x^3(1-x)^4\,dx$ を求めよ。

(2)　自然数 m，n に対して $\displaystyle\int_\alpha^\beta (x-\alpha)^m(x-\beta)^n\,dx$ を求めよ。ただし，$\alpha \neq \beta$ とする。

(1)　$I(m,\ n) = \displaystyle\int_0^1 x^m(1-x)^n\,dx = \frac{m!n!}{(m+n+1)!}$ $\cdots$ ① において　　◀例題 168 の結果より

$m = 3$，$n = 4$ とすると

$$I(3,\ 4) = \int_0^1 x^3(1-x)^4\,dx = \frac{3!4!}{(3+4+1)!} = \frac{3!4!}{8!} = \boldsymbol{\frac{1}{280}}$$

◀ $\dfrac{3!4!}{8!} = \dfrac{6}{8\cdot7\cdot6\cdot5} = \dfrac{1}{280}$

(2) (1)の ① において，$t=(\beta-\alpha)x+\alpha$

とおくと　$\dfrac{dt}{dx}=\beta-\alpha$

x	$0\to1$
t	$\alpha\to\beta$

x と t の対応は右のようになるから

$$I(m,\ n)=\int_\alpha^\beta\left\{\frac{1}{\beta-\alpha}(t-\alpha)\right\}^m\left\{1-\frac{1}{\beta-\alpha}(t-\alpha)\right\}^n\cdot\frac{1}{\beta-\alpha}dt$$
$$=\frac{1}{(\beta-\alpha)^{m+n+1}}\int_\alpha^\beta(t-\alpha)^m(\beta-t)^n dt$$
$$=\frac{(-1)^n}{(\beta-\alpha)^{m+n+1}}\int_\alpha^\beta(t-\alpha)^m(t-\beta)^n dt$$

よって

$$\int_\alpha^\beta(x-\alpha)^m(x-\beta)^n dx=\frac{(\beta-\alpha)^{m+n+1}}{(-1)^n}I(m,\ n)$$
$$=\boldsymbol{(-1)^n(\beta-\alpha)^{m+n+1}\cdot\frac{m!n!}{(m+n+1)!}}$$

◀ x と t が左のようになるような置換を考える。

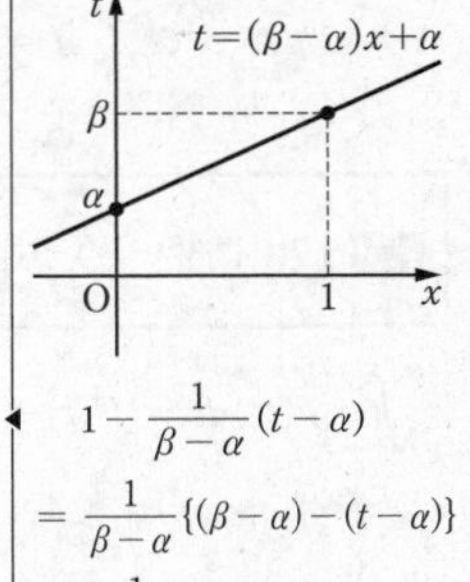

◀ $1-\dfrac{1}{\beta-\alpha}(t-\alpha)$
$=\dfrac{1}{\beta-\alpha}\{(\beta-\alpha)-(t-\alpha)\}$
$=\dfrac{1}{\beta-\alpha}(\beta-t)$

◀ $\dfrac{1}{(-1)^n}=(-1)^n$

練習 169 (1) 等式 $\displaystyle\int_0^{\frac{\pi}{2}}f(\sin x)dx=\int_0^{\frac{\pi}{2}}f(\cos x)dx$ を証明せよ。

(2) $\displaystyle I=\int_0^{\frac{\pi}{2}}\frac{\sin^3 x}{\sin x+\cos x}dx,\ J=\int_0^{\frac{\pi}{2}}\frac{\cos^3 x}{\sin x+\cos x}dx$ をそれぞれ求めよ。

---

(1) $\dfrac{\pi}{2}-x=t$ とおくと　$\dfrac{dt}{dx}=-1$

また，x と t の対応は右のようになるから

x	$0\longrightarrow\dfrac{\pi}{2}$
t	$\dfrac{\pi}{2}\longrightarrow0$

$$\int_0^{\frac{\pi}{2}}f(\sin x)dx=\int_{\frac{\pi}{2}}^0 f(\cos t)\cdot(-1)dt$$
$$=\int_0^{\frac{\pi}{2}}f(\cos t)dt=\int_0^{\frac{\pi}{2}}f(\cos x)dx$$

◀ $\sin\left(\dfrac{\pi}{2}-t\right)=\cos t$

◀ $dx=(-1)dt$

(2) $0\leqq x\leqq\dfrac{\pi}{2}$ において　$\sin x=\sqrt{1-\cos^2 x},\ \cos x=\sqrt{1-\sin^2 x}$

よって，$f(x)=\dfrac{x^3}{x+\sqrt{1-x^2}}$ とおくと

$$I=\int_0^{\frac{\pi}{2}}f(\sin x)dx,\ J=\int_0^{\frac{\pi}{2}}f(\cos x)dx$$

(1)より，$I=J=\dfrac{I+J}{2}$ が成り立つから

$$I=J=\frac{1}{2}\int_0^{\frac{\pi}{2}}\frac{\sin^3 x+\cos^3 x}{\sin x+\cos x}dx$$
$$=\frac{1}{2}\int_0^{\frac{\pi}{2}}(\sin^2 x-\sin x\cos x+\cos^2 x)dx$$
$$=\frac{1}{2}\int_0^{\frac{\pi}{2}}\left(1-\frac{1}{2}\sin 2x\right)dx$$
$$=\frac{1}{2}\left[x+\frac{1}{4}\cos 2x\right]_0^{\frac{\pi}{2}}$$

◀ $I,\ J$ それぞれを求めるのは難しいが，$I+J$ なら簡単に求めることができる。

◀ $\sin x\cos x=\dfrac{1}{2}\sin 2x$

$$= \frac{1}{2}\left(\frac{\pi}{2} - \frac{1}{2}\right) = \frac{\pi - 1}{4}$$

したがって　　$\boldsymbol{I = \frac{\pi - 1}{4},\ J = \frac{\pi - 1}{4}}$

練習 170 関数 $f(x)$ が連続で $f(1) = 3$ のとき，$\displaystyle\lim_{x\to1}\frac{1}{x-1}\int_1^{\sqrt{x}} t^3 f(t^2)dt$ を求めよ。

$\displaystyle\int t^3 f(t^2)dt = F(t) + C$ とおくと　　$F'(t) = t^3 f(t^2)$

よって

$$\lim_{x\to1}\frac{1}{x-1}\int_1^{\sqrt{x}} t^3 f(t^2)dt = \lim_{x\to1}\frac{1}{x-1}\Big[F(t)\Big]_1^{\sqrt{x}}$$

$$= \lim_{x\to1}\frac{1}{(\sqrt{x}+1)(\sqrt{x}-1)}\{F(\sqrt{x}) - F(1)\}$$

$$= \lim_{x\to1}\frac{F(\sqrt{x}) - F(1)}{\sqrt{x}-1}\cdot\frac{1}{\sqrt{x}+1}$$

$$= F'(1)\cdot\frac{1}{\sqrt{1}+1} = \frac{1}{2}f(1) = \boldsymbol{\frac{3}{2}}$$

◀〔別解〕
$\displaystyle\int_1^{\sqrt{x}} t^3 f(t^2)dt = F(x)$
とおくと
$F'(x) = x\sqrt{x}\,f(x)\cdot\dfrac{1}{2\sqrt{x}}$
$= \dfrac{1}{2}xf(x)$
$F(1) = 0$ であるから
(与式) $= \displaystyle\lim_{x\to1}\frac{F(x) - F(1)}{x-1}$
$= F'(1) = \dfrac{1}{2}f(1)$
$= \dfrac{3}{2}$

◀ $F'(1) = \displaystyle\lim_{\sqrt{x}\to1}\frac{F(\sqrt{x}) - F(1)}{\sqrt{x}-1}$

p.313 | 問題編 12 | 定積分

問題 151 次の定積分を求めよ。

(1) $\displaystyle\int_{\frac{\pi}{6}}^{\frac{\pi}{3}} \frac{dx}{\cos^2 x}$　　(2) $\displaystyle\int_0^1 \frac{dx}{(2x+1)^4}$　　(3) $\displaystyle\int_1^2 (e^x + 3^x)dx$

(1) $\displaystyle\int_{\frac{\pi}{6}}^{\frac{\pi}{3}} \frac{dx}{\cos^2 x} = \Big[\tan x\Big]_{\frac{\pi}{6}}^{\frac{\pi}{3}} = \sqrt{3} - \frac{1}{\sqrt{3}} = \boldsymbol{\frac{2\sqrt{3}}{3}}$

◀ $\displaystyle\int\frac{1}{\cos^2 x}dx = \tan x + C$

(2) $\displaystyle\int_0^1 \frac{dx}{(2x+1)^4} = \int_0^1 (2x+1)^{-4}dx$

$$= \left[\frac{1}{2}\cdot\left\{-\frac{1}{3}(2x+1)^{-3}\right\}\right]_0^1$$

$$= -\frac{1}{6}\left(\frac{1}{27} - 1\right) = \boldsymbol{\frac{13}{81}}$$

(3) $\displaystyle\int_1^2 (e^x + 3^x)dx = \left[e^x + \frac{3^x}{\log 3}\right]_1^2$

$$= \left(e^2 + \frac{9}{\log 3}\right) - \left(e + \frac{3}{\log 3}\right)$$

$$= \boldsymbol{e^2 - e + \frac{6}{\log 3}}$$

◀ $(e^2 - e) + \dfrac{1}{\log 3}(3^2 - 3^1)$
$= e^2 - e + \dfrac{6}{\log 3}$
と計算してもよい。

問題 **152** 次の定積分を求めよ。

(1) $\displaystyle\int_{-1}^{0}\frac{x^2+2x+1}{x+2}dx$　　(2) $\displaystyle\int_{1}^{2}\frac{dx}{(x-3)(x-4)(x-5)}$

(1) $$\int_{-1}^{0}\frac{x^2+2x+1}{x+2}dx=\int_{-1}^{0}\left(x+\frac{1}{x+2}\right)dx=\left[\frac{1}{2}x^2+\log|x+2|\right]_{-1}^{0}$$

$$=\log2-\left(\frac{1}{2}+\log1\right)=\mathbf{\log2-\frac{1}{2}}$$

◀分子を分母で割ると，商は x，余りは1

(2) $$\frac{1}{(x-3)(x-4)(x-5)}=\frac{a}{(x-3)(x-4)}+\frac{b}{(x-4)(x-5)}$$

とおいて，分母をはらうと

$$1=a(x-5)+b(x-3)$$

すなわち　$1=(a+b)x+(-5a-3b)$

係数を比較すると　$a=-\dfrac{1}{2}$，$b=\dfrac{1}{2}$

◀ $\dfrac{1}{(x-3)(x-4)(x-5)}=\dfrac{a}{x-3}+\dfrac{b}{x-4}+\dfrac{c}{x-5}$ とおいて，a，b，c を求めてもよい。

◀ x についての恒等式であるから $\begin{cases}a+b=0\\-5a-3b=1\end{cases}$

よって　$\dfrac{1}{(x-3)(x-4)(x-5)}$

$$=-\frac{1}{2}\left\{\frac{1}{(x-3)(x-4)}-\frac{1}{(x-4)(x-5)}\right\}$$

$$=-\frac{1}{2}\left\{\left(\frac{1}{x-4}-\frac{1}{x-3}\right)-\left(\frac{1}{x-5}-\frac{1}{x-4}\right)\right\}$$

$$=\frac{1}{2}\left(\frac{1}{x-3}-\frac{2}{x-4}+\frac{1}{x-5}\right)$$

◀部分分数分解する。

したがって　$\displaystyle\int_{1}^{2}\frac{dx}{(x-3)(x-4)(x-5)}$

$$=\int_{1}^{2}\frac{1}{2}\left(\frac{1}{x-3}-\frac{2}{x-4}+\frac{1}{x-5}\right)dx$$

$$=\frac{1}{2}\Big[\log|x-3|-2\log|x-4|+\log|x-5|\Big]_{1}^{2}$$

$$=\frac{1}{2}\left[\log\left|\frac{(x-3)(x-5)}{(x-4)^2}\right|\right]_{1}^{2}=\mathbf{\frac{1}{2}\log\frac{27}{32}}$$

問題 **153** 次の定積分を求めよ。

(1) $\displaystyle\int_{0}^{\frac{\pi}{2}}\sin^4 2x\,dx$　　(2) $\displaystyle\int_{0}^{2\pi}\sin4x\sin6x\,dx$　　(3) $\displaystyle\int_{-\frac{\pi}{4}}^{\frac{\pi}{3}}\frac{\cos2\theta}{\cos^2\theta}d\theta$

(1) $$\int_{0}^{\frac{\pi}{2}}\sin^4 2x\,dx=\int_{0}^{\frac{\pi}{2}}\left(\frac{1-\cos4x}{2}\right)^2dx$$

◀半角の公式

$$=\frac{1}{4}\int_{0}^{\frac{\pi}{2}}(1-2\cos4x+\cos^2 4x)dx$$

$$=\frac{1}{4}\int_{0}^{\frac{\pi}{2}}\left(1-2\cos4x+\frac{1+\cos8x}{2}\right)dx$$

◀半角の公式を繰り返し用いる。

$$=\frac{1}{4}\int_{0}^{\frac{\pi}{2}}\left(\frac{3}{2}-2\cos4x+\frac{1}{2}\cos8x\right)dx$$

$$=\frac{1}{4}\left[\frac{3}{2}x-\frac{1}{2}\sin4x+\frac{1}{16}\sin8x\right]_{0}^{\frac{\pi}{2}}$$

$$= \frac{3}{16}\pi$$

(2) $\displaystyle\int_0^{2\pi} \sin 4x \sin 6x\, dx = -\frac{1}{2}\int_0^{2\pi}\{\cos 10x - \cos(-2x)\}dx$

$\displaystyle = -\frac{1}{2}\left[\frac{1}{10}\sin 10x - \frac{1}{2}\sin 2x\right]_0^{2\pi} = \mathbf{0}$

◀ $\sin\alpha\sin\beta$
$= -\frac{1}{2}\{\cos(\alpha+\beta)$
$-\cos(\alpha-\beta)\}$

(3) $\displaystyle\int_{-\frac{\pi}{4}}^{\frac{\pi}{3}} \frac{\cos 2\theta}{\cos^2\theta}d\theta = \int_{-\frac{\pi}{4}}^{\frac{\pi}{3}} \frac{2\cos^2\theta - 1}{\cos^2\theta}d\theta$

$\displaystyle = \int_{-\frac{\pi}{4}}^{\frac{\pi}{3}}\left(2 - \frac{1}{\cos^2\theta}\right)d\theta$

$\displaystyle = \Big[2\theta - \tan\theta\Big]_{-\frac{\pi}{4}}^{\frac{\pi}{3}}$

$\displaystyle = \left(\frac{2}{3}\pi - \sqrt{3}\right) - \left(-\frac{\pi}{2} + 1\right) = \frac{7}{6}\pi - \sqrt{3} - 1$

◀ 2倍角の公式
$\cos 2\theta = 2\cos^2\theta - 1$

問題 **154** 次の定積分を求めよ。

(1) $\displaystyle\int_{-2}^{3}\sqrt{|x+1|}\,dx$　　(2) $\displaystyle\int_0^{\pi}\left|\sqrt{1+\cos 2x} - \sqrt{1-\cos 2x}\right|dx$

(1) $\displaystyle\int_{-2}^{3}\sqrt{|x+1|}\,dx = \int_{-2}^{-1}\sqrt{-x-1}\,dx + \int_{-1}^{3}\sqrt{x+1}\,dx$

$\displaystyle = \int_{-2}^{-1}(-x-1)^{\frac{1}{2}}dx + \int_{-1}^{3}(x+1)^{\frac{1}{2}}dx$

$\displaystyle = \left[-\frac{2}{3}(-x-1)^{\frac{3}{2}}\right]_{-2}^{-1} + \left[\frac{2}{3}(x+1)^{\frac{3}{2}}\right]_{-1}^{3}$

$\displaystyle = \frac{2}{3} + \frac{16}{3}$

$= \mathbf{6}$

◀ $|x+1| = \begin{cases} -x-1 & (x \leqq -1) \\ x+1 & (x \geqq -1) \end{cases}$

(2) $\displaystyle\int_0^{\pi}\left|\sqrt{1+\cos 2x} - \sqrt{1-\cos 2x}\right|dx$

$\displaystyle = \int_0^{\pi}\left|\sqrt{2\cos^2 x} - \sqrt{2\sin^2 x}\right|dx$

$\displaystyle = \sqrt{2}\int_0^{\pi}\big||\cos x| - \sin x\big|dx$

$\displaystyle = \sqrt{2}\left(\int_0^{\frac{\pi}{2}}|\cos x - \sin x|dx + \int_{\frac{\pi}{2}}^{\pi}|-\cos x - \sin x|dx\right)$

$\displaystyle = \sqrt{2}\left(\int_0^{\frac{\pi}{2}}|\sin x - \cos x|dx + \int_{\frac{\pi}{2}}^{\pi}|\sin x - (-\cos x)|dx\right)$

◀ $2\cos^2 x = 1 + \cos 2x$
$2\sin^2 x = 1 - \cos 2x$

◀ $0 \leqq x \leqq \pi$ のとき
$\sin x \geqq 0$

◀ $|\cos x|$
$= \begin{cases} \cos x & \left(0 \leqq x \leqq \frac{\pi}{2}\right) \\ -\cos x & \left(\frac{\pi}{2} \leqq x \leqq \pi\right) \end{cases}$

グラフの対称性より，求める定積分は

$\displaystyle 4\sqrt{2}\int_0^{\frac{\pi}{4}}(\cos x - \sin x)dx$

$\displaystyle = 4\sqrt{2}\Big[\sin x + \cos x\Big]_0^{\frac{\pi}{4}}$

$= \mathbf{8 - 4\sqrt{2}}$

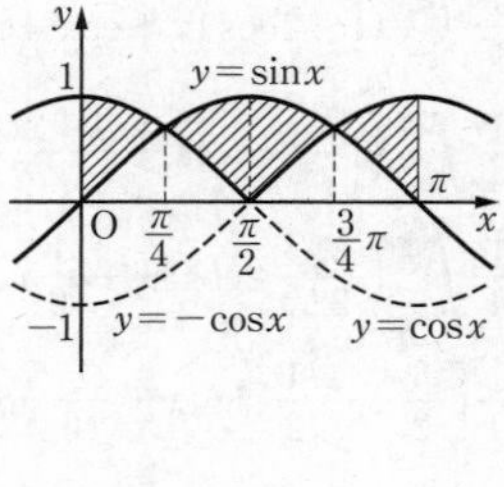

◀ $\Big[\sin x + \cos x\Big]_0^{\frac{\pi}{4}}$
$= \sqrt{2} - 1$

問題 155 次の定積分を求めよ。

(1) $\displaystyle\int_0^2 \frac{e^{2x}}{e^x+1}dx$　　(2) $\displaystyle\int_0^{\frac{\pi}{4}} \frac{\sin 2\theta}{1+\cos\theta}d\theta$　　(3) $\displaystyle\int_0^{\frac{\pi}{4}} e^{\sin^2 x}\sin 2x\,dx$

(1) $e^x=t$ とおくと，$x=\log t$ となり　$\dfrac{dx}{dt}=\dfrac{1}{t}$

x	$0 \to 2$
t	$1 \to e^2$

◀ $dx=\dfrac{1}{t}dt$

x と t の対応は右のようになるから

$$\int_0^2 \frac{e^{2x}}{e^x+1}dx=\int_1^{e^2}\frac{t^2}{t+1}\cdot\frac{1}{t}dt$$
$$=\int_1^{e^2}\frac{t}{t+1}dt$$
$$=\int_1^{e^2}\left(1-\frac{1}{t+1}\right)dt$$
$$=\Big[t-\log|t+1|\Big]_1^{e^2}$$
$$=\boldsymbol{e^2-1-\log\frac{e^2+1}{2}}$$

◀ $\dfrac{t}{t+1}=\dfrac{(t+1)-1}{t+1}=1-\dfrac{1}{t+1}$

(2) $\displaystyle\int_0^{\frac{\pi}{4}}\frac{\sin 2\theta}{1+\cos\theta}d\theta=\int_0^{\frac{\pi}{4}}\frac{2\sin\theta\cos\theta}{1+\cos\theta}d\theta$

ここで，$\cos\theta=t$ とおくと　$-\sin\theta=\dfrac{dt}{d\theta}$

θ	$0 \to \dfrac{\pi}{4}$
t	$1 \to \dfrac{\sqrt{2}}{2}$

◀ $\sin\theta\, d\theta=(-1)dt$

θ と t の対応は右のようになるから

$$(\text{与式})=\int_1^{\frac{\sqrt{2}}{2}}\frac{2t}{1+t}\cdot(-1)dt$$
$$=2\int_{\frac{\sqrt{2}}{2}}^1\frac{t}{1+t}dt$$
$$=2\int_{\frac{\sqrt{2}}{2}}^1\left(1-\frac{1}{1+t}\right)dt$$
$$=2\Big[t-\log|1+t|\Big]_{\frac{\sqrt{2}}{2}}^1$$
$$=\boldsymbol{2-\sqrt{2}+2\log\frac{2+\sqrt{2}}{4}}$$

◀ $-\displaystyle\int_a^b f(x)dx=\int_b^a f(x)dx$

(3) $e^{\sin^2 x}\sin 2x=e^{\sin^2 x}\cdot 2\sin x\cos x$

ここで，$\sin^2 x=t$ とおくと　$2\sin x\cos x=\dfrac{dt}{dx}$

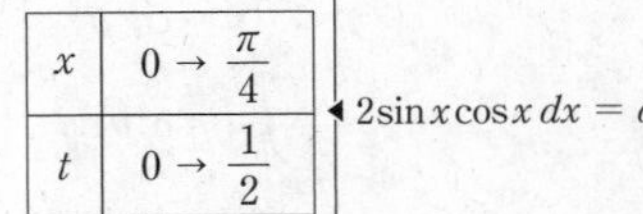

x	$0 \to \dfrac{\pi}{4}$
t	$0 \to \dfrac{1}{2}$

◀ $2\sin x\cos x\,dx=dt$

x と t の対応は右のようになるから

$$(\text{与式})=\int_0^{\frac{\pi}{4}}e^{\sin^2 x}\cdot 2\sin x\cos x\,dx$$
$$=\int_0^{\frac{1}{2}}e^t\,dt=\Big[e^t\Big]_0^{\frac{1}{2}}=\boldsymbol{\sqrt{e}-1}$$

◀ $e^0=1$ である。

問題 156 次の定積分を求めよ。

(1) $\displaystyle\int_2^4\sqrt{16-x^2}\,dx$　　(2) $\displaystyle\int_0^1\frac{x^2}{\sqrt{2-x^2}}dx$

(1) $x=4\sin\theta$ とおくと $\dfrac{dx}{d\theta}=4\cos\theta$

x と θ の対応は右のようになるから

x	$2 \to 4$
θ	$\dfrac{\pi}{6} \to \dfrac{\pi}{2}$

$$\int_2^4 \sqrt{16-x^2}\,dx = \int_{\frac{\pi}{6}}^{\frac{\pi}{2}} \sqrt{16-16\sin^2\theta}\cdot 4\cos\theta\,d\theta$$

$$= \int_{\frac{\pi}{6}}^{\frac{\pi}{2}} 4\sqrt{1-\sin^2\theta}\cdot 4\cos\theta\,d\theta$$

$$= 16\int_{\frac{\pi}{6}}^{\frac{\pi}{2}} |\cos\theta|\cdot\cos\theta\,d\theta = 16\int_{\frac{\pi}{6}}^{\frac{\pi}{2}} \cos^2\theta\,d\theta$$

$$= 16\int_{\frac{\pi}{6}}^{\frac{\pi}{2}} \frac{1+\cos 2\theta}{2}\,d\theta = 8\left[\theta+\frac{1}{2}\sin 2\theta\right]_{\frac{\pi}{6}}^{\frac{\pi}{2}}$$

$$= 8\left\{\frac{\pi}{2}-\left(\frac{\pi}{6}+\frac{\sqrt{3}}{4}\right)\right\} = \boldsymbol{\frac{8}{3}\pi-2\sqrt{3}}$$

◀ $dx=4\cos\theta\,d\theta$

◀ $x=2$ のとき
$\sin\theta=\dfrac{1}{2}$ より $\theta=\dfrac{\pi}{6}$
$x=4$ のとき
$\sin\theta=1$ より $\theta=\dfrac{\pi}{2}$

◀ $\dfrac{\pi}{6} \leqq \theta \leqq \dfrac{\pi}{2}$ のとき
$\cos\theta \geqq 0$ であるから
$|\cos\theta|=\cos\theta$

〔別解〕

$y=\sqrt{16-x^2}$ のグラフは，円 $x^2+y^2=16$ の $y \geqq 0$ の部分である。

よって，$\displaystyle\int_2^4 \sqrt{16-x^2}\,dx$ の値は右の図の斜線部分の面積に等しいから

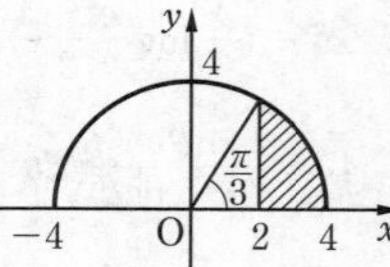

$$\int_2^4 \sqrt{16-x^2}\,dx = \frac{1}{2}\cdot 4^2\cdot\frac{\pi}{3}-\frac{1}{2}\cdot 2\cdot 2\sqrt{3}$$

$$= \frac{8}{3}\pi-2\sqrt{3}$$

◀ (斜線部分) = (中心角 $\dfrac{\pi}{3}$ の扇形) − (三角形)
2 4 O 2 4 O 2
半径 r，中心角 θ の扇形の面積は $\dfrac{1}{2}r^2\theta$

(2) $x=\sqrt{2}\sin\theta$ とおくと $\dfrac{dx}{d\theta}=\sqrt{2}\cos\theta$

x と θ の対応は右のようになるから

x	$0 \to 1$
θ	$0 \to \dfrac{\pi}{4}$

$$\int_0^1 \frac{x^2}{\sqrt{2-x^2}}\,dx = \int_0^{\frac{\pi}{4}} \frac{2\sin^2\theta}{\sqrt{2-2\sin^2\theta}}\cdot\sqrt{2}\cos\theta\,d\theta$$

$$= \int_0^{\frac{\pi}{4}} \frac{2\sin^2\theta}{\sqrt{2}\sqrt{1-\sin^2\theta}}\cdot\sqrt{2}\cos\theta\,d\theta$$

$$= 2\int_0^{\frac{\pi}{4}} \frac{\sin^2\theta}{|\cos\theta|}\cdot\cos\theta\,d\theta$$

$$= 2\int_0^{\frac{\pi}{4}} \sin^2\theta\,d\theta$$

$$= 2\int_0^{\frac{\pi}{4}} \frac{1-\cos 2\theta}{2}\,d\theta$$

$$= \left[\theta-\frac{1}{2}\sin 2\theta\right]_0^{\frac{\pi}{4}} = \boldsymbol{\frac{\pi}{4}-\frac{1}{2}}$$

◀ $dx=\sqrt{2}\cos\theta\,d\theta$

◀ $x=1$ のとき
$\sin\theta=\dfrac{1}{\sqrt{2}}$ より $\theta=\dfrac{\pi}{4}$

◀ $0 \leqq \theta \leqq \dfrac{\pi}{4}$ のとき
$\cos\theta>0$ であるから
$|\cos\theta|=\cos\theta$

問題 **157** 次の定積分を求めよ。

(1) $\displaystyle\int_1^2 \frac{dx}{x^2-2x+2}$　　(2) $\displaystyle\int_0^1 \frac{1}{(x^2+1)^{\frac{5}{2}}}\,dx$

(1) $$\int_1^2 \frac{dx}{x^2-2x+2} = \int_1^2 \frac{dx}{(x-1)^2+1}$$

ここで，$x-1=\tan\theta\ \left(-\frac{\pi}{2}<\theta<\frac{\pi}{2}\right)$ とおくと

$$\frac{dx}{d\theta} = \frac{1}{\cos^2\theta}$$

x と θ の対応は右のようになるから

x	$1 \to 2$
θ	$0 \to \frac{\pi}{4}$

◀被積分関数の分母が $\tan^2\theta+1$ となるように x を置換する。

$$\int_1^2 \frac{dx}{(x-1)^2+1} = \int_0^{\frac{\pi}{4}} \frac{1}{\tan^2\theta+1}\cdot\frac{1}{\cos^2\theta}\,d\theta$$

$$= \int_0^{\frac{\pi}{4}} d\theta = \Big[\theta\Big]_0^{\frac{\pi}{4}} = \boldsymbol{\frac{\pi}{4}}$$

◀$1+\tan^2\theta = \frac{1}{\cos^2\theta}$

(2) $x=\tan\theta\ \left(-\frac{\pi}{2}<\theta<\frac{\pi}{2}\right)$ とおくと

$$\frac{dx}{d\theta} = \frac{1}{\cos^2\theta}$$

x と θ の対応は右のようになるから

x	$0 \to 1$
θ	$0 \to \frac{\pi}{4}$

$$\int_0^1 \frac{1}{(x^2+1)^{\frac{5}{2}}}\,dx = \int_0^{\frac{\pi}{4}} \frac{1}{(\tan^2\theta+1)^{\frac{5}{2}}}\cdot\frac{1}{\cos^2\theta}\,d\theta$$

$$= \int_0^{\frac{\pi}{4}} \cos^3\theta\,d\theta$$

◀$1+\tan^2\theta = \frac{1}{\cos^2\theta}$

$$= \int_0^{\frac{\pi}{4}} (1-\sin^2\theta)\cos\theta\,d\theta$$

◀例題 148 (2) 参照。

$$= \int_0^{\frac{\pi}{4}} (1-\sin^2\theta)(\sin\theta)'\,d\theta$$

◀$\sin\theta=t$ とおくと $\frac{dt}{d\theta}=\cos\theta$

$$= \left[\sin\theta-\frac{1}{3}\sin^3\theta\right]_0^{\frac{\pi}{4}}$$

$$= \frac{1}{\sqrt{2}}-\frac{1}{3}\cdot\frac{1}{2\sqrt{2}} = \boldsymbol{\frac{5\sqrt{2}}{12}}$$

問題 158 次の定積分を求めよ。

(1) $\displaystyle\int_0^{\frac{\pi}{4}} \frac{x}{\cos^2 x}\,dx$ (2) $\displaystyle\int_0^{\frac{3}{2}\pi} x|\sin x|\,dx$

(1) $$\int_0^{\frac{\pi}{4}} \frac{x}{\cos^2 x}\,dx = \int_0^{\frac{\pi}{4}} x(\tan x)'\,dx$$

$$= \Big[x\tan x\Big]_0^{\frac{\pi}{4}} - \int_0^{\frac{\pi}{4}} \tan x\,dx = \frac{\pi}{4} - \int_0^{\frac{\pi}{4}} \frac{\sin x}{\cos x}\,dx$$

$$= \frac{\pi}{4} + \int_0^{\frac{\pi}{4}} \frac{(\cos x)'}{\cos x}\,dx = \frac{\pi}{4} + \Big[\log|\cos x|\Big]_0^{\frac{\pi}{4}}$$

$$= \frac{\pi}{4} + \left(\log\frac{\sqrt{2}}{2} - \log 1\right) = \boldsymbol{\frac{\pi}{4} - \frac{1}{2}\log 2}$$

◀$\displaystyle\int \frac{x}{\cos^2 x}\,dx = \int x(\tan x)'\,dx = x\tan x + \int \frac{(\cos x)'}{\cos x}\,dx = x\tan x + \log|\cos x| + C$

◀$\frac{\sin x}{\cos x} = \frac{-(\cos x)'}{\cos x}$

(2) $|\sin x| = \begin{cases} \sin x & (0 \leqq x \leqq \pi) \\ -\sin x & \left(\pi \leqq x \leqq \frac{3}{2}\pi\right) \end{cases}$ であるから

4章 12 定積分

$$\int_0^{\frac{3}{2}\pi} x|\sin x|\,dx = \int_0^{\pi} x\sin x\,dx + \int_{\pi}^{\frac{3}{2}\pi} x(-\sin x)\,dx$$

$$= \int_0^{\pi} x(-\cos x)'\,dx + \int_{\pi}^{\frac{3}{2}\pi} x(\cos x)'\,dx$$

$$= \left\{\Big[x(-\cos x)\Big]_0^{\pi} - \int_0^{\pi}(-\cos x)\,dx\right\} + \left(\Big[x\cos x\Big]_{\pi}^{\frac{3}{2}\pi} - \int_{\pi}^{\frac{3}{2}\pi}\cos x\,dx\right)$$

$$= \left(\pi + \Big[\sin x\Big]_0^{\pi}\right) + \left(\pi - \Big[\sin x\Big]_{\pi}^{\frac{3}{2}\pi}\right) = \boldsymbol{2\pi + 1}$$

◀ $\int x\sin x\,dx = -x\cos x + \sin x + C$

問題 **159** 次の定積分を求めよ。

(1) $\int_1^e x(\log x)^2\,dx$ (2) $\int_0^{\frac{\pi}{2}} x^2\cos^2 x\,dx$ (3) $\int_0^{\frac{\pi}{2}} e^{-x}\sin 2x\,dx$

---

(1) $$\int_1^e x(\log x)^2\,dx = \int_1^e \left(\frac{1}{2}x^2\right)'(\log x)^2\,dx$$

$$= \left[\frac{1}{2}x^2(\log x)^2\right]_1^e - \int_1^e \frac{1}{2}x^2(2\log x)\frac{1}{x}\,dx$$

◀ $\{(\log x)^2\}' = 2\log x \cdot \frac{1}{x}$

$$= \frac{1}{2}e^2 - \int_1^e x\log x\,dx$$

$$= \frac{1}{2}e^2 - \int_1^e \left(\frac{1}{2}x^2\right)'\log x\,dx$$

$$= \frac{1}{2}e^2 - \left(\left[\frac{1}{2}x^2\log x\right]_1^e - \int_1^e \frac{1}{2}x^2\cdot\frac{1}{x}\,dx\right)$$

$$= \frac{1}{2}e^2 - \left(\frac{1}{2}e^2 - \frac{1}{2}\int_1^e x\,dx\right)$$

$$= \frac{1}{2}\left[\frac{1}{2}x^2\right]_1^e = \boldsymbol{\frac{1}{4}(e^2-1)}$$

(2) $$\int_0^{\frac{\pi}{2}} x^2\cos^2 x\,dx = \int_0^{\frac{\pi}{2}} x^2\cdot\frac{1+\cos 2x}{2}\,dx$$

◀ $\cos^2 x = \frac{1+\cos 2x}{2}$

$$= \frac{1}{2}\left(\int_0^{\frac{\pi}{2}} x^2\,dx + \int_0^{\frac{\pi}{2}} x^2\cos 2x\,dx\right)$$

$$= \frac{1}{2}\left\{\left[\frac{1}{3}x^3\right]_0^{\frac{\pi}{2}} + \int_0^{\frac{\pi}{2}} x^2\left(\frac{1}{2}\sin 2x\right)'dx\right\}$$

$$= \frac{1}{2}\cdot\frac{\pi^3}{24} + \frac{1}{2}\left\{\left[x^2\left(\frac{1}{2}\sin 2x\right)\right]_0^{\frac{\pi}{2}} - \int_0^{\frac{\pi}{2}} 2x\cdot\frac{1}{2}\sin 2x\,dx\right\}$$

$$= \frac{1}{48}\pi^3 - \frac{1}{2}\int_0^{\frac{\pi}{2}} x\sin 2x\,dx$$

$$= \frac{1}{48}\pi^3 - \frac{1}{2}\int_0^{\frac{\pi}{2}} x\left(-\frac{1}{2}\cos 2x\right)'dx$$

$$= \frac{1}{48}\pi^3 - \frac{1}{2}\left\{\left[x\left(-\frac{1}{2}\cos 2x\right)\right]_0^{\frac{\pi}{2}} - \int_0^{\frac{\pi}{2}}\left(-\frac{1}{2}\cos 2x\right)dx\right\}$$

$$= \frac{1}{48}\pi^3 - \frac{1}{2}\left(\frac{\pi}{4} + \frac{1}{2}\left[\frac{1}{2}\sin 2x\right]_0^{\frac{\pi}{2}}\right) = \boldsymbol{\frac{1}{48}\pi^3 - \frac{1}{8}\pi}$$

(3) $$\int_0^{\frac{\pi}{2}} e^{-x}\sin 2x\,dx = \int_0^{\frac{\pi}{2}} e^{-x}\left(-\frac{1}{2}\cos 2x\right)'dx$$

$=\left[e^{-x}\left(-\frac{1}{2}\cos 2x\right)\right]_0^{\frac{\pi}{2}}-\int_0^{\frac{\pi}{2}}(-e^{-x})\left(-\frac{1}{2}\cos 2x\right)dx$

$=\left(\frac{1}{2}e^{-\frac{\pi}{2}}+\frac{1}{2}\right)-\frac{1}{2}\int_0^{\frac{\pi}{2}}e^{-x}\left(\frac{1}{2}\sin 2x\right)'dx$

$=\left(\frac{1}{2}e^{-\frac{\pi}{2}}+\frac{1}{2}\right)-\frac{1}{2}\left\{\left[e^{-x}\left(\frac{1}{2}\sin 2x\right)\right]_0^{\frac{\pi}{2}}-\int_0^{\frac{\pi}{2}}(-e^{-x})\left(\frac{1}{2}\sin 2x\right)dx\right\}$

$=\left(\frac{1}{2}e^{-\frac{\pi}{2}}+\frac{1}{2}\right)-\frac{1}{2}\cdot\frac{1}{2}\int_0^{\frac{\pi}{2}}e^{-x}\sin 2x\,dx$

$=\left(\frac{1}{2}e^{-\frac{\pi}{2}}+\frac{1}{2}\right)-\frac{1}{4}\int_0^{\frac{\pi}{2}}e^{-x}\sin 2x\,dx$

◀ $\int_0^{\frac{\pi}{2}}e^{-x}\sin 2x\,dx$ が現れる。

よって　$\frac{5}{4}\int_0^{\frac{\pi}{2}}e^{-x}\sin 2x\,dx=\frac{1}{2}e^{-\frac{\pi}{2}}+\frac{1}{2}$

◀ $\int_0^{\frac{\pi}{2}}e^{-x}\sin 2x\,dx=I$ とおくと
$I=\left(\frac{1}{2}e^{-\frac{\pi}{2}}+\frac{1}{2}\right)-\frac{1}{4}I$

ゆえに　$\boldsymbol{\int_0^{\frac{\pi}{2}}e^{-x}\sin 2x\,dx=\frac{2}{5}e^{-\frac{\pi}{2}}+\frac{2}{5}}$

問題 160〔1〕 次のことを証明せよ。

(1) $f(x)$ が偶関数，$g(x)$ が奇関数であるとき，$f(x)g(x)$ は奇関数である。

(2) $g(x)$ が奇関数，$h(x)$ が奇関数であるとき，$g(x)h(x)$ は偶関数である。

〔2〕 定積分 $\int_{-\frac{\pi}{2}}^{\frac{\pi}{2}}e^x\sin x\,dx+\int_{-\frac{\pi}{2}}^{\frac{\pi}{2}}e^{-x}\sin x\,dx$ の値を求めよ。

---

〔1〕 (1) $f(x)$ が偶関数であるから　$f(-x)=f(x)$

◀ 偶関数，奇関数の性質

$g(x)$ が奇関数であるから　$g(-x)=-g(x)$

よって　$f(-x)g(-x)=f(x)\cdot\{-g(x)\}=-f(x)g(x)$

ゆえに，$f(x)$ が偶関数，$g(x)$ が奇関数であるとき，$f(x)g(x)$ は奇関数である。

(2) $g(x)$ が奇関数であるから　$g(-x)=-g(x)$

$h(x)$ が奇関数であるから　$h(-x)=-h(x)$

よって　$g(-x)h(-x)=\{-g(x)\}\cdot\{-h(x)\}=g(x)h(x)$

ゆえに，$g(x)$ が奇関数，$h(x)$ が奇関数であるとき，$g(x)h(x)$ は偶関数である。

〔2〕 $\int_{-\frac{\pi}{2}}^{\frac{\pi}{2}}e^x\sin x\,dx+\int_{-\frac{\pi}{2}}^{\frac{\pi}{2}}e^{-x}\sin x\,dx=\int_{-\frac{\pi}{2}}^{\frac{\pi}{2}}(e^x+e^{-x})\sin x\,dx$

◀ 普通に積分計算をすると複雑である。

e^x+e^{-x} は偶関数，$\sin x$ は奇関数であるから，$(e^x+e^{-x})\sin x$ は奇関数である。

◀ $f(x)=e^x+e^{-x}$ とおくと
$f(-x)=e^{-x}+e^x=f(x)$

よって　$\boldsymbol{\int_{-\frac{\pi}{2}}^{\frac{\pi}{2}}e^x\sin x\,dx+\int_{-\frac{\pi}{2}}^{\frac{\pi}{2}}e^{-x}\sin x\,dx=0}$

問題 161〔1〕 次の定積分を求めよ。ただし，m，n を正の整数とする。

(1) $\int_0^{\pi}\sin mx\sin nx\,dx$　　(2) $\int_0^{\pi}x\sin mx\,dx$

〔2〕 $I=\int_0^{\pi}(a\sin x+b\sin 2x+c\sin 3x-x)^2\,dx$ とおく。I を最小にするような実数 a，b，c の値と，I の最小値を求めよ。　（九州大）

〔1〕 (1) $\int_0^{\pi} \sin mx \sin nx\,dx = \int_0^{\pi}\left[-\frac{1}{2}\{\cos(m+n)x - \cos(m-n)x\}\right]dx$

ここで

$$\int_0^{\pi}\cos(m+n)x\,dx = \left[\frac{\sin(m+n)x}{m+n}\right]_0^{\pi} = 0$$

$$\int_0^{\pi}\cos(m-n)x\,dx = \begin{cases}0 & (m \neq n \text{ のとき})\\ \pi & (m = n \text{ のとき})\end{cases}$$

◀ $m \neq n$ のとき，上と同様。
$m = n$ のとき
$\int_0^{\pi} dx = \Big[x\Big]_0^{\pi} = \pi$

よって

$m = n$ のとき $\int_0^{\pi}\sin mx \sin nx\,dx = \frac{\pi}{2}$

$m \neq n$ のとき $\int_0^{\pi}\sin mx \sin nx\,dx = 0$

(2) $\int_0^{\pi} x\sin mx\,dx = \int_0^{\pi} x\left(-\frac{1}{m}\cos mx\right)'dx$

◀ 部分積分法を用いる。

$$= \left[x\left(-\frac{\cos mx}{m}\right)\right]_0^{\pi} - \int_0^{\pi} 1\cdot\left(-\frac{\cos mx}{m}\right)dx$$

$$= -\frac{\pi\cos m\pi}{m} + \frac{1}{m}\left[\frac{1}{m}\sin mx\right]_0^{\pi}$$

$$= -\frac{\pi\cos m\pi}{m} = \boldsymbol{\frac{\pi\cdot(-1)^{m+1}}{m}}$$

◀ $\cos m\pi = \begin{cases}1 & (m\text{ が偶数})\\ -1 & (m\text{ が奇数})\end{cases} = (-1)^m$

〔2〕 $I = \int_0^{\pi}(a\sin x + b\sin 2x + c\sin 3x - x)^2 dx$

$$= \int_0^{\pi}\{(a\sin x + b\sin 2x + c\sin 3x)^2 - 2x(a\sin x + b\sin 2x + c\sin 3x) + x^2\}dx$$

$$= \int_0^{\pi}\{a^2\sin^2 x + b^2\sin^2 2x + c^2\sin^2 3x + 2ab\sin x\sin 2x + 2bc\sin 2x\sin 3x + 2ca\sin 3x\sin x - 2x(a\sin x + b\sin 2x + c\sin 3x) + x^2\}dx$$

$$= (a^2+b^2+c^2)\cdot\frac{\pi}{2} - 2\left\{a\pi + b\left(-\frac{\pi}{2}\right) + c\cdot\frac{\pi}{3}\right\} + \left[\frac{x^3}{3}\right]_0^{\pi}$$

$$= \frac{\pi}{2}\left\{(a-2)^2 + (b+1)^2 + \left(c-\frac{2}{3}\right)^2\right\} + \frac{\pi^3}{3} - \frac{49}{18}\pi$$

◀ $(a\sin x + b\sin 2x + c\sin 3x - x)^2$ を $\{(a\sin x + b\sin 2x + c\sin 3x) - x\}^2$ と考えて展開すると，〔1〕の結果が利用できる。

これより

$a = 2,\ b = -1,\ c = \frac{2}{3}$ のとき　最小値 $\frac{\pi^3}{3} - \frac{49}{18}\pi$

問題 162 (1) $f(x) = 1 + k\int_{-\frac{\pi}{2}}^{\frac{\pi}{2}} f(t)\sin(x-t)\,dt$ (k は正の数) を満たす連続関数 $f(x)$ を求めよ。

(2) $\int_0^{\pi} f(x)dx$ を最大にする k の値を求めよ。 (千葉大)

---

(1) $f(x) = 1 + k\int_{-\frac{\pi}{2}}^{\frac{\pi}{2}} f(t)(\sin x\cos t - \cos x\sin t)dt$

◀ 加法定理を用いて，$\sin(x-t)$ を展開する。

$$= 1 + k\sin x\int_{-\frac{\pi}{2}}^{\frac{\pi}{2}} f(t)\cos t\,dt - k\cos x\int_{-\frac{\pi}{2}}^{\frac{\pi}{2}} f(t)\sin t\,dt \quad \cdots ①$$

$a=\int_{-\frac{\pi}{2}}^{\frac{\pi}{2}} f(t)\cos t\,dt$ …②, $b=\int_{-\frac{\pi}{2}}^{\frac{\pi}{2}} f(t)\sin t\,dt$ …③ とおくと,

①は　$f(x)=1+ka\sin x-kb\cos x$　…④

④を②に代入すると

$$a=\int_{-\frac{\pi}{2}}^{\frac{\pi}{2}}\cos t(1+ka\sin t-kb\cos t)dt$$

$$=\int_{-\frac{\pi}{2}}^{\frac{\pi}{2}}(\cos t+ka\cos t\sin t-kb\cos^2 t)dt$$

◀ $\cos t$, $\cos^2 t$ は偶関数。$\cos t\sin t$ は奇関数であるから $\int_{-\frac{\pi}{2}}^{\frac{\pi}{2}}\cos t\sin t\,dt=0$

$$=2\int_0^{\frac{\pi}{2}}(\cos t-kb\cos^2 t)dt$$

$$=2\int_0^{\frac{\pi}{2}}\left(\cos t-kb\cdot\frac{1+\cos 2t}{2}\right)dt$$

$$=2\left[\sin t-\frac{kb}{2}t-\frac{kb}{4}\sin 2t\right]_0^{\frac{\pi}{2}}=2-\frac{k\pi b}{2}$$

よって　$a=2-\frac{k\pi}{2}b$　…⑤

④を③に代入すると

$$b=\int_{-\frac{\pi}{2}}^{\frac{\pi}{2}}\sin t(1+ka\sin t-kb\cos t)dt$$

$$=\int_{-\frac{\pi}{2}}^{\frac{\pi}{2}}(\sin t+ka\sin^2 t-kb\sin t\cos t)dt$$

$$=2ka\int_0^{\frac{\pi}{2}}\sin^2 t\,dt$$

◀ $\sin^2 t$ は偶関数, $\sin t$, $\sin t\cos t$ は奇関数であるから
$\int_{-\frac{\pi}{2}}^{\frac{\pi}{2}}\sin^2 t\,dt=2\int_0^{\frac{\pi}{2}}\sin^2 t\,dt$
$\int_{-\frac{\pi}{2}}^{\frac{\pi}{2}}\sin t\,dt=0$
$\int_{-\frac{\pi}{2}}^{\frac{\pi}{2}}\sin t\cos t\,dt=0$

$$=2ka\int_0^{\frac{\pi}{2}}\frac{1-\cos 2t}{2}dt$$

$$=ka\left[t-\frac{1}{2}\sin 2t\right]_0^{\frac{\pi}{2}}=\frac{k\pi a}{2}$$

よって　$b=\frac{k\pi}{2}a$　…⑥

⑤, ⑥より　$a=\dfrac{2}{1+\left(\frac{k\pi}{2}\right)^2}$, $b=\dfrac{k\pi}{1+\left(\frac{k\pi}{2}\right)^2}$

これらを④に代入すると

$$\boldsymbol{f(x)=1+\frac{8k}{4+k^2\pi^2}\sin x-\frac{4k^2\pi}{4+k^2\pi^2}\cos x}$$

(2)　$F(k)=\int_0^{\pi}f(x)dx$ とおくと

$$F(k)=\int_0^{\pi}\left(1+\frac{8k}{4+k^2\pi^2}\sin x-\frac{4k^2\pi}{4+k^2\pi^2}\cos x\right)dx$$

$$=\left[x-\frac{8k}{4+k^2\pi^2}\cos x-\frac{4k^2\pi}{4+k^2\pi^2}\sin x\right]_0^{\pi}$$

$$=\pi+\frac{16k}{4+k^2\pi^2}$$

◀ k についての分数関数である。

よって

$$F'(k)=\frac{16\cdot(4+k^2\pi^2)-16k\cdot 2\pi^2k}{(4+k^2\pi^2)^2}=\frac{16(4-k^2\pi^2)}{(4+k^2\pi^2)^2}$$

$F'(k)=0$ とすると，$k>0$ より

$$k=\frac{2}{\pi}$$

$k>0$ における $F(k)$ の増減表は右のようになる。

k	0	$\cdots$	$\frac{2}{\pi}$	$\cdots$
$F'(k)$	／	$+$	0	$-$
$F(k)$	／	↗	極大	↘

したがって，$\int_0^{\pi} f(x)dx$ を最大にする k は　$\boldsymbol{k=\frac{2}{\pi}}$

〔別解〕

$F(k)=\pi+\frac{16k}{4+k^2\pi^2}$ について，$k>0$ より

$$\frac{16k}{4+k^2\pi^2}=\frac{16}{\pi^2k+\frac{4}{k}}$$

◀ $\pi^2k+\frac{4}{k}$ が最小のとき，$F(k)$ は最大となる。

$\pi^2k>0$，$\frac{4}{k}>0$ であるから，相加平均と相乗平均の関係より

$$\pi^2k+\frac{4}{k}\geqq 2\sqrt{\pi^2k\cdot\frac{4}{k}}=4\pi$$

これは $\pi^2k=\frac{4}{k}$，$k>0$ より $k=\frac{2}{\pi}$ のとき等号成立。

よって，$F(k)$ を最大にする k は　　$k=\frac{2}{\pi}$

問題 **163** 次の関数 $f(x)$ を x で微分せよ。

(1) $f(x)=\int_{-x}^{x}\frac{\sin t}{1+e^t}dt$　　　(2) $f(x)=\int_{2x}^{x^3}\frac{t^2}{1+t}dt$

(1) $$f'(x)=\frac{d}{dx}\int_{-x}^{x}\frac{\sin t}{1+e^t}dt$$
$$=\frac{\sin x}{1+e^x}\cdot(x)'-\frac{\sin(-x)}{1+e^{-x}}\cdot(-x)'$$
$$=\frac{\sin x}{1+e^x}-\frac{\sin x}{1+e^{-x}}$$

◀ $\sin(-x)=-\sin x$

$$=\frac{\sin x}{1+e^x}-\frac{e^x\sin x}{e^x(1+e^{-x})}$$

◀ 通分するために，第 2 項の分母・分子に e^x を掛ける。

$$=\frac{\sin x}{1+e^x}-\frac{e^x\sin x}{e^x+1}=\boldsymbol{\frac{(1-e^x)\sin x}{e^x+1}}$$

(2) $$f'(x)=\frac{d}{dx}\int_{2x}^{x^3}\frac{t^2}{1+t}dt$$
$$=\frac{(x^3)^2}{1+x^3}\cdot(x^3)'-\frac{(2x)^2}{1+2x}\cdot(2x)'$$
$$=\boldsymbol{\frac{3x^8}{1+x^3}-\frac{8x^2}{1+2x}}$$

問題 164 $f(x)$ に対して $F(x)=-\dfrac{x}{2}+\displaystyle\int_x^0 tf(x-t)\,dt$, $F''(x)=\cos x$ とする。$f(x)$, $F(x)$ を求めよ。 （芝浦工業大　改）

$x-t=u$ とおくと　$t=x-u$　$\dfrac{dt}{du}=-1$

t	$x\to 0$
u	$0\to x$

t と u の対応は右のようになるから

$$F(x)=-\frac{x}{2}+\int_0^x (x-u)f(u)\cdot(-1)du$$
$$=-\frac{x}{2}-x\int_0^x f(u)du+\int_0^x uf(u)du$$

両辺を x で微分すると

$$F'(x)=-\frac{1}{2}-\left\{\int_0^x f(u)\,du+xf(x)\right\}+xf(x)$$
$$=-\frac{1}{2}-\int_0^x f(u)\,du$$

◀ $\left(x\displaystyle\int_0^x f(u)\,du\right)'=(x)'\displaystyle\int_0^x f(u)\,du+x\left(\displaystyle\int_0^x f(u)du\right)'$

さらに両辺を x で微分すると

$$F''(x)=-f(x)$$

$F''(x)=\cos x$ より $-f(x)=\cos x$ であるから　$\boldsymbol{f(x)=-\cos x}$

よって　$F'(x)=-\dfrac{1}{2}+\displaystyle\int_0^x \cos u\,du$

$$=-\frac{1}{2}+\Big[\sin u\Big]_0^x=-\frac{1}{2}+\sin x$$

ゆえに　$F(x)=\displaystyle\int\left(-\frac{1}{2}+\sin x\right)dx$

$$=-\frac{1}{2}x-\cos x+C$$

ここで $F(0)=0$ より $-1+C=0$ であるから　$C=1$

◀ $F(x)=-\dfrac{x}{2}+\displaystyle\int_x^0 tf(x-t)\,dt$ に $x=0$ を代入して $F(0)=0$

したがって　$\boldsymbol{F(x)=-\dfrac{1}{2}x-\cos x+1}$

問題 165 $0\leqq x\leqq\dfrac{\pi}{2}$ で定義された関数 $f(x)=\displaystyle\int_x^{x+\frac{\pi}{4}}|2\cos^2 t+2\sin t\cos t-1|\,dt$ について，次の問に答えよ。

(1) $f\left(\dfrac{\pi}{2}\right)$ の値を求めよ。

(2) 積分を計算して，$f(x)$ を求めよ。

(3) $f(x)$ の最大値と最小値，およびそれらを与える x の値を求めよ。 （名古屋市立大）

(1) $2\cos^2 t+2\sin t\cos t-1=2\cdot\dfrac{1+\cos 2t}{2}+\sin 2t-1$

$$=\sin 2t+\cos 2t$$
$$=\sqrt{2}\sin\left(2t+\frac{\pi}{4}\right)$$

◀ 2倍角の公式を利用する。

よって，$f(x)=\sqrt{2}\displaystyle\int_x^{x+\frac{\pi}{4}}\left|\sin\left(2t+\frac{\pi}{4}\right)\right|dt$ より

$$f\left(\frac{\pi}{2}\right)=\sqrt{2}\int_{\frac{\pi}{2}}^{\frac{3}{4}\pi}\left|\sin\left(2t+\frac{\pi}{4}\right)\right|dt$$

4章 12 定積分

$\dfrac{\pi}{2} \leqq t \leqq \dfrac{3}{4}\pi$ のとき，$\dfrac{5}{4}\pi \leqq 2t+\dfrac{\pi}{4} \leqq \dfrac{7}{4}\pi$ であるから

$$\sin\left(2t+\frac{\pi}{4}\right)<0$$

◀ $\left|\sin\left(2t+\dfrac{\pi}{4}\right)\right| = -\sin\left(2t+\dfrac{\pi}{4}\right)$

ゆえに

$$f\left(\frac{\pi}{2}\right)=\sqrt{2}\int_{\frac{\pi}{2}}^{\frac{3}{4}\pi}\left\{-\sin\left(2t+\frac{\pi}{4}\right)\right\}dt$$

$$=\sqrt{2}\left[\frac{1}{2}\cos\left(2t+\frac{\pi}{4}\right)\right]_{\frac{\pi}{2}}^{\frac{3}{4}\pi}$$

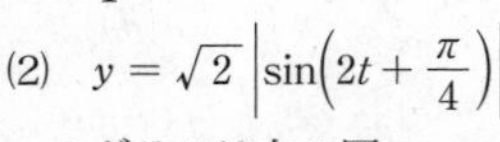

$$=\frac{\sqrt{2}}{2}\left\{\frac{1}{\sqrt{2}}-\left(-\frac{1}{\sqrt{2}}\right)\right\}$$

$=\mathbf{1}$

(2)　$y=\sqrt{2}\left|\sin\left(2t+\dfrac{\pi}{4}\right)\right|$

のグラフは右の図。

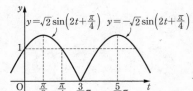

◀ $\sin\left(2t+\dfrac{\pi}{4}\right)$ は

$0 \leqq t < \dfrac{3}{8}\pi$ のとき正，

$\dfrac{3}{8}\pi < t < \dfrac{7}{8}\pi$ のとき負

(ア)　$x+\dfrac{\pi}{4} \leqq \dfrac{3}{8}\pi$ すなわち

$0 \leqq x \leqq \dfrac{\pi}{8}$ のとき

$$f(x)=\sqrt{2}\int_{x}^{x+\frac{\pi}{4}}\sin\left(2t+\frac{\pi}{4}\right)dt$$

$$=\sqrt{2}\left[-\frac{1}{2}\cos\left(2t+\frac{\pi}{4}\right)\right]_{x}^{x+\frac{\pi}{4}}$$

$$=-\frac{\sqrt{2}}{2}\left\{\cos\left(2x+\frac{3}{4}\pi\right)-\cos\left(2x+\frac{\pi}{4}\right)\right\}$$

$=\cos 2x$

(イ)　$x<\dfrac{3}{8}\pi<x+\dfrac{\pi}{4}$ すなわち

$\dfrac{\pi}{8}<x<\dfrac{3}{8}\pi$ のとき

$$f(x)=\sqrt{2}\left[\int_{x}^{\frac{3}{8}\pi}\sin\left(2t+\frac{\pi}{4}\right)dt + \int_{\frac{3}{8}\pi}^{x+\frac{\pi}{4}}\left\{-\sin\left(2t+\frac{\pi}{4}\right)\right\}dt\right]$$

$$=\sqrt{2}\left\{\left[-\frac{1}{2}\cos\left(2t+\frac{\pi}{4}\right)\right]_{x}^{\frac{3}{8}\pi}+\left[\frac{1}{2}\cos\left(2t+\frac{\pi}{4}\right)\right]_{\frac{3}{8}\pi}^{x+\frac{\pi}{4}}\right\}$$

$$=\frac{\sqrt{2}}{2}\left[\left\{1+\cos\left(2x+\frac{\pi}{4}\right)\right\}+\left\{1+\cos\left(2x+\frac{3}{4}\pi\right)\right\}\right]$$

$=\sqrt{2}-\sin 2x$

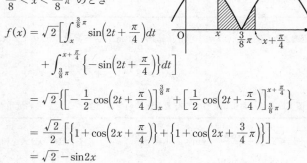

(ウ) $\frac{3}{8}\pi \leqq x \leqq \frac{\pi}{2}$ のとき

$f(x)$

$=\sqrt{2}\int_x^{x+\frac{\pi}{4}}\left\{-\sin\left(2t+\frac{\pi}{4}\right)\right\}dt$

$=-\sqrt{2}\int_x^{x+\frac{\pi}{4}}\sin\left(2t+\frac{\pi}{4}\right)dt$

$=-\cos 2x$

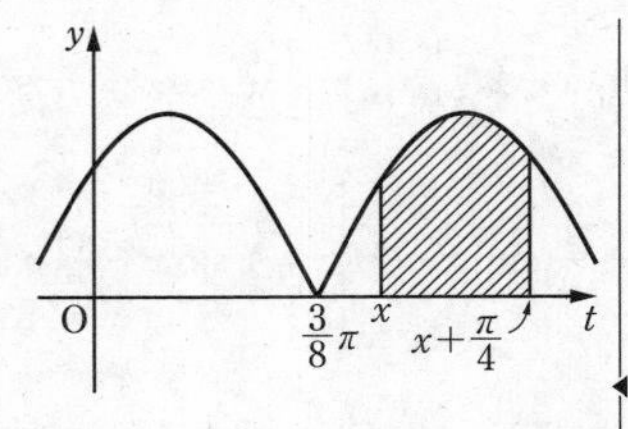

◀(ア)の計算を利用する。

(ア)〜(ウ)より

$$f(x)=\begin{cases}\cos 2x & \left(0 \leqq x \leqq \frac{\pi}{8} \text{ のとき}\right)\\ \sqrt{2}-\sin 2x & \left(\frac{\pi}{8} < x < \frac{3}{8}\pi \text{ のとき}\right)\\ -\cos 2x & \left(\frac{3}{8}\pi \leqq x \leqq \frac{\pi}{2} \text{ のとき}\right)\end{cases}$$

(3) (2)より，$y=f(x)$ のグラフは右の図。

したがって，$f(x)$ は

$x=0,\ \frac{\pi}{2}$ のとき　最大値 1

$x=\frac{\pi}{4}$ のとき　最小値 $\sqrt{2}-1$

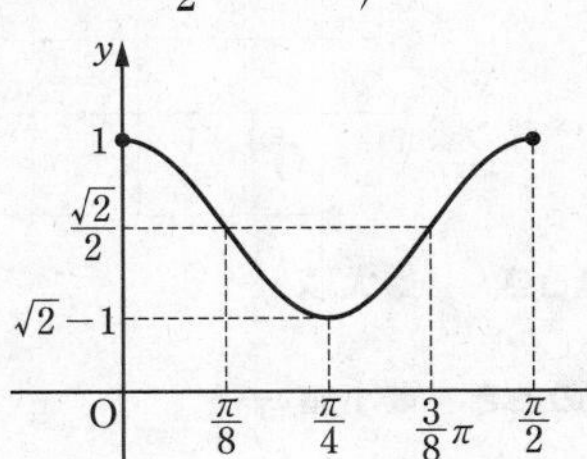

問題 **166** 関数 $f(x)=\int_0^x |\cos(x-t)|\cos t\,dt$ $\left(\frac{\pi}{2} \leqq x \leqq \frac{3}{2}\pi\right)$ の最大値と最小値を求めよ。

(和歌山県立医科大)

$y=\cos(x-t)=\cos(t-x)$ となるから，$y=\cos(x-t)$ のグラフは，$y=\cos t$ のグラフを t 軸方向に x だけ平行移動したものである。

◀$\cos(-\theta)=\cos\theta$

よって，$y=|\cos(x-t)|$ のグラフは下の図のようになる。

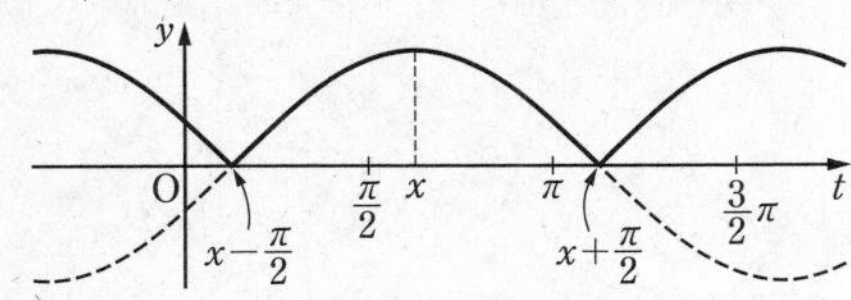

さらに，$\cos(x-t)\cos t=\frac{1}{2}\{\cos x+\cos(x-2t)\}$ であるから

◀ $\cos\alpha\cos\beta$
$=\frac{1}{2}\{\cos(\alpha+\beta)$
$+\cos(\alpha-\beta)\}$

$$\int\cos(x-t)\cos t\,dt=\frac{1}{2}\int\{\cos x+\cos(x-2t)\}dt$$
$$=\frac{t}{2}\cos x-\frac{1}{4}\sin(x-2t)+C$$

◀$\cos(x-2t)=\cos(2t-x)$ として計算してもよい。

よって

$f(x)=\int_0^x |\cos(x-t)|\cos t\,dt$

$=-\int_0^{x-\frac{\pi}{2}}\cos(x-t)\cos t\,dt+\int_{x-\frac{\pi}{2}}^x\cos(x-t)\cos t\,dt$

4章 12 定積分

$$= -\left[\frac{t}{2}\cos x - \frac{1}{4}\sin(x-2t)\right]_0^{x-\frac{\pi}{2}} + \left[\frac{t}{2}\cos x - \frac{1}{4}\sin(x-2t)\right]_{x-\frac{\pi}{2}}^{x}$$

◀ $-\left[F(x)\right]_a^b + \left[F(x)\right]_b^c = -2F(b) + F(a) + F(c)$

$$= -2\left\{\frac{x-\frac{\pi}{2}}{2}\cos x - \frac{1}{4}\sin(\pi - x)\right\} - \frac{1}{4}\sin x + \frac{x}{2}\cos x - \frac{1}{4}\sin(-x)$$

◀ $\sin(\pi - x) = \sin x$
$\sin(-x) = -\sin x$

$$= -\left(x - \frac{\pi}{2}\right)\cos x + \frac{1}{2}\sin x - \frac{1}{4}\sin x + \frac{x}{2}\cos x + \frac{1}{4}\sin x$$

$$= \frac{1}{2}\sin x - \frac{1}{2}(x-\pi)\cos x$$

ゆえに

$$f'(x) = \frac{1}{2}\cos x - \frac{1}{2}\cos x + \frac{1}{2}(x-\pi)\sin x = \frac{1}{2}(x-\pi)\sin x$$

$f'(x) = 0$ とすると，

$\frac{\pi}{2} \leqq x \leqq \frac{3}{2}\pi$ の範囲で

$x = \pi$

よって，$f(x)$ の増減表は右のようになる。

x	$\frac{\pi}{2}$	$\cdots$	π	$\cdots$	$\frac{3}{2}\pi$
$f'(x)$	／	$-$	0	$-$	／
$f(x)$	$\frac{1}{2}$	↘	0	↘	$-\frac{1}{2}$

◀ $f(x)$ は $\frac{\pi}{2} \leqq x \leqq \frac{3}{2}\pi$ の範囲で単調減少する。

したがって，**$x = \frac{\pi}{2}$ のとき　最大値 $\frac{1}{2}$**

$x = \frac{3}{2}\pi$ のとき　最小値 $-\frac{1}{2}$

問題 167 $I_n = \int_0^1 x^n e^{-x}\,dx$ $(n = 0,\ 1,\ 2,\ \cdots)$ とするとき

(1) I_n と I_{n-1} の関係式をつくれ。　　(2) I_n を求めよ。　　（琉球大）

---

(1) $I_n = \int_0^1 x^n e^{-x}\,dx$

◀ 次数を下げるために，部分積分法を用いる。

$$= \left[-x^n e^{-x}\right]_0^1 - \int_0^1 nx^{n-1}(-e^{-x})\,dx$$

$$= -\frac{1}{e} + n\int_0^1 x^{n-1}e^{-x}\,dx$$

$$= -\frac{1}{e} + nI_{n-1}$$

よって　**$I_n - nI_{n-1} = -\frac{1}{e}$ $(n = 1,\ 2,\ 3,\ \cdots)$**

(2) (1) より　$I_k - kI_{k-1} = -\frac{1}{e}$ $(k = 1,\ 2,\ 3,\ \cdots)$

両辺を $k!$ で割ると　$\frac{I_k}{k!} - \frac{I_{k-1}}{(k-1)!} = -\frac{1}{k!e}$　$\cdots$①

◀ $\frac{k}{k!} = \frac{k}{k(k-1)(k-2)\cdots 1} = \frac{1}{(k-1)!}$

① に $k = 1,\ 2,\ 3,\ \cdots,\ n$ をそれぞれ代入すると

$$I_1 - I_0 = -\frac{1}{e}$$

◀ $0! = 1$

$$\frac{I_2}{2!} - I_1 = -\frac{1}{2!e}$$

$$\frac{I_3}{3!}-\frac{I_2}{2!}=-\frac{1}{3!e}$$

$$\vdots$$

$$\frac{I_n}{n!}-\frac{I_{n-1}}{(n-1)!}=-\frac{1}{n!e}$$

これらを辺々足し合わせて

$$\frac{I_n}{n!}-I_0=-\frac{1}{e}\left(1+\frac{1}{2!}+\frac{1}{3!}+\cdots+\frac{1}{n!}\right)$$

ここで　$I_0=\int_0^1 e^{-x}\,dx=\Big[-e^{-x}\Big]_0^1=-\frac{1}{e}+1$

よって

$$\frac{I_n}{n!}=\left(-\frac{1}{e}+1\right)-\frac{1}{e}\left(1+\frac{1}{2!}+\frac{1}{3!}+\cdots+\frac{1}{n!}\right)$$

$$=1-\frac{1}{e}\left(1+1+\frac{1}{2!}+\frac{1}{3!}+\cdots+\frac{1}{n!}\right)$$

$$=1-\frac{1}{e}\left(\frac{1}{0!}+\frac{1}{1!}+\frac{1}{2!}+\frac{1}{3!}+\cdots+\frac{1}{n!}\right)$$

ゆえに　$I_n=n!\left\{1-\frac{1}{e}\left(\frac{1}{0!}+\frac{1}{1!}+\frac{1}{2!}+\cdots+\frac{1}{n!}\right)\right\}$

$(n=1,\ 2,\ 3,\ \cdots)$

これは，$n=0$ のときも成り立つ。

したがって　$\boldsymbol{I_n=n!\left\{1-\frac{1}{e}\left(\frac{1}{0!}+\frac{1}{1!}+\frac{1}{2!}+\cdots+\frac{1}{n!}\right)\right\}}$

$$\cancel{I_1}-I_0=-\frac{1}{e}$$

$$\frac{\cancel{I_2}}{\cancel{2!}}-\cancel{I_1}=-\frac{1}{2!e}$$

$$\frac{\cancel{I_3}}{\cancel{3!}}-\frac{\cancel{I_2}}{\cancel{2!}}=-\frac{1}{3!e}$$

$$\vdots$$

$$+\big)\ \frac{I_n}{n!}-\cancel{\frac{I_{n-1}}{(n-1)!}}=-\frac{1}{n!e}$$

$$\frac{I_n}{n!}-I_0=-\frac{1}{e}\left(1+\frac{1}{2!}+\cdots+\frac{1}{n!}\right)$$

◀ I_0 を求める。

◀ $0!=1$ より

$1=\frac{1}{0!}$ と変形できる。

Plus One

$0\leqq x\leqq 1$ において，$0\leqq x^n e^{-x}\leqq x^n$ が成り立つから

$$0\leqq\int_0^1 x^n e^{-x}\,dx\leqq\int_0^1 x^n\,dx$$

⬅ 例題 175 参照。

$\int_0^1 x^n\,dx=\left[\frac{1}{n+1}x^{n+1}\right]_0^1=\frac{1}{n+1}$ であるから

$n\to\infty$ のとき　$\frac{1}{n+1}\to 0$

よって　$\lim_{n\to\infty} I_n=0$　$\cdots$②

⬅ はさみうちの原理より

(2) の結果より

$$eI_n=n!\left\{e-\left(\frac{1}{0!}+\frac{1}{1!}+\frac{1}{2!}+\frac{1}{3!}+\cdots+\frac{1}{n!}\right)\right\}$$

であるから，$n\to\infty$ のとき，② より

$$e=\frac{1}{0!}+\frac{1}{1!}+\frac{1}{2!}+\frac{1}{3!}+\cdots$$

問題 168 $m,\ n$ を 0 以上の整数とする。$I_{m,n}=\int_0^{\frac{\pi}{2}}\sin^m x\cos^n x\,dx$ について，次の問に答えよ。ただし，$\sin^0 x=1,\ \cos^0 x=1$ とする。

(1) $I_{m,n}=I_{n,m}$ を示せ。

(2) $I_{m,n}=\dfrac{n-1}{m+n}I_{m,n-2}\ (n\geqq 2)$ を示せ。

(3) $\int_0^{\frac{\pi}{2}}\sin^6 x\cos^3 x\,dx,\ \int_0^{\frac{\pi}{2}}\sin^5 x\cos^4 x\,dx$ を求めよ。

(1) $I_{m,n}=\int_0^{\frac{\pi}{2}}\cos^m\left(\dfrac{\pi}{2}-x\right)\sin^n\left(\dfrac{\pi}{2}-x\right)dx$

◀ $\sin x=\cos\left(\dfrac{\pi}{2}-x\right)$
$\cos x=\sin\left(\dfrac{\pi}{2}-x\right)$

$\dfrac{\pi}{2}-x=t$ とおくと　$\dfrac{dt}{dx}=-1$

x と t の対応は右のようになるから

x	$0\to\dfrac{\pi}{2}$
t	$\dfrac{\pi}{2}\to 0$

$$I_{m,n}=\int_{\frac{\pi}{2}}^0\cos^m t\sin^n t\cdot(-1)dt$$

◀ $dx=(-1)dt$

$$=\int_0^{\frac{\pi}{2}}\sin^n t\cos^m t\,dt$$

$$=\int_0^{\frac{\pi}{2}}\sin^n x\cos^m x\,dx=I_{n,m}$$

(2) $I_{m,n}=\int_0^{\frac{\pi}{2}}(\sin^m x\cos x)\cos^{n-1}x\,dx$

◀ 部分積分法を用いるために，原始関数が分かる関数をつくりだす。
$F'(x)=f(x)$ のとき
$\int f(g(x))g'(x)dx=F(g(x))+C$
$f(x)=x^m,\ g(x)=\sin x$ とみる。

$$=\int_0^{\frac{\pi}{2}}\cos^{n-1}x\left(\frac{1}{m+1}\sin^{m+1}x\right)'dx$$

$$=\left[\cos^{n-1}x\cdot\frac{1}{m+1}\sin^{m+1}x\right]_0^{\frac{\pi}{2}}-\int_0^{\frac{\pi}{2}}(n-1)\cos^{n-2}x\cdot(-\sin x)\cdot\frac{1}{m+1}\sin^{m+1}x\,dx$$

$$=\frac{n-1}{m+1}\int_0^{\frac{\pi}{2}}\sin^{m+2}x\cos^{n-2}x\,dx$$

$$=\frac{n-1}{m+1}\int_0^{\frac{\pi}{2}}\sin^m x(1-\cos^2 x)\cos^{n-2}x\,dx$$

◀ $\sin^{m+2}x=\sin^m x\sin^2 x=\sin^m x(1-\cos^2 x)$

$$=\frac{n-1}{m+1}\left(\int_0^{\frac{\pi}{2}}\sin^m x\cos^{n-2}x\,dx-\int_0^{\frac{\pi}{2}}\sin^m x\cos^n x\,dx\right)$$

$$=\frac{n-1}{m+1}(I_{m,n-2}-I_{m,n})$$

よって　$\left(1+\dfrac{n-1}{m+1}\right)I_{m,n}=\dfrac{n-1}{m+1}I_{m,n-2}$

◀ $1+\dfrac{n-1}{m+1}=\dfrac{m+n}{m+1}$

したがって　$I_{m,n}=\dfrac{m+1}{m+n}\cdot\dfrac{n-1}{m+1}I_{m,n-2}$

$$=\frac{n-1}{m+n}I_{m,n-2}$$

(3) $\int_0^{\frac{\pi}{2}}\sin^6 x\cos^3 x\,dx=I_{6,3}=\dfrac{2}{9}I_{6,1}=\dfrac{2}{9}\int_0^{\frac{\pi}{2}}\sin^6 x\cos x\,dx$

$$=\frac{2}{9}\left[\frac{1}{7}\sin^7 x\right]_0^{\frac{\pi}{2}}=\mathbf{\frac{2}{63}}$$

$$\int_0^{\frac{\pi}{2}} \sin^5 x \cos^4 x\,dx = I_{5,4} = I_{4,5} = \frac{4}{9} I_{4,3}$$

$$= \frac{4}{9}\cdot\frac{2}{7} I_{4,1} = \frac{8}{63}\int_0^{\frac{\pi}{2}} \sin^4 x \cos x\,dx$$

$$= \frac{8}{63}\left[\frac{1}{5}\sin^5 x\right]_0^{\frac{\pi}{2}} = \mathbf{\frac{8}{315}}$$

◀ $I_{5,4}$ を直接考えると $I_{5,4} = \frac{3}{9} I_{5,2} = \frac{1}{3}\cdot\frac{1}{7} I_{5,0} = \frac{1}{21}\int_0^{\frac{\pi}{2}} \sin^5 x\,dx$ となり，この計算が大変である。

問題 **169** (1) 連続関数 $f(x)$ がすべての実数 x について $f(\pi - x) = f(x)$ を満たすとき，$\int_0^{\pi}\left(x - \frac{\pi}{2}\right) f(x)dx = 0$ が成り立つことを示せ。

(2) $\int_0^{\pi} \frac{x\sin^3 x}{4-\cos^2 x}dx$ を求めよ。 （名古屋大）

---

(1) $I = \int_0^{\pi}\left(x - \frac{\pi}{2}\right) f(x)dx$ とおく。

◀ $f(x)$ はすべての実数 x で連続であるから積分可能である。

$\pi - x = t$ とおくと $\frac{dt}{dx} = -1$

x	$0 \longrightarrow \pi$
t	$\pi \longrightarrow 0$

x と t の対応は右のようになるから

$$I = \int_0^{\pi}\left(x - \frac{\pi}{2}\right) f(x)dx = \int_{\pi}^{0}\left(\frac{\pi}{2} - t\right) f(\pi - t)\cdot(-1)dt$$

$$= \int_0^{\pi}\left(\frac{\pi}{2} - t\right) f(\pi - t)dt$$

◀ $x = \pi - t$ より $x - \frac{\pi}{2} = \frac{\pi}{2} - t$

◀ $dx = (-1)dt$

$f(\pi - x) = f(x)$ より

$$I = \int_0^{\pi}\left(\frac{\pi}{2} - t\right) f(t)\,dt = -\int_0^{\pi}\left(t - \frac{\pi}{2}\right) f(t)\,dt$$

$$= -\int_0^{\pi}\left(x - \frac{\pi}{2}\right) f(x)dx = -I$$

よって，$2I = 0$ より $I = \int_0^{\pi}\left(x - \frac{\pi}{2}\right) f(x)dx = 0$

◀ $I = -I$ より $2I = 0$

(2) $f(x) = \frac{\sin^3 x}{4 - \cos^2 x}$ とすると，$f(x)$ はすべての実数 x について連続であり，$f(\pi - x) = f(x)$ を満たすから，(1) より

◀ $\sin(\pi - x) = \sin x$
$\cos(\pi - x) = -\cos x$

$$\int_0^{\pi} \frac{x\sin^3 x}{4 - \cos^2 x}dx = \int_0^{\pi} xf(x)dx = \int_0^{\pi}\left(x - \frac{\pi}{2} + \frac{\pi}{2}\right) f(x)dx$$

$$= \int_0^{\pi}\left(x - \frac{\pi}{2}\right) f(x)dx + \frac{\pi}{2}\int_0^{\pi} f(x)dx$$

$$= \frac{\pi}{2}\int_0^{\pi} f(x)dx = \frac{\pi}{2}\int_0^{\pi} \frac{\sin^3 x}{4 - \cos^2 x}dx$$

$$= \frac{\pi}{2}\int_0^{\pi} \frac{1 - \cos^2 x}{4 - \cos^2 x}\cdot \sin x\,dx$$

(1) より
◀ $\int_0^{\pi}\left(x - \frac{\pi}{2}\right) f(x)dx = 0$

◀ $\sin^3 x = \sin^2 x\cdot\sin x = (1 - \cos^2 x)\sin x$

$\cos x = t$ とおくと $-\sin x = \frac{dt}{dx}$

x	$0 \longrightarrow \pi$
t	$1 \longrightarrow -1$

x と t の対応は右のようになるから

$$(\text{与式}) = \frac{\pi}{2}\int_1^{-1} \frac{1 - t^2}{4 - t^2}\cdot(-1)dt$$

4章 12 定積分

$$= \frac{\pi}{2}\int_{-1}^{1}\frac{1-t^2}{4-t^2}\,dt = \pi\int_0^1\frac{1-t^2}{4-t^2}\,dt$$

◀ $\dfrac{1-t^2}{4-t^2}$ は偶関数より

$$= \pi\int_0^1\frac{(t^2-4)+3}{t^2-4}\,dt = \pi\int_0^1\left(\frac{3}{t^2-4}+1\right)dt$$

$$= \pi\int_0^1\left\{\frac{3}{(t+2)(t-2)}+1\right\}dt$$

$$= \pi\int_0^1\left\{\frac{3}{4}\left(\frac{1}{t-2}-\frac{1}{t+2}\right)+1\right\}dt$$

◀ 部分分数分解する。

$$= \pi\left[\frac{3}{4}(\log|t-2|-\log|t+2|)+t\right]_0^1$$

$$= \pi\left\{\frac{3}{4}(-\log 3)+1\right\} = \boldsymbol{\pi\left(1-\frac{3}{4}\log 3\right)}$$

問題 **170** $F(x)=\int_0^1 (t+1)^x\,dt \ (x>-1)$ とする。このとき，$\displaystyle\lim_{x\to 0}\frac{\log F(x)}{x}$ を求めよ。

$$F(x) = \left[\frac{1}{x+1}(t+1)^{x+1}\right]_0^1 = \frac{2^{x+1}-1}{x+1}$$

$x>-1$ より　　$F(x)>0$

◀ $x>-1$ のとき $2^{x+1}>1$，$x+1>0$

ここで，$g(x)=\log F(x)$ とおく。

$F(0)=1$ より　　$g(0)=\log F(0)=0$

よって　　$\displaystyle\lim_{x\to 0}\frac{\log F(x)}{x}=\lim_{x\to 0}\frac{g(x)-g(0)}{x-0}=g'(0)$　　…①

ここで　　$g'(x)=\{\log F(x)\}'=\dfrac{F'(x)}{F(x)}$

$F'(x)=\dfrac{2^{x+1}(\log 2)(x+1)-(2^{x+1}-1)}{(x+1)^2}$ より　　$F'(0)=2\log 2-1$

ゆえに　　$g'(0)=\dfrac{F'(0)}{F(0)}=2\log 2-1$　　…②

①，② より　　$\boldsymbol{\displaystyle\lim_{x\to 0}\frac{\log F(x)}{x}=2\log 2-1}$

p.315 本質を問う 12

1　(1) $\displaystyle\int_{-a}^{a}f(x)dx=\int_0^a\{f(x)+f(-x)\}dx$ を証明せよ。

(2) 次の(ア)，(イ)をそれぞれ証明せよ。

(ア) $f(x)$ が偶関数ならば　　$\displaystyle\int_{-a}^{a}f(x)dx=2\int_0^a f(x)dx$

(イ) $f(x)$ が奇関数ならば　　$\displaystyle\int_{-a}^{a}f(x)dx=0$

(1)　$-x=t$ とおくと　　$-1=\dfrac{dt}{dx}$

x	$0\to a$
t	$0\to -a$

◀ $(-1)dx=dt$

$$\int_0^a f(-x)dx=\int_0^{-a}f(t)(-1)\,dt$$

$$=\int_{-a}^{0}f(t)\,dt=\int_{-a}^{0}f(x)dx$$

したがって　(右辺) $=\int_0^a f(x)dx+\int_0^a f(-x)dx$

$=\int_0^a f(x)dx+\int_{-a}^0 f(x)dx=\int_{-a}^a f(x)dx$

$=$ (左辺)

(2) (ア) $f(x)$ が偶関数のとき，$f(-x)=f(x)$ であるから，(1) より

$$\int_{-a}^a f(x)dx=\int_0^a \{f(x)+f(x)\}dx=2\int_0^a f(x)dx$$

◀(1)の結果を利用する。

(イ) $f(x)$ が奇関数のとき，$f(-x)=-f(x)$ であるから，(1) より

$$\int_{-a}^a f(x)dx=\int_0^a \{f(x)-f(x)\}dx=0$$

2 $\dfrac{d}{dx}\displaystyle\int_0^x f(x-t)\,dt=f(x)$ を示せ。

$x-t=u$ とおくと　$-1=\dfrac{du}{dt}$

t	$0\to x$
u	$x\to 0$

◀$(-1)dt=du$

$$\int_0^x f(x-t)\,dt=\int_x^0 f(u)(-1)\,du=\int_0^x f(u)\,du$$

したがって　$\dfrac{d}{dx}\displaystyle\int_0^x f(x-t)\,dt=\dfrac{d}{dx}\int_0^x f(u)\,du=f(x)$

〔別解〕

$y=f(x-t)$ のグラフは，$y=f(t)$ のグラフを y 軸に関して対称移動し，t 軸方向に x だけ平行移動したものである。

◀$y=f(x-t)$ のグラフと $y=f(t)$ のグラフは直線 $t=\dfrac{x}{2}$ に関して対称である。

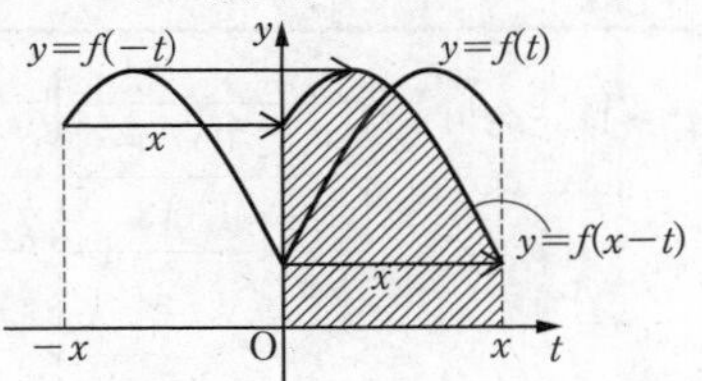

ゆえに，上のグラフより　$\displaystyle\int_0^x f(x-t)\,dt=\int_0^x f(t)\,dt$

したがって

$$\frac{d}{dx}\int_0^x f(x-t)\,dt=\frac{d}{dx}\int_0^x f(t)\,dt=f(x)$$

3 n を自然数とする。$\displaystyle\int_\alpha^\beta (x-\alpha)^n(x-\beta)dx$ を求めよ。

$$\int_\alpha^\beta (x-\alpha)^n(x-\beta)dx=\int_\alpha^\beta \left\{\frac{1}{n+1}(x-\alpha)^{n+1}\right\}'(x-\beta)dx$$

◀部分積分法

$$=\left[\frac{1}{n+1}(x-\alpha)^{n+1}(x-\beta)\right]_\alpha^\beta-\int_\alpha^\beta \frac{1}{n+1}(x-\alpha)^{n+1}dx$$

$$=-\frac{1}{n+1}\left[\frac{1}{n+2}(x-\alpha)^{n+2}\right]_\alpha^\beta$$

$$=-\frac{\boldsymbol{1}}{\boldsymbol{(n+1)(n+2)}}\boldsymbol{(\beta-\alpha)^{n+2}}$$

◀$n=1$ のとき $\displaystyle\int_\alpha^\beta (x-\alpha)(x-\beta)dx=-\frac{1}{6}(\beta-\alpha)^3$ となる。

〔別解〕

$$\int_\alpha^\beta (x-\alpha)^n(x-\beta)dx$$
$$=\int_\alpha^\beta (x-\alpha)^n\{(x-\alpha)+(\alpha-\beta)\}dx$$
$$=\int_\alpha^\beta \{(x-\alpha)^{n+1}+(\alpha-\beta)(x-\alpha)^n\}dx$$
$$=\left[\frac{1}{n+2}(x-\alpha)^{n+2}+(\alpha-\beta)\cdot\frac{1}{n+1}(x-\alpha)^{n+1}\right]_\alpha^\beta$$
$$=\frac{1}{n+2}(\beta-\alpha)^{n+2}+(\alpha-\beta)\cdot\frac{1}{n+1}(\beta-\alpha)^{n+1}$$
$$=\left(\frac{1}{n+2}-\frac{1}{n+1}\right)(\beta-\alpha)^{n+2}$$
$$=-\frac{1}{(n+1)(n+2)}(\beta-\alpha)^{n+2}$$

p.316 Let's Try! 12

① 次の定積分を求めよ。

(1) $\displaystyle\int_0^4 \frac{x}{\sqrt{2x+1}}dx$ （山梨大）　(2) $\displaystyle\int_0^{\frac{1}{2}} (x+1)\sqrt{1-2x^2}\,dx$ （京都大）

(3) $\displaystyle\int_{-1}^1 |xe^x|\,dx$ （東京電機大）　(4) $\displaystyle\int_1^3 \frac{\log(x+1)}{x^2}dx$ （弘前大）

(1) $\sqrt{2x+1}=t$ とおくと，$x=\dfrac{1}{2}(t^2-1)$ となり

から　$\dfrac{dx}{dt}=t$

x	$0\to4$
t	$1\to3$

◀ $dx=t\,dt$

x と t の対応は右のようになるから

$$\int_0^4 \frac{x}{\sqrt{2x+1}}dx=\int_1^3 \frac{t^2-1}{2t}\cdot t\,dt=\frac{1}{2}\int_1^3 (t^2-1)dt$$
$$=\frac{1}{2}\left[\frac{1}{3}t^3-t\right]_1^3=\boldsymbol{\frac{10}{3}}$$

〔別解〕

$$\int_0^4 \frac{x}{\sqrt{2x+1}}dx=\frac{1}{2}\int_0^4 \frac{(2x+1)-1}{\sqrt{2x+1}}dx$$
$$=\frac{1}{2}\int_0^4 \left\{(2x+1)^{\frac{1}{2}}-(2x+1)^{-\frac{1}{2}}\right\}dx$$
$$=\frac{1}{2}\left[\frac{2}{3}(2x+1)^{\frac{3}{2}}\cdot\frac{1}{2}-2(2x+1)^{\frac{1}{2}}\cdot\frac{1}{2}\right]_0^4=\frac{10}{3}$$

◀ $\displaystyle\int f(ax+b)dx=\frac{1}{a}F(ax+b)+C$

(2) $x=\dfrac{1}{\sqrt{2}}\sin\theta$ とおくと　$\dfrac{dx}{d\theta}=\dfrac{1}{\sqrt{2}}\cos\theta$

x	$0\to\frac{1}{2}$
θ	$0\to\frac{\pi}{4}$

◀ $x=\dfrac{1}{2}$ のとき　$\dfrac{1}{2}=\dfrac{1}{\sqrt{2}}\sin\theta$　$\sin\theta=\dfrac{1}{\sqrt{2}}$ より　$\theta=\dfrac{\pi}{4}$

x と θ の対応は右のようになるから

$$\int_0^{\frac{1}{2}} (x+1)\sqrt{1-2x^2}\,dx$$

$$= \int_0^{\frac{\pi}{4}} \left(\frac{1}{\sqrt{2}}\sin\theta + 1\right)\sqrt{1-\sin^2\theta}\cdot\frac{1}{\sqrt{2}}\cos\theta\, d\theta$$

$$= \int_0^{\frac{\pi}{4}} \left(\frac{1}{\sqrt{2}}\sin\theta + 1\right)\sqrt{\cos^2\theta}\cdot\frac{1}{\sqrt{2}}\cos\theta\, d\theta$$

◀ $0 \leqq \theta \leqq \frac{\pi}{4}$ のとき
$\sqrt{\cos^2\theta} = |\cos\theta|$
$= \cos\theta$

$$= \frac{1}{2}\int_0^{\frac{\pi}{4}} \sin\theta\cos^2\theta\, d\theta + \frac{1}{\sqrt{2}}\int_0^{\frac{\pi}{4}} \cos^2\theta\, d\theta$$

$$= \frac{1}{2}\int_0^{\frac{\pi}{4}} \sin\theta\cos^2\theta\, d\theta + \frac{1}{\sqrt{2}}\int_0^{\frac{\pi}{4}} \frac{1+\cos 2\theta}{2}\, d\theta$$

◀ $\int_0^{\frac{\pi}{4}} \sin\theta\cos^2\theta\, d\theta$ は,
$t = \cos\theta$ とおいて置換積分法を用いてもよい。

$$= -\frac{1}{2}\left[\frac{1}{3}\cos^3\theta\right]_0^{\frac{\pi}{4}} + \frac{\sqrt{2}}{4}\left[\theta + \frac{1}{2}\sin 2\theta\right]_0^{\frac{\pi}{4}}$$

$$= -\frac{1}{6}\left(\frac{1}{2\sqrt{2}} - 1\right) + \frac{\sqrt{2}}{4}\left(\frac{\pi}{4} + \frac{1}{2}\right)$$

$$= \boldsymbol{\frac{1}{6} + \frac{\sqrt{2}}{12} + \frac{\sqrt{2}}{16}\pi}$$

(3) $|xe^x| = \begin{cases} xe^x & (0 \leqq x \leqq 1) \\ -xe^x & (-1 \leqq x \leqq 0) \end{cases}$

ここで $\int xe^x dx = xe^x - \int e^x dx = (x-1)e^x + C$

◀ 部分積分法

よって

$$\int_{-1}^1 |xe^x|\, dx = \int_{-1}^0 (-xe^x)dx + \int_0^1 xe^x dx$$
$$= -\left[(x-1)e^x\right]_{-1}^0 + \left[(x-1)e^x\right]_0^1$$
$$= -\{(-1) - (-2e^{-1})\} + \{0 - (-1)\}$$
$$= \boldsymbol{2 - \frac{2}{e}}$$

(4) $\int_1^3 \frac{\log(x+1)}{x^2}dx = \int_1^3 (-x^{-1})'\log(x+1)dx$

◀ $\frac{1}{x^2} = x^{-2}$

$$= \left[-\frac{1}{x}\log(x+1)\right]_1^3 - \int_1^3 \left(-\frac{1}{x}\cdot\frac{1}{x+1}\right)dx$$
$$= \left\{-\frac{1}{3}\log 4 - (-\log 2)\right\} + \int_1^3 \left(\frac{1}{x} - \frac{1}{x+1}\right)dx$$

◀ 部分分数分解する。
$\frac{1}{x(x+1)} = \frac{1}{x} - \frac{1}{x+1}$

$$= \log 2 - \frac{2}{3}\log 2 + \left[\log x - \log(x+1)\right]_1^3$$
$$= \frac{1}{3}\log 2 + (\log 3 - \log 4) - (-\log 2)$$
$$= \boldsymbol{\log 3 - \frac{2}{3}\log 2}$$

② どのような実数 p, q に対しても

$$\int_{-\frac{\pi}{2}}^{\frac{\pi}{2}} (p\cos x + q\sin x)(x^2 + \alpha x + \beta)dx = 0$$

が成り立つような実数 α, β の値を求めよ。 (慶應義塾大)

$(p\cos x + q\sin x)(x^2 + \alpha x + \beta)$

$= px^2\cos x + p\alpha x\cos x + p\beta\cos x + qx^2\sin x + q\alpha x\sin x + q\beta\sin x$

ここで，x^2，$\cos x$ は偶関数であり，x，$\sin x$ は奇関数であるから，

$x^2\cos x$，$x\sin x$ は偶関数であり，$x\cos x$，$x^2\sin x$ は奇関数である。

◀(偶関数)×(偶関数)＝(偶関数)
(偶関数)×(奇関数)＝(奇関数)
(奇関数)×(奇関数)＝(偶関数)

よって

$$\int_{-\frac{\pi}{2}}^{\frac{\pi}{2}} (p\cos x + q\sin x)(x^2 + \alpha x + \beta)dx$$

$$= 2\int_0^{\frac{\pi}{2}} (px^2\cos x + p\beta\cos x + q\alpha x\sin x)dx$$

ここで　$\displaystyle\int_0^{\frac{\pi}{2}} x^2\cos x\,dx = \Big[x^2\sin x\Big]_0^{\frac{\pi}{2}} - \int_0^{\frac{\pi}{2}} 2x\sin x\,dx$

$$= \frac{\pi^2}{4} - 2\left\{\Big[-x\cos x\Big]_0^{\frac{\pi}{2}} - \int_0^{\frac{\pi}{2}} (-\cos x)dx\right\}$$

$$= \frac{\pi^2}{4} - 2\Big[\sin x\Big]_0^{\frac{\pi}{2}} = \frac{\pi^2}{4} - 2$$

$$\int_0^{\frac{\pi}{2}} \cos x\,dx = \Big[\sin x\Big]_0^{\frac{\pi}{2}} = 1$$

$$\int_0^{\frac{\pi}{2}} x\sin x\,dx = \Big[-x\cos x\Big]_0^{\frac{\pi}{2}} - \int_0^{\frac{\pi}{2}} (-\cos x)dx = \Big[\sin x\Big]_0^{\frac{\pi}{2}} = 1$$

よって，与えられた等式は　$2\left\{p\left(\dfrac{\pi^2}{4} - 2\right) + p\beta + q\alpha\right\} = 0$

すなわち　$p\left(\dfrac{\pi^2}{4} - 2 + \beta\right) + q\alpha = 0$

◀p，q についての恒等式であるから，p，q について整理する。

これが，p，q の値にかかわらず成り立つのは

$\dfrac{\pi^2}{4} - 2 + \beta = 0$　かつ　$\alpha = 0$

したがって，α，β の値は　$\boldsymbol{\alpha = 0,\ \beta = 2 - \dfrac{\pi^2}{4}}$

---

③ 関数 $f(x)$ は $f(x) = 3x + 2\displaystyle\int_0^1 (t + e^x)f(t)dt$ を満たしている。

(1) $\displaystyle\int_0^1 f(x)dx = a$，$\displaystyle\int_0^1 xf(x)dx = b$ とするとき，$f(x)$ を x，a，b の式で表せ。

(2) a，b の値および $f(x)$ を求めよ。

(愛知工業大)

---

(1)　$f(x) = 3x + 2\displaystyle\int_0^1 (t + e^x)f(t)dt$ より

$$f(x) = 3x + 2\int_0^1 tf(t)dt + 2e^x\int_0^1 f(t)dt \quad \cdots ①$$

$\displaystyle\int_0^1 f(t)dt = a$ …②，$\displaystyle\int_0^1 tf(t)dt = b$ …③ であるから

① に代入すると　$\boldsymbol{f(x) = 3x + 2ae^x + 2b}$　…④

(2)　④ を ③ に代入すると

$$b = \int_0^1 t(3t + 2ae^t + 2b)dt = \int_0^1 (3t^2 + 2ate^t + 2bt)dt$$

$$= \Big[t^3 + 2a(t-1)e^t + bt^2\Big]_0^1$$

◀$\displaystyle\int te^t dt = te^t - \int e^t dt = te^t - e^t + C = (t-1)e^t + C$

$= (1+b)-(-2a) = b+2a+1$

よって，$2a+1=0$ より　　$\boldsymbol{a=-\frac{1}{2}}$　　…⑤

④，⑤を②に代入すると

$$-\frac{1}{2} = \int_0^1 (3t-e^t+2b)\,dt$$
$$= \left[\frac{3}{2}t^2-e^t+2bt\right]_0^1$$
$$= \left(\frac{3}{2}-e+2b\right)-(-1) = 2b+\frac{5}{2}-e$$

よって，$2b=-3+e$ より　　$\boldsymbol{b=\frac{e-3}{2}}$　　…⑥

⑤，⑥を④に代入すると　　$\boldsymbol{f(x)=3x-e^x+e-3}$

---

④ $f(x)=\int_{-x}^{x} t\cos\left(\frac{\pi}{4}-t\right)dt$ とする。

(1) $f(x)$ の導関数 $f'(x)$ を求めよ。

(2) $0 \leqq x \leqq 2\pi$ における $f(x)$ の最大値と最小値を求めよ。　　（大阪教育大）

---

(1) $t\cos\left(\frac{\pi}{4}-t\right)$ の原始関数の 1 つを $g(t)$ とすると，

$g'(t)=t\cos\left(\frac{\pi}{4}-t\right)$ であり

$$f(x)=\int_{-x}^{x} t\cos\left(\frac{\pi}{4}-t\right)dt$$
$$=\Big[g(t)\Big]_{-x}^{x} = g(x)-g(-x)$$

よって

$$f'(x)=g'(x)-g'(-x)\cdot(-x)'$$
$$=g'(x)+g'(-x)$$
$$=x\cos\left(\frac{\pi}{4}-x\right)+(-x)\cos\left(\frac{\pi}{4}+x\right)$$
$$=x\left(\cos\frac{\pi}{4}\cos x+\sin\frac{\pi}{4}\sin x\right)-x\left(\cos\frac{\pi}{4}\cos x-\sin\frac{\pi}{4}\sin x\right)$$
$$=\boldsymbol{\sqrt{2}\,x\sin x}$$

(2) $f'(x)=0$ とすると　　$x=0$　または　$\sin x=0$

$0 \leqq x \leqq 2\pi$ の範囲で　　$x=0,\ \pi,\ 2\pi$

$f(x)$ の増減表は次のようになる。

x	0	…	π	…	2π
$f'(x)$		$+$	0	$-$	
$f(x)$	$f(0)$	↗	極大	↘	$f(2\pi)$

(1)より，$f'(x)=\sqrt{2}\,x\sin x$ であるから

$$f(x)=\int \sqrt{2}\,x\sin x\,dx$$
$$=-\sqrt{2}\,x\cos x+\sqrt{2}\int\cos x\,dx$$

◀ $t\cos\left(\frac{\pi}{4}-t\right)$ の原始関数を具体的に求めずに，$g(t)$ とおくと，後の計算が楽になることがある。

◀ 一般に
$\frac{d}{dx}\int_{g(x)}^{h(x)} f(t)\,dt$
$=f(h(x))h'(x)-f(g(x))g'(x)$

◀ 加法定理
$\cos(\alpha\pm\beta)$
$=\cos\alpha\cos\beta\mp\sin\alpha\sin\beta$
（複号同順）

◀ 加法定理により
$f(x)=\int_{-x}^{x} t\left(\frac{1}{\sqrt{2}}\cos t+\frac{1}{\sqrt{2}}\sin t\right)dt$
$t\cos t$ は奇関数，$t\sin t$ は偶関数より
$f(x)=2\int_0^x \frac{1}{\sqrt{2}}t\sin t\,dt$
よって
$f'(x)=\sqrt{2}\,x\sin x$
と求めてもよい。

$$= -\sqrt{2}\,x\cos x + \sqrt{2}\sin x + C$$

また，$f(0) = \int_0^0 t\cos\left(\dfrac{\pi}{4} - t\right)dt = 0$ であるから

◀一般に $\int_a^a f(x)dx = 0$

$$C = 0$$

よって　$f(x) = -\sqrt{2}\,x\cos x + \sqrt{2}\sin x$

ゆえに　$f(\pi) = -\sqrt{2}\,\pi\cos\pi + \sqrt{2}\sin\pi = \sqrt{2}\,\pi$

$f(2\pi) = -2\sqrt{2}\,\pi\cos 2\pi + \sqrt{2}\sin 2\pi = -2\sqrt{2}\,\pi$

したがって，$f(x)$ は

$x = \pi$ のとき　最大値 $\sqrt{2}\,\pi$

$x = 2\pi$ のとき　最小値 $-2\sqrt{2}\,\pi$

⑤ $f(x) + \int_0^x \{f'(t) - g(t)\}dt = 1$，$g(x) + \int_0^1 \{f(t) + g'(t)\}dt = x + x^2$ を満たすような関数 $f(x)$，$g(x)$ を求めよ。

$f(x) + \int_0^x \{f'(t) - g(t)\}dt = 1$　…①

$g(x) + \int_0^1 \{f(t) + g'(t)\}dt = x + x^2$　…② とおく。

① の両辺を x で微分すると　$f'(x) + \{f'(x) - g(x)\} = 0$

よって　$f'(x) = \dfrac{1}{2}g(x)$　…③

$\int_0^1 \{f(t) + g'(t)\}dt = k$ …④ とおくと，② は

◀$\int_0^1 \{f(t) + g'(t)\}dt$ は定数である。

$g(x) = x^2 + x - k$　…⑤

③ に代入すると　$f'(x) = \dfrac{1}{2}x^2 + \dfrac{1}{2}x - \dfrac{k}{2}$

ゆえに　$f(x) = \int f'(x)dx = \dfrac{1}{6}x^3 + \dfrac{1}{4}x^2 - \dfrac{k}{2}x + C$　…⑥

① に $x = 0$ を代入すると $f(0) = 1$ であるから，⑥ より

◀$\int_0^0 \{f'(t) - g(t)\}dt = 0$

$C = 1$ となり　$f(x) = \dfrac{1}{6}x^3 + \dfrac{1}{4}x^2 - \dfrac{k}{2}x + 1$　…⑦

⑤ より $g'(x) = 2x + 1$ であるから，④ に代入すると

◀k は定数であるから $(x^2 + x - k)' = 2x + 1$

$$k = \int_0^1 \{f(t) + g'(t)\}dt$$
$$= \int_0^1 \left\{\frac{1}{6}t^3 + \frac{1}{4}t^2 + \left(2 - \frac{k}{2}\right)t + 2\right\}dt$$
$$= \left[\frac{1}{24}t^4 + \frac{1}{12}t^3 + \frac{4-k}{4}t^2 + 2t\right]_0^1$$
$$= \frac{1}{24} + \frac{1}{12} + \frac{4-k}{4} + 2$$

これより　$k = \dfrac{5}{2}$

⑤，⑦ に代入すると

$$\boldsymbol{f(x) = \frac{1}{6}x^3 + \frac{1}{4}x^2 - \frac{5}{4}x + 1,\quad g(x) = x^2 + x - \frac{5}{2}}$$

⑥ 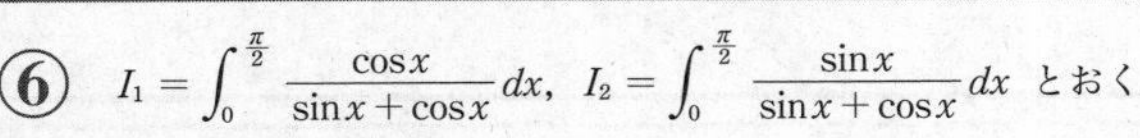
$I_1=\int_0^{\frac{\pi}{2}}\frac{\cos x}{\sin x+\cos x}dx$, $I_2=\int_0^{\frac{\pi}{2}}\frac{\sin x}{\sin x+\cos x}dx$ とおく。

(1) I_1+I_2 を求めよ。

(2) $I_1=I_2$ が成り立つことを示し，その値を求めよ。

(3) $f(t)=\int_0^{\frac{\pi}{2}}\frac{\sin(x+t)}{\sin x+\cos x}dx$ とする。$f(t)$ の変数 t についての最大値を求めよ。ただし，$0\leqq t\leqq\frac{\pi}{2}$ である。

（職業能力開発総合大）

(1) $I_1+I_2=\int_0^{\frac{\pi}{2}}\frac{\sin x+\cos x}{\sin x+\cos x}dx=\int_0^{\frac{\pi}{2}}dx=\Big[x\Big]_0^{\frac{\pi}{2}}=\boldsymbol{\frac{\pi}{2}}$

(2) $x=\frac{\pi}{2}-t$ とおくと　$\frac{dx}{dt}=-1$

x と t の対応は右のようになる。

x	$0\longrightarrow\frac{\pi}{2}$
t	$\frac{\pi}{2}\longrightarrow 0$

$$I_1=\int_0^{\frac{\pi}{2}}\frac{\cos x}{\sin x+\cos x}dx$$

$$=\int_{\frac{\pi}{2}}^{0}\frac{\cos\left(\frac{\pi}{2}-t\right)}{\sin\left(\frac{\pi}{2}-t\right)+\cos\left(\frac{\pi}{2}-t\right)}(-1)\,dt$$

$$=\int_{\frac{\pi}{2}}^{0}\frac{\sin t}{\cos t+\sin t}(-1)\,dt$$

◀ $\cos\left(\frac{\pi}{2}-t\right)=\sin t$
$\sin\left(\frac{\pi}{2}-t\right)=\cos t$

$$=\int_0^{\frac{\pi}{2}}\frac{\sin t}{\sin t+\cos t}\,dt=I_2$$

$-\int_a^b f(x)dx=\int_b^a f(x)dx$

すなわち $I_1=I_2$ となり，(1) より　$\boldsymbol{I_1=I_2=\frac{\pi}{4}}$

(3) $f(t)=\int_0^{\frac{\pi}{2}}\frac{\sin(x+t)}{\sin x+\cos x}dx$

$$=\cos t\int_0^{\frac{\pi}{2}}\frac{\sin x}{\sin x+\cos x}dx+\sin t\int_0^{\frac{\pi}{2}}\frac{\cos x}{\sin x+\cos x}dx$$

◀ $\sin(\alpha+\beta)$
$=\sin\alpha\cos\beta+\cos\alpha\sin\beta$

$$=\frac{\pi}{4}\cos t+\frac{\pi}{4}\sin t$$

$$=\frac{\sqrt{2}}{4}\pi\sin\left(t+\frac{\pi}{4}\right)$$

◀ 三角関数の合成
$\cos t+\sin t$
$=\sqrt{2}\sin\left(t+\frac{\pi}{4}\right)$

$0\leqq t\leqq\frac{\pi}{2}$ より　$\frac{\pi}{4}\leqq t+\frac{\pi}{4}\leqq\frac{3}{4}\pi$

よって　$\frac{\sqrt{2}}{2}\leqq\sin\left(t+\frac{\pi}{4}\right)\leqq 1$

したがって　**$t=\frac{\pi}{4}$ のとき　最大値 $\frac{\sqrt{2}}{4}\pi$**

◀ $t+\frac{\pi}{4}=\frac{\pi}{2}$ より

13　区分求積法，面積

練習 171 次の極限値を求めよ。

(1) $\displaystyle\lim_{n\to\infty}\left(\frac{1}{1+n^2}+\frac{2}{4+n^2}+\frac{3}{9+n^2}+\cdots+\frac{n}{2n^2}\right)$ （東海大）

(2) $\displaystyle\lim_{n\to\infty}\log\left\{\left(\frac{n+1}{n}\right)^{\frac{1}{n}}\left(\frac{n+2}{n}\right)^{\frac{1}{n}}\cdots\left(\frac{2n}{n}\right)^{\frac{1}{n}}\right\}$

(3) $\displaystyle\lim_{n\to\infty}\frac{1}{n^3}\sum_{k=1}^{n}k^2\sin\frac{k}{n}\pi$

(4) $\displaystyle\lim_{n\to\infty}\sum_{k=n+1}^{3n}\frac{1}{\sqrt{nk}}$

(1) (与式) $\displaystyle=\lim_{n\to\infty}\left(\frac{1}{1+n^2}+\frac{2}{4+n^2}+\cdots+\frac{n}{n^2+n^2}\right)$

$\displaystyle=\lim_{n\to\infty}\sum_{k=1}^{n}\frac{k}{k^2+n^2}=\lim_{n\to\infty}\frac{1}{n}\sum_{k=1}^{n}\frac{\frac{k}{n}}{\left(\frac{k}{n}\right)^2+1}$ ◀ $\dfrac{k}{n}$ の形をつくる。

$\displaystyle=\int_0^1\frac{x}{x^2+1}dx=\frac{1}{2}\int_0^1\frac{(x^2+1)'}{x^2+1}dx$ ◀ $\displaystyle\int\frac{f'(x)}{f(x)}dx=\log|f(x)|+C$

$\displaystyle=\frac{1}{2}\Big[\log|x^2+1|\Big]_0^1=\boldsymbol{\frac{1}{2}\log 2}$

(2) (与式) $\displaystyle=\lim_{n\to\infty}\frac{1}{n}\log\left\{\left(1+\frac{1}{n}\right)\left(1+\frac{2}{n}\right)\cdots\left(1+\frac{n}{n}\right)\right\}$ ◀ $\log M^r=r\log M$

$\displaystyle=\lim_{n\to\infty}\frac{1}{n}\left\{\log\left(1+\frac{1}{n}\right)+\log\left(1+\frac{2}{n}\right)+\cdots+\log\left(1+\frac{n}{n}\right)\right\}$ ◀ $\log MN=\log M+\log N$

$\displaystyle=\lim_{n\to\infty}\frac{1}{n}\sum_{k=1}^{n}\log\left(1+\frac{k}{n}\right)=\int_0^1\log(1+x)dx$ ◀ $\dfrac{k}{n}$ の形をつくる。

$\displaystyle=\int_0^1(1+x)'\log(1+x)dx$

$\displaystyle=\Big[(1+x)\log(1+x)\Big]_0^1-\int_0^1(1+x)\cdot\frac{1}{1+x}dx$

$=\boldsymbol{2\log 2-1}$

(3) (与式) $\displaystyle=\lim_{n\to\infty}\frac{1}{n^3}\sum_{k=1}^{n}k^2\sin\frac{k}{n}\pi$

$\displaystyle=\lim_{n\to\infty}\frac{1}{n}\sum_{k=1}^{n}\left(\frac{k}{n}\right)^2\sin\frac{k}{n}\pi$

$\displaystyle=\int_0^1x^2\sin\pi x\,dx=\int_0^1x^2\left(-\frac{1}{\pi}\cos\pi x\right)'dx$ ◀ 部分積分法を用いる。

$\displaystyle=\left[-\frac{1}{\pi}x^2\cos\pi x\right]_0^1+\frac{2}{\pi}\int_0^1x\cos\pi x\,dx$

$\displaystyle=\frac{1}{\pi}+\frac{2}{\pi}\int_0^1x\left(\frac{1}{\pi}\sin\pi x\right)'dx$ ◀ 再度部分積分法を用いる。

$\displaystyle=\frac{1}{\pi}+\frac{2}{\pi}\left[\frac{1}{\pi}x\sin\pi x\right]_0^1-\frac{2}{\pi^2}\int_0^1\sin\pi x\,dx$

$\displaystyle=\frac{1}{\pi}-\frac{2}{\pi^2}\left[-\frac{1}{\pi}\cos\pi x\right]_0^1$ ◀ $\displaystyle\left[\frac{1}{\pi}x\sin\pi x\right]_0^1=0$

$\displaystyle=\frac{1}{\pi}+\frac{2}{\pi^3}\cdot(-2)=\boldsymbol{\frac{1}{\pi}-\frac{4}{\pi^3}}$

(4) (与式) $= \lim_{n\to\infty}\sum_{k=n+1}^{3n}\frac{1}{n\sqrt{\frac{k}{n}}} = \lim_{n\to\infty}\frac{1}{n}\sum_{k=n+1}^{3n}\frac{1}{\sqrt{\frac{k}{n}}}$

$$= \int_1^3 \frac{1}{\sqrt{x}}dx = \left[2\sqrt{x}\right]_1^3 = 2(\sqrt{3}-1)$$

〔別解〕

$$\sum_{k=n+1}^{3n}\frac{1}{\sqrt{nk}} = \frac{1}{\sqrt{n(n+1)}}+\frac{1}{\sqrt{n(n+2)}}+\cdots+\frac{1}{\sqrt{n(n+2n)}}$$

$$= \frac{1}{n}\left(\frac{1}{\sqrt{\frac{n+1}{n}}}+\frac{1}{\sqrt{\frac{n+2}{n}}}+\cdots+\frac{1}{\sqrt{\frac{n+2n}{n}}}\right)$$

◀ $\frac{1}{n}$ をくくり出す。

$$= \frac{1}{n}\left(\frac{1}{\sqrt{1+\frac{1}{n}}}+\frac{1}{\sqrt{1+\frac{2}{n}}}+\cdots+\frac{1}{\sqrt{1+\frac{2n}{n}}}\right)$$

◀ $\frac{k}{n}$ の形をつくる。

$$= \frac{1}{n}\sum_{k=1}^{2n}\frac{1}{\sqrt{1+\frac{k}{n}}}$$

よって　(与式) $= \lim_{n\to\infty}\frac{1}{n}\sum_{k=1}^{2n}\frac{1}{\sqrt{1+\frac{k}{n}}}$

$$= \int_0^2\frac{1}{\sqrt{1+x}}dx = \left[2\sqrt{1+x}\right]_0^2 = 2(\sqrt{3}-1)$$

練習 **172** 極限値 $\lim_{n\to\infty}\frac{1}{n}\sqrt[n]{(2n+1)(2n+2)\cdots(3n)}$ を求めよ。

$a_n = \frac{1}{n}\sqrt[n]{(2n+1)(2n+2)\cdots(3n)}$ とおくと

$$a_n = \left\{\frac{(2n+1)(2n+2)\cdots(3n)}{n^n}\right\}^{\frac{1}{n}} = \left(\frac{2n+1}{n}\cdot\frac{2n+2}{n}\cdot\cdots\cdot\frac{2n+n}{n}\right)^{\frac{1}{n}}$$

両辺の自然対数をとると

◀ $a_n>0$ より，真数条件を満たしている。

$$\log a_n = \log\left\{\left(2+\frac{1}{n}\right)\left(2+\frac{2}{n}\right)\cdots\left(2+\frac{n}{n}\right)\right\}^{\frac{1}{n}}$$

$$= \frac{1}{n}\left\{\log\left(2+\frac{1}{n}\right)+\log\left(2+\frac{2}{n}\right)+\cdots+\log\left(2+\frac{n}{n}\right)\right\}$$

◀ $\log M^r = r\log M$
$\log MN = \log M + \log N$

$$= \frac{1}{n}\sum_{k=1}^{n}\log\left(2+\frac{k}{n}\right)$$

◀ 1，2，3，$\cdots$ と変化する部分に着目し，k とおく。

よって

$$\lim_{n\to\infty}\log a_n = \lim_{n\to\infty}\frac{1}{n}\sum_{k=1}^{n}\log\left(2+\frac{k}{n}\right) = \int_0^1\log(2+x)dx$$

◀ 部分積分法を用いる。
$\int_0^1\log(2+x)dx$
$= \int_2^3 \log t\,dt$
として，計算してもよい。

$$= \int_0^1(2+x)'\log(2+x)dx$$

$$= \left[(2+x)\log(2+x)\right]_0^1 - \int_0^1 dx$$

$$= 3\log3 - 2\log2 - 1 = \log\frac{27}{4e}$$

◀ $\lim_{n\to\infty}\log a_n = \log k$ の形にして，真数を比較する。

ゆえに　$\lim_{n\to\infty} a_n = \frac{27}{4e}$

したがって　$\lim_{n\to\infty} \frac{1}{n}\sqrt[n]{(2n+1)(2n+2)\cdots(3n)} = \frac{27}{4e}$

◀関数 $\log x$ は $x>0$ で連続であるから
$\lim_{n\to\infty}(\log a_n) = \log\left(\lim_{n\to\infty} a_n\right)$

練習 173 円 $x^2+y^2=a^2$ $(a>0)$ 上に 2 点 $\mathrm{A}(a,\ 0)$，$\mathrm{B}(-a,\ 0)$ があり，弧 AB 上に $n-1$ 個の分点をとって弧 AB を n 等分する。それらの分点を A に近い方から順に P_1，P_2，$\cdots$，P_{n-1} とする。

各分点 P_k から直線 AB に下ろした垂線の長さを l_k とするとき，$\lim_{n\to\infty}\frac{1}{n}\sum_{k=1}^{n-1} l_k$ を求めよ。

（大阪府立大）

$k=1,\ 2,\ \cdots,\ n-1$ のとき

$\angle \mathrm{AOP}_k = \frac{k\pi}{n}$ であるから

$$l_k = a\sin\angle \mathrm{AOP}_k = a\sin\frac{k\pi}{n}$$

y, P_4, P_3, P_2, P_1, P_{n-1}, $-a$, a, B, O, A, x

◀$\angle \mathrm{P}_{k-1}\mathrm{OP}_k = \frac{\pi}{n}$
$(k=1,\ 2,\ \cdots,\ n-1)$
であることを用いる。
ただし　$\mathrm{P}_0 = \mathrm{A}$

したがって

$$\lim_{n\to\infty}\frac{1}{n}\sum_{k=1}^{n-1} l_k = \lim_{n\to\infty}\frac{1}{n}\sum_{k=1}^{n-1} a\sin\left(\pi\cdot\frac{k}{n}\right)$$

$$= \lim_{n\to\infty}\frac{1}{n}\sum_{k=0}^{n-1} a\sin\left(\pi\cdot\frac{k}{n}\right)$$

$$= a\int_0^1 \sin\pi x\,dx = a\left[-\frac{1}{\pi}\cos\pi x\right]_0^1 = \boldsymbol{\frac{2a}{\pi}}$$

◀$a\sin\left(\pi\cdot\frac{0}{n}\right)=0$ より
$k=0$ とできる。

練習 174 1 から n までの数字が 1 つずつ書かれた n 枚のカードがある。次の [1]，[2]，[3] の操作を順に行う。

[1]　n 枚のカードから 1 枚取り出し数字を見る。
[2]　[1] の数字と同じ個数の赤球と n 個の白球を袋に入れる。
[3]　袋から 1 個の球を取り出す。

取り出された球が白球である確率を P_n とおくとき，$\lim_{n\to\infty} P_n$ を求めよ。　（奈良女子大　改）

k と書かれたカードを取り出したときに，白球を取り出す確率を $P_n(k)$

とすると　$P_n = \sum_{k=1}^{n} P_n(k)$

◀カードが 1 で白球をとる，
カードが 2 で白球をとる，
⋮
カードが n で白球をとる
事象はすべて排反である。

ここで，k と書かれたカードを取り出す確率は $\frac{1}{n}$ であり，赤球 k 個と

白球 n 個が入った袋から白球を取り出す確率は $\frac{n}{n+k}$ であるから

$$P_n(k) = \frac{1}{n}\cdot\frac{n}{n+k}$$

よって

$$\lim_{n\to\infty} P_n = \lim_{n\to\infty}\sum_{k=1}^{n} P_n(k) = \lim_{n\to\infty}\frac{1}{n}\sum_{k=1}^{n}\frac{n}{n+k}$$

$$= \lim_{n\to\infty}\frac{1}{n}\sum_{k=1}^{n}\frac{1}{1+\frac{k}{n}} = \int_0^1 \frac{1}{1+x}\,dx$$

$$= \Big[\log(1+x)\Big]_0^1 = \boldsymbol{\log 2}$$

練習 175 (1) $0 \leqq x \leqq 2$ のとき，$\dfrac{1}{(x+1)^2} \leqq \dfrac{1}{x^3+1} \leqq 1$ であることを示せ。

(2) (1)を用いて，不等式 $\dfrac{2}{3} < \displaystyle\int_0^2 \dfrac{dx}{x^3+1} < 2$ を証明せよ。

(1) $0 \leqq x \leqq 2$ のとき，$0 \leqq x^3$ であるから　$1 \leqq x^3+1$

両辺ともに正であるから，逆数をとると　$1 \geqq \dfrac{1}{x^3+1}$　…①

◀ $A>0$，$B>0$ のとき
$A \leqq B \Longleftrightarrow \dfrac{1}{B} \leqq \dfrac{1}{A}$

また　$(x^3+1)-(x+1)^2 = x^3-x^2-2x = x(x-2)(x+1)$

$0 \leqq x \leqq 2$ より　$x(x-2)(x+1) \leqq 0$

よって　$x^3+1 \leqq (x+1)^2$

両辺ともに正であるから，逆数をとると

$$\frac{1}{x^3+1} \geqq \frac{1}{(x+1)^2} \quad \cdots ②$$

① と ② より，$0 \leqq x \leqq 2$ のとき

$$\frac{1}{(x+1)^2} \leqq \frac{1}{x^3+1} \leqq 1$$

(2) (1)の不等式において，等号が成り立つのは $x=0$，2 のときのみであるから　$\displaystyle\int_0^2 \frac{dx}{(x+1)^2} < \int_0^2 \frac{dx}{x^3+1} < \int_0^2 dx$

◀ 等号が付かないことに注意する。

ここで　$\displaystyle\int_0^2 \frac{dx}{(x+1)^2} = \left[-\frac{1}{x+1}\right]_0^2 = \frac{2}{3}$，$\displaystyle\int_0^2 dx = \Big[x\Big]_0^2 = 2$

したがって　$\dfrac{2}{3} < \displaystyle\int_0^2 \frac{dx}{x^3+1} < 2$

練習 176 n を 2 以上の自然数とするとき，次の不等式を証明せよ。

$$\log(n+1) < 1+\frac{1}{2}+\frac{1}{3}+\cdots+\frac{1}{n} < 1+\log n$$

$y=\dfrac{1}{x}$ は $x>0$ で単調減少するから，自然数 k に対して，

$k \leqq x \leqq k+1$ のとき　$\dfrac{1}{k+1} \leqq \dfrac{1}{x} \leqq \dfrac{1}{k}$

等号が成り立つのは，$x=k$，$k+1$ のときのみであるから

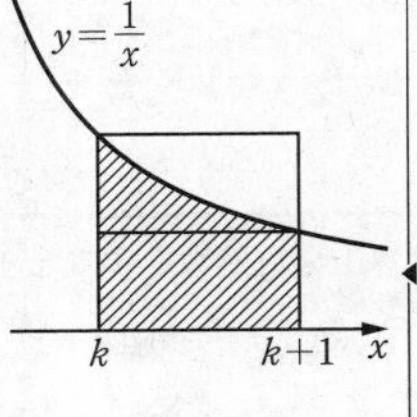

$$\int_k^{k+1} \frac{1}{k+1}dx < \int_k^{k+1} \frac{1}{x}dx < \int_k^{k+1} \frac{1}{k}dx$$

◀ (長方形) < (斜線部) < (正方形)　k　$k+1$

$$\frac{1}{k+1} < \int_k^{k+1} \frac{1}{x}dx < \frac{1}{k} \quad \cdots ①$$

① の左側の不等式において，$k=1$，2，3，$\cdots$，$n-1$ $(n \geqq 2)$ として辺々を加えると

$$\sum_{k=1}^{n-1} \frac{1}{k+1} < \sum_{k=1}^{n-1} \int_k^{k+1} \frac{1}{x}dx \quad \cdots ②$$

ここで　$(\text{右辺}) = \displaystyle\int_1^n \frac{1}{x}dx = \Big[\log|x|\Big]_1^n = \log n$

② より　$\dfrac{1}{2}+\dfrac{1}{3}+\cdots+\dfrac{1}{n} < \log n$

◀ $\dfrac{1}{k+1}$ の k を $k=0$，1，$\cdots$，$n-1$ と変化させて，$1+\dfrac{1}{2}+\cdots+\dfrac{1}{n}$ をつくりたいが，$k=0$ のとき $\displaystyle\int_k^{k+1}\frac{1}{x}dx$ が $\displaystyle\int_0^1 \frac{1}{x}dx$ となり，$\dfrac{1}{x}$ は $x=0$ で定義できない。よって，$k=1$，2，$\cdots$，$n-1$ と変化させる。

ゆえに　$1+\frac{1}{2}+\frac{1}{3}+\cdots+\frac{1}{n}<1+\log n$　…③

次に，① の右側の不等式において，$k=1,\ 2,\ 3,\ \cdots,\ n$ として辺々を加えると

$$\sum_{k=1}^{n}\int_{k}^{k+1}\frac{1}{x}dx<\sum_{k=1}^{n}\frac{1}{k}\quad\cdots④$$

ここで　$(\text{左辺})=\int_{1}^{n+1}\frac{1}{x}dx=\Big[\log|x|\Big]_{1}^{n+1}=\log(n+1)$

④ より　$\log(n+1)<1+\frac{1}{2}+\frac{1}{3}+\cdots+\frac{1}{n}$　…⑤

したがって，③，⑤ より

$$\log(n+1)<1+\frac{1}{2}+\frac{1}{3}+\cdots+\frac{1}{n}<1+\log n$$

〔別解〕

$S_n=1+\frac{1}{2}+\frac{1}{3}+\cdots+\frac{1}{n}$ とおく。

S_n は，右の図の長方形の面積の和を表し，曲線 $y=\frac{1}{x}$ と x 軸と直線 $x=1$ と $x=n+1$ で囲まれた図形の面積より大きい。

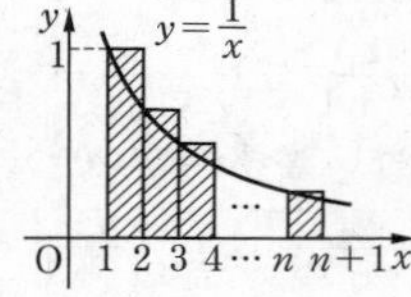

◀それぞれの長方形の底辺の長さは1で，高さは $1,\ \frac{1}{2},\ \frac{1}{3},\ \cdots,\ \frac{1}{n}$ であるから面積も $1,\ \frac{1}{2},\ \frac{1}{3},\ \cdots,\ \frac{1}{n}$ である。

よって　$S_n>\int_{1}^{n+1}\frac{1}{x}dx=\Big[\log|x|\Big]_{1}^{n+1}=\log(n+1)$　…①

◀グラフの上側にも長方形が現れる。

$T_n=\frac{1}{2}+\frac{1}{3}+\cdots+\frac{1}{n}$ とおく。

T_n は，右の図の長方形の面積の和を表し，曲線 $y=\frac{1}{x}$ と x 軸と直線 $x=1$ と $x=n$ で囲まれた図形の面積より小さい。

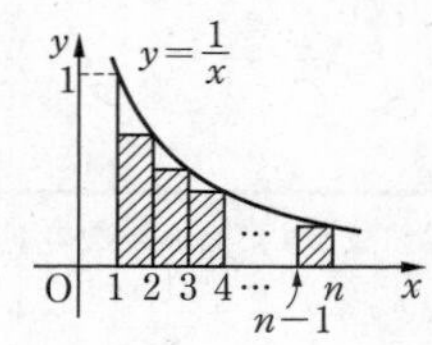

◀グラフの下側にだけ長方形が現れる。

よって　$T_n<\int_{1}^{n}\frac{1}{x}dx=\Big[\log|x|\Big]_{1}^{n}=\log n$

両辺に 1 を加えて　$1+T_n<1+\log n$

すなわち　$S_n<1+\log n$　…②

◀$1+T_n=S_n$

①，② より　$\log(n+1)<1+\frac{1}{2}+\frac{1}{3}+\cdots+\frac{1}{n}<1+\log n$

練習 177　$k>0$，n を 2 以上の自然数とするとき

(1)　$\log k<\int_{k}^{k+1}\log x\,dx<\log(k+1)$ が成り立つことを示せ。

(2)　$n\log n-n+1<\sum_{k=1}^{n}\log k<(n+1)\log n-n+1$ が成り立つことを示せ。

(3)　極限値 $\lim_{n\to\infty}(n!)^{\frac{1}{n\log n}}$ を求めよ。　(大阪大)

---

(1)　$y=\log x$ は $x>0$ で単調増加するから，$k\leqq x\leqq k+1$ において

$\log k\leqq\log x\leqq\log(k+1)$

等号が成り立つのは $x=k,\ k+1$ のときのみであるから

$$\int_{k}^{k+1}\log k\,dx<\int_{k}^{k+1}\log x\,dx<\int_{k}^{k+1}\log(k+1)dx$$

ゆえに　　$\log k < \int_k^{k+1} \log x\,dx < \log(k+1)$

(2)　(1)の結果を $k=1,\ 2,\ 3,\ \cdots,\ n-1$ として辺々を加えると

$$\sum_{k=1}^{n-1}\log k < \int_1^n \log x\,dx < \sum_{k=1}^{n-1}\log(k+1)$$

ここで

$$\sum_{k=1}^{n-1}\log k = \sum_{k=1}^{n}\log k - \log n$$

$$\int_1^n \log x\,dx = \Big[x\log x\Big]_1^n - \int_1^n dx = n\log n - n + 1$$

$$\sum_{k=1}^{n-1}\log(k+1) = \sum_{k=1}^{n}\log k$$

◀$\log 1 = 0$ であるから
$\displaystyle\sum_{k=1}^{n-1}\log(k+1)$
$\displaystyle=\sum_{k=2}^{n}\log k$
$\displaystyle=\sum_{k=2}^{n}\log k + \log 1$
$\displaystyle=\sum_{k=1}^{n}\log k$

よって　　$\displaystyle\sum_{k=1}^{n}\log k - \log n < n\log n - n + 1 < \sum_{k=1}^{n}\log k$

したがって

$$n\log n - n + 1 < \sum_{k=1}^{n}\log k < (n+1)\log n - n + 1$$

(3)　$\displaystyle\sum_{k=1}^{n}\log k = \log 1 + \log 2 + \cdots + \log n = \log(n!)$

(2)より　　$n\log n - n + 1 < \log(n!) < (n+1)\log n - n + 1$

よって　　$e^{n\log n - n + 1} < n! < e^{(n+1)\log n - n + 1}$

この各辺を $\dfrac{1}{n\log n}$ 乗すると

◀$\dfrac{1}{n\log n} > 0$

$$e^{1-\frac{n-1}{n\log n}} < (n!)^{\frac{1}{n\log n}} < e^{\frac{n+1}{n}-\frac{n-1}{n\log n}}$$

◀各辺とも正より不等号の向きは変わらない。

ここで

$$\lim_{n\to\infty}\frac{n-1}{n\log n} = \lim_{n\to\infty}\frac{1-\frac{1}{n}}{\log n} = 0,\ \lim_{n\to\infty}\frac{n+1}{n} = \lim_{n\to\infty}\left(1+\frac{1}{n}\right) = 1$$

ゆえに，$n\to\infty$ のとき　　$e^{1-\frac{n-1}{n\log n}} \to e,\ e^{\frac{n+1}{n}-\frac{n-1}{n\log n}} \to e$

したがって，はさみうちの原理より　　$\boldsymbol{\displaystyle\lim_{n\to\infty}(n!)^{\frac{1}{n\log n}} = e}$

練習 178 次の問に答えよ。

(1)　自然数 n に対して $\displaystyle\int_{\frac{1}{n}}^{\frac{2}{n}} \frac{1}{x}\,dx$ を求めよ。

(2)　$x>0$ のとき，不等式 $x - \dfrac{x^2}{2} < \log(1+x) < x$ が成り立つことを示せ。

(3)　極限 $\displaystyle\lim_{n\to\infty}\int_{\frac{1}{n}}^{\frac{2}{n}} \frac{1}{x+\log(1+x)}\,dx$ を求めよ。　　(琉球大)

---

(1)　$\displaystyle\int_{\frac{1}{n}}^{\frac{2}{n}} \frac{1}{x}\,dx = \Big[\log|x|\Big]_{\frac{1}{n}}^{\frac{2}{n}}$

$$= \log\frac{2}{n} - \log\frac{1}{n} = \boldsymbol{\log 2}$$

(2)　$f(x) = x - \log(1+x)$ とおくと

$$f'(x) = 1 - \frac{1}{1+x} = \frac{x}{1+x}$$

4章 13 区分求積法，面積

ゆえに，$x>0$ において，$f'(x)>0$ であり，$f(x)$ は $x\geqq 0$ で単調増加する。
$f(0)=0$ であるから，$x>0$ において　　$f(x)>0$

また，$g(x)=\log(1+x)-x+\dfrac{x^2}{2}$ とおくと

$$g'(x)=\frac{1}{1+x}-1+x=\frac{x^2}{1+x}$$

ゆえに，$x>0$ において，$g'(x)>0$ であり，$g(x)$ は $x\geqq 0$ で単調増加する。
$g(0)=0$ であるから，$x>0$ において　　$g(x)>0$

したがって　　$x-\dfrac{x^2}{2}<\log(1+x)<x$

(3)　(2) より　　$2x-\dfrac{x^2}{2}<x+\log(1+x)<2x$

$\dfrac{1}{n}\leqq x\leqq\dfrac{2}{n}$ において，この不等式の各辺は正であるから

$$\frac{1}{2x}<\frac{1}{x+\log(1+x)}<\frac{1}{2x-\frac{x^2}{2}}$$

◀ n は自然数であるから
$0<\dfrac{1}{n}\leqq x\leqq\dfrac{2}{n}\leqq 2$
$0<x\leqq 2$ のとき
$2x-\dfrac{x^2}{2}>0$

ゆえに　　$$\int_{\frac{1}{n}}^{\frac{2}{n}}\frac{1}{2x}dx<\int_{\frac{1}{n}}^{\frac{2}{n}}\frac{1}{x+\log(1+x)}dx<\int_{\frac{1}{n}}^{\frac{2}{n}}\frac{1}{2x-\frac{x^2}{2}}dx$$

ここで，(1) より　　$\displaystyle\int_{\frac{1}{n}}^{\frac{2}{n}}\frac{1}{2x}dx=\frac{1}{2}\log 2$

また，
$$\int_{\frac{1}{n}}^{\frac{2}{n}}\frac{1}{2x-\frac{x^2}{2}}dx=\int_{\frac{1}{n}}^{\frac{2}{n}}\frac{1}{2}\left(\frac{1}{x}-\frac{1}{x-4}\right)dx$$
$$=\left[\frac{1}{2}(\log|x|-\log|x-4|)\right]_{\frac{1}{n}}^{\frac{2}{n}}$$
$$=\frac{1}{2}\log\frac{2\left|\frac{1}{n}-4\right|}{\left|\frac{2}{n}-4\right|}$$

よって　　$$\frac{1}{2}\log 2<\int_{\frac{1}{n}}^{\frac{2}{n}}\frac{1}{x+\log(1+x)}dx<\frac{1}{2}\log\frac{2\left|\frac{1}{n}-4\right|}{\left|\frac{2}{n}-4\right|}$$

$\displaystyle\lim_{n\to\infty}\frac{1}{2}\log\frac{2\left|\frac{1}{n}-4\right|}{\left|\frac{2}{n}-4\right|}=\frac{1}{2}\log 2$ であるから，はさみうちの原理より

$$\lim_{n\to\infty}\int_{\frac{1}{n}}^{\frac{2}{n}}\frac{1}{x+\log(1+x)}dx=\boldsymbol{\frac{1}{2}\log 2}$$

練習 179 $I_k=\int_0^{\log 2}(e^x-1)^k dx$ $(k=0,\ 1,\ 2,\ \cdots)$ とおく。

(1) $0 \leqq e^x-1 \leqq \dfrac{x}{\log 2}$ $(0 \leqq x \leqq \log 2)$ が成り立つことを示せ。

(2) I_k+I_{k+1} を k を用いて表せ。

(3) $1-\dfrac{1}{2}+\dfrac{1}{3}-\dfrac{1}{4}+\cdots+(-1)^n\dfrac{1}{n+1}=I_0+(-1)^n I_{n+1}$ $(n=1,\ 2,\ 3,\ \cdots)$ が成り立つことを示せ。

(4) $\displaystyle\lim_{n\to\infty}\sum_{k=0}^{n}(-1)^k\frac{1}{k+1}$ を求めよ。　　　　（東京海洋大　改）

(1) $0 \leqq x \leqq \log 2$ のとき，$1 \leqq e^x \leqq 2$ より　　$e^x-1 \geqq 0$　　…①

また，$f(x)=\dfrac{x}{\log 2}-(e^x-1)$ とおくと　　$f'(x)=\dfrac{1}{\log 2}-e^x$

$f'(x)=0$ とすると，$e^x=\dfrac{1}{\log 2}$ より　　$x=\log\left(\dfrac{1}{\log 2}\right)$

ここで，$2<e<4$ より，

$\sqrt{e}<2<e$ であるから

$$1<\frac{1}{\log 2}<2$$

よって　$0<\log\left(\dfrac{1}{\log 2}\right)<\log 2$

x	0	$\cdots$	$\log\left(\dfrac{1}{\log 2}\right)$	$\cdots$	$\log 2$
$f'(x)$		$+$	0	$-$	
$f(x)$	0	↗	極大	↘	0

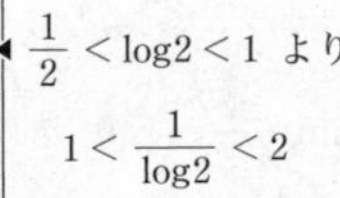

◀ $\dfrac{1}{2}<\log 2<1$ より

$1<\dfrac{1}{\log 2}<2$

◀ ($f(x)$ の最小値) $\geqq 0$ を示したいのであるから，極大値を求める必要はない。
実際には，
$f''(x)=-e^x<0$ より
$y=f(x)$ のグラフは上に凸であり，
$f(0)=f(\log 2)=0$ であることから $f(x) \geqq 0$ を示してもよい。

ゆえに，$f(x)$ の増減表は上のようになる。

したがって，$0 \leqq x \leqq \log 2$ において

$$f(x)=\frac{x}{\log 2}-(e^x-1) \geqq 0$$

すなわち　　$e^x-1 \leqq \dfrac{x}{\log 2}$　　…②

①，② より　　$0 \leqq e^x-1 \leqq \dfrac{x}{\log 2}$

〔別解〕

$y=e^x-1$ のグラフは下に凸である。

よって，$y=e^x-1$ と $y=\dfrac{x}{\log 2}$ のグラフは右の図のようになる。

したがって，$0 \leqq x \leqq \log 2$ において

$$0 \leqq e^x-1 \leqq \frac{x}{\log 2}$$

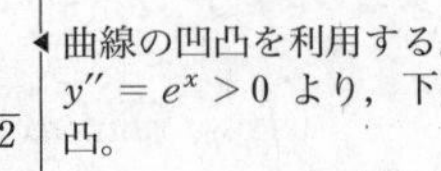

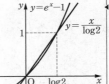

◀ 曲線の凹凸を利用する。
$y''=e^x>0$ より，下に凸。

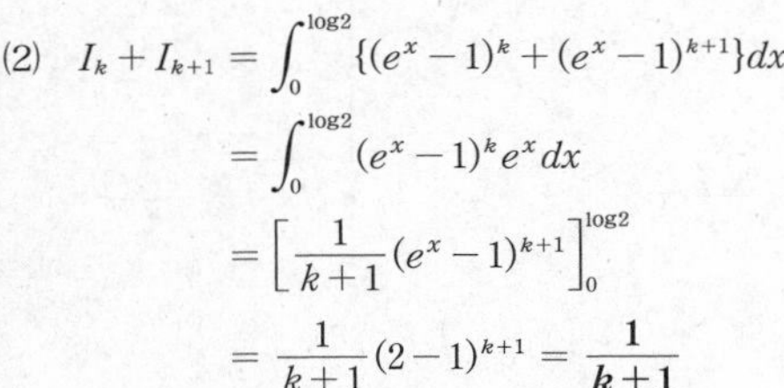

(2) $I_k+I_{k+1}=\displaystyle\int_0^{\log 2}\{(e^x-1)^k+(e^x-1)^{k+1}\}dx$

$\qquad=\displaystyle\int_0^{\log 2}(e^x-1)^k e^x dx$

$\qquad=\left[\dfrac{1}{k+1}(e^x-1)^{k+1}\right]_0^{\log 2}$

$\qquad=\dfrac{1}{k+1}(2-1)^{k+1}=\boldsymbol{\dfrac{1}{k+1}}$

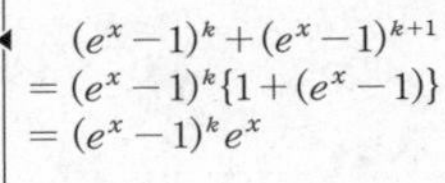

◀ $(e^x-1)^k+(e^x-1)^{k+1}$
$=(e^x-1)^k\{1+(e^x-1)\}$
$=(e^x-1)^k e^x$

◀ $(e^x-1)^k e^x$
$=(e^x-1)^k(e^x-1)'$

(3) (2) より，$\dfrac{1}{k+1}=I_k+I_{k+1}$ であるから

$$\sum_{k=0}^{n}(-1)^k\frac{1}{k+1}=\sum_{k=0}^{n}(-1)^k(I_k+I_{k+1})$$
$$=(I_0+I_1)-(I_1+I_2)+(I_2+I_3)-(I_3+I_4)+\cdots+(-1)^n(I_n+I_{n+1})$$
$$=I_0+(-1)^nI_{n+1}$$

◀項が打ち消し合う。

(4) $I_0=\int_0^{\log 2}dx=\Big[x\Big]_0^{\log 2}=\log 2$

また，(1) の結果より　$0\leqq(e^x-1)^n\leqq\left(\dfrac{x}{\log 2}\right)^n$

等号が成り立つのは，$x=0,\ \log 2$ のときのみであるから

$$0<\int_0^{\log 2}(e^x-1)^n dx<\int_0^{\log 2}\left(\frac{x}{\log 2}\right)^n dx \quad \cdots ③$$

ここで　$\displaystyle\int_0^{\log 2}\left(\frac{x}{\log 2}\right)^n dx=\left[\frac{1}{(\log 2)^n}\cdot\frac{1}{n+1}x^{n+1}\right]_0^{\log 2}=\frac{\log 2}{n+1}$

よって，③ より　$0<I_n<\dfrac{\log 2}{n+1}$

$\displaystyle\lim_{n\to\infty}\frac{\log 2}{n+1}=0$ であるから，はさみうちの原理より　$\displaystyle\lim_{n\to\infty}I_n=0$

ゆえに，$\displaystyle\lim_{n\to\infty}(-1)^nI_{n+1}=0$ であるから

$$\lim_{n\to\infty}\sum_{k=0}^{n}(-1)^k\frac{1}{k+1}=\lim_{n\to\infty}\{I_0+(-1)^nI_{n+1}\}=\mathbf{\log 2}$$

◀$0\leqq|(-1)^nI_{n+1}|=I_{n+1}$
よって
$\displaystyle\lim_{n\to\infty}(-1)^nI_{n+1}=0$

練習 180 シュワルツの不等式を用いて，不等式 $\displaystyle\int_0^{\frac{\pi}{2}}\sqrt{x\sin x}\,dx\leqq\frac{\sqrt{2}}{4}\pi$ を示せ。

シュワルツの不等式

$$\left\{\int_a^b f(x)g(x)dx\right\}^2\leqq\int_a^b\{f(x)\}^2dx\int_a^b\{g(x)\}^2dx$$

において，$f(x)=\sqrt{x}$，$g(x)=\sqrt{\sin x}$，$a=0$，$b=\dfrac{\pi}{2}$ とおくと

$$\left(\int_0^{\frac{\pi}{2}}\sqrt{x\sin x}\,dx\right)^2\leqq\int_0^{\frac{\pi}{2}}x\,dx\int_0^{\frac{\pi}{2}}\sin x\,dx$$

◀$0\leqq x\leqq\dfrac{\pi}{2}$ の範囲で
$\sin x\geqq 0$

ここで　$\displaystyle\int_0^{\frac{\pi}{2}}x\,dx=\left[\frac{1}{2}x^2\right]_0^{\frac{\pi}{2}}=\frac{\pi^2}{8}$

$\displaystyle\int_0^{\frac{\pi}{2}}\sin x\,dx=\Big[-\cos x\Big]_0^{\frac{\pi}{2}}=1$

よって　$\displaystyle\left(\int_0^{\frac{\pi}{2}}\sqrt{x\sin x}\,dx\right)^2\leqq\frac{\pi^2}{8}$

$\displaystyle\int_0^{\frac{\pi}{2}}\sqrt{x\sin x}\,dx>0$ より　$\displaystyle\int_0^{\frac{\pi}{2}}\sqrt{x\sin x}\,dx\leqq\frac{\sqrt{2}}{4}\pi$

◀$\sqrt{\dfrac{\pi^2}{8}}=\dfrac{\sqrt{2}}{4}\pi$

練習 181 次の曲線と直線で囲まれた図形の面積 S を求めよ。

(1) $y=\dfrac{1}{(x+1)^2}$，x 軸，$x=0$，$x=1$

(2) $y=1+\log x$，x 軸，$x=\dfrac{1}{e^2}$，$x=1$

(3) $y=\cos x+\cos^2 x \quad (0 \leqq x \leqq \pi)$，$x$ 軸

(4) $y=\dfrac{x^2-3x}{x^2+3}$，x 軸

(1) $y=\dfrac{1}{(x+1)^2}$ のグラフは，$x \geqq 0$ の範囲では常に x 軸より上側にあり，グラフの概形は右の図のようになるから

$$S=\int_0^1 \frac{1}{(x+1)^2}dx$$

$$=\left[-\frac{1}{x+1}\right]_0^1=\mathbf{\frac{1}{2}}$$

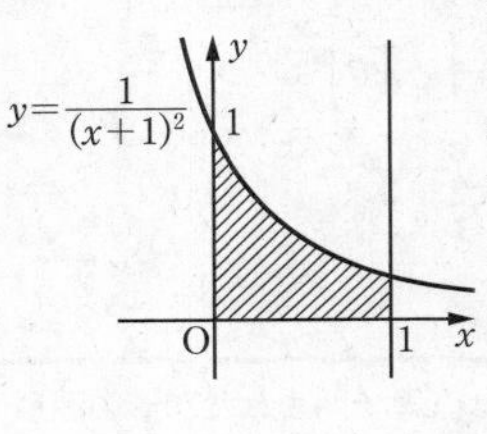

◀ $x \geqq 0$ のとき
$y'=-\dfrac{2}{(x+1)^3}<0$
より，グラフは単調減少する。

(2) $y=0$ とすると　$x=\dfrac{1}{e}$

グラフの概形は右の図のようになるから

$$S=-\int_{\frac{1}{e^2}}^{\frac{1}{e}}(1+\log x)dx$$

$$+\int_{\frac{1}{e}}^{1}(1+\log x)dx$$

$$=-\Big[x\log x\Big]_{\frac{1}{e^2}}^{\frac{1}{e}}+\Big[x\log x\Big]_{\frac{1}{e}}^{1}$$

$$=-\left(-\frac{1}{e}+\frac{2}{e^2}\right)+\frac{1}{e}=\mathbf{\frac{2}{e^2}(e-1)}$$

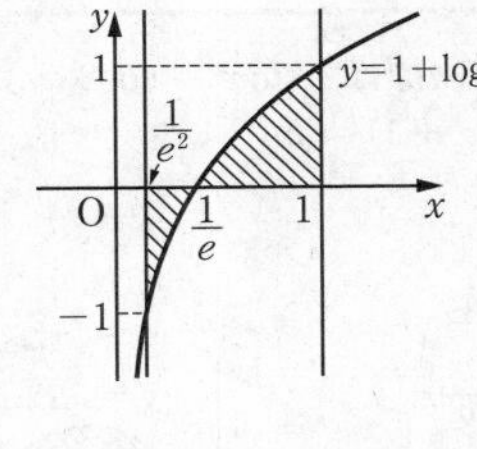

◀ $\displaystyle\int(1+\log x)dx$
$=x+\displaystyle\int \log x\,dx$
$=x+x\log x-x+C$
$=x\log x+C$

(3) $y=\cos x+\cos^2 x$ において
$y=0$ とすると $0 \leqq x \leqq \pi$ の範囲で　$x=\dfrac{\pi}{2}$，π

$y'=-\sin x(1+2\cos x)$ より，y の増減表は右のようになる。

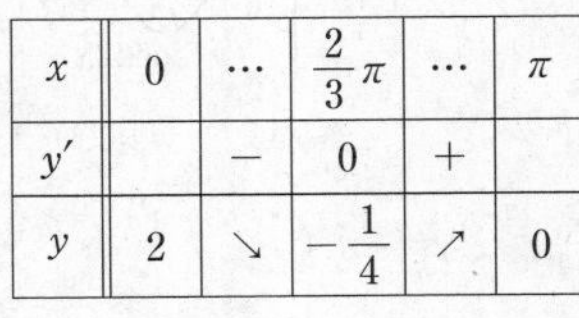

x	0	$\cdots$	$\dfrac{2}{3}\pi$	$\cdots$	π
y'		$-$	0	$+$	
y	2	↘	$-\dfrac{1}{4}$	↗	0

◀ $\cos x+\cos^2 x=0$ より
$\cos x(1+\cos x)=0$
$\cos x=0,\ -1$
よって　$x=\dfrac{\pi}{2}$，π

よって，グラフは右の図のようになるから

$$S=-\int_{\frac{\pi}{2}}^{\pi}(\cos x+\cos^2 x)dx$$

$$=-\int_{\frac{\pi}{2}}^{\pi}\left(\cos x+\frac{1+\cos 2x}{2}\right)dx$$

$$=-\left[\sin x+\frac{x}{2}+\frac{\sin 2x}{4}\right]_{\frac{\pi}{2}}^{\pi}$$

$$=\mathbf{1-\frac{\pi}{4}}$$

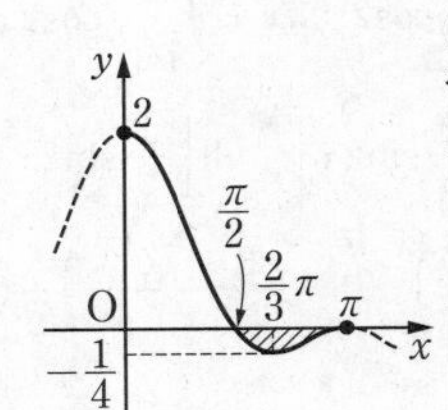

◀ $y'=-\sin x+2\cos x(-\sin x)$
$=-\sin x(1+2\cos x)$
$y'=0$ とすると
$0<x<\pi$ の範囲で
$x=\dfrac{2}{3}\pi$

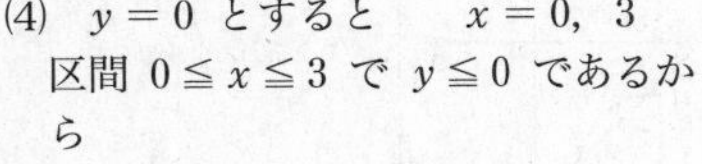

(4) $y=0$ とすると　$x=0$，3

区間 $0 \leqq x \leqq 3$ で $y \leqq 0$ であるから

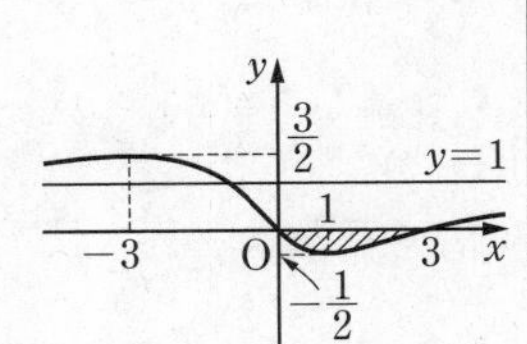
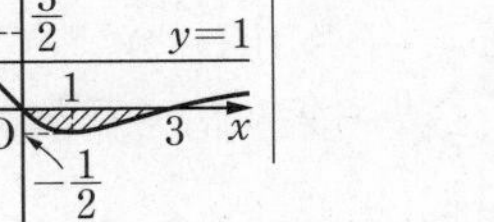

$$S=-\int_0^3\frac{x^2-3x}{x^2+3}dx$$
$$=\int_0^3\left(-1+\frac{3x}{x^2+3}+\frac{3}{x^2+3}\right)dx$$
$$=\int_0^3\left\{-1+\frac{3}{2}\cdot\frac{(x^2+3)'}{x^2+3}\right\}dx+\int_0^{\frac{\pi}{3}}\frac{3}{3\tan^2\theta+3}\cdot\frac{\sqrt{3}}{\cos^2\theta}d\theta$$
$$=\left[-x+\frac{3}{2}\log(x^2+3)\right]_0^3+\int_0^{\frac{\pi}{3}}\sqrt{3}\,d\theta$$
$$=-3+3\log2+\left[\sqrt{3}\,\theta\right]_0^{\frac{\pi}{3}}$$
$$=\boldsymbol{\frac{\sqrt{3}}{3}\pi+3\log2-3}$$

◀帯分数式化する。

◀$x=\sqrt{3}\tan\theta$ とおくと

$\dfrac{3}{x^2+3}=\dfrac{1}{\tan^2\theta+1}$
$=\cos^2\theta$

$\dfrac{dx}{d\theta}=\dfrac{\sqrt{3}}{\cos^2\theta}$

x	$0\to 3$
θ	$0\to\frac{\pi}{3}$

練習 182 次の曲線または直線で囲まれた図形の面積 S を求めよ。

(1) $y=\sin x$, $y=\cos2x$ $(0\leqq x\leqq 2\pi)$

(2) $y=\dfrac{3}{x-3}$, $y=-x-1$ (3) $y=e^x$, $y=x^2e^x$

(1) 2 曲線の共有点の x 座標は，$\sin x=\cos2x$ より

$(2\sin x-1)(\sin x+1)=0$

◀$\cos2x=1-2\sin^2x$ より

よって $\sin x=\dfrac{1}{2}$, -1

$0\leqq x\leqq 2\pi$ であるから

$x=\dfrac{\pi}{6}$, $\dfrac{5}{6}\pi$, $\dfrac{3}{2}\pi$

区間 $\dfrac{\pi}{6}\leqq x\leqq\dfrac{5}{6}\pi$ で

$\sin x\geqq\cos2x$

区間 $\dfrac{5}{6}\pi\leqq x\leqq\dfrac{3}{2}\pi$ で

$\sin x\leqq\cos2x$

であるから，求める面積 S は

$$S=\int_{\frac{\pi}{6}}^{\frac{5}{6}\pi}(\sin x-\cos2x)dx+\int_{\frac{5}{6}\pi}^{\frac{3}{2}\pi}(\cos2x-\sin x)dx$$
$$=\left[-\cos x-\frac{1}{2}\sin2x\right]_{\frac{\pi}{6}}^{\frac{5}{6}\pi}+\left[\frac{1}{2}\sin2x+\cos x\right]_{\frac{5}{6}\pi}^{\frac{3}{2}\pi}$$
$$=\left(\frac{\sqrt{3}}{2}+\frac{\sqrt{3}}{4}\right)-\left(-\frac{\sqrt{3}}{2}-\frac{\sqrt{3}}{4}\right)+0-\left(-\frac{\sqrt{3}}{4}-\frac{\sqrt{3}}{2}\right)$$
$$=\boldsymbol{\frac{9\sqrt{3}}{4}}$$

(2) 曲線と直線の共有点の x 座標は，

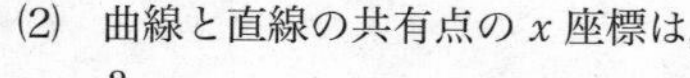

$\dfrac{3}{x-3}=-x-1$ より

$3=-(x+1)(x-3)$

$x(x-2)=0$ となり $x=0,\ 2$

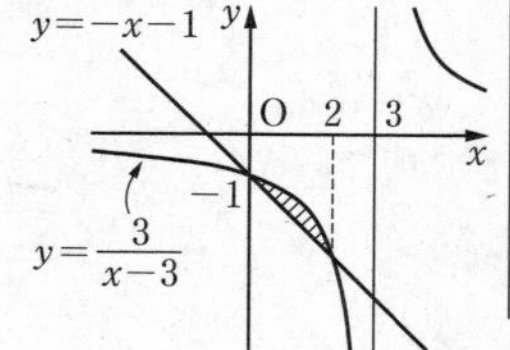

区間 $0 \leqq x \leqq 2$ で $\dfrac{3}{x-3} \geqq -x-1$ で

あるから，求める面積 S は

$$S=\int_0^2\left\{\frac{3}{x-3}-(-x-1)\right\}dx$$

$$=\left[3\log|x-3|+\frac{1}{2}x^2+x\right]_0^2=\mathbf{4-3\log 3}$$

(3) 2曲線の共有点の x 座標は，$e^x=x^2e^x$ より

$(x^2-1)e^x=0$

$e^x \neq 0$ より $x^2-1=0$ から　$x=\pm 1$

区間 $-1 \leqq x \leqq 1$ で $e^x \geqq x^2e^x$ であるから，

求める面積 S は

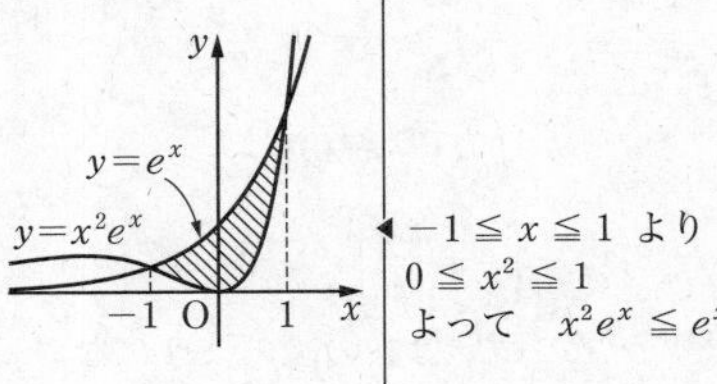

◀ $-1 \leqq x \leqq 1$ より $0 \leqq x^2 \leqq 1$ よって　$x^2e^x \leqq e^x$

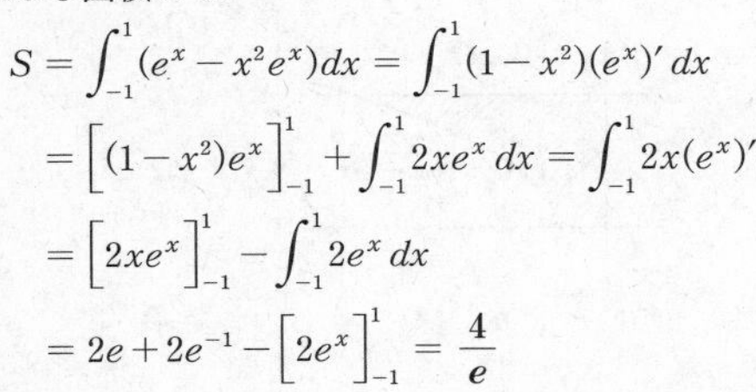

$$S=\int_{-1}^1(e^x-x^2e^x)dx=\int_{-1}^1(1-x^2)(e^x)'\,dx$$

$$=\left[(1-x^2)e^x\right]_{-1}^1+\int_{-1}^1 2xe^x\,dx=\int_{-1}^1 2x(e^x)'dx$$

◀ $\left[(1-x^2)e^x\right]_{-1}^1=0$

$$=\left[2xe^x\right]_{-1}^1-\int_{-1}^1 2e^x\,dx$$

$$=2e+2e^{-1}-\left[2e^x\right]_{-1}^1=\mathbf{\frac{4}{e}}$$

練習 183 曲線 $C: y=\dfrac{\log 2x}{x}$（ただし，$x>0$）において，原点を通り，曲線 C に接する直線を l とする。このとき，x 軸，曲線 C，直線 l によって囲まれた図形の面積を求めよ。（日本工業大）

$y'=\dfrac{1-\log 2x}{x^2}$ より，曲線 C 上の点 $\left(\alpha,\ \dfrac{\log 2\alpha}{\alpha}\right)$ における接線の方程

式は　$y-\dfrac{\log 2\alpha}{\alpha}=\dfrac{1-\log 2\alpha}{\alpha^2}(x-\alpha)$

◀ $y-f(\alpha)=f'(\alpha)(x-\alpha)$

この接線が原点を通ることより

$$-\frac{\log 2\alpha}{\alpha}=-\frac{1-\log 2\alpha}{\alpha}$$

$\log 2\alpha=\dfrac{1}{2}$ となり　$\alpha=\dfrac{\sqrt{e}}{2}$

◀ $2\alpha=e^{\frac{1}{2}}=\sqrt{e}$

よって，接線 l は　$y=\dfrac{2}{e}x$

また，曲線 C において $y=0$ とすると

$x=\dfrac{1}{2}$ となり，区間 $\dfrac{1}{2} \leqq x \leqq \dfrac{\sqrt{e}}{2}$ で

$\dfrac{2}{e}x \geqq \dfrac{\log 2x}{x}$ である。

◀ $\log 2x=0$ より　$2x=1$ よって　$x=\dfrac{1}{2}$

したがって，求める面積は

$$\int_0^{\frac{\sqrt{e}}{2}}\frac{2}{e}x\,dx-\int_{\frac{1}{2}}^{\frac{\sqrt{e}}{2}}\frac{\log 2x}{x}\,dx=\left[\frac{x^2}{e}\right]_0^{\frac{\sqrt{e}}{2}}-\int_{\frac{1}{2}}^{\frac{\sqrt{e}}{2}}(\log 2x)'\log 2x\,dx$$

◀ $\dfrac{1}{x}=(\log 2x)'$ とみる。

$$=\frac{1}{4}-\left[\frac{1}{2}(\log 2x)^2\right]_{\frac{1}{2}}^{\frac{\sqrt{e}}{2}}=\mathbf{\frac{1}{8}}$$

◀ $\dfrac{1}{2}(\log\sqrt{e})^2=\dfrac{1}{2}\cdot\left(\dfrac{1}{2}\right)^2$

練習 184 次の曲線や直線で囲まれた図形の面積 S を求めよ。

(1) $x=-1-y^2$, y 軸, $y=-1$, $y=2$

(2) $y=\sqrt{x-1}$, y 軸, $y=0$, $y=2$

(1) グラフの概形は右の図のようになる。

したがって，求める面積 S は

$$S=-\int_{-1}^{2}x\,dy$$

$$=\int_{-1}^{2}(1+y^2)dy$$

$$=\left[y+\frac{y^3}{3}\right]_{-1}^{2}=\mathbf{6}$$

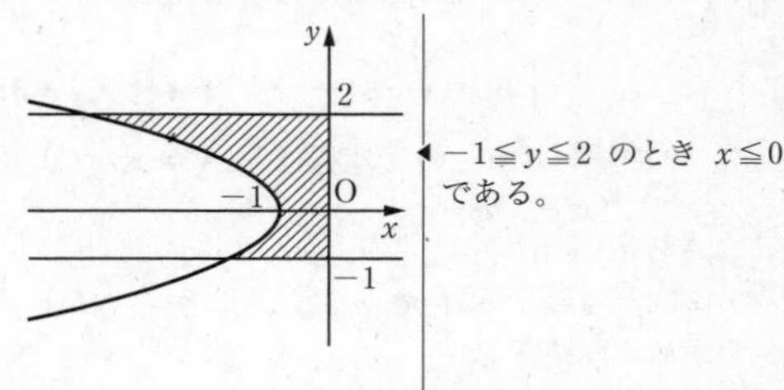

◀ $-1\leqq y\leqq 2$ のとき $x\leqq 0$ である。

(2) グラフの概形は右の図のようになる。

したがって，求める面積 S は

$$S=\int_{0}^{2}x\,dy$$

$$=\int_{0}^{2}(y^2+1)dy$$

$$=\left[\frac{y^3}{3}+y\right]_{0}^{2}=\mathbf{\frac{14}{3}}$$

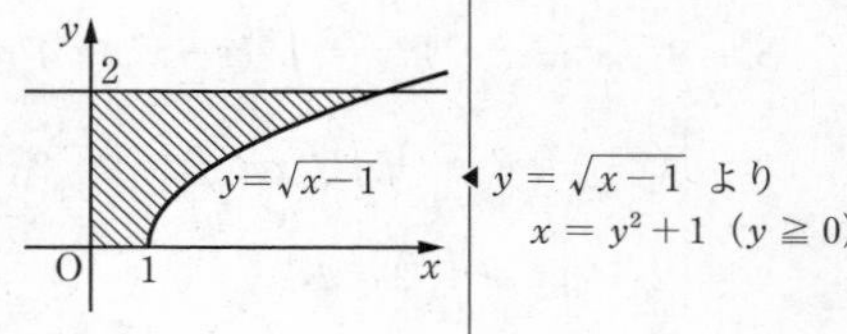

◀ $y=\sqrt{x-1}$ より $x=y^2+1$ $(y\geqq 0)$

練習 185 正の定数 a に対して，曲線 $C: y=\dfrac{1}{a}\log x-a$ とおく。

(1) 原点から曲線 C に接線 l を引く。l の方程式を求めよ。

(2) 曲線 C と接線 l および x 軸で囲まれた図形の面積 $S(a)$ を求めよ。

(3) $S(a)$ の最小値とそのときの a の値を求めよ。

(1) 接点の座標を $\left(t,\ \dfrac{1}{a}\log t-a\right)$ とおく。

◀ 真数条件より $x>0$ であるから $y'=\dfrac{1}{ax}>0$

$y'=\dfrac{1}{ax}$ より，接線の方程式は

$$y-\left(\frac{1}{a}\log t-a\right)=\frac{1}{at}(x-t)\qquad\cdots ①$$

◀ 点 $(t,\ f(t))$ における接線の方程式は $y-f(t)=f'(t)(x-t)$

これが原点を通るから　　$0-\left(\dfrac{1}{a}\log t-a\right)=\dfrac{1}{at}(0-t)$

$\log t=a^2+1$ より　　$t=e^{a^2+1}$

① に代入すると，求める接線 l の方程式は　　$\boldsymbol{y=\dfrac{1}{ae^{a^2+1}}x}$

(2) (1) より，接点の y 座標は　　$y=\dfrac{1}{ae^{a^2+1}}\cdot e^{a^2+1}=\dfrac{1}{a}$

◀ 接点の x 座標 $t=e^{a^2+1}$ を接線の方程式 $y=\dfrac{1}{ae^{a^2+1}}x$ に代入する。

曲線 C は $\log x=a(y+a)$ と変形できるから　　$x=e^{ay+a^2}$

また，接線の方程式は　　$x=ae^{a^2+1}y$

よって，グラフの位置関係は右の図のようになり，求める面積 $S(a)$ は

$$S(a)=\int_{0}^{\frac{1}{a}}(e^{ay+a^2}-ae^{a^2+1}y)dy$$

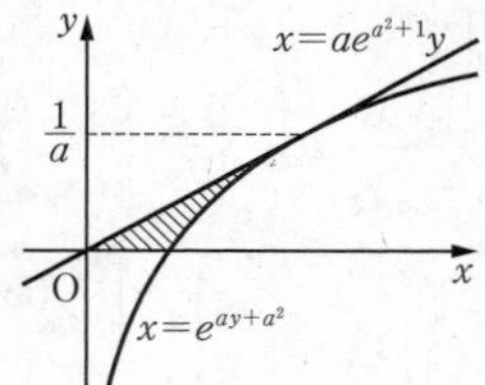

$$= \left[e^{a^2}\frac{1}{a}e^{ay} - \frac{1}{2}ae^{a^2+1}y^2\right]_0^{\frac{1}{a}}$$

$$= \left(\frac{e}{2} - 1\right)\frac{e^{a^2}}{a}$$

◀ $e^{ay+a^2} = e^{ay} \cdot e^{a^2}$

(3) $S'(a) = \left(\frac{e}{2} - 1\right)\frac{2a^2-1}{a^2}e^{a^2}$

よって，$S(a)$ の増減表は右のようになる。

a	0	…	$\frac{\sqrt{2}}{2}$	…
$S'(a)$	／	－	0	＋
$S(a)$	／	↘	極小	↗

したがって，$S(a)$ は

$a = \frac{\sqrt{2}}{2}$ のとき　最小値 $\left(\frac{e}{2} - 1\right)\sqrt{2e}$

◀ $\left(\frac{e^{a^2}}{a}\right)' = \frac{(e^{a^2})'a - e^{a^2}(a)'}{a^2} = \frac{2a^2e^{a^2} - e^{a^2}}{a^2}$

◀ $e = 2.718\cdots$ であるから $\frac{e}{2} - 1 > 0$

練習 186　2 曲線 $y = \cos x$ $\left(0 \leqq x \leqq \frac{\pi}{2}\right)$，$y = 2\sin x$ $\left(0 \leqq x \leqq \frac{\pi}{2}\right)$ および y 軸で囲まれた図形の面積 S を求めよ。

2 曲線の共有点の x 座標を α $\left(0 < \alpha < \frac{\pi}{2}\right)$ とおくと

$$\cos\alpha = 2\sin\alpha$$

これより，$\cos^2\alpha = 4\sin^2\alpha$ となり

$$\sin^2\alpha + 4\sin^2\alpha = 1$$

$0 < \alpha < \frac{\pi}{2}$ より，$0 < \sin\alpha < 1$ であるから　$\sin\alpha = \frac{\sqrt{5}}{5}$

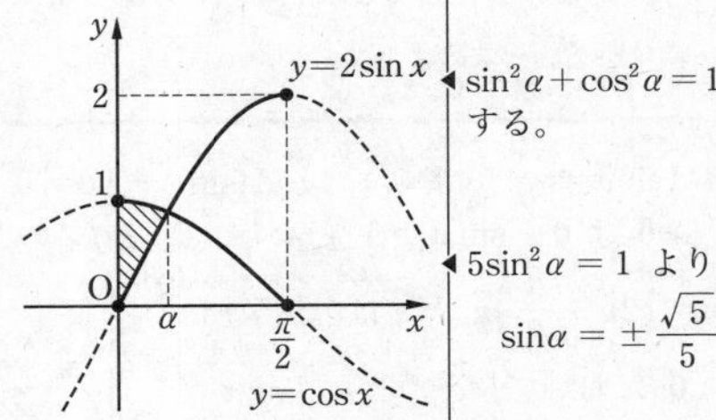

◀ $\sin^2\alpha + \cos^2\alpha = 1$ に代入する。

◀ $5\sin^2\alpha = 1$ より $\sin\alpha = \pm\frac{\sqrt{5}}{5}$

区間 $0 \leqq x \leqq \alpha$ で $\cos x \geqq 2\sin x$ であるから，求める面積 S は

$$S = \int_0^\alpha (\cos x - 2\sin x)dx$$

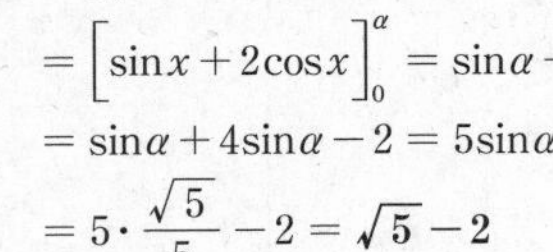

$$= \Bigl[\sin x + 2\cos x\Bigr]_0^\alpha = \sin\alpha + 2\cos\alpha - 2$$

$$= \sin\alpha + 4\sin\alpha - 2 = 5\sin\alpha - 2$$

$$= 5 \cdot \frac{\sqrt{5}}{5} - 2 = \sqrt{5} - 2$$

◀ $\cos\alpha = 2\sin\alpha$

◀ $\sin\alpha = \frac{\sqrt{5}}{5}$

練習 187　k は $0 \leqq k \leqq \frac{\pi}{2}$ を満たす定数とする。$0 \leqq x \leqq \frac{\pi}{2}$ において，2 つの曲線 $C_1 : y = \sin 2x$ と $C_2 : y = k\cos x$ がある。C_1 と x 軸で囲まれた図形の面積 S を C_2 が 2 等分するような定数 k の値を求めよ。

面積 S は

$$S = \int_0^{\frac{\pi}{2}} \sin 2x\,dx = \left[-\frac{1}{2}\cos 2x\right]_0^{\frac{\pi}{2}} = 1$$

2 曲線 C_1，C_2 の共有点の x 座標を α $\left(0 < \alpha < \frac{\pi}{2}\right)$ とおくと

$$\sin 2\alpha = k\cos\alpha$$

よって　　$\cos\alpha(2\sin\alpha - k) = 0$

◀ $\sin 2\alpha = 2\sin\alpha\cos\alpha$

4章 13 区分求積法，面積

$\cos\alpha \neq 0$ より　　$\sin\alpha = \dfrac{k}{2}$　　…①

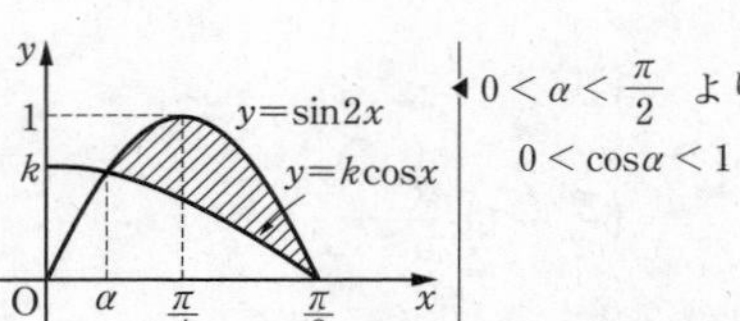

◀ $0 < \alpha < \dfrac{\pi}{2}$ より　$0 < \cos\alpha < 1$

曲線 C_2 が S を 2 等分するとき

$$\int_{\alpha}^{\frac{\pi}{2}} (\sin 2x - k\cos x)dx = \frac{S}{2} = \frac{1}{2}$$

$$\left[-\frac{1}{2}\cos 2x - k\sin x\right]_{\alpha}^{\frac{\pi}{2}} = \frac{1}{2}$$

$$\frac{1}{2} - k + \frac{1}{2}\cos 2\alpha + k\sin\alpha = \frac{1}{2}$$

$$\frac{1}{2} - k + \frac{1}{2}(1 - 2\sin^2\alpha) + k\sin\alpha = \frac{1}{2}$$

◀ $\cos 2\alpha = 1 - 2\sin^2\alpha$

① より　　$\dfrac{1}{2} - k + \dfrac{1}{2}\left(1 - \dfrac{k^2}{2}\right) + \dfrac{k^2}{2} = \dfrac{1}{2}$

整理して　　$k^2 - 4k + 2 = 0$

$0 \leqq k \leqq \dfrac{\pi}{2}$ より　　$\boldsymbol{k = 2 - \sqrt{2}}$

練習 188　2 つの曲線 $C_1 : y = e^{-x}\sin x$ と $C_2 : y = e^{-x}$ がある。$x \geqq 0$ の範囲で，この 2 つの曲線で囲まれた図形の面積を原点に近い方から順に S_1，S_2，S_3，$\cdots$，S_n，$\cdots$ とする。このとき

(1)　S_n を求めよ。　　　(2)　$S = \displaystyle\lim_{n\to\infty}\sum_{k=1}^{n} S_k$ を求めよ。

---

(1)　$e^{-x}\sin x = e^{-x}$ より　　$e^{-x}(\sin x - 1) = 0$

$e^{-x} > 0$ より，$\sin x = 1$ となり，C_1 と C_2 の共有点の x 座標は

$x = \left(2n - \dfrac{3}{2}\right)\pi$　（n は自然数）

◀ $x = \dfrac{\pi}{2} + 2(n-1)\pi$ より

$x \geqq 0$ において，$e^{-x} \geqq e^{-x}\sin x$ であるから，グラフの概形は右の図のようになる。

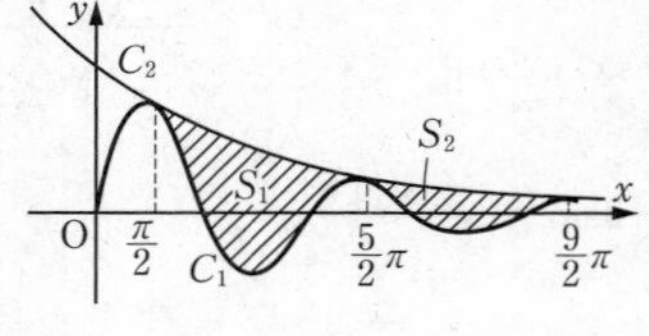

よって

$$S_n = \int_{\left(2n-\frac{3}{2}\right)\pi}^{\left(2n+\frac{1}{2}\right)\pi} (e^{-x} - e^{-x}\sin x)dx$$

$$= \left[-e^{-x}\right]_{\left(2n-\frac{3}{2}\right)\pi}^{\left(2n+\frac{1}{2}\right)\pi} - \frac{1}{2}\left[-e^{-x}\cos x - e^{-x}\sin x\right]_{\left(2n-\frac{3}{2}\right)\pi}^{\left(2n+\frac{1}{2}\right)\pi}$$

$$= -\frac{1}{2}\left\{e^{-\left(2n+\frac{1}{2}\right)\pi} - e^{-\left(2n-\frac{3}{2}\right)\pi}\right\}$$

$$= \boldsymbol{\frac{1}{2}(e^{2\pi} - 1)e^{-\left(2n+\frac{1}{2}\right)\pi}}$$

◀ $x = \left(2n - \dfrac{3}{2}\right)\pi$，$\left(2n + \dfrac{1}{2}\right)\pi$ のとき $\cos x = 0$，$\sin x = 1$ である。

(2)　$S = \displaystyle\lim_{n\to\infty}\sum_{k=1}^{n} S_k$ は，初項 $\dfrac{1}{2}(e^{2\pi} - 1)e^{-\frac{5}{2}\pi}$，公比 $e^{-2\pi}$ の無限等比級数であり，$|e^{-2\pi}| < 1$ であるから

$$S = \frac{\frac{1}{2}(e^{2\pi} - 1)e^{-\frac{5}{2}\pi}}{1 - e^{-2\pi}} = \boldsymbol{\frac{1}{2e^{\frac{1}{2}\pi}}}$$

◀ 分母・分子に $2e^{2\pi}$ を掛ける。

練習 189 2つの曲線 $f(x)=e^x$, $g_n(x)=ne^{-x}$ (n は2以上の自然数) および y 軸で囲まれた部分の面積を S_n とするとき, $\lim_{n\to\infty}(S_{n+1}-S_n)$ を求めよ。

2つの曲線の交点の x 座標は, 2つの式を連立して $e^x=ne^{-x}$

両辺に e^x (>0) を掛けると $e^{2x}=n$

$e^x=\sqrt{n}$ となり $x=\log\sqrt{n}$

$0\leqq x\leqq \log\sqrt{n}$ において, $g_n(x)\geqq f(x)$ であるから

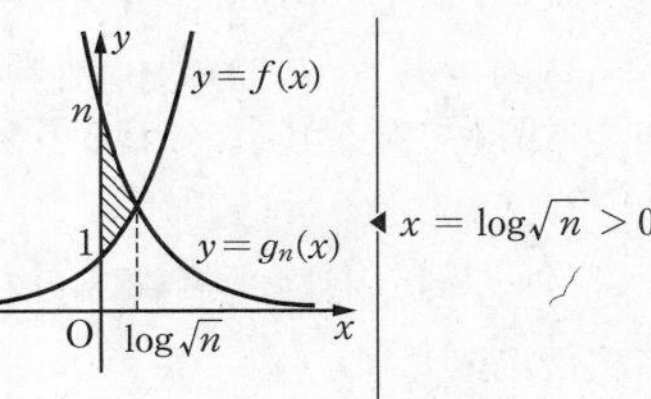

◀ $x=\log\sqrt{n}>0$

$$S_n=\int_0^{\log\sqrt{n}}\{g_n(x)-f(x)\}dx$$

$$=\int_0^{\log\sqrt{n}}(ne^{-x}-e^x)dx=\Big[-ne^{-x}-e^x\Big]_0^{\log\sqrt{n}}$$

$$=-n\cdot\frac{1}{\sqrt{n}}-\sqrt{n}+n+1=n-2\sqrt{n}+1$$

◀ $e^{-\log\sqrt{n}}=(e^{\log\sqrt{n}})^{-1}=(\sqrt{n})^{-1}=\frac{1}{\sqrt{n}}$

よって $S_{n+1}=(n+1)-2\sqrt{n+1}+1=n+2-2\sqrt{n+1}$

したがって

◀ S_{n+1} は S_n の n を $n+1$ で置き換えたものである。

$$\lim_{n\to\infty}(S_{n+1}-S_n)=\lim_{n\to\infty}\{(n+2-2\sqrt{n+1})-(n-2\sqrt{n}+1)\}$$

$$=\lim_{n\to\infty}(2\sqrt{n}-2\sqrt{n+1}+1)$$

$$=\lim_{n\to\infty}\{2(\sqrt{n}-\sqrt{n+1})+1\}$$

$$=\lim_{n\to\infty}\left\{\frac{2(\sqrt{n}-\sqrt{n+1})(\sqrt{n}+\sqrt{n+1})}{\sqrt{n}+\sqrt{n+1}}+1\right\}$$

◀ 分母・分子に $\sqrt{n}+\sqrt{n+1}$ を掛けて分子を有理化する。

$$=\lim_{n\to\infty}\left[\frac{2\{n-(n+1)\}}{\sqrt{n}+\sqrt{n+1}}+1\right]$$

$$=\lim_{n\to\infty}\left(\frac{-2}{\sqrt{n}+\sqrt{n+1}}+1\right)=\mathbf{1}$$

練習 190 関数 $y=x\log(1+x)$ ($x\geqq 0$) の逆関数を $y=f(x)$ とし, $a\geqq 0$ とする。

(1) $\int_0^a \log(1+x)dx$ を求めよ。　(2) $\int_0^a x\log(1+x)dx$ を求めよ。

(3) $b=a\log(1+a)$ のとき, $\int_0^b f(x)dx$ を a を用いて表せ。　(高知県立大　改)

(1) $$\int_0^a\log(1+x)dx=\int_0^a(1+x)'\log(1+x)dx$$

$$=\Big[(1+x)\log(1+x)\Big]_0^a-\int_0^a dx$$

$$=\boldsymbol{(1+a)\log(1+a)-a}$$

◀ 部分積分法を用いる。
$f'(x)=1$
$g(x)=\log(1+x)$
とおくと, $g'(x)=\frac{1}{1+x}$
より $f(x)=1+x$ とするとよい。

(2) $$\int_0^a x\log(1+x)dx=\int_0^a\left(\frac{x^2}{2}\right)'\log(1+x)dx$$

◀ $f'(x)=x$
$g(x)=\log(1+x)$ とおく。

$$=\left[\frac{x^2}{2}\cdot\log(1+x)\right]_0^a-\frac{1}{2}\int_0^a\frac{x^2}{1+x}dx$$

$$=\frac{a^2}{2}\log(1+a)-\frac{1}{2}\int_0^a\left(x-1+\frac{1}{x+1}\right)dx$$

4章 13 区分求積法, 面積

$$= \frac{a^2}{2}\log(1+a) - \frac{1}{2}\left[\frac{x^2}{2} - x + \log(x+1)\right]_0^a$$

$$= \boldsymbol{\frac{a^2-1}{2}\log(1+a) - \frac{a^2}{4} + \frac{a}{2}}$$

(3)　$y = x\log(1+x)$ …① は単調増加する関数であり，関数 $y = f(x)$ は①の逆関数であるから，これらのグラフは直線 $y = x$ に関して対称である。

よって，$\int_0^b f(x)dx$ は図1の斜線部分の面積に等しく，これは図2の斜線部分の面積に等しい。

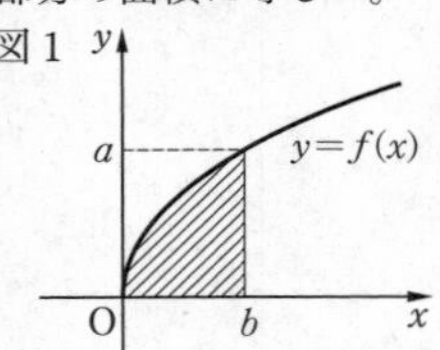

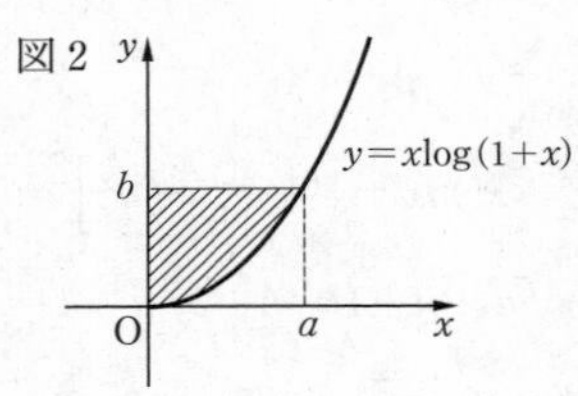

よって

$$\int_0^b f(x)dx = ab - \int_0^a x\log(1+x)dx$$

$$= a\cdot a\log(1+a) - \left\{\frac{a^2-1}{2}\log(1+a) - \frac{a^2}{4} + \frac{a}{2}\right\}$$

$$= \boldsymbol{\frac{a^2+1}{2}\log(1+a) + \frac{a^2}{4} - \frac{a}{2}}$$

◀ 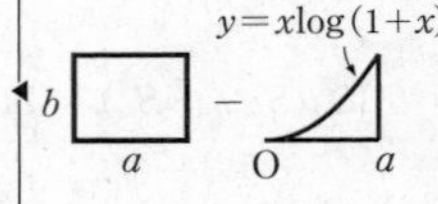

〔別解〕

$g(x) = x\log(1+x)$ とおくと，$f(x)$ は $g(x)$ の逆関数である。
$f(x) = y$ とおくと，$x = g(y)$ より

◀ 与えられた関数を $g(x)$ とおく。

$$\frac{dx}{dy} = g'(y)$$

x と y の対応は右のようになるから

x	$0 \to b$
y	$0 \to a$

◀ $x = b$ のとき
$b = g(y) = y\log(1+y)$
であり，$b = a\log(1+a)$
が与えられているから，
$y = a$ となる。

$$\int_0^b f(x)dx = \int_0^a yg'(y)dy$$

$$= \Big[yg(y)\Big]_0^a - \int_0^a g(y)dy$$

$$= ag(a) - \int_0^a y\log(1+y)dy$$

$$= a\cdot a\log(1+a) - \left\{\frac{a^2-1}{2}\log(1+a) - \frac{a^2}{4} + \frac{a}{2}\right\}$$

$$= \frac{a^2+1}{2}\log(1+a) + \frac{a^2}{4} - \frac{a}{2}$$

練習 191 関数 $f_1(x) = \tan\frac{\pi}{4}x$ $(-2 < x < 2)$ の逆関数を $f_2(x)$ とする。2曲線 $y = f_1(x)$，$y = f_2(x)$ で囲まれる図形の面積 S を求めよ。　（芝浦工業大）

$y=f_1(x)=\tan\dfrac{\pi}{4}x$ のグラフは原点に関して対称で，$-2<x<2$ の範囲で単調増加する。
$y=f_1(x)$ のグラフとその逆関数 $y=f_2(x)$ のグラフは直線 $y=x$ に関して対称であるから，求める図形の面積 S は右の図の斜線部分の面積の4倍であり

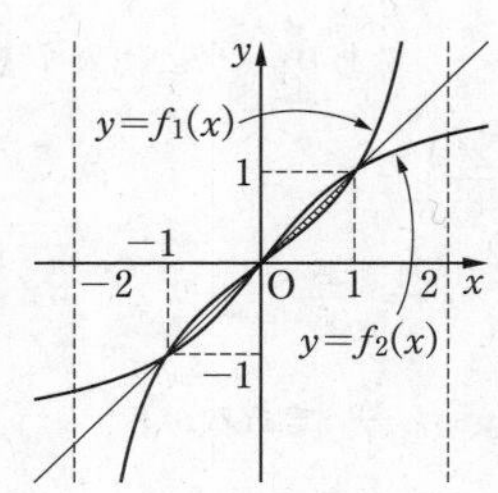

$$S=4\int_0^1\left(x-\tan\frac{\pi}{4}x\right)dx$$

$$=4\left[\frac{1}{2}x^2\right]_0^1-4\int_0^1\frac{\sin\frac{\pi}{4}x}{\cos\frac{\pi}{4}x}dx=2+4\int_0^1\frac{\left(\cos\frac{\pi}{4}x\right)'}{\cos\frac{\pi}{4}x}\cdot\frac{4}{\pi}dx$$

$$=2+\frac{16}{\pi}\left[\log\left|\cos\frac{\pi}{4}x\right|\right]_0^1=2+\frac{16}{\pi}\log\frac{1}{\sqrt{2}}$$

$$=2+\frac{16}{\pi}\log 2^{-\frac{1}{2}}=\boldsymbol{2-\frac{8}{\pi}\log 2}$$

練習 192 曲線 $y^2=x^2(1-x)$ …① で囲まれた図形の面積 S を求めよ。

①において，y を $-y$ に置き換えても，もとの式とかわらない。
よって，曲線①は x 軸に関して対称である。

◀①において，y を $-y$ に置き換えると
$(-y)^2=x^2(1-x)$
すなわち $y^2=x^2(1-x)$
となり，①と一致する。

$y\geqq 0$ のとき，①は　$y=x\sqrt{1-x}$
$1-x\geqq 0$ より　$x\leqq 1$
$y=0$ とすると $x\leqq 1$ において
$x=0,\ 1$
区間 $0\leqq x\leqq 1$ で $y\geqq 0$ であるから，
曲線①の対称性より，求める面積 S は

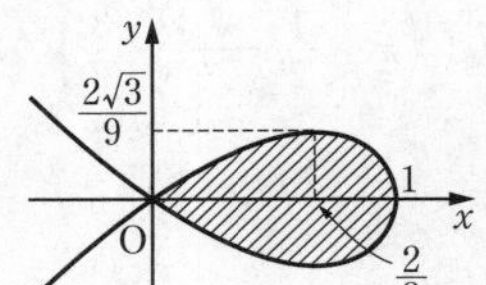

$$S=2\int_0^1 x\sqrt{1-x}\,dx$$

◀$y=x\sqrt{1-x}$ $(0\leqq x\leqq 1)$ と x 軸で囲まれた図形の面積を2倍すればよい。

ここで，$1-x=t$ とおくと　$\dfrac{dx}{dt}=-1$

◀$dx=(-1)dt$

x と t の対応は右のようになるから

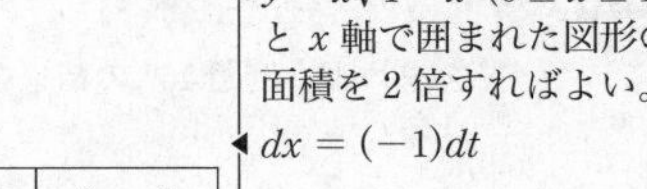

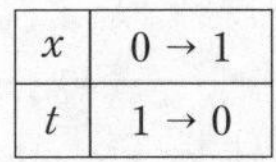

x	$0\to 1$
t	$1\to 0$

◀$\sqrt{1-x}=t$ とおいて考えてもよい。

$$S=2\int_1^0(1-t)\sqrt{t}\cdot(-1)dt$$

$$=2\int_1^0\left(-t^{\frac{1}{2}}+t^{\frac{3}{2}}\right)dt$$

$$=2\left[-\frac{2}{3}t^{\frac{3}{2}}+\frac{2}{5}t^{\frac{5}{2}}\right]_1^0=\boldsymbol{\frac{8}{15}}$$

練習 193 2つの楕円 $x^2+\dfrac{y^2}{3}=1$ …①，$\dfrac{x^2}{3}+y^2=1$ …② について
(1) ①，②の交点の座標を求めよ。
(2) ①，②の内部の重なった部分の面積 S を求めよ。

(1) ② より $y^2=1-\dfrac{x^2}{3}$ であり，① に代入すると

$$x^2+\frac{1}{3}\left(1-\frac{x^2}{3}\right)=1$$

$\dfrac{8}{9}x^2=\dfrac{2}{3}$ より $\quad x^2=\dfrac{3}{4}$

$x=\pm\dfrac{\sqrt{3}}{2}$ より，$y^2=\dfrac{3}{4}$ であるから $\quad y=\pm\dfrac{\sqrt{3}}{2}$

したがって，①，② の交点の座標は

$$\left(\frac{\sqrt{3}}{2},\ \frac{\sqrt{3}}{2}\right),\left(\frac{\sqrt{3}}{2},\ -\frac{\sqrt{3}}{2}\right),\left(-\frac{\sqrt{3}}{2},\ \frac{\sqrt{3}}{2}\right),\left(-\frac{\sqrt{3}}{2},\ -\frac{\sqrt{3}}{2}\right)$$

(2) 楕円 ①，② はそれぞれ x 軸，y 軸に関して対称である。
また，① と ② は x と y を入れかえた式であるから，直線 $y=x$ に関して対称である。

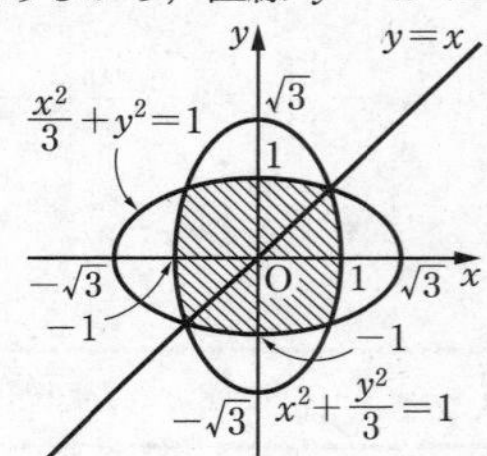

$x\geqq 0$，$y\geqq 0$ のとき，② は

$$y=\sqrt{\frac{3-x^2}{3}}$$

よって，求める面積 S は

$$S=8\int_0^{\frac{\sqrt{3}}{2}}\left(\frac{1}{\sqrt{3}}\sqrt{3-x^2}-x\right)dx$$

$$=\frac{8}{\sqrt{3}}\int_0^{\frac{\sqrt{3}}{2}}\sqrt{3-x^2}\,dx-8\left[\frac{1}{2}x^2\right]_0^{\frac{\sqrt{3}}{2}}$$

$$=\frac{8}{\sqrt{3}}\left\{\frac{1}{12}\cdot(\sqrt{3})^2\pi+\frac{1}{2}\cdot\frac{\sqrt{3}}{2}\cdot\frac{3}{2}\right\}-3$$

$$=\boldsymbol{\frac{2\sqrt{3}}{3}\pi}$$

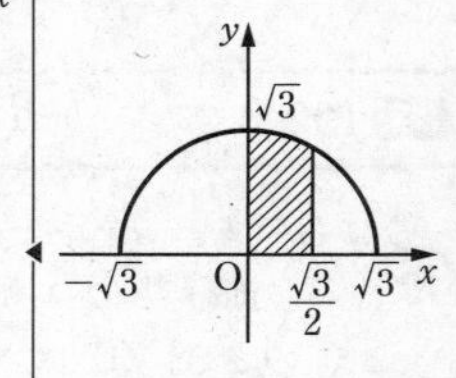

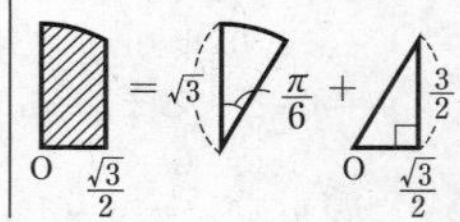

練習 194 $0\leqq\theta\leqq 2\pi$ において，アステロイド $\begin{cases}x=\cos^3\theta\\ y=\sin^3\theta\end{cases}$ で囲まれた図形の面積 S を求めよ。例題 167 の結果を利用してよい。

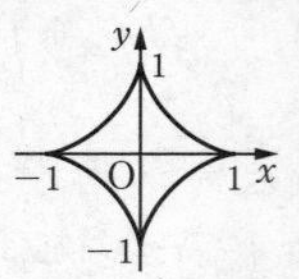

$x=\cos^3\theta$，$y=\sin^3\theta$ より

$$x^{\frac{2}{3}}+y^{\frac{2}{3}}=(\cos^3\theta)^{\frac{2}{3}}+(\sin^3\theta)^{\frac{2}{3}}$$

$$=\cos^2\theta+\sin^2\theta=1$$

この曲線の概形は右の図のようになり，x 軸，y 軸それぞれに関して対称である。
よって，第 1 象限の部分の面積を求めて 4 倍すればよい。

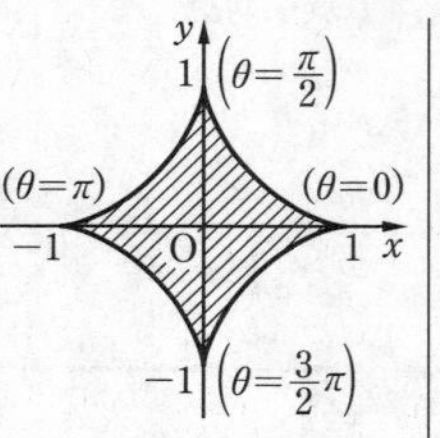

ここで，$\dfrac{dx}{d\theta}=-3\cos^2\theta\sin\theta$ であり，x と θ の対応は右のようになるから，求める面積 S は

x	$0\ \to 1$
θ	$\dfrac{\pi}{2}\to 0$

◀ $x=\cos^3\theta$ の両辺を θ で微分して
$\dfrac{dx}{d\theta}=3\cos^2\theta(-\sin\theta)$

$$S=4\int_0^1 y\,dx$$

$$= 4\int_{\frac{\pi}{2}}^{0} \sin^3\theta(-3\cos^2\theta\sin\theta)d\theta$$

$$= 12\int_0^{\frac{\pi}{2}} \sin^4\theta\cos^2\theta\, d\theta = 12\int_0^{\frac{\pi}{2}} (\sin^4\theta - \sin^6\theta)d\theta$$

$$= 12\left(\frac{3}{16}\pi - \frac{5}{32}\pi\right) = \boldsymbol{\frac{3}{8}\pi}$$

◀例題 167 より
$\int_0^{\frac{\pi}{2}} \sin^4\theta\, d\theta = \frac{3}{4}\cdot\frac{1}{2}\cdot\frac{\pi}{2}$
$\int_0^{\frac{\pi}{2}} \sin^6\theta\, d\theta = \frac{5}{6}\cdot\frac{3}{4}\cdot\frac{1}{2}\cdot\frac{\pi}{2}$

練習 195 媒介変数 t で表された曲線 $C:\begin{cases} x = 2\cos t - \cos 2t \\ y = 2\sin t - \sin 2t \end{cases}$ $(0 \leqq t \leqq \pi)$ と x 軸で囲まれた図形の面積 S を求めよ。

$$\frac{dx}{dt} = -2\sin t + 2\sin 2t = 2\sin t(-1 + 2\cos t)$$

◀$\sin 2t = 2\sin t\cos t$

$\dfrac{dx}{dt} = 0$ とすると　$t = 0,\ \dfrac{\pi}{3},\ \pi$

◀$\sin t = 0$ または $\cos t = \dfrac{1}{2}$

$$\frac{dy}{dt} = 2\cos t - 2\cos 2t = -2(2\cos^2 t - \cos t - 1)$$
$$= -2(2\cos t + 1)(\cos t - 1)$$

◀$\cos 2t = 2\cos^2 t - 1$

$\dfrac{dy}{dt} = 0$ とすると　$t = 0,\ \dfrac{2}{3}\pi$

◀$\cos t = 1,\ -\dfrac{1}{2}$

よって，$0 \leqq t \leqq \pi$ において，x，y の増減表は次のようになる。

t	0	$\cdots$	$\frac{\pi}{3}$	$\cdots$	$\frac{2}{3}\pi$	$\cdots$	π
$\frac{dx}{dt}$		$+$	0	$-$	$-$	$-$	
x	1	$\rightarrow$	$\frac{3}{2}$	$\leftarrow$	$-\frac{1}{2}$	$\leftarrow$	-3
$\frac{dy}{dt}$		$+$	$+$	$+$	0	$-$	
y	0	$\uparrow$	$\frac{\sqrt{3}}{2}$	$\uparrow$	$\frac{3\sqrt{3}}{2}$	$\downarrow$	0
$(x,\ y)$	$(1,\ 0)$	$\nearrow$	$\left(\frac{3}{2},\ \frac{\sqrt{3}}{2}\right)$	$\nwarrow$	$\left(-\frac{1}{2},\ \frac{3\sqrt{3}}{2}\right)$	$\swarrow$	$(-3,\ 0)$

ゆえに，曲線 C の概形は右の図のようになる。

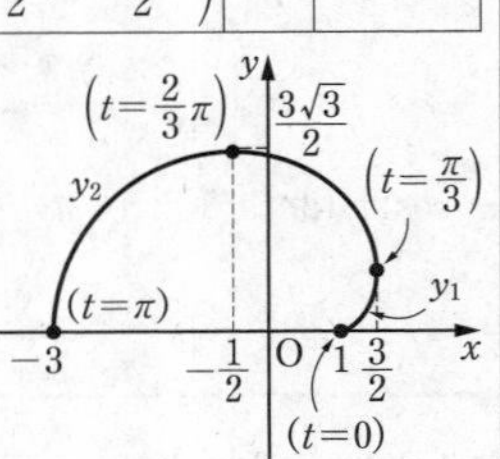
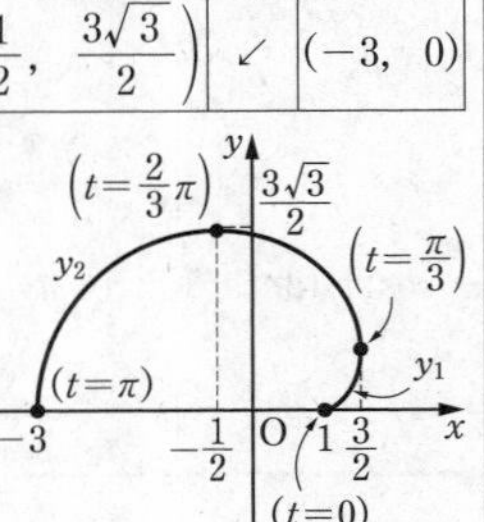

ここで，$0 \leqq t \leqq \dfrac{\pi}{3}$ における y を y_1，$\dfrac{\pi}{3} \leqq t \leqq \pi$ における y を y_2 とすると

$$S=\int_{-3}^{\frac{3}{2}} y_2dx-\int_{1}^{\frac{3}{2}} y_1dx$$
$$=\int_{\pi}^{\frac{\pi}{3}} y\frac{dx}{dt}dt-\int_{0}^{\frac{\pi}{3}} y\frac{dx}{dt}dt$$
$$=-\left\{\int_{0}^{\frac{\pi}{3}} y\frac{dx}{dt}dt+\int_{\frac{\pi}{3}}^{\pi} y\frac{dx}{dt}dt\right\}$$
$$=-\int_{0}^{\pi} y\frac{dx}{dt}dt$$
$$=-\int_{0}^{\pi}(2\sin t-\sin 2t)(-2\sin t+2\sin 2t)dt$$
$$=2\int_{0}^{\pi}(2\sin^2 t-3\sin t\sin 2t+\sin^2 2t)dt$$
$$=2\int_{0}^{\pi}\left\{2\cdot\frac{1-\cos 2t}{2}-3\sin t\cdot 2\sin t\cos t+\frac{1-\cos 4t}{2}\right\}dt$$
$$=2\int_{0}^{\pi}\left(\frac{3}{2}-\cos 2t-6\sin^2 t\cos t-\frac{1}{2}\cos 4t\right)dt$$
$$=2\left[\frac{3}{2}t-\frac{1}{2}\sin 2t-2\sin^3 t-\frac{1}{8}\sin 4t\right]_0^{\pi}$$
$$=2\cdot\frac{3}{2}\pi$$
$$=\boldsymbol{3\pi}$$

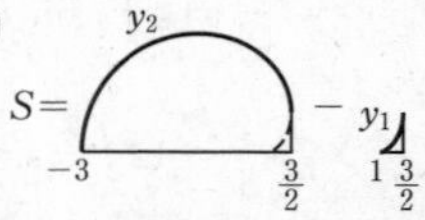

◀ y_1，y_2 は t の式としては同じ式であるが，x の式としては異なるから
$$\int_{-3}^{\frac{3}{2}} y_2dx+\int_{\frac{3}{2}}^{1} y_1dx$$
$$=\int_{-3}^{1} y\,dx$$
としてはいけない。

〔別解〕　（C の概形までは同様）

$0\leqq t\leqq\frac{2}{3}\pi$ における x を x_1，

$\frac{2}{3}\pi\leqq t\leqq\pi$ における x を x_2 とすると

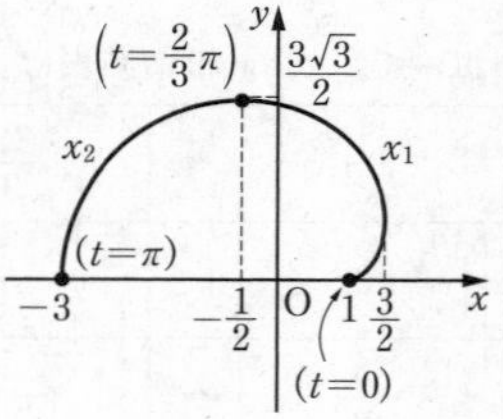

$$S=\int_{0}^{\frac{3\sqrt{3}}{2}}(x_1-x_2)dy$$
$$=\int_{0}^{\frac{3\sqrt{3}}{2}}x_1dy-\int_{0}^{\frac{3\sqrt{3}}{2}}x_2dy$$
$$=\int_{0}^{\frac{2}{3}\pi}x\frac{dy}{dt}dt-\int_{\pi}^{\frac{2}{3}\pi}x\frac{dy}{dt}dt$$
$$=\int_{0}^{\frac{2}{3}\pi}x\frac{dy}{dt}dt+\int_{\frac{2}{3}\pi}^{\pi}x\frac{dy}{dt}dt$$
$$=\int_{0}^{\pi}x\frac{dy}{dt}dt$$
$$=\int_{0}^{\pi}(2\cos t-\cos 2t)(2\cos t-2\cos 2t)dt$$

（以下，省略）

◀ t に置換するとき，$y=0$ のときの t の値が1つに定まるように，x_1 と x_2 を分ける。

練習 **196** 座標平面上の動点 P$(0,\ \sin\theta)$ および Q$(8\cos\theta,\ 0)$ を考える。θ が $0\leqq\theta\leqq\frac{\pi}{2}$ の範囲を動くとき，線分 PQ が通過する領域を D とする。領域 D を x 軸のまわりに1回転させてできる立体の体積 V を求めよ。
（大阪大　改）

$\theta\neq\frac{\pi}{2}$ のとき，直線 PQ の方程式は

$$y=-\frac{\sin\theta}{8\cos\theta}x+\sin\theta=\left(-\frac{1}{8}\tan\theta\right)x+\sin\theta$$

$0\leqq\theta<\dfrac{\pi}{2}$ の範囲で θ が変化するとき，直線 PQ 上の $x=X\,(0<X\leqq8)$ である点の y 座標 Y の最大値を考える。

◀ 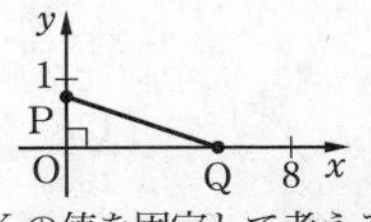

X の値を固定して考えると，Y は θ の関数と見なせる。

$Y=\left(-\dfrac{1}{8}\tan\theta\right)X+\sin\theta$ であるから

$$\frac{dY}{d\theta}=\left(-\frac{1}{8\cos^2\theta}\right)X+\cos\theta=\frac{8\cos^3\theta-X}{8\cos^2\theta}$$

$X=8\cos^3\theta$ を満たす $0\leqq\theta<\dfrac{\pi}{2}$ の角 θ を α とおくと，Y の増減表は右のようになる。

θ	0	$\cdots$	α	$\cdots$	$\frac{\pi}{2}$
$\frac{dY}{d\theta}$		$+$	0	$-$	
Y	0	↗	極大	↘	

◀ $\dfrac{dY}{d\theta}=0$ となるのは $8\cos^3\theta=X$ となるときであるが，この θ は具体的に求められないから α とおく。例題 186 参照。

よって，Y は $\theta=\alpha$ のとき最大となり，最大値は

$$Y=\left(-\frac{1}{8}\tan\alpha\right)X+\sin\alpha=\left(-\frac{\sin\alpha}{8\cos\alpha}\right)\cdot8\cos^3\alpha+\sin\alpha$$
$$=\sin\alpha(1-\cos^2\alpha)$$
$$=\sin^3\alpha$$

◀ $X=8\cos^3\alpha$ を代入する。

◀ $1-\cos^2\alpha=\sin^2\alpha$

ゆえに，$x=X$ において，線分 PQ が通過するような点の y 座標 Y のとり得る値の範囲は　$0\leqq Y\leqq\sin^3\alpha$

ここで，$0<X\leqq8$ であり，$X=8\cos^3\alpha$ であるから

$$0\leqq\alpha<\frac{\pi}{2}$$

◀ $0<\cos^3\alpha\leqq1$ より $0<\cos\alpha\leqq1$
また，$0\leqq\theta<\dfrac{\pi}{2}$ であることから　$0\leqq\alpha<\dfrac{\pi}{2}$

また，$\theta=\dfrac{\pi}{2}$ のとき線分 PQ は y 軸上の $0\leqq y\leqq1$ の部分である。

したがって，線分 PQ が通過する領域 D は x 軸，y 軸と媒介変数 α を用いて表された曲線

$$\begin{cases}x=8\cos^3\alpha\\ y=\sin^3\alpha\end{cases}\quad\left(0\leqq\alpha\leqq\frac{\pi}{2}\right)$$

で囲まれた部分である。

◀ 境界は，アステロイド $\begin{cases}x=\cos^3\alpha\\ y=\sin^3\alpha\end{cases}$ の x 座標を 8 倍したものであるから，図のような曲線になる。

ここで，x と α の対応は右のようになり

x	$0\to8$
α	$\frac{\pi}{2}\to0$

$$\frac{dx}{d\alpha}=24\cos^2\alpha(-\sin\alpha)$$

よって，求める体積 V は

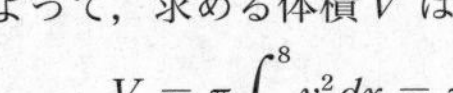

$$V=\pi\int_0^8y^2dx=\pi\int_{\frac{\pi}{2}}^0(\sin^3\alpha)^2\cdot24\cos^2\alpha(-\sin\alpha)d\alpha$$
$$=24\pi\int_0^{\frac{\pi}{2}}\sin^7\alpha\cos^2\alpha\,d\alpha$$
$$=24\pi\int_0^{\frac{\pi}{2}}\sin^6\alpha\cos^2\alpha\cdot\sin\alpha\,d\alpha$$
$$=24\pi\int_0^{\frac{\pi}{2}}(1-\cos^2\alpha)^3\cos^2\alpha\cdot\sin\alpha\,d\alpha$$
$$=24\pi\int_0^{\frac{\pi}{2}}(\cos^8\alpha-3\cos^6\alpha+3\cos^4\alpha-\cos^2\alpha)\cdot(-\sin\alpha)\,d\alpha$$

◀ $\displaystyle\int_0^8y^2\,dx=\int_{\frac{\pi}{2}}^0y^2\frac{dx}{d\alpha}d\alpha$

◀ $\displaystyle\int f(\cos\alpha)\sin\alpha\,d\alpha$ の形をつくるために，$\sin^7\alpha=\sin^6\alpha\cdot\sin\alpha$ と分けて計算する。

4章 13 区分求積法，面積

$$= 24\pi\left[\frac{1}{9}\cos^9\alpha - \frac{3}{7}\cos^7\alpha + \frac{3}{5}\cos^5\alpha - \frac{1}{3}\cos^3\alpha\right]_0^{\frac{\pi}{2}}$$

$$= 24\pi\left\{0 - \left(\frac{1}{9} - \frac{3}{7} + \frac{3}{5} - \frac{1}{3}\right)\right\}$$

$$= \mathbf{\frac{128}{105}\pi}$$

練習 197 極方程式で表された曲線 $C : r = \sqrt{\cos 2\theta}$ $\left(0 \leqq \theta \leqq \frac{\pi}{4}\right)$ と x 軸で囲まれた部分の面積 S を求めよ。 （名古屋工業大　改）

曲線 C 上の点の直交座標を $(x,\ y)$ とおくと

$$\begin{cases} x = r\cos\theta = \cos\theta\sqrt{\cos 2\theta} \\ y = r\sin\theta = \sin\theta\sqrt{\cos 2\theta} \end{cases}$$

$0 \leqq \theta \leqq \frac{\pi}{4}$ のとき，$\sqrt{\cos 2\theta} \geqq 0$，$\cos\theta \geqq 0$，$\sin\theta \geqq 0$ であるから

$x \geqq 0$，$y \geqq 0$

また，$\theta = 0$ のとき　　$x = 1$，$y = 0$

$\theta = \frac{\pi}{4}$ のとき　　$x = 0$，$y = 0$

ここで

$$\frac{dx}{d\theta} = -\sin\theta\sqrt{\cos 2\theta} - \cos\theta\frac{\sin 2\theta}{\sqrt{\cos 2\theta}}$$

$$= -\frac{\sin\theta\cos 2\theta + \cos\theta\sin 2\theta}{\sqrt{\cos 2\theta}}$$

$$= -\frac{\sin 3\theta}{\sqrt{\cos 2\theta}}$$

$0 < \theta < \frac{\pi}{4}$ において，$\frac{dx}{d\theta} < 0$ より，θ が増加すると x は単調減少する。

よって，この曲線の概形は右の図。

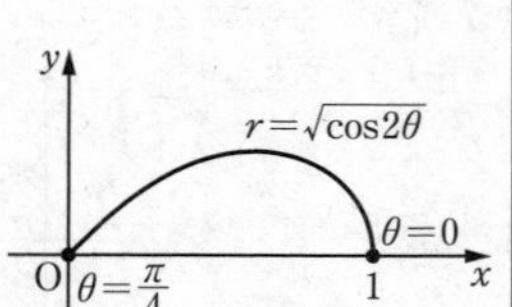

ゆえに，求める面積 S は

$$S = \int_0^1 y\,dx = \int_{\frac{\pi}{4}}^0 y\frac{dx}{d\theta}\,d\theta$$

$$= \int_{\frac{\pi}{4}}^0 \sin\theta\sqrt{\cos 2\theta}\left(-\frac{\sin 3\theta}{\sqrt{\cos 2\theta}}\right)d\theta$$

$$= \int_0^{\frac{\pi}{4}} \sin\theta\sin 3\theta\,d\theta$$

$$= \int_0^{\frac{\pi}{4}} \frac{1}{2}(\cos 2\theta - \cos 4\theta)\,d\theta$$

$$= \frac{1}{2}\left[\frac{1}{2}\sin 2\theta - \frac{1}{4}\sin 4\theta\right]_0^{\frac{\pi}{4}} = \mathbf{\frac{1}{4}}$$

〔別解〕

極方程式で表された図形の面積を求める公式を用いると，求める面積 S は

$$S=\frac{1}{2}\int_0^{\frac{\pi}{4}} r^2d\theta=\frac{1}{2}\int_0^{\frac{\pi}{4}}\left(\sqrt{\cos2\theta}\right)^2d\theta$$
$$=\frac{1}{2}\int_0^{\frac{\pi}{4}}\cos2\theta\,d\theta$$
$$=\frac{1}{2}\left[\frac{1}{2}\sin2\theta\right]_0^{\frac{\pi}{4}}=\frac{1}{4}$$

p.362 問題編 13 区分求積法，面積

問題 **171** 実数 a，b に対して，$x_n=\frac{1}{n^b}\left\{\frac{1}{n^a}+\frac{1}{(n+1)^a}+\cdots+\frac{1}{(2n-1)^a}\right\}$ $(n=1,\ 2,\ 3,\ \cdots)$ とおく。$n\to\infty$ のとき，x_n が収束するための a，b の条件とそのときの極限値を求めよ。

（東京工業大）

$$x_n=\frac{1}{n^b}\sum_{k=0}^{n-1}\frac{1}{(n+k)^a}$$
$$=\frac{1}{n^b}\cdot\frac{1}{n^a}\sum_{k=0}^{n-1}\frac{1}{\left(1+\frac{k}{n}\right)^a}=\frac{1}{n^{a+b-1}}\cdot\frac{1}{n}\sum_{k=0}^{n-1}\frac{1}{\left(1+\frac{k}{n}\right)^a}$$

◀ $\frac{1}{(n+k)^a}=\frac{1}{n^a}\cdot\frac{1}{\left(1+\frac{k}{n}\right)^a}$

ここで，$L_n=\frac{1}{n}\sum_{k=0}^{n-1}\frac{1}{\left(1+\frac{k}{n}\right)^a}$ とすると，$\lim_{n\to\infty}L_n=\int_0^1\frac{1}{(1+x)^a}\,dx$

◀ $\frac{k}{n}$ の形をつくる。

であるから

$a=1$ のとき

$$\lim_{n\to\infty}L_n=\int_0^1\frac{1}{1+x}\,dx=\Big[\log|1+x|\Big]_0^1=\log2$$

$a\neq1$ のとき

$$\lim_{n\to\infty}L_n=\left[\frac{1}{1-a}(1+x)^{1-a}\right]_0^1=\frac{2^{1-a}-1}{1-a}$$

よって，$\lim_{n\to\infty}L_n$ は常に収束する。

$x_n=\frac{1}{n^{a+b-1}}L_n=n^{-(a+b-1)}L_n$ であるから，$\lim_{n\to\infty}x_n$ が収束するための条件は，$a+b-1\geqq0$ より　**$a+b\geqq1$**

◀ $\lim_{n\to\infty}\frac{1}{n^{a+b-1}}$ が収束する条件を考える。
$k>0$ のとき $\lim_{n\to\infty}n^k=\infty$
$k=0$ のとき $\lim_{n\to\infty}n^k=1$
$k<0$ のとき $\lim_{n\to\infty}n^k=0$
より $a+b-1\geqq0$

このときの極限値は

$a+b>1$ のとき　　$\lim_{n\to\infty}x_n=\lim_{n\to\infty}\frac{1}{n^{a+b-1}}L_n=0$

$a+b=1$ のとき

$a=1$ であれば　　$\lim_{n\to\infty}x_n=\lim_{n\to\infty}L_n=\log2$

$a\neq1$ であれば　　$\lim_{n\to\infty}x_n=\lim_{n\to\infty}L_n=\frac{2^{1-a}-1}{1-a}$

問題 **172** 極限値 $\lim_{n\to\infty}\frac{1}{n}\left\{\frac{(2n)!}{n!}\right\}^{\frac{1}{n}}$ を求めよ。

$a_n=\frac{1}{n}\left\{\frac{(2n)!}{n!}\right\}^{\frac{1}{n}}$ とおくと

$$a_n=\left\{\frac{(2n!)}{n^n n!}\right\}^{\frac{1}{n}}=\left\{\frac{2n}{n}\cdot\frac{2n-1}{n}\cdot\cdots\cdot\frac{2n-(n-1)}{n}\right\}^{\frac{1}{n}}$$

両辺の自然対数をとると

◀ $a_n>0$ より，真数条件を満たしている。

$$\log a_n=\log\left\{\left(2-\frac{0}{n}\right)\left(2-\frac{1}{n}\right)\cdots\left(2-\frac{n-1}{n}\right)\right\}^{\frac{1}{n}}$$

$$=\frac{1}{n}\left\{\log\left(2-\frac{0}{n}\right)+\log\left(2-\frac{1}{n}\right)+\cdots+\log\left(2-\frac{n-1}{n}\right)\right\}$$

◀ $\log M^r=r\log M$
$\log MN=\log M+\log N$

$$=\frac{1}{n}\sum_{k=0}^{n-1}\log\left(2-\frac{k}{n}\right)$$

◀ 0，1，2，・・・と変化する部分に着目し，k とおく。

よって

$$\lim_{n\to\infty}\log a_n=\lim_{n\to\infty}\frac{1}{n}\sum_{k=0}^{n-1}\log\left(2-\frac{k}{n}\right)$$

$$=\int_0^1\log(2-x)dx$$

$$=-\int_0^1(2-x)'\log(2-x)dx$$

◀ 部分積分法を用いる。

$$=-\Big[(2-x)\log(2-x)\Big]_0^1-\int_0^1 dx$$

$$=2\log 2-1=\log\frac{4}{e}$$

ゆえに　　$\displaystyle\lim_{n\to\infty}a_n=\frac{4}{e}$

◀ $\log a=k\iff a=e^k$

したがって　　$\displaystyle\lim_{n\to\infty}\frac{1}{n}\left\{\frac{(2n)!}{n!}\right\}^{\frac{1}{n}}=\boldsymbol{\frac{4}{e}}$

問題 173 半円 $x^2+y^2=1$ $(y\geqq 0)$ 上の2点 $(1,\ 0)$，$(-1,\ 0)$ をそれぞれ A_0，A_n とし，この半円上に $n-1$ 個の分点をとって弧 A_0A_n を n 等分する。それらの分点を A_0 に近い方から順に A_1，A_2，・・・，A_{n-1} とする。平面上の点 $P(p,\ q)$ に対して，$\displaystyle\lim_{n\to\infty}\frac{1}{n}\sum_{k=1}^{n}PA_k{}^2$ を求めよ。

（大阪府立大）

$\angle A_0OA_k=\dfrac{k\pi}{n}$ であるから，

◀ $\angle A_{k-1}OA_k=\dfrac{\pi}{n}$
$(k=1,\ 2,\ \cdots,\ n)$
であることを用いる。

点 A_k $(k=0,\ 1,\ 2,\ \cdots,\ n)$ の

座標は　　$A_k\left(\cos\dfrac{k\pi}{n},\ \sin\dfrac{k\pi}{n}\right)$

よって，$PA_k{}^2=\left(\cos\dfrac{k\pi}{n}-p\right)^2+\left(\sin\dfrac{k\pi}{n}-q\right)^2$ より

$$\lim_{n\to\infty}\frac{1}{n}\sum_{k=1}^{n}PA_k{}^2$$

$$=\lim_{n\to\infty}\frac{1}{n}\sum_{k=1}^{n}\left(p^2+q^2+1-2p\cos\frac{k\pi}{n}-2q\sin\frac{k\pi}{n}\right)$$

◀ $\sin^2\dfrac{k\pi}{n}+\cos^2\dfrac{k\pi}{n}=1$

$$=\lim_{n\to\infty}\left\{(p^2+q^2+1)-2p\cdot\frac{1}{n}\sum_{k=1}^{n}\cos\left(\pi\cdot\frac{k}{n}\right)-2q\cdot\frac{1}{n}\sum_{k=1}^{n}\sin\left(\pi\cdot\frac{k}{n}\right)\right\}$$

◀ $\dfrac{1}{n}\displaystyle\sum_{k=1}^{n}c=\frac{1}{n}\cdot nc=c$

$$=(p^2+q^2+1)-2p\int_0^1\cos\pi x\,dx-2q\int_0^1\sin\pi x\,dx$$

$$=(p^2+q^2+1)-2p\left[\frac{1}{\pi}\sin\pi x\right]_0^1-2q\left[-\frac{1}{\pi}\cos\pi x\right]_0^1$$

$= p^2 + q^2 - \dfrac{4}{\pi}q + 1$

問題 174 1 から n までの番号が書かれた n 個の箱があり，おのおのの箱には $2n$ 本のくじが入っている。番号が l の箱には l 本の当たりが入っているとする。この条件で次の ①，② を試行する。

① 無作為に箱を 1 つ選ぶ。

② ① で選んだ箱を用いて，くじを 1 本引いては戻すことを m 回繰り返す。

この試行で k 回当たりくじを引く確率を $p_n(m,\ k)$ とする。

(1) $\lim\limits_{n\to\infty} p_n(2,\ 0)$，$\lim\limits_{n\to\infty} p_n(2,\ 1)$，$\lim\limits_{n\to\infty} p_n(2,\ 2)$ をそれぞれ求めよ。

(2) $\lim\limits_{n\to\infty} p_n(m,\ 1)$ を m を用いて表せ。 （札幌医科大）

① で番号 l の箱を選ぶ確率は $\dfrac{1}{n}$ であり，番号 l の箱からくじを 1 本引いたときに当たりくじである確率は $\dfrac{l}{2n}$ である。

よって
$$p_n(m,\ k) = \sum_{l=1}^{n} \frac{1}{n} \cdot {}_m\mathrm{C}_k \left(\frac{l}{2n}\right)^k \left(1 - \frac{l}{2n}\right)^{m-k}$$
$$= \frac{1}{n}\sum_{l=1}^{n} {}_m\mathrm{C}_k \left(\frac{l}{2n}\right)^k \left(1 - \frac{l}{2n}\right)^{m-k}$$

(1)
$$\lim_{n\to\infty} p_n(2,\ 0) = \lim_{n\to\infty} \frac{1}{n}\sum_{l=1}^{n} {}_2\mathrm{C}_0 \left(\frac{l}{2n}\right)^0 \left(1 - \frac{l}{2n}\right)^2$$
$$= \lim_{n\to\infty} \frac{1}{n}\sum_{l=1}^{n} \left(1 - \frac{1}{2}\cdot\frac{l}{n}\right)^2 = \int_0^1 \left(1 - \frac{1}{2}x\right)^2 dx$$
$$= \left[-2\cdot\frac{1}{3}\left(1 - \frac{1}{2}x\right)^3\right]_0^1 = \mathbf{\frac{7}{12}}$$

◀ $\left(\dfrac{l}{2n}\right)^0 = 1$

$$\lim_{n\to\infty} p_n(2,\ 1) = \lim_{n\to\infty} \frac{1}{n}\sum_{l=1}^{n} {}_2\mathrm{C}_1 \left(\frac{l}{2n}\right) \left(1 - \frac{l}{2n}\right)$$
$$= \lim_{n\to\infty} \frac{1}{n}\sum_{l=1}^{n} \left(\frac{l}{n}\right) \left(1 - \frac{1}{2}\cdot\frac{l}{n}\right)$$
$$= \int_0^1 x\left(1 - \frac{1}{2}x\right)dx = \int_0^1 \left(x - \frac{1}{2}x^2\right)dx$$
$$= \left[\frac{1}{2}x^2 - \frac{1}{6}x^3\right]_0^1 = \mathbf{\frac{1}{3}}$$

また，$p_n(2,\ 0) + p_n(2,\ 1) + p_n(2,\ 2) = 1$ であるから
$$\lim_{n\to\infty} p_n(2,\ 2) = \lim_{n\to\infty}\{1 - p_n(2,\ 0) - p_n(2,\ 1)\}$$
$$= 1 - \frac{7}{12} - \frac{1}{3} = \mathbf{\frac{1}{12}}$$

◀ $\lim\limits_{n\to\infty} p_n(2,\ 2)$
$= \lim\limits_{n\to\infty} \dfrac{1}{n}\sum\limits_{l=1}^{n} {}_2\mathrm{C}_2 \left(\dfrac{l}{2n}\right)^2$
$= \displaystyle\int_0^1 \left(\frac{1}{2}x\right)^2 dx = \frac{1}{12}$
としてもよい。

(2)
$$\lim_{n\to\infty} p_n(m,\ 1) = \lim_{n\to\infty} \frac{1}{n}\sum_{l=1}^{n} {}_m\mathrm{C}_1 \left(\frac{l}{2n}\right) \left(1 - \frac{l}{2n}\right)^{m-1}$$
$$= m\lim_{n\to\infty} \frac{1}{n}\sum_{l=1}^{n} \left(\frac{1}{2}\cdot\frac{l}{n}\right) \left(1 - \frac{1}{2}\cdot\frac{l}{n}\right)^{m-1}$$
$$= m\int_0^1 \frac{1}{2}x\left(1 - \frac{1}{2}x\right)^{m-1} dx$$

$1 - \dfrac{1}{2}x = t$ とおくと，$x = 2 - 2t$ であり

$$\frac{dx}{dt} = -2$$

x と t の対応は右のようになるから

x	$0 \to 1$
t	$1 \to \frac{1}{2}$

$$\lim_{n\to\infty} p_n(m,\ 1) = m\int_1^{\frac{1}{2}} (1-t)t^{m-1}\cdot(-2)dt$$
$$= 2m\int_{\frac{1}{2}}^1 (t^{m-1}-t^m)dt$$
$$= 2m\left[\frac{1}{m}t^m - \frac{1}{m+1}t^{m+1}\right]_{\frac{1}{2}}^1$$
$$= 2m\left[\left(\frac{1}{m}-\frac{1}{m+1}\right) - \left\{\frac{1}{m}\cdot\left(\frac{1}{2}\right)^m - \frac{1}{m+1}\cdot\left(\frac{1}{2}\right)^{m+1}\right\}\right]$$
$$= 2m\left\{\frac{1}{m(m+1)} - \frac{m+2}{2m(m+1)}\cdot\left(\frac{1}{2}\right)^m\right\}$$
$$= \boldsymbol{\frac{1}{m+1}\left(2-\frac{m+2}{2^m}\right)}$$

問題 175 $0 \leqq x \leqq \frac{\pi}{2}$ のとき，$\frac{2}{\pi}x \leqq \sin x \leqq x$ であることを示し，
$\frac{\pi}{2}(e-1) < \int_0^{\frac{\pi}{2}} e^{\sin x}dx < e^{\frac{\pi}{2}}-1$ が成り立つことを証明せよ。

$f(x) = x - \sin x$ とおくと　　$f'(x) = 1-\cos x \geqq 0$

◀等号が成り立つのは $x=0$ のときのみである。

よって，$f(x)$ は単調増加する関数であり，$f(0)=0$ より，

$0 \leqq x \leqq \frac{\pi}{2}$ のとき，$f(x) \geqq 0$ となるから　　$\sin x \leqq x$　　…①

また，$g(x) = \sin x - \frac{2}{\pi}x$ とおくと　　$g'(x) = \cos x - \frac{2}{\pi}$

◀

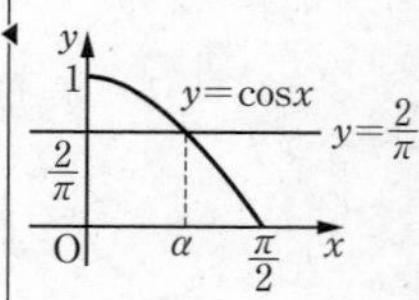

$\cos\alpha - \frac{2}{\pi} = 0,\ 0 < \alpha < \frac{\pi}{2}$ となる α に対して，$g(x)$ の増減表は右のようになる。

x	0	$\cdots$	α	$\cdots$	$\frac{\pi}{2}$
$g'(x)$		$+$	0	$-$	
$g(x)$	0	↗	極大	↘	0

よって，最小値は

$$g(0) = g\left(\frac{\pi}{2}\right) = 0$$

$0 \leqq x \leqq \frac{\pi}{2}$ のとき，$g(x) \geqq 0$ となるから

$$\frac{2}{\pi}x \leqq \sin x \quad \cdots ②$$

①，② より，$0 \leqq x \leqq \frac{\pi}{2}$ のとき　　$\frac{2}{\pi}x \leqq \sin x \leqq x$

次に，e^x は単調増加する関数であるから，

$0 \leqq x \leqq \frac{\pi}{2}$ のとき　　$e^{\frac{2}{\pi}x} \leqq e^{\sin x} \leqq e^x$

◀$a < b \iff e^a < e^b$

$0 < x < \frac{\pi}{2}$ においては等号は常には成り立たないから

$$\int_0^{\frac{\pi}{2}} e^{\frac{2}{\pi}x}dx < \int_0^{\frac{\pi}{2}} e^{\sin x}dx < \int_0^{\frac{\pi}{2}} e^x dx$$

◀等号が付かないことに注意する。

ここで　$\displaystyle\int_0^{\frac{\pi}{2}} e^{\frac{2}{\pi}x}dx=\left[\frac{\pi}{2}e^{\frac{2}{\pi}x}\right]_0^{\frac{\pi}{2}}=\frac{\pi}{2}(e-1)$

また　$\displaystyle\int_0^{\frac{\pi}{2}} e^{x}dx=\left[e^{x}\right]_0^{\frac{\pi}{2}}=e^{\frac{\pi}{2}}-1$

したがって　$\displaystyle\frac{\pi}{2}(e-1)<\int_0^{\frac{\pi}{2}} e^{\sin x}dx<e^{\frac{\pi}{2}}-1$

〔「$0\leqq x\leqq\dfrac{\pi}{2}$ のとき $\dfrac{2}{\pi}x\leqq\sin x\leqq x$」の別解〕

$y=\sin x$ とおくと　$y'=\cos x$

$x=0$ のとき，$y'=1$ となるから，$y=x$ は $y=\sin x$ の原点における接線である。

◀ $y''=-\sin x$ より，$y=\sin x$ は $0\leqq x\leqq\dfrac{\pi}{2}$ で上に凸である。

よって，$0\leqq x\leqq\dfrac{\pi}{2}$ において，$\sin x\leqq x$ となる。

また，原点と点 $\left(\dfrac{\pi}{2},\ 1\right)$ を通る直線は，

$y=\dfrac{2}{\pi}x$ となることから

$0\leqq x\leqq\dfrac{\pi}{2}$ のとき

$$\frac{2}{\pi}x\leqq\sin x\leqq x$$

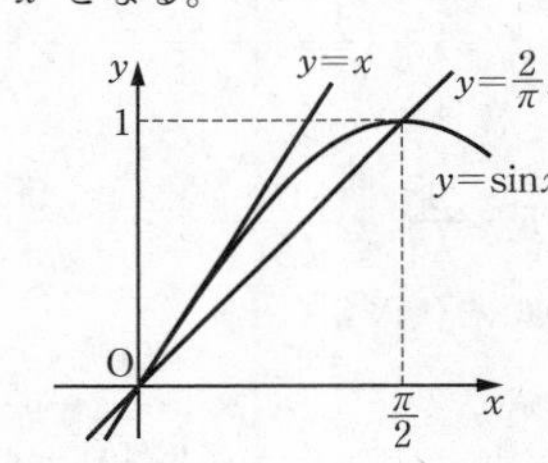

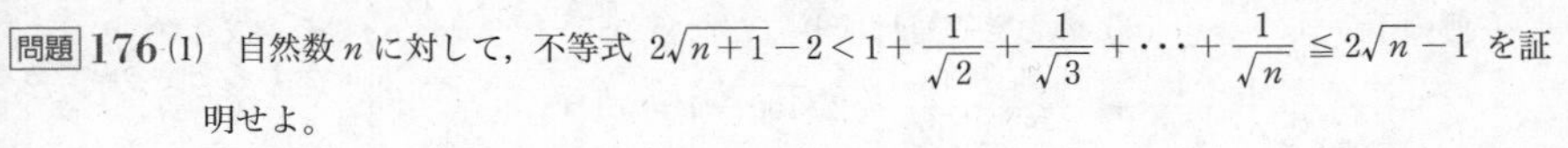

問題 176 (1)　自然数 n に対して，不等式 $2\sqrt{n+1}-2<1+\dfrac{1}{\sqrt{2}}+\dfrac{1}{\sqrt{3}}+\cdots+\dfrac{1}{\sqrt{n}}\leqq 2\sqrt{n}-1$ を証明せよ。

(2)　$1+\dfrac{1}{\sqrt{2}}+\dfrac{1}{\sqrt{3}}+\cdots+\dfrac{1}{\sqrt{100}}$ の整数部分を求めよ。　（富山県立大　改）

(1)　$y=\dfrac{1}{\sqrt{x}}$ は $x>0$ で単調減少するから，自然数 k に対して

$k\leqq x\leqq k+1$ のとき　$\dfrac{1}{\sqrt{k+1}}\leqq\dfrac{1}{\sqrt{x}}\leqq\dfrac{1}{\sqrt{k}}$

等号が成り立つのは，$x=k,\ k+1$ のときのみであるから

$$\int_k^{k+1}\frac{1}{\sqrt{k+1}}dx<\int_k^{k+1}\frac{1}{\sqrt{x}}dx<\int_k^{k+1}\frac{1}{\sqrt{k}}dx$$

$$\frac{1}{\sqrt{k+1}}<\int_k^{k+1}\frac{1}{\sqrt{x}}dx<\frac{1}{\sqrt{k}}\qquad\cdots①$$

① の左側の不等式において，$k=1,\ 2,\ 3,\ \cdots,\ n-1\ (n\geqq 2)$ として辺々を加えると

$$\sum_{k=1}^{n-1}\frac{1}{\sqrt{k+1}}<\sum_{k=1}^{n-1}\int_k^{k+1}\frac{1}{\sqrt{x}}dx\qquad\cdots②$$

ここで　$(\text{右辺})=\displaystyle\int_1^{n}\frac{1}{\sqrt{x}}dx=\left[2\sqrt{x}\right]_1^{n}=2\sqrt{n}-2$

② より　$\dfrac{1}{\sqrt{2}}+\dfrac{1}{\sqrt{3}}+\cdots+\dfrac{1}{\sqrt{n}}<2\sqrt{n}-2$

ゆえに　$1+\dfrac{1}{\sqrt{2}}+\dfrac{1}{\sqrt{3}}+\cdots+\dfrac{1}{\sqrt{n}}<2\sqrt{n}-1$

$n=1$ のとき　$\dfrac{1}{\sqrt{n}}=2\sqrt{n}-1$

よって　$1+\dfrac{1}{\sqrt{2}}+\dfrac{1}{\sqrt{3}}+\cdots+\dfrac{1}{\sqrt{n}}\leqq 2\sqrt{n}-1$　…③

次に，① の右側の不等式において，$k=1,\ 2,\ 3,\ \cdots,\ n$ として辺々を加えると

$$\sum_{k=1}^{n}\int_{k}^{k+1}\frac{1}{\sqrt{x}}dx<\sum_{k=1}^{n}\frac{1}{\sqrt{k}}\qquad\cdots④$$

ここで　$(\text{左辺})=\displaystyle\int_{1}^{n+1}\frac{1}{\sqrt{x}}dx=\Big[2\sqrt{x}\Big]_{1}^{n+1}=2\sqrt{n+1}-2$

④ より　$2\sqrt{n+1}-2<1+\dfrac{1}{\sqrt{2}}+\dfrac{1}{\sqrt{3}}+\cdots+\dfrac{1}{\sqrt{n}}$　…⑤

したがって，③，⑤ より

$$2\sqrt{n+1}-2<1+\frac{1}{\sqrt{2}}+\frac{1}{\sqrt{3}}+\cdots+\frac{1}{\sqrt{n}}\leqq 2\sqrt{n}-1$$

(2) (1)の結果に $n=100$ を代入すると
左側の不等式より

$$1+\frac{1}{\sqrt{2}}+\frac{1}{\sqrt{3}}+\cdots+\frac{1}{\sqrt{100}}>2\sqrt{101}-2$$
$$>2\sqrt{100}-2=18$$

右側の不等式は $n=100$ のとき等号は成り立たないから

◀ 等号が成り立つのは $n=1$ のときのみである。

$$1+\frac{1}{\sqrt{2}}+\frac{1}{\sqrt{3}}+\cdots+\frac{1}{\sqrt{100}}<2\sqrt{100}-1=19$$

よって　$18<1+\dfrac{1}{\sqrt{2}}+\dfrac{1}{\sqrt{3}}+\cdots+\dfrac{1}{\sqrt{100}}<19$

したがって，求める整数部分は　**18**

問題 177 n を 2 以上の自然数とする。

(1) $\displaystyle\int_{\frac{1}{n}}^{1}(-\log x)dx$ を求めよ。　(2) $0<n-1+\displaystyle\sum_{k=1}^{n}\log\frac{k}{n}<\log n$ を示せ。

(3) $\displaystyle\lim_{n\to\infty}\frac{\log(n!)}{(n+1)\log(n+1)}$ を求めよ。　(高知大)

(1) $\displaystyle\int_{\frac{1}{n}}^{1}(-\log x)dx=-\Big[x\log x\Big]_{\frac{1}{n}}^{1}+\int_{\frac{1}{n}}^{1}x\cdot\frac{1}{x}dx$

◀ $\log x=(x)'\log x$

$$=\frac{1}{n}\log\frac{1}{n}+\Big[x\Big]_{\frac{1}{n}}^{1}$$

$$=\boldsymbol{\frac{1}{n}\log\frac{1}{n}-\frac{1}{n}+1}$$

(2) $n>1$ より　$\dfrac{1}{n}<1$

$y=-\log x$ のグラフについて，次の図のように $x=\dfrac{1}{n}$ と 1 の間を $n-1$ 等分する。

◀ $y=-\log x$ は $x>0$ の範囲で単調減少する。

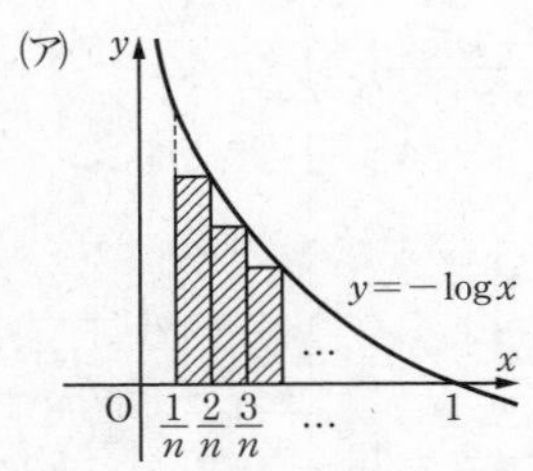

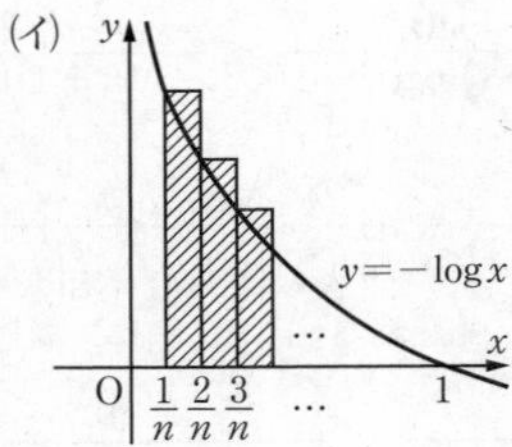

図(ア)の斜線部分の長方形の面積の和を S_1,
図(イ)の斜線部分の長方形の面積の和を S_2 とする。

$$S_1=\frac{1}{n}\left(-\log\frac{2}{n}-\log\frac{3}{n}-\cdots-\log\frac{n}{n}\right)$$

◀ 長方形の面積の和

$$=\frac{1}{n}\left\{-\log\left(\frac{2}{n}\cdot\frac{3}{n}\cdot\cdots\cdot\frac{n}{n}\right)\right\}$$

$$=\frac{1}{n}\left(-\log\frac{n!}{n^{n-1}}\right)$$

◀ $2\cdot3\cdot\cdots\cdot n$
$=1\cdot2\cdot3\cdot\cdots\cdot n$
$=n!$

$$=\frac{1}{n}\{-\log(n!)+(n-1)\log n\}$$

$$S_2=\frac{1}{n}\left(-\log\frac{1}{n}-\log\frac{2}{n}-\cdots-\log\frac{n-1}{n}\right)$$

$$=\frac{1}{n}\left\{-\log\left(\frac{1}{n}\cdot\frac{2}{n}\cdot\cdots\cdot\frac{n-1}{n}\right)\right\}$$

$$=\frac{1}{n}\left\{-\log\frac{(n-1)!}{n^{n-1}}\right\}$$

$$=\frac{1}{n}[-\log\{(n-1)!\}+(n-1)\log n]$$

図(ア), (イ)より　$S_1<\int_{\frac{1}{n}}^{1}(-\log x)dx<S_2$　…①

(1)より, $\int_{\frac{1}{n}}^{1}(-\log x)dx=\frac{1}{n}\log\frac{1}{n}-\frac{1}{n}+1$ であるから

①の各辺に n を掛けると

$$-\log(n!)+(n-1)\log n<\log\frac{1}{n}+n-1$$
$$<-\log\{(n-1)!\}+(n-1)\log n$$

この各辺に $\log(n!)-(n-1)\log n$ を加えると

$$0<n-1+\log(n!)-n\log n<\log(n!)-\log\{(n-1)!\}$$

◀ $\log\frac{1}{n}=-\log n$

したがって

$$0<n-1+\log\frac{n!}{n^n}<\log\frac{n!}{(n-1)!}\quad\cdots②$$

$$0<n-1+\left(\log\frac{1}{n}+\log\frac{2}{n}+\cdots+\log\frac{n}{n}\right)<\log n$$

◀ $\log\frac{n!}{(n-1)!}=\log n$

ゆえに　$0<n-1+\sum_{k=1}^{n}\log\frac{k}{n}<\log n$

(3)　②の各辺に $-(n-1)+n\log n$ を加えると

$$-(n-1)+n\log n<\log(n!)<-(n-1)+n\log n+\log n$$
$$-(n-1)+n\log n<\log(n!)<-(n-1)+(n+1)\log n$$

各辺を $(n+1)\log(n+1)$ で割ると

◀ $\log\frac{n!}{n^n}+n\log n$
$=\log\frac{n!}{n^n}+\log n^n$
$=\log\left(\frac{n!}{n^n}\cdot n^n\right)=\log(n!)$

4章 13 区分求積法，面積

$$\frac{-(n-1)+n\log n}{(n+1)\log(n+1)}<\frac{\log(n!)}{(n+1)\log(n+1)}<\frac{-(n-1)+(n+1)\log n}{(n+1)\log(n+1)}$$

$n\to\infty$ のとき

$$(\text{左辺})=\frac{-n+1}{(n+1)\log(n+1)}+\frac{n\log n}{(n+1)\left\{\log n+\log\left(1+\frac{1}{n}\right)\right\}}$$

$$=\frac{-1+\frac{1}{n}}{\left(1+\frac{1}{n}\right)\log(n+1)}+\frac{1}{\left(1+\frac{1}{n}\right)\left\{1+\frac{\log\left(1+\frac{1}{n}\right)}{\log n}\right\}}\to 1$$

◀ $\log(n+1)$
$=\log\left\{n\left(1+\frac{1}{n}\right)\right\}$
$=\log n+\log\left(1+\frac{1}{n}\right)$

また

$$(\text{右辺})=\frac{-n+1}{(n+1)\log(n+1)}+\frac{\log n}{\log n+\log\left(1+\frac{1}{n}\right)}$$

$$=\frac{-1+\frac{1}{n}}{\left(1+\frac{1}{n}\right)\log(n+1)}+\frac{1}{1+\frac{\log\left(1+\frac{1}{n}\right)}{\log n}}\to 1$$

◀ $n\to\infty$ のとき
$\frac{\log\left(1+\frac{1}{n}\right)}{\log n}\to 0$

したがって，はさみうちの原理より

$$\boldsymbol{\lim_{n\to\infty}\frac{\log(n!)}{(n+1)\log(n+1)}=1}$$

問題 **178** n を正の整数とする。$S_n=\sum_{k=1}^{n}\frac{1}{k\cdot 2^k}$ とおく。次の問に答えよ。

(1) $1+x+x^2+\cdots+x^{n-1}=\frac{1}{1-x}-\frac{x^n}{1-x}$ を数学的帰納法を用いて証明せよ。ただし，$x\neq 1$ とする。

(2) $\int_0^{\frac{1}{2}}(1+x+x^2+\cdots+x^{n-1})dx=\log 2-\int_0^{\frac{1}{2}}\frac{x^n}{1-x}dx$ を示せ。

(3) $S_n=\log 2-\int_0^{\frac{1}{2}}\frac{x^n}{1-x}dx$ を示せ。

(4) $0\leqq\int_0^{\frac{1}{2}}\frac{x^n}{1-x}dx\leqq\frac{1}{2^n}\log 2$ を示せ。

(5) $\lim_{n\to\infty}S_n=\frac{1}{1\cdot 2}+\frac{1}{2\cdot 2^2}+\frac{1}{3\cdot 2^3}+\cdots$ の値を求めよ。 (岐阜大)

---

(1) $1+x+x^2+\cdots+x^{n-1}=\frac{1}{1-x}-\frac{x^n}{1-x}$ …① とする。

[1] $n=1$ のとき，① において

$$(\text{左辺})=1,\ (\text{右辺})=\frac{1}{1-x}-\frac{x}{1-x}=\frac{1-x}{1-x}=1$$

よって，成り立つ。

[2] $n=k$ のとき，① が成り立つと仮定すると
$n=k+1$ のときの左辺は

$$1+x+x^2+\cdots+x^{k-1}+x^k=\frac{1}{1-x}-\frac{x^k}{1-x}+x^k$$

$$=\frac{1}{1-x}-\frac{x^k-(1-x)x^k}{1-x}$$

$$= \frac{1}{1-x} - \frac{x^{k+1}}{1-x}$$

より，$n=k+1$ のときの右辺と一致する。

すなわち，$n=k+1$ のときも ① は成り立つ。

[1] [2] より，すべての自然数 n について ① は成り立つ。

(2) (1) より

$$\int_0^{\frac{1}{2}} (1+x+x^2+\cdots+x^{n-1})dx = \int_0^{\frac{1}{2}} \left(\frac{1}{1-x} - \frac{x^n}{1-x}\right)dx$$

$$= \Big[-\log|1-x|\Big]_0^{\frac{1}{2}} - \int_0^{\frac{1}{2}} \frac{x^n}{1-x}dx$$

$$= \log 2 - \int_0^{\frac{1}{2}} \frac{x^n}{1-x}dx$$

(3) $\displaystyle\int_0^{\frac{1}{2}} (1+x+x^2+\cdots+x^{n-1})dx$

$$= \left[x + \frac{1}{2}x^2 + \frac{1}{3}x^3 + \cdots + \frac{1}{n}x^n\right]_0^{\frac{1}{2}}$$

$$= \frac{1}{2} + \frac{1}{2\cdot 2^2} + \frac{1}{3\cdot 2^3} + \cdots + \frac{1}{n\cdot 2^n}$$

$$= \sum_{k=1}^{n} \frac{1}{k\cdot 2^k}$$

したがって，(2) より

$$S_n = \log 2 - \int_0^{\frac{1}{2}} \frac{x^n}{1-x}dx$$

(4) $0 \leqq x \leqq \dfrac{1}{2}$ より $0 \leqq x^n \leqq \left(\dfrac{1}{2}\right)^n$ であるから

$$0 \leqq \frac{x^n}{1-x} \leqq \left(\frac{1}{2}\right)^n \frac{1}{1-x}$$

◀ $\dfrac{1}{1-x} > 0$

ゆえに

$$0 \leqq \int_0^{\frac{1}{2}} \frac{x^n}{1-x}dx \leqq \int_0^{\frac{1}{2}} \left(\frac{1}{2}\right)^n \frac{1}{1-x}dx$$

ここで $\displaystyle\int_0^{\frac{1}{2}} \left(\frac{1}{2}\right)^n \frac{1}{1-x}dx = \left(\frac{1}{2}\right)^n \Big[-\log|1-x|\Big]_0^{\frac{1}{2}}$

$$= \frac{1}{2^n}\log 2$$

したがって $\displaystyle 0 \leqq \int_0^{\frac{1}{2}} \frac{x^n}{1-x}dx \leqq \frac{1}{2^n}\log 2$

(5) (4) の式において，$\displaystyle\lim_{n\to\infty} \frac{1}{2^n}\log 2 = 0$ であるから，はさみうちの原理より

$$\lim_{n\to\infty} \int_0^{\frac{1}{2}} \frac{x^n}{1-x}dx = 0$$

したがって，(3) より

$$\lim_{n\to\infty} S_n = \lim_{n\to\infty}\left(\log 2 - \int_0^{\frac{1}{2}} \frac{x^n}{1-x}dx\right) = \mathbf{\log 2}$$

問題 **179** $n=0,\ 1,\ 2,\ \cdots$ に対して $a_n=\dfrac{1}{n!}\displaystyle\int_0^1 x^n e^{1-x}dx$ とおく。ただし，$x^0=1,\ 0!=1$ とする。

(1) a_0 を求めよ。

(2) $0<a_n<\dfrac{e-1}{n!}$ を示せ。

(3) a_{n+1} を n と a_n を用いて表せ。

(4) $\displaystyle\sum_{n=0}^{\infty}\frac{1}{n!}$ を求めよ。　(高知工科大　改)

(1) $a_0=\displaystyle\int_0^1 e^{1-x}dx=\Big[-e^{1-x}\Big]_0^1=\boldsymbol{e-1}$

◀ $x^0=1,\ 0!=1$

(2) $0\leqq x\leqq 1$ のとき，$0\leqq x^n\leqq 1$ であるから

$$0\leqq x^n e^{1-x}\leqq e^{1-x}$$

◀ 証明する式の右辺が $\dfrac{a_0}{n!}$ であることに着目して，$x^n e^{1-x}$ と e^{1-x} の大小を考える。

等号が成り立つのは，$x=0,\ 1$ のときのみであるから

$$0<\int_0^1 x^n e^{1-x}dx<\int_0^1 e^{1-x}dx$$

よって　$0<\displaystyle\int_0^1 x^n e^{1-x}dx<e-1$

したがって　$0<a_n<\dfrac{e-1}{n!}$　$\cdots$①

(3)
$$\begin{aligned}a_{n+1}&=\frac{1}{(n+1)!}\int_0^1 x^{n+1}e^{1-x}dx\\&=\frac{1}{(n+1)!}\left\{\Big[x^{n+1}\cdot(-e^{1-x})\Big]_0^1-\int_0^1(n+1)x^n\cdot(-e^{1-x})dx\right\}\\&=\frac{1}{(n+1)!}\left\{-1+(n+1)\int_0^1 x^n e^{1-x}dx\right\}\\&=\frac{1}{n!}\int_0^1 x^n e^{1-x}dx-\frac{1}{(n+1)!}\\&=\boldsymbol{a_n-\frac{1}{(n+1)!}}\quad\cdots②\end{aligned}$$

(4) ② より，$\dfrac{1}{n!}=a_{n-1}-a_n\ (n\geqq 1)$ であるから

$$\begin{aligned}\sum_{k=0}^{n}\frac{1}{k!}&=1+\sum_{k=1}^{n}\frac{1}{k!}=1+\sum_{k=1}^{n}(a_{k-1}-a_k)\\&=1+\{(a_0-\cancel{a_1})+(\cancel{a_1}-\cancel{a_2})+(\cancel{a_2}-\cancel{a_3})+\cdots+(\cancel{a_{n-1}}-a_n)\}\\&=1+a_0-a_n=e-a_n\end{aligned}$$

◀ (1) より $a_0=e-1$

① において，$\displaystyle\lim_{n\to\infty}\frac{e-1}{n!}=0$ であるから，はさみうちの原理より

$$\lim_{n\to\infty}a_n=0$$

したがって　$\displaystyle\sum_{n=0}^{\infty}\frac{1}{n!}=\lim_{n\to\infty}\sum_{k=0}^{n}\frac{1}{k!}=\lim_{n\to\infty}(e-a_n)=\boldsymbol{e}$

問題 **180** シュワルツの不等式を用いて，不等式 $\left(\log\dfrac{b}{a}\right)^2\leqq\dfrac{(a-b)^2}{ab}$ を示せ。ただし，$a>0,\ b>0$ とする。

シュワルツの不等式　$\displaystyle\left\{\int_a^b f(x)g(x)dx\right\}^2\leqq\int_a^b\{f(x)\}^2dx\int_a^b\{g(x)\}^2dx$

において，$f(x)=1,\ g(x)=\dfrac{1}{x}$ とおくと

$$\left(\int_a^b \frac{1}{x}\,dx\right)^2 \leqq \int_a^b dx \int_a^b \frac{1}{x^2}\,dx$$

ここで $\displaystyle\int_a^b \frac{1}{x}\,dx = \Big[\log|x|\Big]_a^b = \log b - \log a = \log\frac{b}{a}$

◀ $a > 0,\ b > 0$ である。

$$\int_a^b dx = b - a$$

$$\int_a^b \frac{1}{x^2}\,dx = \left[-\frac{1}{x}\right]_a^b = \frac{1}{a} - \frac{1}{b} = \frac{b-a}{ab}$$

したがって　$\left(\log\dfrac{b}{a}\right)^2 \leqq \dfrac{(a-b)^2}{ab}$

◀ $(b-a)^2 = (a-b)^2$

問題 181 次の曲線と直線で囲まれた図形の面積 S を求めよ。

(1) 曲線 $y = \dfrac{1}{x^2+1}$, x 軸, y 軸, 直線 $x = 1$

(2) 曲線 $y = x\sqrt{1-x^2}$, x 軸

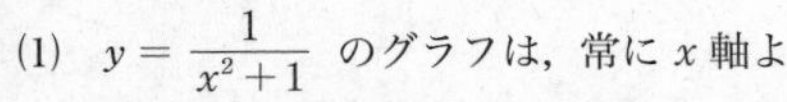

(1) $y = \dfrac{1}{x^2+1}$ のグラフは，常に x 軸より上方にあり，グラフは右の図のようになるから，求める面積 S は

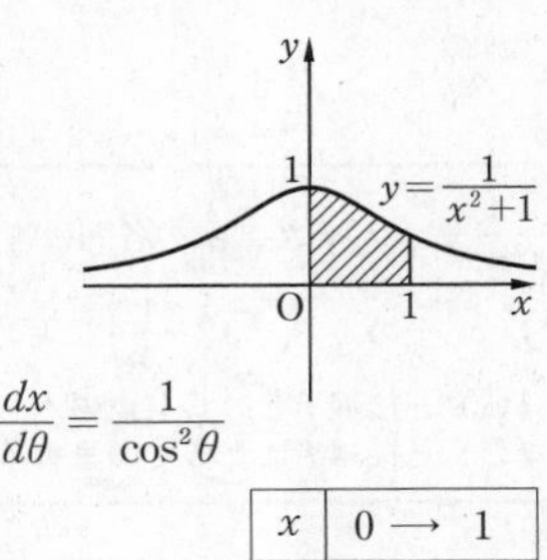

$$S = \int_0^1 \frac{1}{x^2+1}\,dx$$

$x = \tan\theta\ \left(-\dfrac{\pi}{2} < \theta < \dfrac{\pi}{2}\right)$ とおくと　$\dfrac{dx}{d\theta} = \dfrac{1}{\cos^2\theta}$

x と θ の対応は右のようになるから

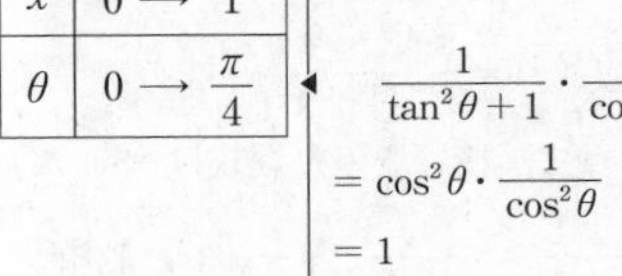

x	$0 \to 1$
θ	$0 \to \dfrac{\pi}{4}$

$$S = \int_0^{\frac{\pi}{4}} \frac{1}{\tan^2\theta+1}\cdot\frac{1}{\cos^2\theta}\,d\theta$$

$$= \int_0^{\frac{\pi}{4}} d\theta = \Big[\theta\Big]_0^{\frac{\pi}{4}} = \boldsymbol{\frac{\pi}{4}}$$

◀ $\dfrac{1}{\tan^2\theta+1}\cdot\dfrac{1}{\cos^2\theta}$
$= \cos^2\theta\cdot\dfrac{1}{\cos^2\theta}$
$= 1$

(2) $1 - x^2 \geqq 0$ より　$-1 \leqq x \leqq 1$

$y = 0$ とすると　$x = 0,\ \pm 1$

$-1 \leqq x \leqq 0$ のとき，$y \leqq 0$

$0 \leqq x \leqq 1$ のとき，$y \geqq 0$ である。

よって，求める面積 S は

$$S = -\int_{-1}^0 x\sqrt{1-x^2}\,dx + \int_0^1 x\sqrt{1-x^2}\,dx$$

$$= 2\int_0^1 x\sqrt{1-x^2}\,dx$$

$$= -\int_0^1 (1-x^2)^{\frac{1}{2}}(1-x^2)'\,dx$$

$$= -\left[\frac{2}{3}(1-x^2)^{\frac{3}{2}}\right]_0^1 = \boldsymbol{\frac{2}{3}}$$

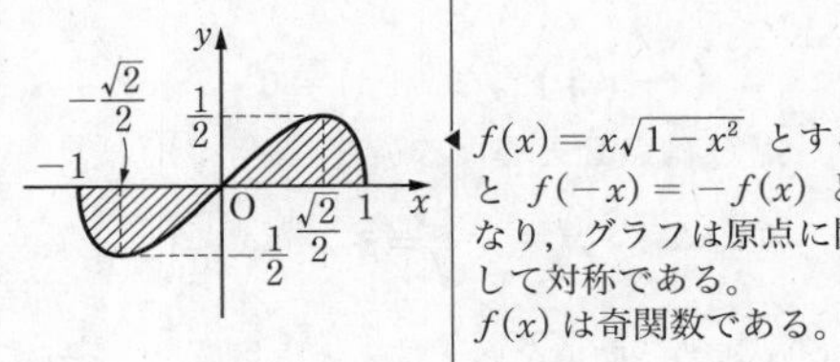

◀ $f(x) = x\sqrt{1-x^2}$ とすると $f(-x) = -f(x)$ となり，グラフは原点に関して対称である。
$f(x)$ は奇関数である。

問題 182 曲線 $y = xe^{-x}$ と曲線 $y = 2xe^{-2x}$ で囲まれた図形の面積 S を求めよ。

4章 13 区分求積法，面積

2曲線の共有点の x 座標は，
$xe^{-x}=2xe^{-2x}$ より

$$x=0,\ \log2$$

区間 $0\leqq x\leqq\log2$ で $xe^{-x}\leqq2xe^{-2x}$
であるから，求める面積 S は

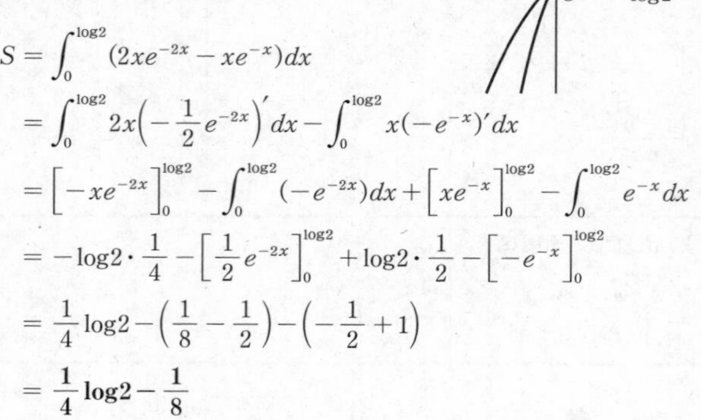

$$S=\int_0^{\log2}(2xe^{-2x}-xe^{-x})dx$$

$$=\int_0^{\log2}2x\left(-\frac{1}{2}e^{-2x}\right)'dx-\int_0^{\log2}x(-e^{-x})'dx$$

$$=\Big[-xe^{-2x}\Big]_0^{\log2}-\int_0^{\log2}(-e^{-2x})dx+\Big[xe^{-x}\Big]_0^{\log2}-\int_0^{\log2}e^{-x}dx$$

$$=-\log2\cdot\frac{1}{4}-\left[\frac{1}{2}e^{-2x}\right]_0^{\log2}+\log2\cdot\frac{1}{2}-\Big[-e^{-x}\Big]_0^{\log2}$$

$$=\frac{1}{4}\log2-\left(\frac{1}{8}-\frac{1}{2}\right)-\left(-\frac{1}{2}+1\right)$$

$$=\boldsymbol{\frac{1}{4}\log2-\frac{1}{8}}$$

◀ $xe^{-x}=2xe^{-2x}$ より
　$xe^{-x}(1-2e^{-x})=0$
$e^{-x}\neq0$ より
$x=0$ または $e^{-x}=\dfrac{1}{2}$
よって　$x=0,\ \log2$
また，$0\leqq x\leqq\log2$ において，$1<2e^{-x}$ であるから
　$xe^{-x}\leqq2xe^{-2x}$

◀ $e^{-2\log2}=e^{\log\frac{1}{4}}=\dfrac{1}{4}$

$e^{-\log2}=e^{\log\frac{1}{2}}=\dfrac{1}{2}$

問題 183 関数 $f(x)=\dfrac{1}{1+x^2}$ について，次の各問に答えよ。

(1) 曲線 $y=f(x)$ 上の点 $\mathrm{P}\left(\sqrt{3},\ \dfrac{1}{4}\right)$ における接線 l の方程式を求めよ。

(2) 曲線 $y=f(x)$ と接線 l との共有点のうち，点Pと異なる点Qの x 座標を求めよ。

(3) 曲線 $y=f(x)$ と接線 l によって囲まれる部分の面積を求めよ。　　(宮崎大)

---

(1) $f'(x)=-\dfrac{2x}{(1+x^2)^2}$ より　　$f'(\sqrt{3})=-\dfrac{\sqrt{3}}{8}$

よって，接線 l の方程式は

$y-\dfrac{1}{4}=-\dfrac{\sqrt{3}}{8}(x-\sqrt{3})$ より　　$\boldsymbol{y=-\dfrac{\sqrt{3}}{8}x+\dfrac{5}{8}}$

(2) $\dfrac{1}{1+x^2}=-\dfrac{\sqrt{3}}{8}x+\dfrac{5}{8}$ より

$(\sqrt{3}x-5)(1+x^2)=-8$

$\sqrt{3}x^3-5x^2+\sqrt{3}x+3=0$

よって

$$\left(x-\sqrt{3}\right)^2(\sqrt{3}x+1)=0$$

点Qは点Pと異なるから　$x\neq\sqrt{3}$

ゆえに　　$\boldsymbol{x=-\dfrac{1}{\sqrt{3}}}$

(3) 求める面積を S とすると，区間 $-\dfrac{1}{\sqrt{3}}\leqq x\leqq\sqrt{3}$ で

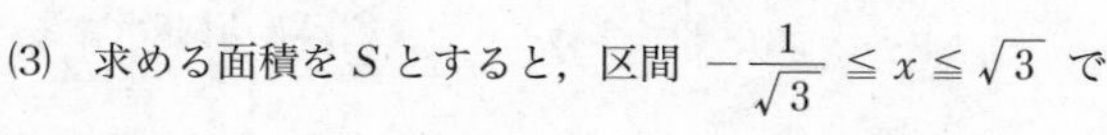

$\dfrac{1}{1+x^2}\geqq-\dfrac{\sqrt{3}}{8}x+\dfrac{5}{8}$ であるから

$$S=\int_{-\frac{1}{\sqrt{3}}}^{\sqrt{3}}\frac{1}{1+x^2}dx-\int_{-\frac{1}{\sqrt{3}}}^{\sqrt{3}}\left(-\frac{\sqrt{3}}{8}x+\frac{5}{8}\right)dx$$

◀ $f(x)$ の増減表は

x	$\cdots$	0	$\cdots$
$f'(x)$	$+$	0	$-$
$f(x)$	↗	1	↘

また $\displaystyle\lim_{x\to\pm\infty}y=0$

◀ $P(x)$
$=\sqrt{3}x^3-5x^2+\sqrt{3}x+3$
とおくと，$P(\sqrt{3})=0$
より
　$P(x)$
$=(x-\sqrt{3})(\sqrt{3}x^2-2x-\sqrt{3})$
$=\left(x-\sqrt{3}\right)^2(\sqrt{3}x+1)$

$g(x)=\dfrac{1}{1+x^2}-\left(-\dfrac{\sqrt{3}}{8}x+\dfrac{5}{8}\right)$
とおいて，整理すると
◀ $g(x)=\dfrac{\left(x-\sqrt{3}\right)^2(\sqrt{3}x+1)}{8(1+x^2)}$
$-\dfrac{1}{\sqrt{3}}\leqq x\leqq\sqrt{3}$ において
　$g(x)\geqq0$

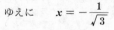

$\displaystyle\int_{-\frac{1}{\sqrt{3}}}^{\sqrt{3}} \frac{1}{1+x^2}dx$ において，$x=\tan\theta\ \left(-\dfrac{\pi}{2}<\theta<\dfrac{\pi}{2}\right)$ とおくと

$$\frac{dx}{d\theta}=\frac{1}{\cos^2\theta},\ 1+x^2=1+\tan^2\theta=\frac{1}{\cos^2\theta}$$

x と θ の対応は右のようになるから

x	$-\dfrac{1}{\sqrt{3}} \longrightarrow \sqrt{3}$
θ	$-\dfrac{\pi}{6} \longrightarrow \dfrac{\pi}{3}$

$$\int_{-\frac{1}{\sqrt{3}}}^{\sqrt{3}} \frac{dx}{1+x^2}=\int_{-\frac{\pi}{6}}^{\frac{\pi}{3}} d\theta=\Big[\theta\Big]_{-\frac{\pi}{6}}^{\frac{\pi}{3}}$$

$$=\frac{\pi}{3}-\left(-\frac{\pi}{6}\right)=\frac{\pi}{2}$$

また　$\displaystyle\int_{-\frac{1}{\sqrt{3}}}^{\sqrt{3}}\left(-\frac{\sqrt{3}}{8}x+\frac{5}{8}\right)dx=\left[-\frac{\sqrt{3}}{16}x^2+\frac{5}{8}x\right]_{-\frac{1}{\sqrt{3}}}^{\sqrt{3}}=\frac{2\sqrt{3}}{3}$

したがって　　$S=\boldsymbol{\dfrac{\pi}{2}-\dfrac{2\sqrt{3}}{3}}$

問題 184 次の曲線と直線で囲まれた図形の面積 S を求めよ。

(1)　$x=-y^2+4y$，y 軸，$y=-2$，$y=3$

(2)　$y=|\log x|$，$y=1$

(1)　曲線と y 軸との交点の y 座標は，

$-y^2+4y=0$ より　　$y=0,\ 4$

グラフの概形は右の図のようになる。

したがって，求める面積 S は

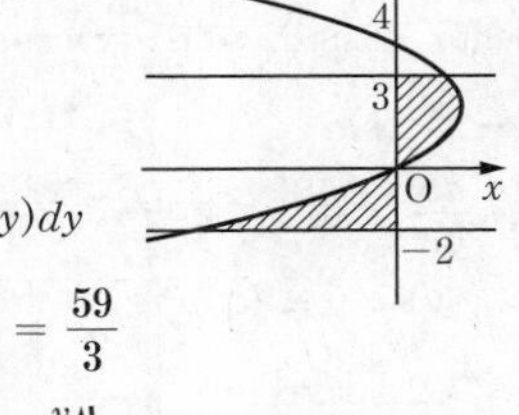

◀ $x=-y^2+4y$
$=-(y-2)^2+4$
より，頂点が $(4,\ 2)$ の放物線である。

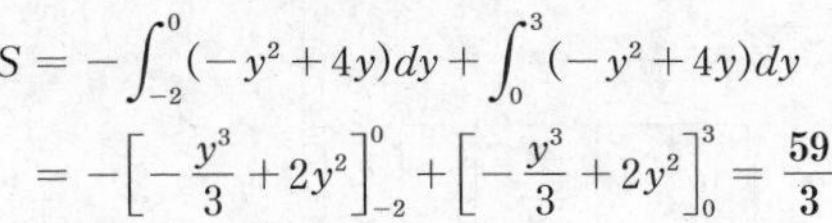

$$S=-\int_{-2}^{0}(-y^2+4y)dy+\int_{0}^{3}(-y^2+4y)dy$$

$$=-\left[-\frac{y^3}{3}+2y^2\right]_{-2}^{0}+\left[-\frac{y^3}{3}+2y^2\right]_{0}^{3}=\boldsymbol{\frac{59}{3}}$$

(2)　$\log x \geqq 0$ すなわち $x \geqq 1$ のとき

$y=|\log x|=\log x$

$\log x<0$ すなわち $0<x<1$ のとき

$y=|\log x|=-\log x$

グラフの概形は右の図のようになる。

したがって，求める面積 S は

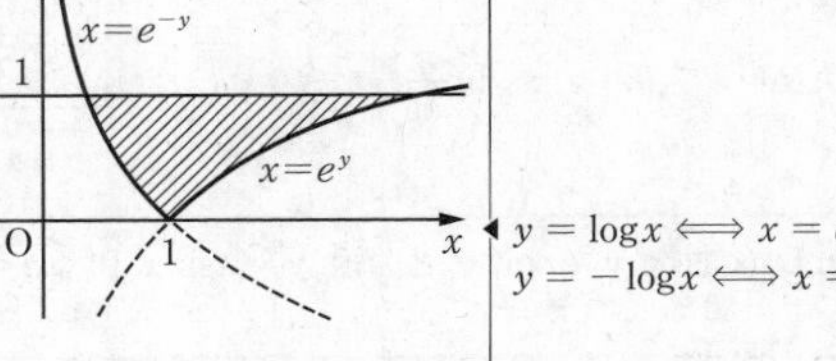

◀ $y=\log x \Longleftrightarrow x=e^y$
$y=-\log x \Longleftrightarrow x=e^{-y}$

$$S=\int_0^1(e^y-e^{-y})dy=\Big[e^y+e^{-y}\Big]_0^1$$

$$=\boldsymbol{e+\frac{1}{e}-2}$$

問題 185 曲線 $y=\sin x\ (0 \leqq x \leqq 3\pi)$ と4つの共有点をもつように，直線 $y=k$ を引く。この曲線と直線で囲まれた3つの図形の面積の和 S が最小となるように k の値を定めよ。

$y=\sin x\ (0 \leqq x \leqq 3\pi)$ と $y=k$ が4つの共有点をもつための条件は $0 \leqq k<1$ である。

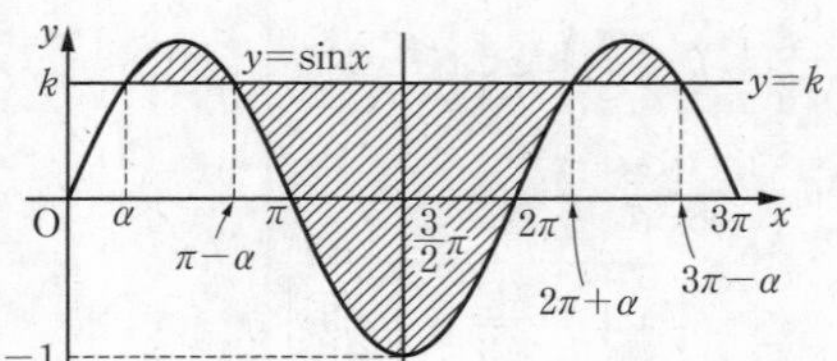

共有点の x 座標のうち，最も小さい値を α とおくと，$0 \leqq \alpha < \dfrac{\pi}{2}$，

$k = \sin\alpha$ となり，他の共有点の x 座標は $\pi - \alpha$，$2\pi + \alpha$，$3\pi - \alpha$ となる。

また，この図形は直線 $x = \dfrac{3}{2}\pi$ に関して対称であるから，面積の和 S は

◀ReAction 例題 186「共有点の x 座標が求まらないときは，α とおいて計算を進めよ」

$$S = 2\int_{\alpha}^{\pi-\alpha}(\sin x - k)dx + 2\int_{\pi-\alpha}^{\frac{3}{2}\pi}(k - \sin x)dx$$

$$= 2\Big[-\cos x - kx\Big]_{\alpha}^{\pi-\alpha} + 2\Big[kx + \cos x\Big]_{\pi-\alpha}^{\frac{3}{2}\pi}$$

$$= 2\{\cos\alpha - k(\pi - \alpha) + \cos\alpha + k\alpha\} + 2\left\{\frac{3}{2}k\pi - k(\pi - \alpha) + \cos\alpha\right\}$$

◀ $\cos(\pi - \alpha) = -\cos\alpha$

$$= 6\cos\alpha + (6\alpha - \pi)k$$

$$= 6\cos\alpha + (6\alpha - \pi)\sin\alpha$$

◀ $k = \sin\alpha$

よって　$\dfrac{dS}{d\alpha} = -6\sin\alpha + 6\sin\alpha + (6\alpha - \pi)\cos\alpha$

$= (6\alpha - \pi)\cos\alpha$

$0 \leqq \alpha < \dfrac{\pi}{2}$ の範囲で，$\dfrac{dS}{d\alpha} = 0$ とすると　$\alpha = \dfrac{\pi}{6}$

よって，S の増減表は右のようになるから，S は $\alpha = \dfrac{\pi}{6}$ のとき最小となる。

α	0	$\cdots$	$\dfrac{\pi}{6}$	$\cdots$	$\dfrac{\pi}{2}$
$\dfrac{dS}{d\alpha}$		$-$	0	$+$	
S		↘	極小	↗	

したがって　$k = \sin\dfrac{\pi}{6} = \dfrac{1}{2}$

問題 186 曲線 $y = \sin 2x$ と曲線 $y = a\sin x$ $(0 < a < 2)$ で囲まれた図形の面積 S を a で表せ。ただし，$0 \leqq x \leqq \pi$ とする。

2 曲線の共有点の x 座標は，

$\sin 2x = a\sin x$ より

$\sin x(2\cos x - a) = 0$

◀ $\sin 2x = 2\sin x\cos x$

$\sin x = 0$ または $\cos x = \dfrac{a}{2}$ より

$x = 0,\ \pi,\ \alpha$

ただし　$\cos\alpha = \dfrac{a}{2}$ $\left(0 < \alpha < \dfrac{\pi}{2}\right)$

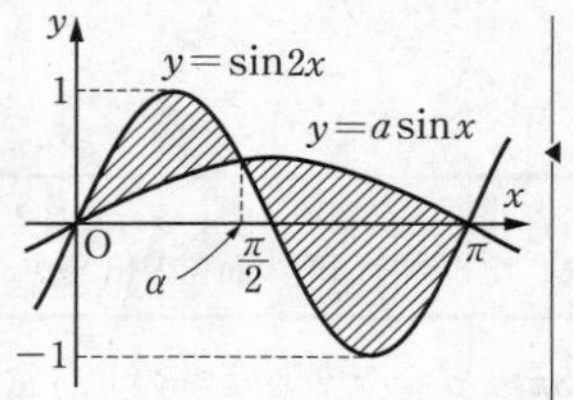

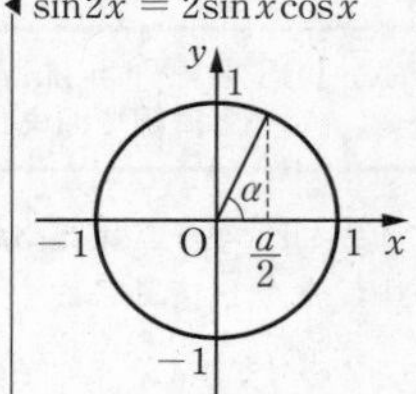

ただし，$0 < a < 2$ より

$0 < \dfrac{a}{2} < 1$

したがって，求める面積 S は

$$S = \int_0^{\alpha}(\sin 2x - a\sin x)dx + \int_{\alpha}^{\pi}(a\sin x - \sin 2x)dx$$

$$=\left[-\frac{1}{2}\cos 2x+a\cos x\right]_0^{\alpha}+\left[-a\cos x+\frac{1}{2}\cos 2x\right]_{\alpha}^{\pi}$$

$$=-\frac{1}{2}\cos 2\alpha+a\cos\alpha-\left(-\frac{1}{2}+a\right)$$

$$+\left(a+\frac{1}{2}\right)-\left(-a\cos\alpha+\frac{1}{2}\cos 2\alpha\right)$$

$$=-\cos 2\alpha+2a\cos\alpha+1$$

$$=-\left(\frac{a^2}{2}-1\right)+2a\cdot\frac{a}{2}+1=\boldsymbol{\frac{a^2}{2}+2}$$

◀ $\cos 2\alpha=2\cos^2\alpha-1=\dfrac{a^2}{2}-1$

問題 187 k を正の定数とする。2 つの曲線 $C_1: y=k\cos x$ と $C_2: y=\sin x\ \left(0\leqq x\leqq\dfrac{\pi}{2}\right)$ について，C_1，C_2 と y 軸で囲まれた図形の面積を S_1，C_1，C_2 と直線 $x=\dfrac{\pi}{2}$ で囲まれた図形の面積を S_2 とする。$2S_1=S_2$ となるように k を定め，このときの S_1 を求めよ。

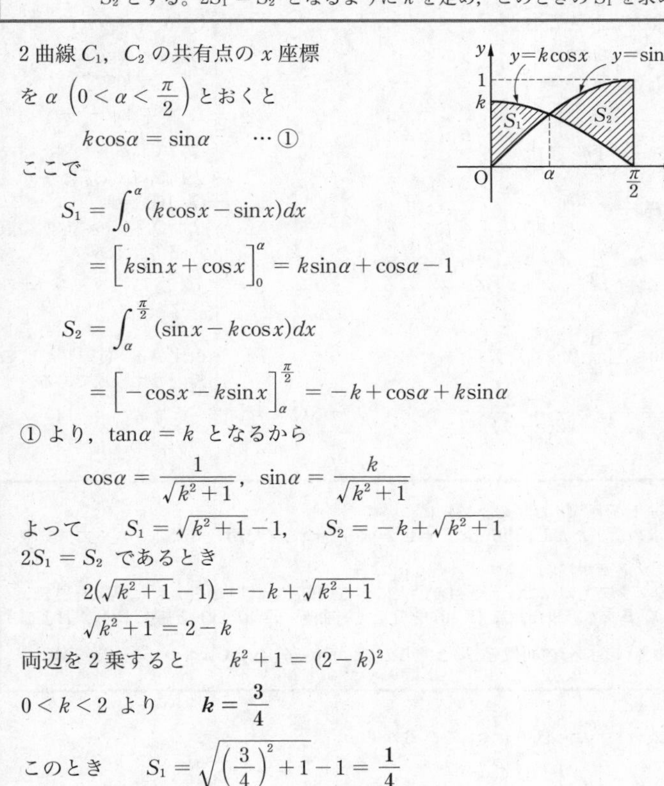

2 曲線 C_1，C_2 の共有点の x 座標を $\alpha\ \left(0<\alpha<\dfrac{\pi}{2}\right)$ とおくと

$$k\cos\alpha=\sin\alpha \quad \cdots ①$$

ここで

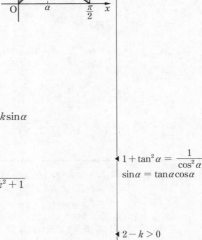

$$S_1=\int_0^{\alpha}(k\cos x-\sin x)dx$$

$$=\left[k\sin x+\cos x\right]_0^{\alpha}=k\sin\alpha+\cos\alpha-1$$

$$S_2=\int_{\alpha}^{\frac{\pi}{2}}(\sin x-k\cos x)dx$$

$$=\left[-\cos x-k\sin x\right]_{\alpha}^{\frac{\pi}{2}}=-k+\cos\alpha+k\sin\alpha$$

① より，$\tan\alpha=k$ となるから

$$\cos\alpha=\frac{1}{\sqrt{k^2+1}},\quad \sin\alpha=\frac{k}{\sqrt{k^2+1}}$$

◀ $1+\tan^2\alpha=\dfrac{1}{\cos^2\alpha}$
$\sin\alpha=\tan\alpha\cos\alpha$

よって　$S_1=\sqrt{k^2+1}-1$，　$S_2=-k+\sqrt{k^2+1}$

$2S_1=S_2$ であるとき

$$2\left(\sqrt{k^2+1}-1\right)=-k+\sqrt{k^2+1}$$

$$\sqrt{k^2+1}=2-k$$

◀ $2-k>0$

両辺を 2 乗すると　$k^2+1=(2-k)^2$

$0<k<2$ より　$\boldsymbol{k=\dfrac{3}{4}}$

このとき　$S_1=\sqrt{\left(\dfrac{3}{4}\right)^2+1}-1=\boldsymbol{\dfrac{1}{4}}$

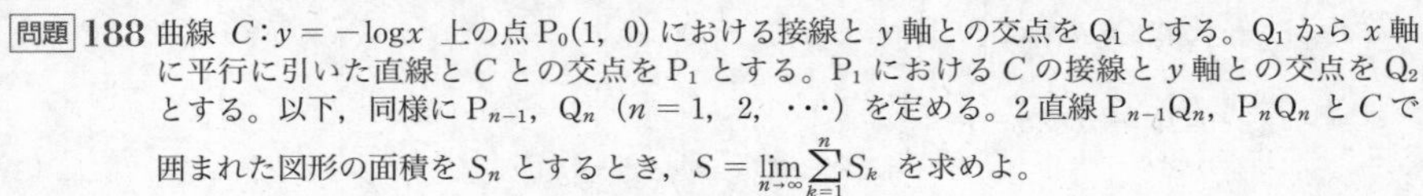

問題 188 曲線 $C: y=-\log x$ 上の点 $\mathrm{P}_0(1,\ 0)$ における接線と y 軸との交点を Q_1 とする。Q_1 から x 軸に平行に引いた直線と C との交点を P_1 とする。P_1 における C の接線と y 軸との交点を Q_2 とする。以下，同様に P_{n-1}，Q_n $(n=1,\ 2,\ \cdots)$ を定める。2 直線 $\mathrm{P}_{n-1}\mathrm{Q}_n$，$\mathrm{P}_n\mathrm{Q}_n$ と C で囲まれた図形の面積を S_n とするとき，$S=\lim_{n\to\infty}\sum_{k=1}^{n}S_k$ を求めよ。

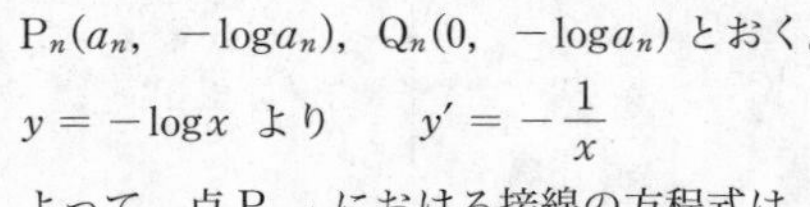

$\mathrm{P}_n(a_n,\ -\log a_n)$，$\mathrm{Q}_n(0,\ -\log a_n)$ とおく。

$y=-\log x$ より　　$y'=-\dfrac{1}{x}$

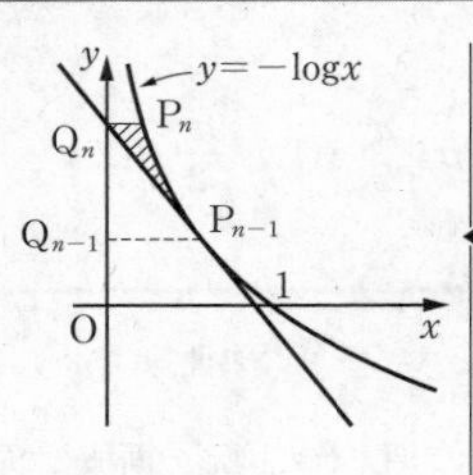

よって，点 P_{n-1} における接線の方程式は

◀ $\mathrm{P}_{n-1}(a_{n-1},\ -\log a_{n-1})$

$$y+\log a_{n-1}=-\frac{1}{a_{n-1}}(x-a_{n-1})$$

この直線と y 軸の交点 Q_n の y 座標は，
$x=0$ とすると，$y=1-\log a_{n-1}$ となるから

$$\mathrm{Q}_n(0,\ 1-\log a_{n-1})$$

よって，$-\log a_n=1-\log a_{n-1}$ となるから　　$a_n=e^{-1}a_{n-1}$

◀ $\mathrm{Q}_n(0,\ -\log a_n)$

また $a_0=1$ であるから　　$a_n=e^{-n}$

◀ $\log a_n=\log a_{n-1}-1=\log a_{n-1}-\log e=\log\dfrac{a_{n-1}}{e}$
よって　$a_n=e^{-1}a_{n-1}$

ゆえに，$\mathrm{P}_n(e^{-n},\ n)$，$\mathrm{Q}_n(0,\ n)$ となる。
$y=-\log x$ より $x=e^{-y}$ となるから

$$S_n=\int_{n-1}^{n}e^{-y}dy-\frac{1}{2}\cdot1\cdot e^{-(n-1)}$$

$$=-\Big[e^{-y}\Big]_{n-1}^{n}-\frac{1}{2}e^{-(n-1)}$$

$$=-e^{-n}+e^{-(n-1)}-\frac{1}{2}e^{-(n-1)}=\frac{1}{2}(e-2)e^{-n}$$

◀ $\triangle\mathrm{P}_{n-1}\mathrm{Q}_{n-1}\mathrm{Q}_n$ は $\mathrm{Q}_{n-1}\mathrm{Q}_n=1$，$\mathrm{P}_{n-1}\mathrm{Q}_{n-1}=e^{-(n-1)}$ の直角三角形である。

したがって，S は

$$S=\lim_{n\to\infty}\sum_{k=1}^{n}S_k=\lim_{n\to\infty}\sum_{k=1}^{n}\frac{1}{2}(e-2)e^{-k}$$

$$=\frac{1}{2}(e-2)\cdot\frac{e^{-1}}{1-e^{-1}}=\boldsymbol{\frac{e-2}{2(e-1)}}$$

◀ 公比が e^{-1} $(|e^{-1}|<1)$ の無限等比級数である。

問題 189 関数 $f_n(x)=(x-1)e^{-\frac{x}{n}}$（$n$ は正の整数）について

(1) $\lim_{x\to\infty}f_n(x)$ を求めよ。ただし，$\lim_{x\to\infty}xe^{-x}=0$ が成り立つことを用いてよい。さらに，関数 $y=f_n(x)$ のグラフをかけ。

(2) $y=f_n(x)$ のグラフ上の点で，y 座標を最大にする点を P_n，P_n から x 軸に垂線を引き x 軸との交点を Q_n とする。また，点 $(1,\ 0)$ を R とし，曲線 $y=f_n(x)$ と線分 RQ_n，および線分 $\mathrm{P}_n\mathrm{Q}_n$ で囲まれる部分の面積を S_n とするとき，$\lim_{n\to\infty}\dfrac{S_n}{n^2}$ を求めよ。（千葉大）

(1) $\dfrac{x}{n}=t$ とおくと，$x\to\infty$ のとき $t\to\infty$ であるから

$$\lim_{x\to\infty}f_n(x)=\lim_{t\to\infty}(nt-1)e^{-t}$$

◀ $x=nt$

$$=\lim_{t\to\infty}(n\cdot te^{-t}-e^{-t})=\boldsymbol{0}$$

◀ $\lim_{t\to\infty}e^{-t}=\lim_{t\to\infty}\dfrac{1}{e^t}=0$

次に

$$f_n{}'(x)=e^{-\frac{x}{n}}+(x-1)e^{-\frac{x}{n}}\cdot\left(-\frac{1}{n}\right)=\frac{n+1-x}{n}e^{-\frac{x}{n}}$$

$$f_n''(x) = -\frac{1}{n}e^{-\frac{x}{n}} + \frac{n+1-x}{n}e^{-\frac{x}{n}}\cdot\left(-\frac{1}{n}\right)$$

$$= -\frac{2n+1-x}{n^2}e^{-\frac{x}{n}}$$

$f_n'(x) = 0$ とすると

　$x = n+1$

$f_n''(x) = 0$ とすると

　$x = 2n+1$

であるから，増減，凹凸の表は右のようになる。

x	$\cdots$	$n+1$	$\cdots$	$2n+1$	$\cdots$
$f_n'(x)$	$+$	0	$-$	$-$	$-$
$f_n''(x)$	$-$	$-$	$-$	0	$+$
$f_n(x)$	↗	$ne^{-\frac{n+1}{n}}$	↘	$2ne^{-\frac{2n+1}{n}}$	↘

また　$\displaystyle\lim_{x\to\infty} f_n(x) = 0$

　　$\displaystyle\lim_{x\to-\infty} f_n(x) = -\infty$

◀ $x = -t$ とおくと $\displaystyle\lim_{x\to-\infty} f_n(x) = \lim_{t\to\infty}(-t-1)e^{\frac{t}{n}} = -\infty$

であるから，増減表より，$y = f_n(x)$ のグラフは **右の図** のようになる。

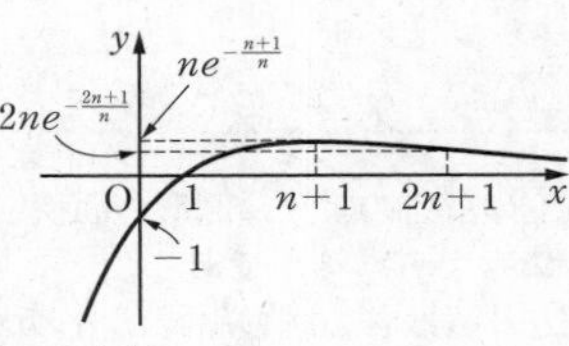
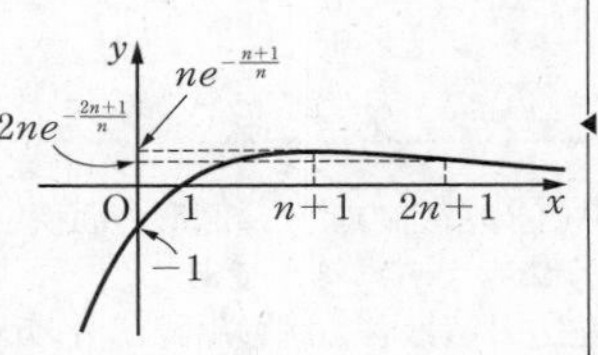

(2)　(1) のグラフより，点 P_n の x 座標は　$n+1$

また，$f_n(1) = 0$ より，点 R は $y = f_n(x)$ のグラフ上の点である。

よって　$$S_n = \int_1^{n+1}(x-1)e^{-\frac{x}{n}}dx$$

$$= \left[-n(x-1)e^{-\frac{x}{n}}\right]_1^{n+1} + n\int_1^{n+1}e^{-\frac{x}{n}}dx$$

◀ $\left(-ne^{-\frac{x}{n}}\right)' = e^{-\frac{x}{n}}$

$$= -n^2e^{-\frac{n+1}{n}} + n\left[-ne^{-\frac{x}{n}}\right]_1^{n+1}$$

$$= -2n^2e^{-\frac{n+1}{n}} + n^2e^{-\frac{1}{n}} = n^2\left(e^{-\frac{1}{n}} - 2e^{-\frac{n+1}{n}}\right)$$

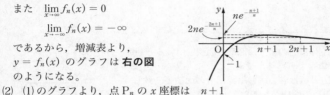

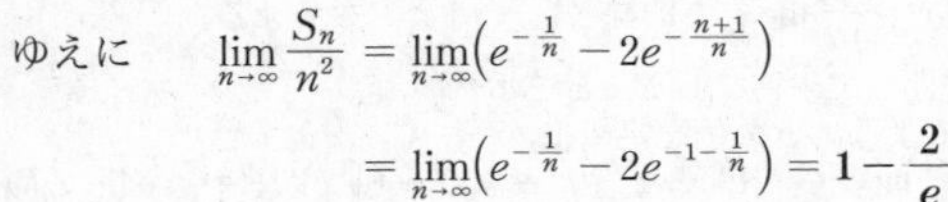

ゆえに　$$\lim_{n\to\infty}\frac{S_n}{n^2} = \lim_{n\to\infty}\left(e^{-\frac{1}{n}} - 2e^{-\frac{n+1}{n}}\right)$$

$$= \lim_{n\to\infty}\left(e^{-\frac{1}{n}} - 2e^{-1-\frac{1}{n}}\right) = \mathbf{1-\frac{2}{e}}$$

◀ $n\to\infty$ のとき　$\frac{1}{n}\to 0$

問題 190 (1)　$f(x) = \dfrac{e^x}{e^x+1}$ のとき，$y = f(x)$ の逆関数 $y = g(x)$ を求めよ。

(2)　(1) の $f(x)$，$g(x)$ に対し，次の等式が成り立つことを示せ。

$$\int_a^b f(x)dx + \int_{f(a)}^{f(b)} g(x)dx = bf(b) - af(a)$$

（東北大）

---

(1)　$y = \dfrac{e^x}{e^x+1}$ において，$e^x > 0$ より　　$y > 0$

また，$\dfrac{e^x}{e^x+1} < \dfrac{e^x+1}{e^x+1} = 1$ より　　$y < 1$

よって　　$0 < y < 1$

$(e^x+1)y = e^x$ より　　$e^x = \dfrac{y}{1-y}$

◀ $0 < y < 1$ より $1-y \neq 0$

e を底とする両辺の対数をとると　　$x = \log\dfrac{y}{1-y}$

ゆえに　　$\mathbf{g(x) = \log\dfrac{x}{1-x}}$　$\mathbf{(0 < x < 1)}$

◀ x と y を入れかえる。

(2) $y=g(x)$ とおくと $x=f(y)$ であるから，

$$\frac{dx}{dy}=f'(y)$$

x	$f(a)\to f(b)$
y	$a\ \to\ b$

x と y の対応は右のようになるから

$$\int_{f(a)}^{f(b)} g(x)dx=\int_a^b yf'(y)dy=\Big[yf(y)\Big]_a^b-\int_a^b f(y)dy$$

◀ $dx=f'(y)dy$
◀ 部分積分法を用いる。

よって

$$\int_a^b f(x)dx+\int_{f(a)}^{f(b)} g(x)dx=\int_a^b f(x)dx+\Big[yf(y)\Big]_a^b-\int_a^b f(y)dy$$
$$=bf(b)-af(a)$$

Plus One

例題190や練習190(3)の解答のように図形の面積を用いると，問題190(2)は次のように考えられそうである。

証明する等式の左辺の値は右の図の斜線部分の面積と一致し，これを四角形OBQB′ の面積から四角形OAPA′ の面積を除くと考えると，証明する等式の右辺，$bf(b)-af(a)$ となる。

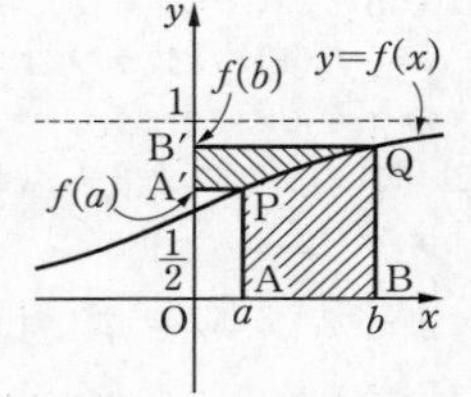

しかし，これでは証明は不十分である。なぜなら，上記では $0\leqq a\leqq b$ の場合しか考えておらず，a または b が負の場合や $a>b$ の場合を考えていないからである。これらの場合をすべて考えるより，解答のように置換積分法を用いた方が簡潔である。

問題 **191** 定数 a を $a>0$ として，曲線 $C_1: y=\dfrac{1}{a}\log x$ と曲線 $C_2: y=e^{ax}$ を考える。

(1) 曲線 C_1 と C_2 は直線 $y=x$ に関して対称であることを示せ。

(2) 曲線 C_1 と直線 $y=x$ が接するように a の値を定めよ。

(3) a が(2)で定められた値のとき，曲線 C_1，C_2 と x 軸，および y 軸で囲まれた図形の面積を求めよ。 （大阪市立大）

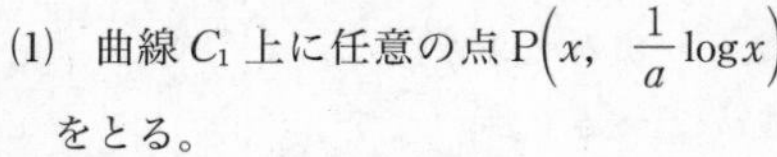

(1) 曲線 C_1 上に任意の点 $\mathrm{P}\left(x,\ \dfrac{1}{a}\log x\right)$ をとる。

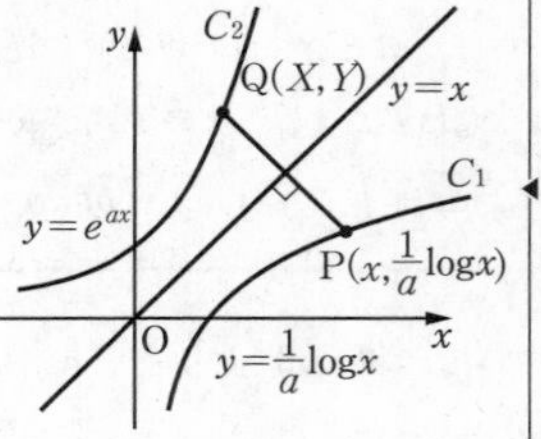

直線 $y=x$ に関して，点Pと対称な点を $\mathrm{Q}(X,\ Y)$ とすると

◀ 直線 $y=x$ に関して，点 $(p,\ q)$ と対称な点は $(q,\ p)$ である。

$$\begin{cases} X=\dfrac{1}{a}\log x & \cdots① \\ Y=x & \cdots② \end{cases}$$

② を ① に代入して $X=\dfrac{1}{a}\log Y$

$aX=\log Y$ より $Y=e^{aX}$

よって，Qは曲線 $y=e^{ax}$ 上にある。

したがって，曲線 C_1 と C_2 は直線 $y=x$ に関して対称である。

◀ $y=\dfrac{1}{a}\log x$ と $y=e^{ax}$ は互いに逆関数の関係にある。

(2) $y=\dfrac{1}{a}\log x$ より $y'=\dfrac{1}{ax}$

曲線 C_1 上の点 $\left(t,\ \dfrac{1}{a}\log t\right)$ における接線の方程式は

$$y-\frac{1}{a}\log t=\frac{1}{at}(x-t)$$

$$y=\frac{1}{at}x-\frac{1}{a}+\frac{1}{a}\log t$$

これが直線 $y=x$ と一致するから

$$\begin{cases}\dfrac{1}{at}=1 & \cdots ③\\ -\dfrac{1}{a}+\dfrac{1}{a}\log t=0 & \cdots ④\end{cases}$$

④ より $\log t=1$ であるから　　$t=e$

よって，③ より　　$\boldsymbol{a=\frac{1}{e}}$

(3)　求める面積を S とすると，C_1 と C_2 は $y=x$ に関して対称であるから，曲線 $y=e^{\frac{1}{e}x}$ と直線 $y=x$ と y 軸で囲まれた図形の面積は $\frac{1}{2}S$ に等しい。

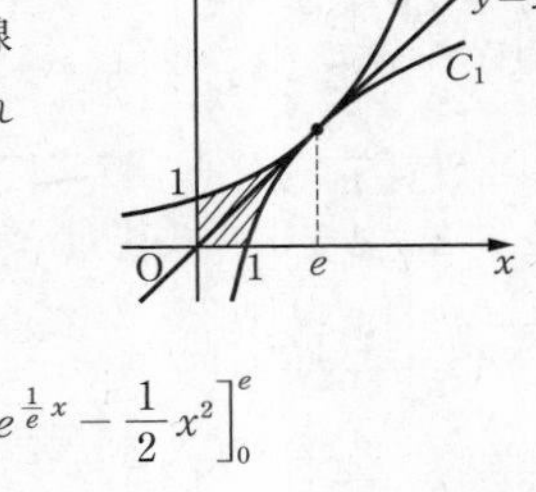

$$\frac{1}{2}S=\int_0^e\left(e^{\frac{1}{e}x}-x\right)dx$$

$$S=2\int_0^e\left(e^{\frac{1}{e}x}-x\right)dx=2\left[ee^{\frac{1}{e}x}-\frac{1}{2}x^2\right]_0^e$$

$$=2\left(e^2-\frac{1}{2}e^2-e\right)=\boldsymbol{e^2-2e}$$

問題 192 曲線 $|x|^{\frac{1}{2}}+|y|^{\frac{1}{2}}=1$ …① で囲まれた図形の面積 S を求めよ。

① において，x を $-x$ に置き換えても，もとの式とかわらない。
また，y を $-y$ に置き換えても，もとの式とかわらない。
よって，曲線 ① は x 軸に関しても，y 軸に関しても対称である。

$x\geqq 0$，$y\geqq 0$ のとき，① は $\sqrt{x}+\sqrt{y}=1$ より　　$y=\left(1-\sqrt{x}\right)^2$
$x\geqq 0$，$1-\sqrt{x}\geqq 0$ より　　$0\leqq x\leqq 1$
$y=0$ とすると，$x\geqq 0$ において　　$x=1$
$x=0$ とすると，$y\geqq 0$ において　　$y=1$
区間 $0\leqq x\leqq 1$ で $y\geqq 0$ であるから，
曲線 ① の対称性より，求める面積 S は

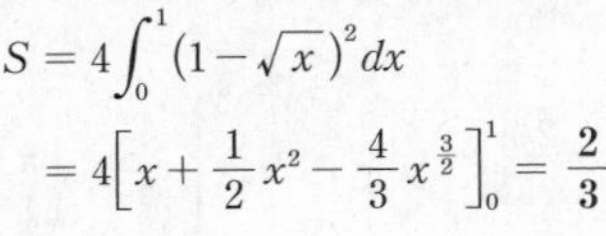

$$S=4\int_0^1\left(1-\sqrt{x}\right)^2dx$$

$$=4\left[x+\frac{1}{2}x^2-\frac{4}{3}x^{\frac{3}{2}}\right]_0^1=\boldsymbol{\frac{2}{3}}$$

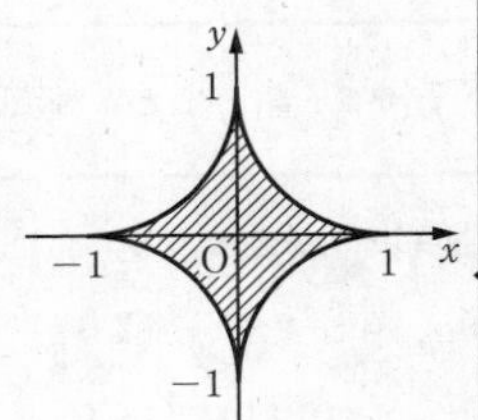

◀ ① において，x を $-x$ に置き換えると
$|-x|^{\frac{1}{2}}+|y|^{\frac{1}{2}}=1$
すなわち
$|x|^{\frac{1}{2}}+|y|^{\frac{1}{2}}=1$ となり，① と一致する。

◀ $y=\left(1-\sqrt{x}\right)^2\ (0\leqq x\leqq 1)$ と x 軸，y 軸で囲まれた図形の面積を 4 倍すればよい。

問題 193 方程式 $3x^2+y^2=3$ で定まる楕円 E と，方程式 $xy=\frac{3}{4}$ で定まる双曲線 H を考える。

(1)　楕円 E と双曲線 H の交点の座標をすべて求めよ。

(2)　連立不等式 $\begin{cases}3x^2+y^2\leqq 3\\ xy\geqq\dfrac{3}{4}\end{cases}$ の表す領域の面積を求めよ。　　（北海道大）

(1)　$xy=\dfrac{3}{4}$ は，$x \neq 0$ より　　$y=\dfrac{3}{4x}$　　…①

$3x^2+y^2=3$ に代入すると　　$3x^2+\dfrac{9}{16x^2}=3$

$$16x^4-16x^2+3=0$$
$$(4x^2-1)(4x^2-3)=0$$

$x^2=\dfrac{1}{4}$，$\dfrac{3}{4}$ より　　$x=\pm\dfrac{1}{2}$，$\pm\dfrac{\sqrt{3}}{2}$

①に代入すると，交点の座標は

$$\boldsymbol{\left(\frac{1}{2},\ \frac{3}{2}\right),\ \left(-\frac{1}{2},\ -\frac{3}{2}\right),\ \left(\frac{\sqrt{3}}{2},\ \frac{\sqrt{3}}{2}\right),\ \left(-\frac{\sqrt{3}}{2},\ -\frac{\sqrt{3}}{2}\right)}$$

(2)　連立不等式の表す領域は右の図の斜線部分であり，楕円 E と双曲線 H はそれぞれ原点に関して対称である。

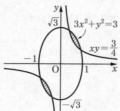

$x \geqq 0$，$y \geqq 0$ のとき

$3x^2+y^2=3$ より　$y=\sqrt{3}\sqrt{1-x^2}$

よって，求める面積を S とすると

$$S=2\int_{\frac{1}{2}}^{\frac{\sqrt{3}}{2}}\left(\sqrt{3}\sqrt{1-x^2}-\frac{3}{4x}\right)dx$$

$$=2\sqrt{3}\int_{\frac{1}{2}}^{\frac{\sqrt{3}}{2}}\sqrt{1-x^2}\,dx-\frac{3}{2}\Big[\log x\Big]_{\frac{1}{2}}^{\frac{\sqrt{3}}{2}}$$

$$=2\sqrt{3}\left\{\frac{1}{6}\cdot 1^2\pi-\frac{1}{2}\cdot\frac{1}{2}\cdot\frac{\sqrt{3}}{2}-\left(\frac{1}{12}\cdot 1^2\pi-\frac{1}{2}\cdot\frac{\sqrt{3}}{2}\cdot\frac{1}{2}\right)\right\}$$
$$-\frac{3}{2}\left(\log\frac{\sqrt{3}}{2}-\log\frac{1}{2}\right)$$

$$=\frac{\sqrt{3}}{6}\pi-\frac{3}{2}\log\sqrt{3}$$

$$=\boldsymbol{\frac{\sqrt{3}}{6}\pi-\frac{3}{4}\log 3}$$

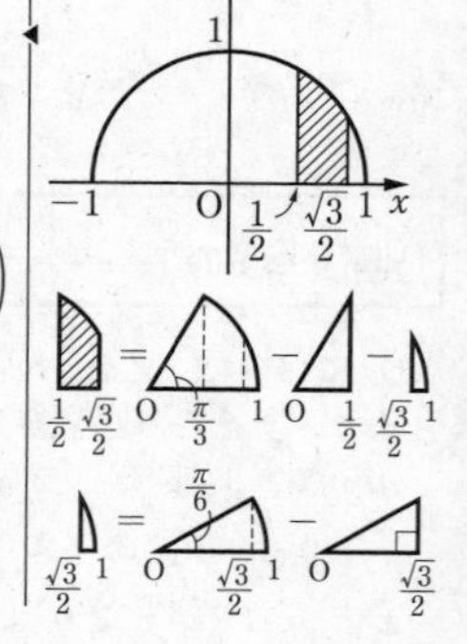

問題 **194** 曲線 $\begin{cases} x=\sin t \\ y=t\cos t \end{cases}$ $\left(0 \leqq t \leqq \dfrac{\pi}{2}\right)$ と x 軸で囲まれた図形の面積 S を求めよ。

与えられた曲線と x 軸の共有点を求める。

$y=t\cos t=0$ とすると，$0 \leqq t \leqq \dfrac{\pi}{2}$ より　　$t=0$，$\dfrac{\pi}{2}$

よって，共有点の座標は　　$(0,\ 0)$，$(1,\ 0)$

また，$0 \leqq t \leqq \dfrac{\pi}{2}$ において，x は単調増加し，$y \geqq 0$ となる。

また，$\dfrac{dx}{dt}=\cos t$ であるから，求める面積 S は

$$S=\int_0^1 y\,dx=\int_0^{\frac{\pi}{2}} t\cos t\cdot\cos t\,dt$$

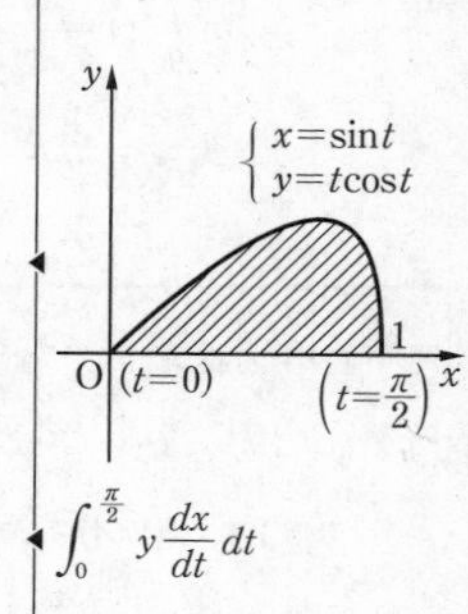

$\displaystyle\int_0^{\frac{\pi}{2}} y\frac{dx}{dt}\,dt$

$$= \int_0^{\frac{\pi}{2}} t \cdot \frac{1+\cos 2t}{2}\,dt$$

$$= \frac{1}{2}\int_0^{\frac{\pi}{2}} t\,dt + \frac{1}{2}\int_0^{\frac{\pi}{2}} t\cos 2t\,dt$$

$$= \frac{1}{2}\left[\frac{t^2}{2}\right]_0^{\frac{\pi}{2}} + \frac{1}{2}\left(\left[t\cdot\frac{\sin 2t}{2}\right]_0^{\frac{\pi}{2}} - \int_0^{\frac{\pi}{2}} \frac{\sin 2t}{2}\,dt\right)$$

$$= \frac{\pi^2}{16} - \frac{1}{4}\int_0^{\frac{\pi}{2}} \sin 2t\,dt$$

$$= \frac{\pi^2}{16} - \frac{1}{4}\left[-\frac{\cos 2t}{2}\right]_0^{\frac{\pi}{2}} = \boldsymbol{\frac{\pi^2}{16} - \frac{1}{4}}$$

◀ $\cos^2 t = \dfrac{1+\cos 2t}{2}$

◀ 部分積分法を用いる。

問題 195 媒介変数 t で表された曲線 $C: \begin{cases} x = 2\sin t + \sin 2t \\ y = 1 - \cos t \end{cases}$ について

(1) 曲線 C は y 軸に関して対称であることを示せ。

(2) 曲線 C で囲まれた図形の面積 S を求めよ。

(1) 曲線 C の方程式のそれぞれの右辺の t に $-t$ を代入すると

$$\begin{cases} 2\sin(-t) + \sin(-2t) = -(2\sin t + \sin 2t) = -x \\ 1 - \cos(-t) = 1 - \cos t = y \end{cases}$$

よって，曲線 C 上の点 $(x,\ y)$ に対して，$(-x,\ y)$ も曲線 C 上にあるから，曲線 C は y 軸に関して対称である。

(2) $x = 2\sin t + \sin 2t$，$y = 1 - \cos t$ はともに周期 2π の関数であるから，$0 \leqq t \leqq 2\pi$ で考える。

(1) より，曲線 C は y 軸に関して対称であり，$0 \leqq t \leqq \pi$ のとき $x \geqq 0$，$\pi \leqq t \leqq 2\pi$ のとき $x \leqq 0$ である。

◀ 曲線 C が y 軸に関して対称であるから，$x \geqq 0$ における C の概形を考える。そのために，$x \geqq 0$ となる t の値の範囲を考える。

よって，曲線 C の $0 \leqq t \leqq \pi$ の部分と y 軸で囲まれた部分の面積を S' とすると　$S = 2S'$

$0 \leqq t \leqq \pi$ において

$$\frac{dx}{dt} = 2\cos t + 2\cos 2t = 2(2\cos^2 t + \cos t - 1)$$

$$= 2(2\cos t - 1)(\cos t + 1)$$

$\dfrac{dx}{dt} = 0$ とすると

$$t = \frac{\pi}{3},\ \pi$$

また　$\dfrac{dy}{dt} = \sin t \geqq 0$

ゆえに，曲線 C の概形は次の図のようになる。

t	0	…	$\frac{\pi}{3}$	…	π
$\frac{dx}{dt}$		+	0	−	
x	0	→	$\frac{3\sqrt{3}}{2}$	←	0
$\frac{dy}{dt}$		+	+	+	
y	0	↑	$\frac{1}{2}$	↑	2
$(x,\ y)$	$(0,\ 0)$	↗	$\left(\frac{3\sqrt{3}}{2},\ \frac{1}{2}\right)$	↖	$(0,\ 2)$

◀ y は $0 \leqq t \leqq \pi$ で単調増加する。

よって

$$S' = \int_0^2 x\,dy$$

$$= \int_0^{\pi} x\frac{dy}{dt}\,dt$$

◀ y 軸方向の積分を考える。

$$= \int_0^{\pi} (2\sin t + \sin 2t)\sin t\, dt$$
$$= \int_0^{\pi} (2\sin^2 t + \sin 2t \sin t) dt$$
$$= \int_0^{\pi} \{(1 - \cos 2t) + 2\sin^2 t \cos t\} dt$$
$$= \left[t - \frac{1}{2}\sin 2t + \frac{2}{3}\sin^3 t \right]_0^{\pi}$$
$$= \pi$$

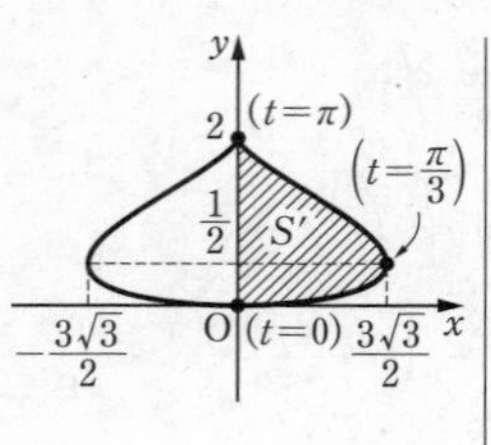

したがって　　$S = 2S' = \boldsymbol{2\pi}$

問題 196 xy 平面上の動点 P は x 軸上の $2 \leqq x \leqq 4$ の部分を，動点 Q は y 軸の $y \geqq 0$ の部分を $\mathrm{PQ} = 4$ を満たしながら動く。このとき線分 PQ が動いてできる領域を D とする。また，O を原点とし，$\angle \mathrm{QPO}$ を θ とおく。

(1)　2 点 P，Q の座標を θ を用いてそれぞれ表せ。

(2)　領域 D の面積を求めよ。　　　　(早稲田大　改)

---

(1)　直角三角形 OPQ に着目すると

$$\mathrm{OP} = 4\cos\theta,\ \mathrm{OQ} = 4\sin\theta$$

よって

$$\mathbf{P(4\cos\boldsymbol{\theta},\ 0),\ Q(0,\ 4\sin\boldsymbol{\theta})}$$

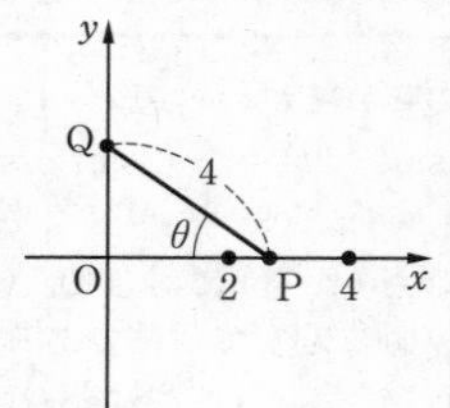

(2)　点 P は x 軸上の $2 \leqq x \leqq 4$ の部分を動くから　　$2 \leqq 4\cos\theta \leqq 4$

すなわち　　$\frac{1}{2} \leqq \cos\theta \leqq 1$　…①

$0 \leqq \theta < \frac{\pi}{2}$ であるから　　$0 \leqq \theta \leqq \frac{\pi}{3}$

直線 PQ の方程式は

◀ ① より　$\cos\theta \neq 0$

$$y = -\frac{4\sin\theta}{4\cos\theta}x + 4\sin\theta = (-\tan\theta)x + 4\sin\theta$$

$0 \leqq \theta \leqq \frac{\pi}{3}$ の範囲で θ が変化するとき，線分 PQ 上の $x = X$ $(0 \leqq X \leqq 4)$ である点の y 座標 Y の値域を考える。

◀ X の値を固定して考えると，Y は θ の関数と見なせる。

$Y = (-\tan\theta)X + 4\sin\theta$ であるから

$$\frac{dY}{d\theta} = -\frac{X}{\cos^2\theta} + 4\cos\theta = \frac{4\cos^3\theta - X}{\cos^2\theta}$$

① より，$\frac{1}{2} \leqq 4\cos^3\theta \leqq 4$ であるから

◀ $\frac{dY}{d\theta} = 0$ となる θ が $0 \leqq \theta \leqq \frac{\pi}{3}$ の範囲に存在するかどうかで場合分けする。

(ア)　$0 \leqq X \leqq \frac{1}{2}$ のとき

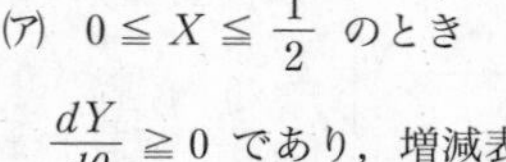

$\frac{dY}{d\theta} \geqq 0$ であり，増減表は右のようになる。

θ	0	…	$\frac{\pi}{3}$
$\frac{dY}{d\theta}$		+	
Y	0	↗	$2\sqrt{3} - \sqrt{3}X$

よって，Y のとり得る値の範囲は

$$0 \leqq Y \leqq 2\sqrt{3} - \sqrt{3}X$$

(イ) $\dfrac{1}{2} \leqq X \leqq 4$ のとき

$X = 4\cos^3\theta$ を満たす $0 \leqq \theta \leqq \dfrac{\pi}{3}$ の角 θ を α とおくと，Y の増減表は右のようになる。

θ	0	$\cdots$	α	$\cdots$	$\dfrac{\pi}{3}$
$\dfrac{dY}{d\theta}$		$+$	0	$-$	
Y	0	↗	最大	↘	

◀ $4\cos^3\theta = X$ となる θ は具体的に求められないから，α とおく。

よって，Y は $\theta = \alpha$ のとき最大となり，最大値は

$$\begin{aligned} Y = (-\tan\alpha)X + 4\sin\alpha &= -\frac{\sin\alpha}{\cos\alpha}\cdot 4\cos^3\alpha + 4\sin\alpha \\ &= 4\sin\alpha(1-\cos^2\alpha) \\ &= 4\sin^3\alpha \end{aligned}$$

◀ $X = 4\cos^3\alpha$ を代入する。

ゆえに，$x = X$ において，線分PQが通過するような点の y 座標 Y のとり得る値の範囲は　　$0 \leqq Y \leqq 4\sin^3\alpha$

ここで，$\dfrac{1}{2} \leqq X \leqq 4$，$X = 4\cos^3\alpha$ であるから

$$0 \leqq \alpha \leqq \frac{\pi}{3}$$

(ア), (イ) より，領域 D は

$0 \leqq y \leqq 2\sqrt{3} - \sqrt{3}\,x \left(0 \leqq x \leqq \dfrac{1}{2}\right)$

で表される領域 D_1 と x 軸，直線 $x = \dfrac{1}{2}$ と媒介変数 α を用いて表された曲線

$\begin{cases} x = 4\cos^3\alpha \\ y = 4\sin^3\alpha \end{cases} \left(0 \leqq \alpha \leqq \dfrac{\pi}{3}\right)$

で囲まれた部分 D_2 を合わせたものである。

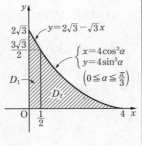

領域 D_1，D_2 の面積をそれぞれ S_1，S_2 とすると

$$S_1 = \frac{1}{2}\left(2\sqrt{3} + \frac{3\sqrt{3}}{2}\right)\cdot\frac{1}{2} = \frac{7\sqrt{3}}{8}$$

◀ 台形の面積

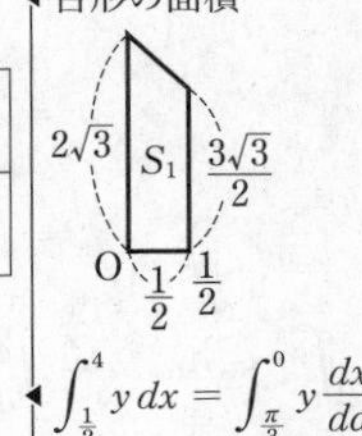

また，S_2 について，x と α の対応は右のようになり

x	$\dfrac{1}{2} \to 4$
α	$\dfrac{\pi}{3} \to 0$

$$\frac{dx}{d\alpha} = 12\cos^2\alpha\cdot(-\sin\alpha)$$

よって

$$\begin{aligned} S_2 = \int_{\frac{1}{2}}^{4} y\,dx &= \int_{\frac{\pi}{3}}^{0} 4\sin^3\alpha\cdot 12\cos^2\alpha\cdot(-\sin\alpha)\,d\alpha \\ &= 48\int_0^{\frac{\pi}{3}} \sin^4\alpha\cos^2\alpha\,d\alpha \end{aligned}$$

◀ $\displaystyle\int_{\frac{1}{2}}^{4} y\,dx = \int_{\frac{\pi}{3}}^{0} y\frac{dx}{d\alpha}\,d\alpha$

ここで

$$\begin{aligned} &\sin^4\alpha\cos^2\alpha = \sin^2\alpha(\sin\alpha\cos\alpha)^2 \\ &= \sin^2\alpha\left(\frac{1}{2}\sin 2\alpha\right)^2 = \frac{1}{4}(\sin\alpha\sin 2\alpha)^2 \\ &= \frac{1}{4}\left\{-\frac{1}{2}(\cos 3\alpha - \cos\alpha)\right\}^2 \end{aligned}$$

◀ $\sin 2\alpha = 2\sin\alpha\cos\alpha$ より $\sin\alpha\cos\alpha = \dfrac{1}{2}\sin 2\alpha$

◀ $\sin\alpha\sin\beta = -\dfrac{1}{2}\{\cos(\alpha+\beta) - \cos(\alpha-\beta)\}$

4章 13 区分求積法，面積

$$= \frac{1}{16}(\cos^2 3\alpha - 2\cos 3\alpha\cos\alpha + \cos^2\alpha)$$

$$= \frac{1}{16}\left\{\frac{1+\cos 6\alpha}{2} - (\cos 4\alpha + \cos 2\alpha) + \frac{1+\cos 2\alpha}{2}\right\}$$

$$= \frac{1}{32}(\cos 6\alpha - 2\cos 4\alpha - \cos 2\alpha + 2)$$

であるから

$$S_2 = \frac{3}{2}\int_0^{\frac{\pi}{3}}(\cos 6\alpha - 2\cos 4\alpha - \cos 2\alpha + 2)\,d\alpha$$

$$= \frac{3}{2}\left[\frac{1}{6}\sin 6\alpha - \frac{1}{2}\sin 4\alpha - \frac{1}{2}\sin 2\alpha + 2\alpha\right]_0^{\frac{\pi}{3}}$$

$$= \frac{3}{2}\left(0 + \frac{\sqrt{3}}{4} - \frac{\sqrt{3}}{4} + \frac{2}{3}\pi - 0\right) = \pi$$

よって，求める領域 D の面積 S は

$$S = S_1 + S_2 = \boldsymbol{\frac{7\sqrt{3}}{8} + \pi}$$

〔別解〕　（S_2 を求める）

$$S_2 = \int_{\frac{1}{2}}^{4} y\,dx = \int_{\frac{\pi}{3}}^{0} 4\sin^3\alpha\cdot 12\cos^2\alpha\cdot(-\sin\alpha)\,d\alpha$$

$$= 48\int_0^{\frac{\pi}{3}}(\sin^4\alpha - \sin^6\alpha)\,d\alpha$$

ここで

$$\int_0^{\frac{\pi}{3}}\sin^4\alpha\,d\alpha = \int_0^{\frac{\pi}{3}}\left(\frac{1-\cos 2\alpha}{2}\right)^2 d\alpha$$

$$= \frac{1}{4}\int_0^{\frac{\pi}{3}}(1 - 2\cos 2\alpha + \cos^2 2\alpha)\,d\alpha$$

$$= \frac{1}{4}\int_0^{\frac{\pi}{3}}\left(1 - 2\cos 2\alpha + \frac{1+\cos 4\alpha}{2}\right)d\alpha$$

$$= \frac{1}{4}\int_0^{\frac{\pi}{3}}\left(\frac{3}{2} - 2\cos 2\alpha + \frac{1}{2}\cos 4\alpha\right)d\alpha$$

$$= \frac{1}{4}\left[\frac{3}{2}\alpha - \sin 2\alpha + \frac{1}{8}\sin 4\alpha\right]_0^{\frac{\pi}{3}}$$

$$= \frac{\pi}{8} - \frac{9\sqrt{3}}{64}$$

$$\int_0^{\frac{\pi}{3}}\sin^6\alpha\,d\alpha = \int_0^{\frac{\pi}{3}}\left(\frac{1-\cos 2\alpha}{2}\right)^3 d\alpha$$

$$= \frac{1}{8}\int_0^{\frac{\pi}{3}}(1 - 3\cos 2\alpha + 3\cos^2 2\alpha - \cos^3 2\alpha)\,d\alpha$$

$$= \frac{1}{8}\int_0^{\frac{\pi}{3}}\left\{\frac{5}{2} - 3\cos 2\alpha + \frac{3}{2}\cos 4\alpha - (1-\sin^2 2\alpha)\cos 2\alpha\right\}d\alpha$$

$$= \frac{1}{8}\int_0^{\frac{\pi}{3}}\left(\frac{5}{2} - 4\cos 2\alpha + \frac{3}{2}\cos 4\alpha + \sin^2 2\alpha\cos 2\alpha\right)d\alpha$$

◀ $\cos^2\alpha = \dfrac{1+\cos 2\alpha}{2}$

◀ $\cos\alpha\cos\beta = \dfrac{1}{2}\{\cos(\alpha+\beta) + \cos(\alpha-\beta)\}$

◀ 半角の公式を繰り返し用いる。

◀ $\cos^2 2\alpha = \dfrac{1+\cos 4\alpha}{2}$

$$= \frac{1}{8}\left[\frac{5}{2}\alpha - 2\sin 2\alpha + \frac{3}{8}\sin 4\alpha + \frac{1}{6}\sin^3 2\alpha\right]_0^{\frac{\pi}{3}}$$

$$= \frac{5}{48}\pi - \frac{9\sqrt{3}}{64}$$

よって　$S_2 = 48\left\{\left(\frac{\pi}{8} - \frac{9\sqrt{3}}{64}\right) - \left(\frac{5}{48}\pi - \frac{9\sqrt{3}}{64}\right)\right\} = \pi$

したがって，求める領域 D の面積 S は

$$S = S_1 + S_2 = \frac{7\sqrt{3}}{8} + \pi$$

◀ $\int_0^{\frac{\pi}{3}} \sin^2 2\alpha \cos 2\alpha \, d\alpha$
$= \frac{1}{2}\int_0^{\frac{\pi}{3}} (\sin 2\alpha)^2 (\sin 2\alpha)' d\alpha$
$= \frac{1}{6}\left[(\sin 2\alpha)^3\right]_0^{\frac{\pi}{3}}$

問題 197 カージオイド $r = 1 + \cos\theta$ で囲まれた部分の面積 S を求めよ。

曲線上の点の直交座標を $(x,\ y)$ とおくと

$$\begin{cases} x = r\cos\theta = (1+\cos\theta)\cos\theta \\ y = r\sin\theta = (1+\cos\theta)\sin\theta \end{cases}$$

ここで，$\sin(-\theta) = -\sin\theta$，$\cos(-\theta) = \cos\theta$ より

◀ 周期 2π

$$\{1+\cos(-\theta)\}\cos(-\theta) = (1+\cos\theta)\cos\theta = x$$
$$\{1+\cos(-\theta)\}\sin(-\theta) = -(1+\cos\theta)\sin\theta = -y$$

よって，この曲線は x 軸に関して対称である。

$1 + \cos\theta \geqq 0$ より

$0 \leqq \theta \leqq \pi$ において　　$y \geqq 0$

$\pi \leqq \theta \leqq 2\pi$ において　　$y \leqq 0$

よって，$0 \leqq \theta \leqq \pi$ における曲線の概形を調べる。

ここで

$$\frac{dx}{d\theta} = -\sin\theta\cos\theta - (1+\cos\theta)\sin\theta = -\sin\theta(1+2\cos\theta)$$

$$\frac{dy}{d\theta} = -\sin^2\theta + (1+\cos\theta)\cos\theta = 2\cos^2\theta + \cos\theta - 1$$
$$= (2\cos\theta - 1)(\cos\theta + 1)$$

$0 \leqq \theta \leqq \pi$ における x，y の増減は次のようになる。

θ	0	$\cdots$	$\frac{\pi}{3}$	$\cdots$	$\frac{2}{3}\pi$	$\cdots$	π
$\frac{dx}{d\theta}$	0	$-$	$-$	$-$	0	$+$	0
x	2	$\leftarrow$	$\frac{3}{4}$	$\leftarrow$	$-\frac{1}{4}$	$\rightarrow$	0
$\frac{dy}{d\theta}$	$+$	$+$	0	$-$	$-$	$-$	0
y	0	$\uparrow$	$\frac{3\sqrt{3}}{4}$	$\downarrow$	$\frac{\sqrt{3}}{4}$	$\downarrow$	0
$(x,\ y)$	$(2,\ 0)$	$\nwarrow$	$\left(\frac{3}{4},\ \frac{3\sqrt{3}}{4}\right)$	$\swarrow$	$\left(-\frac{1}{4},\ \frac{\sqrt{3}}{4}\right)$	$\searrow$	$(0,\ 0)$

よって，この曲線の概形は右の図のようになる。

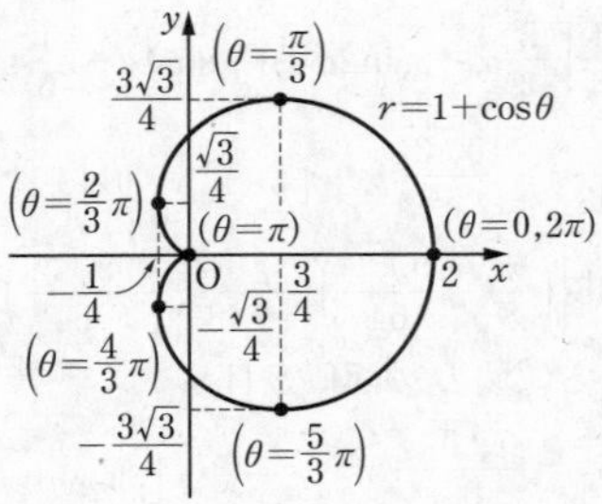

ここで，$0 \leqq \theta \leqq \frac{2}{3}\pi$ における

y を y_1，$\frac{2}{3}\pi \leqq \theta \leqq \pi$ における

y を y_2 とすると，求める面積 S は

$$
\begin{aligned}
S &= 2\left(\int_{-\frac{1}{4}}^{2} y_1 dx - \int_{-\frac{1}{4}}^{0} y_2 dx\right) \\
&= 2\left\{\int_{\frac{2}{3}\pi}^{0} (1+\cos\theta)\sin\theta \frac{dx}{d\theta} d\theta - \int_{\frac{2}{3}\pi}^{\pi} (1+\cos\theta)\sin\theta \frac{dx}{d\theta} d\theta\right\} \\
&= 2\int_{\pi}^{0} (1+\cos\theta)\sin\theta\{-\sin\theta(1+2\cos\theta)\} d\theta \\
&= 2\int_{0}^{\pi} (\sin^2\theta + 3\sin^2\theta\cos\theta + 2\sin^2\theta\cos^2\theta) d\theta \\
&= 2\int_{0}^{\pi} \left(\sin^2\theta + 3\sin^2\theta\cos\theta + \frac{1}{2}\sin^2 2\theta\right) d\theta \\
&= 2\int_{0}^{\pi} \left(\frac{1-\cos 2\theta}{2} + 3\sin^2\theta\cos\theta + \frac{1-\cos 4\theta}{4}\right) d\theta \\
&= \int_{0}^{\pi} (1-\cos 2\theta) d\theta + 6\int_{0}^{\pi} \sin^2\theta\cos\theta\, d\theta + \frac{1}{2}\int_{0}^{\pi} (1-\cos 4\theta) d\theta \\
&= \left[\theta - \frac{1}{2}\sin 2\theta\right]_0^{\pi} + 2\left[\sin^3\theta\right]_0^{\pi} + \frac{1}{2}\left[\theta - \frac{1}{4}\sin 4\theta\right]_0^{\pi} \\
&= \pi + 0 + \frac{\pi}{2} = \boldsymbol{\frac{3}{2}\pi}
\end{aligned}
$$

〔別解〕 極方程式で表された図形の面積を求める公式を用いると，求める面積 S は

$$
\begin{aligned}
S &= \frac{1}{2}\int_{0}^{2\pi} r^2 d\theta = \frac{1}{2}\int_{0}^{2\pi} (1+\cos\theta)^2 d\theta \\
&= \frac{1}{2}\int_{0}^{2\pi} (1+2\cos\theta+\cos^2\theta) d\theta \\
&= \frac{1}{2}\int_{0}^{2\pi} \left(1+2\cos\theta+\frac{1+\cos 2\theta}{2}\right) d\theta \\
&= \frac{1}{2}\int_{0}^{2\pi} \left(\frac{3}{2}+2\cos\theta+\frac{1}{2}\cos 2\theta\right) d\theta \\
&= \frac{1}{2}\left(\left[\frac{3}{2}\theta\right]_0^{2\pi} + 2\left[\sin\theta\right]_0^{2\pi} + \frac{1}{2}\left[\frac{1}{2}\sin 2\theta\right]_0^{2\pi}\right) \\
&= \frac{1}{2}\cdot\frac{3}{2}\cdot 2\pi = \frac{3}{2}\pi
\end{aligned}
$$

p.366 本質を問う 13

1 $f(x)$ が閉区間 $[0,\ 1]$ で連続であるとき，

$\displaystyle\lim_{n\to\infty}\frac{1}{n}\sum_{k=1}^{n} f\left(\frac{k}{n}\right) = \lim_{n\to\infty}\frac{1}{n}\sum_{k=0}^{n-1} f\left(\frac{k}{n}\right) = \int_0^1 f(x)dx$ となることを説明せよ。

$f(x) \geqq 0$ として，閉区間 $[0,\ 1]$ を n 等分して各小区間の右端の y の値を高さとする n 個の長方形をつくる。
その面積の和を S_n とすると

$$S_n=\frac{1}{n}\left\{f\left(\frac{1}{n}\right)+f\left(\frac{2}{n}\right)+\cdots+f\left(\frac{n}{n}\right)\right\}$$
$$=\frac{1}{n}\sum_{k=1}^{n}f\left(\frac{k}{n}\right)$$

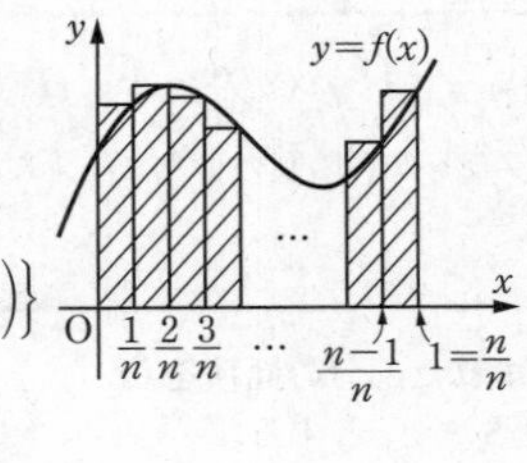

また，閉区間 $[0,\ 1]$ を n 等分して各小区間の左端の y の値を高さとする n 個の長方形をつくる。
その面積の和を S'_n とすると

$$S'_n=\frac{1}{n}\left\{f\left(\frac{0}{n}\right)+f\left(\frac{1}{n}\right)+\cdots+f\left(\frac{n-1}{n}\right)\right\}$$
$$=\frac{1}{n}\sum_{k=0}^{n-1}f\left(\frac{k}{n}\right)$$

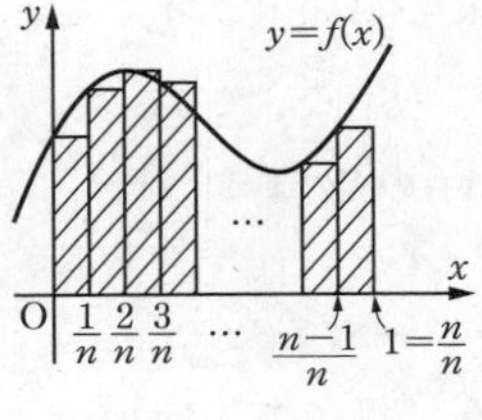

$n\to\infty$ のとき，いずれの長方形の集まりも右の図形に限りなく近づき，$\displaystyle\int_0^1 f(x)dx$ は S_n，S'_n の極限値と考えられる。

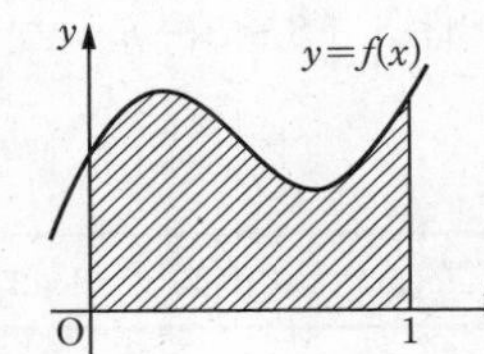

よって，$\displaystyle\lim_{n\to\infty}S_n=\int_0^1 f(x)dx$,

$\displaystyle\lim_{n\to\infty}S'_n=\int_0^1 f(x)dx$ であるから

$$\lim_{n\to\infty}\frac{1}{n}\sum_{k=1}^{n}f\left(\frac{k}{n}\right)=\lim_{n\to\infty}\frac{1}{n}\sum_{k=0}^{n-1}f\left(\frac{k}{n}\right)=\int_0^1 f(x)dx \text{ となる。}$$

2 極限値 $\displaystyle\lim_{n\to\infty}\frac{n+(n+1)+\cdots+(2n-1)}{n^2}$ について

(1) 区分求積法を用いて求めよ。　(2) 区分求積法を用いずに求めよ。

(1) $$\lim_{n\to\infty}\frac{n+(n+1)+\cdots+(2n-1)}{n^2}=\lim_{n\to\infty}\frac{1}{n^2}\sum_{k=0}^{n-1}(n+k)$$
$$=\lim_{n\to\infty}\frac{1}{n}\sum_{k=0}^{n-1}\left(1+\frac{k}{n}\right)$$
$$=\int_0^1(1+x)dx$$
$$=\left[x+\frac{x^2}{2}\right]_0^1=\frac{3}{2}$$

◀Σ を用いて表し，$\dfrac{1}{n}$ をくくり出す。

(2) $$\lim_{n\to\infty}\frac{n+(n+1)+\cdots+(2n-1)}{n^2}=\lim_{n\to\infty}\frac{1}{n^2}\sum_{k=0}^{n-1}(n+k)$$
$$=\lim_{n\to\infty}\frac{1}{n^2}\left\{n^2+\frac{n(n-1)}{2}\right\}$$
$$=\lim_{n\to\infty}\left(\frac{3}{2}-\frac{1}{2n}\right)=\frac{3}{2}$$

3 一般に，$a \leqq b$ のとき $\left|\int_a^b f(x)dx\right| \leqq \int_a^b |f(x)|\,dx$ …① が成り立つ。$y=f(x)$ のグラフが右の図のように与えられたとして，① が成り立つことを説明せよ。

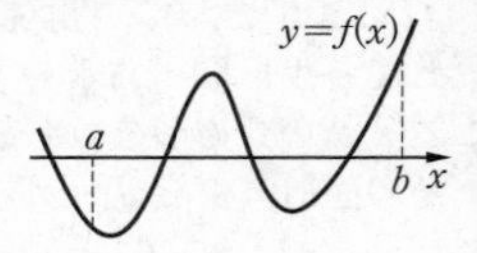

$y=f(x)$ と x 軸で囲まれた部分の面積を右の図のように S_1，S_2，S_3，S_4 とする。

$S_1>0$，$S_2>0$，$S_3>0$，$S_4>0$ であり，

$\int_a^b f(x)dx = -S_1+S_2-S_3+S_4$ である。

$y=|f(x)|$ のグラフは右の図のようになり，常に $|f(x)| \geqq 0$ であるから

$$\int_a^b |f(x)|\,dx = S_1+S_2+S_3+S_4$$

$S_1>0$，$S_2>0$，$S_3>0$，$S_4>0$ であるから

$$S_1+S_2+S_3+S_4 \geqq |-S_1+S_2-S_3+S_4|$$

よって，① が成り立つ。

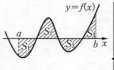

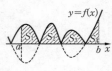

◀ $S_1=\int_a^c \{-f(x)\}dx$ より $\int_a^c f(x)dx = -S_1$

与えられた図においては，等号は成り立たない。

◀ $a \leqq x \leqq b$ において，常に $f(x) \geqq 0$ か $f(x) \leqq 0$ のときに，等号が成り立つ。

4 曲線 $y=\log x$，$y=\log(x-1)$，直線 $y=\log 2$ および x 軸で囲まれた部分の面積 S を求めよ。

グラフは右の図のようになるから

$$S=\int_1^2 \log x\,dx + \int_2^3 \{\log 2-\log(x-1)\}dx$$

$$=\Big[x\log x\Big]_1^2 - \int_1^2 x\cdot\frac{1}{x}\,dx + \Big[\log 2\cdot x\Big]_2^3 - \left\{\Big[(x-1)\log(x-1)\Big]_2^3 - \int_2^3 (x-1)\cdot\frac{1}{x-1}\,dx\right\}$$

$$=2\log 2-\Big[x\Big]_1^2+\log 2-2\log 2+\Big[x\Big]_2^3$$

$$=\log 2-1+1=\mathbf{\log 2}$$

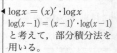

◀ $\log x=(x)'\cdot\log x$
$\log(x-1)=(x-1)'\cdot\log(x-1)$
と考えて，部分積分法を用いる。

〔別解〕

曲線 $y=\log(x-1)$ は，曲線 $y=\log x$ を x 軸方向に1だけ平行移動した曲線である。

よって，曲線 $y=\log x$，直線 $x=2$，x 軸で囲まれた部分の面積と，曲線 $y=\log(x-1)$，直線 $x=3$，x 軸で囲まれた部分の面積は等しい。

したがって，求める面積は直線 $y=\log 2$，$x=2$，$x=3$，x 軸で囲まれた部分の面積に等しいから　$S=\log 2$

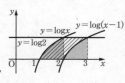

◀ 縦が $\log 2$，横が1の長方形の面積を考える。

p.367 Let's Try! 13

① 次の極限値を求めよ。

(1) $\displaystyle\lim_{n\to\infty}\frac{1}{n}\log\left\{\frac{n}{n}\cdot\frac{n+2}{n}\cdot\frac{n+4}{n}\cdot\cdots\cdot\frac{n+2(n-1)}{n}\right\}$ （横浜国立大）

(2) $\displaystyle\lim_{n\to\infty}\frac{1}{n^3}\left(\sin\frac{\pi}{n}+2^2\sin\frac{2\pi}{n}+3^2\sin\frac{3\pi}{n}+\cdots+n^2\sin\frac{n\pi}{n}\right)$ （大分大）

(1) $\displaystyle(\text{与式})=\lim_{n\to\infty}\frac{1}{n}\sum_{k=0}^{n-1}\log\frac{n+2k}{n}=\lim_{n\to\infty}\frac{1}{n}\sum_{k=0}^{n-1}\log\left(1+2\cdot\frac{k}{n}\right)$

$\displaystyle=\int_0^1\log(1+2x)dx=\frac{1}{2}\int_0^1(1+2x)'\log(1+2x)dx$

$\displaystyle=\frac{1}{2}\Big[(1+2x)\log(1+2x)\Big]_0^1-\frac{1}{2}\int_0^1(1+2x)\cdot\frac{2}{1+2x}dx$

$\displaystyle=\frac{3}{2}\log3-\Big[x\Big]_0^1=\boldsymbol{\frac{3}{2}\log3-1}$

◀ $\displaystyle\log\left\{\frac{n}{n}\cdot\frac{n+2}{n}\cdot\frac{n+4}{n}\cdot\cdots\cdot\frac{n+2(n-1)}{n}\right\}$
$\displaystyle=\log\frac{n}{n}+\log\frac{n+2}{n}+\log\frac{n+4}{n}+\cdots+\log\frac{n+2(n-1)}{n}$

(2) $\displaystyle(\text{与式})=\lim_{n\to\infty}\frac{1}{n^3}\sum_{k=1}^{n}k^2\sin\frac{k\pi}{n}=\lim_{n\to\infty}\frac{1}{n}\sum_{k=1}^{n}\left(\frac{k}{n}\right)^2\sin\frac{k}{n}\pi$

$\displaystyle=\int_0^1x^2\sin\pi x\,dx=\int_0^1x^2\left(-\frac{1}{\pi}\cos\pi x\right)'dx$

$\displaystyle=\left[x^2\left(-\frac{1}{\pi}\cos\pi x\right)\right]_0^1-\int_0^1 2x\left(-\frac{1}{\pi}\cos\pi x\right)dx$ ◀ 部分積分法を用いる。

$\displaystyle=\frac{1}{\pi}+\frac{2}{\pi}\int_0^1x\cos\pi x\,dx$

$\displaystyle=\frac{1}{\pi}+\frac{2}{\pi}\left(\left[x\cdot\frac{1}{\pi}\sin\pi x\right]_0^1-\int_0^1\frac{1}{\pi}\sin\pi x\,dx\right)$ ◀ 再び部分積分法を用いる。

$\displaystyle=\frac{1}{\pi}+\frac{2}{\pi}\left(0-\frac{1}{\pi}\left[-\frac{1}{\pi}\cos\pi x\right]_0^1\right)=\boldsymbol{\frac{1}{\pi}-\frac{4}{\pi^3}}$

② 次の問に答えよ。

(1) 単調に増加する連続関数 $f(x)$ に対して，不等式 $\displaystyle\int_{k-1}^{k}f(x)dx\leqq f(k)$ を示せ。

(2) 不等式 $\displaystyle\int_1^n\log x\,dx\leqq\log n!$ を示し，不等式 $n^ne^{1-n}\leqq n!$ を導け。 （筑波大 改）

(1) $f(x)$ は単調に増加する連続関数であるから

$k-1\leqq x\leqq k$ のとき　$f(x)\leqq f(k)$

よって　$\displaystyle\int_{k-1}^{k}f(x)dx\leqq\int_{k-1}^{k}f(k)dx$

$\displaystyle=\Big[f(k)\cdot x\Big]_{k-1}^{k}$

$=kf(k)-(k-1)f(k)=f(k)$

ゆえに　$\displaystyle\int_{k-1}^{k}f(x)dx\leqq f(k)$

◀ 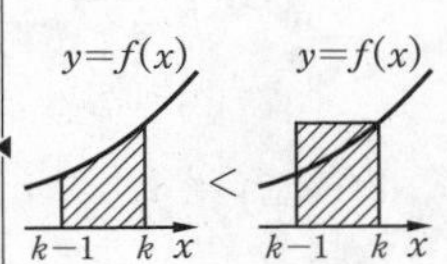

(2) $f(x)=\log x$ とすると，$f(x)$ は単調に増加する連続関数であるから，(1) の結果を用いると

$\displaystyle\int_{k-1}^{k}\log x\,dx\leqq\log k\quad(k\geqq2)$

よって　$\displaystyle\sum_{k=2}^{n}\int_{k-1}^{k}\log x\,dx \leqq \sum_{k=2}^{n}\log k$

ゆえに　$\displaystyle\int_{1}^{n}\log x\,dx \leqq \sum_{k=2}^{n}\log k$

$\log 1=0$ であるから

$$\sum_{k=2}^{n}\log k=\log 1+\log 2+\cdots+\log n$$
$$=\log(1\cdot 2\cdot 3\cdot\cdots\cdot n)$$
$$=\log n!$$

したがって　$\displaystyle\int_{1}^{n}\log x\,dx \leqq \log n!$

また　$\displaystyle\int_{1}^{n}\log x\,dx=\int_{1}^{n}(x)'\log x\,dx=\Bigl[x\log x\Bigr]_{1}^{n}-\int_{1}^{n}dx$

$$=\Bigl[x\log x\Bigr]_{1}^{n}-\Bigl[x\Bigr]_{1}^{n}$$
$$=n\log n-(n-1)$$

よって　$n\log n-(n-1)\leqq \log n!$

$$\log n^n+\log e^{1-n}\leqq \log n!$$
$$\log n^n e^{1-n}\leqq \log n!$$

$e>1$ より　$n^n e^{1-n}\leqq n!$

◀ $\displaystyle\int_{1}^{n}\log x\,dx$ をつくるために，辺々の k を2から n まで変えて加える。

◀ $-(n-1)=1-n$
$=\log e^{1-n}$

◀ 底 e が1より大きいから，不等号の向きは変わらない。

---

③ $\displaystyle a_n=\int_{0}^{1}x^n e^x\,dx$ $(n=1,\ 2,\ 3,\ \cdots)$ で定義される数列 $\{a_n\}$ について，次の問に答えよ。ただし，e は自然対数の底である。

(1) a_1，a_2，a_3 を求めよ。　　(2) $a_{n+1}=e-(n+1)a_n$ を示せ。

(3) $\dfrac{1}{n+1}<a_n<\dfrac{e}{n+1}$ を示し，$\displaystyle\lim_{n\to\infty}a_n$ を求めよ。

(4) $\displaystyle\lim_{n\to\infty}na_n$ を求めよ。　　(山形大)

---

(1) $\displaystyle a_1=\int_{0}^{1}xe^x\,dx=\Bigl[xe^x\Bigr]_{0}^{1}-\int_{0}^{1}e^x\,dx=e-\Bigl[e^x\Bigr]_{0}^{1}=\mathbf{1}$

$\displaystyle a_2=\int_{0}^{1}x^2e^x\,dx=\Bigl[x^2e^x\Bigr]_{0}^{1}-\int_{0}^{1}2xe^x\,dx$

$=e-2a_1=\boldsymbol{e-2}$

$\displaystyle a_3=\int_{0}^{1}x^3e^x\,dx=\Bigl[x^3e^x\Bigr]_{0}^{1}-\int_{0}^{1}3x^2e^x\,dx$

$=e-3a_2=e-3(e-2)=\boldsymbol{-2e+6}$

(2) $\displaystyle a_{n+1}=\int_{0}^{1}x^{n+1}e^x\,dx=\Bigl[x^{n+1}e^x\Bigr]_{0}^{1}-\int_{0}^{1}(n+1)x^ne^x\,dx$

$=e-(n+1)a_n$

(3) $0\leqq x\leqq 1$ のとき，$1\leqq e^x\leqq e$ であるから

$x^n\leqq x^ne^x\leqq ex^n$

よって　$\displaystyle\int_{0}^{1}x^n\,dx<\int_{0}^{1}x^ne^x\,dx<\int_{0}^{1}ex^n\,dx$

ゆえに　$\dfrac{1}{n+1}<a_n<\dfrac{e}{n+1}$

◀ 部分積分法を用いる。

◀ $\displaystyle a_n=\int_{0}^{1}x^ne^x\,dx$ であるから，x^ne^x についての不等式をつくる。

◀ $\displaystyle\int_{0}^{1}x^n\,dx=\Bigl[\frac{1}{n+1}x^{n+1}\Bigr]_{0}^{1}$
$=\dfrac{1}{n+1}$

$n \to \infty$ とすると $\dfrac{1}{n+1} \to 0$ であるから

はさみうちの原理より　　$\boldsymbol{\lim_{n\to\infty} a_n = 0}$

(4)　(2) より　　$a_{n+1} = e - na_n - a_n$

よって　　$na_n = e - a_{n+1} - a_n$

(3) より $\lim_{n\to\infty} a_n = 0$ であるから　　$\lim_{n\to\infty} a_{n+1} = 0$

したがって　　$\boldsymbol{\lim_{n\to\infty} na_n = e}$

◀ $n \to \infty$ のとき
$a_n \to 0 \Longleftrightarrow a_{n+1} \to 0$

---

④　次の図形の面積 S を求めよ。

(1)　曲線 $\sqrt{x} + \sqrt{y} = 1$ と x 軸，y 軸で囲まれた図形　（摂南大）

(2)　曲線 $y = x\sqrt{2-x}$ と x 軸で囲まれた図形　（津田塾大）

(3)　$0 \leqq x \leqq \pi$ の範囲で，2 曲線 $y = \sin x$ および $y = \sin 3x$ で囲まれた図形　（芝浦工業大）

---

(1)　$\sqrt{x} + \sqrt{y} = 1$ より

$0 \leqq x \leqq 1$，$0 \leqq y \leqq 1$

$y = x - 2\sqrt{x} + 1$ と変形できるから，
求める面積 S は

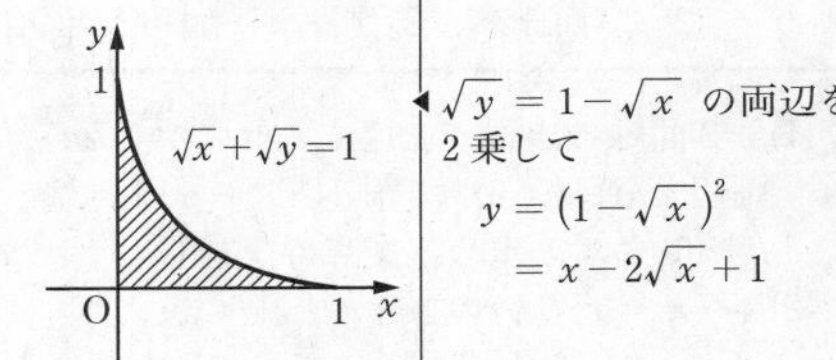

$$S = \int_0^1 (x - 2\sqrt{x} + 1)dx$$

$$= \left[\frac{x^2}{2} - \frac{4}{3}x^{\frac{3}{2}} + x\right]_0^1 = \boldsymbol{\frac{1}{6}}$$

◀ $\sqrt{y} = 1 - \sqrt{x}$ の両辺を2乗して
$y = (1-\sqrt{x})^2$
$= x - 2\sqrt{x} + 1$

(2)　曲線 $y = x\sqrt{2-x}$ と x 軸の共有点の x 座標は，

$x\sqrt{2-x} = 0$ より　　$x = 0,\ 2$

$0 \leqq x \leqq 2$ のとき，$x\sqrt{2-x} \geqq 0$ であるから，求める面積 S は

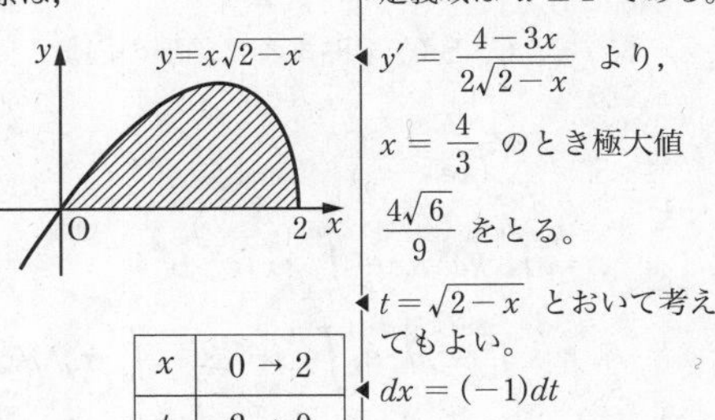

$$S = \int_0^2 x\sqrt{2-x}\,dx$$

$2 - x = t$ とおくと，$x = 2 - t$ となり

$$\frac{dx}{dt} = -1$$

x と t の対応は右のようになるから

x	$0 \to 2$
t	$2 \to 0$

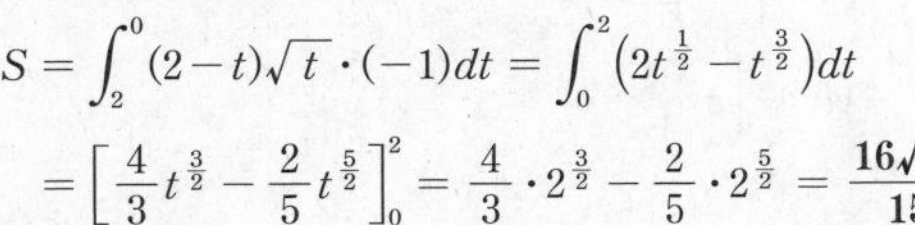

$$S = \int_2^0 (2-t)\sqrt{t}\cdot(-1)dt = \int_0^2 \left(2t^{\frac{1}{2}} - t^{\frac{3}{2}}\right)dt$$

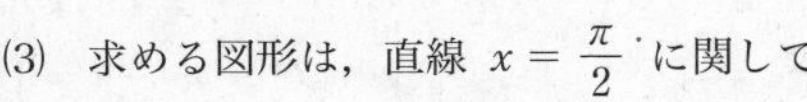

$$= \left[\frac{4}{3}t^{\frac{3}{2}} - \frac{2}{5}t^{\frac{5}{2}}\right]_0^2 = \frac{4}{3}\cdot 2^{\frac{3}{2}} - \frac{2}{5}\cdot 2^{\frac{5}{2}} = \boldsymbol{\frac{16\sqrt{2}}{15}}$$

◀ 定義域は $x \leqq 2$ である。

◀ $y' = \dfrac{4-3x}{2\sqrt{2-x}}$ より，
$x = \dfrac{4}{3}$ のとき極大値
$\dfrac{4\sqrt{6}}{9}$ をとる。

◀ $t = \sqrt{2-x}$ とおいて考えてもよい。

◀ $dx = (-1)dt$

◀ $2^{\frac{3}{2}} = 2\sqrt{2}$，$2^{\frac{5}{2}} = 4\sqrt{2}$

(3)　求める図形は，直線 $x = \dfrac{\pi}{2}$ に関して

対称であるから，$0 \leqq x \leqq \dfrac{\pi}{2}$ の部分の面

積を 2 倍すればよい。

$\sin x = \sin 3x$ とすると

$\sin x = 3\sin x - 4\sin^3 x$

$0 \leqq x \leqq \dfrac{\pi}{2}$ において，これを解くと

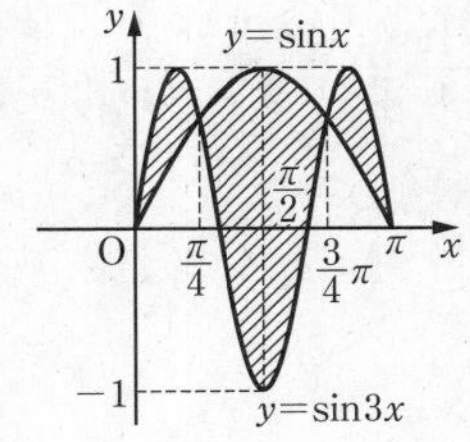

◀ 3 倍角の公式

$x=0,\ \dfrac{\pi}{4}$

したがって，求める面積Sは

$$S=2\int_0^{\frac{\pi}{4}}(\sin 3x-\sin x)dx+2\int_{\frac{\pi}{4}}^{\frac{\pi}{2}}(\sin x-\sin 3x)dx$$

$$=2\left[-\frac{1}{3}\cos 3x+\cos x\right]_0^{\frac{\pi}{4}}+2\left[-\cos x+\frac{1}{3}\cos 3x\right]_{\frac{\pi}{4}}^{\frac{\pi}{2}}$$

$$=2\left\{\left(\frac{\sqrt{2}}{6}+\frac{\sqrt{2}}{2}\right)-\left(-\frac{1}{3}+1\right)\right\}+2\left\{0-\left(-\frac{\sqrt{2}}{2}-\frac{\sqrt{2}}{6}\right)\right\}$$

$$=\boldsymbol{\frac{8\sqrt{2}-4}{3}}$$

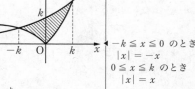

◀ $2\sin^3 x-\sin x=0$
$\sin x(2\sin^2 x-1)=0$
$\sin x=0,\ \pm\dfrac{\sqrt{2}}{2}$

⑤ 曲線 $C_1: y=ke^x$ $(k>0)$ と曲線 $C_2: y=|x|e^x$ について
(1) 2曲線 C_1，C_2 の交点の x 座標を k の式で表せ。
(2) 2曲線 C_1，C_2 で囲まれた図形の面積 S が2となるような定数 k の値を求めよ。

(1) 2曲線の方程式を連立させて　$ke^x=|x|e^x$
両辺を e^x (>0) で割ると　$|x|=k$
$k>0$ より，求める交点の x 座標は　$\boldsymbol{x=\pm k}$

(2) $-k<x<k$ のとき，$|x|<k$ より
e^x (>0) を両辺に掛けて　$|x|e^x<ke^x$
区間 $-k<x<k$ において，C_1 のグラフは常に C_2 のグラフより上側にある。

◀ $-k<x<k$ より $|x|<k$

よって，C_1 と C_2 で囲まれた図形の面積
Sは

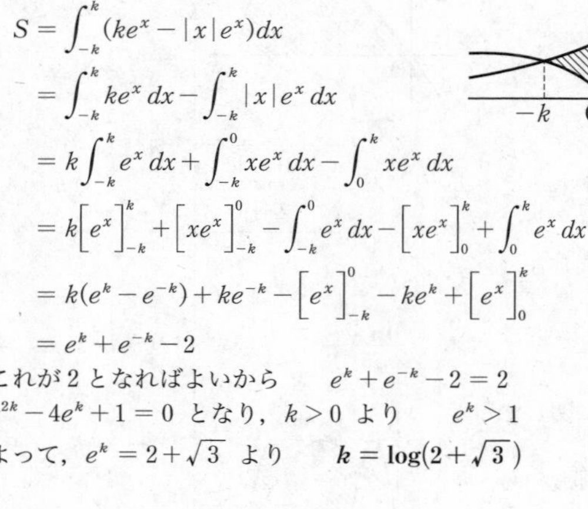

$$S=\int_{-k}^{k}(ke^x-|x|e^x)dx$$

$$=\int_{-k}^{k}ke^x\,dx-\int_{-k}^{k}|x|e^x\,dx$$

$$=k\int_{-k}^{k}e^x\,dx+\int_{-k}^{0}xe^x\,dx-\int_0^k xe^x\,dx$$

$$=k\Big[e^x\Big]_{-k}^{k}+\Big[xe^x\Big]_{-k}^{0}-\int_{-k}^{0}e^x\,dx-\Big[xe^x\Big]_0^k+\int_0^k e^x\,dx$$

$$=k(e^k-e^{-k})+ke^{-k}-\Big[e^x\Big]_{-k}^{0}-ke^k+\Big[e^x\Big]_0^k$$

$$=e^k+e^{-k}-2$$

◀ $-k\leqq x\leqq 0$ のとき
$|x|=-x$
$0\leqq x\leqq k$ のとき
$|x|=x$

これが2となればよいから　$e^k+e^{-k}-2=2$
$e^{2k}-4e^k+1=0$ となり，$k>0$ より　$e^k>1$
よって，$e^k=2+\sqrt{3}$ より　$\boldsymbol{k=\log(2+\sqrt{3})}$

◀ $e^k+\dfrac{1}{e^k}-4=0$ より
$(e^k)^2-4e^k+1=0$
解の公式により
$e^k=2\pm\sqrt{3}$

14 体積・長さ，微分方程式

練習 198 区間 $0 \leqq x \leqq \pi$ において 2 点 $\mathrm{P}(x,\ x+\sin^2 x)$，$\mathrm{Q}(x,\ \pi)$ を考え，1 辺は PQ，他の 1 辺は長さが $\sin x$ である長方形（特別な場合は線分あるいは点）を x 軸に垂直な平面上につくる。点 P，Q の x 座標が 0 から π まで動くとき，この長方形がえがく立体図形の体積を求めよ。
（山梨大）

$f(x)=x+\sin^2 x-\pi$ とおく。

$$f'(x)=1+2\sin x\cos x$$
$$=1+\sin 2x \geqq 0$$

◀ $0 \leqq x \leqq \pi$ の範囲で $-1 \leqq \sin 2x \leqq 1$

より，$f(x)$ は単調増加する。
よって，区間 $0 \leqq x \leqq \pi$ で，$f(x)$ は $x=\pi$ のとき最大値 0 をとる。
ゆえに　　$f(x) \leqq 0$
すなわち　　$x+\sin^2 x \leqq \pi$
区間 $0 \leqq x \leqq \pi$ で

$$\mathrm{PQ}=\pi-(x+\sin^2 x)=\pi-x-\sin^2 x$$

より，与えられた長方形の面積を $S(x)$ とすると

$$S(x)=(\pi-x-\sin^2 x)\sin x=\pi\sin x-x\sin x-\sin^3 x$$

求める立体の体積を V とすると

$$V=\int_0^\pi S(x)dx=\int_0^\pi(\pi\sin x-x\sin x-\sin^3 x)dx$$
$$=\pi\int_0^\pi \sin x\,dx-\int_0^\pi x\sin x\,dx-\int_0^\pi \sin^3 x\,dx$$

ここで

$$\pi\int_0^\pi \sin x\,dx=\pi\Big[-\cos x\Big]_0^\pi=2\pi$$

$$\int_0^\pi x\sin x\,dx=\Big[-x\cos x\Big]_0^\pi+\int_0^\pi \cos x\,dx$$
$$=\pi+\Big[\sin x\Big]_0^\pi=\pi$$

◀ 部分積分法を用いる。

$$\int_0^\pi \sin^3 x\,dx=\int_0^\pi(1-\cos^2 x)\sin x\,dx$$
$$=\Big[-\cos x+\frac{1}{3}\cos^3 x\Big]_0^\pi=\frac{4}{3}$$

◀ 3 倍角の公式を用いて計算してもよい。

したがって　　$V=2\pi-\pi-\dfrac{4}{3}=\boldsymbol{\pi-\dfrac{4}{3}}$

練習 199 次の曲線や直線で囲まれた図形を x 軸のまわりに 1 回転させてできる回転体の体積 V を求めよ。
(1) $y=1-x^2$，x 軸　　(2) $y=\log x$，x 軸，$x=e$

(1) 曲線 $y=1-x^2$ と x 軸の共有点の x 座標は，$1-x^2=0$ より　　$x=\pm 1$
グラフは右の図のようになるから

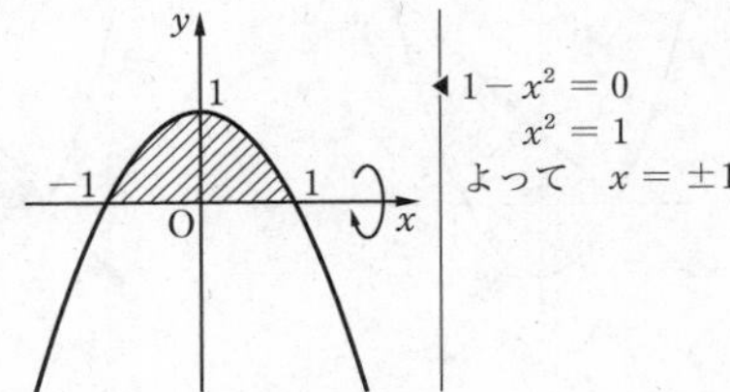

◀ $1-x^2=0$
$x^2=1$
よって　$x=\pm 1$

$$V=\pi\int_{-1}^1(1-x^2)^2\,dx$$
$$=2\pi\int_0^1(x^4-2x^2+1)dx$$

$$= 2\pi\left[\frac{1}{5}x^5 - \frac{2}{3}x^3 + x\right]_0^1 = \boldsymbol{\frac{16}{15}\pi}$$

(2) 求める体積 V は

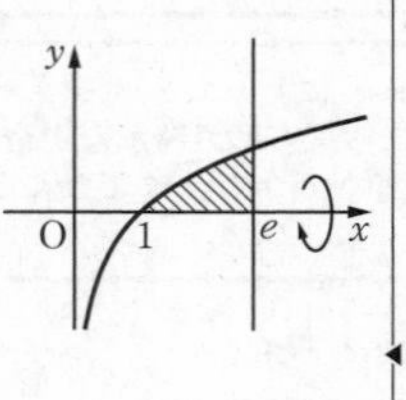

$$V = \pi\int_1^e (\log x)^2 dx$$

$$= \pi\int_1^e (x)'\cdot(\log x)^2 dx$$

$$= \pi\left\{\Big[x(\log x)^2\Big]_1^e - \int_1^e x(2\log x)\frac{1}{x}dx\right\}$$

◀部分積分法を用いる。

$$= \pi\left\{e - 2\int_1^e (x)'\cdot\log x\,dx\right\}$$

◀再び部分積分法を用いる。

$$= \pi e - 2\pi\left(\Big[x\log x\Big]_1^e - \int_1^e x\cdot\frac{1}{x}dx\right) = \boldsymbol{\pi(e-2)}$$

練習 200 2曲線 $y = 2\sin 2x$, $y = \tan x$ $\left(0 \leqq x < \dfrac{\pi}{2}\right)$ で囲まれた図形を x 軸のまわりに1回転させてできる回転体の体積 V を求めよ。

2曲線の共有点の x 座標は,

$2\sin 2x = \tan x$ を解いて　　$x = 0,\ \dfrac{\pi}{3}$

◀$4\sin x\cos x = \dfrac{\sin x}{\cos x}$
$\sin x(4\cos^2 x - 1) = 0$
よって　$\sin x = 0$
または　$\cos x = \dfrac{1}{2},\ -\dfrac{1}{2}$
$0 \leqq x < \dfrac{\pi}{2}$ より
　$x = 0,\ \dfrac{\pi}{3}$

右のグラフより，求める体積 V は

$$V = \pi\int_0^{\frac{\pi}{3}} \{(2\sin 2x)^2 - (\tan x)^2\}dx$$

$$= \pi\int_0^{\frac{\pi}{3}} (4\sin^2 2x - \tan^2 x)dx$$

$$= \pi\int_0^{\frac{\pi}{3}} \left\{4\cdot\frac{1-\cos 4x}{2} - \left(\frac{1}{\cos^2 x} - 1\right)\right\}dx$$

◀半角の公式を用いる。

$$= \pi\left[2\left(x - \frac{1}{4}\sin 4x\right) - (\tan x - x)\right]_0^{\frac{\pi}{3}} = \boldsymbol{\pi^2 - \frac{3\sqrt{3}}{4}\pi}$$

練習 201 放物線 $y = x^2 - 1$ と直線 $y = x + 1$ とで囲まれた図形を x 軸のまわりに1回転させてできる回転体の体積 V を求めよ。

放物線と直線の共有点の x 座標は,

$x^2 - 1 = x + 1$ を解くと　　$x = -1,\ 2$

よって，回転させる図形は図1の斜線部分である。この図形の x 軸より下側にある部分を x 軸に関して対称に折り返すと図2のようになる。

◀図1の斜線部分を x 軸のまわりに1回転させた立体と，図2の斜線部分を x 軸のまわりに1回転させた立体は同じである。

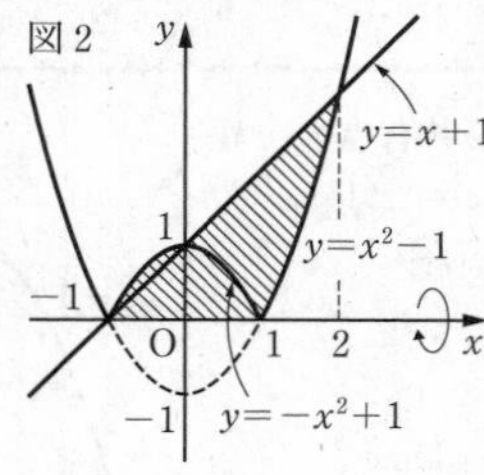

ここで，放物線 $y=x^2-1$ を x 軸に関して対称に折り返した曲線 $y=-x^2+1$ と直線 $y=x+1$ との交点の x 座標は

$-x^2+1=x+1$ を解くと　　$x=-1,\ 0$

したがって，求める体積 V は

$$V=\pi\int_{-1}^{0}(-x^2+1)^2dx+\pi\int_0^2(x+1)^2dx-\pi\int_1^2(x^2-1)^2dx$$

$$=\pi\int_{-1}^{0}(x^4-2x^2+1)dx+\pi\int_0^2(x+1)^2dx-\pi\int_1^2(x^4-2x^2+1)dx$$

$$=\pi\left[\frac{1}{5}x^5-\frac{2}{3}x^3+x\right]_{-1}^{0}+\pi\left[\frac{1}{3}(x+1)^3\right]_0^2-\pi\left[\frac{1}{5}x^5-\frac{2}{3}x^3+x\right]_1^2$$

$$=\boldsymbol{\frac{20}{3}\pi}$$

練習 202 次の曲線や直線で囲まれた図形を y 軸のまわりに 1 回転させてできる回転体の体積 V を求めよ。

(1) $y=\log x$，x 軸，y 軸，$y=1$

(2) $y=\sqrt{x-1}$，$y=\sqrt{x-1}$ 上の点 $(2,\ 1)$ における接線，x 軸

(1) $y=\log x$ を x について解くと　　$x=e^y$

したがって，求める体積 V は

$$V=\pi\int_0^1 e^{2y}dy$$

$$=\pi\left[\frac{1}{2}e^{2y}\right]_0^1=\boldsymbol{\frac{\pi}{2}(e^2-1)}$$

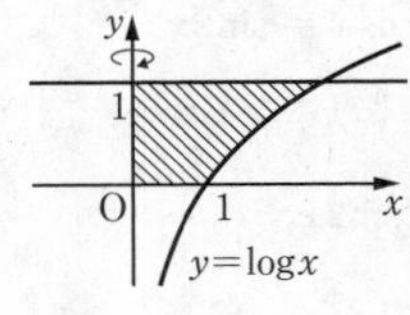

◀曲線 $x=g(y)$ $(a\leqq y\leqq b)$ を y 軸のまわりに 1 回転させてできる回転体の体積 V は

$$V=\pi\int_a^b x^2dy$$

(2) $y'=\dfrac{1}{2\sqrt{x-1}}$ より，点 $(2,\ 1)$ における接線の方程式は

$$y-1=\frac{1}{2\sqrt{2-1}}(x-2)\quad すなわち\quad y=\frac{1}{2}x$$

$y=\sqrt{x-1}$ を x について解くと　　$x=y^2+1$

求める回転体は，曲線 $x=y^2+1$ $(0\leqq y\leqq 1)$ を y 軸のまわりに 1 回転させてできる回転体から，底円の半径が 2，高さが 1 の直円錐を除いた立体であるから，求める体積 V は

$$V=\pi\int_0^1(y^2+1)^2dy-\frac{1}{3}\pi\cdot2^2\cdot1$$

$$=\pi\int_0^1(y^4+2y^2+1)dy-\frac{4}{3}\pi$$

$$=\pi\left[\frac{1}{5}y^5+\frac{2}{3}y^3+y\right]_0^1-\frac{4}{3}\pi$$

$$=\pi\left(\frac{1}{5}+\frac{2}{3}+1\right)-\frac{4}{3}\pi=\boldsymbol{\frac{8}{15}\pi}$$

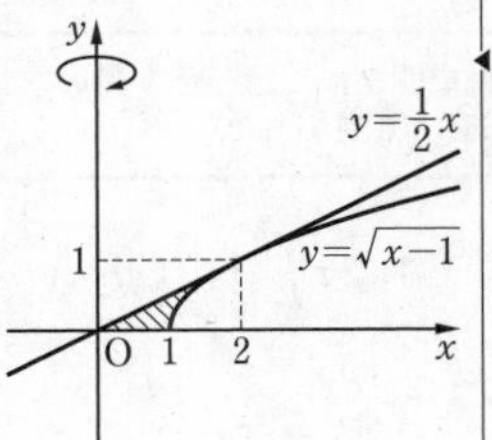

◀接線の方程式は $x=2y$ となることを用いて

$$V=\pi\int_0^1(y^2+1)^2dy-\pi\int_0^1(2y)^2dy$$

としてもよい。

練習 203 次の曲線と両座標軸または与えられた直線で囲まれた図形を，y 軸のまわりに 1 回転させてできる回転体の体積 V を求めよ。

(1) $y=-x^2-x+2$ $(0\leqq x\leqq 1)$　　(2) $y=\sin^2x$ $\left(0\leqq x\leqq\dfrac{\pi}{2}\right)$，$y$ 軸，$y=1$

(1)　右の図より，求める体積 V は

$$V=\pi\int_0^2 x^2dy$$

ここで $y=-x^2-x+2$ $(0\leqq x\leqq 1)$ であるから　$\dfrac{dy}{dx}=-2x-1$

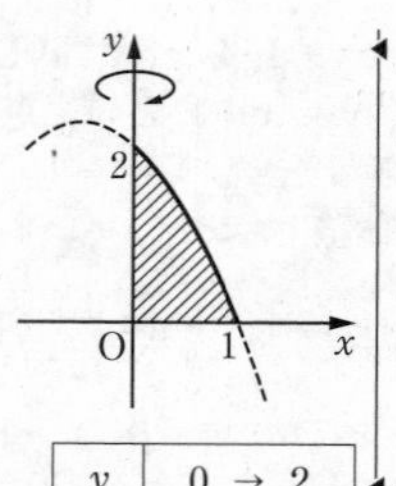

◀ $y=-x^2-x+2$ は，$y=-\left(x+\dfrac{1}{2}\right)^2+\dfrac{9}{4}$ より，頂点が $\left(-\dfrac{1}{2},\ \dfrac{9}{4}\right)$ の放物線である。

y と x の対応は右のようになるから

y	$0\to 2$
x	$1\to 0$

◀ $dy=(-2x-1)dx$

$$V=\pi\int_1^0 x^2(-2x-1)dx$$
$$=\pi\int_0^1(2x^3+x^2)dx$$
$$=\pi\left[\frac{1}{2}x^4+\frac{1}{3}x^3\right]_0^1=\boldsymbol{\frac{5}{6}\pi}$$

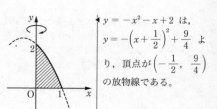

(2)　右の図より，求める体積 V は

$$V=\pi\int_0^1 x^2dy$$

ここで $y=\sin^2x$ $\left(0\leqq x\leqq\dfrac{\pi}{2}\right)$ であるから　$\dfrac{dy}{dx}=2\sin x\cos x=\sin 2x$

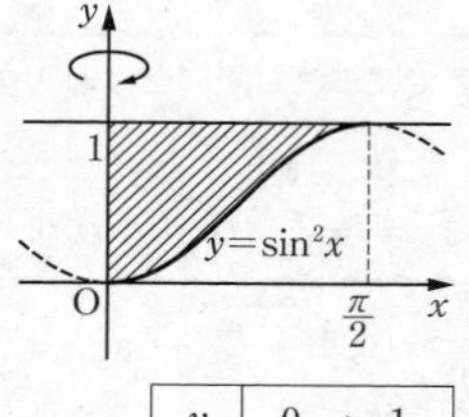

y と x の対応は右のようになるから

y	$0\to 1$
x	$0\to\dfrac{\pi}{2}$

$$V=\pi\int_0^{\frac{\pi}{2}}x^2\sin 2x\,dx$$
$$=\pi\left[x^2\left(-\frac{1}{2}\cos 2x\right)\right]_0^{\frac{\pi}{2}}-\pi\int_0^{\frac{\pi}{2}}2x\left(-\frac{1}{2}\cos 2x\right)dx$$

◀ 部分積分法を用いる。

$$=\frac{\pi^3}{8}+\pi\int_0^{\frac{\pi}{2}}x\cos 2x\,dx$$
$$=\frac{\pi^3}{8}+\pi\left[x\cdot\frac{1}{2}\sin 2x\right]_0^{\frac{\pi}{2}}-\pi\int_0^{\frac{\pi}{2}}\frac{1}{2}\sin 2x\,dx$$

◀ 再び部分積分法を用いる。

$$=\frac{\pi^3}{8}-\frac{\pi}{2}\left[-\frac{1}{2}\cos 2x\right]_0^{\frac{\pi}{2}}=\boldsymbol{\frac{\pi^3}{8}-\frac{\pi}{2}}$$

チャレンジ 〈5〉　次の曲線と x 軸で囲まれた図形を y 軸のまわりに1回転させてできる回転体の体積 V を求めよ。
(1)　$y=x(x-2)$ $(0\leqq x\leqq 2)$　　(2)　$y=\sin^2x$ $(0\leqq x\leqq\pi)$

Go Ahead 12 の公式 $V=2\pi\displaystyle\int_a^b x|f(x)|dx$ を用いると

(1)　$V=2\pi\displaystyle\int_0^2 x|x(x-2)|dx$

◀ $0\leqq x\leqq 2$ の範囲で $x(x-2)\leqq 0$

$$=2\pi\int_0^2 x\{-x(x-2)\}dx$$
$$=2\pi\int_0^2(2x^2-x^3)dx$$
$$=2\pi\left[\frac{2}{3}x^3-\frac{1}{4}x^4\right]_0^2$$
$$=2\pi\left(\frac{2}{3}\cdot 2^3-\frac{1}{4}\cdot 2^4\right)=\boldsymbol{\frac{8}{3}\pi}$$

(2) $V=2\pi\int_0^{\pi}x\sin^2 x\,dx$

$=2\pi\int_0^{\pi}x\cdot\frac{1-\cos 2x}{2}dx$

$=2\pi\int_0^{\pi}\frac{1}{2}x\,dx-2\pi\int_0^{\pi}\frac{x}{2}\left(\frac{\sin 2x}{2}\right)'dx$

$=2\pi\left[\frac{1}{4}x^2\right]_0^{\pi}-2\pi\left[\frac{1}{4}x\sin 2x\right]_0^{\pi}+\frac{\pi}{2}\int_0^{\pi}\sin 2x\,dx$

$=\frac{\pi^3}{2}+\frac{\pi}{2}\left[-\frac{1}{2}\cos 2x\right]_0^{\pi}=\boldsymbol{\frac{\pi^3}{2}}$

◀ $|\sin^2 x|=\sin^2 x$

練習 204 楕円 $\frac{(x-4)^2}{4}+y^2=1$ で囲まれた図形を y 軸のまわりに1回転させてできる回転体の体積 V を求めよ。

与えられた式を変形すると

$(x-4)^2=4(1-y^2)$

$x-4=\pm 2\sqrt{1-y^2}$

よって　　$x=4\pm 2\sqrt{1-y^2}$

ここで，楕円の $x\geqq 4$ の部分を x_1，$x\leqq 4$ の部分を x_2 とすると

$x_1=4+2\sqrt{1-y^2}$，$x_2=4-2\sqrt{1-y^2}$

したがって，求める体積 V は

$V=\pi\int_{-1}^{1}(x_1{}^2-x_2{}^2)dy=\pi\int_{-1}^{1}(x_1+x_2)(x_1-x_2)dy$

$=\pi\int_{-1}^{1}8\cdot 4\sqrt{1-y^2}\,dy=32\pi\int_{-1}^{1}\sqrt{1-y^2}\,dy$

$=32\pi\cdot\frac{\pi}{2}=\boldsymbol{16\pi^2}$

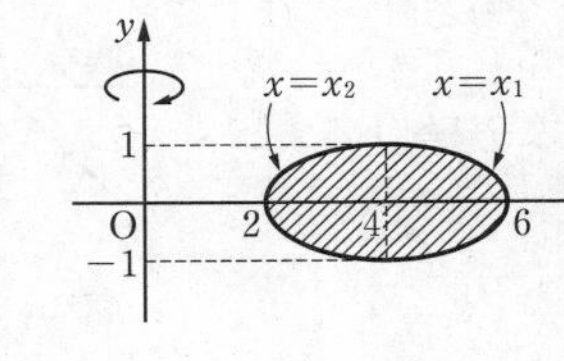

◀ 与えられた楕円は，$\frac{x^2}{4}+y^2=1$ を x 軸方向に4だけ平行移動したものである。

◀ $\int_{-1}^{1}\sqrt{1-y^2}\,dy$ は，半径1の半円の面積を表す。

練習 205 楕円 $\begin{cases}x=a\cos\theta\\ y=b\sin\theta\end{cases}$ $(a>0,\ b>0,\ 0\leqq\theta\leqq 2\pi)$ を x 軸のまわりに1回転させてできる回転体の体積 V を求めよ。

$x=a\cos\theta$ より　$\frac{dx}{d\theta}=-a\sin\theta$

x と θ の対応は右のようになるから，求める体積 V は

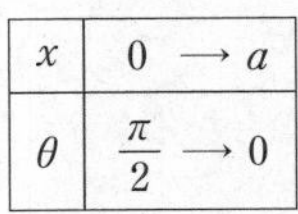

x	$0\ \longrightarrow\ a$
θ	$\frac{\pi}{2}\ \longrightarrow\ 0$

$V=\pi\int_{-a}^{a}y^2dx=2\pi\int_0^a y^2dx$

$=2\pi\int_{\frac{\pi}{2}}^{0}(b\sin\theta)^2\cdot(-a\sin\theta)d\theta$

$=2\pi ab^2\int_0^{\frac{\pi}{2}}\sin^3\theta\,d\theta$

$=2\pi ab^2\int_0^{\frac{\pi}{2}}(1-\cos^2\theta)\sin\theta\,d\theta$

◀ $x\geqq 0$ の部分の立体の体積を2倍する。

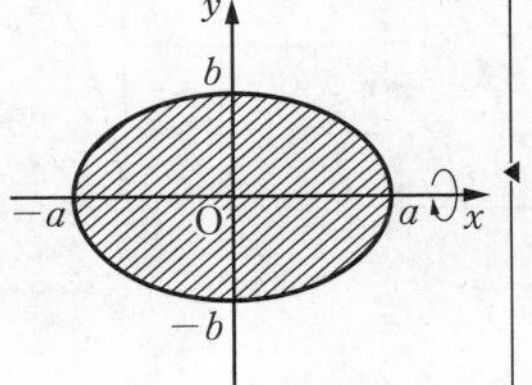

◀ 3倍角の公式 $\sin 3\theta=3\sin\theta-4\sin^3\theta$ を用いてもよい。

$$= 2\pi ab^2\int_0^{\frac{\pi}{2}}(\sin\theta - \cos^2\theta\sin\theta)d\theta$$

$$= 2\pi ab^2\left[-\cos\theta + \frac{1}{3}\cos^3\theta\right]_0^{\frac{\pi}{2}}$$

$$= 2\pi ab^2\left\{0 - \left(-1 + \frac{1}{3}\right)\right\} = \boldsymbol{\frac{4}{3}\pi ab^2}$$

〔参考〕 y 軸のまわりに1回転させると

$$V = 2\pi\int_0^b x^2 dy$$
$$= \frac{4}{3}\pi a^2 b$$

練習 206 放物線 $C : y = x^2 - x$ と直線 $l : y = x$ によって囲まれた図形を直線 $y = x$ のまわりに1回転させてできる回転体の体積 V を求めよ。

放物線 C と直線 l は2点 O(0, 0), A(2, 2) で交わる。

また，C について，$y' = 2x - 1$ より

$0 \leqq x \leqq 2$ のとき　$-1 \leqq y' \leqq 3$

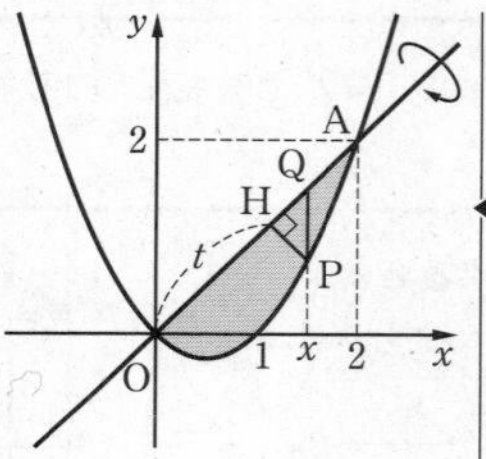

$-1 \leqq y' \leqq 3$ より，C の接線の傾きは -1 以上であるから

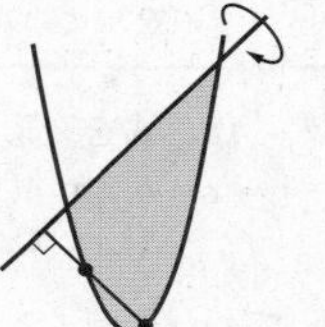

のようになることはない。

放物線 C 上，直線 l 上にそれぞれ点 P$(x,\ x^2 - x)$，Q$(x,\ x)$ $(0 \leqq x \leqq 2)$ をとり，点 P から直線 l に垂線 PH を下ろすと

$$\mathrm{PQ} = x - (x^2 - x) = 2x - x^2$$

$$\mathrm{PH} = \frac{1}{\sqrt{2}}\mathrm{PQ} = \frac{2x - x^2}{\sqrt{2}}$$

△PQH は HP = HQ の直角二等辺三角形であるから

$\mathrm{PH} : \mathrm{PQ} = 1 : \sqrt{2}$

また，点と直線の距離の公式を用いてもよい。

ここで，$\mathrm{OH} = t$ とおくと

$$t = \mathrm{OQ} - \mathrm{QH} = \mathrm{OQ} - \mathrm{PH}$$

$$= \sqrt{2}x - \frac{2x - x^2}{\sqrt{2}} = \frac{x^2}{\sqrt{2}}$$

$t = \dfrac{x^2}{\sqrt{2}}$ より　$\dfrac{dt}{dx} = \sqrt{2}x$

t と x の対応は右のようになるから

t	$0 \longrightarrow 2\sqrt{2}$
x	$0 \longrightarrow \quad 2$

$$V = \pi\int_0^{2\sqrt{2}}\mathrm{PH}^2\,dt = \pi\int_0^2\mathrm{PH}^2\cdot\sqrt{2}x\,dx$$

$$= \pi\int_0^2\left(\frac{2x - x^2}{\sqrt{2}}\right)^2\cdot\sqrt{2}x\,dx$$

$$= \frac{\sqrt{2}}{2}\pi\int_0^2(x^5 - 4x^4 + 4x^3)dx$$

$$= \frac{\sqrt{2}}{2}\pi\left[\frac{1}{6}x^6 - \frac{4}{5}x^5 + x^4\right]_0^2 = \boldsymbol{\frac{8\sqrt{2}}{15}\pi}$$

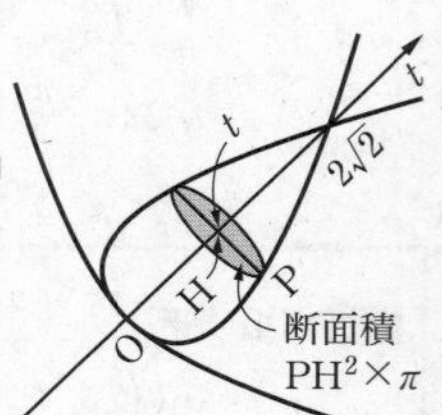

直線 $y = x$ を t 軸として考えて，V を定積分で表し，x で置換する。

〔別解〕 (回転軸が x 軸となるように，原点を中心とする回転移動を利用する)

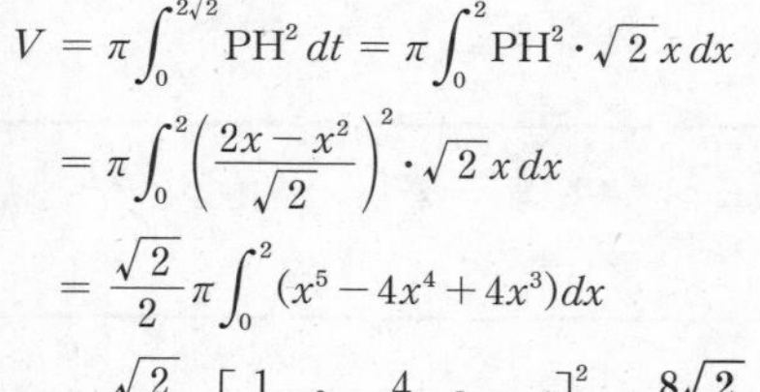

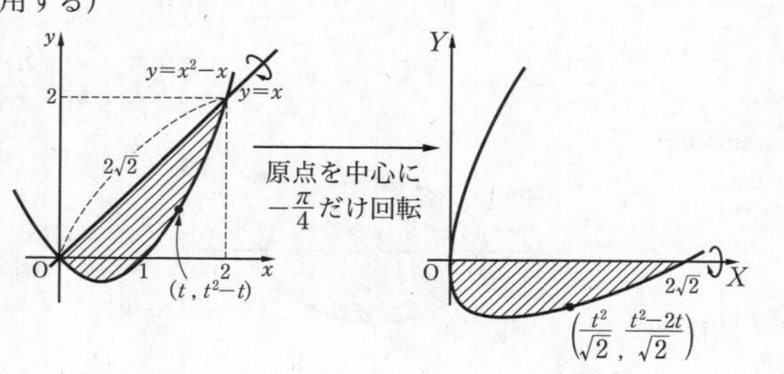

曲線 $y=x^2-x$ 上の点 $(t,\ t^2-t)$ $(0 \leqq t \leqq 2)$ を原点を中心に $-\dfrac{\pi}{4}$ だけ回転した点を $(X,\ Y)$ とすると

$$X+Yi=\{t+(t^2-t)i\}\left\{\cos\left(-\frac{\pi}{4}\right)+i\sin\left(-\frac{\pi}{4}\right)\right\}$$

$$=\{t+(t^2-t)i\}\left(\frac{1}{\sqrt{2}}-\frac{1}{\sqrt{2}}i\right)$$

$$=\frac{t^2}{\sqrt{2}}+\frac{t^2-2t}{\sqrt{2}}i$$

◀ 点の回転移動には，複素数平面を利用する。

ゆえに $\begin{cases} X=\dfrac{t^2}{\sqrt{2}} \\ Y=\dfrac{t^2-2t}{\sqrt{2}} \end{cases}$

これは，曲線 $y=x^2-x$ を原点を中心に $-\dfrac{\pi}{4}$ だけ回転した曲線の媒介変数表示である。

$\dfrac{dX}{dt}=\dfrac{2t}{\sqrt{2}}=\sqrt{2}\,t$ より，$0 \leqq t \leqq 2$ のとき $\dfrac{dX}{dt} \geqq 0$ であるから，t の増加とともに点 $(X,\ Y)$ は X 軸の正の方向に進む。

◀ 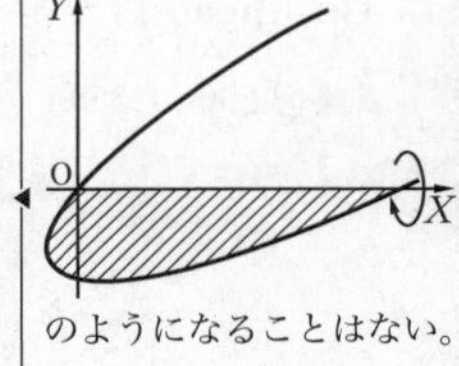

のようになることはない。

したがって，求める体積 V は

$$V=\pi\int_0^{2\sqrt{2}} Y^2\,dX=\pi\int_0^2\left(\frac{t^2-2t}{\sqrt{2}}\right)^2\cdot\sqrt{2}\,t\,dt$$

$$=\frac{\sqrt{2}}{2}\pi\int_0^2 (t^5-4t^4+4t^3)\,dt=\frac{\sqrt{2}}{2}\pi\left[\frac{1}{6}t^6-\frac{4}{5}t^5+t^4\right]_0^2$$

$$=\frac{8\sqrt{2}}{15}\pi$$

◀ 置換積分法

X	$0 \to 2\sqrt{2}$
t	$0 \to \ \ 2$

$dX=\sqrt{2}\,t\,dt$

Plus One

$a \leqq x \leqq b$ のとき，$f(x) \geqq mx+n$，$\tan\theta=m$ $\left(0<\theta<\dfrac{\pi}{2}\right)$ とする。

曲線 $y=f(x)$ と直線 $y=mx+n$，$x=a$，$x=b$ で囲まれた図形を直線 $y=mx+n$ のまわりに1回転させてできる回転体の体積は

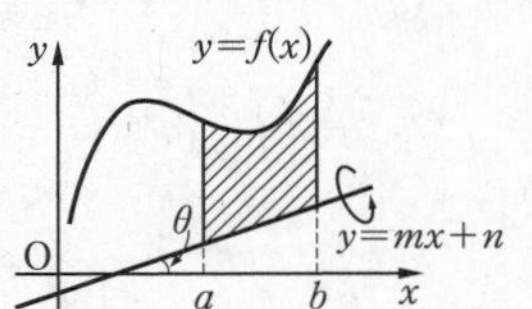

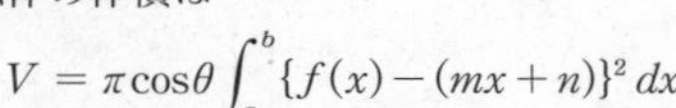

$$V=\pi\cos\theta\int_a^b \{f(x)-(mx+n)\}^2\,dx$$

〔証明〕

領域 $mx+n \leqq y \leqq f(x)$ の区間 $[a,\ x]$ の部分を直線 $y=mx+n$ のまわりに1回転させてできる回転体の体積を $V(x)$ とすると，$V(a)=0$ であるから

$$V=V(b)=V(b)-V(a)=\Big[V(x)\Big]_a^b=\int_a^b V'(x)dx$$

領域 $mx+n \leqq y \leqq f(x)$ の区間 $[x,\ x+\Delta x]$ の部分を直線 $y=mx+n$ のまわりに1回転させてできる回転体の体積を

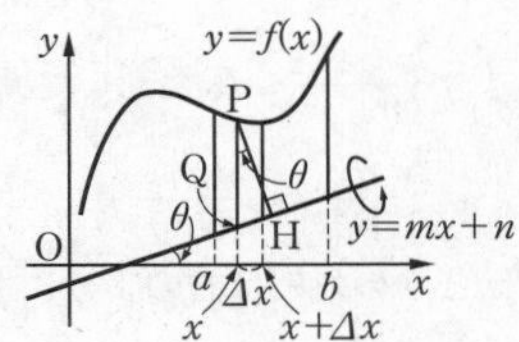

$\Delta V\ (=V(x+\Delta x)-V(x))$ とし，右の図のように点P，Q，Hをとると

$$\mathrm{PQ}=f(x)-(mx+n)$$
$$\mathrm{PH}=\mathrm{PQ}\cos\theta=\{f(x)-(mx+n)\}\cos\theta$$

$\Delta x \fallingdotseq 0$ のとき

$$\Delta V \fallingdotseq \frac{1}{2}\cdot\mathrm{PQ}\cdot 2\pi\mathrm{PH}\cdot\Delta x=\pi\cos\theta\{f(x)-(mx+n)\}^2\Delta x$$

弧の長さ
2πPH

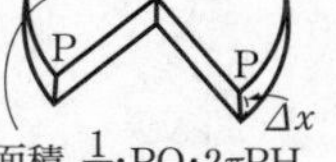

面積 $\frac{1}{2}\cdot\mathrm{PQ}\cdot 2\pi\mathrm{PH}$

すなわち　$\dfrac{\Delta V}{\Delta x}\fallingdotseq\pi\cos\theta\{f(x)-(mx+n)\}^2$

ゆえに　$V'(x)=\dfrac{dV}{dx}=\lim\limits_{\Delta x\to 0}\dfrac{\Delta V}{\Delta x}$

$$=\pi\cos\theta\{f(x)-(mx+n)\}^2$$

したがって　$V=\displaystyle\int_a^b\pi\cos\theta\{f(x)-(mx+n)\}^2\,dx=\pi\cos\theta\int_a^b\{f(x)-(mx+n)\}^2\,dx$

〔注意〕

Go Ahead 13で述べたように，この方法は解答で用いるのではなく，検算で利用する。

（練習206の検算）

$$V=\pi\cos\frac{\pi}{4}\int_0^2\{x-(x^2-x)\}^2\,dx=\pi\cdot\frac{\sqrt{2}}{2}\int_0^2(-x^2+2x)^2\,dx$$
$$=\frac{\sqrt{2}}{2}\pi\int_0^2(x^4-4x^3+4x^2)dx=\frac{\sqrt{2}}{2}\pi\left[\frac{1}{5}x^5-x^4+\frac{4}{3}x^3\right]_0^2=\frac{8\sqrt{2}}{15}\pi$$

練習 207 曲線 $y=ax+\dfrac{1}{1+x^2}$ と x 軸，y 軸および直線 $x=\sqrt{3}$ で囲まれた図形を x 軸のまわりに1回転させてできる立体の体積を $V(a)$ とする。

(1) $V(a)$ を a の式で表せ。　　(2) $V(a)$ が最小となる a の値を求めよ。

（徳島大）

(1) $V(a)=\pi\displaystyle\int_0^{\sqrt{3}}\left(ax+\frac{1}{1+x^2}\right)^2dx$

$$=\pi\int_0^{\sqrt{3}}\left\{a^2x^2+\frac{2ax}{1+x^2}+\frac{1}{(1+x^2)^2}\right\}dx$$

◀ 回転させて立体をつくるから，x 軸と曲線の上下関係を考える必要はない。

ここで

$$\int_0^{\sqrt{3}}a^2x^2dx=\left[\frac{a^2}{3}x^3\right]_0^{\sqrt{3}}=\sqrt{3}\,a^2$$

$$\int_0^{\sqrt{3}}\frac{2ax}{1+x^2}dx=a\Big[\log(1+x^2)\Big]_0^{\sqrt{3}}$$
$$=a\log4=2a\log2$$

$\displaystyle\int_0^{\sqrt{3}}\frac{1}{(1+x^2)^2}dx$ において，$x=\tan\theta\ \left(-\dfrac{\pi}{2}<\theta<\dfrac{\pi}{2}\right)$ とおくと

◀ $\displaystyle\int\frac{1}{(1+x^2)^2}dx$ は $x=\tan\theta$ として置換積分法を用いる。

$$\frac{dx}{d\theta}=\frac{1}{\cos^2\theta}$$

x と θ の対応は右のようになるから

x	$0\longrightarrow\sqrt{3}$
θ	$0\longrightarrow\dfrac{\pi}{3}$

$$\int_0^{\sqrt{3}}\frac{1}{(1+x^2)^2}dx$$

$$= \int_0^{\frac{\pi}{3}} \frac{1}{(1+\tan^2\theta)^2} \cdot \frac{1}{\cos^2\theta}\, d\theta$$

$$= \int_0^{\frac{\pi}{3}} \cos^4\theta \cdot \frac{1}{\cos^2\theta}\, d\theta = \int_0^{\frac{\pi}{3}} \cos^2\theta\, d\theta$$

◀ $1+\tan^2\theta = \dfrac{1}{\cos^2\theta}$

$$= \int_0^{\frac{\pi}{3}} \frac{1+\cos 2\theta}{2}\, d\theta = \left[\frac{\theta}{2} + \frac{\sin 2\theta}{4}\right]_0^{\frac{\pi}{3}} = \frac{\pi}{6} + \frac{\sqrt{3}}{8}$$

◀ $\cos^2\theta = \dfrac{1+\cos 2\theta}{2}$

したがって

$$\boldsymbol{V(a) = \pi\left(\sqrt{3}\,a^2 + 2a\log 2 + \frac{\pi}{6} + \frac{\sqrt{3}}{8}\right)}$$

(2) $V(a)$ は a の 2 次関数であるから

$$V(a) = \sqrt{3}\,\pi\left(a^2 + \frac{2}{\sqrt{3}}\,a\log 2\right) + \frac{\pi^2}{6} + \frac{\sqrt{3}}{8}\pi$$

$$= \sqrt{3}\,\pi\left(a + \frac{\sqrt{3}\log 2}{3}\right)^2 - \frac{\sqrt{3}\,\pi(\log 2)^2}{3} + \frac{\pi^2}{6} + \frac{\sqrt{3}}{8}\pi$$

よって，$V(a)$ が最小となる a の値は

$$\boldsymbol{a = -\frac{\sqrt{3}\log 2}{3}}$$

◀ $V'(a) = \pi(2\sqrt{3}\,a + 2\log 2)$ より

a	…	$-\dfrac{\sqrt{3}\log 2}{3}$	…
$V'(a)$	$-$	0	$+$
$V(a)$	↘	極小	↗

から a の値を求めてもよい。

練習 208 $f(x) = \dfrac{4e^x}{1+e^x}$ とする。曲線 $y=f(x)$ と x 軸および 2 直線 $x=-k$，$x=0$ で囲まれた部分を x 軸のまわりに 1 回転させてできる立体の体積を $V(k)$ とする。このとき，$\lim\limits_{k\to\infty} V(k)$ を求めよ。ただし，$k>0$ とする。

曲線 $y=f(x)$ のグラフは右の図。

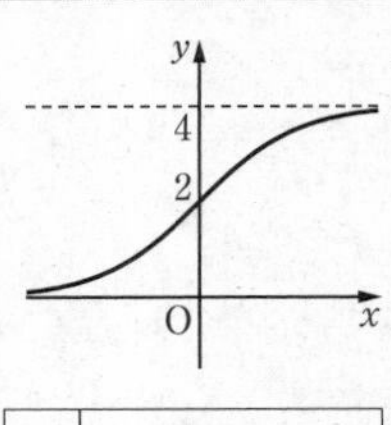

$$V(k) = \pi\int_{-k}^{0} \frac{16e^{2x}}{(1+e^x)^2}\, dx$$

$t = 1+e^x$ とおくと　$\dfrac{dt}{dx} = e^x$

x と t の対応は右のようになるから

x	$-k \longrightarrow 0$
t	$1+e^{-k} \longrightarrow 2$

$$V(k) = 16\pi\int_{-k}^{0} \frac{e^x}{(1+e^x)^2} \cdot e^x\, dx$$

$$= 16\pi\int_{1+e^{-k}}^{2} \frac{t-1}{t^2}\, dt$$

$$= 16\pi\int_{1+e^{-k}}^{2} \left(\frac{1}{t} - \frac{1}{t^2}\right) dt$$

$$= 16\pi\left[\log t + \frac{1}{t}\right]_{1+e^{-k}}^{2}$$

$$= 16\pi\left\{\log 2 + \frac{1}{2} - \log(1+e^{-k}) - \frac{1}{1+e^{-k}}\right\}$$

よって　$\lim\limits_{k\to\infty} V(k) = 16\pi\left(\log 2 + \dfrac{1}{2} - \log 1 - 1\right)$

$$= \boldsymbol{8\pi(2\log 2 - 1)}$$

◀ $f(x) = \dfrac{4e^x}{1+e^x} = \dfrac{4(1+e^x)-4}{1+e^x} = 4 - \dfrac{4}{1+e^x}$

よって　$0 < f(x) < 4$

また，$\lim\limits_{x\to\infty} f(x) = 4$，$\lim\limits_{x\to-\infty} f(x) = 0$ より

直線 $y=0$，$y=4$ は $y=f(x)$ の漸近線である。

◀ $\lim\limits_{k\to\infty} e^{-k} = 0$

練習 209 2つの直交している楕円柱 $\dfrac{z^2}{a^2}+\dfrac{x^2}{b^2} \leqq 1 \cdots$①, $\dfrac{z^2}{a^2}+\dfrac{y^2}{b^2} \leqq 1 \cdots$② について，次の問に答えよ。ただし，$a>0$, $b>0$, $a+b=1$ とする。

(1) 楕円柱①, ②の共通部分の xy 平面に平行な平面による切り口はどのような図形か。また，切り口の面積を z の関数として表せ。

(2) 楕円柱①, ②の共通部分の体積 V を求めよ。

(3) 体積 V の最大値とそのときの a の値を求めよ。　（鳥取大）

(1) 楕円柱①と平面 $z=t$ との共通部分は，下の図のようになるから，

直線 $z=t$ と楕円 $\dfrac{z^2}{a^2}+\dfrac{x^2}{b^2}=1$ の共有点の x 座標を求めると

$\dfrac{t^2}{a^2}+\dfrac{x^2}{b^2}=1$ より　　$x=\pm\dfrac{b}{a}\sqrt{a^2-t^2}$

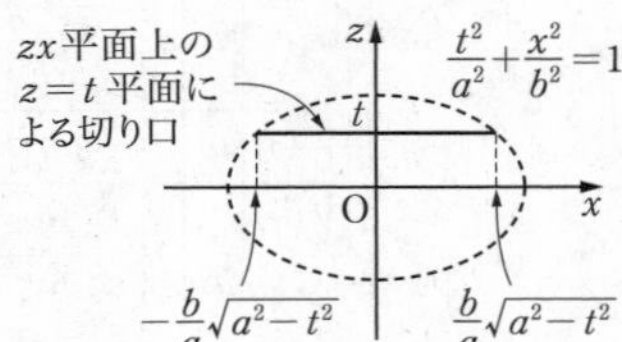

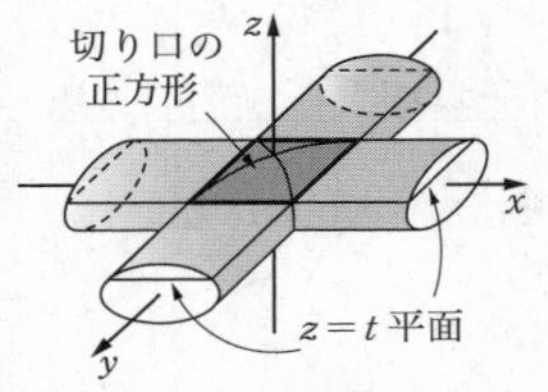

楕円柱②についても同様に考えると，切り口は**1辺の長さが $\boldsymbol{\dfrac{2b}{a}\sqrt{a^2-t^2}}$ の正方形**であるから，z 軸上の点 $(0,\ 0,\ z)$ を通る平面による切り口の面積は

$$\left(\frac{2b}{a}\sqrt{a^2-z^2}\right)^2=\boldsymbol{\frac{4b^2}{a^2}(a^2-z^2)}$$

〔別解〕

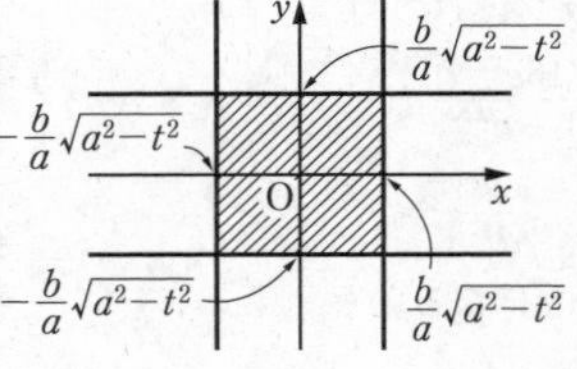

①, ②にそれぞれ $z=t$ を代入すると

$$\frac{t^2}{a^2}+\frac{x^2}{b^2} \leqq 1,\quad \frac{t^2}{a^2}+\frac{y^2}{b^2} \leqq 1$$

すなわち

$$-\frac{b}{a}\sqrt{a^2-t^2} \leqq x \leqq \frac{b}{a}\sqrt{a^2-t^2}$$

$$-\frac{b}{a}\sqrt{a^2-t^2} \leqq y \leqq \frac{b}{a}\sqrt{a^2-t^2}$$

よって，切り口は1辺の長さが $\dfrac{2b}{a}\sqrt{a^2-t^2}$ の正方形である。

（以下，同様）

(2) (1)より

$$V=\int_{-a}^{a}\frac{4b^2}{a^2}(a^2-z^2)dz$$

$$=\frac{8b^2}{a^2}\int_{0}^{a}(a^2-z^2)dz$$

$$=\frac{8b^2}{a^2}\left[a^2z-\frac{z^3}{3}\right]_0^a=\boldsymbol{\frac{16}{3}ab^2}$$

◀(1)で求めた図形の面積を $-a \leqq z \leqq a$ において積分する。

(3) $a+b=1$ より　　$b=1-a$

よって

$$V=\frac{16}{3}a(1-a)^2=\frac{16}{3}(a^3-2a^2+a)\qquad(0<a<1)$$

◀ $a>0,\ b>0,\ a+b=1$ より　$0<a<1$

$$V'=\frac{16}{3}(3a^2-4a+1)=\frac{16}{3}(3a-1)(a-1)$$

右の増減表より，V は $\boldsymbol{a=\frac{1}{3}}$ のとき最大となり，その値は

$$V=\frac{16}{3}\cdot\frac{1}{3}\left(1-\frac{1}{3}\right)^2=\boldsymbol{\frac{64}{81}}$$

a	0	$\cdots$	$\frac{1}{3}$	$\cdots$	1
V'	／	＋	0	－	／
V	／	↗	極大	↘	／

◀ $V=\frac{16}{3}a(1-a)^2$ に代入する。

〔別解〕

$a>0,\ b>0,\ a+b=1$ より

$$\frac{1}{4}ab^2=a\cdot\frac{b}{2}\cdot\frac{b}{2}\leqq\left(\frac{a+\frac{b}{2}+\frac{b}{2}}{3}\right)^3=\frac{1}{27}$$

◀ 3数の相加平均と相乗平均の関係。

よって，$ab^2\leqq\frac{4}{27}$ であるから

$$V=\frac{16}{3}ab^2\leqq\frac{64}{81}$$

これは，$a=\frac{b}{2}$ のとき等号成立。

$a+b=1$ より　　$a=\frac{1}{3},\ b=\frac{2}{3}$ のとき等号成立。

したがって，V は $a=\frac{1}{3}$ のとき最大となり，その値は　　$V=\frac{64}{81}$

練習 210 $V=\left\{(x,\ y,\ z)\,\middle|\,\left(\sqrt{x^2+y^2}-2\right)^2+z^2\leqq1\right\}$ とする。V の体積を求めよ。　（東京女子大　改）

求める立体を平面 $z=t$ で切ったときの断面積 $S(t)$ を考える。

$\left(\sqrt{x^2+y^2}-2\right)^2+t^2\leqq1$ より

$$\left(\sqrt{x^2+y^2}-2\right)^2\leqq1-t^2\qquad\cdots①$$

$\left(\sqrt{x^2+y^2}-2\right)^2\geqq0$ より　　$1-t^2\geqq0$

よって　　$-1\leqq t\leqq1$

また，① より

$$-\sqrt{1-t^2}\leqq\sqrt{x^2+y^2}-2\leqq\sqrt{1-t^2}$$

$$2-\sqrt{1-t^2}\leqq\sqrt{x^2+y^2}\leqq2+\sqrt{1-t^2}$$

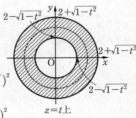

$2-\sqrt{1-t^2}>0$ であるから

$$\left(2-\sqrt{1-t^2}\right)^2\leqq x^2+y^2\leqq\left(2+\sqrt{1-t^2}\right)^2$$

◀ 辺々は正より，2乗しても不等号の向きは変わらない。

これより，断面はドーナツ形で

$$S(t)=\pi\left(2+\sqrt{1-t^2}\right)^2-\pi\left(2-\sqrt{1-t^2}\right)^2$$
$$=8\pi\sqrt{1-t^2}$$

よって　　$V=\int_{-1}^{1}S(t)dt=2\int_{0}^{1}S(t)dt$

◀ $S(t)$ は偶関数である。

$$=16\pi\int_0^1\sqrt{1-t^2}\,dt$$

4章 14 体積・長さ，微分方程式

$$= 16\pi \cdot \frac{\pi}{4}$$
$$= \boldsymbol{4\pi^2}$$

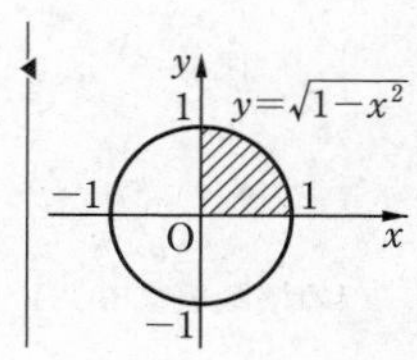

練習 211 空間に 2 点 A(1, 1, 0), B(0, −1, 1) がある。線分 AB を y 軸のまわりに 1 回転させてできる曲面と，平面 $y=-1$ および $y=1$ で囲まれる立体の体積 V を求めよ。

線分 AB 上に点 P をとると，$-1 \leqq y \leqq 1$ であり

$$\overrightarrow{\mathrm{AP}} = k\overrightarrow{\mathrm{AB}} \quad (k \text{ は実数})$$

が成り立つから

$$\overrightarrow{\mathrm{OP}} = (1-k)\overrightarrow{\mathrm{OA}} + k\overrightarrow{\mathrm{OB}}$$
$$= (1-k,\ (1-k)-k,\ k)$$

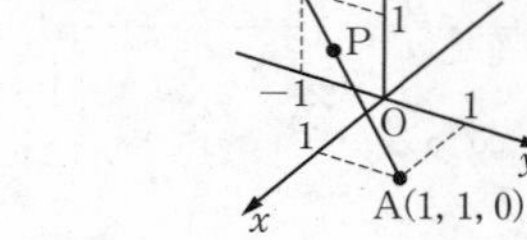

すなわち

$$\mathrm{P}(1-k,\ 1-2k,\ k) \quad (\text{ただし，} -1 \leqq 1-2k \leqq 1)$$

平面 $y=t$ 上において点 P は $1-2k=t$ より $k=\dfrac{1-t}{2}$ であるから

$$\mathrm{P}\left(\frac{1+t}{2},\ t,\ \frac{1-t}{2}\right) \quad (\text{ただし，} -1 \leqq t \leqq 1)$$

求める立体を平面 $y=t$ で切った断面は，点 H(0, t, 0) を中心とする半径 PH の円であるから，その断面積を $S(t)$ とすると

$$S(t) = \pi \cdot \mathrm{PH}^2 = \pi\left\{\left(\frac{1+t}{2}\right)^2 + \left(\frac{1-t}{2}\right)^2\right\}$$
$$= \frac{\pi}{2}(1+t^2)$$

したがって，求める立体の体積 V は

$$V = \int_{-1}^{1} S(t)dt = \frac{\pi}{2}\int_{-1}^{1}(1+t^2)dt = \pi\int_{0}^{1}(1+t^2)dt$$
$$= \pi\left[t+\frac{t^3}{3}\right]_0^1 = \boldsymbol{\frac{4}{3}\pi}$$

◀ この回転体の側面を yz 平面で切ったとき現れる曲線上の点を Q(0, y, z) とすると

$$z^2 = \mathrm{QH}^2 = \mathrm{PH}^2$$
$$= \frac{1}{2}y^2 + \frac{1}{2}$$

より $y^2 - 2z^2 = -1$

よって，この側面の切り口は双曲線である。

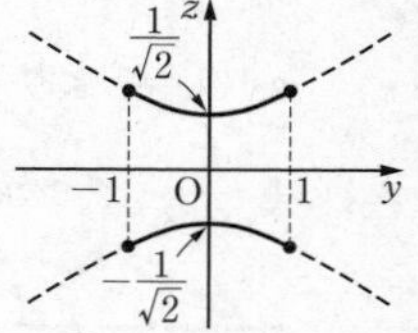

◀ $S(t)$ は偶関数である。

練習 212 空間内の平面 $x=0$, $x=1$, $y=0$, $y=1$, $z=0$, $z=1$ によって囲まれた立方体を P とおく。P を x 軸のまわりに 1 回転させてできる立体を P_x，P を y 軸のまわりに 1 回転させてできる立体を P_y とし，さらに P_x と P_y の少なくとも一方に属する点全体でできる立体を Q とする。

(1) Q と平面 $z=t$ が交わっているとする。このとき P_x を平面 $z=t$ で切ったときの切り口を R_x とし，P_y を平面 $z=t$ で切ったときの切り口を R_y とする。R_x の面積，R_y の面積，R_x と R_y の共通部分の面積をそれぞれ求めよ。さらに，Q を平面 $z=t$ で切ったときの切り口の面積 $S(t)$ を求めよ。

(2) Q の体積を求めよ。

（富山大）

(1) P_x，P_y はそれぞれ次の図のようになる。

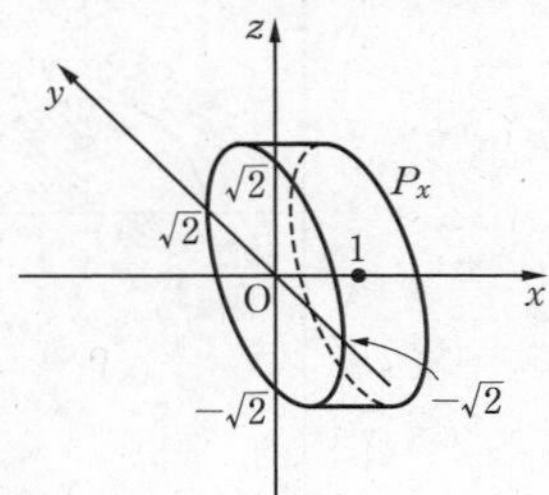

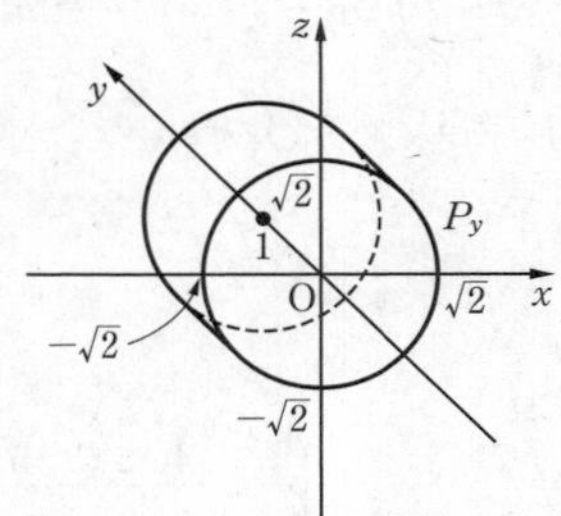

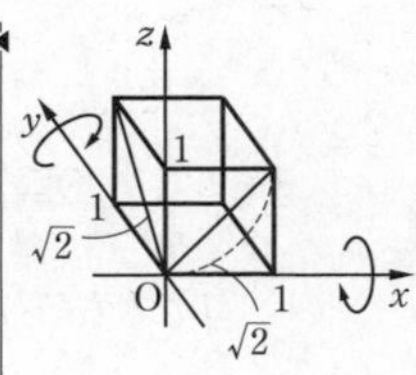

R_x は図 1 の長方形 ABCD のようになる。

◀ また，R_y は次のようになる。

図 1　平面 $z=t$ における図

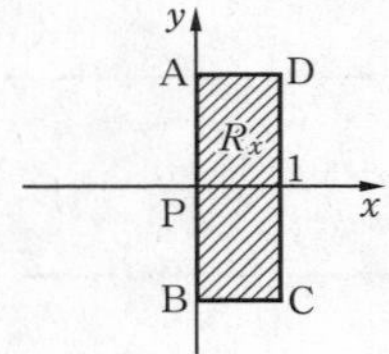

図 2　yz 平面における図

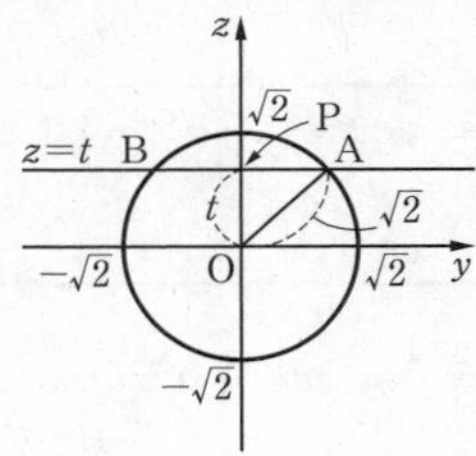

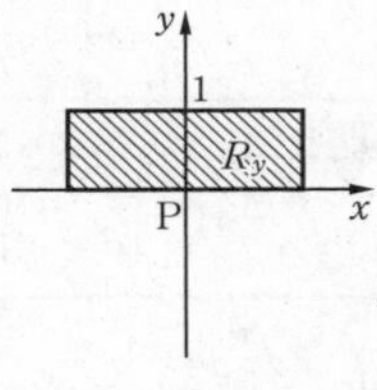

平面 $z=t$ と z 軸の交点を P とすると

$$\mathrm{AP}=\sqrt{\left(\sqrt{2}\right)^2-t^2}=\sqrt{2-t^2}$$

よって　　$(R_x の面積)=2\sqrt{2-t^2}\cdot 1=2\sqrt{2-t^2}$

◀ $\mathrm{AP}=\sqrt{2-t^2}$ より

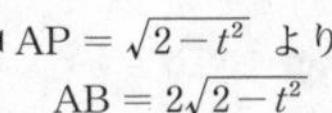
$\mathrm{AB}=2\sqrt{2-t^2}$

R_x と R_y は合同であるから　　**$(R_y$ の面積$)=2\sqrt{2-t^2}$**

次に，R_x と R_y の共通部分を R_{xy} とする。

(ア) $\sqrt{2-t^2}\leqq 1$ すなわち $1\leqq |t|\leqq\sqrt{2}$ のとき，R_{xy} は右の図の正方形 APEF のようになる。$\mathrm{AP}=\sqrt{2-t^2}$ であるから

$$(R_{xy} の面積)=\left(\sqrt{2-t^2}\right)^2=2-t^2$$

◀ $\sqrt{2-t^2}\leqq 1$ の両辺を 2 乗すると

$2-t^2\leqq 1$

$t^2-1\geqq 0$ より　$t\leqq -1,\ 1\leqq t$

$-\sqrt{2}\leqq t\leqq\sqrt{2}$ であるから

$-\sqrt{2}\leqq t\leqq -1,$

$1\leqq t\leqq\sqrt{2}$

(イ) $\sqrt{2-t^2}\geqq 1$ すなわち $0\leqq |t|\leqq 1$ のとき R_{xy} は右の図の正方形 QPHI のようになる。

よって　　$R_{xy}=1^2=1$

(ア)，(イ) より，R_{xy} の面積は

$$R_{xy}=\begin{cases}2-t^2 & (1\leqq |t|\leqq\sqrt{2}\ のとき)\\ 1 & (0\leqq |t|\leqq 1\ のとき)\end{cases}$$

また，$S(t)=R_x+R_y-R_{xy}$ より

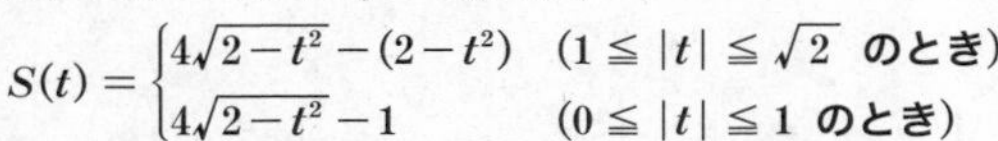
$$S(t)=\begin{cases}4\sqrt{2-t^2}-(2-t^2) & (1\leqq |t|\leqq\sqrt{2}\ のとき)\\ 4\sqrt{2-t^2}-1 & (0\leqq |t|\leqq 1\ のとき)\end{cases}$$

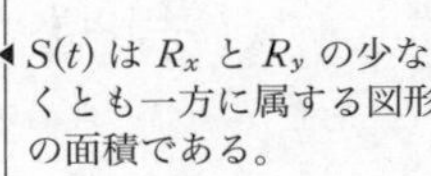
◀ $S(t)$ は R_x と R_y の少なくとも一方に属する図形の面積である。

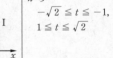

(2) 立体 Q は xy 平面に関して対称であるから，Q の体積を V とすると

$$V=2\int_0^{\sqrt{2}}S(t)dt$$

$$=2\int_0^1\left(4\sqrt{2-t^2}-1\right)dt+2\int_1^{\sqrt{2}}\left\{4\sqrt{2-t^2}-(2-t^2)\right\}dt$$

$$= 8\int_0^{\sqrt{2}} \sqrt{2-t^2}\,dt - 2\int_0^1 dt - 2\int_1^{\sqrt{2}} (2-t^2)\,dt$$

ここで，$\int_0^{\sqrt{2}} \sqrt{2-t^2}\,dt$ は半径 $\sqrt{2}$ の円の面積の $\frac{1}{4}$ であるから

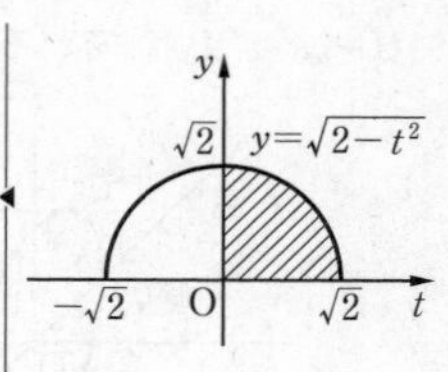

$$\int_0^{\sqrt{2}} \sqrt{2-t^2}\,dt = \frac{1}{4}\cdot(\sqrt{2})^2\pi = \frac{\pi}{2}$$

また　$\int_0^1 dt = \Big[t\Big]_0^1 = 1$

$$\int_1^{\sqrt{2}} (2-t^2)\,dt = \left[2t - \frac{1}{3}t^3\right]_1^{\sqrt{2}} = \frac{4\sqrt{2}}{3} - \frac{5}{3}$$

よって　$V = 8\cdot\frac{\pi}{2} - 2\cdot 1 - 2\left(\frac{4\sqrt{2}}{3} - \frac{5}{3}\right) = \boldsymbol{4\pi - \frac{8\sqrt{2}}{3} + \frac{4}{3}}$

練習 213 次の曲線の長さを求めよ。ただし，$a>0$ とする。

(1) $\begin{cases} x = a(\theta - \sin\theta) \\ y = a(1-\cos\theta) \end{cases}$ $(0 \leqq \theta \leqq 2\pi)$　　(2) $\begin{cases} x = e^t \sin t \\ y = e^t \cos t \end{cases}$ $(0 \leqq t \leqq 1)$

---

(1) $\frac{dx}{d\theta} = a(1-\cos\theta)$，$\frac{dy}{d\theta} = a\sin\theta$ であるから

$$\left(\frac{dx}{d\theta}\right)^2 + \left(\frac{dy}{d\theta}\right)^2 = a^2(1-\cos\theta)^2 + a^2\sin^2\theta$$
$$= a^2(1 - 2\cos\theta + \cos^2\theta + \sin^2\theta)$$
$$= 2a^2(1-\cos\theta)$$
$$= 4a^2\sin^2\frac{\theta}{2}$$

◀ $\sin^2\theta + \cos^2\theta = 1$

◀ $\cos 2\alpha = 1 - 2\sin^2\alpha$ より
$1 - \cos 2\alpha = 2\sin^2\alpha$
$1 - \cos\theta = 2\sin^2\frac{\theta}{2}$

$0 \leqq \theta \leqq 2\pi$ のとき，$0 \leqq \frac{\theta}{2} \leqq \pi$ であるから　$\sin\frac{\theta}{2} \geqq 0$

よって　$\sqrt{\left(\frac{dx}{d\theta}\right)^2 + \left(\frac{dy}{d\theta}\right)^2} = \sqrt{4a^2\sin^2\frac{\theta}{2}} = 2a\sin\frac{\theta}{2}$

したがって，求める曲線の長さは

$$\int_0^{2\pi} 2a\sin\frac{\theta}{2}\,d\theta = \left[-4a\cos\frac{\theta}{2}\right]_0^{2\pi} = \boldsymbol{8a}$$

(2) $\frac{dx}{dt} = e^t\sin t + e^t\cos t = e^t(\sin t + \cos t)$

$\frac{dy}{dt} = e^t\cos t - e^t\sin t = e^t(\cos t - \sin t)$ であるから

$$\left(\frac{dx}{dt}\right)^2 + \left(\frac{dy}{dt}\right)^2 = 2e^{2t}(\sin^2 t + \cos^2 t) = 2e^{2t}$$

◀ $\sin^2 t + \cos^2 t = 1$

したがって，求める曲線の長さは

$$\int_0^1 \sqrt{\left(\frac{dx}{dt}\right)^2 + \left(\frac{dy}{dt}\right)^2}\,dt = \int_0^1 \sqrt{2}\,e^t\,dt$$
$$= \sqrt{2}\Big[e^t\Big]_0^1 = \boldsymbol{\sqrt{2}(e-1)}$$

◀ $e^t > 0$ より
$\sqrt{2e^{2t}} = \sqrt{2}\,e^t$

練習 214 曲線 $y = \frac{x^3}{6} + \frac{1}{2x}$ の $1 \leqq x \leqq 2$ の部分の長さ L を求めよ。

$\dfrac{dy}{dx}=\dfrac{x^2}{2}-\dfrac{1}{2x^2}$ であるから

$$1+\left(\frac{dy}{dx}\right)^2=1+\left(\frac{x^2}{2}-\frac{1}{2x^2}\right)^2$$

$$=\frac{1}{4}\left(x^4+2+\frac{1}{x^4}\right)=\left\{\frac{1}{2}\left(x^2+\frac{1}{x^2}\right)\right\}^2$$

よって　$\sqrt{1+\left(\dfrac{dy}{dx}\right)^2}=\left|\dfrac{1}{2}\left(x^2+\dfrac{1}{x^2}\right)\right|=\dfrac{1}{2}\left(x^2+\dfrac{1}{x^2}\right)$

◀ $x^2>0$, $\dfrac{1}{x^2}>0$ より $\dfrac{1}{2}\left(x^2+\dfrac{1}{x^2}\right)>0$

したがって，求める曲線の長さ L は

$$L=\int_1^2\sqrt{1+\left(\frac{dy}{dx}\right)^2}dx=\int_1^2\frac{1}{2}\left(x^2+\frac{1}{x^2}\right)dx$$

$$=\frac{1}{2}\left[\frac{1}{3}x^3-\frac{1}{x}\right]_1^2=\mathbf{\frac{17}{12}}$$

練習 215 $a>0$ とする。点 $\mathrm{A}(a,\ 0)$, $\mathrm{B}(a,\ 2\pi a)$ に対し，一端が A に固定された伸び縮みしない長さ $2\pi a$ の糸がある。この糸を，もう一端 P が B にある状態からたるまないように円 $C: x^2+y^2=a^2$ 上に反時計回りに巻きつける。

(1) この糸が円 C と弧 AT を共有しているとする。$\angle\mathrm{AOT}=\theta$ とするとき，点 P の座標を θ を用いて表せ。

(2) 点 P の軌跡の曲線の長さ L を求めよ。

(1) 点 T の座標は　$(a\cos\theta,\ a\sin\theta)$　$(0\leqq\theta\leqq 2\pi)$

◀ 与えられた円の円周は $2\pi a$ である。

よって　$\overrightarrow{\mathrm{OT}}=(a\cos\theta,\ a\sin\theta)$

$\overset{\frown}{\mathrm{AT}}=a\theta$ であるから

$$|\overrightarrow{\mathrm{TP}}|=2\pi a-a\theta=a(2\pi-\theta)$$

◀ $\overset{\frown}{\mathrm{AT}}+\mathrm{TP}=2\pi a$

ゆえに

$$\overrightarrow{\mathrm{TP}}=a(2\pi-\theta)\left(\cos\left(\theta+\frac{\pi}{2}\right),\ \sin\left(\theta+\frac{\pi}{2}\right)\right)$$

$$=a(2\pi-\theta)(-\sin\theta,\ \cos\theta)$$

◀ $\mathrm{OT}\perp\mathrm{TP}$ より，PT と x 軸の正の部分とのなす角は $\theta+\dfrac{\pi}{2}$

よって

$$\overrightarrow{\mathrm{OP}}=\overrightarrow{\mathrm{OT}}+\overrightarrow{\mathrm{TP}}$$

$$=a(\cos\theta,\ \sin\theta)+a(2\pi-\theta)(-\sin\theta,\ \cos\theta)$$

$$=(a\{\cos\theta-(2\pi-\theta)\sin\theta\},\ a\{\sin\theta+(2\pi-\theta)\cos\theta\})$$

したがって

$$\mathbf{P(a\{\cos\theta-(2\pi-\theta)\sin\theta\},\ a\{\sin\theta+(2\pi-\theta)\cos\theta\})}$$

(2) $\dfrac{dx}{d\theta}=-a(2\pi-\theta)\cos\theta$, $\dfrac{dy}{d\theta}=-a(2\pi-\theta)\sin\theta$ となり，

曲線の長さ L は

$$L=\int_0^{2\pi}\sqrt{\left(\frac{dx}{d\theta}\right)^2+\left(\frac{dy}{d\theta}\right)^2}d\theta$$

$$=\int_0^{2\pi}\sqrt{a^2(2\pi-\theta)^2\cos^2\theta+a^2(2\pi-\theta)^2\sin^2\theta}\,d\theta$$

$$=\int_0^{2\pi}a(2\pi-\theta)d\theta$$

◀ $\sin^2\theta+\cos^2\theta=1$ より

$$=a\left[2\pi\theta-\frac{1}{2}\theta^2\right]_0^{2\pi}=\boldsymbol{2\pi^2 a}$$

チャレンジ〈6〉 極方程式 $r=e^{-\theta}$ で表される曲線の $0 \leqq \theta \leqq \alpha$ に対応する部分の長さを $L(\alpha)$ とする。
(1) $L(\alpha)$ を求めよ。　　(2) $\displaystyle\lim_{\alpha\to\infty}L(\alpha)$ を求めよ。

(1) $\dfrac{dr}{d\theta}=-e^{-\theta}$ より　　$r^2+\left(\dfrac{dr}{d\theta}\right)^2=e^{-2\theta}+e^{-2\theta}=2e^{-2\theta}$

よって

$$L(\alpha)=\int_0^\alpha\sqrt{r^2+\left(\frac{dr}{d\theta}\right)^2}\,d\theta=\int_0^\alpha\sqrt{2e^{-2\theta}}\,d\theta$$
$$=\sqrt{2}\int_0^\alpha e^{-\theta}d\theta=\sqrt{2}\Big[-e^{-\theta}\Big]_0^\alpha$$
$$=-\sqrt{2}\,(e^{-\alpha}-1)=\boldsymbol{\sqrt{2}\left(1-\frac{1}{e^\alpha}\right)}$$

(2) $\displaystyle\lim_{\alpha\to\infty}L(\alpha)=\lim_{\alpha\to\infty}\sqrt{2}\left(1-\frac{1}{e^\alpha}\right)=\boldsymbol{\sqrt{2}}$

◀ $\sqrt{2e^{-2\theta}}=\sqrt{2}\sqrt{(e^{-\theta})^2}=\sqrt{2}\,e^{-\theta}$

練習 216 平面上を運動する点Pの座標 $(x,\ y)$ が，
$x=2\cos t+\cos 2t,\ y=2\sin t-\sin 2t$ で与えられているとき，時刻 $t=0$ から $t=\dfrac{2}{3}\pi$ までの道のりを求めよ。

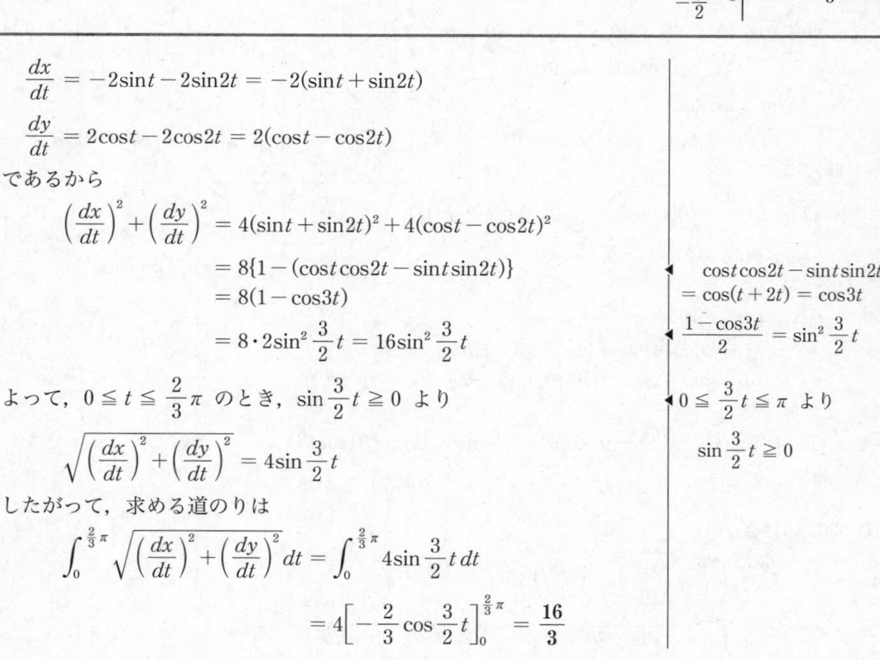

$$\frac{dx}{dt}=-2\sin t-2\sin 2t=-2(\sin t+\sin 2t)$$
$$\frac{dy}{dt}=2\cos t-2\cos 2t=2(\cos t-\cos 2t)$$

であるから

$$\left(\frac{dx}{dt}\right)^2+\left(\frac{dy}{dt}\right)^2=4(\sin t+\sin 2t)^2+4(\cos t-\cos 2t)^2$$
$$=8\{1-(\cos t\cos 2t-\sin t\sin 2t)\}$$
$$=8(1-\cos 3t)$$
$$=8\cdot 2\sin^2\frac{3}{2}t=16\sin^2\frac{3}{2}t$$

◀ $\cos t\cos 2t-\sin t\sin 2t=\cos(t+2t)=\cos 3t$

◀ $\dfrac{1-\cos 3t}{2}=\sin^2\dfrac{3}{2}t$

よって，$0\leqq t\leqq\dfrac{2}{3}\pi$ のとき，$\sin\dfrac{3}{2}t\geqq 0$ より

$$\sqrt{\left(\frac{dx}{dt}\right)^2+\left(\frac{dy}{dt}\right)^2}=4\sin\frac{3}{2}t$$

◀ $0\leqq\dfrac{3}{2}t\leqq\pi$ より $\sin\dfrac{3}{2}t\geqq 0$

したがって，求める道のりは

$$\int_0^{\frac{2}{3}\pi}\sqrt{\left(\frac{dx}{dt}\right)^2+\left(\frac{dy}{dt}\right)^2}\,dt=\int_0^{\frac{2}{3}\pi}4\sin\frac{3}{2}t\,dt$$
$$=4\Big[-\frac{2}{3}\cos\frac{3}{2}t\Big]_0^{\frac{2}{3}\pi}=\boldsymbol{\frac{16}{3}}$$

練習 217〔1〕 次の等式を満たす関数を求めよ。

(1) $\dfrac{dy}{dx}-2x^3=0$ (2) $\cos(2x+1)+\dfrac{dy}{dx}=0$

〔2〕 等式 $\dfrac{dy}{dx}=xe^{-x}$ を満たす関数のうち，$x=1$ のとき $y=0$ となるものを求めよ。

〔1〕 (1) $\dfrac{dy}{dx}-2x^3=0$ より $\dfrac{dy}{dx}=2x^3$

両辺を x で積分すると

$$y=\int 2x^3dx=\frac{1}{2}x^4+C$$

よって **$y=\dfrac{1}{2}x^4+C$ （C は任意定数）**

◀ $n \neq -1$ のとき $\displaystyle\int x^n dx=\frac{x^{n+1}}{n+1}+C$

(2) $\cos(2x+1)+\dfrac{dy}{dx}=0$ より $\dfrac{dy}{dx}=-\cos(2x+1)$

両辺を x で積分すると

$$y=\int\{-\cos(2x+1)\}dx=-\frac{1}{2}\sin(2x+1)+C$$

よって **$y=-\dfrac{1}{2}\sin(2x+1)+C$ （C は任意定数）**

◀ $\displaystyle\int \cos x\,dx=\sin x+C$

〔2〕 $y=\displaystyle\int xe^{-x}dx=-xe^{-x}+\int e^{-x}dx=-xe^{-x}-e^{-x}+C$

ここで，$x=1$ のとき $y=0$ であるから

$0=-1\cdot e^{-1}-e^{-1}+C$ より $C=2e^{-1}$

よって **$y=-xe^{-x}-e^{-x}+2e^{-1}$**

◀ $\displaystyle\int f(x)g'(x)dx=f(x)g(x)-\int f'(x)g(x)dx$

練習 218 次の微分方程式を解け。

(1) $\dfrac{dy}{dx}=-ky$ （k は 0 でない定数） (2) $\cos y\dfrac{dy}{dx}=1$

(1) $\dfrac{dy}{dx}=-ky$ において，$y \neq 0$ とすると $\dfrac{1}{y}\dfrac{dy}{dx}=-k$

両辺を x で積分すると $\displaystyle\int\frac{1}{y}\frac{dy}{dx}dx=\int(-k)dx$

$\displaystyle\int\frac{dy}{y}=-k\int dx$ となり $\log|y|=-kx+C_1$ （C_1 は定数）

よって，$|y|=e^{-kx+C_1}$ より $y=\pm e^{C_1}e^{-kx}$

ここで，$C=\pm e^{C_1}$ とおくと $y=Ce^{-kx}$ （$C \neq 0$） …①

また，関数 $y=0$ は微分方程式を満たす。

① において $C=0$ とすると $y=0$ となるから，

求める一般解は **$y=Ce^{-kx}$ （C は任意定数）**

◀ $\dfrac{dy}{y}=-k\,dx$ と考えて $\displaystyle\int\frac{dy}{y}=\int(-k)dx$ を導いてもよい。

(2) $\cos y\dfrac{dy}{dx}=1$ の両辺を x で積分すると

$$\int\cos y\frac{dy}{dx}dx=\int dx$$

すなわち $\displaystyle\int\cos y\,dy=\int dx$

よって，求める一般解は **$\sin y=x+C$ （C は任意定数）**

◀ $\cos y\,dy=dx$ と考えて $\displaystyle\int\cos y\,dy=\int dx$ を導いてもよい。

練習 219 次の微分方程式を解け。

(1) $\dfrac{dy}{dx}=x+y$ (2) $\dfrac{dy}{dx}+(y+3x)=0$

(1) $x+y=Y$ とおいて，両辺を x で微分すると，

$1+\dfrac{dy}{dx}=\dfrac{dY}{dx}$ であるから $\dfrac{dy}{dx}=\dfrac{dY}{dx}-1$

よって，与えられた微分方程式は

$$\frac{dY}{dx}-1=Y \quad すなわち \quad \frac{dY}{dx}=Y+1$$

$Y+1\neq 0$ とすると $\dfrac{1}{Y+1}\cdot\dfrac{dY}{dx}=1$

◀ $\dfrac{dY}{Y+1}=dx$ としてもよい。

両辺を x で積分すると

$$\int\frac{1}{Y+1}\frac{dY}{dx}dx=\int dx$$

$$\log|Y+1|=x+C_1$$

よって $|Y+1|=e^{x+C_1}$

ゆえに $Y=\pm e^{C_1}\cdot e^x-1$

ここで，$C=\pm e^{C_1}$ とおくと

$$Y=Ce^x-1 \quad (C\neq 0) \quad \cdots ①$$

また，関数 $Y=-1$ は微分方程式 $\dfrac{dY}{dx}=Y+1$ を満たす。

① において $C=0$ とすると $Y=-1$ となるから

$$Y=Ce^x-1 \quad (C\ は任意定数)$$

$Y=x+y$ であるから $x+y=Ce^x-1$

したがって，求める一般解は

$y=Ce^x-x-1$ (C は任意定数)

(2) $y+3x=Y$ とおいて，両辺を x で微分すると，

◀ 与えられた微分方程式は $\dfrac{dy}{dx}+Y=0$

$\dfrac{dy}{dx}+3=\dfrac{dY}{dx}$ であるから $\dfrac{dy}{dx}=\dfrac{dY}{dx}-3$

よって，与えられた微分方程式は

$$\frac{dY}{dx}-3+Y=0 \quad すなわち \quad \frac{dY}{dx}=-(Y-3)$$

$Y-3\neq 0$ とすると $\dfrac{1}{Y-3}\cdot\dfrac{dY}{dx}=-1$

◀ $\dfrac{dY}{Y-3}=(-1)dx$ としてもよい。

両辺を x で積分すると

$$\int\frac{1}{Y-3}\frac{dY}{dx}dx=\int(-1)dx$$

$$\log|Y-3|=-x+C_1$$

よって $|Y-3|=e^{-x+C_1}$

ゆえに $Y=\pm e^{C_1}\cdot e^{-x}+3$

ここで，$C=\pm e^{C_1}$ とおくと

$$Y=Ce^{-x}+3 \quad (C\neq 0) \quad \cdots ①$$

また，関数 $Y=3$ は微分方程式 $\dfrac{dY}{dx}=-(Y-3)$ を満たす。

① において $C=0$ とすると $Y=3$ となるから

$$Y=Ce^{-x}+3 \quad (C\ は任意定数)$$

$Y=y+3x$ であるから　　$y+3x=Ce^{-x}+3$
したがって，求める一般解は

$$\boldsymbol{y=Ce^{-x}-3x+3}\quad \textbf{（C は任意定数）}$$

練習 220 曲線 D 上の任意の点 $\mathrm{P}(x,\ y)$ における接線と法線を引き，それらが x 軸と交わる点をそれぞれ T，N とする。また，点 P から x 軸に下ろした垂線を PM とする。このとき，次の性質をもつ曲線はどのような曲線か。

(1)　$\mathrm{TM}=1$　　　　(2)　$\mathrm{MN}=1$

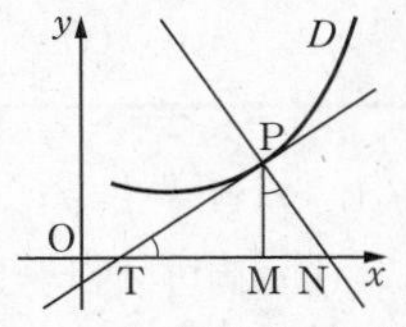

求める曲線 $Y=f(X)$ 上の任意の点 $\mathrm{P}(x,\ y)$ において，接線が x 軸と平行なときは T が存在せず，y 軸と平行なときは N が存在しない。

よって，点 P における接線の傾きは $\dfrac{dy}{dx}$ であるから，$\dfrac{dy}{dx}\neq 0$ とすると，接線と法線の方程式はそれぞれ

$$Y-y=\frac{dy}{dx}(X-x),\ Y-y=-\frac{1}{\dfrac{dy}{dx}}(X-x)$$

◀点 $\mathrm{P}(x,\ y)$ を通り，傾きはそれぞれ $\dfrac{dy}{dx}$，$-\dfrac{1}{\dfrac{dy}{dx}}$

よって，2 点 T，N の x 座標はそれぞれ

$$x-\frac{y}{\dfrac{dy}{dx}},\ x+y\frac{dy}{dx}$$

◀$Y=0$ を代入し，X について解く。

また，点 M の x 座標は x である。

(1)　$\mathrm{TM}=1$ より　　$\left|x-\left(x-\dfrac{y}{\dfrac{dy}{dx}}\right)\right|=1$

◀x 軸上の 2 点 $\mathrm{P}(p)$，$\mathrm{Q}(q)$ において
$\mathrm{PQ}=|q-p|$

これより $\left|\dfrac{y}{\dfrac{dy}{dx}}\right|=1$ となり　　$\dfrac{dy}{dx}=\pm y$

$y\neq 0$ とすると　　$\dfrac{1}{y}\dfrac{dy}{dx}=\pm 1$

両辺を x で積分すると

$$\int\frac{1}{y}\frac{dy}{dx}dx=\pm\int dx$$

よって　　$\log|y|=\pm x+C_1$

$|y|=e^{C_1}e^{\pm x}$ より　　$y=\pm e^{C_1}e^{\pm x}$

ここで，$C=\pm e^{C_1}$ とおくと，求める曲線群の方程式は

◀$\pm e^{C_1}\neq 0$

$$\boldsymbol{y=Ce^{\pm x}}\quad \textbf{（C は 0 でない任意定数）}$$

◀$y=0$ は条件を満たさない。

(2)　$\mathrm{MN}=1$ より　　$\left|x-\left(x+y\dfrac{dy}{dx}\right)\right|=1$

これより $\left|y\dfrac{dy}{dx}\right|=1$ となり　　$y\dfrac{dy}{dx}=\pm 1$

両辺を x で積分すると

$$\int y\frac{dy}{dx}dx=\pm\int dx$$

よって　　$\dfrac{1}{2}y^2=\pm x+C_1$

したがって，求める曲線群の方程式は

$$y^2 = \pm 2x + C \quad (C \text{ は任意定数})$$

◀ $2C_1$ を C とおき直す。

練習 221 すべての実数 x について，次の等式を満たす関数 $f(x)$ を求めよ。

(1) $f(x) = \int_0^x f(t)\sin t\,dt + 1$　　(2) $xf(x) = 3\int_1^x f(t)dt - 1$

(1) $f(x) = \int_0^x f(t)\sin t\,dt + 1 \cdots ①$ とおく。

① の両辺を x で微分すると　$f'(x) = f(x)\sin x$

$y = f(x)$ とおくと　$\dfrac{dy}{dx} = y\sin x$

定数関数 $f(x) = 0$ は ① を満たさないから，$y \neq 0$ としてよい。

◀ $f(0) = 1$ より $f(x) = 0$ は与式を満たさない。

$\dfrac{1}{y}\dfrac{dy}{dx} = \sin x$ の両辺を x で積分すると

$$\int \frac{dy}{y} = \int \sin x\,dx$$

よって　$\log|y| = -\cos x + C_1$

これより　$y = \pm e^{C_1}e^{-\cos x}$

ここで，$C = \pm e^{C_1}$ とすると　$y = Ce^{-\cos x}$　$(C \neq 0)$

また，① に $x = 0$ を代入すると $f(0) = 1$ であるから，

◀ $\int_a^a f(t)dt = 0$

$1 = Ce^{-\cos 0}$ より　$C = e$

◀ $\cos 0 = 1$

したがって，求める関数 $f(x)$ は　$\boldsymbol{f(x) = e^{1-\cos x}}$

◀ $f(x) = e \cdot e^{-\cos x}$ でもよい。

(2) $xf(x) = 3\int_1^x f(t)dt - 1 \cdots ①$ とおく。

① の両辺を x で微分すると

$f(x) + xf'(x) = 3f(x)$ より　$xf'(x) = 2f(x)$

◀ $\{xf(x)\}' = (x)'f(x) + x\{f(x)\}' = f(x) + xf'(x)$

$\dfrac{d}{dx}\int_1^x f(t)dt = f(x)$

$y = f(x)$ とおくと　$x\dfrac{dy}{dx} = 2y$

定数関数 $f(x) = 0$ は ① を満たさないから，$xy \neq 0$ としてよい。

◀ $f(1) = -1$ より，$f(x) = 0$ は与式を満たさない。

$\dfrac{1}{y}\dfrac{dy}{dx} = \dfrac{2}{x}$ の両辺を x で積分すると

$$\int \frac{dy}{y} = 2\int \frac{dx}{x}$$

よって　$\log|y| = 2\log|x| + C_1$

これより　$y = \pm e^{C_1}x^2$

◀ $|y| = e^{\log|x|^2 + C_1} = e^{C_1}e^{\log x^2} = e^{C_1}x^2$

ここで，$C = \pm e^{C_1}$ とすると　$y = Cx^2$　$(C \neq 0)$

また，① に $x = 1$ を代入すると $f(1) = -1$ であるから，

◀ $\int_a^a f(t)dt = 0$

$-1 = C \cdot 1^2$ より　$C = -1$

したがって，求める関数 $f(x)$ は　$\boldsymbol{f(x) = -x^2}$

チャレンジ 《7》 最初 N_0 個あったバクテリアが t 時間経過すると N 個に増殖する場合，バクテリアの増加する速度はバクテリアの量 N に比例する。3 時間後に N が 3 倍になったとすると，最初の 8 倍になるのは何時間後か。$\log_{10}2 = 0.3010$，$\log_{10}3 = 0.4771$ を用いて，四捨五入して小数第 1 位まで求めよ。（島根大　改）

バクテリアが増加する速さは $\dfrac{dN}{dt}$

これが，バクテリアの量に比例するから，正の定数 k を用いて

$$\frac{dN}{dt} = kN$$

◀ N についての微分方程式をつくる。

$N \fallingdotseq 0$ より $\dfrac{1}{N}\dfrac{dN}{dt} = k$ となり，両辺を t で積分すると

$$\int \frac{1}{N}\frac{dN}{dt}dt = k\int dt$$

となるから　$\log|N| = kt + C_0$

$C = \pm e^{C_0}$ とすると　$N = Ce^{kt}$

◀ $N = \pm e^{kt+C_0} = \pm e^{C_0}e^{kt}$

$t = 0$ のとき，$N = N_0$ より　$C = N_0$

したがって，バクテリアの量 N は　$N = N_0e^{kt}$

$t = 3$ のとき，$N = 3N_0$ より　$e^{3k} = 3$

◀ $3N_0 = N_0e^{3k}$

これより　$k = \dfrac{\log 3}{3}$

ここで，$N = 8N_0$ となるのは，$e^{kt} = 8$ のときである。

◀ $8N_0 = N_0e^{kt}$

よって　$kt = \log 8$

$$t = \frac{\log 8}{k} = \frac{3\log 2}{k} = \frac{9\log 2}{\log 3}$$

◀ $k = \dfrac{\log 3}{3}$

$$= 9\cdot\frac{\log_{10}2}{\log_{10}e}\cdot\frac{\log_{10}e}{\log_{10}3}$$

◀ 底の変換公式 $\log_a b = \dfrac{\log_c b}{\log_c a}$

$$= 9\cdot\frac{\log_{10}2}{\log_{10}3} \fallingdotseq 5.7 \text{（時間後）}$$

p.402 問題編 14 体積・長さ，微分方程式

問題 198 xy 平面上の $\dfrac{x^2}{k^2} + y^2 = 1$ $(k > 0)$ で表される曲線で囲まれた図形を z 軸の正の方向に平行移動させてできた柱体がある。x 軸を通り，xy 平面となす角が α $\left(0 < \alpha < \dfrac{\pi}{2}\right)$ である平面でこの柱体を切ったとき，その平面と xy 平面の間にある部分の体積 V を求めよ。

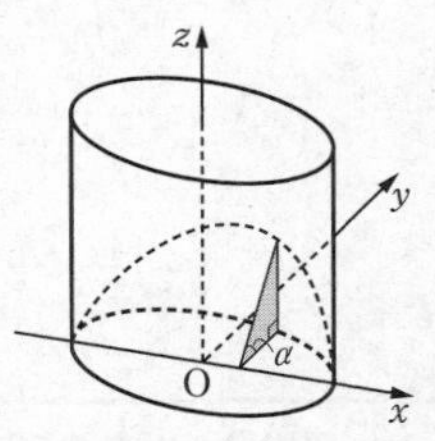

与えられた立体を，x 軸上の点 $(x,\ 0)$ $(-k \leqq x \leqq k)$ を通り x 軸に垂直な平面で切った切り口は，曲線上の点 $\mathrm{P}(x,\ y)$ に対して，底辺の長さが y，高さが $y\tan\alpha$ の直角三角形となる。

◀ x 軸に垂直な平面で切り，断面積 $S(x)$ を求める。

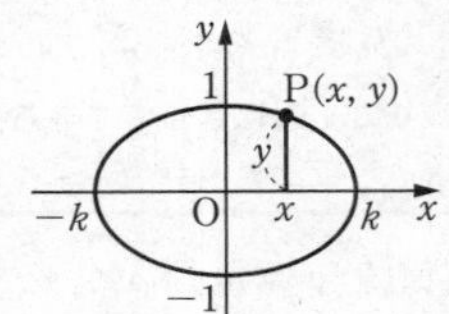

よって，その面積を $S(x)$ とすると

$$S(x) = \frac{1}{2}\cdot y\cdot y\tan\alpha = \frac{1}{2}y^2\tan\alpha$$

◀ 断面積は $\dfrac{1}{2}y^2\tan\alpha$ となるから，y^2 を x で表すことを考える。

$\dfrac{x^2}{k^2} + y^2 = 1$ より　$y^2 = 1 - \dfrac{x^2}{k^2}$

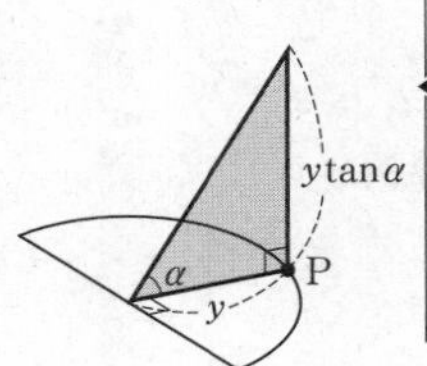

ゆえに　　$S(x)=\dfrac{1}{2}\left(1-\dfrac{x^2}{k^2}\right)\tan\alpha$

したがって，求める体積 V は

$$V=\int_{-k}^{k}S(x)dx=\frac{1}{2}\tan\alpha\int_{-k}^{k}\left(1-\frac{x^2}{k^2}\right)dx$$

$$=\tan\alpha\int_0^k\left(1-\frac{x^2}{k^2}\right)dx=\tan\alpha\left[x-\frac{x^3}{3k^2}\right]_0^k=\boldsymbol{\frac{2}{3}k\tan\alpha}$$

◀ $y=1$, $y=\dfrac{x^2}{k^2}$ はともに偶関数である。

問題 199 次の曲線や直線で囲まれた図形を x 軸のまわりに1回転させてできる回転体の体積 V を求めよ。

(1) $y=\dfrac{-x+2}{x+1}$，x 軸，y 軸　　　(2) $y=\cos x$，x 軸，y 軸，$x=\dfrac{4}{3}\pi$

(1) 曲線 $y=\dfrac{-x+2}{x+1}$ と x 軸の共有点の x 座標は　　$x=2$

したがって，求める体積 V は

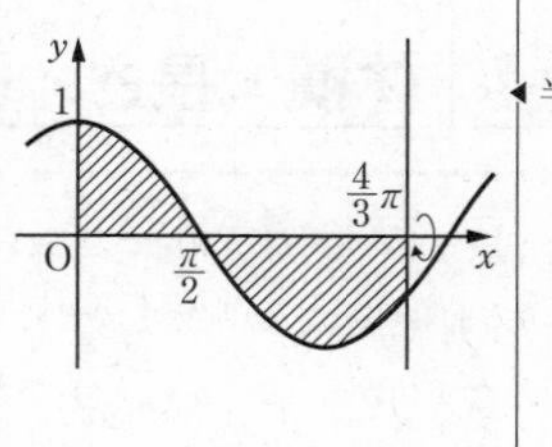

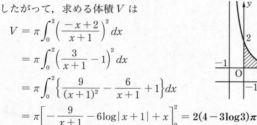

$$V=\pi\int_0^2\left(\frac{-x+2}{x+1}\right)^2dx$$

$$=\pi\int_0^2\left(\frac{3}{x+1}-1\right)^2dx$$

$$=\pi\int_0^2\left\{\frac{9}{(x+1)^2}-\frac{6}{x+1}+1\right\}dx$$

$$=\pi\left[-\frac{9}{x+1}-6\log|x+1|+x\right]_0^2=\boldsymbol{2(4-3\log 3)\pi}$$

◀ $y=\dfrac{-x+2}{x+1}=\dfrac{3}{x+1}-1$ より 2直線 $x=-1$, $y=-1$ を漸近線とする直角双曲線である。

(2) 求める体積 V は

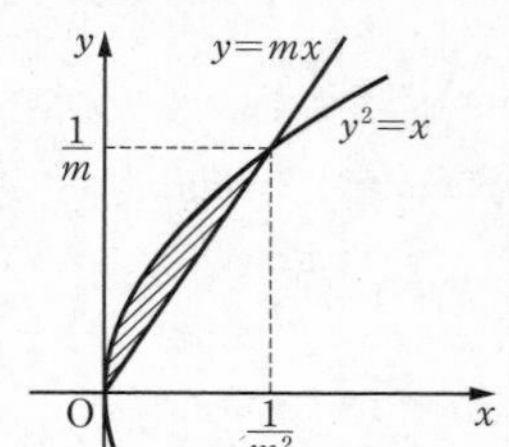

$$V=\pi\int_0^{\frac{4}{3}\pi}\cos^2 x\,dx$$

$$=\pi\int_0^{\frac{4}{3}\pi}\frac{1+\cos 2x}{2}dx$$

$$=\frac{\pi}{2}\left[x+\frac{1}{2}\sin 2x\right]_0^{\frac{4}{3}\pi}$$

$$=\boldsymbol{\frac{2}{3}\pi^2+\frac{\sqrt{3}}{8}\pi}$$

◀ 半角の公式を用いる。

問題 200 (1) 放物線 $y^2=x$ と直線 $y=mx$ $(m>0)$ で囲まれた図形を x 軸のまわりに1回転させてできる回転体の体積 V_1 を求めよ。また，放物線 $y=x^2$ と直線 $y=\dfrac{1}{m}x$ で囲まれた図形を x 軸のまわりに1回転させてできる回転体の体積 V_2 を求めよ。

(2) (1)において，$V_1=V_2$ となるときの m の値を求めよ。

(1) 放物線 $y^2=x$ と直線 $y=mx$ の共有点の x 座標は

$x(m^2x-1)=0$ より　　$x=0,\ \dfrac{1}{m^2}$

よって，共有点の座標は

◀ $m>0$ であることに注意する。

$(0,\ 0),\ \left(\dfrac{1}{m^2},\ \dfrac{1}{m}\right)$

したがって

$$V_1 = \pi\int_0^{\frac{1}{m^2}} x\,dx - \pi\int_0^{\frac{1}{m^2}} (mx)^2\,dx$$

$$= \pi\int_0^{\frac{1}{m^2}} \{x-(mx)^2\}dx$$

$$= \pi\left[\frac{1}{2}x^2 - \frac{m^2}{3}x^3\right]_0^{\frac{1}{m^2}}$$

$$= \pi\left(\frac{1}{2m^4} - \frac{1}{3m^4}\right) = \boldsymbol{\frac{\pi}{6m^4}}$$

◀ $y = mx$ に代入して，y 座標を求める。

また，放物線 $y = x^2$ と直線 $y = \dfrac{1}{m}x$ の共有点の x 座標は

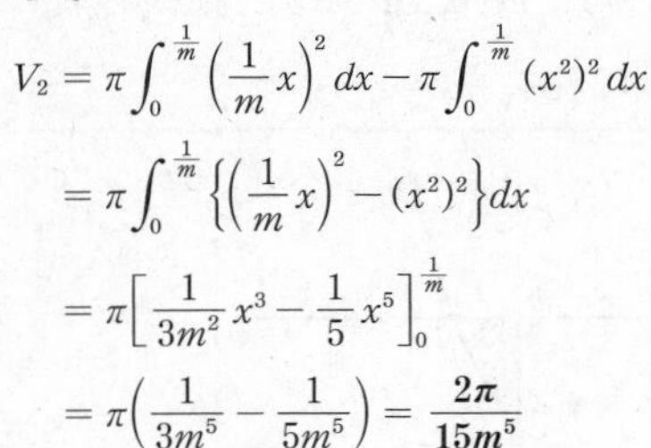

$x^2 = \dfrac{1}{m}x$ より　　$x = 0,\ \dfrac{1}{m}$

よって，共有点の座標は

$(0,\ 0),\ \left(\dfrac{1}{m},\ \dfrac{1}{m^2}\right)$

したがって

$$V_2 = \pi\int_0^{\frac{1}{m}} \left(\frac{1}{m}x\right)^2 dx - \pi\int_0^{\frac{1}{m}} (x^2)^2\,dx$$

$$= \pi\int_0^{\frac{1}{m}} \left\{\left(\frac{1}{m}x\right)^2 - (x^2)^2\right\}dx$$

$$= \pi\left[\frac{1}{3m^2}x^3 - \frac{1}{5}x^5\right]_0^{\frac{1}{m}}$$

$$= \pi\left(\frac{1}{3m^5} - \frac{1}{5m^5}\right) = \boldsymbol{\frac{2\pi}{15m^5}}$$

(2)　$V_1 = V_2$ より，$\dfrac{\pi}{6m^4} = \dfrac{2\pi}{15m^5}$ であり　　$12m^4 = 15m^5$

$m > 0$ より　　$\boldsymbol{m = \dfrac{4}{5}}$

問題 201　2 曲線 $y = \sin x$，$y = \cos x$ $(0 \leqq x \leqq 2\pi)$ で囲まれた図形を x 軸のまわりに 1 回転させてできる回転体の体積 V を求めよ。

---

2 曲線の共有点の x 座標は，$\sin x = \cos x$ を解くと

$$x = \frac{\pi}{4},\ \frac{5}{4}\pi$$

◀ $\sin x = \cos x$ より
$\sqrt{2}\sin\left(x - \dfrac{\pi}{4}\right) = 0$
$0 \leqq x \leqq 2\pi$ より
$x = \dfrac{\pi}{4},\ \dfrac{5}{4}\pi$

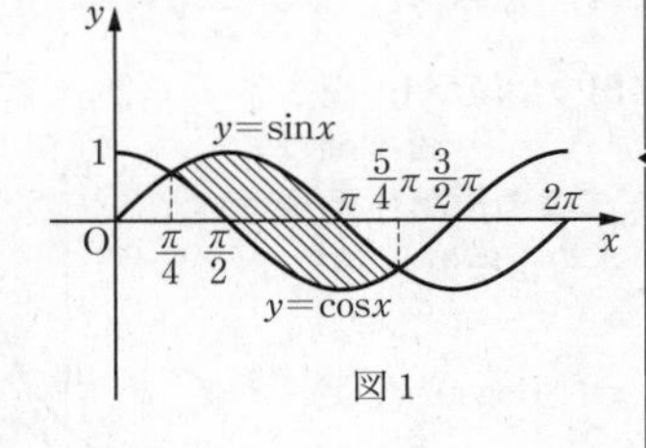

図 1

よって，回転させる図形は図 1 の斜線部分である。

この図形の x 軸より下側にある部分を x 軸に関して対称に折り返すと図 2 のようになる。この図形は直

4 章 14 体積・長さ，微分方程式

線 $x=\frac{3}{4}\pi$ に関して対称である

から，$\frac{\pi}{4} \leqq x \leqq \frac{3}{4}\pi$ の部分にある

図形を1回転させてできる立体の

体積を2倍すればよい。

したがって，求める体積 V は

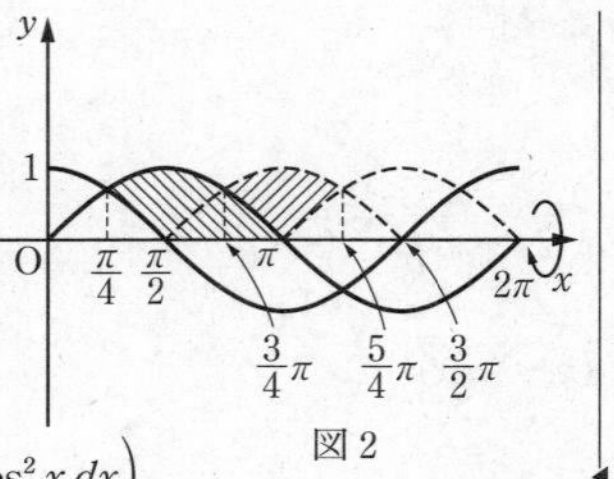

図 2

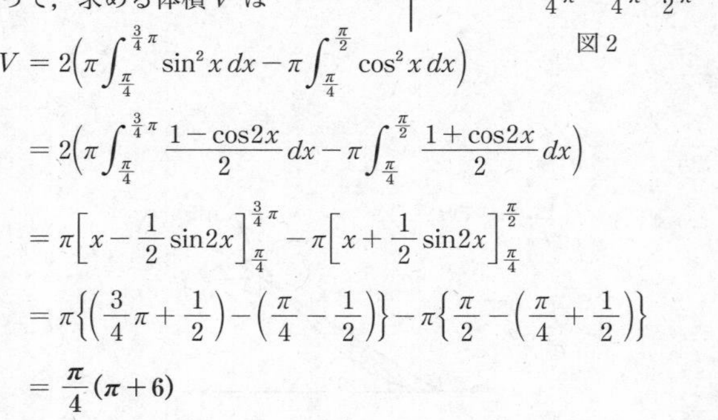

$$V=2\left(\pi\int_{\frac{\pi}{4}}^{\frac{3}{4}\pi}\sin^2 x\,dx-\pi\int_{\frac{\pi}{4}}^{\frac{\pi}{2}}\cos^2 x\,dx\right)$$

$$=2\left(\pi\int_{\frac{\pi}{4}}^{\frac{3}{4}\pi}\frac{1-\cos 2x}{2}dx-\pi\int_{\frac{\pi}{4}}^{\frac{\pi}{2}}\frac{1+\cos 2x}{2}dx\right)$$

$$=\pi\left[x-\frac{1}{2}\sin 2x\right]_{\frac{\pi}{4}}^{\frac{3}{4}\pi}-\pi\left[x+\frac{1}{2}\sin 2x\right]_{\frac{\pi}{4}}^{\frac{\pi}{2}}$$

$$=\pi\left\{\left(\frac{3}{4}\pi+\frac{1}{2}\right)-\left(\frac{\pi}{4}-\frac{1}{2}\right)\right\}-\pi\left\{\frac{\pi}{2}-\left(\frac{\pi}{4}+\frac{1}{2}\right)\right\}$$

$$=\boldsymbol{\frac{\pi}{4}(\pi+6)}$$

◀

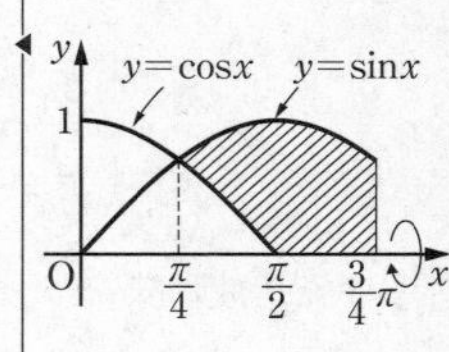

問題 202 次の曲線や直線で囲まれた図形を y 軸のまわりに1回転させてできる回転体の体積 V を求めよ。

(1) $y=e^x$，$y=e$，y 軸

(2) $y=e^x$，$y=e^x$ 上の点 $(1,\ e)$ における接線，y 軸

(1) $y=e^x$ を x について解くと

$$x=\log y$$

したがって，求める体積 V は

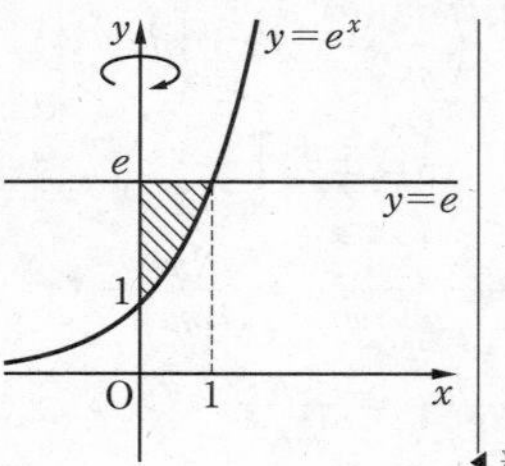

$$V=\pi\int_1^e(\log y)^2\,dy$$

$$=\pi\int_1^e(y)'(\log y)^2\,dy$$

$$=\pi\Big[y(\log y)^2\Big]_1^e-2\pi\int_1^e\log y\,dy$$

◀ 部分積分法を用いる。

$$=\pi e-2\pi\int_1^e(y)'\log y\,dy=\pi e-2\pi\Big[y\log y\Big]_1^e+2\pi\int_1^e dy$$

◀ 再び部分積分法を用いる。

$$=-\pi e+2\pi\Big[y\Big]_1^e=\boldsymbol{\pi(e-2)}$$

(2) $y'=e^x$ より，点 $(1,\ e)$ における接線の方程式は

$$y-e=e(x-1)\quad すなわち\quad x=\frac{1}{e}y$$

求める回転体は，底円の半径が1，高さが e の直円錐から，曲線 $y=e^x$ を y 軸のまわりに1回転させてできる回転体を除いた立体であるから，求める体積 V は

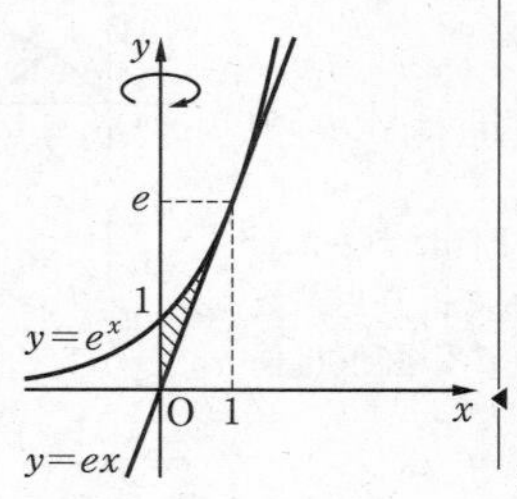

$$V=\frac{1}{3}\pi e-\pi\int_1^e(\log y)^2\,dy$$

$$=\frac{1}{3}\pi e-\pi(e-2)$$

◀ (1) より $\pi\int_1^e(\log y)^2\,dy=\pi(e-2)$

$= 2\pi\left(1 - \dfrac{e}{3}\right)$

問題 203 曲線 $y=\sin x$ $(0 \leqq x \leqq \pi)$ と x 軸で囲まれた図形を，y 軸のまわりに 1 回転させてできる回転体の体積 V を求めよ。

曲線 $y=\sin x$ $\left(\dfrac{\pi}{2} \leqq x \leqq \pi\right)$ と x 軸，y 軸，直線 $y=1$ で囲まれた部分，曲線 $y=\sin x$ $\left(0 \leqq x \leqq \dfrac{\pi}{2}\right)$ と y 軸，直線 $y=1$ で囲まれた部分をそれぞれ y 軸のまわりに 1 回転させてできる回転体の体積を V_1，V_2 とすると，求める体積 V は

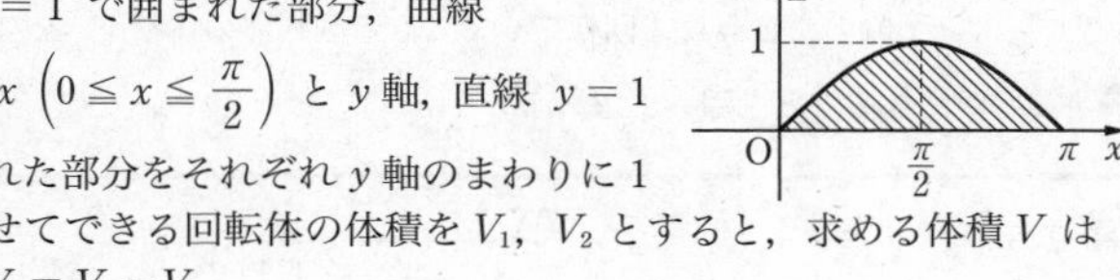

$$V = V_1 - V_2$$

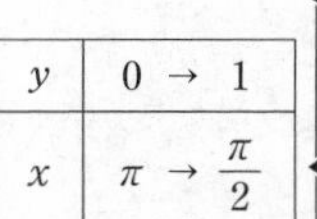

ここで，V_1 について　$\dfrac{dy}{dx} = \cos x$

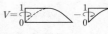

y	$0 \to 1$
x	$\pi \to \dfrac{\pi}{2}$

y と x の対応は右のようになるから

◀ 曲線の x の値の範囲が $\dfrac{\pi}{2} \leqq x \leqq \pi$ であることに注意する。

$$V_1 = \pi\int_0^1 x^2\,dy = \pi\int_\pi^{\frac{\pi}{2}} x^2\cos x\,dx$$

また，V_2 について　$\dfrac{dy}{dx} = \cos x$

y	$0 \to 1$
x	$0 \to \dfrac{\pi}{2}$

y と x の対応は右のようになるから

◀ 曲線の x の値の範囲が $0 \leqq x \leqq \dfrac{\pi}{2}$ であることに注意する。

$$V_2 = \pi\int_0^1 x^2\,dy = \pi\int_0^{\frac{\pi}{2}} x^2\cos x\,dx$$

ここで　$\displaystyle\int x^2\cos x\,dx = x^2\sin x - \int 2x\sin x\,dx$

$$= x^2\sin x - 2\left(-x\cos x + \int \cos x\,dx\right)$$

◀ 部分積分法を 2 回用いる。

$$= x^2\sin x + 2x\cos x - 2\sin x + C$$

よって　$V_1 = \pi\Big[x^2\sin x + 2x\cos x - 2\sin x\Big]_\pi^{\frac{\pi}{2}} = \pi\left(\dfrac{\pi^2}{4} + 2\pi - 2\right)$

$V_2 = \pi\Big[x^2\sin x + 2x\cos x - 2\sin x\Big]_0^{\frac{\pi}{2}} = \pi\left(\dfrac{\pi^2}{4} - 2\right)$

したがって，求める体積 V は

$$V = \pi\left(\frac{\pi^2}{4} + 2\pi - 2\right) - \pi\left(\frac{\pi^2}{4} - 2\right) = \boldsymbol{2\pi^2}$$

問題 204 円 $x^2+(y-a)^2=r^2$ $(0<r<a)$ を x 軸のまわりに 1 回転させてできる立体の体積を V とする。$V=\pi r^2 \times 2\pi a$ が成り立つことを示せ。

与えられた式を変形すると　$(y-a)^2 = r^2 - x^2$

◀ このような回転体を円環体という。

$y-a = \pm\sqrt{r^2-x^2}$ より　$y = a \pm \sqrt{r^2-x^2}$

ここで，円の $y \geqq a$ の部分を y_1，$y \leqq a$ の部分を y_2 とすると

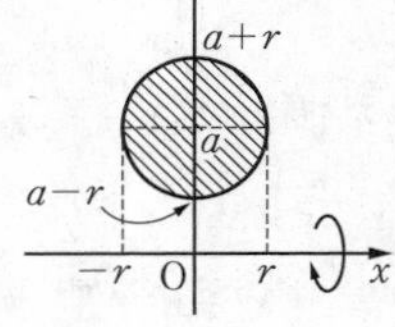

$$y_1 = a + \sqrt{r^2-x^2},\quad y_2 = a - \sqrt{r^2-x^2}$$

右の図より，求める体積 V は

$$V=\pi\int_{-r}^{r}(y_1{}^2-y_2{}^2)dx=\pi\int_{-r}^{r}(y_1+y_2)(y_1-y_2)dx$$
$$=\pi\int_{-r}^{r}2a\cdot 2\sqrt{r^2-x^2}\,dx=4\pi a\int_{-r}^{r}\sqrt{r^2-x^2}\,dx$$
$$=4\pi a\cdot\frac{\pi r^2}{2}=\pi r^2\times 2\pi a$$

よって，$V=\pi r^2\times 2\pi a$ が成り立つ。

◀ $\int_{-r}^{r}\sqrt{r^2-x^2}\,dx$ は，半径 r の半円の面積を表す。

問題 205 曲線 $|x|^{\frac{1}{2}}+|y|^{\frac{1}{2}}=1$ を x 軸のまわりに1回転させてできる回転体の体積 V を，曲線が $\begin{cases}x=\cos^4\theta\\y=\sin^4\theta\end{cases}$ と表すことができることを用いて求めよ。

曲線は y 軸に関して対称である。

$x=\cos^4\theta$ であるから　$\dfrac{dx}{d\theta}=-4\sin\theta\cos^3\theta$

x と θ の対応は右のようになるから

x	$0\longrightarrow 1$
θ	$\frac{\pi}{2}\longrightarrow 0$

$$V=2\pi\int_0^1 y^2dx$$
$$=2\pi\int_{\frac{\pi}{2}}^{0}(\sin^4\theta)^2\cdot(-4\sin\theta\cos^3\theta)d\theta$$
$$=8\pi\int_0^{\frac{\pi}{2}}\sin^9\theta\cos^3\theta\,d\theta$$
$$=8\pi\int_0^{\frac{\pi}{2}}\sin^9\theta(1-\sin^2\theta)\cos\theta\,d\theta$$
$$=8\pi\int_0^{\frac{\pi}{2}}(\sin^9\theta-\sin^{11}\theta)\cos\theta\,d\theta$$

◀ $x\geqq 0$ の部分の立体の体積を2倍する。

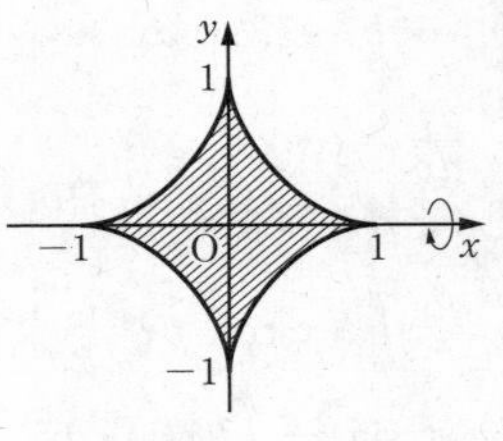

ここで，$\sin\theta=t$ とおくと　$\dfrac{dt}{d\theta}=\cos\theta$

θ と t の対応は右のようになるから，求める体積 V は

θ	$0\longrightarrow\frac{\pi}{2}$
t	$0\longrightarrow 1$

$$V=8\pi\int_0^1(t^9-t^{11})dt$$
$$=8\pi\left[\frac{1}{10}t^{10}-\frac{1}{12}t^{12}\right]_0^1$$
$$=8\pi\left(\frac{1}{10}-\frac{1}{12}\right)=\boldsymbol{\frac{2}{15}\pi}$$

問題 206 曲線 $y=x+\sin 2x$ $(0\leqq x\leqq\pi)$ と直線 $y=x$ によって囲まれた図形を直線 $y=x$ のまわりに1回転させてできる回転体の体積 V を求めよ。

$x+\sin 2x=x$ とおくと $0\leqq x\leqq\pi$ の範囲で

$$x=0,\ \frac{\pi}{2},\ \pi$$

◀ $\sin 2x=0$ より

よって，2つのグラフの共有点は

$$\mathrm{O}(0,\ 0),\ \mathrm{A}\left(\frac{\pi}{2},\ \frac{\pi}{2}\right),\ \mathrm{B}(\pi,\ \pi)$$

曲線上の点 $\mathrm{P}(x,\ x+\sin 2x)$ $(0\leqq x\leqq\pi)$ か

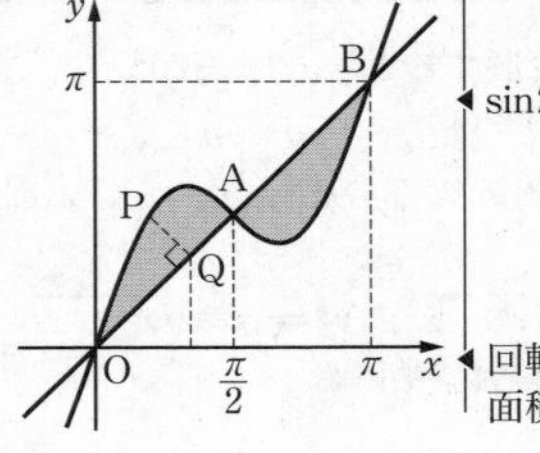

◀ 回転軸に対して垂直な断面積を考える。

ら直線 $y=x$ に垂線PQを下ろし，$OQ=t$，$PQ=l$ とすると，点Qの座標は $\left(\dfrac{t}{\sqrt{2}},\ \dfrac{t}{\sqrt{2}}\right)$ であり　　$\overrightarrow{PQ}\perp\overrightarrow{OB}$

$\overrightarrow{PQ}=\left(\dfrac{t}{\sqrt{2}}-x,\ \dfrac{t}{\sqrt{2}}-x-\sin 2x\right)$，$\overrightarrow{OB}=(\pi,\ \pi)$ であるから

$$\left(\frac{t}{\sqrt{2}}-x\right)\cdot\pi+\left(\frac{t}{\sqrt{2}}-x-\sin 2x\right)\cdot\pi=0$$

◀ $\overrightarrow{PQ}\perp\overrightarrow{OB}$ であるから $\overrightarrow{PQ}\cdot\overrightarrow{OB}=0$

これを t について解くと $t=\dfrac{2x+\sin 2x}{\sqrt{2}}$ となるから

$$\begin{aligned}l^2=|\overrightarrow{PQ}|^2&=\left(\frac{t}{\sqrt{2}}-x\right)^2+\left(\frac{t}{\sqrt{2}}-x-\sin 2x\right)^2\\&=\left(\frac{1}{2}\sin 2x\right)^2+\left(-\frac{1}{2}\sin 2x\right)^2\\&=\frac{1}{2}\sin^2 2x\end{aligned}$$

◀ $P(x,\ x+\sin 2x)$ と直線 $x-y=0$ の距離を考えて
$$l=\frac{|x-(x+\sin 2x)|}{\sqrt{1^2+(-1)^2}}=\frac{|\sin 2x|}{\sqrt{2}}$$
と求めてもよい。

$t=\dfrac{2x+\sin 2x}{\sqrt{2}}$ より　　$\dfrac{dt}{dx}=\sqrt{2}(1+\cos 2x)$

t と x の対応は右のようになるから

t	$0\longrightarrow\sqrt{2}\pi$
x	$0\longrightarrow\ \ \pi$

$$\begin{aligned}V&=\pi\int_0^{\sqrt{2}\pi}l^2\,dt\\&=\pi\int_0^{\pi}\frac{1}{2}\sin^2 2x\cdot\sqrt{2}(1+\cos 2x)dx\\&=\pi\int_0^{\pi}\left(\frac{1}{\sqrt{2}}\sin^2 2x+\frac{1}{\sqrt{2}}\sin^2 2x\cos 2x\right)dx\\&=\frac{\pi}{\sqrt{2}}\int_0^{\pi}\frac{1-\cos 4x}{2}dx+\frac{\pi}{\sqrt{2}}\int_0^{\pi}\sin^2 2x\cos 2x\,dx\\&=\frac{\pi}{2\sqrt{2}}\left[x-\frac{1}{4}\sin 4x\right]_0^{\pi}+\frac{\pi}{\sqrt{2}}\left[\frac{1}{6}\sin^3 2x\right]_0^{\pi}=\boldsymbol{\frac{\sqrt{2}}{4}\pi^2}\end{aligned}$$

問題 207 半円 $C:y=\sqrt{1-x^2}$ と関数 $y=|ax+1|$ $(a<-1)$ のグラフ G は異なる2つの交点 $A(0,\ 1)$，$B(\alpha,\ \beta)$ で交わる。C と G で囲まれた図形を F とする。

(1) α，β を a の式で表せ。

(2) 図形 F を x 軸のまわりに1回転させてできる立体の体積を $V(a)$ とするとき，$V(a)$ を最大にする a の値と $V(a)$ の最大値を求めよ。　　　（京都府立大　改）

(1) $a<-1$ より

$$G:y=|ax+1|=\begin{cases}ax+1 & \left(x\leqq-\dfrac{1}{a}\right)\\ -ax-1 & \left(x>-\dfrac{1}{a}\right)\end{cases}$$

◀ a が負であることに注意して，絶対値記号を外す。

$a<-1$ より $0<-\dfrac{1}{a}<1$ であるから，

C と G のグラフは右の図のようになる。

ここで，交点Bの x 座標 α は，

$y=\sqrt{1-x^2}$ と $y=-ax-1$ を連立して　　$\sqrt{1-x^2}=-ax-1$

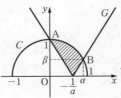

◀ Bは $y=\sqrt{1-x^2}$ と $y=-ax-1$ の交点である。

両辺を 2 乗すると　$1-x^2=(-ax-1)^2$

整理すると　　$x\{(a^2+1)x+2a\}=0$

◀ $(a^2+1)x^2+2ax=0$

α はこの 2 次方程式の解であり，$\alpha>0$ であるから

$$\boldsymbol{\alpha=-\frac{2a}{a^2+1}}$$

また　　$\beta=-a\left(-\dfrac{2a}{a^2+1}\right)-1=\boldsymbol{\dfrac{a^2-1}{a^2+1}}$

◀ 点 B$(\alpha,\ \beta)$ は直線 $y=-ax-1$ 上の点であるから $\beta=-a\alpha-1$ が成り立つ。

(2)　F は上の図の斜線部分であるから

$$V(a)=\pi\int_0^\alpha\left(\sqrt{1-x^2}\right)^2dx-\frac{1}{3}\pi\cdot1^2\cdot\left(-\frac{1}{a}\right)-\frac{1}{3}\pi\cdot\beta^2\cdot\left\{\alpha-\left(-\frac{1}{a}\right)\right\}$$

$$=\pi\int_0^\alpha(1-x^2)dx+\frac{\pi}{3a}-\frac{\pi}{3}\beta^2\left(\alpha+\frac{1}{a}\right)$$

◀ 2 つの円錐を取り除くと考えればよい。

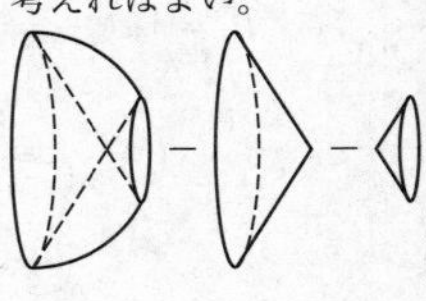

ここで，$\displaystyle\int_0^\alpha(1-x^2)dx=\left[x-\frac{x^3}{3}\right]_0^\alpha=\alpha-\frac{\alpha^3}{3}$ であり，

$\beta=\sqrt{1-\alpha^2}$ より $\beta^2=1-\alpha^2$ であるから

◀ 点 B$(\alpha,\ \beta)$ は半円 $y=\sqrt{1-x^2}$ 上の点である。

$$\begin{aligned}V(a)&=\pi\left(\alpha-\frac{\alpha^3}{3}\right)+\frac{\pi}{3a}-\frac{\pi}{3}(1-\alpha^2)\left(\alpha+\frac{1}{a}\right)\\&=\pi\left(\alpha-\frac{\alpha^3}{3}+\frac{1}{3a}+\frac{\alpha^3}{3}+\frac{\alpha^2}{3a}-\frac{\alpha}{3}-\frac{1}{3a}\right)\\&=\pi\left(\frac{2}{3}\alpha+\frac{\alpha^2}{3a}\right)\\&=\frac{\pi}{3a}\alpha(2a+\alpha)\\&=\frac{\pi}{3a}\left(-\frac{2a}{a^2+1}\right)\left(\frac{2a^3}{a^2+1}\right)\\&=-\frac{4\pi a^3}{3(a^2+1)^2}\end{aligned}$$

◀ $2a+\alpha=2a-\dfrac{2a}{a^2+1}$

$=2a\left(1-\dfrac{1}{a^2+1}\right)$

$=2a\cdot\dfrac{a^2+1-1}{a^2+1}=\dfrac{2a^3}{a^2+1}$

よって

$$\begin{aligned}V'(a)&=-\frac{4\pi}{3}\cdot\frac{3a^2(a^2+1)^2-a^3\cdot2(a^2+1)\cdot2a}{(a^2+1)^4}\\&=-\frac{4\pi}{3}\cdot\frac{-a^2(a^2+1)(a^2-3)}{(a^2+1)^4}\\&=\frac{4\pi a^2(a^2-3)}{3(a^2+1)^3}\\&=\frac{4\pi a^2(a+\sqrt{3})(a-\sqrt{3})}{3(a^2+1)^3}\end{aligned}$$

$V'(a)=0$ とすると，$a<-1$ より　　$a=-\sqrt{3}$

増減表より，$V(a)$ が最大となる

a の値は　　$\boldsymbol{a=-\sqrt{3}}$

a	$\cdots$	$-\sqrt{3}$	$\cdots$	-1
$V'(a)$	$+$	0	$-$	／
$V(a)$	↗	極大	↘	／

また，最大値は

$$V(-\sqrt{3})=-\frac{4\pi(-3\sqrt{3})}{3(3+1)^2}$$

$$=\boldsymbol{\frac{\sqrt{3}}{4}\pi}$$

問題 208 曲線 $y=e^{-x}\sin x$ $(0 \leqq x \leqq t)$，直線 $x=t$ と x 軸で囲まれる図形を x 軸のまわりに1回転させてできる立体の体積を $V(t)$ とする。$\lim_{t\to\infty} V(t)$ を求めよ。

$-1 \leqq \sin x \leqq 1$，$e^{-x}>0$ であるから

$$-e^{-x} \leqq e^{-x}\sin x \leqq e^{-x}$$

よって，$y=e^{-x}\sin x$ $(x \geqq 0)$ のグラフは右の図のようになる。

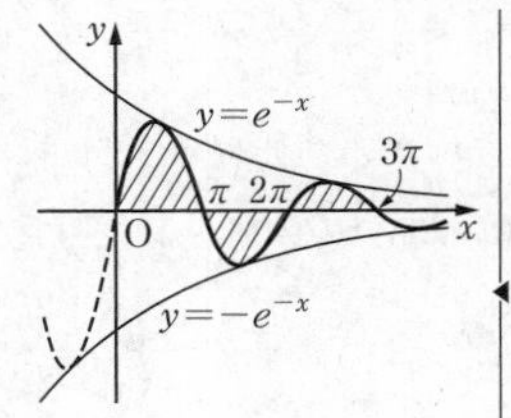

$$V(t)=\pi\int_0^t e^{-2x}\sin^2 x\,dx$$

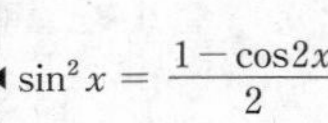

$$=\frac{\pi}{2}\int_0^t e^{-2x}(1-\cos 2x)dx$$

$$=\frac{\pi}{2}\int_0^t e^{-2x}dx-\frac{\pi}{2}\int_0^t e^{-2x}\cos 2x\,dx$$

◀ $\int e^{-2x}\cos x\,dx$ を求める。

ここで　$\displaystyle\int e^{-2x}\cos 2x\,dx=\frac{1}{2}e^{-2x}\sin 2x+\int e^{-2x}\sin 2x\,dx$

$$=\frac{1}{2}e^{-2x}\sin 2x-\frac{1}{2}e^{-2x}\cos 2x-\int e^{-2x}\cos 2x\,dx$$

よって　$\displaystyle\int e^{-2x}\cos 2x\,dx=\frac{1}{4}e^{-2x}(\sin 2x-\cos 2x)+C$

ゆえに　$\displaystyle V(t)=\frac{\pi}{2}\left[-\frac{1}{2}e^{-2x}\right]_0^t-\frac{\pi}{2}\left[\frac{1}{4}e^{-2x}(\sin 2x-\cos 2x)\right]_0^t$

$$=-\frac{\pi}{4}(e^{-2t}-1)-\frac{\pi}{8}\{e^{-2t}(\sin 2t-\cos 2t)+1\}$$

ここで，$\lim_{t\to\infty} e^{-2t}=0$，$-e^{-2t} \leqq e^{-2t}\sin 2t \leqq e^{-2t}$ であるから，

はさみうちの原理より　$\lim_{t\to\infty} e^{-2t}\sin 2t=0$

同様に，$\lim_{t\to\infty} e^{-2t}\cos 2t=0$ であるから　$\displaystyle\lim_{t\to\infty} V(t)=\frac{\pi}{4}-\frac{\pi}{8}=\boldsymbol{\frac{\pi}{8}}$

問題 209 r を正の実数とする。xyz 空間において，連立不等式

$$x^2+y^2 \leqq r^2,\ y^2+z^2 \geqq r^2,\ z^2+x^2 \leqq r^2$$

を満たす点全体からなる立体の体積を，平面 $x=t$ $(0 \leqq t \leqq r)$ による切り口を考えることにより求めよ。（東京大）

立体の対称性より，$x \geqq 0$，$y \geqq 0$，$z \geqq 0$ の部分で考える。
この立体の平面 $x=t$ $(0 \leqq t \leqq r)$ による切り口は，
$t^2+y^2 \leqq r^2$，$y^2+z^2 \geqq r^2$，$z^2+t^2 \leqq r^2$ より

$y^2 \leqq r^2-t^2$　…①　◀ $y \leqq \sqrt{r^2-t^2}$

$z^2 \leqq r^2-t^2$　…②　◀ $z \leqq \sqrt{r^2-t^2}$

$y^2+z^2 \geqq r^2$　…③

と表すことができる。

①＋② と ③ より　$2r^2-2t^2 \geqq r^2$

◀ $y^2+z^2 \leqq 2r^2-2t^2$ かつ $y^2+z^2 \geqq r^2$

すなわち　$t^2 \leqq \dfrac{r^2}{2}$

よって，切り口が存在するのは

$$0 \leqq t \leqq \frac{r}{\sqrt{2}}$$

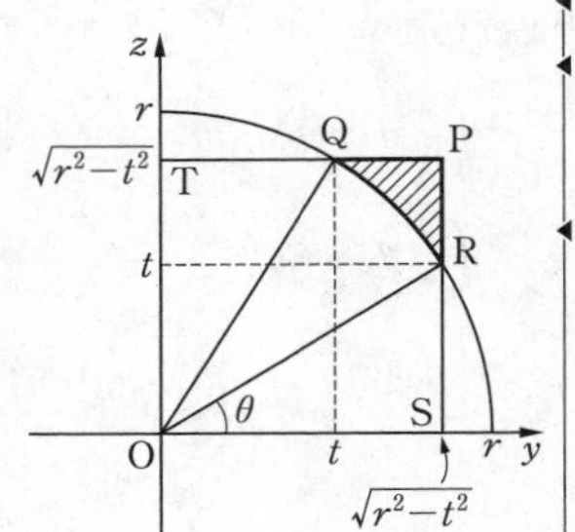

4章 14 体積・長さ，微分方程式

のときである。
このとき，切り口は右の図の斜線部分のようになる。
この面積を $S(t)$ とし，$\angle\mathrm{ROS}=\theta$ とすると

$$S(t)=\left(\sqrt{r^2-t^2}\right)^2-2\cdot\frac{1}{2}\sqrt{r^2-t^2}\cdot t-\frac{1}{2}r^2\left(\frac{\pi}{2}-2\theta\right)$$

$$=r^2-t^2-t\sqrt{r^2-t^2}+\left(\theta-\frac{\pi}{4}\right)r^2$$

◀正方形 OSPT から △OSR，△OQT と扇形 ORQ を除く。
扇形 ORQ $=\dfrac{1}{2}r^2\cdot\angle\mathrm{QOR}$

$x\geqq 0$，$y\geqq 0$，$z\geqq 0$ の部分の体積を V とすると

$$V=\int_0^{\frac{r}{\sqrt{2}}}S(t)dt$$

$$=\int_0^{\frac{r}{\sqrt{2}}}\left\{r^2-t^2-t\sqrt{r^2-t^2}+\left(\theta-\frac{\pi}{4}\right)r^2\right\}dt$$

$$=\int_0^{\frac{r}{\sqrt{2}}}\left\{\left(1-\frac{\pi}{4}\right)r^2-t^2\right\}dt-\int_0^{\frac{r}{\sqrt{2}}}t\sqrt{r^2-t^2}\,dt+r^2\int_0^{\frac{r}{\sqrt{2}}}\theta\,dt$$

ここで

(ア) $\displaystyle\int_0^{\frac{r}{\sqrt{2}}}\left\{\left(1-\frac{\pi}{4}\right)r^2-t^2\right\}dt=\left[\left(1-\frac{\pi}{4}\right)r^2t-\frac{t^3}{3}\right]_0^{\frac{r}{\sqrt{2}}}$

$$=\frac{1}{\sqrt{2}}\left(1-\frac{\pi}{4}\right)r^3-\frac{r^3}{6\sqrt{2}}$$

(イ) $\displaystyle\int_0^{\frac{r}{\sqrt{2}}}t\sqrt{r^2-t^2}\,dt$ について $r^2-t^2=s$ と

おくと　$\dfrac{ds}{dt}=-2t$

t と s の対応は右のようになる。

t	$0\to\dfrac{r}{\sqrt{2}}$
s	$r^2\to\dfrac{1}{2}r^2$

$$\int_0^{\frac{r}{\sqrt{2}}}t\sqrt{r^2-t^2}\,dt=\int_0^{\frac{r}{\sqrt{2}}}\sqrt{r^2-t^2}\cdot\frac{1}{-2}\cdot(-2t)dt$$

$$=-\frac{1}{2}\int_{r^2}^{\frac{1}{2}r^2}s^{\frac{1}{2}}\,ds$$

$$=-\frac{1}{2}\left[\frac{2}{3}s^{\frac{3}{2}}\right]_{r^2}^{\frac{1}{2}r^2}=-\frac{1}{3}\left\{\left(\frac{1}{2}r^2\right)^{\frac{3}{2}}-(r^2)^{\frac{3}{2}}\right\}$$

$$=-\frac{1}{3}\left(\frac{1}{2\sqrt{2}}r^3-r^3\right)=-\frac{1}{6\sqrt{2}}r^3+\frac{1}{3}r^3$$

(ウ) $\displaystyle r^2\int_0^{\frac{r}{\sqrt{2}}}\theta\,dt$ について $t=r\sin\theta$ であるから

◀図より　$t=r\sin\theta$

$$\frac{dt}{d\theta}=r\cos\theta$$

t と θ の対応は右のようになる。

t	$0\to\dfrac{r}{\sqrt{2}}$
θ	$0\to\dfrac{\pi}{4}$

$$r^2\int_0^{\frac{r}{\sqrt{2}}}\theta\,dt=r^2\int_0^{\frac{\pi}{4}}\theta\cdot r\cos\theta\,d\theta$$

$$=r^3\int_0^{\frac{\pi}{4}}\theta\cos\theta\,d\theta$$

$$=r^3\left(\left[\theta\sin\theta\right]_0^{\frac{\pi}{4}}-\int_0^{\frac{\pi}{4}}\sin\theta\,d\theta\right)$$

$$= r^3\left(\frac{1}{\sqrt{2}}\cdot\frac{\pi}{4}+\Big[\cos\theta\Big]_0^{\frac{\pi}{4}}\right)$$

$$= \left(\frac{\pi}{4\sqrt{2}}+\frac{1}{\sqrt{2}}-1\right)r^3$$

(ア)〜(ウ) より

$$V = \frac{1}{\sqrt{2}}\left(1-\frac{\pi}{4}\right)r^3-\frac{r^3}{6\sqrt{2}}+\frac{r^3}{6\sqrt{2}}-\frac{r^3}{3}+\left(\frac{\pi}{4\sqrt{2}}+\frac{1}{\sqrt{2}}-1\right)r^3$$

$$= \left(\frac{1}{\sqrt{2}}-\frac{\pi}{4\sqrt{2}}-\frac{1}{3}+\frac{\pi}{4\sqrt{2}}+\frac{1}{\sqrt{2}}-1\right)r^3$$

$$= \left(\sqrt{2}-\frac{4}{3}\right)r^3$$

したがって，求める体積は　　$\boldsymbol{8V = 8\left(\sqrt{2}-\frac{4}{3}\right)r^3}$

問題 210 xyz 空間において，半径が 1 で x 軸を中心軸として原点から両側に無限に伸びている円柱 C_1 と，半径が 1 で y 軸を中心軸として原点から両側に無限に伸びている円柱 C_2 がある。C_1 と C_2 の共通部分のうち $y \leqq \frac{1}{2}$ である部分を K とおく。

(1) u を $-1 \leqq u \leqq 1$ を満たす実数とするとき，平面 $z=u$ による K の切断面の面積を求めよ。

(2) K の体積を求めよ。　　　　　　　　　　　　　　　　　　　　　　　　　　　　（東北大）

---

(1) 円柱 C_1 の曲面およびその内部の点を $(x,\ y,\ z)$ とすると

$y^2+z^2 \leqq 1$　(x は任意)　　…①

円柱 C_2 の曲面およびその内部の点を $(x,\ y,\ z)$ とすると

$x^2+z^2 \leqq 1$　(y は任意)　　…②

が成り立つ。

$z=u$ を ① に代入すると　　$y^2+u^2 \leqq 1$

$z=u$ を ② に代入すると　　$x^2+u^2 \leqq 1$

となるから，平面 $z=u$ による K の切断面は

$$\begin{cases} y^2 \leqq 1-u^2 \\ x^2 \leqq 1-u^2 \\ y \leqq \frac{1}{2} \end{cases}$$

と表される。

$-1 \leqq u \leqq 1$ のとき $1-u^2 \geqq 0$ であるから

$$-\sqrt{1-u^2} \leqq y \leqq \sqrt{1-u^2}$$

$$-\sqrt{1-u^2} \leqq x \leqq \sqrt{1-u^2}$$

また，$\sqrt{1-u^2}$ と $\frac{1}{2}$ の大小関係より，断面は次の図の斜線部分で，境界線を含む。

4章 14 体積・長さ，微分方程式

(ア) $\sqrt{1-u^2} \geqq \dfrac{1}{2}$ のとき

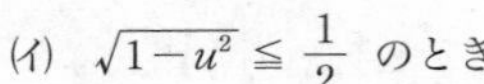

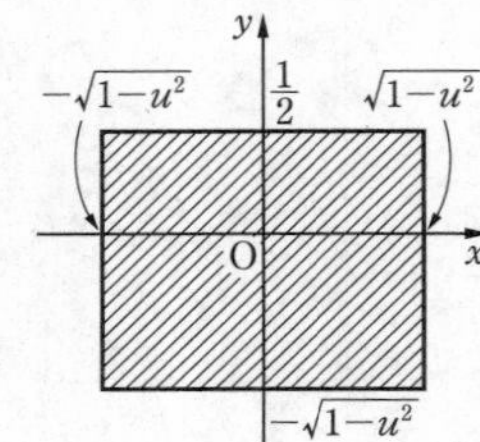

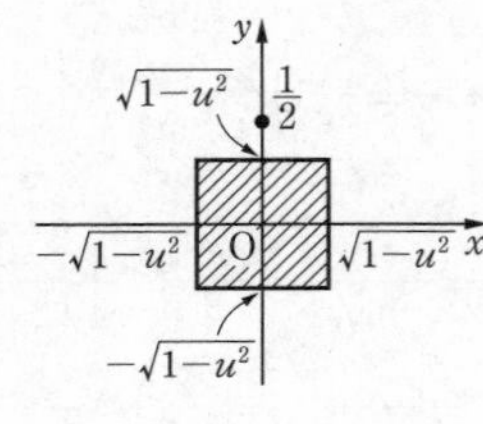

$\sqrt{1-u^2} = \dfrac{1}{2}$ とすると，$1-u^2 = \dfrac{1}{4}$ より　　$u = \pm\dfrac{\sqrt{3}}{2}$

◀ $\sqrt{1-u^2}$ と $\dfrac{1}{2}$ を比較する。

ゆえに，$-\dfrac{\sqrt{3}}{2} \leqq u \leqq \dfrac{\sqrt{3}}{2}$ のとき　　$\sqrt{1-u^2} \geqq \dfrac{1}{2}$

$-1 \leqq u \leqq -\dfrac{\sqrt{3}}{2}$，$\dfrac{\sqrt{3}}{2} \leqq u \leqq 1$ のとき　　$\sqrt{1-u^2} \leqq \dfrac{1}{2}$

よって，求める面積を S とすると

$-\dfrac{\sqrt{3}}{2} \leqq u \leqq \dfrac{\sqrt{3}}{2}$ のとき

$$S = 2\sqrt{1-u^2}\left(\frac{1}{2}+\sqrt{1-u^2}\right) = \boldsymbol{\sqrt{1-u^2}+2(1-u^2)}$$

$-1 \leqq u \leqq -\dfrac{\sqrt{3}}{2}$，$\dfrac{\sqrt{3}}{2} \leqq u \leqq 1$ のとき

$$S = \left(2\sqrt{1-u^2}\right)^2 = \boldsymbol{4(1-u^2)}$$

(2)　K の体積を V とすると，(1) より

$$V = 2\int_0^{\frac{\sqrt{3}}{2}} \{\sqrt{1-u^2}+2(1-u^2)\}du + 2\int_{\frac{\sqrt{3}}{2}}^1 4(1-u^2)du$$

◀ $u \geqq 0$ の部分の体積を求めて 2 倍する。

$$= 2\int_0^{\frac{\sqrt{3}}{2}} \sqrt{1-u^2}\,du + 4\int_0^{\frac{\sqrt{3}}{2}} (1-u^2)du + 8\int_{\frac{\sqrt{3}}{2}}^1 (1-u^2)du$$

ここで，$\displaystyle\int_0^{\frac{\sqrt{3}}{2}} \sqrt{1-u^2}\,du$ は右の図の斜線部分の面積を表すから，扇形 OAB＋△OAH を求めると

$$\frac{1}{6}\cdot\pi\cdot1^2 + \frac{1}{2}\cdot\frac{\sqrt{3}}{2}\cdot\frac{1}{2} = \frac{\pi}{6}+\frac{\sqrt{3}}{8}$$

また

$$\int_0^{\frac{\sqrt{3}}{2}} (1-u^2)du = \left[u-\frac{1}{3}u^3\right]_0^{\frac{\sqrt{3}}{2}}$$

$$= \frac{\sqrt{3}}{2} - \frac{1}{3}\cdot\frac{3\sqrt{3}}{8} = \frac{3\sqrt{3}}{8}$$

$$\int_{\frac{\sqrt{3}}{2}}^1 (1-u^2)du = \left[u-\frac{1}{3}u^3\right]_{\frac{\sqrt{3}}{2}}^1 = \frac{2}{3} - \frac{3\sqrt{3}}{8}$$

したがって，K の体積 V は

$$V = 2\left(\frac{\pi}{6}+\frac{\sqrt{3}}{8}\right) + 4\cdot\frac{3\sqrt{3}}{8} + 8\left(\frac{2}{3}-\frac{3\sqrt{3}}{8}\right)$$

$$=\frac{\pi}{3}+\frac{\sqrt{3}}{4}+\frac{3\sqrt{3}}{2}+\frac{16}{3}-3\sqrt{3}$$

$$=\boldsymbol{\frac{\pi}{3}+\frac{16}{3}-\frac{5\sqrt{3}}{4}}$$

問題 211 空間に3点 P(1, 1, 0), Q(−1, 1, 0), R(−1, 1, 2) をとる。

(1) t を $0<t<2$ を満たす実数とする。平面 $z=t$ と△PQRの交わりに現れる線分の2つの端点の座標を求めよ。

(2) △PQR を z 軸のまわりに1回転させて得られる立体の体積を求めよ。 （神戸大）

(1) 平面 $z=t$ と線分 PR, QR との交点をそれぞれ P′, Q′ とする。
点 P′, Q′ はそれぞれ線分 PR, QR を $t:(2-t)$ に内分する点であるから，点 P′ の x 座標は

$$\frac{(2-t)\cdot 1+t(-1)}{2}=1-t$$

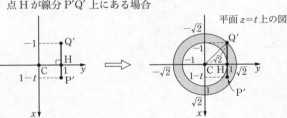

点 Q′ も同様にして，求める座標は

$$\boldsymbol{(1-t,\ 1,\ t),\ (-1,\ 1,\ t)}$$

◀ 3点の y 座標はすべて1

(2) 点 C(0, 0, t) とおく。△PQR を z 軸のまわりに回転させて得られる回転体の平面 $z=t$ による切り口は，平面 $z=t$ 上で，線分 P′Q′ を点 C のまわりに1回転させてできる図形である。この図形の面積を $S(t)$ とする。
ここで，点 C から直線 P′Q′ に下ろした垂線と直線 P′Q′ の交点を H とすると，H(0, 1, t) であるから，点 H の位置によって次のように場合分けを考える。

◀ 回転の中心から交わりの線分に下ろした垂線とその線分（直線）との交点が線分上にあるかないかで断面積が異なる。

(ア) 点 H が線分 P′Q′ 上にある場合

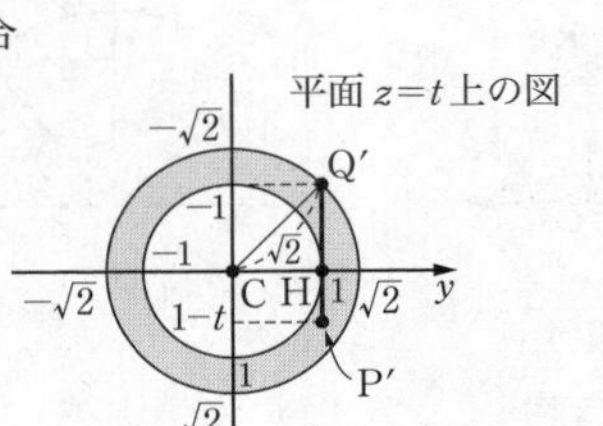

$0\leqq 1-t$ より $t\leqq 1$，すなわち $0<t\leqq 1$ のとき

◀ $0<t<2$ より

CP′ < CQ′ より

$$S(t)=\pi\mathrm{CQ'}^2-\pi\mathrm{CH}^2$$
$$=\pi(\sqrt{2})^2-\pi\cdot 1^2=\pi$$

◀ 図のドーナツ状の図形は，線分 P′Q′ が点 C を中心とする半径1の円に接しながら C のまわりを1回転させたときにえがく軌跡である。

(イ) 点 H が線分 P′Q′ 上にない場合

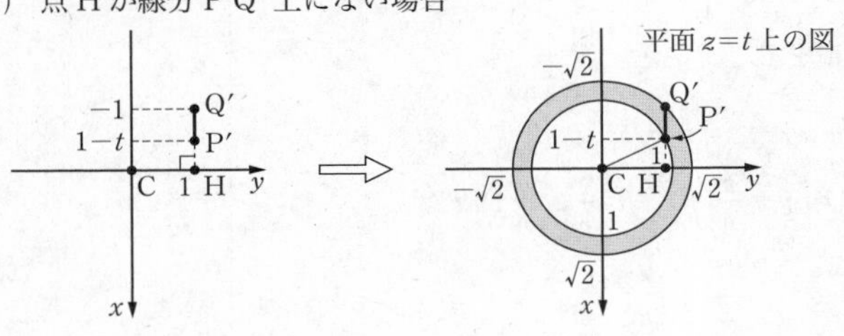

$1-t<0$ より $1<t$，すなわち $1<t<2$ のとき

$$S(t)=\pi \mathrm{CQ}'^2-\pi \mathrm{CP}'^2=\pi\left(\sqrt{2}\right)^2-\pi\{(1-t)^2+1^2\}$$
$$=\pi\{2-(t^2-2t+2)\}=\pi(2t-t^2)$$

(ア)，(イ) で求めた $S(t)$ は，$t=0$，2 のときも成り立つから，求める体積は

$$\int_0^2 S(t)dt=\int_0^1 \pi\,dt+\int_1^2 \pi(2t-t^2)dt$$
$$=\pi+\pi\left[t^2-\frac{t^3}{3}\right]_1^2=\frac{5}{3}\boldsymbol{\pi}$$

◀ $0<t<2$ より

◀ $S(t)=\begin{cases}\pi & (0\leqq t\leqq 1)\\ \pi(2t-t^2) & (1\leqq t\leqq 2)\end{cases}$

問題 212 xy 平面において，連立不等式 $(x-1)^2+y^2\leqq 1$，$0\leqq x\leqq 1$，$y\geqq 0$ の表す領域を A とする。図形 A を座標空間内で z 軸方向に 1 だけ平行移動するときに A が通過してできる立体を B とする。立体 B を x 軸のまわりに y 軸から z 軸の方向に $90°$ 回転させたときにできる立体を C とする。立体 C の体積を求めよ。 (東北大)

平面 $x=t$ $(0\leqq t\leqq 1)$ と x 軸との交点を P とする。

図形 A は図 1，立体 B を平面 $x=t$ で切った切り口は図 2，立体 C を平面 $x=t$ で切った切り口は長方形 PQRS を P を中心に y 軸から z 軸の方向へ $90°$ 回転させたときにできる図形であるから，図 3 のようになる。また，立体 C を平面 $x=t$ で切った切り口の面積を $S(t)$ とする。

図 1

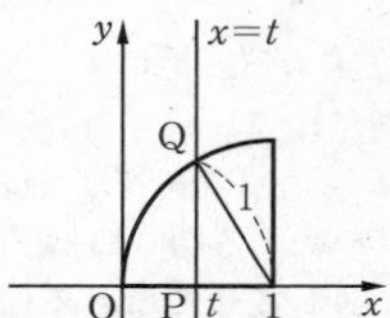

◀ 立体 C は x 軸のまわりに回転させるから，x 軸に垂直な面で切る。

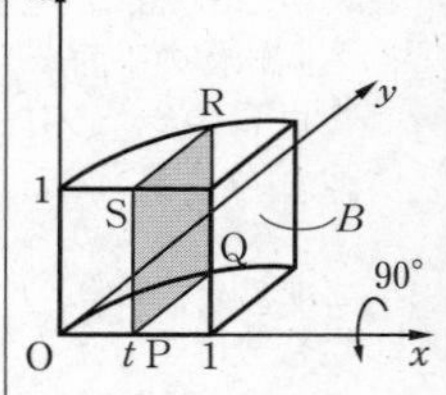

図 2

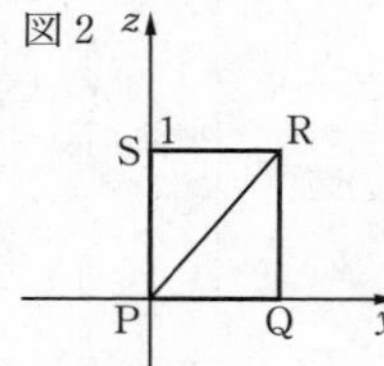

図 3

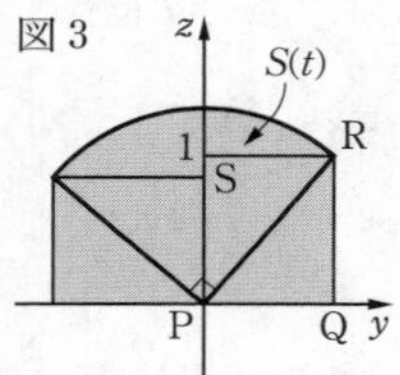

このとき $\mathrm{PQ}=\sqrt{1-(1-t)^2}$

よって $\mathrm{PR}=\sqrt{\mathrm{PQ}^2+\mathrm{PS}^2}$
$$=\sqrt{\{1-(1-t)^2\}+1}=\sqrt{2-(1-t)^2}$$

ゆえに $S(t)=2\triangle\mathrm{PQR}+\dfrac{1}{4}\cdot\mathrm{PR}^2\pi$
$$=2\cdot\frac{1}{2}\sqrt{1-(1-t)^2}\cdot 1+\frac{1}{4}\{2-(1-t)^2\}\pi$$
$$=\sqrt{1-(t-1)^2}+\frac{\pi}{4}(-t^2+2t+1)$$

◀ 図 1 で考える。

◀ 図 2 で考える。

◀ 図 3 において

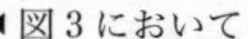

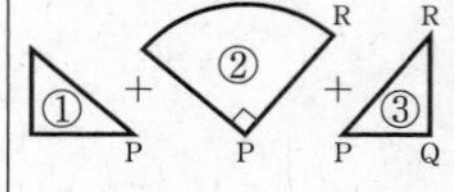

したがって，立体 C の体積を V とすると

$$V=\int_0^1 S(t)dt$$
$$=\int_0^1\sqrt{1-(t-1)^2}\,dt+\frac{\pi}{4}\int_0^1(-t^2+2t+1)dt$$

ここで，$\int_0^1 \sqrt{1-(t-1)^2}\,dt$ は右の図の斜線部分の面積であり，半径 1 の円の面積の $\frac{1}{4}$ であるから

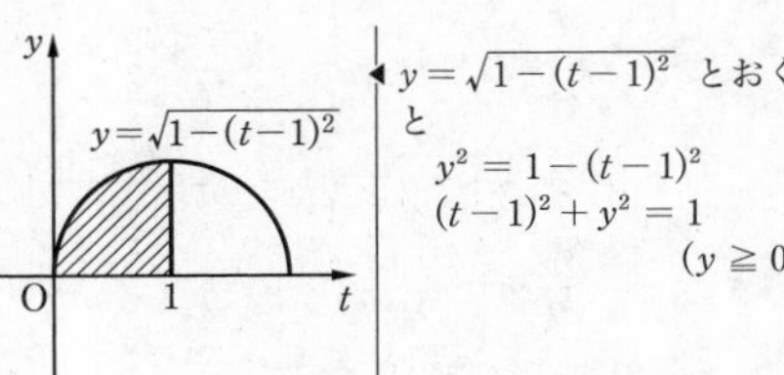

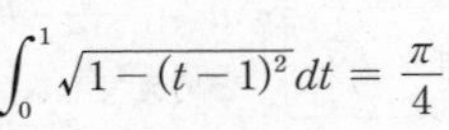

$$\int_0^1 \sqrt{1-(t-1)^2}\,dt = \frac{\pi}{4}$$

◀ $y=\sqrt{1-(t-1)^2}$ とおくと
$y^2 = 1-(t-1)^2$
$(t-1)^2+y^2=1$
$(y \geqq 0)$

また

$$\int_0^1 (-t^2+2t+1)\,dt = \left[-\frac{1}{3}t^3+t^2+t\right]_0^1 = \frac{5}{3}$$

よって　$V = \frac{\pi}{4} + \frac{\pi}{4}\cdot\frac{5}{3} = \boldsymbol{\frac{2}{3}\pi}$

問題 213 $a>0$ とするとき，曲線

$$\begin{cases} x = a\cos^4\theta \\ y = a\sin^4\theta \end{cases} \left(0 \leqq \theta \leqq \frac{\pi}{2}\right)$$

の長さを求めよ。　　　　　（札幌医科大）

$$\frac{dx}{d\theta} = -4a\cos^3\theta\sin\theta$$

$$\frac{dy}{d\theta} = 4a\sin^3\theta\cos\theta$$

$$\begin{aligned}\left(\frac{dx}{d\theta}\right)^2+\left(\frac{dy}{d\theta}\right)^2 &= 16a^2\cos^6\theta\sin^2\theta+16a^2\sin^6\theta\cos^2\theta \\ &= 16a^2\cos^2\theta\sin^2\theta(\cos^4\theta+\sin^4\theta) \\ &= 16a^2\cos^2\theta\sin^2\theta(1-2\sin^2\theta\cos^2\theta) \\ &= 4a^2\sin^2 2\theta\left(1-\frac{1}{2}\sin^2 2\theta\right) \\ &= 2a^2\sin^2 2\theta(1+\cos^2 2\theta)\end{aligned}$$

◀ $\cos^4\theta+\sin^4\theta$
$=(\cos^2\theta+\sin^2\theta)^2-2\sin^2\theta\cos^2\theta$
$=1-2\sin^2\theta\cos^2\theta$

よって　$\sqrt{\left(\frac{dx}{d\theta}\right)^2+\left(\frac{dy}{d\theta}\right)^2} = \sqrt{2}\,a\sin 2\theta\sqrt{1+\cos^2 2\theta}$

◀ $0 \leqq \theta \leqq \frac{\pi}{2}$ より
$\sin 2\theta \geqq 0$

ゆえに，求める曲線の長さを L とすると

$$L = \int_0^{\frac{\pi}{2}} \sqrt{2}\,a\sin 2\theta\sqrt{1+\cos^2 2\theta}\,d\theta$$

ここで，$u=\cos 2\theta$ とおくと

$$\frac{du}{d\theta} = -2\sin 2\theta$$

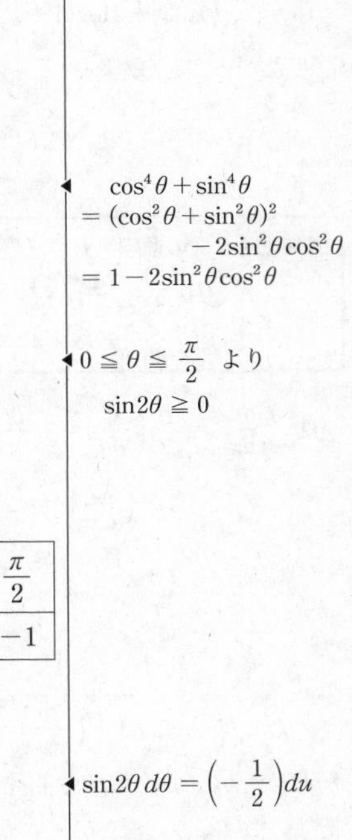

θ	$0 \to \frac{\pi}{2}$
u	$1 \to -1$

θ と u の対応は右のようになるから

$$\begin{aligned}L &= \int_0^{\frac{\pi}{2}} \sqrt{2}\,a\sin 2\theta\sqrt{1+\cos^2 2\theta}\,d\theta \\ &= \sqrt{2}\,a\int_1^{-1}\sqrt{1+u^2}\cdot\left(-\frac{1}{2}\right)du \\ &= \frac{\sqrt{2}}{2}a\int_{-1}^1\sqrt{1+u^2}\,du = \sqrt{2}\,a\int_0^1\sqrt{1+u^2}\,du \quad \cdots ①\end{aligned}$$

◀ $\sin 2\theta\,d\theta = \left(-\frac{1}{2}\right)du$

◀ $y=\sqrt{1+u^2}$ は偶関数であるから
$\int_{-t}^t f(x)dx = 2\int_0^t f(x)dx$

ここで，$t=u+\sqrt{1+u^2}$ とおくと　　$t-u=\sqrt{1+u^2}$

両辺を 2 乗すると　　$t^2-2tu+u^2=1+u^2$

u について解くと　$u=\dfrac{t^2-1}{2t}$

◀ $t \neq 0$ である。

これより　$\sqrt{1+u^2}=t-u=\dfrac{t^2+1}{2t}$

また　$\dfrac{du}{dt}=\dfrac{t^2+1}{2t^2}$

◀ $du=\dfrac{t^2+1}{2t^2}dt$ と考えてもよい。

u と t の対応は右のようになる。

u	$0 \longrightarrow \quad 1$
t	$1 \longrightarrow 1+\sqrt{2}$

よって

$$\int_0^1 \sqrt{1+u^2}\,du=\int_1^{1+\sqrt{2}} \frac{t^2+1}{2t}\cdot\frac{t^2+1}{2t^2}\,dt$$

$$=\frac{1}{4}\int_1^{1+\sqrt{2}} \frac{t^4+2t^2+1}{t^3}\,dt$$

$$=\frac{1}{4}\int_1^{1+\sqrt{2}} \left(t+\frac{2}{t}+\frac{1}{t^3}\right)dt$$

$$=\frac{1}{4}\left[\frac{1}{2}t^2+2\log t-\frac{1}{2t^2}\right]_1^{1+\sqrt{2}}$$

$$=\frac{1}{8}\left\{(1+\sqrt{2})^2+4\log(1+\sqrt{2})-\frac{1}{(1+\sqrt{2})^2}-(1+4\log 1-1)\right\}$$

$$=\frac{1}{8}\left\{(3+2\sqrt{2})-\frac{1}{3+2\sqrt{2}}+4\log(1+\sqrt{2})\right\}$$

◀ $\dfrac{1}{3+2\sqrt{2}}=3-2\sqrt{2}$

$$=\frac{1}{8}\{4\sqrt{2}+4\log(1+\sqrt{2})\}=\frac{1}{2}\{\sqrt{2}+\log(1+\sqrt{2})\}$$

したがって，① より

$$L=\sqrt{2}\,a\int_0^1 \sqrt{1+u^2}\,du=\boldsymbol{\frac{\sqrt{2}}{2}a\{\sqrt{2}+\log(1+\sqrt{2})\}}$$

問題 214 次の曲線の長さ L を求めよ。

(1) $y=\dfrac{a}{2}\left(e^{\frac{x}{a}}+e^{-\frac{x}{a}}\right)$　$(0 \leqq x \leqq 1)$　ただし，$a>0$ とする。

(2) $9y^2=(x+4)^3$　$(-4 \leqq x \leqq 0)$

(1) $\dfrac{dy}{dx}=\dfrac{a}{2}\left(\dfrac{1}{a}e^{\frac{x}{a}}-\dfrac{1}{a}e^{-\frac{x}{a}}\right)=\dfrac{1}{2}\left(e^{\frac{x}{a}}-e^{-\frac{x}{a}}\right)$ であるから

$$1+\left(\frac{dy}{dx}\right)^2=1+\frac{1}{4}\left(e^{\frac{x}{a}}-e^{-\frac{x}{a}}\right)^2$$

$$=1+\frac{1}{4}\left(e^{\frac{2}{a}x}-2+e^{-\frac{2}{a}x}\right)=\frac{1}{4}\left(e^{\frac{2}{a}x}+2+e^{-\frac{2}{a}x}\right)$$

$$=\left\{\frac{1}{2}\left(e^{\frac{x}{a}}+e^{-\frac{x}{a}}\right)\right\}^2$$

よって　$\sqrt{1+\left(\dfrac{dy}{dx}\right)^2}=\left|\dfrac{1}{2}\left(e^{\frac{x}{a}}+e^{-\frac{x}{a}}\right)\right|=\dfrac{1}{2}\left(e^{\frac{x}{a}}+e^{-\frac{x}{a}}\right)$

◀ $e^{\frac{x}{a}}>0$，$e^{-\frac{x}{a}}>0$ より $\dfrac{1}{2}\left(e^{\frac{x}{a}}+e^{-\frac{x}{a}}\right)>0$

したがって，求める曲線の長さ L は

$$L=\int_0^1 \sqrt{1+\left(\frac{dy}{dx}\right)^2}\,dx=\int_0^1 \frac{1}{2}\left(e^{\frac{x}{a}}+e^{-\frac{x}{a}}\right)dx$$

$$=\frac{1}{2}\left[ae^{\frac{x}{a}}-ae^{-\frac{x}{a}}\right]_0^1=\boldsymbol{\frac{a}{2}\left(e^{\frac{1}{a}}-e^{-\frac{1}{a}}\right)}$$

(2) 与えられた式を変形して

$$y=\pm\frac{1}{3}\sqrt{(x+4)^3}\quad(-4\leqq x\leqq 0)$$

$y=-\dfrac{1}{3}\sqrt{(x+4)^3}$ のグラフは，$y=\dfrac{1}{3}\sqrt{(x+4)^3}$ のグラフを x 軸に関して対称に折り返したものである。

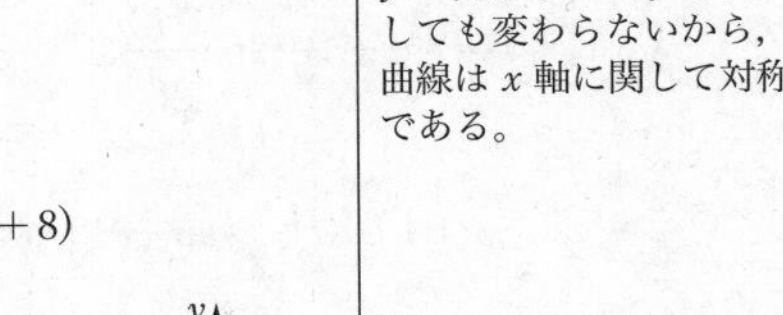

◀ $9y^2=(x+4)^3$ において，y の代わりに $-y$ を代入しても変わらないから，曲線は x 軸に関して対称である。

$y=\dfrac{1}{3}\sqrt{(x+4)^3}$ において　　$\dfrac{dy}{dx}=\dfrac{1}{2}\sqrt{x+4}$

よって　　$1+\left(\dfrac{dy}{dx}\right)^2=1+\left(\dfrac{1}{2}\sqrt{x+4}\right)^2=\dfrac{1}{4}(x+8)$

したがって，求める曲線の長さ L は

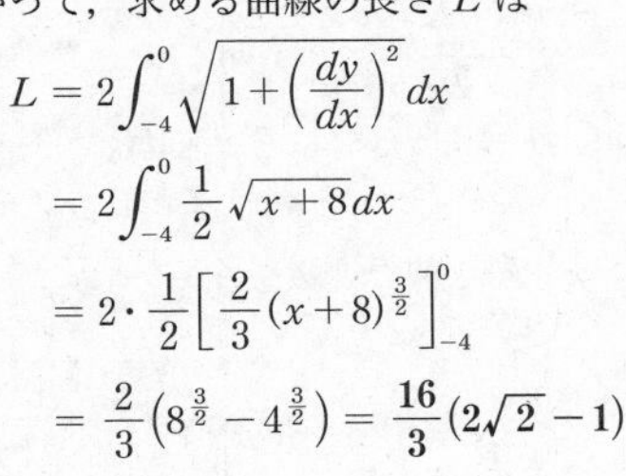

$$L=2\int_{-4}^{0}\sqrt{1+\left(\frac{dy}{dx}\right)^2}\,dx$$

$$=2\int_{-4}^{0}\frac{1}{2}\sqrt{x+8}\,dx$$

$$=2\cdot\frac{1}{2}\left[\frac{2}{3}(x+8)^{\frac{3}{2}}\right]_{-4}^{0}$$

$$=\frac{2}{3}\left(8^{\frac{3}{2}}-4^{\frac{3}{2}}\right)=\boldsymbol{\frac{16}{3}(2\sqrt{2}-1)}$$

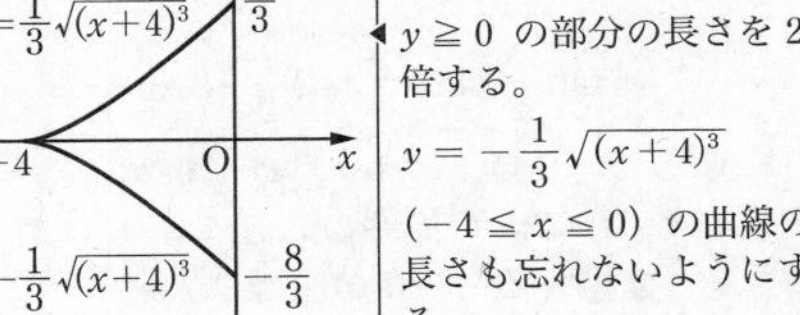

◀ $y\geqq 0$ の部分の長さを2倍する。

$y=-\dfrac{1}{3}\sqrt{(x+4)^3}$ $(-4\leqq x\leqq 0)$ の曲線の長さも忘れないようにする。

4章 14 体積・長さ，微分方程式

問題 215 曲線 $C：x=t+\sin t$，$y=\cos t-1$ 上の媒介変数 t $(0<t<\pi)$ に対応する点をPとし，原点OとPの間の弧の長さを l とする。

(1) l を求めよ。また，Pでの C の接線上に点QをPより左側に $\mathrm{PQ}=l$ となるようにとるとき，Qの座標を求めよ。

(2) Pが $0<t<\pi$ の範囲で動くとき，Qの描く曲線は C の $\pi<t<2\pi$ の部分と合同になることを証明せよ。 （東北大）

---

(1) $\dfrac{dx}{dt}=1+\cos t$，$\dfrac{dy}{dt}=-\sin t$ より，弧の長さ l は

$$l=\int_0^t\sqrt{\left(\frac{dx}{dt}\right)^2+\left(\frac{dy}{dt}\right)^2}\,dt=\int_0^t\sqrt{2+2\cos t}\,dt$$

◀ $2+2\cos t=2(1+\cos t)=4\cos^2\dfrac{t}{2}$

$$=2\int_0^t\cos\frac{t}{2}\,dt=4\left[\sin\frac{t}{2}\right]_0^t=\boldsymbol{4\sin\frac{t}{2}}$$

◀ $0<\dfrac{t}{2}<\dfrac{\pi}{2}$ より $\cos\dfrac{t}{2}>0$

P$(x,\ y)$ に対し，Q$(x_1,\ y_1)$ とすると

$\overrightarrow{\mathrm{PQ}}$ は $\left(\dfrac{dx}{dt},\ \dfrac{dy}{dt}\right)=(1+\cos t,\ -\sin t)$

に平行である。

◀ QはPにおける接線上にある。

また，$\left(\dfrac{dx}{dt},\ \dfrac{dy}{dt}\right)$ は接線の方向ベクトルである。

よって，$\overrightarrow{\mathrm{PQ}}=k(1+\cos t,\ -\sin t)$

とすると

$$\begin{cases}x_1=x+k(1+\cos t)\\ y_1=y-k\sin t\end{cases}\quad\cdots①$$

$\mathrm{PQ}=l$ であるから　　$k^2\{(1+\cos t)^2+\sin^2 t\}=\left(4\sin\dfrac{t}{2}\right)^2$

$$k^2\cos^2\frac{t}{2}=4\sin^2\frac{t}{2}$$

◀ $\cos^2\dfrac{t}{2}=\dfrac{1+\cos t}{2}$

$k^2=4\tan^2\dfrac{t}{2}$ となり，QはPより左側にあるから，$k<0$ より

◀ QはPより左側にあるから　$x_1-x<0$

$$k = -2\tan\frac{t}{2}$$

これを ① に代入すると

$$\begin{cases} x_1 = t + \sin t - 2\tan\frac{t}{2}(1+\cos t) \\ y_1 = \cos t - 1 + 2\tan\frac{t}{2}\sin t \end{cases}$$

ここで

$$\tan\frac{t}{2}(1+\cos t) = \tan\frac{t}{2}\cdot 2\cos^2\frac{t}{2}$$

$$= 2\sin\frac{t}{2}\cos\frac{t}{2} = \sin t$$

$$\tan\frac{t}{2}\sin t = \tan\frac{t}{2}\cdot 2\sin\frac{t}{2}\cos\frac{t}{2} = 2\sin^2\frac{t}{2} = 1-\cos t$$

よって　　**Q$(t-\sin t,\ 1-\cos t)$**　　… ②

(2) $\pi < t < 2\pi$ の範囲の C 上の点 P に対して，$t = \pi + s$ と媒介変数を s に変換すると，P の座標は

$$\begin{cases} x = t + \sin t = \pi + s - \sin s \\ y = \cos t - 1 = -1 - \cos s \end{cases}$$

点 P を x 軸方向に $-\pi$，y 軸方向に 2 だけ平行移動すると ② の Q に重なる。

よって，Q の描く曲線は C の $\pi < t < 2\pi$ の部分と合同である。

◀ $0 < \frac{t}{2} < \frac{\pi}{2}$ より $\tan\frac{t}{2} > 0$

◀ $\sin^2\frac{t}{2} = \frac{1-\cos t}{2}$

◀ $0 < s < \pi$

◀ $\sin(\pi+s) = -\sin s$

◀ $\cos(\pi+s) = -\cos s$

問題 **216** x 軸上を動く 2 点 P，Q は原点を同時に出発する。それらの t 秒後（$t \geqq 0$）の速度はそれぞれ $2t(t-3)$，$2t(2t-3)(t-4)$ である。動点 P，Q が出会うのは動き始めてから何秒後か。また，動き始めてから最初に出会うまでの間に，点 Q の動く道のりを求めよ。

t 秒後の 2 点 P，Q の座標をそれぞれ x_1，x_2 とすると

$$x_1 = \int_0^t 2s(s-3)ds = \left[\frac{2}{3}s^3 - 3s^2\right]_0^t = \frac{2}{3}t^3 - 3t^2$$

$$x_2 = \int_0^t 2s(2s-3)(s-4)ds$$

$$= \left[s^4 - \frac{22}{3}s^3 + 12s^2\right]_0^t = t^4 - \frac{22}{3}t^3 + 12t^2$$

ここで，$x_1 = x_2$，すなわち $x_2 - x_1 = 0$ とすると，

$t^4 - 8t^3 + 15t^2 = 0$ となり　　$t^2(t-3)(t-5) = 0$

よって，$t > 0$ であるものを求めると　　$t = 3,\ 5$

ゆえに，最初に出会うのは 3 秒後であるから，求める点 Q の動く道のりは

$$\int_0^3 |2t(2t-3)(t-4)|\,dt$$

$$= \int_0^{\frac{3}{2}}(4t^3 - 22t^2 + 24t)dt - \int_{\frac{3}{2}}^3 (4t^3 - 22t^2 + 24t)dt$$

$$= \left[t^4 - \frac{22}{3}t^3 + 12t^2\right]_0^{\frac{3}{2}} - \left[t^4 - \frac{22}{3}t^3 + 12t^2\right]_{\frac{3}{2}}^3 = \frac{189}{8}$$

したがって，**出会うのは　3 秒後，5 秒後**

◀ $x_1 = \int 2t(t-3)dt$
$= \frac{2}{3}t^3 - 3t^2 + C$
$t = 0$ のとき $x_1 = 0$ より $C = 0$ として求めてもよい。

◀ 点 Q の速度 v は
$v = 2t(2t-3)(t-4)$
$0 \leqq t \leqq \frac{3}{2}$ のとき　$v \geqq 0$
$\frac{3}{2} \leqq t \leqq 3$ のとき　$v \leqq 0$

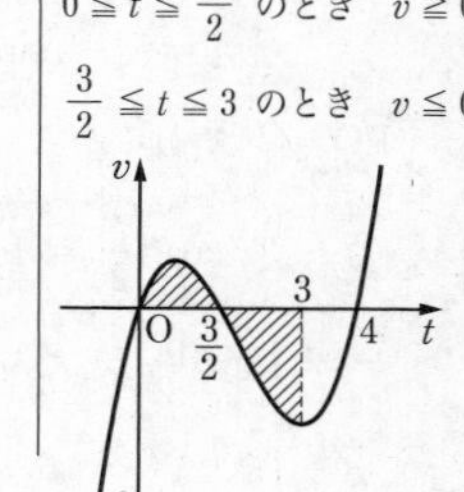

点 Q の動く道のりは　$\dfrac{189}{8}$

問題 217 $\dfrac{dy}{dx}=\log x$ を満たす関数を求めよ。また，$x=1$ のとき $y=0$ となるものを求めよ。

$y=\displaystyle\int \log x\,dx=x\log x-\int x\cdot\frac{1}{x}dx=x\log x-x+C$

よって，求める関数は

$\boldsymbol{y=x\log x-x+C}$　**（C は任意定数）**

また，$x=1$ のとき $y=0$ であるから

$0=1\cdot\log 1-1+C$ より　　$C=1$

したがって　　$\boldsymbol{y=x\log x-x+1}$

◀ $\displaystyle\int f(x)g'(x)dx=f(x)g(x)-\int f'(x)g(x)dx$

問題 218 次の微分方程式を解け。

(1) $\dfrac{dy}{dx}=-\dfrac{x}{y}$　　(2) $\dfrac{dy}{dx}=2y+1$　　(3) $2y\dfrac{dy}{dx}=y^2+1$

(1) $\dfrac{dy}{dx}=-\dfrac{x}{y}$ より　　$y\dfrac{dy}{dx}=-x$

◀ $y\,dy=-x\,dx$ としてもよい。

両辺を x で積分すると　　$\displaystyle\int y\frac{dy}{dx}dx=-\int x\,dx$

$\displaystyle\int y\,dy=-\int x\,dx$ となり　　$\dfrac{1}{2}y^2=-\dfrac{1}{2}x^2+C_1$　（C_1 は定数）

◀ $\displaystyle -\int x\,dx=-\frac{1}{2}x^2+\frac{C}{2}$ としてもよい。

すなわち　　$y^2=-x^2+2C_1$

$C=2C_1$ とおくと，求める一般解は

$\boldsymbol{x^2+y^2=C}$　**（C は正の任意定数）**

(2) $\dfrac{dy}{dx}=2y+1$ において，$y\neq-\dfrac{1}{2}$ とすると

$\dfrac{1}{2y+1}\cdot\dfrac{dy}{dx}=1$

◀ $\dfrac{dy}{2y+1}=dx$ としてもよい。

両辺を x で積分すると　　$\displaystyle\int\frac{1}{2y+1}\cdot\frac{dy}{dx}dx=\int dx$

$\displaystyle\int\frac{dy}{2y+1}=\int dx$ となり　　$\dfrac{1}{2}\log|2y+1|=x+C_1$　（C_1 は定数）

よって，$|2y+1|=e^{2(x+C_1)}$ より　　$y=\pm\dfrac{1}{2}e^{2C_1}e^{2x}-\dfrac{1}{2}$

ここで，$C=\pm\dfrac{1}{2}e^{2C_1}$ とおくと

$y=Ce^{2x}-\dfrac{1}{2}$　$(C\neq0)$　　…①

また，関数 $y=-\dfrac{1}{2}$ は与えられた微分方程式を満たす。

① において $C=0$ とすると $y=-\dfrac{1}{2}$ となるから，

求める一般解は　　$\boldsymbol{y=Ce^{2x}-\dfrac{1}{2}}$　**（C は任意定数）**

(3) $2y\dfrac{dy}{dx}=y^2+1$ において，$y^2 \neq -1$ であるから

$$\frac{2y}{y^2+1}\cdot\frac{dy}{dx}=1$$

両辺を x で積分すると　$\displaystyle\int\frac{2y}{y^2+1}\cdot\frac{dy}{dx}dx=\int dx$

$\displaystyle\int\frac{(y^2+1)'}{y^2+1}dy=\int dx$ となり

$$\log(y^2+1)=x+C_1\quad(C_1 \text{ は定数})$$

よって，$y^2=e^{x+C_1}-1$ より　$y^2=e^{C_1}e^x-1$

$C=e^{C_1}$ とおくと，求める一般解は

$$\boldsymbol{y^2=Ce^x-1}\quad\textbf{（}\boldsymbol{C}\textbf{ は正の任意定数）}$$

◀ $\dfrac{2y}{y^2+1}dy=dx$ としてもよい。

◀ $y^2+1>0$ である。

◀ $e^{C_1}>0$

問題 219 次の微分方程式を解け。

(1) $(x+2y)\dfrac{dy}{dx}=1$　　(2) $(x+y)\dfrac{dy}{dx}=2(x+y)+1$

---

(1) $x+2y=Y$ とおいて，両辺を x で微分すると，

$1+2\dfrac{dy}{dx}=\dfrac{dY}{dx}$ であるから　$\dfrac{dy}{dx}=\dfrac{1}{2}\cdot\dfrac{dY}{dx}-\dfrac{1}{2}$

よって，与えられた微分方程式は

$$Y\left(\frac{1}{2}\cdot\frac{dY}{dx}-\frac{1}{2}\right)=1\quad\text{すなわち}\quad Y\frac{dY}{dx}=Y+2$$

$Y+2\neq 0$ とすると　$\dfrac{Y}{Y+2}\dfrac{dY}{dx}=1$

両辺を x で積分すると

$$\int\frac{Y}{Y+2}\cdot\frac{dY}{dx}dx=\int dx$$

$$\int\frac{Y}{Y+2}dY=\int dx$$

$$\int\left(1-\frac{2}{Y+2}\right)dY=\int dx$$

よって　$Y-2\log|Y+2|=x+C_1$

$2\log|Y+2|=Y-x-C_1$

$\log|Y+2|=y-\dfrac{C_1}{2}$

ゆえに　$Y+2=\pm e^{y-\frac{C_1}{2}}=\pm e^{-\frac{C_1}{2}}\cdot e^y$

ここで，$C=\pm e^{-\frac{C_1}{2}}$ とおくと

$Y+2=Ce^y\quad(C\neq 0)$　…①

また，関数 $Y=-2$ は与えられた微分方程式を満たす。

① において $C=0$ とすると $Y=-2$ となるから，

◀ $Y+2=0$ より

求める一般解は

$$\boldsymbol{x+2y+2=Ce^y}\quad\textbf{（}\boldsymbol{C}\textbf{ は任意定数）}$$

(2) $x+y=Y$ とおいて，両辺を x で微分すると，

$1+\dfrac{dy}{dx}=\dfrac{dY}{dx}$ であるから　$\dfrac{dy}{dx}=\dfrac{dY}{dx}-1$

よって，与えられた微分方程式は

$$Y\left(\frac{dY}{dx}-1\right)=2Y+1 \quad \text{すなわち} \quad Y\frac{dY}{dx}=3Y+1$$

$3Y+1 \neq 0$ とすると　$\dfrac{Y}{3Y+1}\cdot\dfrac{dY}{dx}=1$

両辺を x で積分すると

$$\int\frac{Y}{3Y+1}\cdot\frac{dY}{dx}dx=\int dx$$

$$\int\frac{1}{3}\left(1-\frac{1}{3Y+1}\right)dY=\int dx$$

$$\frac{1}{3}\left(Y-\frac{1}{3}\log|3Y+1|\right)=x+C_1$$

よって　$\log|3Y+1|=3Y-9x-9C_1$

$\log|3Y+1|=3y-6x-9C_1$

ゆえに　$3Y+1=\pm e^{-9C_1}e^{3y-6x}$

ここで，$C=\pm e^{-9C_1}$ とおくと

$3Y+1=Ce^{3y-6x}$　$(C \neq 0)$　…①

また，関数 $Y=-\dfrac{1}{3}$ は与えられた微分方程式を満たす。

①において $C=0$ とすると $Y=-\dfrac{1}{3}$ となるから，

◀ $3Y+1=0$ より

求める一般解は

$3x+3y+1=Ce^{3y-6x}$　(C は任意定数)

問題 **220** k を 0 でない任意の定数とするとき，放物線群 $y=kx^2$ と直交する曲線を求めよ。

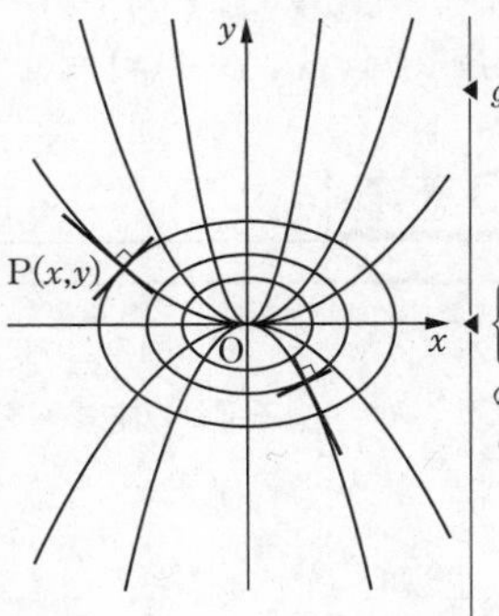

放物線 $y=kx^2$ 上の点 P$(x,\ y)$ における接線の傾きは

$2kx$

◀ $g(x)=kx^2$ とすると $g'(x)=2kx$

$x \neq 0$ のとき，$k=\dfrac{y}{x^2}$ であるから

$$2kx=2\cdot\frac{y}{x^2}\cdot x=\frac{2y}{x}$$

◀ $\begin{cases} g'(x)=2kx \\ y=kx^2 \end{cases}$ のままにしておいて，あとで k を消去してもよい。

求める曲線を $Y=f(X)$ とすると，点 P における接線の傾きは $\dfrac{dy}{dx}$ であるから，

放物線群と点 P$(x,\ y)$ で直交すること

より，$\dfrac{dy}{dx}\cdot\dfrac{2y}{x}=-1$ となるから　$2y\dfrac{dy}{dx}=-x$

◀ 2 直線 $\begin{cases} y=mx+n \\ y=m'x+n' \end{cases}$ が直交 $\Longleftrightarrow mm'=-1$

両辺を x で積分すると

$$\int 2y\frac{dy}{dx}dx=\int(-x)dx$$

よって，$y^2=-\dfrac{1}{2}x^2+C$ となり　$\dfrac{x^2}{2}+y^2=C$

◀ 例えば $C=1$ とすると楕円の方程式である。一般形で表すために $C=a^2$ とする。

$x \neq 0$ より $C>0$ であるから，$C=a^2$ とおくと

$$\frac{x^2}{2a^2}+\frac{y^2}{a^2}=1 \quad (a \text{ は正の任意定数})$$

また，直線 $x=0$ は，原点において放物線群と直交する。

したがって　　**楕円** $\dfrac{x^2}{2a^2}+\dfrac{y^2}{a^2}=1$ **（a は正の任意定数）**

直線 $x=0$

問題 **221** 等式 $\displaystyle\int_{-1}^{x}(3t-2)f(t)dt=(2x-3)\int_{-1}^{x}f(t)dt$ を満たす関数 $f(x)$ のうち，$f(0)=1$ を満たすものを求めよ。

$\displaystyle\int_{-1}^{x}(3t-2)f(t)dt=(2x-3)\int_{-1}^{x}f(t)dt$ の両辺を x で微分すると

$$(3x-2)f(x)=2\int_{-1}^{x}f(t)dt+(2x-3)f(x)$$

◀ $\displaystyle\left\{(2x-3)\int_{-1}^{x}f(t)dt\right\}'$
$\displaystyle=(2x-3)'\int_{-1}^{x}f(t)dt+(2x-3)\left\{\int_{-1}^{x}f(t)dt\right\}'$
$\displaystyle=2\int_{-1}^{x}f(t)dt+(2x-3)f(x)$

これより　　$\displaystyle(x+1)f(x)=2\int_{-1}^{x}f(t)dt$

両辺を x で微分すると　　$f(x)+(x+1)f'(x)=2f(x)$

よって　　$(x+1)f'(x)=f(x)$

$y=f(x)$ とおくと　　$(x+1)\dfrac{dy}{dx}=y$

定数関数 $f(x)=0$ は $f(0)=1$ を満たさないから，$(x+1)y\neq 0$ としてよい。

◀ $y=f(x)=0$ は条件 $f(0)=1$ を満たさない。

$\dfrac{1}{y}\dfrac{dy}{dx}=\dfrac{1}{x+1}$ の両辺を x で積分すると　　$\displaystyle\int\frac{dy}{y}=\int\frac{dx}{x+1}$

ゆえに　　$\log|y|=\log|x+1|+C_1$　（C_1 は定数）

これより　　$y=\pm e^{C_1}(x+1)$

◀ $|y|=e^{\log|x+1|+C_1}$
$=e^{C_1}e^{\log|x+1|}$
$=e^{C_1}|x+1|$

ここで，$C=\pm e^{C_1}$ とおくと　　$y=C(x+1)$　$(C\neq 0)$

$x=0$ のとき $y=1$ であるから　　$C=1$

したがって，求める関数 $f(x)$ は　　$\boldsymbol{f(x)=x+1}$

p.405 本質を問う 14

1 半径 r の球体を水に入れると，右の図のように半径の $\dfrac{1}{2}$ だけ水中に沈んだ。水面より下に沈んでいる部分の体積 V を求めよ。

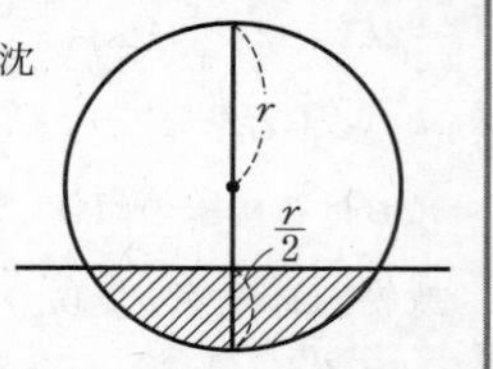

座標平面上で，原点を中心とする半径 r の円を考える。

求める体積は，右の図の斜線部分を x 軸のまわりに1回転させてできる回転体の体積である。

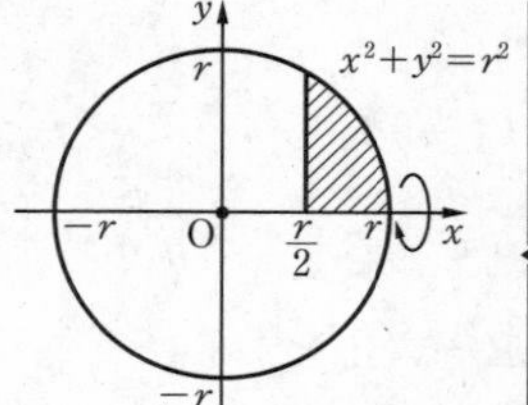

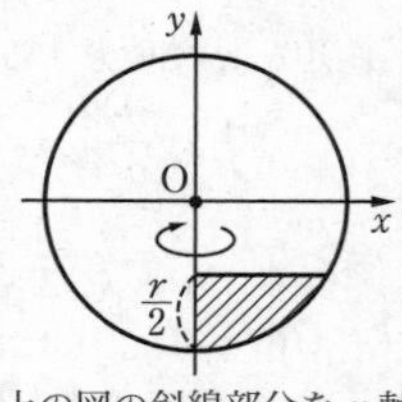

◀ 上の図の斜線部分を y 軸のまわりに1回転させて考えてもよい。

よって，求める体積 V は

$$V=\pi\int_{\frac{r}{2}}^{r} y^2\,dx=\pi\int_{\frac{r}{2}}^{r}(r^2-x^2)dx$$

$$=\pi\left[r^2x-\frac{x^3}{3}\right]_{\frac{r}{2}}^{r}$$

$$=\pi\left\{\left(r^3-\frac{r^3}{3}\right)-\left(\frac{r^3}{2}-\frac{r^3}{24}\right)\right\}=\boldsymbol{\frac{5}{24}\pi r^3}$$

2 (1) 放物線 $y=x^2-2x+1$ と直線 $y=x+1$ とで囲まれた図形を x 軸のまわりに1回転させてできる回転体の体積 V_1 を求めよ。

(2) 放物線 $y=x^2-2x$ と直線 $y=x$ とで囲まれた図形を x 軸のまわりに1回転させてできる回転体の体積 V_2 について，太郎さんは

> 共有点の x 座標は $x^2-2x=x$ より　$x=0,\ 3$
> $0\leqq x\leqq 3$ において $x\geqq x^2-2x$ であるから，求める体積 V_2 は
> $$V_2=\pi\int_0^3 x^2\,dx-\pi\int_0^3(x^2-2x)^2\,dx=\cdots$$

と求めたが誤りであった。その理由を説明せよ。また，正しい解を求めよ。

(1) 共有点の x 座標は，$x^2-2x+1=x+1$ を解いて　$x=0,\ 3$

よって

$$V_1=\pi\int_0^3(x+1)^2\,dx-\pi\int_0^3(x^2-2x+1)^2\,dx$$

$$=\pi\int_0^3\{(x+1)^2-(x^2-2x+1)^2\}dx$$

$$=\pi\int_0^3(-x^4+4x^3-5x^2+6x)dx$$

$$=\pi\left[-\frac{1}{5}x^5+x^4-\frac{5}{3}x^3+3x^2\right]_0^3$$

$$=\boldsymbol{\frac{72}{5}\pi}$$

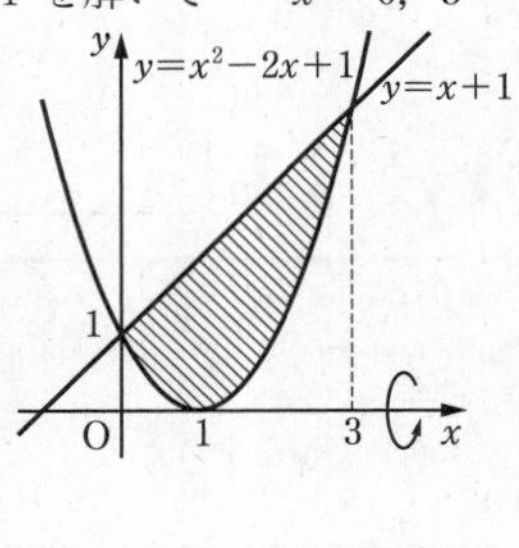

◀ $\pi\int_0^3\{(x+1)-(x^2-2x+1)\}^2\,dx$ ではない。

(2) 回転させる図形は図1の斜線部分である。

よって，$0\leqq x\leqq 2$ において $x^2-2x\leqq 0$ であるから，V_2 は

$$\pi\int_0^3 x^2\,dx-\pi\int_0^3(x^2-2x)^2\,dx$$

ではない。

この図形の x 軸より下側にある部分を x 軸に関して対称に折り返すと，図2のようになる。

ここで，放物線 $y=x^2-2x$ を x 軸に関して対称に折り返した放物線 $y=-x^2+2x$ と，$y=x$ との交点の x 座標は，

$x=-x^2+2x$ より　$x=0,\ 1$

したがって

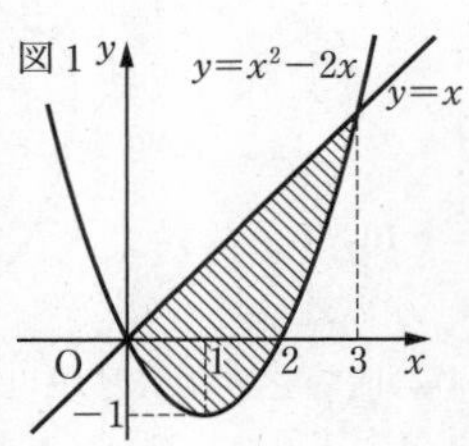

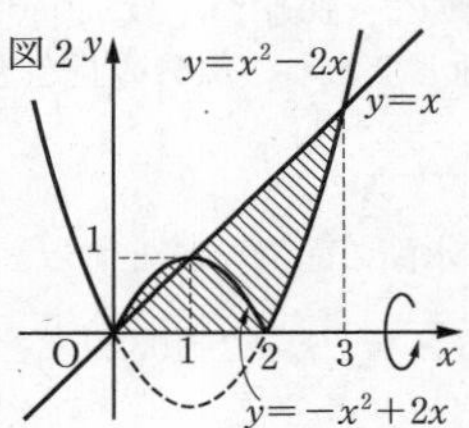

◀ 曲線 $y=f(x)$，$y=g(x)$，$(f(x)\geqq g(x)\geqq 0,\ a\leqq x\leqq b)$ で囲まれた図形を x 軸のまわりに1回転させてできる回転体の体積 V は

$$V=\pi\int_a^b\{f(x)\}^2\,dx-\pi\int_a^b\{g(x)\}^2\,dx$$

$$V_2=\pi\int_0^1(-x^2+2x)^2\,dx$$
$$+\pi\int_1^3 x^2\,dx-\pi\int_2^3(x^2-2x)^2\,dx$$
$$=\pi\int_0^1(x^4-4x^3+4x^2)dx+\pi\int_1^3 x^2\,dx-\pi\int_2^3(x^4-4x^3+4x^2)dx$$
$$=\pi\left[\frac{1}{5}x^5-x^4+\frac{4}{3}x^3\right]_0^1+\pi\left[\frac{1}{3}x^3\right]_1^3-\pi\left[\frac{1}{5}x^5-x^4+\frac{4}{3}x^3\right]_2^3$$
$$=\boldsymbol{\frac{20}{3}\pi}$$

3 座標空間において，$x^2+z^2\leqq 9$，$y^2+z^2\leqq 9$ を満たす立体の体積を考える。座標軸に垂直な平面で切った断面を考えるとき，「式に多く現れる文字」を定数とするとよい。すなわち，z が最も多く現れるから平面 $z=t$ で切った断面を考えるとよい。この「式に多く現れる文字」を定数とおくとよい理由を説明せよ。

(例)　平面 $z=t$ で切った切り口を考えると，$x^2+t^2\leqq 9$，$y^2+t^2\leqq 9$ より $-\sqrt{9-t^2}\leqq x\leqq\sqrt{9-t^2}$，$-\sqrt{9-t^2}\leqq y\leqq\sqrt{9-t^2}$ となる。よって，x，y のどちらの範囲も定数で表すことができ，切り口の面積を考えやすくなるから。

p.406 Let's Try! 14

① 底面の半径が10の円筒状の容器に水が入っている。水がこぼれ始めるぎりぎりまで容器を傾けたところ，容器は鉛直方向に対し60°傾き，水面は底面の中心を通った。
(1)　容器の深さを求めよ。
(2)　傾けた状態での水面の面積を求めよ。
(3)　水の量を求めよ。
(東京都立大)

(1)　底面（円）と水面のなす角は60°であるから，求める容器の深さを h とすると

$$\tan 60^\circ=\frac{h}{10}$$

したがって

$$h=10\tan 60^\circ=\boldsymbol{10\sqrt{3}}$$

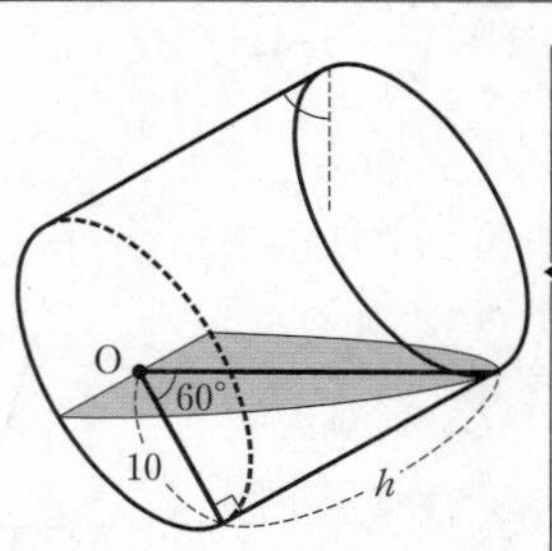

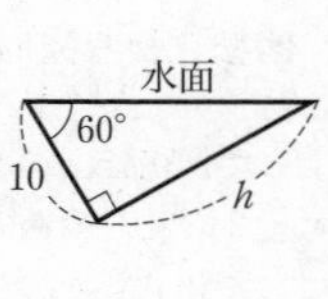

(2)　水面と底面の交わりの直線を x 軸にとり，底面（円）の中心を原点Oとする。x 軸上の x 座標が x である点において，x 軸に垂直な平面で切断したときの水面と交わった線分の長さを $f(x)$ とすると

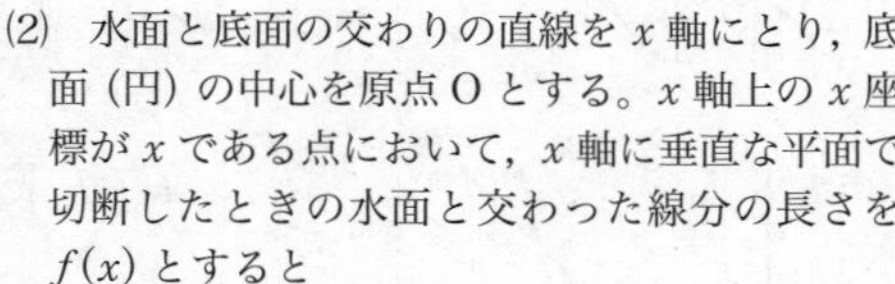

$$f(x)=2\sqrt{10^2-x^2}$$

したがって，求める水面の面積を S とすると

$$S=\int_{-10}^{10}2\sqrt{10^2-x^2}\,dx=2\cdot 100\pi\cdot\frac{1}{2}$$

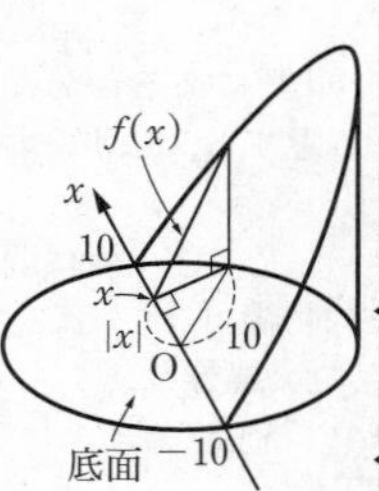

$\int_{-10}^{10}\sqrt{10^2-x^2}\,dx$ は半径10の円の半分の面積である。

$= \mathbf{100\pi}$

〔別解〕

求める水面の面積を S とおく。この面を底面へ正射影すると，半径 10 の半円になるから

$$S\cos 60^\circ = \frac{1}{2}\cdot\pi\cdot 10^2$$

したがって　　$S = \dfrac{50\pi}{\cos 60^\circ} = 100\pi$

(3)　x 軸上の x 座標が x である点において，x 軸に垂直な平面で切断した水が入っている部分の立体の断面積を $S(x)$ とすると

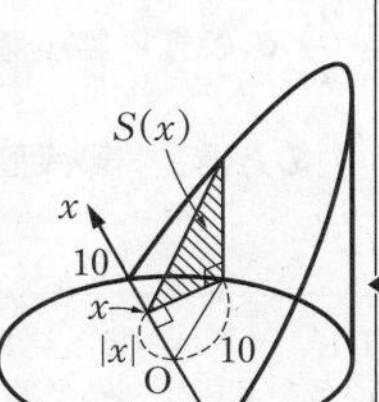

$$S(x) = \frac{1}{2}\sqrt{10^2 - x^2}\cdot\sqrt{3}\sqrt{10^2 - x^2}$$

$$= \frac{\sqrt{3}}{2}(100 - x^2)$$

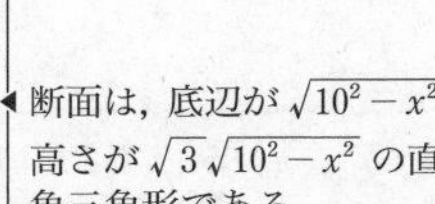

◀ 断面は，底辺が $\sqrt{10^2 - x^2}$，高さが $\sqrt{3}\sqrt{10^2 - x^2}$ の直角三角形である。

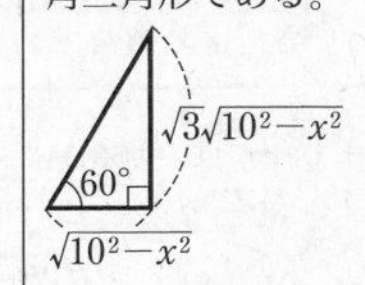

したがって，求める水の量を V とすると

$$V = \int_{-10}^{10} S(x)dx = \frac{\sqrt{3}}{2}\int_{-10}^{10}(100 - x^2)dx$$

$$= \sqrt{3}\int_0^{10}(100 - x^2)dx = \sqrt{3}\left[100x - \frac{x^3}{3}\right]_0^{10} = \mathbf{\frac{2000\sqrt{3}}{3}}$$

②　m を定数とするとき，次の問に答えよ。

(1)　$\displaystyle\int_0^{\pi}(\sin x - m)dx = 0$ となるような m の値を求めよ。

(2)　曲線 $y = \sin x - m$ と x 軸および 2 直線 $x = 0$，$x = \pi$ で囲まれた図形を x 軸のまわりに 1 回転させてできる回転体の体積を V としたとき，V を m の式で表せ。

(3)　(2) で求めた体積 V について，m が $0 \leqq m \leqq 1$ の範囲で変化するとき，V の最小値と最大値を求めよ。また，それらを与える m の値を求めよ。　(神奈川工科大)

(1)　$\displaystyle\int_0^{\pi}(\sin x - m)dx = \Big[-\cos x - mx\Big]_0^{\pi}$

$$= (1 - \pi m) - (-1) = 2 - \pi m$$

よって，$\displaystyle\int_0^{\pi}(\sin x - m)dx = 0$ となるのは

$2 - \pi m = 0$ より　　$\boldsymbol{m = \dfrac{2}{\pi}}$

(2)　$\displaystyle V = \pi\int_0^{\pi} y^2 dx$

$$= \pi\int_0^{\pi}(\sin^2 x - 2m\sin x + m^2)dx$$

$$= \pi\int_0^{\pi}\left(\frac{1}{2} - \frac{1}{2}\cos 2x - 2m\sin x + m^2\right)dx$$

$$= \pi\left[\frac{1}{2}x - \frac{1}{4}\sin 2x + 2m\cos x + m^2 x\right]_0^{\pi}$$

$$= \pi\left\{\left(\frac{\pi}{2} - 2m + \pi m^2\right) - 2m\right\}$$

$$= \boldsymbol{\pi^2 m^2 - 4\pi m + \frac{\pi^2}{2}}$$

◀ 半角の公式
$\sin^2 x = \dfrac{1 - \cos 2x}{2}$

(3)　$0 \leqq m \leqq 1$ のとき

$$V = \pi^2 m^2 - 4\pi m + \frac{\pi^2}{2}$$
$$= \pi^2\left(m^2 - \frac{4}{\pi}m\right) + \frac{\pi^2}{2}$$
$$= \pi^2\left(m - \frac{2}{\pi}\right)^2 + \frac{\pi^2}{2} - 4$$

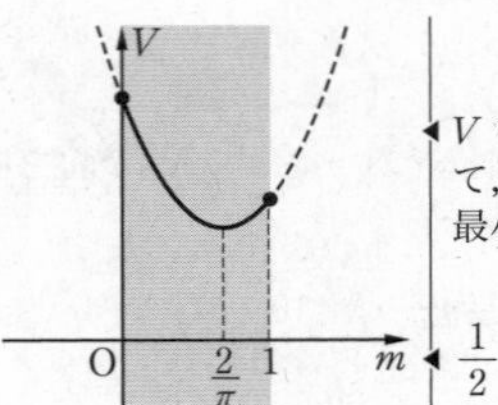

◀ V を m の2次関数とみて，平方完成して最大・最小を考える。

◀ $\frac{1}{2} < \frac{2}{\pi} < 1$

よって，V は **$m = \frac{2}{\pi}$ のとき　最小値 $\frac{\pi^2}{2} - 4$**

$m = 0$ のとき　最大値 $\frac{\pi^2}{2}$

③ $a > 5$ とする。円 $C : x^2 + (y-a)^2 = 25$ を x 軸のまわりに1回転させてできる回転体の体積 V_1 は，円 C を y 軸のまわりに1回転させてできる回転体の体積 V_2 の5倍に一致している。このとき，a の値を求めよ。

$x^2 + (y-a)^2 = 25$ より

$$(y-a)^2 = 25 - x^2$$
$$y - a = \pm\sqrt{25 - x^2}$$
$$y = a \pm \sqrt{25 - x^2}$$

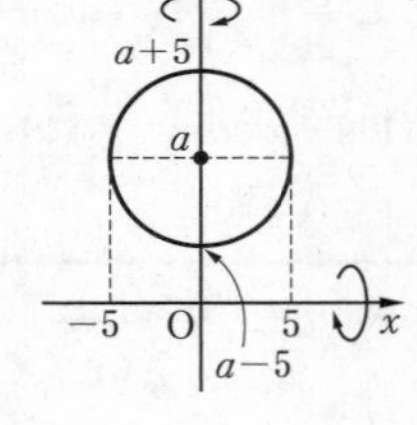

◀ 陰関数は“$y=$”または“$x=$”と変形して積分する。

よって

$$V_1 = \pi\int_{-5}^{5}\left(a + \sqrt{25 - x^2}\right)^2 dx - \pi\int_{-5}^{5}\left(a - \sqrt{25 - x^2}\right)^2 dx$$
$$= \pi\int_{-5}^{5}\left\{\left(a + \sqrt{25 - x^2}\right)^2 - \left(a - \sqrt{25 - x^2}\right)^2\right\}dx$$
$$= 4\pi a\int_{-5}^{5}\sqrt{25 - x^2}\,dx$$

$\int_{-5}^{5}\sqrt{25 - x^2}\,dx$ は半径が5の円の面積の $\frac{1}{2}$ であるから

$$V_1 = 4\pi a \cdot \pi \cdot 5^2 \cdot \frac{1}{2} = 50\pi^2 a$$

また，$V_2 = \frac{4}{3}\pi \cdot 5^3 = \frac{500}{3}\pi$

◀ V_2 は半径5の球の体積である。
半径 r の球の体積は
$\frac{4}{3}\pi r^3$

$V_1 = 5V_2$ より　　$50\pi^2 a = 5 \cdot \frac{500}{3}\pi$

したがって　　$\boldsymbol{a = \frac{50}{3\pi}}$

④ 媒介変数 t を用いて次の式で与えられる曲線

$$x = 4\cos t, \quad y = \sin 2t \quad \left(0 \leqq t \leqq \frac{\pi}{2}\right)$$

と x 軸で囲まれる部分を x 軸のまわりに1回転させて得られる回転体の体積を求めよ。

（神奈川大）

$y = \sin 2t = 0$ とすると，$0 \leqq t \leqq \frac{\pi}{2}$ の範囲で　　$t = 0,\ \frac{\pi}{2}$

よって，x 軸との交点の座標は　$(4,\ 0)$，$(0,\ 0)$

◀ $t=0$ のとき　$(4,\ 0)$
$t=\dfrac{\pi}{2}$ のとき　$(0,\ 0)$

ゆえに，求める体積を V とすると　$V=\pi\displaystyle\int_0^4 y^2dx$

ここで，$x=4\cos t$ より $\dfrac{dx}{dt}=-4\sin t$

であり，x と t の対応は右のようになる。

x	$0\to4$
t	$\frac{\pi}{2}\to0$

$x=4\cos t$
$y=\sin 2t$
$(t=0)$
$\left(t=\frac{\pi}{2}\right)$

したがって

$$V=\pi\int_{\frac{\pi}{2}}^0\sin^2 2t\cdot\frac{dx}{dt}dt=4\pi\int_0^{\frac{\pi}{2}}\sin^2 2t\cdot\sin t\,dt$$

$$=4\pi\int_0^{\frac{\pi}{2}}4\sin^2 t\cos^2 t\cdot\sin t\,dt$$

◀ $\sin 2t=2\sin t\cos t$

$$=16\pi\int_0^{\frac{\pi}{2}}(1-\cos^2 t)\cos^2 t\sin t\,dt$$

$$=16\pi\int_0^{\frac{\pi}{2}}(\cos^2 t-\cos^4 t)\sin t\,dt$$

$$=16\pi\Big[-\frac{1}{3}\cos^3 t+\frac{1}{5}\cos^5 t\Big]_0^{\frac{\pi}{2}}$$

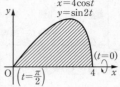

$$=16\pi\Big\{0-\Big(-\frac{1}{3}+\frac{1}{5}\Big)\Big\}=\boldsymbol{\frac{32}{15}\pi}$$

⑤ 点 $\mathrm{P}(x,\ y)$ が媒介変数 t の関数として，次の式で与えられている。

$$\begin{cases}x=5\cos t-\cos 5t\\ y=5\sin t-\sin 5t\end{cases}$$

(1) t を時間として，点Pの運動する速度ベクトル $\vec{v}=\left(\dfrac{dx}{dt},\ \dfrac{dy}{dt}\right)$ を求めよ。

(2) Pが，$t=0$ から $t=\dfrac{\pi}{4}$ まで変化したとき，曲線の長さ s を求めよ。

(聖マリアンナ医科大)

(1) $\dfrac{dx}{dt}=-5\sin t+5\sin 5t$，$\dfrac{dy}{dt}=5\cos t-5\cos 5t$

よって　$\boldsymbol{\vec{v}=(-5\sin t+5\sin 5t,\ 5\cos t-5\cos 5t)}$

(2) $$\left(\frac{dx}{dt}\right)^2+\left(\frac{dy}{dt}\right)^2=25(\sin^2 t-2\sin t\sin 5t+\sin^2 5t)$$
$$+25(\cos^2 t-2\cos t\cos 5t+\cos^2 5t)$$
$$=50\{1-(\cos 5t\cos t+\sin 5t\sin t)\}$$
$$=50(1-\cos 4t)$$
$$=50\cdot2\sin^2 2t=(10\sin 2t)^2$$

$\cos 5t\cos t+\sin 5t\sin t$
◀ $=\cos(5t-t)=\cos 4t$
◀ 半角の公式
$\sin^2\dfrac{\theta}{2}=\dfrac{1-\cos\theta}{2}$

よって，$0\leqq t\leqq\dfrac{\pi}{4}$ のとき

$$\sqrt{\left(\frac{dx}{dt}\right)^2+\left(\frac{dy}{dt}\right)^2}=|10\sin 2t|=10\sin 2t$$

◀ $0\leqq 2t\leqq\dfrac{\pi}{2}$ より
$\sin 2t\geqq0$

したがって　$$s=\int_0^{\frac{\pi}{4}}\sqrt{\left(\frac{dx}{dt}\right)^2+\left(\frac{dy}{dt}\right)^2}dt=\int_0^{\frac{\pi}{4}}10\sin 2t\,dt$$

$$=10\Big[-\frac{1}{2}\cos 2t\Big]_0^{\frac{\pi}{4}}=\boldsymbol{5}$$

思考の戦略編

練習 1　曲線 $C : 4x^2+9y^2=36\ (x>0)$ 上の点 $\mathrm{P}\left(\dfrac{3\sqrt{3}}{2},\ 1\right)$ における曲線 C の接線を l とするとき，曲線 C，接線 l，x 軸で囲まれた部分の面積 S を求めよ。（大分大　改）

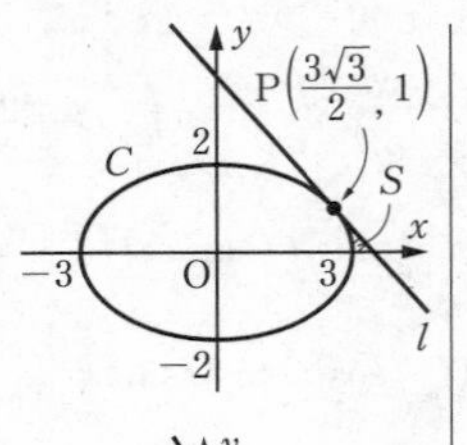

曲線 C は　$\dfrac{x^2}{9}+\dfrac{y^2}{4}=1$

曲線 C，点 P，接線 l，面積 S を y 軸を基準に x 軸方向に $\dfrac{2}{3}$ 倍したものをそれぞれ曲線 C'，点 P'，接線 l'，面積 S' とすると

曲線 C' は円 $x^2+y^2=4$ であり，点 P' は $(\sqrt{3},\ 1)$，$S'=\dfrac{2}{3}S$ である。このとき，接線 l' と x 軸の交点を A とすると，$\triangle\mathrm{AOP}'$ は $\angle\mathrm{AOP}'=\dfrac{\pi}{6}$ の直角三角形である。

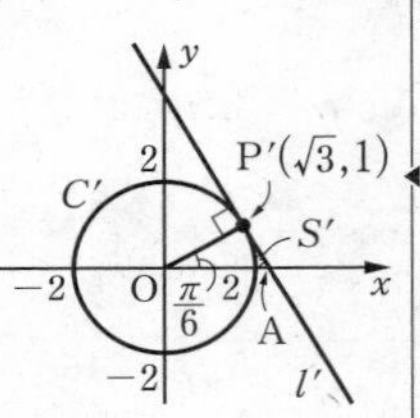

◀接線 l' の方程式を求める必要はない。

$\mathrm{OP}'=2$ より，$\mathrm{AP}'=\dfrac{2\sqrt{3}}{3}$ であるから

$$S=\frac{3}{2}S'=\frac{3}{2}\left(\frac{1}{2}\cdot\frac{2\sqrt{3}}{3}\cdot 2-\frac{1}{2}\cdot 2^2\cdot\frac{\pi}{6}\right)=\sqrt{3}-\frac{\pi}{2}$$

◀$S'=$

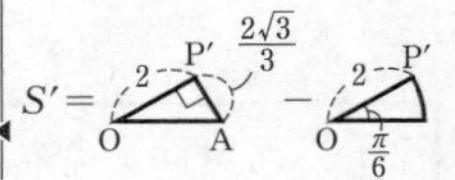

練習 2　xy 平面で楕円 $C : \dfrac{x^2}{a^2}+\dfrac{y^2}{b^2}=1\ (a>0,\ b>0)$ の外部に 1 点 $\mathrm{P}_1(x_1,\ y_1)$ が与えられている。次の 3 つの条件 (i), (ii), (iii) を満足するように点 $\mathrm{P}_n(x_n,\ y_n)\ (n=1,\ 2,\ 3,\ \cdots)$ を定める。

(i)　直線 $\mathrm{P}_n\mathrm{P}_{n+1}$ は楕円 C に接する。

(ii)　点 P_n と点 P_{n+1} の中点が接点である。

(iii)　点 $\mathrm{P}_1,\ \mathrm{P}_2,\ \mathrm{P}_3,\ \cdots$ は原点のまわりを時計の針と反対方向に進む。

このとき

(1)　$\dfrac{{x_1}^2}{a^2}+\dfrac{{y_1}^2}{b^2}=\dfrac{{x_2}^2}{a^2}+\dfrac{{y_2}^2}{b^2}$ が成り立つことを証明せよ。

(2)　$x_1=\sqrt{\dfrac{5}{6}}a,\ y_1=\dfrac{1}{\sqrt{2}}b$ のとき，P_7 と P_1 とが一致することを証明せよ。（慶應義塾大）

楕円 C，点 $\mathrm{P}_n\ (n=1,\ 2,\ 3,\ \cdots)$ を y 軸を基準に x 軸方向に $\dfrac{b}{a}$ 倍したものをそれぞれ円 C'，点 ${\mathrm{P}_n}'$ とする。

◀この変形をしても，条件 (i)～(iii) は保たれる。

(1)　${\mathrm{OP}_1}'={\mathrm{OP}_2}'$ であるから

$$\sqrt{\left(\frac{b}{a}x_1\right)^2+{y_1}^2}=\sqrt{\left(\frac{b}{a}x_2\right)^2+{y_2}^2}$$

両辺を 2 乗すると

$$\left(\frac{b}{a}x_1\right)^2+{y_1}^2=\left(\frac{b}{a}x_2\right)^2+{y_2}^2$$

$$\frac{{x_1}^2}{a^2}+\frac{{y_1}^2}{b^2}=\frac{{x_2}^2}{a^2}+\frac{{y_2}^2}{b^2}$$

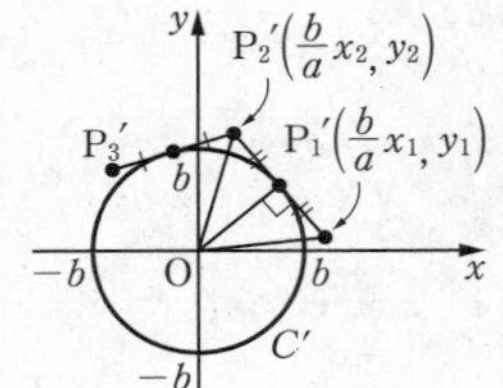

◀点 ${\mathrm{P}_1}'$ と ${\mathrm{P}_2}'$ の中点を M_1 とすると，OM_1 が ${\mathrm{P}_1}'{\mathrm{P}_2}'$ を垂直に 2 等分するから，$\triangle{\mathrm{P}_1}'\mathrm{O}{\mathrm{P}_2}'$ は ${\mathrm{OP}_1}'={\mathrm{OP}_2}'$ の二等辺三角形である。

(2)　$x_1=\sqrt{\dfrac{5}{6}}a$，$y_1=\dfrac{1}{\sqrt{2}}b$ のとき

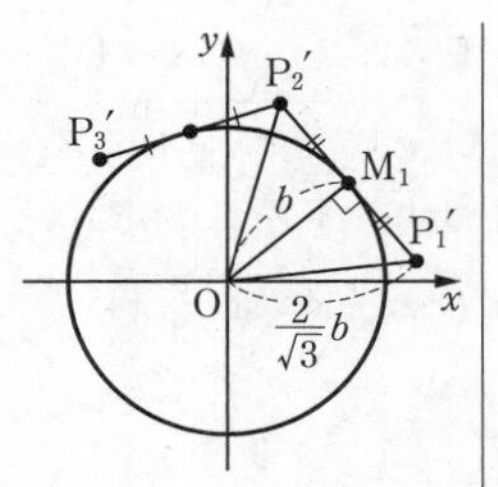

$$P_1'\left(\sqrt{\frac{5}{6}}b,\ \frac{1}{\sqrt{2}}b\right)$$

よって

$$OP_1'=\sqrt{\left(\sqrt{\frac{5}{6}}b\right)^2+\left(\frac{1}{\sqrt{2}}b\right)^2}$$

$$=\frac{2}{\sqrt{3}}b$$

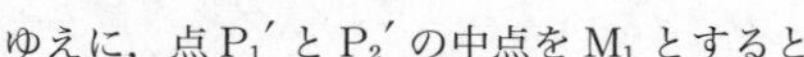

ゆえに，点 P_1' と P_2' の中点を M_1 とすると

$$OP_1':OM_1=\frac{2}{\sqrt{3}}b:b=2:\sqrt{3}$$

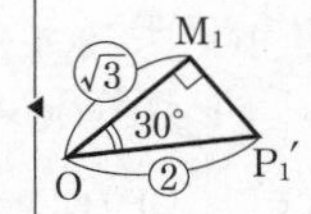

よって，$\triangle OM_1P_1'$ は $\angle M_1OP_1'=30°$ の直角三角形である。

ゆえに，$\angle P_1'OP_2'=\angle P_2'OP_3'=\cdots=\angle P_6'OP_7'=60°$ より

$$\angle P_1'OP_2'+\angle P_2'OP_3'+\cdots+\angle P_6'OP_7'=360°$$

また，$OP_1'=OP_2'=\cdots=OP_7'$ であるから，P_7' と P_1' は一致する。

したがって，P_7 と P_1 は一致する。

戦略

練習 3　a，b を実数の定数とする。$0\leqq x<2\pi$，$0\leqq y<2\pi$ を満たす実数 x，y に対する連立方程式 $\begin{cases}\sin x+\sin y=a\\ \cos x+\cos y=b\end{cases}$ について，次の問に答えよ。

(1)　$a=0$，$b=\sqrt{3}$ のとき，x，y の値をそれぞれ求めよ。

(2)　$a=-\sqrt{3}$，$b=1$ のとき，x，y の値をそれぞれ求めよ。

(3)　この連立方程式の解が存在するような a，b の満たす条件を求め，これを $(a,\ b)$ 平面に図示せよ。　　　（同志社大　改）

$\overrightarrow{OP}=(\cos x,\ \sin x)$，$\overrightarrow{OQ}=(\cos y,\ \sin y)$，

$\overrightarrow{OR}=(b,\ a)$ とおくと，連立方程式は

$$\overrightarrow{OP}+\overrightarrow{OQ}=\overrightarrow{OR}\qquad\cdots①$$

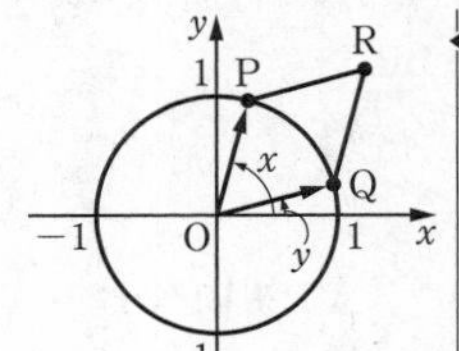

◀P，Q は単位円上の点である。

(1)　$a=0$，$b=\sqrt{3}$ のとき

$$\overrightarrow{OR}=(\sqrt{3},\ 0)$$

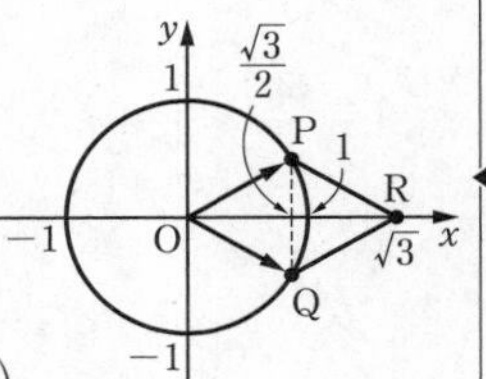

このとき，$x\leqq y$ で考えると

$$\overrightarrow{OP}=\left(\frac{\sqrt{3}}{2},\ \frac{1}{2}\right)=\left(\cos\frac{\pi}{6},\ \sin\frac{\pi}{6}\right)$$

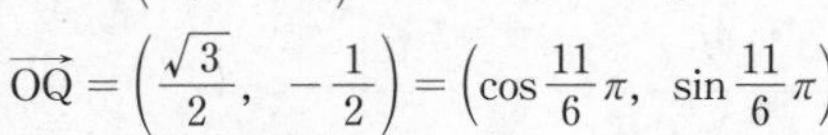

$$\overrightarrow{OQ}=\left(\frac{\sqrt{3}}{2},\ -\frac{1}{2}\right)=\left(\cos\frac{11}{6}\pi,\ \sin\frac{11}{6}\pi\right)$$

◀x と y の対称式であるから，$x\leqq y$ の場合で考え，その解の x と y を入れかえた組も解とする。

のとき，① を満たす。

よって，$x\geqq y$ の場合も考えると

$$\boldsymbol{(x,\ y)=\left(\frac{\pi}{6},\ \frac{11}{6}\pi\right),\ \left(\frac{11}{6}\pi,\ \frac{\pi}{6}\right)}$$

(2) $a=-\sqrt{3}$, $b=1$ のとき　$\overrightarrow{\mathrm{OR}}=(1,\ -\sqrt{3})$

このとき　$|\overrightarrow{\mathrm{OR}}|=\sqrt{1^2+(-\sqrt{3})^2}=2$

$|\overrightarrow{\mathrm{OP}}|=|\overrightarrow{\mathrm{OQ}}|=1$ より，① を満たすのは

$$\overrightarrow{\mathrm{OP}}=\overrightarrow{\mathrm{OQ}}=\left(\cos\frac{5}{3}\pi,\ \sin\frac{5}{3}\pi\right)$$

のときである。

よって　$\boldsymbol{(x,\ y)=\left(\frac{5}{3}\pi,\ \frac{5}{3}\pi\right)}$

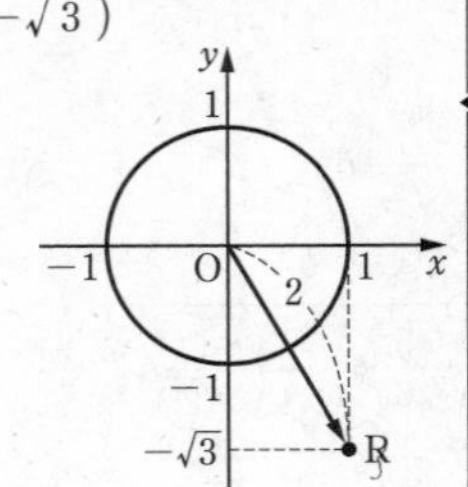

◀ $|\overrightarrow{\mathrm{OR}}|=2$ となるのは $\overrightarrow{\mathrm{OP}}=\overrightarrow{\mathrm{OQ}}$ となるときのみであり

$\overrightarrow{\mathrm{OR}}=\left(2\cos\frac{5}{3}\pi,\ 2\sin\frac{5}{3}\pi\right)$

より

$\overrightarrow{\mathrm{OP}}=\overrightarrow{\mathrm{OQ}}$

$=\left(\cos\frac{5}{3}\pi,\ \sin\frac{5}{3}\pi\right)$

(3) ① より　$|\overrightarrow{\mathrm{OP}}+\overrightarrow{\mathrm{OQ}}|^2=|\overrightarrow{\mathrm{OR}}|^2$

$$|\overrightarrow{\mathrm{OP}}|^2+2\overrightarrow{\mathrm{OP}}\cdot\overrightarrow{\mathrm{OQ}}+|\overrightarrow{\mathrm{OQ}}|^2=|\overrightarrow{\mathrm{OR}}|^2$$

$$1+2\overrightarrow{\mathrm{OP}}\cdot\overrightarrow{\mathrm{OQ}}+1=a^2+b^2$$

◀ 両辺を 2 乗する。

よって　$\overrightarrow{\mathrm{OP}}\cdot\overrightarrow{\mathrm{OQ}}=\frac{1}{2}(a^2+b^2)-1$

ここで，$-1\leqq\overrightarrow{\mathrm{OP}}\cdot\overrightarrow{\mathrm{OQ}}\leqq 1$ であるから

$$-1\leqq\frac{1}{2}(a^2+b^2)-1\leqq 1$$

よって　$\boldsymbol{a^2+b^2\leqq 4}$

これを $(a,\ b)$ 平面に図示すると，**右の図**。

ただし，**境界線を含む**。

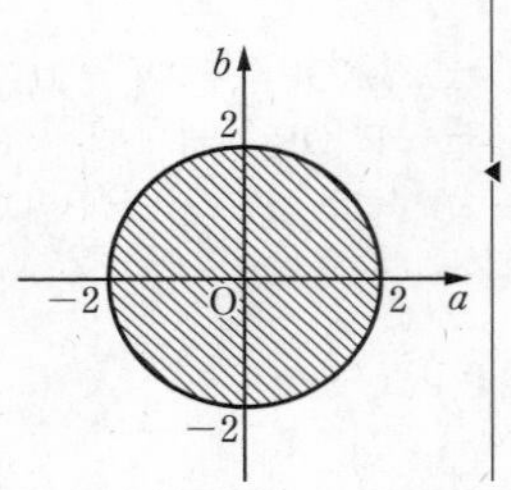

◀ $\overrightarrow{\mathrm{OP}}\cdot\overrightarrow{\mathrm{OQ}}=\cos\angle\mathrm{POQ}$ であるから

$-1\leqq\overrightarrow{\mathrm{OP}}\cdot\overrightarrow{\mathrm{OQ}}\leqq 1$

練習 4　$f(t)=\sqrt{t^2+4t+5}+\sqrt{t^2-6t+13}$ の最小値を求めよ。また，そのときの t の値を求めよ。

$$f(t)=\sqrt{t^2+4t+5}+\sqrt{t^2-6t+13}=\sqrt{(t+2)^2+1}+\sqrt{(t-3)^2+4}$$

ここで　$\sqrt{(t+2)^2+1}=\sqrt{(t+2)^2+(0-1)^2}$

$\sqrt{(t-3)^2+4}=\sqrt{(t-3)^2+(0-2)^2}$

であるから，$\mathrm{P}(t,\ 0)$, $\mathrm{A}(-2,\ 1)$, $\mathrm{B}(3,\ 2)$ とすると　$f(t)=\mathrm{AP}+\mathrm{BP}$

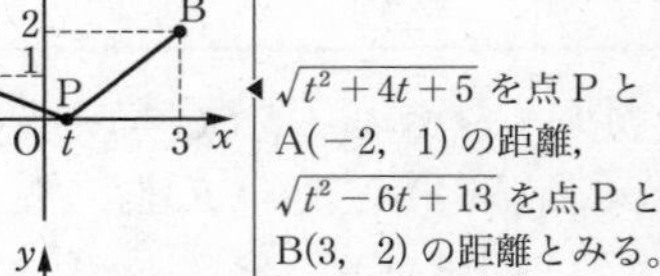

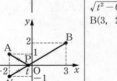

◀ $\sqrt{t^2+4t+5}$ を点 P と $\mathrm{A}(-2,\ 1)$ の距離，$\sqrt{t^2-6t+13}$ を点 P と $\mathrm{B}(3,\ 2)$ の距離とみる。

A と x 軸に関して対称な点を A′ とすると

$\mathrm{A}'(-2,\ -1)$

$\mathrm{AP}=\mathrm{A'P}$ であるから

$f(t)=\mathrm{AP}+\mathrm{BP}=\mathrm{A'P}+\mathrm{BP}$

$f(t)$ が最小となるのは，3 点 A′, P, B が一直線上にあるときである。

直線 A′B の方程式は $y+1=\frac{3}{5}(x+2)$ より　$y=\frac{3}{5}x+\frac{1}{5}$

$y=0$ のとき　$x=-\frac{1}{3}$

よって，直線 A′B と x 軸の交点 P は　$\mathrm{P}\left(-\frac{1}{3},\ 0\right)$

$$f\left(-\frac{1}{3}\right)=\sqrt{\left(-\frac{1}{3}+2\right)^2+1}+\sqrt{\left(-\frac{1}{3}-3\right)^2+4}$$

$$=\frac{\sqrt{34}}{3}+\frac{2\sqrt{34}}{3}=\sqrt{34}$$

したがって，$f(t)$ は　$\boldsymbol{t=-\frac{1}{3}}$ **のとき　最小値** $\boldsymbol{\sqrt{34}}$

練習 5 (1) $0<x<a$ を満たす実数 x, a に対して，次を示せ。

$$\frac{2x}{a}<\int_{a-x}^{a+x}\frac{1}{t}\,dt<x\left(\frac{1}{a+x}+\frac{1}{a-x}\right)$$

(2) (1)を利用して，$0.68<\log 2<0.71$ を示せ。 （東京大）

(1) 曲線 $C: y=\dfrac{1}{t}$ は $t>0$ において下に凸である。曲線 C 上の $x=a$ における接線を l とすると，右の図において

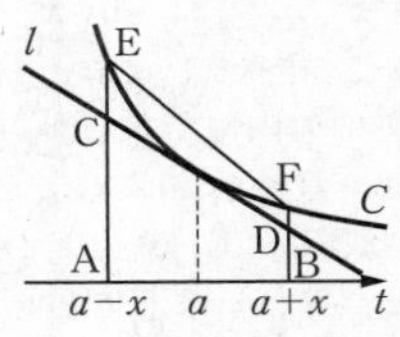
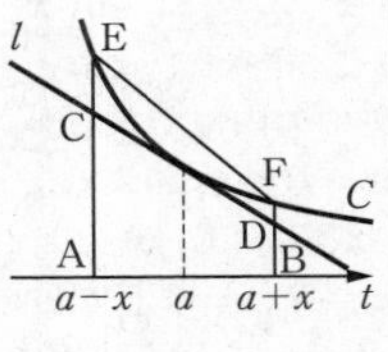

$$(\text{台形 ABDC})<\int_{a-x}^{a+x}\frac{1}{t}\,dt<(\text{台形 ABFE})$$

ここで

$$(\text{台形 ABDC})=2x\cdot\frac{1}{a}$$

$$(\text{台形 ABFE})=\frac{1}{2}\left(\frac{1}{a+x}+\frac{1}{a-x}\right)\cdot 2x=x\left(\frac{1}{a+x}+\frac{1}{a-x}\right)$$

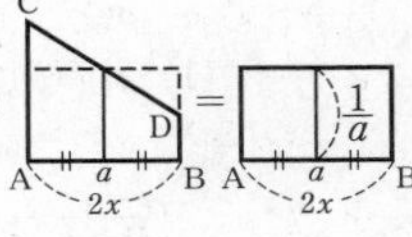

よって $$\frac{2x}{a}<\int_{a-x}^{a+x}\frac{1}{t}\,dt<x\left(\frac{1}{a+x}+\frac{1}{a-x}\right)$$

(2) $$\log 2=\int_{1}^{2}\frac{1}{t}\,dt=\int_{1}^{\frac{3}{2}}\frac{1}{t}\,dt+\int_{\frac{3}{2}}^{2}\frac{1}{t}\,dt \quad \cdots ①$$

(1)において，$a=\dfrac{5}{4}$，$x=\dfrac{1}{4}$ とすると

$$\frac{2\cdot\frac{1}{4}}{\frac{5}{4}}<\int_{1}^{\frac{3}{2}}\frac{1}{t}\,dt<\frac{1}{4}\left(\frac{1}{\frac{3}{2}}+\frac{1}{1}\right)$$

よって $$\frac{2}{5}<\int_{1}^{\frac{3}{2}}\frac{1}{t}\,dt<\frac{5}{12} \quad \cdots ②$$

また，(1)において，$a=\dfrac{7}{4}$，$x=\dfrac{1}{4}$ とすると

$$\frac{2\cdot\frac{1}{4}}{\frac{7}{4}}<\int_{\frac{3}{2}}^{2}\frac{1}{t}\,dt<\frac{1}{4}\left(\frac{1}{2}+\frac{1}{\frac{3}{2}}\right)$$

よって $$\frac{2}{7}<\int_{\frac{3}{2}}^{2}\frac{1}{t}\,dt<\frac{7}{24} \quad \cdots ③$$

②，③の辺々を加えると，①より $\dfrac{24}{35}<\log 2<\dfrac{17}{24}$

$\dfrac{24}{35}=0.685\cdots$，$\dfrac{17}{24}=0.708\cdots$ であるから

$$0.68<\log 2<0.71$$

◀(1)において，$a=\dfrac{3}{2}$，$x=\dfrac{1}{2}$ とすると

$$\frac{2}{3}<\int_{1}^{2}\frac{1}{t}\,dt<\frac{3}{4}$$

（$\dfrac{2}{3}=0.66\cdots$，$\dfrac{3}{4}=0.75$）

となり，うまくいかない。

そこで，$\displaystyle\int_{1}^{2}\frac{1}{t}\,dt$ を2つに分割して，誤差を小さくする。

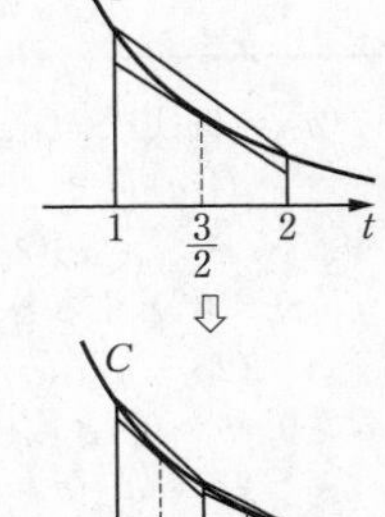

戦略

練習 6 $0<x<\pi$ で定義された関数 $f(x)=\dfrac{1}{\sin x}$ について

(1) $f''(x)$ を求めよ。さらに，$f''(x)>0$ を証明せよ。

(2) $\triangle$ABC について $\dfrac{1}{\sin A}+\dfrac{1}{\sin B}+\dfrac{1}{\sin C}\geqq 2\sqrt{3}$ を証明せよ。

(1) $f'(x)=-\dfrac{\cos x}{\sin^2 x}$

$$f''(x)=-\frac{(-\sin x)\sin^2 x-\cos x\cdot 2\sin x\cos x}{\sin^4 x}$$

$$=\frac{\sin^2 x+2\cos^2 x}{\sin^3 x}=\boldsymbol{\frac{2-\sin^2 x}{\sin^3 x}}$$

$0<x<\pi$ のとき $0<\sin x\leqq 1$ より　$f''(x)>0$

(2) A, B, C は $\triangle$ABC の内角であるから

$$0<A<\pi,\ 0<B<\pi,\ 0<C<\pi,\ A+B+C=\pi$$

ここで，関数 $f(x)$ は区間 $(0,\ \pi)$ において連続である。さらに，(1)の結果より，曲線 $y=f(x)$ は下に凸であるから，区間 $(0,\ \pi)$ に含まれる a, b と $0\leqq t\leqq 1$ を満たす t に対して

$$(1-t)f(a)+tf(b)\geqq f((1-t)a+tb)$$

よって

$$\frac{1}{\sin A}+\frac{1}{\sin B}+\frac{1}{\sin C}$$

$$=f(A)+f(B)+f(C)=2\left\{\frac{f(A)+f(B)}{2}\right\}+f(C)$$

$$\geqq 2f\left(\frac{A+B}{2}\right)+f(C)=3\left\{\frac{2}{3}f\left(\frac{A+B}{2}\right)+\frac{1}{3}f(C)\right\}$$

◀ $t=\dfrac{1}{2}$ のとき

$$\geqq 3f\left(\frac{2}{3}\cdot\frac{A+B}{2}+\frac{1}{3}C\right)=3f\left(\frac{A+B+C}{3}\right)$$

◀ $t=\dfrac{1}{3}$ のとき

$$=3f\left(\frac{\pi}{3}\right)=3\cdot\frac{1}{\sin\frac{\pi}{3}}=3\cdot\frac{2}{\sqrt{3}}=2\sqrt{3}$$

すなわち　$\dfrac{1}{\sin A}+\dfrac{1}{\sin B}+\dfrac{1}{\sin C}\geqq 2\sqrt{3}$

練習 7　a, b, c は $a>0$, $b>0$, $c>1$ を満たす定数とする。このとき，次の不等式を示せ。

$$(a+b)^c\leqq 2^{c-1}(a^c+b^c)$$

（玉川大　改）

$f(a)=(\text{右辺})-(\text{左辺})=2^{c-1}(a^c+b^c)-(a+b)^c$ とおくと

◀ 微分しやすい a または b に着目した。

$$f'(a)=2^{c-1}\cdot ca^{c-1}-c(a+b)^{c-1}$$

$$=c\{(2a)^{c-1}-(a+b)^{c-1}\}$$

$f'(a)=0$ とすると，$c\neq 0$ より

$$(2a)^{c-1}=(a+b)^{c-1}$$

$a>0$, $b>0$, $c>1$ より

$$2a=a+b$$

よって　$a=b$

ゆえに，$c>1$ のとき $c-1>0$ であるから，$f(a)$ の増減表は右のようになる。

a	0	…	b	…
$f'(a)$	／	$-$	0	$+$
$f(a)$	／	↘	最小	↗

ゆえに

$$f(a)\geqq f(b)=2^{c-1}(b^c+b^c)-(2b)^c$$

$$=2^{c-1}\cdot 2b^c-2^cb^c=0$$

◀ $f(a)=(\text{右辺})-(\text{左辺})\geqq 0$
よって　$(\text{左辺})\leqq(\text{右辺})$

したがって　$(a+b)^c\leqq 2^{c-1}(a^c+b^c)$

練習 8　nを自然数，$0<a<b$ とする。$n+2$ 個の正の実数 $a,\ c_1,\ c_2,\ \cdots,\ c_n,\ b$ がこの順に等差数列であり，$n+2$ 個の正の実数 $a,\ e_1,\ e_2,\ \cdots,\ e_n,\ b$ がこの順に等比数列であるとする。このとき，$i=1,\ 2,\ \cdots,\ n$ について，c_i と e_i のどちらが大きいか答えよ。

（お茶の水女子大　改）

等差数列の公差を d とすると　$d=\dfrac{b-a}{n+1}$

よって　$c_i=a+\dfrac{b-a}{n+1}i$

また，等比数列の公比を r ($r>0$) とすると　$r=\left(\dfrac{b}{a}\right)^{\frac{1}{n+1}}$

よって　$e_i=a\cdot\left(\dfrac{b}{a}\right)^{\frac{i}{n+1}}$

ゆえに　$c_i-e_i=a+\dfrac{b-a}{n+1}i-a\cdot\left(\dfrac{b}{a}\right)^{\frac{i}{n+1}}$

ここで，$f(x)=a+(b-a)x-a\cdot\left(\dfrac{b}{a}\right)^x$ ($0\leqq x\leqq 1$) とおくと

◀ $x=\dfrac{i}{n+1}$ とみる。$\dfrac{1}{n+1}\leqq x\leqq\dfrac{n}{n+1}$ であるから，$0\leqq x\leqq 1$ の範囲に広げて考える。

$$f'(x)=b-a-a\cdot\log\frac{b}{a}\cdot\left(\frac{b}{a}\right)^x$$

$$f''(x)=-a\left(\log\frac{b}{a}\right)^2\left(\frac{b}{a}\right)^x<0$$

◀ $a>0,\ \left(\log\dfrac{b}{a}\right)^2>0,\ \left(\dfrac{b}{a}\right)^x>0$

よって，曲線 $y=f(x)$ は上に凸である。

ここで　$f(0)=a-a=0$

$$f(1)=a+(b-a)-a\cdot\frac{b}{a}=0$$

$f(x)$ は連続であるから，$y=f(x)$ のグラフは右の図のようになり，$f(x)$ は

$x=0,\ 1$ のとき　最小値 0

ゆえに，$0<x<1$ のとき　$f(x)>0$

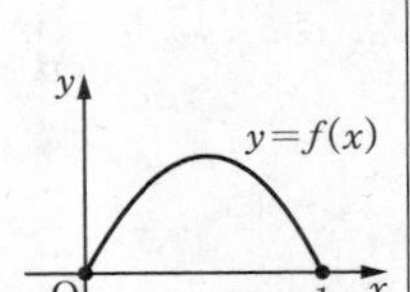

$0<\dfrac{i}{n+1}<1$ であるから　$f\left(\dfrac{i}{n+1}\right)>0$

したがって　$c_i-e_i>0$　すなわち　$\boldsymbol{c_i>e_i}$

〔別解〕（4 行目までは同様）

$f(x)=a+(b-a)x,\ g(x)=a\cdot\left(\dfrac{b}{a}\right)^x$ とおくと，$y=g(x)$ のグラフは下に凸であるから，$y=f(x)$ と $y=g(x)$ のグラフは右の図。

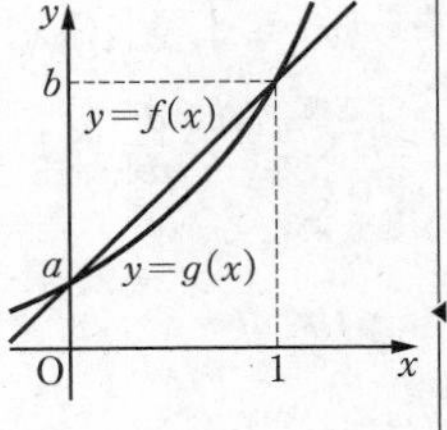

◀ $0<a<b$ より $b-a>0,\ \dfrac{b}{a}>1$

よって，$0<x<1$ において

$f(x)>g(x)$

$0<\dfrac{i}{n+1}<1$ であるから　$f\left(\dfrac{i}{n+1}\right)>g\left(\dfrac{i}{n+1}\right)$

すなわち　$c_i>e_i$

練習 9　次の不等式を証明せよ。

$$\log_3 2<\log_4 3<\log_5 4<\log_6 5<\log_7 6<\log_8 7<\log_9 8<\log_{10} 9$$

（北里大　改）

戦略

$f(x)=\log_{x+1}x \ (x>1)$ とおくと　$f(x)=\dfrac{\log x}{\log(x+1)}$

$$f'(x)=\frac{\frac{1}{x}\cdot\log(x+1)-\log x\cdot\frac{1}{x+1}}{\{\log(x+1)\}^2}$$

$$=\frac{(x+1)\log(x+1)-x\log x}{x(x+1)\{\log(x+1)\}^2}$$

◀ $\log_{x+1}x$ のままでは微分できないから，底の変換公式を用いて変形する。

ここで，$x>1$ のとき，$0<x<x+1$，$0<\log x<\log(x+1)$ であるから

$$x\log x<(x+1)\log(x+1)$$

◀ $0<a<b$, $0<c<d$ のとき　$ac<bd$

よって，$f'(x)>0$ であるから，$f(x)$ は $x>1$ で単調増加する。

ゆえに　$f(2)<f(3)<f(4)<f(5)<f(6)<f(7)<f(8)<f(9)$

すなわち

$$\log_3 2<\log_4 3<\log_5 4<\log_6 5<\log_7 6<\log_8 7<\log_9 8<\log_{10} 9$$

練習 10　次の値を自然数 n を用いて表せ。

(1)　$\displaystyle\sum_{k=0}^{n}(k+2)_n\mathrm{C}_k$　　　(2)　$\displaystyle\sum_{k=0}^{n}\frac{1}{k+2}{}_n\mathrm{C}_k$　（東京理科大）

二項定理により　$(1+x)^n=\displaystyle\sum_{k=0}^{n}{}_n\mathrm{C}_k x^k$　…①

(1)　①の両辺に x^2 を掛けると

$$x^2(1+x)^n=\sum_{k=0}^{n}{}_n\mathrm{C}_k x^{k+2}$$

両辺を x で微分すると

$$2x(1+x)^n+nx^2(1+x)^{n-1}=\sum_{k=0}^{n}(k+2)_n\mathrm{C}_k x^{k+1}$$

$x=1$ を代入すると

$$\sum_{k=0}^{n}(k+2)_n\mathrm{C}_k=2^{n+1}+n\cdot 2^{n-1}$$

$$=\boldsymbol{(n+4)2^{n-1}}$$

◀ $2^{n+1}+n\cdot 2^{n-1}$
$=2^2\cdot 2^{n-1}+n\cdot 2^{n-1}$
$=(n+4)2^{n-1}$

(2)　①の両辺に x を掛けると　$x(1+x)^n=\displaystyle\sum_{k=0}^{n}{}_n\mathrm{C}_k x^{k+1}$

よって　$\displaystyle\int_0^1 x(1+x)^n\,dx=\int_0^1\sum_{k=0}^{n}{}_n\mathrm{C}_k x^{k+1}\,dx$

◀ $\displaystyle\int\sum_{k=0}^{n}{}_n\mathrm{C}_k x^{k+1}\,dx$
$\displaystyle=\sum_{k=0}^{n}\frac{1}{k+2}{}_n\mathrm{C}_k x^{k+2}+C$
の利用を考える。

左辺は，$1+x=t$ とおくと　$\dfrac{dt}{dx}=1$

x と t の対応は右のようになるから

x	$0\to1$
t	$1\to2$

$$(\text{左辺})=\int_1^2(t-1)t^n\,dt$$

$$=\int_1^2(t^{n+1}-t^n)dt$$

$$=\left[\frac{1}{n+2}t^{n+2}-\frac{1}{n+1}t^{n+1}\right]_1^2$$

$$=\frac{1}{n+2}(2^{n+2}-1)-\frac{1}{n+1}(2^{n+1}-1)$$

$$=\frac{n\cdot 2^{n+1}+1}{(n+1)(n+2)}$$

◀ 置換積分を用いずに
(左辺)
$\displaystyle=\int_0^1\{(1+x)-1\}(1+x)^n\,dx$
$\displaystyle=\int_0^1(1+x)^{n+1}\,dx-\int_0^1(1+x)^n\,dx$
と考えてもよい。

また　(右辺) $= \left[\sum_{k=0}^{n} \frac{1}{k+2} {}_n\mathrm{C}_k x^{k+2} \right]_0^1 = \sum_{k=0}^{n} \frac{1}{k+2} {}_n\mathrm{C}_k$

したがって

$$\sum_{k=0}^{n} \frac{1}{k+2} {}_n\mathrm{C}_k = \frac{n \cdot 2^{n+1} + 1}{(n+1)(n+2)}$$

練習 11 関数 $f(x) = nx^2 - 2(a_1 + a_2 + \cdots + a_n)x + (a_1{}^2 + a_2{}^2 + \cdots + a_n{}^2)$ を考える。ただし，n は正の整数で，a_1，a_2，$\cdots$，a_n は実数である。次の問に答えよ。

(1) すべての n に対し，常に $f(x) \geqq 0$ であることを示せ。

(2) $(a_1 + a_2 + \cdots + a_n)^2 \leqq n(a_1{}^2 + a_2{}^2 + \cdots + a_n{}^2)$ であることを示せ。

(3) $(a_1 + a_2 + \cdots + a_n)^2 = n(a_1{}^2 + a_2{}^2 + \cdots + a_n{}^2)$ であれば，a_1，a_2，$\cdots$，a_n はすべて等しいことを示せ。　(高知大　改)

(1) $f(x) = (x^2 - 2a_1x + a_1{}^2) + (x^2 - 2a_2x + a_2{}^2) + \cdots + (x^2 - 2a_nx + a_n{}^2)$
$= (x - a_1)^2 + (x - a_2)^2 + \cdots + (x - a_n)^2$　…①

$x - a_k$ $(k = 1, 2, \cdots, n)$ は実数であるから　$(x - a_k)^2 \geqq 0$

よって，すべての n に対し，常に $f(x) \geqq 0$

(2) (1) より，すべての実数 x について $f(x) \geqq 0$ であるから，2 次関数 $y = f(x)$ のグラフは下に凸で，x 軸と共有点をもたない，または x 軸と 1 点で接する。

$y=f(x)$　$y=f(x)$

$D<0$　$D=0$

よって，$f(x) = 0$ の判別式を D とすると　$D \leqq 0$

$$\frac{D}{4} = (a_1 + a_2 + \cdots + a_n)^2 - n(a_1{}^2 + a_2{}^2 + \cdots + a_n{}^2)$$

であるから　$(a_1 + a_2 + \cdots + a_n)^2 \leqq n(a_1{}^2 + a_2{}^2 + \cdots + a_n{}^2)$

(3) $(a_1 + a_2 + \cdots + a_n)^2 = n(a_1{}^2 + a_2{}^2 + \cdots + a_n{}^2)$ が成り立つのは，(2) において $D = 0$ が成り立つときである。

すなわち，$y = f(x)$ のグラフが x 軸と 1 点で接するときである。

接点の x 座標を α とすると，① より

$$(\alpha - a_1)^2 + (\alpha - a_2)^2 + \cdots + (\alpha - a_n)^2 = 0$$

これが成り立つのは

$$\alpha = a_1 \text{ かつ } \alpha = a_2 \text{ かつ } \cdots \text{ かつ } \alpha = a_n$$

すなわち　$a_1 = a_2 = \cdots = a_n = \alpha$

よって，$(a_1 + a_2 + \cdots + a_n)^2 = n(a_1{}^2 + a_2{}^2 + \cdots + a_n{}^2)$ であれば，a_1，a_2，$\cdots$，a_n はすべて等しい。

◀ 具体的に小さい n で考えてみる。
$n = 1$ のとき
$f(x) = x^2 - 2a_1x + a_1{}^2$
$= (x - a_1)^2 \geqq 0$
$n = 2$ のとき
$f(x)$
$= 2x^2 - 2(a_1 + a_2)x + a_1{}^2 + a_2{}^2$
$= (x^2 - 2a_1x + a_1{}^2) + (x^2 - 2a_2x + a_2{}^2)$
$= (x - a_1)^2 + (x - a_2)^2$
$\geqq 0$
同様に，n の場合も考える。

◀ A が実数のとき $A^2 \geqq 0$

練習 12 $a \geqq 1$, $b \geqq 1$, $c \geqq 1$, $d \geqq 1$, $e \geqq 1$ のとき，次の不等式を証明せよ。

$$4 + abcde \geqq a + b + c + d + e$$

自然数 n に対して，$a_i \geqq 1$ $(i = 1, 2, 3, \cdots, n)$ のとき

$$(n-1) + a_1a_2a_3 \cdots a_n \geqq a_1 + a_2 + a_3 + \cdots + a_n \quad \cdots (*)$$

が成り立つことを証明する。

[1] $n = 1$ のとき

(左辺) $= 0 + a_1 = a_1$，(右辺) $= a_1$

(左辺) = (右辺) であり，(∗) は $n = 1$ のとき成り立つ。

[2] $n = k$ のとき，(∗) が成り立つと仮定すると

$$(k-1) + a_1a_2a_3 \cdots a_k \geqq a_1 + a_2 + a_3 + \cdots + a_k$$

◀ 不等式を一般化し，数学的帰納法を利用する。

戦略

すなわち　　$a_1a_2a_3\cdots a_k \geqq a_1+a_2+a_3+\cdots+a_k-k+1$

$n=k+1$ のとき

(左辺)−(右辺)

$=(k+1)-1+a_1a_2a_3\cdots a_ka_{k+1}-(a_1+a_2+a_3+\cdots+a_k+a_{k+1})$

$\geqq k+(a_1+a_2+a_3+\cdots+a_k-k+1)a_{k+1}$

$-(a_1+a_2+a_3+\cdots+a_k+a_{k+1})$

◀仮定した $n=k$ のときの式を利用する。

$=(a_{k+1}-1)(a_1+a_2+a_3+\cdots+a_k)-k(a_{k+1}-1)$

$=(a_{k+1}-1)(a_1+a_2+a_3+\cdots+a_k-k)$

$a_{k+1}\geqq 1$, $a_1+a_2+a_3+\cdots+a_k \geqq 1+1+1+\cdots+1=k$ であるから

$$(a_{k+1}-1)(a_1+a_2+a_3+\cdots+a_k-k)\geqq 0$$

よって

$$(k+1)-1+a_1a_2a_3\cdots a_ka_{k+1}\geqq a_1+a_2+a_3+\cdots+a_k+a_{k+1}$$

ゆえに，(＊) は $n=k+1$ のときも成り立つ。

[1]，[2] より，すべての自然数 n に対して (＊) は成り立つ。

したがって，(＊) において $n=5$ とし，$a_1=a$, $a_2=b$, $a_3=c$, $a_4=d$, $a_5=e$ とすることにより

◀5文字の場合について述べるのを忘れない。

$$4+abcde \geqq a+b+c+d+e$$

〔別解〕

$1+ab-(a+b)=(a-1)(b-1)$

$a\geqq 1$, $b\geqq 1$ より $(a-1)(b-1)\geqq 0$ であり

$$1+ab \geqq a+b \quad \cdots ①$$

また，$c\geqq 1$, $d\geqq 1$, $e\geqq 1$, $cd\geqq 1$ であるから

$$c+d+e \leqq 1+cd+e$$

◀$c+d\leqq 1+cd$

$$\leqq 1+1+cde$$

◀$cd+e\leqq 1+cde$

$$=2+cde \quad より$$

$$2+cde \geqq c+d+e \quad \cdots ②$$

$ab\geqq 1$, $cde\geqq 1$ であるから，①，② の辺々を加えると

$$a+b+c+d+e \leqq 3+ab+cde$$

$$\leqq 3+1+abcde$$

◀$ab+cde\leqq 1+abcde$

$$=4+abcde$$

よって　　$4+abcde \geqq a+b+c+d+e$

練習 13　$f(x)$ を x の関数とし，すべての実数 x, y に対して等式 $f(x+y)=f(x)+f(y)$ が成り立っているものとする。次の問に答えよ。

(1)　$f(0)=0$ であることを示せ。また，すべての実数 x に対して $f(-x)=-f(x)$ が成り立つことを示せ。

(2)　すべての 0 でない整数 n に対して，$f\left(\dfrac{1}{n}\right)=\dfrac{f(1)}{n}$ であることを示せ。

(3)　$f(2)=6$ であるとき，すべての有理数 x について $f(x)=3x$ であることを示せ。

(お茶の水女子大　改)

(1)　$f(x+y)=f(x)+f(y)$　　…① とする。

①に $y=0$ を代入すると　　$f(x)=f(x)+f(0)$

◀$x=0$, $y=0$ を代入して $f(0)=f(0)+f(0)$ より $f(0)=0$ としてもよい。

よって　　$f(0)=0$

①に $y=-x$ を代入すると　　$f(0)=f(x)+f(-x)$

$f(0)=0$ より　　$0=f(x)+f(-x)$

よって，すべての実数 x に対して $f(-x)=-f(x)$ が成り立つ。

(2) (ア) $n>0$ のとき

$$f(1)=f\left(n\cdot\frac{1}{n}\right)=f(\underbrace{\frac{1}{n}+\frac{1}{n}+\cdots+\frac{1}{n}}_{n\text{個}})$$

$$=f\left(\frac{1}{n}\right)+f(\underbrace{\frac{1}{n}+\frac{1}{n}+\cdots+\frac{1}{n}}_{(n-1)\text{個}})$$

$$=f\left(\frac{1}{n}\right)+f\left(\frac{1}{n}\right)+f(\underbrace{\frac{1}{n}+\frac{1}{n}+\cdots+\frac{1}{n}}_{(n-2)\text{個}})$$

$$=\cdots=nf\left(\frac{1}{n}\right)$$

よって　$f\left(\dfrac{1}{n}\right)=\dfrac{f(1)}{n}$

◀ $f(x+y)=f(x)+f(y)$ より
$f(1)$
$=f\left(\dfrac{1}{n}+\dfrac{n-1}{n}\right)$
$=f\left(\dfrac{1}{n}\right)+f\left(\dfrac{n-1}{n}\right)$
$=f\left(\dfrac{1}{n}\right)+f\left(\dfrac{1}{n}+\dfrac{n-2}{n}\right)$
$=\cdots$
$=f\left(\dfrac{1}{n}\right)+f\left(\dfrac{1}{n}\right)+\cdots+f\left(\dfrac{1}{n}\right)$
$=nf\left(\dfrac{1}{n}\right)$
と考えてもよい。

(イ) $n<0$ のとき

$$f\left(\frac{1}{n}\right)=f\left(-\frac{1}{-n}\right)$$

(1) より，$f(-x)=-f(x)$ であるから　$f\left(-\dfrac{1}{-n}\right)=-f\left(\dfrac{1}{-n}\right)$

$-n>0$ より，(ア) と同様に考えて　$-f\left(\dfrac{1}{-n}\right)=\dfrac{f(1)}{n}$

◀ $-f\left(\dfrac{1}{-n}\right)=-\dfrac{f(1)}{-n}=\dfrac{f(1)}{n}$

(ア)，(イ) より，すべての 0 でない整数 n に対して $f\left(\dfrac{1}{n}\right)=\dfrac{f(1)}{n}$ が成り立つ。

(3) x は有理数であるから，$x=\dfrac{m}{n}$（m は自然数，n は 0 以外の整数）とおく。

$$f\left(\frac{m}{n}\right)=f\left(m\cdot\frac{1}{n}\right)=f(\underbrace{\frac{1}{n}+\frac{1}{n}+\cdots+\frac{1}{n}}_{m\text{個}})$$

$$=f\left(\frac{1}{n}\right)+f(\underbrace{\frac{1}{n}+\frac{1}{n}+\cdots+\frac{1}{n}}_{(m-1)\text{個}})$$

$$=f\left(\frac{1}{n}\right)+f\left(\frac{1}{n}\right)+f(\underbrace{\frac{1}{n}+\frac{1}{n}+\cdots+\frac{1}{n}}_{(m-2)\text{個}})$$

$$=\cdots=mf\left(\frac{1}{n}\right)=m\frac{f(1)}{n}=\frac{m}{n}f(1)$$

◀ $f(x+y)=f(x)+f(y)$ において
$x=\dfrac{1}{n}$，
$y=\underbrace{\dfrac{1}{n}+\dfrac{1}{n}+\cdots+\dfrac{1}{n}}_{(m-1)\text{個}}$
と考える。

よって　$f(x)=xf(1)$

一方，$f(2)=6$ であるから　$f(1+1)=6$
$f(1)+f(1)=6$
$2f(1)=6$

ゆえに　$f(1)=3$

したがって　$f(x)=3x$

戦略

問題 **1**　xy 平面において曲線 $y=2\sqrt{1-x^2}$ $(-1\leqq x\leqq 1)$ と x 軸との交点を A(1, 0), B(−1, 0) とし，y 軸との交点を C(0, 2)，原点を O とする。このとき，次の問に答えよ。

(1)　この曲線の第 1 象限の部分に A，C と異なる点 P を四角形 OAPC の面積が最大となるようにとる。このとき，P の座標とその最大値を求めよ。

(2)　この曲線上に A，B，C と異なる 2 点 E，F を任意にとる。これら 5 点でつくられる五角形の面積の最大値を求めよ。　　（東北大）

曲線 $y=2\sqrt{1-x^2}$ $(-1\leqq x\leqq 1)$ を F とする。

$y=2\sqrt{1-x^2}$ $(-1\leqq x\leqq 1)$ より

$$y^2=4-4x^2\ (y\geqq 0)$$

よって，曲線 F は　$x^2+\dfrac{y^2}{4}=1$ $(y\geqq 0)$

◀ 曲線 F は楕円の上半分である。

(1)　曲線 F，点 A, C, P を x 軸を基準に y 軸方向に $\dfrac{1}{2}$ 倍したものをそれぞれ曲線 F'，点 A′, C′, P′ とすると

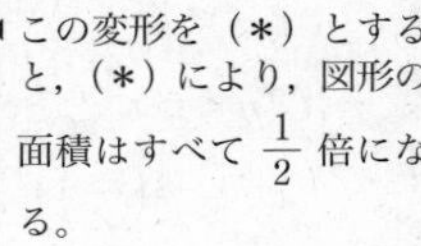

◀ この変形を（＊）とすると，（＊）により，図形の面積はすべて $\dfrac{1}{2}$ 倍になる。

$$F' : x^2+y^2=1$$

A′(1, 0)，C′(0, 1)

また　（四角形 OA′P′C′）$=\dfrac{1}{2}$（四角形 OAPC）

よって，四角形 OA′P′C′ の面積が最大になるとき，四角形 OAPC の面積は最大になる。

また，（四角形 OA′P′C′）$=\triangle$A′OC′ $+\triangle$A′P′C′ であるから，四角形 OA′P′C′ の面積が最大となるのは，$\triangle$A′P′C′ の面積が最大になるときであり，点 P′ が直線 A′C′ と平行な円 F' の接線の接点のうち，第 1 象限にある点となるときである。

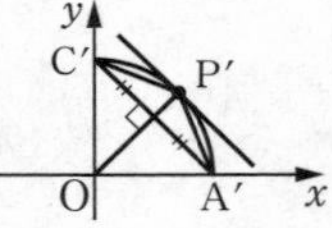

◀ 辺 A′C′ を底辺とみて，高さが最も大きくなるときである。

このとき　P′$\left(\dfrac{\sqrt{2}}{2},\ \dfrac{\sqrt{2}}{2}\right)$

◀ 直線 OP′ の方程式は $y=x$

よって，四角形 OA′P′C′ の面積の最大値は

$$\triangle \mathrm{OA'P'}+\triangle \mathrm{OC'P'}=\frac{1}{2}\cdot 1\cdot\frac{\sqrt{2}}{2}+\frac{1}{2}\cdot 1\cdot\frac{\sqrt{2}}{2}$$
$$=\frac{\sqrt{2}}{2}$$

したがって，四角形 OAPC の面積は

P$\left(\dfrac{\sqrt{2}}{2},\ \sqrt{2}\right)$ のとき　最大値 $\sqrt{2}$

◀（＊）と逆の変形をする。点 P の y 座標は点 P′ の y 座標を 2 倍し，四角形 OAPC の面積は四角形 OA′P′C′ の面積を 2 倍する。

(2)　(1) と同様に考えて，曲線 F を F' に変形したとき，点 B, E, F が点 B′, E′, F′ になるとする。

頂点が A, E, C, F, B である五角形の面積を S，

頂点が A′, E′, C′, F′, B′ である五角形の面積を S' とする。

このとき

$$S'=\frac{1}{2}S$$

よって，S' が最大になるとき，S は最大になる。

点E′，F′ がともに第1象限にあるとする。このとき，(点E′ の x 座標) > (点F′ の x 座標) としても一般性を失わない。

◀5つの点の順序によって場合分けする。

また，点F′ と y 軸に関して対称な点を F″ とする。

ここで

(五角形 A′E′C′F″B′)

= (五角形 A′E′F′C′B′) + △C′F″B′ − △C′F′E′

= (五角形 A′E′F′C′B′) + △C′F′A′ − △C′F′E′

△C′F′A′ > △C′F′E′ であるから

(五角形 A′E′C′F″B′) > (五角形 A′E′F′C′B′)

点E′，F′ がともに第2象限にあるときも同様に考えることができるから，S' が最大になるのは，点E′ が第1象限に，点F′ が第2象限にあるときとしてよい。

(五角形 A′E′C′F′B′) = (四角形 OA′E′C′) + (四角形 OB′F′C′)

(1) より，四角形 OA′E′C′ と四角形 OB′F′C′ の面積の最大値は $\dfrac{\sqrt{2}}{2}$

◀(1) の結果を利用する。

であるから，S' の最大値は $\sqrt{2}$

したがって，S の最大値は　**$2\sqrt{2}$**

戦略

問題 **2**　a，b，c を正の数とする。楕円 C：$\dfrac{x^2}{a^2}+\dfrac{y^2}{b^2}=1$ が，4点 $(c,\ 0)$，$(0,\ c)$，$(-c,\ 0)$，$(0,\ -c)$ を頂点とする正方形の各辺に接しているとする。4つの接点を頂点とする四角形の面積を S，楕円 C で囲まれる図形の面積を T とする。このとき，不等式 $\dfrac{S}{T} \leqq \dfrac{2}{\pi}$ が成り立つことを証明せよ。また，等号が成り立つのはどのようなときか答えよ。(金沢大)

正方形と楕円 C の接点のうち，第1象限にある接点を $\mathrm{P}(x_1,\ y_1)$ とおく。

◀$x_1>0$，$y_1>0$

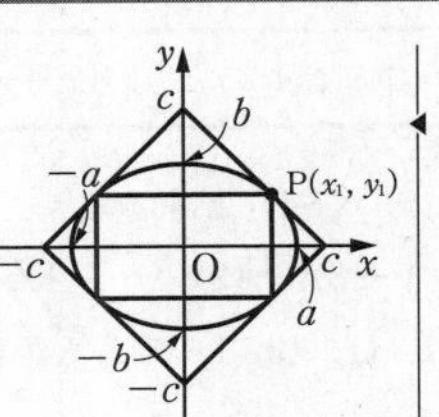

$$S=2x_1\cdot 2y_1=4x_1y_1$$

また，楕円 C：$\dfrac{x^2}{a^2}+\dfrac{y^2}{b^2}=1$ は，円 $x^2+y^2=a^2$ を x 軸を基準にして，y 軸方向に $\dfrac{b}{a}$ 倍したものであるから，T は円 $x^2+y^2=a^2$ の面積 πa^2 を $\dfrac{b}{a}$ 倍したものである。

◀$y=\pm\dfrac{b}{a}\sqrt{a^2-x^2}$ より
$T=4\displaystyle\int_0^a \dfrac{b}{a}\sqrt{a^2-x^2}\,dx$
を求めてもよい。

よって　$T=\pi a^2\cdot\dfrac{b}{a}=\pi ab$

ゆえに　$\dfrac{S}{T}=\dfrac{4x_1y_1}{\pi ab}=\dfrac{4}{\pi}\cdot\dfrac{x_1y_1}{ab}$　…①

ここで，点 $\mathrm{P}(x_1,\ y_1)$ は楕円 $\dfrac{x^2}{a^2}+\dfrac{y^2}{b^2}=1$ 上にあるから

$$\frac{{x_1}^2}{a^2}+\frac{{y_1}^2}{b^2}=1 \quad \cdots ②$$

相加平均と相乗平均の関係より

$$\frac{x_1{}^2}{a^2}+\frac{y_1{}^2}{b^2} \geqq 2\sqrt{\frac{x_1{}^2}{a^2}\cdot\frac{y_1{}^2}{b^2}}=\frac{2x_1y_1}{ab}$$

◀ $a>0,\ b>0,\ x_1>0,\ y_1>0$

よって　$1 \geqq \dfrac{2x_1y_1}{ab}$

$$\frac{1}{2} \geqq \frac{x_1y_1}{ab}$$

① より　$\dfrac{S}{T}=\dfrac{4}{\pi}\cdot\dfrac{x_1y_1}{ab} \leqq \dfrac{4}{\pi}\cdot\dfrac{1}{2}=\dfrac{2}{\pi}$

すなわち $\dfrac{S}{T} \leqq \dfrac{2}{\pi}$ が成り立つ。

等号が成り立つのは $\dfrac{x_1{}^2}{a^2}=\dfrac{y_1{}^2}{b^2}$ のときであるから，② より

$$\frac{x_1}{a}=\frac{y_1}{b}=\frac{1}{\sqrt{2}} \qquad \cdots ③$$

ここで，点 P における楕円 C の接線の方程式は

$$\frac{x_1x}{a^2}+\frac{y_1y}{b^2}=1$$

これが $y=-x+c$ すなわち $\dfrac{x}{c}+\dfrac{y}{c}=1$ と一致するから

◀ 正方形の 1 辺が楕円 C に接する。

$$\frac{x_1}{a^2}=\frac{y_1}{b^2}=\frac{1}{c}$$

③ より　$\dfrac{1}{\sqrt{2}\,a}=\dfrac{1}{\sqrt{2}\,b}=\dfrac{1}{c}$

◀ $\dfrac{x_1}{a^2}=\dfrac{x_1}{a}\cdot\dfrac{1}{a}=\dfrac{1}{\sqrt{2}}\cdot\dfrac{1}{a}$ $=\dfrac{1}{\sqrt{2}\,a}$

$$\sqrt{2}\,a=\sqrt{2}\,b=c$$

したがって　**$a=b=\dfrac{c}{\sqrt{2}}$ のとき等号成立**。

問題 3　$0 \leqq x \leqq 1,\ 0 \leqq y \leqq 1$ のとき，$(x-y+3)^2+(2x+y+1)^2$ の最大値および最小値を求めよ。

$\overrightarrow{\mathrm{OP}}=(x-y+3,\ 2x+y+1)$ とすると

$$|\overrightarrow{\mathrm{OP}}|^2=(x-y+3)^2+(2x+y+1)^2$$

◀ 式変形で進めていくのは複雑である。図を利用するためにベクトルで考える。

$\overrightarrow{\mathrm{OP}}=x(1,\ 2)+y(-1,\ 1)+(3,\ 1)$ であるから，$\vec{a}=(1,\ 2)$，$\vec{b}=(-1,\ 1)$，$\vec{c}=(3,\ 1)$ とおくと

$$\overrightarrow{\mathrm{OP}}=(x-y+3,\ 2x+y+1)$$
$$=x\vec{a}+y\vec{b}+\vec{c}\quad(0 \leqq x \leqq 1,\ 0 \leqq y \leqq 1)$$

よって，点 P の存在範囲は右の図の平行四辺形 ACBD の周および内部である。

◀ $\vec{a}=\overrightarrow{\mathrm{CA}}$，$\vec{b}=\overrightarrow{\mathrm{CB}}$，$\vec{c}=\overrightarrow{\mathrm{OC}}$

原点 O と点 P の距離の 2 乗が $|\overrightarrow{\mathrm{OP}}|^2$ であり，$|\overrightarrow{\mathrm{OA}}|=5$，$|\overrightarrow{\mathrm{OD}}|=5$，$|\overrightarrow{\mathrm{OB}}|=2\sqrt{2}$，$|\mathrm{OC}|=\sqrt{10}$ であることから $(x-y+3)^2+(2x+y+1)^2$ が最大となるのは，点 P が点 A または D と一致するとき，すなわち $x=1,\ y=0$ または $x=1,\ y=1$ のときであり，最大値は 25

◀ 原点 O と点 P の距離を考える。

$(x-y+3)^2+(2x+y+1)^2$ が最小となるのは，点 P が点 B と一致するとき，すなわち $x=0,\ y=1$ のときであり，最小値は 8

問題 4　s，t を $\dfrac{s^2}{8}+\dfrac{t^2}{2}=1$ を満たす実数とするとき，$\dfrac{t-2}{s-4}$ の最大値を求めよ。また，そのときの s，t の値を求めよ。　　(学習院大　改)

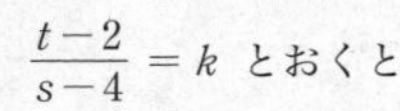

st 平面上で，$\dfrac{s^2}{8}+\dfrac{t^2}{2}=1$ …① を図示すると，右の図の楕円になる。

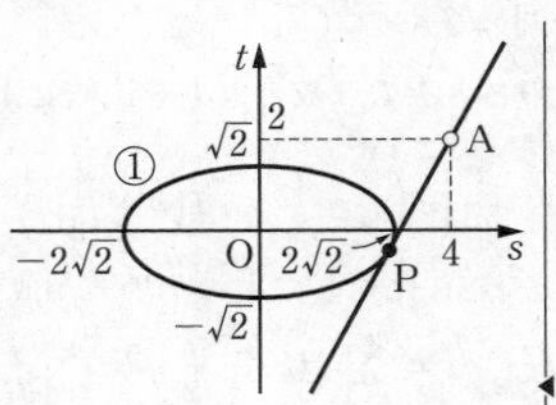

$\dfrac{t-2}{s-4}=k$ とおくと

$$t-2=k(s-4)\qquad \cdots ②$$

② は，定点 A(4, 2) を通り，傾きが k の直線を表す。

◀点 $(s,\ t)$ が楕円 ① 上を動くときの，傾き k の最大値を考える。

ただし，$s \fallingdotseq 4$ より点 (4, 2) を除く。

◀分母は 0 でないから $s-4 \neq 0$　よって　$s \neq 4$

k が最大となるのは，直線 ② が上の図のように楕円 ① に接するときである。

接点を $\mathrm{P}(s_1,\ t_1)$ とすると，接線の方程式は　$\dfrac{s_1 s}{8}+\dfrac{t_1 t}{2}=1$

◀楕円 $\dfrac{x^2}{a^2}+\dfrac{y^2}{b^2}=1$ 上の点 $(x_1,\ y_1)$ における接線の方程式は $\dfrac{x_1 x}{a^2}+\dfrac{y_1 y}{b^2}=1$

これが A(4, 2) を通るから　$\dfrac{s_1}{2}+t_1=1$　　…③

点 P は楕円 ① 上にあるから　$\dfrac{{s_1}^2}{8}+\dfrac{{t_1}^2}{2}=1$　　…④

③ より $s_1=2(1-t_1)$ であり，④ に代入すると

$$\frac{4({t_1}^2-2t_1+1)}{8}+\frac{{t_1}^2}{2}=1$$

$$2{t_1}^2-2t_1-1=0$$

よって　$t_1=\dfrac{1\pm\sqrt{3}}{2}$

このとき　$s_1=1\mp\sqrt{3}$　(複号同順)

図より，$s_1>0$ であるから　$s_1=1+\sqrt{3}$，$t_1=\dfrac{1-\sqrt{3}}{2}$

◀図より，接点の s 座標は正である。

したがって，$\dfrac{t-2}{s-4}$ は，$\boldsymbol{s=1+\sqrt{3}}$，$\boldsymbol{t=\dfrac{1-\sqrt{3}}{2}}$ **のとき，最大値**

$$\frac{t-2}{s-4}=\frac{\dfrac{1-\sqrt{3}}{2}-2}{(1+\sqrt{3})-4}=\frac{\sqrt{3}+1}{2(\sqrt{3}-1)}=\boldsymbol{\frac{2+\sqrt{3}}{2}}$$

問題 5 次の条件 (i), (ii), (iii) を満たす関数 $f(x)$ $(x>0)$ を考える。

(i) $f(1)=0$

(ii) 導関数 $f'(x)$ が存在し，$f'(x)>0$ $(x>0)$

(iii) 第 2 次導関数 $f''(x)$ が存在し，$f''(x)<0$ $(x>0)$

このとき次の問に答えよ。

(1) $a \geqq \dfrac{3}{2}$ のとき次の 3 数の大小を比較せよ。

$$f(a),\ \frac{1}{2}\left\{f\left(a-\frac{1}{2}\right)+f\left(a+\frac{1}{2}\right)\right\},\ \int_{a-\frac{1}{2}}^{a+\frac{1}{2}} f(x)dx$$

(2) 整数 n $(n \geqq 2)$ に対して次の不等式が成り立つことを示せ。

$$\int_{\frac{3}{2}}^{n} f(x)dx < \sum_{k=1}^{n-1} f(k)+\frac{1}{2}f(n) < \int_{1}^{n} f(x)dx$$

(3) 次の極限値を求めよ。ただし log は自然対数を表す。

$$\lim_{n\to\infty}\frac{n+\log n!-\log n^n}{\log n}$$

(東京医科歯科大)

(1) 条件 (ii), (iii) より，曲線 $y=f(x)$ は $x>0$ において，単調増加し上に凸である。

$a \geqq \dfrac{3}{2}$ のとき，$y=f(x)$ 上の点 $\mathrm{P}(a, f(a))$ における接線を l とすると，右の図より

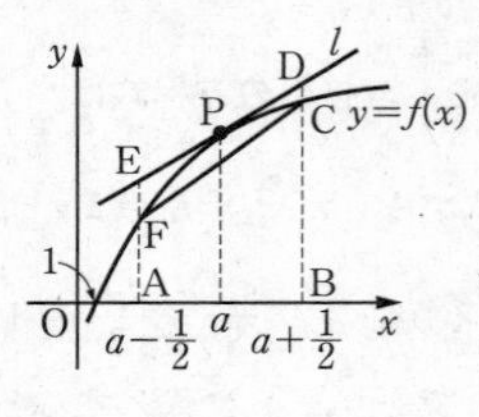

◀ $\displaystyle\int_{a-\frac{1}{2}}^{a+\frac{1}{2}} f(x)dx$ を考えるから，点 $\left(a-\dfrac{1}{2},\ f\left(a-\dfrac{1}{2}\right)\right)$，点 $\left(a+\dfrac{1}{2},\ f\left(a+\dfrac{1}{2}\right)\right)$ をそれぞれ F，C とおく。

$$(\text{台形 ABCF}) < \int_{a-\frac{1}{2}}^{a+\frac{1}{2}} f(x)dx < (\text{台形 ABDE})$$

ここで

$$(\text{台形 ABCF}) = \frac{1}{2}\left\{f\left(a-\frac{1}{2}\right)+f\left(a+\frac{1}{2}\right)\right\}\cdot 1$$
$$= \frac{1}{2}\left\{f\left(a-\frac{1}{2}\right)+f\left(a+\frac{1}{2}\right)\right\}$$

点 P を通り，x 軸に平行な直線と BD，AE との交点をそれぞれ D′，E′ とすると

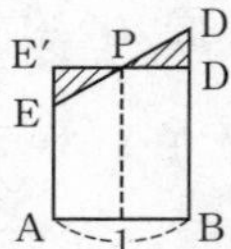

$$(\text{台形 ABDE}) = (\text{長方形 ABD'E'})$$
$$= f(a)\cdot 1 = f(a)$$

◀ 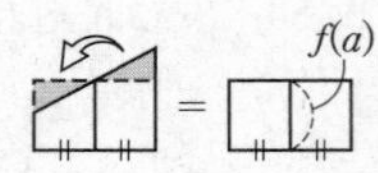

よって

$$\boldsymbol{\frac{1}{2}\left\{f\left(a-\frac{1}{2}\right)+f\left(a+\frac{1}{2}\right)\right\} < \int_{a-\frac{1}{2}}^{a+\frac{1}{2}} f(x)dx < f(a)}$$

(2) (1) より

$$\frac{1}{2}\left\{f\left(a-\frac{1}{2}\right)+f\left(a+\frac{1}{2}\right)\right\} < \int_{a-\frac{1}{2}}^{a+\frac{1}{2}} f(x)dx$$

この不等式に，$a=\dfrac{3}{2},\ \dfrac{5}{2},\ \cdots,\ n-\dfrac{1}{2}$ を代入し，辺々を加えると

$$\frac{1}{2}[\{f(1)+f(2)\}+\{f(2)+f(3)\}$$
$$+\cdots+\{f(n-1)+f(n)\}] < \int_{1}^{n} f(x)dx$$

$$\frac{1}{2}f(1)+\frac{1}{2}f(n)+f(2)+f(3)+\cdots+f(n-1) < \int_{1}^{n} f(x)dx$$

$$\frac{1}{2}f(1)+\frac{1}{2}f(n)+\sum_{k=2}^{n-1} f(k) < \int_{1}^{n} f(x)dx$$

$f(1)=0$ であるから

$$\frac{1}{2}f(n)+\sum_{k=1}^{n-1}f(k)<\int_1^n f(x)dx \qquad \cdots ①$$

> ◀ $f(1)=0$ より $\frac{1}{2}f(1)=0$, $\sum_{k=2}^{n-1}f(k)=\sum_{k=1}^{n-1}f(k)$

次に，(1) より $\displaystyle\int_{a-\frac{1}{2}}^{a+\frac{1}{2}} f(x)dx<f(a)$

この不等式に，$a=2,\ 3,\ \cdots,\ n-1$ を代入し，辺々を加えると

$$\int_{\frac{3}{2}}^{n-\frac{1}{2}} f(x)dx<f(2)+f(3)+\cdots+f(n-1)$$

$$\int_{\frac{3}{2}}^{n-\frac{1}{2}} f(x)dx<\sum_{k=2}^{n-1}f(k)$$

両辺に $\displaystyle\int_{n-\frac{1}{2}}^{n} f(x)dx$ を加えると

$$\int_{\frac{3}{2}}^{n} f(x)dx<\sum_{k=2}^{n-1}f(k)+\int_{n-\frac{1}{2}}^{n} f(x)dx$$

ここで，右の図より

$$\int_{n-\frac{1}{2}}^{n} f(x)dx<(\text{長方形 GHIJ})=\frac{1}{2}\cdot f(n)=\frac{1}{2}f(n)$$

また，$f(1)=0$ であるから

$$\int_{\frac{3}{2}}^{n} f(x)dx<\sum_{k=1}^{n-1}f(k)+\int_{n-\frac{1}{2}}^{n} f(x)dx<\sum_{k=1}^{n-1}f(k)+\frac{1}{2}f(n) \qquad \cdots ②$$

> ◀ $\displaystyle\int_{n-\frac{1}{2}}^{n} f(x)dx<\frac{1}{2}f(n)$

①，② より

$$\int_{\frac{3}{2}}^{n} f(x)dx<\sum_{k=1}^{n-1}f(k)+\frac{1}{2}f(n)<\int_1^n f(x)dx$$

(3)　$f(x)=\log x$ は，条件 (i)～(iii) を満たす。

(2) の不等式で，$f(x)=\log x$ とすると，$n\geqq 2$ のとき

$$\int_{\frac{3}{2}}^{n}\log x\,dx<\sum_{k=1}^{n-1}\log k+\frac{1}{2}\log n<\int_1^n \log x\,dx$$

> ◀ $f(1)=\log 1=0$
> $f'(x)=\frac{1}{x}>0\ (x>0)$
> $f''(x)=-\frac{1}{x^2}<0\ (x>0)$

ここで

$$\int_{\frac{3}{2}}^{n}\log x\,dx=\Big[x\log x-x\Big]_{\frac{3}{2}}^{n}$$
$$=n\log n-n-\left(\frac{3}{2}\log\frac{3}{2}-\frac{3}{2}\right)$$
$$=\log n^n-n-\frac{3}{2}\log\frac{3}{2}+\frac{3}{2}$$

$$\sum_{k=1}^{n-1}\log k+\frac{1}{2}\log n=\log 1+\log 2+\cdots+\log(n-1)+\log n-\frac{1}{2}\log n$$
$$=\log n!-\frac{1}{2}\log n$$

$$\int_1^n\log x\,dx=\Big[x\log x-x\Big]_1^n$$
$$=n\log n-n-(0-1)$$
$$=\log n^n-n+1$$

> ◀ $\int\log x\,dx$
> $=\int(x)'\log x\,dx$
> $=x\log x-\int x(\log x)'dx$
> $=x\log x-\int dx$
> $=x\log x-x+C$
> (C は積分定数)

よって

$$\log n^n-n-\frac{3}{2}\log\frac{3}{2}+\frac{3}{2}<\log n!-\frac{1}{2}\log n<\log n^n-n+1$$

戦略

$$\frac{1}{2}\log n-\frac{3}{2}\log\frac{3}{2}+\frac{3}{2}<n+\log n!-\log n^n<\frac{1}{2}\log n+1$$

$$\frac{1}{2}-\frac{1}{\log n}\left(\frac{3}{2}\log\frac{3}{2}-\frac{3}{2}\right)<\frac{n+\log n!-\log n^n}{\log n}<\frac{1}{2}+\frac{1}{\log n}$$

◀ $\dfrac{n+\log n!-\log n^n}{\log n}$ の形をつくる。

ここで　$\displaystyle\lim_{n\to\infty}\left\{\frac{1}{2}-\frac{1}{\log n}\left(\frac{3}{2}\log\frac{3}{2}-\frac{3}{2}\right)\right\}=\frac{1}{2}$

$$\lim_{n\to\infty}\left(\frac{1}{2}+\frac{1}{\log n}\right)=\frac{1}{2}$$

であるから，はさみうちの原理より

$$\boldsymbol{\lim_{n\to\infty}\frac{n+\log n!-\log n^n}{\log n}=\frac{1}{2}}$$

問題 **6**　x_i $(i=1,\ 2,\ 3,\ \cdots,\ n)$ を正の数とし，$\displaystyle\sum_{i=1}^{n}x_i=k$ を満たすとする。このとき，不等式 $\displaystyle\sum_{i=1}^{n}x_i\log x_i\geqq k\log\frac{k}{n}$ を証明せよ。　　（東京工業大）

証明する不等式を変形すると　$\displaystyle\frac{1}{n}\sum_{i=1}^{n}x_i\log x_i\geqq\frac{k}{n}\log\frac{k}{n}$　◀ 両辺を n で割る。

$f(x)=x\log x$ $(x>0)$ とすると　$\displaystyle\frac{1}{n}\sum_{i=1}^{n}f(x_i)\geqq f\left(\frac{k}{n}\right)$

よって

$$f\left(\frac{x_1+x_2+\cdots+x_n}{n}\right)\leqq\frac{1}{n}\{f(x_1)+f(x_2)+\cdots+f(x_n)\}\quad\cdots①$$

◀ $k=x_1+x_2+\cdots+x_n$

が成り立つことを，数学的帰納法を用いて証明する。

[1]　$n=1$ のとき

$$(\text{左辺})=f\left(\frac{x_1}{1}\right)=f(x_1),\ (\text{右辺})=\frac{1}{1}f(x_1)=f(x_1)$$

よって，① は $n=1$ のとき成り立つ。

[2]　$n=m$ のとき，① が成り立つと仮定すると

$$f\left(\frac{x_1+x_2+\cdots+x_m}{m}\right)\leqq\frac{1}{m}\{f(x_1)+f(x_2)+\cdots+f(x_m)\}$$

$n=m+1$ のとき

$$f\left(\frac{x_1+x_2+\cdots+x_m+x_{m+1}}{m+1}\right)$$

$$=f\left(\frac{m}{m+1}\cdot\frac{x_1+x_2+\cdots+x_m}{m}+\frac{x_{m+1}}{m+1}\right)\quad\cdots②$$

ここで，$f'(x)=\log x+1$，$f''(x)=\dfrac{1}{x}>0$ より，$y=f(x)$ のグラフは下に凸である。

$y=f(x)$ 上に 2 点 $\mathrm{A}(a,\ f(a))$, $\mathrm{B}(b,\ f(b))$ をとり，線分 AB を $t:s$ $(s+t=1)$ に内分する点を P とすると

$$\mathrm{P}(sa+tb,\ sf(a)+tf(b))$$

◀ 点 P の x 座標は $\dfrac{sa+tb}{t+s}$

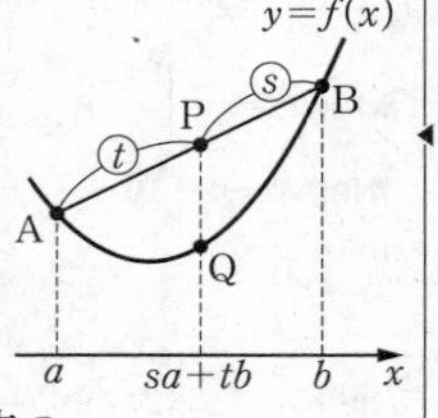

また，$y=f(x)$ 上の $x=sa+tb$ における点を Q とすると，$y=f(x)$ が下に凸であるから　(Q の y 座標) $\leqq$ (P の y 座標)

すなわち $f(sa+tb)\leqq sf(a)+tf(b)$ が成り立つ。

よって，② において $\frac{m}{m+1}+\frac{1}{m+1}=1$ であるから

$$f\left(\frac{m}{m+1}\cdot\frac{x_1+x_2+\cdots+x_m}{m}+\frac{x_{m+1}}{m+1}\right)$$

$$\leqq \frac{m}{m+1}f\left(\frac{x_1+x_2+\cdots+x_m}{m}\right)+\frac{1}{m+1}f(x_{m+1})$$

$$\leqq \frac{m}{m+1}\cdot\frac{1}{m}\{f(x_1)+f(x_2)+\cdots+f(x_m)\}+\frac{1}{m+1}f(x_{m+1})$$

$$=\frac{1}{m+1}\{f(x_1)+f(x_2)+\cdots+f(x_{m+1})\}$$

◀ $s=\frac{m}{m+1}$，$t=\frac{1}{m+1}$，$a=\frac{x_1+x_2+\cdots+x_m}{m}$，$b=x_{m+1}$ として $f(sa+tb)\leqq sf(a)+tf(b)$ を適用する。

◀ 仮定した $n=m$ のときの式を利用する。

ゆえに，① は $n=m+1$ のときも成り立つ。

[1]，[2] より，すべての自然数 n において ① が成り立つ。

すなわち　$\frac{1}{n}\sum_{i=1}^{n}f(x_i)\geqq f\left(\frac{1}{n}\sum_{i=1}^{n}x_i\right)$

$\frac{1}{n}\sum_{i=1}^{n}x_i=\frac{k}{n}$ であるから　$\frac{1}{n}\sum_{i=1}^{n}f(x_i)\geqq f\left(\frac{k}{n}\right)$

よって　$\frac{1}{n}\sum_{i=1}^{n}x_i\log x_i\geqq\frac{k}{n}\log\frac{k}{n}$

したがって $\sum_{i=1}^{n}x_i\log x_i\geqq k\log\frac{k}{n}$ が成り立つ。

◀ 等号が成り立つのは，すべての x_i が等しいとき

戦略

問題 7　a，b，c を正の実数とする。

(1)　不等式 $ba^{b+c}+c\geqq(b+c)a^b$ が成り立つことを示せ。

(2)　$x>0$，$y>0$ に対して，不等式 $ax^{a+b+c}+by^{a+b+c}+c\geqq(a+b+c)x^ay^b$ が成り立つことを示せ。

（北海道大　改）

(1)　$f(a)=(\text{左辺})-(\text{右辺})$

$$=ba^{b+c}+c-(b+c)a^b$$

とおくと

$$f'(a)=b(b+c)a^{b+c-1}-(b+c)ba^{b-1}$$
$$=b(b+c)a^{b-1}(a^c-1)$$

◀ 微分しやすい a に着目し，(左辺)−(右辺) を a の関数 $f(a)$ として扱う。

◀ $b>0$，$b+c>0$，$a^{b-1}>0$ より $f'(a)$ と a^c-1 は同符号である。

$a>0$ より，$f'(a)=0$ とすると

$a=1$

よって，$f(a)$ の増減表は右のようになる。

a	0	$\cdots$	1	$\cdots$
$f'(a)$	／	$-$	0	$+$
$f(a)$	／	↘	最小	↗

ゆえに

$$f(a)\geqq f(1)=b+c-(b+c)=0$$

したがって　$ba^{b+c}+c\geqq(b+c)a^b$

◀ 等号が成り立つのは $a=1$ のとき

(2)　$g(x)=(\text{左辺})-(\text{右辺})$

$$=ax^{a+b+c}+by^{a+b+c}+c-(a+b+c)x^ay^b$$

とおくと

$$g'(x)=a(a+b+c)x^{a+b+c-1}-a(a+b+c)y^bx^{a-1}$$
$$=a(a+b+c)x^{a-1}(x^{b+c}-y^b)$$

◀ x に着目し，(左辺)−(右辺) を x の関数 $g(x)$ として扱う。

◀ $a>0$，$a+b+c>0$，$x^{a-1}>0$ より $g'(x)$ と $x^{b+c}-y^b$ は同符号である。

$x>0$，$y>0$ より，$g'(x)=0$ とすると　$x=y^{\frac{b}{b+c}}$

よって，$g(x)$ の増減表は右のようになる。

x	0	$\cdots$	$y^{\frac{b}{b+c}}$	$\cdots$
$g'(x)$	／	$-$	0	$+$
$g(x)$	／	↘	最小	↗

ゆえに

$$g(x) \geqq g\left(y^{\frac{b}{b+c}}\right)$$
$$= ay^{\frac{b(a+b+c)}{b+c}} + by^{a+b+c} + c - (a+b+c)y^{\frac{ab}{b+c}} \cdot y^b$$
$$= by^{a+b+c} + c - (b+c)y^{\frac{b(a+b+c)}{b+c}}$$
$$= f\left(y^{\frac{a+b+c}{b+c}}\right)$$

◀(1)の不等式に着目する。

(1)より，$f\left(y^{\frac{a+b+c}{b+c}}\right)$ は0以上であるから　　$g(x) \geqq 0$

したがって　　$ax^{a+b+c} + by^{a+b+c} + c \geqq (a+b+c)x^a y^b$

問題 **8**　$a = \dfrac{2^8}{3^4}$ として，数列 $b_k = \dfrac{(k+1)^{k+1}}{a^k k!}$ $(k = 1,\ 2,\ 3,\ \cdots)$ を考える。

(1)　関数 $f(x) = (x+1)\log\left(1+\dfrac{1}{x}\right)$ は $x > 0$ で減少することを示せ。

(2)　数列 $\{b_k\}$ の項の最大値 M を既約分数で表し，$b_k = M$ となる k をすべて求めよ。

（東京工業大）

---

(1)　$$f'(x) = \log\left(1+\frac{1}{x}\right) + (x+1)\cdot\frac{1}{1+\frac{1}{x}}\cdot\left(-\frac{1}{x^2}\right)$$
$$= \log\left(1+\frac{1}{x}\right) - \frac{1}{x}$$

◀ $\left\{\log\left(1+\dfrac{1}{x}\right)\right\}' = \dfrac{1}{1+\frac{1}{x}}\cdot\left(1+\dfrac{1}{x}\right)'$

$$f''(x) = \frac{1}{1+\frac{1}{x}}\cdot\left(-\frac{1}{x^2}\right) + \frac{1}{x^2}$$
$$= -\frac{1}{x(x+1)} + \frac{1}{x^2} = \frac{1}{x^2(x+1)} > 0$$

◀ $x > 0$ より $\dfrac{1}{x^2(x+1)} > 0$

$f''(x) > 0$ より，$f'(x)$ は $x > 0$ で単調増加し，

$\displaystyle\lim_{x\to\infty} f'(x) = \lim_{x\to\infty}\left\{\log\left(1+\frac{1}{x}\right) - \frac{1}{x}\right\} = 0$ であるから，$x > 0$ で $f'(x) < 0$ である。

よって，$f(x)$ は $x > 0$ で減少する。

(2)　$$\frac{b_{k+1}}{b_k} = \frac{(k+2)^{k+2}}{a^{k+1}(k+1)!}\cdot\frac{a^k k!}{(k+1)^{k+1}} = \frac{1}{a}\left(\frac{k+2}{k+1}\right)^{k+2}$$

◀数列 $\{b_k\}$ の項の最大値を考えるために，隣接する2項の比に着目する。

$\dfrac{b_{k+1}}{b_k} > 1$ とすると，$\dfrac{1}{a}\left(\dfrac{k+2}{k+1}\right)^{k+2} > 1$ より

$$\left(\frac{k+2}{k+1}\right)^{k+2} > a = \left(\frac{4}{3}\right)^4$$

$b_k < b_{k+1}$ のとき $\dfrac{b_{k+1}}{b_k} > 1$，$b_k > b_{k+1}$ のとき $\dfrac{b_{k+1}}{b_k} < 1$ であるから，1を基準にして考える。

両辺の自然対数をとると

$$(k+2)\log\frac{k+2}{k+1} > 4\log\frac{4}{3}$$
$$\{(k+1)+1\}\log\left(1+\frac{1}{k+1}\right) > (3+1)\log\left(1+\frac{1}{3}\right)$$

◀ $\dfrac{k+2}{k+1} = 1 + \dfrac{1}{k+1}$　$\dfrac{4}{3} = 1 + \dfrac{1}{3}$

ゆえに　　$f(k+1) > f(3)$　　…①

(1)より，$f(x)$ は $x > 0$ で減少するから，① を満たす k の値は $k = 1$ のみである。

◀ $f(k+1) > f(3)$ が成り立つのは $k+1 < 3$

$\dfrac{b_{k+1}}{b_k} = 1$ とすると，$f(k+1) = f(3)$ より　　$k = 2$

◀ $k+1 = 3$

$\dfrac{b_{k+1}}{b_k} < 1$ とすると，$f(k+1) < f(3)$ より　$k \geqq 3$

◀ $k+1 > 3$

よって $\begin{cases} k=1 \text{ のとき} & b_k < b_{k+1} \\ k=2 \text{ のとき} & b_k = b_{k+1} \\ k \geqq 3 \text{ のとき} & b_k > b_{k+1} \end{cases}$

すなわち　$b_1 < b_2 = b_3 > b_4 > b_5 > \cdots$

したがって，$b_k = M$ となるのは $\boldsymbol{k=2}$，**3** のときで，このとき

$$M = b_2\,(= b_3) = \frac{3^3}{a^2 \cdot 2!} = \left(\frac{3}{4}\right)^8 \cdot \frac{3^3}{2} = \boldsymbol{\frac{3^{11}}{2^{17}}}$$

問題 9 (1) x を正の数とするとき，$\log\left(1+\dfrac{1}{x}\right)$ と $\dfrac{1}{x+1}$ の大小を比較せよ。

(2) $\left(1+\dfrac{2001}{2002}\right)^{\frac{2002}{2001}}$ と $\left(1+\dfrac{2002}{2001}\right)^{\frac{2001}{2002}}$ の大小を比較せよ。　(名古屋大)

(1) $f(x) = \log\left(1+\dfrac{1}{x}\right) - \dfrac{1}{x+1}$ $(x>0)$ とおく。

$$f'(x) = \frac{1}{1+\dfrac{1}{x}} \cdot \left(-\frac{1}{x^2}\right) + \frac{1}{(x+1)^2} = -\frac{1}{x(x+1)^2} < 0$$

よって，$f(x)$ は単調減少し，また $\displaystyle\lim_{x\to\infty} f(x) = 0$ であるから　$f(x) > 0$

◀ $\displaystyle\lim_{x\to\infty} f(x) = \log(1+0) - 0 = 0$

したがって　$\boldsymbol{\log\left(1+\dfrac{1}{x}\right) > \dfrac{1}{x+1}}$

(2) $\dfrac{2002}{2001} = a$ とおくと

◀ $\dfrac{1}{a} = \dfrac{2001}{2002}$

$$\left(1+\frac{2001}{2002}\right)^{\frac{2002}{2001}} = \left(1+\frac{1}{a}\right)^a,\ \left(1+\frac{2002}{2001}\right)^{\frac{2001}{2002}} = (1+a)^{\frac{1}{a}}$$

$g(x) = \log\left(1+\dfrac{1}{x}\right)^x = x\log\left(1+\dfrac{1}{x}\right)$ $(x>0)$ とおくと

◀ $g(a) = \log\left(1+\dfrac{1}{a}\right)^a$

$g\left(\dfrac{1}{a}\right) = \log(1+a)^{\frac{1}{a}}$

$$g'(x) = 1\cdot\log\left(1+\frac{1}{x}\right) + x\cdot\frac{1}{1+\dfrac{1}{x}}\cdot\left(-\frac{1}{x^2}\right) = \log\left(1+\frac{1}{x}\right) - \frac{1}{x+1}$$

(1) より，$g'(x) = f(x) > 0$ であるから，$g(x)$ は単調増加する。

$\dfrac{2002}{2001} > \dfrac{2001}{2002}$ であるから　$g\left(\dfrac{2002}{2001}\right) > g\left(\dfrac{2001}{2002}\right)$

◀ $a > \dfrac{1}{a}$ より $g(a) > g\left(\dfrac{1}{a}\right)$

$$\log\left(1+\frac{2001}{2002}\right)^{\frac{2002}{2001}} > \log\left(1+\frac{2002}{2001}\right)^{\frac{2001}{2002}}$$

したがって　$\boldsymbol{\left(1+\dfrac{2001}{2002}\right)^{\frac{2002}{2001}} > \left(1+\dfrac{2002}{2001}\right)^{\frac{2001}{2002}}}$

問題 10 次の値を自然数 n を用いて表せ。

(1) $\displaystyle\sum_{k=0}^{n} \frac{(-1)^k {}_n\mathrm{C}_k}{k+1}$　(横浜市立大)　(2) $\displaystyle\sum_{k=0}^{n} \frac{{}_n\mathrm{C}_k}{(k+1)2^{k+1}}$　(信州大　改)

二項定理により　$(1+x)^n = \displaystyle\sum_{k=0}^{n} {}_n\mathrm{C}_k x^k$　…①

(1) ① の x を $-x$ に置き換えると

$$(1-x)^n=\sum_{k=0}^{n}{}_n\mathrm{C}_k(-x)^k$$

よって $\displaystyle\int_0^1(1-x)^n\,dx=\int_0^1\sum_{k=0}^{n}{}_n\mathrm{C}_k(-x)^k\,dx$

$$(\text{左辺})=\left[-\frac{1}{n+1}(1-x)^{n+1}\right]_0^1=-\frac{1}{n+1}(0-1)=\frac{1}{n+1}$$

$$(\text{右辺})=\left[\sum_{k=0}^{n}\frac{(-1)^k}{k+1}{}_n\mathrm{C}_k x^{k+1}\right]_0^1=\sum_{k=0}^{n}\frac{(-1)^k{}_n\mathrm{C}_k}{k+1}$$

したがって $\displaystyle\boldsymbol{\sum_{k=0}^{n}\frac{(-1)^k{}_n\mathrm{C}_k}{k+1}=\frac{1}{n+1}}$

◀ $\displaystyle\int_0^1\sum_{k=0}^{n}{}_n\mathrm{C}_k(-x)^k\,dx$
$\displaystyle=\int_0^1\sum_{k=0}^{n}{}_n\mathrm{C}_k(-1)^k x^k\,dx$

(2) $\displaystyle(\text{与式})=\sum_{k=0}^{n}\frac{1}{k+1}{}_n\mathrm{C}_k\left(\frac{1}{2}\right)^{k+1}$ である。

① より $\displaystyle\int_0^{\frac{1}{2}}(1+x)^n\,dx=\int_0^{\frac{1}{2}}\sum_{k=0}^{n}{}_n\mathrm{C}_k x^k\,dx$

$$(\text{左辺})=\left[\frac{1}{n+1}(1+x)^{n+1}\right]_0^{\frac{1}{2}}=\frac{1}{n+1}\left\{\left(\frac{3}{2}\right)^{n+1}-1\right\}$$

$$(\text{右辺})=\left[\sum_{k=0}^{n}\frac{1}{k+1}{}_n\mathrm{C}_k x^{k+1}\right]_0^{\frac{1}{2}}=\sum_{k=0}^{n}\frac{1}{k+1}{}_n\mathrm{C}_k\left(\frac{1}{2}\right)^{k+1}$$

したがって $\displaystyle\boldsymbol{\sum_{k=0}^{n}\frac{{}_n\mathrm{C}_k}{(k+1)2^{k+1}}=\frac{1}{n+1}\left\{\left(\frac{3}{2}\right)^{n+1}-1\right\}}$

◀ 与式中の $\dfrac{1}{k+1}$ から ① を積分することを考える。
また，与式中の $\left(\dfrac{1}{2}\right)^{k+1}$ から積分区間を 0 から $\dfrac{1}{2}$ までに設定する。

問題 11 正の実数 x_1，x_2，x_3，$\cdots$，x_n に対して，次の不等式を証明せよ。

$$\frac{1}{x_1}+\frac{1}{x_2}+\frac{1}{x_3}+\cdots+\frac{1}{x_n}\geqq\frac{n^2}{x_1+x_2+x_3+\cdots+x_n}$$

（九州大　改）

$\displaystyle\left(\frac{1}{x_1}+\frac{1}{x_2}+\frac{1}{x_3}+\cdots+\frac{1}{x_n}\right)(x_1+x_2+x_3+\cdots+x_n)\geqq n^2$ $\cdots$ ① を証明する。

$$\begin{aligned}(\text{①の左辺})&=x_1\left(\frac{1}{x_1}+\frac{1}{x_2}+\frac{1}{x_3}+\cdots+\frac{1}{x_n}\right)\\&\quad+x_2\left(\frac{1}{x_1}+\frac{1}{x_2}+\frac{1}{x_3}+\cdots+\frac{1}{x_n}\right)\\&\quad+x_3\left(\frac{1}{x_1}+\frac{1}{x_2}+\frac{1}{x_3}+\cdots+\frac{1}{x_n}\right)\\&\quad+\cdots+x_n\left(\frac{1}{x_1}+\frac{1}{x_2}+\frac{1}{x_3}+\cdots+\frac{1}{x_n}\right)\\&=1+\frac{x_1}{x_2}+\frac{x_1}{x_3}+\cdots+\frac{x_1}{x_n}\\&\quad+\frac{x_2}{x_1}+1+\frac{x_2}{x_3}+\cdots+\frac{x_2}{x_n}\\&\quad+\frac{x_3}{x_1}+\frac{x_3}{x_2}+1+\cdots+\frac{x_3}{x_n}\\&\quad+\cdots+\frac{x_n}{x_1}+\frac{x_n}{x_2}+\frac{x_n}{x_3}+\cdots+\frac{x_n}{x_{n-1}}+1\end{aligned}$$

この式には，$i=1$，2，3，$\cdots$，n かつ $j=1$，2，3，$\cdots$，n とする

◀ $n=2$ として
$$\frac{1}{x_1}+\frac{1}{x_2}\geqq\frac{4}{x_1+x_2}$$
を示すことを考えるときには，両辺に $x_1x_2(x_1+x_2)$ を掛けた
$$(x_1+x_2)^2\geqq4x_1x_2$$
を示したくなるが，同じ方法で $n=3$ や一般の場合を示すのは大変。
そのため，文字を左辺に集め
$$\left(\frac{1}{x_1}+\frac{1}{x_2}\right)(x_1+x_2)\geqq4$$
を示すことを考えると
$$(\text{左辺})=\frac{x_2}{x_1}+\frac{x_1}{x_2}+2$$
となり，相加平均と相乗平均の関係の利用が考えられる。

ときの，$i \neq j$ であるようなすべての $\dfrac{x_j}{x_i}+\dfrac{x_i}{x_j}$ の形の項が含まれる。

また，この形の項は ${}_n\mathrm{C}_2=\dfrac{1}{2}n(n-1)$ (個) ある。

◀1, 2, 3, ⋯, n から2つの数を選ぶ組合せの総数。

ここで，$x_i>0$，$x_j>0$ であるから，相加平均と相乗平均の関係より

$$\frac{x_j}{x_i}+\frac{x_i}{x_j} \geqq 2\sqrt{\frac{x_j}{x_i}\cdot\frac{x_i}{x_j}}=2$$

これは，$\dfrac{x_j}{x_i}=\dfrac{x_i}{x_j}$ すなわち $x_i=x_j$ のとき等号成立。

よって　$$(\text{①の左辺}) \geqq 2\times\frac{1}{2}n(n-1)+\overbrace{1+1+1+\cdots+1}^{n\text{個}}$$

$$=n(n-1)+n=n^2$$

これは，$x_1=x_2=x_3=\cdots=x_n$ のとき等号成立。

したがって，① が成り立ち，$x_1+x_2+x_3+\cdots+x_n>0$ であるから

$$\frac{1}{x_1}+\frac{1}{x_2}+\frac{1}{x_3}+\cdots+\frac{1}{x_n} \geqq \frac{n^2}{x_1+x_2+x_3+\cdots+x_n}$$

問題 12 $a>0$，$b>0$ のとき，不等式 $\left(\dfrac{a+b}{2}\right)^5 \leqq \dfrac{a^5+b^5}{2}$ を示せ。

戦略

自然数 n に対して，$a>0$，$b>0$ のとき，

不等式 $\left(\dfrac{a+b}{2}\right)^n \leqq \dfrac{a^n+b^n}{2}$　⋯① を証明する。

◀一般化して，数学的帰納法を利用する。

[1]　$n=1$ のとき

$$(\text{左辺})=\frac{a+b}{2},\ (\text{右辺})=\frac{a+b}{2}$$

(左辺)＝(右辺) であり，① は $n=1$ のとき成り立つ。

[2]　$n=k$ のとき，① が成り立つと仮定すると

$$\left(\frac{a+b}{2}\right)^k \leqq \frac{a^k+b^k}{2}$$

$n=k+1$ のとき

$$(\text{右辺})-(\text{左辺})=\frac{a^{k+1}+b^{k+1}}{2}-\frac{a+b}{2}\cdot\left(\frac{a+b}{2}\right)^k$$

$$\geqq \frac{a^{k+1}+b^{k+1}}{2}-\frac{a+b}{2}\cdot\frac{a^k+b^k}{2}$$

$$=\frac{1}{4}\{2(a^{k+1}+b^{k+1})-(a^{k+1}+a^kb+ab^k+b^{k+1})\}$$

$$=\frac{1}{4}(a^{k+1}-a^kb-ab^k+b^{k+1})$$

$$=\frac{1}{4}(a-b)(a^k-b^k)$$

$$=\frac{1}{4}(a-b)^2(a^{k-1}+a^{k-2}b+\cdots+ab^{k-2}+b^{k-1})$$

◀$\left(\dfrac{a+b}{2}\right)^k \leqq \dfrac{a^k+b^k}{2}$ より $-\left(\dfrac{a+b}{2}\right)^k \geqq -\dfrac{a^k+b^k}{2}$

◀$a^k-b^k=(a-b)\times(a^{k-1}+a^{k-2}b+\cdots+ab^{k-2}+b^{k-1})$

$a>0$，$b>0$ より

$$\frac{1}{4}(a-b)^2(a^{k-1}+a^{k-2}b+\cdots+ab^{k-2}+b^{k-1}) \geqq 0$$

よって，① は $n=k+1$ のときも成り立つ。

［1］，［2］より，すべての自然数 n に対して ① は成り立つ。

したがって，$n=5$ のとき　$\left(\dfrac{a+b}{2}\right)^5 \leqq \dfrac{a^5+b^5}{2}$

〔別解〕

$f(x)=x^5$ とおき，曲線 $y=f(x)$ を考える。

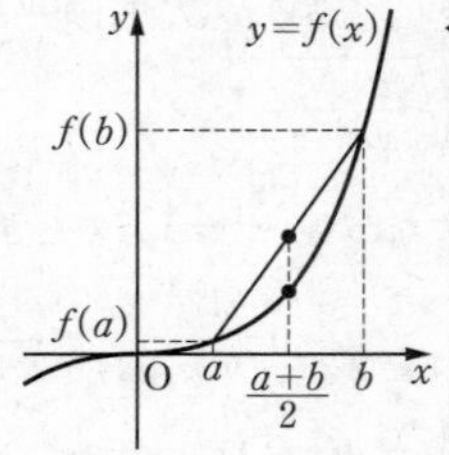

◀Strategy 1「図で考える」
4「グラフの凸性を利用する」の考えを用いる。

$$f'(x)=5x^4,\ f''(x)=20x^3$$

$x>0$ のとき $f''(x)>0$ より，この曲線は下に凸である。

よって　$f\left(\dfrac{a+b}{2}\right) \leqq \dfrac{f(a)+f(b)}{2}$

したがって　$\left(\dfrac{a+b}{2}\right)^5 \leqq \dfrac{a^5+b^5}{2}$

問題 13　すべての実数 x に対して定義された関数 $f(x)$ で，必ずしも連続とは限らないものを考える。今，$f(x)$ がさらに次の性質をもつとする。

$$f(x+y)=f(x)+f(y),\ f(xy)=f(x)f(y),\ f(1)=1$$

このとき，すべての有理数 x に対して，$f(x)=x$ であることを示せ。　（大阪大　改）

$f(x+y)=f(x)+f(y)$ …①，$f(xy)=f(x)f(y)$ …②，
$f(1)=1$ …③ とする。

(ア)　$x=n$（n は自然数）のとき

①，③ より

$$f(n)=f(1+(n-1))=f(1)+f(n-1)=1+f(n-1)$$

よって，これを繰り返すことにより

$$f(n)=\overbrace{1+1+\cdots+1}^{(n-1)\text{個}}+f(1)=(n-1)+1=n$$

ゆえに，成り立つ。

(イ)　$x=0$ のとき

① に $x=y=0$ を代入すると　$f(0)=f(0)+f(0)$

よって　$f(0)=0$

ゆえに，成り立つ。

(ウ)　$x=-n$（n は自然数）のとき

① に $x=n,\ y=-n$ を代入すると

$$f(0)=f(n)+f(-n)$$

(イ) より $f(0)=0$，(ア) より $f(n)=n$ であるから

$$0=n+f(-n)$$

よって　$f(-n)=-n$

ゆえに，成り立つ。

(エ)　$x=\dfrac{1}{n}$（n は自然数）のとき

② に $x=n,\ y=\dfrac{1}{n}$ を代入すると　$f(1)=f(n)f\left(\dfrac{1}{n}\right)$

(ア) より $f(1)=1,\ f(n)=n$ であるから　$1=nf\left(\dfrac{1}{n}\right)$

よって　$f\left(\dfrac{1}{n}\right)=\dfrac{1}{n}$

ゆえに，成り立つ。

(オ)　$x=\dfrac{m}{n}$（m は整数，n は自然数）のとき

②より　$f\left(\dfrac{m}{n}\right)=f\left(m\cdot\dfrac{1}{n}\right)=f(m)f\left(\dfrac{1}{n}\right)$

$=m\cdot\dfrac{1}{n}=\dfrac{m}{n}$

◀(ア)，(エ)を用いる。

よって，成り立つ。

以上より，すべての有理数 x に対して　$f(x)=x$

戦略

入試攻略

p.444　1章　関数と極限

1 関数 $y=\dfrac{1}{x-1}$ が表す曲線を C とする。

(1) 曲線 C のグラフをかけ。

(2) 点 $(2,\ 0)$ を通り，傾き a の直線を直線 L とする。直線 L の方程式を求めよ。

(3) 直線 L が曲線 C と異なる2つの共有点をもつための a の値の範囲を求めよ。また，このときの共有点の座標を求めよ。

(4) 直線 L が曲線 C と接するとき，a の値と接点の座標を求めよ。　　(山形大)

(1) 曲線 $C: y=\dfrac{1}{x-1}$ …① のグラフは

右の図 のようになる。

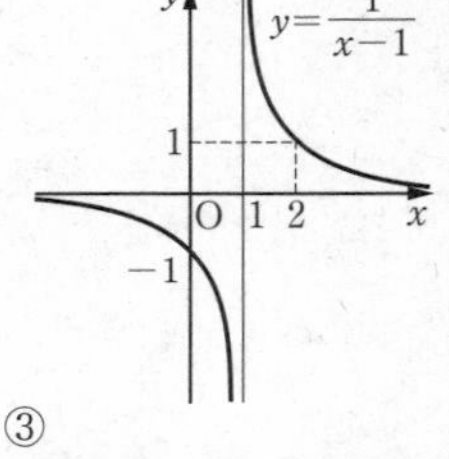

◀ 直線 $x=1$，$y=0$ が漸近線

(2) 求める直線 L は　　$y-0=a(x-2)$

よって　　$\boldsymbol{y=ax-2a}$　　…②

(3) ①，② を連立して　　$\dfrac{1}{x-1}=ax-2a$

これより

$x \neq 1$　かつ　$ax^2-3ax+(2a-1)=0$ …③

$x=1$ は ③ の解ではないから，直線 L と曲線 C が異なる2つの共有点をもつ条件は，③ が異なる2つの実数解をもつことである。

◀ $x=1$ とすると，③ の左辺は $a-3a+(2a-1)=-1$ となり，③ は成り立たない。

よって，③ の判別式を D とすると

$a \neq 0$　かつ　$D=9a^2-4a(2a-1)>0$ …④

④ より　　$a(a+4)>0$

ゆえに　　$a<-4,\ 0<a$

これは $a \neq 0$ を満たしている。

したがって，求める a の値の範囲は　　$\boldsymbol{a<-4,\ 0<a}$

このとき，③ より　　$x=\dfrac{3a \pm \sqrt{a^2+4a}}{2a}$

◀ 解の公式

② に代入すると

$$y=a\cdot\frac{3a \pm \sqrt{a^2+4a}}{2a}-2a=\frac{-a \pm \sqrt{a^2+4a}}{2}$$

したがって，求める共有点の座標は

$$\boldsymbol{\left(\frac{3a \pm \sqrt{a^2+4a}}{2a},\ \frac{-a \pm \sqrt{a^2+4a}}{2}\right)}$$ **(複号同順)**

(4) 直線 L が曲線 C と接する条件は，③ が重解をもつことであるから

$a \neq 0$　かつ　$D=9a^2-4a(2a-1)=0$ …⑤

⑤ より　　$a=0,\ -4$

$a \neq 0$ より　　$a=-4$

③ の重解は　　$x=\dfrac{3a}{2a}=\dfrac{3}{2}$

② に代入すると　　$y=-4\cdot\dfrac{3}{2}-2\cdot(-4)=2$

したがって，a の値と接点の座標は　　$\boldsymbol{a=-4,\ \left(\dfrac{3}{2},\ 2\right)}$

2 双曲線 $y=\dfrac{ax+b}{x+2}$ とその逆関数が一致し，この双曲線と直線 $y=x$ との交点間の距離が8であるとき，定数 a，b の値を求めよ。 (武蔵大)

$y=\dfrac{ax+b}{x+2}$ …① を変形すると　$y=\dfrac{b-2a}{x+2}+a$

① は双曲線を表すから　$b-2a \neq 0$　…②

① を x について解くと，$y \neq a$ において　$x=\dfrac{-2y+b}{y-a}$

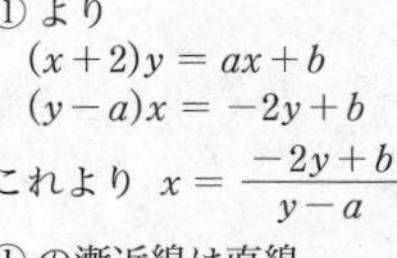

◀ ① より
$(x+2)y=ax+b$
$(y-a)x=-2y+b$
これより $x=\dfrac{-2y+b}{y-a}$

x と y を入れかえると，求める逆関数は　$y=\dfrac{-2x+b}{x-a}$　…③

① と ③ が一致することから　$a=-2$

◀ ① の漸近線は直線
$x=-2$，$y=a$
③ の漸近線は直線
$x=a$，$y=-2$

よって，① は　$y=\dfrac{-2x+b}{x+2}$　…④

④ と $y=x$ を連立すると　$\dfrac{-2x+b}{x+2}=x$

よって　$x^2+4x-b=0$　…⑤

2つのグラフの共有点の x 座標は，方程式 ⑤ の $x \neq -2$ である実数解である。共有点が2つあることから ⑤ の判別式を D とすると

◀ $x=-2$ は ① の定義域に含まれない。

$\dfrac{D}{4}=2^2+b>0$　よって　$b>-4$　…⑥

⑤ の実数解を α，β $(\alpha<\beta)$ とすると，交点間の距離が8であるから

$\beta-\alpha=4\sqrt{2}$

解と係数の関係より

$\alpha+\beta=-4$，$\alpha\beta=-b$

$(\beta-\alpha)^2=(\alpha+\beta)^2-4\alpha\beta$ より

$(4\sqrt{2})^2=(-4)^2-4(-b)$

これを解いて　$b=4$

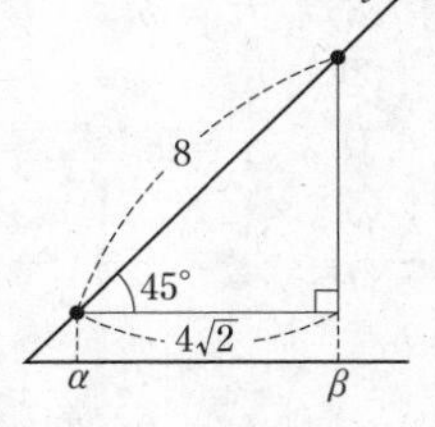

逆に，$a=-2$，$b=4$ であるとき，⑥ を満たし，方程式 ⑤ は $x=-2$ を解にもたない。

◀ ⑤ の解が $x=-2$ でないことを確かめる。

また，$b-2a=4-2(-2)=8 \neq 0$ であるから，② を満たし，① は双曲線となる。

◀ ① が双曲線になることを確かめる。

したがって　$\boldsymbol{a=-2,\ b=4}$

3 a を正の定数とし，次のように定められた2つの数列 $\{a_n\}$，$\{b_n\}$ を考える。

$$\begin{cases} a_1=a,\ a_{n+1}=\dfrac{1}{2}\left(a_n+\dfrac{4}{a_n}\right) & (n=1,\ 2,\ 3,\ \cdots) \\ b_n=\dfrac{a_n-2}{a_n+2} & (n=1,\ 2,\ 3,\ \cdots) \end{cases}$$

(1) $-1<b_1<1$ であることを示せ。
(2) b_{n+1} を a_n を用いて表せ。さらに，b_{n+1} を b_n を用いて表せ。
(3) 数列 $\{b_n\}$ の一般項 b_n を n と b_1 を用いて表せ。
(4) 数列 $\{a_n\}$ の一般項 a_n を n と b_1 を用いて表せ。
(5) 極限値 $\displaystyle\lim_{n\to\infty}a_n$ を求めよ。 (電気通信大　改)

(1) 与えられた漸化式より　$b_1=\dfrac{a_1-2}{a_1+2}=\dfrac{a-2}{a+2}=1-\dfrac{4}{a+2}$

入試攻略

$a>0$ であるから　$1-b_1=\dfrac{4}{a+2}>0$

よって　$b_1<1$　…①

また　$1+b_1=2-\dfrac{4}{a+2}=\dfrac{2a}{a+2}>0$

よって　$-1<b_1$　…②

①，② より　$-1<b_1<1$

(2) 与えられた漸化式より

$$b_{n+1}=\frac{a_{n+1}-2}{a_{n+1}+2}=\frac{\frac{1}{2}\left(a_n+\frac{4}{a_n}\right)-2}{\frac{1}{2}\left(a_n+\frac{4}{a_n}\right)+2}=\frac{{a_n}^2-4a_n+4}{{a_n}^2+4a_n+4}$$

$$=\frac{(a_n-2)^2}{(a_n+2)^2}=\left(\boldsymbol{\frac{a_n-2}{a_n+2}}\right)^2$$

◀分母・分子に $2a_n$ を掛けて，整理する。

よって　$\boldsymbol{b_{n+1}={b_n}^2}$

(3) (2) の漸化式より，数列 $\{b_n\}$ は　b_1，${b_1}^2$，${b_1}^4$，${b_1}^8$，…

よって，一般項は $b_n={b_1}^{2^{n-1}}$ …① と推定できる。

① が成り立つことを，数学的帰納法で証明する。

◀ b_1 が 0 以下となるかもしれないから，両辺の log をとらないようにする。

◀漸化式から項をいくつか求め，一般項を推定する。

◀推定した一般項が正しいか，数学的帰納法で証明する。

［1］ $n=1$ のとき

$$(\text{右辺})={b_1}^{2^{1-1}}={b_1}^1=b_1$$

よって，$n=1$ のとき ① は成り立つ。

［2］ $n=k$ のとき

① が成り立つ，すなわち $b_k={b_1}^{2^{k-1}}$ が成り立つと仮定する。

$n=k+1$ のとき，(2) より

$$b_{k+1}={b_k}^2=\left({b_1}^{2^{k-1}}\right)^2={b_1}^{2\cdot 2^{k-1}}={b_1}^{2^{(k+1)-1}}$$

よって，$n=k+1$ のときにも ① は成り立つ。

［1］，［2］より，すべての自然数 n に対して ① は成り立つ。

したがって　$\boldsymbol{b_n={b_1}^{2^{n-1}}}$

(4) $b_n=\dfrac{a_n-2}{a_n+2}$ より　$(1-b_n)a_n=2(1+b_n)$

$1-b_n\neq 0$ であるから　$a_n=\dfrac{2(1+b_n)}{1-b_n}$

◀両辺を $1-b_n$ で割って，整理する。

(3) より　$\boldsymbol{a_n=\dfrac{2\left(1+{b_1}^{2^{n-1}}\right)}{1-{b_1}^{2^{n-1}}}}$

(5) (1) より，$-1<b_1<1$ であるから　$\displaystyle\lim_{n\to\infty}{b_1}^{2^{n-1}}=0$

よって　$\displaystyle\lim_{n\to\infty}a_n=\frac{2(1+0)}{1-0}=2$

4 数列 $\{a_n\}$ を $a_1=1,\ a_{n+1}=\sqrt{\dfrac{3a_n+4}{2a_n+3}}$ $(n=1,\ 2,\ 3,\ \cdots)$ で定める。

(1) $n \geqq 2$ のとき，$a_n>1$ となることを数学的帰納法を用いて示せ。

(2) $\alpha^2=\dfrac{3\alpha+4}{2\alpha+3}$ を満たす正の実数 α を求めよ。

(3) すべての自然数 n に対して，$a_n<\alpha$ となることを示せ。

(4) $0<r<1$ を満たすある実数 r に対して，不等式

$$\frac{\alpha-a_{n+1}}{\alpha-a_n} \leqq r \quad (n=1,\ 2,\ 3,\ \cdots)$$

が成り立つことを示せ。さらに極限 $\lim_{n\to\infty} a_n$ を求めよ。 （東北大　改）

(1) [1] $n=2$ のとき

$$a_2=\sqrt{\frac{3a_1+4}{2a_1+3}}=\sqrt{\frac{7}{5}}>1$$

よって，$n=2$ のとき成り立つ。

[2] $n=k$ のとき

$a_k>1$ が成り立つと仮定する。

$n=k+1$ のとき

$$a_{k+1}=\sqrt{\frac{3a_k+4}{2a_k+3}}=\sqrt{1+\frac{a_k+1}{2a_k+3}}>1$$

◀ $\dfrac{3a_k+4}{2a_k+3}=\dfrac{(2a_k+3)+a_k+1}{2a_k+3}$

よって，$n=k+1$ のときも成り立つ。

[1]，[2] より，$n \geqq 2$ のとき　$a_n>1$

(2) 与式より

$$\alpha^2(2\alpha+3)=3\alpha+4$$
$$2\alpha^3+3\alpha^2-3\alpha-4=0$$
$$(\alpha+1)(2\alpha^2+\alpha-4)=0$$

$\alpha>0$ であるから　$\boldsymbol{\alpha=\dfrac{-1+\sqrt{33}}{4}}$

(3) [1] $n=1$ のとき

◀ 数学的帰納法で示す。

$$\alpha-a_1=\frac{-1+\sqrt{33}}{4}-1=\frac{\sqrt{33}-5}{4}>0$$

よって　$a_1<\alpha$

[2] $n=k$ のとき，$a_k<\alpha$ が成り立つと仮定する。

$n=k+1$ のとき

$a_{k+1}=\sqrt{\dfrac{3a_k+4}{2a_k+3}}$，$\alpha=\sqrt{\dfrac{3\alpha+4}{2\alpha+3}}$ であるから

$$\alpha^2-{a_{k+1}}^2=\frac{3\alpha+4}{2\alpha+3}-\frac{3a_k+4}{2a_k+3}$$
$$=\frac{(3\alpha+4)(2a_k+3)-(2\alpha+3)(3a_k+4)}{(2\alpha+3)(2a_k+3)}$$
$$=\frac{\alpha-a_k}{(2\alpha+3)(2a_k+3)}>0$$

$\alpha>0,\ a_{k+1}>1$ であるから　$a_{k+1}<\alpha$

◀ $A \geqq 0,\ B \geqq 0$ のとき $A \leqq B \Longleftrightarrow A^2 \leqq B^2$

[1]，[2] より，すべての自然数 n に対して $a_n<\alpha$ である。

(4) $(\alpha-a_{n+1})(\alpha+a_{n+1})=\alpha^2-{a_{n+1}}^2$

$$=\frac{3\alpha+4}{2\alpha+3}-\frac{3a_n+4}{2a_n+3}$$

入試攻略

$$= \frac{\alpha - a_n}{(2\alpha+3)(2a_n+3)}$$

これより $\dfrac{\alpha - a_{n+1}}{\alpha - a_n} = \dfrac{1}{(2\alpha+3)(2a_n+3)(\alpha+a_{n+1})}$

$a_n \geqq 1$, $a_{n+1} \geqq 1$, $\alpha > 0$ であるから

$$\frac{\alpha - a_{n+1}}{\alpha - a_n} < \frac{1}{15}$$

よって，$r = \dfrac{1}{15}$ とすると，$\dfrac{\alpha - a_{n+1}}{\alpha - a_n} \leqq r$ が成り立つ。

また，$\alpha - a_n > 0$ であるから　$\alpha - a_{n+1} \leqq r(\alpha - a_n)$

この不等式を繰り返し用いて

$$\alpha - a_n \leqq r(\alpha - a_{n-1}) \leqq r^2(\alpha - a_{n-2}) \leqq \cdots \leqq r^{n-1}(\alpha - a_1)$$

ゆえに　$0 < \alpha - a_n \leqq r^{n-1}(\alpha - a_1)$

これより　$\alpha - r^{n-1}(\alpha - a_1) \leqq a_n < \alpha$

$0 < r < 1$ より，$\displaystyle\lim_{n\to\infty}\{\alpha - r^{n-1}(\alpha - a_1)\} = \alpha$ であるから，はさみうちの原理より

$$\lim_{n\to\infty} a_n = \alpha = \boldsymbol{\frac{-1+\sqrt{33}}{4}}$$

◀ $a_n \geqq 1$, $a_{n+1} \geqq 1$, $\alpha > 0$ より
(分母)
$> (2\cdot 0+3)(2\cdot 1+3)(0+1)$
$= 15$

5 実数 x に対し，$[x]$ は x 以下の最大の整数を表す。次の問に答えよ。

(1) k, t を自然数とするとき，$[\sqrt{k}\,] = t$ となるような k のとり得る値の範囲を，t を用いた不等式で表せ。

(2) n を自然数とし，和 $\displaystyle\sum_{k=1}^{n} \frac{1}{2[\sqrt{k}\,]+1}$ が自然数となるような n の値を，小さい順に並べて，a_1, a_2, a_3, $\cdots$ と定める。

(ア) a_1, a_2 の値を求めよ。

(イ) 自然数 m に対して，a_m および $\displaystyle\sum_{k=1}^{a_m} \frac{1}{2[\sqrt{k}\,]+1}$ を m を用いて表せ。

(3) $\displaystyle\lim_{n\to\infty} \frac{1}{\sqrt{n}} \sum_{k=1}^{n} \frac{1}{2[\sqrt{k}\,]+1}$ を求めよ。　(東京理科大)

(1) $[\sqrt{k}\,] = t$ となるのは，$t \leqq \sqrt{k} < t+1$ のときである。

k, t は自然数であるから

$$\boldsymbol{t^2 \leqq k < (t+1)^2}$$

◀ 各辺とも正であるから，各辺を 2 乗しても大小関係は変わらない。

(2) (ア) (1) より，$t^2 \leqq k < (t+1)^2$ のとき

$\dfrac{1}{2[\sqrt{k}\,]+1} = \dfrac{1}{2t+1}$ であるから，数列 $\left\{\dfrac{1}{2[\sqrt{k}\,]+1}\right\}$ の各項は，

$$\frac{1}{3},\ \frac{1}{3},\ \frac{1}{3},\ \frac{1}{5},\ \frac{1}{5},\ \frac{1}{5},\ \frac{1}{5},\ \frac{1}{5},\ \frac{1}{7},\ \cdots$$

となる。

よって，第 3 項までの和は　$\dfrac{1}{3} \times 3 = 1$

第 8 項までの和は　$\dfrac{1}{3} \times 3 + \dfrac{1}{5} \times 5 = 2$

したがって　$\boldsymbol{a_1 = 3,\ a_2 = 8}$

◀ $t = 1$ のとき
$1 \leqq k < 4$ であり，
$k = 1, 2, 3$ のとき
$\dfrac{1}{2[\sqrt{k}\,]+1} = \dfrac{1}{2t+1} = \dfrac{1}{3}$
$t = 2$ のとき
$4 \leqq k < 9$ であり，
$k = 4, 5, 6, 7, 8$ のとき
$\dfrac{1}{2[\sqrt{k}\,]+1} = \dfrac{1}{2t+1} = \dfrac{1}{5}$

(イ) (ア) より，数列 $\left\{\dfrac{1}{2[\sqrt{k}\,]+1}\right\}$ において，

第 t^2 項から第 $(t+1)^2-1$ 項までの

$$\{(t+1)^2-1\}-t^2+1=2t+1 \text{ (個)}$$

の項は，すべて $\dfrac{1}{2t+1}$ である。

よって，その和は　$\dfrac{1}{2t+1}\times(2t+1)=1$

ゆえに　$a_m=(m+1)^2-1=\boldsymbol{m^2+2m}$

また　$\displaystyle\boldsymbol{\sum_{k=1}^{a_m}\frac{1}{2[\sqrt{k}\,]+1}=m}$

(3)　$a_m<n\leqq a_{m+1}$ のとき　$\dfrac{1}{\sqrt{a_{m+1}}}\leqq\dfrac{1}{\sqrt{n}}<\dfrac{1}{\sqrt{a_m}}$

◀ $a_m<n\leqq a_{m+1}$ のとき $\dfrac{1}{a_{m+1}}\leqq\dfrac{1}{n}<\dfrac{1}{a_m}$

また　$\displaystyle\sum_{k=1}^{a_m}\frac{1}{2[\sqrt{k}\,]+1}<\sum_{k=1}^{n}\frac{1}{2[\sqrt{k}\,]+1}\leqq\sum_{k=1}^{a_{m+1}}\frac{1}{2[\sqrt{k}\,]+1}$

であるから

$$\frac{1}{\sqrt{a_{m+1}}}\sum_{k=1}^{a_m}\frac{1}{2[\sqrt{k}\,]+1}<\frac{1}{\sqrt{n}}\sum_{k=1}^{n}\frac{1}{2[\sqrt{k}\,]+1}<\frac{1}{\sqrt{a_m}}\sum_{k=1}^{a_{m+1}}\frac{1}{2[\sqrt{k}\,]+1}$$

が成り立つ。

ここで

$$\begin{aligned}\lim_{m\to\infty}\frac{1}{\sqrt{a_{m+1}}}\sum_{k=1}^{a_m}\frac{1}{2[\sqrt{k}\,]+1}&=\lim_{m\to\infty}\frac{1}{\sqrt{(m+1)^2+2(m+1)}}\cdot m\\&=\lim_{m\to\infty}\frac{m}{\sqrt{m^2+4m+3}}\\&=\lim_{m\to\infty}\frac{1}{\sqrt{1+\dfrac{4}{m}+\dfrac{3}{m^2}}}=1\end{aligned}$$

また

$$\begin{aligned}\lim_{m\to\infty}\frac{1}{\sqrt{a_m}}\sum_{k=1}^{a_{m+1}}\frac{1}{2[\sqrt{k}\,]+1}&=\lim_{m\to\infty}\frac{1}{\sqrt{m^2+2m}}\cdot(m+1)\\&=\lim_{m\to\infty}\frac{1+\dfrac{1}{m}}{\sqrt{1+\dfrac{2}{m}}}=1\end{aligned}$$

$m\to\infty$ のとき $n\to\infty$ であるから，はさみうちの原理より

$$\boldsymbol{\lim_{n\to\infty}\frac{1}{\sqrt{n}}\sum_{k=1}^{n}\frac{1}{2[\sqrt{k}\,]+1}=1}$$

6　原点を O とする xy 平面上の点 $\mathrm{P}_n(x_n,\ y_n)$ が $x_1=1,\ y_1=0,\ x_{n+1}=\dfrac{1}{4}x_n-\dfrac{\sqrt{3}}{4}y_n,$ $y_{n+1}=\dfrac{\sqrt{3}}{4}x_n+\dfrac{1}{4}y_n$ $(n=1,\ 2,\ 3,\ \cdots)$ を満たしている。$\triangle\mathrm{P}_n\mathrm{OP}_{n+1}$ の面積を S_n とおくとき，$\displaystyle\sum_{n=1}^{\infty}S_n$ を求めよ。　（東京理科大）

$$\begin{aligned}|\overrightarrow{\mathrm{OP}_{n+1}}|&=\sqrt{{x_{n+1}}^2+{y_{n+1}}^2}\\&=\sqrt{\left(\frac{1}{4}x_n-\frac{\sqrt{3}}{4}y_n\right)^2+\left(\frac{\sqrt{3}}{4}x_n+\frac{1}{4}y_n\right)^2}\end{aligned}$$

$$= \frac{1}{2}\sqrt{x_n{}^2 + y_n{}^2} = \frac{1}{2}|\overrightarrow{\mathrm{OP}_n}|$$

$$\overrightarrow{\mathrm{OP}_{n+1}} \cdot \overrightarrow{\mathrm{OP}_n} = x_{n+1}x_n + y_{n+1}y_n$$

$$= \left(\frac{1}{4}x_n - \frac{\sqrt{3}}{4}y_n\right)x_n + \left(\frac{\sqrt{3}}{4}x_n + \frac{1}{4}y_n\right)y_n$$

$$= \frac{1}{4}x_n{}^2 + \frac{1}{4}y_n{}^2 = \frac{1}{4}|\overrightarrow{\mathrm{OP}_n}|^2$$

$$S_n = \frac{1}{2}\sqrt{|\overrightarrow{\mathrm{OP}_{n+1}}|^2|\overrightarrow{\mathrm{OP}_n}|^2 - (\overrightarrow{\mathrm{OP}_{n+1}} \cdot \overrightarrow{\mathrm{OP}_n})^2}$$

◀ $S = \frac{1}{2}\sqrt{|\vec{a}|^2|\vec{b}|^2 - (\vec{a}\cdot\vec{b})^2}$

$$= \frac{1}{2}\sqrt{\frac{1}{4}|\overrightarrow{\mathrm{OP}_n}|^2|\overrightarrow{\mathrm{OP}_n}|^2 - \frac{1}{16}|\overrightarrow{\mathrm{OP}_n}|^4}$$

$$= \frac{\sqrt{3}}{8}|\overrightarrow{\mathrm{OP}_n}|^2$$

$$S_{n+1} = \frac{\sqrt{3}}{8}|\overrightarrow{\mathrm{OP}_{n+1}}|^2$$

$$= \frac{1}{4}\cdot\frac{\sqrt{3}}{8}|\overrightarrow{\mathrm{OP}_n}|^2 = \frac{1}{4}S_n$$

$S_1 = \frac{\sqrt{3}}{8}|\overrightarrow{\mathrm{OP}_1}|^2 = \frac{\sqrt{3}}{8}(1^2 + 0^2) = \frac{\sqrt{3}}{8}$ より，$\{S_n\}$ は初項 $\frac{\sqrt{3}}{8}$，公比 $\frac{1}{4}$ の等比数列である。

◀ $x_1 = 1,\ y_1 = 0$ である。

◀ $S_n = \frac{\sqrt{3}}{8}\cdot\left(\frac{1}{4}\right)^{n-1}$

よって，$-1 < \frac{1}{4} < 1$ より　$\displaystyle\sum_{n=1}^{\infty} S_n = \frac{\frac{\sqrt{3}}{8}}{1-\frac{1}{4}} = \boldsymbol{\frac{\sqrt{3}}{6}}$

◀ $\frac{a}{1-r}$ に収束する。

---

7 n を自然数とするとき，関数 $f(x) = x(1-x)^n$ について

(1) $0 \leqq x \leqq 1$ の範囲における曲線 $y = f(x)$ のグラフの概形をかけ。

(2) (1)で求めたグラフと x 軸とで囲まれる図形の面積を S_n とする。無限級数 $S_1 + S_2 + S_3 + \cdots + S_n + \cdots$ の和 S を求めよ。　（関西学院大）

---

(1) $f'(x) = (1-x)^n - nx(1-x)^{n-1}$
$= (1-x)^{n-1}\{1-(n+1)x\}$

◀ 積の微分公式
$\{f(x)g(x)\}'$
$= f'(x)g(x) + f(x)g'(x)$
また $(x^n)' = nx^{n-1}$
$\{(1-x)^n\}'$
$= -n(1-x)^{n-1}$

$f'(x) = 0$ とすると　$x = 1,\ \frac{1}{n+1}$

よって，$0 \leqq x \leqq 1$ における $f(x)$ の増減表は次のようになる。

x	0	$\cdots$	$\frac{1}{n+1}$	$\cdots$	1
$f'(x)$		$+$	0	$-$	0
$f(x)$	0	↗	極大	↘	0

極大値は

$$f\left(\frac{1}{n+1}\right) = \frac{1}{n+1}\left(\frac{n}{n+1}\right)^n$$

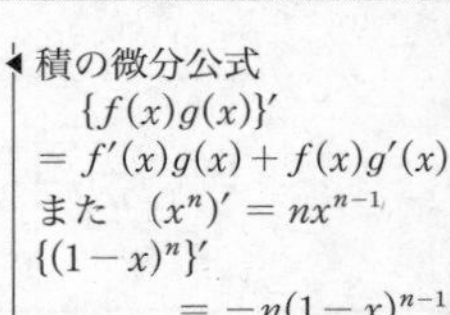

求めるグラフは **右の図**。

(2) $S_n = \displaystyle\int_0^1 x(1-x)^n\,dx$

◀ $x(1-x)^n$
$= \{1-(1-x)\}(1-x)^n$
$= (1-x)^n - (1-x)^{n+1}$

$$= \int_0^1 \{(1-x)^n - (1-x)^{n+1}\}dx$$

$$= \left[-\frac{1}{n+1}(1-x)^{n+1} + \frac{1}{n+2}(1-x)^{n+2}\right]_0^1$$

$$= \frac{1}{n+1} - \frac{1}{n+2}$$

よって

$$S = \sum_{n=1}^{\infty} S_n = \lim_{n\to\infty}\sum_{k=1}^{n} S_k$$

$$= \lim_{n\to\infty}\sum_{k=1}^{n}\left(\frac{1}{k+1} - \frac{1}{k+2}\right)$$

$$= \lim_{n\to\infty}\left(\sum_{k=1}^{n}\frac{1}{k+1} - \sum_{k=1}^{n}\frac{1}{k+2}\right)$$

$$= \lim_{n\to\infty}\left\{\left(\frac{1}{2}+\frac{1}{3}+\frac{1}{4}+\cdots+\frac{1}{n+1}\right) - \left(\frac{1}{3}+\frac{1}{4}+\frac{1}{5}+\cdots+\frac{1}{n+1}+\frac{1}{n+2}\right)\right\}$$

$$= \lim_{n\to\infty}\left(\frac{1}{2} - \frac{1}{n+2}\right) = \mathbf{\frac{1}{2}}$$

◀ $\int(1-x)^n\,dx$
$= -\dfrac{1}{n+1}(1-x)^{n+1} + C$
ただし $n \neq -1$

$\int_0^1 x(1-x)^n\,dx$ を
$1-x=t$ とおいて，置換積分法で解いてもよい（4章参照）。

8 数列 $\{a_n\}$ の初項 a_1 から第 n 項 a_n までの和を S_n と表す。この数列が $a_1=1$, $\lim_{n\to\infty} S_n = 1$, $n(n-2)a_{n+1} = S_n$ $(n \geqq 1)$ を満たすとき，一般項 a_n を求めよ。（京都大）

$n(n-2)a_{n+1} = S_n \quad (n \geqq 1) \cdots$ ① とおく。
① において，n を $n-1$ に置き換えると

$$(n-1)(n-3)a_n = S_{n-1} \quad (n \geqq 2) \quad \cdots ②$$

◀ $n \geqq 2$ のとき
$a_n = S_n - S_{n-1}$

① − ② より　$n(n-2)a_{n+1} - (n-1)(n-3)a_n = a_n$
よって　$n(n-2)a_{n+1} = (n-2)^2 a_n$
$n \geqq 3$ のとき

$$a_{n+1} = \frac{n-2}{n}a_n = \frac{n-2}{n}\cdot\frac{n-3}{n-1}a_{n-1}$$

$$= \frac{\cancel{n-2}}{n}\cdot\frac{\cancel{n-3}}{n-1}\cdot\frac{\cancel{n-4}}{\cancel{n-2}}\cdot\cdots\cdot\frac{\cancel{3}}{\cancel{5}}\cdot\frac{2}{\cancel{4}}\cdot\frac{1}{\cancel{3}}\cdot a_3$$

$$= \frac{2a_3}{n(n-1)} \quad \cdots ③$$

◀ $n \geqq 3$ のとき
$n(n-2) \neq 0$ であるから両辺を $n(n-2)$ で割る。

◀ $a_{n-1} = \dfrac{n-4}{n-2}a_{n-2}$, $\cdots$
と繰り返し代入する。
$a_{n+1} = \dfrac{n-2}{n}a_n$ において，$n=3$ のときである
$a_4 = \dfrac{1}{3}a_3$ まで代入する。

① より　$S_n = n(n-2)\cdot\dfrac{2a_3}{n(n-1)} = \dfrac{2(n-2)}{n-1}a_3 \quad (n \geqq 3)$

ここで　$\lim_{n\to\infty} S_n = \lim_{n\to\infty} 2\cdot\dfrac{1-\dfrac{2}{n}}{1-\dfrac{1}{n}}\cdot a_3 = 2a_3$

$\lim_{n\to\infty} S_n = 1$ より　$2a_3 = 1$　すなわち　$a_3 = \dfrac{1}{2}$

③ より，$n \geqq 4$ のとき　$a_n = \dfrac{1}{(n-1)(n-2)}$
これは，$n=3$ のときも成り立つ。
よって，$n \geqq 3$ のとき　$a_n = \dfrac{1}{(n-1)(n-2)}$
また，① において，$n=1$ とすると　$-a_2 = S_1$
一方，$S_1 = a_1 = 1$ であるから，$-a_2 = 1$ となり　$a_2 = -1$

◀ ③ において，n を $n-1$ に置き換えると a_n が得られるから，条件の $n \geqq 3$ も $n-1 \geqq 3$，すなわち $n \geqq 4$ となる。

したがって　　$\boldsymbol{a_1=1,\ a_2=-1,\ a_n=\dfrac{1}{(n-1)(n-2)}\quad (n\geqq 3)}$

9 次の極限が有限の値となるように定数 a, b を定め，そのときの極限値を求めよ。

$$\lim_{x\to 0}\frac{\sqrt{9-8x+7\cos 2x}-(a+bx)}{x^2}$$

（大阪市立大）

$x\to 0$ のとき 分母 $x^2\to 0$ であるから，与えられた極限が有限の値となるためには

$$\lim_{x\to 0}\{\sqrt{9-8x+7\cos 2x}-(a+bx)\}=0$$

◀ 分子 → 0
これは必要条件である。

よって，$4-a=0$ となり　　$a=4$

このとき

$$\lim_{x\to 0}\frac{\sqrt{9-8x+7\cos 2x}-(a+bx)}{x^2}$$

$$=\lim_{x\to 0}\frac{\sqrt{9-8x+7\cos 2x}-(4+bx)}{x^2}$$

$$=\lim_{x\to 0}\frac{9-8x+7\cos 2x-(4+bx)^2}{x^2(\sqrt{9-8x+7\cos 2x}+4+bx)}$$

◀ 分母・分子に $\sqrt{9-8x+7\cos 2x}+4+bx$ を掛ける。

$$=\lim_{x\to 0}\frac{-7-8(b+1)x-b^2x^2+7\cos 2x}{x^2(\sqrt{9-8x+7\cos 2x}+4+bx)}$$

$$=\lim_{x\to 0}\frac{-14\sin^2 x-8(b+1)x-b^2x^2}{x^2(\sqrt{9-8x+7\cos 2x}+4+bx)}$$

◀ $\cos 2x=1-2\sin^2 x$

$$=\lim_{x\to 0}\left\{-14\cdot\frac{\sin^2 x}{x^2}-\frac{8(b+1)}{x}-b^2\right\}\cdot\frac{1}{\sqrt{9-8x+7\cos 2x}+4+bx}$$

ここで　　$\displaystyle\lim_{x\to 0}\frac{\sin^2 x}{x^2}=\lim_{x\to 0}\left(\frac{\sin x}{x}\right)^2=1$,

$$\lim_{x\to 0}\frac{1}{\sqrt{9-8x+7\cos 2x}+4+bx}=\frac{1}{8}$$

であるから，有限な極限値をもつためには　　$b+1=0$

よって　　$b=-1$

◀ $b+1\neq 0$ のとき $\displaystyle\lim_{x\to 0}\frac{8(b+1)}{x}$ は ∞ または $-\infty$ となり，有限な極限値をもたない。
また，$b=-1$ も必要条件である。

また，$a=4$, $b=-1$ のとき

$$\lim_{x\to 0}\frac{\sqrt{9-8x+7\cos 2x}-(a+bx)}{x^2}$$

$$=\lim_{x\to 0}\left(-14\cdot\frac{\sin^2 x}{x^2}-1\right)\cdot\frac{1}{\sqrt{9-8x+7\cos 2x}+4-x}$$

$$=(-14-1)\cdot\frac{1}{8}=-\frac{15}{8}$$

したがって　　$\boldsymbol{a=4,\ b=-1}$，**極限値** $\boldsymbol{-\dfrac{15}{8}}$

10 平面上に半径 1 の円 C がある。この円に外接し，さらに隣り合う 2 つが互いに外接するように，同じ大きさの n 個の円を図（例 1）のように配置し，その 1 つの円の半径を R_n とする。また，円 C に内接し，さらに隣り合う 2 つが互いに外接するように，同じ大きさの n 個の円を図（例 2）のように配置し，その 1 つの円の半径を r_n とする。ただし，$n \geqq 3$ とする。

(1) R_6，r_6 を求めよ。

(2) $\lim_{n\to\infty} n^2(R_n - r_n)$ を求めよ。　　（岡山大）

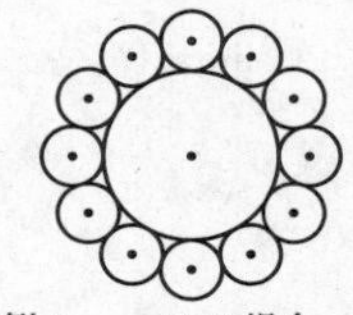

例 1 : n=12 の場合

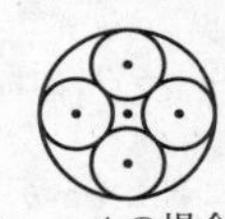

例 2 : n=4 の場合

(1) R_n について　　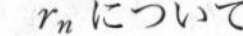

r_n について

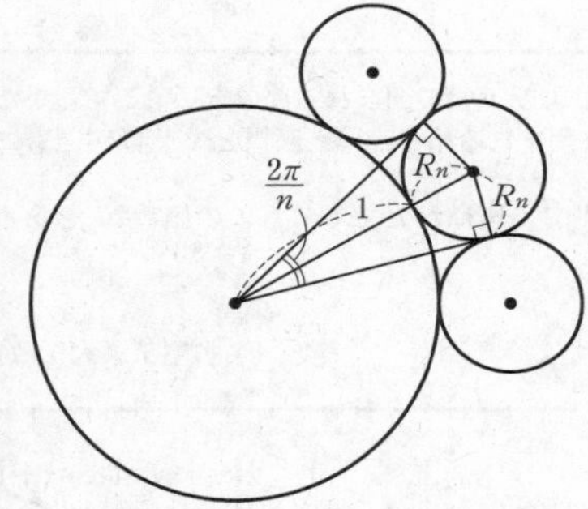

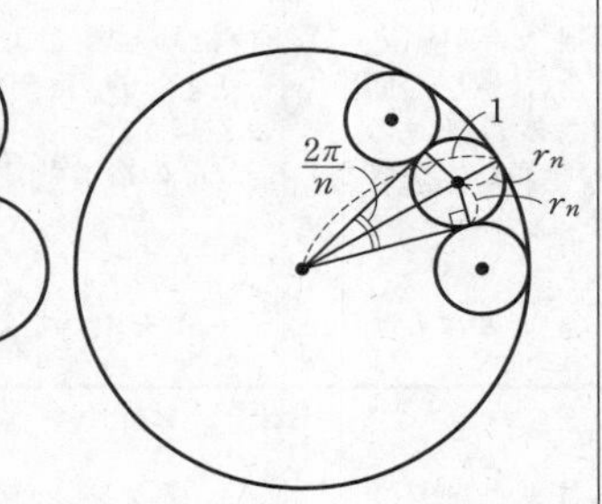

左上の図より　$\sin\left(\frac{1}{2}\cdot\frac{2\pi}{n}\right) = \frac{R_n}{1+R_n}$

よって　$(1+R_n)\sin\frac{\pi}{n} = R_n$

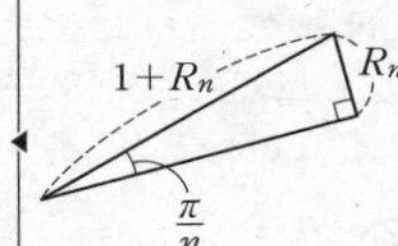

ゆえに　$R_n = \dfrac{\sin\frac{\pi}{n}}{1-\sin\frac{\pi}{n}}$

したがって　$R_6 = \dfrac{\sin\frac{\pi}{6}}{1-\sin\frac{\pi}{6}} = \dfrac{\frac{1}{2}}{1-\frac{1}{2}} = \mathbf{1}$

また，右上の図より　$\sin\left(\frac{1}{2}\cdot\frac{2\pi}{n}\right) = \frac{r_n}{1-r_n}$

よって　$(1-r_n)\sin\frac{\pi}{n} = r_n$

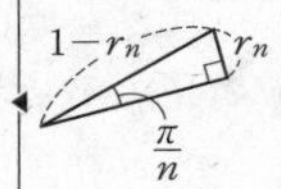

ゆえに　$r_n = \dfrac{\sin\frac{\pi}{n}}{1+\sin\frac{\pi}{n}}$

したがって　$r_6 = \dfrac{\sin\frac{\pi}{6}}{1+\sin\frac{\pi}{6}} = \dfrac{\frac{1}{2}}{1+\frac{1}{2}} = \mathbf{\frac{1}{3}}$

(2) $\lim_{n\to\infty} n^2(R_n - r_n) = \lim_{n\to\infty} n^2\left(\dfrac{\sin\frac{\pi}{n}}{1-\sin\frac{\pi}{n}} - \dfrac{\sin\frac{\pi}{n}}{1+\sin\frac{\pi}{n}}\right)$

$$= \lim_{n\to\infty} n^2 \cdot \frac{2\sin^2\frac{\pi}{n}}{1-\sin^2\frac{\pi}{n}}$$

$\dfrac{\pi}{n} = \theta$ とおくと，$n \to \infty$ のとき $\theta \to 0$ であるから

$$\lim_{n\to\infty} n^2(R_n - r_n) = \lim_{\theta\to 0}\left(\frac{\pi}{\theta}\right)^2 \cdot \frac{2\sin^2\theta}{1-\sin^2\theta}$$

$$= \lim_{\theta\to 0} 2\pi^2 \cdot \left(\frac{\sin\theta}{\theta}\right)^2 \cdot \frac{1}{1-\sin^2\theta} = \boldsymbol{2\pi^2}$$

◀ $\dfrac{\pi}{n} = \theta$ より　$n = \dfrac{\pi}{\theta}$

11 自然数 n に対し，曲線 $y = \log_3(x+1)$ と直線 $y = n$ および y 軸で囲まれる部分を D_n とする。ただし D_n は境界線を含む。D_n の面積を S_n とし，D_n に含まれる格子点（x 座標と y 座標がともに整数である点）の個数を T_n とする。

(1) k を $0 \leqq k \leqq n$ を満たす整数とする。D_n の格子点で y 座標が k であるものの個数 c_k を求めよ。

(2) T_n を求めよ。

(3) $\lim_{n\to\infty} \dfrac{T_n}{S_n}$ を求めよ。必要ならば $\lim_{n\to\infty} \dfrac{n}{3^n} = 0$ を用いてよい。　（名古屋工業大　改）

(1) $k = \log_3(x+1)$ とすると　　$x+1 = 3^k$

ゆえに　　$x = 3^k - 1$

よって，D_n に含まれる格子点で y 座標が k であるものは，$(0,\ k)$，$(1,\ k)$，$\cdots$，$(3^k-1,\ k)$ の 3^k 個ある。

したがって　　$\boldsymbol{c_k = 3^k}$

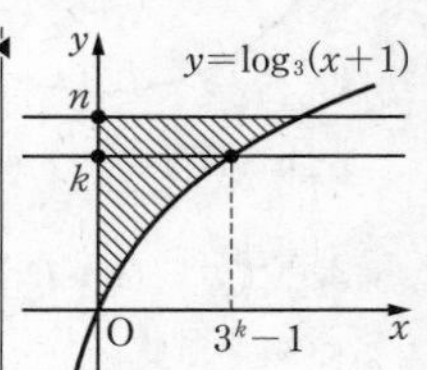

(2) $T_n = \displaystyle\sum_{k=0}^{n} c_k = \sum_{k=0}^{n} 3^k$

$$= \frac{3^{n+1}-1}{3-1} = \boldsymbol{\frac{3^{n+1}-1}{2}}$$

◀ 初項 1, 公比 3, 項数 $n+1$ の等比数列の和である。

(3) $y = \log_3(x+1)$ より　　$3^y = x+1$　すなわち　$x = 3^y - 1$

よって

$$S_n = \int_0^n (3^y - 1)dy = \left[\frac{3^y}{\log 3} - y\right]_0^n = \frac{3^n-1}{\log 3} - n$$

◀ $\displaystyle\int a^x\,dx = \frac{a^x}{\log a} + C$

これと (2) より

$$\lim_{n\to\infty} \frac{T_n}{S_n} = \lim_{n\to\infty} \frac{3^{n+1}-1}{2} \cdot \frac{1}{\dfrac{3^n-1}{\log 3} - n}$$

$$= \lim_{n\to\infty} \frac{\log 3}{2} \cdot \frac{3^{n+1}-1}{3^n - 1 - n\log 3}$$

$$= \lim_{n\to\infty} \frac{\log 3}{2} \cdot \frac{3 - \dfrac{1}{3^n}}{1 - \dfrac{1}{3^n} - \dfrac{n}{3^n}\log 3} = \boldsymbol{\frac{3\log 3}{2}}$$

◀ $\lim_{n\to\infty} \dfrac{n}{3^n} = 0$

12 $a>0$, $b>0$ とし，楕円 $\dfrac{x^2}{4}+y^2=1$ 上の3点 $(0,\ 1)$, $(a,\ b)$, $(-a,\ b)$ を通る円の半径を r とする。このとき，極限値 $\displaystyle\lim_{a\to 0}r$ を求めよ。 (日本女子大)

$\dfrac{x^2}{4}+y^2=1$ …① とおく。

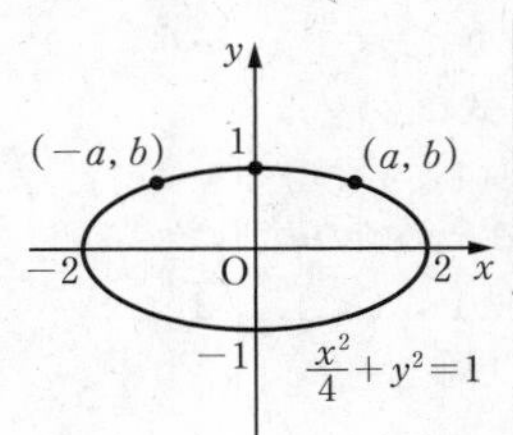

点 $(a,\ b)$ は①上にあるから

$$\frac{a^2}{4}+b^2=1$$

よって　　$a^2=4-4b^2$　　…②

3点 $(0,\ 1)$, $(a,\ b)$, $(-a,\ b)$ を通る円の方程式は，$r>0$ として，

$x^2+(y-c)^2=r^2$ とおくことができる。

◀ 2点 $(a,\ b)$, $(-a,\ b)$ は y 軸に関して対称であるから，円の中心の x 座標は0である。

2点 $(0,\ 1)$, $(a,\ b)$ はこの円上にあるから

$$(1-c)^2=r^2 \quad \cdots③$$

$$a^2+(b-c)^2=r^2 \quad \cdots④$$

④−③ より　　$a^2+b^2-1-2(b-1)c=0$

② を代入すると　　$-3(b^2-1)-2(b-1)c=0$

$$(b-1)(3b+3+2c)=0$$

$b\neq 1$ より　　$c=-\dfrac{3b+3}{2}$

◀ $b=1$ の場合は円ができない。

③ より　　$r=1-c=\dfrac{3}{2}b+\dfrac{5}{2}$

◀ $c<1$

$a\to 0$ のとき $b\to 1-0$ であるから

$$\lim_{a\to 0}r=\lim_{b\to 1-0}r=\lim_{b\to 1-0}\left(\frac{3}{2}b+\frac{5}{2}\right)=4$$

13 x を実数とし，次の無限級数を考える。

$$x^2+\frac{x^2}{1+x^2-x^4}+\frac{x^2}{(1+x^2-x^4)^2}+\cdots+\frac{x^2}{(1+x^2-x^4)^{n-1}}+\cdots$$

(1) この無限級数が収束するような x の値の範囲を求めよ。

(2) この無限級数が収束するとき，その和として得られる x の関数を $f(x)$ とする。
また，$h(x)=f\left(\sqrt{|x|}\right)-|x|$ とおく。このとき，$\displaystyle\lim_{x\to 0}h(x)$ を求めよ。

(3) (2) で求めた極限値を a とするとき，$\displaystyle\lim_{x\to 0}\frac{h(x)-a}{x}$ は存在するか。理由を付けて答えよ。

(岡山大)

(1) 与えられた無限級数は初項 x^2, 公比 $\dfrac{1}{1+x^2-x^4}$ の無限等比級数であるから，収束する条件は

$$x^2=0 \ \cdots① \quad \text{または} \quad \left|\frac{1}{1+x^2-x^4}\right|<1 \ \cdots②$$

◀ (初項)$=0$ または |公比|<1

② より $|1+x^2-x^4|>1$ であるから

$$1+x^2-x^4<-1 \ \cdots③ \quad \text{または} \quad 1<1+x^2-x^4 \ \cdots④$$

◀ $|X|>1 \iff X<-1,\ 1<X$

③ より　　$x^4-x^2-2>0$

$$(x^2-2)(x^2+1)>0$$

$x^2+1>0$ であるから，$x^2-2>0$ より

$x<-\sqrt{2},\ \sqrt{2}<x \quad \cdots ③'$

④ より　$x^4-x^2<0$

$x^2(x^2-1)<0$

$x^2 \geqq 0$ であるから，$x \neq 0$ かつ $x^2-1<0$ より

$-1<x<0,\ 0<x<1 \quad \cdots ④'$

③′，④′ より，不等式 ② の解は

$x<-\sqrt{2},\ -1<x<0,\ 0<x<1,\ \sqrt{2}<x \quad \cdots ⑤$

◀ ③′ または ④′

①，⑤ より，求める x の値の範囲は

◀ ① より　$x=0$

$\boldsymbol{x<-\sqrt{2},\ -1<x<1,\ \sqrt{2}<x}$

(2)　$x=0$ のとき　$f(x)=0$

$x \neq 0$ のとき

$$f(x)=\frac{x^2}{1-\dfrac{1}{1+x^2-x^4}}=\frac{x^2(1+x^2-x^4)}{(1+x^2-x^4)-1}=\frac{1+x^2-x^4}{1-x^2}$$

よって　$f(x)=\begin{cases} 0 & (x=0 \text{ のとき}) \\ \dfrac{1+x^2-x^4}{1-x^2} & (x \neq 0 \text{ のとき}) \end{cases}$

$x \neq 0$ のとき

◀ $\lim\limits_{x \to 0} h(x)$ を考えるから，$x \neq 0$ において考える。

$$h(x)=f\left(\sqrt{|x|}\right)-|x|$$

$$=\frac{1+|x|-|x|^2}{1-|x|}-|x|=\frac{1}{1-|x|}$$

◀ $\dfrac{1+|x|-|x|^2}{1-|x|}=\dfrac{1}{1-|x|}+\dfrac{|x|(1-|x|)}{1-|x|}=\dfrac{1}{1-|x|}+|x|$

よって　$\lim\limits_{x \to 0} h(x)=\lim\limits_{x \to 0}\dfrac{1}{1-|x|}=\boldsymbol{1}$

(3)　(2) より $a=1$ であるから，$x \neq 0$ のとき

$$\frac{h(x)-a}{x}=\frac{\dfrac{1}{1-|x|}-1}{x}=\frac{|x|}{x(1-|x|)}$$

よって　$\lim\limits_{x \to +0}\dfrac{h(x)-a}{x}=\lim\limits_{x \to +0}\dfrac{x}{x(1-x)}=\lim\limits_{x \to +0}\dfrac{1}{1-x}=1$

$\lim\limits_{x \to -0}\dfrac{h(x)-a}{x}=\lim\limits_{x \to -0}\dfrac{-x}{x\{1-(-x)\}}=\lim\limits_{x \to -0}\left(-\dfrac{1}{1+x}\right)=-1$

◀ $x \to +0$ のとき $x>0$ で考えるから　$|x|=x$
$x \to -0$ のとき $x<0$ で考えるから　$|x|=-x$

ゆえに，$\lim\limits_{x \to +0}\dfrac{h(x)-a}{x} \neq \lim\limits_{x \to -0}\dfrac{h(x)-a}{x}$ であるから，$\boldsymbol{\lim\limits_{x \to 0}\dfrac{h(x)-a}{x}}$ **は存在しない。**

p.447　2章　微分

14　次の関数を微分せよ。

(1)　$y=\sin(\log(x^2+1))$　（大阪府立大）

(2)　$y=\sqrt[3]{x+1}\log x$　（信州大）

(3)　$y=\sqrt{\dfrac{1-\sqrt{x}}{1+\sqrt{x}}}\ (0<x<1)$　（東京理科大）

(4)　$y=5^{-x}\cos x\log|\cos x|\ \left(0<x<\dfrac{\pi}{2}\right)$　（埼玉大）

(1)　$y'=\cos\{\log(x^2+1)\}\cdot\{\log(x^2+1)\}'$

◀ 合成関数の微分法

$$= \cos\{\log(x^2+1)\}\cdot\frac{(x^2+1)'}{x^2+1}$$

$$= \boldsymbol{\frac{2x}{x^2+1}\cos(\log(x^2+1))}$$

(2) $y' = (\sqrt[3]{x+1})'\log x + \sqrt[3]{x+1}(\log x)'$

$$= \frac{1}{3}(x+1)^{-\frac{2}{3}}\cdot(x+1)'\log x + (x+1)^{\frac{1}{3}}\cdot\frac{1}{x}$$

$$= \frac{1}{3}(x+1)^{-\frac{2}{3}}\left\{\log x + 3(x+1)\cdot\frac{1}{x}\right\}$$

$$= \boldsymbol{\frac{1}{3\sqrt[3]{(x+1)^2}}\left(\log x + \frac{3}{x} + 3\right)}$$

◀積の微分法
合成関数の微分法

◀ $(x+1)^{\frac{1}{3}} \div \frac{1}{3}(x+1)^{-\frac{2}{3}}$
$= (x+1)^{\frac{1}{3}}\cdot 3(x+1)^{\frac{2}{3}}$
$= 3(x+1)$

(3) $0<x<1$ より　$1-\sqrt{x}>0$, $1+\sqrt{x}>0$ であるから，両辺の対数をとると

$$\log y = \log\left(\frac{1-\sqrt{x}}{1+\sqrt{x}}\right)^{\frac{1}{2}} = \frac{1}{2}\{\log(1-\sqrt{x})-\log(1+\sqrt{x})\}$$

両辺を x で微分して

$$\frac{y'}{y} = \frac{1}{2}\left\{\frac{(1-\sqrt{x})'}{1-\sqrt{x}} - \frac{(1+\sqrt{x})'}{1+\sqrt{x}}\right\}$$

$$= \frac{1}{2}\left(-\frac{1}{2\sqrt{x}}\cdot\frac{1}{1-\sqrt{x}} - \frac{1}{2\sqrt{x}}\cdot\frac{1}{1+\sqrt{x}}\right)$$

$$= -\frac{1}{2\sqrt{x}(1-\sqrt{x})(1+\sqrt{x})}$$

◀合成関数の微分法

◀ $(\sqrt{x})' = \frac{1}{2\sqrt{x}}$

よって　$y' = -\dfrac{1}{2\sqrt{x}(1-\sqrt{x})(1+\sqrt{x})}\sqrt{\dfrac{1-\sqrt{x}}{1+\sqrt{x}}}$

$$= -\frac{1}{2}\sqrt{\frac{1}{x(1-\sqrt{x})^2(1+\sqrt{x})^2}\cdot\frac{1-\sqrt{x}}{1+\sqrt{x}}}$$

$$= -\frac{1}{2\sqrt{x(1-\sqrt{x})(1+\sqrt{x})^3}}$$

$$= \boldsymbol{-\frac{1}{2(1+\sqrt{x})\sqrt{x(1-x)}}}$$

(4) $y' = (5^{-x})'\cos x\log|\cos x|$
$\qquad + 5^{-x}(\cos x)'\log|\cos x| + 5^{-x}\cos x(\log|\cos x|)'$

$= -5^{-x}\log 5\cos x\log|\cos x|$
$\qquad -5^{-x}\sin x\log|\cos x| + 5^{-x}\cos x\cdot\dfrac{-\sin x}{\cos x}$

$= \boldsymbol{-5^{-x}(\log 5\cos x\log|\cos x| + \sin x\log|\cos x| + \sin x)}$

◀ $(uvw)'$
$= u'vw + uv'w + uvw'$

◀ $(\log|\cos x|)'$
$= \dfrac{(\cos x)'}{\cos x} = \dfrac{-\sin x}{\cos x}$

15 $f(x) = \cos x + 1$, $g(x) = \dfrac{a}{bx^2+cx+1}$ とするとき
$f(0) = g(0)$, $f'(0) = g'(0)$, $f''(0) = g''(0)$
となるように定数 a, b, c の値を定めよ。　（同志社大）

$f'(x) = -\sin x$, $f''(x) = -\cos x$

入試攻略

$$g'(x)=\frac{-a(2bx+c)}{(bx^2+cx+1)^2}$$

$$g''(x)=\frac{-2ab(bx^2+cx+1)^2+a(2bx+c)^2\cdot 2(bx^2+cx+1)}{(bx^2+cx+1)^4}$$

$$=\frac{-2ab(bx^2+cx+1)+2a(2bx+c)^2}{(bx^2+cx+1)^3}$$

よって，$f(0)=g(0)$ より　　$2=a$　　…①

$f'(0)=g'(0)$ より　　$0=-ac$　　…②

$f''(0)=g''(0)$ より　　$-1=-2ab+2ac^2$　　…③

①，② より　　$c=0$

③ に $a=2$，$c=0$ を代入して　　$b=\dfrac{1}{4}$

したがって　　$\boldsymbol{a=2,\ b=\dfrac{1}{4},\ c=0}$

◀ $f(0)=\cos 0+1=2$

◀ $a=0$ または $c=0$

---

16 関数 $f(x)$ を

$$f(x)=\begin{cases}\dfrac{\log|x|}{x} & (|x|>1)\\ ax^3+bx^2+cx+d & (|x|\leqq 1)\end{cases}$$

と定める。ただし，a，b，c，d は定数とし，$f(x)$ は $x=\pm 1$ において微分可能とする。このとき，a，b，c，d の値を求めよ。　（筑波大）

$f(x)$ は $x=1$ で微分可能であるから

$$\lim_{h\to+0}\frac{f(1+h)-f(1)}{h}=\lim_{h\to-0}\frac{f(1+h)-f(1)}{h}\quad\cdots①$$

ここで

$$\lim_{h\to+0}\frac{f(1+h)-f(1)}{h}=\lim_{h\to+0}\frac{\dfrac{\log(1+h)}{1+h}-(a+b+c+d)}{h}\quad\cdots②$$

◀ $h\to+0$ のとき $1+h>0$

であり，② が極限値をもつための条件は

$$\lim_{h\to+0}\left\{\frac{\log(1+h)}{1+h}-(a+b+c+d)\right\}=-(a+b+c+d)=0$$

◀ 分母 → 0 であるから 分子 → 0

すなわち　　$a+b+c+d=0$　　…③

このとき，② より

$$\lim_{h\to+0}\frac{f(1+h)-f(1)}{h}=\lim_{h\to+0}\frac{\log(1+h)}{h(1+h)}$$

$$=\lim_{h\to+0}\frac{\log(1+h)^{\frac{1}{h}}}{1+h}=\frac{\log e}{1}=1\quad\cdots④$$

◀ $\displaystyle\lim_{h\to+0}(1+h)^{\frac{1}{h}}=e$

次に

$$\lim_{h\to-0}\frac{f(1+h)-f(1)}{h}$$

$$=\lim_{h\to-0}\frac{\{a(1+h)^3+b(1+h)^2+c(1+h)+d\}-(a+b+c+d)}{h}$$

$$=\lim_{h\to-0}\frac{3ah+3ah^2+ah^3+2bh+bh^2+ch}{h}$$

$$=\lim_{h\to-0}\{(3a+2b+c)+(3a+b)h+ah^2\}$$

$$=3a+2b+c\quad\cdots⑤$$

よって，④，⑤ を ① に代入して　$3a+2b+c=1$　…⑥

同様に，$f(x)$ は $x=-1$ で微分可能であるから

$$\lim_{h\to+0}\frac{f(-1+h)-f(-1)}{h}=\lim_{h\to-0}\frac{f(-1+h)-f(-1)}{h}\quad\cdots⑦$$

ここで

$$\lim_{h\to+0}\frac{f(-1+h)-f(-1)}{h}$$

$$=\lim_{h\to+0}\frac{\{a(-1+h)^3+b(-1+h)^2+c(-1+h)+d\}-(-a+b-c+d)}{h}$$

$$=\lim_{h\to+0}\frac{3ah-3ah^2+ah^3-2bh+bh^2+ch}{h}$$

$$=\lim_{h\to+0}\{(3a-2b+c)-(3a-b)h+ah^2\}$$

$$=3a-2b+c\quad\cdots⑧$$

また

$$\lim_{h\to-0}\frac{f(-1+h)-f(-1)}{h}=\lim_{h\to-0}\frac{\dfrac{\log(1-h)}{-1+h}-(-a+b-c+d)}{h}\quad\cdots⑨$$

◀ $h\to-0$ のとき $-1+h<0$ より $|-1+h|=1-h$

であり，⑨ が極限値をもつための条件は

$$\lim_{h\to-0}\left\{\frac{\log(1-h)}{-1+h}-(-a+b-c+d)\right\}=a-b+c-d=0\quad\cdots⑩$$

このとき，⑨ より

$$\lim_{h\to-0}\frac{f(-1+h)-f(-1)}{h}=\lim_{h\to-0}\frac{\log(1-h)}{h(-1+h)}$$

$$=\lim_{h\to-0}\frac{\log(1-h)^{-\frac{1}{h}}}{1-h}=1\quad\cdots⑪$$

◀ $\displaystyle\lim_{h\to-0}(1-h)^{-\frac{1}{h}}=\lim_{h'\to+0}(1+h')^{\frac{1}{h'}}=e$

よって，⑧，⑪ を ⑦ に代入して　$3a-2b+c=1$　…⑫

③，⑥，⑩，⑫ を連立して解くと

$$\boldsymbol{a=\frac{1}{2},\ b=0,\ c=-\frac{1}{2},\ d=0}$$

17 微分可能な関数 $f(x)$ が，任意の実数 a，b に対して $f(a+b)=f(a)+f(b)+7ab(a+b)$ を満たし，$x=0$ における $f(x)$ の微分係数の値が 3 であるとき，$f(0)$ の値と $f(x)$ の導関数を求めよ。

（九州歯科大）

$f(a+b)=f(a)+f(b)+7ab(a+b)$ …① とおく。

また，条件より　$f'(0)=3$　…②

① において，$b=0$ とすると　$f(a)=f(a)+f(0)$

よって　$\boldsymbol{f(0)=0}$

次に，① において，$a=x$，$b=h$ とすると

$$f(x+h)=f(x)+f(h)+7hx(x+h)$$
$$f(x+h)-f(x)=f(h)+7hx(x+h)$$

これより

$$f'(x)=\lim_{h\to0}\frac{f(x+h)-f(x)}{h}$$

◀ 定義による微分

$$=\lim_{h\to0}\frac{f(h)+7hx(x+h)}{h}$$

入試攻略

$$= \lim_{h \to 0}\left\{\frac{f(h)}{h} + 7x(x+h)\right\}$$

$$= \lim_{h \to 0}\frac{f(0+h)-f(0)}{h} + \lim_{h \to 0}7x(x+h)$$

$$= f'(0) + 7x^2$$

ここで，② より　　$f'(x) = 3 + 7x^2$

したがって　　$\boldsymbol{f'(x) = 7x^2 + 3}$

◀ $f(0) = 0$

◀ $\lim_{h \to 0}\frac{f(0+h)-f(0)}{h} = f'(0)$

18 連続な関数 $f(x)$，$g(x)$ がすべての実数 x，y に対して

$$\begin{cases} f(x)\sin x + g(x)\cos x = 1 & \cdots ① \\ f(x)\cos y + g(x)\sin y = f(x+y) & \cdots ② \end{cases}$$

を満たしている。$f(0) = 0$ として

(1) 任意の x に対し，$f'(x)$ が存在して，$f'(x) = g(x)$ となることを示せ。

(2) $\{f(x)\}^2 + \{g(x)\}^2 = 1$ が，すべての x に対して成り立つことを証明せよ。　(岐阜薬科大)

(1) $$\frac{f(x+h)-f(x)}{h} = \frac{f(x)\cos h + g(x)\sin h - f(x)}{h}$$

$$= \frac{f(x)(\cos h - 1) + g(x)\sin h}{h}$$

$$= \frac{f(x)\cdot\left(-2\sin^2\frac{h}{2}\right) + g(x)\sin h}{h}$$

$$= -f(x)\cdot\frac{\sin\frac{h}{2}}{\frac{h}{2}}\cdot\sin\frac{h}{2} + g(x)\cdot\frac{\sin h}{h}$$

◀ ② において $y = h$ とする。

◀ $\sin^2\frac{h}{2} = \frac{1-\cos h}{2}$ より $1 - \cos h = 2\sin^2\frac{h}{2}$

よって　$f'(x) = \lim_{h \to 0}\frac{f(x+h)-f(x)}{h}$

$$= \lim_{h \to 0}\left\{-f(x)\cdot\frac{\sin\frac{h}{2}}{\frac{h}{2}}\cdot\sin\frac{h}{2} + g(x)\cdot\frac{\sin h}{h}\right\}$$

$$= -f(x)\cdot 1\cdot 0 + g(x)\cdot 1 = g(x)$$

◀ $\lim_{h \to 0}\frac{\sin\frac{h}{2}}{\frac{h}{2}} = 1$

したがって，任意の x に対して $f'(x)$ が存在して，$f'(x) = g(x)$ となる。

(2) ② において，$y = -x$ とすると

$$f(x)\cos(-x) + g(x)\sin(-x) = f(0)$$

よって　　$f(x)\cos x - g(x)\sin x = 0$　　$\cdots ③$

◀ $f(0) = 0$

①，③ の両辺を 2 乗して，辺々を加えると

$$\{f(x)\sin x + g(x)\cos x\}^2 + \{f(x)\cos x - g(x)\sin x\}^2 = 1^2 + 0^2$$

ゆえに　　$\{f(x)\}^2(\sin^2 x + \cos^2 x) + \{g(x)\}^2(\cos^2 x + \sin^2 x) = 1$

したがって　　$\{f(x)\}^2 + \{g(x)\}^2 = 1$

◀ $2f(x)g(x)\sin x\cos x$ の項はなくなる。

19 c を実数で定数とし，$f(x) = x^2 + c$ とおく。

(1) 条件 (＊)　　$f(a) = b$ かつ $f(b) = a$　(ただし $a < b$)

を満たす相異なる実数 a，b が存在するような c の値の範囲を求めよ。

(2) $g(x) = f(f(x))$ とおく。このとき，(＊) を満たす a に対して，さらに，$|g'(a)| < 1$ となるような c の値の範囲を求めよ。　(早稲田大)

(1) 条件（＊）より $\begin{cases} a^2+c=b & \cdots ① \\ b^2+c=a & \cdots ② \end{cases}$

①－② より $a^2-b^2=b-a$

$(a-b)(a+b+1)=0$

> ◀ 因数分解する。
> $(a-b)(a+b)+(a-b)=0$
> $(a-b)(a+b+1)=0$

$a \neq b$ であるから $a+b+1=0$

よって $a+b=-1 \quad \cdots ③$

①＋② より $a^2+b^2+2c=a+b$

$(a+b)^2-2ab+2c=a+b$

③ を代入して $1-2ab+2c=-1$

ゆえに $ab=c+1 \quad \cdots ④$

③, ④ より，a, b は 2 次方程式 $t^2+t+c+1=0$ の異なる 2 つの実数解である。この 2 次方程式の判別式を D とすると，相異なる実数 a, b が存在する条件は $D>0$ である。

> ◀ 2 次方程式の解と係数の関係を用いる。

すなわち $D=1-4(c+1)>0$

したがって $\boldsymbol{c<-\frac{3}{4}}$

(2) $g'(x)=f'(f(x))\cdot f'(x)$ であるから

$g'(a)=f'(f(a))\cdot f'(a)=2f(a)\cdot 2a=4ab$

> ◀ $f'(x)=2x$, $f(a)=b$

④ より $g'(a)=4(c+1)$

よって，$|g'(a)|<1$ となるには $|4(c+1)|<1$

> ◀ $-1<4(c+1)<1$

したがって $-\frac{5}{4}<c<-\frac{3}{4}$

(1) より，$c<-\frac{3}{4}$ であるから $\boldsymbol{-\frac{5}{4}<c<-\frac{3}{4}}$

---

20 関数 $F(x)=f(|x|)+\sum_{n=0}^{\infty}x^2f(x)\left(\frac{\sin x+2}{x^2+\sin x+2}\right)^n$ について，次の問に答えよ。ただし，関数 $f(x)$ は微分可能とする。

(1) $F(x)$ が $x=0$ で連続のとき，$f(x)$ が満たす条件を求めよ。

(2) $F(x)$ が $x=0$ で微分可能のとき，$f(x)$, $f'(x)$ が満たす条件を求めよ。
また，このとき，$x=0$ における $F(x)$ の微分係数を求めよ。 （島根大）

---

(1) $x \neq 0$ のとき，$0<\frac{\sin x+2}{x^2+\sin x+2}<1$ であるから

> ◀ $|r|<1$ のとき
> $\sum_{k=1}^{\infty}a\cdot r^{k-1}=\frac{a}{1-r}$

$$F(x)=f(|x|)+\frac{x^2f(x)}{1-\frac{\sin x+2}{x^2+\sin x+2}}$$

$$=f(|x|)+f(x)(x^2+\sin x+2)$$

> ◀ 第 2 項の分母・分子に $x^2+\sin x+2$ を掛ける。

よって $\lim_{x\to 0}F(x)=f(0)+2f(0)=3f(0)$

一方，$x=0$ を代入すると $F(0)=f(0)$

> ◀ $F(x)$ の $f(|x|)$ は $x=0$ のとき $f(0)$
> $F(x)$ の無限等比級数の部分は $x=0$ のとき 0

$F(x)$ が $x=0$ で連続であることより

$\lim_{x\to 0}F(x)=F(0)$

これより $3f(0)=f(0)$

したがって $\boldsymbol{f(0)=0}$

(2) $F(x)$ が $x=0$ で微分可能であるから，$F(x)$ は $x=0$ で連続である。

> ◀ 微分可能 ⟹ 連続

よって，(1) より $f(0)=0 \quad \cdots ①$

入試攻略

ここで　$F_1(x)=f(x)+f(x)(x^2+\sin x+2)\quad (x\geqq 0)$

$F_2(x)=f(-x)+f(x)(x^2+\sin x+2)\quad (x\leqq 0)$

とおくと，$f(x)$ が微分可能なことより，$F_1(x)$，$F_2(x)$ も微分可能である。

$F(x)=F_1(x)\ (x\geqq 0)$，$F(x)=F_2(x)\ (x\leqq 0)$ より，$F(x)$ が $x=0$ で微分可能であるための必要十分条件は

$$\lim_{h\to+0}\frac{F_1(0+h)-F_1(0)}{h}=\lim_{h\to-0}\frac{F_2(0+h)-F_2(0)}{h}$$

すなわち　$F_1{}'(0)=F_2{}'(0)$

また

$F_1{}'(x)=f'(x)+f'(x)(x^2+\sin x+2)+f(x)(2x+\cos x)$

$F_2{}'(x)=-f'(-x)+f'(x)(x^2+\sin x+2)+f(x)(2x+\cos x)$

よって　$F_1{}'(0)=3f'(0)+f(0)$，$F_2{}'(0)=f'(0)+f(0)$

$F_1{}'(0)=F_2{}'(0)$ より　$f'(0)=0$　…②

求める条件は①，②より

$f(0)=0$，$f'(0)=0$

したがって　**$F'(0)=0$**

◀ $f(|x|)=\begin{cases}f(x) & (x\geqq 0)\\ f(-x) & (x\leqq 0)\end{cases}$

◀ $\displaystyle\lim_{h\to+0}\frac{F_1(0+h)-F_1(0)}{h}=F_1{}'(0)$

$\displaystyle\lim_{h\to-0}\frac{F_2(0+h)-F_2(0)}{h}=F_2{}'(0)$

◀ ①より　$f(0)=0$

◀ $F'(0)=F_1{}'(0)=F_2{}'(0)$

---

21 a を実数とし，関数 $f(x)$ を

$$f(x)=\begin{cases}a\sin x+\cos x & \left(x\leqq\dfrac{\pi}{2}\right)\\ x-\pi & \left(x>\dfrac{\pi}{2}\right)\end{cases}$$

で定義する。このとき，次の問に答えよ。

(1) $f(x)$ が $x=\dfrac{\pi}{2}$ で連続となる a の値を求めよ。

(2) (1)で求めた a の値に対し，$x=\dfrac{\pi}{2}$ で $f(x)$ は微分可能でないことを示せ。　(神戸大)

---

(1) $f(x)$ が $x=\dfrac{\pi}{2}$ で連続であるとき，極限値 $\displaystyle\lim_{x\to\frac{\pi}{2}}f(x)$ が存在するから，$\displaystyle\lim_{x\to\frac{\pi}{2}+0}f(x)=\lim_{x\to\frac{\pi}{2}-0}f(x)$ である。

$$\lim_{x\to\frac{\pi}{2}+0}f(x)=\lim_{x\to\frac{\pi}{2}+0}(x-\pi)=\frac{\pi}{2}-\pi=-\frac{\pi}{2}$$

$$\lim_{x\to\frac{\pi}{2}-0}f(x)=\lim_{x\to\frac{\pi}{2}-0}(a\sin x+\cos x)=a\sin\frac{\pi}{2}+\cos\frac{\pi}{2}=a$$

よって　$-\dfrac{\pi}{2}=a$

逆に，このとき $\displaystyle\lim_{x\to\frac{\pi}{2}}f(x)=f\left(\frac{\pi}{2}\right)$ が成り立ち，$f(x)$ は $x=\dfrac{\pi}{2}$ で連続となる。

したがって，求める a の値は　**$a=-\dfrac{\pi}{2}$**

(2) $h>0$ のとき

$$f\left(\frac{\pi}{2}+h\right)-f\left(\frac{\pi}{2}\right)=\left\{\left(\frac{\pi}{2}+h\right)-\pi\right\}-\left(-\frac{\pi}{2}\sin\frac{\pi}{2}+\cos\frac{\pi}{2}\right)$$

◀ $x>\dfrac{\pi}{2}$ のとき $f(x)=x-\pi$

◀ $x\leqq\dfrac{\pi}{2}$ のとき $f(x)=a\sin x+\cos x$

$$= h$$

よって　$\displaystyle\lim_{h\to+0}\frac{f\left(\frac{\pi}{2}+h\right)-f\left(\frac{\pi}{2}\right)}{h}=\lim_{h\to+0}\frac{h}{h}=1$

$h<0$ のとき

$$f\left(\frac{\pi}{2}+h\right)-f\left(\frac{\pi}{2}\right)$$
$$=\left\{-\frac{\pi}{2}\sin\left(\frac{\pi}{2}+h\right)+\cos\left(\frac{\pi}{2}+h\right)\right\}-\left(-\frac{\pi}{2}\sin\frac{\pi}{2}+\cos\frac{\pi}{2}\right)$$
$$=-\frac{\pi}{2}(\cos h-1)-\sin h$$

◀ $\sin\left(\frac{\pi}{2}+h\right)=\cos h$
$\cos\left(\frac{\pi}{2}+h\right)=-\sin h$

であるから

$$\lim_{h\to-0}\frac{f\left(\frac{\pi}{2}+h\right)-f\left(\frac{\pi}{2}\right)}{h}=\lim_{h\to-0}\frac{-\frac{\pi}{2}(\cos h-1)-\sin h}{h}$$
$$=\frac{\pi}{2}\lim_{h\to-0}\frac{1-\cos h}{h}-\lim_{h\to-0}\frac{\sin h}{h}$$
$$=\frac{\pi}{2}\lim_{h\to-0}\frac{(1-\cos h)(1+\cos h)}{h(1+\cos h)}-1$$
$$=\frac{\pi}{2}\lim_{h\to-0}\frac{\sin^2 h}{h(1+\cos h)}-1$$
$$=\frac{\pi}{2}\lim_{h\to-0}\frac{\sin^2 h}{h^2}\cdot\frac{h}{1+\cos h}-1$$
$$=0-1=-1$$

よって　$\displaystyle\lim_{h\to+0}\frac{f\left(\frac{\pi}{2}+h\right)-f\left(\frac{\pi}{2}\right)}{h}\neq\lim_{h\to-0}\frac{f\left(\frac{\pi}{2}+h\right)-f\left(\frac{\pi}{2}\right)}{h}$

ゆえに，極限値 $\displaystyle\lim_{h\to0}\frac{f\left(\frac{\pi}{2}+h\right)-f\left(\frac{\pi}{2}\right)}{h}$ は，$a=-\frac{\pi}{2}$ のとき存在しない。

したがって，$x=\frac{\pi}{2}$ で $f(x)$ は微分可能でない。

22 関数 $f(x)=\log\left(x+\sqrt{x^2+1}\right)$ に対して，次の問に答えよ。

(1) 関数 $f(x)$ の導関数は $f'(x)=\dfrac{1}{\sqrt{x^2+1}}$ であることを示せ。

(2) 関数 $f(x)$ の第 2 次導関数を $f''(x)$ とおくとき
$$(x^2+1)f''(x)+xf'(x)=0$$
が成り立つことを示せ。

(3) 任意の自然数 n に対して，次の等式が成り立つことを数学的帰納法によって証明せよ。
$$(x^2+1)f^{(n+1)}(x)+(2n-1)xf^{(n)}(x)+(n-1)^2f^{(n-1)}(x)=0$$
ただし，$f^{(0)}(x)=f(x)$ とし，自然数 k に対して $f^{(k)}(x)$ は $f(x)$ の第 k 次導関数を示す。

(4) 値 $f^{(9)}(0)$ および $f^{(10)}(0)$ を求めよ。　（東京都立大）

(1)　$$f'(x)=\frac{1}{x+\sqrt{x^2+1}}\left(1+\frac{2x}{2\sqrt{x^2+1}}\right)$$
$$=\frac{1}{x+\sqrt{x^2+1}}\cdot\frac{x+\sqrt{x^2+1}}{\sqrt{x^2+1}}$$

入試攻略

$$= \frac{1}{\sqrt{x^2+1}}$$

(2) $f''(x) = \left\{(x^2+1)^{-\frac{1}{2}}\right\}' = -\frac{1}{2}(x^2+1)^{-\frac{3}{2}}\cdot 2x$

$$= -x(x^2+1)^{-\frac{3}{2}}$$

◀ $\frac{1}{\sqrt{x^2+1}} = (x^2+1)^{-\frac{1}{2}}$

よって

$$(x^2+1)f''(x) + xf'(x)$$

$$= (x^2+1)\cdot\left\{-x(x^2+1)^{-\frac{3}{2}}\right\} + x\cdot\frac{1}{\sqrt{x^2+1}}$$

$$= -x(x^2+1)^{-\frac{1}{2}} + x(x^2+1)^{-\frac{1}{2}} = 0$$

(3) $(x^2+1)f^{(n+1)}(x) + (2n-1)xf^{(n)}(x) + (n-1)^2 f^{(n-1)}(x) = 0$ …①

とおく。

［1］ $n=1$ のとき，(2) より

$$(\text{①の左辺}) = (x^2+1)f''(x) + xf'(x) = 0$$

よって，$n=1$ のとき ① は成り立つ。

［2］ $n=k$ のとき，① が成り立つと仮定すると

◀ k は自然数

$$(x^2+1)f^{(k+1)}(x) + (2k-1)xf^{(k)}(x) + (k-1)^2 f^{(k-1)}(x) = 0$$

両辺を x で微分すると

$$2xf^{(k+1)}(x) + (x^2+1)f^{(k+2)}(x) + (2k-1)\{f^{(k)}(x) + xf^{(k+1)}(x)\} + (k-1)^2 f^{(k)}(x) = 0$$

よって

$$(x^2+1)f^{(k+2)}(x) + (2+2k-1)xf^{(k+1)}(x) + \{(2k-1)+(k-1)^2\}f^{(k)}(x) = 0$$

したがって

$$(x^2+1)f^{(k+2)}(x) + (2k+1)xf^{(k+1)}(x) + k^2 f^{(k)}(x) = 0$$

これは，$n=k+1$ のとき ① が成り立つことを示す。

［1］,［2］より，任意の自然数 n に対して ① は成り立つ。

(4) ① の両辺に $x=0$ を代入すると

$$f^{(n+1)}(0) + (n-1)^2 f^{(n-1)}(0) = 0 \quad (n=1,\ 2,\ 3,\ \cdots)$$

よって

$$f^{(n+1)}(0) = -(n-1)^2 f^{(n-1)}(0) \qquad \cdots ②$$

ここで，(1) より　$f'(0) = 1$

ゆえに，② より

$$f^{(3)}(0) = -1^2\cdot f'(0) = -1$$

$$f^{(5)}(0) = -3^2\cdot f^{(3)}(0) = -9\cdot(-1) = 9$$

$$f^{(7)}(0) = -5^2\cdot f^{(5)}(0) = -25\cdot 9 = -225$$

$$f^{(9)}(0) = -7^2\cdot f^{(7)}(0) = -49\cdot(-225) = 11025$$

また　$f^{(0)}(0) = f(0) = \log 1 = 0$

② より

$$f^{(2)}(0) = 0$$

$$f^{(4)}(0) = -2^2\cdot f^{(2)}(0) = 0$$

同様にして　$f^{(6)}(0) = f^{(8)}(0) = f^{(10)}(0) = 0$

したがって　$\boldsymbol{f^{(9)}(0) = 11025,\ f^{(10)}(0) = 0}$

23 $e^x+e^{-x}=2t\ (t>1)$ を満たす負の x を t の関数と考えて $x(t)$ とする。このとき，次の問に答えよ。

(1) $x(t)$，$x'(t)$，$x''(t)$ を求めよ。

(2) $x(t)>-1$ を満たす t の値の範囲を求めよ。

(3) $\lim_{t\to\infty}\{x(t)+\log t\}$ を求めよ。 （防衛大）

(1) 両辺に e^x を掛けて，整理すると

$(e^x)^2-2te^x+1=0$ より　　$e^x=t\pm\sqrt{t^2-1}$

よって $x=\log(t\pm\sqrt{t^2-1})$ であり，$t>1$ のとき x が負になるのは $x=\log(t-\sqrt{t^2-1})$ のみである。

◀ $t>1$ のとき $0<t-\sqrt{t^2-1}<1<t+\sqrt{t^2-1}$

ゆえに　　$\boldsymbol{x(t)=\log(t-\sqrt{t^2-1})}$

このとき

$$x'(t)=\frac{(t-\sqrt{t^2-1})'}{t-\sqrt{t^2-1}}=\frac{1-\dfrac{2t}{2\sqrt{t^2-1}}}{t-\sqrt{t^2-1}}=-\frac{\mathbf{1}}{\boldsymbol{\sqrt{t^2-1}}}$$

$$x''(t)=\frac{(\sqrt{t^2-1})'}{t^2-1}=\frac{\boldsymbol{t}}{\boldsymbol{(t^2-1)\sqrt{t^2-1}}}$$

(2) $\log(t-\sqrt{t^2-1})>-1$ より　　$t-\sqrt{t^2-1}>\dfrac{1}{e}$

よって　　$t-\dfrac{1}{e}>\sqrt{t^2-1}$

$t>1$ より，両辺を 2 乗すると

$$\left(t-\frac{1}{e}\right)^2>t^2-1$$

よって　　$-\dfrac{2t}{e}+\dfrac{1}{e^2}>-1$

$2t<e+\dfrac{1}{e}$ であるから　　$\boldsymbol{1<t<\frac{1}{2}\left(e+\frac{1}{e}\right)}$

(3) $$\lim_{t\to\infty}\{x(t)+\log t\}=\lim_{t\to\infty}\{\log(t-\sqrt{t^2-1})+\log t\}$$
$$=\lim_{t\to\infty}\log\{t(t-\sqrt{t^2-1})\}$$
$$=\lim_{t\to\infty}\log\frac{t}{t+\sqrt{t^2-1}}$$
$$=\lim_{t\to\infty}\log\frac{1}{1+\sqrt{1-\dfrac{1}{t^2}}}$$
$$=\log\frac{1}{2}=\boldsymbol{-\log 2}$$

◀ 真数が不定形であるから，分子を有理化する。

p.449 3章　微分の応用

24 曲線 $y=e^x+e^{-x}$ 上に点 $\mathrm{P}(\alpha,\ \beta)$ をとる。ただし，$\alpha>0$ とする。

(1) Pにおける接線の方程式を α と β を用いて表せ。

(2) Pにおける接線と x 軸との交点をQとする。PQの長さを β を用いて表せ。

(3) PQの長さの最小値を求めよ。 （埼玉大）

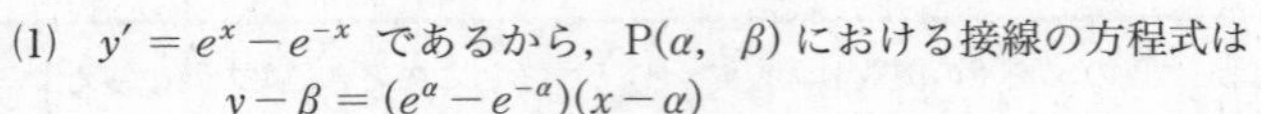

(1)　$y'=e^x-e^{-x}$ であるから，$\mathrm{P}(\alpha,\ \beta)$ における接線の方程式は

$$y-\beta=(e^\alpha-e^{-\alpha})(x-\alpha)$$

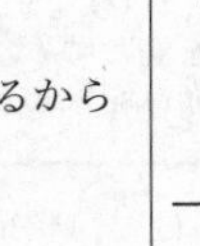

よって　　$\boldsymbol{y=(e^\alpha-e^{-\alpha})x-(e^\alpha-e^{-\alpha})\alpha+\beta}$　　…①

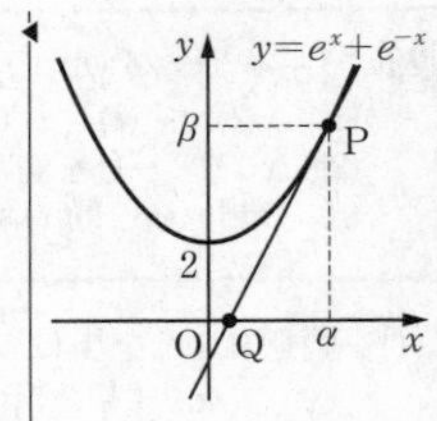

(2)　①に $y=0$ を代入すると，$\alpha>0$ より $e^\alpha-e^{-\alpha}>0$ であるから

$$x=-\frac{\beta}{e^\alpha-e^{-\alpha}}+\alpha$$

よって，Q の座標は　　$\left(-\dfrac{\beta}{e^\alpha-e^{-\alpha}}+\alpha,\ 0\right)$

ゆえに　　$\mathrm{PQ}^2=\left\{\left(-\dfrac{\beta}{e^\alpha-e^{-\alpha}}+\alpha\right)-\alpha\right\}^2+(0-\beta)^2$

$$=\beta^2\left\{\frac{1}{(e^\alpha-e^{-\alpha})^2}+1\right\}$$

ここで，$\mathrm{P}(\alpha,\ \beta)$ は曲線 $y=e^x+e^{-x}$ 上の点であるから

$$\beta=e^\alpha+e^{-\alpha}$$

よって　　$(e^\alpha-e^{-\alpha})^2=(e^\alpha+e^{-\alpha})^2-4=\beta^2-4$

ゆえに　　$\mathrm{PQ}^2=\beta^2\left(\dfrac{1}{\beta^2-4}+1\right)=\dfrac{\beta^2(\beta^2-3)}{\beta^2-4}$

ここで，$e^\alpha>0$, $e^{-\alpha}>0$ であるから，相加平均と相乗平均の関係より

$$\beta=e^\alpha+e^{-\alpha}\geqq 2\sqrt{e^\alpha\cdot e^{-\alpha}}=2$$

◀ $y=e^x+e^{-x}$ のグラフから，$\beta>2$ としてもよい。

等号は $e^\alpha=e^{-\alpha}$ すなわち $\alpha=0$ のとき成り立つが，$\alpha>0$ であるから等号は成り立たない。

よって　　$\beta>2$　　また　　$\mathrm{PQ}>0$

したがって　　$\boldsymbol{\mathrm{PQ}=\dfrac{\beta\sqrt{\beta^2-3}}{\sqrt{\beta^2-4}}}$

(3)　$f(\beta)=\mathrm{PQ}^2=\dfrac{\beta^2(\beta^2-3)}{\beta^2-4}$ とおく。

$f(\beta)=\dfrac{\beta^4-3\beta^2}{\beta^2-4}=\beta^2+1+\dfrac{4}{\beta^2-4}$ より

$$f'(\beta)=2\beta-\frac{8\beta}{(\beta^2-4)^2}$$

$$=\frac{2\beta\{(\beta^2-4)^2-4\}}{(\beta^2-4)^2}=\frac{2\beta(\beta^2-2)(\beta^2-6)}{(\beta^2-4)^2}$$

ゆえに，$\beta>2$ の範囲で $f(\beta)$ の増減表は右のようになり，$f(\beta)$ は $\beta=\sqrt{6}$ のとき最小となる。

β	2	…	$\sqrt{6}$	…
$f'(\beta)$	/	−	0	+
$f(\beta)$	/	↘	最小	↗

$f(\sqrt{6})=9$ であるから，

PQ の最小値は　$\sqrt{9}=3$

〔(3) の別解〕

$$f(\beta)=\beta^2+1+\frac{4}{\beta^2-4}=\beta^2-4+\frac{4}{\beta^2-4}+5$$

◀ β^2-4 をつくる。

ここで，$\beta>2$ より $\beta^2-4>0$ であるから，相加平均と相乗平均の関係より　　$f(\beta)\geqq 2\sqrt{(\beta^2-4)\cdot\dfrac{4}{\beta^2-4}}+5=9$

等号は $\beta^2-4=\dfrac{4}{\beta^2-4}$ すなわち $\beta^2=6$ のときに成り立つ。

したがって，$f(\beta)$ は $\beta=\sqrt{6}$ のとき最小値 9 をとるから，PQ の最小値は　$\sqrt{9}=3$

◀ $\beta>2$ を満たす。

25 曲線 $C: y=\log x\ (x>0)$ を考える。C 上に異なる 2 点 $\mathrm{A}(a,\ \log a)$, $\mathrm{B}(b,\ \log b)$ をとり，A，B における C の法線の交点を P とする。

(1) b を a に近づけたときの点 P の極限を Q とする。Q の座標を a を用いて表せ。

(2) 線分 AQ の長さを最小にする a の値とそのときの AQ の長さを求めよ。 (埼玉大)

(1) $y=\log x$ より $\quad y'=\dfrac{1}{x}$

よって，点 $\mathrm{A}(a,\ \log a)$ における法線の方程式は

$$y-\log a=-a(x-a)$$

すなわち $\quad y=-ax+a^2+\log a \quad \cdots ①$

同様に，点 $\mathrm{B}(b,\ \log b)$ における法線の方程式は

$$y=-bx+b^2+\log b \quad \cdots ②$$

◀ ① の a を b に置き換えればよい。

①，② の交点 P の x 座標は

$$-ax+a^2+\log a=-bx+b^2+\log b$$

$$(b-a)x=(b^2-a^2)+\log b-\log a$$

$a \neq b$ より $\quad x=b+a+\dfrac{\log b-\log a}{b-a}$

◀ 両辺を $b-a\ (\neq 0)$ で割る。

ここで，$f(x)=\log x$ とおくと

$$\lim_{b \to a}\frac{\log b-\log a}{b-a}=f'(a)=\frac{1}{a}$$

◀ 微分係数の定義を利用する。

であるから，b を a に近づけたときの点 P の極限 Q の x 座標は

$$\lim_{b \to a}\left(b+a+\frac{\log b-\log a}{b-a}\right)=2a+\frac{1}{a}$$

◀ 点 P の y 座標を求めず，点 Q の x 座標を求めて ① に代入する。

点 Q は直線 ① 上にあるから，点 Q の y 座標は

$$y=-a\left(2a+\frac{1}{a}\right)+a^2+\log a=\log a-a^2-1$$

ゆえに $\quad \mathbf{Q}\left(\mathbf{2a+\dfrac{1}{a},\ \log a-a^2-1}\right)$

(2) $$\mathrm{AQ}^2=\left\{a-\left(2a+\frac{1}{a}\right)\right\}^2+\{\log a-(\log a-a^2-1)\}^2$$

$$=\left(a+\frac{1}{a}\right)^2+(a^2+1)^2$$

$$=a^4+3a^2+3+\frac{1}{a^2}$$

$g(a)=a^4+3a^2+3+\dfrac{1}{a^2}$ とおくと

$$g'(a)=4a^3+6a-\frac{2}{a^3}=\frac{2(2a^6+3a^4-1)}{a^3}$$

$$=\frac{2(a^2+1)(2a^4+a^2-1)}{a^3}=\frac{2(a^2+1)^2(2a^2-1)}{a^3}$$

◀ $a^2=X$ とおくと
$2a^6+3a^4-1$
$=2X^3+3X^2-1$
組立除法

-1	2	3	0	-1
$+)$		-2	-1	1
	2	1	-1	0

より
$(X+1)(2X^2+X-1)$

$g'(a)=0$ とすると $\quad a=\pm\dfrac{1}{\sqrt{2}}$

よって，$a>0$ における $g(a)$ の増減表は右のようになるから，$g(a)$ は

$a=\dfrac{1}{\sqrt{2}}$ のとき　最小値 $\dfrac{27}{4}$

a	0	$\cdots$	$\dfrac{1}{\sqrt{2}}$	$\cdots$
$g'(a)$	／	$-$	0	$+$
$g(a)$	／	↘	$\dfrac{27}{4}$	↗

したがって，AQ は

$a=\dfrac{1}{\sqrt{2}}$ **のとき　最小値** $\dfrac{3\sqrt{3}}{2}$

◀ $\sqrt{\dfrac{27}{4}}=\dfrac{3\sqrt{3}}{2}$

26 媒介変数表示された曲線 $x=t-\sin t$, $y=1-\cos t$ $(0\leqq t\leqq 2\pi)$ について，次の問に答えよ。

(1) 曲線上の点Aにおける接線の傾きが $\sqrt{3}$ であるとき，点Aの座標を求めよ。

(2) 曲線上の点Bにおける接線の傾きが $\tan\beta$ $\left(-\dfrac{\pi}{2}<\beta<\dfrac{\pi}{2}\right)$ であるとき，点Bの座標を β を用いて表せ。

（愛知教育大）

(1) $\dfrac{dx}{dt}=1-\cos t$, $\dfrac{dy}{dt}=\sin t$ であるから

$0<t<2\pi$ のとき　$\dfrac{dy}{dx}=\dfrac{\dfrac{dy}{dt}}{\dfrac{dx}{dt}}=\dfrac{\sin t}{1-\cos t}$

◀ $\dfrac{dx}{dt}=0$ すなわち $t=0$, 2π のとき $\dfrac{dy}{dx}$ は定義されないから $0<t<2\pi$ で考える。

これが $\sqrt{3}$ に等しいとき　$\dfrac{\sin t}{1-\cos t}=\sqrt{3}$

$\sin t=\sqrt{3}-\sqrt{3}\cos t$ より　$\sin t+\sqrt{3}\cos t=\sqrt{3}$

$2\sin\left(t+\dfrac{\pi}{3}\right)=\sqrt{3}$

◀ 左辺を合成する。

$\sin\left(t+\dfrac{\pi}{3}\right)=\dfrac{\sqrt{3}}{2}$

$0<t<2\pi$ より $\dfrac{\pi}{3}<t+\dfrac{\pi}{3}<\dfrac{7}{3}\pi$ であるから

$t+\dfrac{\pi}{3}=\dfrac{2}{3}\pi$

よって　$t=\dfrac{\pi}{3}$

このとき　$x=\dfrac{\pi}{3}-\sin\dfrac{\pi}{3}=\dfrac{\pi}{3}-\dfrac{\sqrt{3}}{2}$

$y=1-\cos\dfrac{\pi}{3}=1-\dfrac{1}{2}=\dfrac{1}{2}$

◀ $t=\dfrac{\pi}{3}$ を $x=t-\sin t$, $y=1-\cos t$ に代入する。

ゆえに，点Aの座標は　$\left(\dfrac{\pi}{3}-\dfrac{\sqrt{3}}{2},\ \dfrac{1}{2}\right)$

(2) $\dfrac{dy}{dx}=\tan\beta$ $\left(-\dfrac{\pi}{2}<\beta<\dfrac{\pi}{2}\right)$ とおくと，(1) より

$\dfrac{\sin t}{1-\cos t}=\tan\beta$

すなわち　$\dfrac{\sin t}{1-\cos t}=\dfrac{\sin\beta}{\cos\beta}$

◀ この式から $\sin t$, $\cos t$, t を β を用いて表す。

よって　$\sin t\cos\beta=\sin\beta(1-\cos t)$

$\sin t\cos\beta+\cos t\sin\beta=\sin\beta$

$\sin(t+\beta)=\sin\beta$

◀ 左辺は加法定理を用いて整理できる。

◀ $\sin(t+\beta)=\sin\beta$ より $t+\beta=\beta$ としないように注意する。

$-\dfrac{\pi}{2}<\beta<\dfrac{\pi}{2}$ で，$0<t<2\pi$ であるから

(ア)　$0 \leqq \beta < \dfrac{\pi}{2}$ のとき

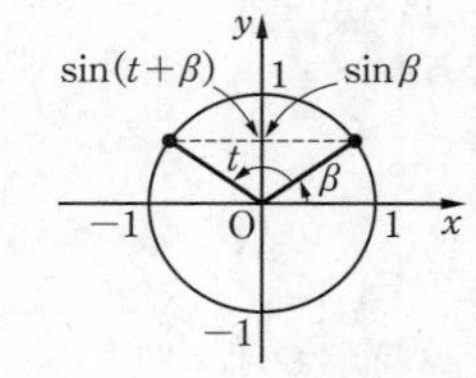

右の図より

$$(t+\beta)+\beta=\pi$$

よって　　$t=\pi-2\beta$

このとき

$$\sin t=\sin(\pi-2\beta)=\sin 2\beta$$

$$\cos t=\cos(\pi-2\beta)=-\cos 2\beta$$

であるから，点 B の座標は　$(\pi-2\beta-\sin 2\beta,\ 1+\cos 2\beta)$

◀ $\sin(t+\beta)=\sin\beta$ を満たす t は左のように図をかいて考える。

◀ $\sin(\pi-\theta)=\sin\theta$
$\cos(\pi-\theta)=-\cos\theta$

◀ $x=t-\sin t$, $y=1-\cos t$ に代入する。

(イ)　$-\dfrac{\pi}{2}<\beta<0$ のとき

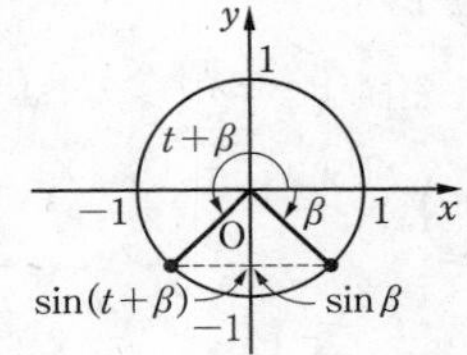

右の図より

$$(t+\beta)-(-\beta)=\pi$$

$$t+2\beta=\pi$$

よって　　$t=\pi-2\beta$

ゆえに点 B の座標は，(ア) の場合と同様に

$$(\pi-2\beta-\sin 2\beta,\ 1+\cos 2\beta)$$

(ア), (イ) より，点 B の座標は

$$\boldsymbol{(\pi-2\beta-\sin 2\beta,\ 1+\cos 2\beta)}$$

◀ β は $-\dfrac{\pi}{2}<\beta<0$ を満たす角であることに注意する。左の図において，角 $t+\beta$ から角 $-\beta\ (>0)$ を引いたものが π に等しい。

27　$a>0$ とする。曲線 $y=a^3x^2$ を C_1 とし，曲線 $y=-\dfrac{1}{x}\ (x>0)$ を C_2 とする。また，C_1 と C_2 に同時に接する直線を l とする。

(1)　直線 l の方程式を求めよ。

(2)　直線 l と曲線 C_1, C_2 との接点をそれぞれ P, Q とする。a が $a>0$ の範囲を動くとき，2 点 P, Q の間の距離の最小値を求めよ。　　　　(徳島大)

入試攻略

(1)　$y=a^3x^2$ を微分すると　　$y'=2a^3x$

C_1 と l の接点を $\mathrm{P}(t,\ a^3t^2)$ とおくと，曲線 C_1 の点 P における接線の方程式は

$$y-a^3t^2=2a^3t(x-t)$$

すなわち　　$y=2a^3tx-a^3t^2$　　…①

◀ 点 P における接線の傾きは，
$y'=2a^3x$ より　$2a^3t$

次に，$y=-\dfrac{1}{x}$ を微分すると　　$y'=\dfrac{1}{x^2}$

◀ 商の微分法

C_2 と l の接点を $\mathrm{Q}\left(s,\ -\dfrac{1}{s}\right)\ (s>0)$ とおくと，曲線 C_2 の点 Q における接線の方程式は

$$y-\left(-\frac{1}{s}\right)=\frac{1}{s^2}(x-s)$$

すなわち　　$y=\dfrac{1}{s^2}x-\dfrac{2}{s}$　　…②

◀ 点 Q における接線の傾きは，
$y'=\dfrac{1}{x^2}$ より　$\dfrac{1}{s^2}$

① と ② が一致することから

$$2a^3t=\frac{1}{s^2}\ \cdots③\quad かつ\quad -a^3t^2=-\frac{2}{s}\ \cdots④$$

◀ ① と ② が一致するとして l の方程式を求める。

④ より　　$\dfrac{1}{s}=\dfrac{a^3t^2}{2}$　　…⑤

これを ③ に代入すると　　$2a^3t=\dfrac{a^6t^4}{4}$

整理すると　　$a^3t(a^3t^3-8)=0$
③ より，$a^3t \neq 0$ であるから
$$a^3t^3=8$$
よって　　$at=2$
$a>0$ より　　$t=\dfrac{2}{a}$
したがって，① より直線 l の方程式は
$$y=2a^3\cdot\frac{2}{a}x-a^3\cdot\left(\frac{2}{a}\right)^2$$
すなわち　　$\boldsymbol{y=4a^2x-4a}$

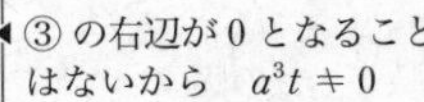

◀ ③ の右辺が 0 となることはないから　$a^3t \neq 0$

(2)　(1) より，点 P の y 座標は　　$a^3t^2=a^3\cdot\left(\dfrac{2}{a}\right)^2=4a$

よって　　$\mathrm{P}\left(\dfrac{2}{a},\ 4a\right)$

◀ P，Q それぞれの座標を求める。

また，⑤ より
$$s=\frac{2}{a^3t^2}=\frac{2}{4a}=\frac{1}{2a}$$
よって，点 Q の y 座標は　　$-\dfrac{1}{s}=-2a$

よって　　$\mathrm{Q}\left(\dfrac{1}{2a},\ -2a\right)$

ゆえに，2 点 P，Q 間の距離は
$$\mathrm{PQ}=\sqrt{\left(\frac{1}{2a}-\frac{2}{a}\right)^2+(-2a-4a)^2}=\sqrt{36a^2+\frac{9}{4a^2}}$$

◀ 2 点 $\mathrm{P}(x_1,\ y_1)$，$\mathrm{Q}(x_2,\ y_2)$ 間の距離は
$\mathrm{PQ}=\sqrt{(x_2-x_1)^2+(y_2-y_1)^2}$

ここで，$36a^2>0$，$\dfrac{9}{4a^2}>0$ であるから，相加平均と相乗平均の関係より
$$36a^2+\frac{9}{4a^2} \geqq 2\sqrt{36a^2\cdot\frac{9}{4a^2}}=18$$
また，等号は $36a^2=\dfrac{9}{4a^2}$　すなわち　$a^4=\dfrac{1}{16}$ より，$a=\dfrac{1}{2}$ のとき成り立つ。

◀ 相加平均と相乗平均の関係
$a>0$，$b>0$ のとき
$a+b \geqq 2\sqrt{ab}$
等号成立は $a=b$ のとき

よって　　$\mathrm{PQ} \geqq \sqrt{18}=3\sqrt{2}$
したがって，2 点間の距離 PQ は
$$a=\frac{1}{2} \text{ のとき　} \textbf{最小値 } 3\sqrt{2}$$

◀ 根号内の式に，相加平均と相乗平均の関係を用いたから，最小値は
$\sqrt{18}=3\sqrt{2}$

28　(1)　すべての実数で微分可能な関数 $f(x)$ が常に $f'(x)=0$ を満たすとする。このとき，$f(x)$ は定数であることを示せ。
(2)　実数全体で定義された関数 $g(x)$ が次の条件 (＊) を満たすならば，$g(x)$ は定数であることを示せ。
(＊)　正の定数 C が存在して，すべての実数 x，y に対して
$|g(x)-g(y)| \leqq C|x-y|^{\frac{3}{2}}$ が成り立つ。　　　　（富山大）

(1)　関数 $f(x)$ はすべての実数で微分可能であるから，任意の 2 つの実数 x_1，x_2 $(x_1<x_2)$ に対して
平均値の定理により

◀ すべての実数で微分可能であるから，閉区間 $[x_1,\ x_2]$ で連続であり，開区間 $(x_1,\ x_2)$ で微分可能である。

$$\frac{f(x_2)-f(x_1)}{x_2-x_1}=f'(c),\ x_1<c<x_2$$

を満たす実数 c が存在する。

一方，$f(x)$ は常に $f'(x)=0$ を満たすから　$f'(c)=0$

よって，$f(x_2)-f(x_1)=0$ となり　$f(x_1)=f(x_2)$

ゆえに，$f(x)$ は定数である。

◀ $x_1 \neq x_2$ に対して $f(x_1)=f(x_2)$ が成り立つから，$f(x)$ は定数である。

(2) 関数 $g(x)$ が条件 (＊) を満たすならば，正の定数 C が存在して，異なる 2 つの実数 x，y に対して

$$|g(x)-g(y)| \leqq C|x-y|^{\frac{3}{2}} \quad \cdots ①$$

が成り立つ。

$x \neq y$ より $|x-y|>0$ であるから，① の両辺を $|x-y|$ で割ると

$$0 \leqq \left|\frac{g(x)-g(y)}{x-y}\right| \leqq C|x-y|^{\frac{1}{2}}$$

◀ $\dfrac{|x-y|^{\frac{3}{2}}}{|x-y|}=|x-y|^{\frac{3}{2}-1}=|x-y|^{\frac{1}{2}}$

ここで，$\lim_{x\to y}C|x-y|^{\frac{1}{2}}=0$ であるから，はさみうちの原理より

$$\lim_{x\to y}\left|\frac{g(x)-g(y)}{x-y}\right|=0$$

◀ $g'(y)=\lim_{x\to y}\dfrac{g(x)-g(y)}{x-y}$

よって　$g'(y)=0$

ゆえに，関数 $g(x)$ はすべての実数で微分可能で，常に $g'(x)=0$ を満たすから，(1) より $g(x)$ は定数である。

29 実数 k に対し，関数 $f(x)=e^{-kx}\sin x$ を考える。関数 $f(x)$ は $x=\dfrac{\pi}{4}$ で極大になるとする。次の問に答えよ。

(1) k を求めよ。

(2) $f(x)$ が極大になる正の x を，小さい方から順に x_1，x_2，x_3，$\cdots$，x_n，$\cdots$ とするとき，数列 $\{x_n\}$ の一般項を求めよ。

(3) (2) で求めた x_n に対して，無限級数 $\sum_{n=1}^{\infty}f(x_n)$ の和を求めよ。　（宮城教育大）

(1) $f'(x)=-ke^{-kx}\sin x+e^{-kx}\cos x=(-k\sin x+\cos x)e^{-kx}$

$f(x)$ は $x=\dfrac{\pi}{4}$ で極値をとるから　$f'\left(\dfrac{\pi}{4}\right)=0$

◀ $f(x)$ が $x=a$ で極値をもつ $\Longrightarrow f'(a)=0$

$$f'\left(\frac{\pi}{4}\right)=\left(-\frac{\sqrt{2}}{2}k+\frac{\sqrt{2}}{2}\right)e^{-\frac{\pi}{4}k}$$

$e^{-\frac{\pi}{4}k}>0$ より　$-\dfrac{\sqrt{2}}{2}k+\dfrac{\sqrt{2}}{2}=0$　すなわち　$k=1$

このとき　$f'(x)=(-\sin x+\cos x)e^{-x}$

$$=\sqrt{2}\sin\left(x+\frac{3}{4}\pi\right)e^{-x}$$

◀ 十分性の確認。確かに極大となることを確かめる。

◀ 三角関数の合成

よって，$x=\dfrac{\pi}{4}$ の前後で $f'(x)$ の値は正から負に変わるから，確かに $x=\dfrac{\pi}{4}$ で極大値をとる。

したがって　$\boldsymbol{k=1}$

(2) (1) より　$f'(x)=\sqrt{2}\sin\left(x+\dfrac{3}{4}\pi\right)e^{-x}$

$x>0$ のとき，$f'(x)=0$ とすると

$$x=\frac{\pi}{4}+l\pi \quad (l\text{ は 0 以上の整数})$$

ここで，l が偶数のとき，その値の前後で $f'(x)$ の値は正から負に変わるから，極大となる。
また，l が奇数のとき，その値の前後で $f'(x)$ の値は負から正に変わるから，極小となる。

よって　$x_n=\frac{\pi}{4}+2(n-1)\pi$

$$=-\frac{7}{4}\boldsymbol{\pi}+\boldsymbol{2n\pi}$$

◀ $\sin\left(x+\frac{3}{4}\pi\right)=0$ より $x+\frac{3}{4}\pi=m\pi$ （m は自然数） よって $x=-\frac{3}{4}\pi+m\pi=\frac{\pi}{4}+(m-1)\pi$

(3)　$f(x)=e^{-x}\sin x$ であるから

$$f(x_n)=e^{-\left(-\frac{7}{4}\pi+2n\pi\right)}\sin\left(-\frac{7}{4}\pi+2n\pi\right)=\frac{\sqrt{2}}{2}e^{-\frac{\pi}{4}}(e^{-2\pi})^{n-1}$$

◀ $k=1$ を代入。

◀ $\sin\left(-\frac{7}{4}\pi+2n\pi\right)=\sin\left(-\frac{7}{4}\pi\right)=\sin\frac{\pi}{4}=\frac{\sqrt{2}}{2}$

よって，$f(x_n)$ は初項 $\frac{\sqrt{2}}{2}e^{-\frac{\pi}{4}}$，公比 $e^{-2\pi}$ の等比数列である。
$0<e^{-2\pi}<1$ であるから

$$\sum_{n=1}^{\infty}f(x_n)=\frac{\frac{\sqrt{2}}{2}e^{-\frac{\pi}{4}}}{1-e^{-2\pi}}=\frac{\sqrt{2}\,e^{\frac{7}{4}\pi}}{2(e^{2\pi}-1)}$$

◀ $|$公比$|<1$ であるから，無限等比級数 $\sum_{n=1}^{\infty}f(x_n)$ は収束する。

30　k を正の定数とする。関数 $f(x)=\frac{1}{x}-\frac{k}{(x+1)^2}$ $(x>0)$，$g(x)=\frac{(x+1)^3}{x^2}$ $(x>0)$ について，次の問に答えよ。
(1)　$g(x)$ の増減を調べよ。
(2)　$f(x)$ が極値をもつような定数 k の値の範囲を求めよ。
(3)　$f(x)$ が $x=a$ で極値をとるとき，極値 $f(a)$ を a だけの式で表せ。
(4)　k が(2)で求めた範囲にあるとき，$f(x)$ の極大値は $\frac{1}{8}$ より小さいことを示せ。（名古屋工業大）

(1)　$g'(x)=\frac{3(x+1)^2\cdot x^2-(x+1)^3\cdot 2x}{x^4}=\frac{(x+1)^2(x-2)}{x^3}$

$g'(x)=0$ とすると
$x>0$ より　$x=2$
よって，$g(x)$ の増減表は右のようになる。
したがって，$g(x)$ は
$0<x\leqq 2$ のとき単調減少し，
$2\leqq x$ のとき単調増加する。

x	0	$\cdots$	2	$\cdots$
$g'(x)$	／	$-$	0	$+$
$g(x)$	／	↘	$\frac{27}{4}$	↗

(2)　$f'(x)=-\frac{1}{x^2}+\frac{2k}{(x+1)^3}$

$$=-\frac{1}{(x+1)^3}\left\{\frac{(x+1)^3}{x^2}-2k\right\}$$

$$=-\frac{1}{(x+1)^3}\{g(x)-2k\}.$$

◀ $\left\{\frac{1}{(x+1)^2}\right\}'=\{(x+1)^{-2}\}'=-2(x+1)^{-3}$

◀ $f'(x)$ を $g(x)$ を用いて表す。

$x>0$ において $f(x)$ が極値をもつための条件は，$x>0$ において $f'(x)$ の符号が変化することであり，これは $g(x)-2k$ の符号が変化すること，すなわち曲線 $y=g(x)$ のグラフと直線 $y=2k$ が異なる2点で交わることである。

ここで，(1) の増減表と

$$\lim_{x \to +0} g(x) = \infty, \ \lim_{x \to \infty} g(x) = \infty$$

より，$y = g(x)$ のグラフは右の図のようになる。

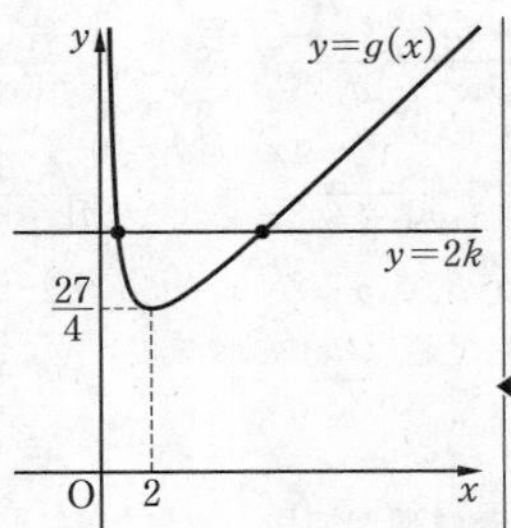

グラフより，求める条件は

$$2k > \frac{27}{4} \quad \text{すなわち} \quad \boldsymbol{k > \frac{27}{8}}$$

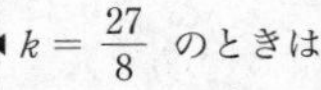

◀ $k = \frac{27}{8}$ のときは $f'(2) = 0$ となるが $x = 2$ のとき $f(x)$ は極値をとらないことに注意する。

(3) $f(x)$ が $x = a$ で極値をとるから

$$f'(a) = 0$$

すなわち $g(a) - 2k = 0$ より $2k = g(a)$

よって $\quad k = \dfrac{1}{2} g(a) = \dfrac{(a+1)^3}{2a^2}$

ゆえに $\quad f(a) = \dfrac{1}{a} - \dfrac{k}{(a+1)^2} = \dfrac{1}{a} - \dfrac{1}{(a+1)^2} \cdot \dfrac{(a+1)^3}{2a^2}$

$$= \frac{1}{a} - \frac{a+1}{2a^2} = \boldsymbol{\frac{a-1}{2a^2}}$$

(4) $f(x)$ が極大となる x の値を α とおくと，$x = \alpha$ の前後で，$f'(x)$ の符号が正から負に変わる。

(2) より $\quad f'(x) = -\dfrac{1}{(x+1)^3}\{g(x) - 2k\} = \dfrac{1}{(x+1)^3}\{2k - g(x)\}$

$x > 0$ のとき $\dfrac{1}{(x+1)^3} > 0$ であるから，

$f'(x)$ の符号が正から負に変わるとき $2k$ と $g(x)$ の大小が $2k > g(x)$ から $2k < g(x)$ に変化する。

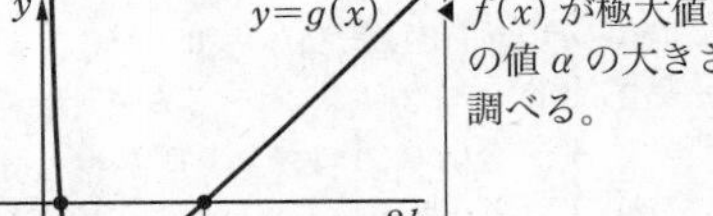

◀ $f(x)$ が極大値をとる x の値 α の大きさについて調べる。

よって，右の図より $\quad \alpha > 2$

一方，(3) より

$$f(\alpha) - \frac{1}{8} = \frac{\alpha - 1}{2\alpha^2} - \frac{1}{8}$$

$$= \frac{4\alpha - 4 - \alpha^2}{8\alpha^2}$$

$$= -\frac{(\alpha - 2)^2}{8\alpha^2}$$

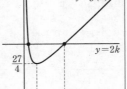

$\alpha > 2$ より $\quad f(\alpha) - \dfrac{1}{8} < 0$

ゆえに，$f(\alpha) < \dfrac{1}{8}$ すなわち $f(x)$ の極大値は $\dfrac{1}{8}$ より小さい。

---

31 $f(x) = \dfrac{x+2}{x^2+4a}$ を考える。ただし，a は $1 \leqq a < 2$ を満たす定数とする。

導関数 $f'(x)$ に対して，$f'(x) = 0$ となる x のうち正のものを β とする。

(1) $x \geqq 0$ における $f(x)$ の増減を調べ，極値を求めよ。

(2) $f(x) = f(a)$ を満たす x を求めよ。

(3) $a - 1 < \dfrac{2a}{2+a}$ および $\beta < a$ を示せ。

(4) $a - 1 \leqq x \leqq a$ において，$f(x)$ の最小値が $\dfrac{4}{9}$ であるとき，$f(x)$ の最大値を求めよ。

（宮城教育大）

入試攻略

(1)　$f'(x)=\dfrac{1\cdot(x^2+4a)-(x+2)\cdot 2x}{(x^2+4a)^2}=\dfrac{-x^2-4x+4a}{(x^2+4a)^2}$

◀商の微分法

$f'(x)=0$ とすると　　$x^2+4x-4a=0$

よって　　$x=-2\pm\sqrt{4+4a}=-2\pm 2\sqrt{1+a}$

このうち正のものが β であるから　　$\beta=-2+2\sqrt{1+a}$

ゆえに，$x \geqq 0$ における $f(x)$ の増減表は右のようになる。

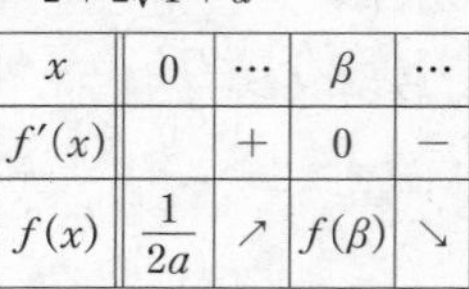

x	0	…	β	…
$f'(x)$		$+$	0	$-$
$f(x)$	$\dfrac{1}{2a}$	↗	$f(\beta)$	↘

よって

$0 \leqq x \leqq \beta$ のとき単調増加し，
$\beta \leqq x$ のとき単調減少する。

また，**$x=\beta$ のとき極大値**

$$f(\beta)=\frac{\beta+2}{\beta^2+4a}=\frac{\beta+2}{(-4\beta+4a)+4a}$$

$$=\frac{2\sqrt{1+a}}{-4(-2+2\sqrt{1+a})+8a}$$

$$=\frac{\sqrt{1+a}}{4(1+a)-4\sqrt{1+a}}=\boldsymbol{\frac{1}{4\sqrt{1+a}-4}}$$

◀β は $x^2+4x-4a=0$ の解であるから
　$\beta^2=-4\beta+4a$
また，$\beta=-2+2\sqrt{1+a}$ より $\beta+2=2\sqrt{1+a}$ である。

◀分母・分子を $\sqrt{1+a}$ (>0) で割る。

(2)　$f(x)=f(a)$ より　　$\dfrac{x+2}{x^2+4a}=\dfrac{a+2}{a^2+4a}$

$$(a+2)(x^2+4a)=(a^2+4a)(x+2)$$
$$(a+2)x^2-(a^2+4a)x+2a^2=0$$
$$(a+2)x^2-a(a+4)x+2a^2=0$$
$$(x-a)\{(a+2)x-2a\}=0$$

◀分母をはらって，整理する。

$1 \leqq a < 2$ より $a+2 \neq 0$ であるから

$$\boldsymbol{x=a,\ \frac{2a}{a+2}}$$

(3)　$\dfrac{2a}{2+a}-(a-1)=\dfrac{2a-(a-1)(2+a)}{2+a}=\dfrac{-a^2+a+2}{2+a}$

$$=\frac{-(a+1)(a-2)}{2+a}>0$$

◀$1 \leqq a < 2$ より $a+1>0$，$a-2<0$，$2+a>0$

よって　　$a-1<\dfrac{2a}{2+a}$

また，$a-\dfrac{2a}{2+a}=\dfrac{a(2+a)-2a}{2+a}=\dfrac{a^2}{2+a}>0$ より

$$\frac{2a}{2+a}<a \qquad \cdots ①$$

◀$f(x)=f(a)$ を満たす2つの x の値の大小を調べる。

(2) より，$f(x)=f(a)$ を満たす x の値は $x=a,\ \dfrac{2a}{2+a}$ であり，① より，$y=f(x)$ の $x \geqq 0$ におけるグラフは右の図のようになる。

よって，グラフより　　$\beta<a$

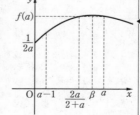

◀証明した2つの不等式から
$a-1<\dfrac{2a}{2+a}<\beta<a$

〔$\beta<a$ の別証〕

$$a-\beta=a-(-2+2\sqrt{1+a})$$
$$=a+2-2\sqrt{a+1}$$
$$=(a+1)+1-2\sqrt{a+1}$$

$=\left(\sqrt{a+1}\right)^2-2\sqrt{a+1}+1$

$=\left(\sqrt{a+1}-1\right)^2>0$

よって　$\beta<a$

(4) (3)のグラフより，$a-1\leqq x\leqq a$ において，$f(x)$ は $x=a-1$ のとき最小値をとる。

$$f(a-1)=\frac{(a-1)+2}{(a-1)^2+4a}=\frac{a+1}{a^2+2a+1}$$

$$=\frac{a+1}{(a+1)^2}=\frac{1}{a+1}$$

これが $\frac{4}{9}$ に等しいとき　$\frac{1}{a+1}=\frac{4}{9}$

よって　$a=\frac{9}{4}-1=\frac{5}{4}$

このとき　$\beta=-2+2\sqrt{1+\frac{5}{4}}=-2+2\sqrt{\frac{9}{4}}=-2+3=1$

よって　$f(\beta)=f(1)=\dfrac{1+2}{1+4\cdot\frac{5}{4}}=\frac{3}{6}=\frac{1}{2}$

したがって，$a-1\leqq x\leqq a$ において，$f(x)$ は

$x=1$ のとき　最大値 $\frac{1}{2}$

◀(3)のグラフより，$a-1\leqq x\leqq a$ における $f(x)$ の最小値は $f(a-1)$ であると分かる。

◀(3)のグラフより，$a-1\leqq x\leqq a$ における $f(x)$ の最大値は $f(\beta)$ である。

32 (1) 関数 $y=\frac{f(x)}{g(x)}$ が $x=\alpha$ において極値をとるとき，等式 $\frac{f(\alpha)}{g(\alpha)}=\frac{f'(\alpha)}{g'(\alpha)}$ が成り立つことを示せ。ただし，$f(x)$，$g(x)$ はともに $x=\alpha$ において微分可能で，$g'(\alpha)\neq 0$ とする。

(2) 関数 $y=\frac{x-b}{x^2+a}$ の最大値が $\frac{1}{6}$，最小値が $-\frac{1}{2}$ であるとき，定数 a，b の値を求めよ。ただし $a>0$ とする。　　(弘前大)

入試攻略

(1) $y'=\dfrac{f'(x)g(x)-f(x)g'(x)}{\{g(x)\}^2}$

$y=\frac{f(x)}{g(x)}$ が $x=\alpha$ において極値をとるから

$$\frac{f'(\alpha)g(\alpha)-f(\alpha)g'(\alpha)}{\{g(\alpha)\}^2}=0$$

$$f'(\alpha)g(\alpha)-f(\alpha)g'(\alpha)=0$$

よって　$f'(\alpha)g(\alpha)=f(\alpha)g'(\alpha)$

$g(\alpha)\neq 0$，$g'(\alpha)\neq 0$ であるから　$\dfrac{f(\alpha)}{g(\alpha)}=\dfrac{f'(\alpha)}{g'(\alpha)}$

◀$x=\alpha$ のとき　$y'=0$

◀$y=\frac{f(x)}{g(x)}$ は $x=\alpha$ において定義されているから $g(\alpha)\neq 0$ である。

(2) $h(x)=\dfrac{x-b}{x^2+a}$ とおく。

$a>0$ より，すべての実数 x について $x^2+a>0$ であるから，関数 $h(x)$ の定義域は実数全体である。

$$h'(x)=\frac{1\cdot(x^2+a)-(x-b)\cdot 2x}{(x^2+a)^2}=-\frac{x^2-2bx-a}{(x^2+a)^2}$$

$h'(x)=0$ とすると　$x^2-2bx-a=0$　…①

①の判別式を D とすると，$a>0$ より

$$\frac{D}{4}=b^2+a>0$$

よって，① は異なる 2 つの実数解 α，β $(\alpha<\beta)$ をもつ。

このとき，$h'(x)=-\dfrac{(x-\alpha)(x-\beta)}{(x^2+a)^2}$ であるから，

$h(x)$ の増減表は次のようになる。

x	$\cdots$	α	$\cdots$	β	$\cdots$
$h'(x)$	$-$	0	$+$	0	$-$
$h(x)$	↘	極小	↗	極大	↘

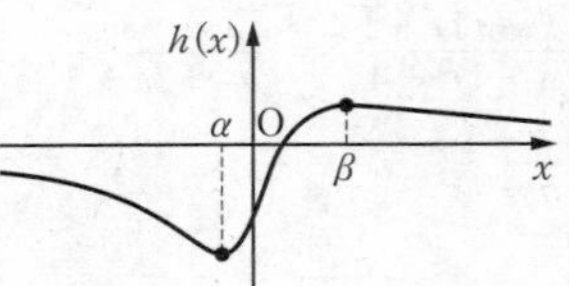

よって，$h(x)$ は $x=\alpha$ のとき極小，$x=\beta$ のとき極大となる。

また　　$\displaystyle\lim_{x\to\infty}h(x)=\lim_{x\to\infty}\frac{\frac{1}{x}-\frac{b}{x^2}}{1+\frac{a}{x^2}}=0$

同様に　　$\displaystyle\lim_{x\to-\infty}h(x)=0$

ゆえに，$h(x)$ は $x=\beta$ のとき最大値 $h(\beta)$ を，
$x=\alpha$ のとき最小値 $h(\alpha)$ をとる。

(1) より，$x=\alpha$，β のとき $\dfrac{x-b}{x^2+a}=\dfrac{1}{2x}$ が成り立つから

$$h(\beta)=\frac{\beta-b}{\beta^2+a}=\frac{1}{2\beta},\ h(\alpha)=\frac{\alpha-b}{\alpha^2+a}=\frac{1}{2\alpha}$$

◀ここで (1) を利用する。
(分子)$'=(x-b)'=1$
(分母)$'=(x^2+a)'=2x$
また，① において $a>0$ より $\alpha\neq0$，$\beta\neq0$ である。

これらの値がそれぞれ $\dfrac{1}{6}$，$-\dfrac{1}{2}$ であるから，

$\dfrac{1}{2\beta}=\dfrac{1}{6}$，$\dfrac{1}{2\alpha}=-\dfrac{1}{2}$ より　　$\alpha=-1$，$\beta=3$

α，β は 2 次方程式 ① の 2 解であるから，解と係数の関係より

$$2b=\alpha+\beta,\qquad -a=\alpha\beta$$

$\alpha=-1$，$\beta=3$ を代入して　　$a=3$，$b=1$

これは $a>0$ を満たす。

したがって　　$\boldsymbol{a=3,\ b=1}$

---

33 (1) 関数 $f(x)=\dfrac{\log x}{x}$ $(x>0)$ の増減，極値，グラフの凹凸，変曲点を調べ，$y=f(x)$ のグラフをかけ。

(2) e を自然対数の底とするとき，(1) において，$y=f(x)$ 上の点 $\mathrm{P}\left(\dfrac{1}{e^2},\ -2e^2\right)$ における接線を l とする。$y=f(x)$ 上の点 $\mathrm{Q}\left(t,\ \dfrac{\log t}{t}\right)$ における接線が l と垂直に交わるとき，t の満たす条件を求めよ。

(3) $y=f(x)$ の接線で，(2) の l と垂直に交わるようなものはちょうど 2 本あることを示せ。

(東京農工大)

---

(1)　$f'(x)=\dfrac{\frac{1}{x}\cdot x-(\log x)\cdot1}{x^2}=\dfrac{1-\log x}{x^2}$

$f'(x)=0$ とすると　　$x=e$

$$f''(x)=\frac{-\frac{1}{x}\cdot x^2-(1-\log x)\cdot 2x}{x^4}=\frac{2\log x-3}{x^3}$$

$f''(x)=0$ とすると　　$x=e^{\frac{3}{2}}=e\sqrt{e}$

よって，$x>0$ の範囲で $f(x)$ の **増減，凹凸は次の表** のようになる。

x	0	$\cdots$	e	$\cdots$	$e\sqrt{e}$	$\cdots$
$f'(x)$	／	$+$	0	$-$	$-$	$-$
$f''(x)$	／	$-$	$-$	$-$	0	$+$
$f(x)$	／	↗	$\frac{1}{e}$	↘	$\frac{3\sqrt{e}}{2e^2}$	↘

この表より

$x=e$ のとき　極大値 $\frac{1}{e}$

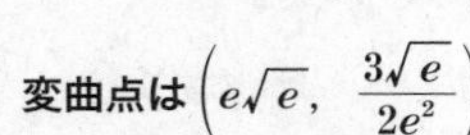

変曲点は $\left(e\sqrt{e},\ \frac{3\sqrt{e}}{2e^2}\right)$

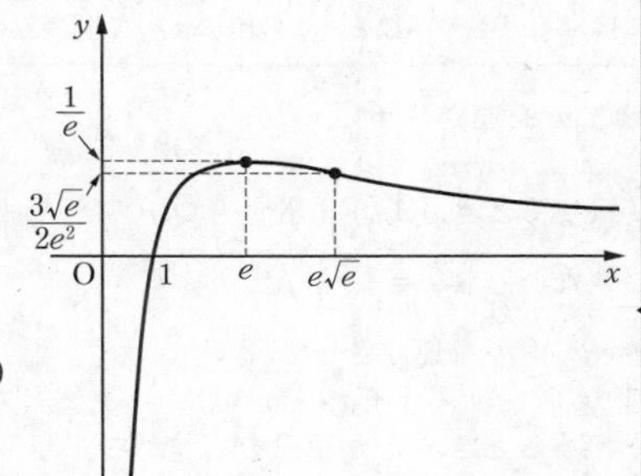

また，$\lim_{x\to+0}f(x)=-\infty$，

$\lim_{x\to\infty}f(x)=0$ より，

漸近線は　直線 $y=0,\ x=0$

したがって，$y=f(x)$ のグラフは **右の図**。

◀ $u=\log x$ とおくと，$x\to\infty$ のとき $u\to\infty$ より
$\lim_{x\to\infty}\frac{\log x}{x}=\lim_{u\to\infty}\frac{u}{e^u}=0$

(2)　2つの接線が垂直に交わるから　　$f'\left(\frac{1}{e^2}\right)f'(t)=-1$

ここで　　$f'\left(\frac{1}{e^2}\right)f'(t)=\frac{1-\log\frac{1}{e^2}}{\left(\frac{1}{e^2}\right)^2}\cdot\frac{1-\log t}{t^2}=3e^4\cdot\frac{1-\log t}{t^2}$

◀ $1-\log\frac{1}{e^2}=1-(-2)=3$

よって　　$3e^4\cdot\frac{1-\log t}{t^2}=-1$

ゆえに，求める t の条件は　　$\boldsymbol{3e^4(1-\log t)+t^2=0}$

(3)　$g(t)=3e^4(1-\log t)+t^2$ とおくと

$$g'(t)=-\frac{3e^4}{t}+2t=\frac{2t^2-3e^4}{t}$$

$g'(t)=0$ とすると　　$t=\pm\sqrt{\frac{3}{2}}e^2$

よって，$t>0$ の範囲で $g(t)$ の増減表は次のようになる。

◀ t は $y=f(x)$ $(x>0)$ 上の点Qの x 座標であるから $t>0$

t	0	$\cdots$	$\sqrt{\frac{3}{2}}e^2$	$\cdots$
$g'(t)$	／	$-$	0	$+$
$g(t)$	／	↘	極小	↗

ゆえに，$t=\sqrt{\frac{3}{2}}e^2$ のとき極小となる。

極小値は　$g\left(\sqrt{\dfrac{3}{2}}e^2\right)=3e^4\left(1-\log\sqrt{\dfrac{3}{2}}e^2\right)+\dfrac{3}{2}e^4$

$$=-\frac{3}{2}e^4\left(1+\log\frac{3}{2}\right)<0$$

また，$\displaystyle\lim_{t\to+0}g(t)=\infty$，$\displaystyle\lim_{t\to\infty}g(t)=\infty$ であるから，$g(t)=0$ は $t>0$ の範囲でちょうど2個の実数解をもつ。

したがって，l と垂直に交わる接線はちょうど2本ある。

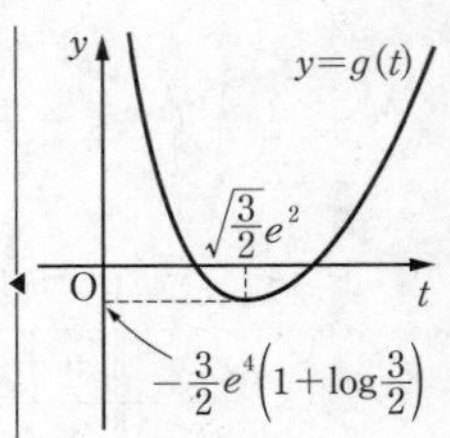

34 a を実数とし，xy 平面上において，2つの放物線 $C: y=x^2$，$D: x=y^2+a$ を考える。

(1) p，q を実数として，直線 $l: y=px+q$ が C に接するとき，q を p で表せ。

(2) (1)において，直線 l がさらに D にも接するとき，a を p で表せ。

(3) C と D の両方に接する直線の本数を，a の値によって場合分けして求めよ。　（新潟大）

(1) $y=x^2$ と $y=px+q$ を連立させて

$x^2=px+q$ より　$x^2-px-q=0$　…①　　◀ y を消去する。

放物線 C と直線 l が接するとき，①が重解をもつから

$p^2+4q=0$　すなわち　$\boldsymbol{q=-\dfrac{1}{4}p^2}$　　◀ (判別式) $=0$

(2) $x=y^2+a$ と $y=px+q$ を連立させて

$y=p(y^2+a)+q$ より　$py^2-y+ap+q=0$　…②　　◀ x を消去する。

放物線 D と直線 l が接するとき，②が重解をもつから　　◀ $p=0$ のとき，l と D は接しない。

$p\neq0$　かつ　$1-4p(ap+q)=0$

よって　$1-4ap^2-4pq=0$

(1)より $q=-\dfrac{1}{4}p^2$ を代入すると　$1-4ap^2+p^3=0$

よって　$4ap^2=1+p^3$

$p\neq0$ より　$\boldsymbol{a=\dfrac{1+p^3}{4p^2}}$　…③

(3) 放物線 C と D の両方に接する直線の本数は，方程式③を満たす実数解 p の個数に一致する。さらにこれは曲線 $y=\dfrac{1+p^3}{4p^2}$ と直線 $y=a$ の共有点の個数に一致するから，これらのグラフについて考える。

ここで，$f(p)=\dfrac{1+p^3}{4p^2}$ $(p\neq0)$ とおくと

$$f'(p)=\frac{3p^2\cdot4p^2-(1+p^3)\cdot8p}{16p^4}=\frac{p^3-2}{4p^3}$$

$f'(p)=0$ とすると $p^3-2=0$ より　$p=\sqrt[3]{2}$　　◀ p は実数である。

よって，$f(p)$ の増減表は下のようになる。

p	…	0	…	$\sqrt[3]{2}$	…
$f'(p)$	$+$	／	$-$	0	$+$
$f(p)$	↗	／	↘	$\dfrac{3\sqrt[3]{2}}{8}$	↗

また　$\displaystyle\lim_{p\to\infty}f(p)=\infty$

$\displaystyle\lim_{p\to-\infty}f(p)=-\infty$

$\displaystyle\lim_{p\to+0}f(p)=\infty$

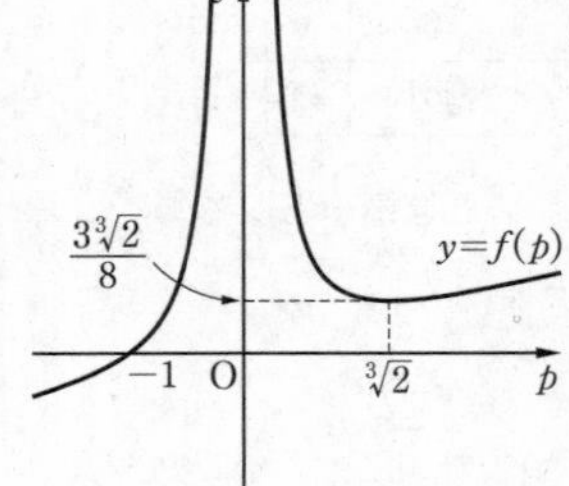

$\lim_{p \to -0} f(p) = \infty$

であるから，$y = f(p)$ のグラフは上の図のようになる。

よって，グラフより $\begin{cases} a > \dfrac{3\sqrt[3]{2}}{8} \ \textbf{のとき　3本} \\ a = \dfrac{3\sqrt[3]{2}}{8} \ \textbf{のとき　2本} \\ a < \dfrac{3\sqrt[3]{2}}{8} \ \textbf{のとき　1本} \end{cases}$

35 a を正の定数とする。

(1) 関数 $f(x) = (x^2 + 2x + 2 - a^2)e^{-x}$ の極大値および極小値を求めよ。

(2) $x \geqq 3$ のとき，不等式 $x^3e^{-x} \leqq 27e^{-3}$ が成り立つことを示せ。さらに，極限値 $\lim_{x \to \infty} x^2e^{-x}$ を求めよ。

(3) k を定数とする。$y = x^2 + 2x + 2$ のグラフと $y = ke^x + a^2$ のグラフが異なる3点で交わるための必要十分条件を，a と k を用いて表せ。　(九州大)

(1) $f'(x) = (2x + 2)e^{-x} + (x^2 + 2x + 2 - a^2)(-e^{-x})$
$= -(x^2 - a^2)e^{-x}$
$= -(x + a)(x - a)e^{-x}$

$f'(x) = 0$ とすると　$x = \pm a$

$a > 0$ より，$f(x)$ の増減表は右のようになる。

x	$\cdots$	$-a$	$\cdots$	a	$\cdots$
$f'(x)$	$-$	0	$+$	0	$-$
$f(x)$	↘	$f(-a)$	↗	$f(a)$	↘

よって，**$x = a$ のとき　極大値 $2(a+1)e^{-a}$**

$x = -a$ のとき　極小値 $2(1-a)e^{a}$

◀ $f(a) = (a^2 + 2a + 2 - a^2)e^{-a}$ $= 2(a+1)e^{-a}$

(2) $g(x) = x^3e^{-x}$ とおくと

$g'(x) = 3x^2e^{-x} + x^3(-e^{-x}) = x^2(3 - x)e^{-x}$

$x \geqq 3$ のとき，$x^2 > 0$，$3 - x \leqq 0$，$e^{-x} > 0$ であるから，$g'(x) \leqq 0$ となり，$x \geqq 3$ で $g(x)$ は単調減少する。

よって，$x \geqq 3$ のとき　$g(x) \leqq g(3)$　すなわち　$x^3e^{-x} \leqq 27e^{-3}$

この不等式の両辺を x $(x \geqq 3)$ で割ると

◀ $x \geqq 3$ のとき $x^2e^{-x} > 0$ は明らかに成り立つ。

$$0 < x^2e^{-x} \leqq \frac{27e^{-3}}{x}$$

$\lim_{x \to \infty} \dfrac{27e^{-3}}{x} = 0$ であるから，はさみうちの原理より

$$\boldsymbol{\lim_{x \to \infty} x^2e^{-x} = 0}$$

(3) 2式を連立させて　$x^2 + 2x + 2 = ke^x + a^2$

整理すると　$x^2 + 2x + 2 - a^2 = ke^x$

$(x^2 + 2x + 2 - a^2)e^{-x} = k$

◀ 両辺を e^x (>0) で割る。

◀ 左辺は(1)の $f(x)$ である。

すなわち　$f(x) = k$

よって，$y = x^2 + 2x + 2$ のグラフと $y = ke^x + a^2$ のグラフが異なる3点で交わる条件は，曲線 $y = f(x)$ と直線 $y = k$ が異なる3点で交わる条件と同値である。

ここで　$\lim_{x \to -\infty} f(x) = \lim_{x \to -\infty} (x^2 + 2x + 2 - a^2)e^{-x} = \infty$

$$\lim_{x \to \infty} f(x) = \lim_{x \to \infty} x^2e^{-x}\left(1 + \frac{2}{x} + \frac{2 - a^2}{x^2}\right) = 0$$

◀ $\lim_{x \to \infty} \dfrac{x^2}{e^x} = 0$

入試攻略

ゆえに，極小値の正負で場合分けして考える。

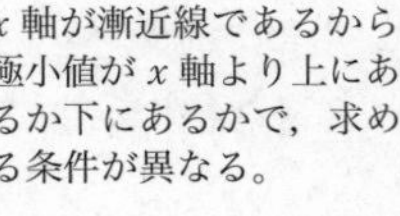

◀ x 軸が漸近線であるから極小値が x 軸より上にあるか下にあるかで，求める条件が異なる。

(ア)　極小値 $f(-a) \leqq 0$

すなわち $2(1-a)e^{a} \leqq 0$ より

$a \geqq 1$ のとき

$y=f(x)$ のグラフは右の図のようになる。

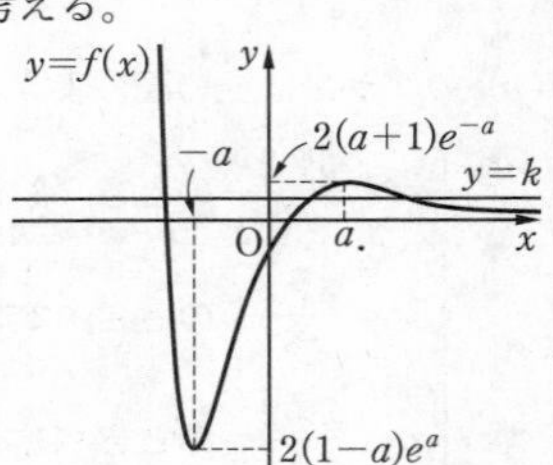

グラフより，求める条件は

$$0<k<2(a+1)e^{-a}$$

◀ 2つのグラフが3点で交わる条件を求める。

(イ)　極小値 $f(-a)>0$

すなわち $2(1-a)e^{a}>0$ より

$0<a<1$ のとき

$y=f(x)$ のグラフは右の図のようになる。

グラフより，求める条件は

$$2(1-a)e^{a}<k<2(a+1)e^{-a}$$

したがって，求める必要十分条件は

$a \geqq 1$ かつ $0<k<2(a+1)e^{-a}$

または　$0<a<1$ かつ $2(1-a)e^{a}<k<2(a+1)e^{-a}$

36　平面上に定点P，Oを，距離POが1となるようにとり，Oを中心とする半径 $r\ (r<1)$ の円を考える。Pからこの円に2本の接線を引いたとき，その接点をA，Bとし，線分PA，PBと円弧ABの短い方で囲まれる領域を T とする。r を $0<r<1$ の範囲で動かすとき，T の面積を最大にするような r の値 r_0 がただ1つ存在することを示し，そのときの T の周の長さを r_0 を用いて表せ。

（日本医科大）

$\angle \mathrm{AOP}=\theta \left(0<\theta<\dfrac{\pi}{2}\right)$ として，

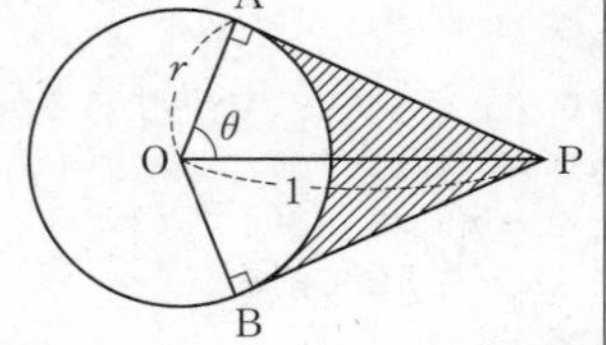

領域 T の面積を S とおくと

$$\begin{aligned} S &= (\text{四角形 OAPB})-(\text{扇形 OAB}) \\ &= 2\cdot\frac{1}{2}\cdot r\cdot 1\cdot\sin\theta-\frac{1}{2}r^2\cdot 2\theta \\ &= r\sin\theta-r^2\theta \end{aligned}$$

$\triangle$OAP において，$\cos\theta=\dfrac{\mathrm{OA}}{\mathrm{OP}}$ より $r=1\cdot\cos\theta$ であるから

$$S=\cos\theta\sin\theta-(\cos\theta)^2\theta=\sin\theta\cos\theta-\theta\cos^2\theta$$

よって

$$\begin{aligned} \frac{dS}{d\theta} &= \cos^2\theta-\sin^2\theta-\cos^2\theta+2\theta\cos\theta\sin\theta \\ &= \sin\theta(2\theta\cos\theta-\sin\theta) \\ &= \sin\theta\cos\theta(2\theta-\tan\theta) \\ &= \frac{1}{2}\sin 2\theta(2\theta-\tan\theta) \end{aligned}$$

◀ $\dfrac{\sin\theta}{\cos\theta}=\tan\theta$

ここで，$f(\theta)=2\theta-\tan\theta$ とおくと

$$f'(\theta)=2-\frac{1}{\cos^2\theta}=\frac{2\cos^2\theta-1}{\cos^2\theta}$$

◀ $\dfrac{dS}{d\theta}=\dfrac{1}{2}\sin 2\theta(2\theta-\tan\theta)$ で，$0<\theta<\dfrac{\pi}{2}$ より，$0<2\theta<\pi$ となり，$0<\sin 2\theta \leqq 1$ であるから，$2\theta-\tan\theta$ の符号の変化を考えればよい。

$0<\theta<\dfrac{\pi}{2}$ の範囲で，$f'(\theta)=0$ とすると　　$\theta=\dfrac{\pi}{4}$

よって，$f(\theta)$ の増減表は次のようになる。

θ	0	$\cdots$	$\dfrac{\pi}{4}$	$\cdots$	$\dfrac{\pi}{2}$
$f'(\theta)$		$+$	0	$-$	
$f(\theta)$		↗	$\dfrac{\pi}{2}-1$	↘	

また　$\displaystyle\lim_{\theta\to+0} f(\theta)=0,\ \lim_{\theta\to\frac{\pi}{2}-0} f(\theta)=-\infty$

ゆえに，$y=f(\theta)$ のグラフは右の図のようになり，$f(\theta_0)=0,\ 0<\theta_0<\dfrac{\pi}{2}$ を満たす θ_0 がただ1つ存在する。

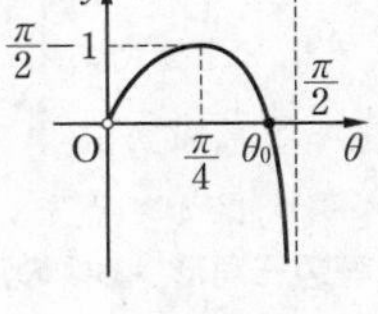

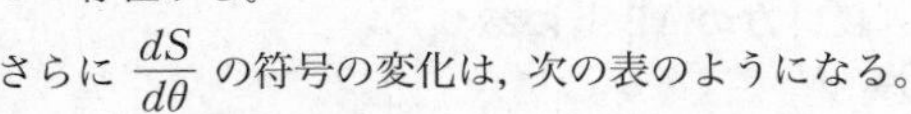

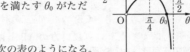

さらに $\dfrac{dS}{d\theta}$ の符号の変化は，次の表のようになる。

θ	0	$\cdots$	θ_0	$\cdots$	$\dfrac{\pi}{2}$
$\dfrac{dS}{d\theta}$		$+$	0	$-$	
S		↗	極大	↘	

この表より，$\theta=\theta_0$ のとき S は最大となる。
したがって，領域 T の面積はただ1つの値 $r_0=\cos\theta_0$ において最大となる。

このとき，T の周の長さは　$\widehat{\mathrm{AB}}+2\mathrm{PA}=r_0\cdot 2\theta_0+2\sin\theta_0$　$\cdots$①

◂ $\mathrm{PA}=\mathrm{PB}=\sin\theta$

ここで　$\sin\theta_0=\sqrt{1-\cos^2\theta_0}=\sqrt{1-{r_0}^2}$

$f(\theta_0)=0$ より　$2\theta_0=\tan\theta_0=\dfrac{\sin\theta_0}{\cos\theta_0}=\dfrac{\sqrt{1-{r_0}^2}}{r_0}$

であるから，① に代入して

$$\widehat{\mathrm{AB}}+2\mathrm{PA}=r_0\cdot\frac{\sqrt{1-{r_0}^2}}{r_0}+2\sqrt{1-{r_0}^2}=\mathbf{3\sqrt{1-{r_0}^2}}$$

37 (1)　中心がOである単位円上の異なる2点をA，Bとし，$\angle\mathrm{AOB}=2\theta$ とする。点Cがこの円上を動くとき，△ABCの周の長さ $l(\theta)$ を最大とする点Cの位置を求めよ。また，このときの $l(\theta)$ を θ で表せ。

(2)　単位円に内接する三角形のうちで，周の長さが最大である三角形は正三角形であることを示せ。

（お茶の水女子大）

(1)　$l(\theta)$ が最大になるのは，$0<2\theta\leqq\pi$ において，点Cの位置が長い方の $\widehat{\mathrm{AB}}$ 上にあるときである。

$\angle\mathrm{AOB}=2\theta$ より　$\angle\mathrm{ACB}=\theta$

△ABCにおいて，正弦定理により

$$\frac{\mathrm{AB}}{\sin\theta}=\frac{\mathrm{CA}}{\sin B}=\frac{\mathrm{BC}}{\sin A}=2\cdot 1$$

よって，△ABCの周の長さ $l(\theta)$ は

$$l(\theta)=\mathrm{AB}+\mathrm{BC}+\mathrm{CA}$$
$$=2\sin\theta+2(\sin B+\sin A)$$

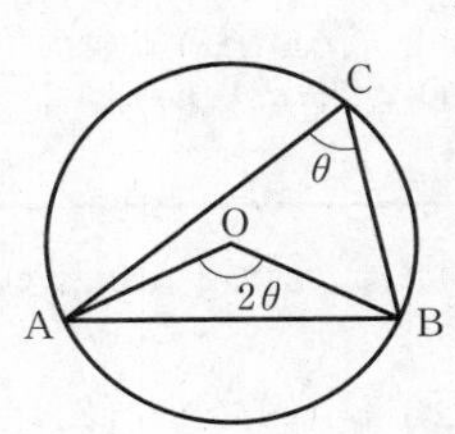

◂ $\pi<2\theta<2\pi$ のとき

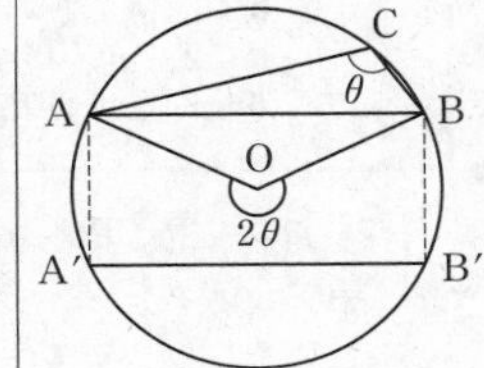

$\mathrm{AB}=\mathrm{A'B'},\ \mathrm{AB}\,/\!/\,\mathrm{A'B'}$，$\angle\mathrm{A'OB'}<\pi$ となる点A′，B′をとると

$\mathrm{CA}<\mathrm{CA'},\ \mathrm{CB}<\mathrm{CB'}$

よって，$0<2\theta\leqq\pi$ のとき最大となる。

入試攻略

$$= 2\sin\theta + 4\sin\frac{B+A}{2}\cos\frac{B-A}{2}$$

◀ 和を積に直す公式を用いる。

$$= 2\sin\theta + 4\sin\frac{\pi-\theta}{2}\cos\frac{B-A}{2}$$

◀ $A+B=\pi-\theta$

$$= 2\sin\theta + 4\cos\frac{\theta}{2}\cos\frac{B-A}{2}$$

◀ $\sin\frac{\pi-\theta}{2} = \sin\left(\frac{\pi}{2}-\frac{\theta}{2}\right) = \cos\frac{\theta}{2}$

ここで，$\cos\frac{\theta}{2} > 0$，$-\frac{\pi}{2} < \frac{B-A}{2} < \frac{\pi}{2}$ であるから，$l(\theta)$ が最大となるのは $\frac{B-A}{2}=0$ のときである。

◀ $\cos\frac{B-A}{2}$ が最大のとき $l(\theta)$ も最大である。

よって，$A=B$ すなわち △ABC は CA＝CB の二等辺三角形となる。

したがって，$l(\theta)$ を最大にする点Cは，**長い方の $\overset{\frown}{\mathrm{AB}}$ 上にあり，CA＝CB である二等辺三角形 ABC の頂点**のときであり，

このときの $l(\theta)$ は　　$\boldsymbol{l(\theta) = 2\sin\theta + 4\cos\frac{\theta}{2}}$

(2)　$f(\theta) = 2\sin\theta + 4\cos\frac{\theta}{2}$ $\left(0 < \theta \leqq \frac{\pi}{2}\right)$ とおくと

$$f'(\theta) = 2\cos\theta - 2\sin\frac{\theta}{2} = 2\left(1-2\sin^2\frac{\theta}{2}\right) - 2\sin\frac{\theta}{2}$$

$$= -4\left(\sin\frac{\theta}{2}-\frac{1}{2}\right)\left(\sin\frac{\theta}{2}+1\right)$$

$f'(\theta)=0$ とすると　　$\theta = \frac{\pi}{3}$

よって，$f(\theta)$ の増減表は右のようになる。

θ	0	…	$\frac{\pi}{3}$	…	$\frac{\pi}{2}$
$f'(\theta)$	／	＋	0	−	
$f(\theta)$	／	↗	極大	↘	

ゆえに，$f(\theta)$ は $\theta = \frac{\pi}{3}$ のとき最大となる。

したがって，周の長さ $l(\theta)$ が最大となるのは　　$A=B=C=\frac{\pi}{3}$

すなわち，△ABC が正三角形のときである。

---

38 数列 $a_1=\sqrt{2}$，$a_2=\sqrt{2}^{\sqrt{2}}$，$a_3=\sqrt{2}^{\sqrt{2}^{\sqrt{2}}}$，$a_4=\sqrt{2}^{\sqrt{2}^{\sqrt{2}^{\sqrt{2}}}}$，… は
漸化式 $a_{n+1}=\left(\sqrt{2}\right)^{a_n}$ $(n=1,\ 2,\ 3,\ \cdots)$ を満たしている。$f(x)=\left(\sqrt{2}\right)^x$ として次の問に答えよ。

(1)　$0 \leqq x \leqq 2$ における $f(x)$ の最大値と最小値を求めよ。
(2)　$0 \leqq x \leqq 2$ における $f'(x)$ の最大値と最小値を求めよ。
(3)　$0 < a_n < 2$ $(n=1,\ 2,\ 3,\ \cdots)$ が成立することを数学的帰納法を用いて示せ。
(4)　$0 < 2-a_{n+1} < (\log 2)(2-a_n)$ $(n=1,\ 2,\ 3,\ \cdots)$ が成立することを示せ。
(5)　$\lim_{n\to\infty} a_n$ を求めよ。　　　　(同志社大)

---

(1)　$f(x)=\left(\sqrt{2}\right)^x$ の底は $\sqrt{2}$ で1より大きいから，$f(x)$ は単調増加する関数である。

◀ a^x は $a>1$ のとき単調増加する。

ここで，$f(0)=\left(\sqrt{2}\right)^0=1$，$f(2)=\left(\sqrt{2}\right)^2=2$ より，

$f(x)$ は $0 \leqq x \leqq 2$ において

◀ $0 \leqq x \leqq 2$ のとき $f(0) \leqq f(x) \leqq f(2)$

　　$x=2$ のとき　最大値2
　　$x=0$ のとき　最小値1

(2)　$f'(x)=(\sqrt{2})^x\log\sqrt{2}$

$\log\sqrt{2}=\dfrac{1}{2}\log 2>0$ であるから，(1) と同様に $f'(x)$ は単調増加する関数である。ここで

$$f'(0)=(\sqrt{2})^0\log\sqrt{2}=\log\sqrt{2}$$

$$f'(2)=(\sqrt{2})^2\log\sqrt{2}=2\log\sqrt{2}=\log(\sqrt{2})^2=\log 2$$

よって，$f'(x)$ は $0\leqq x\leqq 2$ において

$x=2$ のとき　最大値 $\log 2$

$x=0$ のとき　最小値 $\log\sqrt{2}$

◀ $0\leqq x\leqq 2$ のとき $f'(0)\leqq f'(x)\leqq f'(2)$

(3)　$a_1=\sqrt{2}$，$a_{n+1}=(\sqrt{2})^{a_n}$　($n=1,\ 2,\ 3,\ \cdots$) について，すべての自然数 n に対して $0<a_n<2$ …① が成り立つことを数学的帰納法を用いて示す。

[1]　$n=1$ のとき

$a_1=\sqrt{2}$ であるから，$0<\sqrt{2}<2$ より　　$0<a_1<2$

よって，$n=1$ のとき ① は成り立つ。

[2]　$n=k$ ($\geqq 1$) のとき ① が成り立つと仮定すると

$$0<a_k<2$$

このとき　　$(\sqrt{2})^0<(\sqrt{2})^{a_k}<(\sqrt{2})^2$

すなわち　　$1<a_{k+1}<2$

よって $0<a_{k+1}<2$ となり，$n=k+1$ のときも ① が成り立つ。

◀ $a_{k+1}=(\sqrt{2})^{a_k}$ の形になるように工夫する。

[1]，[2] より，すべての自然数 n に対して ① が成り立つ。

(4)　(3) より $0<a_n<2$ であるから，$f(x)$ に平均値の定理を用いると

$$\frac{f(2)-f(a_n)}{2-a_n}=f'(c_n),\ a_n<c_n<2 \quad \cdots ②$$

を満たす実数 c_n が存在する。

◀ $f(x)$ はすべての実数 x で定義された関数で，閉区間 $[a_n,\ 2]$ で連続かつ開区間 $(a_n,\ 2)$ で微分可能である。

ここで，$f(2)=(\sqrt{2})^2=2$，$f(a_n)=(\sqrt{2})^{a_n}=a_{n+1}$ であるから，② より

$$\frac{2-a_{n+1}}{2-a_n}=f'(c_n)\quad すなわち\quad 2-a_{n+1}=f'(c_n)(2-a_n)$$

が成り立つ。

$0<a_n<2$ より　　$0<c_n<2$

◀ $0<a_n<2$ かつ $a_n<c_n<2$ より $0<c_n<2$

よって，(2) より $f'(c_n)<\log 2$ …③ が成り立つ。

$2-a_n$ (>0) を ③ の両辺に掛けると

$$(2-a_n)f'(c_n)<(\log 2)(2-a_n)$$

ゆえに　　$2-a_{n+1}<(\log 2)(2-a_n)$

一方，(3) より $2-a_{n+1}>0$ が成り立つから

$$0<2-a_{n+1}<(\log 2)(2-a_n) \quad \cdots ④$$

◀ (2) より $f'(x)$ の $0\leqq x\leqq 2$ における最大値は $\log 2$ であるから $f'(x)\leqq\log 2$
$0<c_n<2$ より $f'(c_n)<\log 2$

(5)　④ を繰り返し用いると

$$\begin{aligned}0<2-a_n&<(\log 2)(2-a_{n-1})\\&<(\log 2)^2(2-a_{n-2})\\&<(\log 2)^3(2-a_{n-3})\\&\ \vdots\\&<(\log 2)^{n-1}(2-a_1)\end{aligned}$$

すなわち　　$0<2-a_n<(\log 2)^{n-1}(2-a_1)$

ここで，$1<2<e$ より $0<\log 2<1$ であるから

◀ $0<r<1$ のとき $\displaystyle\lim_{n\to\infty}r^n=0$

入試攻略

$$\lim_{n\to\infty}(\log 2)^{n-1}(2-a_1)=0$$

よって，はさみうちの原理より　$\lim_{n\to\infty}(2-a_n)=0$

したがって　$\lim_{n\to\infty}a_n=2$

39 n を正の整数とし，

$$f_n(x)=\sum_{k=0}^{n}\frac{(-1)^k x^{2k}}{(2k)!}=1-\frac{x^2}{2!}+\frac{x^4}{4!}-\frac{x^6}{6!}+\cdots+\frac{(-1)^n x^{2n}}{(2n)!}$$

とする。

(1) $f_n(2)<0$ であることを示せ。

(2) 方程式 $f_2(x)=0$ は $0<x<2$ の範囲にただ1つだけ解をもつことを示せ。

(3) $n\geqq 3$ のときも，方程式 $f_n(x)=0$ は $0<x<2$ の範囲にただ1つだけ解をもつことを示せ。

（中央大）

(1) $f_n(2)=\sum_{k=0}^{n}\frac{(-1)^k 2^{2k}}{(2k)!}$，$a_k=\frac{2^{2k}}{(2k)!}$ とおくと

$$a_0=1,\ a_1=\frac{2^2}{2!}=2,\ a_2=\frac{2^4}{4!}=\frac{2}{3}$$

$k\geqq 1$ のとき

$$a_k-a_{k+1}=\frac{2^{2k}}{(2k)!}-\frac{2^{2k+2}}{(2k+2)!}$$

$$=\frac{2^{2k}}{(2k)!}\left\{1-\frac{2^2}{(2k+1)(2k+2)}\right\}>0$$

よって　$a_k>a_{k+1}$　…①

◀ $k\geqq 1$ のとき，① より a_k は減少していく。

また，$n=1$ のとき　$f_1(2)=a_0-a_1=-1<0$

$n=2$ のとき　$f_2(2)=a_0-a_1+a_2=-\frac{1}{3}<0$　…②

(ア) $n=2m$ $(m\geqq 2)$ のとき

$$f_{2m}(2)=a_0-a_1+a_2-a_3+a_4-\cdots-a_{2m-1}+a_{2m}$$
$$=(a_0-a_1+a_2)+(-a_3+a_4)+(-a_5+a_6)+\cdots+(-a_{2m-1}+a_{2m})$$

①，② より　$f_{2m}(2)<0$

(イ) $n=2m+1$ $(m\geqq 1)$ のとき

$$f_{2m+1}(2)=f_{2m}(2)-a_{2m+1}$$

ここで，$f_{2m}(2)<0$，$a_{2m+1}>0$ であるから　$f_{2m+1}(2)<0$

以上より　$f_n(2)<0$

◀ (ア) のとき $n\geqq 4$
(イ) のとき $n\geqq 3$

(2) $f_2(x)=1-\frac{x^2}{2!}+\frac{x^4}{4!}=\frac{x^4}{24}-\frac{x^2}{2}+1$

$$f_2{}'(x)=\frac{x^3}{6}-x=\frac{x}{6}(x^2-6)$$

$0<x<2$ のとき　$f_2{}'(x)<0$

◀ $f_2(x)$ は $0<x<2$ で単調減少する。

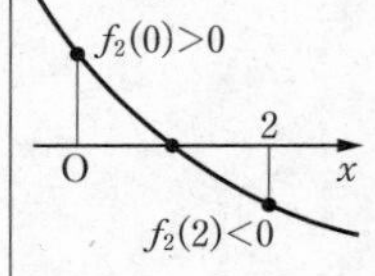

また，$f_2(0)=1>0$，$f_2(2)=-\frac{1}{3}<0$ であるから，$f_2(x)=0$ は，$0<x<2$ の範囲にただ1つだけ解をもつ。

(3) $f_n{}'(x)=-x+\frac{x^3}{3!}-\frac{x^5}{5!}+\frac{x^7}{7!}-\cdots+\frac{(-1)^n x^{2n-1}}{(2n-1)!}$

ここで，$f_n{}'(x)=\sum_{k=1}^{n}\frac{(-1)^k x^{2k-1}}{(2k-1)!}$，$b_k=\frac{x^{2k-1}}{(2k-1)!}$ とおくと，

$0<x<2$, $k \geqq 1$ のとき

$$b_k - b_{k+1} = \frac{x^{2k-1}}{(2k-1)!} - \frac{x^{2k+1}}{(2k+1)!}$$

$$= \frac{x^{2k-1}}{(2k-1)!}\left\{1 - \frac{x^2}{2k(2k+1)}\right\} > 0$$

よって　　$b_k > b_{k+1}$

◀ $0<x<2$ の範囲で b_k は減少していく。

(ア)　$n=2m$ $(m \geqq 2)$ のとき

$$f_{2m}{}'(x) = -b_1 + b_2 - b_3 + b_4 - \cdots - b_{2m-1} + b_{2m}$$

$$= (-b_1 + b_2) + (-b_3 + b_4) + (-b_5 + b_6) + \cdots + (-b_{2m-1} + b_{2m}) < 0$$

(イ)　$n = 2m+1$ $(m \geqq 1)$ のとき

$$f_{2m+1}{}'(x) = f_{2m}{}'(x) - b_{2m+1}$$

　ここで，$f_{2m}{}'(x) < 0$，$b_{2m+1} > 0$ であるから　　$f_{2m+1}{}'(x) < 0$

(ア)，(イ) より，$n \geqq 3$ のとき，$f_n{}'(x) < 0$ となり，$f_n(x)$ は単調減少する。

また，$f_n(0) = 1 > 0$，(1) より $f_n(2) < 0$ であるから，$n \geqq 3$ のとき $f_n(x) = 0$ は $0<x<2$ の範囲にただ1つだけ解をもつ。

40 座標平面上を運動する点Pの時刻 t における座標 $(x,\ y)$ が，$x = \sin t$，$y = \dfrac{1}{2}\cos 2t$ で表されているとする。このとき，次の問に答えよ。

(1)　点Pはどのような曲線上を動くか。

(2)　点Pの速度ベクトル $\vec{v} = \left(\dfrac{dx}{dt},\ \dfrac{dy}{dt}\right)$ と加速度ベクトル $\vec{\alpha} = \left(\dfrac{d^2x}{dt^2},\ \dfrac{d^2y}{dt^2}\right)$ を t を用いて表せ。

(3)　速さ $|\vec{v}|$ が0となるときの点Pの座標をすべて求めよ。

(4)　(3)で求めた点のうち，x 座標が最も大きい点をQとする。$0 \leqq t \leqq 30$ とするとき，点Pは点Qを何回通過するか。

(5)　速さ $|\vec{v}|$ の最大値と，加速度の大きさ $|\vec{\alpha}|$ の最小値を求めよ。　　(立命館大　改)

(1)　2倍角の公式により

$$y = \frac{1}{2}\cos 2t = \frac{1}{2}(1 - 2\sin^2 t)$$

$$= \frac{1}{2}(1 - 2x^2) = -x^2 + \frac{1}{2}$$

◀ y を x で表す。

また，t は任意の実数であるから

$-1 \leqq \sin t \leqq 1$ より　　$-1 \leqq x \leqq 1$

よって，点Pは **放物線 $y = -x^2 + \dfrac{1}{2}$ の $-1 \leqq x \leqq 1$ の部分** を動く。

(2)　$\dfrac{dx}{dt} = \cos t$，$\dfrac{dy}{dt} = \dfrac{1}{2}\cdot(-2\sin 2t) = -\sin 2t$ より

$$\boldsymbol{\vec{v} = (\cos t,\ -\sin 2t)}$$

$\dfrac{d^2x}{dt^2} = -\sin t$，$\dfrac{d^2y}{dt^2} = -2\cos 2t$ より

$$\boldsymbol{\vec{\alpha} = (-\sin t,\ -2\cos 2t)}$$

(3)　$|\vec{v}| = \sqrt{\cos^2 t + (-\sin 2t)^2} = \sqrt{\cos^2 t + \sin^2 2t}$

◀ 2倍角の公式
$\sin 2t = 2\sin t\cos t$

$= \sqrt{\cos^2 t + 4\sin^2 t\cos^2 t} = |\cos t|\sqrt{1+4\sin^2 t}$

$1+4\sin^2 t > 0$ であるから

$|\vec{v}| = 0$ のとき　$\cos t = 0$

すなわち　$t = \dfrac{\pi}{2} + n\pi$（$n$ は整数）

◀ t は任意の実数であるから，角度は一般角で表す。

このとき，点 P の x 座標は

$$\sin t = \sin\left(\frac{\pi}{2} + n\pi\right) = \begin{cases} 1 & (n\text{ が偶数}) \\ -1 & (n\text{ が奇数}) \end{cases}$$

◀ $\sin t = (-1)^n$ と表すこともできる。

点 P の y 座標は

$$\frac{1}{2}\cos 2t = \frac{1}{2}\cos(\pi + 2n\pi) = \frac{1}{2}\cos\pi = -\frac{1}{2}$$

であるから，点 P の座標は

$$\boldsymbol{\left(1,\ -\frac{1}{2}\right),\ \left(-1,\ -\frac{1}{2}\right)}$$

(4)　点 Q は(3)で求めた点のうち，x 座標が最も大きい点であるから

$$\mathrm{Q}\left(1,\ -\frac{1}{2}\right)$$

点 P が点 Q に一致するとき，時刻 t は $t = \dfrac{\pi}{2} + n\pi$（$n$ は偶数）と表されるから

$n = 2m$（m は整数）とおくと

◀ n は偶数である。

$$t = \frac{\pi}{2} + 2m\pi = \frac{4m+1}{2}\pi$$

このとき，$0 \leqq t \leqq 30$ となるのは $m = 0,\ 1,\ 2,\ 3,\ 4$ の場合であるから，点 P が点 Q に一致するような t は 5 個存在する。

よって，点 P は点 Q を **5 回** 通過する。

◀ このとき $t = \dfrac{\pi}{2},\ \dfrac{5}{2}\pi,\ \dfrac{9}{2}\pi,\ \dfrac{13}{2}\pi,\ \dfrac{17}{2}\pi$ となる。

(5)　$|\vec{v}| = \sqrt{\cos^2 t + \sin^2 2t}$

$$= \sqrt{\frac{1+\cos 2t}{2} + (1-\cos^2 2t)}$$

◀ 根号内を $\cos 2t$ にそろえる。

$$= \sqrt{-\cos^2 2t + \frac{1}{2}\cos 2t + \frac{3}{2}}$$

$$= \sqrt{-\left(\cos 2t - \frac{1}{4}\right)^2 + \frac{25}{16}}$$

◀ $-1 \leqq \cos 2t \leqq 1$ より，$|\vec{v}|$ は $\cos 2t = \dfrac{1}{4}$ のとき最大値 $\sqrt{\dfrac{25}{16}} = \dfrac{5}{4}$ をとる。

よって，$\cos 2t = \dfrac{1}{4}$ のとき $|\vec{v}|$ は最大値　$\boldsymbol{\dfrac{5}{4}}$

また　$|\vec{\alpha}| = \sqrt{\sin^2 t + 4\cos^2 2t}$

$$= \sqrt{\frac{1-\cos 2t}{2} + 4\cos^2 2t}$$

$$= \sqrt{4\cos^2 2t - \frac{1}{2}\cos 2t + \frac{1}{2}}$$

$$= \sqrt{4\left(\cos 2t - \frac{1}{16}\right)^2 + \frac{31}{64}}$$

◀ 上と同様に，$|\vec{\alpha}|$ は $\cos 2t = \dfrac{1}{16}$ のとき最小値 $\sqrt{\dfrac{31}{64}} = \dfrac{\sqrt{31}}{8}$ をとる。

よって，$\cos 2t = \dfrac{1}{16}$ のとき $|\vec{\alpha}|$ は最小値　$\boldsymbol{\dfrac{\sqrt{31}}{8}}$

41 $a>0$ とする。次の問に答えよ。

(1) $0 \leqq x \leqq a$ を満たす x に対して $1+x \leqq e^x \leqq 1+\dfrac{e^a-1}{a}x$ を示せ。

(2) (1)を用いて $1+a+\dfrac{a^2}{2}<e^a<1+\dfrac{a}{2}(e^a+1)$ を示せ。

(3) (2)を用いて $2.64<e<2.78$ を示せ。　(横浜市立大)

(1) [1]　$1+x \leqq e^x$ を示す。

$f(x)=e^x-(1+x)$ とおくと　$f'(x)=e^x-1$

$0 \leqq x \leqq a$ において　$f'(x) \geqq 0$

よって，$f(x)$ は区間 $0 \leqq x \leqq a$ で単調増加する。

ゆえに $0 \leqq x \leqq a$ のとき　$f(x) \geqq f(0)=0$

したがって　$1+x \leqq e^x$

[2]　$e^x \leqq 1+\dfrac{e^a-1}{a}x$ を示す。

$g(x)=1+\dfrac{e^a-1}{a}x-e^x$ とおくと　$g'(x)=\dfrac{e^a-1}{a}-e^x$

$g''(x)=-e^x<0$ であるから，$g'(x)$ は区間 $0 \leqq x \leqq a$ で単調減少する。

ここで，$h(x)=e^x$ とおくと，$h(x)$ は $0 \leqq x \leqq a$ で連続，$0<x<a$ で微分可能である。

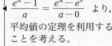

◀ $\dfrac{e^a-1}{a}=\dfrac{e^a-e^0}{a-0}$ より，平均値の定理を利用することを考える。

$h'(x)=e^x$ であるから，平均値の定理により

$$\frac{e^a-e^0}{a-0}=e^c,\ 0<c<a$$

を満たす実数 c が存在する。

よって　$g'(c)=\dfrac{e^a-1}{a}-e^c=0$

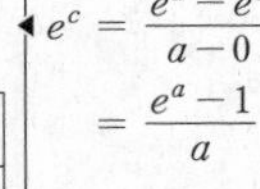

◀ $e^c=\dfrac{e^a-e^0}{a-0}=\dfrac{e^a-1}{a}$

よって，$0 \leqq x \leqq a$ において，$g(x)$ の増減表は右のようになる。

x	0	$\cdots$	c	$\cdots$	a
$g'(x)$		$+$	0	$-$	
$g(x)$	0	↗	極大	↘	0

ゆえに

$0 \leqq x \leqq a$ のとき　$g(x) \geqq 0$

したがって　$e^x \leqq 1+\dfrac{e^a-1}{a}x$

[1]，[2] より，$0 \leqq x \leqq a$ のとき　$1+x \leqq e^x \leqq 1+\dfrac{e^a-1}{a}x$

(2) (1)より，$y=1+x$，$y=e^x$，$y=1+\dfrac{e^a-1}{a}x$ のグラフは右の図のようになる。

よって

$$(\text{台形 OABD})<\int_0^a e^x\,dx<(\text{台形 OACD})$$

◀ **Re Action** 戦略例題 5「定積分を含む不等式は，台形との大小関係も考えよ」

ここで

$$(\text{台形 OABD})=\frac{1}{2}\{1+(1+a)\}\cdot a=a+\frac{a^2}{2}$$

$$\int_0^a e^x\,dx=\Big[e^x\Big]_0^a=e^a-1$$

$$(\text{台形 OACD})=\frac{1}{2}\{1+(1+e^a-1)\}\cdot a=\frac{a}{2}(e^a+1)$$

よって　$a+\frac{a^2}{2}<e^a-1<\frac{a}{2}(e^a+1)$

したがって　$1+a+\frac{a^2}{2}<e^a<1+\frac{a}{2}(e^a+1)$

(3)　(2)の不等式において，$a=\frac{1}{2}$ を代入すると

$$1+\frac{1}{2}+\frac{1}{8}<e^{\frac{1}{2}}<1+\frac{1}{4}\left(e^{\frac{1}{2}}+1\right)$$

よって　$\frac{13}{8}<e^{\frac{1}{2}}<\frac{5}{3}$

辺々を2乗して　$\frac{169}{64}<e<\frac{25}{9}$

$\frac{169}{64}=2.6406\cdots$，$\frac{25}{9}=2.777\cdots$ であるから　$2.64<e<2.78$

◀ $a=1$ を代入すると $1+1+\frac{1}{2}<e<1+\frac{1}{2}(e+1)$ より $\frac{5}{2}<e<3$ となり，与えられた不等式を示すことができない。

p.453 4章 積分とその応用

42 k を正の定数とし，関数 $f(x)$ は $f(x)=x\left(e^x-2k\int_0^1 f(t)dt\right)$ を満たしている。

(1) a を定数とするとき，$\int_0^1 x(e^x-2ka)dx$ を求めよ。
(2) $f(x)$ を求めよ。
(3) $f(x)$ はただ1つの極値をもつことを示せ。
(4) $f(x)$ の極値が0であるような k の値を求めよ。　(山梨大)

(1)
$$\begin{aligned}\int_0^1 x(e^x-2ka)dx&=\int_0^1 x\cdot(e^x-2kax)'dx\\&=\left[x(e^x-2kax)\right]_0^1-\int_0^1(e^x-2kax)dx\\&=e-2ka-\left[e^x-kax^2\right]_0^1\\&=e-2ka-\{(e-ka)-1\}\\&=\mathbf{1-ka}\end{aligned}$$

◀ 部分積分法を用いる。

(2)　$\int_0^1 f(t)dt=b$ …① とおくと　$f(x)=x(e^x-2kb)$ …②

①に代入すると　$b=\int_0^1 t(e^t-2kb)dt=1-kb$

◀ (1)の結果を利用する。

よって，$(k+1)b=1$ であり，$k>0$ より　$b=\frac{1}{k+1}$

②に代入すると　$\boldsymbol{f(x)=x\left(e^x-\frac{2k}{k+1}\right)}$

(3)　$f'(x)=1\cdot\left(e^x-\frac{2k}{k+1}\right)+x\cdot e^x=(x+1)e^x-\frac{2k}{k+1}$

◀ $f'(x)=0$ となる x の前後での符号を考えるために，$y=(x+1)e^x$ と $y=\frac{2k}{k+1}$ のグラフの交点と，グラフの上下を考える。

ここで，$g(x)=(x+1)e^x$ とおくと

$$\begin{aligned}g'(x)&=1\cdot e^x+(x+1)e^x\\&=(x+2)e^x\end{aligned}$$

$g'(x)=0$ とすると　$x=-2$

$g(x)$ の増減表は右のようになる。

x	$\cdots$	-2	$\cdots$
$g'(x)$	$-$	0	$+$
$g(x)$	↘	$-\frac{1}{e^2}$	↗

ここで

$\lim_{x \to -\infty} g(x) = 0$, $\lim_{x \to \infty} g(x) = \infty$

よって，$y = g(x)$ のグラフは右の図。

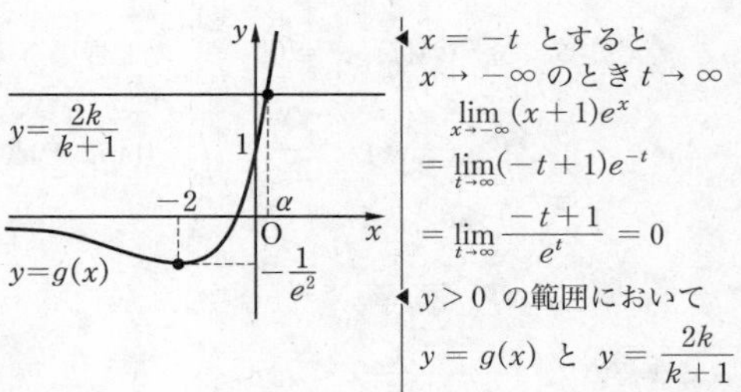

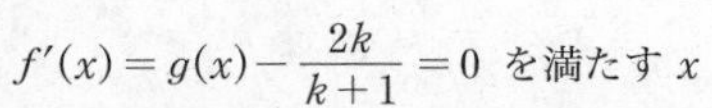

$k > 0$ より $\dfrac{2k}{k+1} > 0$ であるから，

$f'(x) = g(x) - \dfrac{2k}{k+1} = 0$ を満たす x の値はただ1つであり，その前後で符号が変わる。

したがって，$f(x)$ はただ1つの極値をもつ。

◀ $x = -t$ とすると
$x \to -\infty$ のとき $t \to \infty$
$\lim_{x \to -\infty}(x+1)e^x$
$= \lim_{t \to \infty}(-t+1)e^{-t}$
$= \lim_{t \to \infty}\dfrac{-t+1}{e^t} = 0$

◀ $y > 0$ の範囲において
$y = g(x)$ と $y = \dfrac{2k}{k+1}$
のグラフは1点で交わる。

(4)　極値をとる x の値を α とおくと

$f'(\alpha) = 0$ より　　$(\alpha+1)e^{\alpha} = \dfrac{2k}{k+1}$　　… ③

よって，極値は

$$f(\alpha) = \alpha\left(e^{\alpha} - \frac{2k}{k+1}\right) = \alpha\{e^{\alpha} - (\alpha+1)e^{\alpha}\}$$
$$= -\alpha^2 e^{\alpha}$$

ゆえに，極値が0となるのは，$\alpha = 0$ のときであるから，③ に代入して　　$1 = \dfrac{2k}{k+1}$

$2k = k+1$ であるから　　$\boldsymbol{k = 1}$

◀ $-\alpha^2 e^{\alpha} = 0$
$e^{\alpha} > 0$ より　　$\alpha^2 = 0$
よって　　$\alpha = 0$

43　自然数 n に対して $a_n = \displaystyle\int_0^{\frac{\pi}{4}} (\tan x)^{2n} dx$ とおく。このとき，次の問に答えよ。

(1)　a_1 を求めよ。
(2)　a_{n+1} を a_n で表せ。
(3)　$\lim_{n \to \infty} a_n$ を求めよ。
(4)　$\displaystyle\lim_{n \to \infty}\sum_{k=1}^{n}\frac{(-1)^{k+1}}{2k-1}$ を求めよ。　　(北海道大)

(1)　$a_1 = \displaystyle\int_0^{\frac{\pi}{4}} \tan^2 x\,dx = \int_0^{\frac{\pi}{4}}\left(\frac{1}{\cos^2 x} - 1\right)dx$

$= \Big[\tan x - x\Big]_0^{\frac{\pi}{4}} = \boldsymbol{1 - \dfrac{\pi}{4}}$

◀ $\tan^2 x + 1 = \dfrac{1}{\cos^2 x}$ より
$\tan^2 x = \dfrac{1}{\cos^2 x} - 1$

(2)　$a_{n+1} = \displaystyle\int_0^{\frac{\pi}{4}} (\tan x)^{2(n+1)} dx = \int_0^{\frac{\pi}{4}} \tan^2 x (\tan x)^{2n} dx$

$= \displaystyle\int_0^{\frac{\pi}{4}}\left(\frac{1}{\cos^2 x} - 1\right)(\tan x)^{2n} dx$

$= \displaystyle\int_0^{\frac{\pi}{4}} \frac{1}{\cos^2 x}(\tan x)^{2n} dx - \int_0^{\frac{\pi}{4}} (\tan x)^{2n} dx$

$= \left[\dfrac{1}{2n+1}(\tan x)^{2n+1}\right]_0^{\frac{\pi}{4}} - a_n$

$= \boldsymbol{\dfrac{1}{2n+1} - a_n}$

◀ $f(x) = x^{2n}$, $g(x) = \tan x$
とすると
$\displaystyle\int_0^{\frac{\pi}{4}} f(g(x))g'(x)dx$
$= \Big[F(g(x))\Big]_0^{\frac{\pi}{4}}$

(3)　$0 \leqq x \leqq \dfrac{\pi}{4}$ において，$0 \leqq \tan x \leqq 1$ であるから

$0 \leqq (\tan x)^{2(n+1)} \leqq (\tan x)^{2n}$

等号が成り立つのは，$x=0,\ \dfrac{\pi}{4}$ のときのみであるから

$$0<\int_0^{\frac{\pi}{4}}(\tan x)^{2(n+1)}dx<\int_0^{\frac{\pi}{4}}(\tan x)^{2n}dx$$

よって　$0<a_{n+1}<a_n$

(2) より　$0<\dfrac{1}{2n+1}-a_n<a_n$

ゆえに　$\dfrac{1}{2}\cdot\dfrac{1}{2n+1}<a_n<\dfrac{1}{2n+1}$

$\displaystyle\lim_{n\to\infty}\frac{1}{2n+1}=0$ であるから，はさみうちの原理より

$$\boldsymbol{\lim_{n\to\infty}a_n=0}$$

◀ $\displaystyle\lim_{n\to\infty}\frac{1}{2n+1}=0$ より，$\displaystyle\lim_{n\to\infty}\frac{1}{2}\cdot\frac{1}{2n+1}=0$ も成り立つ。

(4) $a_{n+1}=-a_n+\dfrac{1}{2n+1}$ の両辺に $(-1)^{n+1}$ を掛けると

$$(-1)^{n+1}a_{n+1}=-(-1)^{n+1}a_n+\frac{(-1)^{n+1}}{2n+1}$$

$$(-1)^{n+1}a_{n+1}=(-1)^{n}a_n+\frac{(-1)^{n+1}}{2n+1}$$

$b_n=(-1)^na_n$ とおくと，$b_{n+1}=b_n+\dfrac{(-1)^{n+1}}{2n+1}$ より，$n\geqq 2$ のとき

◀ $\{b_n\}$ の階差数列の一般項が $\dfrac{(-1)^{n+1}}{2n+1}$

$$b_n=b_1+\sum_{k=1}^{n-1}\frac{(-1)^{k+1}}{2k+1}$$

(1) より，$b_1=-1\cdot a_1=\dfrac{\pi}{4}-1$ であるから

$$\begin{aligned}b_n&=\frac{\pi}{4}-1+\sum_{k=1}^{n-1}\frac{(-1)^{k+1}}{2k+1}\\&=\frac{\pi}{4}+\sum_{k=0}^{n-1}\frac{(-1)^{k+1}}{2k+1}\\&=\frac{\pi}{4}+\sum_{k=1}^{n}\frac{(-1)^{k}}{2k-1}\\&=\frac{\pi}{4}-\sum_{k=1}^{n}\frac{(-1)^{k+1}}{2k-1}\end{aligned}$$

◀ -1 は $\dfrac{(-1)^{k+1}}{2k+1}$ に $k=0$ を代入したときの値である。

◀ k を $k-1$ に置き換える。

よって　$\displaystyle\sum_{k=1}^{n}\frac{(-1)^{k+1}}{2k-1}=\frac{\pi}{4}-b_n=\frac{\pi}{4}-(-1)^na_n$

ここで，(3) より $\displaystyle\lim_{n\to\infty}a_n=0$ であるから

$$\lim_{n\to\infty}(-1)^na_n=0$$

したがって　$\displaystyle\lim_{n\to\infty}\sum_{k=1}^{n}\frac{(-1)^{k+1}}{2k-1}=\lim_{n\to\infty}\left\{\frac{\pi}{4}-(-1)^na_n\right\}=\boldsymbol{\frac{\pi}{4}}$

44 楕円 $\dfrac{x^2}{4}+\dfrac{y^2}{9}=1$ 上に点 P_k $(k=1,\ 2,\ \cdots,\ n)$ を $\angle\mathrm{P}_k\mathrm{OA}=\dfrac{k}{n}\pi$ を満たすようにとる。ただし，$\mathrm{O}(0,\ 0)$，$\mathrm{A}(2,\ 0)$ とする。このとき，$\displaystyle\lim_{n\to\infty}\frac{1}{n}\left(\frac{1}{\mathrm{OP_1}^2}+\frac{1}{\mathrm{OP_2}^2}+\cdots+\frac{1}{\mathrm{OP}_n{}^2}\right)$ を求めよ。

（東北大）

$\angle \mathrm{P}_k\mathrm{OA} = \frac{k}{n}\pi$ ($k = 1, 2, \cdots, n$)

より，点 P_k の座標は OP_k を用いて

$$\mathrm{P}_k\left(\mathrm{OP}_k \cos\frac{k}{n}\pi,\ \mathrm{OP}_k \sin\frac{k}{n}\pi\right)$$

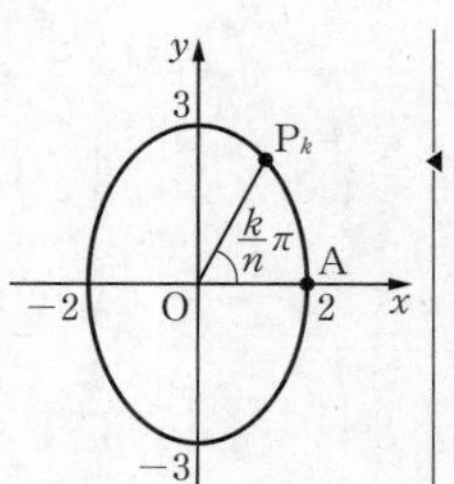

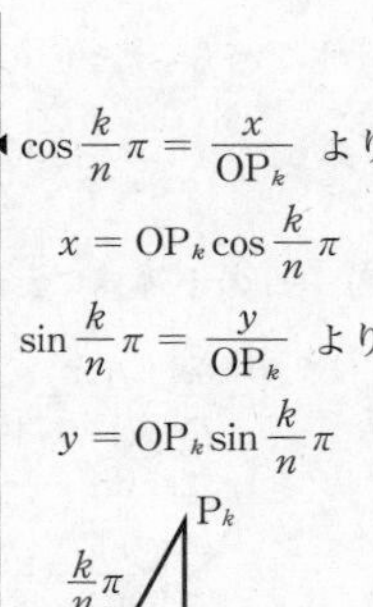

◀ $\cos\frac{k}{n}\pi = \frac{x}{\mathrm{OP}_k}$ より
$x = \mathrm{OP}_k \cos\frac{k}{n}\pi$
$\sin\frac{k}{n}\pi = \frac{y}{\mathrm{OP}_k}$ より
$y = \mathrm{OP}_k \sin\frac{k}{n}\pi$

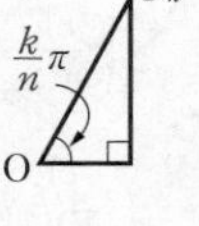

点 P_k は楕円 $\frac{x^2}{4} + \frac{y^2}{9} = 1$ 上にあるから

$$\frac{1}{4}\left(\mathrm{OP}_k{}^2\cos^2\frac{k}{n}\pi\right) + \frac{1}{9}\left(\mathrm{OP}_k{}^2\sin^2\frac{k}{n}\pi\right) = 1$$

$$\left(\frac{1}{4}\cos^2\frac{k}{n}\pi + \frac{1}{9}\sin^2\frac{k}{n}\pi\right)\mathrm{OP}_k{}^2 = 1$$

よって $\quad \frac{1}{\mathrm{OP}_k{}^2} = \frac{1}{4}\cos^2\frac{k}{n}\pi + \frac{1}{9}\sin^2\frac{k}{n}\pi$

したがって

$$\lim_{n\to\infty}\frac{1}{n}\left(\frac{1}{\mathrm{OP}_1{}^2} + \frac{1}{\mathrm{OP}_2{}^2} + \cdots + \frac{1}{\mathrm{OP}_n{}^2}\right)$$

$$= \lim_{n\to\infty}\frac{1}{n}\sum_{k=1}^{n}\frac{1}{\mathrm{OP}_k{}^2}$$

$$= \lim_{n\to\infty}\frac{1}{n}\sum_{k=1}^{n}\left(\frac{1}{4}\cos^2\frac{k}{n}\pi + \frac{1}{9}\sin^2\frac{k}{n}\pi\right)$$

◀上の結果を代入する。

$$= \int_0^1\left(\frac{1}{4}\cos^2\pi x + \frac{1}{9}\sin^2\pi x\right)dx$$

$$= \int_0^1\left(\frac{1+\cos 2\pi x}{8} + \frac{1-\cos 2\pi x}{18}\right)dx$$

◀ $\cos^2 x = \frac{1+\cos 2x}{2}$

$\sin^2 x = \frac{1-\cos 2x}{2}$

$$= \left[\frac{1}{8}\left(x + \frac{1}{2\pi}\sin 2\pi x\right) + \frac{1}{18}\left(x - \frac{1}{2\pi}\sin 2\pi x\right)\right]_0^1$$

$$= \frac{1}{8} + \frac{1}{18} = \mathbf{\frac{13}{72}}$$

---

45 (1) $x \geqq 0$ のとき，不等式 $x - \frac{1}{2}x^2 \leqq \log(1+x) \leqq x$ が成り立つことを示せ。

(2) 極限値 $\lim_{n\to\infty}\sum_{k=1}^{n}\log\left(1+\frac{k}{n^2}\right)$ を求めよ。 (大阪市立大)

---

(1) $f(x) = x - \log(1+x)$ とおくと

$$f'(x) = 1 - \frac{1}{1+x} = \frac{x}{1+x}$$

$x > 0$ のとき $\quad f'(x) > 0$

◀ $f'(x) > 0$ のとき，$f(x)$ は単調増加する。

よって，$x \geqq 0$ で $f(x)$ は単調増加する。

また，$f(0) = 0$ であるから $\quad f(x) \geqq f(0) = 0$

すなわち $x \geqq 0$ のとき $\quad x \geqq \log(1+x)$

$g(x) = \log(1+x) - \left(x - \frac{1}{2}x^2\right)$ とおくと

$$g'(x) = \frac{1}{1+x} - 1 + x = \frac{x^2}{1+x}$$

$x > 0$ のとき $\quad g'(x) > 0$

◀ $g'(x) > 0$ のとき，$g(x)$ は単調増加する。

よって，$x \geqq 0$ で $g(x)$ は単調増加する。

また，$g(0) = 0$ であるから $\quad g(x) \geqq g(0) = 0$

入試攻略

すなわち $x \geqq 0$ のとき　$\log(1+x) \geqq x-\frac{1}{2}x^2$

したがって，$x \geqq 0$ のとき　$x-\frac{1}{2}x^2 \leqq \log(1+x) \leqq x$

(2)　(1)の不等式において，$x=\frac{k}{n^2}$（$\geqq 0$）とおくと

$$\frac{k}{n^2}-\frac{k^2}{2n^4} \leqq \log\left(1+\frac{k}{n^2}\right) \leqq \frac{k}{n^2}$$

$k=1,\ 2,\ 3,\ \cdots,\ n$ として辺々加えると

$$\sum_{k=1}^{n}\left(\frac{k}{n^2}-\frac{k^2}{2n^4}\right) \leqq \sum_{k=1}^{n}\log\left(1+\frac{k}{n^2}\right) \leqq \sum_{k=1}^{n}\frac{k}{n^2}$$

ここで

$$\lim_{n\to\infty}\sum_{k=1}^{n}\left(\frac{k}{n^2}-\frac{k^2}{2n^4}\right)=\lim_{n\to\infty}\left\{\frac{1}{n}\sum_{k=1}^{n}\frac{k}{n}-\frac{1}{2n}\cdot\frac{1}{n}\sum_{k=1}^{n}\left(\frac{k}{n}\right)^2\right\}$$
$$=\int_0^1 x\,dx-0\cdot\int_0^1 x^2dx$$
$$=\left[\frac{1}{2}x^2\right]_0^1=\frac{1}{2}$$

◀区分求積法
$\lim_{n\to\infty}\frac{1}{n}\sum_{k=1}^{n}f\left(\frac{k}{n}\right)=\int_0^1 f(x)dx$
を用いる。

$$\lim_{n\to\infty}\sum_{k=1}^{n}\frac{k}{n^2}=\lim_{n\to\infty}\frac{1}{n}\sum_{k=1}^{n}\frac{k}{n}=\int_0^1 x\,dx=\left[\frac{1}{2}x^2\right]_0^1=\frac{1}{2}$$

◀$\sum_{k=1}^{n}\frac{k}{n^2}=\frac{1}{n^2}\sum_{k=1}^{n}k$
$=\frac{1}{n^2}\cdot\frac{n(n+1)}{2}$
として求めてもよい。

したがって，はさみうちの原理より

$$\boldsymbol{\lim_{n\to\infty}\sum_{k=1}^{n}\log\left(1+\frac{k}{n^2}\right)=\frac{1}{2}}$$

46　n を 2 以上の自然数として，$S_n=\sum_{k=n}^{n^3-1}\frac{1}{k\log k}$ とおく。次の問に答えよ。

(1)　$\int_n^{n^3}\frac{dx}{x\log x}$ を求めよ。

(2)　k を 2 以上の自然数とするとき，$\frac{1}{(k+1)\log(k+1)}<\int_k^{k+1}\frac{dx}{x\log x}<\frac{1}{k\log k}$ を示せ。

(3)　$\lim_{n\to\infty}S_n$ の値を求めよ。　(神戸大)

(1)　$$\int_n^{n^3}\frac{dx}{x\log x}=\int_n^{n^3}\frac{(\log x)'}{\log x}dx=\Big[\log|\log x|\Big]_n^{n^3}$$
$$=\log(\log n^3)-\log(\log n)$$
$$=\log(3\log n)-\log(\log n)$$
$$=\log\left(\frac{3\log n}{\log n}\right)=\mathbf{\log 3}$$

◀n は 2 以上の自然数であるから
$|\log n|=\log n$

(2)　$f(x)=\frac{1}{x\log x}$ とおくと，これは $x>1$ において単調減少する。

よって，k が 2 以上の自然数のとき

$$f(k+1)\cdot 1<\int_k^{k+1}f(x)dx<f(k)\cdot 1$$

◀$x>1$ のとき
x，$\log x$ はともに正で単調増加するから，$x\log x$ は単調増加し，$\frac{1}{x\log x}$ は単調減少する。

したがって

$$\frac{1}{(k+1)\log(k+1)}<\int_k^{k+1}\frac{dx}{x\log x}<\frac{1}{k\log k}\quad\cdots①$$

(3) ①のkをnからn^3-1まで変えて，辺々加えると

$$\sum_{k=n}^{n^3-1}\frac{1}{(k+1)\log(k+1)}<\int_n^{n^3}\frac{dx}{x\log x}<\sum_{k=n}^{n^3-1}\frac{1}{k\log k} \quad \cdots ②$$

ここで

$$\sum_{k=n}^{n^3-1}\frac{1}{(k+1)\log(k+1)}=\sum_{k=n+1}^{n^3}\frac{1}{k\log k}$$

$$=\sum_{k=n}^{n^3-1}\frac{1}{k\log k}-\frac{1}{n\log n}+\frac{1}{n^3\log n^3}$$

◀ S_nをつくるために，変形する。

$$=S_n-\frac{1}{n\log n}+\frac{1}{n^3\log n^3}$$

また，(1)より　$\displaystyle\int_n^{n^3}\frac{dx}{x\log x}=\log3$

よって，②は　$\displaystyle S_n-\frac{1}{n\log n}+\frac{1}{n^3\log n^3}<\log3<S_n$

ゆえに　$\displaystyle\log3<S_n<\log3+\frac{1}{n\log n}-\frac{1}{n^3\log n^3}$

ここで　$\displaystyle\lim_{n\to\infty}\left(\log3+\frac{1}{n\log n}-\frac{1}{n^3\log n^3}\right)=\log3$

したがって，はさみうちの原理より　$\displaystyle\boldsymbol{\lim_{n\to\infty}S_n=\log3}$

◀ $\displaystyle\lim_{n\to\infty}\frac{1}{n\log n}=0$

$\displaystyle\lim_{n\to\infty}\frac{1}{n^3\log n^3}=0$

47 $\displaystyle\int_0^{\pi}e^x\sin^2x\,dx>8$ であることを示せ。ただし，$\pi=3.14\cdots$ は円周率，$e=2.71\cdots$ は自然対数の底である。　(東京大)

$$\int_0^{\pi}e^x\sin^2x\,dx=\int_0^{\pi}e^x\cdot\frac{1-\cos2x}{2}dx$$

◀ $\displaystyle\sin^2x=\frac{1-\cos2x}{2}$

$$=\frac{1}{2}\int_0^{\pi}e^x\,dx-\frac{1}{2}\int_0^{\pi}e^x\cos2x\,dx$$

ここで　$\displaystyle\int_0^{\pi}e^x\,dx=\Big[e^x\Big]_0^{\pi}=e^{\pi}-1$

また　$\displaystyle\int_0^{\pi}e^x\cos2x\,dx=\int_0^{\pi}e^x\cdot\left(\frac{1}{2}\sin2x\right)'dx$

◀ 部分積分法を繰り返し用いる。

$$=\left[e^x\cdot\frac{1}{2}\sin2x\right]_0^{\pi}-\frac{1}{2}\int_0^{\pi}e^x\sin2x\,dx$$

$$=-\frac{1}{2}\int_0^{\pi}e^x\cdot\left(-\frac{1}{2}\cos2x\right)'dx$$

◀ $\sin2\pi=\sin0=0$

$$=-\frac{1}{2}\left\{\left[e^x\cdot\left(-\frac{1}{2}\cos2x\right)\right]_0^{\pi}+\frac{1}{2}\int_0^{\pi}e^x\cos2x\,dx\right\}$$

$$=\frac{1}{4}(e^{\pi}-1)-\frac{1}{4}\int_0^{\pi}e^x\cos2x\,dx$$

◀ $\cos2\pi=\cos0=1$

よって　$\displaystyle\int_0^{\pi}e^x\cos2x\,dx=\frac{1}{5}(e^{\pi}-1)$

これらより

$$\int_0^{\pi}e^x\sin^2x\,dx=\frac{1}{2}(e^{\pi}-1)-\frac{1}{2}\cdot\frac{1}{5}(e^{\pi}-1)=\frac{2}{5}(e^{\pi}-1)$$

次に　$\displaystyle\int_0^{\pi}e^x\sin^2x\,dx-8=\frac{2}{5}(e^{\pi}-1)-8=\frac{2}{5}(e^{\pi}-21)$

◀ 大小を比較したいものの差をとる。

ここで，$e^{\pi}-21>0$ を示す。

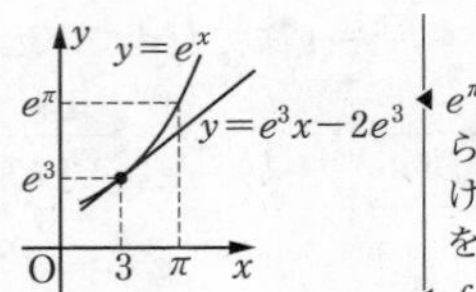

$y=e^x$ 上の点 $(3,\ e^3)$ における接線は

$$y-e^3=e^3(x-3)$$
$$y=e^3x-2e^3$$

$y=e^x$ のグラフは下に凸であるから，$x>3$ において

$$e^x>e^3x-2e^3$$

$x=\pi$ のとき

$$e^{\pi}>e^3\pi-2e^3=e^3(\pi-2)$$
$$>(2.7)^3(3.1-2)=19.683\cdot1.1=21.6513>21$$

よって　　$e^{\pi}-21>0$

すなわち $\dfrac{2}{5}(e^{\pi}-21)>0$ となり，$\displaystyle\int_0^{\pi}e^x\sin^2 x\,dx>8$ が示された。

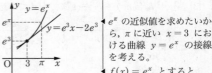

◀ e^{π} の近似値を求めたいから，π に近い $x=3$ における曲線 $y=e^x$ の接線を考える。

◀ $f(x)=e^x$ とすると $f''(x)=e^x>0$

◀ $\pi>3$

〔$e^{\pi}-21>0$ についての別解〕

$$e^{\pi}=\int_0^{\pi}e^x dx+1=\int_3^{\pi}e^x dx+\int_0^3 e^x dx+1$$
$$=\int_3^{\pi}e^x dx+e^3$$

◀ $\displaystyle\int_0^{\pi}e^x\,dx=\Big[e^x\Big]_0^{\pi}=e^{\pi}-1$

ここで，右の図より

$$\int_3^{\pi}e^x dx>\frac{e^3+(e^3\pi-2e^3)}{2}\times(\pi-3)$$
$$>\frac{e^3+(e^3\times3.14-2e^3)}{2}\times(3.14-3)$$
$$=\frac{2.14e^3}{2}\times0.14=0.1498e^3$$

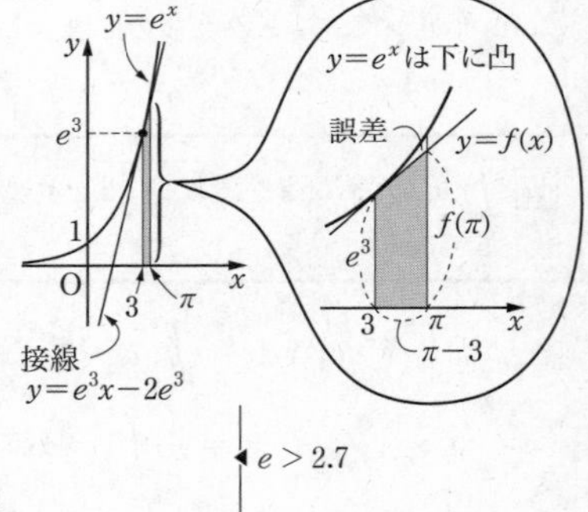

よって

$$e^{\pi}=\int_3^{\pi}e^x dx+e^3>0.1498e^3+e^3$$
$$>1.1498\times19.683$$
$$>1.14\times19.6=22.344>21$$

◀ $e>2.7$

---

48 $f(x)=\dfrac{\log x}{x}$，$g(x)=\dfrac{2\log x}{x^2}$　$(x>0)$ とする。次の問に答えよ。ただし，自然対数の底 e について，$e=2.718\cdots$ であること，$\displaystyle\lim_{x\to\infty}\frac{\log x}{x}=0$ であることを証明なしで用いてよい。

(1)　2 曲線 $y=f(x)$ と $y=g(x)$ の共有点の座標をすべて求めよ。

(2)　区間 $x>0$ において，関数 $y=f(x)$ と $y=g(x)$ の増減，極値を調べ，2 曲線 $y=f(x)$，$y=g(x)$ のグラフの概形をかけ。グラフの変曲点は求めなくてよい。

(3)　区間 $1\leqq x\leqq e$ において，2 曲線 $y=f(x)$ と $y=g(x)$，および直線 $x=e$ で囲まれた図形の面積を求めよ。　（神戸大）

---

(1)　2 曲線 $y=f(x)$ と $y=g(x)$ の共有点の x 座標は，$\dfrac{\log x}{x}=\dfrac{2\log x}{x^2}$

を解くと　　$x\log x=2\log x$

$$(x-2)\log x=0$$

$x>0$ より　　$x=1,\ 2$

よって，共有点の座標は　　$(1,\ 0)$，$\left(2,\ \dfrac{1}{2}\log 2\right)$

◀ $f(1)=\dfrac{\log1}{1}=0$

$f(2)=\dfrac{\log2}{2}=\dfrac{1}{2}\log2$

(2)　$f(x)=\dfrac{\log x}{x}$ について

$$f'(x)=\frac{\frac{1}{x}\cdot x-(\log x)\cdot 1}{x^2}=\frac{1-\log x}{x^2}$$

$f'(x)=0$ とすると　　$x=e$

$x>0$ における $f(x)$ の増減表は右のようになる。

x	0	$\cdots$	e	$\cdots$
$f'(x)$	／	$+$	0	$-$
$f(x)$	／	↗	$\dfrac{1}{e}$	↘

よって，$f(x)$ は

$x=e$ のとき　極大値 $\dfrac{1}{e}$

極小値はない。

$\displaystyle\lim_{x\to+0}\frac{\log x}{x}=-\infty$，$\displaystyle\lim_{x\to\infty}\frac{\log x}{x}=0$ であるから，x 軸，y 軸は漸近線である。

また，$g(x)=\dfrac{2\log x}{x^2}$ について

$$g'(x)=\frac{\frac{2}{x}\cdot x^2-(2\log x)\cdot 2x}{x^4}=\frac{2(1-2\log x)}{x^3}$$

$g'(x)=0$ とすると　　$x=\sqrt{e}$

$x>0$ における $g(x)$ の増減表は右のようになる。

x	0	$\cdots$	$\sqrt{e}$	$\cdots$
$g'(x)$	／	$+$	0	$-$
$g(x)$	／	↗	$\dfrac{1}{e}$	↘

よって，$g(x)$ は

$x=\sqrt{e}$ のとき　極大値 $\dfrac{1}{e}$

極小値はない。

ここで　$\displaystyle\lim_{x\to+0}\frac{2\log x}{x^2}=-\infty$

$$\lim_{x\to\infty}\frac{2\log x}{x^2}=\lim_{x\to\infty}\frac{2}{x}\cdot\frac{\log x}{x}=0$$

よって，x 軸，y 軸は漸近線である。

したがって，$y=f(x)$，$y=g(x)$ のグラフの概形は **右の図**。

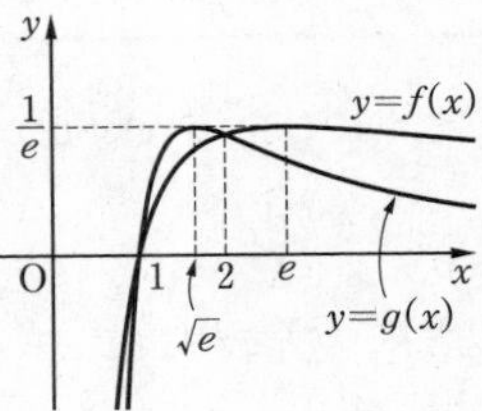

(3)　求める図形の面積を S とすると

$$S=\int_1^2\{g(x)-f(x)\}dx+\int_2^e\{f(x)-g(x)\}dx$$

$$=-\int_1^2\{f(x)-g(x)\}dx+\int_2^e\{f(x)-g(x)\}dx$$

$$=-\int_1^2\left(\frac{\log x}{x}-\frac{2\log x}{x^2}\right)dx+\int_2^e\left(\frac{\log x}{x}-\frac{2\log x}{x^2}\right)dx$$

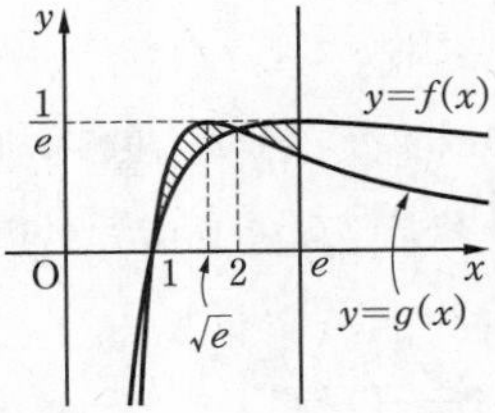

◀ $1\leqq x\leqq 2$ の範囲で $g(x)\geqq f(x)$，$2\leqq x\leqq e$ の範囲で $f(x)\geqq g(x)$

ここで

$$\int\frac{\log x}{x}dx=\int\log x\cdot(\log x)'dx=\frac{1}{2}(\log x)^2+C$$

$$\int \frac{2\log x}{x^2}dx = \int\left(-\frac{2}{x}\right)'\log x\,dx = -\frac{2}{x}\log x - \int\left(-\frac{2}{x^2}\right)dx$$
$$= -\frac{2}{x}\log x + \int\frac{2}{x^2}dx = -\frac{2}{x}\log x - \frac{2}{x} + C$$
$$= -\frac{2}{x}(\log x + 1) + C$$

よって
$$\int\left(\frac{\log x}{x} - \frac{2\log x}{x^2}\right)dx = \frac{1}{2}(\log x)^2 + \frac{2}{x}(\log x + 1) + C$$

ゆえに
$$S = -\left[\frac{1}{2}(\log x)^2 + \frac{2}{x}(\log x+1)\right]_1^2 + \left[\frac{1}{2}(\log x)^2 + \frac{2}{x}(\log x+1)\right]_2^e$$
$$= -\left\{\frac{1}{2}(\log 2)^2 + (\log 2+1) - 2\right\} + \left(\frac{1}{2} + \frac{4}{e}\right)$$
$$-\left\{\frac{1}{2}(\log 2)^2 + (\log 2 + 1)\right\}$$
$$= \boldsymbol{\frac{4}{e} + \frac{1}{2} - (\log 2)^2 - 2\log 2}$$

---

49 a を $0<a<\frac{\pi}{2}$ を満たす定数とする。関数 $f(x)=\tan x\ \left(0 \leqq x < \frac{\pi}{2}\right)$ について，次の問に答えよ。

(1) $0<x<\frac{\pi}{2}$ のとき，$\frac{f(x)}{x} < f'(x)$ が成り立つことを証明せよ。

(2) Oを原点とし，曲線 $y=f(x)$ 上に点 $\mathrm{P}(t,\ f(t))$ をとる。ただし，$0<t<a$ とする。直線OP，直線 $x=a$ と曲線 $y=f(x)$ によって囲まれた2つの部分の面積の和を A とするとき，A を t の関数として表せ。

(3) $0<t<a$ の範囲において，A を最小にする t の値を求めよ。 (中央大)

---

(1) $0<x<\frac{\pi}{2}$ において，$xf'(x)-f(x)>0$ が成り立つことを証明すればよい。

$g(x)=xf'(x)-f(x)$ とおくと
$$g'(x) = f'(x) + xf''(x) - f'(x) = xf''(x)$$

ここで，$f'(x)=\frac{1}{\cos^2 x}$ より　　$f''(x) = \frac{-2\cdot(-\sin x)}{\cos^3 x} = \frac{2\sin x}{\cos^3 x}$

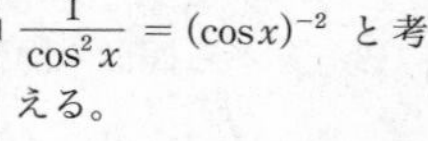
◀ $\frac{1}{\cos^2 x} = (\cos x)^{-2}$ と考える。

よって，$0<x<\frac{\pi}{2}$ において　　$f''(x)>0$

すなわち，$g'(x)>0$ となり，$g(x)$ は単調増加する。

よって，$0<x<\frac{\pi}{2}$ において　　$g(x)>g(0)=0$

ゆえに　　$xf'(x)-f(x)>0$

したがって，$0<x<\frac{\pi}{2}$ のとき　　$\frac{f(x)}{x} < f'(x)$

(2) $A = \int_0^t\left(\frac{\tan t}{t}x - \tan x\right)dx + \int_t^a\left(\tan x - \frac{\tan t}{t}x\right)dx$
$$= \left[\frac{1}{2}\cdot\frac{\tan t}{t}x^2 + \log|\cos x|\right]_0^t + \left[-\log|\cos x| - \frac{1}{2}\cdot\frac{\tan t}{t}x^2\right]_t^a$$

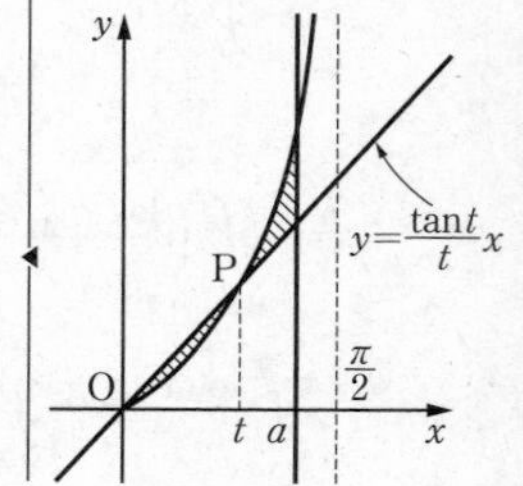

$$= \frac{1}{2}t\tan t + \log(\cos t) - \log(\cos a) - \frac{1}{2}a^2 \cdot \frac{\tan t}{t} + \log(\cos t) + \frac{1}{2}t\tan t$$

$$= \boldsymbol{t\tan t + 2\log(\cos t) - \log(\cos a) - \frac{1}{2}a^2 \cdot \frac{\tan t}{t}}$$

◀ $\int \tan x\,dx = \int \frac{\sin x}{\cos x}dx = -\int \frac{(\cos x)'}{\cos x}dx = -\log|\cos x| + C$

(3) $\tan t = f(t)$ とおいて，A を t で微分すると

$$A' = f(t) + tf'(t) - 2f(t) - \frac{1}{2}a^2 \cdot \frac{tf'(t) - f(t)}{t^2}$$

$$= \frac{\{tf'(t) - f(t)\}(2t^2 - a^2)}{2t^2}$$

◀ $\{\log(\cos t)\}' = \frac{-\sin t}{\cos t} = -f(t)$

ここで，(1) より $0 < t < a$ において，$tf'(t) - f(t) > 0$ であるから，

$A' = 0$ を満たす t の値は，$2t^2 - a^2 = 0$ より　　$t = \pm\frac{\sqrt{2}}{2}a$

よって，A の増減表は右のようになる。

◀ $0 < t < a$

t	0	…	$\frac{\sqrt{2}}{2}a$	…	a
A'	／	$-$	0	$+$	／
A	／	↘	最小	↗	／

したがって，A を最小にする t の値は　　$\boldsymbol{t = \frac{\sqrt{2}}{2}a}$

50 曲線 $y = f(x) = e^{-\frac{x}{2}}$ 上の点 $(x_0,\ f(x_0)) = (0,\ 1)$ における接線と x 軸との交点を $(x_1,\ 0)$ とし，曲線 $y = f(x)$ 上の点 $(x_1,\ f(x_1))$ における接線と x 軸との交点を $(x_2,\ 0)$ とする。以下同様に，点 $(x_n,\ f(x_n))$ における接線と x 軸との交点を $(x_{n+1},\ 0)$ とする。このような操作を無限に続けるとき
(1) x_n $(n = 0,\ 1,\ 2,\ \cdots)$ を n の式で表せ。
(2) 曲線 $y = f(x)$ と，点 $(x_n,\ f(x_n))$ における $y = f(x)$ の接線および直線 $x = x_{n+1}$ とで囲まれた部分の面積を S_n $(n = 0,\ 1,\ 2,\ \cdots)$ とするとき，S_n の総和 $\sum_{n=0}^{\infty} S_n$ を求めよ。　（福岡大）

(1) $y' = -\frac{1}{2}e^{-\frac{x}{2}}$ であるから，

$x = x_n$ のとき　　$y' = -\frac{1}{2}e^{-\frac{x_n}{2}}$

よって，点 $\left(x_n,\ e^{-\frac{x_n}{2}}\right)$ における接線の方程式は

$$y - e^{-\frac{x_n}{2}} = -\frac{1}{2}e^{-\frac{x_n}{2}}(x - x_n)$$

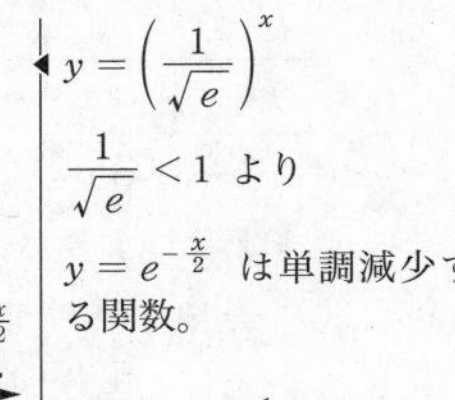

◀ $y = \left(\frac{1}{\sqrt{e}}\right)^x$
$\frac{1}{\sqrt{e}} < 1$ より
$y = e^{-\frac{x}{2}}$ は単調減少する関数。

$y = 0$ とすると　　$x = x_n + 2$
よって　　$x_{n+1} = x_n + 2$
これより，数列 $\{x_n\}$ は，初項 $x_0 = 0$，公差 2 の等差数列である。
したがって　　$\boldsymbol{x_n = 2n}$

◀ $-e^{-\frac{x_n}{2}} = -\frac{1}{2}e^{-\frac{x_n}{2}}(x - x_n)$
の両辺を $-e^{-\frac{x_n}{2}}$ $(\neq 0)$ で割って $1 = \frac{1}{2}(x - x_n)$
これより　$x = x_n + 2$

◀ $n = 0$ から始まることに注意（初項 $x_0 = 0$，$x_1 = 0 + 2 = 2$）

(2) $S_n = \int_{2n}^{2n+2} e^{-\frac{x}{2}}dx - \frac{1}{2} \cdot 2 \cdot e^{-n}$

$$= -2\left[e^{-\frac{x}{2}}\right]_{2n}^{2n+2} - e^{-n}$$

$$= -2(e^{-n-1} - e^{-n}) - e^{-n}$$

$$= e^{-n} - 2e^{-n-1} = (1 - 2e^{-1})e^{-n}$$

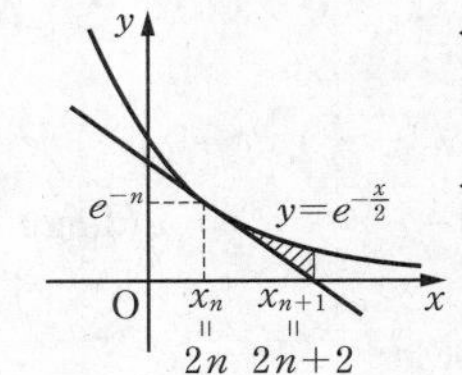

◀
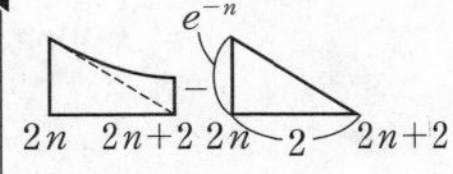

$\sum_{n=0}^{\infty} S_n$ は初項 $1-2e^{-1}$，公比 e^{-1} の無限等比級数であり，$0 < e^{-1} < 1$ であるから，その和は

◀ 初項は，$n=0$ のときであることに注意する。

$$\sum_{n=0}^{\infty} S_n = \frac{1-2e^{-1}}{1-e^{-1}} = \frac{\boldsymbol{e-2}}{\boldsymbol{e-1}}$$

---

51 xyz 空間内において不等式 $0 \leqq z \leqq \log(-x^2-y^2+3)$，$-x^2-y^2+3>0$ で定まる立体 D を考える。

(1) D はどの座標軸のまわりの回転体か，その座標軸を答えよ。

(2) この D を xz 平面で切ったときの断面は，どのような曲線（ならびに直線）で囲まれた図形か，その曲線を求め，図形の概形もかけ。曲線の凹凸を調べることまではしなくてよいが，座標軸との交点の座標は明示せよ。

(3) D の体積を求めよ。

（お茶の水女子大）

---

(1) $z \leqq \log(-x^2-y^2+3)$ より　$e^z \leqq -x^2-y^2+3$

よって　$x^2+y^2 \leqq 3-e^z$

したがって，D を z 軸に垂直な平面 $z=t$ $(0 \leqq t < \log 3)$ で切ったときの断面は，円：$x^2+y^2 \leqq 3-e^t$ の周および内部である。

ただし，$t=\log 3$ のときは，1点 $(0,\ 0,\ \log 3)$ を表す。

ゆえに，D は **z 軸のまわりの回転体** である。

◀ D のイメージは次の図のようになる。

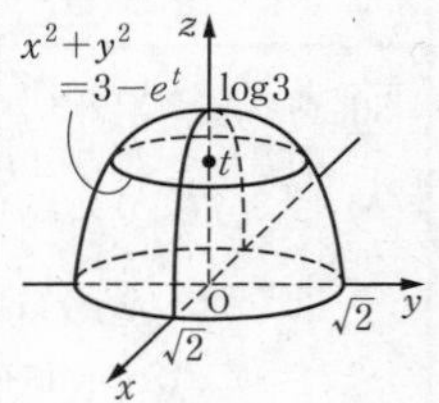

(2) $y=0$ のとき，$0 \leqq z \leqq \log(-x^2+3)$，$x^2<3$

よって，D を xz 平面で切った断面は，

曲線 $z=\log(-x^2+3)$ $(-\sqrt{3}<x<\sqrt{3})$ と x 軸で囲まれた図形 である。

$f(x)=\log(-x^2+3)$ とおくと　$f'(x)=\dfrac{-2x}{-x^2+3}$

$f(x)$ の増減表は次のようになる。

x	$-\sqrt{3}$	$\cdots$	0	$\cdots$	$\sqrt{3}$
$f'(x)$		$+$	0	$-$	
$f(x)$		↗	$\log 3$	↘	

$\log(-x^2+3)=0$ とすると

$-x^2+3=1$ より　$x=\pm\sqrt{2}$

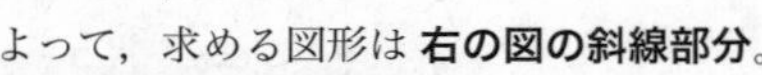

$$\lim_{x \to -\sqrt{3}+0} f(x) = -\infty$$

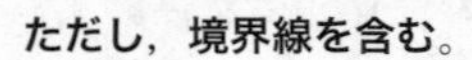

$$\lim_{x \to \sqrt{3}-0} f(x) = -\infty$$

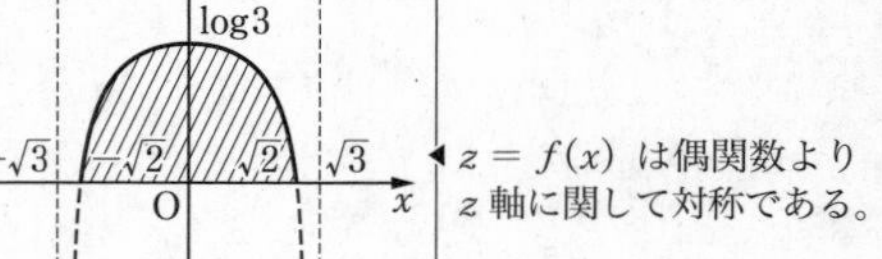

◀ $z=f(x)$ は偶関数より z 軸に関して対称である。

よって，求める図形は **右の図の斜線部分。**
ただし，境界線を含む。

(3) (1)より，$z=t$ における断面は円となり，断面積 $S(t)$ は

$$S(t)=\pi\left(\sqrt{3-e^t}\right)^2$$

求める D の体積 V は

$$V=\pi\int_0^{\log 3}\left(\sqrt{3-e^t}\right)^2 dt = \pi\Big[3t-e^t\Big]_0^{\log 3}$$

$$=\pi(3\log 3 - e^{\log 3} + e^0) = \boldsymbol{\pi(3\log 3 - 2)}$$

◀ $e^{\log 3}=3$

52 xy 平面上の 2 曲線 $C_1 : y = \dfrac{\log x}{x}$ と $C_2 : y = ax^2$ は点Pを共有し，Pにおいて共通の接線をもっている。ただし，a は定数とする。次の問に答えよ。

(1) 関数 $y = \dfrac{\log x}{x}$ の増減，極値，グラフの凹凸，変曲点を調べ，C_1 の概形をかけ。ただし，$\displaystyle\lim_{x\to\infty}\frac{\log x}{x} = 0$ は証明なしに用いてよい。

(2) Pの座標および a の値を求めよ。

(3) 不定積分 $\displaystyle\int\left(\frac{\log x}{x}\right)^2 dx$ を求めよ。

(4) C_1，C_2 および x 軸で囲まれた部分を，x 軸のまわりに 1 回転させてできる立体の体積 V を求めよ。

(横浜国立大)

(1) $f(x) = \dfrac{\log x}{x}$ とおくと，定義域は　$x > 0$

$$f'(x) = \frac{\frac{1}{x}\cdot x - \log x \cdot 1}{x^2} = \frac{1-\log x}{x^2}$$

$$f''(x) = \frac{-\frac{1}{x}\cdot x^2 - (1-\log x)\cdot 2x}{x^4} = \frac{2\log x - 3}{x^3}$$

$f'(x) = 0$ とすると，$\log x = 1$ より　$x = e$

$f''(x) = 0$ とすると，$\log x = \dfrac{3}{2}$ より　$x = e\sqrt{e}$

◀ $\log x = \dfrac{3}{2}$ より　$x = e^{\frac{3}{2}}$

よって，関数の **増減，凹凸の表は右のよう** になるから

x	0	$\cdots$	e	$\cdots$	$e\sqrt{e}$	$\cdots$
$f'(x)$		$+$	0	$-$	$-$	$-$
$f''(x)$		$-$	$-$	$-$	0	$+$
$f(x)$		↗	$\dfrac{1}{e}$	↘	$\dfrac{3}{2e\sqrt{e}}$	↘

◀ $f(e\sqrt{e}) = \dfrac{\log e\sqrt{e}}{e\sqrt{e}} = \dfrac{\log e^{\frac{3}{2}}}{e\sqrt{e}} = \dfrac{3}{2e\sqrt{e}}$

$x = e$ のとき　極大値 $\dfrac{1}{e}$

極小値はない。

変曲点は $\left(e\sqrt{e},\ \dfrac{3}{2e\sqrt{e}}\right)$

次に，$t = \dfrac{1}{x}$ とおくと

$$\lim_{x\to+0}\frac{\log x}{x} = \lim_{t\to\infty} t(-\log t) = -\infty$$

また，$\displaystyle\lim_{x\to\infty}\frac{\log x}{x} = 0$ であるから，x 軸，y 軸は漸近線である。

したがって，曲線 C_1 の概形は **右の図**。

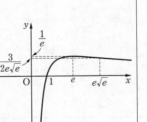

(2) $g(x) = ax^2$ とおくと　$g'(x) = 2ax$

点Pの x 座標を t とおくと，点Pにおけるそれぞれの接線が一致する条件は　$f(t) = g(t)$ …①　かつ　$f'(t) = g'(t)$ …②

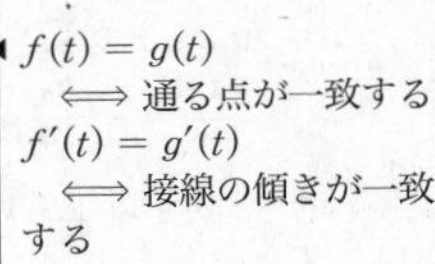

◀ $f(t) = g(t)$
⟺ 通る点が一致する
$f'(t) = g'(t)$
⟺ 接線の傾きが一致する

① より　$\dfrac{\log t}{t} = at^2$　…①′

② より，$\dfrac{1-\log t}{t^2} = 2at$ であるから　$\dfrac{1-\log t}{2t} = at^2$

①′ に代入すると　$\dfrac{\log t}{t} = \dfrac{1-\log t}{2t}$

$\log t = \dfrac{1}{3}$ より　　$t = \sqrt[3]{e}$

$f(\sqrt[3]{e}) = \dfrac{1}{3\sqrt[3]{e}}$ より，点Pの座標は　$\left(\boldsymbol{\sqrt[3]{e}},\ \dfrac{\mathbf{1}}{\mathbf{3}\boldsymbol{\sqrt[3]{e}}}\right)$

また，$t = \sqrt[3]{e}$ を①′に代入して

$\dfrac{1}{3\sqrt[3]{e}} = a\cdot\sqrt[3]{e^2}$ より　　$\boldsymbol{a = \dfrac{1}{3e}}$

(3)　$\displaystyle\int\left(\frac{\log x}{x}\right)^2 dx = \int\frac{1}{x^2}(\log x)^2 dx$

$$\begin{aligned}
&= \int\left(-\frac{1}{x}\right)'(\log x)^2 dx \\
&= -\frac{1}{x}(\log x)^2 + \int\frac{1}{x}\cdot 2\log x\cdot\frac{1}{x}dx \\
&= -\frac{1}{x}(\log x)^2 + 2\int\frac{1}{x^2}\log x\,dx \\
&= -\frac{1}{x}(\log x)^2 + 2\int\left(-\frac{1}{x}\right)'\log x\,dx \\
&= -\frac{1}{x}(\log x)^2 - \frac{2}{x}\log x + 2\int\frac{1}{x}\cdot\frac{1}{x}dx \\
&= \boldsymbol{-\frac{1}{x}(\log x)^2 - \frac{2}{x}\log x - \frac{2}{x} + C}
\end{aligned}$$

◀部分積分法を繰り返し用いる。

(4)　2曲線 C_1，C_2 の位置関係は右の図のようになるから，求める体積 V は

$$V = \pi\int_0^{\sqrt[3]{e}}\left(\frac{1}{3e}x^2\right)^2dx - \pi\int_1^{\sqrt[3]{e}}\left(\frac{\log x}{x}\right)^2dx$$

◀

$$\begin{aligned}
&= \frac{\pi}{9e^2}\left[\frac{x^5}{5}\right]_0^{\sqrt[3]{e}} \\
&\quad -\pi\left[-\frac{1}{x}(\log x)^2 - \frac{2}{x}\log x - \frac{2}{x}\right]_1^{\sqrt[3]{e}} \\
&= \frac{\pi}{9e^2}\cdot\frac{e\sqrt[3]{e^2}}{5} + \pi\left(\frac{1}{\sqrt[3]{e}}\cdot\frac{1}{9} + \frac{2}{\sqrt[3]{e}}\cdot\frac{1}{3} + \frac{2}{\sqrt[3]{e}} - 2\right) \\
&= \boldsymbol{\left(\frac{14}{5\sqrt[3]{e}} - 2\right)\pi}
\end{aligned}$$

53　関数 $f(x) = e^{-\frac{x}{2}}(\cos x + \sin x)$ に対して，$f(x) = 0$ の正の解を小さい方から順に a_1，a_2，$\cdots$，a_n，$\cdots$ とおく。このとき，次の問に答えよ。

(1)　a_n を求めよ。

(2)　$a_n \leqq x \leqq a_{n+1}$ の範囲で，曲線 $y = f(x)$ と x 軸で囲まれた部分を，x 軸のまわりに1回転させてできる回転体の体積 V_n を求めよ。

(3)　無限級数 $\displaystyle\sum_{n=1}^{\infty}V_n$ の和を求めよ。　　　　（新潟大）

(1)　$f(x) = 0$ とすると，$e^{-\frac{x}{2}} > 0$ より　　$\cos x + \sin x = 0$

$\sqrt{2}\sin\left(x+\dfrac{\pi}{4}\right)=0$ より　　$x+\dfrac{\pi}{4}=m\pi$（m は整数）

◀ $a\sin\theta+b\cos\theta$
$=r\sin(\theta+\alpha)$

a_n は正の解を小さい方から順に並べたものであるから

$$\boldsymbol{a_n=-\frac{\pi}{4}+n\pi\ (n=1,\ 2,\ \cdots)}$$

(2)　$V_n=\pi\displaystyle\int_{a_n}^{a_{n+1}}\left\{e^{-\frac{x}{2}}(\cos x+\sin x)\right\}^2dx$

$$=\pi\int_{a_n}^{a_{n+1}}e^{-x}(1+\sin 2x)dx$$

$$=\pi\left(\int_{a_n}^{a_{n+1}}e^{-x}dx+\int_{a_n}^{a_{n+1}}e^{-x}\sin 2x\,dx\right)$$

ここで

$$\int_{a_n}^{a_{n+1}}e^{-x}dx=\Big[-e^{-x}\Big]_{a_n}^{a_{n+1}}=-e^{-a_{n+1}}+e^{-a_n}\quad\cdots①$$

$$\int_{a_n}^{a_{n+1}}e^{-x}\sin 2x\,dx=\Big[-e^{-x}\sin 2x\Big]_{a_n}^{a_{n+1}}+2\int_{a_n}^{a_{n+1}}e^{-x}\cos 2x\,dx$$

◀部分積分法を繰り返し用いる。

$$=\Big[-e^{-x}\sin 2x\Big]_{a_n}^{a_{n+1}}+\Big[-2e^{-x}\cos 2x\Big]_{a_n}^{a_{n+1}}-4\int_{a_n}^{a_{n+1}}e^{-x}\sin 2x\,dx$$

よって

$$\int_{a_n}^{a_{n+1}}e^{-x}\sin 2x\,dx$$

$$=\frac{1}{5}\Big[-e^{-x}(\sin 2x+2\cos 2x)\Big]_{a_n}^{a_{n+1}}$$

$$=\frac{1}{5}\{-e^{-a_{n+1}}(\sin 2a_{n+1}+2\cos 2a_{n+1})+e^{-a_n}(\sin 2a_n+2\cos 2a_n)\}$$

ここで，$2a_{n+1}=2n\pi+\dfrac{3}{2}\pi$，$2a_n=2n\pi-\dfrac{\pi}{2}$ より

◀(1)より
$a_{n+1}=n\pi+\dfrac{3}{4}\pi$,
$a_n=n\pi-\dfrac{\pi}{4}$

$\sin 2a_{n+1}=-1$，$\cos 2a_{n+1}=0$
$\sin 2a_n=-1$，$\cos 2a_n=0$

ゆえに　$\displaystyle\int_{a_n}^{a_{n+1}}e^{-x}\sin 2x\,dx=\frac{1}{5}(e^{-a_{n+1}}-e^{-a_n})$　$\cdots②$

①，②より

$$V_n=\frac{4}{5}\pi(e^{-a_n}-e^{-a_{n+1}})=\boldsymbol{\frac{4}{5}\pi(1-e^{-\pi})e^{-\left(n-\frac{1}{4}\right)\pi}}$$

◀$a_{n+1}=\pi+a_n$ より
$-a_{n+1}=-\pi-a_n$

(3)　$\displaystyle\sum_{n=1}^{\infty}V_n=\sum_{n=1}^{\infty}\frac{4}{5}\pi(1-e^{-\pi})e^{-\left(n-\frac{1}{4}\right)\pi}$

$$=\sum_{n=1}^{\infty}\frac{4}{5}\pi(1-e^{-\pi})e^{-\frac{3}{4}\pi}(e^{-\pi})^{n-1}$$

◀初項 $\dfrac{4}{5}\pi(1-e^{-\pi})e^{-\frac{3}{4}\pi}$
公比 $e^{-\pi}$ $(0<e^{-\pi}<1)$
の無限等比級数である。

$$=\frac{4}{5}\pi(1-e^{-\pi})e^{-\frac{3}{4}\pi}\cdot\frac{1}{1-e^{-\pi}}$$

$$=\boldsymbol{\frac{4}{5}\pi e^{-\frac{3}{4}\pi}}$$

入試攻略

54 正の実数 a, b は $a+b=1$ を満たすとし，2つの楕円 $\dfrac{x^2}{a^2}+\dfrac{y^2}{b^2}=1$, $\dfrac{x^2}{a^2}+\dfrac{(y-b)^2}{b^2}=1$ の内部の共通部分を D とする。このとき，次の問に答えよ。

(1) 2つの楕円の交点を a を用いて表せ。

(2) D の面積を a を用いて表し，その面積の最大値とそのときの a の値を求めよ。

(3) D を x 軸のまわりに1回転させてできる回転体の体積を a を用いて表し，その体積の最大値とそのときの a の値を求めよ。

(島根大)

(1) $\dfrac{x^2}{a^2}+\dfrac{y^2}{b^2}=1$ …①, $\dfrac{x^2}{a^2}+\dfrac{(y-b)^2}{b^2}=1$ …② とおく。

① より $\dfrac{x^2}{a^2}=1-\dfrac{y^2}{b^2}$ …①′ であるから，①′ を ② に代入すると

◀ ①−② を計算してもよい。

$$\left(1-\frac{y^2}{b^2}\right)+\frac{(y-b)^2}{b^2}=1$$

◀ $\dfrac{b^2-y^2+(y-b)^2}{b^2}=1$

整理すると $2by=b^2$ となり，$b\neq 0$ より $y=\dfrac{b}{2}$ …③

$a+b=1$ より $b=1-a$ であるから $y=\dfrac{1-a}{2}$

また，③ を ①′ に代入すると

$$\frac{x^2}{a^2}=1-\frac{\left(\frac{b}{2}\right)^2}{b^2}=1-\frac{1}{4}=\frac{3}{4}$$

よって $x=\pm\dfrac{\sqrt{3}}{2}a$

したがって，求める交点の座標は

$$\left(\pm\frac{\sqrt{3}}{2}\boldsymbol{a},\ \frac{\boldsymbol{1-a}}{\boldsymbol{2}}\right)$$

(2) D は右の図の斜線部分である。

この面積を S とする。

① を y について解くと

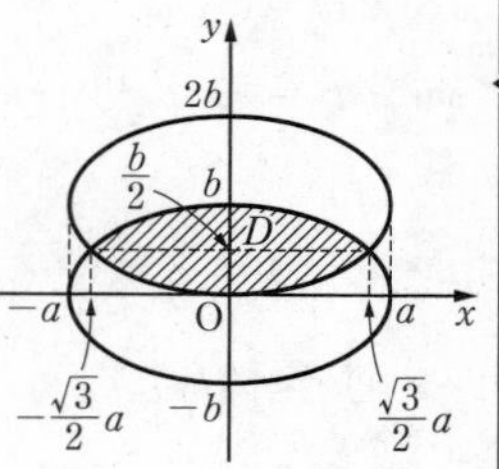

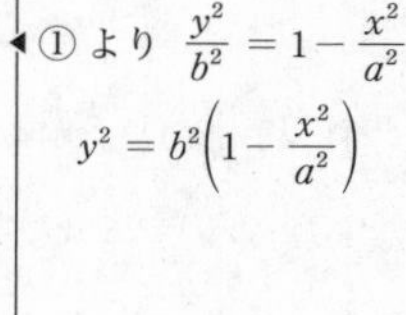

◀ ① より $\dfrac{y^2}{b^2}=1-\dfrac{x^2}{a^2}$

$y^2=b^2\left(1-\dfrac{x^2}{a^2}\right)$

$$y=\pm b\sqrt{1-\frac{x^2}{a^2}}$$

$$=\pm\frac{b}{a}\sqrt{a^2-x^2}$$

右の図より，D は直線 $y=\dfrac{b}{2}$ と y 軸に関して対称であるから

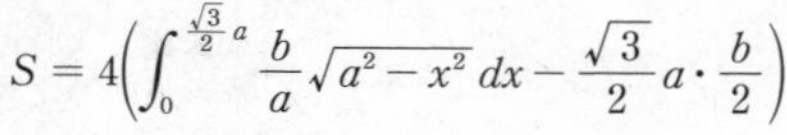

$$S=4\left(\int_0^{\frac{\sqrt{3}}{2}a}\frac{b}{a}\sqrt{a^2-x^2}\,dx-\frac{\sqrt{3}}{2}a\cdot\frac{b}{2}\right)$$

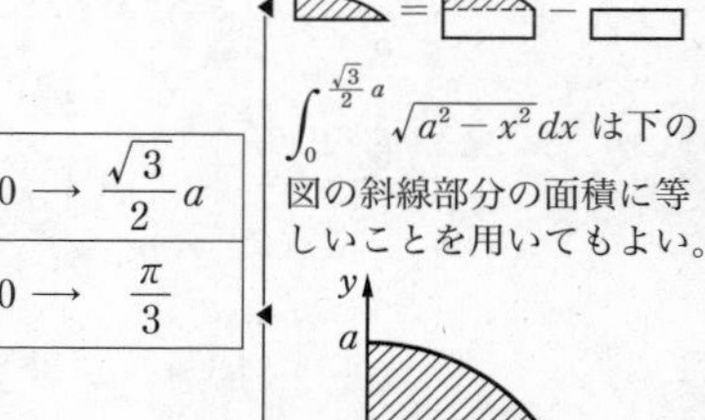

◀ （図）＝（図）−（図）

ここで，$x=a\sin\theta$ とおくと

$$\frac{dx}{d\theta}=a\cos\theta$$

x	$0\to\dfrac{\sqrt{3}}{2}a$
θ	$0\to\dfrac{\pi}{3}$

$$\int_0^{\frac{\sqrt{3}}{2}a}\sqrt{a^2-x^2}\,dx$$

$$=\int_0^{\frac{\pi}{3}}\sqrt{a^2(1-\sin^2\theta)}\cdot a\cos\theta\,d\theta$$

◀ $\displaystyle\int_0^{\frac{\sqrt{3}}{2}a}\sqrt{a^2-x^2}\,dx$ は下の図の斜線部分の面積に等しいことを用いてもよい。

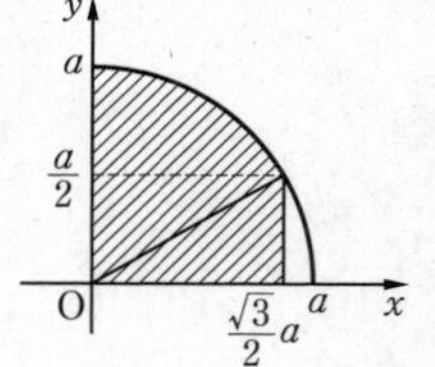

$$=a^2\int_0^{\frac{\pi}{3}}\cos^2\theta\,d\theta$$

$$=a^2\int_0^{\frac{\pi}{3}}\frac{1+\cos2\theta}{2}\,d\theta$$

◀ $\cos^2\theta=\dfrac{1+\cos2\theta}{2}$

$$=\frac{a^2}{2}\left[\theta+\frac{1}{2}\sin2\theta\right]_0^{\frac{\pi}{3}}=\frac{a^2}{2}\left(\frac{\pi}{3}+\frac{\sqrt{3}}{4}\right)$$

よって

$$S=4\left\{\frac{b}{a}\cdot\frac{a^2}{2}\left(\frac{\pi}{3}+\frac{\sqrt{3}}{4}\right)-\frac{\sqrt{3}}{4}ab\right\}$$

◀ $4\left(\dfrac{\pi ab}{6}+\dfrac{\sqrt{3}}{8}ab-\dfrac{\sqrt{3}}{4}ab\right)$

$$=ab\left(\frac{2}{3}\pi+\frac{\sqrt{3}}{2}-\sqrt{3}\right)$$

$$=ab\left(\frac{2}{3}\pi-\frac{\sqrt{3}}{2}\right)$$

$b=1-a$ を代入して

$$S=\left(\frac{2}{3}\pi-\frac{\sqrt{3}}{2}\right)a(1-a)=\boldsymbol{\left(\frac{2}{3}\pi-\frac{\sqrt{3}}{2}\right)(-a^2+a)}$$

$-a^2+a=-\left(a-\dfrac{1}{2}\right)^2+\dfrac{1}{4}$ であり，$a>0$, $b>0$, $a+b=1$

より $0<a<1$ であるから，S は $\boldsymbol{a=\dfrac{1}{2}}$ のとき最大となり，その

◀ $b=1-a>0$ より $a<1$

最大値は　$\left(\dfrac{2}{3}\pi-\dfrac{\sqrt{3}}{2}\right)\cdot\dfrac{1}{4}=\boldsymbol{\dfrac{\pi}{6}-\dfrac{\sqrt{3}}{8}}$

◀ $-a^2+a$ は $a=\dfrac{1}{2}$ のとき最大値 $\dfrac{1}{4}$ をとり，このとき S も最大となる。

(3) ② を y について解くと　$(y-b)^2=b^2\left(1-\dfrac{x^2}{a^2}\right)$

よって　$y=b\pm b\sqrt{1-\dfrac{x^2}{a^2}}=b\pm\dfrac{b}{a}\sqrt{a^2-x^2}$

D が y 軸に関して対称であることを利用すると，求める体積 V は

$$V=2\left\{\pi\int_0^{\frac{\sqrt{3}}{2}a}\left(\frac{b}{a}\sqrt{a^2-x^2}\right)^2dx-\pi\int_0^{\frac{\sqrt{3}}{2}a}\left(b-\frac{b}{a}\sqrt{a^2-x^2}\right)^2dx\right\}$$

◀ D の下側の曲線は $y=b-\dfrac{b}{a}\sqrt{a^2-x^2}$ である。

$$=2\pi\int_0^{\frac{\sqrt{3}}{2}a}\left(\frac{2b^2}{a}\sqrt{a^2-x^2}-b^2\right)dx$$

$$=\frac{4\pi b^2}{a}\int_0^{\frac{\sqrt{3}}{2}a}\sqrt{a^2-x^2}\,dx-2\pi b^2\int_0^{\frac{\sqrt{3}}{2}a}dx$$

(2) より $\displaystyle\int_0^{\frac{\sqrt{3}}{2}a}\sqrt{a^2-x^2}\,dx=\frac{a^2}{2}\left(\frac{\pi}{3}+\frac{\sqrt{3}}{4}\right)$ であるから

$$V=\frac{4\pi b^2}{a}\cdot\frac{a^2}{2}\left(\frac{\pi}{3}+\frac{\sqrt{3}}{4}\right)-2\pi b^2\cdot\frac{\sqrt{3}}{2}a$$

◀ $\displaystyle\int_0^{\frac{\sqrt{3}}{2}a}dx=\Big[x\Big]_0^{\frac{\sqrt{3}}{2}a}=\frac{\sqrt{3}}{2}a$

$$=2\pi ab^2\left(\frac{\pi}{3}+\frac{\sqrt{3}}{4}-\frac{\sqrt{3}}{2}\right)=\pi\left(\frac{2}{3}\pi-\frac{\sqrt{3}}{2}\right)ab^2$$

$b=1-a$ を代入して

$$V=\pi\left(\frac{2}{3}\pi-\frac{\sqrt{3}}{2}\right)a(1-a)^2=\boldsymbol{\pi\left(\frac{2}{3}\pi-\frac{\sqrt{3}}{2}\right)(a^3-2a^2+a)}$$

◀ a^3-2a^2+a が最大のとき V は最大となるから $f(a)=a^3-2a^2+a$ とおき，この増減を調べる。

ここで，$f(a)=a^3-2a^2+a$ $(0<a<1)$ とおくと

$f'(a)=3a^2-4a+1=(3a-1)(a-1)$

$f'(a)=0$ とすると，$0<a<1$ より　　$a=\dfrac{1}{3}$

$0<a<1$ における $f(a)$ の増減表は右のようになる。

a	0	$\cdots$	$\frac{1}{3}$	$\cdots$	1
$f'(a)$	／	＋	0	－	／
$f(a)$	／	↗	極大	↘	／

よって，$f(a)$ は $a=\dfrac{1}{3}$ のとき最大値 $\dfrac{4}{27}$ をとる。

◀ $f\left(\dfrac{1}{3}\right)=\left(\dfrac{1}{3}\right)^3-2\left(\dfrac{1}{3}\right)^2+\dfrac{1}{3}=\dfrac{4}{27}$

したがって，V は $\boldsymbol{a=\dfrac{1}{3}}$ のとき最大となり，その最大値は

$$\pi\left(\frac{2}{3}\pi-\frac{\sqrt{3}}{2}\right)\cdot\frac{4}{27}=\boldsymbol{\frac{2}{81}\pi(4\pi-3\sqrt{3})}$$

55 $\begin{cases}x=\sin t\\ y=\sin 2t\end{cases}$ $\left(0\leqq t\leqq\dfrac{\pi}{2}\right)$ で表される曲線を C とおく。このとき，次の問に答えよ。

(1) y を x の式で表せ。

(2) x 軸と C で囲まれる図形 D の面積を求めよ。

(3) D を y 軸のまわりに1回転させてできる回転体の体積を求めよ。　(神戸大)

(1) $y=\sin 2t=2\sin t\cos t$

◀ 2倍角の公式

$0\leqq t\leqq\dfrac{\pi}{2}$ より，$\cos t\geqq 0$ であるから

$$\cos t=\sqrt{1-\sin^2 t}=\sqrt{1-x^2}$$

◀ $\sin^2 t+\cos^2 t=1$ より $\cos^2 t=1-\sin^2 t$

よって　　$\boldsymbol{y=2x\sqrt{1-x^2}}$

(2) (1)の結果より

$$y'=2\sqrt{1-x^2}-\frac{2x^2}{\sqrt{1-x^2}}=\frac{-2(2x^2-1)}{\sqrt{1-x^2}}$$

◀ $y'=\dfrac{-4\left(x^2-\frac{1}{2}\right)}{\sqrt{1-x^2}}$

$y'=0$ とすると　　$x=\pm\dfrac{1}{\sqrt{2}}$

◀ $2x^2-1=0$ を解く。

$0\leqq t\leqq\dfrac{\pi}{2}$ のとき，$0\leqq\sin t\leqq 1$ であるから，

曲線 C での x の値の範囲は　　$0\leqq x\leqq 1$

増減表は次のようになり，曲線 C は右の図のようになる。

x	0	$\cdots$	$\frac{1}{\sqrt{2}}$	$\cdots$	1
y'		＋	0	－	
y	0	↗	1	↘	0

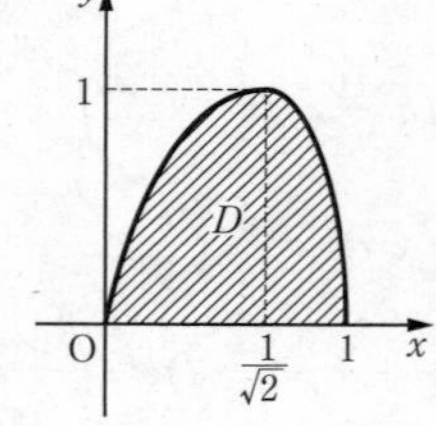

よって，図形 D の面積 S は

$$S=\int_0^1 2x\sqrt{1-x^2}\,dx$$

$1-x^2=u$ とおくと　$\dfrac{du}{dx}=-2x$

となり，x と u の対応は右のようになる。

x	$0\to 1$
u	$1\to 0$

$$S=\int_1^0\sqrt{u}\cdot(-du)=\int_0^1\sqrt{u}\,du=\left[\frac{2}{3}u\sqrt{u}\right]_0^1=\boldsymbol{\frac{2}{3}}$$

〔(2) の別解〕

$0 \leqq t \leqq \dfrac{\pi}{2}$ の範囲で $y \geqq 0$ であり，

$y=\sin 2t=0$ とすると　　$t=0,\ \dfrac{\pi}{2}$

$x=\sin t$ より　　$\dfrac{dx}{dt}=\cos t$

となり，x と t の対応は右のようになる。

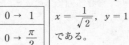

x	$0 \to 1$
t	$0 \to \dfrac{\pi}{2}$

よって，図形 D の面積 S は

$$S=\int_0^1 y\,dx=\int_0^{\frac{\pi}{2}}\sin 2t\cos t\,dt=\int_0^{\frac{\pi}{2}}2\sin t\cos^2 t\,dt$$

$$=-2\int_0^{\frac{\pi}{2}}(\cos t)'\cos^2 t\,dt=-2\left[\frac{\cos^3 t}{3}\right]_0^{\frac{\pi}{2}}=\frac{2}{3}$$

◀曲線 C の概形は図のようになる。$t=\dfrac{\pi}{4}$ のとき，$x=\dfrac{1}{\sqrt{2}}$，$y=1$ である。

(3)　$y=2x\sqrt{1-x^2}$ より

$$y^2=4x^2(1-x^2)$$

$$4x^4-4x^2+y^2=0$$

x^2 についての 2 次方程式を解くと

$$x^2=\frac{2\pm\sqrt{4-4y^2}}{4}=\frac{1\pm\sqrt{1-y^2}}{2}$$

(ア)　$0 \leqq x \leqq \dfrac{1}{\sqrt{2}}$ のとき　　$x^2=\dfrac{1-\sqrt{1-y^2}}{2}$

すなわち　　$x=\sqrt{\dfrac{1-\sqrt{1-y^2}}{2}}$　　…①

(イ)　$\dfrac{1}{\sqrt{2}} \leqq x \leqq 1$ のとき　　$x^2=\dfrac{1+\sqrt{1-y^2}}{2}$

すなわち　　$x=\sqrt{\dfrac{1+\sqrt{1-y^2}}{2}}$　　…②

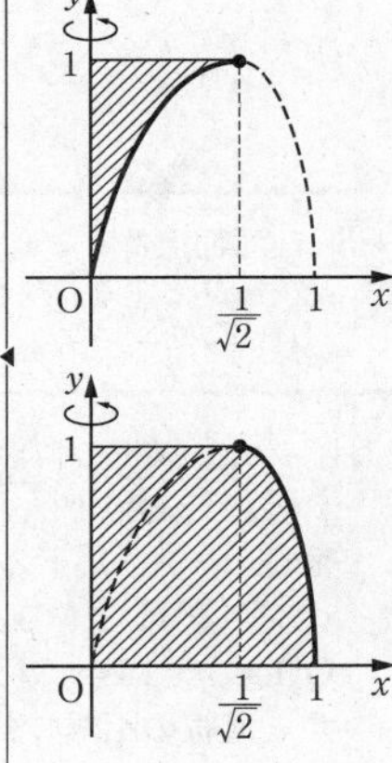

① の曲線と直線 $y=1$ と y 軸で囲まれる図形を y 軸のまわりに 1 回転させてできる回転体の体積 V_1 は

$$V_1=\pi\int_0^1\frac{1-\sqrt{1-y^2}}{2}\,dy$$

◀y 軸のまわりの回転体の体積

$$V=\pi\int_a^b x^2\,dy$$

② の曲線と直線 $y=1$ と両軸で囲まれる図形を y 軸のまわりに 1 回転させてできる回転体の体積 V_2 は

$$V_2=\pi\int_0^1\frac{1+\sqrt{1-y^2}}{2}\,dy$$

したがって，求める回転体の体積 V は

$$V=V_2-V_1$$

$$=\pi\int_0^1\frac{1+\sqrt{1-y^2}}{2}\,dy-\pi\int_0^1\frac{1-\sqrt{1-y^2}}{2}\,dy$$

$$=\pi\int_0^1\sqrt{1-y^2}\,dy=\pi\cdot\frac{\pi}{4}=\boldsymbol{\frac{\pi^2}{4}}$$

◀$\displaystyle\int_0^1\sqrt{1-y^2}\,dy$ は，半径 1 の円の面積の $\dfrac{1}{4}$ を表す。

〔(3) の別解〕

右の図のように関数 $y=f(x)$ のグラフが x 軸と $x=a,\ b$ で交わるとき，このグラフと x 軸で囲まれる図形を y 軸のまわりに1回転させてできる回転体の体積 V が，$V=\int_a^b 2\pi x|f(x)|\,dx$ で表されることを利用すると

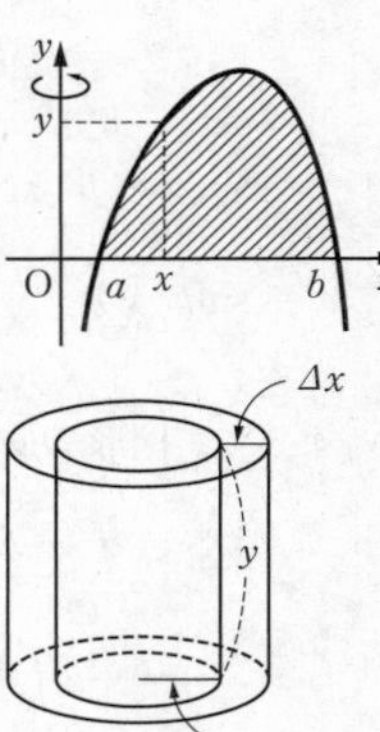

底面の半径 x，高さ y の円柱の側面積が $2\pi xy$ であることを利用している。

$$
\begin{aligned}
V&=2\pi\int_0^1 xy\,dx=2\pi\int_0^{\frac{\pi}{2}} xy\frac{dx}{dt}dt\\
&=2\pi\int_0^{\frac{\pi}{2}}\sin t\sin 2t\cos t\,dt\\
&=\pi\int_0^{\frac{\pi}{2}}\sin^2 2t\,dt=\frac{\pi}{2}\int_0^{\frac{\pi}{2}}(1-\cos 4t)dt\\
&=\frac{\pi}{2}\Big[t-\frac{1}{4}\sin 4t\Big]_0^{\frac{\pi}{2}}=\frac{\pi^2}{4}
\end{aligned}
$$

56 xy 平面上の $x\geqq 0$ の範囲で，直線 $y=x$ と曲線 $y=x^n$ $(n=2,\ 3,\ 4,\ \cdots)$ により囲まれた部分を D とする。D を直線 $y=x$ のまわりに回転させてできる回転体の体積を V_n とするとき

(1) V_n を求めよ。　　(2) $\lim_{n\to\infty} V_n$ を求めよ。　　（横浜国立大）

(1) n を2以上の自然数とし，曲線 $y=x^n$ 上の点 $\mathrm{P}(t,\ t^n)$ $(0\leqq t\leqq 1)$ から直線 $y=x$ に下ろした垂線と $y=x$ の交点を H とする。

$\mathrm{OH}=h$，$\mathrm{PH}=d$ とおく。

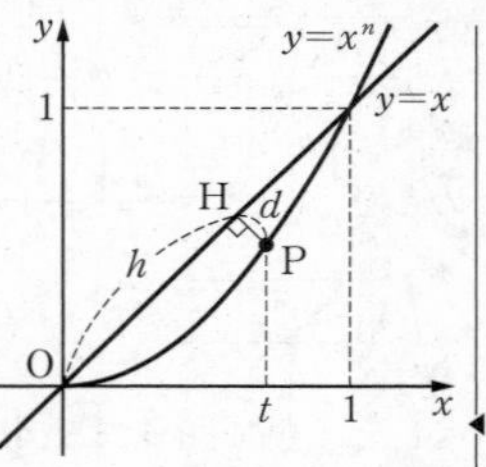

点と直線の距離の公式により

$$d=\frac{|t-t^n|}{\sqrt{1^2+(-1)^2}}=\frac{t-t^n}{\sqrt{2}}$$

◀左の図より，$0\leqq t\leqq 1$ では $t\geqq t^n$ であるから $|t-t^n|=t-t^n$

また，△OPH において三平方の定理により

$$h^2=\mathrm{OP}^2-d^2=(t^2+t^{2n})-\frac{(t-t^n)^2}{2}=\frac{(t+t^n)^2}{2}$$

よって　$h=\dfrac{t+t^n}{\sqrt{2}}$（ただし，$0\leqq h\leqq\sqrt{2}$）

◀Hは1辺の長さが1の正方形の対角線上を動くから　$0\leqq h\leqq\sqrt{2}$

ゆえに　$\dfrac{dh}{dt}=\dfrac{1+nt^{n-1}}{\sqrt{2}}$

◀$dh=\dfrac{1+nt^{n-1}}{\sqrt{2}}dt$

h と t の対応は右のようになる。

h	$0\longrightarrow\sqrt{2}$
t	$0\longrightarrow 1$

よって，求める体積 V_n は

$$
\begin{aligned}
V_n&=\pi\int_0^{\sqrt{2}} d^2\,dh=\pi\int_0^1\frac{(t-t^n)^2}{2}\cdot\frac{1+nt^{n-1}}{\sqrt{2}}dt\\
&=\frac{\pi}{2\sqrt{2}}\int_0^1\{t^2+(n-2)t^{n+1}+(1-2n)t^{2n}+nt^{3n-1}\}dt\\
&=\frac{\sqrt{2}}{4}\pi\Big[\frac{1}{3}t^3+\frac{n-2}{n+2}t^{n+2}-\frac{2n-1}{2n+1}t^{2n+1}+\frac{1}{3}t^{3n}\Big]_0^1
\end{aligned}
$$

◀回転軸：$y=x$ に垂直な断面の面積 πd^2 を $y=x$ に沿って積分するには，それぞれを t で表し，置換積分法を用いればよい。

$$= \frac{\sqrt{2}}{4}\pi\left(\frac{1}{3} + \frac{n-2}{n+2} - \frac{2n-1}{2n+1} + \frac{1}{3}\right)$$

$$= \frac{\sqrt{2}}{4}\pi \cdot \frac{2(n+2)(2n+1)+3(n-2)(2n+1)-3(n+2)(2n-1)}{3(n+2)(2n+1)}$$

$$= \frac{\sqrt{2}}{4}\pi \cdot \frac{4(n^2-2n+1)}{3(n+2)(2n+1)} = \boldsymbol{\frac{\sqrt{2}(n-1)^2}{3(n+2)(2n+1)}\pi}$$

(2) (1) より

$$\lim_{n\to\infty} V_n = \lim_{n\to\infty} \frac{\sqrt{2}\left(1-\dfrac{1}{n}\right)^2}{3\left(1+\dfrac{2}{n}\right)\left(2+\dfrac{1}{n}\right)}\pi = \boldsymbol{\frac{\sqrt{2}}{6}\pi}$$

◀ $V_n = \dfrac{\sqrt{2}(n-1)^2}{3(n+2)(2n+1)}\pi$ の分母，分子をそれぞれ n^2 で割る。

---

57 xyz 空間の中で，方程式 $y = \dfrac{1}{2}(x^2+z^2)$ で表される図形は，放物線を y 軸のまわりに回転させて得られる曲面である。これを S とする。また，方程式 $y = x + \dfrac{1}{2}$ で表される図形は，xz 平面と 45 度の角度で交わる平面である。これを H とする。さらに，S と H が囲む部分を K とおくと，K は不等式

$$\frac{1}{2}(x^2+z^2) \leqq y \leqq x + \frac{1}{2}$$

を満たす点 $(x,\ y,\ z)$ の全体となる。このとき，次の問に答えよ。

(1) K を平面 $z=t$ で切ったときの切り口が空集合ではないような実数 t の値の範囲を求めよ。

(2) (1) の切り口の面積 $S(t)$ を t を用いて表せ。

(3) K の体積を求めよ。

(大阪市立大)

---

(1) $\dfrac{1}{2}(x^2+z^2) \leqq y \leqq x + \dfrac{1}{2}$ …①

① に $z=t$ を代入すると

$\dfrac{1}{2}(x^2+t^2) \leqq y \leqq x + \dfrac{1}{2}$ …②

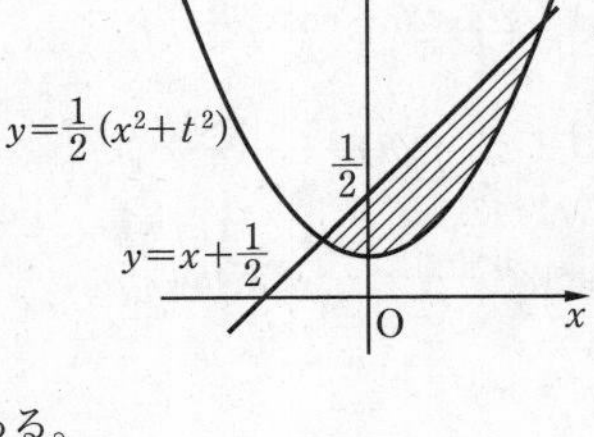

よって，切り口は ② を満たす図形である。切り口が空集合でないのは，放物線 $y = \dfrac{1}{2}(x^2+t^2)$ と直線

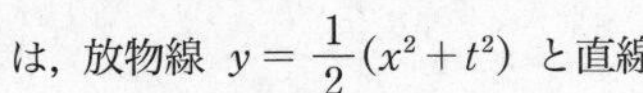

$y = x + \dfrac{1}{2}$ が共有点をもつときである。

◀ ② を満たす実数 x，y が存在する条件を考える。

$\dfrac{1}{2}(x^2+t^2) = x + \dfrac{1}{2}$ より　　$x^2 - 2x + t^2 - 1 = 0$ …③

この x についての 2 次方程式 ③ の判別式を D とすると　　$D \geqq 0$

$$\frac{D}{4} = 1-(t^2-1) = 2-t^2$$

よって，$2-t^2 \geqq 0$ より　　$\boldsymbol{-\sqrt{2} \leqq t \leqq \sqrt{2}}$

(2) $-\sqrt{2} \leqq t \leqq \sqrt{2}$ において，③ の 2 つの解を α，β $(\alpha \leqq \beta)$ とおくと

$$S(t) = \int_\alpha^\beta \left\{\left(x+\frac{1}{2}\right) - \frac{1}{2}(x^2+t^2)\right\}dx$$

$$= -\frac{1}{2}\int_\alpha^\beta (x-\alpha)(x-\beta)dx$$

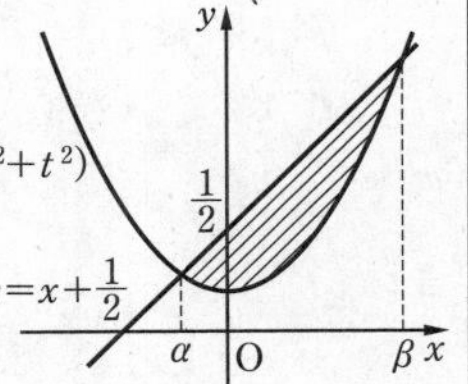

$$= \frac{1}{12}(\beta-\alpha)^3$$

◀ $\int_\alpha^\beta (x-\alpha)(x-\beta)dx = -\frac{1}{6}(\beta-\alpha)^3$

ここで，③ において，解と係数の関係より

$$\alpha+\beta=2,\ \alpha\beta=t^2-1$$

よって

$$(\beta-\alpha)^2=(\alpha+\beta)^2-4\alpha\beta=4-4(t^2-1)$$
$$=4(2-t^2)$$

$\beta \geqq \alpha$ より　　$\beta-\alpha=2\sqrt{2-t^2}$

◀ $-\sqrt{2} \leqq t \leqq \sqrt{2}$ より $2-t^2 \geqq 0$

したがって　　$S(t)=\frac{1}{12}\left(2\sqrt{2-t^2}\right)^3=\boldsymbol{\frac{2}{3}(2-t^2)^{\frac{3}{2}}}$

(3)　求める K の体積 V は

$$V=\int_{-\sqrt{2}}^{\sqrt{2}} S(t)dt=\int_{-\sqrt{2}}^{\sqrt{2}} \frac{2}{3}(2-t^2)^{\frac{3}{2}}dt$$
$$=\frac{4}{3}\int_0^{\sqrt{2}}(2-t^2)^{\frac{3}{2}}dt$$

◀ $f(x)$ が偶関数ならば $\int_{-a}^{a} f(x)dx=2\int_0^a f(x)dx$

$t=\sqrt{2}\sin\theta$ とおくと　　$\frac{dt}{d\theta}=\sqrt{2}\cos\theta$

t と θ の対応は右のようになるから

t	$0 \longrightarrow \sqrt{2}$
θ	$0 \longrightarrow \frac{\pi}{2}$

◀ $t=\sqrt{2}$ のとき $\sqrt{2}=\sqrt{2}\sin\theta$
$\sin\theta=1$ より　$\theta=\frac{\pi}{2}$

$$V=\frac{4}{3}\int_0^{\frac{\pi}{2}}(2-2\sin^2\theta)^{\frac{3}{2}}\cdot\sqrt{2}\cos\theta\,d\theta$$
$$=\frac{4}{3}\cdot 2^{\frac{3}{2}}\cdot\sqrt{2}\int_0^{\frac{\pi}{2}}(\cos^2\theta)^{\frac{3}{2}}\cdot\cos\theta\,d\theta$$

◀ $2-2\sin^2\theta = 2(1-\sin^2\theta) = 2\cos^2\theta$

$$=\frac{16}{3}\int_0^{\frac{\pi}{2}}\cos^4\theta\,d\theta=\frac{16}{3}\int_0^{\frac{\pi}{2}}\left(\frac{1+\cos 2\theta}{2}\right)^2 d\theta$$
$$=\frac{4}{3}\int_0^{\frac{\pi}{2}}(1+2\cos 2\theta+\cos^2 2\theta)d\theta$$
$$=\frac{4}{3}\int_0^{\frac{\pi}{2}}\left(1+2\cos 2\theta+\frac{1+\cos 4\theta}{2}\right)d\theta$$

◀ 半角の公式を繰り返し用いて，次数を下げる。

$$=\frac{4}{3}\left[\theta+\sin 2\theta+\frac{\theta}{2}+\frac{1}{8}\sin 4\theta\right]_0^{\frac{\pi}{2}}$$
$$=\frac{4}{3}\cdot\frac{3}{4}\pi=\boldsymbol{\pi}$$

58 xy 平面の原点Oを中心とする半径4の円 E がある。半径1の円 C が，内部から E に接しながらすべることなく転がって反時計回りに1周する。このとき，円 C 上に固定された点Pの軌跡を考える。ただし，初めに点Pは点 $(4,\ 0)$ の位置にあるものとする。

(1) 図のように，x 軸と円 C の中心のなす角度が θ $(0 \leqq \theta \leqq 2\pi)$ となったときの点Pの座標 $(x,\ y)$ を，θ を用いて表せ。

(2) 点Pの軌跡の長さを求めよ。 (北海道大)

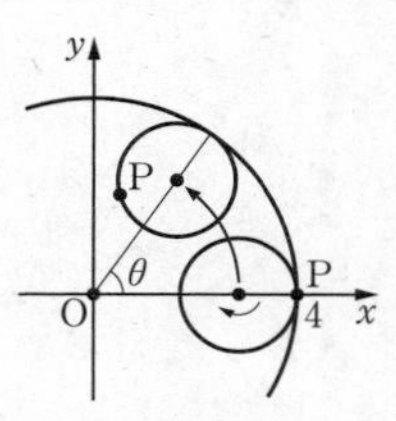

(1) 円 C の中心をO′，円 C と円 E の接点をQとすると $\mathrm{OQ}=4$

であるから $\qquad \overset{\frown}{\mathrm{PQ}}=4\theta$

$\mathrm{O'Q}=1$ より $\qquad \angle\mathrm{PO'Q}=4\theta$

よって

$$\overrightarrow{\mathrm{OP}}=\overrightarrow{\mathrm{OO'}}+\overrightarrow{\mathrm{O'P}}$$
$$=(3\cos\theta,\ 3\sin\theta)$$
$$+(\cos(\theta-4\theta),\ \sin(\theta-4\theta))$$
$$=(3\cos\theta+\cos3\theta,\ 3\sin\theta-\sin3\theta)$$

ゆえに $\qquad$ **$\mathbf{P}(3\cos\theta+\cos3\theta,\ 3\sin\theta-\sin3\theta)$**

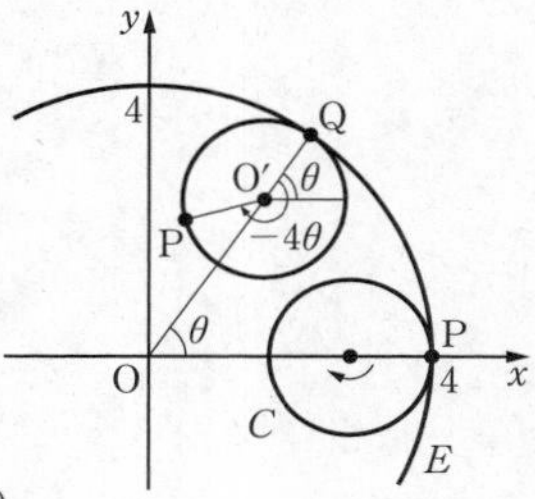

◀ $\overrightarrow{\mathrm{OO'}}$ は大きさが3，x 軸となす角が θ より

$\overrightarrow{\mathrm{OO'}}=(3\cos\theta,\ 3\sin\theta)$

$\overrightarrow{\mathrm{O'P}}$ は大きさが1，x 軸となす角が -3θ より

$\overrightarrow{\mathrm{O'P}}$

$=(\cos(-3\theta),\ \sin(-3\theta))$

$=(\cos3\theta,\ -\sin3\theta)$

(2) $x=3\cos\theta+\cos3\theta$，$y=3\sin\theta-\sin3\theta$ とおくと

$$\frac{dx}{d\theta}=-3\sin\theta-3\sin3\theta,\quad \frac{dy}{d\theta}=3\cos\theta-3\cos3\theta$$

であるから

$$\left(\frac{dx}{d\theta}\right)^2+\left(\frac{dy}{d\theta}\right)^2=(-3\sin\theta-3\sin3\theta)^2+(3\cos\theta-3\cos3\theta)^2$$
$$=9(\sin^2\theta+\cos^2\theta)+18(\sin\theta\sin3\theta-\cos\theta\cos3\theta)$$
$$+9(\sin^2 3\theta+\cos^2 3\theta)$$
$$=18-18\cos(\theta+3\theta)$$
$$=18-18\cos4\theta$$
$$=36\sin^2 2\theta$$

◀ $\cos4\theta=1-2\sin^2 2\theta$

よって，求める点Pの軌跡の長さを l とすると

$$l=\int_0^{2\pi}\sqrt{\left(\frac{dx}{d\theta}\right)^2+\left(\frac{dy}{d\theta}\right)^2}\,d\theta$$
$$=\int_0^{2\pi}\sqrt{36\sin^2 2\theta}\,d\theta=6\int_0^{2\pi}|\sin2\theta|\,d\theta$$

◀ 点Pの軌跡は次のようになる。

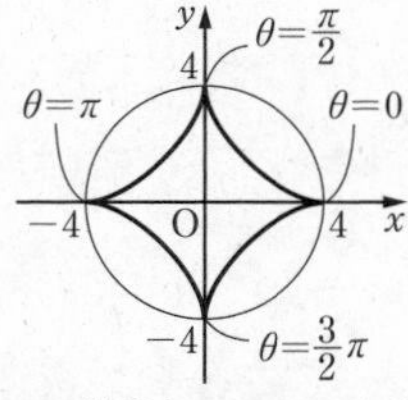

この曲線をアステロイドという。

ここで，$y=|\sin2\theta|$ $(0 \leqq \theta \leqq 2\pi)$ のグラフは右の図であるから

$$\int_0^{2\pi}|\sin2\theta|\,d\theta=4\int_0^{\frac{\pi}{2}}\sin2\theta\,d\theta$$

よって

$$l=24\int_0^{\frac{\pi}{2}}\sin2\theta\,d\theta$$
$$=24\left[-\frac{1}{2}\cos2\theta\right]_0^{\frac{\pi}{2}}=24\left(\frac{1}{2}+\frac{1}{2}\right)=\mathbf{24}$$

入試攻略